▶ YouTube '안녕하쌤'

전기·전자·통신의 모든것

현직교사 무료 강의
안녕하쌤

전기기능사 필기·실기
무료 강의 제공

전기·전자·통신 관련
교과 교육 영상 제공

실기 대표 공개문제 1번, 10번
상세 작업순서 및 방법 수록 (도서에 포함)

그 외 공개문제(16개)는 해당 유튜브 채널에서
무료강의 제공 및 다운로드 가능

같이 전기기능사를
공부해보쌤!

만두쌤

www.youtube.com → 안녕하쌤 → 구독
질문이 생기면 언제든지 댓글 남기쌤~

시대에듀

www.sdedu.co.kr

국가기술자격도서 NO.1

합격도 취업도 한 번에 성공!
시대에듀에서 여러분을 응원합니다.

만두쌤 (김민우 선생님)

現 충청북도교육청 소속 전기전자통신과 교사

[학력]
충북대학교 전자공학 학사
한국교원대학교 AI융합교육 석사

[저서]
반도체기초기술 I, II
SW·AI교육 가이드북(충북교육연구정보원)

[기타]
- NCS 전기, 반도체 분야 온라인콘텐츠 내용전문가 (한국직업능력연구원)
- 공동교육과정 우수수업 공모전 입상(한국교육개발원)
- 교수학습연구대회 입상(충북교육청)
- 유튜브, 네이버 블로그 '안녕하쌤' 채널 운영

젼쌤 (민지현 선생님)

現 충청북도교육청 소속 전기전자통신과 교사

[학력]
충남대학교 전기전자통신공학교육과 학사

[저서]
전기회로 교과 보조교재

[기타]
- 전기기능사, 승강기기능사 자격증 실습 교육
- NCS 반도체 분야 온라인콘텐츠 제작(충남대학교)

YouTube '안녕하쌤'

전기기능사
필기·실기
무료 강의 수강

전기기능사
공부안내

▶ 전기기능사 필기, 실기 무료 강의 제공
▶ 전기·전자·통신 관련 교과 교육 영상 제공
▶ 실기 전체 공개도면 YouTube '안녕하쌤' 채널 수록

 끝까지 책임진다! 시대에듀!
QR코드를 통해 도서 출간 이후 발견된 오류나 개정법령, 변경된 시험 정보, 최신기출문제, 도서 업데이트 자료 등이 있는지 확인해 보세요! **시대에듀 합격 스마트 앱**을 통해서도 알려 드리고 있으니 구글 플레이나 앱 스토어에서 다운받아 사용하세요.
또한, 파본 도서인 경우에는 구입하신 곳에서 교환해 드립니다.

편집진행 윤진영·김경숙 | **표지디자인** 권은경·길전홍선 | **본문디자인** 정경일·이현진

PREFACE 머리말

"선생님 어떻게 공부해야 할지 모르겠어요."
"외워야 할 것이 너무 많아 머리가 아픕니다."
"하지만 이번에는 꼭 합격하고 싶어요!"
시험공부에 지친 우리 10대 학생들이 합격을 바라며 외치는 아우성입니다.

전기기능사는 그만큼 합격하기 어려운 자격증 시험 중 하나로 꼽히고 있습니다. 필자는 전문가를 꿈꾸는 전기전자과 고등학생들에게 전기기능사 자격증 필기, 실기 수업을 지도하고 있으며 교육 현장에서 수집된 학생들의 고민들을 모아 우리 학생들에게 꼭 필요한 해결책을 내놓게 되었습니다.
그래서 탄생하였습니다. 현직 교사의 정~말 쉽고 재미있는 전기기능사!
본 교재는 고등학생들의 눈높이에 맞추어 쉽고 재미있게 구성하였습니다. 시험에 자주 출제되는 개념과 공식을 대표유형으로 분류하였고, 대표유형에는 자주 출제된 대표기출문제들을 수록하였습니다. 대표유형의 순서대로 차근차근 공부하다 보면 필수적으로 공부해야 할 내용들이 명확해지고 각 전기 교과목들의 큰 그림이 함께 그려질 것입니다. 교재를 학습하며 이해가 되지 않는 부분은 QR코드의 Youtube "안녕하쌤" 채널에서 제공되는 현직 교사 만두쌤과 젼쌤의 전기기능사 필기, 실기 수업 영상으로 보완학습을 할 수 있습니다.

빠른 합격을 위한 3단계 공부법

- **1단계** 대표유형의 핵심 개념, 공식을 암기하며 수록된 대표기출문제 학습
- **2단계** 4개년 기출복원문제 학습
- **3단계** 자주 틀리는 대표유형을 체크하고 집중적으로 약점 보완 학습
- **+α** Youtube 안녕하쌤 무료 강의 수강

눈에 보이지 않는 전기의 세계에서 길을 잃고 헤매는 여러분들에게 합격의 길로 안내해주는 똑똑한 내비게이션과 같은 좋은 교재와 강의가 될 수 있도록 항상 최선을 다하겠습니다. 여러분들을 항상 응원하고 따뜻하게 지원하겠습니다.

편저자 씀

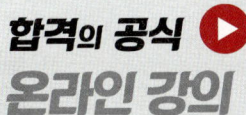

보다 깊이 있는 학습을 원하는 수험생들을 위한
시대에듀의 동영상 강의가 준비되어 있습니다.
www.sdedu.co.kr ➔ 회원가입(로그인) ➔ 강의 살펴보기

시험안내

개요
전기로 인한 재해를 방지하기 위하여 일정한 자격을 갖춘 사람으로 하여금 전기기기를 제작, 제조, 조작, 운전, 보수 등을 하도록 하기 위해 자격제도를 제정하였다.

진로 및 전망
발전소, 변전소, 전기공작물시설업체, 건설업체, 한국전력공사 및 일반사업체나 공장의 전기부서, 가정용 및 산업용 전기 생산업체, 부품 제조업체 등에 취업하여 전기와 관련된 제반시설의 관리 및 검사업무를 보조 및 담당할 수 있다. 설치된 전기시설을 유지·보수하는 인력과 전기제품을 제작하는 인력수요는 계속될 전망이며, 새롭게 등장하는 신기술의 개발로 인해 상위의 기술수준 습득이 요구되므로 꾸준한 자기개발을 하는 노력이 필요하다.

시험일정

구분	필기원서접수 (인터넷)	필기시험	필기합격 (예정자)발표	실기원서접수	실기시험	최종 합격자 발표일
제1회	1월 초순	1월 하순	2월 초순	2월 초순	3월 중순	4월 중순
제2회	3월 중순	4월 초순	4월 중순	4월 하순	5월 하순	6월 하순
제3회	6월 초순	6월 하순	7월 중순	7월 하순	8월 하순	9월 하순
제4회	8월 하순	9월 하순	10월 중순	10월 하순	11월 하순	12월 하순

※ 상기 시험일정은 시행처의 사정에 따라 변경될 수 있으니, www.q-net.or.kr에서 확인하시기 바랍니다.

시험요강

❶ 시행처 : 한국산업인력공단
❷ 시험과목
　㉠ 필기 : 1. 전기이론 2. 전기기기 3. 전기설비
　㉡ 실기 : 전기설비작업
❸ 검정방법
　㉠ 필기 : 객관식 4지택일형(60문항)
　㉡ 실기 : 작업형(5시간 정도, 전기설비작업)
❹ 합격기준
　㉠ 필기 : 100점을 만점으로 하여 60점 이상
　㉡ 실기 : 100점을 만점으로 하여 60점 이상

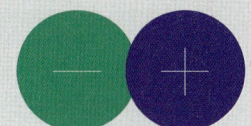

필기시험 검정현황

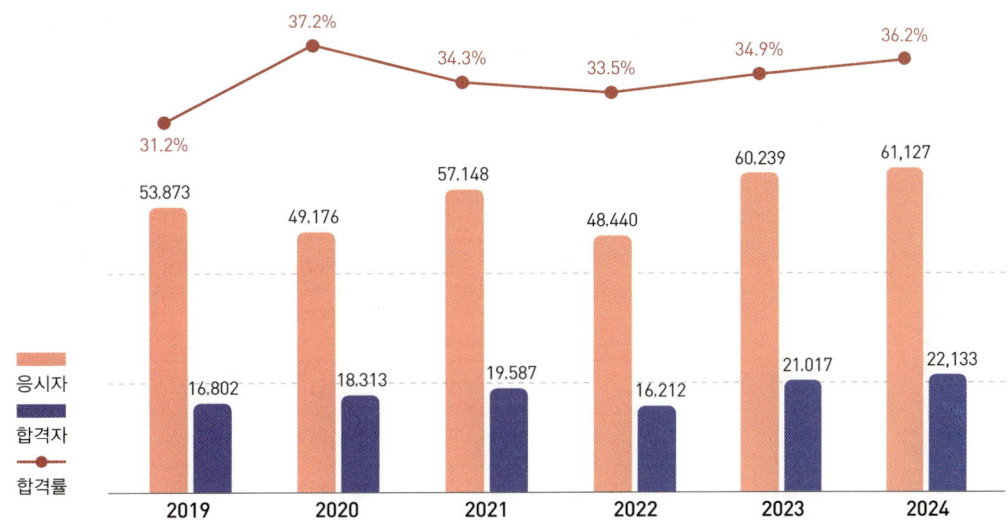

실기시험 검정현황

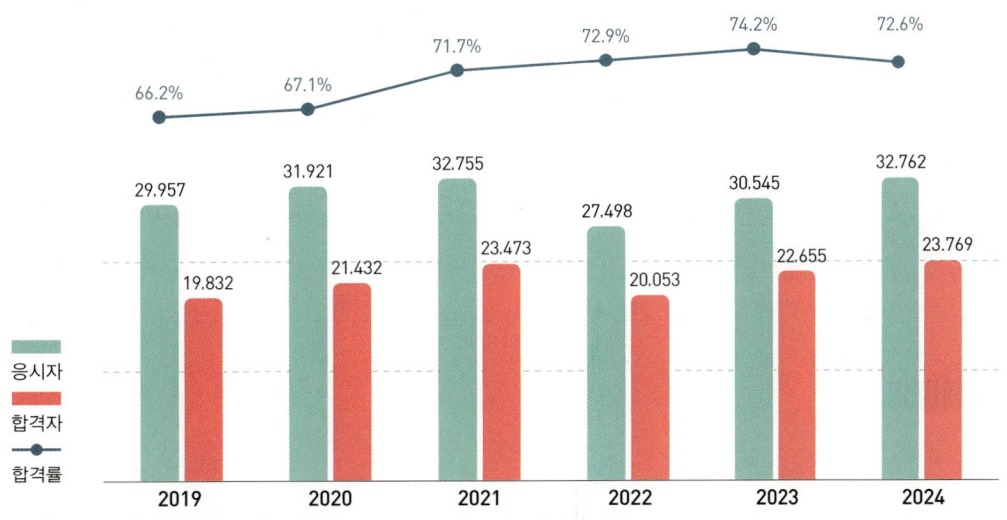

시험안내

출제기준(필기)

필기과목명	주요항목
전기이론	전기의 성질과 전하에 의한 전기장
	자기의 성질과 전류에 의한 자기장
	전자력과 전자유도
	직류회로
	교류회로
	전류의 열작용과 화학작용
전기기기	변압기
	직류기
	유도전동기
	동기기
	정류기 및 제어기기
전기설비	보호계전기
	배선재료 및 공구
	전선접속
	배선설비공사 및 전선허용전류 계산
	전선 및 기계기구의 보안공사
	가공인입선 및 배전선공사
	고압 및 저압 배전반공사
	특수장소공사
	전기응용시설공사

출제비율

전기이론 33% 전기기기 33% 전기설비 33%

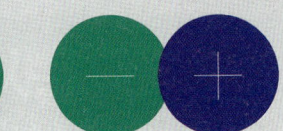

출제기준(실기)

실기 과목명	주요항목	세부항목	세세항목
전기설비 작업	전기설비 공사	전기공사 준비하기	• 전기공사를 수행하기 위하여 전기공사 도면을 이해할 수 있다. • 전기공사 수행을 위한 필요 자재물량을 산출할 수 있다. • 전기공사를 수행하기 위해 공구를 용도에 맞게 준비할 수 있다.
		전기배관 배선하기	• 배관, 배선 공사를 위해 전선관 및 전선을 원하는 사이즈로 재단할 수 있다. • 배관, 배선 공사를 위해 도면을 이해하고 금속관, PVC관 배관을 할 수 있다. • 전기배선을 위해 전선 접속을 정확하게 수행할 수 있다.
		전기기계기구 설치하기	• 각종 장비의 매뉴얼에 따라 해당 장비가 정상적으로 동작되는 지를 판단할 수 있다. • 설계도면에 따라, 선로의 시공의 적합성에 대하여 판단할 수 있다. • 기기의 설치 위치 및 관로의 구성을 파악하여, 문제점을 판단할 수 있다.
		전동기제어 및 운용하기	• 시퀀스 원리를 활용하여 작업지침서에 따라 시퀀스 회로를 완성하고 제어용 기기(전자접촉기 등)를 설치할 수 있다. • 전동기 정회전, 역회전 원리를 기초로 작업지침서에 따라 전동기 단자에 전원선을 연결할 수 있다. • 전동기 기동원리를 기초로 작업지침서에 따라 전동기 기동장치를 설치 및 기동 운전할 수 있다. • 전동기 운전조건을 활용하여 운전지침에 따라 전동기를 기동하고 정지할 수 있다. • 전동기 정격운전 조건을 기초로 하여 전동기 운전지침에 따라 전동기 운전 값을 계측, 기록, PC에 모니터링 할 수 있다.
		전기시설물의 검사 및 점검하기	• 계측기를 활용하여 지정된 운전정격 값에 따라 운전 값(전압, 전류, 역률, 전력 등)을 측정할 수 있다. • 계측된 값을 활용하여 운전 지침에 따라 운전 값을 기록, 저장, 컴퓨터 모니터링을 할 수 있다. • 계측된 값을 활용하여 정상 운전 값에 따라 계측된 값을 비교하여 기록할 수 있다. • 운전지식을 활용하여 운전 지침에 따라 전력시설물을 정지 또는 가동시킬 수 있다.

CBT 응시 요령

기능사 종목 전면 CBT 시행에 따른
CBT 완전 정복!

CBT 가상 체험 서비스 제공"
한국산업인력공단 (http://www.q-net.or.kr) 참고

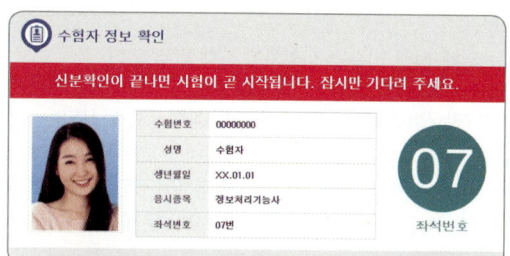

01. 수험자 정보 확인

시험장 감독위원이 컴퓨터에 나온 수험자 정보와 신분증이 일치하는지를 확인하는 단계입니다. 수험번호, 성명, 생년월일, 응시종목, 좌석번호를 확인합니다.

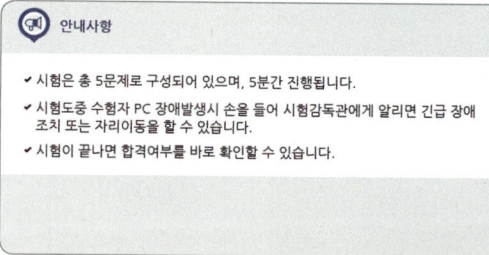

02. 안내사항

시험에 관한 안내사항을 확인합니다.

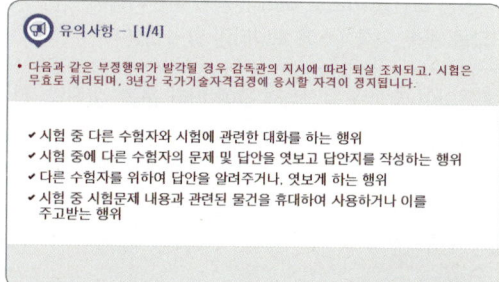

03. 유의사항

부정행위에 관한 유의사항이므로 꼼꼼히 확인합니다.

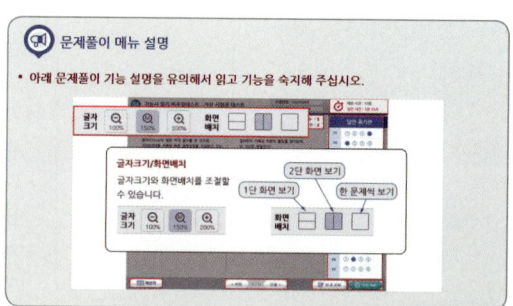

04. 문제풀이 메뉴 설명

문제풀이 메뉴의 기능에 관한 설명을 유의해서 읽고 기능을 숙지해 주세요.

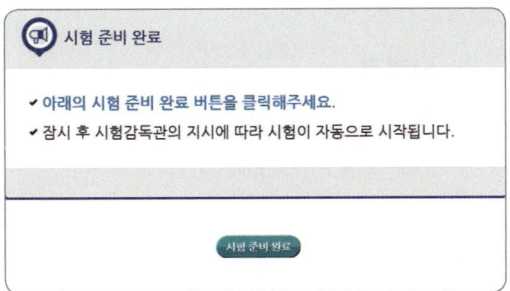

05. 시험 준비 완료

시험 안내사항 및 문제풀이 연습까지 모두 마친 수험자는 시험 준비 완료 버튼을 클릭한 후 잠시 대기합니다.

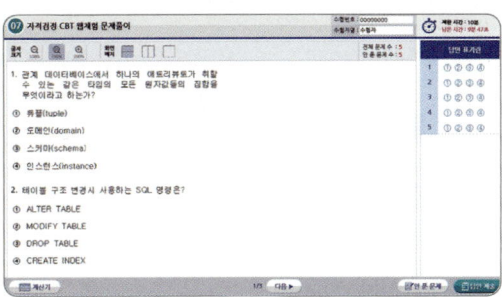

06. 시험 화면

시험 화면이 뜨면 수험번호와 수험자명을 확인하고, 글자 크기 및 화면배치를 조절한 후 시험을 시작합니다.

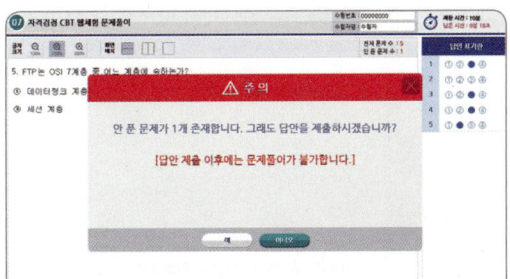

07. 답안 제출

[답안 제출] 버튼을 클릭하면 답안 제출 승인 알림창이 나옵니다. 시험을 마치려면 [예] 버튼을 클릭하고 시험을 계속 진행하려면 [아니오] 버튼을 클릭하면 됩니다. 답안 제출은 실수 방지를 위해 두 번의 확인 과정을 거칩니다. [예] 버튼을 누르면 답안 제출이 완료되며 득점 및 합격여부 등을 확인할 수 있습니다.

CBT 완전 정복 TIP!

내 시험에만 집중할 것
CBT 시험은 같은 고사장이라도 각기 다른 시험이 진행되고 있으니 자신의 시험에만 집중하면 됩니다.

이상이 있을 경우 조용히 손을 들 것
컴퓨터로 진행되는 시험이기 때문에 프로그램상의 문제가 있을 수 있습니다. 이때 조용히 손을 들어 감독관에게 문제점을 알리며, 큰 소리를 내는 등 다른 사람에게 피해를 주는 일이 없도록 합니다.

연습 용지를 요청할 것
응시자의 요청에 한해 연습 용지를 제공하고 있습니다. 필요시 연습 용지를 요청하며 미리 시험에 관련된 내용을 적어놓지 않도록 합니다. 연습 용지는 시험이 종료되면 회수되므로 들고 나가지 않도록 유의합니다.

답안 제출은 신중하게 할 것
답안은 제한 시간 내에 언제든 제출할 수 있지만 한 번 제출하게 되면 더 이상의 문제풀이가 불가합니다. 안 푼 문제가 있는지 또는 맞게 표기하였는지 다시 한 번 확인합니다.

구성 및 특징

CHAPTER 01 전기이론

01 직류 회로

■ 전류

$$I = \frac{Q}{t} \text{ [A], [C/s]}$$

■ 전하량(=전기량)

$$Q = I \cdot t = n \cdot e \text{ [C]}$$

■ 전자볼트

$$1[\text{eV}] = 1.602 \times 10^{-19} \text{ [J]}$$

■ 전압

$$V = \frac{W}{Q} \text{ [V]}$$

■ 저항

$$R = \rho \frac{l}{S} \text{ [Ω]}$$

✓ 고유저항 $1[\Omega \cdot \text{m}] = 10^6 [\Omega \cdot \text{mm}^2$

■ 온도에 따른 저항
- 도체 : 온도↑ ⇨ 저항↑ ⇨ 정(+)특
- 반도체 : 온도↑ ⇨ 저항↓ ⇨ 부(-)

■ 옴의 법칙

$$I = \frac{V}{R} \text{ [A]}$$

단축키
자투리 시간이나 시험장에서 키워드로만 재생 학습 효과를 볼 수 있는 합격으로 가는 키워드, 단축키를 구성하였습니다.

01 직류 회로

대표유형 01 물질의 구성

〈물질의 구성〉

① 원자 : 원자핵(양성자(양전하) + 중성인 중성자)과 전자(음전하)로 구성
② 전하량 : 물체가 가지고 있는 전기의 양
③ 자유 전자 : 원자핵의 구속에서 벗어나 자유롭게 이동할 수 있는 전자

〈자유 전자와 전기의 발생〉
(a) 중성의 상태 (b) 양전기의 발생 (c) 음전기의 발생

④ 마찰 전기 : 물체 간 마찰에 의해 전자의 이동
전하를 갖는 현상
전기를 띠는 현상

01-1 물체가 가지고 있는 전기의 양을 무엇이라 하는가?
① 전하량 ② 원자
③ 전류 ④ 자유 전자

해설 전하량은 물체가 가지고 있는 전기의 양을 의미한다.

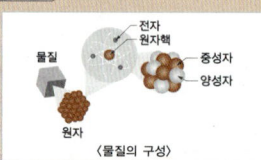

01-2 원자핵의 구속에서 이탈하여 자유롭게 이동할 수 있는 것은?
① 양자 ② 중성자
③ 분자 ④ 자유 전자

해설 자유 전자
원자핵의 구속에서 이탈하여 자유롭게 이동할 수 있는 전자

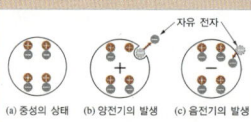

01-3 물질 중 자유 전자가 과잉된 상태를 뜻하는 것은?
① 발열 상태 ② (+) 대전 상태
③ 중성 상태 ④ (-) 대전 상태

해설 자유 전자가 과잉되어 양성자보다 많아지면 (-) 대전 상태가 된다.

대표유형
필수적으로 학습해야 하는 중요한 이론들을 각 과목별로 분류하여 수록하였습니다. 이론 학습 후 대표문제 및 유사문제를 반복적으로 풀다보면 빠른 실력 향상을 기대할 수 있습니다.

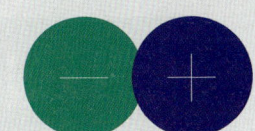

2025년 제4회 CBT 기출복원문제

최근 4개년 기출복원문제
최근에 출제된 기출문제를 복원하여 가장 최신의 출제경향을 파악하고 새롭게 출제된 문제의 유형을 익혀 처음 보는 문제들도 모두 맞힐 수 있도록 하였습니다.

…선에서 가로축과 만나는 점과
② 잔류 자기
④ 자속 밀도

03 전자 냉동기는 어떤 효과를 응용한 것인가?
① 홀 효과　　　　② 제베크 효과
③ 톰슨 효과　　　④ 펠티에 효과

해설 전자 냉동기는 펠티에 효과를 응용하여 만든다.

04 다음 중 전위의 단위가 아닌 것은?
① [J/C]　　　　② [V/m]
③ [V]　　　　　④ [N·m/C]

해설 전위 1[V] = 1[N·m/C] = 1[J/C]

CHAPTER 01 제어기기 및 계전기

05 인덕턴스가 L인 인덕터만의 회로에 흐르는 전류가 $i = \sqrt{2}\,I\sin\omega t$일 때, 인덕터에 걸리는 전압은?
① $v = \sqrt{2}\,I\sin\omega t$
② $v = \sqrt{2}\,\omega LI\sin\omega t$
③ $v = \sqrt{2}\,\omega LI\sin\left(\omega t + \dfrac{\pi}{2}\right)$
④ $v = \sqrt{2}\,LI\cos\omega t$

해설 $v_L = L\dfrac{di}{dt} = L\dfrac{d}{dt}(\sqrt{2}\,I\sin\omega t) = L(\sqrt{2}\,\omega I\cos\omega t)$
$= \sqrt{2}\,\omega LI\sin\left(\omega t + \dfrac{\pi}{2}\right)$

1 종류

1. 푸시버튼 스위치(PB ; push-button switch)
손을 떼면 스위치 내부의 스프링의 힘에 의하여 복귀되는 제어용 조작 스위치로 버튼을 누르고 있을 때에만 접점이 ON이 된다.

① a접점(arbeit contact) : NO(normally open)접점
　스위치를 조작하기 전에는 접점이 열려 있다가 스위치를 누르면 닫히는 접점이다.
② b접점(break contact) : NC(normally close)접점
　스위치를 조작하기 전에는 접점이 닫혀 있다가 스위치를 누르면 열리는 접점이다.
③ c접점(전환 접점, change-over contact)
　㉠ a접점과 b접점이 모두 가동 접점을 공유한 형식의 전환 접점이다.
　㉡ 가장 대표적인 예시로는 릴레이(전자계전기)의 접점이 있다. 릴레이의 경우 전류가 흐르지 않을 때는 가동 접점이 고정 접점인 b접점에 접해 있지만 코일에 전류가 인가되면 가동 접점이 고정 접점인 b접점으로부터 떨어져 a접점과 접촉한다. 하나의 가동 접점이 조작력에 따라 a, b접점과 접촉하여 신호를 전환시킨다는 의미에서 전환 접점이라고도 한다.

〈푸시버튼 스위치〉　〈a접점〉　〈b접점〉

2. 실렉터 스위치(SS ; selector switch)
손잡이나 레버를 회전하여 개폐하는 형태로 ON-OFF 2단 이상의 회전도 가능한 스…

참고
스위치의 방향에 따라 수동, 자동 모드로 전환되므로 항상 벨테스터기로 확인하고 결선하는…

실기
공개문제 1~18번 중 대표유형 문제인 1번과 10번에 대한 상세한 해설과 강의를 함께 수록하였습니다. 올컬러 페이지로 구성하여 회로도를 잘 파악할 수 있게 하였으며 선생님의 실기 무료 강의를 보며 학습할 수 있습니다.

필기+실기 학습 가이드

1 STEP

과목별 대표유형 학습

- 대표유형 개념, 공식 학습
- 대표유형에 수록된 기출문제 학습
- Youtube 안녕하쌤 무료 필기강의 수강

2 STEP

4개년 기출복원문제 학습

- 4개년 기출복원문제 풀이 및 암기
- 자주 틀리는 대표유형 체크하여 약점 보완
- 신유형 문제는 관련 대표유형에 추가 메모

3 STEP

자주 틀리는 대표유형 체크 및 약점 보완

나만의 핵심암기노트 제작하여 약점 집중 보완

똑똑한 전기기능사 실기 학습법

1 STEP

실기이론 학습

- 교재에 수록된 실기이론 학습
- 대표 공개문제 1번, 10번 풀이예시로 실습 과정 이해
- Youtube 안녕하쌤 무료 실기강의 수강

2 STEP

실기 실습 반복

- 실기재료 준비 후 공개문제 1~18 반복 실습
- 전기기능사 공부안내 QR코드 활용 공개문제 학습 자료 탐구

3 STEP

자주 틀리는 부분 체크 및 약점 보완

나만의 핵심실기노트 제작하여 약점 집중 보완

한달 합격 전략

첫째. 과목별 목표점수를 설정!

전기이론 — 30점 — **공식 암기와 계산 문제 적용 위주로!**
- 직류회로, 교류회로, 전기장, 자기장 단원을 나누어 학습
- 공식을 활용한 계산 문제 많으므로 기출 문제 위주로 꼼꼼하게 학습

전기기기 — 30점 — **각 전기기기의 특징 및 기출문제 암기 필수!**
- 직류기, 동기기, 변압기, 유도기, 전기기기 응용 단원을 나누어 학습
- 개념, 공식의 난이도는 높지만 단순한 난이도의 기출문제가 반복 출제
- 각 전기기기의 특징과 기출 문제 위주로 암기 학습

전기설비 — 20점 — **이해보다 암기 위주의 학습이 꼭 필요!**
- 한국전기설비규정(KEC) 암기 학습 필요
- 재료, 공구, 각종 전기공사 등 주요 특징 위주로 학습

둘째. 4개년 기출문제 학습!

전기기능사 필기시험은 문제은행식으로 출제되기 때문에 기존에 출제된 기출문제를 확실하게 공부하는 것이 중요하다.

필기시험에서 매 회차마다 기존의 기출문제에서 출제되지 않은 새로운 문제도 출제되지만, 기존 기출문제에 나온 개념을 이해한다면 풀 수 있는 문제들이 대부분이다. 따라서 전기기능사 필기를 단기간에 합격하려면 4개년 이상의 기출문제를 3번 이상 학습하는 것이 매우 중요하다. 여러 번 기출문제를 풀어보고, 틀렸던 문제들은 미리 체크해두었다가 꼭 다시 풀어보고 확실하게 맞을 때까지 반복학습해야 한다.

셋째. 추가 제공 자료 활용!

전기기능사 필기시험은 합격률 약 36%로 기능사 시험 중 난이도가 높은 시험으로 해당 교재와 함께 추가 제공 자료들을 활용하면 더 효율적인 학습이 가능하다.

단축키
과년도 기출문제들을 분석해서 시험에 꼭 나오는 핵심 이론만을 정리했다. 시험장에서 시험 직전 보기 좋은 핵심 아이템이다.

무료 CBT 모의고사
최근 시행되는 CBT 시험을 미리 경험하여 컴퓨터 기반 시험방식에 익숙해질 수 있도록 하였다. 시험에 자주 출제된 문제들로 구성된 모의고사를 풀어보며 최종 마무리할 수 있다.

저자직강 무료특강
유튜브 채널을 통해 저자가 직접 강의하는 전기기능사 필기, 실기 강의를 들을 수 있다. 현직 교사가 학생들을 가르치듯이 상세하게 강의하므로 비전공자도 쉽게 학습할 수 있다.

이 책의 목차

합격을 앞당기는 단축키

PART 01 | 필기이론

CHAPTER 01	전기이론	003
CHAPTER 02	전기기기	138
CHAPTER 03	전기설비	268

PART 02 | CBT 기출복원문제

2022년	제1~4회 CBT 기출복원문제	411
2023년	제1~4회 CBT 기출복원문제	462
2024년	제1~4회 CBT 기출복원문제	512
2025년	제1~4회 CBT 기출복원문제	561

PART 03 | 실기이론

CHAPTER 01	제어기기 및 계전기	607
CHAPTER 02	배선용 공구 및 재료	611
CHAPTER 03	시퀀스 회로	614
CHAPTER 04	공개 문제 연습	617

※ 도서에 수록되지 않은 공개문제(16개)는 공부안내 QR코드를 통해 다운로드할 수 있습니다.

합격을 앞당기는

단축키

CHAPTER 01 전기이론

01 직류 회로

■ **전류**

$I = \dfrac{Q}{t}$ [A], [C/s]

■ **전하량(=전기량)**

$Q = I \cdot t = n \cdot e$ [C]

■ **전자볼트**

$1[\text{eV}] = 1.602 \times 10^{-19}$ [J]

■ **전압**

$V = \dfrac{W}{Q}$ [V]

■ **저항**

$R = \rho \dfrac{l}{S}$ [Ω]

✓ 고유저항 $1[\Omega \cdot \text{m}] = 10^6 [\Omega \cdot \text{mm}^2/\text{m}]$

■ **온도에 따른 저항**

- 도체 : 온도↑ ⇨ 저항↑ ⇨ 정(+)특성 온도계수
- 반도체 : 온도↑ ⇨ 저항↓ ⇨ 부(−)특성 온도계수

■ **옴의 법칙**

$I = \dfrac{V}{R}$ [A]

▌합성 저항 구하기

- 직렬 회로 : $R = R_1 + R_2$ [Ω], 최대 저항은 n개를 직렬 회로로 구성
- 병렬 회로 : $R = \dfrac{R_1 R_2}{R_1 + R_2}$ [Ω], 최소 저항은 n개를 병렬 회로로 구성

▌△, Y 회로 상호 변환

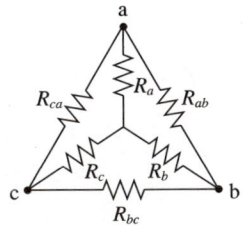

- △ → Y 변환 시
  - $R_a = \dfrac{R_{ab} R_{ca}}{R_{ab} + R_{bc} + R_{ca}}$
  - △ 저항값이 모두 같으면 $R_a = \dfrac{R}{3}$ ($R = R_{ab} = R_{bc} = R_{ca}$)
- Y → △ 변환 시
  - $R_{ab} = \dfrac{R_a R_b + R_b R_c + R_c R_a}{R_c}$
  - Y 저항값이 모두 같으면 $R_{ab} = 3R$ ($R = R_a = R_b = R_c$)

▌배율기와 분류기

배율기 : $V = \left(1 + \dfrac{R_m}{R_a}\right) V_a = m V_a$, 분류기 : $I = \left(1 + \dfrac{R_a}{R_s}\right) I_a = m I_a$

▌휘트스톤 브리지 회로

$R_x R_2 = R_1 R_3$

▌전력과 전력량

전력 $P = \dfrac{W}{t} = VI = \dfrac{V^2}{R} = I^2 R$ [W], 전력량 $W = Pt = VIt$ [W·s], [J]

✓ 1[Wh] = 3,600[J]

▌최대 전력 구하기

최대 전력은 내부 저항(r)과 부하 저항(R_L)이 같을 때

■ 줄의 법칙

$H = Pt = I^2Rt\,[\text{J}] = 0.24\,I^2Rt\,[\text{cal}]$

✓ $1[\text{J}] = 0.24[\text{cal}]$

■ 패러데이의 법칙

- 석출량 $w = kQ = kIt\,[\text{g}]$
- 화학당량 $= \dfrac{\text{원자량}}{\text{원자가}}$

■ 전지의 원리(볼타 전지)

- 아연판 : (−)극
- 구리판 : (+)극 ⇨ 수소 기체 발생 ⇨ 분극 작용(방지를 위해 감극제 사용)

■ 전지의 종류

- 1차 전지 : 재충전 불가능, 망가니즈 건전지(감극제 : 망가니즈)
- 2차 전지 : 납축전지(전해액 : H_2SO_4), 니켈-카드뮴 전지, 리튬 이온전지

02　전기장

■ 쿨롱의 법칙

$F = \dfrac{1}{4\pi\varepsilon}\dfrac{Q_1Q_2}{r^2} = \dfrac{1}{4\pi\varepsilon_0\varepsilon_r}\dfrac{Q_1Q_2}{r^2} = 9\times 10^9\dfrac{Q_1Q_2}{\varepsilon_r r^2}\;[\text{N}]$

■ 전기장의 세기

- 전기장의 세기 $E = \dfrac{Q}{4\pi\varepsilon r^2} = \dfrac{V}{r}\;[\text{N/C}],\,[\text{V/m}]$
- 전기장의 세기가 E인 전기장 속에 놓인 전하 Q가 받는 힘 $F = QE\,[\text{N}]$

■ 전위

$V = Er = \dfrac{Q}{4\pi\varepsilon r} = \dfrac{W}{Q}\;[\text{J/C}],\,[\text{V}]$

■ 유전율, 비유전율

$\varepsilon = \varepsilon_0 \varepsilon_r = \dfrac{D}{E}$ [F/m]

✓ 진공에서의 유전율 $\varepsilon_0 = 8.85 \times 10^{-12}$

■ 전속, 전속 밀도, 전기력선의 개수

전속 $\psi = Q$ [C], 전속 밀도 $D = \dfrac{\psi}{A} = \varepsilon E$ [C/m²], 전기력선의 개수 $N = \dfrac{Q}{\varepsilon}$

■ 커패시터, 커패시턴스

$C = \dfrac{Q}{V}$ [F]

■ 커패시터의 연결

직렬 연결 : $C = \dfrac{C_1 C_2}{C_1 + C_2}$, 병렬 연결 : $C = C_1 + C_2$

■ 커패시터에 축적되는 에너지

$W_C = \dfrac{1}{2} C V^2$ [J]

■ 축전지
- 용량 $= I \cdot t$ [AH]
- 직렬 연결 : 용량 일정, 전압 n배
- 병렬 연결 : 용량 n배, 전압 일정

03 자기장

■ 자성체의 종류
- 강자성체 : 니켈, 코발트, 철 등
- 상자성체 : 백금, 산소, 알루미늄, 텅스텐 등
- 반자성체 : 아연, 납, 구리 등

쿨롱의 법칙

$$F = \frac{1}{4\pi\mu}\frac{m_1 m_2}{r^2} = \frac{1}{4\pi\mu_0\mu_s}\frac{m_1 m_2}{r^2} = 6.33\times 10^4 \frac{m_1 m_2}{\mu_s r^2} \text{ [N]}$$

자기장의 세기

- 자기장의 세기 $H = \dfrac{m}{4\pi\mu r^2}$ [A/m]
- 자기장의 세기가 H인 자기장 속에 놓인 자하 m이 받는 힘 $F = mH$ [N]

여러 가지 자기장의 세기

- 무한 직선 $H = \dfrac{I}{2\pi r}$
- 무한장 솔레노이드 $H = n_0 I$
- 환상 솔레노이드 $H = \dfrac{NI}{2\pi r}$
- 원형 코일 $H = \dfrac{NI}{2r}$

비오-사바르의 법칙

$$\Delta H = \frac{I\Delta l \sin\theta}{4\pi r^2}$$

영구 자석과 히스테리시스 곡선

- 가로축과 만나는 점 : 보자력, 세로축과 만나는 점 : 잔류 자속 밀도
- 영구자석 조건 : 보자력, 잔류 자속 밀도가 모두 클 것

자속, 자속 밀도, 자기력선의 개수

자속 $\phi = m$ [Wb], 자속 밀도 $B = \dfrac{\phi}{A} = \mu H$ [Wb/m²], [T], 자기력선의 개수 $N = \dfrac{m}{\mu}$

투자율, 비투자율

$$\mu = \mu_0\mu_s = \frac{B}{H} \text{ [H/m]}$$

✓ 진공에서의 투자율 $\mu_0 = 4\pi\times 10^{-7}$ [H/m]

앙페르의 오른나사 법칙

- 직선 도선 - 엄지 : I, 나머지 : B
- 원형 도선 - 엄지 : B, 나머지 : I

앙페르의 법칙

$$F = (2 \times 10^{-7}) \times \frac{I_1 I_2}{r} \text{ [N]}$$

같은 방향 전류가 흐르면 흡인력 작용, 다른 방향 전류가 흐르면 반발력 작용

플레밍의 왼손 법칙(전동기의 원리)

- 엄지 : F, 검지 : B, 중지 : I
- $F = BIl\sin\theta$ [N]

전자 유도 작용(발전기의 원리)

- $e = -N\dfrac{\Delta\phi}{\Delta t}$ [V]
- 자속이 변화하면 유도 기전력이 발생

플레밍의 오른손 법칙(발전기의 원리)

- 엄지 : $v(F)$, 검지 : B, 중지 : $e(I)$
- $e = Blv\sin\theta$

인덕터와 자기 인덕턴스, 상호 인덕턴스

- 자기 인덕턴스 $L = \dfrac{N\phi}{I}$ [H]
- 유도 기전력 $e = -N\dfrac{\Delta\phi}{\Delta t} = -L\dfrac{\Delta I}{\Delta t}$ [V]
- 1차, 2차 코일 사이의 상호 인덕턴스 $M_{12} = \dfrac{N_2 \phi_{12}}{I_1}$ [H]
- 2차 측 코일의 유도 기전력 $e_2 = -N_2\dfrac{\Delta\phi_1}{\Delta t} = -M\dfrac{\Delta I_1}{\Delta t}$ [V]
- 환상 솔레노이드의 자기 인덕턴스 $L = \dfrac{\mu S N^2}{l}$ [H]

인덕터의 접속

- 가동 접속 : $L = L_1 + L_2 + 2M$ [H]
- 차동 접속 : $L = L_1 + L_2 - 2M$ [H]
- 상호 인덕턴스 $M = k\sqrt{L_1 L_2}$ [H]

■ 인덕터에 저장되는 에너지

$W_L = \dfrac{1}{2} L I^2$ [J]

■ 자기 저항

$R_m = \dfrac{F_m}{\phi} = \dfrac{NI}{\phi}$ [AT/Wb], $R_m = \dfrac{l}{\mu S}$ [AT/Wb], $\phi = \dfrac{F_m}{R_m} = \dfrac{NI}{R_m} = \dfrac{\mu S N I}{l}$

04 교류 회로

■ 교류를 삼각함수로 표현

- π[rad] $= 180°$
- 주기 $T = \dfrac{1}{f}$ [s], 주파수 $f = \dfrac{1}{T}$ [Hz]
- 각속도 $\omega = 2\pi f$
- 교류 전압 $V = V_m \sin\theta = V_m \sin\omega t$

■ 위상

$V_1 = \sin(\omega t + \theta_1)$: V_2보다 θ_1만큼 위상이 앞섬
$V_2 = \sin\omega t$
$V_3 = \sin(\omega t - \theta_1)$: V_2보다 θ_1만큼 위상이 뒤짐

■ 복소수를 이용한 교류의 표현

- $v = V_m \sin(\omega t + \theta)$, 크기 : 실횻값 $V = \dfrac{V_m}{\sqrt{2}}$, 위상 : θ
- 직각좌표 형식 $\dot{V} = a + jb$, 크기 : $V = \sqrt{a^2 + b^2} = \dfrac{V_m}{\sqrt{2}}$, 위상 : $\theta = \tan^{-1}\dfrac{b}{a}$
- 삼각함수 형식 $\dot{V} = V(\cos\theta + j\sin\theta)$

■ 정현파 교류의 크기

$v = V_m \sin\theta$, 평균값 $V_a = \dfrac{2}{\pi} V_m = 0.637 V_m$, 실횻값 $V = \dfrac{V_m}{\sqrt{2}} = 0.707 V_m$

▎ R, L, C 회로

- R만의 회로 : 전류와 전압이 동위상
- L만의 회로 : 전류 위상이 전압 위상보다 90° 뒤짐

  인덕터에 걸리는 전압 $v_L = N\dfrac{d\phi}{dt} = L\dfrac{di}{dt}$ [V]

  $X_L = \omega L$ [Ω], $Z = j\omega L$ [Ω]

- C만의 회로 : 전압 위상이 전류 위상보다 90° 뒤짐

  커패시터에 흐르는 전류 $i_C = C\dfrac{dv}{dt}$ [A]

  $X_C = \dfrac{1}{\omega C}$ [Ω], $Z = -j\dfrac{1}{\omega C}$ [Ω]

- RLC 직렬 회로 : $X_L > X_C$: 유도성, $X_L < X_C$: 용량성, $X_L = X_C$: 공진

  공진 주파수 $f_r = \dfrac{1}{2\pi\sqrt{LC}}$ [Hz]

- RLC 병렬 회로 : $X_L > X_C$: 용량성, $X_L < X_C$: 유도성, $X_L = X_C$: 공진

  공진 주파수 $f_r = \dfrac{1}{2\pi\sqrt{LC}}$ [Hz]

▎ 임피던스

$\dot{Z} = R + jX$ [Ω], $|\dot{Z}| = \sqrt{R^2 + X^2}$

$\dot{Y} = \dfrac{1}{Z} = G + jB$, 컨덕턴스 G, 서셉턴스 B

▎ 시정수

RL 회로의 시정수 $\tau = \dfrac{L}{R}$, RC 회로의 시정수 $\tau = RC$

▎ 전력 삼각형

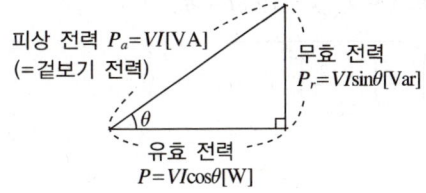

✓ 역률 $\cos\theta = \dfrac{\text{유효 전력}}{\text{피상 전력}}$

■ 역률 개선을 위한 병렬 콘덴서 설치

콘덴서 용량 $Q_C = P(\tan\theta_1 - \tan\theta_2)$ [VA]

■ 교류의 발생

120° 간격($\frac{2}{3}\pi$)으로 3상 교류 전압 발생

■ Y 결선, △ 결선, V 결선

- Y 결선 : $V_l = \sqrt{3}\, V_p$, 선간전압 V_l이 상전압 V_p보다 30° 앞선다, $I_l = I_p$
- △ 결선 : $I_l = \sqrt{3}\, I_p$, 선전류 I_l이 상전류 I_p보다 30° 뒤진다, $V_l = V_p$
- V 결선 : 소비전력 $P = 3P_{\text{부하 1개}} = \sqrt{3}\, VI$

$$\text{출력비} = \frac{\text{V 출력}}{\triangle\ \text{출력}} = \frac{\sqrt{3}\, V_p I_p \cos\theta}{3\, V_p I_p \cos\theta} = 0.577$$

$$\text{이용률} = \frac{\text{V 결선 설비용량}}{\text{2대 설비용량}} = \frac{\sqrt{3}\, VI}{2\, VI} = 0.866$$

■ 3상 교류 전력의 측정

2전력계법 $P = P_1 + P_2$ [W]

■ 비정현파 교류의 표현

- 비정현파 : 직류파 + 기본파 + 고조파
- 푸리에 분석 : 비정현파를 여러 개의 정현파의 합으로 분석
- 비정현파 발생 요인 : 전기자 반작용, 철심 자기 포화, 히스테리시스 현상, 다이오드의 비선형성, 콘덴서 등에 의한 발생

■ 비정현파 교류의 크기 구하기

$i(t) = I_0 + I_{m1}\sin(\omega t + \theta_1) + I_{m2}\sin(2\omega t + \theta_2) + \cdots$

실효값 $I = \sqrt{I_0^2 + \left(\dfrac{I_{m1}}{\sqrt{2}}\right)^2 + \left(\dfrac{I_{m2}}{\sqrt{2}}\right)^2 + \cdots}$

■ 왜형률

$$D = \frac{\text{전 고조파의 실효값}}{\text{기본파의 실효값}} = \frac{\sqrt{V_2^2 + V_3^2 + \cdots + V_n^2}}{V_1}$$

파형률과 파고율

$$파형률 = \frac{실횻값}{평균값}, \quad 파고율 = \frac{최댓값}{실횻값}$$

파형	실횻값	평균값	파형률	파고율
정현파	$\frac{V_m}{\sqrt{2}}$	$\frac{2V_m}{\pi}$	1.11	1.414
정현 반파	$\frac{V_m}{2}$	$\frac{V_m}{\pi}$	1.57	2
구형파	V_m	V_m	1	1
구형 반파	$\frac{V_m}{\sqrt{2}}$	$\frac{V_m}{2}$	1.41	1.41
삼각파	$\frac{V_m}{\sqrt{3}}$	$\frac{V_m}{2}$	1.15	1.73

CHAPTER 02 전기기기

01 직류기

■ 발전기 vs 전동기

- 발전기 : 기계 E ⇨ 전기 E, 플레밍의 오른손 법칙

$$\eta_{발전기} = \frac{출력}{입력} \times 100[\%] = \frac{출력}{출력 + 손실} \times 100[\%]$$

- 전동기 : 전기 E ⇨ 기계 E, 플레밍의 왼손 법칙

$$\eta_{전동기} = \frac{출력}{입력} \times 100[\%] = \frac{입력 - 손실}{입력} \times 100[\%]$$

■ 직류 발전기의 구조

- 전기자, 계자, 정류자, 브러시
- 철심 규소 강판 사용 : 히스테리시스손 감소
- 성층 철심 사용 : 맴돌이 전류손(와류손) 감소

■ 전기자 권선법

- 직류기 : 고상권, 폐로권, 이층권, 중권
- 파권(직렬권) : 병렬 회로수 $a=2$, 브러시수 $b=2$, 고전압, 소전류용, 균압환 불필요
- 중권(병렬권) : 병렬 회로수 $a=p$, 브러시수 $b=p$, 저전압, 대전류용, 균압환 필요

■ 직류 발전기의 유도 기전력

- 전기자의 회전 속도 $v = 2\pi rn = \pi Dn = \pi D \frac{N}{60}$ [m/s]

- 유도 기전력 $E = e \times \left(\frac{Z}{a}\right) = \frac{pZ\phi N}{60a} = K\phi N$ [V]

■ 타여자 발전기

- 계자 권선에 따로 전원을 인가하여 계자 자속을 발생시키는 방식
- $I_a = I$ [A], $E = I_a R_a + V$ [V]

자여자 발전기
- 발전기 자체의 잔류 기전력으로 계자 자속을 발생시키는 방식
- 직류 직권 발전기 : 전기자와 계자 권선이 직렬로 연결
  - $I_a = I = I_f$ [A], $E = I_a R_a + I_f R_f + V$ [V]
- 직류 분권 발전기 : 전기자 권선과 계자 권선이 병렬로 연결
  - $I_a = I + I_f$ [A], $E = V + I_a R_a$ [V]
  - 무부하 운전 금지
- 직류 복권 발전기 : 분권, 직권 발전기를 모두 가지고 있는 발전기
  - 가동 복권 발전기(평복권 발전기 $V_n = V_0$, 과복권 발전기 $V_n > V_0$, 부족 복권 발전기 $V_n < V_0$)
  - 차동 복권 발전기(수하특성, 용접용)

전압 변동률

전압 변동률 $\varepsilon = \dfrac{V_0 - V_n}{V_n} \times 100$ [%]

- 전압 변동률(+) : 타여자, 분권, 부족 복권 발전기
- 전압 변동률(0) : 평복권 발전기
- 전압 변동률(-) : 과복권 발전기

전기자 반작용
- 전기자 전류에 의한 자속이 주자속에 영향
- 전기자 반작용의 영향
  - 주자속 감소
  - 편자 작용(전기적 중성축의 이동)
  - 스파크 발생
- 전기자 반작용 해결 방법 : 보상 권선 설치, 보극 설치, 전기적 중성점으로 브러시 위치 이동

직류 발전기의 정류 곡선
- 직선 정류, 정현파 정류
- 과정류(초기에 브러시 전단부 불꽃 발생), 부족 정류(말기에 브러시 후단부 불꽃 발생)

직류 발전기의 정류 개선 방법
- 정류 개선 방법
  - 보극 설치
  - 인덕턴스를 작게 할 것(단절권 채용)

- 정류 주기를 길게 할 것(회전 속도 느리게)
- 브러시의 접촉저항을 크게 할 것

■ 직류 발전기 관련 곡선
- 부하 포화 곡선 : 단자 전압(V)과 계자 전류(I_f)의 관계
- 무부하 포화 곡선 : 유도 기전력(E)과 계자 전류(I_f)의 관계
- 외부 특성 곡선 : 단자 전압(V)과 부하 전류(I)의 관계

■ 직류 발전기의 병렬 운전 조건
- 발전기의 단자 전압 크기가 같을 것
- 발전기의 극성이 같을 것
- 외부 특성 곡선이 비슷할 것
- 발전기의 용량은 무관

■ 타여자 전동기
- 역기전력 $E = V - I_a R_a = \dfrac{pZ\phi N}{60a}$ [V], $I = I_a$ [A]
- 전동기 토크 $T = \dfrac{P}{\omega} = K\phi I_a = 9.55 \times \dfrac{P}{N}$ [N·m]
  $= 0.975 \times \dfrac{P}{N}$ [kg·m]

✓ 1[kgf] = 9.8[N]

■ 자여자 전동기
- 직류 직권 전동기
  - 역기전력 $E = V - I_a R_a - I_f R_f$ [V] $= \dfrac{pZ\phi N}{60a} = K\phi N$ [V], $I = I_f = I_a$ [A]
  - 무부하 운전 금지(벨트 운전 금지)
  - 토크 $T \propto I^2$, $T \propto \dfrac{1}{N^2}$
- 직류 분권 전동기
  - 역기전력 $E = V - I_a R_a$ [V] $= \dfrac{pZ\phi N}{60a} = K\phi N$, $I = I_f + I_a$ [A]
  - 토크 $T \propto I_a$, $T \propto \dfrac{1}{N}$

전동기의 속도 제어
- 전압 제어 : 광범위한 속도 제어, 정토크 제어(워드-레오너드, 일그너)
- 계자 제어 : 정출력 가변 속도
- 저항 제어 : 전기자 저항 삽입, 효율이 좋지 못함

전동기의 제동법
- 발전 제동 : 전동기를 발전기로 작동시켜 저항에 연결하여 제동
- 회생 제동 : 전동기를 발전기로 작동시켜 전원으로 반환하여 제동
- 역전 제동 : 전동기를 전원에서 분리하고 전기자의 접속을 반대로 하여 역회전을 통해 제동

속도 변동률
- 속도 변동률 $\varepsilon = \dfrac{N_0 - N}{N} \times 100\,[\%]$
- 속도 변동이 큰 순서 : 직권 > 가동복권 > 분권 > 차동복권

직류 전동기의 기동
기동기를 설치하여 큰 기동 전류 제한

02 동기기

동기 발전기의 구조
회전계자를 사용하여 고정자의 전기자권선에 유기기전력을 발생

동기 발전기의 전기자 권선법
고상권, 폐로권, 이층권, 중권, 분포권(고조파 제거), 단절권(고조파 제거)

동기 발전기의 원리
- 동기 속도 : $n_s = \dfrac{2f}{p}$ [rps], $N_s = \dfrac{120f}{p}$ [rpm]
- 1상의 유기 기전력 $E = \dfrac{E_m}{\sqrt{2}} = 4.44\,f\,n\,\phi\,k_w$ [V]
- 1상의 단자 전압 $V = \sqrt{3}\,E$ [V]

- 1상의 출력(비돌극형, 원통형) $P_s = VI\cos\theta = \dfrac{EV}{x_s}\sin\delta$ [W] ($\delta = 90°$일 때, 최대 출력)

- 3상의 출력 $P_{3s} = 3P_s = \dfrac{3EV}{x_s}\sin\delta = \dfrac{E_l V_l}{x_s}\sin\delta$ [W]

■ 매극 매상당 슬롯수

매극 매상당 슬롯수 = $\dfrac{\text{총 슬롯수}}{\text{상수} \times \text{극수}}$

■ 동기 발전기의 특징

- 전기자 반작용
  - 교차 자화 작용(횡축 작용) : 순저항 부하
  - 감자 작용(직축 작용) : L 부하
  - 증자 작용(직축 작용) : C 부하

위상 관계	동기 발전기	위상 관계	동기 전동기
유도 기전력 E보다 뒤진 전류	감자 작용	단자 전압 V보다 뒤진 전류	증자 작용
유도 기전력 E보다 앞선 전류	증자 작용	단자 전압 V보다 앞선 전류	감자 작용

- 난조 : 부하가 급변하는 경우 진동하는 현상
  - 난조의 해결법 : 제동권선 설치, 관성 모멘트를 크게 함(플라이휠 설치), 조속기의 성능을 예민하지 않도록 할 것, 단절권과 분포권 사용(고조파 제거), 전기자 회로의 저항을 작게 할 것, 단락비를 크게 할 것
- 동기기 손실
  - 부하손(가변손) : 동손, 표유 부하손
  - 무부하손(고정손) : 철손(히스테리시스손, 와류손), 기계손, 유전체손

■ 단락비

- 단락비 $K_s = \dfrac{I_s}{I_n} = \dfrac{100}{\%Z}$

- 단락비가 크다의 의미
  - 퍼센트 임피던스↓ ⇨ 임피던스 강하↓ ⇨ 전압 변동률↓ ⇨ 안정도↑
  - 임피던스 강하↓ ⇨ 반작용 리액턴스 x_a↓ ⇨ 전기자 반작용↓ ⇨ 공극↑ ⇨ 기계의 규모↑, 무게↑, 가격↑
  - 기계의 규모↑ ⇨ 철손↑ ⇨ 효율↓

특성 곡선
동기 발전기의 무부하 포화 곡선 : 계자 전류 I_f와 단자 전압 V 사이의 관계

동기 발전기의 병렬 운전 조건
- 기전력의 전압 크기가 같을 것
- 기전력의 위상이 같을 것
- 기전력의 주파수가 같을 것
- 기전력의 파형이 같을 것

동기 전동기의 원리
- 동기 전동기의 기동법 : 유도 전동기법, 자기 기동법
- 회전수 $N_s = \dfrac{120f}{p}$ [rpm]
- 토크 $T \propto V$

전기자 반작용, 제동 권선
- 전기자 반작용(교차 자화 작용, 감자 작용, 증자 작용)
- 제동권선 : 동기 전동기의 기동 권선으로 사용, 난조 방지

위상 특성 곡선(V 곡선)

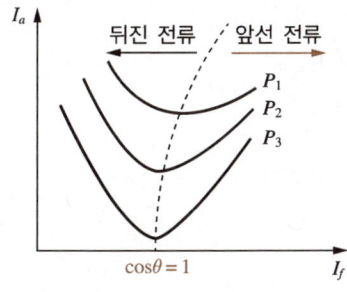

- 부족 여자 : 늦은 역률(지상), 리액터 역할(L)
- 과여자 : 앞선 역률(진상), 커패시터 역할(C)
- 동기 전동기를 무부하로 운전하면 동기 조상기로 사용 가능하며 역률 개선 가능

동기 전동기의 장단점, 공극
- 장점 : 역률 조정 가능, 속도 일정, 공극이 커서 기계적으로 튼튼
- 단점 : 속도 조정이 불가능, 난조 발생 우려, 기동 토크가 작음, 직류 전원 설비 필요, 가격이 비싸고 구조가 복잡

03 변압기

■ 변압기의 구조
- 철심 : 규소 강판 사용(히스테리시스손 줄이기 위함), 성층 철심 사용(맴돌이 전류손 줄이기 위함)
- 권선 : 1차 측 권선(전원 측), 2차 측 권선(부하 측)

■ 변압기의 원리
- 1차 측 유도 기전력 $E_1 = 4.44 f \phi_m N_1$ [V], 2차 측 유도 기전력 $E_2 = 4.44 f \phi_m N_2$ [V]
- 권수비 $a = \dfrac{E_1}{E_2} = \dfrac{V_1}{V_2} = \dfrac{N_1}{N_2} = \dfrac{I_2}{I_1} = \sqrt{\dfrac{Z_1}{Z_2}} = \sqrt{\dfrac{R_1}{R_2}}$

■ 변압기의 정격 출력
- 변압기의 정격 용량 $= V_{2n} \times I_{2n}$ [VA]
- 정격 1차 전압 $V_{1n} = a V_{2n}$ [V]
- 정격 1차 전류 $I_{1n} = \dfrac{I_{2n}}{a}$

■ 변압기의 결선
- △-Y 결선 : 저전압 → 고전압, 승압용 변압기, 송전계통에 사용
- Y-△ 결선 : 고전압 → 저전압, 강압용 변압기, 수전단계통에 사용
- V-V 결선 : 변압기 이용률 $= \dfrac{\text{V 결선의 출력}}{\text{변압기 2대의 정격 출력}} = \dfrac{\sqrt{3}\, V_{2n} I_{2n}}{2 V_{2n} I_{2n}} = 0.866$

  출력 $= \dfrac{\text{V 결선의 출력}}{\text{변압기 3대의 정격 출력}} = \dfrac{\sqrt{3}\, V_{2n} I_{2n}}{3 V_{2n} I_{2n}} = 0.577$

■ 변압기 상수의 변환
- 3상을 2상으로 상수 변환 : scott 결선(스콧 결선, T 결선), meyer 결선(메이어 결선), wood bridge 결선(우드브리지 결선)
- 3상을 6상으로 상수 변환 : 환상 결선, 대각 결선, 포크 결선, 2중 성형 결선, 2중 3각 결선

▌변압기의 등가 회로

- 2차를 1차로 환산하는 경우 : $\dot{V_2}' = a\dot{V_2}$, $\dot{I_2}' = \dfrac{1}{a}\dot{I_2}$, $\dot{Z_2}' = a^2\dot{Z_2}$
- 1차를 2차로 환산하는 경우 : $\dot{V_1}' = \dfrac{1}{a}\dot{V_1}$, $\dot{I_1}'' = a\dot{I_1}'$, $\dot{Z_1}' = \dfrac{1}{a^2}\dot{Z_1}$

▌%강하

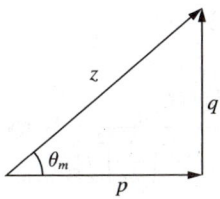

(p : % 저항 강하, q : % 리액턴스 강하, z : % 임피던스 강하)

- $\sqrt{p^2+q^2}$
- 역률 $\cos\theta = \dfrac{p}{z} = \dfrac{p}{\sqrt{p^2+q^2}}$

▌전압 변동률

- 전압 변동률 $\varepsilon = \dfrac{V_{20}-V_{2n}}{V_{2n}} \times 100\,[\%] = p\cos\theta + q\sin\theta\ [\%]$
- 최대 전압 변동률 $\varepsilon_{\max} = \sqrt{p^2+q^2}\ [\%]$

▌변압기의 시험법

- 무부하 시험 : 여자 전류(무부하 전류), 여자 어드미턴스, 여자 임피던스, 철손 측정
- 단락 시험 : 1차 정격 전류, 단락 전류, 전압 강하, 구리손, 전압 변동률 측정
- 극성 시험 : 감극성, 가극성
- 온도 상승 시험 : 실부하법, 단락법, 반환 부하법
- 절연 내력 시험 : 유도 시험, 가압 시험, 충격 전압 시험

변압기의 손실과 효율

- 변압기의 손실
  - 무부하손(고정손) : 철손(히스테리시스손, 맴돌이 전류손), 유전체손, 표유 무부하손
  - 부하손(가변손) : 구리손(1차, 2차 권선), 표유 부하손
- 변압기의 규약 효율
  - 전부하 시 $\eta = \dfrac{출력}{출력 + 손실(철손 + 구리손)} \times 100[\%] = \dfrac{V_{2n}I_{2n}\cos\theta}{V_{2n}I_{2n}\cos\theta + P_i + P_c} \times 100[\%]$
    ✓ $P_i = P_c$ 일 때, 최대 효율
  - $\dfrac{1}{m}$ 부하 시 $\eta_{\frac{1}{m}} = \dfrac{출력}{출력 + 손실(철손 + 구리손)} \times 100[\%] = \dfrac{\dfrac{1}{m}V_{2n}I_{2n}\cos\theta}{\dfrac{1}{m}V_{2n}I_{2n}\cos\theta + P_i + \left(\dfrac{1}{m}\right)^2 P_c} \times 100[\%]$
    ✓ $P_i = \left(\dfrac{1}{m}\right)^2 P_c$ 일 때, 최대 효율

변압기의 병렬 운전 조건

- 극성, 권수비 같을 것
- 1, 2차 정격전압 같을 것
- %강하(백분율 강하)가 같을 것
- 변압기 내부 저항, 리액턴스 비 같을 것
- 회전 방향과 각 변위가 같을 것
- 짝수 조합이어야 하며 홀수 조합은 불가능(Y-Y와 Y-Y : 가능, Y-Y와 Y-△ : 불가능)

변압기유 구비 조건

- 인화점이 높고 응고점이 낮을 것, 절연 내력이 클 것, 비열이 커서 냉각 효과가 좋을 것
- 절연 재료와 화학 작용을 일으키지 않을 것, 점도가 낮을 것, 산화되지 않을 것
- 변압기유의 열화 방지를 위해 콘서베이터 설치

변압기의 보호 계전기

- 전기적 보호 장치 : 차동 계전기, 비율 차동 계전기
- 기계적 보호 장치 : 부흐홀츠 계전기(변압기 주 탱크와 콘서베이터 사이 설치), 압력 계전기

단권 변압기

$\dfrac{자기\ 용량}{부하\ 용량} = \dfrac{V_h - V_l}{V_h}$

계기용 변성기

- 계기용 변압기(PT)
  - 고전압을 저전압으로 변성하여 측정하는 기기
  - 2차 측 단락 금지 : 단락 시 매우 큰 단락 전류가 흘러 권선 소손
- 계기용 변류기(CT)
  - 고전류를 저전류로 변성하여 측정하는 기기
  - 운전 중 2차 회로 개방 금지 : 개방 시 2차 측에 고압이 유도되어 소손

04 유도기

유도 전동기의 원리

고정자에서 발생하는 회전 자계와 같은 방향으로 회전기가 회전(플레밍의 왼손 법칙, 전자 유도)

유도 전동기의 구조

- 구조
  - 고정자
  - 회전자(농형 회전자 : 소음 억제를 위해 회전자의 홈이 비뚤어져 있음, 권선형 회전자 : 기동 저항기와 슬립 링 사용)
- 장점
  - 쉽게 전원을 얻을 수 있음, 값이 저렴함, 구조가 간단하며 취급이 쉽고 튼튼함
  - 부하가 변하더라도 속도 변동이 거의 없음

유도 전동기의 회전 속도와 슬립

- 동기 속도 $N_s = \dfrac{120f}{p}$ [rpm]
- 슬립 $s = \dfrac{N_s - N}{N_s}$
  - $s < 0$: 유도 발전기, $1 < s < 2$: 유도 제동기
  - $0 < s < 1$: 유도 전동기
  - $s = 0$: 동기 속도(N_s) = 회전 속도(N), $s = 1$: 정지
- 회전자 속도 $N = N_s - sN_s$ [rpm]

■ 유도 전동기의 손실과 효율

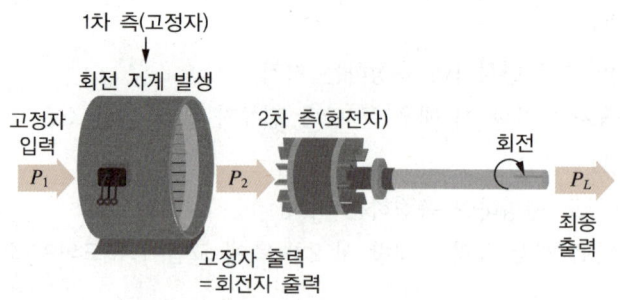

〈유도 전동기의 1차 측, 2차 측 의미〉

- 고정자 출력(2차 입력) $P_2 = P_1 - (P_{c1} + P_i + \cdots)$ [W]
- 2차 구리손 $P_{c2} = sP_2$ [W]
- 기계적 출력 $P_0 = P_2 - P_{c2} = (1-s)P_2$ [W]
- 1차 효율 $\eta_1 = \dfrac{P_0}{P_1} \times 100$ [%], 2차 효율 $\eta_2 = \dfrac{P_0}{P_2} \times 100 = (1-s) \times 100 = \dfrac{N}{N_s} \times 100$ [%]
- 토크 $T = \dfrac{P_0}{\omega} = \dfrac{P_0}{2\pi n} = 9.55 \dfrac{P_0}{N}$ [N·m] $= 0.975 \times \dfrac{P_0}{N}$ [kg·m]
- 토크, 출력, 전압 관계 $T \propto P_2$, $T \propto V^2$, $s \propto \dfrac{1}{V^2}$, $T \propto s$

■ 유도 전동기의 출력 특성 곡선

- 비례 추이 : 권선형 유도 전동기에서 2차 회로의 저항값에 비례하여 속도-토크 특성이 이동하는 것
- 2차 저항이 증가하면
  - 슬립 s 증가, 회전 속도 N 감소
  - 낮은 속도에서 높은 토크 유도 가능, 최대 토크 발생 시점 조절 가능(최대 토크는 일정)
  - 기동 전류 감소, 낮은 기동 전류로 큰 기동 토크 얻을 수 있음
- 최대 토크 발생 슬립 $s_t \propto r_2$
- 토크가 같을 경우 $\dfrac{r_2}{s_1} = \dfrac{r_2 + R}{s_2} =$ 일정
- 기동 토크를 전부하 토크와 같게 하려면 $s_2 = 1$, $\dfrac{r_2}{s_1} = \dfrac{r_2 + R}{1}$
- 비례 추이 가능한 것 : 1, 2차 전류, 역률, 2차 입력(동기 와트)
- 비례 추이할 수 없는 것 : 출력, 효율, 구리손, 동기 속도

농형 유도 전동기

- 농형 유도 전동기 기동법 : 전전압 기동, Y-△ 기동, 기동 보상기법, 콘도르퍼의 기동법, 리액터 또는 저항을 사용한 기동
- 농형 유도 전동기 속도 제어법 : 주파수 변환법, 극수 변환법, 1차 전압 제어법

단상 유도 전동기 기동 토크가 큰 순서

반발 기동형 > 반발 유도형 > 콘덴서 기동형 > 분상 기동형 > 셰이딩 코일형

전동기의 역회전 방법

- 직류 전동기 : 전기자 전류 I_a나 계자 전류 I_f 중 하나의 방향을 반대로 할 것
- 3상 유도 전동기 : 1차 측 3선 중 임의의 2선의 접속을 바꿀 것
- 분상 기동형 단상 유도 전동기 : 주권선과 기동 권선(보조 권선) 중 1개만을 전원에 대하여 반대로 연결할 것

05 전기기기 응용

스위칭

- diode : 전류를 한쪽 방향으로만 흐르게 함(정류 작용)

  - 역방향으로 큰 전압을 가하면 큰 전류가 흐르며 전압이 일정하게 유지됨 : 제너 다이오드로 사용
- 전력용 트랜지스터(BJT)
  - base에 흐르는 전류로 on/off 제어
- IGBT : 대전력 고속 스위칭 on/off 기능

N형, P형 반도체

- N형 반도체 : 14족 원소(Si, Ge)에 15족 원소(인(P), 비소(As), 안티모니(Sb))를 주입하여 전자의 수가 많은 반도체
- P형 반도체 : 14족 원소(Si, Ge)에 13족 원소(알루미늄(Al), 붕소(B), 갈륨(Ga), 인듐(In))를 주입하여 정공의 수가 많은 반도체

위상 제어

- SCR(3단자 사이리스터) : 단방향 제어 가능

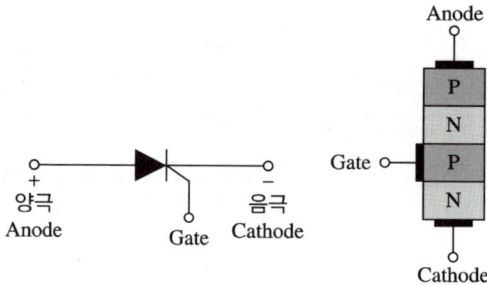

- GTO(Gate Turn Off Thyristor) : 자기 소호 기능

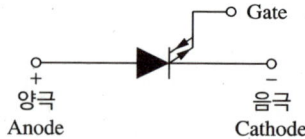

- TRIAC(Trielectrode AC Switc, 3단자 쌍방향 SCR) : 2개의 SCR을 역병렬로 접속하여 양방향 제어 가능

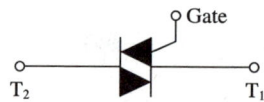

여러 가지 전력용 반도체의 분류

- 극수(단자)에 따른 분류

2극(단자) 소자	DIAC	SSS	diode	
3극(단자) 소자	SCR	GTO	TRIAC	LASCR
4극(단자) 소자	SCS			

- 전류제어 방향에 따른 분류

단방향성	SCR	GTO	SCS	LASCR
양방향성	TRIAC	SSS	DIAC	

■ 정류기

- 단상 반파 정류기 : $V_o = \dfrac{\sqrt{2}}{\pi} V_i ≒ 0.45 V_i$ [V], 맥동률 : 121[%]

- 단상 전파 정류기 $V_o = \dfrac{2\sqrt{2}}{\pi} V_i ≒ 0.9 V_i$ [V], 맥동률 : 48[%]

- 3상 반파 정류기 $V_o = \dfrac{3\sqrt{6}}{2\pi} V_i ≒ 1.17 V_i$ [V], 맥동률 : 17[%]

- 3상 전파 정류기 $V_o = \dfrac{3\sqrt{2}}{\pi} V_i ≒ 1.35 V_i$ [V], 맥동률 : 4[%]

■ 컨버터, 인버터, AC 인버터, 주파수 인버터, 초퍼

- 정류기(컨버터) : 교류를 직류로 변환
- 인버터 : 직류를 교류로 변환
- AC 컨버터 : 교류 전압의 크기 변환
- 주파수 컨버터 : 교류 전압의 크기, 주파수 변환
- 초퍼 : 직류를 다른 전압의 직류로 변환

■ 유도 전동기의 속도제어

- 단상 유도 전동기의 속도 제어 : TRIAC을 이용한 속도 제어
- 3상 유도 전동기의 속도 제어 : 사이리스터를 이용한 속도 제어, 인버터를 이용한 속도 제어(VVVF)

CHAPTER 03 전기설비

01 공통사항

▌전압의 구분

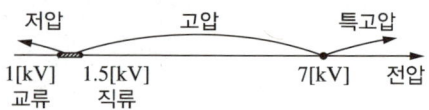

구분	저압	고압	특고압
교류	1[kV] 이하	1[kV] 초과 7[kV] 이하	7[kV] 초과
직류	1.5[kV] 이하	1.5[kV] 초과 7[kV] 이하	

▌단로, 3로, 4로 스위치

- 전등 1개를 2개소에서 점멸하기 위해 3로 스위치 2개 필요
- 전등 1개를 3개소에서 점멸하기 위해 3로 스위치 2개, 4로 스위치 1개 필요

▌저압 개폐기 생략 가능 장소

퓨즈의 전원 측으로 분기 회로용 과전류 차단기 이후의 퓨즈가 플러그 퓨즈와 같이 퓨즈 교환 시 충전부에 접촉될 우려가 없을 경우

▌전기 공사용 공구 및 기구

- 피시 테이프 : 배관에 전선을 넣을 때 사용
- 홀소 : 캐비닛 등과 같이 목재, 석재 등에 구멍을 뚫을 때 사용
- 리머 : 금속관을 쇠톱이나 커터로 절단 후, 관 안의 날카로운 곳을 다듬어서 전선의 손상을 방지하기 위해 사용
- 와이어 스트리퍼 : 전선의 피복 절연물을 벗길 때 사용
- 전선 피박기 : 활선 상태에서 전선의 피복을 벗기는 공구
- 녹아웃 펀치 : 철판과 같은 물체에 구멍을 뚫기 위해 사용
- 클리퍼 : 굵은 전선을 절단할 때 사용
- 유니버설 엘보 : 금속관공사를 노출로 시공할 때 직각으로 구부러지는 곳에 사용하는 배선 기구
- 와이어 통 : 배선 활선작업 시 활선을 밖으로 밀어낼 때, 또는 활선을 다른 장소로 옮길 때 사용하는 절연봉
- 리셉터클 : 코드 없이 천장이나 벽 또는 판 위에 붙이는 일종의 소켓으로 문, 화장실 등의 전등 램프 부착용(백열전구 노출 설치)으로 사용

- 히키 : 금속관 배관공사를 할 때 금속관을 구부리기 위해 사용
- 스프링 와셔 : 볼트와 너트 사이에 끼워 넣어 스프링의 반동력, 진동 등에 의해 나사를 풀리기 어렵게 함
- 링 리듀서 : 금속관 등을 아웃렛 박스의 로크 아웃에 취부할 때, 로크 아웃의 구멍이 관의 구멍보다 크며 로크 너트만으로는 고정할 수 없을 때 보조적으로 사용
- 로크 너트 : 금속관을 박스에 고정할 때 사용
- 유니온 커플링 : 전선관이 고정되어 있거나 회전할 수 없을 때, 전선관과 전선관을 서로 연결하기 위해 사용
- 코드 접속기 : 코드 상호 간 또는 캡타이어케이블 상호 간을 접속할 때 사용
- 엔트런스 캡 : 저압 인입선 공사에서 전선관 공사로 넘어갈 때, 전선관의 끝부분에 사용하여 빗물이 타고 들어오지 않도록 함
- 와이어 게이지 : 전선의 굵기를 측정하기 위해 사용
- 접지저항계(어스 테스터) : 접지저항 측정을 위해 사용
- 메거(절연저항계) : 절연저항 측정을 위해 사용
    - 500[V] 메거 : 저압 전기회로 측정
    - 1,000[V] 메거 : 고압기기, 고압 전로 측정

■ 전선의 식별

상(문자)	색상
L1	갈색
L2	검은색
L3	회색
N(중성선)	파란색
보호도체	녹색-노란색

■ 전선의 구비 조건

- 도전율이 클 것, 기계적 강도, 내구성이 클 것, 신장율이 클 것
- 밀도가 작을 것, 가선이 용이할 것, 가격이 저렴하고 구입하기 쉬울 것

▌ 전선의 분류

- 단선 : 도체를 1가닥만 사용하여 만든 전선
- 연선 : 소선이라고 불리는 도체 가닥을 여러 개 꼬아 만든 전선

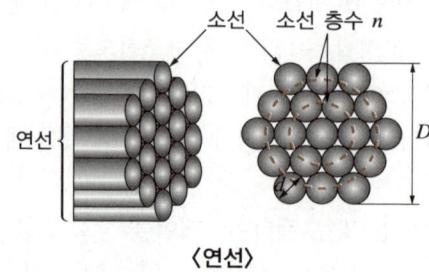

〈연선〉

- 전체 소선의 총수 $N = 3n(n+1) + 1$ [개]
  - 연선의 지름 $D = (2n+1)d$ [mm]
  - 연선의 단면적 $A = N \times a$ [mm²]
- 저압 절연전선의 종류
  - 450/750[V] 일반용 단심 비닐 절연전선(NR)
  - 450/750[V] 일반용 유연성 단심 비닐 절연전선(NF)
  - 300/500[V] 기기 배선용 단심 비닐 절연전선(NRI)
  - 300/500[V] 기기 배선용 유연성 단심 비닐 절연전선(NFI)
  - 옥외용 비닐 절연전선(OW 전선)
  - 인입용 비닐 절연전선(DV 전선)
- 저압 케이블의 종류
  - 0.6/1[kV] 비닐 절연 비닐 시스 케이블(VV)
  - 0.6/1[kV] 가교 폴리에틸렌 절연 비닐 시스 전력 케이블(CV)
  - 무기물 절연 케이블(MI)
- 경동선 : 옥외 송배전선, 가공 전선로에 사용, 고유저항 : $\frac{1}{55}$ [Ω·mm²/m]
- 연동선 : 저압 옥내배선에 사용, 고유저항 : $\frac{1}{58}$ [Ω·mm²/m]
- ACSR : 강심알루미늄연선

▌ 전선의 접속

- 전선을 접속하는 경우, 전선의 세기(인장하중)를 20[%] 이상 감소시키지 아니할 것(= 80[%] 이상 유지)

- 2개 이상의 전선을 병렬로 사용하는 경우에는 다음에 의하여 시설할 것
  - 병렬로 사용하는 각 전선의 굵기는 **구리(동선) 50[mm²] 이상 또는 알루미늄 70[mm²] 이상**으로 하고, 전선은 같은 도체, 같은 재료, 같은 길이, 같은 굵기의 것을 사용할 것
  - 같은 극의 각 전선은 동일한 **터미널러그에 완전히 접속할 것**
  - 병렬로 사용하는 **전선에는 각각에 퓨즈를 설치하지 말 것**
- 전선의 접속방법
  - 직선 접속
    - 단선 접속 : 트위스트 직선 접속 : 6[mm²] 이하 단선, 브리타니아 직선 접속 : 10[mm²] 이상 굵은 단선
    - 연선 접속 : 권선 직선 접속, 단선 직선 접속, 복권 직선 접속
  - 분기 접속
    - 단선 접속 : 트위스트 직선 접속 : 6[mm²] 이하 단선, 브리타니아 직선 접속 : 10[mm²] 이상 굵은 단선
    - 연선 접속 : 권선 분기 접속, 단권 분기 접속, 분할 권선 분기 접속
  - 종단 접속
    - 쥐꼬리 접속, 와이어 커넥터를 이용한 접속, 링 슬리브를 이용한 접속

▍전로의 절연저항

- 저압 전로의 절연 성능
  - 전선 상호 간 및 전로와 대지 사이의 절연저항은 **다음 표에서 정한 값 이상**이어야 한다. 저압 전로에서 **절연저항 측정이 곤란할 경우, 저항성분의 누설 전류가 1[mA]** 이하이면 그 전로의 절연 성능은 적합한 것으로 볼 수 있다.

[저압 전로의 절연 성능]

전로의 사용전압[V]	DC 시험전압[V]	절연저항[MΩ]
SELV 및 PELV	250	0.5
FELV를 포함한 500[V] 이하	500	1.0
500[V] 초과	1,000	1.0

▍전로의 절연 내력

- 절연 내력 시험의 방법
  - 절연 내력 시험은 최대 사용 전압에 의해 결정되는 **시험 전압을 절연 내력을 시험할 부분에 10분간 가하여 견디어야** 한다.
  - 전선에 **케이블을 사용하는 교류 전로는 결정된 시험 전압의 2배의 직류 전압을 가하여 견디어야** 한다.

- 전로의 절연 내력

전로의 종류	시험전압
최대 사용전압이 7[kV] 이하인 전로	최대 사용전압의 1.5배의 전압 (변압기 전로의 경우 최저 500[V])
최대 사용전압이 60[kV] 초과 중성점 접지식 전로	최대 사용전압의 0.72배의 전압

▍ 접지의 목적

- 누설 전류로 인한 감전 방지
- 기기, 전기설비 손상 방지
- 대지 전압의 저하
- 이상 전압의 억제
- 전기 선로의 지락 사고 발생 시 전기설비 보호 계전기의 확실한 작동

▍ 접지 시스템의 구분 및 종류

- 접지 시스템의 구분 : 계통 접지, 보호 접지, 피뢰시스템 접지
- 접지 시스템의 시설 종류
  - 단독 접지 : 고압 및 특고압 계통의 접지극과 저압 접지계통의 접지극을 단독으로(독립적) 시설하는 접지 방식
  - 공통 접지 : 고압 및 특고압 접지계통과 저압 접지계통을 등전위 형성을 위해 공통으로 접지하는 방식
  - 통합 접지 : 계통접지, 통신접지, 피뢰접지의 접지극을 통합하여 접지하는 방식

▍ 접지 시스템의 구성 요소 : 접지극, 접지도체, 보호도체, 기타 설비

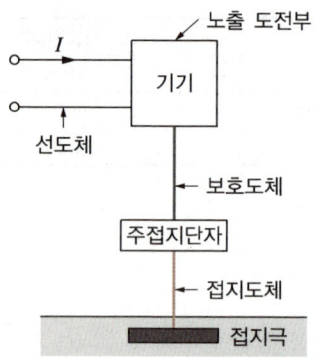

▌ 접지극의 시설

- 접지극 : 0.75[m] 이상
- 접지극을 지중에서 그 **금속체로부터 1[m] 이상 떼어 매설**한다.
  - 접지도체는 절연전선(옥외용 비닐 절연전선 제외), 캡타이어 케이블, 케이블(통신용 케이블 제외)을 사용
  - 접지도체는 지하 0.75[m]로부터 지표상 2[m]까지는 합성수지관 또는 이와 동등 이상의 절연 효력 및 강도를 가지는 몰드로 덮어야 한다.
- 수도관 등을 접지극으로 사용하는 경우
  - 금속제 수도관로 : 3[Ω] 이하
  - 접지도체와 금속제 수도관로의 접속
    ◇ **안지름 75[mm] 이상인 부분 또는 여기에서 분기한 안지름 75[mm] 미만인 분기점에서 5[m] 이내의 부분에서 접속**
    ◇ 금속제 수도관로와 대지 사이의 전기저항값이 2[Ω] 이하인 경우에는 **분기점으로부터의 거리는 5[m]를 넘을 수 있다.**
  - 건축물, 구조물의 철골 기타의 금속제 : 2[Ω] 이하

▌ 접지도체

- 접지도체의 단면적
  - 차단기의 **차단 시간이 5초 이하인 경우** : $S = \dfrac{\sqrt{I^2 t}}{k}$ [mm²]
  - 큰 고장 전류가 접지도체를 통해 흐르지 않을 경우

[접지도체의 단면적]

접지도체의 종류	큰 고장 전류가 접지도체를 통해 흐르지 않을 경우	접지도체에 피뢰 시스템이 접속되는 경우
구리	6[mm²] 이상	16[mm²] 이상
철제	50[mm²] 이상	

  - 일반적인 접지공사의 경우
    ◇ 특고압·고압 전기설비용 접지도체 : 6[mm²] 이상의 연동선 또는 동등 이상의 단면적 및 강도를 가져야 함
    ◇ 중성점 접지용 접지도체

일반적인 경우	7[kV] 이하의 전로/25[kV] 이하의 특고압 가공전선로
16[mm²] 이상의 연동선 또는 동등 이상의 단면적 및 강도	6[mm²] 이상의 연동선 또는 동등 이상의 단면적 및 강도

    ◇ 이동하여 사용하는 전기기계기구의 금속제 외함 등의 접지시스템의 경우

저압 전기설비용 접지도체	• 0.75[mm²] 이상의 다심 코드 또는 캡타이어케이블 • 1.5[mm²] 이상의 기타 유연성이 있는 연동연선
특고압·고압 전기설비용 접지도체 및 중성점 접지용 접지도체	10[mm²] 이상의 캡타이어케이블

■ 보호도체, 보호본딩도체로 사용해서는 안 되는 금속 부분
- 금속 수도관
- 가스, 액체, 가루와 같은 잠재적인 인화성 물질을 포함하는 금속관
- 기계적 응력을 받는 지지 구조물 일부
- 가요성 금속배관(다만, 보호도체의 목적으로 설계된 경우는 예외)
- 가요성 금속전선관
- 지지선, 케이블트레이 및 이와 비슷한 것

■ 접지공사 생략이 가능한 경우
- 사용전압이 직류 300[V] 또는 교류 대지전압이 150[V] 이하인 기계기구를 건조한 곳에 시설하는 경우
- 외함을 충전하여 사용하는 기계기구에 사람이 접촉할 우려가 없도록 시설한 경우
- 철대 또는 외함의 주위에 절연대를 설치하는 경우
- 물기 있는 장소 이외의 장소에 시설하는 저압용의 개별 기계기구에 전기를 공급하는 전로에 인체 감전 보호용 누전 차단기(정격 감도전류 30[mA] 이하, 동작 시간 0.03초 이하의 전류 동작형에 한함)를 시설하는 경우

■ 전기수용가 접지
- 수용장소 인입구 부근에서 다음의 것을 접지극으로 사용하여 변압기 중성점 접지를 한 저압전선로의 중성선 또는 접지측 전선에 추가로 접지공사를 할 수 있다.
    - 지중에 매설되어 있고 대지와의 전기저항값이 3[Ω] 이하의 값을 유지하고 있는 금속제 수도관로
    - 대지 사이의 전기
- 위의 사항에 따른 접지도체는 공칭단면적 6[mm^2] 이상의 연동선 또는 이와 동등 이상의 세기, 굵기의 것일 것

■ 접지 저항 저감 대책
- 접지극을 깊게 매설
- 토양의 고유저항을 화학적으로 저감
- 접지봉 연결 개수, 길이, 접지판 면적 증가

02 저압, 고압, 특고압 전기설비

▮ 저압 전원계통에서 사용하는 기호

기호	의미
 ─/─ N	중성선(N), 중간도체(M)
 ─/─ PE	보호도체(PE)
 ─/─ PEN	중선선과 보호도체 겸용(PEN)

▮ 계통접지의 방식

- 문자
  - 제1문자 : 전원 측의 접지상태(T, I)
  - 제2문자 : 전기설비의 접지상태(T, N)
  - 제3문자 : 중성선과 보호도체의 배치(S, C)
- 계통접지
  - TN 계통 : 전원 측 또는 변압기 측이 대지에 접지되어 있고, 전기설비는 전원 측 또는 변압기 측의 중성선에 연결된 접지 방식
  - TT 계통 : 전원 측 또는 변압기 측이 대지에 접지되어 있고 전기설비도 대지에 접지되어 있는 접지 방식
  - IT 계통 : 전원 측 또는 변압기 측이 비접지(대지와 완전하게 절연) 또는 높은 임피던스를 통해 대지에 접지되어 있고, 전기설비는 대지에 접지되어 있는 접지 방식

▮ 과전류 보호장치의 특성

- 과전류 차단기의 시설
  - 간선의 전원 측이나 분기점 등에 시설
  - 도체의 허용 전룻값이 줄어드는 곳(분기점)에 설치
- 과전류 차단기 시설 제한
  - 접지공사의 접지선
  - 다선식 전로의 중성선
  - 전로의 일부에 접지공사를 한 저압 가공전선로의 접지 측 전선

- 과전류 차단기의 특성
  - 저압용 퓨즈

  [퓨즈(gG)의 용단 특성]

정격 전류의 구분	시간	정격 전류의 배수	
		불용단 전류	용단 전류
4[A] 이하	60분	1.5배	2.1배
4[A] 초과 16[A] 미만	60분	1.5배	1.9배
16[A] 이상 63[A] 이하	60분	1.25배	1.6배
63[A] 초과 160[A] 이하	120분	1.25배	1.6배
160[A] 초과 400[A] 이하	180분	1.25배	1.6배
400[A] 초과	240분	1.25배	1.6배

  - 배선용 차단기

  [배선용 차단기의 과전류 트립 동작시간 및 특성]

정격 전류의 구분	시간	정격 전류의 배수			
		주택용 배선차단기(MCB)		산업용 배선차단기(MCCB)	
		부동작 전류	동작 전류	부동작 전류	동작 전류
63[A] 이하	60분	1.13배	1.45배	1.05배	1.3배
63[A] 초과	120분	1.13배	1.45배	1.05배	1.3배

▎누전 차단기의 시설

- 누전 차단기 시설 대상
  - 금속제 외함을 가지는 **사용 전압이 50[V]를 초과하는** 저압의 기계기구로서 **사람이 쉽게 접촉할 우려가 있는 곳**
  - KEC 규정에서 특별히 누전 차단기 설치를 요구하는 경우 시설
    ◇ 주택의 인입구
    ◇ 욕조나 샤워시설이 있는 욕실 또는 화장실에 콘센트를 시설하는 경우(정격 감도전류 15[mA] 이하)
    ◇ 수중조명등의 절연 변압기의 2차 측 전로의 사용 전압이 30[V]를 초과하는 경우
    ◇ 교통 신호등 회로 등
    ◇ 기타
- **누전 차단기의 생략**
  다음의 장소에는 누전 차단기를 설치하지 않을 수 있다.
  - 기계기구를 **발전소 · 변전소 · 개폐소** 또는 이에 준하는 곳에 시설하는 경우
  - 기계기구를 **건조한 곳**에 시설하는 경우
  - 대지전압이 150[V] 이하인 기계기구를 **물기가 있는 곳 이외의 곳**에 시설하는 경우
  - 기계기구가 **고무, 합성수지 기타 절연물로 피복**된 경우

- 기계기구가 유도 전동기 2차 측 전로에 접속된 경우
- 기타

■ **과부하 전류, 단락 전류에 대한 보호**
- 과부하, 단락 보호장치의 설치 위치
  - 도체의 **허용 전룻값이 줄어드는 곳(분기점)에 설치**
  - **분기점으로부터 3[m] 이내 설치**

■ **가공케이블의 시설**
- 케이블은 **조가선에 행거로 시설할 것**
- 사용 전압이 고압, 특고압인 경우 : **행거의 간격은 0.5[m] 이하**
- 케이블을 조가선에 접촉시키고 그 위에 쉽게 부식되지 않는 **금속 테이프 등을 0.2[m] 이하의 간격을 유지하며 나선형으로 감아 붙일 것**
- 조가선은 인장강도 5.93[kN](특고압용 조가선은 13.93[kN]) 이상의 것 또는 **단면적 22[mm^2] 이상의 아연도강연선일 것**

■ **지지물의 철탑오름 및 전주오름 방지**

가공전선로의 지지물에 취급자가 오르고 내리는 데 사용하는 발판, 볼트 등을 지표상 1.8[m] 미만에 시설하여서는 아니 된다.

■ **가공전선 지지물의 기초의 안전율**
- 가공전선로의 지지물에 하중이 가해지는 경우, 그 하중을 받는 **지지물의 기초의 안전율은 2**(이상 시 상정하중에 대한 철탑의 기초에 대하여는 1.33) **이상**이어야 한다. 다만, 다음에 따라 시설하는 경우에는 적용하지 않는다.
- 가공전선로 지지물의 매설 깊이

[가공전선로 지지물의 매설 깊이]

설계하중 구분	지지물의 길이	땅에 묻히는 깊이
6.8[kN] 이하	15[m] 이하	지지물 길이 $\times \frac{1}{6}$ 이상
	15[m] 초과 16[m] 이하	2.5[m] 이상
	16[m] 초과 20[m] 이하	2.8[m] 이상

▌ 가공전선로 지지물 간 거리의 제한

고압, 특고압 가공전선로의 지지물 간 거리는 다음의 값 이하로 시설

[고압, 특고압 가공전선로의 지지물 간 거리]

지지물의 종류	표준 지지물 간 거리
목주, A종 철주, A종 철근 콘크리트주	150[m] 이하
B종 철주, B종 철근 콘크리트주	250[m] 이하
철탑	600[m] 이하(단주인 경우 400[m] 이하)

▌ 지지선의 시설

- 철탑은 지지선 사용 금지
    - 지지선의 안전율은 2.5 이상일 것. 이 경우에 허용 인장하중의 최저는 4.31[kN]으로 한다.
    - 지지선에 연선을 사용할 경우에는 다음에 의할 것
        ◇ 소선 3가닥 이상의 연선을 사용
        ◇ 지중부분 및 지표상 0.3[m]까지의 부분에는 내식성이 있는 것 또는 아연도금을 한 철봉을 사용하고 쉽게 부식되지 않는 근가에 견고하게 붙일 것
    - 도로를 횡단하여 시설하는 지지선의 높이는 지표상 5[m] 이상으로 할 것
    (다만, 기술상 부득이하면서 교통에 지장을 초래할 우려가 없는 경우 : 지표상 4.5[m] 이상, 보도의 경우 : 2.5[m] 이상으로 시설)

▌ 가공전선의 굵기 및 종류

[사용전압에 따른 가공전선의 굵기와 종류]

사용전압		전선의 굵기
저압(400[V] 이하)		인장강도 3.43[kN] 이상 또는 지름 3.2[mm] 이상의 경동선 (절연전선인 경우 : 인장강도 2.3[kN] 이상 또는 지름 2.6[mm] 이상의 경동선)
저압(400[V] 초과)	시가지	인장강도 8.01[kN] 이상 또는 지름 5[mm] 이상의 경동선
	시가지 외	인장강도 5.26[kN] 이상 또는 지름 4[mm] 이상의 경동선

★ 사용전압이 400[V] 초과인 저압 가공전선에는 인입용 비닐 절연전선을 사용하여서는 안 된다.

가공전선의 높이

[저압, 고압 가공전선의 높이]

구분	저압 가공전선		고압 가공전선
철도, 궤도 횡단	레일면상 6.5[m] 이상		
도로 횡단	지표상 6[m] 이상		
횡단보도교 위에 시설	일반적인 경우	노면상 3.5[m] 이상	3.5[m] 이상
	저압 절연전선, 다심형 전선, 케이블을 사용하는 경우	3[m] 이상	
그 외의 경우	일반적인 경우	지표상 5[m] 이상	5[m] 이상
	도로 이외의 곳에 시설	4[m] 이상	
	절연전선이나 케이블을 사용하여 옥외 조명용에 공급하고 교통에 지장이 없도록 시설하는 경우		

가공전선 등의 병행설치

- 병행설치 시 다른 가공전선을 동일 지지물에 별개의 완금류에 시설하며 **전압이 높은 전선로가 낮은 전선로보다 상부에 위치하도록** 시설
- 저압 가공전선과 고압 가공전선의 병행설치
  - 저압 가공전선과 고압 가공전선 사이의 간격 : 0.5[m] 이상 (고압 가공전선이 케이블인 경우 : 0.3[m] 이상)

지중전선로의 종류

- 직접 매설식
  - 차량 기타 중량물의 압력을 받을 우려가 있는 장소에는 매설 깊이를 1[m] 이상, 기타 장소에는 0.6[m] 이상으로 하고 지중전선을 견고한 트로프 기타 방호물에 넣어 시설
- 관로식
  - 매설 깊이를 1[m] 이상으로 하되, 차량 등 중량물의 압력을 받을 우려가 없는 곳은 0.6[m] 이상으로 시설
- 암거식

저압 가공인입선의 시설 높이

[저압, 고압, 특고압 가공인입선의 높이]

구분	저압		고압	특고압(35[kV] 이하인 경우)
철도, 궤도 횡단	레일면상 6.5[m] 이상			
도로 횡단	일반적인 경우 : 노면상 5[m] 이상	6[m] 이상		6[m] 이상
	기술상 부득이 : 3[m] 이상			
횡단보도교 위	노면상 3[m] 이상		3.5[m] 이상	5[m] 이상 (특고압 절연전선 또는 케이블인 경우 : 4[m] 이상)
그 외의 경우	일반적인 경우 : 지표상 4[m] 이상		5[m] 이상	5[m] 이상
	기술상 부득이 : 2.5[m] 이상		위험 표시한 경우 : 3.5[m] 이상	

이웃 연결 인입선

저압 가공인입선의 규정에 준하여 시설하고 또한 다음에 따라 시설할 것
- 인입선에서 분기하는 점으로부터 100[m]를 넘지 않을 것
- 폭 5[m]를 초과하는 도로를 횡단하지 말 것
- 옥내를 통과하지 않을 것
- 이웃 연결 인입선은 저압만 시설 가능

차단기(CB ; Circuit Breaker)

- 저압에서 사용하는 차단기
  - 기중차단기(ACB ; Air Circuit Breaker)
  - 자기차단기(MBB ; Magnetic Blow-out circuit Breaker)
- 고압에서 사용하는 차단기
  - 진공차단기(VCB ; Vacuum Circuit Breaker)
  - 유입차단기(OCB ; Oil Circuit Breaker)
  - 가스차단기(GCB ; Gas Circuit Breaker) : 육불화황(SF_6) 가스를 이용
  - 공기차단기(ABB ; Air Blast Circuit)

피뢰기(LA ; Lightning Arrester)

- 피뢰기의 구조 : 직렬 갭 + 특성 요소

전력용 콘덴서

- 부하와 병렬로 접속하여 역률 개선을 위해 사용하는 장치
- 부속기기
  - 방전 코일 : 콘덴서를 회로에서 분리할 때, 잔류 전하를 방전하여 위험을 방지하고, 회로에 재투입할

때 콘덴서에 걸리는 과전압을 방지하기 위해 설치하는 장치
- 직렬 리액터 : 파형 개선을 위해(제5고조파 제거) 전력용 콘덴서와 직렬로 설치하는 장치

▍수용률

$$수용률 = \frac{최대\ 수용\ 전력[kW]}{부하\ 설비\ 합계[kW]} \times 100[\%]$$

▍건축물의 종류에 따른 표준 부하 밀도

건물 종류	표준 부하 밀도[VA/m²]
계단, 복도, 창고, 세면장	5
공장, 교회, 강당, 극장, 영화관, 연회장, 관람석	10
학교, 기숙사, 호텔, 여관, 병원, 음식점	20
사무실, 은행, 백화점, 이발소	30
아파트, 주택	40

▍배전반과 분전반

- 배전반 : 폐쇄식 배전반(큐비클형) : 가장 널리 사용
- 함 : 배전반이나 분전반을 넣는 곳
  - 반의 뒤쪽은 배선 및 기구를 배치하지 아니할 것
  - 난연성 합성수지로 된 것은 두께 1.5[mm] 이상으로 내 아크성인 것이어야 한다.
  - 강판제의 것은 두께 1.2[mm] 이상이어야 한다(다만, 가로 또는 세로의 길이가 30[cm] 이하인 것은 두께 1.0[mm] 이상으로 할 수 있다).
  - 절연저항 측정 및 전선 접속 단자의 점검이 용이한 구조로 시설할 것

▍전선관 시스템

- 합성수지관공사
  - 굵기 : 관 안지름의 크기에 가까운 짝수로 표기
  - 경질비닐전선관의 규격 : 14, 16, 22, 28, 36, 42, 54, 70, 82, 100[mm], 표준 길이 : 4[m]
  - 전선은 절연전선일 것(옥외용 비닐 절연전선 제외)
  - 전선은 연선일 것. 단면적 10[mm²](알루미늄선은 16[mm²]) 이하의 것은 단선 사용 가능
  - 관(합성수지제 가요전선관 제외)의 두께는 2[mm²] 이상
  - 관 상호 접속 시 관을 삽입하는 깊이를 관의 바깥지름의 1.2배 이상(접착제를 사용하는 경우에는 0.8배 이상)
  - 관 지지점 간 거리 : 1.5[m] 이하
  - 직각으로 구부릴 때 곡률 반지름은 관 안지름의 6배 이상

- 금속관공사
  - 후강전선관 : 안지름의 크기에 가까운 **짝수**, 16, 22, 28, 36, 42, 54, 70, 82, 92, 104[mm] (10종)
  - 박강전선관 : 바깥지름의 크기에 가까운 **홀수**, 19, 25, 31, 39, 51, 63, 75[mm] (7종), 1본의 길이는 3.6[m]
  - 전선은 **절연전선일 것**(옥외용 비닐 절연전선 제외)
  - 전선은 **연선일 것**. 단면적 10[mm^2](알루미늄선은 16[mm^2]) 이하의 것은 단선 사용 가능
  - 관의 두께 : **콘크리트에 매설하는 것** : 1.2[mm] 이상, 이외의 것 : 1[mm] 이상
  - **지지점 간 거리** : 2[m] 이하
  - **관을 구부릴 때 곡률 반지름**은 관 안지름의 6배 이상
- 금속가요제전선관공사
  - 전선은 **절연전선일 것**(옥외용 비닐 절연전선 제외)
  - 전선은 **연선일 것**. 단면적 10[mm^2](알루미늄선은 16[mm^2]) 이하의 것은 단선 사용 가능
  - 관의 지지점 간 거리 : 1[m] 이하
  - 관을 구부릴 때, 곡률 반지름은 관 안지름의 **6배 이상**으로 한다(관을 시설하거나 자유로운 경우에는 **3배 이상**).
  - 가요전선관의 상호접속 : **스플릿 커플링**
  - 가요전선관과 금속관의 접속 : **콤비네이션 커플링**

케이블트렁킹 시스템

- 합성수지몰드공사
  - 전선은 **절연전선**(옥외용 비닐 절연전선 제외)
  - 합성수지몰드는 **홈의 폭 및 깊이** : 35[mm] 이하, **두께** : 2[mm] 이상
    다만, 사람이 쉽게 접촉할 우려가 없도록 시설하는 경우, 폭 : 50[mm] 이하, 두께 : 1[mm] 이상의 것 사용 가능
- 금속몰드공사
  - 전선은 **절연전선**(옥외용 비닐 절연전선 제외)
  - 금속 몰드의 사용 전압이 400[V] 이하로 옥내의 건조한 장소로 전개된 장소 또는 점검할 수 있는 은폐장소에 한하여 시설
  - 같은 몰드 내에 넣는 경우의 전선 수
    - 1종 금속 몰드에 넣는 전선의 수 : **10본 이하**
    - 2종 금속 몰드에 넣는 전선의 수 : 전선의 피복 절연물을 포함한 단면적 총 합계가 몰드 내 단면적의 **20[%]** 이하로 할 것
- 금속트렁킹공사, 케이블트렌치공사

■ 케이블덕팅 시스템

- 금속덕트공사
  - 전선은 **절연전선(옥외용 비닐 절연전선 제외)**
  - 금속덕트에 넣은 전선의 단면적(절연피복 단면적 포함)의 합계는 덕트 내부 다면적의 **20[%]**(전광표시장치 기타 이와 유사한 장치 또는 제어회로 등의 배선만 넣는 경우에는 **50[%]**) 이하일 것
  - **폭 : 40[mm] 이상, 두께 : 1.2[mm] 이상**인 철판
  - 지지점 간 거리 : 3[m](취급자 이외의 자가 출입할 수 없도록 설비한 곳에 수직으로 붙이는 경우 : **6[m]**) 이하
  - 덕트의 **끝부분은 막을 것**
- 플로어덕트공사, 셀룰러덕트공사

■ 배선지지공사

- 케이블트레이공사
  - 케이블트레이의 **안전율은 1.5 이상**
- 케이블공사
  - 비고정법, 직접고정법, 지지선법
  - 지지점 간의 거리
    - ◇ 조영재의 아랫면 또는 옆면에 따라 붙이는 경우 : **2[m] 이하**
    - ◇ 캡타이어 케이블 : **1[m] 이하**
    - ◇ 사람 접촉 우려가 없는 곳에서 수직으로 부착하는 경우 : **6[m] 이하**
  - 케이블을 구부릴 경우, 굴곡부의 내부 반지름은 **단심의 경우** : 케이블 바깥지름의 **8배 이상, 다심의 경우 : 6배 이상**
- 애자공사
  - 전선은 **절연전선일 것**(옥외용 비닐 절연전선 및 인입용 비닐 절연전선 제외)
  - 애자공사의 전선 간격

간격	사용전압이 400[V] 이하	사용전압이 400[V] 초과
전선과 전선 간의 간격	0.06[m] 이상	
전선과 조영재 간의 간격	25[mm] 이상	45[mm] 이상 (건조한 장소는 25[mm] 이상)
지지점 간의 거리	조영재의 윗면 또는 옆면에 따라 붙이는 경우에는 2[m] 이하	조영재의 윗면 또는 옆면에 따라 붙이는 경우 이외에는 6[m] 이하

  - 애자의 선정 : **절연성, 내수성, 난연성**

그 외 공사

- 버스바 트렁킹 시스템
  - 버스덕트공사
    ◇ 지지점 간의 거리 : 3[m](취급자 이외의 자가 출입할 수 없도록 설비한 곳에서 수직으로 붙이는 경우 : 6[m]) 이하
    ◇ 덕트(환기형 제외)의 끝부분은 막을 것
    ◇ 버스덕트의 종류 : 피더 버스덕트, 플러그인 버스덕트, 트롤리 버스덕트, 익스팬션 버스덕트, 탭붙이 버스덕트, 트랜스포지션 버스덕트
- 파워트랙 시스템
  - 라이팅덕트공사
    ◇ 지지점 간의 거리 : 2[m] 이하
    ◇ 덕트의 끝부분은 막을 것

나전선 사용이 가능한 경우

애자공사, 버스덕트공사, 라이팅덕트공사, 접촉 전선(특정 규정을 만족하는 경우)

배선 기호

기호	명칭	기호	명칭
———————	천장 은폐배선	▸◂	제어반
----------	바닥 은폐배선	(EQ)	지진감지기
B, S_MCB	배선용 차단기	(CL)	실링라이트
⊠	배전반	◐	벽붙이 콘센트
◺	분전반	(H)	전열기

조명설비

- 코드 및 이동전선
  - 단면적 0.75[mm²] 이상의 코드 또는 캡타이어케이블을 용도에 따라 선정
- 콘센트의 시설
  - 물에 젖어있는 상태에서 전기를 사용하는 장소 : 인체 감전 보호용 누전 차단기(정격 감도전류 15[mA] 이하, 동작시간 0.03초 이하의 전류 동작형의 것)

- 타임 스위치를 시설할 것
  - 관광숙박업(호텔, 여관) : 객실 입구등은 **1분 이내로 소등**
  - 일반주택 및 아파트 : 현관등은 **3분 이내로 소등**

■ 조명설비의 시설

- 진열장 또는 이와 유사한 것
  - **사용전압 : 400[V] 이하**
  - 배선은 **단면적 0.75[mm^2] 이상의 코드 또는 캡타이어케이블**일 것
- 전주외등
  - **대지전압 : 300[V] 이하**
  - 배선은 **단면적 2.5[mm^2] 이상의 절연전선** 또는 동등 이상의 절연 성능이 있는 것으로 사용하며 **케이블공사, 금속관공사, 합성수지관공사** 중에서 시설할 것
- 교통신호등
  - **2차 측 배선의 최대 사용전압 : 300[V] 이하**
  - 케이블인 경우 이외에는 단면적 **2.5[mm^2] 연동선**
  - 교통신호등의 인하선 높이 : **2.5[m] 이상**

■ 특수 시설

- 전기울타리
  - 전로의 사용전압 : **250[V] 이하**
  - 전선 : 인장강도 1.38[kN] 이상의 것 또는 **지름 2[mm] 이상의 경동선**
- 전기욕기
  - 2차 측 사용전압 : **10[V] 이하**
  - 전원 변압기로부터 욕탕 **전극까지의 배선은 2.5[mm^2] 이상의 연동선**일 것
- 소세력회로
  - 1차 대지전압 : **300[V] 이하**
  - 전선은 공칭단면적 **1.0[mm^2] 이상의 연동선** 또는 코드, 케이블, 캡타이어 케이블, 통신용 케이블을 사용할 수 있으며 전선을 가공 방식으로 하는 경우 지름 1.2[mm] 이상의 경동선

▎특수 장소별 공사 방법

장소 \ 공사		케이블 공사	금속관 공사	합성수지관 공사	금속제 가요전선관	애자공사
먼지	폭연성	O	O	X	X	X
	가연성	O	O	O	X	X
가연성 가스		O	O	X	X	X
위험물 (성냥, 석유류 등 타기 쉬운 위험 물질)		O	O	O	X	X
화약류		O	O	X	X	X
터널, 갱도		O	O	O	O	O

필기이론

CHAPTER 01　전기이론
CHAPTER 02　전기기기
CHAPTER 03　전기설비

합격의 공식 **시대에듀**

www.sdedu.co.kr

CHAPTER 01 전기이론

대/표/유/형 로드맵

1. 직류 회로

START!

1. 물질의 구성
2. 전류
3. 전하량
4. 전자볼트
5. 전압

6. 저항
7. 저항의 길이가 변형된 경우
8. 고유저항의 단위 변환
9. 온도에 따른 저항
10. 그 외의 저항

11. 키르히호프의 법칙
12. 옴의 법칙
13. 회로에 걸리는 전압, 전류 계산
14. KVL을 활용한 회로 해석
15. 합성 저항 구하기

16. 최대 저항, 최소 저항 만들기
17. 전지의 합성
18. △, Y 회로의 상호 변환
19. 배율기와 분류기
20. 휘트스톤 브리지 회로

2. 전기장

1. 쿨롱의 법칙
2. 전기장의 세기
3. 전위
4. 전기장과 전기력선

26. 여러 가지 전류 관련 효과
27. 전기분해
28. 전기분해에 관한 패러데이의 법칙
29. 전지의 원리
30. 전지의 종류

21. 전력
22. 전력량
23. 최대 전력 구하기
24. 줄의 법칙
25. cal와 J의 관계

5. 전속, 전속 밀도, 전기력선의 개수
6. 유전율, 비유전율
7. 정전 유도와 정전 차폐
8. 커패시터, 커패시턴스

9. 커패시터의 연결
10. 커패시터에 축적되는 에너지
11. 커패시터의 종류
12. 축전지

3. 자기장

1. 쿨롱의 법칙
2. 자기장의 세기
3. 자성체의 종류
4. 자기장과 자기력선
5. 앙페르의 오른나사 법칙

6. 여러 가지 자기장의 세기
7. 비오-사바르의 법칙
8. 자속, 자속 밀도, 자기력선의 개수
9. 투자율, 비투자율
10. 영구자석과 히스테리시스 곡선

6. R만의 회로
7. L만의 회로
8. C만의 회로
9. $R-L-C$ 직렬 회로
10. $R-L-C$ 병렬 회로

4. 교류 회로

1. 교류를 삼각함수로 표현
2. 위상
3. 정현파 교류의 크기
4. 복소수를 이용한 교류의 표현
5. 임피던스

15. 인덕터와 자기 인덕턴스
16. 인덕터와 상호 인덕턴스
17. 인덕터의 접속
18. 인덕터에 저장되는 에너지
19. 전기 회로 vs 자기 회로

11. 플레밍의 왼손 법칙
12. 앙페르의 법칙
13. 플레밍의 오른손 법칙
14. 전자 유도 작용

11. 시정수
12. 전력 삼각형
13. 역률 개선을 위한 병렬 콘덴서 설치
14. 교류의 발생

15. Y 결선
16. △ 결선
17. V 결선
18. 전력 계산하기
19. 3상 교류 전력의 측정

20. 비정현파 교류의 표현
21. 비정현파 교류의 크기 구하기
22. 왜형률
23. 파형률과 파고율

FINISH!

01 직류 회로

대표유형 01 물질의 구성

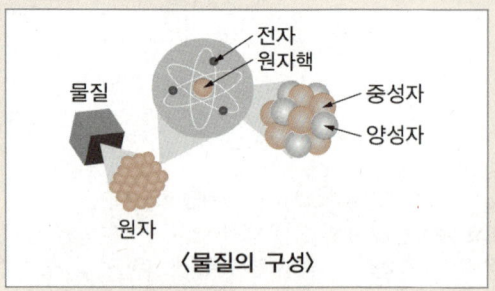
〈물질의 구성〉

① 원자 : 원자핵(양성자(양전하) + 중성인 중성자)과 전자(음전하)로 구성
② 전하량 : 물체가 가지고 있는 전기의 양
③ 자유 전자 : 원자핵의 구속에서 벗어나 자유롭게 이동할 수 있는 전자

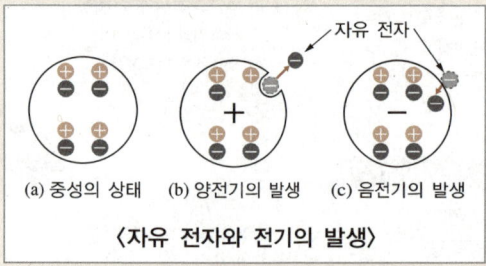
(a) 중성의 상태 (b) 양전기의 발생 (c) 음전기의 발생
〈자유 전자와 전기의 발생〉

④ 마찰 전기 : 물체 간 마찰에 의해 전자의 이동이 발생하여 전하를 갖는 현상
⑤ 대전 : 물체가 전기를 띠는 현상

01-1 물체가 가지고 있는 전기의 양을 무엇이라 하는가?
① 전하량 ② 원자
③ 전류 ④ 자유 전자

해설 전하량은 물체가 가지고 있는 전기의 양을 의미한다.

01-2 원자핵의 구속에서 이탈하여 자유롭게 이동할 수 있는 것은?
① 양자 ② 중성자
③ 분자 ④ 자유 전자

해설 **자유 전자**
원자핵의 구속에서 이탈하여 자유롭게 이동할 수 있는 전자

01-3 물질 중 자유 전자가 과잉된 상태를 뜻하는 것은?
① 발열 상태 ② (+) 대전 상태
③ 중성 상태 ④ (−) 대전 상태

해설 자유 전자가 과잉되어 양성자보다 많아지면 (−) 대전 상태가 된다.

01-4 어떤 물질이 정상 상태보다 전자의 수가 많거나 적어져 전기를 띠는 현상을 일컫는 말은?

① 전류 ② 방전
③ 대전 ④ 전하

해설) 어떤 물질이 정상 상태보다 전자의 수가 많거나 적어져 전기를 띠는 현상을 대전 현상이라고 한다.

01-5 외부 힘에 의해 전하량의 평형이 깨지면서 물체가 (−) 전기 또는 (+) 전기를 띠게 되는 현상을 무엇이라 하는가?

① 대전 ② 전류
③ 방전 ④ 대류

해설) 물질은 정상 상태보다 전자수가 많아지면 (−) 전기를, 적어지면 (+) 전기를 띠게 되며 이를 대전이라고 한다.

01-6 음전하와 양전하로 대전된 도체를 가느다란 전선으로 연결하면 양전하가 음전하를 끌어당겨 중화된다. 이때 전선에 흐르는 것은?

① 전력 ② 전류
③ 저항 ④ 전압

해설) 대전된 도체를 접속하면 전선에 전류가 흐르게 된다.

대표유형 02) 전류(current)

① 개념
  ㉠ 단위 시간 동안 어떤 단면적을 통과한 전하의 양
  ㉡ 1[s]에 전하가 몇 [C]만큼 이동하는가
② 공식
  전류 $I = \dfrac{Q}{t}$ [C/s], [A]

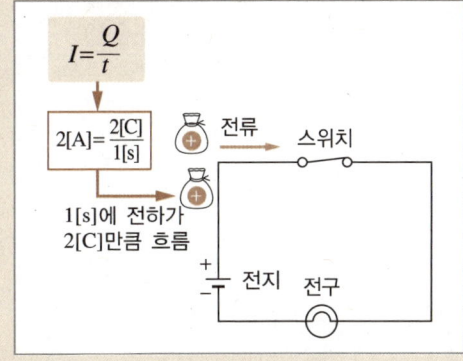

③ 특징
  ㉠ 전류는 (+)극에서 (−)극으로 흐름
  ㉡ 전자는 (−)극에서 (+)극으로 이동

02-1 어떤 회로에 1초 동안에 3[C]의 전기량이 이동하면 이때 흐르는 전류[A]는?

① 1 ② 3
③ 5 ④ 7

해설) $I = \dfrac{Q}{t} = \dfrac{3[C]}{1[s]} = 3[A]$

02-2 어떤 회로에 3분 동안에 9[C]의 전기량이 이동하면 이때 흐르는 전류[A]는?

① 0.05 ② 3
③ 5 ④ 50

해설) 1[A] = 1[C/s]이므로 [s](초)로 단위를 변환해야 한다.
$I = \dfrac{Q}{t} = \dfrac{9[C]}{3[\min]} = \dfrac{9[C]}{180[s]} = \dfrac{1}{20}[A] = 0.05[A]$

정답 1-4 ③ 1-5 ① 1-6 ② / 2-1 ② 2-2 ①

02-3 어떤 도체에 3[A]의 전류가 흐를 때 총 전기량이 900[C]이면 전류가 흐른 시간은?

① 2분 ② 3분
③ 4분 ④ 5분

해설 $I = \dfrac{Q}{t}$ 에서 $t = \dfrac{Q}{I} = \dfrac{900[C]}{3[A]} = 300[s] = 5[min]$

대표유형 03 전하량(= 전기량)

① 개념
  ㉠ 어떤 물체 또는 입자가 띠고 있는 전기의 양
  ㉡ 일정 시간 동안 어떤 단면적을 통과한 전하의 총합

② 공식
  전하량 $Q = I \cdot t = n \cdot e$ [As], [C]
  (I : 전류, t : 시간, n : 전자의 개수,
  e : 전자 1개가 갖는 전하량(1.602×10^{-19}))

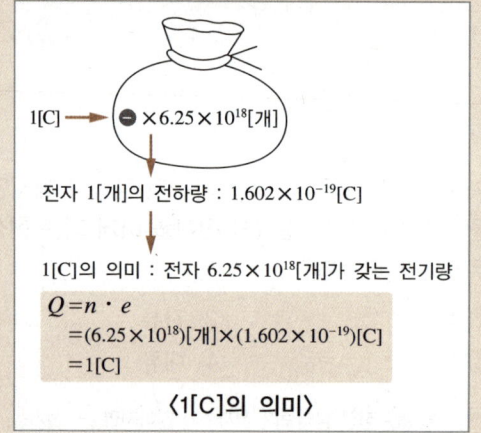

〈1[C]의 의미〉

03-1 다음 중 전기량(전하)의 단위는?

① [mA] ② [nW]
③ [μF] ④ [C]

해설 전기량 Q의 단위는 쿨롬[C]이다.

03-2 18[As]는 몇 [C]인가?

① 1.8 ② 18
③ 180 ④ 1,800

해설 단위 [As]를 보고
$Q = I \cdot t = 18[As] = 18[C]$

03-3 3[Ah]는 몇 [C]인가?

① 3 ② 180
③ 580 ④ 10,800

해설 단위 [Ah]를 보고
$Q=It$를 발상하고 전기량 Q의 단위가 [As]이므로 [Ah]를 [As]로 변환한다.
3[Ah] = 3[A] × 1[h] = 3[A] × 3,600[s]
= 10,800[As] = 10,800[C]

03-4 반지름이 10[mm]인 전선에 10[A]의 전류가 흐르고 있을 때 단위 시간당 전선의 단면을 통과하는 전자의 개수는?(단, 전자의 전하량 $e=1.602 \times 10^{-19}$[C]이다)

① 6.24×10^{16} ② 6.24×10^{17}
③ 6.24×10^{18} ④ 6.24×10^{19}

해설 전하량 $Q = n \cdot e$
전류가 10[A]라는 의미는 1초에 10[C]이 이동하고 있다는 의미이므로 $Q=10$[C]
∴ $Q = 10 = n \cdot e = n \times (1.602 \times 10^{-19})$
$n = \dfrac{10}{1.602 \times 10^{-19}} = 6.24 \times 10^{19}$[개]

대표유형 04 전자볼트(electron volt)

① 개념 : 전자 1개가 1[V]의 전위를 거슬러 올라갈 때 드는 에너지(일)

② 공식
$1[eV] = 1.602 \times 10^{-19}[J]$

전자 1개가 1[V]의 전위를 거슬러 올라갈 때 1.602×10^{-19}[J] 만큼의 에너지가 필요하다.
〈1[eV]의 의미〉

04-1 1[eV]는 몇 [J]인가?

① 1 ② 1×10^{19}
③ 1.602×10^{-19} ④ 1.602×10^{19}

해설 $1[eV] = 1.602 \times 10^{-19}[J]$

04-2 100[eV]는 몇 [J]인가?

① 1.602×10^{-19} ② 16.02×10^{-19}
③ 160.2×10^{-19} ④ $1,602 \times 10^{-19}$

해설 $1[eV] = 1.602 \times 10^{-19}[J]$이므로
$100[eV] = 160.2 \times 10^{-19}[J]$

04-3 전자에 10[V]의 전위차를 인가한 경우 전자 에너지[J]는 얼마인가?

① 1.6×10^{-20} ② 1.6×10^{-19}
③ 1.6×10^{-18} ④ 1.6×10^{-17}

해설 전자 에너지는 $1[eV] = 1.6 \times 10^{-19}[J]$이다.
따라서 전자에 10[V]의 전위차를 인가한 경우 전자 에너지는
$W = QV = 1.6 \times 10^{-19} \times 10 = 1.6 \times 10^{-18}[J]$

정답 3-3 ④ 3-4 ④ / 4-1 ③ 4-2 ③ 4-3 ③

대표유형 05 전압

① 전압(= 전위차)
  ㉠ 개념
   • 단위 전하(+1[C])가 할 수 있는 일의 양
   • 단위 전하(+1[C])가 몇 [J]만큼 일할 수 있는가
   • 도체 내 두 점 사이의 전기적인 위치에너지의 차이(전위차)
  ㉡ 공식
   $V = \dfrac{W}{Q}$ [J/C], [V]
   (W : 일[J], Q : 전하량[C])

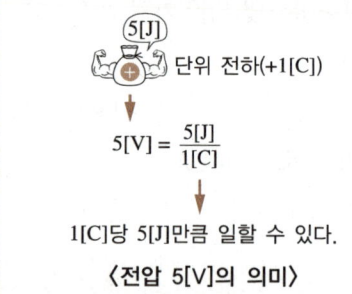
〈전압 5[V]의 의미〉

② 기전력 : 전류를 계속해서 흐르게 하기 위해 전압을 연속적으로 만드는 힘

05-1 전위의 단위로 옳지 않은 것은?
① [V/m]
② [J/C]
③ [V]
④ [N·m/C]

(해설) 전위의 단위 $V = \dfrac{W}{Q}$ [V] = [J/C] = [N·m/C]
이때 $W = F \cdot s$ [N·m]에 의해서 [J] = [N·m]

05-2 1[C]의 전기량이 회로에서 5[J]의 일을 할 때 이 회로의 전압[V]은?
① 1 ② 3
③ 5 ④ 7

(해설) $V = \dfrac{W}{Q} = \dfrac{5[J]}{1[C]} = 5[V]$

05-3 2[C]의 전기량이 두 점 사이를 이동하여 48[J]의 일을 한다면 이 두 점 사이 전위차는 몇 [V]인가?
① 2 ② 12
③ 24 ④ 48

(해설) $V = \dfrac{W}{Q} = \dfrac{48[J]}{2[C]} = 24[V]$

05-4 9[V]의 기전력으로 20[C]의 전기량이 이동할 때 몇 [J]의 일을 하게 되는가?
① 9 ② 18
③ 180 ④ 900

(해설) $V = \dfrac{W}{Q}$
∴ $W = VQ = 9[V] \cdot 20[C] = 180[J]$

05-5 Q[C]의 전기량이 도체를 이동하면서 한 일을 W[J]이라 할 때, 전압 V[V]를 나타내는 관계식은?
① $V = \dfrac{W}{Q}$ ② $V = WQ$
③ $V = \dfrac{Q}{W}$ ④ $V = \dfrac{1}{QW}$

(해설) $V = \dfrac{W}{Q}$ [V]

05-6 4[V]의 기전력으로 300[C]의 전기량이 이동할 때 몇 [J]의 일을 하게 되는가?

① 300
② 600
③ 900
④ 1,200

해설 전하가 한 일은 $W = QV = 300[\text{C}] \times 4[\text{V}] = 1,200[\text{J}]$

05-7 24[C]의 전기량이 이동해서 144[J]의 일을 할 때 기전력[V]은 얼마인가?

① 4
② 6
③ 8
④ 12

해설 기전력 $V = \dfrac{W}{Q} = \dfrac{144[\text{J}]}{24[\text{C}]} = 6[\text{V}]$

05-8 다음 설명 중 잘못된 것은?

① 전류의 방향은 전자의 이동 방향과 반대다.
② 1초 동안에 1[C]의 전기량이 이동하면 전류는 1[A]다.
③ 양전하를 많이 가진 물질은 전위가 낮다.
④ 전위차가 높으면 높을수록 전류는 잘 흐른다.

해설 **전위**
전기적인 위치에너지를 의미하며 전위차가 높을수록 전류가 잘 흐르고 양전하가 많을수록 전위가 높다.

05-9 전류를 계속 흐르게 하려면 전압을 연속적으로 만들어주는 힘이 필요한데, 이 힘을 무엇이라 하는가?

① 기전력
② 전기력
③ 자기력
④ 기자력

해설 **기전력**
배터리와 같이 전원에 의해 생성되는 전위차

대표유형 06 저항

① **저항(resistance)**
  ㉠ 개념 : 전류의 흐름을 방해하는 작용
  ㉡ 공식 : 저항 $R = \rho \dfrac{l}{S}$ [Ω] (ohm, 옴)

  (ρ : 고유저항[Ω·m], l : 길이[m], S : 단면적[m²])

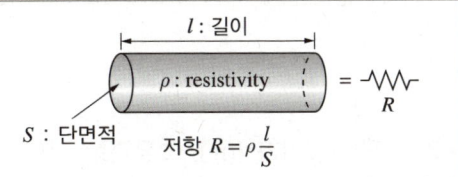

✓ **물질에 따른 고유저항**

물질	고유저항 [Ω·m]	물질	고유저항 [Ω·m]
은	1.62×10⁻⁸	백금	10.6×10⁻⁸
순동(구리)	1.72×10⁻⁸	납	22×10⁻⁸
경동선	1.78×10⁻⁸	니크롬	150×10⁻⁶
금	2.44×10⁻⁸	카본	3.5×10⁻⁵
알루미늄	2.75×10⁻⁸	저마늄	0.46
텅스텐	5.6×10⁻⁸	실리콘	640
니켈	7.24×10⁻⁸	유리	10¹⁰~10¹⁴
철	9.8×10⁻⁸	고무	10¹³

고유저항 ρ의 크기 : 은 < 구리 < 금 < 알루미늄

② **컨덕턴스(conductance)**
  ㉠ 개념 : 저항의 역수
  ㉡ 공식 : 컨덕턴스 $G = \dfrac{1}{R}$ [℧] (mho, 모)

  (R : 저항[Ω])

③ **전도율(도전율, conductivity)**
  ㉠ 개념 : 전류가 통하기 쉬운 정도를 나타내는 물질 고유의 값
  ㉡ 공식

  전도율 $\sigma = \dfrac{1}{\rho}$ [℧/m]

  (ρ : 고유저항)

정답 5-6 ④ 5-7 ② 5-8 ③ 5-9 ①

06-1 전기저항에 대한 설명으로 옳은 것은?

① 저항은 길이에 반비례한다.
② 저항은 단면적에 비례한다.
③ 저항은 고유저항에 비례한다.
④ 저항은 재질에 반비례한다.

[해설] $R = \rho \dfrac{l}{S}$

저항은 고유저항 ρ, 길이 l 과 비례하고 단면적 S에 반비례한다.

06-2 도체의 길이가 l[m], 고유저항 ρ[Ω·m], 반지름이 r[m]인 도체의 전기저항[Ω]은?

① $\rho \dfrac{l}{\pi r^2}$ ② $\rho \dfrac{l}{\pi r}$
③ $\rho \dfrac{r}{\pi l^2}$ ④ $\rho \dfrac{r}{\pi l}$

[해설] 전기저항 $R = \rho \dfrac{l}{S}$ 이고, $S = \pi r^2$ 에서 $R = \rho \dfrac{l}{\pi r^2}$

06-3 고유저항 ρ의 단위는?

① [℧] ② [℧·m]
③ [Ω·m] ④ [Ω/m]

[해설] 고유저항은 단위 길이[m], 단위 넓이[m²]당 전기저항값으로 정의되며 물질의 재료마다 다른 값을 가지는 고유 특징이다. 단위는 $\left[\Omega \cdot \dfrac{m^2}{m}\right]$, [Ω·m]를 사용한다.

06-4 컨덕턴스 G[℧], 저항[Ω], 전압 V[V], 전류를 I[A]라고 할 때 G와의 관계로 옳은 것은?

① $G = \dfrac{I}{V}$ ② $G = \dfrac{R}{V}$
③ $G = \dfrac{V}{I}$ ④ $G = \dfrac{V}{R}$

[해설] $R = \dfrac{V}{I}$ 에서 컨덕턴스 $G = \dfrac{1}{R} = \dfrac{I}{V}$

06-5 5[Ω]인 저항의 컨덕턴스는 몇 [℧]인가?

① 0.1 ② 0.2
③ 0.3 ④ 0.4

[해설] 컨덕턴스 $G = \dfrac{1}{R}$

$G = \dfrac{1}{R} = \dfrac{1}{5} = 0.2$[℧]

06-6 2[Ω]의 저항과 3[Ω]의 저항을 직렬로 접속할 때 합성 컨덕턴스[℧]는 얼마인가?

① 0.2 ② 2
③ 0.5 ④ 5

[해설] 직렬로 접속할 때 저항 $R = 2 + 3 = 5$[Ω]이므로 역수를 취해 컨덕턴스를 구하면 $G = \dfrac{1}{R} = \dfrac{1}{5} = 0.2$[℧]

06-7 0.2[℧]의 컨덕턴스 2개를 직렬로 접속하여 3[A]의 전류를 흘리려면 몇 [V]의 전압을 공급해야 하는가?

① 10 ② 15
③ 30 ④ 45

[해설] 저항 $R = \dfrac{1}{G} = \dfrac{1}{0.2} = 5$[Ω]을 직렬로 2개 접속할 때 합성저항은 10[Ω]이다.
이때 3[A]의 전류를 흘리기 위해서는
$V = IR = 3 \times 10 = 30$[V]의 전압을 공급해야 한다.

정답 6-1 ③ 6-2 ① 6-3 ③ 6-4 ① 6-5 ② 6-6 ① 6-7 ③

06-8 전도율(conductivity)의 단위는?

① [Ω·m] ② [Ω/m]
③ [℧·m] ④ [℧/m]

해설) 전도율 $\sigma = \dfrac{1}{\rho}$의 단위는 $\left[\dfrac{1}{\Omega \cdot m}\right] = [℧/m]$

06-9 전도율이 큰 것부터 작은 것의 순으로 나열한 것은?

① 은, 구리, 금, 알루미늄
② 은, 구리, 알루미늄, 금
③ 금, 은, 구리, 알루미늄
④ 금, 은, 구리, 알루미늄

해설) **물질에 따른 고유저항**

물질	고유저항 [Ω·m]	물질	고유저항 [Ω·m]
은	1.62×10^{-8}	백금	10.6×10^{-8}
순동(구리)	1.72×10^{-8}	납	22×10^{-8}
경동선	1.78×10^{-8}	니크롬	150×10^{-6}
금	2.44×10^{-8}	카본	3.5×10^{-5}
알루미늄	2.75×10^{-8}	저마늄	0.46
텅스텐	5.6×10^{-8}	실리콘	640
니켈	7.24×10^{-8}	유리	$10^{10} \sim 10^{14}$
철	9.8×10^{-8}	고무	10^{13}

전도율 $\sigma = \dfrac{1}{\rho}$

고유저항 ρ의 크기가 은 < 구리 < 금 < 알루미늄이므로
전도율 σ의 크기는 은 > 구리 > 금 > 알루미늄

대표유형 07 저항의 길이가 변형된 경우

저항 $R = \rho \dfrac{l}{S}$ [Ω] 공식 활용

(ρ : 고유저항, l : 길이[m], S : 단면적[m²])

07-1 길이 10[m]인 도선의 저항값이 100[Ω]이다. 이 도선을 고르게 20[m]로 늘일 때 저항값은 몇 [Ω]인가?(단, 도선의 부피는 일정하다)

① 100 ② 200
③ 300 ④ 400

해설) $R = \rho \dfrac{l}{S}$

도선의 길이를 고르게 변화시키면 부피가 일정해야 하므로 단면적에도 변화가 생긴다. 부피 = 단면적 × 길이이므로 길이가 2배 증가하면 단면적은 $\dfrac{1}{2}$배 감소한다.

현재 $R_{10[m]} = \rho \dfrac{l}{S} = 100[\Omega]$ 이고

길이가 10[m]에서 20[m]로 2배 늘어나서 단면적은 $\dfrac{1}{2}$배 감소해야 하므로

$R_{20[m]} = \rho \dfrac{2배 \times l}{\dfrac{1}{2}배 \times S} = \rho \dfrac{4배 \times l}{S} = 4배 \times \rho \dfrac{l}{S} = 4R_{10[m]}$

∴ $R_{20[m]} = 400[\Omega]$

07-2 길이 5[m]인 도선의 저항값이 10[Ω]이다. 이 도선을 고르게 20[m]로 늘일 때 저항값은 몇 [Ω]인가?(단, 도선의 부피는 일정하다)

① 10 ② 40
③ 80 ④ 160

해설) $R = \rho \dfrac{l}{S}$

07-1번과 같은 방법으로

$R_{20[m]} = \rho \dfrac{4배 \times l}{\dfrac{1}{4}배 \times S} = \rho \dfrac{16배 \times l}{S} = 16배 \times \rho \dfrac{l}{S} = 16R_{5[m]}$

∴ $R_{20[m]} = 160[\Omega]$

정답 6-8 ④ 6-9 ① / 7-1 ④ 7-2 ④

07-3 길이 l[m]인 도선의 저항값이 R[Ω]이다. 이 도선을 고르게 n배로 늘일 때 저항값은 몇 배가 되는가?(단, 도선의 부피는 일정하다)

① 1배
② 2배
③ n배
④ n^2배

해설 $R = \rho \dfrac{l}{S} = \rho \dfrac{l}{r^2 \pi}$ (원의 넓이 $S = r^2 \pi$)

$R_{n배 늘인 후} = \rho \dfrac{n배 \times l}{\dfrac{1}{n}배 \times S} = \rho \dfrac{n^2배 \times l}{S}$

$= n^2배 \times \rho \dfrac{l}{S} = n^2 R_{l[m]짜리}$

∴ $R_{n배 늘인 후} = n^2 R$[Ω]

07-4 전선의 길이를 4배로 늘인 경우 처음의 저항값과 같게 하기 위해서는 전선의 반지름을 어떻게 해야 하는가?(단, 도선의 부피는 일정하다)

① $\dfrac{1}{4}$배로 감소시킨다.

② $\dfrac{1}{2}$배로 증가시킨다.

③ 2배로 증가시킨다.

④ 4배로 증가시킨다.

해설 $R = \rho \dfrac{l}{S} = \rho \dfrac{l}{r^2 \pi}$ (원의 넓이 $S = r^2 \pi$)

$R_{길이 4배} = \rho \dfrac{l_{늘인 후}}{S_{늘인 후}} = \rho \dfrac{4l}{S_{늘인 후}}$

그런데 $R = R_{길이 4배}$가 되어야 하므로

$\Leftrightarrow \rho \dfrac{l}{S} = \rho \dfrac{4l}{S_{늘인 후}}$

∴ $S_{늘인 후} = 4S$가 되어야 한다.
∴ $S_{늘인 후} = (r_{늘인 후})^2 \pi = 4S = 4r^2 \pi$
다시 정리하면
$(r_{늘인 후})^2 \pi = 4r^2 \pi = (2r)^2 \pi$ ∴ $r_{늘인 후} = 2r$이므로 2배 증가시키면 된다.

07-5 굵기가 일정한 도선에서 부피는 변하지 않고 지름을 $\dfrac{1}{n}$로 줄이면 저항값은 몇 배가 되는가?

① $\dfrac{1}{n^2}$
② n
③ $16n^2$
④ $16n^4$

해설 $R = \rho \dfrac{l}{S}$ 에서

부피가 변하지 않으면서
도선의 길이 l을 변화시키면 단면적 S도 변화가 생긴다.
부피 = 단면적 × 길이 = $S \times l = S_{줄인 후} \times l_{줄인 후}$

지름을 $\dfrac{1}{n}$로 줄이면

단면적은 $\left(\dfrac{1}{2n}\right)^2 = \dfrac{1}{4n^2}$ 배가 되며

길이는 $4n^2$ 배가 되어야 한다.

$R_{변형 전} = \rho \dfrac{l}{S}$

$R_{줄인 후} = \rho \dfrac{l_{줄인 후}}{S_{줄인 후}} = \rho \dfrac{4n^2 \times l}{\dfrac{1}{4n^2} \times S}$

$= 16n^4 \times \rho \dfrac{l}{S} = 16n^4 R_{변형 전}$

따라서 $16n^4$배가 된다.

대표유형 08 · 고유저항의 단위 변환

저항 $R = \rho \dfrac{l}{S}$ 에서 고유저항 ρ에 대하여

고유저항 $1[\Omega \cdot m] = 10^6[\Omega \cdot mm^2/m]$ 이다.

$1[\Omega \cdot m] = 1\left[\Omega \cdot \dfrac{m^2}{m}\right]$ 로 쓸 수 있으며

이때 $1[m] = 1{,}000[mm] = 10^3[mm]$

∴ $1[m^2] = 10^6[mm^2]$ 이므로

$1[\Omega \cdot m] = 1\left[\Omega \cdot \dfrac{m^2}{m}\right] = 1\left[\Omega \cdot \dfrac{10^6 mm^2}{m}\right]$

$= 10^6\left[\Omega \cdot \dfrac{mm^2}{m}\right]$

단면적 $1[mm^2]$, 길이 $1[m]$, l

보통 전선은 단면적을 $1[mm^2]$를 기준으로 사용하므로 단위를 변환하여 사용하기도 한다.

08-1 전선에서 길이 1[m], 단면적 1[mm²]을 기준으로 고유저항의 단위를 나타낸 것으로 옳은 것은?

① [Ω]
② [Ω·mm²]
③ [Ω/m]
④ [Ω·mm²/m]

해설) 고유저항 $\rho = R\dfrac{S}{l}$ 이므로 단위는 [Ω·mm²/m]로 표기한다.

08-2 1[Ω·m]는 몇 [Ω·cm]인가?

① 10^{-2}
② 10^{-1}
③ 10
④ 10^2

해설) $1[\Omega \cdot m] = 10^2[\Omega \cdot cm]$

08-3 3[Ω·m]와 같은 것은?

① 3[℧·m]
② $3 \times 10^6[\Omega \cdot m]$
③ $3 \times 10^6\left[\Omega \cdot \dfrac{mm^2}{m}\right]$
④ $3 \times 10^6[\Omega \cdot cm]$

해설) $1[\Omega \cdot m] = 10^6[\Omega \cdot mm^2/m]$
∴ $3[\Omega \cdot m] = 3 \times 10^6[\Omega \cdot mm^2/m]$

08-4 100[Ω·cm]와 같은 것은?

① 1[℧·m]
② 10[℧·m]
③ 1[Ω·m]
④ 10[Ω·m]

해설) 100[cm] = 1[m]이므로
100[Ω·cm] = 1[Ω·m]

정답 8-1 ④ 8-2 ④ 8-3 ③ 8-4 ③

대표유형 09 온도에 따른 저항

① 온도 차에 따른 저항 계산식

$$R_{t_2} = R_{t_1}\{1+\alpha_{t_1}(t_2-t_1)\}[\Omega]$$

(R_{t_2} : 온도 변화 후 $t_2[℃]$에서의 저항,
R_{t_1} : 온도 변화 전 $t_1[℃]$에서의 저항,
α_{t_1} : 온도 $t_1[℃]$에서 온도계수)

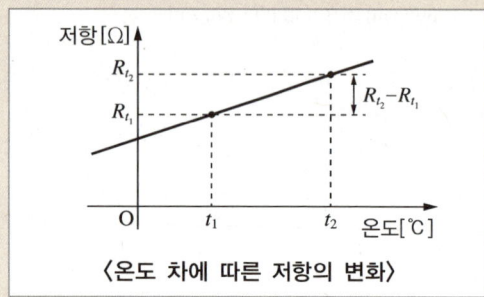

〈온도 차에 따른 저항의 변화〉

② 도체 : 온도↑ ⇨ 저항↑ ⇨ 정특성 온도계수
  예 은, 구리, 금, 알루미늄
③ 반도체 : 온도↑ ⇨ 저항↓ ⇨ 부특성 온도계수
  예 규소, 저마늄, 탄소, 아산화동, 서미스터

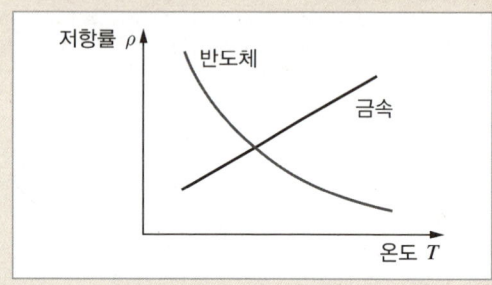

09-1 주위온도 0[℃]에서 저항이 20[Ω]인 연동선이 있다. 주위온도가 50[℃]로 변화하는 경우 저항은?(단, 0[℃]에서 연동선의 온도계수는 $\alpha_0 = 4.3 \times 10^{-3}$이다)

① 약 22.3[Ω]   ② 약 23.3[Ω]
③ 약 24.3[Ω]   ④ 약 25.3[Ω]

해설 온도에 따른 저항 계산식
$R_{t_2} = R_{t_1}\{1+\alpha_{t_1}(t_2-t_1)\}[\Omega]$
$= 20\{1+4.3\times 10^{-3}(50-0)\} = 24.3[\Omega]$

09-2 전기저항에 대한 설명으로 올바른 것은?

① 도체의 경우 온도 변화에 대해 정특성을 가진다.
② 도체의 경우 온도 변화에 대해 부특성을 가진다.
③ 반도체의 경우 온도 변화와 무관하다.
④ 반도체의 경우 온도 변화에 대해 정특성을 가진다.

해설 • 도체 : 보통 도체는 온도가 높아질수록 저항이 증가(정(+) 특성 온도계수)
• 반도체 : 보통 반도체는 온도가 높아질수록 저항이 감소(부(-)특성 온도계수)

09-3 권선저항과 온도의 관계는?

① 온도와 무관하다.
② 온도가 상승하면 권선저항은 증가한다.
③ 온도가 상승하면 권선저항은 감소한다.
④ 온도가 상승하면 권선저항은 증가와 감소를 반복한다.

해설 온도와 권선저항은 정온도 특성을 가진다. 따라서 온도가 상승하면 권선저항은 증가한다.

09-4 다음 중 저항의 온도계수가 부(-)의 특성을 가지는 것은?

① 백금선   ② 경동선
③ 텅스텐   ④ 서미스터

해설 서미스터는 온도계수가 부(-)의 특성을 가지므로 온도가 상승하면 저항은 감소한다.

09-5 다음 중 일반적으로 온도가 높아지면 전도율이 커져서 온도계수가 부(-)의 값을 가지는 것이 아닌 것은?

① 구리   ② 전해액
③ 탄소   ④ 반도체

해설 일반적인 금속 도체는 온도계수가 정(+)의 특성을 가진다. 반도체는 온도계수가 부(-)의 특성을 가진다.

대표유형 10 그 외의 저항

① **절연저항**: 절연물 자체가 가지고 있는 저항으로 클수록 좋다.

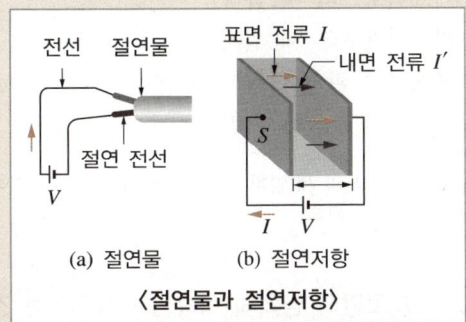

〈절연물과 절연저항〉

② **전해질저항**

③ **접지저항**: 땅에 매설한 접지 전극과 대지 사이 저항으로 작을수록 좋다.

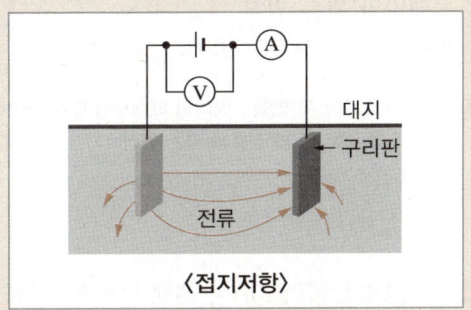

〈접지저항〉

④ **접촉저항**: 2개의 도체가 서로 접촉된 경우, 그 접촉면에 생기는 저항으로 저항이 작을수록 좋다.

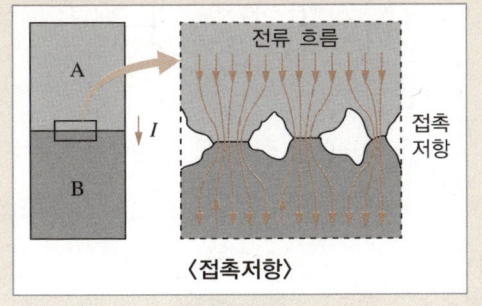

〈접촉저항〉

10-1 다음 중 저항값이 클수록 좋은 것은?

① 전해질저항
② 절연저항
③ 도체저항
④ 접촉저항

[해설] 절연저항은 절연물 자체가 가지고 있는 저항으로 저항값이 클수록 주변에 흐르는 누설 전류가 거의 없어지므로 감전의 위험이 적어진다.

10-2 땅에 매설한 접지 전극과 대지 사이 저항을 의미하며 값이 작을수록 좋은 것은?

① 전해질저항
② 절연저항
③ 도체저항
④ 접지저항

[해설] **접지저항**(earthing resistance)
땅에 매설한 접지 전극과 대지 사이 저항으로 작을수록 좋다.

정답 10-1 ② 10-2 ④

대표유형 11) 키르히호프의 법칙

① 키르히호프의 제1법칙
  ㉠ 개념
  - KCL(Kirchhoff's Current Law), 전하량 보존의 법칙
  - 임의의 폐회로망에서 node(접속점)에 흘러들어오는 전류의 합은 흘러나가는 전류의 합과 같다.
  ㉡ 공식
  $I = I_1 + I_2 + \cdots + I_n$

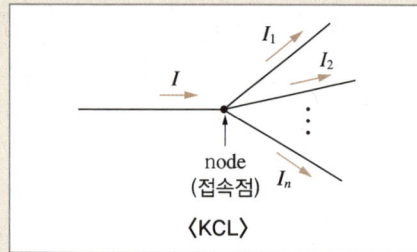
⟨KCL⟩

② 키르히호프의 제2법칙
  ㉠ 개념
  - KVL(Kirchhoff's Voltage Law), 에너지 보존의 법칙
  - 임의의 폐회로망에서 기전력의 총합은 각 회로소자에서 발생하는 전압강하의 총합과 같다.
  ㉡ 공식
  $V = V_1 + V_2 + \cdots + V_n$

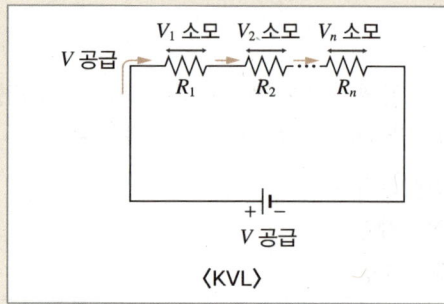
⟨KVL⟩

11-1 "회로의 접속점에 흘러들어오는 전류의 합은 흘러나가는 전류의 합과 같다."라고 정의되는 법칙은?

① 키르히호프의 제1법칙
② 키르히호프의 제2법칙
③ 플레밍의 왼손 법칙
④ 앙페르의 오른나사 법칙

해설) **키르히호프의 제1법칙** : KCL = 전하량 보존의 법칙

11-2 회로망의 임의의 접속점에 유입되는 전류를 $\sum I$라고 정의하는 회로의 법칙은?

① 키르히호프의 제1법칙
② 키르히호프의 제2법칙
③ 플레밍의 왼손 법칙
④ 앙페르의 오른나사 법칙

해설) **키르히호프의 제1법칙** : 임의의 폐회로망에서 node(접속점)에 흘러들어오는 전류의 합은 흘러나가는 전류의 합과 같다.

11-3 전체 전압이 10[V], 전체 전류가 5[A]인 회로에서 R_2에 흐르는 전류가 3[A]일 때, R_3에 흐르는 전류[A]는?

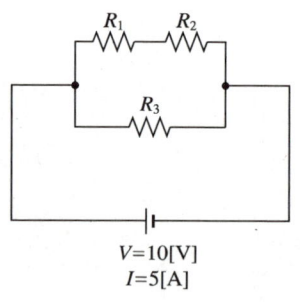

① 1   ② 2
③ 3   ④ 4

해설) **키르히호프의 제1법칙** : KCL = 전하량 보존의 법칙
KCL에 의해 들어가는 전류와 나가는 전류의 합이 똑같아야 하므로 R_2에 3[A]가 흐르면 R_3에는 2[A]가 흐를 수밖에 없다.

11-1 ① 11-2 ① 11-3 ② 정답

11-4 "임의의 폐회로에서 공급된 기전력의 합은 각 회로에서 발생한 전압강하의 합과 같다."라고 정의되는 법칙은?

① 키르히호프의 제1법칙
② 키르히호프의 제2법칙
③ 플레밍의 왼손 법칙
④ 앙페르의 오른나사 법칙

해설 키르히호프의 제2법칙 : KVL = 에너지 보존의 법칙

11-5 다음의 설명 중 올바르지 않은 것은?

① 키르히호프의 제1법칙은 접속점에 흘러들어오는 전류의 합은 흘러나가는 전류의 합과 같다.
② 키르히호프의 제2법칙은 회로의 기전력의 합은 회로에서 발생하는 전압강하의 합보다 작다.
③ 키르히호프의 제1법칙은 전류에 관한 법칙이다.
④ 키르히호프의 제2법칙은 전압에 관한 법칙이다.

해설 11-4번 해설 참조

11-6 전체 전압이 10[V], 전체 전류가 5[A]인 회로에서 R_1에 걸리는 전압이 6[V]일 때, R_2에 걸리는 전압[V]은 얼마인가?

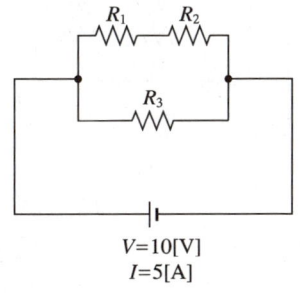

① 0
② 4
③ 6
④ 10

해설 키르히호프의 제2법칙에 의해
$V = V_1 + V_2 = V_3$
$V = V_1 + V_2 = 6 + V_2 = 10$
∴ $V_2 = 10 - 6 = 4\,[V]$

대표유형 12 옴의 법칙

① 개념 : 전류, 전압, 저항의 관계를 나타낸 것으로, 전류의 세기는 전압에 비례하고 저항에 반비례
② 공식

전류 $I = \dfrac{V}{R}\,[A]$

(V : 전압[V], R : 저항[Ω])

12-1 옴의 법칙을 바르게 설명한 것은?

① 전압은 전류에 반비례한다.
② 전압은 전류의 제곱에 비례한다.
③ 전압은 도체의 저항에 반비례한다.
④ 전압은 도체의 전류와 저항의 곱에 비례한다.

해설 옴의 법칙 $V = IR\,[V]$에 따라 전압은 도체에 흐르는 전류와 저항의 곱에 비례한다.

12-2 다음 괄호 안에 들어갈 말은?

회로에 흐르는 전류의 크기는 저항에 (㉠)하고 전압에 (㉡)한다.

① ㉠ 비례   ㉡ 비례
② ㉠ 비례   ㉡ 반비례
③ ㉠ 반비례 ㉡ 비례
④ ㉠ 반비례 ㉡ 반비례

해설 옴의 법칙 $I = \dfrac{V}{R}\,[A]$

정답 11-4 ② 11-5 ② 11-6 ② / 12-1 ④ 12-2 ③

대표유형 13 회로에 걸리는 전압, 전류 계산

① 직렬 회로
  ㉠ 각 저항에 흐르는 전류는 I로 일정
  ㉡ 각 저항에 걸리는 전압은 저항에 비례

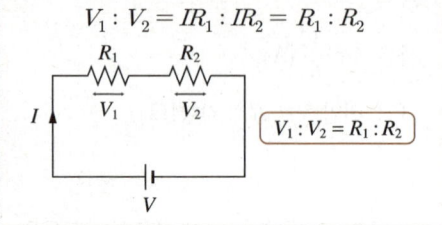

② 병렬 회로
  ㉠ 각 저항에 흐르는 전류는 저항에 반비례
  ㉡ 각 저항에 걸리는 전압은 V로 일정

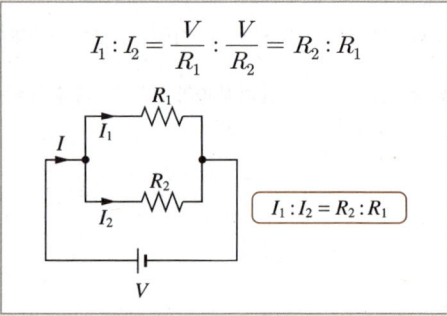

13-1 그림과 같은 회로에서 10[Ω]에 걸리는 전압[V]은?

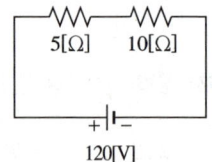

① 50 ② 80
③ 120 ④ 150

[해설] 직렬 회로에서 각 저항에 걸리는 전압은
$V_{5[Ω]} : V_{10[Ω]} = R_{5[Ω]} : R_{10[Ω]} = 5 : 10 = 1 : 2$이므로
$V_{10[Ω]} = \left(\dfrac{2}{1+2}\right) \times 120 = 80[V]$

13-2 그림과 같은 회로에서 전원의 전압이 12[V]이고 $R_1=1[Ω]$, $R_2=2[Ω]$, $R_3=3[Ω]$일 때, R_1에 걸리는 전압[V]은?

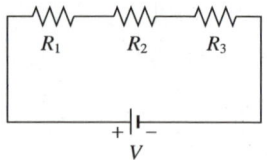

① 2 ② 4
③ 6 ④ 12

[해설] $R_1 : R_2 : R_3 = 1 : 2 : 3$이므로
$V_1 : V_2 : V_3 = 1 : 2 : 3$
$\therefore V_1 = \left(\dfrac{1}{1+2+3}\right) \times 12 = 2[V]$

13-3 $R_1[Ω]$, $R_2[Ω]$, $R_3[Ω]$의 저항 3개를 직렬 접속할 때 R_2에 걸리는 전압[V]으로 옳은 것은?

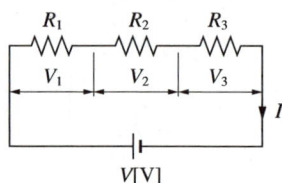

① $\dfrac{1}{R_1+R_2+R_3}V$ ② $\dfrac{R_1+R_2+R_3}{R_1R_2R_3}V$

③ $\dfrac{R_2}{R_1+R_2+R_3}V$ ④ $\dfrac{R_1R_2R_3}{R_1+R_2+R_3}V$

[해설] 합성 저항 $R_t = R_1 + R_2 + R_3 [Ω]$
전류 $I = \dfrac{V}{R_t} = \dfrac{V}{R_1+R_2+R_3}[A]$
$V_2 = IR_2 = \dfrac{R_2}{R_1+R_2+R_3}V[V]$

13-1 ② 13-2 ① 13-3 ③

13-4 1[Ω], 1[Ω], 1[Ω]의 저항 3개가 직렬로 연결된 회로에 12[A]의 전류가 흐를 때 회로에 공급되는 전압[V]은?

① 3 ② 12
③ 24 ④ 36

해설 옴의 법칙 $I = \dfrac{V}{R}$

$I = \dfrac{V}{R} = \dfrac{V}{1+1+1} = \dfrac{V}{3} = 12[A]$

∴ $V = 36[V]$

13-5 6[Ω], 8[Ω], 9[Ω]의 저항 3개를 직렬로 접속하여 5[A]의 전류를 흘릴 때 이 회로의 전압은 몇 [V]인가?

① 80 ② 95
③ 115 ④ 125

해설 직렬 합성 저항 $R_t = 6+8+9 = 23[\Omega]$이므로 옴의 법칙에 따라 $V = IR = 5 \times 23 = 115[V]$

13-6 그림과 같은 회로에서 10[Ω]에 흐르는 전류[A]는?

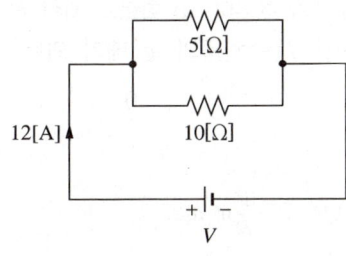

① 1 ② 2
③ 3 ④ 4

해설 병렬 회로에서 각 저항에 흐르는 전류는
$I_{5[\Omega]} : I_{10[\Omega]} = R_{10[\Omega]} : R_{5[\Omega]} = 10 : 5 = 2 : 1$이므로

$I_{10[\Omega]} = \left(\dfrac{1}{1+2}\right) \times 12 = 4[A]$

13-7 저항 R_1, R_2의 병렬 회로에서 전전류가 I일 때 R_2에 흐르는 전류[A]로 옳은 것은?

① $\dfrac{R_1+R_2}{R_1}I$ ② $\dfrac{R_1}{R_1+R_2}I$

③ $\dfrac{R_2}{R_1+R_2}I$ ④ $\dfrac{R_1 R_2}{R_1+R_2}I$

해설 저항의 병렬 접속 시 각 저항에 흐르는 전류는 반비례하여 분배된다.

$I_1 : I_2 = R_2 : R_1$

∴ $I_2 = \left(\dfrac{R_1}{R_1+R_2}\right) \times I$ [A]

13-8 그림과 같은 회로에서 저항 R_1에 흐르는 전류[A]는?

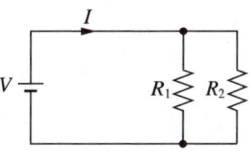

① $(R_1+R_2)I$ ② $\dfrac{R_2}{R_1+R_2}I$

③ $\dfrac{R_1}{R_1+R_2}I$ ④ $\dfrac{R_1 R_2}{R_1+R_2}I$

해설 병렬 회로에서 각 저항에 흐르는 전류는 저항에 반비례
$I_1 : I_2 = R_2 : R_1$ 이므로

$I_1 = \left(\dfrac{R_2}{R_1+R_2}\right)I$ [A]

13-9 $R_1 = 2[\Omega]$, $R_2 = 3[\Omega]$, $R_3 = 5[\Omega]$인 저항이 병렬 연결되어 있는 회로에 60[V]의 전압을 걸 때 R_2에 흐르는 전류[A]는?

① 12 ② 15
③ 20 ④ 30

해설 병렬 연결된 저항에서 전압은 $V = V_1 = V_2 = V_3$이므로

$I_2 = \dfrac{V_2}{R_2} = \dfrac{V}{R_2} = \dfrac{60}{3} = 20[A]$

정답 13-4 ④ 13-5 ③ 13-6 ④ 13-7 ② 13-8 ② 13-9 ③

13-10 10[Ω]의 저항과 R[Ω]의 저항이 병렬로 접속되고 10[Ω]에 흐르는 전류가 5[A], R[Ω]에 흐르는 전류가 2[A]일 때 저항 R[Ω]은 얼마인가?

① 5 ② 10
③ 15 ④ 25

해설 전압 $V = I_{10[\Omega]} R_{10[\Omega]} = 5 \times 10 = 50[V]$
$V_{10[\Omega]} = V_R = V$ 이므로
저항 $R = \dfrac{V_R}{I_R} = \dfrac{50}{2} = 25[\Omega]$

13-11 B점의 전위가 100[V], D점의 전위가 60[V]일 때, A-B 사이에 위치한 3[Ω]에 흐르는 전류 [A]는?

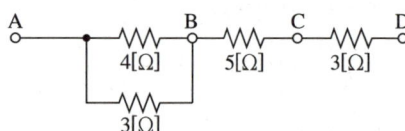

① 3 ② $\dfrac{15}{7}$
③ $\dfrac{20}{7}$ ④ 15

해설 B와 D 사이의 전위차 = 100 − 60 = 40[V]
B와 D 사이에 흐르는 전류 = $\dfrac{V}{R} = \dfrac{40}{5+3} = 5[A]$
따라서 A와 D 사이에 흐르는 전전류 $I = 5[A]$
그런데 $I_{4[\Omega]} : I_{3[\Omega]} = R_{3[\Omega]} : R_{4[\Omega]}$ 이므로
$I_{3[\Omega]} = \left(\dfrac{R_{4[\Omega]}}{R_{4[\Omega]} + R_{3[\Omega]}}\right) I = \left(\dfrac{4}{4+3}\right) 5 = \dfrac{20}{7}[A]$

13-12 10[V]와 15[V]의 전원을 직렬로 연결하고 이 사이에 5[Ω]의 저항을 넣을 때 흐르는 전류 I[A]는 얼마인가?

① 3 ② 5
③ 7 ④ 9

해설 전류 $I = \dfrac{V}{R} = \dfrac{10+15}{5} = 5[A]$

13-13 100[V]에서 10[A]가 흐르는 전열기에 120[V]를 가하면 흐르는 전류[A]는?

① 10 ② 12
③ 14 ④ 16

해설 옴의 법칙 $I = \dfrac{V}{R}$
$R = \dfrac{V}{I} = \dfrac{100}{10} = 10[\Omega]$
$I_{120[V]} = \dfrac{V}{R} = \dfrac{120}{10} = 12[A]$

13-14 전원 전압이 E[V]로 일정한 회로의 저항 R에 전류 I가 흐른다. 이 회로의 저항 R을 20[%] 줄이면 전류 I는 처음의 몇 배가 되는가?

① 0.7 ② 0.85
③ 1.25 ④ 1.85

해설 옴의 법칙 $I = \dfrac{V}{R}$에 따라
$I = \dfrac{E}{R}$
$I_{R을\ 20[\%]\ 줄인\ 후} = \dfrac{E}{R_{20[\%]\ 줄인\ 후}} = \dfrac{E}{0.8R} = \dfrac{E}{\dfrac{8}{10}R}$
$= \dfrac{10}{8}\dfrac{E}{R} = 1.25I$

∴ 약 1.25배

대표유형 14   KVL을 활용한 회로 해석

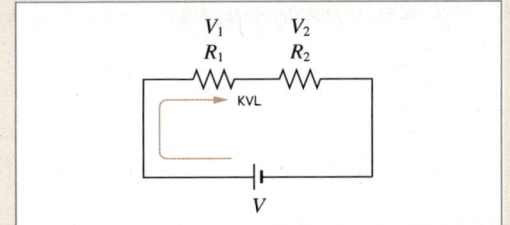

회로에 KVL(키르히호프의 제2법칙)을 적용하면
$V - V_1 - V_2 = 0$
∴ $V - I_1 R_1 - I_2 R_2 = 0$ 으로 식을 세워 회로를 해석

14-1 그림과 같은 회로에 흐르는 전체 전류 I[A]는?

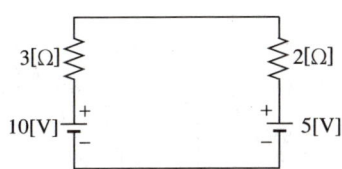

① 1 ② 2
③ 3 ④ 4

해설   KVL을 적용하면
$10 - V_{3[\Omega]} - V_{2[\Omega]} - 5 = 0$
$10 - 3I - 2I - 5 = 0$
∴ $I = 1$[A]

14-2 그림과 같은 폐회로에 흐르는 전류 I[A]는 얼마인가?

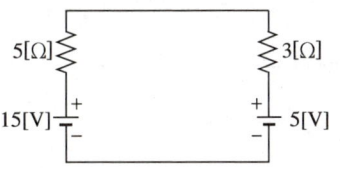

① 0.8 ② 1
③ 1.25 ④ 1.5

해설   KVL을 적용하면
$15 - V_{5[\Omega]} - V_{3[\Omega]} - 5 = 0$
$15 - 5I - 3I - 5 = 0$
$8I = 10$
∴ $I = \dfrac{10}{8} = 1.25$[A]

14-3 그림과 같은 회로에 흐르는 전류 I[A]는 얼마인가?

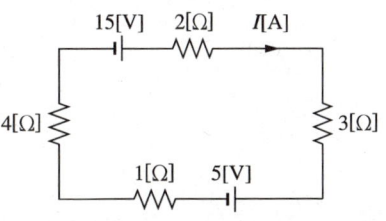

① 1 ② 2
③ 3 ④ 4

해설   KVL을 적용하면
$15 - V_{2[\Omega]} - V_{3[\Omega]} - 5 - V_{1[\Omega]} - V_{4[\Omega]} = 0$
$15 - 2I - 3I - 5 - I - 4I = 0$
$10I = 10$
∴ $I = 1$[A]

정답   14-1 ①   14-2 ③   14-3 ①

14-4 다음 그림에서 저항 $R[\Omega]$은?

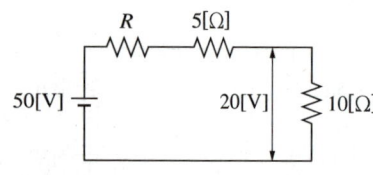

① 5 ② 10
③ 15 ④ 20

해설 KCL, KVL(키르히호프의 제1,2법칙)

$10[\Omega]$에 흐르는 전류 $I_{10[\Omega]} = \dfrac{V}{R} = \dfrac{20}{10} = 2[A]$

따라서 이 직렬 회로에는 전부 2[A]가 흐를 것이며 KVL에 의하여

$50 = V_R + V_{5[\Omega]} + V_{10[\Omega]} = IR + IR_{5[\Omega]} + IR_{10[\Omega]}$
$50 = (2 \times R) + (2 \times 5) + (2 \times 10)$
$\therefore R = 10[\Omega]$

대표유형 15) 합성 저항 구하기

① 직렬 회로 : $R = R_1 + R_2 \ [\Omega]$

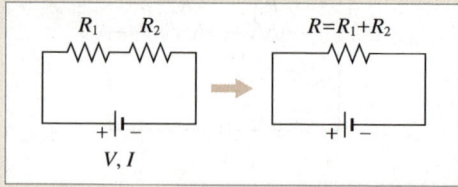

② 병렬 회로

$\dfrac{1}{R} = \dfrac{1}{R_1} + \dfrac{1}{R_2}$

$R = \dfrac{R_1 R_2}{R_1 + R_2} \ [\Omega]$

특히 병렬 회로에서 $R_1 = R_2$라면

$R = \dfrac{R_1}{2}$

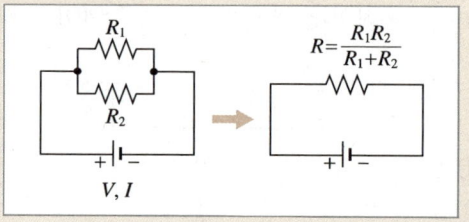

15-1 $5[\Omega]$의 저항 4개, $10[\Omega]$의 저항 3개, $100[\Omega]$의 저항 1개가 있다. 이들을 모두 직렬 접속할 때 합성 저항[Ω]은 얼마인가?

① 115 ② 150
③ 175 ④ 200

해설 직렬 합성 저항
$R = R_1 + R_2 [\Omega]$
$R = (5 \times 4) + (10 \times 3) + 100 = 150[\Omega]$

15-2 저항 R_1, R_2를 병렬로 접속할 때 합성 저항 [Ω]으로 옳은 것은?

① $\dfrac{R_1 \cdot R_2}{R_1 + R_2}$ ② $\dfrac{1}{R_1 + R_2}$

③ $\dfrac{R_1 + R_2}{R_1 \cdot R_2}$ ④ $R_1 + R_2$

해설 병렬 합성 저항
$$R_t = \dfrac{R_1 \cdot R_2}{R_1 + R_2}\ [\Omega]$$

15-3 다음 그림에서 단자 a-b 사이의 합성 저항 [Ω]은 얼마인가?

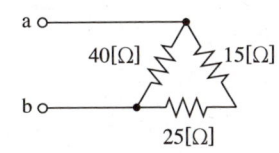

① 10 ② 15
③ 20 ④ 25

해설

알아보기 쉽게 위 회로처럼 그릴 수 있고
합성 저항 $R = 40[\Omega] // (15+25)[\Omega]$
$= \dfrac{40 \times (15+25)}{40 + (15+25)} = 20[\Omega]$
(// : 병렬 연결되어 있음을 의미)

15-4 그림과 같은 회로에서 합성 저항[Ω]은 얼마인가?

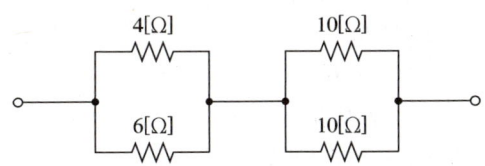

① 5.2 ② 6.8
③ 7.4 ④ 8.5

해설 합성 저항 $R_t = (4[\Omega]//6[\Omega]) + (10[\Omega]//10[\Omega])$
$= \dfrac{4 \times 6}{4+6} + \dfrac{10 \times 10}{10+10} = 2.4 + 5 = 7.4[\Omega]$

15-5 같은 크기의 저항 5개를 병렬로 접속할 때의 합성 저항을 R_p라고 하고, 5개를 직렬로 접속할 때의 합성 저항을 R_s라고 할 때 R_p와 R_s의 관계로 옳은 것은?

① $R_s = R_p$ ② $R_s = 5R_p$
③ $R_s = 15R_p$ ④ $R_s = 25R_p$

해설 같은 크기의 저항 5개를 병렬로 접속할 때 합성 저항
$R_p = \dfrac{R}{5}$
같은 크기의 저항 5개를 직렬로 접속할 때 합성 저항
$R_s = 5R$
따라서 $R_s = 25R_p$

정답 15-2 ① 15-3 ③ 15-4 ③ 15-5 ④

15-6 서로 다른 세 저항 R_1, R_2, R_3을 병렬 연결할 때의 합성 저항[Ω]으로 옳은 것은?

① $\dfrac{R_1R_2R_3}{R_1+R_2+R_3}$

② $\dfrac{R_1R_2R_3}{R_2R_3+R_1R_3+R_1R_2}$

③ $\dfrac{R_1+R_2+R_3}{R_1R_2R_3}$

④ $\dfrac{R_2R_3+R_1R_3+R_1R_2}{R_1R_2R_3}$

해설 병렬 합성 저항 $R_t = \dfrac{1}{\dfrac{1}{R_1}+\dfrac{1}{R_2}+\dfrac{1}{R_3}}$

$= \dfrac{1}{\dfrac{R_2R_3+R_1R_3+R_1R_2}{R_1R_2R_3}}$

$= \dfrac{R_1R_2R_3}{R_2R_3+R_1R_3+R_1R_2}$ [Ω]

15-8 그림과 같은 회로에서 a-b 사이에 E[V]의 전압을 일정하게 가하고, 스위치 S를 닫을 때의 전전류 I[A]가 닫기 전 전류의 2배가 된다면 저항 R은 몇 [Ω]인가?

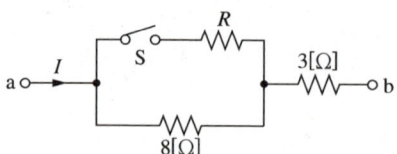

① 3.6 ② 5.6
③ 7.6 ④ 9.6

해설 $I_{스위치\,닫은\,후} = 2배 \times I_{스위치\,닫기\,전}$

옴의 법칙에 의해

$\dfrac{E}{R_{스위치\,닫은\,후}} = 2 \times \dfrac{E}{R_{스위치\,닫기\,전}}$

$\dfrac{E}{3+\left(\dfrac{8R}{R+8}\right)} = \dfrac{2E}{8+3}$

$\dfrac{(R+8)E}{11R+24} = \dfrac{2E}{11}$

$11R = 40$

∴ $R = \dfrac{40}{11} ≒ 3.6$ [Ω]

15-7 저항 2[Ω]과 3[Ω]을 병렬로 연결할 때의 전류는 직류로 연결할 때 전류[A]의 몇 배인가?

① 1.68 ② 2.72
③ 3.5   ④ 4.17

해설 저항을 직렬로 접속할 때 $R_{직렬} = 2+3 = 5$[Ω]

저항을 병렬로 접속할 때 $R_{병렬} = \dfrac{2\times 3}{2+3} = 1.2$[Ω]

따라서 전류비를 구하면 $\dfrac{I_{직렬}}{I_{병렬}} = \dfrac{R_{직렬}}{R_{병렬}} = \dfrac{5}{1.2} = 4.17$

대표유형 16   최대 저항, 최소 저항 만들기

① n개로 만들 수 있는 최대 저항 : n개를 직렬 연결

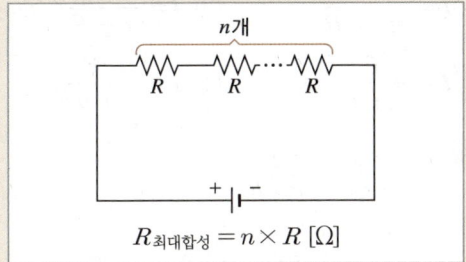

$R_{최대합성} = n \times R \, [\Omega]$

② n개로 만들 수 있는 최소 저항 : n개를 병렬 연결

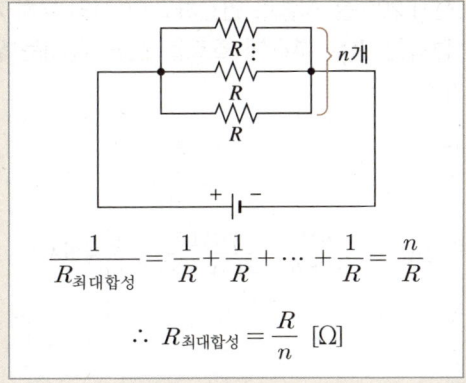

$$\frac{1}{R_{최대합성}} = \frac{1}{R} + \frac{1}{R} + \cdots + \frac{1}{R} = \frac{n}{R}$$

$$\therefore R_{최대합성} = \frac{R}{n} \, [\Omega]$$

16-1 100[Ω]의 저항 5개를 가지고 얻을 수 있는 가장 작은 합성 저항값[Ω]은?

① 10   ② 20
③ 30   ④ 40

해설 100[Ω]의 저항 5개를 병렬로 연결하면 $\frac{100}{5} = 20[\Omega]$으로 가장 작은 저항값을 얻을 수 있다.

16-2 8[Ω]의 저항 4개를 직렬로 연결할 때 합성 저항은 병렬로 연결할 때 합성 저항의 몇 배가 되는가?

① 3   ② 6
③ 9   ④ 16

해설 8[Ω]의 저항 4개를 직렬 연결할 때 합성 저항은 $4R = 32$[Ω]이고 병렬 연결할 때의 합성 저항은 $\frac{R}{4} = 2[\Omega]$이므로 16배다.

정답 16-1 ②   16-2 ④

대표유형 17) 전지의 합성

① n개 직렬 연결된 전지 : 직렬 합성
  ㉠ $r_{전지\,합성} = n \times r_{전지\,1개}$
  ㉡ $E_{합성} = n \times E_{전지\,1개}$

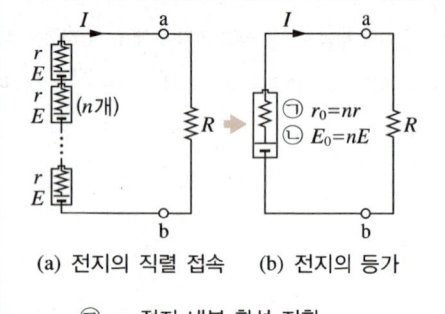

(a) 전지의 직렬 접속   (b) 전지의 등가

㉠ r_0 = 전지 내부 합성 저항
     $= n \times r_{전지\,1개}$
㉡ E_0 = 전지 합성 기전력
     $= n \times E_{전지\,1개}$

② n개 병렬 연결된 전지 : 병렬 합성
  ㉠ $r_{전지\,합성} = \dfrac{r_{전지\,1개}}{n}$
  ㉡ $E_{합성} = E_{전지\,1개}$

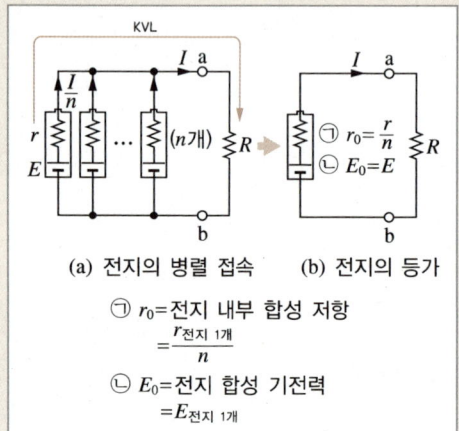

(a) 전지의 병렬 접속   (b) 전지의 등가

㉠ r_0 = 전지 내부 합성 저항
     $= \dfrac{r_{전지\,1개}}{n}$
㉡ E_0 = 전지 합성 기전력
     $= E_{전지\,1개}$

17-1 기전력 E, 내부 저항 r인 건전지 n개를 직렬로 연결하여 이것에 외부 저항 R을 직렬로 연결할 때 흐르는 전류 I[A]는?

① $I = \dfrac{nE}{nr+R}$ ② $I = \dfrac{nE}{r+R}$

③ $I = \dfrac{E}{r+R}$ ④ $I = \dfrac{E}{r+nR}$

해설 $I = \dfrac{V_{전체}}{R_{전체}} = \dfrac{nE}{nr+R}$

17-2 전지의 기전력 1.5[V], 내부 저항이 0.5[Ω]인 전지 20개를 직렬로 연결하고 5[Ω]의 부하 저항을 접속한 경우 부하에 흐르는 전류 I[A]는 얼마인가?

① 1   ② 2
③ 3   ④ 4

해설 전류 $I = \dfrac{nE}{nr+R} = \dfrac{20 \times 1.5}{20 \times 0.5 + 5} = \dfrac{30}{15} = 2$[A]

17-3 기전력 1.5[V], 내부 저항 0.2[Ω]인 전지 5개를 직렬로 접속하여 단락시킬 때 전류 I[A]는 얼마인가?

① 4.5   ② 5
③ 7.5   ④ 8

해설 전류 $I = \dfrac{nE}{nr} = \dfrac{5 \times 1.5}{5 \times 0.2} = 7.5$[A]

17-4 내부 저항이 0.1[Ω]인 전지 10개를 병렬 연결하면, 전체 내부 저항은 몇 [Ω]인가?

① 0.01   ② 0.1
③ 0.5   ④ 1

해설 $R_{전체} = \dfrac{저항의\,크기}{개수} = \dfrac{0.1}{10} = 0.01$[Ω]

정답 17-1 ①   17-2 ②   17-3 ③   17-4 ①

대표유형 18 △, Y 회로의 상호 변환

① △ → Y 변환 시

㉠ $R_a = \dfrac{R_{ab}R_{ca}}{R_{ab}+R_{bc}+R_{ca}}$

㉡ △ 저항값이 모두 같으면 $R_a = \dfrac{R}{3}$

  ($R = R_{ab} = R_{bc} = R_{ca}$)

② Y → △ 변환 시

㉠ $R_{ab} = \dfrac{R_aR_b + R_bR_c + R_cR_a}{R_c}$

㉡ Y 저항값이 모두 같으면 $R_{ab} = 3R$

  ($R = R_a = R_b = R_c$)

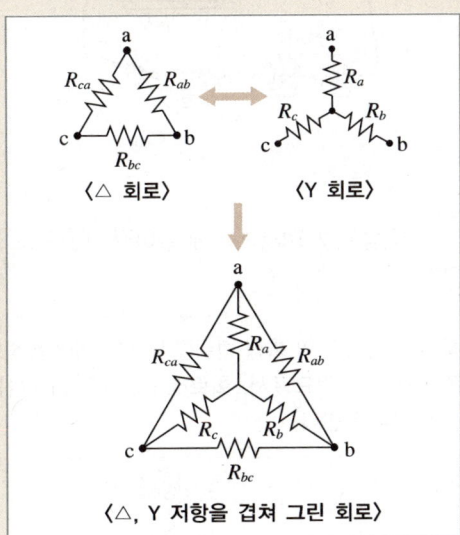

18-1
그림과 같은 평형 3상 Y 회로를 등가 △결선으로 환산하면 각상의 임피던스는 몇 [Ω]이 되는가?(단, Z는 15[Ω]이다)

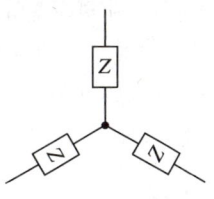

① 3
② 5
③ 15
④ 45

해설 한 상의 임피던스가 Z일 때
 Y → △ 변환 시 Y 임피던스값이 모두 같으면 $Z_a = 3Z$
 ∴ $Z_a = 3Z = 3 \times 15 = 45$[Ω]

18-2
그림과 같은 평형 3상 △ 회로를 Y 등가 결선으로 환산하면 각상의 임피던스는 몇 [Ω]이 되는가?(단, R은 24[Ω]이다)

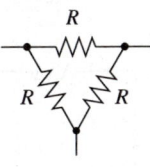

① 3
② 5
③ 7
④ 8

해설 △ ⇌ Y 변환 시
- $R_1 = \dfrac{R_bR_c}{R_a + R_b + R_c}$
- △ 저항값이 모두 같으면 $R_1 = \dfrac{R}{3} = \dfrac{24}{3} = 8$[Ω]

정답 18-1 ④ 18-2 ④

대표유형 19 배율기와 분류기

① 배율기(multiplier)
  ㉠ 개념 : 측정하고자 하는 전압 V가 너무 커서 전압계로 측정할 수 없을 때, 배율기 저항 R_m을 직렬 연결하여 전압 측정 범위를 확대하려는 목적
  ㉡ 공식
    전압 $V = \left(1 + \dfrac{R_m}{R_a}\right) V_a = m V_a$

    (R_m : 배율기 저항, R_a : 전압계 저항, V_a : 전압계에 걸린 전압, m : 배율)

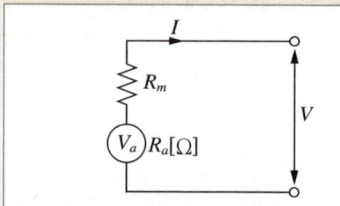

② 분류기(shunt)
  ㉠ 개념 : 측정하고자 하는 전류 I가 너무 커서 전류계로 측정할 수 없을 때, 분류기 저항 R_s를 전류가 분류되도록 병렬 연결하여 전류 측정 범위를 확대하려는 목적
  ㉡ 공식
    전류 $I = \left(1 + \dfrac{R_a}{R_s}\right) I_a = m I_a$

    (R_a : 전류계 저항, R_s : 분류기 저항, I_a : 전류계에 흐르는 전류, m : 배율)

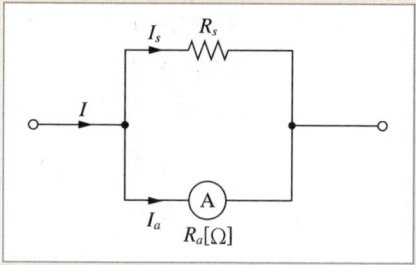

✓ 전류, 전압의 측정

1. 전압의 측정 방법 : 전압계를 측정하고자 하는 대상과 병렬로 연결

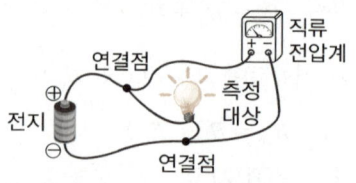

2. 전류의 측정 방법 : 전류계를 측정하고자 하는 대상과 직렬로 연결

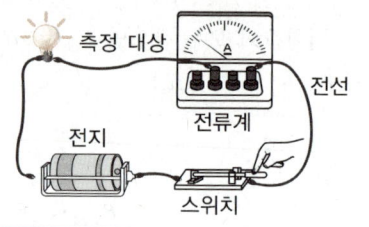

19-1 다음 (㉠)과 (㉡)에 들어갈 내용으로 옳은 것은?

> "배율기는 (㉠)의 측정 범위를 넓히기 위한 목적으로 사용하는 것으로서, 회로에 (㉡)로 접속하는 저항기를 말한다."

① ㉠ 전압계   ㉡ 병렬
② ㉠ 전압계   ㉡ 직렬
③ ㉠ 전류계   ㉡ 병렬
④ ㉠ 전류계   ㉡ 직렬

[해설] 배율기는 전압계의 측정 범위를 넓히기 위한 목적으로 사용하며 전압계 외부에 직렬로 접속하여 사용한다.

19-2 전압계의 측정 범위를 넓히는 데 사용되는 기기는?

① 배율기   ② 분류기
③ 정압기   ④ 정류기

[해설] 배율기는 전압계의 측정 범위를 넓히는 데 사용되는 기기로 저항을 직렬로 연결한다.

19-1 ② 19-2 ① [정답]

19-3 어떤 전압계의 측정 범위를 10배로 하고자 하면 배율기의 저항을 전압계 내부 저항의 몇 배로 해야 하는가?

① 1/10 ② 10
③ 1/9   ④ 9

해설 $V = \left(1 + \dfrac{R_m}{R_a}\right)V_a = mV_a$ 에서

$m = 1 + \dfrac{R_m}{R_a} = 10$

$\dfrac{R_m}{R_a} = 9$

$R_m = 9R_a$

∴ 배율기의 저항은 전압계 내부 저항의 9배로 해야 한다.

19-4 100[V]의 전압계가 있다. 이 전압계를 사용하여 200[V]의 전압을 측정하려면 최소 몇 [Ω]의 저항을 외부에 접속해야 하는가?(단, 전압계의 내부 저항은 5,000[Ω]이다)

① 2,500 ② 5,000
③ 7,500 ④ 10,000

해설 $V = \left(1 + \dfrac{R_m}{R_a}\right)V_a = mV_a$ 에서

$m = 1 + \dfrac{R_m}{R_a} = 2$

$\dfrac{R_m}{R_a} = 1$

∴ $R_m = R_a = 5,000[\Omega]$

19-5 분류기를 사용하여 전류를 측정하는 경우 전류계의 내부 저항이 0.12[Ω], 분류기 저항이 0.03[Ω]이면 그 배율은?

① 3 ② 4
③ 5 ④ 6

해설 $I = \left(1 + \dfrac{R_a}{R_s}\right)I_a = mI_a$ 에서

분류기 배율 $m = 1 + \dfrac{R_a}{R_s} = 1 + \dfrac{0.12}{0.03} = 5$

19-6 최대눈금 1[A], 내부 저항 10[Ω]의 전류계로 최대 101[A]까지 측정하려면 몇 [Ω]의 분류기가 필요한가?

① 0.01 ② 0.02
③ 0.05 ④ 0.1

해설 $I = \left(1 + \dfrac{R_a}{R_s}\right)I_a = mI_a$ 에서

분류기 배율 $m = 1 + \dfrac{R_a}{R_s} = 1 + \dfrac{10}{R_s} = 101$

$\dfrac{10}{R_s} = 100$

∴ $R_s = \dfrac{10}{100} = 0.1[\Omega]$

19-7 부하의 전압과 전류를 측정하기 위한 전압계와 전류계의 접속 방법으로 옳은 것은?

① 전압계 : 직렬, 전류계 : 병렬
② 전압계 : 병렬, 전류계 : 직렬
③ 전압계 : 직렬, 전류계 : 직렬
④ 전압계 : 병렬, 전류계 : 병렬

해설 전압계는 병렬, 전류계는 직렬로 접속한다.

19-8 전압계 및 전류계의 측정 범위를 넓히기 위하여 사용하는 배율기와 분류기의 접속 방법으로 옳은 것은?

① 배율기는 전압계와 직렬 접속, 분류기는 전류계와 병렬 접속
② 배율기는 전압계와 병렬 접속, 분류기는 전류계와 직렬 접속
③ 배율기 및 분류기 모두 전압계와 전류계에 병렬 접속
④ 배율기 및 분류기 모두 전압계와 전류계에 직렬 접속

해설 배율기는 전압계와 배율기 저항 R_a를 직렬 연결하여 전압 측정 범위를 확대하려는 목적으로 사용하며, 분류기는 전류계와 분류기 저항 R_s를 전류가 분류되도록 병렬 연결하여 전류 측정 범위를 확대하려는 목적으로 사용한다.

정답 19-3 ④ 19-4 ② 19-5 ③ 19-6 ④ 19-7 ② 19-8 ①

대표유형 20) 휘트스톤 브리지 회로

① 개념 : 영국의 물리학자 찰스 휘트스톤에 의해 제안된 4개의 저항이 다이아몬드 모양으로 연결된 회로
② 공식 : c와 d의 전위가 평형 상태가 되어 검류계 G에 흐르는 전류가 0이 된다면
$R_x R_2 = R_1 R_3$

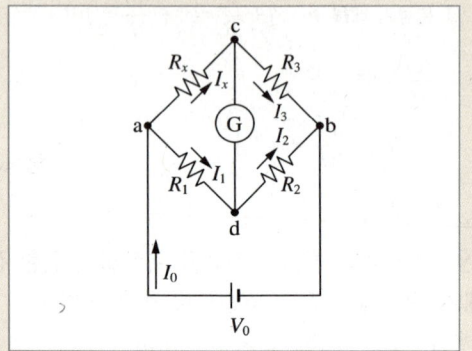

20-1 미지의 저항 X가 있는 휘트스톤 브리지의 평형조건은?

① $X = \dfrac{Q}{P} R$

② $X = \dfrac{P}{Q} R$

③ $X = \dfrac{Q}{R} P$

④ $X = \dfrac{P^2}{R} Q$

해설 휘트스톤 브리지에서 평형이 되려면 $PR = QX$가 되어야 하므로 $X = \dfrac{P}{Q} R$ [Ω]

20-2 그림의 브리지 회로에서 평형이 될 때 R[Ω]의 값은?

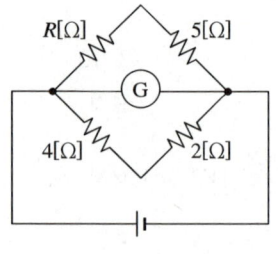

① 10   ② 20
③ 30   ④ 40

해설 휘트스톤 브리지에서 평형이면
$2R = 4 \times 5$
∴ $R = 10$ [Ω]

20-1 ②   20-2 ①

대표유형 21 전력

① 전력(electric power)
  ㉠ 개념
    - 단위 시간당 소모되는 전기 에너지
    - 전기 에너지의 질적 관계(V) × 양적 관계(I)
  ㉡ 공식
    $$P = \frac{W}{t} = VI = \frac{V^2}{R}$$
    $$= I^2 R \, [\text{W}](\text{와트}), \, [\text{J/s}]$$

② 전력으로 전구의 밝기 비교하기

예제

다음 회로에서 더 밝은 전구는?(단, 전구의 특성은 동일하다)

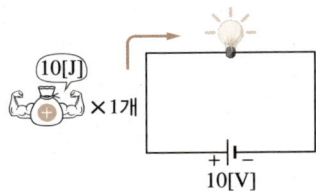

(a) 1[A], 10[V] 공급

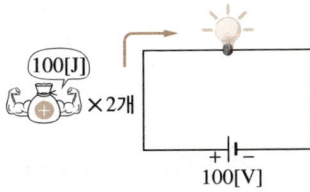

(b) 2[A], 100[V] 공급

해설 전력 $P = VI$를 계산하면
$P_{a전구} = VI = 10 \times 1 = 10[\text{W}]$ → 전하가 1[s]에 10[W]만큼 일한다는 의미
$P_{b전구} = VI = 100 \times 2 = 200[\text{W}]$ → 전하가 1[s]에 200[W]만큼 일한다는 의미
따라서 $P_{b전구}$가 $P_{a전구}$보다 약 20배 밝다.

정답 b전구가 a전구보다 약 20배 밝다.

21-1 5분간 1,680,000[J]의 일을 할 때 전력은 몇 [kW]인가?

① 0.28　　② 0.56
③ 5.6　　④ 56

해설 전력은 초당 한 일의 양을 나타내므로
$$P = \frac{W}{t} = \frac{1,680,000}{5 \times 60} = 5,600[\text{W}] = 5.6[\text{kW}]$$

21-2 1/4[W]형 250[kΩ] 저항기에 흘릴 수 있는 전류는 최대 몇 [mA]인가?

① 0.01　　② 0.1
③ 1　　④ 10

해설 $P = I^2 R$에서
$0.25 = I^2 \times 250 \times 10^3$ 이므로
$$I^2 = \frac{0.25}{250 \times 10^3} = 10^{-6}$$
$\therefore I = 10^{-3} = 1[\text{mA}]$

21-3 20[A]의 전류가 흐를 때 전력이 60[W]인 저항에 30[A]가 흐르면 전력은 몇 [W]가 되는가?

① 100　　② 120
③ 135　　④ 150

해설 $P = I^2 R$에서
$$R = \frac{P}{I^2} = \frac{60}{20^2} = 0.15[\Omega]$$
∴ 30[A]가 흐를 때의 전력 $P_{30[A]} = I^2 R$
$= 30^2 \times 0.15$
$= 135[\text{W}]$

정답 21-1 ③　21-2 ③　21-3 ③

21-4 저항 R 양단에 기전력 E를 가하고, 이때 R에 흐르는 전류를 I, R에서 소비되는 전력을 P라고 할 때 옳지 않은 것은?

① R이 일정할 때 P는 I에 비례한다.
② R이 일정할 때 P는 E^2에 비례한다.
③ E가 일정할 때 P는 I에 비례한다.
④ E가 일정할 때 P는 R에 반비례한다.

해설 $P = EI = \dfrac{E^2}{R} = I^2 R$

21-5 200[V], 500[W]의 전열기를 220[V] 전원에 사용할 때 전력[W]은 얼마인가?

① 560 ② 605
③ 720 ④ 810

해설 $P = \dfrac{V^2}{R}$[W] 이므로

전열기의 저항 $R = \dfrac{V^2}{P} = \dfrac{40,000}{500} = 80[\Omega]$

220[V] 전원에 사용할 때 전력은
$P = \dfrac{V^2_{220[V]}}{R} = \dfrac{(220)^2}{80} = \dfrac{48,400}{80} = 605[W]$

21-6 100[V], 300[W]의 전열선의 저항값은 대략 몇 [Ω]인가?

① 0.33 ② 3.3
③ 33.3 ④ 333

해설 $P = \dfrac{V^2}{R}$ 에서

$R = \dfrac{V^2}{P} = \dfrac{100^2}{300} \fallingdotseq 33.3[\Omega]$

21-7 4[Ω]의 저항에 200[V]의 전압을 인가할 때 소비되는 전력[W]은 얼마인가?

① 7,500 ② 10,000
③ 12,000 ④ 15,000

해설 소비전력 $P = \dfrac{V^2}{R} = \dfrac{200^2}{4} = 10,000[W]$

21-8 같은 크기의 저항 4개를 접속하고 일정 전압을 가할 때 소비전력이 가장 큰 것은 무엇인가?

① 모두 직렬로 접속할 때
② 모두 병렬로 접속할 때
③ 직렬 접속, 병렬 접속은 소비전력과 관계없다.
④ 직렬 접속, 병렬 접속 모두 소비전력이 같다.

해설 직렬 접속 시 소비전력 $P_1 = \dfrac{V^2}{R} = \dfrac{V^2}{4r}$[W] ($r$: 저항 1개의 크기)

병렬 접속 시 소비전력 $P_2 = \dfrac{V^2}{R} = \dfrac{V^2}{\dfrac{r}{4}} = \dfrac{4V^2}{r}$[W]

이므로 같은 크기의 저항 4개를 모두 병렬 접속 시 소비전력이 가장 크다.

21-9 같은 저항 4개를 그림과 같이 연결하여 a–b 간에 일정 전압을 가할 때 소비전력이 가장 큰 것은?

①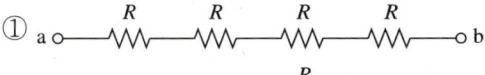

②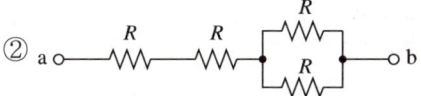

③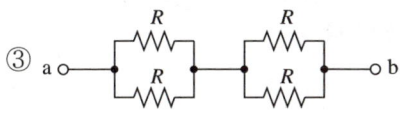

④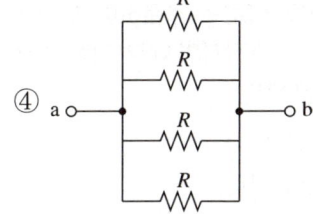

해설) 소비전력 $P = \dfrac{V^2}{R}$[W]

소비전력 식에 따르면 저항이 작을수록 소비전력이 커진다. 합성 저항을 구하면 아래와 같으므로
① $R + R + R + R = 4R$
② $R + R + (R/\!/R) = R + R + \dfrac{R}{2} = \dfrac{5}{2}R = 2.5R$
③ $(R/\!/R) + (R/\!/R) = \dfrac{R}{2} + \dfrac{R}{2} = R$
④ $R/\!/R/\!/R/\!/R = \dfrac{R}{2}/\!/\dfrac{R}{2} = \dfrac{R}{4} = 0.25R$

∴ ④와 같이 네 저항을 모두 병렬 접속할 때 소비전력이 가장 크다.

21-10 정격 전압에서 소비전력이 600[W]인 저항에 정격 전압의 80[%]의 전압을 가할 때 소비되는 전력[W]은?

① 384 ② 425
③ 538 ④ 595

해설) $P = \dfrac{V^2}{R}$ 일 때 전압이 80[%]로 변화하면
$P_{80[\%]} = \dfrac{(0.8V)^2}{R} = \dfrac{0.64V^2}{R} = 0.64P = 0.64 \times 600 = 384$[W]

21-11 200[V], 30[W]인 백열전구와 200[V], 60[W]인 전구를 직렬로 접속하고 200[V]의 전압을 인가할 때 어느 전구가 더 어두운가?(단, 전구의 밝기는 소비전력에 비례한다)

① 밝기가 같다.
② 30[W] 전구가 60[W] 전구보다 어둡다.
③ 60[W] 전구가 30[W] 전구보다 어둡다.
④ 비교가 어렵다.

해설) 먼저 각 전구의 저항을 구하면
$R_{30[W]} = \dfrac{V^2}{P} = \dfrac{(200)^2}{30} = \dfrac{40,000}{30} ≒ 1,333.33$[Ω]
$R_{60[W]} = \dfrac{V^2}{P} = \dfrac{(200)^2}{60} = \dfrac{40,000}{60} ≒ 666.67$[Ω]이다.

두 전구를 직렬로 연결할 때 회로에 흐르는 전류
$I = \dfrac{V}{R_{30[W]} + R_{60[W]}} = \dfrac{200}{1,333 + 666} ≒ 0.1$[A]이므로
각 전구에서 소비되는 소비전력은
$P_{30[W]} = I^2 R_{30[W]} = 0.01 \times 1,333 ≒ 13.33$[W]
$P_{60[W]} = I^2 R_{60[W]} = 0.01 \times 666 ≒ 6.66$[W]이 되어 60[W]인 전구가 더 어둡다.

21-12 200[V], 2[kW]의 전열선 2개를 같은 전압에서 직렬로 접속한 경우의 전력과 병렬로 접속한 경우의 전력에 대한 설명으로 옳은 것은?

① $\dfrac{1}{2}$로 줄어든다.
② $\dfrac{1}{4}$로 줄어든다.
③ 2배로 증가한다.
④ 4배로 증가한다.

해설) 먼저 저항을 구하면 $R = \dfrac{V^2}{P} = \dfrac{40,000}{2,000} = 20$[Ω]이다.

전구를 직렬 연결할 때와 병렬 연결할 때의 전력을 구하면
$P_{직렬} = \dfrac{V^2}{R} = \dfrac{40,000}{20+20} = 1,000$[W]
$P_{병렬} = \dfrac{V^2}{R} = \dfrac{40,000}{20/\!/20} = \dfrac{40,000}{10} = 4,000$[W]이므로

직렬로 접속할 때의 전력은 병렬로 접속할 경우의 전력의 $\dfrac{1}{4}$배가 된다.

대표유형 22 전력량

① 개념
   ㉠ 전기가 일정한 시간 동안 하는 일의 양
   ㉡ 전기가 t[h]에 걸쳐 총 몇 [J]만큼 일하는가
② 공식
   ㉠ 전력량 $W = Pt = VIt$ [W·s], [J]
   ㉡ 1[Wh] = 3,600[W·s] = 3,600[J]

22-1 60[W] 전등 10개를 20시간 동안 사용한다면 사용 전력량은 몇 [kWh]인가?

① 6   ② 9
③ 12 ④ 18

해설 전등 1개의 사용 전력 $W = 60 \times 20 = 1,200$[Wh]이므로
전등 10개의 사용 전력 $W_{10[개]} = 10 \times W = 10 \times 1,200 = 12$[kWh]

22-2 다음 중 전력량 1[J]과 같은 것은?

① 1[kWh]   ② 1[kg·m]
③ 1[kcal] ④ 1[W·s]

해설 1[J] = 1[W·s]

22-3 1[kWh]와 같은 것은?

① 1.8×10^3[J]   ② 3.6×10^3[J]
③ 1.8×10^6[J]   ④ 3.6×10^6[J]

해설 1[kWh] = 10^3[Wh] = $10^3 \times 3,600$[Ws] = 3.6×10^6[J]

22-4 6분 동안 3[V]의 전위차로 2[A]의 전류가 흐를 때 한 일[J]은?

① 960   ② 1,540
③ 2,160 ④ 3,250

해설 $W = Pt = VIt = 3 \times 2 \times 6 \times 60 = 2,160$[J]

대표유형 23 최대 전력 구하기

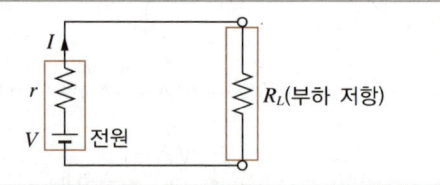

최대 전력은 내부 저항(r)과 부하 저항(R_L)이 같을 때 얻을 수 있다.

23-1 건전지를 부하와 직렬로 연결하여 부하를 최대로 출력하고자 할 때 건전지의 내부 저항과 부하 저항의 관계로 옳은 것은?

① 내부 저항이 더 커야 한다.
② 외부 저항이 더 커야 한다.
③ 내부 저항과 부하 저항의 크기가 같아야 한다.
④ 내부 저항과 부하 저항은 크게 영향을 주지 못한다.

해설 부하에 최대 전력을 전달하기 위해서는 내부 저항과 외부 저항의 크기가 같아야 한다.

23-2 기전력이 100[V], 내부 저항 $r = 10$[Ω]인 전원이 있다. 이 전원에 부하를 연결하여 얻을 수 있는 최대 전력은 몇 [W]인가?

① 100   ② 125
③ 225   ④ 250

해설 최대 전력 조건은 내부 저항 = 부하 저항일 때이다.
기전력이 100[V], 내부 저항 $r = 10$[Ω], 부하 저항 $R = 10$[Ω]일 때 최대 전력을 계산하면
전류 $I = \dfrac{V}{R_{전체}} = \dfrac{100}{10+10} = 5$[A]이므로
최대 전력 $P = I^2 R = 5^2 \times 10 = 250$[W]

23-3 기전력 120[V], 내부 저항 r이 15[Ω]인 전원이 있다. 여기에 부하 저항 R[Ω]을 연결하여 얻을 수 있는 최대 전력[W]은?(단, 최대 전력 전달 조건은 $r=R$이다)

① 150　　　　② 180
③ 240　　　　④ 270

[해설] 최대 전력 전달 조건에 따라 부하 저항 $R=15$[Ω]이다.
회로에 흐르는 전류 $I=\dfrac{V}{R_{전체}}=\dfrac{120}{15+15}=4$[A]이므로
최대 전력 $P=I^2R=16\times15=240$[W]

대표유형 24 줄의 법칙

① 개념 : 저항이 R인 도체에 전류 I가 t[s] 동안 흐를 때 발생하는 열에너지(1[J] ≒ 0.24[cal])

② 공식
　㉠ 열에너지
　　$H=Pt=I^2Rt$[J]$=0.24I^2Rt$[cal]
　㉡ 1[J]$=0.24$[cal]

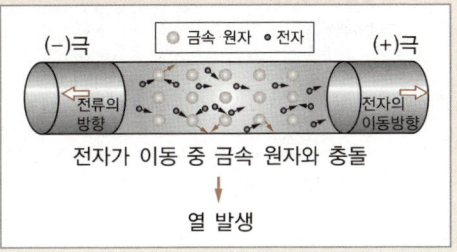

24-1 3[Ω]의 저항에 10[A]의 전류가 30초간 흐를 때 이 저항에서 발생하는 열량[cal]은 얼마인가?

① 1,240　　　　② 1,560
③ 2,160　　　　④ 3,250

[해설] $H=0.24I^2Rt=0.24\times10^2\times3\times30=2,160$[cal]

24-2 저항 20[Ω]인 전열기로 21.6[kcal]의 열량을 발생시키려면 5[A]의 전류를 약 몇 분간 흘리면 되는가?

① 2.5　　　　② 3
③ 4　　　　　④ 5.2

[해설] $H=0.24I^2Rt$[cal]에서
$t=\dfrac{H}{0.24I^2R}=\dfrac{21.6\times10^3}{0.24\times5^2\times20}=180$[s]$=3$[min]

24-3 1.5[kW]의 전열기를 정격 상태에서 30분간 사용할 때 발열량은 몇 [kcal]인가?

① 648
② 940
③ 1,200
④ 1,520

해설 $H = 0.24 \times (1.5 \times 10^3) \times (30 \times 60)$
    $= 648,000[cal]$
    $= 648[kcal]$

24-4 다음 중 줄의 법칙을 응용한 전기기기가 아닌 것은?

① 전열기
② 전기다리미
③ 열전대
④ 백열전구

해설 열전대는 제베크 효과를 이용하여 넓은 범위의 온도를 측정하기 위해 두 종류의 금속으로 만든 장치를 의미(백금-백금로듐, 크로멜-알루멜)

대표유형 25 cal(칼로리)와 J(줄)의 관계

① 영국의 물리학자 Joule(줄)은 실험을 통해 1[cal]의 열량은 약 4.2[J]의 일에 해당한다는 사실을 알아냄
② 공식
   $1[cal] = 4.2[J]$
   $1[J] = 0.24[cal]$

25-1 어떤 저항에서 1[kWh]의 전력량을 소비시킬 때 발생하는 열량은 약 몇 [kcal]인가?

① 390   ② 460
③ 560   ④ 860

해설 $1[kWh] = 3,600[kW \cdot s] = 3,600[kJ]$
    $1[J] = 0.24[cal]$이므로
    $3,600[kJ] = 3,600 \times 0.24[kcal] ≒ 860[kcal]$

25-2 어떤 저항에서 10[Wh]의 전력량을 소비시킬 때 발생하는 열량은 약 몇 [cal]인가?

① 8,200   ② 8,640
③ 9,000   ④ 9,640

해설 $10[Wh] = 10[W] \times 3,600[s] = 36,000[Ws] = 36 \times 10^3[J]$
    $1[J] = 0.24[cal]$에서
    $36 \times 10^3[J] = 36 \times 10^3 \times 0.24[cal] = 8,640[cal]$

대표유형 26 여러 가지 전류 관련 효과

① **펠티에 효과**: 서로 다른 두 종류의 금속을 접속하고 한쪽 금속에서 다른 쪽 금속으로 전류를 흘리면 온도 차가 발생(열의 발생 또는 흡수)하는 현상

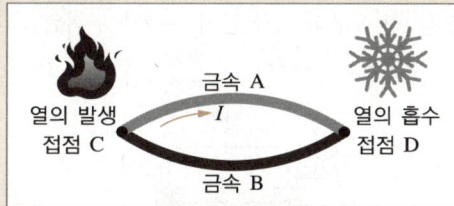

② **제베크 효과**: 서로 다른 두 종류의 금속을 접속하고 접속점에 온도 차를 발생시키면 두 접속점 사이에 기전력이 발생하여 전류가 흐르는 현상

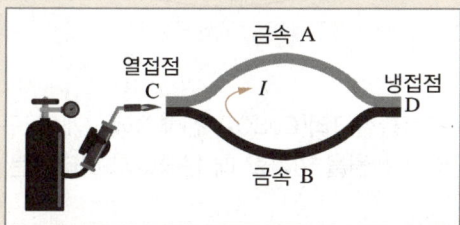

③ **톰슨 효과**: 같은 금속에서 온도 차가 있는 부분(금속의 양 끝부분을 다른 온도로 유지)에 전류가 흐르면 열의 발생, 열의 흡수가 생기는 현상

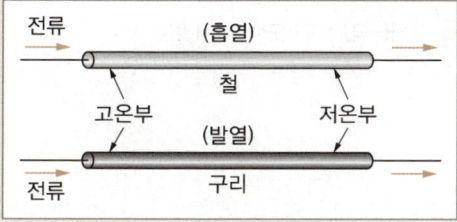

④ **중간 금속 삽입의 법칙**: 두 금속 사이에 제3의 금속이 삽입되어 있을 때, 제3금속과 접하는 접점이 같은 온도라면 기전력이 발생하지 않음

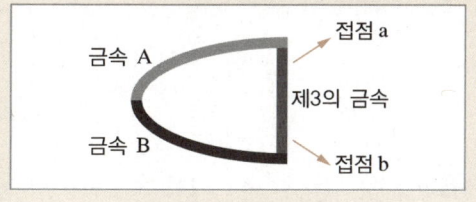

26-1 두 금속을 접속하여 여기에 전류를 흘리면, 줄열 외에 그 접점에서 열의 발생 또는 흡수가 일어나는 현상의 명칭은?

① 홀 효과　　　　② 제베크 효과
③ 줄 효과　　　　④ 펠티에 효과

해설 펠티에 효과
서로 다른 두 종류의 금속을 접속하고 한쪽 금속에서 다른 쪽 금속으로 전류를 흘리면 온도 차가 발생(열의 발생 또는 흡수)하는 현상

26-2 전자 냉동기는 어떤 효과를 응용한 것인가?

① 홀 효과　　　　② 제베크 효과
③ 톰슨 효과　　　④ 펠티에 효과

해설 전자 냉동기는 펠티에 효과를 응용하여 만든다.

26-3 두 종류의 금속을 접속하여 두 접합 부분을 다른 온도로 유지하면 열기전력을 일으켜 열전류가 흐른다. 이 현상을 지칭하는 것은?

① 제베크 효과　　② 제3금속의 법칙
③ 펠티에 효과　　④ 패러데이의 법칙

정답 26-1 ④　26-2 ④　26-3 ①

26-4 제베크 효과에 대한 설명으로 옳지 않은 것은?

① 두 종류의 금속을 접속하여 폐회로를 만들고, 두 접속점에 온도의 차이를 주면 기전력이 발생하여 전류가 흐른다.
② 열기전력의 크기와 방향은 두 금속 점의 온도 차에 따라서 정해진다.
③ 열전쌍(열전대)은 두 종류의 금속을 조합한 장치이다.
④ 전자 냉동기, 전자 온풍기에 응용된다.

26-5 열전대는 무슨 효과를 이용한 것인가?

① 홀 효과　　② 압전효과
③ 제베크 효과　　④ 가우스 효과

[해설] 열전대는 두 종류의 금속 사이에 온도 차를 발생시키면 두 접속점 사이에 기전력이 발생하여 전류가 흐르는 현상인 제베크 효과를 이용한다.

26-6 다음이 설명하는 것으로 옳은 것은?

> 금속 A와 B로 만든 열전쌍과 접점 사이에 임의의 금속 C를 연결해도 C의 양끝 접점의 온도를 똑같이 유지하면 회로의 열기전력은 변화하지 않는다.

① 제베크 효과　　② 펠티에 효과
③ 톰슨 효과　　④ 제3금속의 법칙

[해설] **제3금속의 법칙**
두 금속 사이에 제3의 금속이 삽입되어 있을 때, 제3금속과 접하는 접점이 같은 온도라면 기전력이 발생하지 않음

대표유형 27 전기분해

황산구리($CuSO_4$) 전해액을 구리판 전극을 사용하여 전기분해하면
① (+)극 : 구리 전극 판의 두께가 얇아짐
$$Cu \rightarrow Cu^{2+} + 2e^-$$
② (-)극 : 구리 전극 판의 두께가 두꺼워짐
$$Cu^{2+} + 2e^- \rightarrow Cu$$

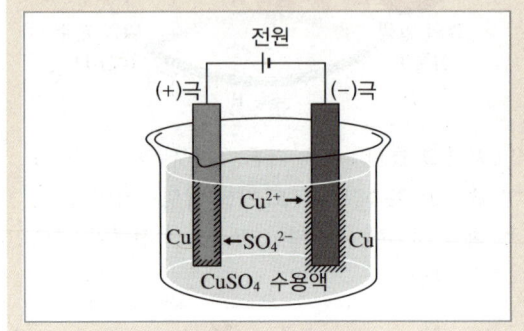

27-1 황산구리($CuSO_4$) 전해액에 2개의 구리판을 넣고 전원을 인가할 때 음극에서 나타나는 현상은?

① 구리판이 얇아진다.
② 구리판이 두꺼워진다.
③ 변화가 없다.
④ 수소 기체가 발생한다.

[해설] 음극(-극) : 구리판이 두꺼워짐
$$Cu^{2+} + 2e^- \rightarrow Cu$$

대표유형 28 전기분해에 관한 패러데이의 법칙

① 석출량
  ㉠ 개념
    - 1[C]의 전기량에 의해 전극에 석출되는 물질의 양
    - 1[A]의 전류가 1[s] 동안 흐를 때 전극에 석출되는 물질의 양
  ㉡ 공식
    석출량 $w = kQ = kIt$ [g]
    (k : 물질의 전기 화학당량[g/C],
    Q : 전기분해에서 통과한 전기량[C],
    I : 전류[A], t : 시간[s])

② 화학당량
  ㉠ 공식
    화학당량 $= \dfrac{원자량}{원자가}$

28-1 전기분해를 통하여 석출된 물질의 양은 통과한 전기량 및 화학당량과 어떤 관계인가?

① 전기량과 화학당량에 비례한다.
② 전기량과 화학당량에 반비례한다.
③ 전기량에 비례하고 화학당량에 반비례한다.
④ 전기량에 반비례하고 화학당량에 비례한다.

[해설] **패러데이 법칙(Faraday's law)**
전기분해를 하는 동안 전극에 흐르는 전하량과 전기분해로 인해 생긴 화학변화의 양 사이의 정량적인 관계를 나타내는 법칙
$w = kQ = kIt$ [g] (k : 전기 화학당량)

28-2 전기분해에서 패러데이의 법칙으로 옳은 것은?(단, w : 석출된 물질의 양[g], k : 물질의 전기화학당량[g/C], I : 전류[A], E : 전압[V], Q : 통과한 전기량[C], t : 통과 시간[s]을 각각 나타낸다)

① $w = kIt$ ② $w = kEt$
③ $w = k\dfrac{Q}{E}$ ④ $w = \dfrac{Q}{R}$

[해설] 패러데이 법칙 $w = kQ = kIt$

28-3 초산은(AgNO₃)용액에 1[A]의 전류가 2시간 동안 흐른다. 이때 은의 석출량[g]은 얼마인가? (단, 은의 전기 화학당량은 1.1×10^{-3}[g/C]이다)

① 5.83   ② 7.92
③ 8.27   ④ 9.54

[해설] 패러데이 법칙에 따라
석출량 $w = kQ = kIt$
$= (1.1 \times 10^{-3}) \times 1 \times (2 \times 3,600)$
$= 7.92$ [g]

28-4 황산구리 용액에 10[A]의 전류를 60분간 흘릴 경우 석출되는 구리의 양[g]은 약 얼마인가? (단, 구리의 전기 화학당량은 0.3293×10^{-3}[g/C]이다)

① 5.93   ② 9.65
③ 11.86   ④ 13.54

[해설] 석출량 $w = kQ = kIt$
$= (0.3293 \times 10^{-3}) \times 10 \times (60 \times 60)$
$\fallingdotseq 11.86$ [g]

정답 28-1 ① 28-2 ① 28-3 ② 28-4 ③

28-5 1.5[A]의 전류를 1분 동안 질산은 용액에 흘리면 몇 [g]의 은을 석출하는가?(단, 은의 전기 화학당량은 1.1×10^{-3}[g/C]이다)

① 0.1　　　② 0.16
③ 0.2　　　④ 0.24

해설 패러데이 법칙에 따라
석출량 $w = kQ = kIt$
$= (1.1 \times 10^{-3}) \times 1.5 \times (1 \times 60)$
$≒ 0.1$[g]

28-6 같은 전기량에 의해서 여러 가지 화합물이 전해될 때 석출되는 물질의 양은 그 물질의 화학당량에 비례한다. 이 법칙은?

① 렌츠의 법칙
② 패러데이의 법칙
③ 앙페르의 법칙
④ 줄의 법칙

해설 • 렌츠의 법칙 : 유도 기전력과 유도 전류는 자기장의 변화를 상쇄하려는 방향으로 발생한다는 전자기법칙
• 앙페르의 법칙 : 전류와 자기장의 관계를 나타내는 법칙
• 줄의 법칙 : 전류에 의해서 일정 시간 동안에 발생하는 줄 열의 양은 전류의 세기의 제곱과 도체의 저항에 비례

28-7 패러데이 법칙에서의 화학당량으로 옳은 것은?

① 원자가/원자량
② 원자량/원자가
③ 석출량/원자량
④ 원자량/석출량

해설 **화학당량**
화학반응에 대한 성질에 따라 정해진 화합물의 일정량
화학당량 $= \dfrac{\text{원자량}}{\text{원자가}}$

28-8 니켈의 원자가는 2.0이고, 원자량은 58.70이다. 이때 화학당량의 값은 얼마인가?

① 14.75
② 24.35
③ 29.35
④ 35.78

해설 화학당량 $= \dfrac{\text{원자량}}{\text{원자가}} = \dfrac{58.70}{2.0} = 29.35$

대표유형 29 전지의 원리(볼타 전지)

그림과 같이 실험 재료를 준비하고 전해액인 묽은 황산 용액(H_2SO_4)에 아연(Zn)과 구리(Cu)판을 넣는다.

① 아연판 : (-)극, 아연 이온(Zn^{2+})으로 용해
  $Zn \rightarrow Zn^{2+} + 2e^-$
② 구리판 : (+)극, 수소 기체 발생
  $2H^+ + 2e^- \rightarrow H_2$
③ 분극 작용(polarization effect) 발생 : 구리판 (+극) 표면에 수소 기체가 많이 발생하여 기전력이 저하
④ 분극 작용 방지를 위해 감극제(depolarizer) 사용

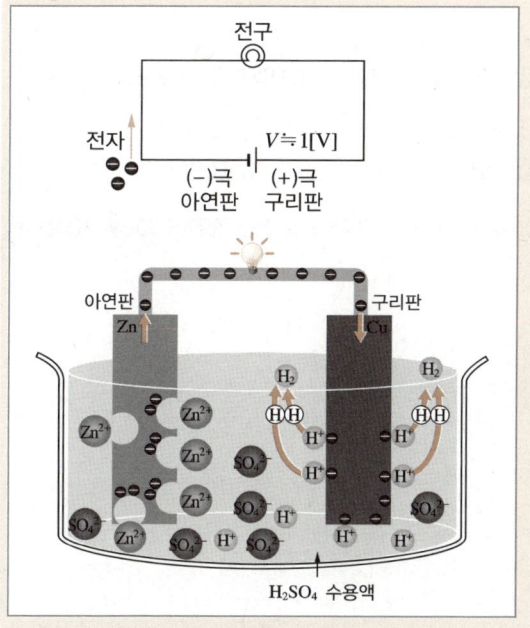

29-1 묽은 황산(H_2SO_4)용액에 구리(Cu)와 아연(Zn)판을 넣으면 전지가 된다. 이때 양(+)극에 대한 설명으로 옳은 것은?

① 구리판이며 수소 기체가 발생한다.
② 구리판이며 산소 기체가 발생한다.
③ 아연판이며 수소 기체가 발생한다.
④ 아연판이며 산소 기체가 발생한다.

해설 볼타 전지의 경우 양극제로 구리판을 사용하며 수소 기체가 발생한다.

29-2 볼타 전지로부터 전류를 얻게 되면 양극의 표면이 수소 기체로 둘러싸이게 되는데 이를 무엇이라 하는가?

① 분극 작용
② 전해 작용
③ 화학 작용
④ 전기 분해

해설 전지에 전류가 지속적으로 흐르게 되면 (+)극의 표면에 수소 기체(H_2)가 많이 발생하여 거품으로 되어서 표면에 붙기 때문에 구리판과 용액의 접촉 면적이 감소하여 전지 내부 저항이 증가하고, 수소 가스가 수소 이온(H^+)으로 되돌아가려고 하는 역기전력이 발생하여 전지의 기전력이 저하되는 분극 작용이 일어난다.

정답 29-1 ① 29-2 ①

대표유형 30 전지의 종류

① 화학 전지
  ㉠ 1차 전지
   • 재충전 불가능
   • [예시] 망가니즈 건전지(망간 건전지)
    (+)극 : 탄소 막대 사용
    (-)극 : 아연 사용
    감극제 : 이산화 망가니즈(MnO_2)

  ㉡ 2차 전지
   • 재충전 가능
   • [예시 1] 납축전지
    (+)극 : 이산화납(PbO_2)
    (-)극 : 납(Pb)
    전해액 : 묽은 황산(H_2SO_4)
   • [예시 2] 니켈-카드뮴 전지, 리튬 이온 전지
  ㉢ 3차 전지(연료 전지)
② 물리 전지

30-1 망가니즈 건전지의 양극제로 사용하는 것은?

① 아연판   ② 묽은 황산
③ 구리판   ④ 탄소 막대

해설 망가니즈 건전지는 양극제로 탄소 막대를 사용한다.

30-2 납축전지의 전해액으로 사용되는 것은?

① PbO_2 ② $PbSO_4$
③ $2H_2O$ ④ H_2SO_4

해설 납축전지는 전해액으로 묽은 황산(H_2SO_4)을 사용한다.

30-3 알칼리 축전지의 대표적인 축전지로 널리 사용되고 있는 2차 전지는 무엇인가?

① 망가니즈 전지
② 산화은 전지
③ 페이퍼 전지
④ 니켈 카드뮴 전지

해설 2차 전지는 충전이 가능한 전지로 대표적인 축전지로는 니켈 카드뮴 전지가 있다.

02 전기장

전기장과 자기장 공식 모음	
전기장	자기장
쿨롱의 법칙 $F = k\dfrac{Q_1 Q_2}{r^2} = \dfrac{1}{4\pi\varepsilon}\dfrac{Q_1 Q_2}{r^2} = \dfrac{1}{4\pi\varepsilon_0\varepsilon_r}\dfrac{Q_1 Q_2}{r^2}$ $= 9 \times 10^9 \dfrac{Q_1 Q_2}{\varepsilon_r r^2}$ [N]	**쿨롱의 법칙** $F = k\dfrac{m_1 m_2}{r^2} = \dfrac{1}{4\pi\mu}\dfrac{m_1 m_2}{r^2} = \dfrac{1}{4\pi\mu_0\mu_r}\dfrac{m_1 m_2}{r^2}$ $= 6.33 \times 10^4 \dfrac{m_1 m_2}{\mu_r r^2}$ [N]
전기장의 세기 ① 전기장의 세기 $E = \dfrac{Q}{4\pi\varepsilon r^2} = \dfrac{Q}{4\pi\varepsilon_0\varepsilon_r r^2}$ $= (9 \times 10^9) \times \dfrac{Q}{\varepsilon_r r^2}$ [V/m], [N/C] ② 전기장의 세기가 E 인 전기장 속에 놓인 전하 Q가 받는 힘 $F = QE$ [N]	**자기장의 세기** ① 자기장의 세기 $H = \dfrac{m}{4\pi\mu r^2} = \dfrac{m}{4\pi\mu_0\mu_s r^2}$ $= (6.33 \times 10^4) \times \dfrac{m}{\mu_r r^2}$ [AT/m] ② 자기장의 세기가 B 인 자기장 속에 놓인 자하 m이 받는 힘 $F = mH$ [N]
전위 $V = \dfrac{Q}{4\pi\varepsilon r} = \dfrac{W}{Q}$ [V], [J/C]	**자위** $U = \dfrac{m}{4\pi\mu r}$ [AT]
전기력선수 vs 전속 vs 전속 밀도 ① 전기력선수 　㉠ $N = \dfrac{Q}{\varepsilon}$ (유전체) 　㉡ $N = \dfrac{Q}{\varepsilon_0}$ (유전체가 진공일 때) ② 전속 $\psi = Q$ [C] ③ 전속 밀도 $D = \dfrac{\psi}{A} = \dfrac{\psi}{4\pi r^2} = \varepsilon E$ [C/m²]	**자기력선수 vs 자속 vs 자속 밀도** ① 자기력선수 = 자속수 　㉠ $N = \dfrac{m}{\mu}$ (유전체) 　㉡ $N = \dfrac{m}{\mu_0}$ (유전체가 진공일 때) ② 자속 $\phi = m$ [Wb] ③ 자속 밀도 $B = \dfrac{\phi}{A} = \dfrac{\phi}{4\pi r^2} = \mu H$ [Wb/m²], [T]
유전율 $\varepsilon = \varepsilon_0 \varepsilon_r$ [F/m] $\varepsilon_0 = 8.85 \times 10^{-12}$ [F/m]	**투자율** $\mu = \mu_0 \mu_r$ [H/m] $\mu_0 = 4\pi \times 10^{-7}$ [H/m]

대표유형 01 쿨롱의 법칙(Coulomb's law)

① 개념 : 유전율이 ε인 매질에서 두 점전하 사이에 작용하는 전기력의 크기를 계산하는 법칙

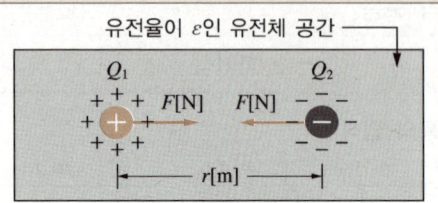

〈서로 다른 전하 Q_1, Q_2가 있는 경우〉

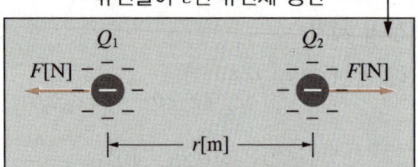

〈서로 같은 전하 Q_1, Q_2가 있는 경우〉

② 공식

두 전하 사이에 작용하는 힘(전기력)

$$F = k\frac{Q_1 Q_2}{r^2} \text{ [N]}$$

$$= \frac{1}{4\pi\varepsilon}\frac{Q_1 Q_2}{r^2}$$

$$= \frac{1}{4\pi\varepsilon_0\varepsilon_r}\frac{Q_1 Q_2}{r^2}$$

$$= 9 \times 10^9 \frac{Q_1 Q_2}{\varepsilon_r r^2} \left(\frac{1}{4\pi\varepsilon_0} = 9 \times 10^9\right)$$

(k : 쿨롱상수, Q_1, Q_2 : 전하량[C], r : 거리[m], ε : 유전율, ε_0 : 진공에서의 유전율(8.85×10^{-12}), ε_r : 비유전율)

01-1 두 전하 사이에 작용하는 힘의 크기를 결정하는 법칙은?

① 쿨롱의 법칙
② 렌츠의 법칙
③ 비오–사바르의 법칙
④ 패러데이의 법칙

[해설] 쿨롱의 법칙은 두 전하 사이에 작용하는 힘을 나타내는 법칙이다.

$$F = \frac{1}{4\pi\varepsilon}\frac{Q_1 Q_2}{r^2} \text{ [N]}$$

01-2 진공 중에서 10[μC]과 20[μC]의 두 전하가 1[m]거리에 놓여 있을 때, 두 전하 사이에 작용하는 힘[N]의 크기는?

① 1.8   ② 2.4
③ 3.8   ④ 5.2

[해설]
$$F = 9 \times 10^9 \frac{Q_1 Q_2}{r^2}$$
$$= 9 \times 10^9 \times \frac{10 \times 10^{-6} \times 20 \times 10^{-6}}{1}$$
$$= 1.8 \text{ [N]}$$

01-3 공기 중에서 어느 일정한 거리를 두고 있는 두 점전하 사이에 작용하는 힘이 16[N]인데, 두 전하 사이에 유리를 채우니 작용하는 힘이 4[N]으로 감소한다. 이 유리의 비유전율은?

① 2   ② 4
③ 6   ④ 8

[해설] 두 점전하 사이에 작용하는 힘 $F = \frac{1}{4\pi\varepsilon_0\varepsilon_r} \cdot \frac{Q_1 Q_2}{r^2}$ [N]
에서 힘은 비유전율에 반비례한다.
공기 중일 때 16[N]이던 힘이 유리를 채워 4[N]이 된다면 유리의 비유전율이 공기의 비유전율보다 4배 더 큼을 알 수 있다.

1-1 ① 1-2 ① 1-3 ②

대표유형 02) 전기장의 세기

① 전기장의 세기
  ㉠ 개념
  • 단위 전하 +1[C]이 전하 Q에 의해 받는 힘의 크기
  • 전위의 기울기(1[m]당 몇 [V]가 변화하는가, $E = \dfrac{V}{r}$ [V/m])

  ㉡ 공식
  전기장의 세기 $E = \dfrac{Q}{4\pi\varepsilon r^2}$ [N/C], [V/m]
  $= \dfrac{V}{r}$

  (Q : 전하량[C], ε : 유전율, r : 거리[m], V : 전위[V])

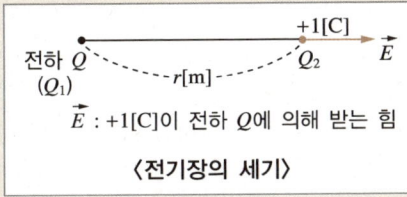

〈전기장의 세기〉

② 전기장의 세기가 E인 전기장 속에 놓인 전하 Q가 받는 힘 $F = QE$ [N]
(Q : 전하량[C], E : 전기장의 세기[V/m])

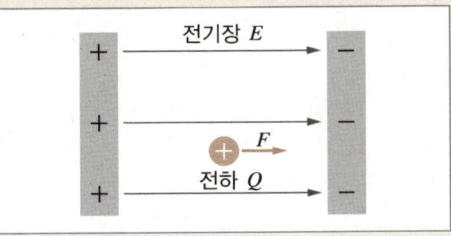

02-1 전기장 중에 단위 정전하를 놓을 때 여기에 작용하는 힘과 같은 것은?

① 자속 ② 전기장의 세기
③ 전속 ④ 전위

(해설) 전기장의 세기
전기장 중에 단위 전하 +1[C]을 놓을 때 여기에 작용하는 전기력의 크기

02-2 전기장의 세기의 단위는 무엇인가?

① [V/m] ② [AT/m]
③ [F/m] ④ [H/m]

(해설) 전기장의 세기 E [V/m]

02-3 1[C]의 전하에 100[N]의 힘이 작용한다면 전기장의 세기[V/m]는?

① 1 ② 10
③ 100 ④ 1,000

(해설) 전기장의 세기 $E = \dfrac{F}{Q} = \dfrac{100}{1} = 100$[V/m]

02-4 10[V/m]의 전장에 어떤 전하를 놓으면 0.2[N]의 힘이 작용한다. 이때 전하의 양은 몇 [C]인가?

① 0.1 ② 0.2
③ 0.01 ④ 0.02

(해설) $F = QE$, $Q = \dfrac{F}{E} = \dfrac{0.2}{10} = 0.02$[C]

정답 2-1 ② 2-2 ① 2-3 ③ 2-4 ④

대표유형 03) 전위(electric potential)

① 개념
  ㉠ 한 점에서 단위 전하(+1[C])가 갖는 전기적인 위치에너지
  ㉡ +1[C]을 무한 원점으로부터 점 P까지 이동시킬 때 필요한 에너지

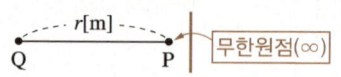

② 공식
점전하 Q로부터 r[m]만큼 떨어진 지점 P의 전위

$$V = \frac{Q}{4\pi\varepsilon r} = \frac{Q}{4\pi\varepsilon_0\varepsilon_r r} = (9\times 10^9)\left(\frac{Q}{\varepsilon_r r}\right)$$

$$= E \cdot r = \frac{W}{Q} \text{ [J/C], [V]}$$

(ε : 유전율, r : 거리, E : 전기장의 세기
W : 일[J])

03-1 다음과 같이 공기 중에 놓인 2×10^{-8}[C]의 전하에서 2[m] 떨어진 점 P와 1[m] 떨어진 점 Q와의 전위차는 몇 [V]인가?

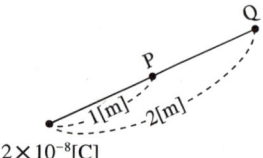

① 75   ② 90
③ 120   ④ 150

[해설] 점 P의 전위
$$V_P = 9\times 10^9 \times \frac{Q}{r} = 9\times 10^9 \times \frac{2\times 10^{-8}}{1} = 180\text{[V]}$$
점 Q의 전위
$$V_Q = 9\times 10^9 \times \frac{Q}{r} = 9\times 10^9 \times \frac{2\times 10^{-8}}{2} = 90\text{[V]}$$
이므로 전위차는 90[V]

03-2 100[V]의 전위차로 가속된 전자의 운동에너지는 몇 [J]인가?

① 1.6×10^{-17} ② 1.6×10^{-20}
③ 0.16×10^{-17} ④ 0.16×10^{-20}

[해설] 전자의 전하량 : 1.6×10^{-19}[C]
$W = QV = 1.6\times 10^{-19} \times 100 = 1.6\times 10^{-17}$[J]

03-3 다음 중 전위의 단위가 아닌 것은?

① [J/C]   ② [V/m]
③ [V]   ④ [N·m/C]

[해설] • 전위 $V = Er = \dfrac{Q}{4\pi\varepsilon r} = \dfrac{W}{Q}$ [J/C], [N·m/C], [V]
• 일 $W = F \cdot s$ [N·m]
(F : 힘[N], s : 이동 거리[m])

3-1 ②   3-2 ①   3-3 ②

대표유형 04 전기장과 전기력선

① **전기장**: 공간에 전하가 놓여 있으면 쿨롱의 법칙에 따라 주변 전하들이 힘을 받게 되며 이런 힘이 생기는 공간
② **전기력**: 전하를 띤 물체 사이에 작용하는 힘 (흡인력, 반발력)
③ **전기력선**: 눈에 보이지 않는 전기장의 모양을 시각적으로 그린 가상의 선으로 (+) 전하가 받는 힘의 방향을 연속적으로 이은 선
④ **전기력선의 특징**
　㉠ 전기력선은 양(+)전하에서 수직으로 나와 음(−)전하로 수직으로 들어간다.

　㉡ 전기력선은 도중에 갈라지거나 교차하지 않는다.
　㉢ 전기력선 위의 한 점에 접선을 그으면 그 접선의 방향이 그 점에서 전기장의 방향을 의미한다.
　㉣ 전기력선은 전위가 높은 곳에서 낮은 곳으로 향한다.
　㉤ 전기력선은 등전위면과 직교한다.

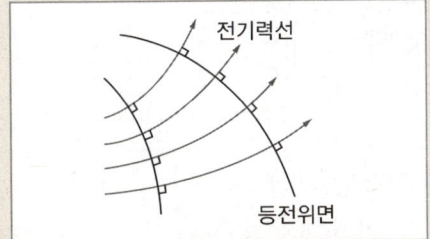

　㉥ 등전위면을 따라 전하 Q를 운반하는 데 필요한 일은 0이다.
　㉦ 전기력선의 밀도가 높은 곳이 낮은 곳보다 전기장의 세기가 강하다.
　㉧ 도체 내부에는 전기력선이 없다.
　㉨ 유전체 ε인 공간의 전하에서는 $\dfrac{Q}{\varepsilon}$ 개의 전기력선이 출입한다.

04-1 전기력선의 성질에 대한 설명 중 옳지 않은 것은?
① 전기력선의 접선 방향은 임의의 점에서 전기장 방향과 일치한다.
② 전기력선은 부전하에서 시작하여 정전하에서 그친다.
③ 단위 전하에서는 $\dfrac{1}{\varepsilon_0}$ 개의 전기력선이 출입한다.
④ 전기력선은 전위가 높은 점에서 낮은 점으로 향한다.

해설 전기력선의 성질
- 전기력선 위의 한 점에 접선을 그으면 그 접선의 방향이 그 점에서 전기장의 방향을 의미한다.
- 전기력선은 양(+)전하에서 수직으로 나와 음(−)전하로 수직으로 들어간다.
- 단위 전하(+1[C])에서는 유전체가 진공일 때 $\dfrac{Q}{\varepsilon_0} = \dfrac{1}{\varepsilon_0}$ [개]의 전기력선이 출입한다.
- 전기력선은 전위가 높은 곳에서 낮은 곳으로 향한다.

04-2 전기력선의 성질을 설명한 것으로 옳지 않은 것은?
① 전기력선은 도체 내부에 존재한다.
② 전기력선은 등전위면에 수직으로 출입한다.
③ 전기력선은 양전하에서 음전하로 이동한다.
④ 전기력선의 방향은 전기장의 방향과 같으며, 전기력선의 밀도는 전기장의 크기와 같다.

해설 전기력선은 도체 내부에 존재하지 않는다.

정답 4-1 ② 4-2 ①

04-3 전기장에 대한 설명으로 옳지 않은 것은?

① 대전된 구의 내부 전기장은 0이다.
② 대전된 무한장 원통의 내부 전기장은 0이다.
③ 대전된 도체 내부의 전하 및 전기장은 모두 0이다.
④ 도체 표면의 전기장은 그 표면에 평행이다.

해설 도체 표면의 전기장은 도체 표면과 수직이다.

04-4 등전위면과 전기력선의 교차 관계로 옳은 것은?

① 교차하지 않는다.
② 30°로 교차한다.
③ 60°로 교차한다.
④ 직각으로 교차한다.

해설 등전위면과 전기력선은 직각으로 교차한다.

04-5 등전위면을 따라 전하 $Q[C]$를 운반하는 데 필요한 일은?

① 전하의 크기에 따라 변한다.
② 전위의 크기에 따라 변한다.
③ 등전위면과 전기력선에 의하여 결정된다.
④ 항상 0이다.

해설 **등전위면의 특징**
- 등전위면에서 하는 일은 항상 0이다.
- 전기력선은 등전위면과 수직으로 교차한다.
- 다른 전위의 등전위면은 서로 교차하지 않는다.
- 등전위면의 밀도가 높으면 전기장의 세기도 크다.

대표유형 05) 전속, 전속 밀도, 전기력선의 개수

① **전속**(電束, dielectric flux)
  ㉠ 개념
   - 전기장의 상태를 나타내기 위한 가상의선
   - 매질에 관계없이 전하에서 발생하는 전기력선의 다발
  ㉡ 공식
   전속 $\psi = Q$ [C] (Q : 전하량[C])

② **전속 밀도**
  ㉠ 개념
   - 단위 넓이 $1[m^2]$를 통과하는 전속의 수
   - 매질에 관계없이 $1[m^2]$에 몇 [C]의 전속 수가 통과하는가
  ㉡ 공식
   전속 밀도 $D = \dfrac{\psi}{A} = \dfrac{\psi}{4\pi r^2} = \varepsilon E$ [C/m²]
   (ψ : 전속, A : 넓이, r : 반지름, ε : 유전율, E : 전기장의 세기)

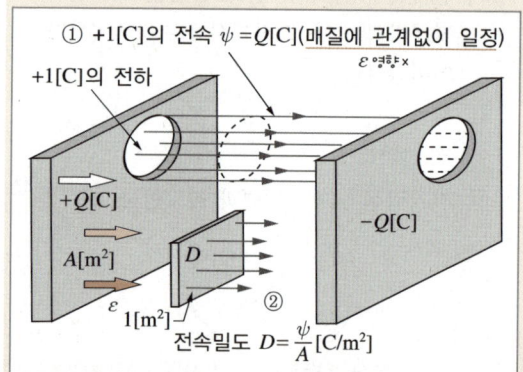

③ **전기력선의 개수**
  ㉠ 개념
   매질의 영향을 받는 전기력선의 개수
  ㉡ 공식
   - $N = \dfrac{Q}{\varepsilon}$ (유전체)
   $= \dfrac{Q}{\varepsilon_0 \varepsilon_r}$

• $N = \dfrac{Q}{\varepsilon_0}$ (유전체가 진공일 때 $\varepsilon_r = 1$)

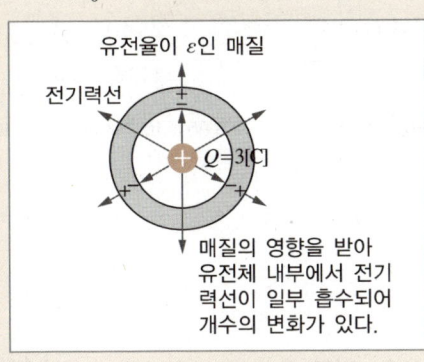

05-1 다음 중 전속 밀도의 단위는 무엇인가?

① $[V/m^2]$ ② $[C/m^2]$
③ $[H/m^2]$ ④ $[Wb/m^2]$

해설 전속 밀도 $D = \dfrac{Q}{A}\ [C/m^2]$

05-2 반지름 $a[m]$인 도체구에 전하 $Q[C]$을 줄 때, 구 중심에서 $r[m]$만큼 떨어진 구 밖$(r > a)$의 한 점에서 전속 밀도 $D[C/m^2]$는 얼마인가?

① $\dfrac{Q}{4\pi r}$ ② $\dfrac{Q}{2\pi r}$
③ $\dfrac{Q}{4\pi r^2}$ ④ $\dfrac{Q}{2\pi r^2}$

해설 • 전속 밀도 $D = \dfrac{Q}{A} = \dfrac{Q}{4\pi r^2}\ [C/m^2]$
• 구의 단면적 $A = 4\pi r^2\ [m^2]$

05-3 표면 전하 밀도 $\sigma\ [C/m^2]$로 대전된 도체 내부의 전속 밀도는 몇 $[C/m^2]$인가?

① $\dfrac{E}{\varepsilon}$ ② 0
③ ε_0 ④ ε_r

해설 도체 내부의 전속 밀도는 0이다.

05-4 비유전율 5인 유전체 내부의 전속 밀도가 $5 \times 10^{-6}[C/m^2]$인 점의 전기장의 세기$[V/m]$는?

① 1.13×10^5 ② 1.35×10^5
③ 1.43×10^5 ④ 1.58×10^5

해설 $D = \varepsilon_0 \varepsilon_s E$에서
$E = \dfrac{D}{\varepsilon_0 \varepsilon_s} = \dfrac{5 \times 10^{-6}}{8.85 \times 10^{-12} \times 5} \fallingdotseq 1.13 \times 10^5\ [V/m]$

05-5 유전율 ε인 유전체 내에 있는 전하 $Q[C]$에서 나오는 전기력선 수는?

① $\dfrac{Q^2}{\varepsilon}$ ② $\dfrac{Q}{\varepsilon_s}$
③ $\dfrac{Q}{\varepsilon}$ ④ $\dfrac{Q}{\varepsilon_0}$

해설 전기력선의 개수
$N = \dfrac{Q}{\varepsilon}$ (유전체)

05-6 진공에 놓여 있는 전하 $Q[C]$에서 나오는 전기력선 수는?

① $\dfrac{Q^2}{\varepsilon}$ ② $\dfrac{Q}{\varepsilon_s}$
③ $\dfrac{Q}{\varepsilon}$ ④ $\dfrac{Q}{\varepsilon_0}$

해설 전기력선의 개수
$N = \dfrac{Q}{\varepsilon_0}$ (유전체가 진공일 때)

정답 5-1 ② 5-2 ③ 5-3 ② 5-4 ① 5-5 ③ 5-6 ④

대표유형 06 유전율, 비유전율

① 유전율(permittivity)
  ㉠ 개념
    - 유전체가 외부 전기장에 반응하여 반대 방향으로 분극에 의한 전기장이 생겨 유전체 내 전기장의 세기가 작아지게 되며, 이때 분극이 되는 정도를 의미
    - 전속 밀도와 전기장의 비율
    - 단위 길이 1[m]당 얼마나 많은 전하를 모을 수 있는가
  ㉡ 공식
    - 유전율 $\varepsilon = \varepsilon_0 \varepsilon_r = \dfrac{D}{E}$ [F/m]
    (ε_0 : 진공에서의 유전율, ε_r : 비유전율, D : 전속 밀도, E : 전기장의 세기)
    - 진공에서의 유전율 $\varepsilon_0 = 8.85 \times 10^{-12}$ [F/m]

② 비유전율(relative permittivity) : 진공에서의 유전율 ε_0에 대해 매질의 유전율이 가지는 상대적인 비율을 의미

유전체	비유전율 ε_r	유전체	비유전율 ε_r
진공	1	절연 니스	5~6
공기	1.00059	운모	5~9
절연지	1.2~2.5	염화 비닐	5~9
테플론	2.03	도자기	5~6.5
절연유	2.2~2.4	소다 유리	6~8
폴리에틸렌	2.2~2.4	에틸알코올	25
고무	2~3	글리세린	40
호박(amber)	2.8	증류수	80
수정	3.6	타이타늄 자기	60~100
페놀 수지	4.75	타이타늄 바륨	1,000~3,000
석면	4.8		

06-1 유전율의 단위는?
① [AT/m] ② [V/m]
③ [F/m] ④ [H/m]

해설 유전율 ε[F/m]

06-2 비유전율이 9인 물질의 유전율[F/m]은 약 얼마인가?
① 40×10^{-6} ② 40×10^{-12}
③ 80×10^{-6} ④ 80×10^{-12}

해설 유전율 $\varepsilon = \varepsilon_0 \varepsilon_r = 8.85 \times 10^{-12} \times 9 \fallingdotseq 80 \times 10^{-12}$[F/m]

06-3 진공 중에서 비유전율 ε_r의 값은?
① 1 ② 6.33×10^4
③ 8.85×10^{-12} ④ 9×10^9

해설 진공에서의 비유전율 $\varepsilon_r = 1$

06-4 다음 물질 중에서 비유전율이 가장 큰 것은?
① 진공 ② 유리
③ 증류수 ④ 고무

해설 비유전율
- 진공 : 1
- 고무 : 2~3
- 유리 : 3.5~10
- 증류수 : 80

06-5 다음 중 비유전율이 가장 작은 것은?
① 운모 ② 공기
③ 고무 ④ 글리세린

해설 비유전율
- 공기 : 1.00059
- 운모 : 5~9
- 고무 : 2~3
- 글리세린 : 40

정답 6-1 ③ 6-2 ④ 6-3 ① 6-4 ③ 6-5 ②

대표유형 07 정전 유도와 정전 차폐

① **정전 유도**(electrostatic induction) : 도체에 대전체를 가까이 가져갈 때, 가까운 쪽에는 대전체와 다른 전하가, 반대쪽에는 대전체와 같은 전하가 유도되는 현상

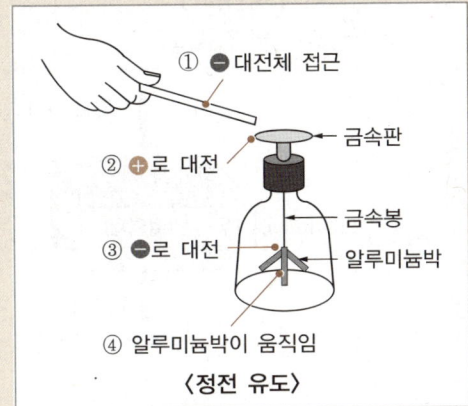
〈정전 유도〉

② **정전 차폐**(electrostatic shielding) : 접지된 금속으로 도체를 완전히 둘러싸서 대전체를 가까이 가져가도 정전 유도가 되지 않도록 차단하는 것

07-1 다음 그림과 같이 절연물 위에 (+)로 대전된 대전체를 놓을 때 도체의 음전기와 양전기가 분리되는 현상을 무엇이라 하는가?

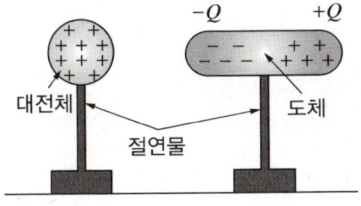

① 정전 차폐
② 정전 유도
③ 상호 유도
④ 대전

해설 **정전 유도**
전기장의 영향으로 물체의 표면에 전하가 유도되는 현상

07-2 다음 중 정전 차폐와 가장 관계가 깊은 것은?

① 강자성체
② 반자성체
③ 상자성체
④ 비투자율이 1인 자성체

해설 강자성체로 정전 차폐를 하여 정전 유도 현상을 막을 수 있다.

07-3 도체계에서 임의의 도체를 일정 전위(일반적으로 영전위)의 도체로 완전 포위하면 내부와 외부의 전계를 완전히 차단할 수 있는데 이를 무엇이라 하는가?

① 정전 유도   ② 톰슨 효과
③ 정전 차폐   ④ 펀치 효과

해설 **정전 차폐**
접지된 금속에 의해 도체를 완전히 둘러싸서 외부 정전계에 의한 정전 유도를 차단하는 것

07-4 정전기 발생 방지책이 아닌 것은?

① 대전 방지제를 사용
② 접지 및 보호구의 착용
③ 배관 내 액체의 흐름 속도 제한
④ 대기의 습도를 30[%] 이하로 하여 건조함 유지

해설 대기의 습도가 낮을수록 정전기가 잘 일어난다.

정답 7-1 ② 7-2 ① 7-3 ③ 7-4 ④

대표유형 08) 커패시터, 커패시턴스

① 커패시터(capacitor, 콘덴서) : 전기회로에서 전하를 충전하거나 방전하면서 전압의 변화를 제어하는 회로 소자

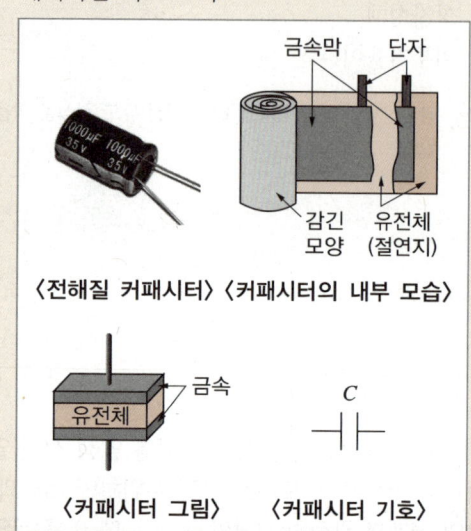

〈전해질 커패시터〉 〈커패시터의 내부 모습〉

〈커패시터 그림〉 〈커패시터 기호〉

② 커패시턴스(capacitance, 정전 용량)
  ㉠ 개념
   • 물체가 전하를 축적할 수 있는 능력
   • 커패시터에 1[V]의 전압을 걸 때, 몇 [C]의 전하를 저장할 수 있는가
  ㉡ 공식

  커패시턴스(정전 용량) $C = \dfrac{Q}{V}$ [F]

  (farad, 패럿)
  (Q : 전하량[C], V : 전압[V])

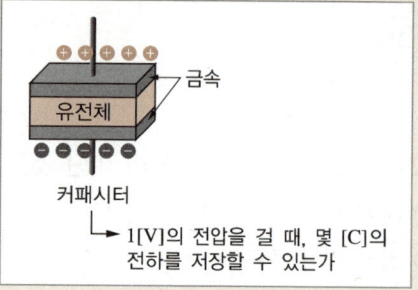

③ 평행판 도체의 커패시턴스
  ㉠ 공식

  커패시턴스 $C = \dfrac{\varepsilon S}{d}$ [F]

  (ε : 극판 사이 유전체의 유전율,
  S : 극판의 넓이[m^2],
  d : 극판 간의 간격[m])

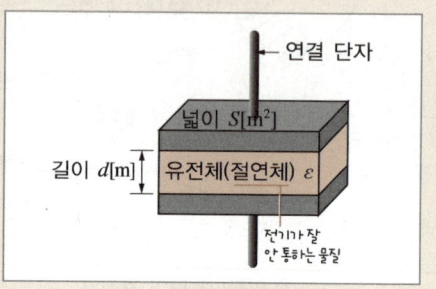

08-1 1[F]의 콘덴서에 100[V]의 전압을 가할 때, 충전 전하량은 몇 [C]인가?

① 10   ② 100
③ 150 ④ 200

해설 $Q = CV = 1 \times 100 = 100$[C]

08-2 어떤 도체에 20[V]의 전위를 줄 때, 2[C]의 전하가 축적된다면 이 도체의 정전 용량 C[F]는?

① 0.1   ② 0.2
③ 0.3   ④ 0.4

해설 $Q = CV$에서 $C = \dfrac{Q}{V} = \dfrac{2}{20} = 0.1$[F]

08-3 0.3[μF]의 커패시터에 15×10⁻⁵[C]의 전하를 공급할 때 전위차[V]는 얼마인가?

① 150
② 250
③ 375
④ 500

해설 $Q = CV$에서 $V = \dfrac{Q}{C} = \dfrac{15 \times 10^{-5}}{0.3 \times 10^{-6}} = 500[V]$

08-4 정전 용량 6[μF], 극간 거리 2[mm]의 평행 평판 커패시터에 300[μC]의 전하를 줄 때 극판 간의 전계는 몇 [V/mm]인가?

① 25
② 30
③ 45
④ 60

해설 전압 $V = \dfrac{Q}{C} = \dfrac{300 \times 10^{-6}}{6 \times 10^{-6}} = 50[V]$

극판 간의 전계 $E = \dfrac{V}{r} = \dfrac{50}{2 \times 10^{-3}} = 25 \times 10^3 [V/m]$
$= 25[V/mm]$

08-5 정전 용량의 단위를 나타낸 것으로 옳지 않은 것은?

① 1[mF] = 10^{-3}[F]
② 1[μF] = 10^{-5}[F]
③ 1[nF] = 10^{-9}[F]
④ 1[pF] = 10^{-12}[F]

해설 1[μF] = 10^{-6}[F]

08-6 콘덴서 용량 0.001[F]과 같은 것은?

① 1[mF]
② 1[μF]
③ 1[nF]
④ 1[pF]

해설 0.001[F] = 1[mF]

08-7 커패시터의 정전 용량에 대한 설명으로 옳지 않은 것은?

① 전압에 반비례한다.
② 극판의 넓이에 비례한다.
③ 극판의 간격에 비례한다.
④ 이동 전하량에 비례한다.

해설 정전 용량 $C = \varepsilon \dfrac{S}{d}$ [F], $C = \dfrac{Q}{V}$ [F]
(ε : 극판 사이 유전체의 유전율, S : 극판의 넓이[m²], d : 극판 간의 간격[m], Q : 전하량[C], V : 전압[V])

08-8 다음 중 평행판 커패시터의 정전 용량을 늘리는 방법으로 옳은 것은?

① 극판 넓이를 크게 한다.
② 극판 간격을 크게 한다.
③ 극판 넓이를 작게 한다.
④ 비유전율이 작은 유전체를 사용한다.

해설 $C = \varepsilon \dfrac{S}{d}$ [F]이므로
극판 간격은 좁을수록, 극판 넓이는 넓을수록, 비유전율은 클수록 정전 용량이 커진다.

08-9 공기 커패시터 극판 사이에 비유전율 3인 유전체를 넣을 경우 정전 용량[F]은 몇 배로 증가하는가?

① 3　　　　　　② 6
③ 8　　　　　　④ 9

해설　$C = \dfrac{\varepsilon S}{d} = \dfrac{\varepsilon_0 \varepsilon_s S}{d}$ [F] 이므로 비유전율 ε_s 가 3배가 되면 정전 용량은 3배로 증가한다.

08-10 넓이가 S[m²], 극판 간격이 d[m], 유전율이 ε인 평행판 커패시터에 V[V]의 전압을 가할 때 축적되는 전하량 Q[C]의 값으로 옳은 것은?

① $\varepsilon S d V$　　　　② $\dfrac{\varepsilon S}{dV}$

③ $\dfrac{d}{\varepsilon SV}$　　　　④ $\dfrac{\varepsilon S}{d} V$

해설　정전 용량 $C = \dfrac{\varepsilon S}{d}$ [F]

전하량 $Q = CV = \dfrac{\varepsilon S}{d} V$ [C]

대표유형 09　커패시터의 연결

① 직렬연결

㉠ $\dfrac{1}{C} = \dfrac{1}{C_1} + \dfrac{1}{C_2}$

㉡ $C = \dfrac{C_1 \times C_2}{C_1 + C_2}$

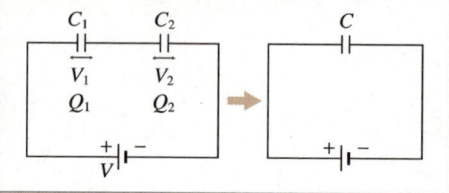

② 병렬연결

$C = C_1 + C_2$

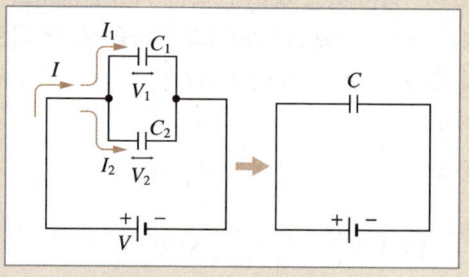

09-1 다음 그림과 같이 직렬로 연결된 C_1, C_2의 합성 정전 용량[F]으로 옳은 것은?

① $C_1 + C_2$　　　　② $\dfrac{1}{C_1} + \dfrac{1}{C_2}$

③ $\dfrac{C_1 + C_2}{C_1 \times C_2}$　　　　④ $\dfrac{C_1 \times C_2}{C_1 + C_2}$

해설　$C = \dfrac{1}{\dfrac{1}{C_1} + \dfrac{1}{C_2}} = \dfrac{C_1 \times C_2}{C_1 + C_2}$ [F]

09-2 같은 규격의 축전지 2개를 병렬로 연결하면?

① 전압과 용량 모두 2배가 된다.
② 전압과 용량 모두 $\frac{1}{2}$이 된다.
③ 전압은 그대로, 용량은 2배가 된다.
④ 전압은 2배, 용량은 그대로다.

해설 축전지 2개를 병렬 연결할 경우 전압은 그대로, 용량은 2배가 된다.
$C_1 = C_2 = C$라 가정하면
$C_{전체} = C_1 + C_2 = C + C = 2C$
∴ 2배

09-3 동일한 용량의 콘덴서 5개를 병렬로 접속할 때의 합성용량을 C_p라고 하고, 5개를 직렬로 접속할 때의 합성용량을 C_s라 할 때 C_p와 C_s의 관계는?

① $C_p = 5C_s$ ② $C_p = 10C_s$
③ $C_p = 25C_s$ ④ $C_p = 50C_s$

해설 동일한 용량의 커패시터 5개를 병렬로 접속하면 $C_p = 5C$가 되고, 직렬로 접속할 경우에는 $C_s = \frac{C}{5}$이다. 따라서 병렬로 접속할 때의 합성용량은 직렬로 접속할 때의 합성용량보다 25배인 $C_p = 25C_s$가 된다.

09-4 정전 용량이 같은 커패시터 2개를 병렬로 연결할 때 합성 정전 용량은 직렬로 접속할 때의 몇 배인가?

① $\frac{1}{2}$ ② 2
③ 4   ④ 8

해설 커패시터 병렬 접속 $C_1 = 2C$
커패시터 직렬 접속 $C_2 = \frac{C}{2}$이므로
$\frac{C_1}{C_2} = \frac{2C}{\frac{C}{2}} = 4$배

09-5 A–B 간 합성 정전 용량[μF]은 얼마인가?

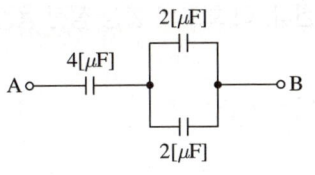

① 2   ② 3
③ 4   ④ 5

해설 병렬 회로의 합성 정전 용량을 구하면 $4[\mu F]$이므로 A–B 간 합성 정전 용량 $C = \frac{4 \times 4}{4+4} = 2[\mu F]$

09-6 그림과 같이 $C = 2[\mu F]$인 커패시터가 연결되어 있다. A점과 B점 사이 합성 정전 용량[μF]은 얼마인가?

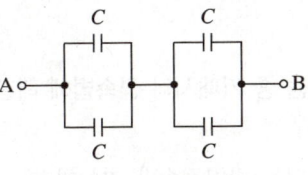

① 2   ② 4
③ 6   ④ 8

해설 병렬 접속된 커패시터의 합성 정전 용량은 각각
$C_1 = 2C = 4[\mu F]$, $C_2 = 2C = 4[\mu F]$이므로
A점과 B점 사이 합성 정전 용량 $C = \frac{4 \times 4}{4+4} = 2[\mu F]$

정답 9-2 ③ 9-3 ③ 9-4 ③ 9-5 ① 9-6 ①

09-7 C_1, C_2를 직렬로 접속한 회로에 C_3를 병렬로 접속한다. 이 회로의 합성 정전 용량으로 옳은 것은?

① $C_1 + C_2 + C_3$

② $C_2 + \dfrac{1}{\dfrac{1}{C_1} + \dfrac{1}{C_3}}$

③ $\dfrac{C_1 + C_2}{C_3}$

④ $C_3 + \dfrac{1}{\dfrac{1}{C_1} + \dfrac{1}{C_2}}$

해설 먼저 C_1, C_2 직렬 접속의 합성 정전 용량을 구하면

$C_{직렬} = \dfrac{1}{\dfrac{1}{C_1} + \dfrac{1}{C_2}}$ 이고 이를 C_3와 병렬로 접속하면

$C_t = C_3 + \dfrac{1}{\dfrac{1}{C_1} + \dfrac{1}{C_2}}$

09-8 다음 중 커패시터 접속법에 대한 설명으로 옳은 것은?

① 커패시터는 병렬접속만 가능하다.
② 직렬로 접속하면 용량이 작아진다.
③ 병렬로 접속하면 용량이 작아진다.
④ 직렬로 접속하면 용량이 커진다.

해설 커패시터는 직렬로 연결하면 용량이 작아지고, 병렬로 연결하면 용량이 커진다.

09-9 커패시터 3[F]과 6[F]이 병렬 접속된 회로에 5[V]의 전압을 가할 때 축적되는 전하량 Q[C]는?

① 15 ② 25
③ 30 ④ 45

해설 병렬 접속된 커패시터의 합성 정전 용량
$C = C_1 + C_2 = 3 + 6 = 9$[F]이므로
$Q = CV = 9 \times 5 = 45$[C]

09-10 $V = 200$[V], $C_1 = 10[\mu F]$, $C_2 = 5[\mu F]$인 2개의 커패시터가 병렬로 접속되어 있다. 콘덴서 C_1에 축적되는 전하[μC]는 얼마인가?

① 200 ② 500
③ 2,000 ④ 5,000

해설 $Q = C_1 V = 10 \times 10^{-6} \times 200 = 2,000 \times 10^{-6}$
$= 2,000[\mu C]$

09-11 8[μF]와 2[μF]의 커패시터를 병렬로 접속하고 100[V]의 전압을 가할 때 축적되는 전 전하량은 몇 [μC]인가?

① 630 ② 750
③ 860 ④ 1,000

해설 합성 정전 용량 $C = 8[\mu F] + 2[\mu F] = 10[\mu F]$이고
전하량 $Q = CV = 10 \times 10^{-6} \times 100 = 1,000 \times 10^{-6}$
$= 1,000[\mu C]$

대표유형 10 커패시터에 축적되는 에너지

① 커패시터에 축적되는 에너지(정전 에너지)
   ㉠ 개념 : 커패시터에 전압 $V[V]$를 인가하여 전하 $Q[C]$가 축적될 때 축적되는 에너지
   ㉡ 공식
   정전 에너지 $W = \frac{1}{2}CV^2 = \frac{1}{2}QV[J]$
   (C : 커패시턴스[F], V : 전압[V], Q : 전하량[C])

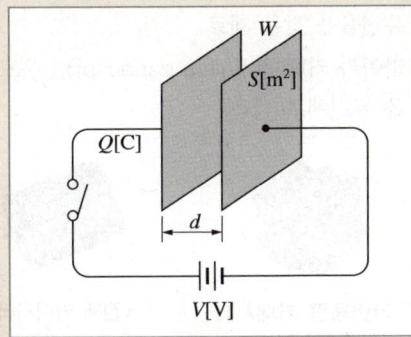

② 커패시터의 단위 부피당 정전 에너지
단위 부피당 정전 에너지 $w = \frac{1}{2}DE[J/m^3]$
(D : 전속 밀도[C/m²], E : 전기장의 세기[V/m])

10-1 20[μF]의 커패시터에 100[V]의 전압을 가할 때 저장되는 에너지는 몇 [J]인가?

① 10
② 1
③ 0.1
④ 0.01

[해설] $W = \frac{1}{2}CV^2 = \frac{1}{2} \times 20 \times 10^{-6} \times 100^2 = 0.1[J]$

10-2 100[μF]의 커패시터에 1,000[V]의 전압을 가하여 충전한 뒤 저항을 통하여 방전시키면 저항에 발생하는 열량은 몇 [cal]인가?

① 9
② 12
③ 15
④ 21

[해설] 먼저 에너지를 구하면
$W = \frac{1}{2}CV^2 = \frac{1}{2} \times 100 \times 10^{-6} \times 1,000^2 = 50[J]$
$1[J] = 0.24[cal]$ 이므로 $H = 0.24 \times 50 = 12[cal]$

10-3 200[μF]의 콘덴서를 충전하는 데 9[J]의 일이 필요하다. 충전 전압은 몇 [V]인가?

① 150
② 300
③ 450
④ 600

[해설] $W = \frac{1}{2}CV^2$ 에서
충전 전압 $V = \sqrt{\frac{2W}{C}} = \sqrt{\frac{2 \times 9}{200 \times 10^{-6}}} = 300[V]$

10-4 커패시터에 $V[V]$의 전압을 가해서 $Q[C]$의 전하를 충전할 때 저장되는 에너지[J]로 옳은 것은?

① QV
② $\frac{1}{2}QV$
③ $2QV$
④ $\frac{1}{2}QV^2$

[해설]
• 전하량 $Q = CV[C]$
• 커패시터에 축적되는 에너지 $W = \frac{1}{2}QV = \frac{1}{2}CV^2[J]$

정답 10-1 ③ 10-2 ② 10-3 ② 10-4 ②

10-5 C[F]의 커패시터에 W[J]의 에너지를 축적하기 위해서는 몇 [V]의 충전 전압이 필요한가?

① $\sqrt{WC}$ ② $\sqrt{\dfrac{W}{C}}$

③ $\sqrt{\dfrac{W}{2C}}$ ④ $\sqrt{\dfrac{2W}{C}}$

[해설] 커패시터에 축적되는 에너지
$W = \dfrac{1}{2}QV = \dfrac{1}{2}CV^2$ [J]에서
$V^2 = \dfrac{2W}{C}$ 이므로 $V = \sqrt{\dfrac{2W}{C}}$ [V]

대표유형 11 커패시터의 종류

① 가변용량 커패시터(variable capacitor, 바리콘) : 정전 용량을 변화시킬 수 있는 구조로 되어 있음
② 전해 커패시터(electrolytic capacitor) : 얇은 산화막을 유전체로 사용하며 극성이 있음
③ 마일러 커패시터(mylar capacitor) : 얇은 폴리에스터 필름을 유전체로 사용
④ 세라믹 커패시터(ceramic capacitor) : 높은 유전율을 갖는 재료
⑤ 마이카 커패시터(mica capacitor) : 운모박판을 유전체로 사용

〈가변용량 커패시터 (바리콘)〉 〈전해 커패시터〉
〈마일러 커패시터〉 〈세라믹 커패시터〉
〈마이카 커패시터〉

10-6 전계의 세기 60[V/m], 전속 밀도 100[C/m²]인 유전체의 단위 부피에 축적되는 에너지[J/m³]는?

① 1,500 ② 3,000
③ 4,500 ④ 6,000

[해설] 단위 부피당 축적되는 에너지
$w = \dfrac{1}{2}DE = \dfrac{1}{2} \times 60 \times 100 = 3,000$ [J/m³]

11-1 용량을 변화시킬 수 있는 콘덴서는?

① 전해 콘덴서
② 바리콘 콘덴서
③ 마일러 콘덴서
④ 세라믹 콘덴서

[해설] 바리콘(varicon, variable condenser) : 가변 축전기

11-2 정전 용량을 변화시킬 수 있는 구조로 이루어진 커패시터의 종류는?

① 전해 커패시터
② 세라믹 커패시터
③ 마일러 커패시터
④ 가변용량 커패시터

[해설] 가변용량 커패시터(바리콘)는 정전 용량을 변화시킬 수 있는 구조로 되어 있다.

11-3 극성을 가지고 있는 커패시터로서 교류 회로에 사용할 수 없는 것은?

① 전해 커패시터
② 마이카 커패시터
③ 세라믹 커패시터
④ 마일러 커패시터

[해설] • 직류용 커패시터 : 전해 커패시터, 탄탈륨 커패시터
• 교류용 커패시터 : 세라믹 커패시터, 바리콘

11-4 비유전율이 큰 산화타이타늄 등을 유전체로 사용한 것으로 극성이 없으며 가격에 비해 성능이 우수하여 널리 사용되고 있는 커패시터의 종류는?

① 전해 커패시터
② 세라믹 커패시터
③ 마일러 커패시터
④ 트리머

[해설] • 세라믹 커패시터 : 비유전율이 높은 산화타이타늄 등을 유전체로 하는 콘덴서로 소형으로 할 수 있는 특징이 있다.
• 전해 커패시터 : 얇은 산화막을 사용하는 커패시터로 극성이 있는 특징이 있다.
• 마일러 커패시터 : 가격이 저렴하지만 정밀도가 높지 않은 편이며 전극의 극성은 없다.
• 트리머 : 가변용량 커패시터로 주로 주파수 조정에 사용한다.

[정답] 11-2 ④ 11-3 ① 11-4 ②

대표유형 12) 축전지

① 개념 : 전기를 대량 저장하여 배터리로 사용
② 공식
  ㉠ 용량 = $I \cdot t$ [Ah]
    (I : 전류[A], t : 방전시간[h])
  ㉡ 직렬 연결

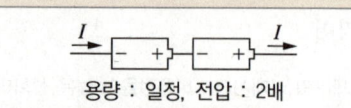
용량 : 일정, 전압 : 2배

  ㉢ 병렬 연결

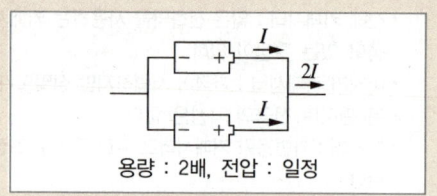
용량 : 2배, 전압 : 일정

12-1 10[A]의 전류로 6시간 방전할 수 있는 축전지의 용량[Ah]은?

① 30　　　　② 40
③ 60　　　　④ 75

해설 축전지의 용량은 방전시간과 전류량을 곱한 값이므로
축전지의 용량 = 10 × 6 = 60[Ah]

12-2 1.2[V], 20[Ah]의 축전지 5개를 직렬로 접속하면 전체 기전력은 6[V]이다. 이때 전지의 용량[Ah]은 얼마인가?

① 12　　　　② 18
③ 20　　　　④ 40

해설 전지를 직렬로 접속하면 기전력은 개수만큼 증가하지만 용량은 일정하다.

12-3 규격이 같은 축전지 2개를 병렬로 연결할 때 다음 설명 중 옳은 것은?

① 용량은 변하지 않고 전압이 2배가 된다.
② 용량과 전압이 모두 0.5배가 된다.
③ 용량과 전압이 모두 2배가 된다.
④ 용량은 2배가 되고 전압은 변하지 않는다.

해설 축전지 2개를 병렬 연결하면 전압은 변하지 않고 용량은 2배가 된다.

12-4 30[Ah] 용량의 배터리 2개를 병렬로 사용하여 정격 전류 2[A]의 부하에 전력을 공급할 때 사용 가능한 시간[h]은?

① 10　　　　② 15
③ 30　　　　④ 60

해설 30[Ah]의 배터리 2개가 병렬로 연결되면 용량은 60[Ah]가 된다. 이때 부하의 정격 전류가 2[A]이므로 30[h] 동안 사용 가능하다.

03 자기장

전기장과 자기장 공식 모음	
전기장	자기장
쿨롱의 법칙 $F = k\dfrac{Q_1 Q_2}{r^2} = \dfrac{1}{4\pi\varepsilon}\dfrac{Q_1 Q_2}{r^2} = \dfrac{1}{4\pi\varepsilon_0 \varepsilon_r}\dfrac{Q_1 Q_2}{r^2}$ $= 9 \times 10^9 \dfrac{Q_1 Q_2}{\varepsilon_r r^2}$ [N]	**쿨롱의 법칙** $F = k\dfrac{m_1 m_2}{r^2} = \dfrac{1}{4\pi\mu}\dfrac{m_1 m_2}{r^2} = \dfrac{1}{4\pi\mu_0 \mu_r}\dfrac{m_1 m_2}{r^2}$ $= 6.33 \times 10^4 \dfrac{m_1 m_2}{\mu_r r^2}$ [N]
전기장의 세기 ① 전기장의 세기 $E = \dfrac{Q}{4\pi\varepsilon r^2} = \dfrac{Q}{4\pi\varepsilon_0 \varepsilon_r r^2}$ $= (9 \times 10^9) \times \dfrac{Q}{\varepsilon_r r^2}$ [V/m], [N/C] ② 전기장의 세기가 E인 전기장 속에 놓인 전하 Q가 받는 힘 $F = QE$ [N]	**자기장의 세기** ① 자기장의 세기 $H = \dfrac{m}{4\pi\mu r^2} = \dfrac{m}{4\pi\mu_0 \mu_s r^2}$ $= (6.33 \times 10^4) \times \dfrac{m}{\mu_r r^2}$ [AT/m] ② 자기장의 세기가 B인 자기장 속에 놓인 자하 m이 받는 힘 $F = mH$ [N]
전위 $V = \dfrac{Q}{4\pi\varepsilon r} = \dfrac{W}{Q}$ [V], [J/C]	**자위** $U = \dfrac{m}{4\pi\mu r}$ [AT]
전기력선수 vs 전속 vs 전속 밀도 ① 전기력선수 ㉠ $N = \dfrac{Q}{\varepsilon}$ (유전체) ㉡ $N = \dfrac{Q}{\varepsilon_0}$ (유전체가 진공일 때) ② 전속 $\psi = Q$ [C] ③ 전속 밀도 $D = \dfrac{\psi}{A} = \dfrac{\psi}{4\pi r^2} = \varepsilon E$ [C/m²]	**자기력선수 vs 자속 vs 자속 밀도** ① 자기력선수 = 자속수 ㉠ $N = \dfrac{m}{\mu}$ (유전체) ㉡ $N = \dfrac{m}{\mu_0}$ (유전체가 진공일 때) ② 자속 $\phi = m$ [Wb] ③ 자속 밀도 $B = \dfrac{\phi}{A} = \dfrac{\phi}{4\pi r^2} = \mu H$ [Wb/m²], [T]
유전율 $\varepsilon = \varepsilon_0 \varepsilon_r$ [F/m] $\varepsilon_0 = 8.85 \times 10^{-12}$ [F/m]	**투자율** $\mu = \mu_0 \mu_r$ [H/m] $\mu_0 = 4\pi \times 10^{-7}$ [H/m]

대표유형 01 쿨롱의 법칙(Coulomb's law)

① 개념 : 투자율이 μ인 매질에서 두 자극 사이에 작용하는 힘의 크기는 두 자극의 세기의 곱에 비례하고 두 자극 사이 거리의 제곱에 반비례

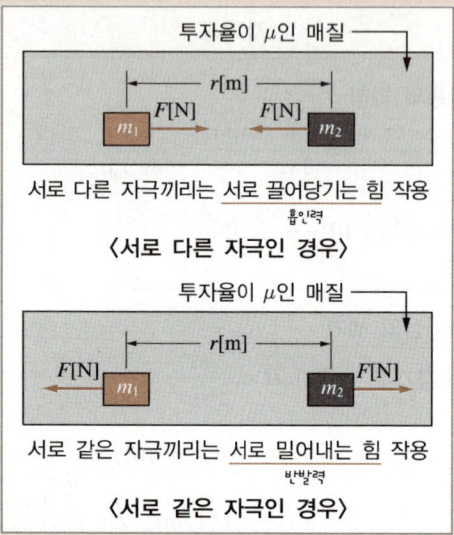

〈서로 다른 자극인 경우〉

〈서로 같은 자극인 경우〉

② 공식

두 자극 사이에 작용하는 힘(자기력)

$$F = k\frac{m_1 m_2}{r^2} \text{ [N]}$$

$$= \frac{1}{4\pi\mu}\frac{m_1 m_2}{r^2}$$

$$= \frac{1}{4\pi\mu_0\mu_s}\frac{m_1 m_2}{r^2}$$

$$= 6.33 \times 10^4 \frac{m_1 m_2}{\mu_s r^2} \left(\frac{1}{4\pi\mu_0} = 6.33 \times 10^4\right)$$

(k : 비례상수, m_1, m_2 : 자극의 세기[Wb],
r : 두 자극 사이의 거리[m],
μ : 투자율[H/m],
μ_0 : 진공에서의 투자율($4\pi \times 10^{-7}$),
μ_s : 비투자율)

01-1 다음 ( )에 들어갈 내용으로 옳은 것은?

> 두 자극 사이에 작용하는 자기력의 크기는 양 자극의 세기의 곱에 (㉠)하며, 자극 간 거리의 제곱에 (㉡)한다.

	㉠	㉡
①	반비례	반비례
②	반비례	비례
③	비례	반비례
④	비례	비례

[해설] 쿨롱의 법칙 $F = \dfrac{m_1 m_2}{4\pi\mu_0 r^2}$ [N]

01-2 두 개의 자하 m_1, m_2 사이에 작용되는 쿨롱의 법칙으로서 자하 간 자기력에 대한 설명으로 틀린 것은?

① 두 자하가 동일 극성이면 반발력이 작용한다.
② 두 자하가 서로 다른 극성이면 흡인력이 작용한다.
③ 두 자하 사이 거리에 반비례한다.
④ 두 자하의 곱에 비례한다.

[해설] 쿨롱의 법칙 $F = \dfrac{1}{4\pi\mu_0\mu_r}\dfrac{m_1 m_2}{r^2}$

$$= 6.33 \times 10^4 \times \frac{m_1 m_2}{\mu_s r^2} \text{ [N]}$$

두 자하 사이 거리의 제곱에 반비례한다.

1-1 ③ 2-2 ③ **정답**

01-3 자극의 세기가 m_1, m_2[Wb]이고, 거리가 r [m]인 두 자극 사이에 작용하는 자기력의 크기[N]는 얼마인가?

① $k\dfrac{m_1 m_2}{r}$ ② $k\dfrac{r}{m_1 m_2}$

③ $k\dfrac{m_1 m_2}{r^2}$ ④ $k\dfrac{r^2}{m_1 m_2}$

해설 쿨롱의 법칙
투자율이 μ인 자성체에서 두 자극 사이에 작용하는 힘의 크기는 두 자극의 곱에 비례하고 두 자극 사이 거리의 제곱에 반비례한다.
$$F = k\dfrac{m_1 m_2}{r^2} = \dfrac{m_1 m_2}{4\pi\mu_0 r^2} \; [\text{N}]$$

01-4 진공 중에 두 자극 m_1, m_2[Wb]를 r [m]의 거리에 놓을 때 작용하는 힘 F[N]의 식으로 옳은 것은?

① $F = \dfrac{1}{2\pi\mu_0}\dfrac{m_1 m_2}{r}$ ② $F = \dfrac{1}{2\pi\mu_0}\dfrac{m_1 m_2}{r^2}$

③ $F = \dfrac{1}{4\pi\mu_0}\dfrac{m_1 m_2}{r}$ ④ $F = \dfrac{1}{4\pi\mu_0}\dfrac{m_1 m_2}{r^2}$

해설 쿨롱의 법칙(진공일 때 비투자율 $\mu_s = 1$)
$$F = \dfrac{m_1 m_2}{4\pi\mu_0 r^2} \; [\text{N}]$$

01-5 진공 속에서 1[m]의 거리를 두고 10^{-3}[Wb]와 10^{-5}[Wb]의 자극이 놓여 있다면 그 사이에 작용하는 힘[N]은?

① 0.633×10^{-4} ② 6.33×10^{-4}
③ 63.3×10^{-6} ④ 6.33×10^{-6}

해설
$F = 6.33 \times 10^4 \times \dfrac{m_1 m_2}{\mu_s r^2}$ (진공일 때 비투자율 $\mu_s = 1$)
$= 6.33 \times 10^4 \times \dfrac{10^{-3} \times 10^{-5}}{1}$
$= 6.33 \times 10^{-4}$ [N]

대표유형 02 자기장의 세기

① 자기장의 세기
  ㉠ 개념 : +1[Wb](단위 자하)인 자극이 자하 m에 의해 받는 힘의 크기
  ㉡ 공식
  $$H = \dfrac{m}{4\pi\mu r^2} \; [\text{AT/m}]$$
  (m : 자하[Wb], μ : 투자율, r : 거리[m])

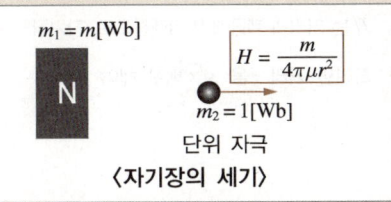
〈자기장의 세기〉

② 자기장의 세기가 H인 자기장 속에 놓인 자하 m인 자극이 받는 힘 $F = mH$ [N]
  (m : 자하[Wb], H : 자기장의 세기[AT/m])

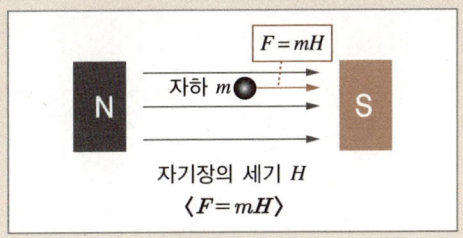
〈$F = mH$〉

02-1 자기장의 세기를 2배로 하려면 자극으로부터의 거리를 몇 배로 하여야 하는가?

① $\sqrt{2}$ ② $\dfrac{1}{\sqrt{2}}$

③ 2 ④ $\dfrac{1}{2}$

해설 자기장의 세기 $H = \dfrac{1}{4\pi\mu_0 \mu_r} \cdot \dfrac{m}{r^2}$ [AT/m]
H는 거리의 제곱에 반비례하므로, 자기장의 세기를 2배로 하려면 거리 r을 $\dfrac{1}{\sqrt{2}}$ 배로 해야 한다.

정답 1-3 ③ 1-4 ④ 1-5 ② / 2-1 ②

02-2 자기장의 세기를 $\frac{1}{2}$로 하려면 자극으로부터의 거리를 몇 배로 하여야 하는가?

① $\sqrt{2}$
② $\frac{1}{\sqrt{2}}$
③ 2
④ $\frac{1}{2}$

해설 자기장의 세기 $H = \frac{1}{4\pi\mu_0\mu_r} \cdot \frac{m}{r^2}$ [AT/m]

H는 거리의 제곱에 반비례하므로, 자기장의 세기를 $\frac{1}{2}$로 하려면 거리 r을 $\sqrt{2}$배로 해야 한다.

02-3 자장의 세기가 H[AT/m]인 곳에 m[Wb]의 자극을 놓을 때 작용하는 힘 F[N]으로 옳은 것은?

① $F = mH$
② $F = \frac{H}{m}$
③ $F = 0.66mH$
④ $F = \frac{m}{H}$

해설 자기장 속에 놓인 자하 m이 받는 힘 $F = mH$ [N]

02-4 공기 중 자장의 세기 40[AT/m]인 곳에 8×10^{-3}[Wb]의 자극을 놓으면 작용하는 힘[N]은?

① 0.18
② 0.24
③ 0.32
④ 0.45

해설 힘 $F = mH = 8 \times 10^{-3} \times 40 = 0.32$ [N]

02-5 자극의 세기가 5[Wb]인 곳에 50[N]의 힘이 작용한다. 이때 작용한 자계의 세기[AT/m]는 얼마인가?

① 5
② 10
③ 15
④ 20

해설 자기장의 세기가 H인 곳에 놓인 자하 m이 받는 힘 $F = mH$에서

자계의 세기 $H = \frac{F}{m} = \frac{50}{5} = 10$ [AT/m]

대표유형 03 자성체의 종류

① **강자성체** : 비투자율 $\mu_s \gg 1$, 자화율 $\chi \gg 0$
외부에서 강한 자기장을 걸어줄 때, 그 자기장의 방향으로 자화되고, 외부 자기장이 사라져도 자화 상태가 남아있는 물질
예) 철, 니켈, 코발트, 망가니즈 등

② **상자성체** : 비투자율 $\mu_s > 1$, 자화율 $\chi > 0$
외부에서 강한 자기장을 걸어줄 때, 그 자기장의 방향으로 약하게 자화되고, 외부 자기장이 사라지면 자화 상태가 거의 남아있지 않은 물질
예) 알루미늄, 텅스텐, 백금, 주석, 이리듐, 산소, 종이, 알루미늄, 공기 등

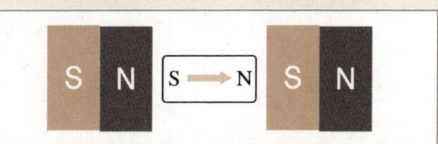

③ **반자성체** : 비투자율 $\mu_s < 1$, 자화율 $\chi < 0$
외부에서 강한 자기장을 걸어줄 때, 그 자기장의 반대 방향으로 자화되는 물질
예) 비스무트, 탄소, 실리콘, 금, 은, 납, 아연, 구리, 수은, 안티모니, 크로뮴 등

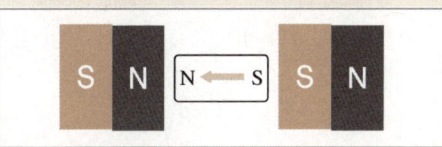

※ **비자성체** : 비투자율 $\mu_s \fallingdotseq 1$
강자성체와 달리 외부 자기장의 영향을 거의 받지 않아 자화되기 힘든 물질
예) 나무, 유리

03-1 다음 중 강자성체가 아닌 것은?
① 알루미늄　　② 코발트
③ 니켈　　　　④ 철

해설
- 강자성체($\mu_s \gg 1$) : 철, 니켈, 코발트, 망가니즈 등
- 상자성체($\mu_s > 1$) : 알루미늄, 텅스텐, 백금, 주석, 이리듐, 산소, 종이, 알루미늄 등
- 반자성체($\mu_s < 1$) : 비스무트, 탄소, 실리콘, 금, 은, 납, 아연, 구리, 수은, 안티모니, 크로뮴 등

03-2 강자성체 물질의 특색을 옳게 나타낸 것은?(단, μ_s는 비투자율이다)
① $\mu_s \gg 1$　　② $\mu_s > 1$
③ $\mu_s = 1$　　④ $\mu_s < 1$

해설 03-1번 해설 참조

03-3 다음 중 상자성체는 어느 것인가?
① 철　　　　② 코발트
③ 니켈　　　④ 텅스텐

해설 03-1번 해설 참조

03-4 자극 가까이에 물체를 놓을 때 그림과 같은 방향으로 자화되는 자성체는?

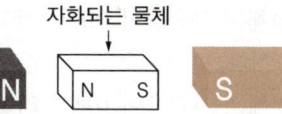
자화되는 물체

① 상자성체　　② 반자성체
③ 강자성체　　④ 비자성체

해설 반자성체는 외부 자극과 같은 방향, 즉 자계의 반대 방향으로 자화되는 물질이다.

정답 3-1 ①　3-2 ①　3-3 ④　3-4 ②

03-5 다음 중 반자성체는?

① 안티모니   ② 알루미늄
③ 코발트   ④ 니켈

해설
- 강자성체($\mu_s \gg 1$) : 철, 니켈, 코발트, 망가니즈 등
- 상자성체($\mu_s > 1$) : 알루미늄, 텅스텐, 백금, 주석, 이리듐, 산소, 종이, 알루미늄 등
- 반자성체($\mu_s < 1$) : 비스무트, 탄소, 실리콘, 금, 은, 납, 아연, 구리, 수은, 안티모니, 크로뮴 등

03-6 반자성체 물질의 특성으로 옳은 것은?(단, μ_s는 비투자율이다)

① $\mu_s > 1$ ② $\mu_s \gg 1$
③ $\mu_s = 1$ ④ $\mu_s < 1$

해설 03-5번 해설 참조

03-7 다음 설명 중 옳은 것은?

① 상자성체는 자화율이 0보다 작고, 비투자율이 1보다 크다.
② 상자성체는 자화율이 0보다 크고, 비투자율이 1보다 작다.
③ 반자성체는 자화율이 0보다 작고, 비투자율이 1보다 작다.
④ 강자성체는 자화율이 0보다 작고, 비투자율이 1보다 작다.

해설
- 강자성체 : 비투자율 $\mu_s \gg 1$, 자화율 $\chi \gg 0$
- 상자성체 : 비투자율 $\mu_s > 1$, 자화율 $\chi > 0$
- 반자성체 : 비투자율 $\mu_s < 1$, 자화율 $\chi < 0$

03-8 자극 가까이에 물체를 놓아도 자화되지 않는 물체는?

① 강자성체   ② 상자성체
③ 비자성체   ④ 반자성체

해설 **비자성체**
강자성체 이외에 자성이 약해서 자성을 갖지 않는 물질로 상자성체와 반자성체를 포함하며 자계의 힘을 거의 받지 않는다.

03-9 자기 회로에 강자성체를 사용하는 이유는?

① 공극을 크게 하기 위해서
② 자기 저항을 감소시키기 위해
③ 자기 저항을 증가시키기 위해
④ 주자속을 감소시키기 위해

해설 강자성체를 사용하여 자기 저항을 감소시킬 수 있다.

대표유형 04 자기장과 자기력선

① 자기장 : 자기력이 미치는 공간
② 자기력 : 자석이나 움직이는 전하 사이에 작용하는 힘(흡인력, 반발력)
③ 자기력선 : 눈에 보이지 않는 자기장의 모양을 시각적으로 그린 가상의 선
④ 자기력선의 특징
  ㉠ 자석에는 N극과 S극이 있으며 같은 극끼리는 서로 반발하고, 다른 극끼리는 서로 끌어당긴다.

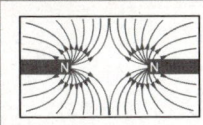 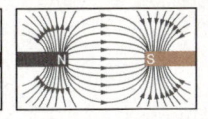

  ㉡ 자기력선은 자석의 N극에서 나와 S극으로 향한다.

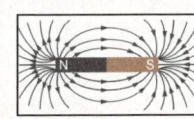 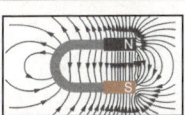

  ㉢ 자기력선의 수가 많을수록 자기력이 강하다.
  ㉣ 자기력선에는 고무줄과 같은 장력이 존재한다.
  ㉤ 발생되는 자기력선은 아무리 사용해도 기본적으로 감소하지 않는다.
  ㉥ 자석은 고온이 되면 자력이 감소되고, 저온이 되면 자력이 증가한다.
  ㉦ 자석을 임계 온도 이상으로 가열하면 자석의 성질이 없어진다.
  ㉧ 자석은 비자성체를 투과한다.
  ㉨ 자석은 아무리 여러 개로 분할해도 N극, S극이 공존한다.
  ㉩ 자하에서 $\dfrac{m}{\mu}$ [개]의 자기력선이 발생한다.

04-1 다음 중에서 자석의 일반적인 성질에 대한 설명으로 틀린 것은?

① N극과 S극이 있다.
② 자기력선은 N극에서 나와 S극으로 향한다.
③ 자력이 강할수록 자기력선의 수가 많다.
④ 자석은 고온이 되면 자력이 증가한다.

[해설] 자석은 고온이 되면 자력이 감소하는 부의 온도 특성을 갖는다.

정답 4-1 ④

대표유형 05 앙페르의 오른나사 법칙

도체에 전류가 흐르면 자기장이 오른나사 방향으로 발생(전류의 자기작용, 전자 작용)

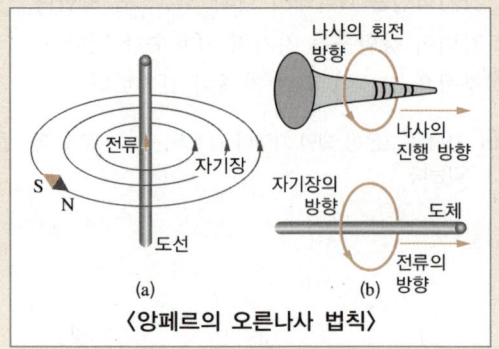
〈앙페르의 오른나사 법칙〉

① 직선 도선에 흐르는 전류에 의한 자기장의 방향
  ㉠ 엄지 : 전류의 방향
  ㉡ 나머지 : 자기장의 방향

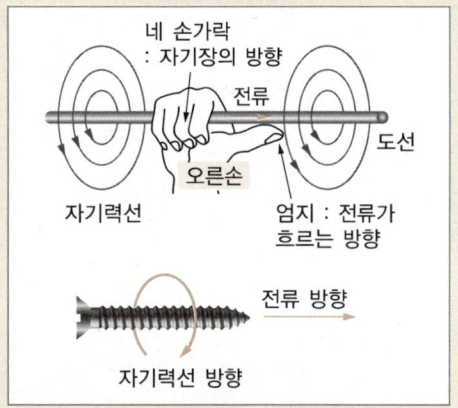

② 코일(원형 도선)에 흐르는 전류에 의한 자기장의 방향
  ㉠ 엄지 : 자기장의 방향
  ㉡ 나머지 : 전류의 방향

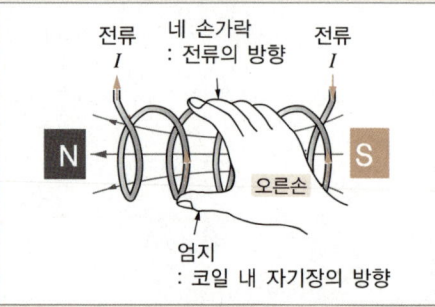

05-1 흐르는 전류에 의해 발생되는 자기장에서 자기장의 회전 방향을 알아낼 수 있는 법칙은?

① 패러데이 법칙
② 비오-사바르 법칙
③ 렌츠의 법칙
④ 앙페르의 오른나사 법칙

[해설] **앙페르의 오른나사 법칙**
도체에 전류가 흐르면 자기장이 오른나사 방향으로 발생

05-2 코일에 흐르는 전류의 방향이 다음과 같을 때, 다음 중 옳은 것은?

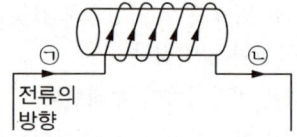

① ㉠에 N극이 형성된다.
② ㉠에 S극이 형성된다.
③ ㉡에 N극이 형성된다.
④ 자기장이 형성되지 않는다.

[해설] **코일(원형 도선)에 흐르는 전류에 의한 자기장의 방향**
• 엄지 : 자기장의 방향
• 나머지 : 전류의 방향

대표유형 06 여러 가지 자기장의 세기

✓ **앙페르의 주회 적분 법칙**

1. 개념
   - 자기장 내의 임의의 폐곡선 C를 취할 때, 이 폐곡선의 작은 Δl 성분과 그 부분의 자기장의 세기의 곱(내적)의 합(적분)은 그 안을 지나가는 총 전류의 값과 같다.
   - 앙페르의 주회 법칙에 의해 전류에 의한 여러 가지 자기장의 세기를 구할 수 있다.

2. 공식
   - $\oint_c H\,dl = Hl = NI$

   (H : 자기장의 세기, dl : 미소 길이, NI : 권수가 N회일 때의 총 전륫값)

   - 자기장의 세기 $H = \dfrac{NI}{l}$

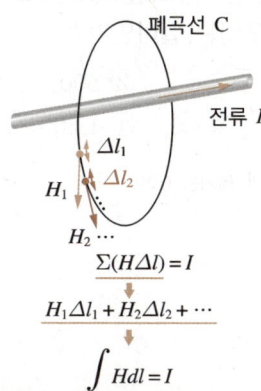

$\Sigma(H\Delta l) = I$
$H_1\Delta l_1 + H_2\Delta l_2 + \cdots$
$\int H\,dl = I$

① 무한 직선

자기장의 세기 $H = \dfrac{NI}{l} = \dfrac{I}{2\pi r}$ [AT/m]

(N : 감은 횟수, I : 전류, l : 길이, r : 반지름)

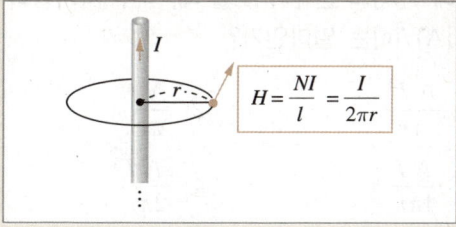

② 무한장 솔레노이드

자기장의 세기 $H = \dfrac{NI}{l} = n_0 I$ [AT/m]

(N : 감은 횟수, I : 전류, l : 길이, n_0 : 코일을 단위 길이당 감은 횟수)

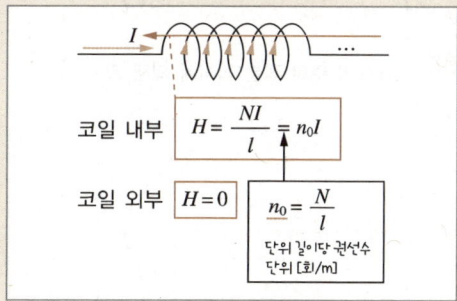

코일 내부 $H = \dfrac{NI}{l} = n_0 I$

코일 외부 $H = 0$

$n_0 = \dfrac{N}{l}$ 단위 길이당 권선수 단위 [회]/m]

③ 환상 솔레노이드

자기장의 세기 $H = \dfrac{NI}{l} = \dfrac{NI}{2\pi r}$ [AT/m]

(N : 감은 횟수, I : 전류, l : 길이, r : 반지름)

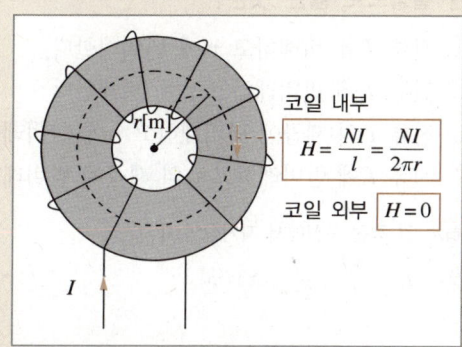

코일 내부 $H = \dfrac{NI}{l} = \dfrac{NI}{2\pi r}$

코일 외부 $H = 0$

④ 원형 코일 $H = \dfrac{NI}{2r}$ [AT/m]

(N : 감은 횟수, I : 전류, r : 반지름)

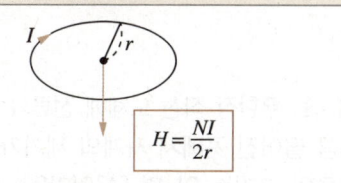

$H = \dfrac{NI}{2r}$

06-1 자기장의 세기를 표현하는 식으로 옳은 것은?

① $\dfrac{N}{l}$ ② $\dfrac{NI}{l}$

③ $\dfrac{lN}{I}$ ④ $\dfrac{l}{NI}$

해설 앙페르의 주회 적분 법칙에 의해 $H = \dfrac{NI}{l}$

06-2 긴 직선 도선에 I의 전류가 흐를 때 이 도선으로부터 r만큼 떨어진 곳에서 자기장의 세기에 대한 설명으로 옳은 것은?

① 전류 I에 비례하고 r에 반비례한다.
② 전류 I에 반비례하고 r에 비례한다.
③ 전류 I의 제곱에 반비례하고 r에 반비례한다.
④ 전류 I에 반비례하고 r의 제곱에 반비례한다.

해설 긴 직선 도선에서 자기장의 세기
$H = \dfrac{NI}{l} = \dfrac{I}{2\pi r}$ [AT/m]

06-3 무한장 직선 도체에 전류가 흐를 때 20[cm]만큼 떨어진 곳에서 자계의 세기가 10[AT/m]라면 전류의 크기는 약 몇 [A]인가?

① 6.3 ② 9.8
③ 12.6 ④ 15.6

해설 무한장 직선 도체의 자기장 세기 $H = \dfrac{I}{2\pi r}$ [AT/m]
$I = 2\pi r H = 2\pi \times 0.2 \times 10 \fallingdotseq 12.6$ [A]

06-4 단위 길이당 권수 100회인 무한장 솔레노이드에 5[A]의 전류가 흐를 때 솔레노이드 내부 자기장의 세기[AT/m]는?

① 450 ② 500
③ 750 ④ 1,000

해설 $H = \dfrac{NI}{l} = n_0 I = 100 \times 5 = 500$ [AT/m]

06-5 단위 길이당 권수 1,000회인 무한장 솔레노이드에 2[A]의 전류가 흐를 때 솔레노이드 외부 자계의 세기[AT/m]는 얼마인가?

① 0 ② 500
③ 1,000 ④ 1,500

해설 외부 자계의 세기는 0이다.

06-6 반지름 r[m], 권수 N회인 환상 솔레노이드에 I[A]의 전류가 흐를 때, 내부 자기장의 세기 H[AT/m]는 얼마인가?

① $\dfrac{NI^2}{\pi r}$ ② $\dfrac{NI}{\pi r}$

③ $\dfrac{NI}{4\pi r}$ ④ $\dfrac{NI}{2\pi r}$

해설 환상 솔레노이드 내부 자기장의 세기 $H = \dfrac{NI}{2\pi r}$ [AT/m]

06-7 환상 솔레노이드 내부 자기장의 세기에 대한 설명으로 옳은 것은?

① 자기장의 세기는 권수에 비례한다.
② 자기장의 세기는 전류에 반비례한다.
③ 자기장의 세기는 평균 반지름의 제곱에 반비례한다.
④ 자기장의 세기는 권수, 전류, 평균 반지름의 영향을 받지 않는다.

해설 환상 솔레노이드 내부 자기장의 세기 $H = \dfrac{NI}{2\pi r}$ [AT/m]

06-8 길이가 5[m], 권수 350회인 환상 솔레노이드에 4[A]의 전류가 흐를 때 자계의 세기 H[AT/m]는 얼마인가?

① 180
② 210
③ 280
④ 420

해설 환상 솔레노이드에 의한 자기장의 세기는
$H = \dfrac{NI}{2\pi r} = \dfrac{NI}{l} = \dfrac{350 \times 4}{5} = 280$ [AT/m]

06-9 평균 반지름 r[m]의 환상 솔레노이드에 I[A]의 전류가 흐를 때, 내부 자계가 H[AT/m]이다. 권수 N의 식으로 옳은 것은?

① $\dfrac{HI}{2\pi r}$
② $\dfrac{2\pi r}{HI}$
③ $\dfrac{I}{2\pi rH}$
④ $\dfrac{2\pi rH}{I}$

해설 자기장의 세기 $H = \dfrac{NI}{2\pi r}$ 를 N에 대해 정리하면
$N = \dfrac{2\pi rH}{I}$

06-10 반지름 r[m], 권수 N인 원형 코일에 전류 I[A]가 흐를 때 그 중심에서 자기장의 세기[AT/m]로 옳은 것은?

① $\dfrac{NI}{2r}$
② $2NI$
③ $\dfrac{NI}{r}$
④ $\dfrac{NI}{4r}$

해설 원형 코일 중심 자기장의 세기 $H = \dfrac{NI}{2r}$ [AT/m]

06-11 반지름 a[m], 권수가 1회인 원형 코일에 I[A]의 전류가 흐를 때 그 코일의 중심점에서 자계의 세기[AT/m]는?

① $\dfrac{I}{4a}$
② $\dfrac{I}{2a}$
③ $\dfrac{I^2}{4\pi a}$
④ $\dfrac{I}{2\pi a^2}$

해설 원형 코일 중심 자계의 세기 $H = \dfrac{NI}{2a}$ [AT/m]이므로
$N = 1$일 때, $H = \dfrac{I}{2a}$ [AT/m]

06-12 반지름 10[cm], 권수 100회인 원형 코일에 15[A]의 전류가 흐르면 코일 중심 자기장의 세기는 몇 [AT/m]인가?

① 2,000
② 3,500
③ 5,000
④ 7,500

해설 원형 코일 중심 자기장의 세기
$H = \dfrac{NI}{2r} = \dfrac{100 \times 15}{2 \times 0.1} = 7,500$ [AT/m]

정답 6-7 ① 6-8 ③ 6-9 ④ 6-10 ① 6-11 ② 6-12 ④

대표유형 07 비오-사바르의 법칙

① 개념 : 프랑스의 과학자 장 바티스트 비오와 펠릭스 사바르의 실험을 바탕으로 도체에 흐르는 미소 전류에 의한 자기장의 세기를 나타낸 법칙

② 공식
  ㉠ 점 P에서의 자기장의 세기

  $$\Delta H = \frac{I \Delta l \sin\theta}{4\pi r^2} \text{ [AT/m], [N/Wb]}$$

  (ΔH : 자기장 세기의 미소성분(아주 작은 성분), I : 전류, Δl : 전류가 흐르고 있는 도체의 미소성분, θ : ∠QOP, $\Delta l \sin\theta$: 자기장과 수직을 이루는 도체의 유효성분, r : Δl과 점 P 사이의 거리)

  ㉡ 점 P에서의 자속 밀도

  $$\Delta B = \frac{\mu I \Delta l \sin\theta}{4\pi r^2} \text{ [Wb/m}^2\text{], [T]}$$

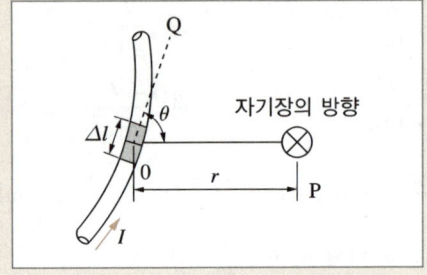

07-1 비오-사바르의 법칙과 가장 관계가 깊은 것은?

① 전류와 전압의 관계
② 기전력과 자계의 세기
③ 기전력과 자속의 변화
④ 전류가 만드는 자장의 세기

[해설] 비오-사바르 법칙 : $\Delta H = \frac{Idl\sin\theta}{4\pi r^2}$ [AT/m]
정상 전류가 흐르고 있는 도선 주위 자기장의 세기를 구하는 법칙이다.

07-2 전류에 의한 자기장과 직접 관련이 없는 것은?

① 줄의 법칙
② 플레밍의 왼손 법칙
③ 비오-사바르의 법칙
④ 앙페르의 오른나사 법칙

[해설] 줄의 법칙은 전류에 의한 열의 작용이다.

07-3 그림과 같이 I[A]의 전류가 흐르고 있는 도체의 미소 부분 Δl의 전류에 의해 이 부분이 r[m] 떨어진 점 P의 자기장 ΔH[AT/m]는?

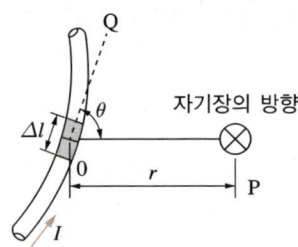

① $\Delta H = \dfrac{I^2 \Delta l \sin\theta}{4\pi r^2}$

② $\Delta H = \dfrac{I \Delta l^2 \sin\theta}{4\pi r}$

③ $\Delta H = \dfrac{I^2 \Delta l \sin\theta}{4\pi r}$

④ $\Delta H = \dfrac{I \Delta l \sin\theta}{4\pi r^2}$

[해설] 비오-사바르 법칙 : $\Delta H = \dfrac{Idl\sin\theta}{4\pi r^2}$ [AT/m]

대표유형 08 | 자속, 자속 밀도, 자기력선의 개수

① 자속(磁束, magnetic flux)
  ㉠ 개념
    • 자기장의 상태를 나타내기 위한 가상의 선
    • 매질에 관계없이 자하에서 발생되는 자기력선의 다발
  ㉡ 공식
    자속 $\phi = m$ [Wb]
    (m : 자하)

② 자속 밀도(magnetic flux density)
  ㉠ 개념 : 단위 면적 $1[m^2]$을 통과하는 자속의 수
  ㉡ 공식
    자속 밀도 $B = \dfrac{\phi}{A} = \dfrac{\phi}{4\pi r^2}$
    $= \mu H$ [Wb/m^2], [T]
    $= \mu_0 \mu_r H$

    ✓ $1[Wb/m^2] = 10,000[G]$(가우스)
             $= 1[T]$(테슬라)

    (ϕ : 자속[Wb], A : 넓이[m^2], r : 반지름, μ : 투자율, μ_0 : 진공에서의 투자율($4\pi \times 10^{-7}$), μ_r : 비투자율, H : 자기장의 세기)

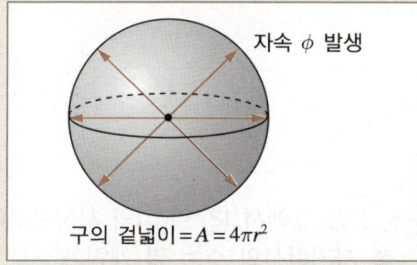

자속 ϕ 발생
구의 겉넓이 $= A = 4\pi r^2$

③ 자기력선의 개수
  ㉠ 개념 : 매질의 영향을 받는 자기력선의 개수
    • $N = \dfrac{m}{\mu}$ (투자율이 μ인 공간) $= \dfrac{m}{\mu_0 \mu_s}$
    • $N = \dfrac{m}{\mu_0}$ (진공일 때 $\mu_r = 1$)

08-1 자속이 통과하는 면적이 $3[cm^2]$인 도체에 $3.6 \times 10^{-4}[Wb]$의 자속이 통과한다면 자속 밀도는 몇 $[Wb/m^2]$인가?

① 0.8 ② 1.2
③ 1.6 ④ 2.4

해설
• 자속 밀도 $B = \dfrac{\phi}{A} = \dfrac{3.6 \times 10^{-4}}{3 \times 10^{-4}} = 1.2 [Wb/m^2]$
• $1[cm^2] = 10^{-4}[m^2]$

08-2 자속이 통과하는 면적이 $10[cm^2]$, 투자율이 1,000인 철심에 $5 \times 10^{-6}[Wb]$의 자속이 통과한다면 자속 밀도는 몇 $[Wb/m^2]$인가?

① 5×10^{-6} ② 8×10^{-6}
③ 5×10^{-3} ④ 8×10^{-3}

해설
• 자속 밀도 $B = \dfrac{\phi}{A} = \dfrac{5 \times 10^{-6}}{10 \times 10^{-4}} = 5 \times 10^{-3} [Wb/m^2]$
• $1[cm^2] = 10^{-4}[m^2]$

08-3 공심 솔레노이드 내부 자계의 세기가 $200[AT/m]$일 때 자속 밀도$[Wb/m^2]$는 얼마인가?

① 1.25×10^{-3} ② 2.5×10^{-3}
③ 1.25×10^{-4} ④ 2.5×10^{-4}

해설 자속 밀도 $B = \mu_0 H = 4\pi \times 10^{-7} \times 200$
$\fallingdotseq 2.5 \times 10^{-4} [Wb/m^2]$

정답 8-1 ② 8-2 ③ 8-3 ④

08-4 비투자율이 1인 환상 철심의 자기장의 세기가 H[AT/m]이다. 이때 비투자율이 10인 물질로 바꾸면 철심의 자속 밀도[Wb/m²]는?

① 0　　　　　　② H
③ $10H$　　　　　④ $100H$

[해설] 자속 밀도 $B = \mu H = \mu_0 \mu_s H$[Wb/m²]이므로 비투자율 μ_s가 10으로 변화하면 자속 밀도도 10배인 $10H$가 된다.

08-5 자기장의 세기에 대한 설명으로 틀린 것은?

① 단위 길이당 기자력과 같다.
② 수직 단면의 자기력선 밀도와 같다.
③ 단위 자극에 작용하는 힘과 같다.
④ 자속 밀도에 투자율을 곱한 것과 같다.

[해설] 자기장의 세기 $H = \dfrac{B}{\mu}$[AT/m]이므로 자속 밀도를 투자율로 나눈 것과 같다.

08-6 다음 중 [Wb] 단위가 의미하는 것으로 옳은 것은?

① 전하량　　　　② 투자율
③ 유전율　　　　④ 자기력선속

[해설] • 전하량 Q[C]
　　• 투자율 μ[H/m]
　　• 유전율 ε[F/m]
　　• 자기력선속 ϕ[Wb]

08-7 1[Wb/m²]는 몇 [G]인가?

① 1　　　　　　② 10
③ 100　　　　　④ 10,000

[해설] 1[G] = 10^{-4}[Wb/m²]이므로
1[Wb/m²] = 10^4[G] = 10,000[G]

08-8 공기 중 +1[Wb]의 자극에서 나오는 자기력선의 수는 몇 개인가?

① 5.92×10^5　　② 6.33×10^5
③ 7.96×10^5　　④ 8.62×10^5

[해설] • 자기력선 수 $N = \dfrac{m}{\mu} = \dfrac{m}{\mu_0 \mu_s} = \dfrac{m}{\mu_0} = \dfrac{1}{4\pi \times 10^{-7}}$
　　　　　　　　　　≒ 7.96×10^5[개]
　　• 공기 중에서 $\mu_r = 1$

08-9 진공 중에서 12π[Wb]의 자하로부터 발산되는 총 자기력선의 수는 몇 개인가?

① 2×10^7　　　② 3×10^7
③ 6×10^7　　　④ 12×10^7

[해설] • 자기력선 수 $N = \dfrac{m}{\mu} = \dfrac{m}{\mu_0 \mu_s} = \dfrac{m}{\mu_0} = \dfrac{12\pi}{4\pi \times 10^{-7}}$
　　　　　　　　　　= 3×10^7[개]
　　• 진공 중에서 $\mu_r = 1$

정답　8-4 ③　8-5 ④　8-6 ④　8-7 ④　8-8 ③　8-9 ②

대표유형 09 투자율, 비투자율

① 투자율(magnetic permeability)
  ㉠ 개념
   • 외부 자기장에 반응하여 물질이 자화되는 정도
   • 외부 자기장의 세기 H를 물질에 인가할 때, 물질에서 발생되는 자속 밀도를 B라 할 때, H와 B의 비율($\mu = \dfrac{B}{H}$)
  ㉡ 공식
   $$\mu = \mu_0 \mu_s = \dfrac{B}{H} \text{ [H/m]}$$
   (μ_0 : 진공에서의 투자율 ≒ $4\pi \times 10^{-7}$,
   μ_s : 비투자율, B : 자속 밀도,
   H : 자기장의 세기)

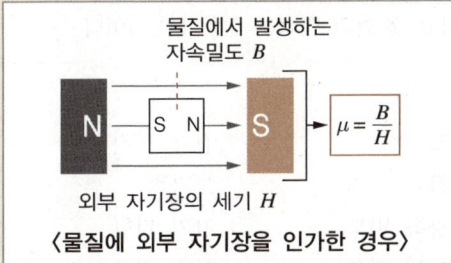
〈물질에 외부 자기장을 인가한 경우〉

② 비투자율(relative magnetic permeability) : 진공에서의 투자율 μ_0에 대해 매질의 투자율이 가지는 상대적인 비율을 의미

09-1 진공의 투자율 μ_0[H/m]는?
① 6.33×10^4 ② $4\pi \times 10^{-7}$
③ 9×10^9 ④ 8.85×10^{-12}

해설 진공의 투자율 $\mu_0 = 4\pi \times 10^{-7}$ [H/m]

09-2 투자율 μ의 단위는?
① [AT/Wb]   ② [Wb/m²]
③ [AT/m]   ④ [H/m]

해설 투자율 μ단위 : [H/m] = [Wb²/AT·m] = [Wb²/N·m²]

대표유형 10 영구자석과 히스테리시스 곡선

① 영구자석
  ㉠ 개념 : 강한 자화 상태를 오래 보존하는 자석
  ㉡ 조건 : 잔류 자속 밀도 B_r와 보자력 H_c이 모두 클 것
② 히스테리시스 곡선 특징
  ㉠ 횡축과 만나는 점
   • 보자력 H_c
   • 자성체의 자속 밀도가 0이 될 때 외부 자기장의 세기를 의미
  ㉡ 종축과 만나는 점
   • 잔류 자속 밀도 B_r
   • 외부 자기장의 세기가 0이 될 때, 자성체에는 자속 성분이 남아 있게 되며 이때의 자속 밀도를 의미
  ㉢ 히스테리시스 곡선

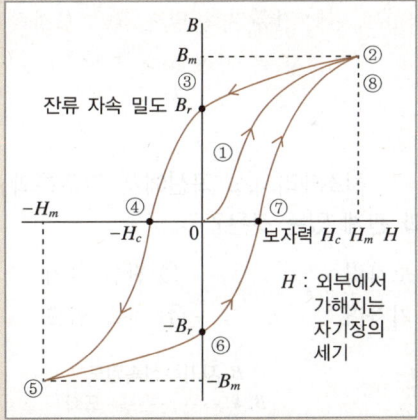

  ㉣ 그래프 해석
  [1] 코일에 전류를 흘리면 자기장을 생성할 수 있으며 이 자기장을 자성체에 인가하면 자기장의 세기가 점차 증가함에 따라 ① 방향으로 그래프가 그려지며 자성체의 자속 밀도는 증가하게 된다.
  [2] 그래프의 ②에 이르면 더 이상 자속 밀도가 증가하지 않게 되며 포화 자화점에 도달했다고 해석할 수 있다.

[3] 외부에서 가하는 자기장의 세기를 점차 감소시키면 ③ 방향으로 그래프가 그려지며 외부 자기장의 세기가 0이 될 때, 자성체에는 자속 성분이 남게 되는데, 이때의 자속 밀도를 잔류 자속 밀도 B_r이라고 한다.

[4] 외부 자기장의 세기를 역방향으로 자성체에 인가하면 ④→⑤ 방향으로 그래프가 그려지며 자성체의 자속 밀도가 0이 될 때의 외부 자기장의 세기를 보자력 H_c이라고 한다.

[5] 역방향으로 가한 외부 자기장의 세기를 다시 감소시키면 ⑤→⑥ 방향으로 그래프가 그려진다.

[6] 다시 정방향으로 외부 자기장의 세기를 인가하면 ⑦→⑧ 방향으로 그래프가 그려진다.

[7] 따라서 영구자석을 만들기 위한 재료는 잔류 자속 밀도 B_r와 보자력 H_c이 모두 큰 것이 좋다.

10-1 히스테리시스 곡선에서 가로축과 만나는 점과 관계 있는 것은?

① 보자력　　② 잔류 자기
③ 기자력　　④ 자속 밀도

해설

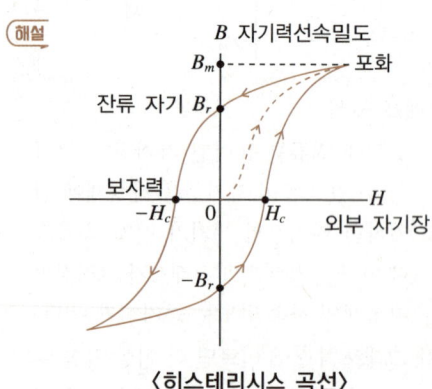

〈히스테리시스 곡선〉

10-2 히스테리시스 곡선에서 세로축과 만나는 점은 무엇을 나타내는가?

① 보자력　　② 잔류 자기
③ 투자율　　④ 자속 밀도

해설 히스테리시스 곡선에서 세로축과 만나는 점은 잔류 자기, 가로축과 만나는 점은 보자력을 나타낸다.

10-3 다음 설명의 (㉠), (㉡)에 들어갈 내용으로 옳은 것은?

히스테리시스 곡선에서 종축과 만나는 점은 (㉠)이고, 횡축과 만나는 점은 (㉡)이다.

	㉠	㉡
①	보자력	잔류 자기
②	잔류 자기	보자력
③	자속 밀도	자기 저항
④	자기 저항	자속 밀도

해설 10-2번 해설 참조

10-4 영구자석의 재료로 사용되는 철에 요구되는 사항으로 다음 중 가장 적절한 것은?

① 잔류 자속 밀도는 작고 보자력이 커야 한다.
② 잔류 자속 밀도는 크고 보자력이 작아야 한다.
③ 잔류 자속 밀도와 보자력이 모두 커야 한다.
④ 잔류 자속 밀도는 커야 하나, 보자력은 0이어야 한다.

해설 영구자석은 잔류 자속 밀도와 보자력이 모두 커야 한다.

대표유형 11 플레밍의 왼손 법칙(전동기의 원리)

① 플레밍의 왼손 법칙(전동기의 원리)
  ㉠ 전류(I)가 흐르는 도체를 (전기적 에너지)
  ㉡ 자기장(B) 속에 넣으면
  ㉢ 도체는 힘(전자력 F)을 받아 움직이게 되며(기계적 에너지)
  ㉣ 이때의 F, B, I의 관계를 왼손으로 나타냄
     엄지 : F, 검지 : B, 중지 : I
  ㉤ 전동기의 원리 : 전기 에너지를 기계 에너지로 변환 예 선풍기의 모터

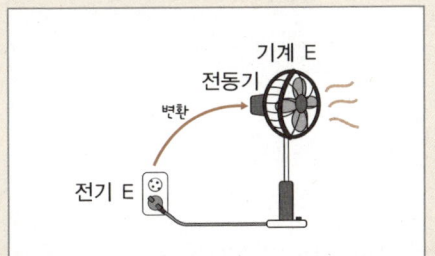

② 자기장 안에 있는 도체가 받는 힘
  ㉠ 공식
     $F = BIl\sin\theta$ [N]
     (B : 자속 밀도, I : 도체에 흐르는 전류, l : 도체의 길이, θ : 도체가 자기장과 이루는 각도, $l\sin\theta$: 도체의 유효 길이)

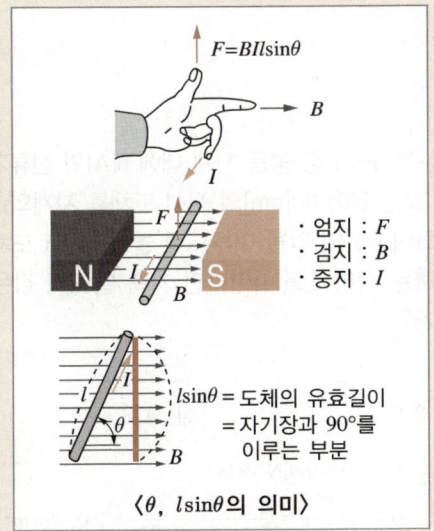

11-1 자장 내에 있는 도체에 전류를 흘리면 힘이 작용하는데, 이 힘의 방향을 정하는 법칙으로 옳은 것은?

① 렌츠의 법칙
② 패러데이 법칙
③ 플레밍의 왼손 법칙
④ 플레밍의 오른손 법칙

해설 **플레밍의 왼손 법칙**
전류가 흐르는 도체를 자기장 속에 넣으면 도체는 힘을 받아 움직이게 되는데 이때의 힘의 방향을 구할 수 있는 법칙

11-2 다음 중 전동기의 원리에 적용되는 법칙은?

① 플레밍의 오른손 법칙
② 플레밍의 왼손 법칙
③ 패러데이의 법칙
④ 렌츠의 법칙

해설 플레밍의 왼손 법칙은 전동기의 원리에 적용된다.

11-3 플레밍의 왼손 법칙에서 엄지가 뜻하는 것으로 옳은 것은?

① 힘의 방향
② 전류의 방향
③ 자기력선속의 방향
④ 기전력의 방향

해설 **플레밍의 왼손 법칙**
• 엄지 : 힘의 방향(F)
• 검지 : 자속의 방향(B)
• 중지 : 전류의 방향(I)

정답 11-1 ③ 11-2 ② 11-3 ①

11-4 그림과 같이 자극 사이에 있는 도체에 전류(I)가 흐를 때 힘은 어느 방향으로 작용하는가?

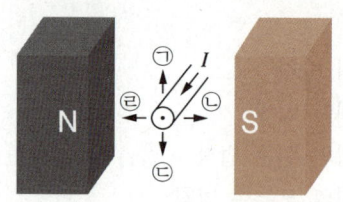

① ㉠ ② ㉡
③ ㉢ ④ ㉣

해설) 플레밍의 왼손 법칙에 따라 힘은 ㉠ 방향으로 작용한다.
- 엄지 : F(자기장의 방향)
- 검지 : B(자기장의 방향)
- 중지 : I(전류의 방향)

11-5 공기 중에서 자속 밀도 4[Wb/m²]의 평등 자장 속에 길이 3[cm]의 직선 도선을 자장의 방향과 30°가 되도록 놓고 여기에 10[A]의 전류를 흘릴 때 이 도선이 받는 힘 F[N]은 얼마인가?

① 0.6 ② 0.9
③ 1.2 ④ 1.5

해설) 플레밍의 왼손 법칙에 따른 전자력의 크기
$F = BIl\sin\theta = 4 \times 10 \times 0.03 \times \sin30° = 0.6$[N]

11-6 자속 밀도 0.5[Wb/m²]의 자장 안에 자장과 직각으로 20[cm]의 도체를 놓고 이것에 10[A]의 전류를 흘릴 때 도체가 50[cm] 운동한 경우의 한 일은 몇 [J]인가?

① 0.5 ② 1
③ 1.5 ④ 5

해설) $F = BIl\sin\theta = 0.5 \times 10 \times 0.2 \times \sin90° = 1$[N]
$W = F \cdot s = 1 \times 0.5 = 0.5$[J]
(s : 이동 거리[m])

11-7 공기 중 평등 자계 내에 5[A]의 전류가 흐르고 있는 길이 60[cm]의 직선 도체를 자계의 방향에 대하여 60°의 각을 이루도록 놓을 때 이 도체에 작용하는 힘이 5.2[N]이라면 자속 밀도의 값은 얼마인가?

① 1.5 ② 2.0
③ 3.2 ④ 4.8

해설) $F = BIl\sin\theta$[N]에서
$B = \dfrac{F}{Il\sin\theta} = \dfrac{5.2}{5 \times 0.6 \times \sin60°} \fallingdotseq 2.0$[Wb/m²]

대표유형 12 앙페르의 법칙

① 개념 : 2개의 직선 도체에 흐르는 전류의 방향이 같으면 도체끼리 서로 끌어당기는 힘이 작용하고, 전류의 방향이 반대면 도체끼리 서로 반발하는 힘이 작용

② 공식

직선 도체 사이에 작용하는 힘

$$F = \frac{\mu_0 I_1 I_2}{2\pi r} \text{ [N]}$$
$$= (2 \times 10^{-7}) \times \frac{I_1 I_2}{r}$$

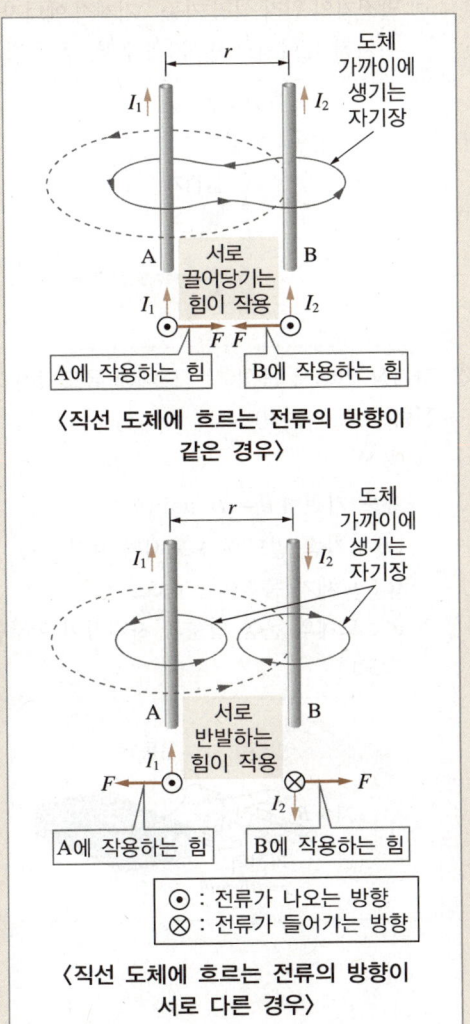

〈직선 도체에 흐르는 전류의 방향이 같은 경우〉

⊙ : 전류가 나오는 방향
⊗ : 전류가 들어가는 방향

〈직선 도체에 흐르는 전류의 방향이 서로 다른 경우〉

12-1 $I_1 = 15[A]$, $I_2 = 20[A]$가 흐르는 평행한 직선 도체 사이의 거리가 4[cm]일 때 직선 전류에 작용하는 힘의 크기 $F[N]$는 얼마인가?

① 9×10^{-4} ② 12×10^{-4}
③ 15×10^{-4} ④ 24×10^{-4}

해설 $F = \dfrac{2I_1 I_2}{r} \times 10^{-7} = \dfrac{2 \times 15 \times 20}{0.04} \times 10^{-7}$
$= 15 \times 10^{-4} \text{[N]}$

12-2 공기 중에서 5[cm] 간격을 유지하고 있는 2개의 평행 도선에 각각 10[A]의 전류가 동일한 방향으로 흐를 때 도선 1[m]당 발생하는 힘의 크기[N]는 얼마인가?

① 2×10^{-4} ② 4×10^{-4}
③ 6×10^{-4} ④ 8×10^{-4}

해설 흡인력 $F = \dfrac{\mu I_1 I_2}{2\pi d} = \dfrac{4\pi \times 10^{-7} \times 10 \times 10}{2 \times \pi \times 0.05}$
$= 4 \times 10^{-4} \text{[N]}$

12-3 길이가 1[m]인 두 직선 도선이 1[m] 떨어져 평행하게 있을 때 이 도선의 단위 길이당 작용하는 힘의 세기가 $2 \times 10^{-7}[N]$일 경우 전류의 세기[A]는?(단, $I_1 = I_2$이다)

① 0.5   ② 1
③ 2   ④ 4

해설 $F = 10^{-7} \times \dfrac{2 I_1 I_2}{r} = 10^{-7} \times \dfrac{2 \times I^2}{1} = 2I^2 \times 10^{-7}$
$= 2 \times 10^{-7} \text{[N/m]}$일 때
$I^2 = 1$
∴ $I = 1[A]$

정답 12-1 ③   12-2 ②   12-3 ②

12-4 서로 가까이 나란히 있는 두 도체에 전류가 반대 방향으로 흐를 때 각 도체 간에 작용하는 힘으로 옳은 것은?

① 흡인력
② 반발력
③ 흡인과 반발을 반복한다.
④ 도체 간에 힘이 작용하지 않는다.

해설 나란히 있는 두 도체에 같은 방향으로 전류가 흐르면 흡인력, 반대 방향으로 전류가 흐르면 반발력이 작용한다.

12-5 다음 그림과 같이 평행한 두 도체에 같은 방향의 전류가 흐를 때 두 도체 사이에 작용하는 힘으로 옳은 것은?

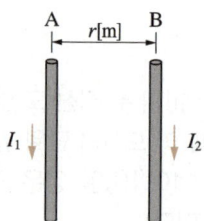

① 힘은 0이다.
② 반발력이 작용한다.
③ 흡인력이 작용한다.
④ $\dfrac{I}{2\pi r}$의 힘이 작용한다.

해설 평행한 두 도체에 같은 방향의 전류가 흐르면 두 도체 사이에 흡인력이 작용한다.

대표유형 13) 플레밍의 오른손 법칙(발전기의 원리)

① 플레밍의 오른손 법칙(발전기의 원리)
  ㉠ 자기장(B)이 있는 공간에 놓여 있는
  ㉡ 도체를 움직이면(운동 속도 v : 기계적 에너지, F)
  ㉢ 도체 양단에 전압을 발생시킴(유도 기전력 e : 전기적 에너지, I)
  ㉣ 이때의 B, v, e의 관계를 오른손으로 나타냄
    엄지 : $v(F)$, 검지 : B, 중지 : $e(I)$
  ㉤ 발전기의 원리 설명 가능 : 기계적 에너지를 전기적 에너지로 변환 예 수력, 풍력 발전

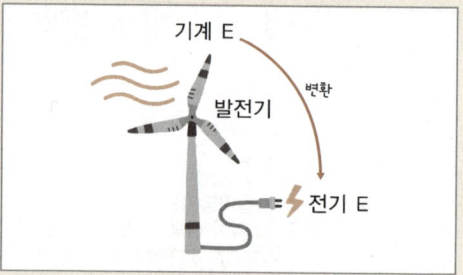

② 자기장 안에서 움직이는 도체에 유도되는 기전력(유도 기전력)
  ㉠ 공식
    유도 기전력 $e = Blv\sin\theta$
    (B : 자속 밀도, l : 도체의 길이, v : 도체가 움직이는 속도, θ : 도체의 운동 방향과 자기장이 이루는 각도)

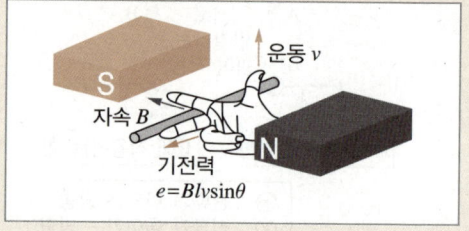

정답 12-4 ② 12-5 ③

13-1 도체가 운동하는 경우 유도 기전력의 방향을 알고자 할 때 유용한 법칙은?

① 렌츠의 법칙
② 플레밍의 오른손 법칙
③ 플레밍의 왼손 법칙
④ 비오-사바르의 법칙

해설 플레밍의 오른손 법칙
자기장 속에서 도선이 움직일 때 자기장의 방향과 도선이 움직이는 방향으로 유도 기전력의 방향을 결정하는 법칙

13-2 도체가 운동하여 자속을 끊을 때 기전력의 방향을 알아내는 데 편리한 법칙은?

① 렌츠의 법칙
② 패러데이의 법칙
③ 플레밍의 왼손 법칙
④ 플레밍의 오른손 법칙

해설 13-1번 해설 참조

13-3 플레밍의 오른손 법칙에서 셋째 손가락이 나타내는 것은 무엇인가?

① 전류의 방향
② 자속의 방향
③ 운동 방향
④ 유도 기전력의 방향

해설 플레밍의 오른손 법칙
• 엄지 : 운동 방향
• 검지 : 자속의 방향
• 중지 : 유도 기전력의 방향

13-4 자속 밀도가 2[Wb/m^2]인 평등 자기장 속에 길이 3[m]의 도체를 자기장의 방향과 직각으로 두고 10[m/s]의 속도로 운동시킬 때 도선에 발생하는 유도 기전력 e [V]은 얼마인가?

① 15 ② 30
③ 45 ④ 60

해설 • 플레밍의 오른손 법칙에 따라
유도 기전력 $e = Blv\sin\theta$
$= 2 \times 3 \times 10 \times \sin 90°$
$= 60$[V]
• $\sin 90° = 1$

13-5 전기자 도체와 자속 밀도가 이루는 각이 직각이라면 발전기의 유도 기전력[V]은?

① $\dfrac{Bl}{v}$ ② Blv
③ $\dfrac{v}{Bl}$ ④ Blv^2

해설 유도 기전력 $e = Blv\sin\theta$ [V]
$\theta = 90°$일 때 $\sin 90° = 1$이므로 $e = Blv$ [V]

정답 13-1 ② 13-2 ④ 13-3 ④ 13-4 ④ 13-5 ②

대표유형 14) 전자 유도 작용(발전기의 원리)

① 전자 유도 작용(electromagnetic induction) : 코일을 관통하는 **자속을 변화**시키면 코일에 **기전력이 유도**(유도 기전력(induced electromotive force))되어 전류가 **흐르는** 현상
② 패러데이의 법칙
  ㉠ 개념 : 전자 유도 작용에 의해 발생하는 유도 기전력의 크기를 수학적으로 정리한 법칙
  ㉡ 공식

  유도 기전력 $e = N\dfrac{\Delta\phi}{\Delta t}$ [V]

  (N : 코일의 감은 횟수,
  $\dfrac{\Delta\phi}{\Delta t}$: 시간에 따른 자속의 변화량)

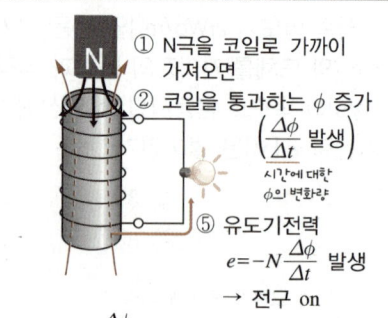

① N극을 코일로 가까이 가져오면
② 코일을 통과하는 ϕ 증가 ($\dfrac{\Delta\phi}{\Delta t}$ 발생) 시간에 대한 ϕ의 변화량
⑤ 유도기전력 $e = -N\dfrac{\Delta\phi}{\Delta t}$ 발생 → 전구 on
③ 코일은 $\dfrac{\Delta\phi}{\Delta t}$의 반대 방향으로 자속 발생 (by 렌츠의 법칙)
④ 오른나사 법칙에 의해 화살표 방향으로 전류가 흐름

③ 렌츠의 법칙
  ㉠ 개념
    • 전자 유도 작용에 의해 발생하는 **유도 기전력의 방향에 관한 법칙**
    • 유도 기전력은 자속의 변화를 방해하는 방향(−)으로 발생

  ㉡ 공식

  유도 기전력 $e = -N\dfrac{\Delta\phi}{\Delta t}$ [V]

〈자속을 증가시킬 때〉

〈자속을 감소시킬 때〉

14-1 코일에서 유도되는 기전력의 크기는 자속의 시간 변화율에 비례한다는 것으로 유도 기전력의 크기를 정의한 법칙은?

① 줄의 법칙
② 렌츠의 법칙
③ 플레밍의 법칙
④ 패러데이의 법칙

[해설] 패러데이의 법칙
코일에서 유도 기전력의 크기는 자속의 시간 변화율에 비례한다.
$e = N\dfrac{\Delta\phi}{\Delta t}$ [V]

14-2 패러데이의 전자 유도 법칙에서 유도 기전력에 대해 바르게 설명한 것은?

① 자속에 비례한다.
② 권수에 반비례한다.
③ 자속의 시간 변화율에 비례한다.
④ 권수에 비례하고 자속에 반비례한다.

해설 유도 기전력 $e = N\dfrac{\Delta\phi}{\Delta t}$ [V]

14-3 유도 기전력의 크기는 코일을 지나는 자속의 매초 변화량에 (㉠)하고, 코일의 권수에 (㉡)한다. 빈칸에 들어갈 말로 옳은 것은?

	㉠	㉡
①	비례	비례
②	비례	반비례
③	반비례	비례
④	반비례	반비례

해설 유도 기전력 $e = N\dfrac{\Delta\phi}{\Delta t}$ [V]
유도 기전력의 크기는 자속의 매초 변화량과 코일의 권수에 비례한다.

14-4 패러데이의 전자 유도 법칙에서 유도 기전력의 크기는 코일을 지나는 (㉠)의 매초 변화량과 코일의 (㉡)에 비례한다.

	㉠	㉡
①	전류	굵기
②	전류	권수
③	자속	굵기
④	자속	권수

해설 14-3번 해설 참조

14-5 권수가 200인 코일에서 0.1[s] 사이에 0.4[Wb]의 자속이 변화한다면, 코일에 발생되는 기전력[V]은?

① 8
② 400
③ 800
④ 4,000

해설 기전력 $e = N\dfrac{\Delta\phi}{\Delta t} = 200 \times \dfrac{0.4}{0.1} = 800$[V]

14-6 50회 감은 코일과 쇄교하는 자속이 0.5[s] 동안 0.1[Wb]에서 0.2[Wb]로 변화할 때 기전력[V]의 크기는?

① 0.5
② 1
③ 5
④ 10

해설 유도 기전력 $e = N\dfrac{\Delta\phi}{\Delta t} = 50 \times \dfrac{0.2-0.1}{0.5} = 10$[V]

14-7 다음은 어떤 법칙을 설명한 것인가?

> 전류가 흐르려고 하면 코일은 전류의 흐름을 방해한다. 또한 전류가 감소하면 이를 계속 유지하려고 하는 성질이 있다.

① 쿨롱의 법칙
② 렌츠의 법칙
③ 패러데이의 법칙
④ 플레밍의 왼손 법칙

해설 렌츠의 법칙
전자기 유도 현상에 의해 생기는 유도 전류의 방향은 자기장의 변화를 방해하려는 방향으로 발생한다는 법칙

정답 14-2 ③ 14-3 ① 14-4 ④ 14-5 ③ 14-6 ④ 14-7 ②

14-8 전자 유도 현상에 의한 기전력의 방향을 정의한 법칙은?

① 줄의 법칙
② 플레밍의 법칙
③ 렌츠의 법칙
④ 패러데이의 법칙

해설 **렌츠의 법칙**
전자기 유도 현상에 의해 생기는 유도 전류의 방향은 자기장의 변화를 방해하려는 방향으로 발생한다는 법칙

14-9 다음에서 설명하는 법칙의 명칭은?

> 유도 기전력은 자신이 발생 원인이 되는 자속의 변화를 방해하려는 방향으로 발생한다.

① 렌츠의 법칙
② 플레밍의 법칙
③ 줄의 법칙
④ 앙페르의 오른나사 법칙

해설 14-8번 해설 참조

14-10 코일에 그림과 같은 방향으로 유도 전류가 흐를 때 자석의 이동 방향은?

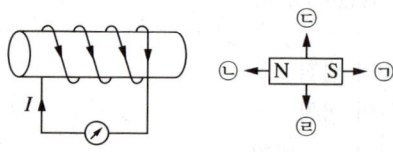

① ㉠
② ㉡
③ ㉢
④ ㉣

해설 렌츠의 법칙에 따라 자기장의 변화를 방해하는 방향으로 자석이 이동한다.

대표유형 15) 인덕터와 자기 인덕턴스

① 인덕터(inductor, coil, 코일) : 도선을 나선형으로 감아 놓은 것으로 전류가 흐르면 자속 ϕ를 발생시킴

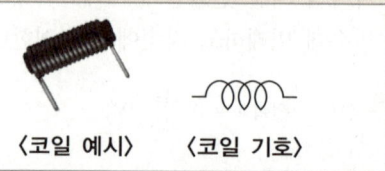

〈코일 예시〉　〈코일 기호〉

② 자기 인덕턴스(self-inductance)
　㉠ 개념
　　• 코일에 흐르는 전류에 대해 발생한 총 쇄교 자속의 비율
　　• 코일에 전류 1[A]가 흐를 때, 얼마나 많은 쇄교 자속이 발생하는가
　㉡ 공식
　　자기 인덕턴스 L
　　$= \dfrac{\text{총 쇄교자속}}{\text{전류}}$ [H](henry, 헨리)
　　$= \dfrac{N\phi}{I}$
　　(N : 감은 횟수, ϕ : 자속[Wb], I : 전류[A])

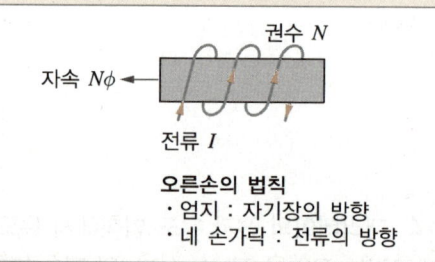

오른손의 법칙
• 엄지 : 자기장의 방향
• 네 손가락 : 전류의 방향

③ 자기 유도(self-induction, 자체 유도)
　㉠ 개념 : 회로의 스위치 개폐 순간 → 전류의 변화 → 자속의 변화 → 전자 유도 작용에 의해 코일이 생성한 자속의 변화를 방해하는 방향으로 역기전력 e [V]이 발생하며 이것을 자기 유도라 함

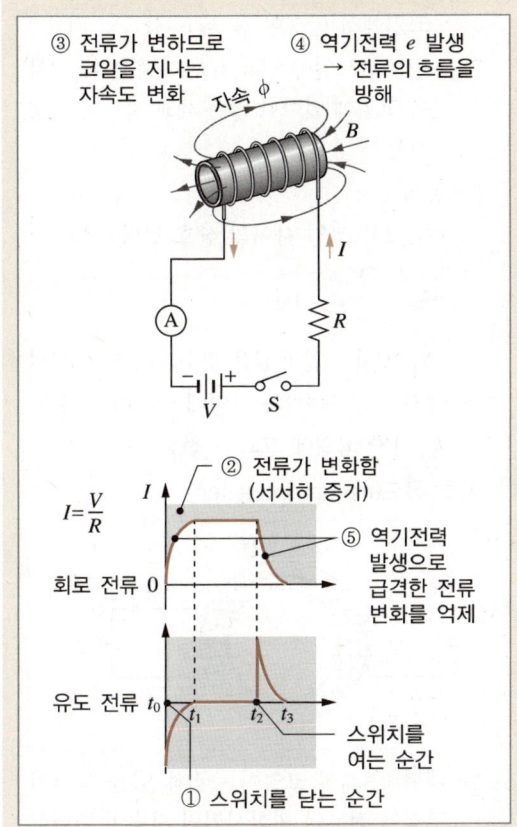

ⓒ 공식

유도 기전력 $e = -N\dfrac{\Delta\phi}{\Delta t}$ [V]

$= -L\dfrac{\Delta I}{\Delta t}$ [V]

15-1 권수 N회인 코일에 I[A]의 전류가 흘러 자속 ϕ[Wb]가 생겼다면 인덕턴스[H]는?

① $L = \dfrac{N\phi}{I}$ ② $L = \dfrac{NI}{\phi}$

③ $L = \dfrac{N\phi^2}{I}$ ④ $L = \dfrac{NI^2}{\phi}$

해설 자기 인덕턴스 $L = \dfrac{\text{총 쇄교자속}}{\text{전류}}$ [H] $= \dfrac{N\phi}{I}$

15-2 권수 N회인 코일에 I[A]의 전류가 흘러 자속 ϕ[Wb]가 발생할 때의 인덕턴스에 대한 설명으로 옳지 않은 것은?

① 인덕턴스는 권수에 비례한다.
② 인덕턴스는 자속에 비례한다.
③ 인덕턴스는 전류에 비례한다.
④ 인덕턴스는 전류에 반비례한다.

해설 $LI = N\phi$, $L = \dfrac{N\phi}{I}$ 이므로 인덕턴스는 권수, 자속에 비례하고 전류에는 반비례한다.

15-3 권수가 100회인 코일에 3[A]의 전류가 흐를 때 0.6[Wb]의 자속이 코일을 지난다면 이 코일의 자기 인덕턴스 L[H]은?

① 15 ② 20
③ 25 ④ 30

해설 자기 인덕턴스 $L = \dfrac{N\phi}{I} = \dfrac{100 \times 0.6}{3} = 20$[H]

15-4 자체 인덕턴스가 $L=15$[H]인 코일에 3[s] 동안 2[A]의 전류를 흘려보낼 때 코일에 발생하는 유도 기전력 e[V]의 크기는 얼마인가?

① 5   ② 10
③ 20   ④ 30

해설 유도 기전력의 크기 $e=L\dfrac{\Delta I}{\Delta t}=15\times\dfrac{2}{3}=10$[V]

15-5 100회 감은 코일에 흐르는 전류 0.5[A]가 0.1[s] 동안 0.3[A]가 될 때 2×10^{-4}[V]의 기전력이 발생한다면 이때 코일의 자기 인덕턴스[μH]는 얼마인가?

① 50   ② 100
③ 150   ④ 200

해설 코일에 유도되는 기전력 $e=-L\dfrac{\Delta I}{\Delta t}$[V]

자기 인덕턴스 $L=e\dfrac{\Delta t}{\Delta I}=2\times10^{-4}\times\dfrac{0.1}{0.5-0.3}$
$=10^{-4}$[H]$=100$[μH]

15-6 자기 인덕턴스 200[mH]의 코일에서 0.1[s] 동안 30[A]의 전류가 변화한다. 코일에 유도되는 기전력[V]은?

① 60   ② 85
③ 105   ④ 120

해설 유도 기전력의 크기 $e=L\dfrac{\Delta I}{\Delta t}=200\times10^{-3}\times\dfrac{30}{0.1}$
$=60$[V]

대표유형 16 인덕터와 상호 인덕턴스

① 상호 인덕턴스(mutual inductance)
  ㉠ 개념
  • 1차 측 코일에 흐르는 전류에 대해 2차 측 코일에서 발생한 총 쇄교 자속의 비율
  • 1차 측 코일에 전류 1[A]가 흐를 때, 2차 측 코일에 얼마나 많은 쇄교 자속이 발생하는가
  ㉡ 공식
  1차, 2차 코일 사이의 상호 인덕턴스
  $$M_{12}=\dfrac{N_2\phi_{12}}{I_1}\text{[H]}$$
  (N_2 : 2차 코일의 감은 횟수, ϕ_{12} : 1차 코일에서 발생하여 2차 코일에 쇄교하는 자속, I_1 : 1차 코일에 흐르는 전류)

② 상호 유도(mutual induction)

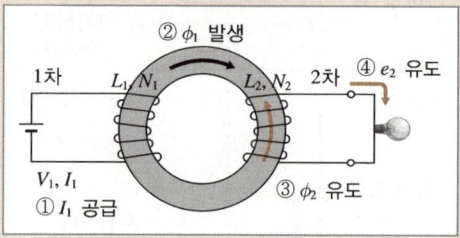

  ㉠ 개념 : 2개의 코일이 근접해 있을 때, 1차 코일에 전류를 변화시키면 자속이 변화하고, 그 자속은 2차 코일에도 영향을 미쳐 유도 기전력을 발생(상호유도 기전력)시키는 현상
  ㉡ 공식
  2차 측 코일의 유도 기전력
  $$e_2=-N_2\dfrac{\Delta\phi_1}{\Delta t}\text{[V]}=-M\dfrac{\Delta I_1}{\Delta t}$$

16-1 2개의 코일을 서로 근접시킬 때 한쪽 코일의 전류가 변화하면 다른 쪽 코일에 유도 기전력이 발생하는 현상은?

① 상호 결합 ② 상호 유도
③ 자체 결합 ④ 자체 유도

해설 상호 유도
한 코일의 전류 변화가 이웃한 코일에 유도 기전력을 발생시키는 현상

16-2 그림과 같은 환상 철심에 A, B의 코일이 감겨 있다. 전류 I가 120[A/s]로 변화할 때, 코일 A에 90[V], 코일 B에 40[V]의 기전력이 유도된 경우, 코일 A의 자기 인덕턴스 L_1[H]과 상호 인덕턴스 M[H]의 값은 얼마인가?

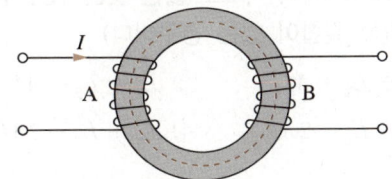

① $L_1 = 0.75$, $M = 0.33$
② $L_1 = 1.25$, $M = 0.7$
③ $L_1 = 1.75$, $M = 0.9$
④ $L_1 = 1.95$, $M = 1.1$

해설 유도 기전력 $E_A = L_1 \frac{\Delta I}{\Delta t}$ 에서

$$L_1 = \frac{E_A}{\frac{\Delta I_1}{\Delta t}} = \frac{90}{120} = 0.75[\text{H}]$$

유도 기전력 $E_B = M \frac{\Delta I_1}{\Delta t}$ 에서

$$M = \frac{E_B}{\frac{\Delta I_1}{\Delta t}} = \frac{40}{120} \fallingdotseq 0.33[\text{H}]$$

16-3 두 코일이 있다. 한 코일에 매초 전류가 150[A/s]의 비율로 변할 때 다른 코일에 60[V]의 기전력이 발생한다면, 두 코일의 상호 인덕턴스는 몇 [H]인가?

① 0.4 ② 0.6
③ 0.75 ④ 0.8

해설 $e = M \frac{\Delta I}{\Delta t}$ 에서 $60 = 150 \times M$

$$\therefore M = \frac{60}{150} = 0.4[\text{H}]$$

대표유형 17) 인덕터의 접속

① 일반적($0 < k < 1$)
  ㉠ 합성 인덕턴스
  • 가동 접속 : 두 코일에서 발생한 자속이 같은 방향으로 더해지는 접속(두 코일의 감은 방향이 같은 경우)
    $L = L_1 + L_2 + 2M$ [H]

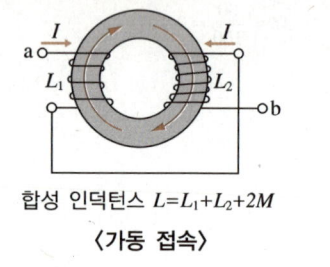

합성 인덕턴스 $L = L_1 + L_2 + 2M$
〈가동 접속〉

〈가동 접속의 회로도〉

• 차동 접속 : 두 코일에서 발생한 자속이 반대 방향으로 상쇄되는 접속(두 코일의 감은 방향이 다른 경우)
  $L = L_1 + L_2 - 2M$ [H]

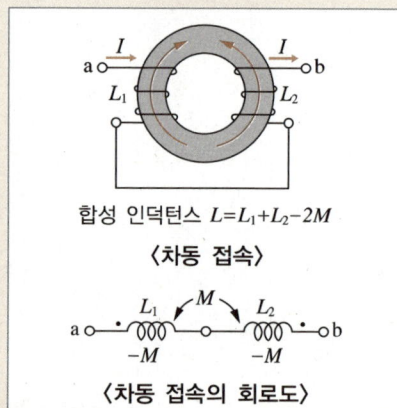

합성 인덕턴스 $L = L_1 + L_2 - 2M$
〈차동 접속〉

〈차동 접속의 회로도〉

  ㉡ 상호 인덕턴스
    $M = k\sqrt{L_1 L_2}$ [H]
    (k : 결합 계수)

✓ 결합 계수 k
1. 코일 상호 간 자기적 유도 결합 정도를 나타내는 계수
2. $k = 0$: 미결합으로 자기적 결합이 없는 상태로 $M = 0$
3. $k = 1$: 완전결합으로 누설 자속이 없는 상태로 $M = \sqrt{L_1 L_2}$

② 미결합($k = 0$, k : 결합계수)
  ㉠ 자기적 결합이 없는 상태
  ㉡ 상호 인덕턴스 $M = 0$
  ㉢ 합성 인덕턴스 $L = L_1 + L_2$

③ 완전 결합($k = 1$)
  ㉠ 누설 자속이 없는 경우
  ㉡ 상호 인덕턴스 $M = \sqrt{L_1 L_2}$

17-1 자기 인덕턴스가 L_1, L_2이고 상호 인덕턴스가 M인 두 코일을 직렬로 가동 접속할 때, 합성 인덕턴스 L [H]의 식으로 옳은 것은?(단, 두 코일 간 자기적 결합이 있는 경우이다)

① $L_1 + L_2 + M$ ② $L_1 + L_2 - M$
③ $L_1 + L_2 + 2M$ ④ $L_1 + L_2 - 2M$

해설 인덕턴스가 가동 접속일 때 : $L_1 + L_2 + 2M$
인덕턴스가 차동 접속일 때 : $L_1 + L_2 - 2M$

17-2 자체 인덕턴스가 100[mH], 140[mH]이고 상호 인덕턴스가 50[mH]인 두 코일이 있다. 두 코일을 직렬로 가동 접속할 때 합성 인덕턴스 L [mH]는 얼마인가?

① 240 ② 290
③ 340 ④ 390

해설 가동 접속일 때
$L = L_1 + L_2 + 2M = 100 + 140 + 100 = 340$[mH]

17-3 자체 인덕턴스가 L_1, L_2인 두 코일을 직렬 가극성으로 접속한 것과 감극성으로 접속한 것의 차는 얼마인가?

① M ② $2M$
③ $3M$ ④ $4M$

해설 $L_{가극} = L_1 + L_2 + 2M$
      $L_{감극} = L_1 + L_2 - 2M$
      $L_{가극} - L_{감극} = 4M$

17-4 두 코일의 자체 인덕턴스를 L_1[H], L_2[H]라 하고 상호 인덕턴스를 M[H]이라 할 때 두 코일을 자속이 동일한 방향과 역방향이 되도록 하여 직렬로 각각 연결할 경우, 합성 인덕턴스의 큰 쪽과 작은 쪽의 차는?

① M ② $2M$
③ $3M$ ④ $4M$

해설 가동 접속 시 : $L_p = L_1 + L_2 + 2M$
      차동 접속 시 : $L_m = L_1 + L_2 - 2M$
      연립하여 계산하면 합성 인덕턴스의 차는 $4M$

17-5 두 코일의 자체 인덕턴스를 직렬로 접속하여 합성 인덕턴스를 측정하니 120[mH]이다. 한쪽 인덕턴스를 반대로 접속하여 측정하니 합성 인덕턴스가 20[mH]로 된다. 두 코일의 상호 인덕턴스 [mH]는?

① 10   ② 15
③ 20   ④ 25

해설 가동 접속 시 : $L_1 + L_2 + 2M = 120$[mH]
      차동 접속 시 : $L_1 + L_2 - 2M = 20$[mH]
      연립하여 계산하면 $4M = 100$[mH], $M = 25$[mH]

17-6 그림과 같은 회로의 인덕턴스를 측정하니 그림 (a)는 50[mH], 그림 (b)는 30[mH]이다. 이 회로의 상호 인덕턴스 M[mH]은?

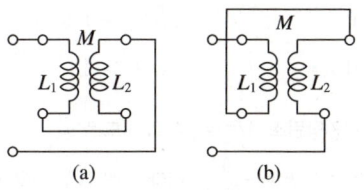

① 2   ② 3
③ 4   ④ 5

해설 (a) 값이 (b) 값보다 더 크므로
      (a) 가동 접속
      $L = L_1 + L_2 + 2M = 50$[mH] … ㉠
      (b) 차동 접속
      $L = L_1 + L_2 - 2M = 30$[mH] … ㉡
      ㉠ - ㉡을 하면
      $4M = 20$
      ∴ $M = 5$[mH]

17-7 자체 인덕턴스가 각각 $L_1 = 90$[mH], $L_2 = 160$[mH]인 두 코일이 있다. 두 코일 사이 상호 인덕턴스가 60[mH]일 때 결합 계수 k는?

① 0.5   ② 0.6
③ 0.7   ④ 0.8

해설 상호 인덕턴스 $M = k\sqrt{L_1 L_2}$에서
      결합 계수 $k = \dfrac{M}{\sqrt{L_1 L_2}} = \dfrac{60}{\sqrt{90 \times 160}} = 0.5$

정답 17-3 ④ 17-4 ④ 17-5 ④ 17-6 ④ 17-7 ①

17-8 자기 인덕턴스가 각각 L_1, L_2이고 상호 인덕턴스가 M일 때, 일반적인 자기 결합 상태에서 결합 계수 k는?

① $k = 1$ ② $0 < k < 1$
③ $k < 0$ ④ $k > 1$

해설 상호 인덕턴스 $M = k\sqrt{L_1 L_2}$ 이므로 결합 계수 $k = \dfrac{M}{\sqrt{L_1 L_2}}$ 이다. 일반적인 경우 결합 계수 k의 범위는 $0 < k < 1$이다.

17-9 같은 철심 위에 동일한 권수로 자체 인덕턴스 L[H]인 코일 두 개를 접근해서 감고 이것을 같은 방향으로 직렬 연결할 때 합성 인덕턴스[H]는? (단, 두 코일의 결합 계수는 0.5이다)

① L ② $2L$
③ $3L$ ④ $4L$

해설 상호 인덕턴스 $M = k\sqrt{L_1 L_2}$ 이므로 $M = 0.5L$
가동 접속 시 합성 인덕턴스
$L_t = L_1 + L_2 + 2M = L + L + 2 \times (0.5L) = 3L$

17-10 자기 인덕턴스가 각각 L_1, L_2이고 상호 인덕턴스가 M인 두 코일이 서로 영향을 미치지 않을 때 상호 인덕턴스 M는?

① 0 ② 0.1
③ 1 ④ 10

해설 코일 간 결합이 없는 경우에 상호 인덕턴스 M은 0이다.

17-11 자기 인덕턴스가 각각 L_1[H], L_2[H]인 두 코일이 직렬로 가동 접속될 때 합성 인덕턴스 L[H]로 옳은 것은?(단, 자기력선에 의한 영향을 서로 받지 않는 경우이다)

① $L_1 + L_2 + M$
② $L_1 + L_2 + 2M$
③ $L_1 + L_2$
④ $L_1 + L_2 - 2M$

해설 자기력선에 의한 영향을 서로 받지 않으면 상호 인덕턴스 $M = 0$이다.
따라서 합성 인덕턴스는 $L = L_1 + L_2$[H]

17-12 자체 인덕턴스가 각각 L_1, L_2[H]인 두 원통 코일이 서로 직교하고 있다. 두 코일 사이의 상호 인덕턴스[H]는?

① $L_1 + L_2$ ② $L_1 L_2$
③ 0 ④ $\sqrt{L_1 L_2}$

해설 상호 인덕턴스 $M = k\sqrt{L_1 L_2}$, 두 코일이 서로 직교할 때 결합 계수 $k = 0$이므로 상호 인덕턴스 $M = 0$이다.

17-8 ② 17-9 ③ 17-10 ① 17-11 ③ 17-12 ③

17-13 L_1, L_2 두 코일이 접속되어 있을 때, 누설 자속이 없는 이상적인 코일 간의 상호 인덕턴스로 옳은 것은?

① $M = \sqrt{L_1 L_2}$
② $M = \sqrt{L_1 - L_2}$
③ $M = \sqrt{L_1 + L_2}$
④ $M = \sqrt{\dfrac{L_1}{L_2}}$

해설 누설 자속이 없는 이상적인 코일 간 상호 인덕턴스($k=1$)
$M = k\sqrt{L_1 L_2} = \sqrt{L_1 L_2}$

17-14 자체 인덕턴스 L_1, L_2 상호 인덕턴스는 M인 두 코일의 결합 계수가 1일 때 관계식으로 옳은 것은?

① $M = L_1 L_2$
② $M = \sqrt{L_1 L_2}$
③ $M = L_1 + L_2$
④ $M = \sqrt{L_1 + L_2}$

해설 17-13번 해설 참조

17-15 자체 인덕턴스가 40[mH], 90[mH]인 두 코일이 있다. 두 코일 사이에 누설 자속이 없다면 이때의 상호 인덕턴스[mH]는?

① 30
② 45
③ 60
④ 75

해설 누설 자속이 없을 때 결합 계수는 1이므로
$M = k\sqrt{L_1 L_2} = \sqrt{L_1 L_2} = \sqrt{40 \times 90} = 60[\text{mH}]$

대표유형 18 인덕터에 저장되는 에너지

① 개념 : 코일에 전류가 흐르면 전기 에너지를 자기장의 형태로 변환하여 에너지를 저장
② 공식
$$W_L = \frac{1}{2} L I^2 \text{ [J]}$$
(L : 인덕턴스, I : 전류)

18-1 자체 인덕턴스가 20[mH]인 코일에 30[A]의 전류가 흐를 때 축적되는 에너지[J]는?

① 3
② 6
③ 9
④ 18

해설 $W = \dfrac{1}{2} L I^2 [\text{J}]$ 에서
$W = \dfrac{1}{2} \times 20 \times 10^{-3} \times 30^2$
$= 9[\text{J}]$

18-2 자기 인덕턴스에 축적되는 에너지는 전류를 3배로 증가시키면 자기 에너지는 몇 배가 되는가?

① $\dfrac{1}{9}$
② $\dfrac{1}{3}$
③ 9
④ 3

해설 $W = \dfrac{1}{2} L I^2 [\text{J}]$ 이므로 전류가 3배로 증가하면 에너지는 9배로 증가한다.

정답 17-13 ① 17-14 ② 17-15 ③ / 18-1 ③ 18-2 ②

18-3 코일에 4[A]의 전류가 흐를 때 24[J]의 에너지가 저장되어 있다. 이때 코일의 자체 인덕턴스 L[H]는?

① 2　　　　　② 3
③ 4　　　　　④ 5

해설 $W = \frac{1}{2}LI^2$[J]에서
$24 = \frac{1}{2} \times L \times 4^2 \quad \therefore L = 3$[H]

대표유형 19 전기 회로 vs 자기 회로

전기 회로	자기 회로
전류 I가 흐르는 통로	자속 ϕ가 통하는 통로
전기 저항 : 전류 I의 흐름을 방해하는 정도	자기 저항 : 자속 ϕ의 흐름을 방해하는 정도
(회로도) $R = V/I$	(회로도) $R_m = F_m/\phi$
전기 저항 $R = \dfrac{V}{I}$ [Ω] (V : 전압, I : 전류)	자기 저항 R_m $= \dfrac{F_m}{\phi} = \dfrac{NI}{\phi}$ $= \dfrac{l}{\mu S}$ [AT/Wb] (F_m : 기자력, ϕ : 자속, N : 권수, I : 전류)
$R = \rho \dfrac{l}{S} = \dfrac{l}{\sigma S}$ [Ω] (ρ : 비저항, l : 길이, S : 단면적, σ : 도전율)	$R_m = \dfrac{l}{\mu S}$ [AT/Wb] (l : 자로의 길이, μ : 투자율, S : 단면적)
전류 $I = \dfrac{V}{R}$ [A] (V : 전압, R : 저항)	자속 $\phi = \dfrac{F_m}{R_m} = \dfrac{NI}{R_m}$ $= \dfrac{\mu SNI}{l}$ [Wb] (F_m : 기자력, R_m : 자기 저항, N : 권선수, I : 전류)

※ 기자력 : 자기 회로에 자속 ϕ를 발생시키는 근원이 되는 힘

✓ 환상 솔레노이드의 자기 인덕턴스

$L = \dfrac{\mu S N^2}{l}$ [H]

(μ : 투자율, S : 단면적, N : 권수, l : 자로의 길이)

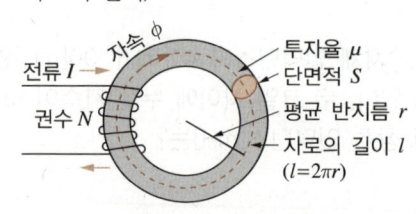

〈환상 솔레노이드〉

18-4 코일에 흐르는 전류가 0.5[A], 축적되는 에너지가 0.2[J]이 되기 위한 자기 인덕턴스[H]는 얼마인가?

① 0.8　　　　　② 1.6
③ 2.4　　　　　④ 3.0

해설 $W = \frac{1}{2}LI^2$[J]에서 $L = \dfrac{2W}{I^2} = \dfrac{2 \times 0.2}{(0.5)^2} = 1.6$[H]

정답 18-3 ② 18-4 ②

19-1 다음 중 자기 저항의 단위에 해당하는 것은?

① [Wb/AT] ② [Ω]
③ [AT/Wb] ④ [V/m]

해설 자기 저항 $R_m = \dfrac{F_m}{\phi} = \dfrac{NI}{\phi}$ [AT/Wb]

19-2 자기 회로에서 자기 저항이 2,000[AT/Wb]이고 기자력이 50,000[AT]일 때 자속 ϕ[Wb]은?

① 15 ② 20
③ 25 ④ 30

해설 자기 저항 $R_m = \dfrac{F_m}{\phi}$ 에서

자속 $\phi = \dfrac{F_m}{R_m} = \dfrac{50,000}{2,000} = 25$ [Wb]

19-3 환상 철심에 감은 코일에 5[A]의 전류를 흘려 2,000[AT]의 기자력을 발생시키고자 한다면 코일의 권수는 몇 회로 하면 되는가?

① 250 ② 350
③ 400 ④ 500

해설 기자력 $F_m = NI$에서

$N = \dfrac{F}{I} = \dfrac{2,000}{5} = 400$ [회]

19-4 자속을 발생시키는 원천을 무엇이라 하는가?

① 기전력 ② 정전력
③ 기자력 ④ 전자력

해설 기자력 : 자기장이 생기도록 하는 힘

19-5 다음 중 기자력(magnetomotive force)에 대한 설명으로 옳지 않은 것은?

① 전기 회로의 기전력에 대응한다.
② 코일에 전류가 흐를 때 전류 밀도와 코일의 권수의 곱의 크기와 같다.
③ 자기 회로의 자기 저항과 자속의 곱과 동일하다.
④ SI 단위는 암페어[AT]이다.

해설 $F = NI = R_m \phi$[AT] 이므로 기자력은 전류 밀도가 아닌 전류와 코일의 권수의 곱의 크기와 같다.

19-6 자기 회로와 전기 회로의 대응 관계가 옳지 않은 것은?

① 자속 – 전계
② 투자율 – 도전율
③ 기자력 – 기전력
④ 자기 저항 – 전기 저항

해설

전기 회로	자기 회로
전류 I [A]	자속 ϕ [Wb]
기전력 E [V]	기자력 F_m [AT]
전기 저항 R [Ω]	자기 저항 R_m [AT/m]
전계 E [V/m]	자계 H [AT/m]
도전율 σ [℧/m]	투자율 μ [H/m]

정답 19-1 ③ 19-2 ③ 19-3 ③ 19-4 ③ 19-5 ② 19-6 ①

19-7 자기 회로에서 기자력을 주면 자로에 자속이 흐른다. 이때 자속의 일부가 자기 회로 내를 통과하는 것이 아니라 자로 이외의 부분을 통과하는 경우가 있다. 이와 같이 자기 회로 이외 부분을 통과하는 자속을 무엇이라 하는가?

① 주자속
② 반사 자속
③ 종속 자속
④ 누설 자속

해설 **누설 자속**
자성체의 표면에서 누설되어 자로 이외의 곳을 통과하는 자속

19-8 자기 회로의 길이 l [m], 단면적 A [m^2], 투자율 μ [H/m]일 때 자기 저항 R_m [AT/Wb]을 나타낸 것은?

① $R_m = \dfrac{\mu l}{A}$
② $R_m = \dfrac{A}{\mu l}$
③ $R_m = \dfrac{\mu A}{l}$
④ $R_m = \dfrac{l}{\mu A}$

해설 자기 저항 $R_m = \dfrac{NI}{\phi} = \dfrac{l}{\mu A}$ [AT/Wb]

19-9 다음 중 자기 저항을 바르게 설명한 것은?

① 자로의 길이에 비례한다.
② 투자율에 비례한다.
③ 넓이의 제곱에 비례한다.
④ 권수비에 반비례한다.

해설 자기 저항 $R_m = \dfrac{NI}{\phi} = \dfrac{l}{\mu A}$ [AT/Wb]

19-10 자기 저항은 자기 회로의 길이에 (㉠)하고 자로의 단면적과 투자율의 곱에 (㉡)한다. ( )에 들어갈 말로 옳은 것은?

	㉠	㉡
①	비례	비례
②	비례	반비례
③	반비례	비례
④	반비례	반비례

해설 자기 저항 $R_m = \dfrac{l}{\mu S}$ [AT/Wb]

19-11 길이가 100[cm], 단면적 6.4×10^{-4}[m^2], 비투자율이 50인 철심을 이용하여 자기 회로를 구성하면 자기 저항은 몇 [AT/Wb]인가?(단, 진공의 투자율은 $4\pi \times 10^{-7}$[H/m]로 계산한다)

① 2.5×10^7
② 25×10^7
③ 3.6×10^7
④ 36×10^7

해설 자기 저항 $R_m = \dfrac{l}{\mu A}$

$= \dfrac{l}{\mu_0 \mu_s A}$

$= \dfrac{1}{4\pi \times 10^{-7} \times 50 \times 6.4 \times 10^{-4}}$

$\fallingdotseq 2.5 \times 10^7$ [AT/Wb]

19-12 단면적 $S[\text{m}^2]$, 길이 $l[\text{m}]$, 투자율 $\mu[\text{H/m}]$의 자기 회로에 N회의 코일을 감고 $I[\text{A}]$의 전류를 흘릴 때 발생하는 자속[Wb]을 구하는 식은?

① $\mu l N I S$ ② $\dfrac{\mu l S N}{I}$

③ $\dfrac{\mu S N I}{l}$ ④ $\dfrac{\mu l S}{N I}$

[해설] 자속 $\phi = \dfrac{NI}{R_m} = \dfrac{\mu S N I}{l}$ [Wb]

19-13 환상 솔레노이드의 자체 인덕턴스에 대한 설명으로 가장 옳은 것은?

① 길이에 비례한다.
② 투자율에 반비례한다.
③ 권수의 제곱에 반비례한다.
④ 단면적에 비례한다.

[해설] $L = \dfrac{\mu S N^2}{l}$ [H]

19-14 코일의 자체 인덕턴스[H]와 권수의 관계로 옳은 것은?

① $L \propto N^2$ ② $L \propto N$

③ $L \propto \dfrac{1}{N^2}$ ④ $L \propto \dfrac{1}{N}$

[해설] $L = \dfrac{N\phi}{I}$ 에 $\phi = \dfrac{NI}{R}$, $R = \dfrac{l}{\mu S}$ 를 대입하여 정리하면
$L = \dfrac{N\phi}{I} = \dfrac{N}{I} \times \dfrac{NI}{R} = \dfrac{N^2}{R} = \dfrac{\mu S N^2}{l}$ [H]

19-15 환상 솔레노이드에 감긴 코일의 권수를 3배로 늘리면 자체 인덕턴스는 몇 배로 되는가?

① $\dfrac{1}{3}$ ② 3

③ $\dfrac{1}{9}$ ④ 9

[해설] 환상 솔레노이드 자기 인덕턴스 $L = \dfrac{\mu S N^2}{l}$ [H]에서 권수가 3배가 되면 인덕턴스는 9배가 된다.

[정답] 19-12 ③   19-13 ④   19-14 ①   19-15 ④

04 교류 회로

대표유형 01 교류를 삼각함수로 표현

① 특수 삼각형과 삼각비

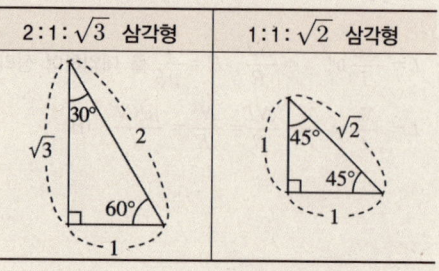

$\sin\theta = \dfrac{높이}{빗변}$	$\cos\theta = \dfrac{밑변}{빗변}$	$\tan\theta = \dfrac{높이}{밑변}$
$\sin 30° = \dfrac{1}{2}$	$\cos 30° = \dfrac{\sqrt{3}}{2}$	$\tan 30° = \dfrac{1}{\sqrt{3}}$
$\sin 45° = \dfrac{1}{\sqrt{2}}$	$\cos 45° = \dfrac{1}{\sqrt{2}}$	$\tan 45° = 1$
$\sin 60° = \dfrac{\sqrt{3}}{2}$	$\cos 60° = \dfrac{1}{2}$	$\tan 60° = \sqrt{3}$

② 호도법
  ㉠ 개념 : 호의 길이로 각도를 나타내는 방법으로 각도를 실수처럼 다룰 수 있음
  ㉡ 공식 : $\pi[\text{rad}]$(라디안)$= 180°$

③ 주기와 주파수
  ㉠ 주기
   • 개념 : 교류 파형이 한 번 변화할 때(1사이클) 걸리는 시간
   • 공식 : $T = \dfrac{1}{f}$ [s] (f : 진동수[Hz])
  ㉡ 주파수
   • 개념 : 1초 동안 반복되는 사이클 수
   • 공식 : $f = \dfrac{1}{T}$ [Hz] (T : 주기)

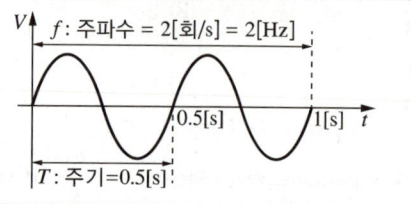

④ 각속도(각 주파수)
  ㉠ 개념 : 단위 시간(1[s])당 회전하는 각도(각도를 호도법으로 표현)
  ㉡ 공식

   각속도 $\omega = \dfrac{\theta}{t} = \dfrac{2\pi}{T} = 2\pi f$

   (θ : 각 변위(각의 변화량), t : 시간[s], f : 주파수, T : 주기)

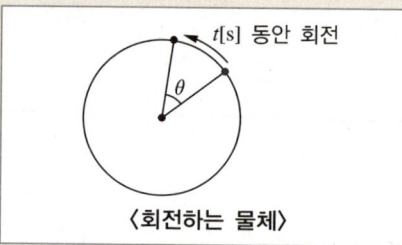

〈회전하는 물체〉

⑤ 교류를 삼각함수로 표현
  $v = V_m \sin\theta = V_m \sin\omega t$ [V]
  (V_m : 최댓값, θ : 각의 변화량, ω : 각속도, t : 시간)

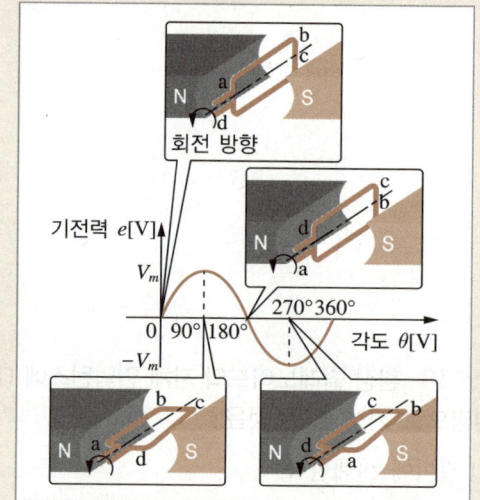

01-1 $\frac{\pi}{4}$[rad]은 각도법으로 몇 도인가?

① 30° ② 45°
③ 60° ④ 90°

해설 $\pi = 180°$에서 $\frac{\pi}{4}$[rad] = 45°

01-2 90°는 호도법으로 몇 [rad]인가?

① $\frac{\pi}{6}$ ② $\frac{\pi}{4}$
③ $\frac{\pi}{2}$ ④ π

해설 $\pi = 180°$에서 $90° = \frac{\pi}{2}$

01-3 주파수 100[Hz]의 주기는?

① 0.01[s] ② 0.6[s]
③ 1.7[s] ④ 6,000[s]

해설 주기 $T = \frac{1}{f} = \frac{1}{100} = 0.01$[s]

01-4 인버터의 스위칭 주기가 1[ms]일 때 주파수는 몇 [Hz]인가?

① 50 ② 60
③ 600 ④ 1,000

해설 주파수 $f = \frac{1}{T} = \frac{1}{1 \times 10^{-3}} = 1,000$[Hz]

01-5 회전자가 1초에 30회전을 하면 각속도 [rad/s]는?

① 30π ② 45π
③ 60π ④ 120π

해설 각속도 $\omega = 2\pi f$[rad/s]에서 $f = 30$[Hz]이므로
$\omega = 2\pi \times 30 = 60\pi$[rad/s]

01-6 각속도 $\omega = 200$[rad/s]인 사인파 교류의 주파수 f[Hz]는 얼마인가?

① 200π ② $\frac{200}{\pi}$
③ 100π ④ $\frac{100}{\pi}$

해설 각속도 $\omega = 2\pi f = 200$이므로
주파수 $f = \frac{200}{2\pi} = \frac{100}{\pi}$[Hz]

01-7 각속도 $\omega = 377$[rad/s]인 사인파 교류의 주파수 f[Hz]는 얼마인가?

① 45 ② 60
③ 90 ④ 120

해설 각속도 $\omega = 2\pi f = 377$[rad/s]이므로
주파수 $f = \frac{377}{2\pi} = \frac{377}{2\pi} = 60$[Hz]

정답 1-1 ② 1-2 ③ 1-3 ① 1-4 ④ 1-5 ③ 1-6 ④ 1-7 ②

01-8 다음 전압 파형의 주파수는 약 몇 [Hz]인가?

$$e = 50\sqrt{2}\sin\left(377t - \frac{2\pi}{5}\right)[V]$$

① 50 ② 60
③ 80 ④ 100

해설) $\omega = 377 = 2\pi f$
$f = \frac{\omega}{2\pi} = \frac{377}{2\pi} \fallingdotseq 60[Hz]$

01-9 사인파 교류 전압을 표현한 것 중 같지 않은 것은?

① $v = V_m \sin\theta$
② $v = V_m \sin\omega t$
③ $v = V_m \sin 2\pi t$
④ $v = V_m \sin\frac{2\pi}{T}t$

해설) $\omega = 2\pi f = \frac{2\pi}{T}$

대표유형 02 위상(phase)

① 개념
$v_2 = \sin(\omega t + \theta_1)$
$v = \sin(\omega t)$
$v_1 = \sin(\omega t - \theta_1)$

㉠ v_2는 v보다 θ_1만큼 위상이 앞섬 : leading, 진상
㉡ v_1은 v보다 θ_1만큼 위상이 뒤짐 : lagging, 지상

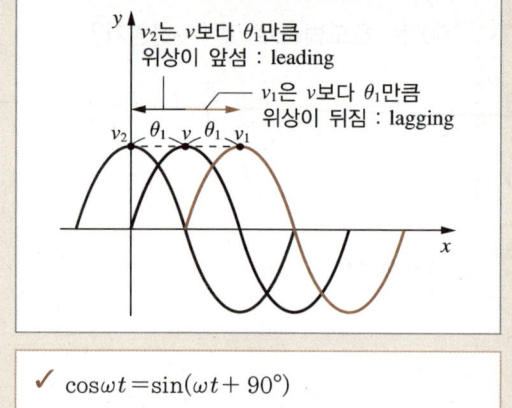

✓ $\cos\omega t = \sin(\omega t + 90°)$

02-1 $v = 100\sqrt{2}\sin\left(120\pi t + \frac{\pi}{4}\right)[V]$, $i = 100\sin\left(120\pi t + \frac{\pi}{2}\right)[A]$인 경우 전류와 전압의 위상 관계로 옳은 것은?

① 전류가 전압보다 $\frac{\pi}{2}[rad]$만큼 뒤진다.
② 전류가 전압보다 $\frac{\pi}{2}[rad]$만큼 앞선다.
③ 전류가 전압보다 $\frac{\pi}{4}[rad]$만큼 뒤진다.
④ 전류가 전압보다 $\frac{\pi}{4}[rad]$만큼 앞선다.

해설) 위상차 $\theta = \theta_{전류} - \theta_{전압} = \frac{\pi}{2} - \frac{\pi}{4} = \frac{\pi}{4}[rad]$
전류가 전압보다 $\frac{\pi}{4}[rad]$만큼 앞선다.

02-2 $v = V_m \sin(\omega t + 30°)$[V], $i = I_m \sin(\omega t - 30°)$[A]일 때 전압을 기준으로 전류의 위상차를 바르게 표현한 것은?

① 60° 뒤진다. ② 30° 뒤진다.
③ 60° 앞선다. ④ 30° 앞선다.

해설 위상차(θ) = 전압의 위상 − 전류의 위상
= 30° − (−30°)
= 60°
따라서 전류는 전압보다 60° 뒤진다.

02-3 다음 전압과 전류의 위상 관계를 바르게 설명한 것은?

$v = 3\cos(\omega t + 60°)$[V]
$i = 2\sqrt{2}\sin(\omega t + 90°)$[A]

① v가 60° 뒤진다.
② v가 60° 앞선다.
③ v가 30° 뒤진다.
④ v가 30° 앞선다.

해설 $\cos \omega t = \sin(\omega t + 90°)$를 이용하여 cos 함수를 sin 함수로 변환하면
$v = 3\cos(\omega t + 60°) = 3\sin(\omega t + 60° + 90°)$
$= 3\sin(\omega t + 150°)$[V]
∴ v와 i의 위상차 = 150° − 90° = 60°
이므로 전압 v가 전류 i보다 60° 앞선다.

정답 2-2 ① 2-3 ②

대표유형 03 정현파 교류의 크기

① 순시값(instantaneous value)
  ㉠ 개념 : 전압, 전류 파형에서 특정 순간에서의 전압, 전류의 크기
  ㉡ 공식
  $v(t) = V_m \sin \omega t$ [V] $= V_m \sin 2\pi ft$
  (V_m : 정현파의 최댓값, ω : 각속도, f : 주파수)

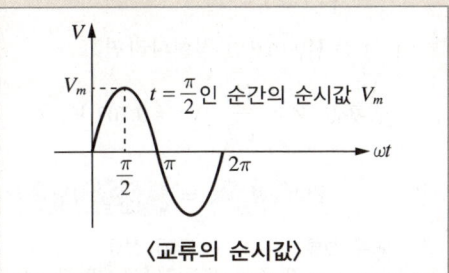
〈교류의 순시값〉

② 평균값(average value)
  ㉠ 개념
  • 어떤 파형의 한 주기 동안 넓이를 주기로 나눈 평균값
  • (정현파의 경우) 교류의 방향이 변하지 않은 반주기 동안 파의 평균값
  ㉡ 공식
  평균값 $V_a = \dfrac{1}{T} \int_0^T |v(t)|\, dt$ [V]
  : $v = V_m \sin \theta$인 정현파라면
  평균값 $V_a = \dfrac{2}{\pi} V_m$ [V] ≒ $0.637 V_m$
  (V_m : 정현파의 최댓값)

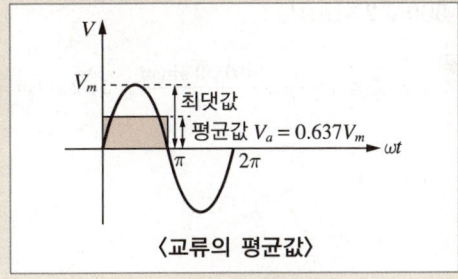
〈교류의 평균값〉

③ 실횻값(effective value)
  ㉠ 개념
   - 같은 저항에 직류, 교류가 흐를 때, 발생하는 열량이 같아지는 순간의 교류값
   - 교류를 직류로 변환할 때의 값
  ㉡ 공식
   $$V = \sqrt{(1주기 \ 동안의 \ V^2 \ 평균)}$$
   $$= \sqrt{\frac{1}{T}\int_0^T v^2(t)\,dt} \ [V]$$
   : $v = V_m \sin\theta$인 정현파라면
   실횻값 $V = \dfrac{V_m}{\sqrt{2}}$ [V] ≒ $0.707 V_m$

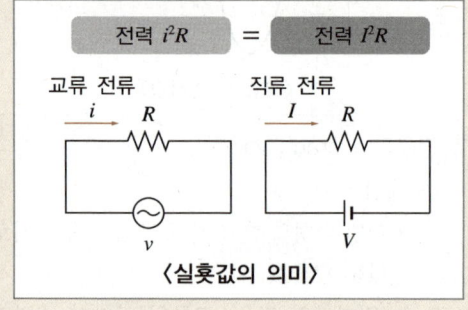

〈실횻값의 의미〉

03-1 저항 50[Ω]인 전구에 $e = 100\sqrt{2}\sin\omega t$ [V]의 전압을 가할 때 순시 전류의 값[A]은?

① $2\sqrt{2}\sin\omega t$
② $10\sqrt{2}\sin\omega t$
③ $50\sqrt{2}\sin\omega t$
④ $500\sqrt{2}\sin\omega t$

해설 순시 전류 $i = \dfrac{e}{R} = \dfrac{100\sqrt{2}\sin\omega t}{50} = 2\sqrt{2}\sin\omega t$ [A]

03-2 저항 10[Ω]인 전구에 $e(t) = 100\sin\left(377t + \dfrac{\pi}{3}\right)$ [V]의 전압을 가할 때 $t = 0$에서 순시 전류의 값[A]은?

① 5
② $5\sqrt{2}$
③ $5\sqrt{3}$
④ 10

해설
$$i(t) = \dfrac{e(t)}{R} = \dfrac{100\sin\left(377t + \dfrac{\pi}{3}\right)}{10}$$
$$= 10\sin\left(377t + \dfrac{\pi}{3}\right) [A] \text{이므로}$$
$$i(0) = 10\sin\left(377 \times 0 + \dfrac{\pi}{3}\right) = 10\sin\dfrac{\pi}{3} = 10\sin 60°$$
$$= 10 \times \dfrac{\sqrt{3}}{2} = 5\sqrt{3} \ [A]$$

03-3 정현파 교류의 평균값은 최댓값의 약 몇 배인가?

① 0.564
② 0.637
③ 0.707
④ 0.866

해설 평균값 $V_a = \dfrac{2}{\pi}V_m ≒ 0.637 V_m$

03-4 최댓값 10[A]인 교류 전류의 평균값은 약 몇 [A]인가?

① 6.37
② 7.07
③ 63.7
④ 70.7

해설 평균값 $I_a = 0.637 I_m = 0.637 \times 10 = 6.37$ [A]

3-1 ① 3-2 ③ 3-3 ② 3-4 ① 정답

03-5 어떤 정현파 전압의 평균값이 150[V]이면 최댓값은 약 몇 [V]인가?

① 225.5　　② 235.5
③ 245.5　　④ 255.5

해설 $V_a = 0.637\, V_m$ 에서

최댓값 $V_m = \dfrac{V_a}{0.637} = \dfrac{150}{0.637} \fallingdotseq 235.5[\text{V}]$

03-6 일반적으로 교류 전압계의 지시값은?

① 실횻값　　② 순시값
③ 최댓값　　④ 평균값

해설 일반적으로 교류 전압계의 지시값은 실횻값을 사용한다.

03-7 가정용 전등 전압이 200[V]이다. 이 교류의 최댓값은 몇 [V]인가?

① 220.8　　② 245.5
③ 282.8　　④ 292.6

해설 실횻값 $V = \dfrac{V_m}{\sqrt{2}}$ 에서

$V_m = \sqrt{2}\, V = 200\sqrt{2} \fallingdotseq 282.8[\text{V}]$

03-8 어느 교류 전압의 순시값이 $v = 311\sin(60\pi t)[\text{V}]$ 라고 하면 이 전압의 실횻값은 약 몇 [V]인가?

① 110　　② 200
③ 220　　④ 240

해설 $V = V_m \sin(\omega + \theta)$ 에서

최댓값 $V_m = 311[\text{V}]$ 이므로

실횻값 $V = \dfrac{V_m}{\sqrt{2}} = \dfrac{311}{\sqrt{2}} \fallingdotseq 220[\text{V}]$

03-9 실횻값 20[A], 주파수 $f = 60[\text{Hz}]$, 0°인 전류의 순시값 $i\,[\text{A}]$를 수식으로 옳게 표현한 것은?

① $i(t) = 20\sin(60\pi t)$
② $i(t) = 20\sin(120\pi t)$
③ $i(t) = 20\sqrt{2}\sin(60\pi t)$
④ $i(t) = 20\sqrt{2}\sin(120\pi t)$

해설 $i(t) = I_m \sin(\omega t + \theta)$ 에서

실횻값 $I = \dfrac{I_m}{\sqrt{2}}$

$I_m = \sqrt{2}\, I = 20\sqrt{2}$

$\therefore i(t) = I_m \sin(\omega t + \theta) = I_m \sin\omega(2\pi f t + \theta)$
$\quad\quad = 2\sqrt{2}\sin(2\pi \times 60 \times t + 0°)$
$\quad\quad = 20\sqrt{2}\sin(120\pi t)[\text{A}]$

03-10 $i(t) = I_m \sin\omega t [\text{A}]$인 사인파 교류에서 ωt가 몇 도일 때 순시값과 실횻값이 같게 되는가?

① 30°　　② 45°
③ 60°　　④ 90°

해설 순시값과 실횻값이 같아지기 위해서는

$I_m \sin\omega t = \dfrac{I_m}{\sqrt{2}}$

$\sin\omega t_1 = \dfrac{1}{\sqrt{2}}$

$\therefore \omega t_1 = 45°$

정답 3-5 ②　3-6 ①　3-7 ③　3-8 ③　3-9 ④　3-10 ②

03-11 평균값이 100[V]인 경우 실횻값[V]은?

① 100   ② 101.1
③ 111   ④ 121

[해설] 평균값 $V_a = 0.637 V_m$ 이므로

$$V_m = \frac{V_a}{0.637}$$

∴ 실횻값 $V = \frac{V_m}{\sqrt{2}} = 0.707 V_m = 0.707 \times \left(\frac{V_a}{0.637}\right)$
$\fallingdotseq 1.11 V_a = 111[V]$

03-12 30[W] 전열기에 220[V], 주파수 $f = 60$[Hz]인 전압을 인가한 경우 평균 전압[V]은?

① 198   ② 200
③ 218   ④ 220

[해설] 실횻값이 220[V]일 때, 전압의 최댓값 $V_m = 220\sqrt{2}$
평균값 $V_a = \frac{2}{\pi} V_m = \frac{2}{\pi} \times 220\sqrt{2} = 198[V]$

대표유형 04 복소수를 이용한 교류의 표현

사인파 전압을 복소수로 표현하는 방법

① 교류 사인파 전압 $v = V_m \sin(\omega t + \theta)$
  (V_m : 최댓값, ω : 각속도, t : 시간, θ : 위상)

② 크기, 위상 구하기
  ㉠ 크기 : 실횻값 $V = \dfrac{V_m}{\sqrt{2}}$
  ㉡ 위상 : θ

③ 복소수로 표현하기
  ㉠ 표현① 극좌표 형식
    • 크기 V와 위상 θ로 표현
    • $\dot{V} = V \angle \theta$
  ㉡ 표현② 삼각함수 형식
    • 크기 V와 위상 θ, 삼각함수로 표현
    • 실수 : $\cos\theta$, 허수 : $\sin\theta$로 표현
    • $\dot{V} = V(\cos\theta + j\sin\theta)$

  ✓ $j = \sqrt{-1}$

  ㉢ 표현③ 직각좌표 형식
    • 실수 : a, 허수 : b로 표현
    • $\dot{V} = a + jb$로 표현된다면

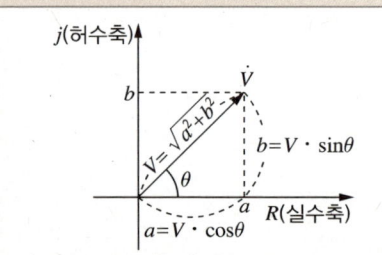

    - 크기 : $V = \sqrt{a^2 + b^2} = \dfrac{V_m}{\sqrt{2}}$
    - 위상 : $\theta = \tan^{-1}\dfrac{b}{a}$

  ㉣ 표현④ 지수함수 형식
    • 크기 V와 위상 θ, 지수로 표현
    • $\dot{V} = Ve^{j\theta}$

04-1 정현파 교류 $i = 5\sqrt{2}\sin\left(\omega t + \dfrac{\pi}{3}\right)$[A]를 복소수의 극좌표형으로 표현하면 어느 것인가?

① $5\sqrt{2} \angle \dfrac{\pi}{3}$

② $5 \angle \dfrac{\pi}{3}$

③ $5 \angle 0°$

④ $5 \angle \dfrac{\pi}{6}$

해설 극좌표 형식

$\dot{I} = I \angle \theta = \dfrac{I_m}{\sqrt{2}} \angle \dfrac{\pi}{3} = \dfrac{5\sqrt{2}}{\sqrt{2}} \angle \dfrac{\pi}{3} = 5 \angle \dfrac{\pi}{3}$

04-2 $i = 200\sqrt{2}\sin\left(\omega t + \dfrac{\pi}{2}\right)$[A]를 복소수로 표기한 것으로 옳은 것은?

① 100[A]

② 200[A]

③ $j100$[A]

④ $j200$[A]

해설 $i = 200\sqrt{2}\sin\left(\omega t + \dfrac{\pi}{2}\right)$에서

크기 : 실횻값 $I = \dfrac{I_m}{\sqrt{2}} = \dfrac{200\sqrt{2}}{\sqrt{2}} = 200$, 위상 $\theta = \dfrac{\pi}{2}$

$\dot{I} = I \angle \theta = I(\cos\theta + j\sin\theta) = 200\left(\cos\dfrac{\pi}{2} + j\sin\dfrac{\pi}{2}\right)$

$= j200$[A]

04-3 전압의 순시값이 $v = 100\sqrt{2}\sin\left(\omega t + \dfrac{\pi}{4}\right)$[V]인 경우 복소수로 알맞게 표현한 것은?

① $50 + j50$[V]

② $50\sqrt{2} + j50\sqrt{2}$[V]

③ $100 + j100\sqrt{2}$[V]

④ $100\sqrt{2} + j100\sqrt{2}$[V]

해설 $v = 100\sqrt{2}\sin\left(\omega t + \dfrac{\pi}{4}\right)$에서

크기 : 실횻값 $V = \dfrac{V_m}{\sqrt{2}} = \dfrac{100\sqrt{2}}{\sqrt{2}} = 100$, 위상 $\theta = \dfrac{\pi}{4}$

$\dot{V} = V \angle \theta = V(\cos\theta + j\sin\theta)$

$= 100\left(\cos\dfrac{\pi}{4} + j\sin\dfrac{\pi}{4}\right) = 100\left(\dfrac{1}{\sqrt{2}} + j\dfrac{1}{\sqrt{2}}\right)$

$= 50\sqrt{2} + j50\sqrt{2}$[V]

04-4 복소수 $A = a + jb$인 경우 절댓값과 위상으로 옳은 것은?

① $a^2 + b^2$, $\theta = \tan^{-1}\dfrac{b}{a}$

② $a^2 - b^2$, $\theta = \tan^{-1}\dfrac{a}{b}$

③ $\sqrt{a^2 + b^2}$, $\theta = \tan^{-1}\dfrac{b}{a}$

④ $\sqrt{a^2 - b^2}$, $\theta = \tan^{-1}\dfrac{a}{b}$

해설 복소수 A 절댓값 $= \sqrt{a^2 + b^2}$

위상 $\theta = \tan^{-1}\dfrac{b}{a}$

04-5 복소수에 대한 설명으로 옳지 않은 것은?

① 실수부와 허수부로 구성된다.

② 허수를 제곱하면 음수가 된다.

③ 복소수는 $A = a + jb$의 형태로 표현한다.

④ 거리와 방향을 나타내는 스칼라양으로 표현한다.

해설 벡터는 거리와 방향을 나타낸다.

정답 4-1 ② 4-2 ④ 4-3 ② 4-4 ③ 4-5 ④

04-6 $I = 8 + j6$[A]로 표현되는 전류의 크기는 몇 [A]인가?

① 6
② 10
③ 8
④ 14

[해설] 복소수의 절댓값 $= \sqrt{(실수부)^2 + (허수부)^2}$ 에서
$|I| = \sqrt{8^2 + 6^2} = 10$[A]

04-7 복소수 $3 + j4$의 절댓값은?

① 3
② 4
③ 5
④ 7

[해설] 복소수의 절댓값 $= \sqrt{(실수부)^2 + (허수부)^2}$ 에서
$|I| = \sqrt{3^2 + 4^2} = 5$[A]

04-8 복소수 $\dot{I} = 1 + j$를 극좌표 방식으로 표현하면?

① $\angle 0°$
② $\angle \dfrac{\pi}{4}$
③ $\sqrt{2} \angle \dfrac{\pi}{4}$
④ $2 \angle \dfrac{\pi}{4}$

[해설] $I = 1 + j$를 직각좌표 형식으로 그리면

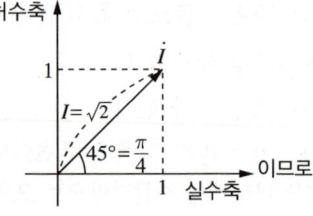

이므로
극좌표 형식 $\dot{I} = I \angle \theta = \sqrt{2} \angle \dfrac{\pi}{4}$

대표유형 05 임피던스(impedance)

교류 회로에서 전류가 흐르는 것을 방해하는 정도

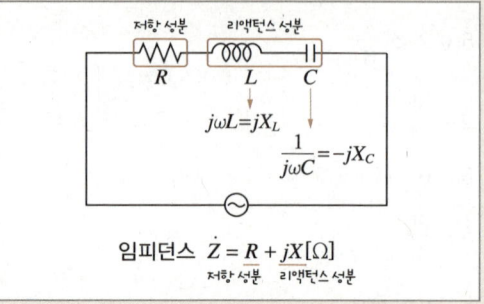

임피던스 $\dot{Z} = R + jX$[Ω]
저항 성분, 리액턴스 성분

① 임피던스 $\dot{Z} = R + jX$ [Ω]
② 임피던스의 크기 $Z = \sqrt{R^2 + X^2}$ [Ω]
③ 어드미턴스(admittance) : 병렬 회로 해석 시 유용하게 사용

$$\dot{Y} = \dfrac{1}{\dot{Z}} = \dfrac{1}{R + jX} \ [\mho]$$
$$= \dfrac{R - jX}{(R + jX)(R - jX)}$$
$$= \left(\dfrac{R}{R^2 + X^2}\right) - j\left(\dfrac{X}{R^2 + X^2}\right)$$
$$= G + jB$$

④ 컨덕턴스(conductance) $G = \dfrac{R}{R^2 + X^2}$ [℧]
⑤ 서셉턴스(susceptance) $B = -\dfrac{X}{R^2 + X^2}$ [℧]

05-1 어떤 회로에 100[V]의 교류 전압을 가하면 $I = 4 - j3$[A]의 전류가 흐른다. 이 회로의 임피던스[Ω]는?

① $4 + j3$
② $8 + j6$
③ $16 - j12$
④ $16 + j12$

[해설] $\dot{I} = \dfrac{\dot{V}}{\dot{Z}}$ 에서

$\dot{Z} = \dfrac{\dot{V}}{\dot{I}} = \dfrac{100}{4 - j3}$
$= \dfrac{100(4 + j3)}{(4 - j3)(4 + j3)} = \dfrac{100(4 + j3)}{25} = 16 + j12$[Ω]

05-2 어떤 회로에 50[V]의 전압을 가하니 $8+j6$[A]의 전류가 흐른다면 이 회로의 임피던스[Ω]는?

① $8+j6$ ② $4+j3$
③ $8-j6$ ④ $4-j3$

해설 $\dot{Z} = \dfrac{\dot{V}}{\dot{I}} = \dfrac{50}{8+j6} = \dfrac{50(8-j6)}{(8+j6)(8-j6)}$
$= \dfrac{400-j300}{100} = 4-j3$ [Ω]

05-3 복소 임피던스 $Z=6+8j$의 절댓값은 얼마인가?

① 6 ② 8
③ 10 ④ 14

해설 절댓값 $Z = \sqrt{6^2+8^2} = 10$

05-4 복소 임피던스가 $Z=R+jX$일 때 절댓값과 위상으로 옳은 것은?

① 절댓값 : R^2+X^2, $\theta = \tan^{-1}\dfrac{X}{R}$
② 절댓값 : R^2+X^2, $\theta = \tan^{-1}\dfrac{R}{X}$
③ 절댓값 : $\sqrt{R^2+X^2}$, $\theta = \tan^{-1}\dfrac{R}{X}$
④ 절댓값 : $\sqrt{R^2+X^2}$, $\theta = \tan^{-1}\dfrac{X}{R}$

해설 복소수의 절댓값 : $Z = \sqrt{R^2+X^2}$
위상 $\theta = \tan^{-1}\dfrac{X}{R}$

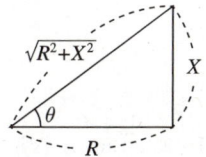

05-5 어드미턴스 실수부의 명칭은?

① 임피던스 ② 컨덕턴스
③ 리액턴스 ④ 서셉턴스

해설 어드미턴스 $Y = G+jB$ [℧]
- 실수부 : 컨덕턴스
- 허수부 : 서셉턴스

05-6 임피던스 $Z=3+j4$ [Ω]일 때 컨덕턴스[℧]는?

① 0.03 ② 0.06
③ 0.08 ④ 0.12

해설 어드미턴스 $Y = \dfrac{1}{Z} = \dfrac{1}{3+j4} = \dfrac{3-j4}{(3+j4)(3-j4)}$
$= \dfrac{3-j4}{25} = 0.12-j0.16$ [℧]
$= G+jB$
어드미턴스 실수부는 컨덕턴스 G, 허수부는 서셉턴스 B이므로 컨덕턴스 G는 0.12[℧]

05-7 임피던스 $Z=6+j8$ [Ω]일 때 서셉턴스[℧]의 크기는?

① 0.06 ② 0.08
③ 0.12 ④ 0.16

해설 어드미턴스 $Y = \dfrac{1}{Z} = \dfrac{1}{6+j8} = \dfrac{6-j8}{(6+j8)(6-j8)}$
$= \dfrac{6-j8}{100} = 0.06-j0.08$ [℧]
어드미턴스 실수부는 컨덕턴스 G, 허수부는 서셉턴스 B이므로 서셉턴스의 크기는 0.08[℧]

정답 5-2 ④ 5-3 ③ 5-4 ④ 5-5 ② 5-6 ④ 5-7 ②

05-8 임피던스 $Z=r+jx[\Omega]$을 어드미턴스 $Y=g-jb[\mho]$로 표현할 경우 서셉턴스의 크기에 대한 표현으로 옳은 것은?

① r ② g
③ b ④ x

해설 임피던스 $\dot{Z}=R+jX[\Omega]$ (R : 저항, X : 리액턴스)
어드미턴스 $\dot{Y}=G+jB[\mho]$ (G : 컨덕턴스, B : 서셉턴스)
이므로 서셉턴스의 크기는 b

대표유형 06 R만의 회로

R(저항)만의 회로는 옴의 법칙 $i=\dfrac{v}{Z}$을 적용하여 해석

① 전류 $i=\dfrac{V_m \sin\omega t}{R}$ [A]

② v, i가 동위상

③ 임피던스 Z의 허수부가 존재하지 않음

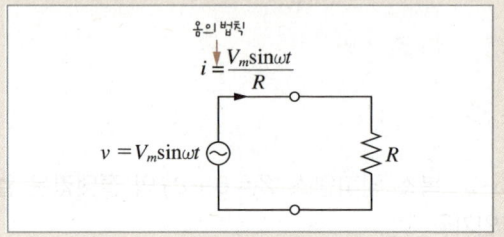

06-1 저항 50[Ω]에 $v=50\sqrt{2}\sin\omega t$ [V]의 전압을 가할 때, 순시 전류[A]는?

① $\sin\omega t$
② $\sqrt{2}\sin\omega t$
③ $2\sqrt{2}\sin\omega t$
④ $3\sqrt{2}\sin\omega t$

해설 $i=\dfrac{V}{Z}=\dfrac{50\sqrt{2}\sin\omega t}{50}=\sqrt{2}\sin\omega t$ [A]

05-9 RL 직렬 회로에서 서셉턴스는?

① $\dfrac{R}{R^2+X_L^2}$ ② $\dfrac{X_L}{R^2+X_L^2}$
③ $\dfrac{-R}{R^2+X_L^2}$ ④ $\dfrac{-X_L}{R^2+X_L^2}$

해설 임피던스 $Z=R+jX_L$의 어드미턴스 Y를 구하면
$\dot{Y}=\dfrac{1}{Z}=\dfrac{1}{R+jX_L}=\dfrac{R-jX_L}{(R+jX_L)(R-jX_L)}$
$=\dfrac{R-jX_L}{R^2+X_L^2}=\dfrac{R}{R^2+X_L^2}-\dfrac{jX_L}{R^2+X_L^2}$
$=G+jB[\mho]$
∴ 어드미턴스의 허수부인 서셉턴스 $B=\dfrac{-X_L}{R^2+X_L^2}$

06-2 저항 20[Ω]에 $i=\sqrt{2}\sin\omega t$ [V]의 전류가 흐를 때, 순시 전압[V]은?

① $\sin\omega t$
② $\sqrt{2}\sin\omega t$
③ $20\sqrt{2}\sin\omega t$
④ $50\sqrt{2}\sin\omega t$

해설 $v=iZ=(\sqrt{2}\sin\omega t)(20)=20\sqrt{2}\sin\omega t$ [V]

대표유형 07 L만의 회로

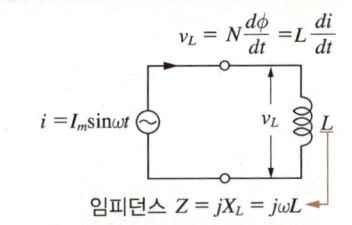

① 유도성 리액턴스(inductive reactance)
  ㉠ 개념 : 인덕터는 교류 회로에서 전류의 변화를 방해하는 저항 성질을 가지고 있으며 교류 회로에서 인덕턴스의 저항 환산값을 의미
  ㉡ 공식
  $X_L = \omega L = 2\pi f L$ [Ω]

② 임피던스(impedance)
  ㉠ 개념 : 교류 회로에서 전류가 흐르는 것을 방해하는 정도
  ㉡ 공식
  임피던스 $Z = j\omega L$ [Ω]

③ 전압
  ㉠ 인덕터에 걸리는 전압
  $v_L = N\dfrac{d\phi}{dt} = L\dfrac{di}{dt}$ [V]
  (N : 권수, ϕ : 자속, t : 시간, i : 교류 전류)
  ㉡ 인덕터(코일)는 전류가 변하는 것을 방해

  ✓ 삼각함수의 미분
  1. $\sin\omega t$를 미분하면 $\omega\cos\omega t$
  2. $\cos\omega t$를 미분하면 $-\omega\sin\omega t$

④ 전류와 전압의 위상 관계
  ㉠ 전류 위상이 전압 위상보다 90° 뒤진다(급격한 전류 변화 방지) : 유도성 회로
  ㉡ 전압 위상이 전류 위상보다 90° 앞선다.

⑤ 인덕터에 저장되는 에너지 $E_L = \dfrac{1}{2}Li^2$ [J]

⑥ L 교류 회로 그리기
  교류 회로의 전압이 $v = 100\sin 120\pi t$, $X_L = 30$[Ω]인 L 회로가 있다.
  → 위 문장을 보고 다음과 같이 회로로 그릴 수 있어야 한다.

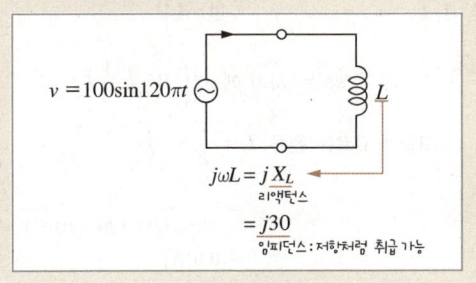

07-1 코일을 나선형으로 감으면 예상치 못한 현상들이 발생하게 된다. 다음 설명 중 옳지 않은 것은?

① 전자석이 된다.
② 상호 유도작용이 발생한다.
③ 공진 현상이 발생한다.
④ 직류보다는 교류에서 전류가 더 잘 흐른다.

해설 코일에 교류를 인가하면 이를 방해하려는 방향으로 기전력이 발생되어 오히려 잘 흐르지 못한다.

정답 7-1 ④

07-2 인덕턴스 $L = 20$[mH]인 코일에 실훗값 $V = 50$[V], 주파수 $f = 60$[Hz]인 정현파 전압을 인가할 때 코일에 축적되는 평균 자기 에너지 W_L[J]은 약 얼마인가?

① 0.044
② 0.44
③ 4.4
④ 44

해설 코일에 축적되는 자기 에너지 $W_L = \frac{1}{2}LI^2$[J]

코일에 흐르는 전류 $I_L = \frac{V}{Z} = \frac{V}{X_L} = \frac{V}{2\pi fL}$

$$= \frac{50}{2\pi \times 60 \times (20 \times 10^{-3})}$$

$$\fallingdotseq 6.6[A]$$

따라서 $W_L = \frac{1}{2}LI^2 = \frac{1}{2} \times 0.02 \times 6.6^2 \fallingdotseq 0.44$[J]

07-3 자체 인덕턴스가 0.2[H]인 코일에 200[V], 주파수 60[Hz]의 사인파 전압을 가할 때 유도 리액턴스 X_L[Ω]은 약 얼마인가?

① 3.67
② 7.54
③ 75.4
④ 84.6

해설 유도 리액턴스 $X_L = 2\pi fL = 2\pi \times 60 \times 0.2 \fallingdotseq 75.4$[Ω]

07-4 어떤 회로의 소자에 일정한 크기의 전압으로 주파수를 2배로 증가시키니 흐르는 전류의 크기가 $\frac{1}{2}$이 된다. 이 소자의 종류는?

① 코일
② 커패시터
③ 저항
④ 다이오드

해설 코일의 경우

$$I = \frac{V}{Z} = \frac{V}{X_L} = \frac{V}{\omega L} = \frac{V}{2\pi fL}$$ 이므로

전류 I와 주파수 f는 반비례한다.

07-5 5[mH]의 코일에 220[V], 60[Hz]의 교류를 가할 때 전류는 약 몇 [A]인가?

① 114
② 117
③ 120
④ 125

해설 L만의 회로에서

$$I = \frac{V}{Z} = \frac{V}{X_L} = \frac{V}{2\pi fL} = \frac{220}{2\pi \times 60 \times 5 \times 10^{-3}} = 117[A]$$

07-6 인덕턴스가 L인 인덕터만의 회로에 흐르는 전류가 $i = \sqrt{2}I\sin\omega t$일 때, 인덕터에 걸리는 전압[V]은?

① $v = \sqrt{2}I\sin\omega t$
② $v = \sqrt{2}\omega LI\sin\omega t$
③ $v = \sqrt{2}\omega LI\sin\left(\omega t + \frac{\pi}{2}\right)$
④ $v = \sqrt{2}LI\cos\omega t$

해설
- $v_L = L\frac{di}{dt} = L\frac{d}{dt}(\sqrt{2}I\sin\omega t) = L(\sqrt{2}\omega I\cos\omega t)$

$$= \sqrt{2}\omega LI\sin\left(\omega t + \frac{\pi}{2}\right)[V]$$

- $\sin\left(\omega t + \frac{\pi}{2}\right) = \cos\omega t$

07-7 자체 인덕턴스가 1[H]인 코일에 200[V], 60[Hz]의 사인파 교류 전압을 가할 때 전류와 전압의 위상차로 옳은 것은?(단, 저항 성분은 무시한다)

① 전류는 전압보다 위상이 π[rad]만큼 뒤진다.
② 전류는 전압보다 위상이 $\frac{\pi}{2}$[rad]만큼 뒤진다.
③ 전류는 전압보다 위상이 π[rad]만큼 앞선다.
④ 전류는 전압보다 위상이 $\frac{\pi}{2}$[rad]만큼 앞선다.

해설 코일에서는 지상 전류가 흐르므로 전류가 전압보다 $\frac{\pi}{2}$[rad]만큼 뒤진다.

대표유형 08 C만의 회로

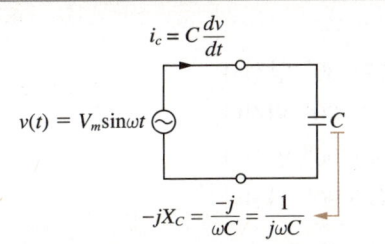

① 용량성 리액턴스
  ㉠ 개념 : 커패시터는 교류 회로에서 전압의 변화를 방해하는 저항 성질을 가지고 있으며 교류 회로에서 커패시턴스의 저항 환산 값을 의미
  ㉡ 공식
  $$X_C = \frac{1}{\omega C}\,[\Omega]$$

② 임피던스 $Z = -j\dfrac{1}{\omega C} = \dfrac{1}{j\omega C}\,[\Omega]$

③ 전류
  ㉠ 커패시터에 흐르는 전류 $i_c = C\dfrac{dv}{dt}\,[A]$
  ㉡ 커패시터는 전압이 변하는 것을 방해

> ✓ 삼각함수의 미분
> 1. $\sin\omega t$를 미분하면 $\omega\cos\omega t$
> 2. $\cos\omega t$를 미분하면 $-\omega\sin\omega t$

④ 전압과 전류의 위상 관계
  ㉠ 전압 위상이 전류 위상보다 90° 뒤진다(급격한 전압 변화 방지) : 용량성 회로
  ㉡ 전류 위상이 전압 위상보다 90° 앞선다.

⑤ 커패시터에 저장되는 에너지
  $$E_C = \frac{1}{2}CV^2\,[J]$$

⑥ C 교류 회로 그리기
  교류 회로의 전압이 $v = 100\sin 120\pi t$, $X_C = 30[\Omega]$인 C 회로가 있다.

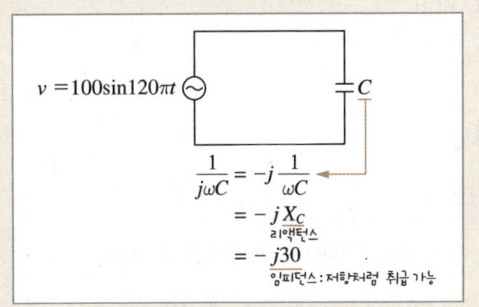

08-1 어느 회로소자에 일정한 크기의 전압으로 주파수를 증가시키면서 흐르는 전류를 관찰하였다. 주파수를 2배로 하였더니 전류의 크기가 2배로 되었다. 이 회로소자는?

① 저항   ② 커패시터
③ 코일   ④ 다이오드

해설 커패시터의 경우
$$I = \frac{V}{Z} = \frac{V}{X_C} = \frac{V}{\dfrac{1}{2\pi fC}} = 2\pi fCV\,[A]$$이므로
전류가 주파수에 비례한다.

08-2 다음 중 용량 리액턴스 X_C와 반비례하는 것은?

① 전류   ② 전압
③ 저항   ④ 주파수

해설 용량성 리액턴스 $X_C = \dfrac{1}{\omega C} = \dfrac{1}{2\pi fC}\,[\Omega]$이므로 주파수에 반비례한다.

정답 8-1 ②   8-2 ④

08-3 주파수가 1[kHz]일 때 용량성 리액턴스가 50[Ω]이라면 주파수가 50[Hz]인 경우 용량성 리액턴스는 몇 [Ω]인가?

① 600
② 800
③ 1,000
④ 1,200

해설 $X_C = \dfrac{1}{\omega C} = \dfrac{1}{2\pi f C}$ 에서

주파수가 1[kHz]일 때 용량성 리액턴스
$X_C = \dfrac{1}{2\pi \times 1{,}000 \times C} = 50[\Omega]$

주파수가 50[Hz]가 되면 용량성 리액턴스
$X_C = \dfrac{1}{2\pi \times 50 \times C} = 1{,}000[\Omega]$

08-4 정전용량 $C[\mu F]$ 의 콘덴서에 충전된 전하가 $q = \sqrt{2}\,Q\sin\omega t\,[C]$ 과 같이 변화하도록 한다면, 이때 콘덴서에 흘러들어가는 전륫값[A]은?

① $i = \sqrt{2}\,\omega Q\sin\omega t$
② $i = \sqrt{2}\,\omega Q\cos\omega t$
③ $i = \sqrt{2}\,\omega Q\sin(\omega t - 60°)$
④ $i = \sqrt{2}\,\omega Q\cos(\omega t - 60°)$

해설 $i = \dfrac{dq}{dt} = \dfrac{d}{dt}(\sqrt{2}\,Q\sin\omega t) = \sqrt{2}\,\omega Q\cos\omega t$

08-5 커패시터만의 회로에 정현파형 교류 전압을 인가하면 전압을 기준으로 전류의 위상이 어떠한가?

① 전류가 30° 앞선다.
② 전류가 30° 뒤진다.
③ 전류가 90° 앞선다.
④ 전류가 90° 뒤진다.

해설 커패시터만의 회로에서 전류가 전압보다 90° 앞선다(진상).

08-6 어떤 회로에 $v = 200\sin\omega t\,[V]$의 전압을 가할 때 $i = 50\sin\left(\omega t + \dfrac{\pi}{2}\right)[A]$의 전류가 흐른다. 이 회로의 특성은?

① 저항 회로
② 유도성 회로
③ 용량성 회로
④ 임피던스 회로

해설 용량성 회로의 경우 전류가 전압보다 $\dfrac{\pi}{2}$ 만큼 앞선다.

대표유형 09 $R-L-C$ 직렬 회로

$R-L-C$ 직렬 회로는 옴의 법칙 $\dot{I} = \dfrac{\dot{V}}{\dot{Z}}$ 을 적용하여 해석

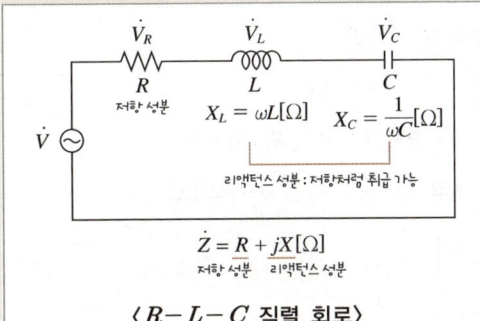

⟨$R-L-C$ 직렬 회로⟩

① 전체 전압
$$\dot{V} = \dot{V}_R + \dot{V}_L + \dot{V}_C \text{ [V]}$$
$$= \dot{I}\dot{Z}_R + \dot{I}\dot{Z}_L + \dot{I}\dot{Z}_C$$
$$= \dot{I}(R + jX_L - jX_C)$$
$$= \dot{I}\left(R + j\left(\omega L - \dfrac{1}{\omega C}\right)\right)$$

② 합성 임피던스
$$\dot{Z} = \dfrac{\dot{V}}{\dot{I}} = R + jX \text{ [Ω]}$$
$$= R + j(X_L - X_C)$$
$$= R + j\left(\omega L - \dfrac{1}{\omega C}\right)$$

case① $\omega L - \dfrac{1}{\omega C} > 0 \ (X_L > X_C)$
전류가 전압보다 θ만큼 뒤짐 : 유도성

case② $\omega L - \dfrac{1}{\omega C} < 0 \ (X_L < X_C)$
전압이 전류보다 θ만큼 뒤짐 : 용량성

case③ $\omega L - \dfrac{1}{\omega C} = 0 \ (X_L = X_C)$
이때는 $\dot{Z}$ 최소, $\dot{I}$가 최대
⇨ 공진(resonance)

✓ 유도성 vs 용량성 회로 판별하기

유도성 회로	용량성 회로
• 회로에서 $X_C < X_L$	• 회로에서 $X_C > X_L$
• 전류가 전압보다 뒤진다.	• 전압이 전류보다 뒤진다.

③ 공진주파수
$$f_r = \dfrac{1}{2\pi\sqrt{LC}} \text{ [Hz]}$$

④ 위상각
$$\theta = \tan^{-1}\dfrac{X}{R}$$

09-1 RL 직렬 회로에서 임피던스 Z의 크기를 나타내는 식으로 옳은 것은?

① $R^2 - X_L^2$
② $R^2 + X_L^2$
③ $\sqrt{R^2 - X_L^2}$
④ $\sqrt{R^2 + X_L^2}$

[해설] RL 직렬 회로 $\dot{Z} = R + jX = R + jX_L$에서
임피던스의 크기 $Z = \sqrt{R^2 + X_L^2}$ [Ω]

09-2 그림의 회로에서 교류 전압 $v(t) = 100\sqrt{2}\sin\omega t$ [V]를 인가할 때 회로에 흐르는 전류[A]는?

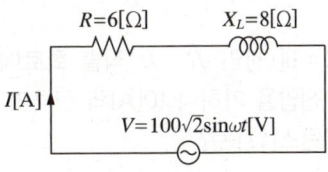

① 5 ② 6
③ 8 ④ 10

[해설] $V = V_m \sin\omega t = 100\sqrt{2}\sin\omega t$에서
전압 실횻값 $V = \dfrac{V_m}{\sqrt{2}} = \dfrac{100\sqrt{2}}{\sqrt{2}} = 100$[V]
$\dot{Z} = R + jX = R + jX_L = 6 + j8$
∴ 전류 $I = \dfrac{V}{Z} = \dfrac{100}{\sqrt{6^2 + 8^2}} = 10$[A]

정답 9-1 ④ 9-2 ④

09-3 $R=5[\Omega]$, $L=30[mH]$의 RL 직렬 회로에 $V=200[V]$, $f=60[Hz]$의 교류 전압을 가할 때 전류의 크기는 약 몇 [A]인가?

① 8.25　　② 13.76
③ 16.13　　④ 20.65

해설　$X_L = \omega L = 2\pi f L[\Omega] = 2\pi \times 60 \times 0.03 ≒ 11.31[\Omega]$
$\dot{Z} = R + jX = R + jX_L = 5 + j11.31[\Omega]$
$Z = \sqrt{5^2 + (11.31)^2} ≒ 12.4[\Omega]$
∴ $I = \dfrac{V}{Z} = \dfrac{200}{12.4} ≒ 16.13[A]$

09-4 $R=6[\Omega]$인 $R-L$ 직렬 회로에 60[Hz], 100[V]의 전압을 가하니 10[A]의 전류가 흐른다면 유도 리액턴스[Ω]는?

① 6　　② 8
③ 10　　④ 15

해설　$Z = \dfrac{V}{I} = \dfrac{100}{10} = 10[\Omega]$
$R-L$ 직렬 회로 $\dot{Z} = R + jX_L$에서
$Z = \sqrt{R^2 + X_L^2}$
$X_L^2 = Z^2 - R^2$
$X_L = \sqrt{Z^2 - R^2} = \sqrt{10^2 - 6^2} = 8[\Omega]$

09-5 저항 3[Ω], 유도 리액턴스 4[Ω]의 직렬 회로에 교류 100[V]를 가할 때 흐르는 전류와 위상각은 얼마인가?

① 10[A], 47.2°
② 10[A], 53.1°
③ 20[A], 47.2°
④ 20[A], 53.1°

해설　$\dot{Z} = R + jX = R + jX_L = 3 + j4$
전류 $I = \dfrac{V}{Z} = \dfrac{100}{\sqrt{3^2 + 4^2}} = 20[A]$

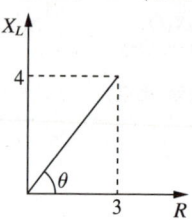

$\tan\theta = \dfrac{X_L}{R} = \dfrac{4}{3}$
∴ 위상각 $\theta = \tan^{-1}\dfrac{X_L}{R} = \tan^{-1}\dfrac{4}{3} = 53.1°$
✓ $\tan\theta = x$이면 $x = \tan^{-1}\theta$

09-6 $R-L$ 직렬 회로에서 전압과 전류의 위상차 $\tan\theta$로 옳은 것은?

① ωLR　　② $\dfrac{\omega R}{L}$
③ $\dfrac{1}{\omega LR}$　　④ $\dfrac{\omega L}{R}$

해설
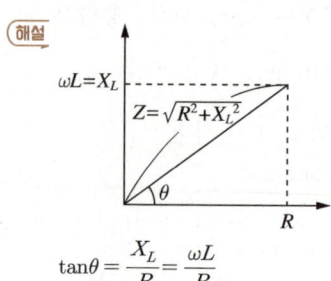

$\tan\theta = \dfrac{X_L}{R} = \dfrac{\omega L}{R}$
〈$R-L$ 임피던스도〉

9-3 ③　9-4 ②　9-5 ④　9-6 ④

09-7 저항 9[Ω], 용량 리액턴스 12[Ω]인 직렬 회로의 임피던스의 크기로 옳은 것은?

① 9 ② 12
③ 15 ④ 18

해설 임피던스 $\dot{Z} = R + jX = R + j(X_L - X_C) = 9 - j12[\Omega]$
임피던스의 크기 $Z = \sqrt{9^2 + 12^2} = 15$

09-8 어떤 회로에 $v = 200\sin\omega t[V]$의 전압을 가하니 $i = 50\sin\left(\omega t + \dfrac{\pi}{2}\right)[A]$의 전류가 흐른다. 이 회로의 명칭으로 옳은 것은?

① 용량성 회로 ② 저항 회로
③ 유도성 회로 ④ 임피던스 회로

해설 전류 i가 전압 v보다 90° 앞서는 진상 회로이므로 용량성 회로다.

09-9 저항 12[Ω]과 유도성 리액턴스 9[Ω]이 직렬로 접속된 회로에 150[V]의 교류 전압을 인가하는 경우에 흐르는 전류[A]와 역률은 각각 얼마인가?

① 10[A], 0.6 ② 10[A], 0.8
③ 15[A], 0.6 ④ 15[A], 0.8

해설 임피던스 $\dot{Z} = R + jX = R + j(X_L - X_C) = 12 + j9[\Omega]$
임피던스의 크기 $Z = \sqrt{12^2 + 9^2} = 15[\Omega]$
회로에 흐르는 전류의 크기 $I = \dfrac{V}{Z} = \dfrac{150}{15} = 10[A]$
역률 $\cos\theta = \dfrac{R}{Z} = \dfrac{12}{15} = 0.8$

09-10 $R - L - C$ 직렬 회로에서 임피던스 Z의 크기를 나타내는 식은?

① $R^2 + X_L^2$
② $R^2 + X_C^2 + X_L^2$
③ $\sqrt{R^2 + (X_L + X_C)^2}$
④ $\sqrt{R^2 + (X_L - X_C)^2}$

해설 임피던스 $\dot{Z} = R + jX = R + j(X_L - X_C)[\Omega]$이므로
임피던스의 크기 $Z = \sqrt{R^2 + (X_L - X_C)^2}$

09-11 $R = 3[\Omega]$, $\omega L = 8[\Omega]$, $\dfrac{1}{\omega C} = 4[\Omega]$인 RLC 직렬 회로에서 임피던스의 크기는?

① 4 ② 5
③ 8 ④ 10

해설 $\dot{Z} = R + jX = R + j(X_L - X_C) = R + j\left(\omega L - \dfrac{1}{\omega C}\right)$
$= 3 + j4[\Omega]$
$Z = \sqrt{3^2 + 4^2} = 5$

09-12 저항 $R = 3[\Omega]$, 유도 리액턴스 $X_L = 4[\Omega]$, 용량성 리액턴스 $X_C = 8[\Omega]$이 직렬로 연결된 회로에 100[V]의 교류를 가할 때 흐르는 전류[A]와 임피던스는?

① 15[A], 용량성 ② 15[A], 유도성
③ 20[A], 용량성 ④ 20[A], 유도성

해설 임피던스 $\dot{Z} = R + jX = R + j(X_L - X_C)$
$= 3 + j(4 - 8) = 3 - j4[\Omega]$
임피던스의 크기 $Z = \sqrt{3^2 + 4^2} = 5[\Omega]$이므로
$I = \dfrac{100}{5} = 20[A]$
$X_C > X_L$이므로 임피던스의 특성은 용량성이다.

정답 9-7 ③ 9-8 ① 9-9 ② 9-10 ④ 9-11 ② 9-12 ③

09-13 $\dot{Z}_1 = 2 + j11[\Omega]$, $\dot{Z}_2 = 4 - j3[\Omega]$의 직렬 회로에 교류 전압 100[V]를 가할 때 합성 임피던스의 크기는?

① 6 ② 8
③ 10 ④ 12

해설) 직렬 연결이므로 $\dot{Z} = \dot{Z}_1 + \dot{Z}_2 = 6 + j8$
$Z = \sqrt{R^2 + X^2} = \sqrt{6^2 + 8^2} = 10[\Omega]$

09-14 다음 설명 중 옳지 않은 것은?

① 인덕턴스에 흐르는 전류는 전압에 비해 위상이 90° 늦다.
② 유도성 리액턴스는 주파수에 비례한다.
③ 용량성 리액턴스는 주파수에 비례한다.
④ 코일은 직렬로 연결할수록 인덕턴스가 커진다.

해설) • 유도성 리액턴스 $X_L = 2\pi f L\,[\Omega]$
• 용량성 리액턴스 $X_C = \dfrac{1}{2\pi f C}\,[\Omega]$

09-15 $R = 4[\Omega]$, $X_L = 8[\Omega]$, $X_C = 5[\Omega]$인 직렬로 연결된 회로에 100[V]의 교류를 가할 때 흐르는 ㉠ 전류와 ㉡ 임피던스 특성으로 옳은 것은?

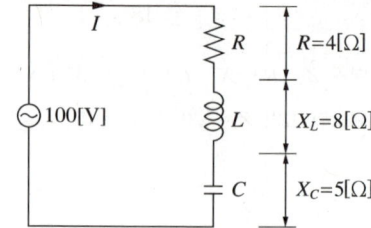

① ㉠ 10[A]   ㉡ 용량성
② ㉠ 10[A]   ㉡ 유도성
③ ㉠ 20[A]   ㉡ 용량성
④ ㉠ 20[A]   ㉡ 유도성

해설) $\dot{Z} = R + jX = R + j(X_L - X_C) = 4 + j(8-5)$
$= 4 + j3[\Omega]$이므로
$I = \dfrac{V}{Z} = \dfrac{100}{\sqrt{4^2 + 3^2}} = \dfrac{100}{5} = 20[A]$
X_L이 X_C보다 크므로 유도성 회로다.

09-16 RLC 직렬 공진 회로에서 최소가 되는 것은?

① 코일값 ② 임피던스값
③ 전룻값 ④ 전압값

해설) RLC 직렬 공진 회로에서는 $\omega L - \dfrac{1}{\omega C} = 0$이므로
$\dot{Z} = R + jX = R + j(X_L - X_C) = R$
따라서 임피던스 Z의 값이 최소가 된다.

09-17 직렬 공진 회로에서 최대가 되는 것은?

① 저항 　　② 임피던스
③ 전류 　　④ 리액턴스

해설 직렬 공진 회로에서는 유도 리액턴스 X_L과 용량 리액턴스 X_C가 같으므로
리액턴스 $X = X_L - X_C = 0$이 된다.
∴ $\dot{Z} = R + jX = R + j(X_L - X_C) = R$이며
임피던스 Z는 최소가 되며
$I = \dfrac{V}{Z}$이므로 전류는 최대가 된다.

09-18 RLC 직렬 공진 회로에서 공진 주파수 [Hz]로 옳은 것은?

① $\dfrac{1}{2\pi\sqrt{LC}}$ 　　② $\dfrac{1}{2\sqrt{LC}}$
③ $\dfrac{1}{2\pi LC}$ 　　④ $\dfrac{1}{4\pi\sqrt{LC}}$

해설 직렬 공진 회로에서 공진 주파수 $f_0 = \dfrac{1}{2\pi\sqrt{LC}}$

RLC 직렬 공진 조건은
$X_L = X_C$
$\omega L = \dfrac{1}{\omega C}$
$2\pi f L = \dfrac{1}{2\pi f C}$
$f^2 = \dfrac{1}{(2\pi)^2 LC}$
∴ $f = \sqrt{\dfrac{1}{(2\pi)^2 LC}} = \dfrac{1}{2\pi\sqrt{LC}} = f_0$ (공진 주파수)

09-19 다음 중 LC 직렬 회로의 공진 조건으로 옳은 것은?

① $\dfrac{1}{\omega L} = \omega C + R$ 　　② $\omega C = \dfrac{1}{\omega L}$
③ $\omega L = \omega C$ 　　④ $\omega L = \dfrac{1}{\omega C}$

해설 LC 직렬 회로 공진 조건 $X_L = X_C$, $\omega L = \dfrac{1}{\omega C}$

09-20 저항 $R = 15[\Omega]$, 자체 인덕턴스 $L = 35$ [mH], 정전용량 $C = 300[\mu F]$의 직렬 회로에서 공진 주파수 f_0은 약 몇 [Hz]인가?

① 30 　　② 40
③ 50 　　④ 60

해설 RLC 직렬 회로 공진 주파수
$f_0 = \dfrac{1}{2\pi\sqrt{LC}} = \dfrac{1}{2\pi\sqrt{35 \times 10^{-3} \times 300 \times 10^{-6}}}$
$≒ 50[\text{Hz}]$

정답　9-17 ③　9-18 ①　9-19 ④　9-20 ③

대표유형 10 $R-L-C$ 병렬 회로

병렬 회로에서 R, L, C에 걸리는 전압은 같고 전류는 분배되어 흐른다는 특징과 옴의 법칙 $\dot{I} = \dfrac{\dot{V}}{\dot{Z}}$을 적용하여 해석

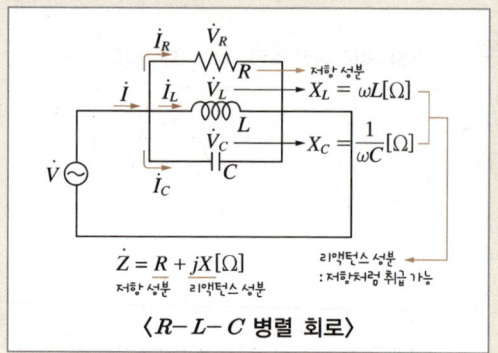

〈$R-L-C$ 병렬 회로〉

① 전체 전류

$\dot{I} = \dot{I}_R + \dot{I}_L + \dot{I}_C$ [A]

$= \dfrac{\dot{V}}{\dot{Z}_R} + \dfrac{\dot{V}}{\dot{Z}_L} + \dfrac{\dot{V}}{\dot{Z}_C}$

$= \dot{V}\left(\dfrac{1}{R} + j\left(\dfrac{1}{X_C} - \dfrac{1}{X_L}\right)\right)$

$= \dot{V}\left(\dfrac{1}{R} + j\left(\omega C - \dfrac{1}{\omega L}\right)\right)$

② 합성 어드미턴스

$\dot{Y} = \dot{Y}_R + \dot{Y}_L + \dot{Y}_C$

$= \dfrac{1}{\dot{Z}_R} + \dfrac{1}{\dot{Z}_L} + \dfrac{1}{\dot{Z}_C}$

$= \dfrac{1}{R} + \dfrac{1}{j\omega L} + \dfrac{1}{\dfrac{1}{j\omega C}}$

$= \dfrac{1}{R} + j\left(\omega C - \dfrac{1}{\omega L}\right)$

$= G + jB$

③ 합성 임피던스

㉠ $\dot{Z} = \dfrac{1}{\dot{Y}}$

㉡ 임피던스의 크기

$Z = \dfrac{1}{Y} = \dfrac{1}{\sqrt{\left(\dfrac{1}{R}\right)^2 + \left(\omega C - \dfrac{1}{\omega L}\right)^2}}$

case ① $\omega C - \dfrac{1}{\omega L} > 0$ $(X_L > X_C)$

전압이 전류보다 θ만큼 뒤짐 : 용량성

case ② $\omega C - \dfrac{1}{\omega L} < 0$ $(X_L < X_C)$

전류가 전압보다 θ만큼 뒤짐 : 유도성

case ③ $\omega C - \dfrac{1}{\omega L} = 0$ $(X_L = X_C)$

이때는 $\dot{Y}$ 최소, $\dot{I}$ 가 최소
⇨ 공진(resonance)

④ 공진 주파수

$f_r = \dfrac{1}{2\pi\sqrt{LC}}$ [Hz]

⑤ 위상각

$\theta = \tan^{-1}\dfrac{B}{G}$

10-1 다음과 같은 회로에서 입력 전압의 실횻값이 12[V]의 정현파일 때, 전전류 I[A]는?

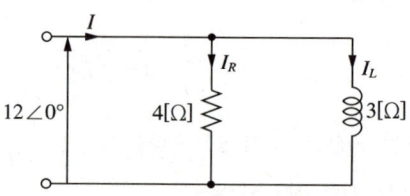

① $3 - j4$ ② $3 + j4$
③ $4 - j3$ ④ $6 + j10$

해설 RL 병렬 회로에서 교류일 때
KCL에 의하여

$\dot{I} = \dot{I}_R + \dot{I}_L = \dfrac{\dot{V}}{\dot{Z}_R} + \dfrac{\dot{V}}{\dot{Z}_L} = \dfrac{12}{4} + \dfrac{12}{j3} = 3 + \dfrac{4}{j} = 3 - j4$

✓ $j = \sqrt{-1}$, $j^2 = -1$

10-1 ①

10-2 그림과 같은 RL 병렬 회로에서 $R = 25[\Omega]$, $\omega L = \dfrac{100}{3}[\Omega]$일 때, 200[V]의 전압을 가하면 코일에 흐르는 전류 I_L[A]는?

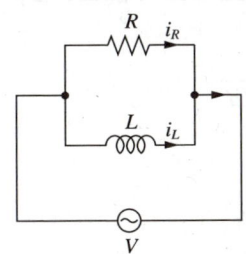

① 5 ② 6
③ 9 ④ 15

해설 $I_L = \dfrac{V}{X_L} = \dfrac{V}{\omega L} = \dfrac{200}{\dfrac{100}{3}} = 6[A]$

10-3 그림과 같은 회로에서 합성 임피던스는 몇 [Ω]인가?

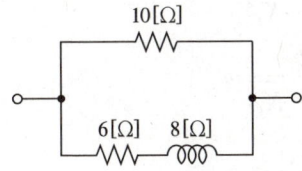

① $3 + j12$ ② $5 + j2.5$
③ $7 + j10$ ④ $10 + j14$

해설 $Z = \dfrac{10 \times (6+j8)}{10+(6+j8)} = \dfrac{10(6+j8)}{16+j8}$

$= \dfrac{10(6+j8)(16-j8)}{(16+j8)(16-j8)} = 5 + j2.5[\Omega]$

10-4 그림과 같은 회로에 교류 전압 $E = 100\angle 0°[V]$를 인가할 때 전전류 I[A]는 얼마인가?

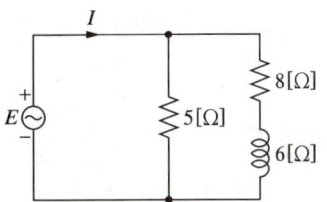

① $10 - j6$ ② $14 + j3$
③ $18 - j12$ ④ $28 - j6$

해설 합성 임피던스 $Z = \dfrac{5 \times (8+j6)}{5+(8+j6)} = 3.41 + j0.73[\Omega]$

전전류 $\dot{I} = \dfrac{\dot{V}}{\dot{Z}} = \dfrac{100}{3.41+j0.73} = 28 - j6[A]$

10-5 3[Ω]의 저항, 4[Ω]의 유도성 리액턴스의 병렬 회로가 있다. 이 병렬 회로의 임피던스는 몇 [Ω]인가?

① 1.2 ② 1.8
③ 2.4 ④ 3.6

해설 어드미턴스 $\dot{Y} = \dot{Y}_R + \dot{Y}_L = \dfrac{1}{\dot{Z}_R} + \dfrac{1}{\dot{Z}_L} = \dfrac{1}{R} + \dfrac{1}{jX_L}$

$= \dfrac{1}{3} + \dfrac{1}{j4} = \dfrac{1}{3} - j\dfrac{1}{4}$

임피던스의 크기 $Z = \dfrac{1}{Y} = \dfrac{1}{\sqrt{\left(\dfrac{1}{3}\right)^2 + \left(\dfrac{1}{4}\right)^2}} = \dfrac{1}{\dfrac{5}{12}}$

$= \dfrac{12}{5} = 2.4[\Omega]$

정답 10-2 ② 10-3 ② 10-4 ④ 10-5 ③

10-6 6[Ω]의 저항과 8[Ω]의 용량성 리액턴스의 병렬 회로가 있다. 이 병렬 회로의 합성 임피던스는 몇 [Ω]인가?

① 2.4   ② 4.8
③ 7.2   ④ 9.6

해설 어드미턴스 $\dot{Y} = \dot{Y}_R + \dot{Y}_C = \dfrac{1}{\dot{Z}_R} + \dfrac{1}{\dot{Z}_C}$

$= \dfrac{1}{R} + \dfrac{1}{-jX_C} = \dfrac{1}{6} + \dfrac{1}{-j8}$

$= \dfrac{1}{6} + j\dfrac{1}{8}$

임피던스의 크기 $Z = \dfrac{1}{Y} = \dfrac{1}{\sqrt{\left(\dfrac{1}{6}\right)^2 + \left(\dfrac{1}{8}\right)^2}} = 4.8[\Omega]$

10-7 그림과 같은 RC 병렬 회로에서 합성 임피던스 식은?

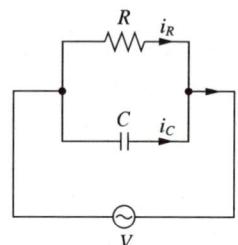

① $\sqrt{R^2 + (\omega C)^2}$ ② $\sqrt{R^2 + \left(\dfrac{1}{\omega C}\right)^2}$

③ $\dfrac{1}{\sqrt{\left(\dfrac{1}{R}\right)^2 + (\omega C)^2}}$ ④ $\dfrac{1}{\sqrt{\left(\dfrac{1}{R}\right)^2 + \left(\dfrac{1}{\omega C}\right)^2}}$

해설 합성 어드미턴스 $\dot{Y} = \dot{Y}_R + \dot{Y}_C = \dfrac{1}{\dot{Z}_R} + \dfrac{1}{\dot{Z}_C}$

$= \dfrac{1}{R} + \dfrac{1}{-jX_C} = \dfrac{1}{R} + \dfrac{1}{-j\dfrac{1}{\omega C}}$

$= \dfrac{1}{R} + j\omega C$

합성 임피던스의 크기 $Z = \dfrac{1}{Y} = \dfrac{1}{\sqrt{\left(\dfrac{1}{R}\right)^2 + (\omega C)^2}}$

10-8 그림과 같은 RC 병렬 회로의 위상각 θ은?

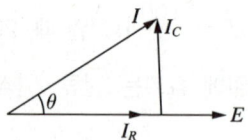

① $\tan^{-1}\dfrac{1}{\omega CR}$

② $\tan^{-1}\dfrac{R}{\omega C}$

③ $\tan^{-1}\omega CR$

④ $\tan^{-1}\dfrac{\omega C}{R}$

해설 $\tan\theta = \dfrac{I_C}{I_R} = \dfrac{\dfrac{V}{X_C}}{\dfrac{V}{R}} = \dfrac{R}{X_C} = \dfrac{R}{\dfrac{1}{\omega C}} = \omega CR$

∴ $\theta = \tan^{-1}\omega CR$

✓ $\tan\theta = x$이면 $x = \tan^{-1}\theta$

10-9 다음 그림과 같은 $R-C$ 병렬 회로에서 역률은?

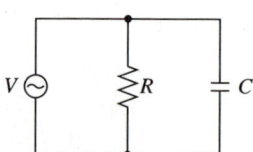

① $\dfrac{X_C}{\sqrt{R^2 + X_C^2}}$

② $\dfrac{R}{\sqrt{R^2 + X_C^2}}$

③ $\dfrac{RX_C}{\sqrt{R^2 + X_C^2}}$

④ $\dfrac{X_C}{R^2 + X_C^2}$

해설 $R-C$ 병렬 회로의 역률은 $\cos\theta = \dfrac{X_C}{\sqrt{R^2 + X_C^2}}$

10-10 RLC 병렬 공진 회로에서 공진 주파수는?

① $\dfrac{2R}{\sqrt{LC}}$ ② $\dfrac{1}{\pi\sqrt{LC}}$
③ $\dfrac{2\pi}{\sqrt{LC}}$ ④ $\dfrac{1}{2\pi\sqrt{LC}}$

해설 공진 주파수 $f_0 = \dfrac{1}{2\pi\sqrt{LC}}$ [Hz]

10-11 다음 그림에서 공진 임피던스 $Z_0[\Omega]$은?

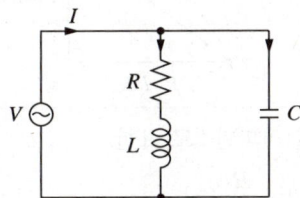

① $\dfrac{L}{RC}$ ② $\dfrac{R}{LC}$
③ $\dfrac{RC}{L}$ ④ $\dfrac{LC}{R}$

해설 공진을 구할 때는 임피던스의 허수부가 0이 되게 계산하면 된다.

어드미턴스 $Y_0 = \dfrac{1}{Z_0} = Y_{R,L} + Y_C = \dfrac{1}{R+j\omega L} + j\omega C$

$= \dfrac{(R-j\omega L)}{(R+j\omega L)(R-j\omega L)} + j\omega C$

$= \dfrac{R-j\omega L}{R^2+\omega^2 L^2} + j\omega C$

$= \dfrac{R}{R^2+\omega^2 L^2} + j\left(\omega C - \dfrac{\omega L}{R^2+\omega^2 L^2}\right)$

공진 시 어드미턴스의 허수부가 0이어야 하므로
$\omega C - \dfrac{\omega L}{R^2+\omega^2 L^2} = 0 \therefore \omega^2 = \dfrac{1}{L^2}\left(\dfrac{L}{C} - R^2\right)$ ⋯ ㉠

공진 시 어드미턴스 $Y = \dfrac{R}{R^2+\omega^2 L^2}$

따라서 공진 시 임피던스 $Z = \dfrac{1}{Y} = \dfrac{R^2+\omega^2 L^2}{R}$

여기에 ㉠을 대입하면

$Z = \dfrac{R^2+\omega^2 L^2}{R} = R + \omega^2 \dfrac{L^2}{R}$

$= R + \left(\dfrac{1}{L^2}\left(\dfrac{L}{C} - R^2\right)\right)\dfrac{L^2}{R} = R + \dfrac{L}{RC} - R = \dfrac{L}{RC}$

대표유형 11 시정수(time constant)

물리량이 시간에 대해 정상치의 $36.8[\%](e^{-1})$ 또는 $63.2[\%](1-e^{-1})$에 도달하기까지 걸린 시간

① RL 회로 : 시정수 $\tau = \dfrac{L}{R}$
② RC 회로 : 시정수 $\tau = RC$

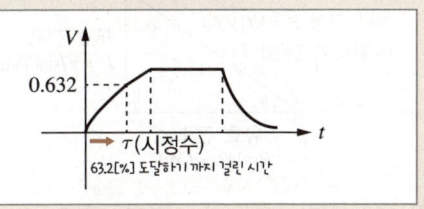

11-1 RL 직렬 회로에서 $R=20[\Omega]$, $L=10$[H]인 경우 시정수 τ[s]는?

① 0.05   ② 0.5
③ 2   ④ 5

해설 $\tau = \dfrac{L}{R} = \dfrac{10}{20} = 0.5$[s]

11-2 RC 직렬 회로에서 $R=7[\Omega]$, $C=0.1$[F]인 경우 시정수 τ[s]는?

① 0.07   ② 0.7
③ 7   ④ 70

해설 $\tau = RC = 7 \times 0.1 = 0.7$[s]

대표유형 12) 전력 삼각형

교류 회로에서 저항과 더불어 인덕터, 커패시터 소자가 추가되면 전류와 전압의 위상차가 발생하여 무효 전력이 발생한다. 전력의 관계를 다음과 같이 나타낼 수 있다.

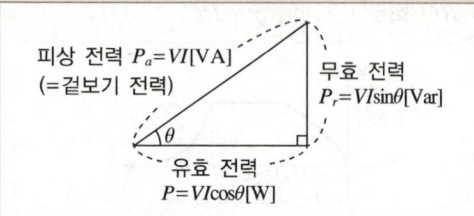

① 복소 전력(complex power) : 유효 전력과 무효 전력이 합쳐진 전력으로 벡터로 표기
$\dot{S} = \dot{V}\dot{I} = P + jP_r$ [VA]

② 피상 전력(apparent power) : 유효 전력과 무효 전력이 합쳐진 전력의 크기로, 복소 전력의 크기를 의미
$P_a = S = VI = \sqrt{P^2 + P_r^2}$ [VA]

③ 유효 전력(effective power) : 실질적으로 일을 하며 저항에서 소비되는 전력
$P = VI\cos\theta$ [W]

④ 무효 전력(reactive power) : 전기장, 자기장 형태로 축적되며 리액턴스(L, C)에서 소비되는 전력
$P_r = VI\sin\theta$ [Var]

㉠
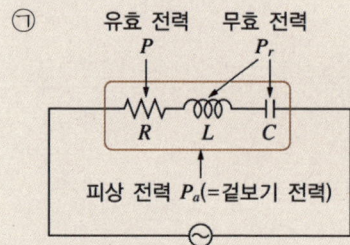

㉡ $\dot{S} = R + jZ$
　　복소　유효　무효
　　전력　전력　전력
　　크기 : 피상 전력

⑤ 역률 : 전력이 공급될 때, 실제로 일을 하는 전력의 비율을 의미하며 부하가 사용하는 유효 전력과 부하에 공급되는 피상 전력에 대한 비율로 표현

㉠ 역률(전력으로 표현)
$\cos\theta = \dfrac{P}{P_a}$ [%]

(θ : 역률각(전압과 전류의 위상차), P : 유효 전력, P_a : 무효 전력)

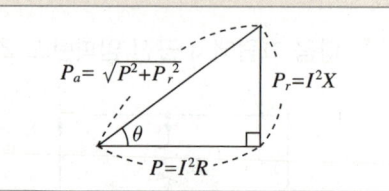

㉡ 역률(임피던스로 표현)
$\cos\theta = \dfrac{R}{Z}$ [%]

(R : 저항, Z : 임피던스)

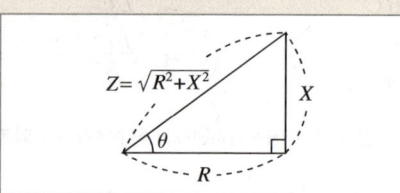

12-1 $R = 4[\Omega]$, $L = 3[\Omega]$의 직렬 회로에 $V = 100\sqrt{2}\sin\omega t$[W]의 전압을 가할 때 전력은 약 몇 [W]인가?

① 1,200　　② 1,600
③ 2,000　　④ 2,400

해설 RL 직렬 회로에서
　임피던스 $\dot{Z} = 4 + j3$,
　실횻값 $V' = \dfrac{V}{\sqrt{2}} = \dfrac{100\sqrt{2}}{\sqrt{2}} = 100$
　$I = \dfrac{V'}{Z} = \dfrac{100}{\sqrt{4^2 + 3^2}} = 20$[A]
　전력 $P = V'I = I^2R = 20^2 \times 4 = 1,600$[W]

12-2 유효 전력의 식으로 옳은 것은?(단, E는 전압, I는 전류, θ는 위상각이다)

① EI ② $EI\sin\theta$
③ $EI\cos\theta$ ④ $EI\tan\theta$

해설 유효 전력 $P = VI\cos\theta$ [W]

12-3 2[A], 500[V]의 회로에서 역률 80[%]일 때 유효 전력은 몇 [W]인가?

① 600   ② 800
③ 1,000   ④ 1,200

해설 $P = VI\cos\theta = 500 \times 2 \times 0.8 = 800$ [W]

12-4 200[V]의 교류 전원에 전류가 450[A]이고 역률이 90[%]인 경우 소비전력[kW]은?

① 45   ② 63
③ 72   ④ 81

해설 $P = VI\cos\theta = 200 \times 450 \times 0.9$
$\qquad = 81,000[\text{W}] = 81[\text{kW}]$

12-5 어느 회로에 피상 전력 60[kVA]이고, 무효 전력이 36[kVar]일 때 유효 전력[kW]은?

① 24   ② 36
③ 48   ④ 56

해설

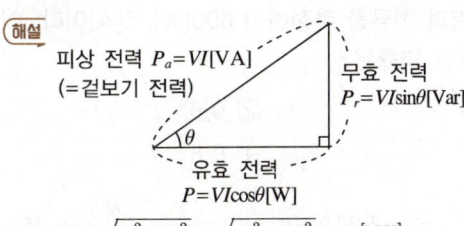

$P = \sqrt{P_a^2 - P_r^2} = \sqrt{60^2 - 36^2} = 48[\text{kW}]$

12-6 RL 직렬 회로에서 임피던스 $Z = 3 + j4[\Omega]$이다. 이 회로에 교류 100[V]를 가할 때 유효 전력[W]은?

① 900   ② 1,200
③ 1,400   ④ 1,600

해설 임피던스의 크기 $|Z| = \sqrt{3^2 + 4^2} = 5[\Omega]$
전류 $I = \dfrac{V}{|Z|} = \dfrac{100}{5} = 20[\text{A}]$
역률 $\cos\theta = \dfrac{R}{|Z|} = \dfrac{3}{5} = 0.6$
유효 전력 $P = VI\cos\theta = 100 \times 20 \times 0.6 = 1,200[\text{W}]$

12-7 $R = 40[\Omega]$, $L = 80[\text{mH}]$의 코일이 있다. 이 코일에 100[V], 60[Hz]의 전압을 가할 때 소비되는 전력은 몇 [W]인가?

① 100   ② 140
③ 160   ④ 180

해설 RL 직렬 회로에서 유효 전력 $P = VI\cos\theta[\text{W}]$
$X_L = 2\pi fL = 2\pi \times 60 \times 80 \times 10^{-3} \fallingdotseq 30[\Omega]$
$\dot{Z} = R + jX_L = 40 + j30$
$Z = \sqrt{R^2 + X_L^2} = \sqrt{40^2 + 30^2} = 50[\Omega]$
$I = \dfrac{V}{|Z|} = \dfrac{100}{50} = 2[\text{A}]$
$\cos\theta = \dfrac{R}{|Z|} = \dfrac{40}{50} = 0.8$
$P = VI\cos\theta = 100 \times 2 \times 0.8 = 160[\text{W}]$

정답 12-2 ③   12-3 ②   12-4 ④   12-5 ③   12-6 ②   12-7 ③

12-8 그림과 같은 회로에 전압 100[V]의 교류 전압을 가할 때 저항에서 소비되는 전력[W]은?

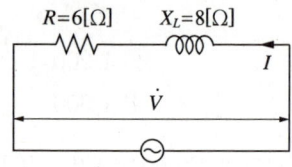

① 400 ② 450
③ 520 ④ 600

해설 $\dot{Z} = R + jX_L = 6 + j8$
$Z = \sqrt{R^2 + X_L^2} = \sqrt{6^2 + 8^2} = 10$
유효 전력 $P = I^2 R = \left(\dfrac{V}{Z}\right)^2 R = \left(\dfrac{100}{10}\right)^2 \times 6 = 600[W]$

12-9 $v = 5 + j2[V]$, $i = 4 + j2[A]$일 때 무효 전력[Var]은?

① 10 ② 14
③ 16 ④ 18

해설 피상 전력 $P_a = VI = (5 + j2)(4 + j2) = 16 + j18$
$= P + jP_r [VA]$
∴ 무효 전력 $P_r = 18[Var]$

12-10 무효 전력에 대한 설명으로 옳은 것은?

① $P = VI\cos\theta$ 로 계산된다.
② 부하에서 소모되는 에너지다.
③ 단위로는 [VA]를 사용한다.
④ 전원과 부하 사이를 왕복하기만 하고 부하에 유효하게 사용되지 않는 에너지다.

해설 무효 전력 $P_r = VI\sin\theta$ [Var]
무효 전력은 부하에서 소모되는 에너지가 아니다.

12-11 교류 회로에서 전압과 전류의 위상차를 θ [rad]라 할 때 $\cos\theta$는?

① 전압 변동률 ② 왜곡률
③ 무효율 ④ 역률

해설 $\cos\theta$ = 역률

12-12 교류 회로에서 유효 전력을 P, 무효 전력을 P_r, 피상 전력을 P_a라고 할 때 역률 $\cos\theta$를 구하는 식으로 옳은 것은?

① $\dfrac{P_a}{P}$ ② $\dfrac{P_r}{P_a}$
③ $\dfrac{P_r}{P}$ ④ $\dfrac{P}{P_a}$

해설 역률 $\cos\theta = \dfrac{\text{유효 전력}}{\text{피상 전력}} = \dfrac{P}{P_a}$

12-13 200[V], 40[W]의 형광등에 정격 전압을 가할 때 형광등 회로에 흐르는 전류가 0.4[A]이다. 이 형광등의 역률은?

① 0.5 ② 0.6
③ 0.7 ④ 0.8

해설 $P = VI\cos\theta$[W] 이므로 $\cos\theta = \dfrac{P}{VI} = \dfrac{40}{200 \times 0.4} = 0.5$

12-14 200[V]의 교류 전원에 선풍기를 접속하고 전력과 전류를 측정하니 600[W], 5[A]이다. 이 선풍기의 역률은?

① 0.5 ② 0.6
③ 0.7 ④ 0.8

해설 $P = VI\cos\theta$[W] 이므로 $\cos\theta = \dfrac{P}{VI} = \dfrac{600}{200 \times 5} = 0.6$

12-15 저항 4[Ω], 유도 리액턴스 8[Ω], 용량 리액턴스 5[Ω]이 직렬로 연결된 회로에서 역률은?

① 0.6
② 0.7
③ 0.8
④ 0.9

해설 RLC 직렬 회로에서
$\dot{Z} = R + jX = R + j(X_L - X_C) = 4 + j(8-5) = 4 + j3$
임피던스의 크기 $Z = \sqrt{4^2 + 3^2} = 5[\Omega]$
역률 $\cos\theta = \dfrac{R}{Z} = \dfrac{4}{5} = 0.8$

12-16 그림과 같은 회로에 흐르는 유효분 전류 [A]는?

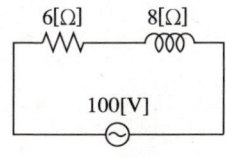

① 40
② 50
③ 60
④ 80

해설 임피던스 $\dot{Z} = R + jX_L = 6 + j8$
임피던스의 크기 $Z = \sqrt{R^2 + X^2} = \sqrt{6^2 + 8^2} = 10[\Omega]$ 이므로
역률 $\cos\theta = \dfrac{R}{Z} = \dfrac{6}{10} = 0.6$
유효분 전류 $I = \dfrac{V}{Z}\cos\theta = \dfrac{100}{10} \times 0.6 = 60[A]$

12-17 교류 기기나 교류 전원의 용량을 나타낼 때 사용되는 것과 그 단위가 바르게 나열된 것은?

① 유효 전력[Var]
② 무효 전력[W]
③ 피상 전력[VA]
④ 최대 전력[Wh]

해설
- 유효 전력 $P = VI\cos\theta$ [W]
- 무효 전력 $P_r = VI\sin\theta$ [Var]
- 피상 전력 $P_a = VI$ [VA]

12-18 다음 중 유효 전력의 단위로 옳은 것은?

① [W]
② [VA]
③ [Var]
④ [kVA]

해설 12-17번 해설 참조

12-19 교류 회로에서 무효 전력의 단위로 옳은 것은?

① [W]
② [VA]
③ [Var]
④ [VR]

해설 12-17번 해설 참조

정답 12-15 ③ 12-16 ③ 12-17 ③ 12-18 ① 12-19 ③

대표유형 13 역률 개선을 위한 병렬 콘덴서 설치

① 개념 : 콘덴서를 부하와 병렬로 접속하여 부하의 역률을 개선할 수 있음

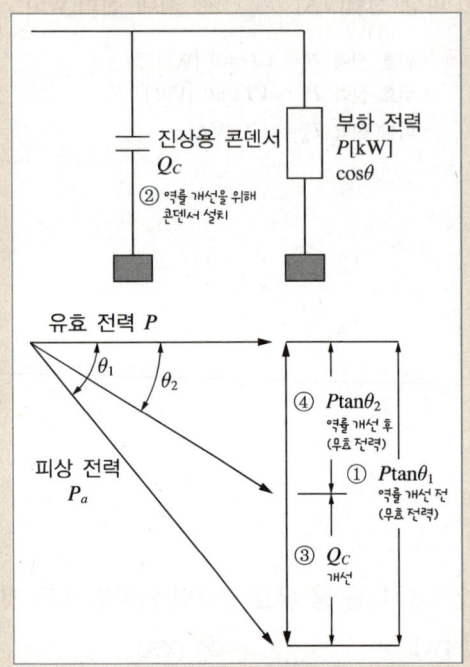

② 공식
역률 개선을 위한 콘덴서 용량
$$Q_C = P(\tan\theta_1 - \tan\theta_2)$$
$$= P\left(\frac{\sin\theta_1}{\cos\theta_1} - \frac{\sin\theta_2}{\cos\theta_2}\right) [\text{VA}]$$
(P : 유효 전력, θ_1 : 개선 전, θ_2 : 개선 후)

13-1 역률 0.8, 유효 전력 4,000[kW]인 부하의 역률을 100[%]로 하기 위한 커패시터의 용량[kVA]은?

① 2,000 ② 2,500
③ 3,000 ④ 3,500

해설 역률 개선을 위한 콘덴서 용량
$$Q_C = P(\tan\theta_1 - \tan\theta_2) = P\left(\frac{\sin\theta_1}{\cos\theta_1} - \frac{\sin\theta_2}{\cos\theta_2}\right)$$
$$= 4,000\left(\frac{0.6}{0.8} - \frac{0}{1}\right) = 3,000[\text{kVA}]$$
(P : 유효 전력, θ_1 : 개선 전, θ_2 : 개선 후)

13-2 설치 면적과 설치비용이 많이 들지만 가장 이상적이고 효과적인 진상용 콘덴서 설치 방법은?

① 수전단 모선에 설치
② 부하 측에 분산하여 설치
③ 가장 큰 부하 측에만 설치
④ 수전만 모선과 부하 측에 분산하여 설치

해설 진상용 콘덴서를 각 부하마다 분산하여 설치하는 것은 이상적이고 효과적이지만 비용이 많이 든다는 단점이 있다.

대표유형 14 교류의 발생

① 개념 : 우리나라 발전소에서는 한 주기 동안 위상이 3개의 모습을 가진 3상 교류를 생산하여 가정과 산업 현장에 공급

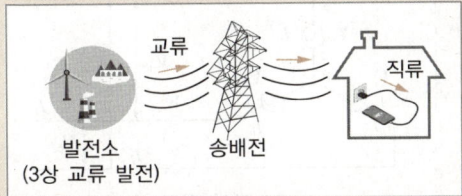

② 특징

㉠ 120° 간격 $\left(\dfrac{2}{3}\pi\right)$ 으로 3상 교류 전압 발생

㉡ 제1상 : $v_a(t) = V_m \sin\omega t\,[\text{V}]$

제2상 : $v_b(t) = V_m \sin\left(\omega t - \dfrac{2}{3}\pi\right)[\text{V}]$

제3상 : $v_c(t) = V_m \sin\left(\omega t - \dfrac{4}{3}\pi\right)[\text{V}]$

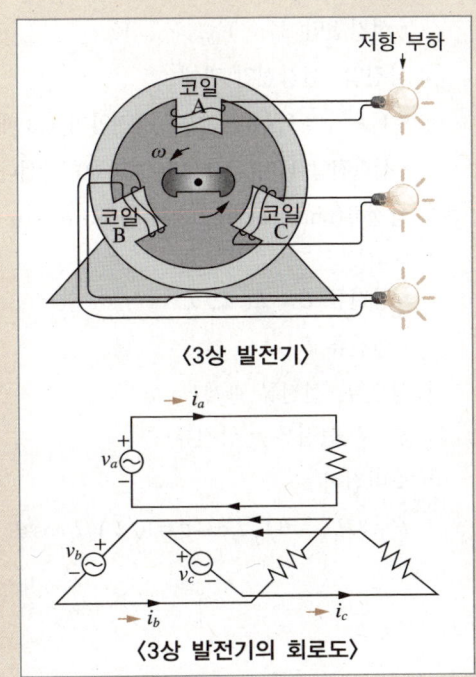

〈3상 발전기〉

〈3상 발전기의 회로도〉

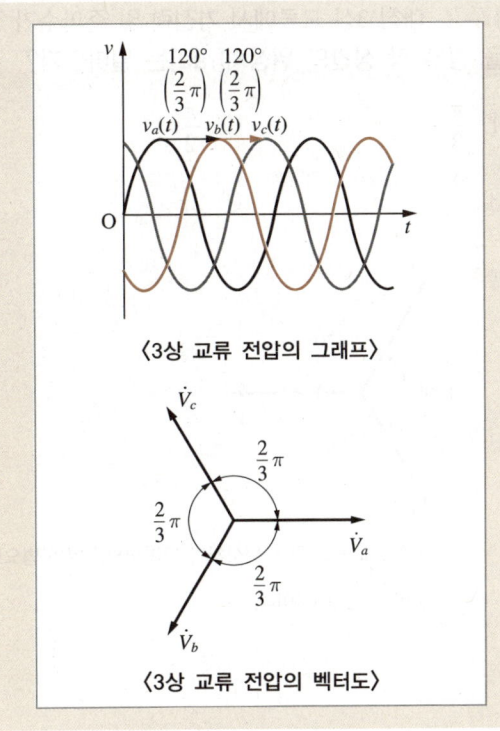

〈3상 교류 전압의 그래프〉

〈3상 교류 전압의 벡터도〉

14-1 대칭 3상 교류에 대한 설명으로 옳은 것은?

① 3상의 크기 및 주파수가 같고 위상차가 60°의 간격을 가진 교류
② 3상의 크기 및 주파수가 각각 다르고 위상차가 60°의 간격을 가진 교류
③ 동시에 존재하는 3상의 크기 및 주파수가 같고 위상차가 90°의 간격을 가진 교류
④ 동시에 존재하는 3상의 크기 및 주파수가 같고 위상차가 120°의 간격을 가진 교류

해설

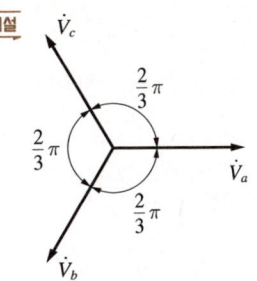

대칭 3상 교류는 위상차가 120°의 간격을 가진다.

정답 14-1 ④

14-2 대칭 3상 교류에서 기전력 및 주파수가 같을 경우 각 상간의 위상차[rad]는 얼마인가?

① $\dfrac{\pi}{3}$ ② $\dfrac{\pi}{2}$

③ $\dfrac{2\pi}{3}$ ④ 2π

해설

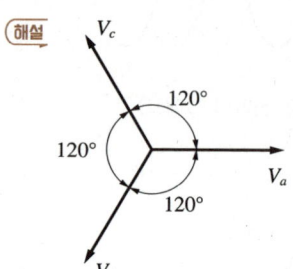

대칭 3상 교류일 경우 위상차가 120°이므로 호도법으로 표현하면 $\dfrac{2\pi}{3}$[rad]이다.

대표유형 15) Y 결선(= star 결선 = 성형 결선)

① 개념 : Y 모양의 결선으로 3상 교류를 사용하기 위한 결선법 중 하나

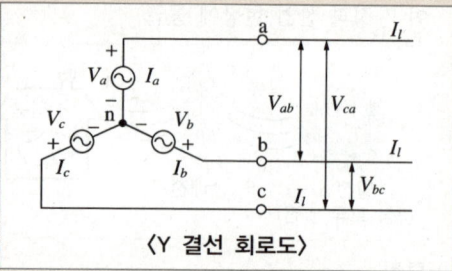

〈Y 결선 회로도〉

② 특징

㉠ $\dot{V}_A + \dot{V}_B + \dot{V}_C = 0$

  $\dot{I}_A + \dot{I}_B + \dot{I}_C = 0$

㉡ 상전압(phase voltage), 선간전압(line voltage)
  - 상전압 V_p : V_a, V_b, V_c
  - 선간전압 V_l : V_{ab}, V_{bc}, V_{ca}

㉢ 상전압, 선간전압 관계
  - $V_l = \sqrt{3}\, V_p$ (선간전압은 상전압의 $\sqrt{3}$ 배)
  - 선간전압 V_l이 상전압 V_p보다 30° 앞선다.

㉣ 상전류(phase current), 선전류(line current)
  - 상전류 I_p : I_a, I_b, I_c
  - 선전류 I_l

㉤ 상전류, 선전류 관계
  $I_l = I_p$ (선전류 = 상전류)

㉥ 소비전력
  $P = 3P_{1상} = 3V_p I_p \cos\theta = \sqrt{3}\, V_l I_l \cos\theta$

15-1 Y 결선에서 상전압 V_p와 선간전압 V_l의 관계는?

① $V_p = V_l$　　　② $V_p = 3V_l$
③ $V_p = \sqrt{3}\,V_l$　　④ $V_p = \dfrac{1}{\sqrt{3}}\,V_l$

[해설] Y 결선의 경우 $V_l = \sqrt{3}\,V_p$, $I_l = I_p$

15-2 Y-Y 결선 회로에서 선간전압이 200[V]일 때 상전압은 약 몇 [V]인가?

① 115.5　　② 120.3
③ 125.5　　④ 130.5

[해설] Y 결선일 때 선전류와 상전류의 값은 같고, 선간전압은 상전압의 $\sqrt{3}$ 배가 된다.
$V_l = \sqrt{3}\,V_p$
∴ $V_p = \dfrac{1}{\sqrt{3}}\,V_l = \dfrac{200}{\sqrt{3}} ≒ 115.5[V]$

15-3 Y-Y 결선에서 상전압이 220[V]인 경우 선간전압[V]은 얼마인가?

① 220　　② 295
③ 380　　④ 395

[해설] Y 결선 시 선간전압 $V_l = \sqrt{3}\,V_p = 220\sqrt{3} ≒ 380[V]$

15-4 선간전압 210[V], 선전류 10[A]의 Y 결선 회로가 있다. 상전압과 상전류는 각각 약 얼마인가?

① 121[V], 10[A]　　② 121[V], 5.77[A]
③ 210[V], 10[A]　　④ 210[V], 5.77[A]

[해설] Y 결선일 때 선전류와 상전류의 값은 같고, 선간전압은 상전압의 $\sqrt{3}$ 배가 된다.
상전압 $V_p = \dfrac{V_l}{\sqrt{3}} = \dfrac{210}{\sqrt{3}} ≒ 121[V]$
상전류 $I_l = 10[A]$

15-5 전원과 부하가 Y 결선된 3상 평형 회로가 있다. 상전압이 200[V], 부하 임피던스가 $Z = 8 + j6[\Omega]$인 경우 상전류는 몇 [A]인가?

① 20　　② $20\sqrt{3}$
③ $\dfrac{20}{\sqrt{3}}$　　④ 30

[해설] 임피던스 절댓값 $|Z| = \sqrt{8^2 + 6^2} = 10[\Omega]$
상전류 $I_p = \dfrac{V}{Z} = \dfrac{200}{10} = 20[A]$

15-6 각 상의 임피던스가 $6 + j8[\Omega]$인 평형 Y 부하에 선간전압 220[V]인 대칭 3상 전압을 가할 때 선전류[A]는?

① 6　　② 8.5
③ 10.2　　④ 12.7

[해설] Y 결선일 때 $I_l = I_p$, $V_l = \sqrt{3}\,V_p$이므로
상전압 $V_p = \dfrac{V_l}{\sqrt{3}} = \dfrac{200}{\sqrt{3}}[V]$
선전류 $I_l = I_p = \dfrac{V}{|Z|} = \dfrac{\frac{220}{\sqrt{3}}}{\sqrt{6^2 + 8^2}} ≒ 12.7[A]$

정답　15-1 ④　15-2 ①　15-3 ③　15-4 ①　15-5 ①　15-6 ④

대표유형 16 △ 결선

① 개념 : △ 모양 또는 delta 모양의 결선으로 3상 교류를 사용하기 위한 결선법 중 하나

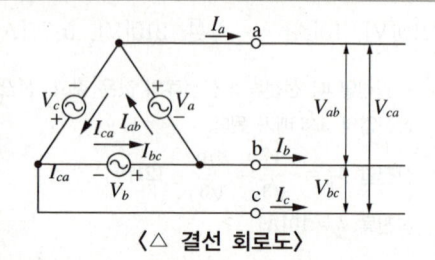

〈△ 결선 회로도〉

② 특징
  ㉠ 상전압, 선간전압
   • 상전압 V_p : V_a, V_b, V_c
   • 선간전압 V_l : V_{ab}, V_{bc}, V_{ca}
  ㉡ 상전압, 선간전압 관계
   $V_l = V_p$ (선간전압 = 상전압)
  ㉢ 상전류, 선전류
   • 상전류 I_p : I_{ab}, I_{bc}, I_{ca}
   • 선전류 I_l : I_a, I_b, I_c
  ㉣ 상전류, 선전류 관계
   • $I_l = \sqrt{3} I_p$ (선전류는 상전류의 $\sqrt{3}$배)
   • 선전류 I_l이 상전류 I_p보다 30° 뒤진다.
  ㉤ 소비전력
   $P = 3P_{1상} = 3V_p I_p \cos\theta = \sqrt{3} V_l I_l \cos\theta$

16-1 평형 3상 교류 회로에서 △ 결선할 때, 선전류 I_l과 상전류 I_p의 관계 중 옳은 것은?

① $I_l = I_p$ ② $I_l = \dfrac{1}{\sqrt{3}} I_p$
③ $I_l = \sqrt{3} I_p$ ④ $I_l = 3 I_p$

해설 △ 결선에서 선전류는 상전류의 $\sqrt{3}$배다.
$I_l = \sqrt{3} I_p$

16-2 평형 3상 교류 회로에서 △ 결선할 때, 상전류 I_p와 선전류 I_l의 관계 중 옳은 것은?

① $I_p = I_l$ ② $I_p = \dfrac{1}{\sqrt{3}} I_l$
③ $I_p = \sqrt{3} I_l$ ④ $I_p = 3 I_l$

해설 △ 결선에서 선전류는 상전류의 $\sqrt{3}$배다.
$I_l = \sqrt{3} I_p$
$\therefore I_p = \dfrac{1}{\sqrt{3}} I_l$

16-3 평형 3상 교류 회로에서 △ 결선할 때, 선간전압 V_l과 상전압 V_p의 관계로 옳은 것은?

① $V_l = V_p$ ② $V_l = \dfrac{1}{\sqrt{3}} V_p$
③ $V_l = \sqrt{3} V_p$ ④ $V_l = 3 V_p$

해설 △ 결선에서 선간전압과 상전압은 서로 같다.
$V_l = V_p$

16-4 △ 회로에서 전압이 200[V], 1상의 부하가 $Z = 6 + j8[\Omega]$일 때, 선전류는 몇 [A]인가?

① 10   ② $10\sqrt{3}$
③ 20   ④ $20\sqrt{3}$

해설 상전류 $I_p = \dfrac{V}{Z} = \dfrac{200}{\sqrt{6^2 + 8^2}} = 20[A]$

△ 결선에서 선전류는 상전류의 $\sqrt{3}$배이므로
$I_l = \sqrt{3} I_p = 20\sqrt{3}$

16-5 △ 결선의 전원에서 선간전압이 220[V]이고 선전류가 $20\sqrt{3}$ [A]일 때, 상전류[A]는?

① 10
② $10\sqrt{3}$
③ 20
④ $20\sqrt{3}$

해설 △ 결선에서 선전류는 상전류의 $\sqrt{3}$ 배이므로
$I_l = \sqrt{3}\,I_p$
상전류 $I_p = \dfrac{I_l}{\sqrt{3}} = \dfrac{20\sqrt{3}}{\sqrt{3}} = 20$[A]

16-6 대칭 3상 △ 결선에서 상전류와 선전류의 위상 관계로 옳은 것은?

① 상전류가 선전류보다 30° 앞선다.
② 선전류가 상전류보다 30° 앞선다.
③ 상전류가 선전류보다 60° 앞선다.
④ 선전류가 상전류보다 60° 앞선다.

해설 △ 결선에서 선전류는 상전류보다 30° 뒤진다. 이것은 곧 상전류가 선전류보다 30° 앞서는 것을 의미한다.

16-7 전원과 부하가 다 같이 △ 결선된 3상 평형 회로가 있다. 상전압이 200[V], 부하 임피던스가 $Z = 6 + j8$ [Ω]인 경우 선전류는 몇 [A]인가?

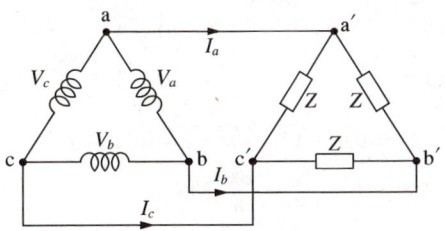

① 20
② $20\sqrt{3}$
③ 10
④ $10\sqrt{3}$

해설 임피던스 절댓값 $|Z| = \sqrt{6^2 + 8^2} = 10$[Ω]
△ 결선된 3상 평형 회로의 경우
선전류 $I_l = \sqrt{3}\,I_p$[A]이므로
상전류 $I_p = \dfrac{V}{|Z|} = \dfrac{200}{10} = 20$[A]
∴ 선전류 $I_l = \sqrt{3}\,I_p = 20\sqrt{3}$[A]

16-8 △ 결선으로 연결된 부하에 각 상의 전류가 5[A], 각 상의 저항이 4[Ω], 리액턴스가 3[Ω]이라 하면 전체 소비전력은 몇 [W]인가?

① 100
② 200
③ 300
④ 400

해설 소비전력(= 유효 전력)이며
유효 전력은 저항에서 소비되는 전력이므로
$P_{1상} = VI = I^2 R = 5^2 \times 4 = 100$[W]
∴ $P_{전체} = 3P_{1상} = 300$[W]

16-9 △-△ 결선된 3상 평형 회로에서 상전압 $V_p = 200[V]$, 부하 임피던스 $Z = 3 + j4[\Omega]$일 때 상전류[A]는 얼마인가?

① 20
② $20\sqrt{3}$
③ 40
④ $40\sqrt{3}$

해설 $|Z| = \sqrt{R^2 + X^2} = \sqrt{3^2 + 4^2} = 5[\Omega]$이고

상전류 $I_p = \dfrac{V_p}{|Z|} = \dfrac{200}{5} = 40[A]$

대표유형 17 V 결선

① 개념 : △ 결선에서 1상을 제외한 상태에서 3상 전력을 공급하고 있는 결선

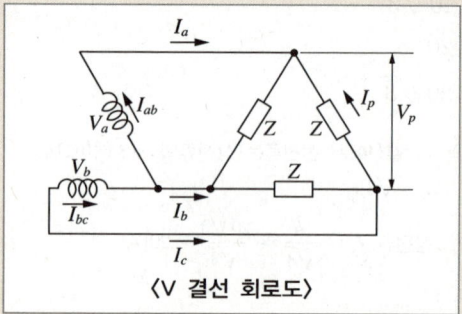

〈V 결선 회로도〉

② 특징
  ㉠ 상전압, 선간전압
   • 상전압 V_p : V_a, V_b
   • 선간전압 V_l
   • $V_p = V_l$
  ㉡ 상전류, 선전류
   • 상전류 I_p : I_{ab}, I_{bc}
   • 선전류 I_l : I_a, I_b, I_c
   • $I_p = I_l$
  ㉢ 소비전력
   $P = 3P_{\text{부하 1개}} = 3V_{p(\text{부하 측})}I_{p(\text{부하 측})}$
   $= 3(V_l) \cdot \left(\dfrac{1}{\sqrt{3}}I_l\right)$
   $= \sqrt{3}\,V_l I_l$
   $= \sqrt{3}\,V_p I_p$
  ㉣ 출력비 $= \dfrac{\text{V 출력}}{\triangle \text{ 출력}} = \dfrac{\sqrt{3}\,V_p I_p \cos\theta}{3 V_p I_p \cos\theta}$
   $= 0.577$
  ㉤ 이용률 $= \dfrac{\text{V 결선 설비용량}}{\text{2대 설비용량}} = \dfrac{\sqrt{3}\,VI}{2VI}$
   $= 0.866$

16-10 3상 220[V], △ 결선에서 1상의 부하가 $Z = 8 + j6[\Omega]$일 때 선전류[A]는 얼마인가?

① 22
② $22\sqrt{3}$
③ 40
④ $40\sqrt{3}$

해설 △ 결선일 때 $I_l = \sqrt{3}\,I_p$, $V_l = V_p$이므로

상전류 $I_p = \dfrac{V}{|Z|} = \dfrac{220}{\sqrt{8^2 + 6^2}} = 22[A]$

선전류 $I_l = \sqrt{3}\,I_p = 22\sqrt{3}\,[A]$

16-9 ③ 16-10 ②

17-1 출력 P[kVA]의 단상 변압기 2대를 V 결선할 때 3상 출력[kVA]으로 옳은 것은?

① P ② $\sqrt{3}\,P$
③ $3P$ ④ $\dfrac{1}{\sqrt{3}}P$

[해설] V 결선 시 연결된 부하의 소비전력은 $P_v = \sqrt{3}\,P_1$

17-2 100[kVA] 단상 변압기 2대를 V 결선하여 3상 전력을 공급할 때 출력[kVA]은 얼마인가?

① 17.3 ② 86.6
③ 173.2 ④ 346.8

[해설] V 결선 시 연결된 부하의 소비전력은
$P_v = \sqrt{3}\,P = \sqrt{3} \times 100 ≒ 173.2[\text{kVA}]$

17-3 단상 변압기 전원 2대를 V 결선할 때 출력비는?

① 57.7 ② 70.7
③ 86.6 ④ 100

[해설] 단상 변압기 전원 2대 V 결선 시
출력비 : 57.7[%], 이용률 : 86.6[%]

17-4 변압기 2대를 V 결선할 때 이용률은 몇 [%]인가?

① 57.7 ② 70.7
③ 86.6 ④ 100

[해설] 17-3번 해설 참조

대표유형 18 전력 계산하기(△, Y 결선)

$P = \sqrt{3}\,VI\cos\theta\,[\text{W}]$

18-1 어떤 3상 회로에서 선간전압이 250[V], 선전류 28[A], 3상 전력이 9.7[kW]이다. 이때의 역률은?

① 0.6 ② 0.7
③ 0.8 ④ 0.9

[해설] 3상 소비전력은 $P = \sqrt{3}\,VI\cos\theta\,[\text{W}]$이므로
$\cos\theta = \dfrac{P}{\sqrt{3}\,VI} = \dfrac{9{,}700}{\sqrt{3}\times 250\times 28} = 0.8$

18-2 선간전압이 13,200[V], 선전류가 800[A], 역률 80[%]인 부하의 소비전력[W]은 대략 얼마인가?

① 12,614 ② 14,632
③ 27,313 ④ 52,800

[해설] $P = \sqrt{3}\,V_l I_l \cos\theta$
$= \sqrt{3}\times 13{,}200\times 800\times 0.8$
$≒ 14{,}632[\text{W}]$

18-3 전압 220[V], 전류 10[A], 역률 0.8인 3상 전동기 사용 시 소비전력[W]은 대략 얼마인가?

① 1,425 ② 3,048
③ 4,352 ④ 7,250

[해설] 3상 전동기 소비전력
$P = \sqrt{3}\,VI\cos\theta = \sqrt{3}\times 220\times 10\times 0.8 ≒ 3{,}048[\text{W}]$

정답 17-1 ② 17-2 ③ 17-3 ① 17-4 ③ / 18-1 ③ 18-2 ② 18-3 ②

대표유형 19 3상 교류 전력의 측정

① 3전력계법 : 단상 전력계 3개로 3상 전력을 측정하는 방법

$P = P_1 + P_2 + P_3$ [W]

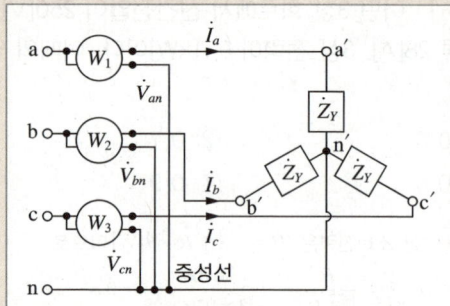

위 그림과 같이 전력계 W_1, W_2, W_3 3개를 사용하여 3상 전력(a상, b상, c상)을 측정

② 2전력계법 : 단상 전력계 2개로 3상 전력을 측정하는 방법

$P = P_1 + P_2$ [W]

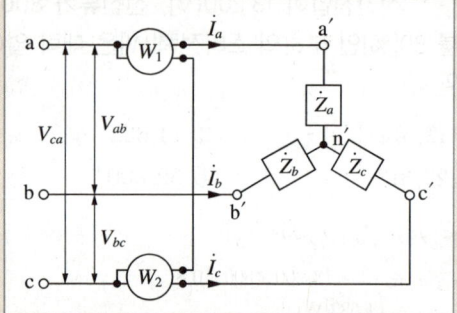

위 그림과 같이 전력계 W_1, W_2 2개를 사용하여 3상 전력(a상, b상, c상)을 측정

19-1 단상 전력계 2대를 사용하여 2전력계법으로 3상 전력을 측정하고자 한다. 두 전력계의 지시 값이 각각 P_1, P_2[W]이다. 3상 전력 P[W]를 구하는 식으로 옳은 것은?

① $P = P_1 + P_2$
② $P = P_1 \times P_2$
③ $P = P_1 - P_2$
④ $P = \sqrt{2}(P_1 + P_2)$

[해설] 2전력계법으로 측정한 3상 전력 $P = P_1 + P_2$[W]

19-2 2전력계법으로 3상 전력을 측정할 때 지시 값이 $P_1 = 200$[W], $P_2 = 200$[W]일 때 부하 전력 [W]은?

① 200 ② 400
③ 600 ④ 800

[해설] 2전력계법으로 측정한 3상 전력
$P = P_1 + P_2 = 200 + 200 = 400$[W]

대표유형 20 비정현파 교류의 표현

① 비정현파(=비사인파)
  ㉠ 개념 : 정현파가 아닌 파(톱니파, 삼각파, 펄스파 등)
  ㉡ 공식

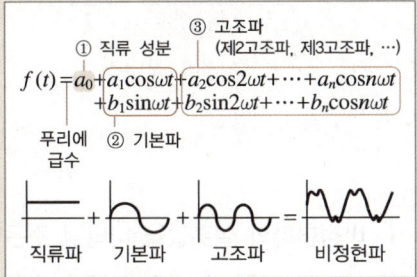

✓ **푸리에 분석**
임의의 주기 함수를 삼각함수로 전개한 것을 의미하며 비정현파를 여러 개의 정현파의 합으로 분석할 수 있음

✓ **정현파**
파형을 삼각 함수의 사인 곡선으로 표시하는 파

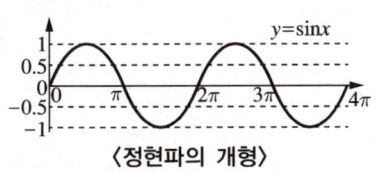

〈정현파의 개형〉

② 비정현파의 발생 요인
  ㉠ 발전기에서의 전기자 반작용
  ㉡ 변압기에서의 철심 자기 포화, 히스테리시스 현상
  ㉢ 다이오드의 비선형성
  ㉣ 콘덴서 등에 의한 발생

20-1 비사인파의 일반적인 구성이 아닌 것은?
① 직류분 ② 순시파
③ 고조파 ④ 기본파

해설 비사인파 = 직류분 + 기본파 + 고조파

20-2 비정현파의 성분을 가장 적합하게 나타낸 것은?
① 직류분 + 고조파
② 교류분 + 고조파
③ 직류분 + 기본파 + 고조파
④ 교류분 + 기본파 + 고조파

해설 20-1번 해설 참조

20-3 다음 파형 중 비정현파가 아닌 것은?
① 톱니파 ② 삼각파
③ 펄스파 ④ 주기사인파

해설 주기적인 사인파는 기본 정현파로 비정현파에 해당하지 않는다.

20-4 주기적인 구형파 신호의 성분에 대한 설명으로 옳은 것은?
① 성분 분석이 불가능하다.
② 직류분만으로 합성된다.
③ 교류 합성을 갖지 않는다.
④ 무수히 많은 주파수의 합성이다.

해설 주기적인 구형파는 기본파, 직류분, 여러 고조파들의 합성이다.

정답 20-1 ② 20-2 ③ 20-3 ④ 20-4 ④

20-5 비정현파를 여러 개의 정현파의 합으로 표현하는 식을 정의한 사람은?

① 노턴
② 패러데이
③ 푸리에
④ 앙페르

해설 **푸리에 분석**
- 비정현파를 여러 개의 정현파의 합으로 분석한 기법
- 비정현파 = 직류분 + 기본파 + 고조파

20-6 비정현파를 여러 개의 정현파의 합으로 표현하는 방법은?

① 푸리에 분석
② 테일러의 분석
③ 노턴의 법칙
④ 키르히호프의 법칙

해설 20-5번 해설 참조

20-7 비정현파를 발생시키는 요인이 아닌 것은?

① 옴의 법칙
② 전기자 반작용
③ 철심의 자기 포화
④ 히스테리시스 현상

해설 **왜형파 발생 요인**
- 발전기의 전기자 반작용
- 변압기 철심의 자기 포화
- 히스테리시스 현상

대표유형 21 비정현파 교류의 크기 구하기

$i(t) = I_0 + I_{m1}\sin(\omega t + \theta_1) + I_{m2}\sin(2\omega t + \theta_2)$
$+ \cdots + I_{mn}\sin(n\omega t + \theta_n)$ 일 때,

실횻값 $I = \sqrt{I_0^2 + \left(\dfrac{I_{m1}}{\sqrt{2}}\right)^2 + \left(\dfrac{I_{m2}}{\sqrt{2}}\right)^2 + \cdots + \left(\dfrac{I_{mn}}{\sqrt{2}}\right)^2}$
$= \sqrt{I_0^2 + I_1^2 + I_2^2 + \cdots + I_n^2}$

($I_{m1}, I_{m2}, \cdots, I_{mn}$: 전류 최댓값, $I_1, I_2, \cdots, I_n$: 실횻값)

21-1 비정현파의 실횻값을 나타낸 것은?

① 각 고조파의 실횻값 제곱의 합의 제곱근
② 각 고조파의 실횻값의 합의 제곱근
③ 최대파의 실횻값
④ 각 고조파의 실횻값의 합

해설 $i(t) = I_0 + I_{m1}\sin(\omega t + \theta_1) + I_{m2}\sin(2\omega t + \theta_2)$
$+ \cdots + I_{mn}\sin(n\omega t + \theta_n)$ 일 때,

실횻값 $I = \sqrt{I_1^2 + I_2^2 + I_3^2 + \cdots + I_n^2}$
⇨ 고조파의 실횻값의 제곱의 합의 제곱근

21-2 어느 회로의 전류가 다음과 같을 때, 이 회로에 대한 전류의 실횻값[A]은?

$i = 3 + 10\sqrt{2}\sin\left(\omega t - \dfrac{\pi}{6}\right) + 5\sqrt{2}\sin\left(3\omega t - \dfrac{\pi}{3}\right)$[A]

① 11.6
② 23.2
③ 32.2
④ 48.3

해설 비정현파 전류의 실횻값은 직류분(I_0)과 기본파 주파수 성분 실횻값(I_1), 고조파 주파수 성분 실횻값($I_2, I_3, \cdots, I_n$)의 제곱의 합을 제곱근한 것이다.
$I = \sqrt{I_0^2 + I_1^2 + I_3^2} = \sqrt{3^2 + 10^2 + 5^2} ≒ 11.6$[A]

정답 20-5 ③ 20-6 ① 20-7 ① / 21-1 ① 21-2 ①

21-3 $i = 3\sqrt{2}\sin\omega t + 4\sqrt{2}\sin(3\omega t - \theta)$ [A]로 표현되는 전류의 실횻값[A]은?

① 3　　② 4
③ 5　　④ 6

해설 비정현파 전류의 실횻값은 직류분(I_0)과 기본파 주파수 성분 실횻값(I_1), 고조파 주파수 성분 실횻값($I_2, I_3, \cdots, I_n$)의 제곱의 합을 제곱근한 것이다.

$$I = \sqrt{I_1^2 + I_3^2} = \sqrt{\left(\frac{3\sqrt{2}}{\sqrt{2}}\right)^2 + \left(\frac{4\sqrt{2}}{\sqrt{2}}\right)^2}$$
$$= \sqrt{3^2 + 4^2} = 5[A]$$

대표유형 22 왜형률(distortion factor)

① **개념**: 비정현파에서 기본파와 비교할 때, 고조파 성분이 어느 정도 포함되어 있는지를 의미하며 파형의 일그러짐 정도를 나타냄

② **공식**

$$D = \frac{\text{전 고조파의 실횻값}}{\text{기본파의 실횻값}}$$
$$= \frac{\sqrt{V_2^2 + V_3^2 + \cdots + V_n^2}}{V_1}$$

22-1 비정현파의 일그러짐 정도를 표현하는 양으로서 왜형률이란?

① $\dfrac{\text{평균값}}{\text{실횻값}}$

② $\dfrac{\text{최댓값}}{\text{실횻값}}$

③ $\dfrac{\text{전 고조파의 실횻값}}{\text{기본파의 실횻값}}$

④ $\dfrac{\text{기본파의 실횻값}}{\text{전 고조파의 실횻값}}$

해설 왜형률 = $\dfrac{\text{전 고조파의 실횻값}}{\text{기본파의 실횻값}}$

21-4 전류 순시값
$i(t) = 30\sin\omega t + 40\sin(3\omega t + 60°)$[A]의 실횻값은?

① 18.5　　② 23.1
③ 31.3　　④ 35.4

해설 각 고조파의 실횻값 $I_1 = \dfrac{30}{\sqrt{2}}$[A], $I_3 = \dfrac{40}{\sqrt{2}}$[A]

비정현파 실횻값 $I = \sqrt{I_1^2 + I_3^2}$
$= \sqrt{\left(\dfrac{30}{\sqrt{2}}\right)^2 + \left(\dfrac{40}{\sqrt{2}}\right)^2} \fallingdotseq 35.4$[A]

22-2 정현파 교류의 왜형률은?

① 0　　② 0.1212
③ 0.2273　　④ 0.4834

해설 정현파 교류는 고조파가 없으므로 왜형률이 0이다.

정답 21-3 ③　21-4 ④　/　22-1 ③　22-2 ①

22-3 기본파의 실횻값이 100[V]일 때 기본파의 3[%]인 제3고조파와 4[%]인 제5고조파, 1[%]인 제7고조파를 포함하는 전압파의 왜형률[%]은 약 얼마인가?

① 5.1　　② 6.5
③ 7.8　　④ 10.1

해설 왜형률$(D) = \dfrac{\text{전 고조파의 실횻값}}{\text{기본파의 실횻값}} \times 100[\%]$

$D = \dfrac{\sqrt{V_3^2 + V_5^2 + V_7^2}}{V_1} \times 100[\%]$

$= \dfrac{\sqrt{3^2 + 4^2 + 1^2}}{100} \times 100[\%]$

$≒ 5.1[\%]$

대표유형 23 파형률과 파고율

① 파형률
  ㉠ 개념 : 파형의 평평한 정도
  ㉡ 공식
   $\text{파형률} = \dfrac{\text{실횻값}}{\text{평균값}}$

② 파고율
  ㉠ 개념 : 파형의 날카로운 정도
  ㉡ 공식
   $\text{파고율} = \dfrac{\text{최댓값}}{\text{실횻값}}$

③ 여러 가지 파형의 특징

파형	모양	실횻값	평균값	파형률	파고율
정현파		$\dfrac{V_m}{\sqrt{2}}$	$\dfrac{2V_m}{\pi}$	1.11	1.414
정현반파		$\dfrac{V_m}{2}$	$\dfrac{V_m}{\pi}$	1.57	2
구형파		V_m	V_m	1	1
구형반파		$\dfrac{V_m}{\sqrt{2}}$	$\dfrac{V_m}{2}$	1.41	1.41
삼각파		$\dfrac{V_m}{\sqrt{3}}$	$\dfrac{V_m}{2}$	1.15	1.73

23-1 다음 중 파형률을 나타낸 것으로 옳은 것은?

① $\dfrac{\text{평균값}}{\text{실횻값}}$　　② $\dfrac{\text{실횻값}}{\text{평균값}}$

③ $\dfrac{\text{최댓값}}{\text{실횻값}}$　　④ $\dfrac{\text{최댓값}}{\text{평균값}}$

해설 파형률 $= \dfrac{\text{실횻값}}{\text{평균값}}$

23-2 다음 중 구형파의 파고율은?

① 1   ② 1.11
③ 1.15   ④ 1.57

해설

파형	실횻값	평균값	파형률	파고율
정현파	$\frac{V_m}{\sqrt{2}}$	$\frac{2V_m}{\pi}$	1.11	1.414
정현 반파	$\frac{V_m}{2}$	$\frac{V_m}{\pi}$	1.57	2
구형파	V_m	V_m	1	1
구형 반파	$\frac{V_m}{\sqrt{2}}$	$\frac{V_m}{2}$	1.41	1.41
삼각파	$\frac{V_m}{\sqrt{3}}$	$\frac{V_m}{2}$	1.15	1.73

23-3 파형률과 파고율이 모두 1인 파형은?

① 정현파
② 구형파
③ 삼각파
④ 반원파

해설 구형파는 직각으로 이루어져 있으므로 파형률과 파고율이 모두 1인 파형이다.

23-4 삼각파 전압의 최댓값이 V_m일 때 실횻값은?

① V_m ② $\frac{V_m}{\sqrt{2}}$
③ $\frac{2V_m}{\pi}$ ④ $\frac{V_m}{\sqrt{3}}$

해설 삼각파

실횻값 : $\frac{V_m}{\sqrt{3}}$, 평균값 : $\frac{V_m}{2}$

23-5 입력 전원 전압이 $v_s = V_m \sin\theta$인 경우, 다음 그림의 전파 다이오드 정류기의 출력 전압 $v_o(t)$에 대한 평균치와 실효치를 각각 옳게 나타낸 것은?

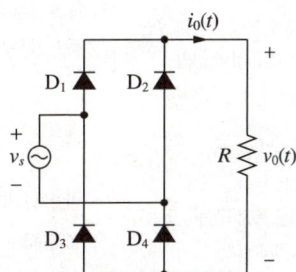

① 평균치 : $\frac{V_m}{\pi}$, 실효치 : $\frac{V_m}{2}$

② 평균치 : $\frac{V_m}{2}$, 실효치 : $\frac{V_m}{\pi}$

③ 평균치 : $\frac{V_m}{2\pi}$, 실효치 : $\frac{V_m}{\sqrt{2}}$

④ 평균치 : $\frac{2V_m}{\pi}$, 실효치 : $\frac{V_m}{\sqrt{2}}$

해설

파형	정현파	정현 반파	삼각파	구형 반파	구형파
실횻값	$\frac{V_m}{\sqrt{2}}$	$\frac{V_m}{2}$	$\frac{V_m}{\sqrt{3}}$	$\frac{V_m}{\sqrt{2}}$	V_m
평균값	$\frac{2V_m}{\pi}$	$\frac{V_m}{\pi}$	$\frac{V_m}{2}$	$\frac{V_m}{2}$	

정답 23-2 ①   23-3 ②   23-4 ④   23-5 ④

CHAPTER 02 전기기기

대/표/유/형 로드맵

1. 직류기
1. 발전기 vs 전동기
2. 직류 발전기의 구조
3. 전기자 권선법
4. 직류 발전기의 유도 기전력
5. 타여자 발전기
6. 자여자 발전기
7. 내분권과 외분권
8. 전압 변동률
9. 전기자 반작용
10. 직류 발전기의 정류 곡선
11. 직류 발전기의 정류 개선 방법
12. 직류 발전기 관련 곡선
13. 직류 발전기의 병렬 운전
14. 타여자 전동기
15. 자여자 전동기 I (직류 직권 전동기)
16. 자여자 전동기 II (직류 분권 전동기)
17. 전동기의 속도 제어

2. 동기기
1. 동기 발전기의 구조
2. 동기기의 전기자 권선법
3. 동기 발전기의 원리
4. 매극 매상당 슬롯수
5. 동기 발전기의 특징
6. 단락비
7. 특성 곡선
8. 동기 발전기의 병렬 운전
9. 동기 전동기의 원리
10. 전기자 반작용, 제동 권선
11. 위상 특성 곡선(V 곡선)
12. 동기 조상기
13. 동기 전동기의 장단점, 공극
18. 전동기의 제동법
19. 속도 변동률, 직류 전동기의 속도, 특성 곡선
20. 직류 전동기의 기동

3. 변압기
1. 변압기의 구조
2. 절연계급
3. 변압기의 원리
4. 변압기의 정격 출력
5. △-△ 결선
6. Y-Y 결선
7. △-Y 결선
8. 변압기의 Y-△ 결선
9. 변압기의 V-V 결선
10. 변압기 상수의 변환
11. 변압기의 등가회로
12. %강하
13. 전압 변동률
14. 변압기의 시험법
15. 변압기의 손실과 효율
16. 변압기의 병렬 운전

4. 유도기
1. 유도 전동기의 원리
2. 유도 전동기의 구조
3. 유도 전동기의 회전 속도와 슬립
4. 유도 전동기의 등가 회로
5. 유도 전동기의 손실과 효율
6. 유도 전동기의 출력 특성 곡선
7. 비례 추이
8. 농형 유도 전동기
9. 단상 유도 전동기
10. 전동기의 역회전 방법
17. 변압기유
18. 변압기의 보호 계전기
19. 단권 변압기
20. 계기용 변성기

5. 전기기기 응용
1. 스위칭
2. N형, P형 반도체
3. 위상 제어
4. 여러 가지 전력용 반도체의 분류
5. 정류기
6. 인버터, AC 인버터, 주파수 인버터, 초퍼
7. 전동기의 속도 제어

01 직류기

대표유형 01 발전기 vs 전동기

① 발전기
  ㉠ 기계 E → 전기 E
  ㉡ 플레밍의 오른손 법칙

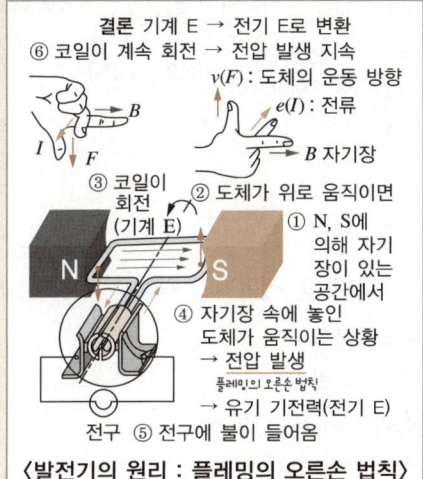

〈발전기의 원리 : 플레밍의 오른손 법칙〉

  ㉢ 발전기의 규약 효율

  $$\eta_{발전기} = \frac{출력}{입력} \times 100[\%]$$

  $$= \frac{출력}{출력 + 손실} \times 100[\%]$$

  ⇨ 출력으로 효율을 표현

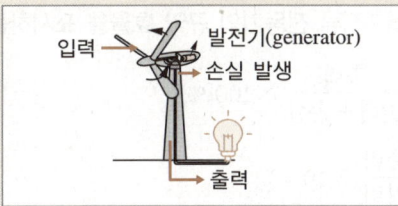

② 전동기
  ㉠ 전기 E → 기계 E
  ㉡ 플레밍의 왼손 법칙

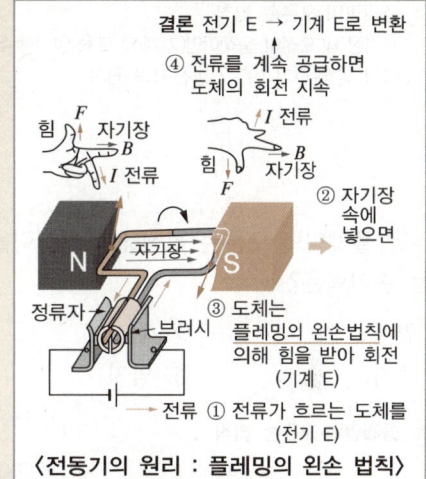

〈전동기의 원리 : 플레밍의 왼손 법칙〉

  ㉢ 전동기의 규약 효율

  $$\eta_{전동기} = \frac{출력}{입력} \times 100[\%]$$

  $$= \frac{입력 - 손실}{입력} \times 100[\%]$$

  ⇨ 입력으로 효율을 표현

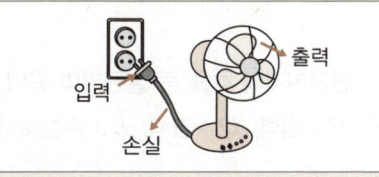

01-1 다음 중 발전기의 원리에 적용되는 법칙은?

① 옴의 법칙
② 렌츠의 법칙
③ 플레밍의 왼손 법칙
④ 플레밍의 오른손 법칙

해설 플레밍의 오른손 법칙
자기장 내 도선이 움직이면(기계 E) 도체 양단에 유도 기전력이 발생(전기 E) → 발전기의 원리

01-2 플레밍의 오른손 법칙에서 기전력을 의미하는 손가락은?

① 엄지 ② 검지
③ 중지 ④ 약지

해설 플레밍의 오른손 법칙

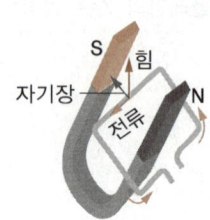 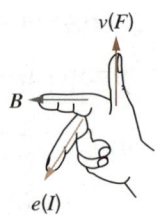

01-3 전기기계의 효율 중 발전기의 규약 효율 η_G는?(단, P : 입력, Q : 출력, L : 손실로 표현한다)

① $\eta_G = \dfrac{L}{P} \times 100\,[\%]$

② $\eta_G = \dfrac{P-L}{P+L} \times 100\,[\%]$

③ $\eta_G = \dfrac{Q+L}{Q} \times 100\,[\%]$

④ $\eta_G = \dfrac{Q}{Q+L} \times 100\,[\%]$

해설 발전기의 규약 효율
$\eta = \dfrac{출력}{입력} \times 100\,[\%] = \dfrac{출력}{출력+손실} \times 100\,[\%]$

01-4 3상 4극, 60[MVA], 역률 0.8, 60[Hz], 22.9[kV] 수차 발전기의 전부하 손실이 1,600[kW]이면 전부하 효율[%]은?

① 87 ② 90
③ 95 ④ 97

해설 수차 발전기의 효율은

$\eta = \dfrac{출력}{입력} \times 100\,[\%] = \dfrac{출력}{출력+손실} \times 100\,[\%]$

$= \dfrac{60 \times 0.8}{(60 \times 0.8) + 1.6} \times 100 \fallingdotseq 97\,[\%]$

01-5 다음 중 전동기의 원리에 적용되는 법칙은?

① 옴의 법칙
② 렌츠의 법칙
③ 플레밍의 왼손 법칙
④ 플레밍의 오른손 법칙

해설 플레밍의 왼손 법칙
자기장 내 도체에 전류가 흐르면(전기 E) 도선의 힘을 받아 움직임(기계 E) → 전동기의 원리

01-6 직류 전동기의 규약 효율을 표시하는 식은?

① $\dfrac{출력}{출력+손실} \times 100\,[\%]$

② $\dfrac{출력}{입력} \times 100\,[\%]$

③ $\dfrac{입력-손실}{입력} \times 100\,[\%]$

④ $\dfrac{입력}{출력+손실} \times 100\,[\%]$

해설 직류기의 규약 효율
전동기 $= \dfrac{출력}{입력} \times 100\,[\%] = \dfrac{입력-손실}{입력} \times 100\,[\%]$

1-1 ④ 1-2 ③ 1-3 ④ 1-4 ④ 1-5 ③ 1-6 ③

대표유형 02 직류 발전기의 구조

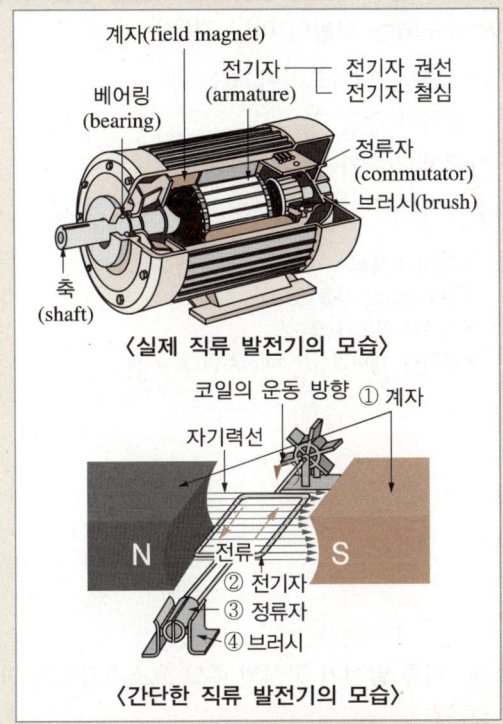

〈실제 직류 발전기의 모습〉

〈간단한 직류 발전기의 모습〉

① 계자(field magnet) : 자속을 발생시키며 전기자에 자속을 제공하여 기전력을 유도. 계자 철심에 권선을 감고 전류를 흘리면 자속이 발생
② 전기자(armature) : 회전하면서 계자의 자속을 끊어 플레밍의 오른손 법칙에 의해 기전력이 발생되는 부분. 전기자 철심의 슬롯에 전기자 권선(= 도체(코일))을 삽입한 구조
③ 정류자(commutator) : 유도된 교류 기전력을 직류로 바꿈
④ 브러시(brush) : 정류자 표면에 접촉하여 발전기에서 발생된 기전력을 외부 회로에 전달

✓ **계자의 철심**
계자 철심은 철손 감소를 위해
1. 규소(Si) 강판 사용
   → 히스테리시스손 감소
2. 성층 철심 사용
   → 맴돌이 전류손(와류손) 감소

02-1 직류 발전기 전기자의 주된 역할은?
① 자속을 만든다.
② 정류 작용을 한다.
③ 기전력을 유도한다.
④ 회전자와 외부 회로를 접속한다.

해설 전기자는 자속을 끊어 기전력을 유도한다.

02-2 직류 발전기 전기자의 구성으로 옳은 것은?
① 전기자 권선, 계자
② 전기자 권선, 전기자 철심
③ 전기자 철심, 브러시
④ 전기자 철심, 정류자

해설 전기자는 전기자 철심, 전기자 권선으로 구성된다.

02-3 직류 발전기의 전기자에 대한 설명 중 잘못된 것은?
① 중형 및 대형기에서는 가지형 슬롯을 사용한다.
② 전기자 권선은 소전류인 경우 연동환선을 사용한다.
③ 소형기에는 반폐 슬롯을 사용한다.
④ 전기자 권선은 대전류인 경우 평각동선을 사용한다.

해설 • 중형 및 대형기 : 개방 슬롯, 쐐기 넣는 슬롯이 사용
• 소형기 : 가지 모양 슬롯, 반폐 슬롯이 사용

정답 2-1 ③ 2-2 ② 2-3 ①

02-4 직류 발전기에서 계자의 역할로 옳은 것은?

① 자속을 만든다.
② 정류 작용을 한다.
③ 철손을 감소시킨다.
④ 전기자 권선과 외부 회로를 연결한다.

해설 계자 : 자속 생성

02-5 철심에 권선을 감고 전류를 흘려서 필요한 자속을 만드는 것은?

① 계자
② 전기자
③ 정류자
④ 브러시

해설 계자(field magnet)에서 자속을 발생시키며 전기자에 자속을 제공하여 기전력을 유도한다.

02-6 직류 발전기를 구성하는 부분 중 정류자란?

① 계자 권선과 외부 회로를 연결하는 부분
② 전기자와 쇄교하는 자속을 만드는 부분
③ 전기자 권선에서 생긴 교류를 직류로 바꾸는 부분
④ 자속을 끊어서 기전력을 유기하는 부분

해설 정류자 : 교류를 직류로 변환

02-7 정류자와 접촉하여 전기자 권선과 외부 회로를 연결하는 역할을 하는 것은?

① 계자
② 브러시
③ 전기자
④ 계자 철심

해설 브러시는 정류자편에 접촉하여 전기자 권선과 외부 회로를 연결한다.

02-8 직류기에 있어서 정류자와 접촉하여 전기자 권선과 외부 회로를 연결하는 역할을 하는 브러시에 요구되는 사항이 아닌 것은?

① 내마멸성, 내마모성이 좋을 것
② 내열성이 좋을 것
③ 기계적 강도가 클 것
④ 접촉저항이 클 것

해설 브러시의 특성
 • 접촉저항이 작을 것
 • 기계적 강도가 클 것
 • 내열성, 내마멸성, 내마모성이 좋을 것

02-9 직류 발전기 구성의 주요 요소 3가지가 아닌 것은?

① 보극
② 전기자
③ 정류자
④ 계자

해설 직류 발전기 구성의 주요 3요소 : 계자, 전기자, 정류자

02-10 직류 발전기의 철심을 규소 강판으로 성층하여 사용하는 주된 이유는?

① 브러시에서의 불꽃 방지 및 정류 개선
② 맴돌이 전류손과 히스테리시스손의 감소
③ 전기자 반작용의 감소
④ 기계적 강도 개선

해설 철심을 규소 강판으로 성층하면 맴돌이 전류손(와류손)과 히스테리시스손을 감소시킬 수 있다.

02-11 전기기기의 철심 재료로 규소 강판을 많이 사용하는 이유로 가장 적당한 것은?

① 와류손을 줄이기 위해
② 맴돌이 전류를 없애기 위해
③ 히스테리시스손을 줄이기 위해
④ 구리손을 줄이기 위해

해설 규소 강판을 사용하면 히스테리시스손을 줄일 수 있다.

02-12 전기기계에 있어 와전류손(eddy current loss)을 감소하기 위한 적합한 방법은?

① 교류 전원을 사용한다.
② 기계적 강도를 개선한다.
③ 냉각 압연한다.
④ 규소 강판에 성층 철심을 사용한다.

해설 직류 발전기의 철심을 규소 강판으로 성층하면 맴돌이 전류손(와류손)과 히스테리시스손을 감소시킬 수 있다.

02-13 변압기 철심에 성층 철심을 사용하는 이유는 무엇인가?

① 구리손을 줄이기 위하여
② 풍손을 줄이기 위하여
③ 와류손을 감소시키기 위하여
④ 히스테리시스손을 줄이기 위하여

해설 맴돌이 전류손(와류손)을 줄이기 위하여 얇은 강판을 성층하여 사용한다.

02-14 계자에서 발생한 자속을 전기자에 골고루 분포시키는 역할을 하는 것은?

① 저항   ② 콘덴서
③ 브러시   ④ 공극

해설 공극
계자와 전기자 사이에 존재하며 계자에서 발생한 자속을 전기자에 균일하게 분포하기 위해 필요하다.

대표유형 03 전기자 권선법

전기자 철심의 슬롯(홈)에 전기자 권선(코일)을 감는 방법

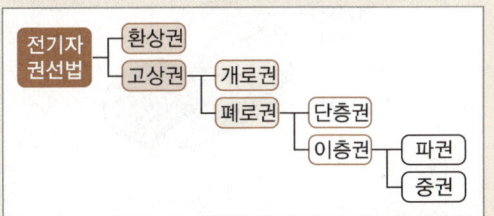

① 직류기는 고상권이면서 폐로권, 이층권이면서 중권을 사용
② 전기자 권선법의 종류
  ㉠ 환상권과 고상권
   • 환상권(ring winding) : 속이 비어있는 원통형 철심의 안과 밖으로 코일을 감는 방법
   • 고상권(drum winding) : 원통형 철심의 표면에 코일을 감는 방법
  ㉡ 개로권과 폐로권
   • 개로권(open loop) : 여러 개의 독립된 코일을 전기자 철심에 감는 권선법
   • 폐로권(closed loop) : 하나의 코일이 하나의 폐회로가 되도록 감는 권선법
  ㉢ 단층권과 이층권
   • 단층권(single layer winding) : 1개의 슬롯에 1개의 코일변을 감는 방법
   • 이층권(double layer winding) : 1개의 슬롯에 2개의 코일변을 위아래로 겹치도록 감는 방법
  ㉣ 파권과 중권
   • 파권(wave winding, 직렬법) : 코일의 한쪽 끝을 다른 코일의 시작점과 연결하여 감는 방식으로 물결 모양이 형성되며 직렬 연결과 유사
   • 중권(lap winding, 병렬법) : 여러 코일이 서로 겹치도록 감는 방식으로 병렬 연결과 유사

정답 2-11 ③ 2-12 ④ 2-13 ③ 2-14 ④

✓ 파권과 중권의 주요 특징 비교

1. 파권(직렬법)

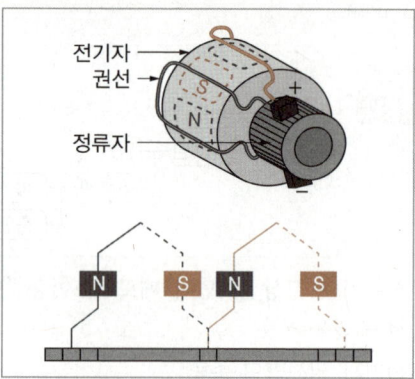

① 병렬 회로수
   a=브러시수 b=2[개]
② 총 도체수 Z[개]
③ 직렬 도체수 = $\dfrac{Z}{a}$ = $\dfrac{Z}{2}$[개]
④ 도체 1개당 유도 기전력 e
⑤ 전체 유도 기전력
   $E = e \times$ 직렬 도체수
   $= e \times \left(\dfrac{Z}{2}[개]\right)$
⑥ 전체 전류 = $I \times$ 병렬 회로수 = $2I$
   ⇨ 브러시 양단에서 소전류, 고전압을 얻을 수 있음

2. 중권(병렬법)

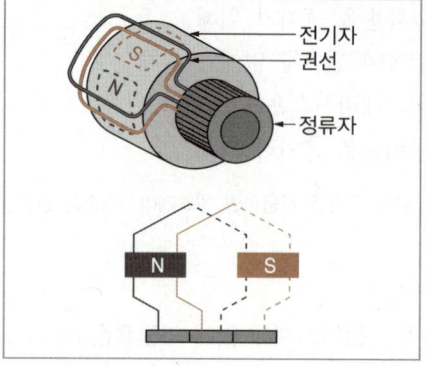

① 병렬 회로수
   a = 극수 p = 브러시수 b
② 총 도체수 Z[개]
③ 직렬 도체수 = $\dfrac{Z}{a}$[개]
④ 도체 1개당 유도 기전력 e
⑤ 전체 유도 기전력
   $E = e \times$ 직렬 도체수
   $= e \times \left(\dfrac{Z}{a}[개]\right)$
⑥ 전체 전류 = $I \times$ 병렬 회로수 = aI
   ⇨ 브러시 양단에서 대전류, 저전압을 얻을 수 있음
⑦ 병렬 회로 간의 전압이 일정하게 해주기 위한 균압 고리(균압환) 설치 필요

03-1 직류기의 파권에서 극수에 관계없이 병렬 회로수 a는 얼마인가?

① 1 ② 2
③ 3 ④ 4

해설

구분	파권(직렬권)	중권(병렬권)
병렬 회로수 (a)	2개	극수와 동일($a=p$)
브러시수 (b)	2개 또는 극수(p)	극수와 동일($b=p$)
용도(적용)	고전압, 소전류용	저전압, 대전류용
균압 접속 (균압환)	불필요	필요 (4극 이상일 경우)

03-2 직류기의 전기자 권선을 중권으로 할 때, 다음 중 틀린 것은?

① 균압 고리를 설치할 필요가 있다.
② 브러시수는 항상 2개다.
③ 전기자 권선의 병렬 회로 수는 극수와 같다.
④ 전압이 낮고, 전류가 큰 기기에 적합하다.

해설 03-1번 해설 참조

03-3 다중 중권의 극수 p인 직류기에서 전기자 병렬 회로수 a는 어떻게 되는가?

① $a=p$ ② $a=2$
③ $a=2p$ ④ $a=4p$

해설 03-1번 해설 참조

03-4 다극 중권 직류 발전기의 전기자 권선에 균압 고리를 설치하는 이유는?

① 정류 기전력을 높이기 위하여
② 전기자 반작용을 방지하기 위하여
③ 브러시에서 순환 전류를 방지하기 위하여
④ 전압 강하를 방지하기 위하여

해설 **균압 고리**
브러시의 불꽃을 방지하고 순환 전류를 방지하며 발전기의 안정 운전을 위해 설치하며 중권일 때 필요

03-5 직류기의 전기자 권선법의 특성에 대한 설명으로 옳은 것은?

① 단중 파권에서는 브러시의 수가 2개다.
② 단중 중권은 고전압, 소전류용이다.
③ 단중 파권은 저전압, 대전류용이다.
④ 단중 중권의 경우 균압 접속이 필요하지 않다.

해설 03-1번 해설 참조

정답 3-1 ② 3-2 ② 3-3 ① 3-4 ③ 3-5 ①

대표유형 04 직류 발전기의 유도 기전력

① **직류 발전기의 원리** : 자속 밀도가 $B[\text{Wb/m}^2]$인 공간에 도체를 놓고 $v[\text{m/s}]$의 속도로 회전시키면 도체에 $E=Blv\sin\theta[\text{V}]$의 교류 기전력이 발생하고 정류자에 의해 직류 전압으로 변환

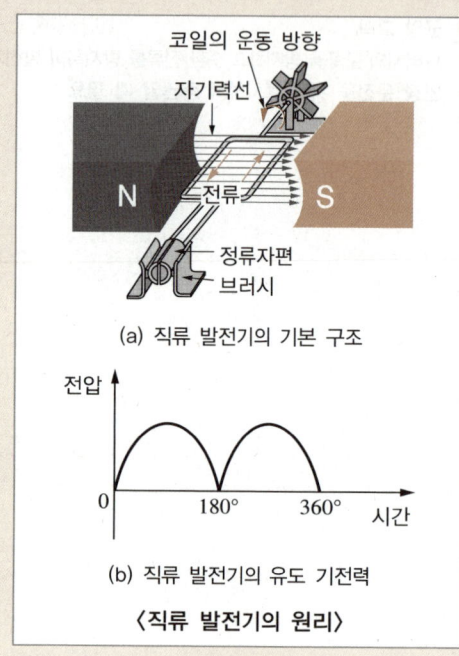

(a) 직류 발전기의 기본 구조

(b) 직류 발전기의 유도 기전력

〈직류 발전기의 원리〉

② 직류 발전기의 유도 기전력

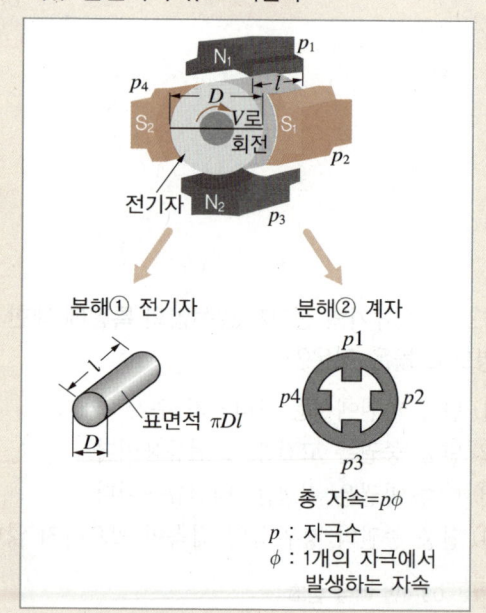

㉠ 전기자 표면에서 자속 밀도

$$B=\frac{\text{전체 자속}}{\text{원통 표면적}}=\frac{p\phi}{2\pi rl}$$

$$=\frac{p\phi}{\pi Dl}[\text{Wb/m}^2]$$

(p : 극수, ϕ : 자속, r : 반지름, l : 길이, D : 지름)

㉡ 전기자의 회전 속도

$$v=2\pi rn=\pi Dn=\pi D\frac{N}{60}[\text{m/s}]$$

(r : 전기자 도체의 반지름,
n : 전기자 도체의 초당 회전 속도[rps],
D : 전기자 도체의 지름,
N : 전기자 도체의 분당 회전 속도[rpm])

㉢ 도체 1개의 유도 기전력

$$e=Blv=\left(\frac{p\phi}{2\pi rl}\right)\times l\times\left(\frac{2\pi rN}{60}\right)$$

$$=p\phi\frac{N}{60}[\text{V}]$$

(B : 평균 자속 밀도, l : 도체의 길이,
v : 도체의 회전 속도, p : 극수, ϕ : 자속,
N : 도체의 분당 회전 속도[rpm])

㉣ 전체 유도 기전력

$$E=e\times\left(\frac{Z}{a}\right)=\frac{pZ\phi N}{60a}=K\phi N[\text{V}]$$

(e : 도체 1개에 유도되는 기전력,
$\frac{Z}{a}$: 브러시 사이에 직렬로 접속된 도체의 수,
Z : 도체의 총수,
a : 병렬 회로의 수,
N : 도체의 분당 회전 속도[rpm],
K : 기계 상수)

✓ **중권, 파권에서의 병렬 회로의 수 a**
1. 중권 $a=p$ (p : 극수)
2. 파권 $a=2$

04-1 전기자 지름 0.2[m]인 직류 발전기가 1.5[kW]의 출력에서 1,800[rpm]으로 회전하고 있을 때 전기자 주변 속도는 약 몇 [m/s]인가?

① 10.25　　② 15.56
③ 18.84　　④ 36.68

해설 전기자 주변 속도
$$v = \pi D \frac{N}{60} = \pi \times 0.2 \times \frac{1,800}{60} \fallingdotseq 18.84 [\text{m/s}]$$

04-2 직류 분권 발전기가 있다. 전기자 총 도체수 220, 매극의 자속 0.01[Wb], 극수 6, 회전수 1,500[rpm]일 때 유기 기전력은 몇 [V]인가?(단, 전기자 권선은 파권이다)

① 80　　② 135
③ 150　　④ 165

해설 파권이므로 $a = 2$
유기 기전력 $E = \dfrac{pZ\phi N}{60a} = \dfrac{6 \times 220 \times 0.01 \times 1,500}{60 \times 2}$
$= 165[\text{V}]$
(p : 극수, Z : 총 도체수, ϕ : 극당 자속, N : 회전수, a : 병렬 회로수)

04-3 직류 발전기가 있다. 자극수는 6, 전기자 총 도체수 400, 매극당 자속 0.01[Wb], 회전수는 600[rpm]일 때 전기자에 유기되는 기전력은 몇 [V]인가?(단, 전기자 권선은 파권이다)

① 80　　② 120
③ 140　　④ 165

해설 파권이므로 $a = 2$
유기 기전력 $E = \dfrac{pZ\phi N}{60a} = \dfrac{6 \times 400 \times 0.01 \times 600}{60 \times 2}$
$= 120[\text{V}]$

04-4 6극 직렬권 발전기의 전기자 도체수 300, 매극의 자속 0.02[Wb], 회전수 900[rpm]일 때, 유도 기전력[V]는?

① 100　　② 110
③ 200　　④ 270

해설 직렬권은 파권을 의미하므로 $a = 2$
$$E = \frac{pZ\phi N}{60a} = \frac{6 \times 300 \times 0.02 \times 900}{60 \times 2} = 270[\text{V}]$$

04-5 직류 분권 발전기에서 전기자 총 도체수가 400, 매극의 자속이 0.01[Wb], 극수가 6, 회전수가 1,500[rpm]일 때, 유기 기전력은 몇 [V]인가?(단, 전기자 권선은 중권이다)

① 80　　② 90
③ 100　　④ 110

해설 중권은 $a = p$이므로
$$E = \frac{pZ\phi N}{60a} = \frac{6 \times 400 \times 0.01 \times 1,500}{60 \times 6} = 100[\text{V}]$$

04-6 직류 발전기에서 유기 기전력 E와 자속 ϕ, 회전 속도 n의 관계를 바르게 나타낸 것은?

① $E \propto \dfrac{\phi}{n}$　　② $E \propto \dfrac{n}{\phi}$
③ $E \propto \phi^2 n$　　④ $E \propto \phi n$

해설 $E = \dfrac{pZ\phi N}{60a} = \dfrac{pZ\phi n}{a}$
이때 N은 분당 회전수[rpm], n은 초당 회전수[rps]이며 $n = \dfrac{N}{60}$
∴ $E \propto \phi n$

정답 4-1 ③　4-2 ④　4-3 ②　4-4 ④　4-5 ③　4-6 ④

대표유형 05 타여자 발전기

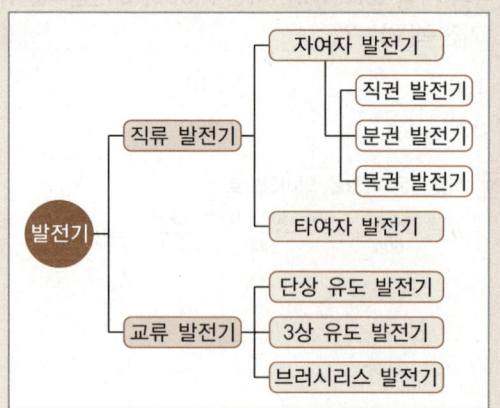

타여자 발전기

전기자와 접속되지 않은 계자 권선에 따라 외부 전원을 인가하여 계자 자속을 발생(여자)시키는 방식

① 부하가 있는 경우
  ㉠ $I_a = I$ [A]
  ㉡ $E = I_a R_a + V$ [V]
  (I_a : 전기자 전류, I : 부하 전류,
  E : 발전기에서 발생된 유기 기전력,
  R_a : 전기자 권선 저항, V : 단자 전압
  R_f : 계자 저항, A : 전기자)

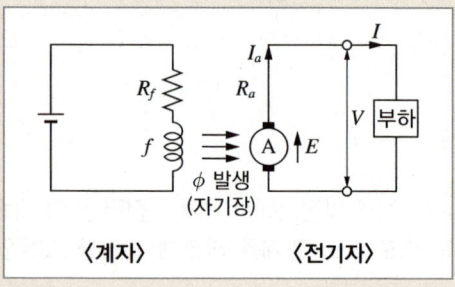

② 부하가 없는 경우(무부하 상태)
  ㉠ $I_a = I = 0$ [A]
  ㉡ $E = V_0$ [V]

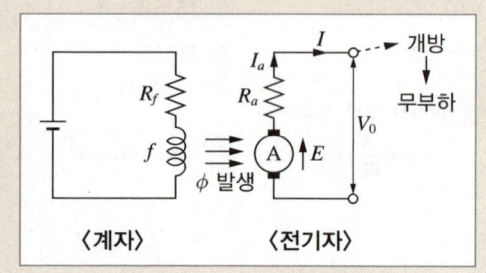

05-1 계자 권선이 전기자와 접속되어 있지 않은 직류기는?

① 분권기
② 복권기
③ 직권기
④ 타여자기

(해설) 타여자기는 계자 회로와 전기자 회로가 전기적으로 분리되어 있다.

05-2 직류 발전기에서 계자 철심에 잔류 자기가 없어도 발전을 할 수 있는 발전기는?

① 직권 발전기
② 타여자 발전기
③ 복권 발전기
④ 분권 발전기

(해설) 타여자 발전기는 외부의 직류 전원으로 여자되므로 잔류 자기가 없어도 발전이 가능하다.

05-3 타여자 발전기에 전기자 저항 0.05[Ω]으로 부하 전류가 100[A]가 흘러 단자 전압이 210[V]가 된다. 발전기의 유도 기전력[V]은?

① 195
② 215
③ 225
④ 235

[해설] 유도 기전력 $E = V + I_a R_a = 210 + 100 \times 0.05 = 215[V]$

05-4 정격 전압 100[V], 전기자 전류 50[A], 전기자 저항이 0.2[Ω]인 직류 발전기의 유기 기전력은 몇 [V]인가?

① 85
② 100
③ 110
④ 130

[해설] 유기 기전력 $E = I_a R_a + V = 50 \times 0.2 + 100 = 110[V]$

대표유형 06 자여자 발전기

전기자와 계자 권선이 연결되어 발전기 자체에서 발생한 기전력을 이용하여 계자 자속을 발생(여자)시키는 방식으로 계자 회로에 잔류 자속(= 잔류 자기)이 존재해야 발전이 가능

① **직류 직권 발전기** : 전기자와 계자 권선이 직렬로 연결
  ㉠ 부하가 있는 경우
  - $I_a = I = I_f$ [A]
    (I_a : 전기자 전류, I : 부하 전류, I_f : 계자 전류)
  - $E = I_a R_a + I_f R_f + V$ [V]
    (E : 발전기에서 발생한 유기 기전력, R_a : 전기자 저항, R_f : 계자 저항, V : 단자 전압)

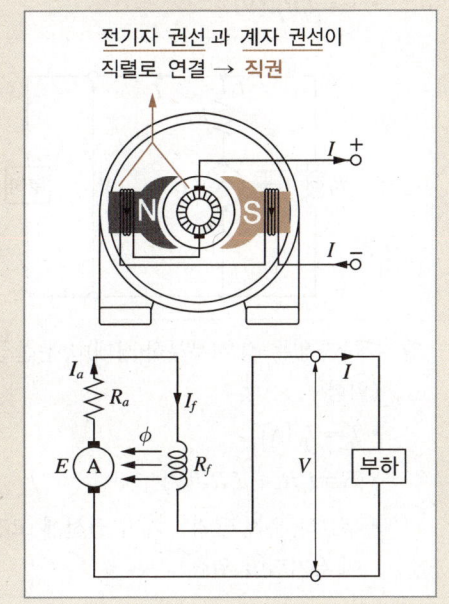

정답 5-3 ② 5-4 ③

ⓛ 부하가 없는 경우(무부하 상태)
- $I_a = I_f = I = 0$ [A]
- $E = 0$ [V]

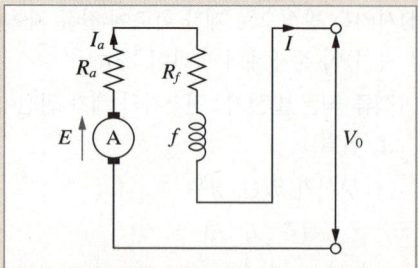

② 직류 분권 발전기 : 전기자 권선과 계자 권선이 병렬로 접속된 발전기
㉠ 부하가 있는 경우
- $I_a = I + I_f$ [A]
- $E = V + I_a R_a$ [V]
- $V = I_f R_f$ [V]

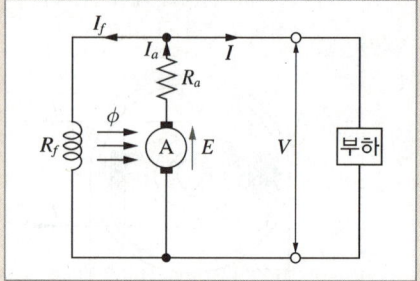

ⓛ 부하가 없는 경우(무부하 상태) : 운전 금지 (위험)
- $I_a = I_f$ [A]
- $E = I_a R_a + I_f R_f$ [V]
- 무부하 운전 금지 : 계자 권선에 고전압이 유기되어 위험

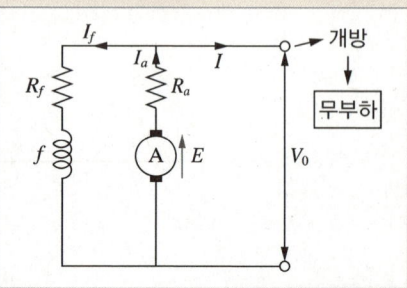

③ 직류 복권 발전기 : 분권 발전기와 직권 발전기를 모두 가지고 있는 발전기

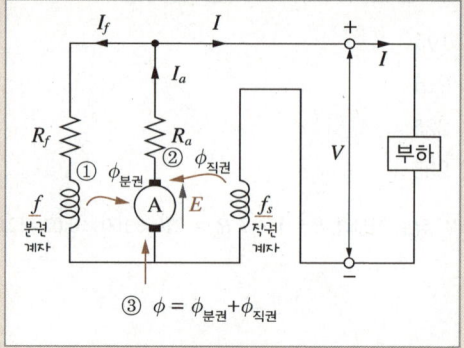

㉠ 부하가 있는 경우
- 가동 복권 발전기 : 직권 계자와 분권 계자 기자력이 합쳐지는 방향으로 권선이 감겨 있는 것
  - 평복권 발전기 : $V_n = V_0$, 부하가 증가해도 전압이 일정
    (V_n : 전부하 전압, V_0 : 무부하 전압)
  - 과복권 발전기 : $V_n > V_0$
  - 부족 복권 발전기 : $V_n < V_0$
- 차동 복권 발전기 : 직권 계자와 분권 계자 기자력이 반대 방향으로 합쳐지도록 권선이 감겨 있는 것
  - 부하의 증가에 따라 전압은 현저하게 강하하고, 전류는 거의 일정한 수하 특성을 가짐 : 정전류를 만드는 데 사용(아크 용접기 전원으로 사용)
ⓛ 부하가 없는 경우(무부하 상태) : 직류 분권 발전기로 동작

06-1 발전기 자체의 직류 전원으로 계자를 여자시키며 분권, 직권, 복권이 있는 발전기는?

① 타여자 발전기   ② 자여자 발전기
③ 분권 발전기   ④ 직권 발전기

해설 자여자 발전기
발전기 자체의 직류 전원으로 계자를 여자시키며 분권, 직권, 복권이 있음

06-2 자여자 발전기의 전압 확립 조건으로 옳지 않은 것은?

① 잔류 자기가 존재해야 한다.
② 계자 저항이 임계 저항 이상이어야 한다.
③ 무부하 특성 곡선은 자기 포화를 가져야 한다.
④ 회전 방향이 바르고 그 값이 어느 값 이상이어야 한다.

해설 자여자 발전기의 전압 확립 조건
• 잔류 자기가 존재해야 한다.
• 계자 저항이 임계 저항 이하이어야 한다.
• 무부하 특성 곡선은 자기 포화를 가져야 한다.
• 회전 방향이 바르고 그 값이 어느 값 이상이어야 한다.

06-3 직류 직권 발전기가 정격 전압 $V = 400$ [V], 출력 $P = 10[\text{kW}]$로 운전되고 전기자 저항 R_a와 직권 계자 저항 R_s가 모두 $0.1[\Omega]$일 경우, 유도 기전력[V]은?(단, 정류자의 접촉저항은 무시한다)

① 400   ② 405
③ 410   ④ 420

해설 직권 발전기는 $I = I_a = I_f$이므로 먼저 I를 구하면
$$I = \frac{P}{V} = \frac{10 \times 10^3}{400} = 25[\text{A}]$$
직류 직권 발전기의 유도 기전력
$$E = V + I(R_a + R_s) = 400 + 25(0.1 + 0.1) = 405[\text{V}]$$

06-4 전기자 저항 $0.1[\Omega]$, 전기자 전류 100[A], 유도 기전력 110[V]인 직류 분권 발전기의 단자 전압은 몇 [V]인가?

① 98   ② 100
③ 102   ④ 105

해설 단자 전압 $V = E - I_a R_a = 110 - 100 \times 0.1 = 100[\text{V}]$

06-5 다음 그림과 같은 분권 발전기에서 전기자 전류가 120[A], 계자 전류가 10[A]라면 부하 전류는 몇 [A]인가?

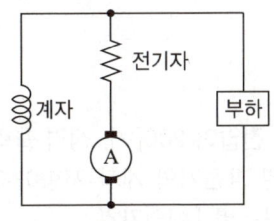

① 10   ② 100
③ 110   ④ 120

해설 $I_a = I + I_f$에서 $I = I_a - I_f = 120 - 10 = 110[\text{A}]$

06-6 다음 그림과 같은 직류 분권 발전기 등가 회로에서 부하 전류[A]는?

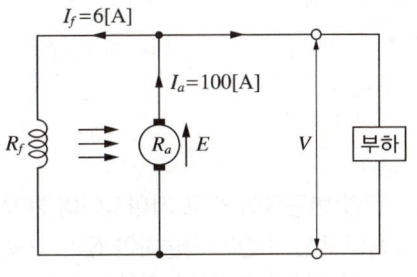

① 84   ② 94
③ 96   ④ 106

해설 전기자 전류 $I_a = I + I_f$이므로
부하 전류 $I = I_a - I_f = 100 - 6 = 94[\text{A}]$

정답 6-1 ② 6-2 ② 6-3 ② 6-4 ② 6-5 ③ 6-6 ②

06-7 정격 속도로 회전하고 있는 분권 발전기의 단자 전압이 100[V], 계자 권선의 저항이 50[Ω], 계자 전류가 2[A], 부하 전류가 50[A], 전기자 저항이 0.1[Ω]이다. 이때 발전기의 유도 기전력은 몇 [V]인가?(단, 전기자 반작용은 무시한다)

① 100 ② 103.2
③ 105.2 ④ 115.3

해설 $I_a = I + I_f = 50 + 2 = 52$
$E = V + I_a R_a = 100 + 52 \times 0.1 = 105.2[V]$

06-8 정격 전압이 200[V], 정격 출력이 50[kW]인 직류 분권 발전기의 계자 저항이 20[Ω]일 때 전기자 전류는 몇 [A]인가?

① 210 ② 230
③ 245 ④ 260

해설 계자 전류 $I_f = \dfrac{V}{R_f} = \dfrac{200}{20} = 10[A]$
부하 전류 $I = \dfrac{P}{V} = \dfrac{50,000}{200} = 250[A]$
전기자 전류 $I_a = I + I_f = 250 + 10 = 260[A]$

06-9 전압 변동률이 작고 자여자이며 계자 저항기를 사용한 전압 조정이 가능하여 전기 화학용, 전지의 충전용 발전기로 가장 적합한 것은?

① 직류 직권 발전기 ② 직류 분권 발전기
③ 타여자 발전기 ④ 직류 복권 발전기

해설 **직류 분권 발전기** : 계자 저항기로 전압 조정이 가능

06-10 다음 그림은 직류 발전기 중 어느 것에 해당하는가?

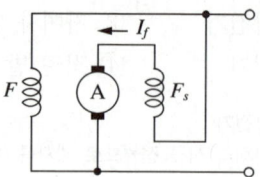

① 타여자 발전기
② 직권 발전기
③ 분권 발전기
④ 복권 발전기

해설 계자와 전기자가 직·병렬로 접속되어 있으며 자속 방향에 따라 가동, 차동 복권으로 구분하기도 한다.

06-11 직류 복권 발전기의 직권 계자 권선의 설치 위치는?

① 분권 계자 권선과 같은 철심에 설치
② 주자극 표면에 홈을 파고 설치
③ 보극 표면에 홈을 파고 설치
④ 주자극 사이에 설치

해설 직권 계자 권선과 분권 계자 권선은 같은 철심에 설치

06-12 직류 발전기 중 전부하 전압과 무부하 전압이 같도록 설계된 직류 발전기는?

① 평복권 발전기
② 과복권 발전기
③ 차동 복권 발전기
④ 직권 발전기

해설 • 평복권 발전기 : $V_n = V_0$
• 과복권 발전기 : $V_n > V_0$
• 부족 복권 발전기 : $V_n < V_0$

06-13 부하가 변동할 때, 단자 전압의 변화가 가장 작은 직류 발전기는?

① 직권 발전기 ② 분권 발전기
③ 과복권 발전기 ④ 평복권 발전기

해설
- 평복권 발전기 : $V_n = V_0$
- 과복권 발전기 : $V_n > V_0$
- 부족 복권 발전기 : $V_n < V_0$

06-14 직류 발전기에서 급전선의 전압 강하 보상용으로 사용되는 것은?

① 직권기 ② 분권기
③ 과복권기 ④ 차동 복권기

해설 **과복권기** : 전압 강하 보상용으로 사용

06-15 부하의 저항을 어느 정도 감소시켜도 전류가 일정하게 되는 수하 특성을 이용하여 정전류를 만들거나 아크 용접 등에 사용되는 직류 발전기는?

① 평복권 발전기
② 가동 복권 발전기
③ 차동 복권 발전기
④ 과복권 발전기

해설 **차동 복권 발전기**
수하 특성이 있어 정전류를 만드는 곳이나 아크 용접 등에 사용

대표유형 07 내분권과 외분권

① **내분권** : 분권 계자 R_f가 직권 계자 권선과 전기자 권선의 접속점 안쪽에 위치

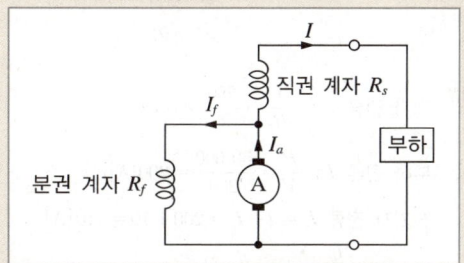

② **외분권** : 분권 계자 R_f가 직권 계자 권선과 전기자 권선과의 바깥쪽에 위치

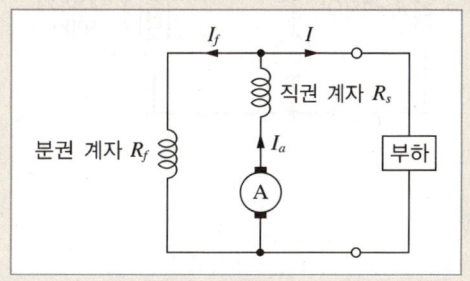

07-1 다음 그림은 직류 발전기 중 어느 것에 해당하는가?

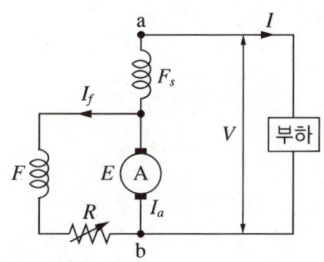

① 내분권 복권 발전기
② 외분권 복권 발전기
③ 직권 발전기
④ 타여자 발전기

해설
- 내분권 복권 발전기 : 직권 계자 권선과 전기자 권선의 접속점 안쪽으로 분권 계자 권선을 접속하는 방식
- 외분권 복권 발전기 : 직권 계자 권선과 전기자 권선을 직렬로 접속한 바깥쪽으로 접속하는 방식

정답 6-13 ④ 6-14 ③ 6-15 ③ / 7-1 ①

07-2 정격 전압 250[V], 정격 출력 50[kW]의 외분권 복권 발전기가 있다. 분권 계자 저항이 25[Ω]일 때 전기자 전류[A]는 얼마인가?

① 80　　② 105
③ 210　　④ 420

해설 계자 전류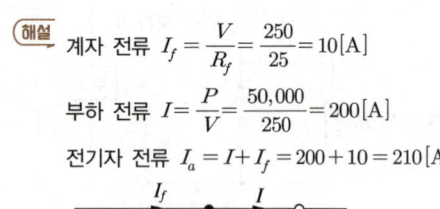

부하 전류 $I = \dfrac{P}{V} = \dfrac{50{,}000}{250} = 200[A]$

전기자 전류 $I_a = I + I_f = 200 + 10 = 210[A]$

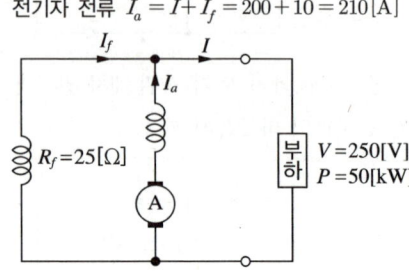

대표유형 08 전압 변동률

① 전압 변동률 : 발전기를 정격 운전하면서 속도를 일정하게 유지하고 정격 부하에서 무부하로 변경할 때 단자 전압의 변화를 백분율로 표현한 것

전압 변동률 $\varepsilon = \dfrac{V_0 - V_n}{V_n} \times 100[\%]$

(V_0 : 무부하 단자 전압,
V_n : 정격 전압(부하 시 단자 전압))

② 전압 변동률과 가동 복권 발전기
  ㉠ 전압 변동률 : + → 타여자, 분권, 부족 복권 발전기(전부하 전압 < 무부하 전압)
  ㉡ 전압 변동률 : 0 → 평복권 발전기(전부하 전압 = 무부하 전압)
  ㉢ 전압 변동률 : − → 과복권 발전기(전부하 전압 > 무부하 전압)

08-1 발전기의 전압 변동률을 나타내는 식으로 올바른 것은?(단, V_0 : 무부하 전압, V_n : 정격 전압)

① $\varepsilon = \left(\dfrac{V_n}{V_0} - 1\right) \times 100[\%]$

② $\varepsilon = \left(\dfrac{V_0}{V_n} - 1\right) \times 100[\%]$

③ $\varepsilon = \left(1 - \dfrac{V_n}{V_0}\right) \times 100[\%]$

④ $\varepsilon = \left(1 - \dfrac{V_0}{V_n}\right) \times 100[\%]$

해설 전압 변동률
$\varepsilon = \left(\dfrac{V_0 - V_n}{V_n}\right) \times 100[\%] = \left(\dfrac{V_0}{V_n} - 1\right) \times 100[\%]$

08-2 직류 발전기의 정격 전압 100[V], 무부하 전압이 105[V]이다. 이 발전기의 전압 변동률 ε[%]은?

① 2
② 5
③ 7
④ 8

[해설] 전압 변동률

$$\varepsilon = \left(\frac{V_0 - V_n}{V_n}\right) \times 100[\%] = \left(\frac{105 - 100}{100}\right) \times 100[\%] = 5[\%]$$

08-3 직류기에서 전압 변동률이 (−) 값으로 표시되는 발전기는?

① 분권 발전기
② 과복권 발전기
③ 타여자 발전기
④ 평복권 발전기

[해설] 복권 발전기는 다음과 같은 특징을 갖는다.
- 평복권 발전기 : 전부하 전압 = 무부하 전압
- 과복권 발전기 : 전부하 전압 > 무부하 전압
- 부족 복권 발전기 : 전부하 전압 < 무부하 전압

전압 변동률 $\varepsilon = \dfrac{V_0 - V_n}{V_n} \times 100[\%]$ 이므로 과복권 발전기의 전압 변동률이 (−)값으로 표시된다.

대표유형 09) 전기자 반작용

① 개념 : 전기자 전류 의해 생기는 자속이 주자속(계자 자속)에 영향을 주는 작용
② 전기자 반작용의 영향
  ㉠ 주자속 감소
   - 기전력 감소($E = k\phi N$)
   - 전기자 반작용에 의한 전압 강하 발생
  ㉡ 편자 작용
   - 전기적 중성축이 이동하여 정류 작용이 불안정
   - 발전기 : 회전 방향과 같은 방향으로 중성축 이동
   - 전동기 : 회전 방향과 반대 방향으로 중성축 이동
  ㉢ 스파크 발생 : 전기자 반작용의 영향으로 공극의 자속 분포가 일정하지 않아 각 권선에서 발생하는 기전력이 일정하지 않음. 따라서 브러시가 정류자편과 접촉할 때 불꽃이 발생

그림①
① 원래는 아래와 같이 주자속이 고르게 분포되어야 하지만

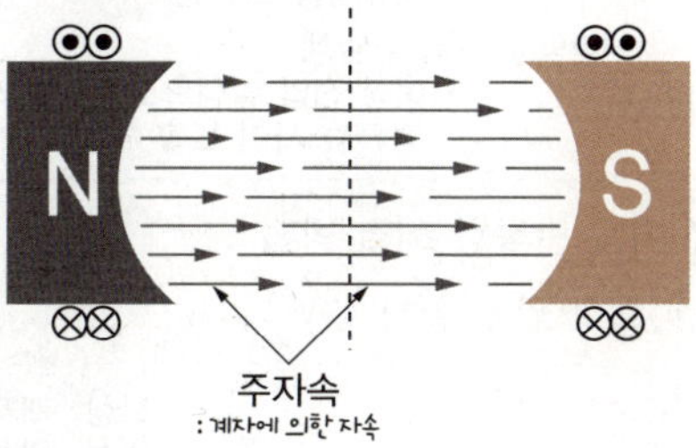

주자속 : 계자에 의한 자속

[정답] 8-2 ② 8-3 ②

그림②

② 전기자 권선에 흐르는 전류에 의한 자속이 발생
  → 주자속에 영향을 미침

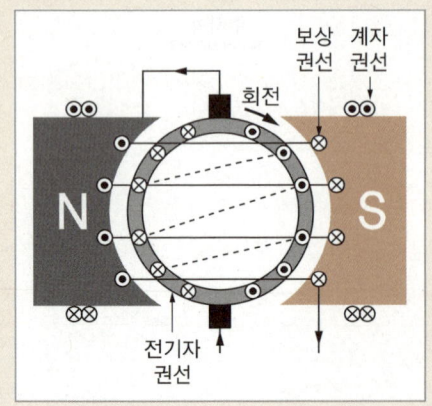

③ 서로 상쇄 ④ 서로 보강

그림③

⑤ 보강, 상쇄로 인해 자속 분포 변형

⑥ 중성축의 변화

⑦ 영향① 주자속 감소
  영향② 편자 작용 → 중성축의 이동
    → 정류작용 불안정
  영향③ 스파크 발생
    → 이상 전압 발생으로 브러시와 정류자 사이 불꽃 발생

③ 전기자 반작용 해결 방법

  ㉠ 보상 권선 설치

  ㉡ 보극 설치

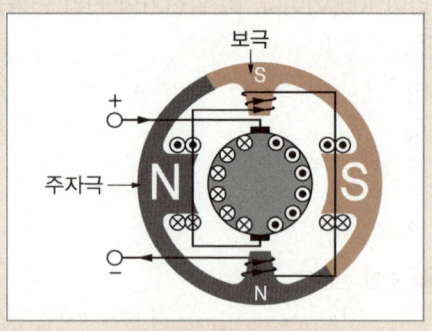

  ㉢ 전기적 중성점으로 브러시 위치 이동
    • 발전기 : 회전 방향
    • 전동기 : 회전 반대 방향

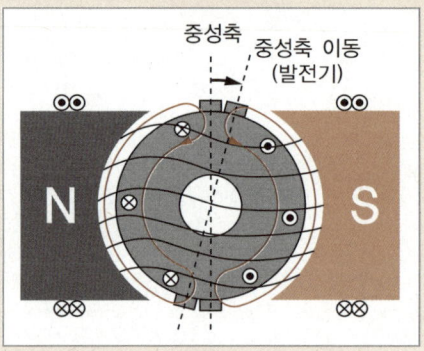

09-1 직류 발전기에서 전기자 반작용의 영향이 아닌 것은?

① 절연 내력의 저하
② 유도 기전력의 저하
③ 중성축의 이동
④ 자속의 감소

해설 전기자 반작용의 영향
  • 주자속 감소
  • 전기적 중성축의 이동으로 인한 정류 작용 불안정
  • 전압의 불균일로 인한 스파크 발생

09-2 직류 발전기의 전기자 반작용의 영향에 대한 설명으로 틀린 것은?

① 회전 방향과 반대 방향으로 자기적 중성축이 이동된다.
② 주자속이 찌그러지거나 감소된다.
③ 전기자 전류에 의한 자속이 주자속에 영향을 준다.
④ 브러시 사이의 불꽃을 발생시킨다.

해설
• 발전기는 회전 방향과 같은 방향으로 중성축이 이동
• 전동기는 회전 방향과 반대 방향으로 중성축이 이동

09-3 전기자 반작용 방지 대책으로 옳지 않은 것은?

① 보극을 설치한다.
② 균압환을 설치한다.
③ 보상 권선을 설치한다.
④ 브러시 위치를 전기적 중성점으로 이동시킨다.

해설 전기자 반작용 방지 대책
• 보극을 설치한다.
• 보상 권선을 설치한다.
• 브러시 위치를 전기적 중성점으로 이동시킨다.

09-4 직류기에서 전기자 반작용을 방지하기 위해 설치하는 보상 권선의 전류 방향은?

① 전기자 권선의 전류 방향과 반대
② 전기자 권선의 전류 방향과 일치
③ 계자 권선의 전류 방향과 반대
④ 계자 권선의 전류 방향과 일치

해설 전기자 권선의 전류 방향과 반대로 흘려야 전기자 반작용을 약화시킬 수 있다.

대표유형 10 직류 발전기의 정류 곡선

① **정의** : 전기자 도체가 회전할 때마다 브러시와 접촉하는 정류자편이 바뀌어 일정한 방향의 전류를 얻는 과정을 정류라 하며 정류가 되는 순간을 그래프로 나타낸 것이 정류 곡선

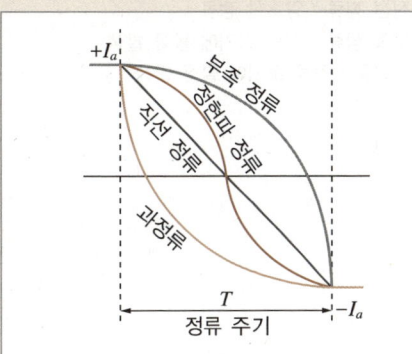

I_a : 전기자 도체 1개에 유도되는 전류
〈정류 곡선〉

② **종류**
㉠ 직선 정류 : 브러시 접촉면에 대해 전류의 밀도가 항상 균일하며 이상적인 곡선
㉡ 정현파 정류
• 불꽃이 발생하지 않고 양호한 정류 곡선
• 보극이 적당한 경우 그려지는 곡선
㉢ 과정류
• 정류 초기에 전류의 변화가 크므로 브러시 전단부에서 불꽃 발생
• 보극의 권수가 많은 상태
㉣ 부족 정류
• 정류 말기에 전류의 변화가 크므로 브러시 후단부에서 불꽃 발생
• 보극의 권수가 적은 상태

정답 9-2 ① 9-3 ② 9-4 ①

10-1 다음 중 정류 곡선에서 브러시 후단에 불꽃이 발생하기 쉬운 정류는?

① 직선 정류 ② 정현 정류
③ 과정류   ④ 부족 정류

해설
- 직선 정류 : 이상적인 정류
- 정현 정류 : 양호한 정류
- 부족 정류 : 정류 말기에 불꽃 발생
- 과정류 : 정류 초기에 불꽃 발생

대표유형 11 직류 발전기의 정류 개선 방법

① 보극 설치 : 보극을 설치하여 전기자의 리액턴스 전압 감소(전압 정류)
② 인덕턴스를 작게 할 것 : 단절권 채용
③ 정류 주기를 길게 할 것 : 회전 속도가 느릴 것
④ 브러시의 접촉저항을 크게 할 것
  ㉠ 큰 금속 흑연 또는 탄소질을 사용(저항 정류)
  ㉡ 브러시로 단락된 회로의 저항을 크게 하여 전류 변화율 억제

11-1 직류 발전기에서 전압 정류의 역할을 하는 것은?

① 보극
② 리액턴스 코일
③ 전기자
④ 탄소 브러시

해설 보극을 설치하면 전압 정류의 역할을 하며 전기자 반작용을 국부적으로 없애준다.

10-2 다음 그림에서 브러시 앞단에서 불꽃이 발생하기 쉬운 것은?

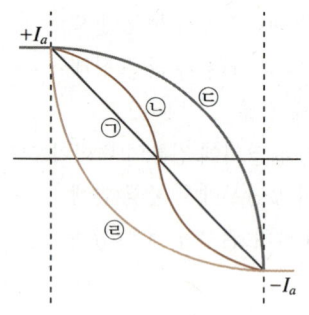

① ㉠   ② ㉡
③ ㉢   ④ ㉣

해설
- ㉠ 직선 정류 : 이상적인 정류로 불꽃이 발생하지 않음
- ㉡ 정현 정류 : 양호한 정류
- ㉢ 부족 정류 : 정류 말기에 불꽃이 발생하기 쉬움
- ㉣ 과정류 : 정류 초기에 불꽃이 발생하기 쉬움

11-2 직류기에서 보극을 두는 목적은?

① 전기자 자속 증가
② 정류 작용을 돕고 전기자 반작용을 약화
③ 기동 특성을 좋게 함
④ 전기자 반작용을 크게 함

해설 보극 설치 : 정류 작용을 돕고 전기자 반작용을 약화시킨다.

11-3 직류기에서 불꽃이 발생하지 않는 정류를 얻기 위한 방법은?

① 자기 포화와 브러시 이동
② 보극과 보상 권선
③ 탄소 브러시와 보상 권선
④ 탄소 브러시와 보극

해설 **양호한 정류를 얻을 수 있는 조건**
- 보극을 설치한다.
- 인덕턴스를 작게 한다(단절권 채용).
- 정류주기를 길게 한다(주변 속도를 느리게 한다).
- 브러시의 접촉 저항을 크게 한다.

11-4 직류 발전기의 정류를 개선하는 방법 중 옳지 않은 것은?

① 보극권선은 전기자 권선과 직렬로 접속한다.
② 보극을 설치하여 리액턴스 전압을 감소시킨다.
③ 브러시를 전기적 중성축을 지나서 회전 방향으로 약간 이동시킨다.
④ 코일의 자기 인덕턴스가 원인이므로 접촉저항이 작은 브러시를 사용한다.

해설 11-3번 해설 참조

대표유형 12 직류 발전기 관련 곡선

① 부하 포화 곡선 : 부하가 있는 경우, 단자 전압(V)과 계자 전류(I_f)의 관계
② 무부하 포화 곡선 : 부하가 없는 경우, 유도 기전력(E)과 계자 전류(I_f)의 관계
③ 외부 특성 곡선 : 단자 전압(V)과 부하 전류(I)의 관계

12-1 직류 발전기의 부하 포화 곡선은 다음 어느 것의 관계인가?

① 부하 전류와 여자 전류
② 단자 전압과 부하 전류
③ 단자 전압과 계자 전류
④ 부하 전류와 유기 기전력

해설 **직류 발전기의 부하 포화 곡선**
단자 전압(V)과 계자 전류(I_f)의 관계 곡선

12-2 직류 발전기의 무부하 포화 곡선과 관계되는 것은 어느 것인가?

① 부하 전류와 회전 속도
② 단자 전압과 부하 전류
③ 단자 전압과 여자 전류
④ 유도 기전력과 계자 전류

해설 **직류 발전기의 무부하 포화 곡선**
유도 기전력(E)과 계자 전류(I_f)의 관계 곡선

정답 11-3 ④ 11-4 ④ / 12-1 ③ 12-2 ④

대표유형 13) 직류 발전기의 병렬 운전

① 병렬 운전 목적
  ㉠ 1대의 발전기로 부하에 공급하는 전력량이 부족할 때 사용
  ㉡ 부하 변동의 폭이 큰 조건에서 발전기를 운전할 때, 경부하 시에는 1대만 운전하고 전부하 시에는 2대로 병렬 운전
  ㉢ 예비용 발전기, 주 발전기의 점검과 고장 수리 시 사용
② 병렬 운전 조건
  ㉠ 발전기의 단자 전압 크기가 같을 것
  ㉡ 발전기의 극성이 같을 것
  ㉢ 외부 특성 곡선이 수하 특성일 것
  ㉣ 발전기의 용량은 임의의 값이어도 병렬 운전 가능(용량에 비례하여 부하를 분담)
③ 직류 직권, 복권 발전기(평복권, 과복권)의 병렬 운전 시 : 전압차가 발생하지 않도록 균압선 설치

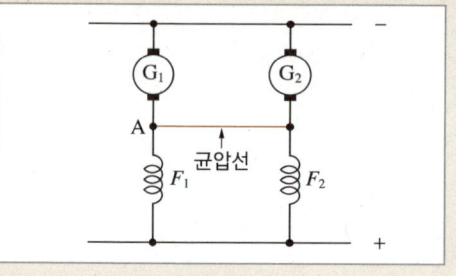

13-1 직류 분권 발전기의 병렬 운전 조건으로 옳지 않은 것은?

① 외부 특성이 수하 특성이어야 한다.
② 극성이 같아야 한다.
③ 단자 전압이 같아야 한다.
④ 부하 전류 분담이 용량에 반비례해야 한다.

[해설] 직류 발전기의 병렬 운전
• 단자 전압 크기가 같을 것
• 극성이 같을 것
• 부하 전류 분담이 용량에 비례할 것
• 외부 특성이 수하 특성일 것

13-2 복권 발전기의 병렬 운전을 안전하게 하기 위해서 두 발전기의 전기자와 직권 권선의 접촉점에 연결하여야 하는 것은?

① 브러시   ② 집전환
③ 균압선   ④ 안정 저항

[해설] 직류 발전기의 병렬 운전에 있어서 운전을 안전하게 하기 위해 균압선을 설치한다.

13-3 다음 중 병렬 운전 시 균압선을 설치해야 하는 직류 발전기는?

① 차동 복권   ② 부족 복권
③ 분권   ④ 평복권

[해설] 직류 직권, 복권 발전기의 병렬 운전 시 균압선 설치할 것 : 전압차가 발생하지 않도록

13-4 직류 발전기의 병렬 운전 중 한쪽 발전기의 여자를 늘릴 때, 발생하는 현상은?

① 부하 전류 : 불변, 전압 : 감소
② 부하 전류 : 감소, 전압 : 증가
③ 부하 전류 : 증가, 전압 : 증가
④ 부하 전류 : 증가, 전압 : 불변

[해설] 여자 전류가 증가하면 전류와 전압이 증가

13-1 ④   13-2 ③   13-3 ④   13-4 ③

대표유형 14 타여자 전동기

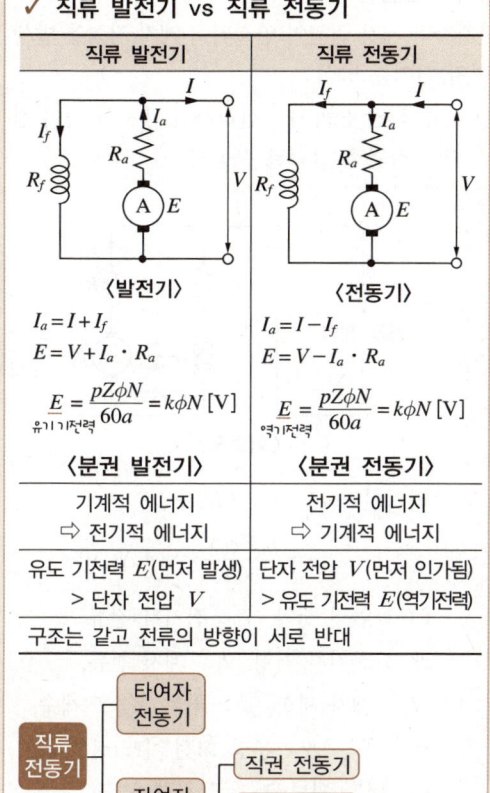

① **타여자 전동기**: 전기자와 분리되어 있는 계자 권선에 따로 외부 전원을 공급하여 계자 자속을 발생시키는 방식의 전동기

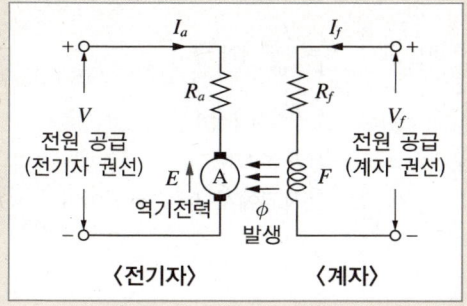

② 특징
  ㉠ 역기전력
  $$E = V - I_a R_a \text{ [V]}$$
  $$= \frac{pZ\phi N}{60a} = k\phi N$$
  (V: 입력 전압, I_a: 전기자 전류, R_a: 전기자 저항, p: 극수, Z: 도체수, ϕ: 자속, N: 분당 회전수[rpm], a: 병렬 회로수, k: 기계 상수)
  ㉡ $I = I_a$ [A]
  ㉢ 전동기의 기계적 출력
  $$P_m = VI = EI_a \text{ [W]}$$
  $$= \left(\frac{pZ\phi N}{60a}\right)I_a$$
  $$= \omega T = 2\pi n T$$
  (ω: 각 속도(각 주파수), n: 초당 회전수, T: 전동기의 토크)
  ㉣ 토크: 전동기의 회전력
  $$T = \frac{P_m}{\omega} = \frac{pZ}{2\pi a}\phi I_a = K\phi I_a$$
  $$= 9.55 \times \frac{P_m}{N} \text{ [N·m]}$$
  $$= 0.975 \times \frac{P_m}{N} \text{ [kg·m]}$$
  ㉤ 토크 관계 정리
  - $T \propto \phi$
  - $T \propto \dfrac{1}{N}$

14-1 그림과 같은 전동기는 어떤 직류 전동기를 의미하는가?

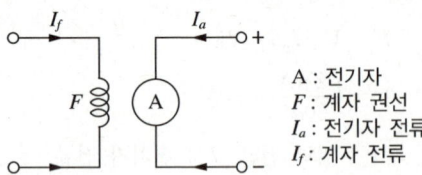

A : 전기자
F : 계자 권선
I_a : 전기자 전류
I_f : 계자 전류

① 분권 전동기 ② 직권 전동기
③ 타여자 전동기 ④ 복권 전동기

해설 계자에 필요한 전류를 외부 전원을 이용하여 공급하는 타여자 전동기다.

14-2 100[V], 11[A], 전기자 저항 1[Ω], 회전수 1,500[rpm]인 전동기의 역기전력은 몇 [V]인가?

① 89 ② 90
③ 93 ④ 102

해설 $E = V - I_a R_a = 100 - 11 \times 1 = 89[V]$

14-3 출력 9.8[kW], 1,200[rpm]인 전동기의 토크는 약 몇 [kg·m]인가?

① 7.5 ② 7.9
③ 8.2 ④ 8.4

해설 $T = 0.975 \times \dfrac{P}{N} = 0.975 \times \dfrac{9,800}{1,200} \fallingdotseq 7.9 [kg \cdot m]$

14-4 토크의 단위로 올바른 것은?

① [rps] ② [rpm]
③ [N·m] ④ [W]

해설 [N·m] 또는 [kg·m]를 사용

대표유형 15 자여자 전동기 I (직류 직권 전동기)

자여자 전동기
전기자와 계자 권선이 연결되어 계자 자속을 발생(여자)시키는 방식

① **직류 직권 전동기** : 전기자와 계자 권선이 전원에 직렬로 접속된 전동기

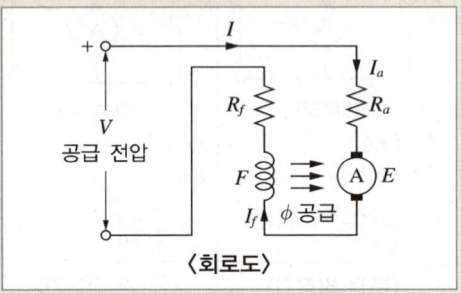

〈회로도〉

㉠ 역기전력 $E = V - I_a R_a - I_f R_f$

$= \dfrac{p\,Z\phi N}{60a} = K\phi N$ [V]

(V : 입력 전압, I_a : 전기자 전류,
R_a : 전기자 저항, I_f : 계자 전류,
R_f : 계자 저항, p : 극수, Z : 도체수,
ϕ : 자속, N : 분당 회전수[rpm],
a : 병렬 회로수, K : 기계 상수)

㉡ $I = I_a = I_f$ [A]

㉢ 회전 속도 $N = \dfrac{E}{K\phi}$ [rpm]

$= \dfrac{V - I_a(R_a + R_f)}{K\phi}$

㉣ **무부하 운전** : 속도가 매우 높아져 위험하므로 무부하 운전이나 벨트가 벗겨져서 무부하 운전이 될 수도 있는 벨트 운전은 금지

㉤ 토크 $T = \dfrac{P_m}{\omega}$ [N·m]

$= K\phi I_a = K I^2$

⇨ $T \propto I^2$

(직권에서 $I = I_a = I_f$이며 $\phi \propto I$)

ⓗ 토크 관계 정리
- $T \propto I^2$
- $T \propto \dfrac{1}{N^2}$

15-1 직류 전동기의 속도 제어에서 자속을 0.5배로 하면 회전수는?

① 변함이 없다.　　② 1/2배가 된다.
③ 2배가 된다.　　④ 4배가 된다.

해설 　직권 전동기의 회전수
$N = \dfrac{V - I_a(R_a + R_f)}{K\phi}$ 에서 자속 ϕ를 0.5배($\dfrac{1}{2}$ 배)로 하면 회전수는 2배가 된다.

15-2 직류 전동기에서 무부하가 되면 속도가 매우 높아져서 위험하기 때문에 무부하 운전이나 벨트를 연결한 운전을 해서는 안 되는 전동기는?

① 복권 전동기　　② 분권 전동기
③ 직권 전동기　　④ 타여자 전동기

해설 　무부하 상태에서 전동기를 작동시키면 부하 전류가 최소 상태이기 때문에 회전 속도는 급속히 증가하게 되어 매우 위험한 상태가 되므로 직류 직권 전동기는 무부하 운전이나 벨트가 벗겨져서 무부하 운전이 될 수도 있는 벨트 운전을 하면 안 된다.

15-3 직류 직권 전동기에서 벨트를 걸고 운전하면 안 되는 이유는?

① 손실이 커지므로
② 벨트의 마멸 보수가 곤란하므로
③ 직결하지 않으면 속도 제어가 곤란하므로
④ 벨트가 벗겨지면 위험 속도에 도달하므로

해설 　직권 전동기는 무부하 상태가 되면 위험 속도에 도달하여 위험하다. 따라서 벨트는 벗겨질 우려가 크므로 기어나 체인으로 사용하도록 한다.

15-4 부하 전류가 40[A]일 때, 1,800[rpm]으로 20[kg·m]의 토크를 발생하는 직류 직권 전동기가 있다. 이 전동기의 부하를 감소시켜 부하 전류가 20[A]일 때, 토크[kg·m]는?(단, 자기 회로는 불포화 상태다)

① 5　　② 10
③ 20　　④ 40

해설 　$I = I_f = I_a$ 이고 $T \propto I^2$ 이므로
부하 전류가 40[A]에서 20[A]로 $\dfrac{1}{2}$ 배가 되면
토크는 $\left(\dfrac{1}{2}\right)^2 = \dfrac{1}{4}$ 배가 되므로
$20[\text{kg} \cdot \text{m}] \times \dfrac{1}{4} = 5[\text{kg} \cdot \text{m}]$

15-5 직류 직권 전동기의 회전수(N)와 토크(T)의 관계는?

① $T \propto \dfrac{1}{N^2}$　　② $T \propto \dfrac{1}{N}$
③ $T \propto N^2$　　④ $T \propto N$

해설
- 직권 전동기 토크 : $T \propto \dfrac{1}{N^2}$
- 분권 전동기 토크 : $T \propto \dfrac{1}{N}$

15-6 직권 전동기의 회전수를 $\dfrac{1}{3}$로 감소시키면 토크는 어떻게 되는가?

① $\dfrac{1}{9}$　　② $\dfrac{1}{3}$
③ 3　　④ 9

해설 　직권 전동기의 토크 $T \propto I^2 \propto \dfrac{1}{N^2}$ 이므로
회전수가 $\dfrac{1}{3}$ 이 되면 토크는 $\dfrac{1}{\left(\dfrac{1}{3}\right)^2} = 9$배가 된다.

정답　15-1 ③　15-2 ③　15-3 ④　15-4 ①　15-5 ①　15-6 ④

대표유형 16) 자여자 전동기Ⅱ(직류 분권 전동기)

② 직류 분권 전동기 : 전기자와 계자 권선이 전원에 병렬로 접속된 전동기

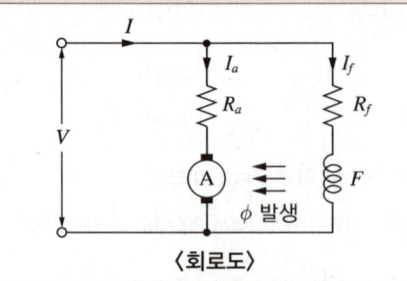
〈회로도〉

㉠ 역기전력 $E = V - I_a R_a$ [V]
$$= \frac{pZ\phi N}{60a} = K\phi N$$

(V : 입력 전압, I_a : 전기자 전류,
R_a : 전기자 저항, p : 극수, Z : 도체수,
ϕ : 자속, N : 분당 회전수[rpm],
a : 병렬 회로수, K : 기계 상수,
I_f : 계자 전류, R_f : 계자 저항)

㉡ $I = I_f + I_a$ [A] $\left(I_f = \dfrac{V}{R_f}\right)$

㉢ 회전 속도 $N = \dfrac{E}{K\phi}$ [rpm]
$$= \frac{V - I_a R_a}{K\phi}$$

㉣ 토크 $T = \dfrac{P_m}{\omega}$ [N·m]
$$= K\phi I_a = 9.55 \times \frac{P_m}{N} \text{ [N·m]}$$
$$= 0.975 \times \frac{P_m}{N} \text{ [kg·m]}$$
⇨ $T \propto \dfrac{1}{N}$, $T \propto I_a$

㉤ 토크 관계 정리
- $T \propto \phi$
- $T \propto \dfrac{1}{N}$

16-1 다음 그림의 전동기는 어떤 전동기인가?

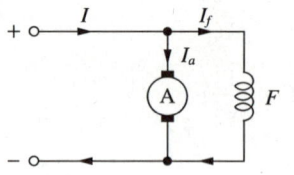

① 타여자 전동기 ② 직권 전동기
③ 복권 전동기   ④ 분권 전동기

[해설] 계자와 전기자가 직렬로 연결되어 있으면 직권 전동기, 계자와 전기자가 병렬로 연결되어 있으면 분권 전동기

16-2 계자 권선이 전기자에 병렬로만 접속된 직류기는?

① 타여자기 ② 분권기
③ 복권기   ④ 직권기

[해설] 직류 분권기
전기자 권선과 계자 권선이 병렬로 연결되어 있는 직류기

16-3 전원 전압 110[V], 전기자 전류가 10[A], 전기자 저항 1[Ω]인 직류 분권 전동기가 회전수 1,500[rpm]으로 회전하고 있다. 이때 발생하는 역기전력은 몇 [V]인가?

① 100   ② 110
③ 120   ④ 130

[해설] 분권 전동기의 역기전력
$E = V - I_a R_a = 110 - 10 \times 1 = 100$[V]

16-1 ④ 16-2 ② 16-3 ①

16-4 단자 전압 220[V], 부하 전류 25[A]인 분권 전동기의 역기전력[V]은 얼마인가?(단, 전기자 저항은 2[Ω]이고 계자 전류 및 전기자 반작용은 무시한다)

① 100 ② 120
③ 150 ④ 170

해설 $I = I_a + I_f ≒ I_a = 25[A]$
분권 전동기의 역기전력
$E = V - I_a R_a = 220 - 25 \times 2 = 170[V]$

16-5 분권 전동기의 전기자 저항 $R_a = 0.2[Ω]$, 전기자 전류 100[A], 전압이 120[V]인 경우 소비전력[kW]은?

① 10 ② 11
③ 12 ④ 15

해설 먼저 분권 전동기의 역기전력을 구하면
$E = V - I_a R_a = 120 - 100 \times 0.2 = 100[V]$이므로
소비전력 $P = E I_a = 100 \times 100 = 10,000[W] = 10[kW]$

16-6 직류 분권 전동기의 운전 중 계자 권선의 저항을 증가할 때 회전수[rpm]는?

① 정지한다. ② 감소한다.
③ 증가한다. ④ 변화없다.

해설 회전 속도 $N = \dfrac{V - I_a R_a}{K\phi} \times 60[rpm]$
계자 저항↑ → 계자 전류 I_f↓ → 자속 ϕ↓ → 회전 속도 N↑

16-7 직류 분권 전동기의 계자 전류를 약하게 하면 회전수는?

① 감소한다. ② 정지한다.
③ 증가한다. ④ 변화 없다.

해설 직류 전동기의 속도 관계식은 $N = \dfrac{V - I_a R_a}{K\phi}[rpm]$
계자 전류를 약하게 하면 자속 ϕ가 감소하므로 회전수는 증가한다.

16-8 직류 분권 전동기가 있다. 단자 전압이 215[V], 전기자 전류가 60[A], 전기자 저항이 0.1[Ω], 회전 속도 1,500[rpm]일 때 발생하는 토크는 약 몇 [kg·m]인가?

① 6.58 ② 7.92
③ 8.15 ④ 8.64

해설 $E = V - I_a R_a = 215 - 60 \times 0.1 = 209[V]$
$T = \dfrac{P}{\omega} = 0.975 \times \dfrac{P}{N} = 0.975 \times \dfrac{EI_a}{N}$
$= 0.975 \times \dfrac{209 \times 60}{1,500} ≒ 8.15[kg \cdot m]$

16-9 분권 전동기에 대한 설명으로 틀린 것은?

① 부하 전류에 따른 속도 변화가 거의 없다.
② 토크는 전기자 전류의 제곱에 비례한다.
③ 계자 회로에 퓨즈를 넣어서는 안 된다.
④ 계자 권선과 전기자 권선이 전원에 병렬로 접속되어 있다.

해설 분권 전동기 토크 $T = K\phi I_a [N \cdot m]$
(K : 상수, ϕ : 자속, I_a : 전기자 전류)

정답 16-4 ④ 16-5 ① 16-6 ③ 16-7 ③ 16-8 ③ 16-9 ②

대표유형 17 전동기의 속도 제어

직류 전동기의 속도 $N = \dfrac{V - I_a R_a}{K\phi}$

제어① 전압 제어 제어③ 저항 제어 제어② 계자 제어

① **전압 제어** : 효율이 가장 좋고 광범위한 속도 제어가 가능하며 정토크 제어
  ㉠ 워드-레오너드 방식
   • 부하 변동이 거의 없는 정부하의 경우에 사용
   • 주로 타여자 전동기에 사용
  ㉡ 일그너 방식 : 플라이휠 사용
   • 부하 변동이 심한 제철소 압연기, 고속 엘리베이터 등에 사용

② **계자 제어** : 정출력 가변 속도의 용도에 적합
  ㉠ I_f(계자 전류) 조절
  ㉡ R_f(계자 저항) 조절

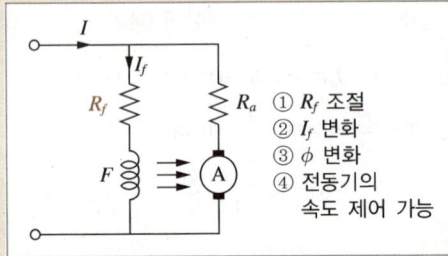

① R_f 조절
② I_f 변화
③ ϕ 변화
④ 전동기의 속도 제어 가능

③ **저항 제어** : 전기자 권선에 직렬로 전기자 저항 R_a를 삽입하여 조절할 수 있으나 효율이 좋지 못함

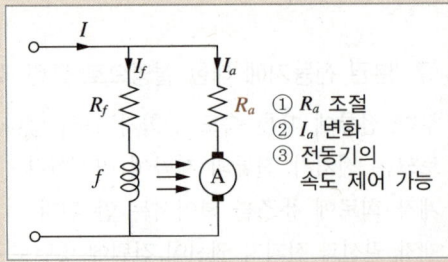

① R_a 조절
② I_a 변화
③ 전동기의 속도 제어 가능

17-1 직류 전동기의 속도 제어 방법 중 속도 제어가 원활하며 정토크 제어가 되고 운전 효율이 좋은 제어 방법은?

① 저항 제어   ② 계자 제어
③ 전압 제어   ④ 주파수 제어

[해설] **전압 제어**
광범위한 속도 제어가 가능하며 정토크 제어

17-2 직류 전동기의 전기자에 가해지는 단자 전압을 변화하여 속도를 조정하는 제어법이 아닌 것은?

① 계자 제어
② 직·병렬 제어
③ 워드-레오너드 방식
④ 일그너 방식

[해설] 전압을 변화하여 속도를 제어하는 방법에는 워드-레오너드 방식, 일그너 방식, 직·병렬 제어 등이 있다.

17-3 워드-레오너드 방식의 목적은?

① 속도 제어   ② 토크 조정
③ 병렬 운전   ④ 계자 자속 조정

[해설] **워드-레오너드 방식**
• 부하 변동이 거의 없는 정부하의 경우에 사용
• 주로 타여자 전동기에 사용

17-4 다음 중 워드-레오너드 방식으로 속도를 제어하는 방법이 사용되는 전동기는?

① 분권   ② 직권
③ 복권   ④ 타여자

[해설] 워드-레오너드 방식은 주로 타여자 전동기에 사용된다.

17-5 속도를 광범위하게 조정할 수 있으므로 압연기나 엘리베이터 등에 사용되는 직류 전동기는?

① 직권 전동기
② 분권 전동기
③ 가동 복권 전동기
④ 타여자 전동기

[해설] **타여자 전동기**
계자 권선에 공급되는 전류가 전기자 전류와 다른 전원을 사용하므로 자속이 일정하여 정속도 특성을 가지며 속도를 광범위하게 조정할 수 있다.

17-6 직류 전동기의 속도 제어법에서 정출력 제어에 해당하는 것은?

① 전압 제어법
② 계자 제어법
③ 저항 제어법
④ 일그너 제어법

[해설] 계자에 흐르는 전류는 전기자에 흐르는 전류보다 매우 작으므로 출력에 큰 영향을 미치지 못하며 속도 제어가 가능한 정출력 가변 속도의 용도에 적합하다.

17-7 직류 전동기의 속도 제어법이 아닌 것은?

① 전압 제어법
② 저항 제어법
③ 계자 제어법
④ 주파수 제어법

[해설] **직류 전동기의 속도 제어법**
- 계자 제어법
- 저항 제어법
- 전압 제어법

[대표유형 18] 전동기의 제동법

① 발전 제동 : 전동기를 발전기로 작동시켜 저항에 연결하여 제동
② 회생 제동 : 전동기를 발전기로 작동시켜 전원으로 반환하여 다른 전동기의 동력원으로 또는 축전기에 충전하는 방법으로 제동
③ 역전 제동 : 전동기를 전원에서 분리하고 전기자의 접속을 반대로 하여 역회전을 통해 제동

18-1 운전 중인 전동기를 전원에서 분리한 후에 발전기로 작용시켜 회전체의 운동 에너지를 전기 에너지로 변환하고, 저항 안에서 줄열로 소비시켜 제동하는 방법으로 옳은 것은?

① 발전 제동
② 역전 제동
③ 회생 제동
④ 계자 제동

[해설]
- 발전 제동 : 운전 중인 전동기를 전원에서 분리한 후에 발전기로 작용시켜 회전체의 운동 에너지를 전기 에너지로 변환하고, 저항 안에서 줄열로 소비시켜 제동하는 방법
- 회생 제동 : 전동기를 발전기처럼 사용하여 발생되는 전력을 전원에 반환하여 제동하는 방법
- 역전 제동 : 원래 회전하던 방향과 반대인 토크를 발생시켜 전동기를 급속히 정지시키는 방법
- 맴돌이 전류 제동 : 가동부에 생기는 맴돌이 전류와 영구 자석의 자극 사이에 작용하는 제동력을 이용한 제동 방법

18-2 전동기의 제동에서 전동기가 가지는 운동 에너지를 전기 에너지로 변화시키고 이것을 전원에 환원시켜 전력을 회생시킴과 동시에 제동하는 방법은?

① 발전 제동
② 역전 제동
③ 회생 제동
④ 맴돌이 전류 제동

[해설] 18-1번 해설 참조

[정답] 17-5 ④ 17-6 ② 17-7 ④ / 18-1 ① 18-2 ③

18-3 직류 전동기에서 전기자에 가해 주는 전원 전압을 낮추어서 전동기의 유도 기전력을 전원 전압보다 높게 하여 제동하는 방법은?

① 회생 제동
② 발전 제동
③ 역전 제동
④ 맴돌이 전류 제동

해설
- 회생 제동 : 전동기를 발전기처럼 사용하여 발생되는 전력을 전원에 반환하여 제동하는 방법
- 발전 제동 : 운전 중인 전동기를 전원에서 분리한 후에 발전기로 작용시켜 회전체의 운동 에너지를 전기 에너지로 변환하고, 저항 안에서 줄열로 소비시켜 제동하는 방법
- 역전 제동 : 원래 회전하던 방향과 반대인 토크를 발생시켜 전동기를 급속히 정지시키는 방법
- 맴돌이 전류 제동 : 가동부에 생기는 맴돌이 전류와 영구자석의 자극 사이에 작용하는 제동력을 이용한 제동 방법

18-4 전동기의 회전 방향을 바꾸는 역회전의 원리를 이용한 제동 방법은?

① 유도 제동
② 회생 제동
③ 발전 제동
④ 역전 제동

해설 18-3번 해설 참조

18-5 급정지를 하기 위해 가장 좋은 제동법은?

① 회생 제동
② 단상 제동
③ 발전 제동
④ 역전 제동

해설 역전 제동이 급정지에 가장 효과적이다.

18-6 직류 전동기의 전기적 제동법이 아닌 것은?

① 발전 제동
② 회생 제동
③ 역전 제동
④ 저항 제동

해설 18-3번 해설 참조

18-7 전동기 운전에 있어서 급정지 또는 속도 제한의 목적으로 사용되는 제동법이 아닌 것은?

① 회생 제동
② 3상 제동
③ 발전 제동
④ 역상 제동

해설 18-3번 해설 참조

대표유형 19 속도 변동률, 직류 전동기의 속도 특성 곡선

① 속도 변동률 : 전부하 시 회전 속도와 무부하 시 회전 속도의 변동 정도

$$\text{속도 변동률 } \varepsilon = \frac{N_0 - N}{N} \times 100\,[\%]$$

(N_0 : 무부하 상태에서 회전 속도, N : 전부하 상태에서 회전 속도)

② 직류 전동기의 속도 특성 곡선
  ㉠ 단자 전압, 계자 저항을 일정하게 유지할 때, 부하 전류 I와 회전 속도 N의 관계를 나타낸 곡선

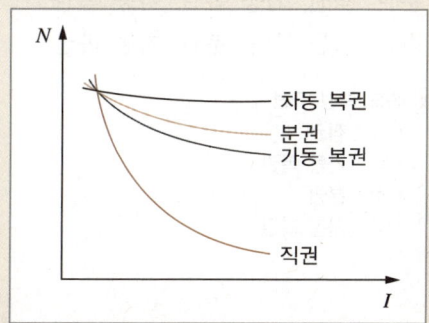

  ㉡ 속도 변동이 큰 순서
   직권 ⇨ 가동 복권 ⇨ 분권 ⇨ 차동 복권

19-1 직류 전동기의 속도 변동률로 옳은 것은?

① $\varepsilon = \dfrac{N_0 - N_n}{N_n} \times 100\,[\%]$

② $\varepsilon = \dfrac{N_0 + N_n}{N_n} \times 100\,[\%]$

③ $\varepsilon = \dfrac{N_n - N_0}{N_0} \times 100\,[\%]$

④ $\varepsilon = \dfrac{N_n + N_0}{N_0} \times 100\,[\%]$

해설

직류 전동기 속도 변동률 $\varepsilon = \dfrac{N_0 - N_n}{N_n} \times 100\,[\%]$

19-2 어느 분권 전동기의 정격 회전수가 1,200[rpm]이다. 속도 변동률이 6[%]이면 공급 전압 및 계자 저항값은 변화하지 않고 무부하로 할 때 회전수는?

① 1,128 ② 1,200
③ 1,272 ④ 1,312

해설

속도 변동률 $\varepsilon = \dfrac{N_0 - N_n}{N_n} \times 100\,[\%]$

$= \dfrac{N_0 - 1,200}{1,200} \times 100\,[\%]$

$= 6\,[\%]$

(N_0 : 무부하 속도, N_n : 정격 속도)

∴ $N_0 = 1,272\,[\text{rpm}]$

19-3 직류 전동기에서 무부하일 때 회전수 N_0 = 1,200[rpm], 정격 부하일 때 회전수 N_n = 1,100[rpm]일 때, 속도 변동률[%]은?

① 8.01 ② 8.89
③ 9.09 ④ 9.35

해설

속도 변동률 $\varepsilon = \dfrac{N_0 - N_n}{N_n} \times 100\,[\%]$

$= \dfrac{1,200 - 1,100}{1,100} \times 100\,[\%]$

$\fallingdotseq 9.09\,[\%]$

정답 19-1 ① 19-2 ③ 19-3 ③

19-4 다음 중 속도 변동이 적은 전동기에 속하는 것은?

① 분권 전동기
② 직권 전동기
③ 교류 정류자 전동기
④ 유도 전동기

해설 분권 전동기
부하에 의한 속도 변화가 적고 계자를 조정하여 광범위한 속도 제어가 가능하기 때문에 정속도와 가감 속도 전동기로 사용된다.

19-5 다음 그림과 같은 속도 특성 곡선을 갖는 전동기로 옳은 것은?

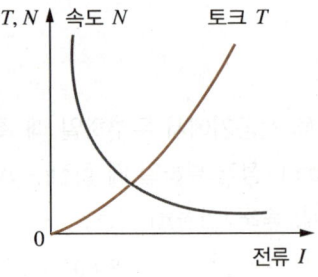

① 직권 전동기
② 분권 전동기
③ 복권 전동기
④ 타여자 전동기

해설 직권 전동기 속도 특성 곡선

19-6 다음 그림은 여러 직류 전동기의 속도 특성 곡선을 나타낸 것이다. ⓐ~ⓓ까지 차례로 맞는 것은?

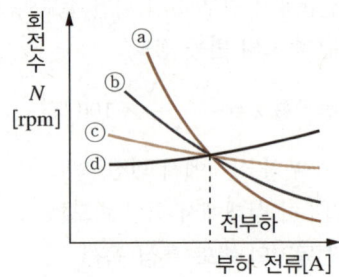

① 차동 복권, 분권, 가동 복권, 직권
② 가동 복권, 차동 복권, 직권, 분권
③ 분권, 직권, 가동 복권, 차동 복권
④ 직권, 가동 복권, 분권, 차동 복권

해설 속도 특성 곡선
• ⓐ : 직권
• ⓑ : 가동 복권
• ⓒ : 분권
• ⓓ : 차동 복권

19-7 다음 그림에서 직류 분권 전동기의 속도 특성 곡선은?

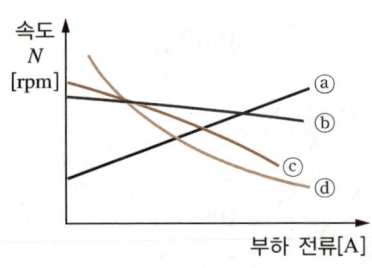

① ⓐ
② ⓑ
③ ⓒ
④ ⓓ

해설 분권 발전기의 속도는 크게 변화하지 않는다.

> **대표유형 20** 직류 전동기의 기동
>
> 정지 상태에 있는 전동기가 회전을 시작하게 하는 것
> ① 처음 전동기 기동 시 매우 큰 기동 전류가 흘러 부품 손상 우려 : 기동기 설치하여 큰 기동 전류 제한
> ② 기동 토크를 크게 하기 위해 계자 저항 $R_f = 0$ [Ω]으로 기동할 것

20-1 직류 전동기를 기동할 때, 전기자 전류를 제한하기 위한 가감 저항기를 무엇이라 하는가?

① 제어기 ② 가속기
③ 기동기 ④ 감속기

해설 처음 전동기 기동 시 매우 큰 기동 전류가 흘러 부품 손상 우려 : 기동기 설치

20-2 직류 전동기를 기동할 때 전기자 전류를 가감하여 조정하는 가감 저항기를 무엇이라 하는가?

① 기동 저항기 ② 저주파 기동기
③ 고주파 기동기 ④ 자기 기동기

해설 **기동 저항기**
전동기를 기동할 때 큰 기동 전류가 흐르지 않도록 회전자 측에 저항을 넣어 두었다가 회전 속도가 빨라지면 이것을 단락할 수 있도록 하는 장치

20-3 직류 분권 전동기의 기동 방법 중 가장 적당한 것은?

① 기동 저항기를 전기자와 병렬 접속한다.
② 기동 토크를 작게 한다.
③ 계자 저항기의 저항값을 크게 한다
④ 계자 저항기의 저항값을 0으로 한다.

해설
• 처음 전동기 기동 시 매우 큰 기동 전류가 흘러 부품 손상 우려 : 기동기 설치
• 기동 토크를 크게 하기 위해 계자 저항 $R_f = 0[Ω]$으로 기동할 것

20-4 각각 계자 저항기가 있는 직류 분권 전동기와 직류 분권 발전기가 있다. 이것을 직렬 접속하여 전동 발전기로 사용하고자 한다. 이것을 기동할 때 계자 저항기의 저항은 각각 어떻게 조정하는 것이 가장 적합한가?

① 전동기 : 최대, 발전기 : 최소
② 전동기 : 최소, 발전기 : 최대
③ 전동기 : 중간, 발전기 : 최소
④ 전동기 : 최소, 발전기 : 중간

해설 기동 시 계자 저항기의 저항은 전동기는 최소, 발전기는 최대가 되도록 조정하는 것이 적합하다.

20-5 정격 속도에 비하여 기동 회전력이 가장 큰 전동기는?

① 직권기 ② 분권기
③ 복권기 ④ 타여자기

해설 직권 전동기는 회전력이 크다.

정답 20-1 ③ 20-2 ① 20-3 ④ 20-4 ② 20-5 ①

02 동기기

대표유형 01 동기 발전기의 구조

① 회전자(rotor)
  ㉠ 자속을 만드는 계자를 회전시킴
  ㉡ 계자를 회전시키는 이유
   • 기계적으로 튼튼
   • 고전압인 전기자가 고정되어 슬립 링이 없이 간단하게 외부 회로로 인출이 가능하며 절연이 용이
② 고정자(stator) : 계자에 의해 유기 기전력 발생하고 전기를 생성

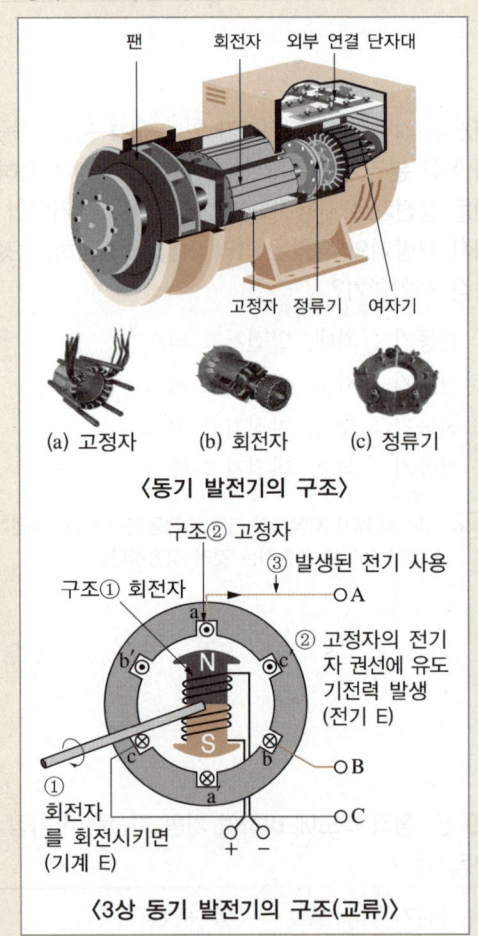

〈동기 발전기의 구조〉

〈3상 동기 발전기의 구조(교류)〉

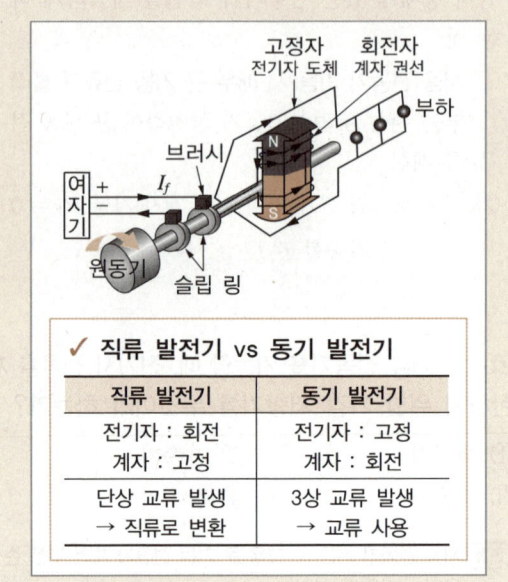

✓ 직류 발전기 vs 동기 발전기

직류 발전기	동기 발전기
전기자 : 회전 계자 : 고정	전기자 : 고정 계자 : 회전
단상 교류 발생 → 직류로 변환	3상 교류 발생 → 교류 사용

01-1 전기자를 고정하고 자극 N극, S극을 회전시키는 방식은?

① 직렬 저항법   ② 병렬 저항법
③ 회전 계자법   ④ 회전 전기자법

해설 전기자를 고정하고 3상 전원을 공급하여 자극 N극, S극을 회전시키는 방식은 회전 계자법이라고 한다.

01-2 동기 발전기를 회전 계자형으로 하는 이유로 옳지 않은 것은?

① 고전압에 견딜 수 있게 전기자 권선을 절연하기가 쉽다.
② 기계적으로 튼튼하게 만드는 데 용이하다.
③ 전기자가 고정되어 있지 않아 제작비용이 저렴하다.
④ 전기자 단자에 발생한 고전압을 슬립 링 없이 간단하게 외부 회로에 인가할 수 있다.

해설 동기 발전기를 회전 계자형으로 하면 전기자가 고정되어 있으므로 절연이 용이하다.

대표유형 02 · 동기기의 전기자 권선법

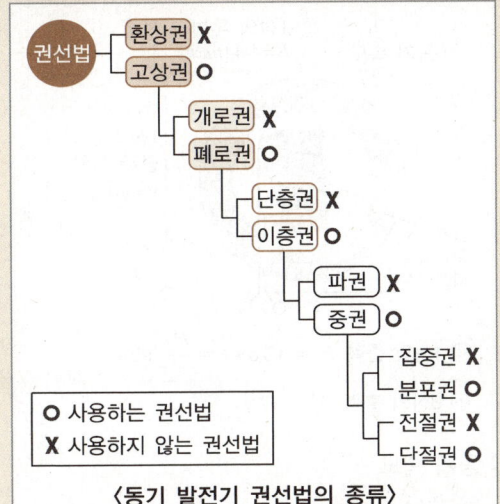

〈동기 발전기 권선법의 종류〉

고상권, 폐로권, 이층권, 중권을 사용하면서 분포권, 단절권을 사용

① 집중권과 분포권
  ㉠ 집중권
  • 매극 매상의 도체를 한 슬롯에 집중시켜 감는 권선법
  • 고조파 발생 우려
  ㉡ 분포권
  • 매극 매상의 도체를 각각의 슬롯에 분포시켜 감는 권선법
  • 고조파 제거 가능

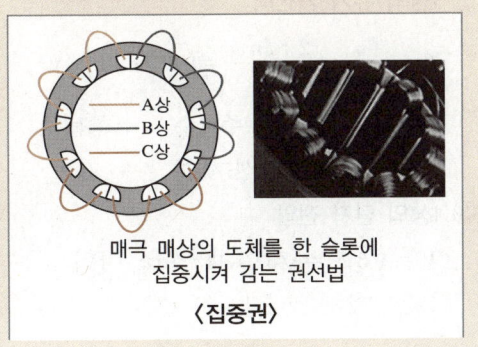

매극 매상의 도체를 한 슬롯에 집중시켜 감는 권선법
〈집중권〉

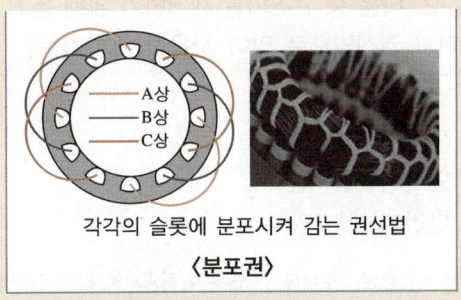

각각의 슬롯에 분포시켜 감는 권선법
〈분포권〉

② 전절권과 단절권
  ㉠ 전절권
  • 코일 간격과 극 간격을 같게 하는 권선법
  • 고조파 발생 우려
  ㉡ 단절권
  • 코일 간격을 극 간격보다 작게 하는 권선법
  • 고조파 제거 가능

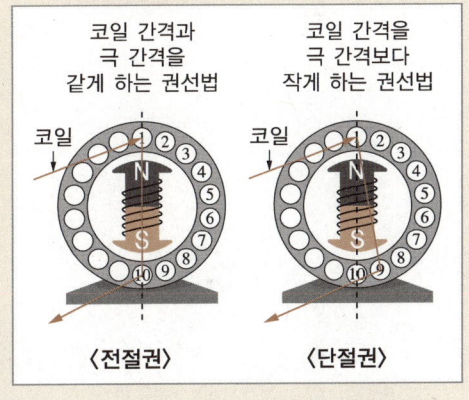

〈전절권〉 〈단절권〉

02-1 동기기의 전기자 권선법이 아닌 것은?

① 전절권   ② 분포권
③ 이층권   ④ 중권

해설 동기기 전기자 권선법
• 이층권
• 중권
• 분포권
• 단절권

정답 2-1 ①

02-2 다음 중 고조파를 제거하기 위해 동기기의 전기자 권선법으로 많이 사용하는 방법은?

① 전절권 / 분포권
② 단층권 / 분포권
③ 단절권 / 집중권
④ 단절권 / 분포권

해설
- 집중권 : 도체를 한 슬롯에 집중시켜 감는 권선법
- 분포권 : 도체를 각각의 슬롯에 분포시켜 감는 권선법
- 전절권 : 코일 간격과 극 간격을 같게 하는 권선법
- 단절권 : 코일 간격을 극 간격보다 작게 하는 권선법

대표유형 03 동기 발전기의 원리

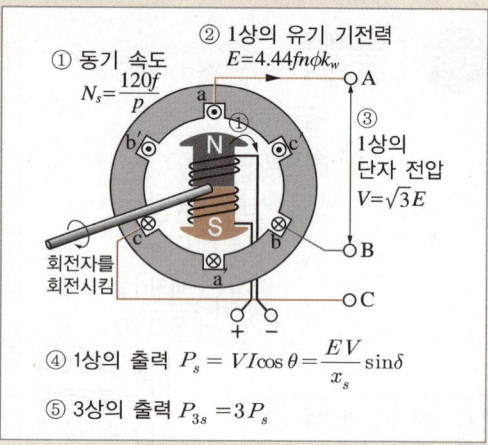

① 동기 속도 $N_s = \dfrac{120f}{p}$
② 1상의 유기 기전력 $E = 4.44fn\phi k_w$
③ 1상의 단자 전압 $V = \sqrt{3}E$
④ 1상의 출력 $P_s = VI\cos\theta = \dfrac{EV}{x_s}\sin\delta$
⑤ 3상의 출력 $P_{3s} = 3P_s$

① 동기 속도
　㉠ 개념
　　• 회전자계의 회전 속도이며, 유도되는 기전력의 주파수와 밀접한 관계가 있음
　　• 극수가 p인 동기 발전기가 주파수 f인 기전력을 발생시키기 위한 일정한 속도
　㉡ 공식
　　• 초당 회전수 $n_s = \dfrac{2f}{p}$ [rps]
　　• 분당 회전수 $N_s = \dfrac{120f}{p}$ [rpm]
　　(f : 유기 기전력의 주파수,
　　p : 회전자의 극수)
② 1상의 유기 기전력
　$E = \dfrac{E_m}{\sqrt{2}} = \dfrac{2\pi fn\phi}{\sqrt{2}} = 4.44fn\phi k_w$ [V]
　(E_m : 최댓값, f : 주파수, n : 회전수,
　ϕ : 자속, k_w : 권선 계수)
③ 1상의 단자 전압
　$V = \sqrt{3}E = \sqrt{3}(4.44f\phi nk_w)$ [V]

02-3 동기 발전기의 전기자 권선을 단절권으로 하면 어떻게 되는가?

① 절연이 잘 된다.
② 기전력을 높인다.
③ 역률이 좋아진다.
④ 고조파를 제거한다.

해설 **단절권**
코일 간격을 극 간격보다 작게 하는 권선법으로 고조파 제거가 가능하여 좋은 파형을 얻을 수 있다.

④ 1상의 출력(비돌극형 발전기, 원통형)

$$P_s = VI\cos\theta \,[\text{W}] = \frac{EV}{x_s}\sin\delta$$

(V : 단자 전압, I : 전류, $\cos\theta$: 역률, E : 유기 기전력, x_s : 동기 리액턴스, δ : 부하각으로 E와 V의 상차각)

 i) $\delta=90°$일 때, 최대 출력
 ii) 돌극형 동기 발전기의 경우 $\delta=60°$일 때, 최대 출력 발생

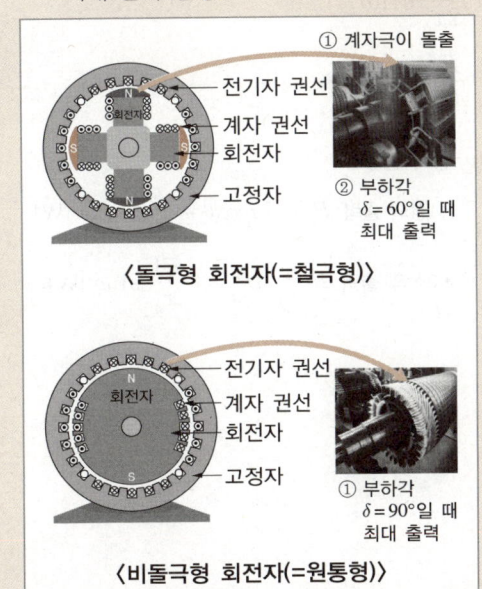

⟨돌극형 회전자(=철극형)⟩

⟨비돌극형 회전자(=원통형)⟩

⑤ 3상의 출력

$$P_{3s} = 3P_s = \frac{3EV}{x_s}\sin\delta = \frac{E_l V_l}{x_s}\sin\delta \,[\text{W}]$$

(P_s : 1상의 출력, E : 유기 기전력, V : 단자 전압, δ : 부하각으로 E와 V의 상차각)

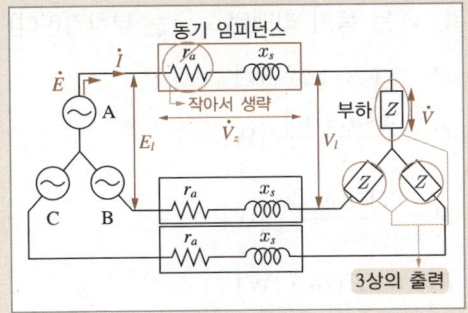

03-1 주파수 50[Hz], 극수 6인 동기기의 매분 회전수[rpm]는 얼마인가?

① 800　　② 1,000
③ 1,200　　④ 1,400

해설 분당 회전수 $N_s = \frac{120f}{p} = \frac{120 \times 50}{6} = 1,000[\text{rpm}]$

03-2 동기 속도 30[rps]인 교류 발전기 기전력의 주파수가 60[Hz]가 되려면 극수는?

① 2　　② 4
③ 6　　④ 8

해설 동기 속도 $n_s = \frac{2f}{p}[\text{rps}]$에서 극수 $p = \frac{2f}{n_s} = \frac{2 \times 60}{30} = 4$

03-3 극수가 8극이고 회전수가 900[rpm]인 동기 발전기와 병렬 운전하는 동기 발전기의 극수가 12극이라면 회전수[rpm]는 얼마인가?

① 400　　② 500
③ 600　　④ 700

해설 동기 발전기가 병렬 운전하기 위해서는 주파수가 같아야 한다.

$N_s = \frac{120f}{p}$에서

$f = \frac{N_s \times p}{120} = \frac{900 \times 8}{120} = 60[\text{Hz}]$

$\therefore N_s = \frac{120f}{p} = \frac{120 \times 60}{12} = 600[\text{rpm}]$

정답 3-1 ②　3-2 ②　3-3 ③

03-4 2극 3,600[rpm]인 동기 발전기와 병렬 운전하려는 12극 발전기의 회전수[rpm]는?

① 600
② 900
③ 1,200
④ 3,600

[해설] 동기 발전기가 병렬 운전하기 위해서는 주파수가 같아야 한다.

$N_s = \dfrac{120f}{p}$ 에서

$f = \dfrac{N_s \times p}{120} = \dfrac{3,600 \times 2}{120} = 60[Hz]$

$\therefore N_s = \dfrac{120f}{p} = \dfrac{120 \times 60}{12} = 600[rpm]$

03-5 원통형 회전자를 가진 동기 발전기는 부하각 δ가 몇 도일 때 최대 출력을 낼 수 있는가?

① 0°
② 30°
③ 60°
④ 90°

[해설] 원통기의 최대 출력은 $\delta = 90°$에서 최대가 된다.

03-6 비돌극형 동기 발전기의 단자 전압(1상)을 V, 유도 기전력(1상)을 E, 동기 리액턴스는 x_s, 부하각을 δ라고 하면, 1상의 출력[W]은?(단, 전기자 저항 등은 무시한다)

① $\dfrac{E^2}{2x_s}\cos\delta$
② $\dfrac{EV}{x_s}\sin\delta$
③ $\dfrac{E^2}{2x_s}\sin\delta$
④ $\dfrac{EV}{x_s}\cos\delta$

[해설] 동기 전동기

- 1상의 출력 $P_s = VI\cos\theta = \dfrac{EV}{x_s}\sin\delta$ [W]
- 3상의 출력 $P_{3s} = 3P_s = 3\dfrac{EV}{x_s}\sin\delta$ [W]

03-7 3상 동기 전동기의 출력(P)을 부하각으로 나타낸 것은?(단, V는 1상의 단자 전압, E는 역기전력, x_s는 동기 리액턴스, δ는 부하각이다)

① $P = 3VE\sin\delta$ [W]
② $P = \dfrac{3VE\sin\delta}{x_s}$ [W]
③ $P = \dfrac{3VE\cos\delta}{x_s}$ [W]
④ $P = 3VE\cos\delta$ [W]

[해설] 03-6번 해설 참조

3-4 ① 3-5 ④ 3-6 ② 3-7 ②

대표유형 04) 매극 매상당 슬롯수

매극 매상당 슬롯수 = 총 슬롯수 / (상수 × 극수)

[예시]
3상 동기 발전기, 총 슬롯수 18, 극수가 2인 경우

① 매극의 슬롯수 = 총 슬롯수 / 극수 = $\frac{18}{2}$ = 9[개]

② 매극 매상의 슬롯수 = 총 슬롯수 / (상수 × 극수)
= $\frac{18}{3 \times 2}$ = 3[개]

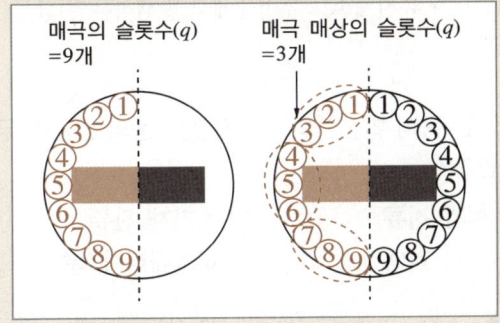

04-1 6극 36슬롯 3상 동기 발전기의 매극 매상당 슬롯수는 몇 개인가?

① 1
② 2
③ 3
④ 4

해설 매극 매상당 슬롯수 = 총 슬롯수 / (상수 × 극수) = $\frac{36}{3 \times 6}$ = 2[개]

대표유형 05) 동기 발전기의 특징

① 전기자 반작용 : 전기자 전류에 의한 자속이 회전자의 주자속에 영향을 미치는 현상

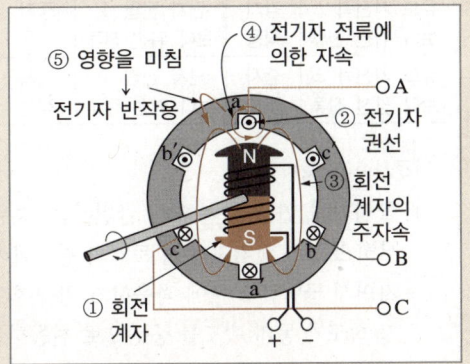

㉠ 교차 자화 작용(횡축 작용)
- 동기 발전기와 순저항 부하가 연결된 경우
- 유도 기전력과 전류가 같은 위상이며, 이 때 전기자 전류에 의한 자속이 주자속의 한쪽은 감소시키고, 한쪽은 증가시켜서 주자속이 한쪽으로 기울어 파형이 일그러지는 현상

㉡ 감자 작용(직축 작용)
- 동기 발전기와 L 부하(인덕턴스 부하)가 연결된 경우
- 전기자 전류가 유도 기전력보다 90°만큼 지연되어 흐르므로 전기자 전류에 의한 자속이 주자속과 반대 방향이 되어 주자속이 감소하는 현상

㉢ 증자 작용(직축 작용)
- 동기 발전기와 C 부하(커패시턴스 부하)가 연결된 경우
- 전기자 전류가 유도 기전력보다 90°만큼 앞서 흐르므로 전기자 전류에 의한 자속이 주자속과 같은 방향이 되어 주자속이 증가하는 현상

정답 4-1 ②

✓ **전동기는 발전기와 반대로 작용**

위상 관계	동기 발전기	위상 관계	동기 전동기
유도 기전력 E 보다 뒤진 전류	감자 작용	단자 전압 V 보다 뒤진 전류	증자 작용
유도 기전력 E 보다 앞선 전류	증자 작용	단자 전압 V 보다 앞선 전류	감자 작용

② 난조(hunting)
㉠ 발전기에 연결된 부하가 급변하는 경우, 부하 토크와 전기자 발생 토크의 평형이 깨지면서 급변한 부하에 적응하기 위해 회전자 속도가 동기 속도를 중심으로 진동하는 현상
㉡ 난조의 원인
  • 부하의 변동이 심한 경우
  • 전원 전압, 주파수의 주기적인 변동이 있는 경우
  • 관성 모멘트가 작은 경우(플라이휠 효과가 부족)
  • 조속기가 너무 예민한 경우
  • 계자에 고조파가 유기된 경우
  • 전기자 회로 저항이 과대한 경우
㉢ 난조의 방지법
  • 계자의 자극면에 **제동 권선 설치**
  • 관성 모멘트를 크게 함 : 플라이휠 설치
  • 조속기의 성능을 예민하지 않도록 할 것
  • 고조파 제거를 위해 단절권, 분포권 사용
  • 전기자 회로 저항을 작게 함
  • 단락비를 크게 할 것
  • 동기 임피던스를 작게 할 것
③ 동기기 손실
㉠ **부하손(가변손)** : 부하의 변동에 따라 변화하는 손실
  • 구리손 : 구리선의 저항 성분에 전류가 흘러 발생하는 손실
    예 전기자 저항손, 계자 저항손, 브러시손

  • 표유 부하손 : 측정이나 계산에 의해 구할 수 있는 손실 이외에 도체, 금속 내부에서 생기는 손실
    예 전기자 반작용, 누설 자속
㉡ **무부하손(고정손)** : 전기기기를 무부하로 운전하고 있을 때 생기는 손실
  • 철손 : 철심 안에서 자속이 변할 때, 철심부에 생기는 손실
    예 히스테리시스손, 와류손
  • 기계손 : 기계적인 손실
    예 베어링 마찰손, 풍손, 브러시 마찰손
  • 유전체손 : 유전체에서 발생하는 손실

05-1 동기 발전기의 전기자 반작용의 원인은 무엇인가?

① 여자 전류   ② 전기자 전류
③ 동기 리액턴스 ④ 히스테리시스손

해설 전기자 전류에 의한 기자력이 계자 기자력에 겹쳐서 작용하게 되는데 자속의 분포가 무부하의 경우와 다르게 되어 계자 자속에 영향을 미치는 것을 전기자 반작용이라 한다.

05-2 동기 발전기의 전기자 반작용에서 역률이 1인 경우 나타나는 현상은?

① 교차 자화 작용   ② 감자 작용
③ 직축 자화 작용   ④ 증자 작용

해설 **교차 자화 작용**
역률이 1인 경우는 순저항 부하인 경우로 유도 기전력과 전류가 같은 위상이며, 이때 전기자 전류에 의한 자속이 주자속의 한쪽은 감소시키고, 한쪽은 증가시켜서 주자속이 한쪽으로 기울어 파형이 일그러지는 교차 자화 작용이 발생한다.

05-3 동기 발전기의 전기자 반작용 중에서 전기자 전류에 의한 자기장의 축이 항상 주자속의 축과 수직이 되면서 자극편 왼쪽에 있는 주자속은 증가시키고, 오른쪽에 있는 주자속은 감소시켜 편자 작용을 하는 전기자 반작용은?

① 증자 작용
② 직축 반작용
③ 감자 작용
④ 교차 자화 작용

해설 교차 자화 작용
전기자 전류에 의한 기자력과 주자속이 직각이 되는 현상

05-4 3상 교류 발전기의 기전력에 대하여 90° 늦은 전류가 통할 때 반작용 기자력은?

① 자극 축과 일치하고 감자 작용
② 자극 축보다 90° 빠른 증자 작용
③ 자극 축보다 90° 늦은 감자 작용
④ 자극 축과 직교하는 교차 자화 작용

해설 전동기는 발전기와 반대로 작용

위상 관계	동기 발전기	위상 관계	동기 전동기
유도 기전력 E 보다 뒤진 전류	감자 작용	단자 전압 V 보다 뒤진 전류	증자 작용
유도 기전력 E 보다 앞선 전류	증자 작용	단자 전압 V 보다 앞선 전류	감자 작용

05-5 동기 발전기에서 전기자 전류가 무부하 유도 기전력보다 $\frac{\pi}{2}$[rad] 앞서 있는 경우에 나타나는 전기자 반작용은?

① 감자 작용
② 증자 작용
③ 직축 반작용
④ 교차 자화 작용

해설 05-4번 해설 참조

05-6 동기 발전기의 전기자 반작용 현상이 아닌 것은?

① 포화 작용
② 증자 작용
③ 감자 작용
④ 교차 자화 작용

해설 동기 발전기 전기자 반작용 현상
• 감자 작용
• 증자 작용
• 교차 자화 작용

05-7 3상 동기기의 제동 권선의 역할은?

① 역률 개선
② 출력 증가
③ 효율 증가
④ 난조 방지

해설 3상 동기기에 난조 방지를 위해 제동 권선을 설치한다.

05-8 병렬 운전 중인 동기 발전기의 난조를 방지하기 위하여 자극 면에 유도 전동기의 농형 권선과 같은 권선을 설치하는데 이 권선의 명칭은?

① 제동 권선
② 계자 권선
③ 보상 권선
④ 전기자 권선

해설 05-7번 해설 참조

정답 5-3 ④ 5-4 ① 5-5 ② 5-6 ① 5-7 ④ 5-8 ①

05-9 난조 방지와 관계가 없는 것은?

① 조속기의 감도를 둔하게 한다.
② 축 세륜을 붙인다.
③ 제동 권선을 설치하지 않는다.
④ 전기자 권선의 저항을 작게 한다.

해설 난조의 방지를 위해 제동 권선을 설치할 수 있다.

05-10 동기기 손실 중 무부하손이 아닌 것은?

① 풍손　　② 전기자 동손
③ 와류손　④ 베어링 마찰손

해설 무부하손에는 철손(히스테리시스손, 와류손)과 기계손(베어링 마찰손, 풍손)이 포함되고, 부하손(가변손)에는 구리손(전기자 구리손), 표유 부하손(전기자 반작용) 등이 포함된다.

05-11 동기기의 손실에서 고정손에 해당하는 것은?

① 브러시의 전기손
② 전기자 권선의 저항손
③ 계자 철심의 철손
④ 계자 권선의 저항손

해설 고정손(=무부하손)은 부하와 관계없이 발생하는 손실로 철손(히스테리시스손, 와류손), 기계손(베어링 마찰손, 풍손, 브러시 마찰손), 유전체손 등이 있다.

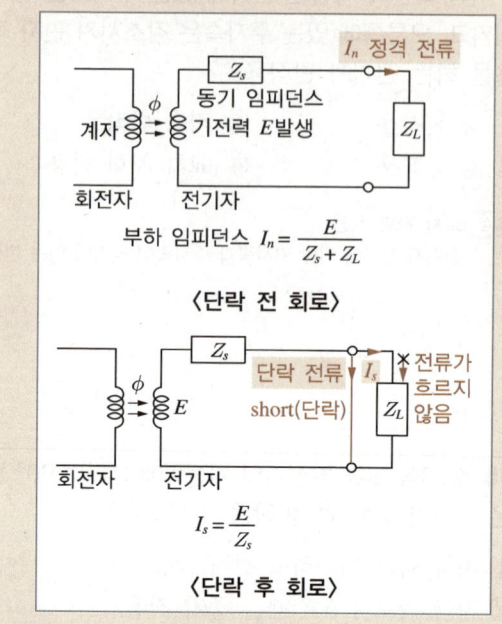

대표유형 06 단락비(short circuit ratio)

① 개념 : 정격 전류에 대한 단락 전류의 비율

② 공식

㉠ 단락비 $K_s = \dfrac{I_s}{I_n} = \dfrac{100}{\%Z}$

(I_s : 단락 전류, I_n : 정격 전류, $\%Z$: 퍼센트 동기 임피던스)

㉡ '단락비가 크다'의 의미

$K_s = \dfrac{100}{\%Z}$에서

$\%Z$가 작을수록 단락비가 크다.

[1] 퍼센트 동기 임피던스 ↓
　　⇨ 동기 임피던스 강하 ↓
　　⇨ 전압 변동률 ↓
　　⇨ 안정도 ↑

[2] 동기 임피던스 강하 ↓
⇨ $Z_s ≒ x_s(=x_a+x_l)$에서 전기자 반
작용 리액턴스 x_a ↓
⇨ 전기자 반작용 ↓
⇨ 공극 ↑
⇨ 기계의 규모 ↑, 무게 ↑, 가격 ↑
[3] 기계의 규모 ↑
⇨ 철손 ↑
⇨ 효율 ↓

✓ **동기 임피던스**

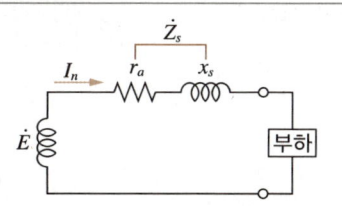

1. 동기 임피던스 : 전기자 저항 r_a와 동기 리액턴스 x_s의 합
$\dot{Z}_s = r_a + jx_s \, [\Omega]$
① 전기자 권선 저항 r_a
② 동기 리액턴스 x_s : 전기자 반작용 리액턴스 x_a와 전기자 누설 리액턴스 x_l의 합
$x_s = x_a + x_l \, [\Omega]$

2. %동기 임피던스
① %동기 임피던스 : 정격 상전압 E에 대한 임피던스 강하의 비
$\%Z_s = \dfrac{I_n Z_s}{E} \times 100 \, [\%]$
② %저항 : $\%r_s = \dfrac{I_n r_s}{E} \times 100 \, [\%]$
③ %리액턴스 : $\%x_s = \dfrac{I_n x_s}{E} \times 100 \, [\%]$

✓ **동기 발전기의 안정도 향상 대책**
1. %Z를 작게 할 것
2. 동기 임피던스를 작게 할 것
3. 전압 변동률을 작게 할 것
4. 속응 여자 방식 채용
5. 회전자의 관성을 크게 하여 회전자가 균일한 속도로 회전하도록 할 것 ⇨ 회전자의 플라이휠 효과를 크게 할 것
6. 조속기를 신속하게 사용할 것

06-1 단락비가 1.2인 동기 발전기의 %동기 임피던스는 약 몇 [%]인가?
① 75.6
② 83.3
③ 89.2
④ 92.3

해설 단락비 $K_s = \dfrac{I_s}{I_n} = \dfrac{100}{\%Z}$에서

%동기 임피던스 $\%Z = \dfrac{100}{K_s} = \dfrac{100}{1.2} ≒ 83.3[\%]$

06-2 정격이 10,000[V], 500[A], 역률 90[%]의 3상 동기 발전기의 단락 전류 I_s[A]는?(단, 단락비는 1.3으로 하고 전기자 저항은 무시한다)
① 450
② 550
③ 650
④ 750

해설 단락비 $K_s = \dfrac{\text{단락 전류 } I_s}{\text{정격 전류 } I_n}$ 이므로

단락 전류 $I_s = I_n \times K = 500 \times 1.3 = 650[A]$

06-3 단락비가 큰 동기기에 대한 설명으로 옳지 않은 것은?

① 전기자 반작용이 크다.
② 계자 자속이 크다.
③ 전압 변동률이 작다.
④ 중량이 무겁고 가격이 비싸다.

해설 단락비가 큰 동기기 특징

단락비가 크다($K_s = \dfrac{100}{\%Z}$)

- 퍼센트 동기 임피던스↓
  ⇨ 동기 임피던스 강하↓
  ⇨ 전압 변동률↓
  ⇨ 안정도↑
- 동기 임피던스 강하↓
  ⇨ 전기자 반작용 리액턴스 x_a↓
  ⇨ 전기자 반작용↓
  ⇨ 공극↑
  ⇨ 기계의 규모↑, 무게↑, 가격↑
- 기계의 규모↑
  ⇨ 철손↑
  ⇨ 효율↓

06-4 동기 발전기에서 단락비가 크면 다음 중 작아지는 것은?

① 공극
② 단락 전류
③ 동기 임피던스와 전압 변동률
④ 기계의 크기

해설 06-3번 해설 참조

06-5 동기 발전기의 공극이 넓을 때의 설명으로 옳지 않은 것은?

① 안정도가 증대된다.
② 전압 변동률이 크다.
③ 여자 전류가 크다.
④ 단락비가 크다.

해설 공극이 넓을 때 특징
- 안정도가 증대된다.
- 단락비가 크다.
- 여자 전류가 크다.
- 동기 임피던스가 작다.
- 전기자 반작용이 작다.
- 비용이 크다.

06-6 다음 중 동기기의 안정도 향상을 위한 대책이 아닌 것은?

① 단락비를 크게 할 것
② 동기 임피던스를 크게 할 것
③ 조속기를 신속하게 동작할 것
④ 회전자의 플라이휠 효과를 크게 할 것

해설 동기 발전기의 안정도 향상 대책
- 속응 여자 방식을 채용할 것
- 단락비를 크게 할 것 ⇨ 동기 임피던스를 작게 할 것(단락비 $K_s = \dfrac{100}{\%Z}$ 이므로)
- 관성 모멘트를 크게 할 것(회전자의 플라이휠 효과를 크게 할 것)
- 조속기를 신속하게 동작할 것

대표유형 07 특성 곡선

① 무부하 포화 곡선과 단락 곡선 : 단락비 유도 가능
  ㉠ 무부하 포화 곡선
   • 계자 전류와 단자 전압 사이의 관계
   • 포화율 $\sigma = \dfrac{cc'}{bc'}$
   • 곡선이 포화되는 이유 : 철심의 포화
  ㉡ 단락 곡선
   • 계자 전류와 단락 전류 사이의 관계
   • 곡선이 직선인 이유 : 전기자 반작용(감자 작용)에 의해 철심의 포화가 일어나지 않음

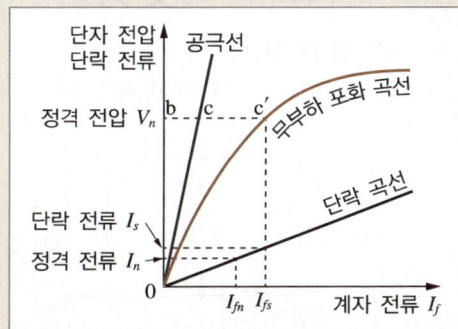

② 외부 특성 곡선 : 부하의 크기를 변화시킬 때의 단자 전압 V와 부하 전류 I의 관계

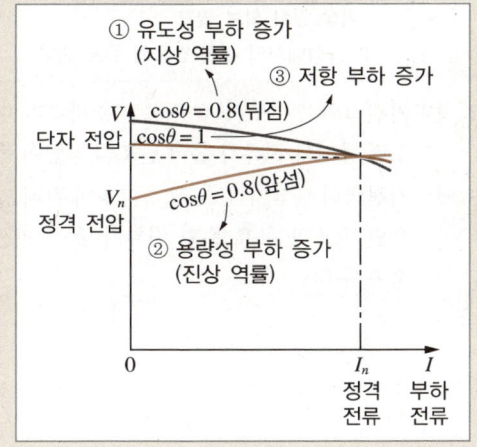

07-1 동기 발전기의 무부하 포화 곡선을 나타낸 것이다. 포화 계수에 해당하는 것은?

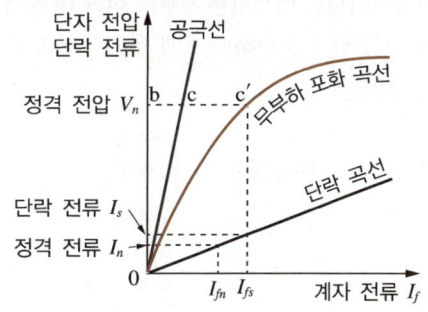

① $\dfrac{bc'}{bc}$ ② $\dfrac{ob}{oc}$

③ $\dfrac{cc'}{bc}$ ④ $\dfrac{cc'}{bc'}$

해설 포화율 : $\sigma = \dfrac{cc'}{bc'}$

07-2 동기 발전기의 무부하 포화 곡선에 대한 설명으로 옳은 것은?

① 계자 전류와 단자 전압 사이의 관계이다.
② 계자 전류와 정격 전압 사이의 관계이다.
③ 정격 전류와 정격 전압 사이의 관계이다.
④ 정격 전류와 단자 전압 사이의 관계이다.

해설 무부하 포화 곡선은 부하가 없는 상태로 발전기를 개방하여 운전할 때, 계자 전류와 단자 전압 사이의 관계를 곡선으로 나타낸 것이다.

정답 7-1 ④ 7-2 ①

대표유형 08 동기 발전기의 병렬 운전

① 발전기 1대를 이용하는 것보다 여러 대를 병렬로 연결하고 운전하여 효과적으로 전력 공급이 가능

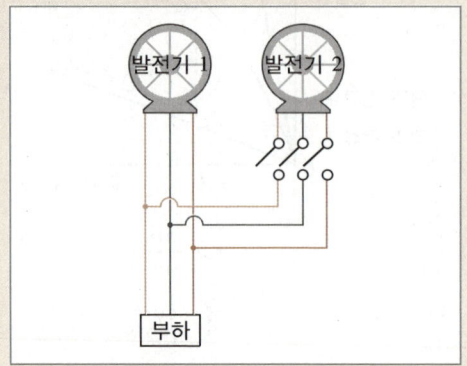

② 동기 발전기의 병렬 운전 조건
  ㉠ 기전력의 **전압 크기가 같을 것**
    • 크기가 다르면 무효 순환 전류 I_c(무효 횡류)가 흐름
    • 무효 순환 전류 $I_c = \dfrac{E_1 - E_2}{2Z_s}$ [A]
    • G_1 발전기의 계자 전류(여자 전류)를 증가시키면 G_1의 역률은 저하되고 G_2의 역률은 향상된다.

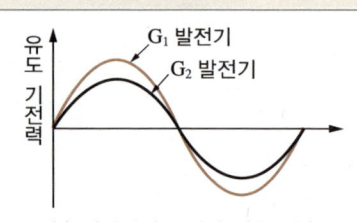

(a) 기전력의 크기가 다른 경우

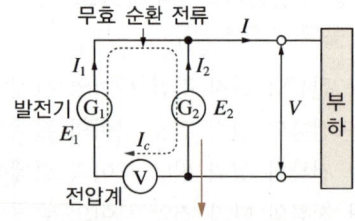

① 두 발전기의 기전력 차이만큼
② 무효 순환 전류 I_c가 흐름(=무효 횡류)
  → 전기자권선 소손우려
(b) 1상에서의 부하 전류와 무효 횡류

㉡ 기전력의 **위상이 같을 것**
  • 위상이 다르면 동기화 전류 I_s(유효 횡류, 유효 순환 전류)가 흐름
  • 동기화 전류 $I_s = \dfrac{E_1 - E_2}{2Z_s}$
  $\qquad\qquad = \dfrac{2E_1}{2Z_s}\sin\dfrac{\delta}{2}$
  $\qquad\qquad = \dfrac{E_1}{Z_s}\sin\dfrac{\delta}{2}$ [A]

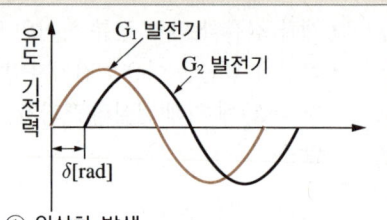

① 위상차 발생
(a) 기전력의 위상이 다른 경우

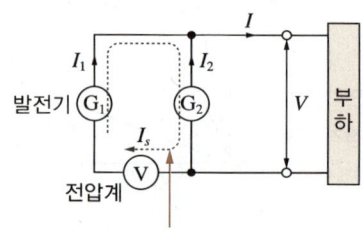

② 위상차만큼 동기화 전류
  (= 유효 횡류 = 유효 순환 전류)가 흐름
③ 방지를 위해 동기 검정기를 사용하여 위상 일치 확보 필요
(b) 1상에서의 부하 전류와 유효 횡류

㉢ 기전력의 **주파수가 같을 것** : 주파수가 다르면 동기화 전류가 흘러 난조의 원인이 됨
㉣ 기전력의 **파형이 같을 것** : 파형이 같지 않으면 고조파 무효 순환 전류가 흘러 권선 소손 우려

08-1 동기 발전기의 병렬 운전 조건으로 옳지 않은 것은?

① 동기 발전기 용량이 같을 것
② 기전력의 크기가 같을 것
③ 기전력의 위상이 같을 것
④ 기전력의 주파수가 같을 것

해설 동기 발전기 병렬 운전 조건
  • 기전력의 크기가 같을 것
  • 기전력의 위상이 같을 것
  • 기전력의 주파수가 같을 것
  • 기전력의 파형이 같을 것

08-2 동기 발전기를 계통에 병렬로 접속할 때 관계없는 것은?

① 전류   ② 위상
③ 전압   ④ 주파수

해설 동기 발전기를 병렬 운전하기 위해서는 기전력의 크기, 위상, 주파수, 파형이 같아야 한다.

08-3 동기 발전기의 병렬 운전 중 기전력의 크기가 다를 경우 나타나는 현상이 아닌 것은?

① 권선이 가열된다.
② 동기화 전력이 생긴다.
③ 무효 순환 전류가 흐른다.
④ 고압 측에 감자 작용이 생긴다.

해설 동기 발전기 병렬 운전 중 기전력의 크기가 다를 경우 무효 순환전류가 흘러 역률이 달라지고 과열이 발생하며 고압 측에 감자 작용이 발생한다.

08-4 동기 발전기의 병렬 운전에서 한쪽의 계자 전류를 증대시켜 유기 기전력을 크게 하면 어떤 현상이 발생하는가?

① 무효 순환 전류가 흐른다.
② 주파수가 변화되어 위상각이 달라진다.
③ 속도조정률이 변한다.
④ 두 발전기의 역률이 모두 낮아진다.

해설 동기 발전기의 병렬 운전에서 기전력의 크기가 다르면 무효 순환 전류가 흘러 권선 소손의 우려가 있다.

08-5 2대의 동기 발전기가 병렬 운전하고 있다. 한쪽 발전기의 계자 전류가 증가할 때 두 발전기 사이에 일어나는 현상으로 옳은 것은?

① 속도 조정률이 변한다.
② 동기화 전류가 흐른다.
③ 무효 순환 전류가 흐른다.
④ 기전력의 위상이 변한다.

해설 2대의 동기 발전기가 병렬 운전 중일 때 한쪽 발전기의 계자 전류가 증가하면 두 발전기 사이의 기전력이 달라져 무효 순환 전류가 흐르게 된다.

정답 8-1 ① 8-2 ① 8-3 ② 8-4 ① 8-5 ③

08-6 2대의 동기 발전기 A, B가 병렬 운전하고 있을 때 A기의 여자 전류를 증가시키면 어떻게 되는가?

① A기의 역률은 낮아지고 B기의 역률은 높아진다.
② A기의 역률은 높아지고 B기의 역률은 낮아진다.
③ A, B 양 발전기의 역률이 높아진다.
④ A, B 양 발전기의 역률이 낮아진다.

해설 병렬 운전 중인 여자 전류가 변화되면 두 발전기 사이에 무효 순환 전류가 흐르게 된다.
병렬 운전 시 역률과 여자 전류의 관계가
역률 $\cos\theta \propto \dfrac{1}{여자\ 전류}$ 이므로
A기의 역률은 낮아지고 상대적으로 B기의 역률은 높아진다.

08-7 병렬 운전 중인 동기 임피던스 5[Ω]인 2대의 3상 동기 발전기의 유도 기전력에 200[V]의 전압 차가 발생한다면 두 발전기에 흐르는 무효 순환 전류[A]는?

① 5
② 10
③ 15
④ 20

해설 무효 순환 전류 $I_c = \dfrac{E_1 - E_2}{2Z} = \dfrac{200}{2 \times 5} = 20[A]$

08-8 동기 발전기의 병렬 운전 중 기전력의 위상차가 발생하면 어떤 전류가 흐르는가?

① 무효 횡류
② 무효 순환 전류
③ 유효 순환 전류
④ 고조파 전류

해설 동기 발전기 병렬 운전 중 기전력의 위상차가 발생하면 동기화 전류(유효 순환 전류)가 흐르고 서로 같아지려고 하는 동기화력이 생긴다.

08-9 동기 발전기의 병렬 운전 중에 기전력의 위상차가 생기면?

① 위상이 일치하는 경우보다 출력이 감소한다.
② 부하 분담이 변한다.
③ 무효 순환 전류가 흘러 전기자 권선이 과열된다.
④ 동기화력이 생겨 두 기전력의 위상이 동상이 되도록 작용한다.

해설 08-8번 해설 참조

08-10 병렬 운전 중인 동기 발전기의 유도 기전력이 2,000[V], 위상차 60°일 경우 유효 순환 전류는 얼마인가?(단, 동기 임피던스 5[Ω]이다)

① 20
② 200
③ 500
④ 1,000

해설 유효 순환 전류
$I_c = \dfrac{E_A}{Z_s} \sin\dfrac{\delta}{2} = \dfrac{2,000}{5} \sin\dfrac{60°}{2} = 200[A]$

대표유형 09 동기 전동기의 원리

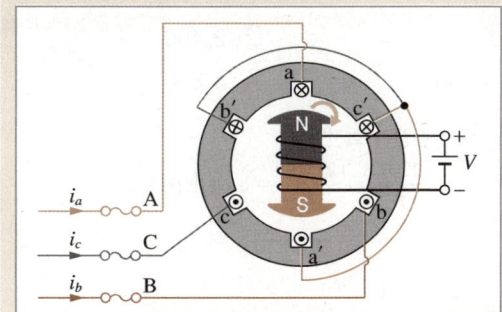

① 동기 전동기의 원리
  ㉠ 전기 에너지를 기계 에너지로 변환
  ㉡ 고정자에 3상 교류 전원 인가(전기 에너지)
    ⇨ 회전자계 형성 ⇨ 기동 장치로 기동 ⇨ 회전자가 회전(기계 에너지)

② 동기 전동기의 기동법
  ㉠ 기동 전동기법(유도 전동기법)
    • 기동 시 동기 전동기와 기계적으로 결합한 유도 전동기 등으로 기동하는 방식
    • 동기 전동기 극수보다 2극 적은 유도 전동기를 사용할 것
  ㉡ 자기 기동법
    • 계자극 표면에 기동 권선(단락 권선, 제동 권선)을 감고 회전 계자와 이 권선에 유도되는 전자력으로 기동 토크를 얻어 기동하는 방식
    • 계자 회로를 저항을 통해 단락 시켜 놓고 기동할 것
      ⇨ 고전압 유기로 인한 계자 회로 소손 방지
    • 전기자에 전원 공급시 전전압의 30~50[%] 낮추어서 기동시킨 후, 속도가 빨라지면 전전압을 인가
      ⇨ 전기자의 절연 파괴 방지

③ 회전수 $N_s = \dfrac{120f}{p}$ [rpm]
  (f : 주파수, p : 극수)
  p와 f가 일정하다면 동기 전동기는 속도가 일정하며 불변

④ 출력 $P_0 = \dfrac{EV}{X_s}\sin\delta$ [W] $= \omega T$
  ⇨ 토크 $T \propto V$
  (E : 유기 기전력, V : 단자 전압, δ : 부하각으로 E와 V의 상차각)

⑤ 토크 $T = \dfrac{P_0}{\omega}$ [W] $= 9.55 \times \dfrac{P_0}{N_s}$ [N·m]
  $= 0.975 \dfrac{P_0}{N_s}$ [kg·m]
  (P_0 : 전동기의 출력, N_s : 동기 속도)

⑥ 동기 와트 $P_0 = 1.026 N_s T$ [W]
  동기 속도 N_s인 전동기의 회전력을 표시하며 [W]로 동기 전동기의 토크를 표현

09-1 동기 전동기를 기동하는 방법으로 옳은 것은?
① 저항 제어법, 계자 제어법
② 직류 초퍼법, 자기 기동법
③ 자기 기동법, 유도 전동기법
④ 직류 초퍼법, 기동 전동기법

해설 동기 전동기의 시동을 위해 유도 전동기법, 자기 기동법을 적용할 수 있다.

09-2 동기 전동기의 기동법으로 옳은 것은?
① 반발 기동법   ② 분상 기동법
③ 계자 제어법   ④ 기동 전동기법

해설 동기 전동기 기동법
  • 자기 기동법
  • 기동 전동기법

09-3 동기 발전기 기동을 위한 전동기로 유도 전동기를 사용할 경우, 동기 전동기의 극 수가 8극인 경우 유도 전동기의 극수는?

① 6극 ② 8극
③ 10극 ④ 12극

해설 기동 전동기로 사용되는 유도 전동기는 동기 전동기의 극수보다 2극 적어야 한다.

09-4 동기 전동기의 자기 기동법에서 계자 권선을 단락하는 이유는?

① 기동 권선으로 이용
② 고전압 유도에 의한 절연 파괴 위험을 방지
③ 전기자 반작용 방지
④ 쉬운 기동 제어

해설 계자 권선을 열어 둔 채로 전기자에 전압을 인가하면 권선수가 많은 계자 회로에 높은 전압이 유기되어 소손의 위험성이 있으므로 저항을 통해 단락시켜 놓고 기동하도록 한다.

09-5 3상 동기 전동기 자기 기동법에 대한 설명으로 옳지 않은 것은?

① 기동 토크는 일반적으로 적고 전부하 토크의 40~60[%] 정도이다.
② 기동할 때에는 회전자속에 의하여 계자 권선 안에는 고압이 유도되어 절연을 파괴할 우려가 있다.
③ 기동 토크를 적당한 값으로 유지하기 위하여 변압기 탭에 의해 정격 전압의 80[%] 정도로 저압을 가해 기동을 한다.
④ 제동 권선에 의한 기동 토크를 이용하는 것으로 제동 권선은 2차 권선으로서 기동 토크를 발생한다.

해설 자기 기동법
기동 보상기를 사용해 전압을 전전압의 30~50[%]로 내려서 기동시킨 다음 속도가 빨라지면 전전압을 가한다.

09-6 2극, 60[Hz]인 동기 전동기의 회전수는 몇 [rpm]인가?

① 1,800 ② 2,400
③ 3,600 ④ 4,800

해설 동기 전동기 회전수
$$N_s = \frac{120f}{p} = \frac{120 \times 60}{2} = 3,600 [\text{rpm}]$$

09-7 정격 전압 200[V], 60[Hz]인 전동기의 주파수를 45[Hz]로 사용하면 회전 속도는 어떻게 되는가?

① 1.1배로 증가한다. ② 1.2배로 증가한다.
③ 변화하지 않는다. ④ 0.75배로 감소한다.

해설 동기 전동기 회전수는 $N = \frac{120f}{p} [\text{rpm}]$으로 주파수에 비례한다.
주파수가 60[Hz]에서 45[Hz]로 변화하면 $\frac{45}{60} = 0.75$이므로 회전수는 0.75배로 감소한다.

09-8 동기 전동기의 여자 전류를 변화시켜도 변하지 않는 것은?(단, 공급 전압과 부하는 일정하다)

① 속도 ② 전기자 전류
③ 역률 ④ 역기전력

해설 동기 전동기 회전수는 $N_s = \frac{120f}{p}$로 일정하다.

09-9 3상 동기 전동기의 토크에 대한 설명으로 옳은 것은?

① 공급 전압 크기에 비례한다.
② 공급 전압 크기의 제곱에 비례한다.
③ 부하각 크기에 반비례한다.
④ 부하각 크기의 제곱에 비례한다.

해설 동기 전동기에서 토크는 전압에 비례한다.

대표유형 10 전기자 반작용, 제동 권선

① 전기자 반작용 : 전기자 전류에 의한 자속이 회전자에서 발생하는 주자속에 영향을 미치는 현상을 의미하며 동기 발전기와 반대로 작용
  ㉠ 교차 자화 작용 : 동기 전동기와 순저항 부하가 연결된 경우, 역기전력과 전류가 같은 위상이며, 이때 전기자 전류에 의한 자속이 주자속의 한쪽은 감소시키고, 한쪽은 증가시켜서 주자속이 한쪽으로 기울어 파형이 일그러지는 현상
  ㉡ 감자 작용 : 동기 전동기에서 전기자 전류가 단자 전압보다 90°만큼 앞서 흐를 경우, 전기자 전류에 의한 자속이 주자속과 반대 방향이 되어 주자속이 감소되는 현상
  ㉢ 증자 작용 : 동기 전동기에서 전기자 전류가 단자 전압보다 90°만큼 뒤져서 흐를 경우, 전기자 전류에 의한 자속이 주자속과 같은 방향이 되어 주자속이 증가되는 현상

✓ 전동기는 발전기와 반대로 작용

위상 관계	동기 발전기	위상 관계	동기 전동기
유도 기전력 E 보다 뒤진 전류	감자 작용	단자 전압 V 보다 뒤진 전류	증자 작용
유도 기전력 E 보다 앞선 전류	증자 작용	단자 전압 V 보다 앞선 전류	감자 작용

② 제동 권선
  ㉠ 동기 전동기의 자기 기동법의 기동 권선으로 사용
  ㉡ 난조 방지

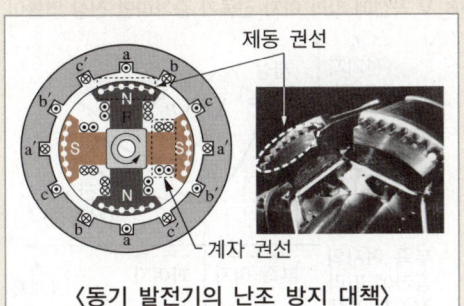

〈동기 발전기의 난조 방지 대책〉

10-1 동기 전동기 전기자 반작용에 대한 설명이다. 공급 전압에 대한 앞선 전류의 전기자 반작용은?
① 편자 작용   ② 감자 작용
③ 증자 작용   ④ 교차 자화 작용

해설 동기 전동기에서 공급 전압보다 전류가 앞서 있을 때는 감자 작용이 일어난다.

10-2 동기 전동기 전기자 반작용에 대한 설명이다. 공급 전압에 대한 뒤진 전류의 전기자 반작용은?
① 편자 작용   ② 감자 작용
③ 증자 작용   ④ 교차 자화 작용

해설 동기 전동기에서 공급 전압보다 전류가 뒤지면 증자 작용이 일어난다.

10-3 3상 동기기의 제동 권선의 역할은?
① 효율 증가   ② 난조 방지
③ 역률 개선   ④ 출력 증가

해설 3상 동기기에서 제동 권선은 난조 방지의 역할, 동기 발전기의 기동 권선으로 사용된다.

정답 10-1 ② 10-2 ③ 10-3 ②

대표유형 11 위상 특성 곡선(V 곡선)

동기 전동기를 공급 전압과 부하를 일정하게 유지하면서 계자 전류 I_f를 변화시키면 전기자 전류 I_a, V와 I_a의 위상 관계, 역률 $\cos\theta$가 변화하며 V 모양으로 나타나는 곡선

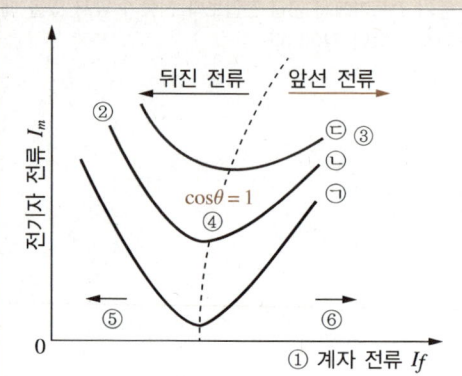

① 계자 전류 I_f를 변화시키면
② V 곡선이 만들어짐
③ ㉠ : '무부하' 상태이며 부하가 증가할수록 ㉡ → ㉢처럼 위쪽으로 V 곡선이 이동
④ 전기자 전류가 제일 적게 흐를 때, 역률 $\cos\theta = 1$
⑤ 부족 여자 → 뒤진 전류 → 지상 역률
⑥ 과여자 → 앞선 전류 → 진상 역률

〈동기 전동기의 V 곡선〉

① 계자 전류 I_f 변화 ⇨ 전기자 전류 I_a, V와 I_a의 위상, 역률 $\cos\theta$ 변화
② 부하가 증가할수록 V 곡선은 위로 이동
③ 부족 여자 ⇨ 지상 역률 ⇨ 리액터 역할
④ 과여자 ⇨ 진상 역률 ⇨ 커패시터 역할

11-1 동기 전동기가 공급 전압과 부하가 일정한 상태에서 역률 1로 운전되고 있다. 계자 전류를 증가시킬 때 전동기 역률에 대한 설명으로 옳은 것은?

① 진상 역률이 된다.
② 지상 역률이 된다.
③ 변화 없다.
④ 진상과 지상 역률 간을 교번한다.

해설 동기 전동기에서 계자 전류가 증가되면 진상 역률이 된다.

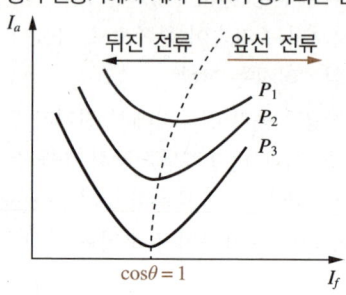

11-2 동기 전동기의 직류 여자 전류가 증가할 때의 현상으로 옳은 것은?

① 진상 역률을 만든다.
② 지상 역률을 만든다.
③ 동상 역률을 만든다.
④ 진상·지상 역률을 만든다.

해설 V 곡선에 따라 여자 전류가 증가하면 진상 역률이 된다.

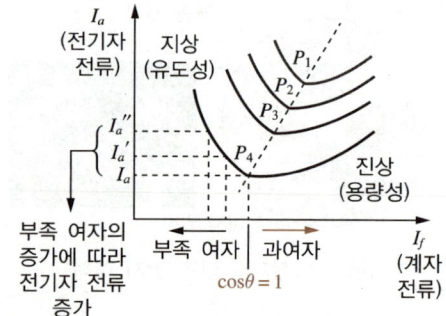

정답 11-1 ① 11-2 ①

11-3 동기 전동기의 공급 전압과 부하를 일정하게 유지하면서 역률을 1로 운전하고 있는 상태에서 부족 여자 운전을 하게 되는 경우 전동기의 상태로 옳은 것은?

① 전동기가 리액터 역할을 한다.
② 전동기가 콘덴서 역할을 한다.
③ 전동기가 저항 역할을 한다.
④ 전동기가 발전기 동작을 한다.

해설 부족 여자일 경우 전동기가 리액터로 동작한다. 과여자일 경우 전동기가 콘덴서로 동작한다.

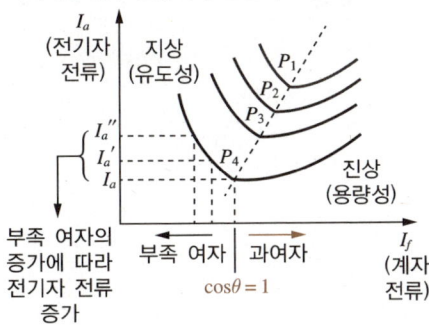

11-4 다음 그림과 같은 동기기의 위상 특성 곡선에서 전기자 전류가 가장 적게 흐를 때의 역률은?

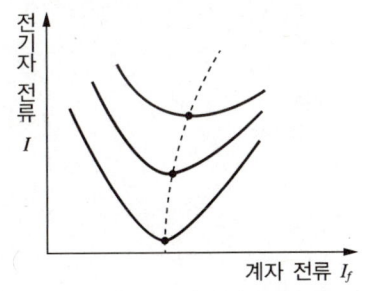

① 0　　② 0.9(지상)
③ 0.9(진상)　④ 1

해설 위상 특성 곡선에서 전기자 전류가 가장 작게 흐를 때의 역률은 1이다.

11-5 동기 전동기의 계자 전류를 가로축에, 전기자 전류를 세로축으로 하여 나타낸 V 곡선에 관한 설명으로 옳지 않은 것은?

① 위상 특성 곡선이라 한다.
② 곡선의 최저점은 역률 1에 해당한다.
③ 계자 전류를 조정하여 역률을 조정할 수 있다.
④ 부하가 클수록 V 곡선은 아래쪽으로 이동한다.

해설 부하가 클수록 V 곡선이 위로 올라간다.

11-6 3상 동기 전동기의 부하와 단자 전압을 일정하게 유지하고, 회전자 여자 전류의 크기를 변화시킬 때 옳은 것은?

① 회전 속도가 바뀐다.
② 전기자 전류의 위상과 크기가 바뀐다.
③ 동기 전동기의 기계적 출력이 일정해진다.
④ 전기자 권선의 역기전력이 변하지 않는다.

해설 위상 특성 곡선에 의하여 계자 전류 I_f 변화 ⇨ 전기자 전류 I_a, V와 I_a의 위상, 역률 $\cos\theta$가 변화하게 된다.

정답　11-3 ①　11-4 ④　11-5 ④　11-6 ②

대표유형 12 동기 조상기

① 동기 전동기를 무부하로 운전하면 동기 조상기로 활용할 수 있음
② 여자 전류를 조절하여 역률 개선 가능
③ 부족 여자 ⇨ 지상 역률 ⇨ 리액터 역할
④ 과여자 ⇨ 진상 역률 ⇨ 커패시터 역할

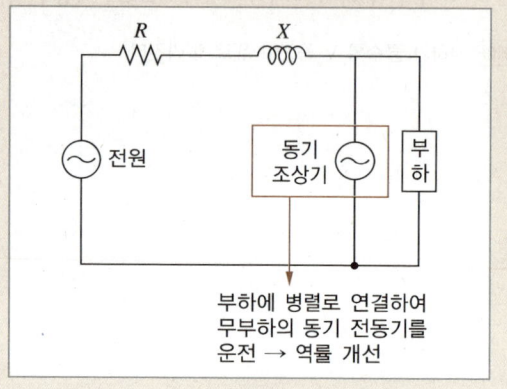

부하에 병렬로 연결하여 무부하의 동기 전동기를 운전 → 역률 개선

12-1 동기 전동기를 송전선의 전압조정 및 역률 개선에 사용한 것을 무엇이라 하는가?

① 동기 이탈
② 댐퍼
③ 제동 권선
④ 동기 조상기

해설 **동기 조상기**
무부하 운전 중 과여자일 때는 진상 작용하는 콘덴서로 동작을 하며, 부족 여자일 때는 지상 작용하는 리액터로 작용하여 전력계통의 전압 조정과 역률 개선을 위해 계통에 접속한 무부하의 동기 전동기

12-2 동기 조상기를 부족 여자로 운전하면?

① 저항손의 보상
② 뒤진 역률 보상
③ 콘덴서로 작용
④ 리액터로 작용

해설 동기 조상기는 부족 여자일 때 지상 작용하는 리액터로 작용한다.

12-3 동기 조상기가 진상 콘덴서보다 좋은 점은 무엇인가?

① 보수가 쉽다.
② 손실이 적다.
③ 진상, 지상 전류를 공급한다.
④ 가격이 싸다.

해설 동기 조상기는 진상 전류와 지상 전류 공급이 가능하다.

대표유형 13 동기 전동기의 장단점, 공극

① 장단점
  ㉠ 장점
  • 역률 조정이 가능
    - $\cos\theta = 1$: 역률이 가장 좋은 전동기
    - 부족 여자 ⇨ 뒤진 전류, 지상 역률 ⇨ 리액터 역할
    - 과여자 ⇨ 앞선 전류, 진상 역률 ⇨ 커패시터 역할
  • 속도가 일정($N_s = \dfrac{120f}{p}$)
  • 공극이 커서 기계적으로 튼튼
  • 용도 : 저속도의 분쇄기, 공기 압축기, 송풍기 등에 이용
  ㉡ 단점
  • 속도 조정 불가능($N_s = \dfrac{120f}{p}$로 고정)
  • 난조 발생 우려
  • 기동 토크가 작음(기동 토크 = 0 ⇨ 기동 장치 필요)
  • 직류 전원 설비 필요
  • 가격이 비싸고 구조 복잡

② 공극
  ㉠ 회전자와 고정자 사이의 간격

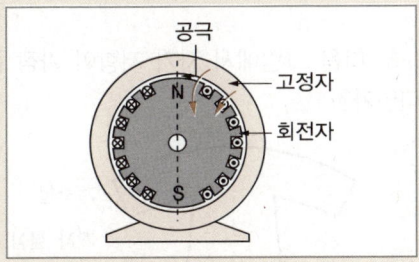

  ㉡ 공극이 큰 경우
  • 안정도↑
  • 단락비↑
  • 여자 전류↑
  • 동기 임피던스↓
  • 전기자 반작용↓
  • 비용↑

13-1 동기 전동기의 특징으로 옳지 않은 것은?
① 난조가 발생하기 쉽다.
② 역률을 조정하기 힘들다.
③ 일정한 속도로 운전이 가능하다.
④ 공극이 넓어 기계적으로 견고하다.

해설 동기 전동기 특징
• 부하 공급 전압의 변화에도 속도가 항상 일정함
• 항상 역률 1로 운전 가능
• 필요시 진상 전류를 흘릴 수 있음
• 고장의 우려가 적음
• 기동 회전력이 적고 속도 조정이 어려움
• 난조가 발생할 수 있음
• 여자용 직류 전원이 요구되어 설비비가 많이 듦

13-2 동기 전동기의 특징으로 틀린 것은?
① 난조가 발생하기 쉽다.
② 별도의 기동기가 없으므로 가격이 저렴하다.
③ 역률을 조정할 수 있다.
④ 동기 속도로 운전할 수 있다.

해설 동기 전동기는 회전자를 여자시키기 위해 별도의 직류 전원 설비가 필요하다.

정답 13-1 ② 13-2 ②

13-3 동기 전동기의 단점으로 옳지 않은 것은?

① 기동 회전력이 작다.
② 속도 조정을 할 수 없다.
③ 계자 전류 조정으로 역률을 1로 할 수 있다.
④ 직류 전원이 요구되어 설비비가 많이 든다.

해설 동기 전동기 단점
• 속도 제어가 어렵다.
• 난조 발생 우려가 있다.
• 기동 토크가 작다.
• 직류 전원 설비가 필요하다.
• 가격이 비싸고 구조가 복잡하다.

13-4 동기 전동기의 용도로 적당하지 않은 것은?

① 크레인 ② 압축기
③ 송풍기 ④ 분쇄기

해설 동기 전동기는 순간적으로 많은 기동 토크가 필요한 곳에는 적합하지 않으며 소용량기, 저속도 대용량기(압축기, 압연기) 등에 적합하다.

13-5 다음 중 역률이 가장 좋은 전동기는?

① 동기 전동기 ② 농형 유도 전동기
③ 반발 기동 전동기 ④ 교류 정류자 전동기

해설 동기 전동기는 계자 전류를 조정하여 역률을 1로 운전할 수 있다.

13-6 다음 그림에서 자기 저항이 가장 큰 곳은 어디인가?

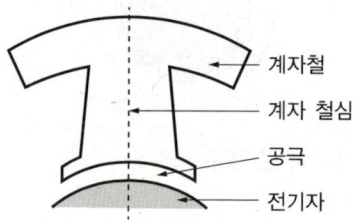

① 계자 철 ② 계자 철심
③ 공극 ④ 전기자

해설 자기 저항은 $R = \dfrac{l}{\mu_0 \mu_s A}$ [AT/Wb]

공극의 비투자율은 $\mu_s = 1$ 이므로 자기 저항이 가장 크다.

03 변압기

대표유형 01 변압기의 구조

① 철심
  ㉠ 규소 강판 사용 : 히스테리시스손 줄이기 위함
  ㉡ 성층 철심 사용 : 맴돌이 전류손(와류손) 줄이기 위함

✓ **점적률**
변압기에서 철의 단면적과 철심의 유효 면적과의 비율

② 권선 : 철심에 권선을 감는 것
  ㉠ 1차 측 권선 : 전원 측에 연결
  ㉡ 2차 측 권선 : 부하 측에 연결

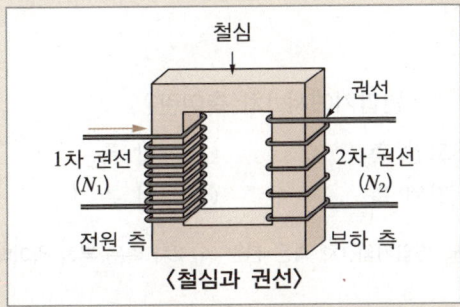

〈철심과 권선〉

③ 부싱(bushing) : 변압기 권선의 인출선을 끌어내는 절연 단자로 매우 높은 전압과 연결된 경우 누설 전류가 생기지 않도록 유의해야 함
④ 외함 : 변압기의 본체와 변압기유(절연유)를 넣은 것으로 냉각 효과를 위해 주름 모양의 방열판을 설치하기도 함
⑤ 방열판 : 방열 면적이 클수록 냉각 효과가 커지므로 주름 모양의 방열판을 설치

⑥ 변압기유(절연유) : 변압기 권선의 절연과 냉각을 위해 사용하는 절연유

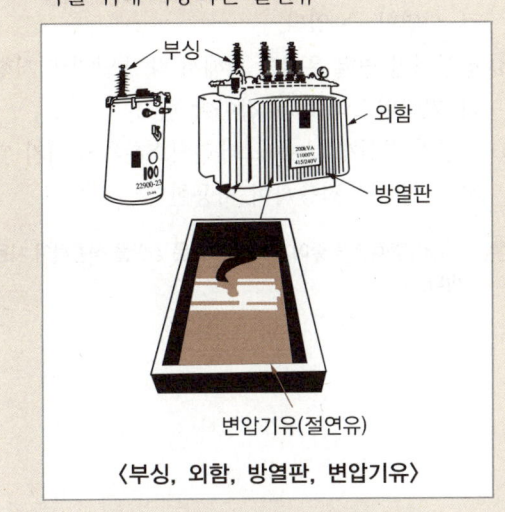

〈부싱, 외함, 방열판, 변압기유〉

01-1 전기기기의 철심 재료로 규소 강판을 많이 사용하는 이유는?

① 와류손을 줄이기 위함
② 풍손을 줄이기 위함
③ 히스테리시스손을 줄이기 위함
④ 구리손을 줄이기 위함

해설
• 규소 강판 : 히스테리시스손 줄이기 위함
• 성층 철심 : 맴돌이 전류(와류손) 줄이기 위함

01-2 전기기기의 철심을 성층하여 사용하는 이유는?

① 와류손을 줄이기 위함
② 풍손을 줄이기 위함
③ 히스테리시스손을 줄이기 위함
④ 구리손을 줄이기 위함

해설 01-1번 해설 참조

정답 1-1 ③ 1-2 ①

01-3 변압기에 대한 설명으로 옳지 않은 것은?

① 최대 효율 조건은 부하손과 무부하손이 같을 때다.
② 기본 원리를 패러데이의 법칙과 렌츠의 법칙으로 설명할 수 있다.
③ 정상적인 병렬 운전을 위해서 각 변압기의 저항과 리액턴스의 비가 같아야 한다.
④ 변압기 철심재료는 히스테리시스손을 줄이기 위하여 철심을 적층하여 사용한다.

해설 맴돌이 전류손을 줄이기 위하여 얇은 강판을 적층하여 사용한다.

01-4 변압기 철심의 철의 함유율[%]은?

① 3~4
② 34~37
③ 67~70
④ 96~97

해설 변압기에 철심을 규소강판으로 성층하면 맴돌이 전류손(와류손)과 히스테리시스손을 감소시킬 수 있는데 이때 철의 함유율이 96~97[%]인 철심을 사용한다.

01-5 변압기의 철심에서 실제 철의 단면적과 철심의 유효 면적과의 비의 명칭으로 옳은 것은?

① 권수비
② 변류비
③ 변동률
④ 점적률

해설 **점적률**
변압기의 철심에서 정해진 공간 면적에서 유효하게 적용되는 부분의 면적이 차지하는 비율

01-6 변압기에서 1차 측이란?

① 고압 측
② 저압 측
③ 전원 측
④ 부하 측

해설 변압기의 1차 측은 전원 측, 2차 측은 부하 측이다.

01-7 변압기에서 2차 측이란?

① 고압 측
② 저압 측
③ 전원 측
④ 부하 측

해설 01-6번 해설 참조

대표유형 02) 절연계급

전동기, 변압기 등의 전기기기에 적용되는 절연물의 절연 성능을 나타내는 계급

절연 종류	최고 허용 온도	사용 재료
Y종	90[℃]	목면, 견, 종이, 요소수지, 폴리아미드섬유 등
A종	105[℃]	위 재료와 절연유 혼합
E종	120[℃]	에폭시수지, 폴리우레탄, 합성수지 등
B종	130[℃]	유리, 마이카, 석면 등과 바니스 조합
F종	155[℃]	위 재료와 에폭시수지 등과 조합
H종	180[℃]	위 재료와 실리콘수지 등과의 조합

02-1 다음 중 ( ) 속에 들어갈 내용으로 적절한 것은?

> 유입 변압기에 많이 사용되는 목면, 명주, 종이 등과 혼합된 절연 재료는 내열 등급 ( )으로 분류되고, 장시간 지속하여 최고 허용 온도 ( )[℃]를 넘어서는 안 된다.

① A종 – 105
② B종 – 130
③ E종 – 120
④ Y종 – 90

해설 목면, 명주, 종이와 절연유가 혼합된 절연 재료는 A종이며 105[℃]를 넘어서는 안 된다.

02-2 E종 절연물의 최고 허용 온도는 몇 [℃]인가?

① 40
② 60
③ 120
④ 130

해설 E종 – 120[℃]

대표유형 03) 변압기의 원리

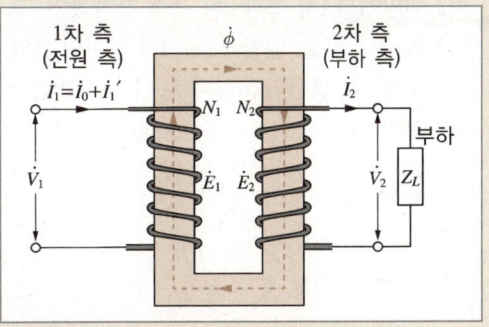

① 유도 기전력

㉠ 위 그림과 같이 변압기에 부하가 있는 경우, 1차 측에 정현파 전압 $\dot{V}_1$을 공급하면 1차 측에는 전류 $\dot{I}_1(\dot{I}_1 = \dot{I}_0 + \dot{I}_1'$, $\dot{I}_0$: 여자 전류(무부하 전류), $\dot{I}_1'$: 부하 전류)가 흐르게 된다. 1차 측에 흐르는 전류 $\dot{I}_1$에는 여자 전류 $\dot{I}_0$가 포함되어 있으며 이 여자 전류에 의해 자속 $\dot{\phi}$가 발생하고 1차 측, 2차 측 권선에 쇄교하여 유도 기전력 $\dot{E}_1$, $\dot{E}_2$를 발생시킨다(전자 유도 작용).

㉡ 공식
- 1차 측 유도 기전력
  $E_1 = 4.44 f \phi_m N_1$ [V]
- 2차 측 유도 기전력
  $E_2 = 4.44 f \phi_m N_2$ [V]

(f : 주파수, ϕ_m : 자속의 최댓값, N_1 : 1차 코일의 감은 횟수, N_2 : 2차 코일의 감은 횟수)

정답 2-1 ① 2-2 ③

② 권수비(turn ratio)
  ㉠ 변압기의 1차 측과 2차 측에 감겨 있는 코일 수의 비율. 일반적으로 1차 권선의 코일 수를 2차 권선의 코일 수로 나누어 표현함
  ㉡ 공식

  권수비 $a = \dfrac{E_1}{E_2} = \dfrac{V_1}{V_2} = \dfrac{N_1}{N_2} = \dfrac{I_2}{I_1}$
  $= \sqrt{\dfrac{Z_1}{Z_2}} = \sqrt{\dfrac{R_1}{R_2}}$

  (E_1, E_2 : 1, 2차 측 유도 기전력,
  V_1, V_2 : 1, 2차 측 단자전압,
  N_1, N_2 : 1, 2차 코일의 감은 횟수,
  I_1, I_2 : 1, 2차 측 전류,
  Z_1, Z_2 : 1, 2차 측 임피던스,
  R_1, R_2 : 1, 2차 측 저항)

03-1 변압기의 원리는 어느 작용을 이용한 것인가?

① 정류 작용 ② 화학 작용
③ 발열 작용 ④ 전자 유도 작용

[해설] **변압기** : 전자 유도 작용

03-2 변압기의 자속에 관한 설명으로 옳은 것은?

① 전압과 주파수에 비례한다.
② 전압에 비례하고 주파수에 반비례한다.
③ 전압에 반비례하고 주파수에 비례한다.
④ 전압과 주파수에 반비례한다.

[해설] $\phi_m = \dfrac{E_1}{4.44 f n_1}$ [Wb]

$E = 4.44 f \phi_m N$ 에서

$\phi_m = \dfrac{E}{4.44 f N}$ [Wb] 이므로

변압기의 자속 ϕ_m 은 전압에 비례하고 주파수에 반비례한다.

03-3 1차 측 권선이 50회, 전압 444[V], 주파수 50[Hz], 정격 용량이 50[kVA]인 변압기가 정현파 전원에 연결되어 있다. 철심에서 교번하는 정현파 자속[Wb]의 최댓값은?

① 0.4   ② 0.6
③ 0.04   ④ 0.06

[해설] $E_1 = 4.44 f_1 N_1 \phi_m$ [V] 에서

$\phi_m = \dfrac{E_1}{4.44 f_1 N_1} = \dfrac{444}{4.44 \times 50 \times 50} = 0.04$ [Wb]

03-4 50[Hz] 변압기에 60[Hz]의 같은 전압을 가한다면 자속 밀도는 50[Hz]일 때의 몇 배가 되는가?

① $\dfrac{5}{6}$ ② $\left(\dfrac{5}{6}\right)^2$
③ $\left(\dfrac{5}{6}\right)^3$ ④ $\left(\dfrac{5}{6}\right)^4$

[해설] 유도 기전력 $E = 4.44 f \phi_m N$ 이므로

$\phi_m = \dfrac{E}{4.44 f N}$ [Wb] 이다.

전압이 일정하다면 주파수와 자속은 반비례 관계이므로 주파수가 50[Hz]에서 60[Hz]로 $\dfrac{6}{5}$ 배 변화한다면 자속은 $\dfrac{5}{6}$ 배로 변화할 것이다.

03-5 변압기의 용도가 아닌 것은?

① 교류 전류의 변환
② 교류 전압의 변환
③ 주파수의 변환
④ 임피던스의 변환

[해설] 변압기는 주파수를 변화시킬 수 없다.

03-6 1차 전압 6,300[V], 2차 전압 210[V], 주파수 60[Hz]의 변압기가 있다. 이 변압기의 권수비는?

① 10   ② 20
③ 30   ④ 40

해설) $a = \dfrac{N_1}{N_2} = \dfrac{E_1}{E_2} = \dfrac{6,300}{210} = 30$

03-7 6,600/220[V]인 변압기의 1차에 2,850[V]를 가하면 2차 전압[V]은?

① 90   ② 95
③ 105 ④ 120

해설) $a = \dfrac{N_1}{N_2} = \dfrac{E_1}{E_2} = \dfrac{V_1}{V_2}$ 에서

$a = \dfrac{6,600}{220} = 30 = \dfrac{2,850}{V_2}$

∴ $V_2 = 95[V]$

03-8 변압기가 13,200/220[V]인 단상 변압기의 2차 전류가 120[A]일 때 변압기의 1차 전류는 얼마인가?

① 2   ② 10
③ 20   ④ 100

해설) $a = \dfrac{N_1}{N_2} = \dfrac{E_1}{E_2} = \dfrac{V_1}{V_2} = \dfrac{I_2}{I_1}$ 에서

$a = \dfrac{E_1}{E_2} = \dfrac{13,200}{220} = 60$

$a = \dfrac{I_2}{I_1}$

∴ $I_1 = \dfrac{I_2}{a} = \dfrac{120}{60} = 2[A]$

03-9 변압기 1차 측에 3.3[kV]를 연결하고, 2차 측에 소비전력 16.5[kW]의 저항 부하를 연결한다. 변압기 2차 측 전류가 250[A]일 때 권수비는?(단, 변압기 손실은 무시한다)

① 15   ② 30
③ 45   ④ 50

해설) $a = \dfrac{E_1}{E_2}$ 에서

1차 측 $E_1 = 3.3[kV]$ 이고

2차 측 $E_2 = \dfrac{P_2}{I_2} = \dfrac{16,500}{250} = 66[V]$ 이므로

권수비 $a = \dfrac{E_1}{E_2} = \dfrac{3,300}{66} = 50$

03-10 내부 임피던스가 8[Ω]인 앰프에 32[Ω]의 임피던스를 가진 스피커를 연결할 때 앰프 측 권선수가 200이라면 스피커 측 권선수는?

① 50   ② 100
③ 200 ④ 400

해설) 권수비 $a = \dfrac{N_1}{N_2} = \dfrac{E_1}{E_2} = \dfrac{V_1}{V_2} = \dfrac{I_2}{I_1} = \sqrt{\dfrac{Z_1}{Z_2}}$ 에서

$a = \sqrt{\dfrac{Z_1}{Z_2}} = \sqrt{\dfrac{8}{32}} = \dfrac{1}{2} = \dfrac{200}{N_2}$, $N_2 = 400$

03-11 이상적인 단상 변압기의 1차 측 권선수는 200, 2차 측 권선수는 400이다. 1차 측 권선은 220[V], 50[Hz] 전원에, 2차 측 권선은 2[A], 지상역률 0.8의 부하에 연결할 때, 부하에서 소비되는 전력[W]은?

① 684 ② 704
③ 724 ④ 756

해설) 먼저 2차 측 전압을 구하면

$a = \dfrac{N_1}{N_2} = \dfrac{V_1}{V_2} = \dfrac{I_2}{I_1}$ 이므로 $\dfrac{N_1}{N_2} = \dfrac{200}{400} = \dfrac{220}{V_2}$

∴ $V_2 = 440[V]$

부하에서 소비되는 전력은
$P = V_2 I_2 \cos\theta = 440 \times 2 \times 0.8 = 704[W]$

정답 3-6 ③ 3-7 ② 3-8 ① 3-9 ④ 3-10 ④ 3-11 ②

대표유형 04 변압기의 정격 출력

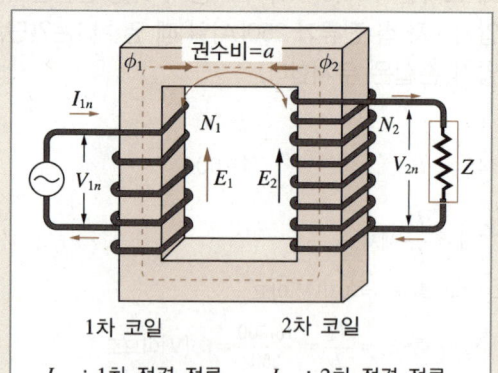

① 변압기의 정격 용량 = $V_{2n} \times I_{2n}$ [VA]
  (V_{2n} : 정격 2차 전압, I_{2n} : 정격 2차 전류)
② 정격 전압
  ㉠ 변압기가 정격 출력을 내고 있을 때의 단자 전압
  ㉡ 공식
    정격 1차 전압 $V_{1n} = aV_{2n}$ [V]
    (a : 권수비, V_{2n} : 정격 2차 전압)
③ 정격 전류
  ㉠ 2차 정격 전류 $I_{2n} = \dfrac{\text{정격 용량}}{V_{2n}}$ [A]
  ㉡ 1차 정격 전류 $I_{1n} = \dfrac{I_{2n}}{a}$ [A]
    (V_{2n} : 정격 2차 전압, I_{2n} : 정격 2차 전류, a : 권수비)

04-1 변압기의 정격 출력으로 맞는 것은?
① 정격 1차 전압 × 정격 1차 전류
② 정격 1차 전압 × 정격 2차 전류
③ 정격 2차 전압 × 정격 1차 전류
④ 정격 2차 전압 × 정격 2차 전류

해설
• 변압기의 정격이란 지정된 조건하에서의 사용 한도로, 피상 전력으로 표시하고, 이것을 정격 용량이라 한다.
• 변압기의 정격 출력이란 정격 2차 전압, 정격 2차 전류, 정격 주파수 및 정격 역률로 2차 단자 사이에서 얻을 수 있는 피상 전력을 말하고 [VA], [kVA] 또는 [MVA] 등으로 표시한다.

04-2 변압기에 대한 설명 중 틀린 것은?
① 정격 출력은 1차 측 단자를 기준으로 한다.
② 전압을 변성한다.
③ 전력을 발생하지 않는다.
④ 변압기의 정격 용량은 피상 전력으로 표시한다.

해설 변압기의 정격 용량 = $V_{2n} \times I_{2n}$ [VA]으로 2차 측을 기준으로 한다.

04-3 변압기의 정격 1차 전압이란?
① 정격 2차 전압 × 권수비
② 임피던스 전압 × 권수비
③ 정격 1차 전류 × 권수비
④ 무부하 1차 전압

해설 정격 1차 전압 $V_{1n} = aV_{2n}$ [V]

대표유형 05 △-△ 결선

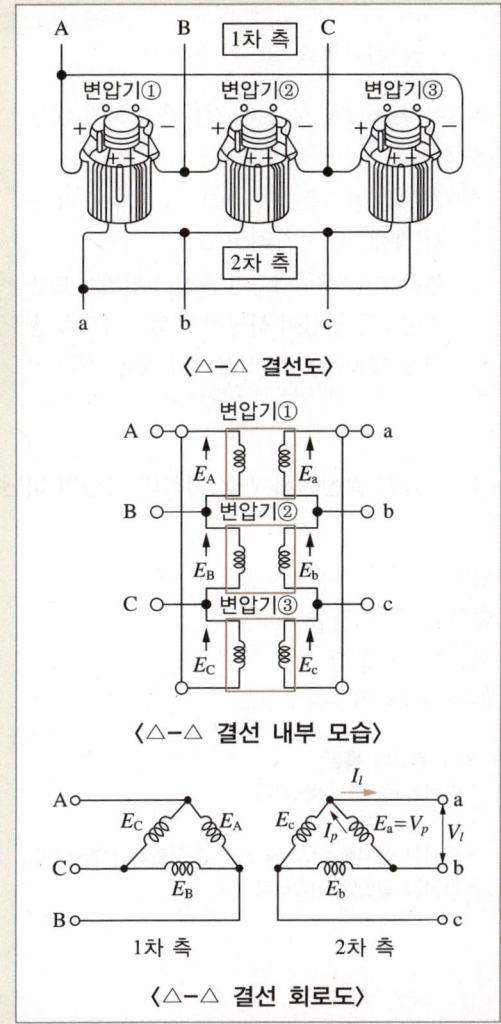

〈△-△ 결선도〉

〈△-△ 결선 내부 모습〉

〈△-△ 결선 회로도〉

① 장점
  ㉠ 제3고조파 전류가 △ 내부를 순환하고 외부에 나타나지 않아 통신 장애가 없고 기전력의 파형이 왜곡되지 않음
  ㉡ $I_l = \sqrt{3}\, I_p \angle -30°$, 선전류가 상전류보다 $\sqrt{3}$ 배이며(대전류용에 적합) 위상은 30° 뒤짐
  ㉢ 3대 중 1대가 고장 나도 나머지 2대를 V-V 결선으로 운전 가능(정격 출력의 57.7[%])

② 단점
  ㉠ 중성점 접지가 안 되어 이상 전압이 크고 누락, 지락 사고 시 원인을 찾기 어려워 보호가 곤란함
  ㉡ 각 상의 부하가 불평형이 되면 순환 전류가 흐름
  ㉢ 선간 전압과 상전압이 같으므로 ($V_l = V_p$) 고압인 경우 절연이 어려움

05-1 변압기의 △-△ 결선에 대한 설명으로 옳지 않은 것은?

① 중성점을 접지할 수 있다.
② 제3고조파 전류가 내부를 순환하여 통신 장애가 거의 없다.
③ 선전류가 상전류의 $\sqrt{3}$ 배이다.
④ 변압기 3대 중 한 대 고장 시 V 결선으로 송전시킬 수 있다.

해설 △-△ 결선의 경우 중성점을 접지할 수 없기 때문에 누락, 지락 사고 시 원인을 찾기 어려워 보호가 곤란하다.

정답 5-1 ①

대표유형 06 Y-Y 결선

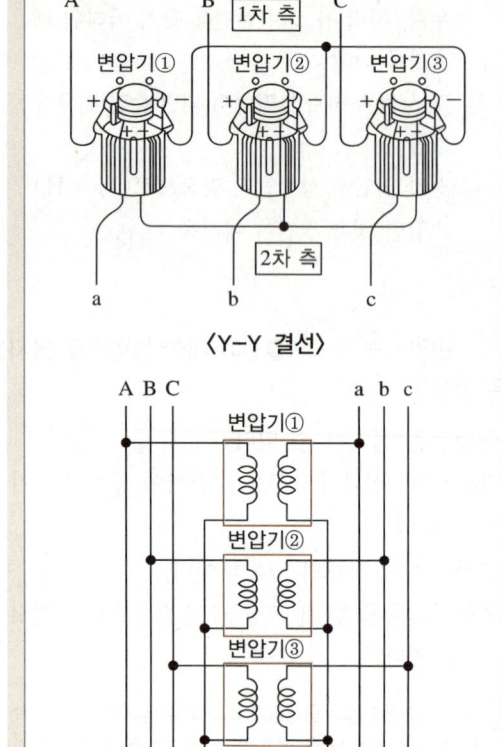

〈Y-Y 결선〉

〈Y-Y 결선 내부 모습〉

〈Y-Y 결선 회로도〉

① 장점
 ㉠ 중성점 접지가 가능하여 이상 전압 방지에 유리
 ㉡ $V_l = \sqrt{3}\, V_p \angle 30°$, 선간 전압이 상전압보다 $\sqrt{3}$ 배 크고(고전압에 유리) 위상은 30° 앞섬
 ㉢ $V_p = \dfrac{1}{\sqrt{3}} V_l$, 상전압이 선간 전압의 $\dfrac{1}{\sqrt{3}}$ 배이므로 절연이 용이함
 ㉣ 부하 불평형 시 순환 전류가 흐르지 않음
② 단점
 ㉠ 중성점 접지를 하면 제3고조파가 흘러 통신 장애, 유도 장해를 일으킴
 ㉡ 부하 불평형이 생기면 중성점 전위가 변동하여 3상 전압이 불평형을 일으키므로 송배전 계통에서 잘 사용하지 않음

06-1 변압기 결선에서 Y-Y 결선의 특징이 아닌 것은?

① 절연 용이
② 중성점 접지 가능
③ 제3고조파 포함
④ V-V 결선 가능

해설 Y-Y 결선의 특징
• 중성점 접지가 가능하다.
• 단절연이 가능하다.
• 중성점 접지를 하지 않으면 제3고조파가 발생한다.
• 고전압 결선에 적합하다.

06-2 변압기의 결선에서 제3고조파가 발생하여 통신장애가 유도되는 3상 결선은?

① Y-Y
② Y-△
③ △-Y
④ △-△

해설 Y-Y 결선
중성점 접지를 하면 제3고조파가 흘러 통신 장애, 유도 장해를 일으킴

06-3 송배전계통에 거의 사용되지 않는 변압기 3상 결선방식은?

① Y-Y
② Y-△
③ △-△
④ △-Y

해설 Y-Y 결선
중성점 접지를 하지 않으면 제3고조파가 나갈 통로가 없으므로 파형 왜곡이 발생하여 통신유도장해가 발생할 우려가 있어 거의 사용되지 않는다.

06-4 변압기에서 Y 결선 시 N선의 호칭은 무엇인가?

① 접지선
② 중성선
③ 전력선
④ 단자선

해설 N선은 중성선(neutral)을 의미한다.

정답 6-3 ① 6-4 ②

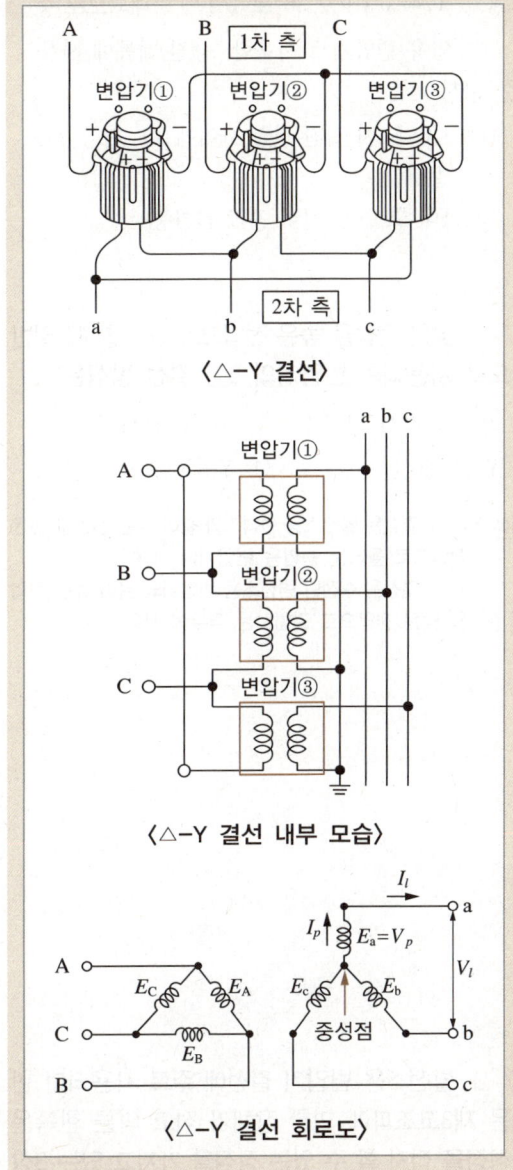

대표유형 07 △-Y 결선

〈△-Y 결선〉

〈△-Y 결선 내부 모습〉

〈△-Y 결선 회로도〉

① 장점
  ㉠ Y 결선을 사용하므로 중성점 접지가 가능하여 이상 전압 방지와 절연이 용이함
  ㉡ △ 결선을 사용하므로 제3고조파가 내부 순환하여 통신 장애, 유도 장해가 적으며 기전력의 파형 왜곡 우려가 없음

ⓒ 2차 측이 Y 결선을 사용하여
  $V_l = \sqrt{3} V_p \angle 30°$로 $\sqrt{3}$ 배 확대되므로 승압용 변압기로 사용함. 송전 계통에 사용
② 단점
  ㉠ 1차와 2차 선간 전압 사이에 30° 위상차가 발생
  ㉡ 1대 고장 시 전력 공급 불가능

07-1 낮은 전압을 높은 전압으로 승압할 때 일반적으로 사용되는 변압기의 3상 결선 방식은?

① △-△ 결선 ② △-Y 결선
③ Y-Y 결선 ④ Y-△ 결선

해설
• △-Y 결선은 발전소용 변압기와 같이 낮은 전압을 높은 전압으로 올리는 승압용 변압기에 사용
• Y-△ 결선은 수전단 변전소용 변압기와 같이 높은 전압을 낮은 전압으로 강압하는 경우에 사용

07-2 발전소용 변압기 결선에 주로 사용되며 한쪽은 제3고조파에 의한 장해가 적고 다른 한쪽은 중성점을 접지 할 수 있는 장점을 가지고 있는 3상 결선 방식으로 옳은 것은?

① Y-Y ② Y-△
③ △-Y ④ △-△

해설 △-Y 결선 특징
• Y 결선을 사용하므로 접지가 가능하여 절연이 용이하다.
• △ 결선을 사용하므로 제3고조파가 내부 순환 ⇨ 제3고조파로 인한 장해가 없으며 파형 왜곡 우려가 없음.
• 발전소용 변압기와 같이 승압용 변압기로 사용한다.

07-3 변압기를 △-Y로 결선할 때 1, 2차 선간 전압 사이의 위상차는?

① 0° ② 30°
③ 60° ④ 90°

해설 △-Y로 결선의 1, 2차 선간 전압 사이에는 30°의 위상차가 생긴다.

07-4 변압기의 △-Y 결선에 대한 설명으로 옳지 않은 것은?

① 1차 변전소의 승압용으로 사용된다.
② Y 결선의 중성점을 접지할 수 있다.
③ 제3고조파에 의한 장애가 적다.
④ 1차 선간 전압 및 2차 선간 전압의 위상차가 60°이다.

해설 1차와 2차 사이에 30° 위상차가 발생(2차가 30° 앞섬)
  ⇨ 1대 고장 시 전력 공급 불가능

07-5 다음 그림은 단상 변압기의 결선도이며 1, 2차는 각각 어떤 결선인가?

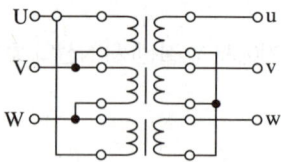

① Y-△ ② △-△
③ △-Y ④ Y-Y

해설
• 1차 측 : △ 결선
• 2차 측 : Y 결선

대표유형 08 변압기의 Y-△ 결선

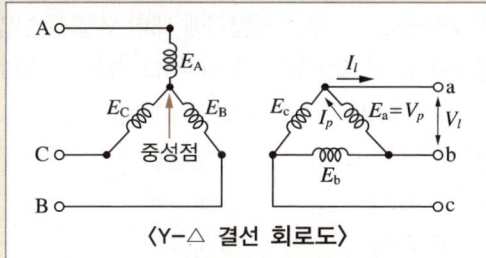

〈Y-△ 결선 회로도〉

① 장점
  ㉠ 1차에서 Y 결선을 사용하므로 중성점 접지가 가능하여 절연이 용이함
  ㉡ 2차에서 △ 결선을 사용하므로 제3고조파로 인한 장해 우려, 파형 왜곡 우려가 없음
② 단점
  ㉠ 1, 2차 선간 전압 V_{l1}, V_{l2} 사이에 30° 위상차가 있음
  ㉡ 1대 고장 시 사용이 불가능
③ 특징 : 2차 측이 △ 결선을 사용하여 $V_p = \frac{1}{\sqrt{3}} V_l$으로 $\frac{1}{\sqrt{3}}$배 축소되므로 강압용 변압기에 사용함. 수전단 계통에 사용

08-1 수전단 변전소용 변압기 결선에 주로 사용되며 한쪽은 제3고조파에 의한 장해가 적고 다른 한쪽은 중성점을 접지할 수 있는 장점을 가지고 있는 3상 결선 방식은?

① Y-Y
② Y-△
③ △-Y
④ △-△

[해설]
• 1차에서 Y 결선을 사용하므로 중성점 접지가 가능하여 절연이 용이하다.
• 2차에서 △ 결선을 사용하므로 제3고조파로 인한 장해 우려, 파형 왜곡 우려가 없다.
• 강압용 변압기로서 수전단 계통에 사용한다.

08-2 3상 변압기의 결선방법 중 수전단 변전소용 변압기와 같이 고전압을 저전압으로 강압할 때, 주로 사용되는 결선 방식은?

① △-△
② Y-Y
③ △-Y
④ Y-△

[해설] Y-△ 결선
• Y 결선의 중성점을 접지할 수 있다.
• 1차 선간 전압 및 2차 선간 전압 사이에 $\frac{\pi}{6}$의 위상차가 생긴다.
• 제3고조파에 의한 장해가 적다.
• 수전단 변전소용 변압기와 같이 전압을 강압하는 경우에 사용한다.

08-3 한쪽은 중성점을 접지할 수 있고 다른 한쪽은 제3고조파에 의한 영향을 없애주는 장점을 가지고 있는 3상 결선 방식은?

① Y-△
② Y-Y
③ △-△
④ V-V

[해설] Y-△ 결선 방식
• 1차에서 Y 결선을 사용하므로 중성점 접지가 가능하여 절연이 용이하다.
• 2차에서 △ 결선을 사용하므로 제3고조파로 인한 장해 우려, 파형 왜곡 우려가 없다.
• 강압용 변압기로서 수전단 계통에 사용한다.

08-4 변압기를 Y-△ 결선으로 연결할 때의 특징으로 옳지 않은 것은?

① Y 결선의 중성점을 접지할 수 있다.
② 1차 선간 전압 및 2차 선간 전압 사이에 $\frac{\pi}{3}$의 위상차가 생긴다.
③ 제3고조파에 의한 장해가 적다.
④ 수전단 변전소용 변압기와 같이 전압을 강압하는 경우에 사용한다.

[해설] 08-2번 해설 참조

[정답] 8-1 ② 8-2 ④ 8-3 ① 8-4 ②

대표유형 09 변압기의 V-V 결선

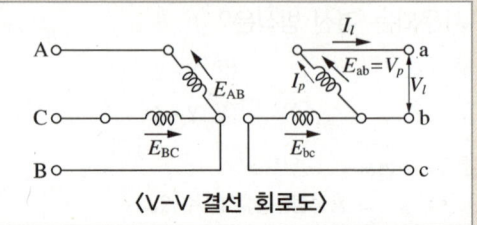

〈V-V 결선 회로도〉

① 장점
  ㉠ 2대로 3상 부하에 전력 공급 가능함
  ㉡ 설치가 간단하며 비용이 저렴함

② 단점
  ㉠ 변압기 이용률
  $= \dfrac{\text{V 결선의 출력}}{\text{변압기 2대의 정격 출력}} = \dfrac{\sqrt{3}\, V_{2n} I_{2n}}{2 V_{2n} I_{2n}}$
  $= 0.866$으로 이용률이 저하됨
  ㉡ 출력은 △-△ 결선의 0.577로 저하됨
  출력 $= \dfrac{\text{V 결선의 출력}}{\text{변압기 3대의 정격 출력}}$
  $= \dfrac{\sqrt{3}\, V_{2n} I_{2n}}{3 V_{2n} I_{2n}}$
  $= 0.577$

09-1 변압기 2대를 V 결선할 때의 이용률은 몇 [%]인가?

① 57.7   ② 75.7
③ 86.6   ④ 100

해설 V 결선 시 출력비 : 57.7[%], 이용률 : 86.6[%]

09-2 △ 결선 변압기의 한 대가 고장으로 제거되어 V 결선으로 공급할 때 공급할 수 있는 전력은 고장 전 전력에 대하여 몇 [%]인가?

① 57.7   ② 66.7
③ 75.0   ④ 86.6

해설 09-1번 해설 참조

09-3 △ 결선 변압기 중 단상 변압기 1개가 고장 나 V 결선으로 운전되고 있다. 이때 V 결선된 변압기의 이용률과 △ 결선 변압기에 대한 V 결선 변압기의 2차 출력비는?(단, 부하에 의한 역률은 1이다)

	2차 출력비	변압기 이용률
①	57.7[%]	75.5[%]
②	60.7[%]	75.5[%]
③	57.7[%]	86.6[%]
④	60.7[%]	86.6[%]

해설 09-1번 해설 참조

09-4 변압기 V 결선의 특징으로 옳지 않은 것은?

① 부하 증가가 예상되는 지역에 시설한다.
② 고장 시 응급 처치 방법으로도 쓰인다.
③ 단상 변압기 2대로 3상 전력을 공급한다.
④ V 결선 시 출력은 △ 결선 시 출력과 그 크기가 같다.

해설 V 결선 시 출력은 △ 결선 시 출력의 57.7[%]가 된다.

09-5 출력 P[kVA]의 단상 변압기 전원 2대를 V 결선할 때의 3상 출력[kVA]은?

① P ② $2P$
③ $3P$ ④ $\sqrt{3}\, P$

해설 V 결선 3상 용량은 $P_V = \sqrt{3}\, P$ 이다.

09-6 1대 용량이 250[kVA]인 변압기를 △ 결선 운전 중 1대가 고장이 발생하여 2대로 운전할 경우 부하에 공급할 수 있는 최대 용량[kVA]은?

① 250
② 300
③ 433
④ 500

해설 V 결선 용량
$P_V = \sqrt{3} \times P_{\triangle 1} = \sqrt{3} \times 250 ≒ 433[kVA]$

09-7 20[kVA]의 단상 변압기 2대를 사용하여 V-V 결선으로 하고 3상 전원을 얻고자 한다. 이때 여기에 접속시킬 수 있는 3상 부하의 용량은 약 몇 [kVA]인가?

① 24.6
② 29.6
③ 34.6
④ 39.6

해설 V 결선 3상 용량 $P_V = \sqrt{3} P = \sqrt{3} \times 20 = 34.6[kVA]$

09-8 500[kVA]의 단상 변압기 4대를 사용하여 과부하가 되지 않게 사용할 수 있는 3상 전력의 최댓값은 약 몇 [kVA]인가?

① 1,000
② 1,500
③ $1,000\sqrt{3}$
④ $1,500\sqrt{3}$

해설 단상 변압기 4대를 사용하는 것은 V 결선된 변압기를 2세트 운용하는 것과 같기 때문에
V 결선 3상 용량 $2P_V = 2\sqrt{3} P = 2 \times \sqrt{3} \times 500$
$= 1,000\sqrt{3} [kVA]$

대표유형 10 변압기 상수의 변환

① 3상을 2상으로 상수 변환
　㉠ scott 결선(스콧 결선, T 결선)
　㉡ meyer 결선(메이어 결선)
　㉢ wood bridge 결선(우드브리지 결선)
② 3상을 6상으로 상수 변환
　㉠ 환상 결선
　㉡ 대각 결선
　㉢ 포크 결선
　㉣ 2중 성형 결선
　㉤ 2중 3각 결선

10-1 단상 변압기 2대를 사용하여 3상 전원에서 2상 전압을 얻고자 할 때 가장 적합한 결선은?

① 스콧 결선
② 2중 3각 결선
③ 포크 결선
④ 대각 결선

해설 3상에서 2상 전원을 얻을 경우 스콧 결선을 사용한다.

10-2 3상 전원에서 2상 전력을 얻기 위한 변압기의 결선 방법은?

① T
② V
③ Y
④ △

해설 3상을 2상 전력을 얻기 위해 T 결선을 사용할 수 있다.

정답 9-6 ③ 9-7 ③ 9-8 ③ / 10-1 ① 10-2 ①

대표유형 11 · 변압기의 등가회로

① **이상적인 변압기** : 권선의 저항, 누설 자속, 철손이 없는 이상적인 변압기
② **실제 변압기** : 이상적인 변압기와 달리 권선의 저항, 누설 자속, 철손이 존재하는 변압기

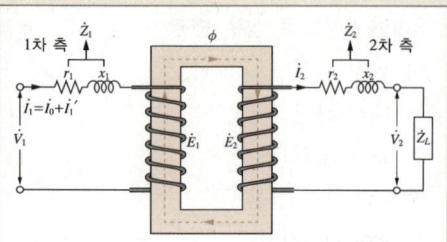

〈실제 변압기 결선도(부하가 있는 경우)〉

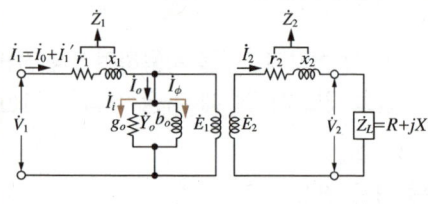

〈실제 변압기 회로도(부하가 있는 경우)〉

㉠ 공식
- 부하가 있는 경우 2차 측 전류 $\dot{I}_2$ 흐름
- 1차 측에 흐르는 전류 $\dot{I}_1 = \dot{I}_0 + \dot{I}_1'$
  ($\dot{I}_0$: 여자 전류(무부하 전류), $\dot{I}_1'$: 부하 전류)
- 여자 전류 $\dot{I}_0 = \dot{I}_i + \dot{I}_\phi$ [A]
  ($\dot{I}_i$: 철손 전류, $\dot{I}_\phi$: 자화 전류)
- 철손 전류 $\dot{I}_i$: 철심 안에서 철손(히스테리시스손 + 와전류손)을 만드는 전류, 해당 부분을 여자 컨덕턴스
  $g_0 = \dfrac{I_i}{V_1} = \dfrac{P_i}{V_1^2}$ [℧]로 표현
- 자화 전류 $\dot{I}_\phi$: 자속 ϕ를 발생시켜서 유도 기전력 $\dot{E}_1, \dot{E}_2$를 발생시키는 전류, 해당 부분을 여자 서셉턴스 $b_0 = \dfrac{I_\phi}{V_1}$ [℧]로 표현

- 여자 어드미턴스 $\dot{Y}_0 = g_0 - jb_0$ [℧]
- 실제 변압기는 권선의 저항이 존재 : 저항 r_1, r_2로 표현
- 실제 변압기는 누설 자속 ϕ_{l1}, ϕ_{l2}가 존재 : 누설 리액턴스 x_1, x_2로 표현
- 1차 임피던스 $\dot{Z}_1 = r_1 + jx_1$ [Ω]
  2차 임피던스 $\dot{Z}_2 = r_2 + jx_2$ [Ω]
- $\dot{E}_1, \dot{E}_2$: 1차 측, 2차 측 유도 기전력
  $\dot{V}_1, \dot{V}_2$: 1차 측, 2차 측 전압
  $\dot{Z}_L$: 부하 임피던스

③ **변압기의 간이 등가 회로** : 변압기에서 회로 계산을 쉽게 하기 위해 간략하게 나타낸 등가 회로

㉠ 방법① 1차 환산 간이 등가 회로 : 1차는 그대로 두고 2차를 1차로 환산

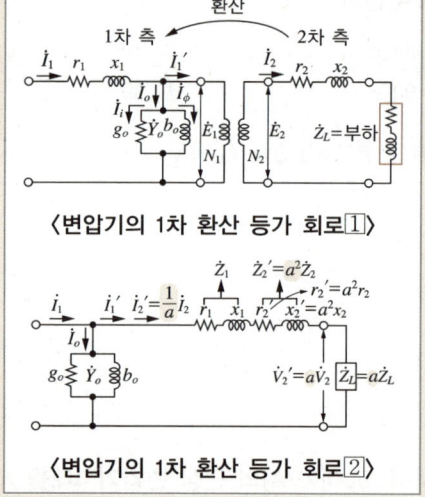

〈변압기의 1차 환산 등가 회로①〉

〈변압기의 1차 환산 등가 회로②〉

- 2차를 1차로 환산한 전압 $\dot{V}_2' = a\dot{V}_2$: 전압은 a배
- 2차를 1차로 환산한 전류 $\dot{I}_2' = \dfrac{1}{a}\dot{I}_2$: 전류는 $\dfrac{1}{a}$배
- 2차를 1차로 환산한 임피던스 $\dot{Z}_2' = a^2\dot{Z}_2$: 임피던스는 a^2배

ⓒ 방법② 2차 환산 간이 등가 회로 : 2차는 그대로 두고 1차를 2차로 환산

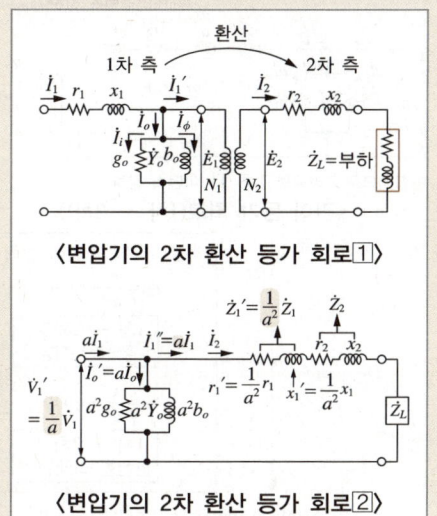

〈변압기의 2차 환산 등가 회로①〉

〈변압기의 2차 환산 등가 회로②〉

- 1차를 2차로 환산한 전압 $\dot{V}_1' = \frac{1}{a}\dot{V}_1$: 전압은 $\frac{1}{a}$ 배

- 1차를 2차로 환산한 전류 $\dot{I}_1'' = a\dot{I}_1'$: 전류는 a 배

- 1차를 2차로 환산한 임피던스 $\dot{Z}_1' = \frac{1}{a^2}\dot{Z}_1$: 임피던스는 $\frac{1}{a^2}$ 배

11-1 다음 그림의 변압기 등가 회로는 어떤 회로인가?

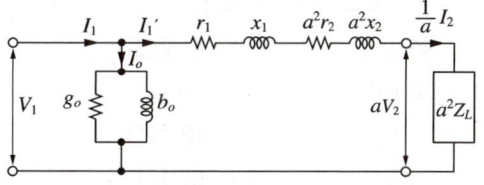

① 1차를 1차로 환산한 등가 회로
② 1차를 2차로 환산한 등가 회로
③ 2차를 1차로 환산한 등가 회로
④ 2차를 2차로 환산한 등가 회로

해설 변압기 등가 회로는 1차를 2차로 환산 또는 2차를 1차로 환산하는 방법이 있다.

11-2 복잡한 전기 회로를 등가 임피던스를 사용하여 간단한 회로로 변화시킨 것은?

① 등가 회로   ② 유도 회로
③ 전개 회로   ④ 폐회로

해설 변압기를 쉽게 해석하기 위하여 등가 회로로 변환할 수 있다.

11-3 변압기의 2차 저항이 0.2[Ω]일 때 1차로 환산하면 720[Ω]이 된다. 이 변압기의 권수비는?

① 10   ② 20
③ 40   ④ 60

해설 권수비 $a = \sqrt{\dfrac{R_1}{R_2}} = \sqrt{\dfrac{720}{0.2}}$

∴ $a = 60$

정답 11-1 ③ 11-2 ① 11-3 ④

11-4 권수비 2, 2차 전압 100[V], 2차 전류 5[A], 2차 임피던스 30[Ω]인 변압기의 ㉠ 1차 환산 전압 및 ㉡ 1차 환산 임피던스는?

① ㉠ 200[V] ㉡ 120[Ω]
② ㉠ 200[V] ㉡ 60[Ω]
③ ㉠ 50[V]   ㉡ 120[Ω]
④ ㉠ 50[V]   ㉡ 60[Ω]

해설 $a = \dfrac{N_1}{N_2} = \dfrac{E_1}{E_2} = \dfrac{V_1}{V_2} = \dfrac{I_2}{I_1} = \sqrt{\dfrac{Z_1}{Z_2}}$ 이므로 $a=2$일 때,

1차 환산 전압 $V_1 = aV_2 = 2 \times 100 = 200[V]$

1차 환산 임피던스
$a^2 = \dfrac{Z_1}{Z_2}$, $Z_1 = a^2 Z_2 = 4 \times 30 = 120[\Omega]$

11-5 변압기의 2차 저항이 0.1[Ω]일 때 1차로 환산하면 360[Ω]이 된다. 이 변압기의 권수비는?

① 20   ② 40
③ 60   ④ 80

해설 $a = \dfrac{N_1}{N_2} = \dfrac{E_1}{E_2} = \dfrac{V_1}{V_2} = \dfrac{I_2}{I_1} = \sqrt{\dfrac{Z_1}{Z_2}}$ 에서

$a = \sqrt{\dfrac{360}{0.1}} = \sqrt{3,600} = 60$

11-6 변압기의 권수비가 60이고 2차 저항이 0.1[Ω]일 때 1차로 환산한 저항값[Ω]은 얼마인가?

① 30   ② 250
③ 300   ④ 360

해설 권수비 $a = \dfrac{N_1}{N_2} = \sqrt{\dfrac{R_1}{R_2}}$ 에서

1차 저항값 $R_1 = a^2 R_2 = 60^2 \times 0.1 = 360[\Omega]$

대표유형 12 %강하

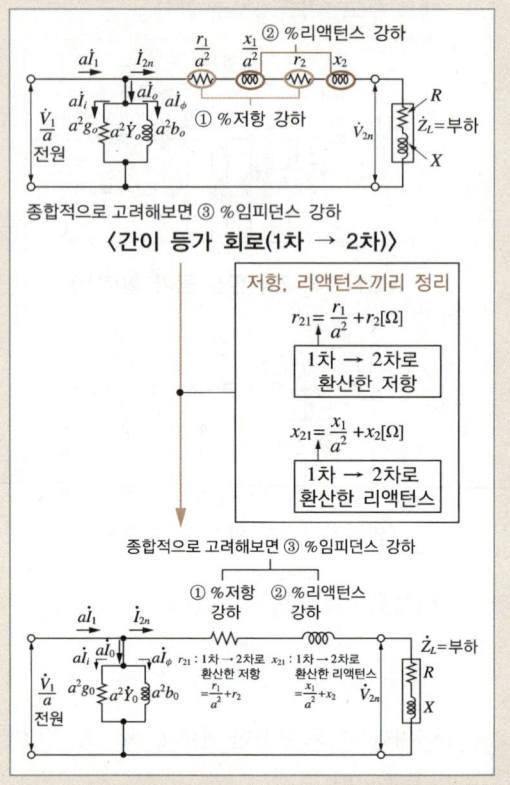

① **%저항 강하** : 변압기에서 정격 전압에 대해 권선 저항 측에서 전압이 강하되는 정도를 백분율로 나타낸 것

$p = $ (1차를 2차로 환산 시) $\dfrac{I_{2n} r_{21}}{V_{2n}} \times 100 [\%]$

$= $ (2차를 1차로 환산 시) $\dfrac{I_{1n} r_{12}}{V_{1n}} \times 100 [\%]$

(I_{1n}, I_{2n} : 1차, 2차 정격 전류,
r_{21} : 1차를 2차로 환산한 저항,
r_{12} : 2차를 1차로 환산한 저항,
V_{1n}, V_{2n} : 1차, 2차 정격 전압)

② %리액턴스 강하 : 변압기에서 정격 전압에 대해 권선 리액턴스 측에서 전압이 강하되는 정도를 백분율로 나타낸 것

q = (1차를 2차로 환산 시) $\dfrac{I_{2n}x_{21}}{V_{2n}} \times 100[\%]$

= (2차를 1차로 환산 시) $\dfrac{I_{1n}x_{12}}{V_{1n}} \times 100[\%]$

(x_{21} : 1차를 2차로 환산한 리액턴스, x_{12} : 2차를 1차로 환산한 리액턴스)

③ %임피던스 강하 : 변압기에서 정격 전압에 대해 권선 임피던스 측에서 전압이 강하되는 정도를 백분율로 나타낸 것

z = (1차를 2차로 환산 시) $\dfrac{I_{2n}z_{21}}{V_{2n}} \times 100[\%]$

= $\sqrt{p^2+q^2}\,[\%]$

= (2차를 1차로 환산 시) $\dfrac{I_{1n}z_{12}}{V_{1n}} \times 100[\%]$

= $\sqrt{p^2+q^2}\,[\%]$

(z_{21} : 1차를 2차로 환산한 임피던스, z_{12} : 2차를 1차로 환산한 임피던스)

④ p, q, z의 관계

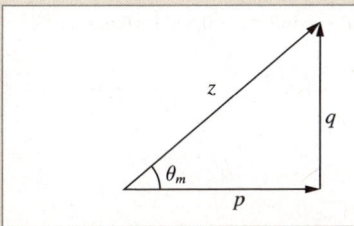

㉠ $z = \sqrt{p^2+q^2}$

㉡ 역률 $\cos\theta = \dfrac{p}{z} = \dfrac{p}{\sqrt{p^2+q^2}}$

12-1 10[kVA], 2,000/100[V] 변압기의 1차 환산 등가 임피던스가 $6.2 + j7[\Omega]$일 때 %리액턴스 강하는?

① 3.5 ② 0.175
③ 0.35 ④ 1.75

해설

1차 정격 전류 $I_{1n} = \dfrac{10 \times 10^3}{2,000} = 5[A]$

%리액턴스 강하 $q = \dfrac{x_{12}I_{1n}}{V_{1n}} \times 100[\%]$

$= \dfrac{7 \times 5}{2,000} \times 100[\%]$

$= 1.75[\%]$

정답 12-1 ④

대표유형 13 전압 변동률

① 전압 변동률 : 정격 부하가 걸릴 때의 정격 전압에서 부하를 제거할 때 전압이 얼마나 변하는가를 [%]로 나타낸 것

$$\varepsilon = \frac{V_{20} - V_{2n}}{V_{2n}} \times 100 \, [\%] = p\cos\theta \pm q\sin\theta \, [\%]$$

(V_{20} : 무부하 상태의 전압,
V_{2n} : 전부하(= 정격) 상태의 전압,
p : %저항 강하,
q : %리액턴스 강하,
+ : 유도성 부하 L,
− : 용량성 부하 C)

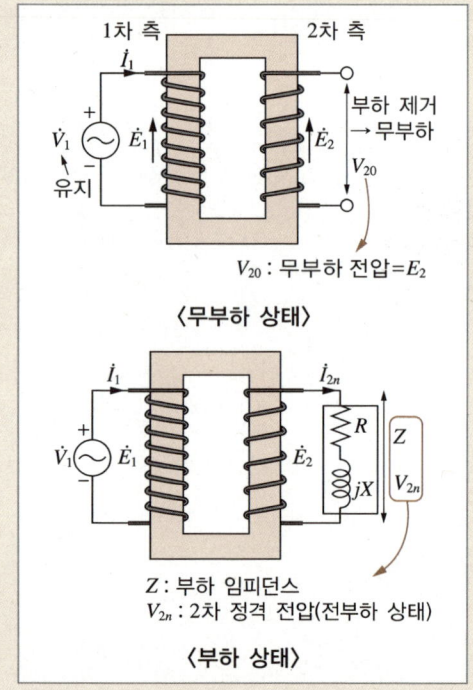

② 최대 전압 변동률 $\varepsilon_{\max} = \sqrt{p^2 + q^2}$ [%]
(p : %저항 강하, q : %리액턴스 강하)

13-1 어떤 단상 변압기의 2차 무부하 전압이 240[V], 정격 부하 시 2차 단자 전압이 230[V]이다. 이때의 전압 변동률은 몇 [%]인가?

① 3.35 ② 4.35
③ 5.25 ④ 6.67

해설
$\varepsilon = \dfrac{V_{20} - V_{2n}}{V_{2n}} \times 100 \, [\%]$
$= \dfrac{240 - 230}{230} \times 100 \, [\%]$
$= 4.35 \, [\%]$

13-2 변압기에서 퍼센트 저항 강하가 3[%], 리액턴스 강하가 4[%]일 때 역률이 80[%]인 변압기의 전압 변동률은 몇 [%]인가?

① 1.5 ② 2.6
③ 3.4 ④ 4.8

해설 $\varepsilon = p\cos\theta + q\sin\theta = 3 \times 0.8 + 4 \times 0.6 = 4.8 \, [\%]$

13-3 부하 역률이 1일 때의 전압 변동률은 3[%]이고 부하 역률이 0일 때의 전압 변동률은 4[%]인 변압기가 있다. 부하 역률이 0.8(지상)일 때, 전압 변동률[%]은?

① 3.0 ② 3.8
③ 4.0 ④ 4.8

해설 지상 역률에서 전압 변동률을 구하면
$\varepsilon = p\cos\theta + q\sin\theta = 3 \times 0.8 + 4 \times 0.6 = 4.8 \, [\%]$

13-1 ② 13-2 ④ 13-3 ④

13-4 단상 변압기에서 부하 역률 80[%]의 지상 역률에서 전압 변동률이 4[%]이고, 부하 역률 100[%]에서 전압 변동률이 3[%]라고 할 때, 이 변압기의 퍼센트 리액턴스는 약 몇 [%]인가?

① 2.7 ② 3.1
③ 3.5 ④ 3.7

해설 부하 역률 100[%]는 $\cos\theta=1$을 의미하므로 $\sin\theta=0$
따라서 전압 변동률 $\varepsilon = p\cos\theta + q\sin\theta = p = 4[\%]$
부하 역률 80[%]에서는 $\cos\theta=0.8$을 의미하므로 $\sin\theta=0.6$
따라서 전압 변동률 $\varepsilon = p\cos\theta + q\sin\theta$
$= 3\times 0.8 + q\times 0.6$
$= 4[\%]$
∴ 퍼센트 리액턴스 $q = 2.7[\%]$

대표유형 14 변압기의 시험법

① 무부하 시험
  ㉠ 2차 측을 개방한 무부하 상태에서의 시험

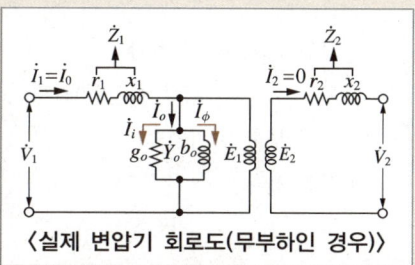

〈실제 변압기 회로도(무부하인 경우)〉

  ㉡ 무부하 시험으로 알 수 있는 것
  • 여자 전류(= 무부하 전류) $\dot{I}_0 = \dot{I}_i + \dot{I}_\phi$ [A] 측정 가능
  • 여자 어드미턴스 $Y_0 = g_0 - jb_0$ [℧] 측정 가능 $\left(g_0 = \dfrac{I_i}{V_1},\ b_0 = \dfrac{I_\phi}{V_1}\right)$
  • 여자 임피던스 $Z_0 = \dfrac{1}{Y_0}$ [Ω] 측정 가능
  • 철손 $P_i = V_1 I_i$ [W] 측정 가능

② 단락 시험
  ㉠ 2차 측을 단락한 상태에서 1차 측에 1차 정격 전류가 흐를 때 발생하는 전압 강하, 구리손을 측정

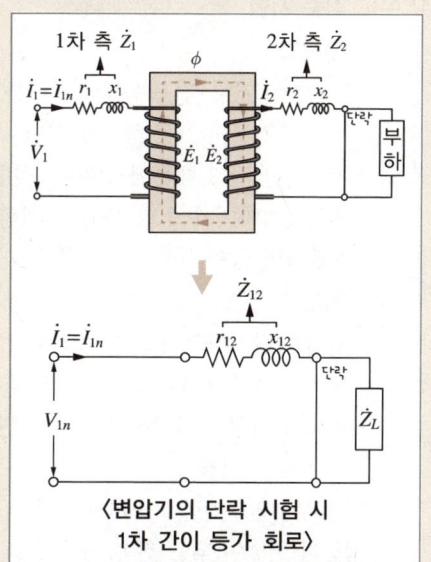

〈변압기의 단락 시험 시 1차 간이 등가 회로〉

13-5 퍼센트 저항 강하 3[%], 리액턴스 강하 4[%]인 변압기의 최대 전압 변동률[%]은?

① 1 ② 5
③ 7 ④ 12

해설 최대 전압 변동률 : $\varepsilon_{\max} = \sqrt{p^2+q^2} = \sqrt{3^2+4^2} = 5[\%]$

ⓒ 단락 시험으로 알 수 있는 것
- 1차 정격 전류
$$I_1 = I_{1n} = \frac{V_{1n}}{Z_{12} + Z_L} [A]$$
(V_{1n} : 1차 정격 전압,
Z_{12} : 2차를 1차로 변환한 임피던스,
Z_L : 부하 임피던스)
- 단락 전류
$$I_{1s} = \frac{V_{1n}}{Z_{12}} = \frac{V_{1n}}{Z_1 + a^2 Z_2} [A]$$
- 임피던스 전압(전압 강하) $V_s = I_{1n} Z_{12} [A]$
- 임피던스 와트(구리손) $P_s = I_{1n}^2 r_{12} [W]$
- 전압 변동률 $\frac{V_{20} - V_{2n}}{V_{2n}} \times 100 [\%]$

③ 극성 시험
ⓐ 변압기의 병렬 운전, 3상 결선 시, 결선을 틀리지 않게 하기 위해 시행
ⓑ 감극성, 가극성을 구분
- 감극성 : 1차, 2차 단자에 나타나는 극성이 같아 위상차가 생기지 않는 것
- 가극성 : 1차, 2차 전압의 극성이 반대가 되어 180°의 위상차가 생기는 것

④ 온도 상승 시험
ⓐ 실부하법
- 변압기에 저항, 전구 등의 전부하를 걸어서 온도가 올라가는 상태를 시험
- 전부하를 걸기 때문에 전력이 낭비되고 비경제적이어서 소형 변압기 시험에만 사용하며 많이 사용되지 않음
ⓑ 단락법
- 권선을 단락하고 변압기에 전손실에 해당하는 전류를 흘려 온도의 상승을 시험
- 비교적 시험이 간단하여 대용량 변압기의 시험에 사용
ⓒ 반환 부하법 : 전력을 소비하지 않고, 온도 상승의 원인이 되는 철손, 구리손을 공급하여 시험하는 방법

⑤ 절연 내력 시험
ⓐ 유도 시험 : 권선의 단자 사이에 상호 유도 전압의 2배 전압을 유도시켜 층간 절연 강도를 측정하는 시험
ⓑ 가압 시험 : 상용 주파수 60[Hz]의 사인파 전압을 1분 동안 인가하여 절연 강도를 측정하는 시험
ⓒ 충격전압 시험 : 낙뢰와 같은 충격 전압에 대한 절연 시험

14-1 변압기의 무부하인 경우에 1차 권선에 흐르는 전류는?

① 부하 전류　　② 여자 전류
③ 정격 전류　　④ 단락 전류

해설 변압기의 1차 권선에 정현파 교류 전압을 가하면 여자 전류가 흐른다.

14-2 변압기의 2차 측을 개방할 경우, 1차 측에 흐르는 전류는 무엇에 의하여 결정되는가?

① 여자 임피던스　　② 누설 리액턴스
③ 저항　　　　　　④ 임피던스

해설 여자 임피던스에 의해 여자 전류가 결정된다.

14-3 변압기의 임피던스 전압이란?

① 2차 단락 전류가 흐를 때 변압기 내 전압 강하
② 정격 전류가 흐를 때 변압기 내 전압 강하
③ 여자 전류가 흐를 때 2차 측 단자 전압
④ 정격전류가 흐를 때 2차 측 단자 전압

해설 임피던스 전압은 2차 측을 단락한 상태에서 1차 측에 정격 전류가 흐를 때 1차 전압을 의미한다.

14-4 변압기의 무부하 시험, 단락 시험에서 구할 수 없는 것은?

① 철손
② 구리손
③ 절연 내력
④ 전압 변동률

해설 무부하 시험에서는 철손과 여자 전류를 측정해서 여자 어드미턴스를 구하고, 단락 시험에서는 정격 전류에 대한 부하손을 측정하고 임피던스, 전압 변동률 등을 계산할 수 있다. 절연 내력은 절연 내력 시험을 통해 구할 수 있다.

14-5 다음의 변압기 극성에 대한 설명에서 틀린 것은?

① 우리나라는 감극성이 표준이다.
② 병렬 운전 시 극성을 고려해야 한다.
③ 3상 결선 시 극성을 고려해야 한다.
④ 1차와 2차 권선에 유기되는 전압의 극성이 서로 반대이면 감극성이다.

해설 1차와 2차 권선에 유기되는 전압의 극성이 서로 반대이면 가극성이다.

14-6 다음 중 변압기의 온도 상승 시험법으로 가장 널리 사용되는 것은?

① 무부하 시험법
② 절연 내력 시험법
③ 단락 시험
④ 실부하법

해설 변압기의 온도 시험은 다음과 같은 방법이 있다.
• 실부하 시험 : 변압기에 전부하를 걸어서 온도가 올라가는 상태를 시험하는 것으로 전력이 많이 소비되므로 소형기에서만 적용할 수 있다.
• 반환 부하법 : 전력을 소비하지 않고 온도가 올라가는 원인이 되는 철손과 구리손만 공급하여 시험하는 방법이다.
• 단락 시험법 : 변압기의 권선을 단락하고 전 손실에 해당하는 부하 손실을 공급해서 온도 상승을 측정한다. 변압기의 온도 상승 시험법으로 가장 널리 사용된다.

14-7 변압기의 절연 내력 시험과 관계없는 것은?

① 유도 시험   ② 가압 시험
③ 충격 시험   ④ 극성 시험

해설 **절연 내력 시험**
• 유도 시험
• 가압 시험
• 충격 전압 시험

14-8 변압기의 등가 회로 작성에 필요하지 않은 시험은?

① 무부하 시험   ② 단락 시험
③ 저항 측정 시험   ④ 반환 부하 시험

해설 **등가 회로 작성에 필요한 시험** : 단락 시험, 무부하 시험, 저항 측정 시험

대표유형 15 변압기의 손실과 효율

① 변압기의 손실

㉠ 무부하손(=고정손) : 부하가 없는 무부하 상태(1차 측에 정격 전압을 인가하고 2차 권선을 개방한 상태)에서 생기는 손실로 부하의 변화에 따라 변하지 않는 손실

- 철손
  - 철심에서 발생하는 손실로 무부하손의 대부분을 차지
  - 철손 = 히스테리시스손(80[%]) + 맴돌이전류손(와류손, 20[%])
    ◇ 히스테리시스손 : 철심의 히스테리시스 현상에 의해 생기는 손실
    $P_h = k_h f B_m^{1.6}$ [W/m³]
    (k_h : 히스테리시스 상수,
    f : 주파수, B_m : 최대자속 밀도)
    ◇ 맴돌이 전류손 : 도체에 걸린 자기장이 급격하게 바뀔 때, 전자기 유도에 의해 도체에 생기는 소용돌이 형태의 전류
    $P_e = k_e (t f B_m)^2$ [W/m³]
    (k_e : 와류 상수, t : 강판 두께,
    f : 주파수, B_m : 최대 자속 밀도)
    ◇ 철손 $P_i \propto f B_m^2 \propto \dfrac{V^2}{f}$

- 유전체손 : 교류가 흐를 때, 절연물 내에서 소비되는 전력
- 표유 무부하손 : 누설 자속 또는 변압기의 구조에 따라 생기는 예측할 수 없는 손실

㉡ 부하손(= 가변손) : 부하 전류가 2차 권선에 흐를 때, 변압기에서 생기는 손실로 부하의 변화에 따라 변하는 손실

- 구리손(1차, 2차 권선) : 1, 2차 권선 저항에 의해 발생하는 손실
- 표유 부하손 : 권선에 부하 전류가 흐르면서 누설 자속이 증가하여 권선, 철심, 변압기 금속 부분에 와류손이 발생되어 생기는 손실

② 실측 효율 : 실제로 변압기에 부하를 연결하여 전력계를 사용하여 직접 입력과 출력을 측정하여 구한 효율

실측 효율 $\eta = \dfrac{출력}{입력} \times 100[\%]$

$= \dfrac{2차\ 측\ 전력\ P_2}{1차\ 측\ 전력\ P_1} \times 100[\%]$

③ 규약 효율 : 실측 효율을 구하기 어려우므로 규약 효율 사용

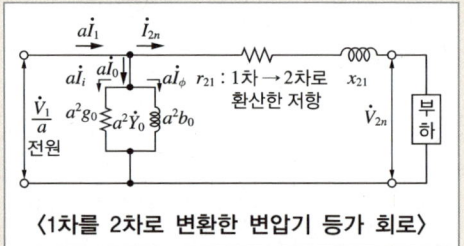

〈1차를 2차로 변환한 변압기 등가 회로〉

㉠ 전부하 시

규약 효율 η

$= \dfrac{출력}{출력 + 손실(철손 + 구리손)} \times 100[\%]$

$= \dfrac{V_{2n} I_{2n} \cos\theta}{V_{2n} I_{2n} \cos\theta + P_i + P_c} \times 100[\%]$

(V_{2n} : 2차 정격 전압, I_{2n} : 2차 정격 전류,
$\cos\theta$: 역률, P_i : 철손, P_c : 구리손)

㉡ $\dfrac{1}{m}$ 부하 시

규약 효율

$\eta_{\frac{1}{m}} = \dfrac{출력}{출력 + 손실(철손 + 구리손)} \times 100[\%]$

$= \dfrac{\dfrac{1}{m} V_{2n} I_{2n} \cos\theta}{\dfrac{1}{m} V_{2n} I_{2n} \cos\theta + P_i + \left(\dfrac{1}{m}\right)^2 P_c}$
$\times 100[\%]$

④ 최대 효율 조건
  ㉠ 전부하 시 : 철손(P_i)과 구리손(P_c)이 같은 $P_i = P_c$일 때 최대 효율

$$\eta = \frac{출력}{출력+손실(철손+구리손)} \times 100[\%]$$
$$= \frac{P_n \cos\theta}{P_n \cos\theta + P_i + P_c} \times 100[\%]$$
  → P_i, P_c 같을 때 최대 효율

  ㉡ $\frac{1}{m}$ 부하 시 : $P_i = \left(\frac{1}{m}\right)^2 P_c$일 때 최대 효율

$$\eta_{\frac{1}{m}} = \frac{출력}{출력+손실(철손+구리손)} \times 100[\%]$$
$$= \frac{\frac{1}{m} V_{2n} I_{2n} \cos\theta}{\frac{1}{m} V_{2n} I_{2n} \cos\theta + P_i + \left(\frac{1}{m}\right)^2 P_c} \times 100[\%]$$
  → 같을 때 최대 효율

15-1 다음 중 변압기의 무부하손의 대부분을 차지하는 것은?

① 유전체손 ② 구리손
③ 저항손   ④ 철손

해설 무부하손(= 고정손)
- 철손(= 히스테리시스손(80[%]) + 맴돌이 전류손(와류손, 20[%])) ⇨ 철손의 대부분
- 유전체손(절연물)
- 표유 무부하손

15-2 히스테리시스손은 최대 자속 밀도 및 주파수의 각각 몇 제곱이 비례하는가?

① 최대 자속 밀도 : 1.0, 주파수 : 1.0
② 최대 자속 밀도 : 1.0, 주파수 : 1.6
③ 최대 자속 밀도 : 1.6, 주파수 : 1.0
④ 최대 자속 밀도 : 1.6, 주파수 : 1.6

해설 히스테리시스손 $P_h = k_h f B_m^{1.6}$

15-3 변압기의 철심 두께를 2배로 하면 와류손은 약 몇 배가 되는가?

① 0.25   ② 0.5
③ 2   ④ 4

해설 맴돌이 전류손 : $P_e = k_e (tfB_m)^2 [\text{W/m}^3]$이므로 두께 t가 2배가 되면 전류손은 $2^2 = 4$배가 된다.

15-4 일정 전압 및 일정 파형에서 주파수가 상승하면 변압기 철손은 어떻게 변하는가?

① 증가한다.
② 변화 없다.
③ 감소한다.
④ 어떤 기간 동안 증가한다.

해설 철손 $P_i \propto \frac{V^2}{f}$

15-5 변압기에서 철손은 부하 전류와 어떤 관계인가?

① 부하 전류와 관계없다.
② 부하 전류의 제곱에 비례한다.
③ 부하 전류에 반비례한다.
④ 부하 전류에 비례한다.

해설 여자 전류는 철손 전류와 자화 전류의 합으로 표현되므로 철손 전류는 부하 전류와 관계없다.

정답 15-1 ④ 15-2 ③ 15-3 ④ 15-4 ③ 15-5 ①

15-6 측정이나 계산으로 구할 수 없는 손실로 부하 전류가 흐를 때, 도체 또는 철심 내부에서 생기는 손실을 무엇이라 하는가?

① 구리손 ② 히스테리시스손
③ 표유 부하손 ④ 맴돌이 전류손

해설 **부하손**(= 가변손)
- 구리손(1차, 2차 권선)
- 표유 부하손 : 권선에 부하 전류가 흐르면서 누설 자속이 증가하여 권선, 철심, 변압기 금속 부분에 와류손이 발생되어 생기는 손실로 측정이나 계산으로 구할 수 없다.

15-7 변압기의 표유 부하손을 설명한 것으로 가장 옳은 것은?

① 구리손, 철손
② 부하 전류 중 누전에 의한 손실
③ 무부하 시 여자 전류에 의한 구리손
④ 권선 이외 부분의 누설 자속에 의한 손실

해설 부하손에는 구리손과 표유 부하손이 포함된다. 표유 부하손은 누설 자기력 선속과 관련되는 권선 내의 손실, 외함, 볼트 등에 생기는 손실로 계산하기 어려운 손실을 의미한다.

15-8 변압기의 손실에 해당되지 않는 것은?

① 구리손 ② 와전류손
③ 기계손 ④ 히스테리시스손

해설 변압기는 운동기가 아닌 정지기에 속하므로 기계손이 없다.

15-9 변압기의 규약 효율로 옳은 것은?

① $\eta = \dfrac{\text{손실}}{\text{출력}} \times 100[\%]$

② $\eta = \dfrac{\text{입력}}{\text{출력} + \text{손실}} \times 100[\%]$

③ $\eta = \dfrac{\text{출력}}{\text{출력} - \text{손실}} \times 100[\%]$

④ $\eta = \dfrac{\text{출력}}{\text{출력} + \text{손실}} \times 100[\%]$

해설 변압기의 규약 효율 $\eta = \dfrac{\text{출력}}{\text{출력} + \text{손실}} \times 100[\%]$

15-10 정격 2차 전압 및 정격 주파수에 대한 출력[kW]과 전체 손실[kW]이 주어질 때, 변압기의 규약 효율을 나타낸 식은?

① $\dfrac{\text{입력}}{\text{출력} + \text{전체 손실}} \times 100[\%]$

② $\dfrac{\text{출력}}{\text{출력} - \text{전체 손실}} \times 100[\%]$

③ $\dfrac{\text{출력}}{\text{출력} + \text{손실}(\text{철손} + \text{구리손})} \times 100[\%]$

④ $\dfrac{\text{출력}}{\text{출력} + \text{철손} - \text{구리손}} \times 100[\%]$

해설 **규약 효율**
- 전부하 시 $\eta = \dfrac{\text{출력}}{\text{출력} + \text{손실}(\text{철손} + \text{구리손})} \times 100[\%]$

$= \dfrac{V_{2n} I_{2n} \cos\theta}{V_{2n} I_{2n} \cos\theta + P_i + P_c} \times 100[\%]$

- $\dfrac{1}{m}$ 부하 시

$\eta_{\frac{1}{m}} = \dfrac{\text{출력}}{\text{출력} + \text{손실}(\text{철손} + \text{구리손})} \times 100[\%]$

$= \dfrac{\dfrac{1}{m} V_{2n} I_{2n} \cos\theta}{\dfrac{1}{m} V_{2n} I_{2n} \cos\theta + P_i + \left(\dfrac{1}{m}\right)^2 P_c} \times 100[\%]$

15-6 ③ 15-7 ④ 15-8 ③ 15-9 ④ 15-10 ③

5-11 출력 10[kW], 효율 80[%]인 변압기의 손실은 약 몇 [kW]가 되는가?

① 0.5　　② 1.5
③ 2　　　④ 2.5

해설 효율 = 출력/입력 = 출력/(출력+전체 손실) = 10/(10+전체 손실) = 0.8
∴ 전체 손실 = 2.5

15-12 출력에 대한 전부하 구리손이 2[%], 철손이 1[%]인 변압기의 전부하 효율[%]은?

① 93　　② 95
③ 97　　④ 99

해설 변압기의 규약 효율
$\eta = \dfrac{출력}{출력+손실} \times 100[\%]$
$= \dfrac{0.97}{0.97+(0.01+0.02)} \times 100[\%] = 97[\%]$

15-13 변압기가 최대 효율이 될 때의 조건으로 옳은 것은?

① 철손 = 구리손
② 철손 = $\dfrac{1}{\sqrt{2}}$ 구리손
③ 구리손 = $\dfrac{1}{\sqrt{2}}$ 철손
④ 구리손 = 2철손

해설 변압기 최대 효율 조건 : 철손 = 구리손

15-14 정격 출력 20[kVA], 정격 전압에서의 철손 150[W], 정격 전류에서 구리손 200[W]의 단상 변압기에 뒤진 역률 0.8인 어느 부하를 걸 경우 효율이 최대라 한다. 이때 부하율은 약 몇 [%]인가?

① 86.6　　② 87.5
③ 90　　　④ 92.5

해설 변압기의 규약 효율 $\eta = \dfrac{출력}{출력+손실} \times 100[\%]$
$= \dfrac{V_{2n}I_{2n}\cos\theta}{V_{2n}I_{2n}\cos\theta + P_i + P_c} \times 100[\%]$ 이다.
$\dfrac{1}{m}$ 의 부하에서 '철손(P_i) = 구리손$\left(\dfrac{1}{m}\right)^2 P_c$'일 때, 최대 효율을 가진다.
$P_i = \left(\dfrac{1}{m}\right)^2 P_c$
∴ $\dfrac{1}{m} = \sqrt{\dfrac{P_i}{P_c}} = \sqrt{\dfrac{150}{200}} ≒ 0.866$
따라서 부하율은 약 86.6[%]이다.

정답 15-11 ④　15-12 ③　15-13 ①　15-14 ①

대표유형 16 · 변압기의 병렬 운전

변압기의 병렬 운전 조건

① 극성, 권수비 같을 것
  ⇨ 만약 다르다면 순환 전류 흐르고 전선이 가열

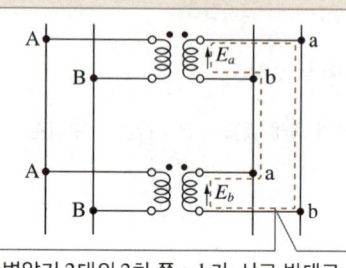

〈극성이 다르게 연결된 경우〉

변압기 2대의 2차 쪽 a, b가 서로 반대로 연결되어 있어 큰 순환 전류가 발생한다.

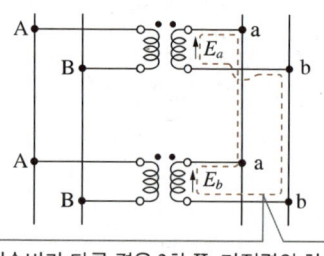

권수비가 다른 경우 2차 쪽 기전력의 차이로 인한 내부 순환 전류가 발생한다.

〈권수비가 다른 경우〉

② 1, 2차 정격 전압이 같을 것
③ %강하(백분율 강하)가 같을 것
④ 변압기 내부 저항, 리액턴스 비가 같을 것
  ⇨ 만약 다르면 순환 전류 흐르고 전선이 가열

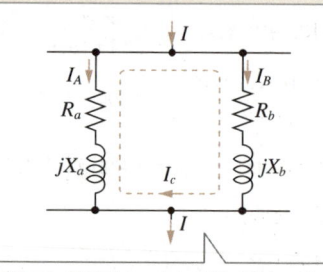

저항과 리액턴스 비가 다른 경우 I_A와 I_B 사이에 위상차로 인한 벡터합이 발생해 큰 순환 전류가 흐른다.

⑤ 회전 방향과 각 변위가 같을 것
⑥ 가능한 결선은 짝수 조합이어야 하며 홀수 조합은 불가능
  ㉠ Y-Y와 Y-Y : 가능
  ㉡ Y-Y와 Y-△ : 불가능

16-1 단상 변압기의 병렬 운전 조건으로 옳지 않은 것은?

① 변압기의 용량이 같을 것
② 변압기의 권수비가 같을 것
③ 변압기의 1,2차 정격 전압이 같을 것
④ 내부 저항과 누설 리액턴스 비가 같을 것

[해설] 각 변압기의 극성, 권수비, 1,2차 정격 전압, %임피던스 강하, 내부 저항과 누설 리액턴스 비가 같아야 한다.

16-2 3상 변압기의 병렬 운전이 불가능한 결선 방식으로 짝지은 것은?

① △-△와 Y-Y
② △-Y와 △-Y
③ Y-Y와 Y-Y
④ △-△와 △-Y

[해설] △ 또는 Y의 개수가 홀수인 경우 병렬 운전이 불가능하다.

대표유형 17 변압기유

① 변압기유 : 변압기 본체의 온도 상승을 억제하기 위해 기름 속에 변압기 본체를 담가 냉각시키며 이때 사용하는 기름

〈변압기에 들어있는 절연유〉

② 변압기유의 구비 조건
  ㉠ 인화점이 높고 응고점이 낮을 것
  ㉡ 절연 내력이 클 것
  ㉢ 비열이 커서 냉각 효과가 좋을 것
  ㉣ 절연 재료와 화학작용을 일으키지 않을 것
  ㉤ 점도가 낮을 것
  ㉥ 산화되지 않을 것
  ㉦ 변압기유의 열화 방지를 위해 콘서베이터 설치

17-1 변압기에서 사용되는 변압기유의 구비 조건으로 옳지 않은 것은?

① 절연 내력이 커야 한다.
② 인화점이 높고 비열이 커야 한다.
③ 열전도율이 낮아야 한다.
④ 절연 재료와 화학 작용을 일으키지 않아야 한다.

[해설] **변압기유의 구비 조건**
• 절연 내력이 클 것
• 점도가 낮고 비열이 커서 냉각 효과가 클 것
• 인화점이 높고 응고점이 낮을 것
• 고온에서도 산화하지 않을 것
• 절연 재료와 화학 작용을 일으키지 않을 것
• 열전도율이 크고, 열팽창 계수가 작을 것

17-2 유입 변압기에 기름을 사용하는 목적이 아닌 것은?

① 효율을 좋게 하기 위함
② 절연을 좋게 하기 위함
③ 열 방산을 좋게 하기 위함
④ 냉각을 좋게 하기 위함

[해설] 기름을 사용하면 절연 내력과 냉각 효과를 좋게 할 수 있다.

17-3 변압기유의 열화에 따른 영향으로 옳지 않은 것은?

① 공기 중 수분의 흡수
② 냉각 효과의 감소
③ 절연 내력의 저하
④ 침식 작용

[해설] 공기 중 수분 흡수는 열화의 원인에 해당한다.

17-4 변압기유의 열화 방지를 위해 변압기에 설치하는 부속 설비로 옳은 것은?

① 브리더   ② 콘서베이터
③ 부흐홀츠 계전기   ④ 비율 차동 계전기

[해설] 콘서베이터는 공기가 변압기 외함 속으로 들어갈 수 없게 하여 기름의 열화를 방지하는 설비다.

17-5 변압기유의 열화 방지와 관계가 가장 먼 것은?

① 부싱   ② 브리더
③ 콘서베이터   ④ 불활성 질소

[해설] 부싱은 전압기로부터 전원을 외부와 연결할 때 사용하는 부품이다.

정답 17-1 ③ 17-2 ① 17-3 ① 17-4 ② 17-5 ①

대표유형 18 변압기의 보호 계전기

① 전기적 보호 장치
  ㉠ 차동 계전기 : 내부고장 발생 시, 1차 측 전류와 2차 측 전류의 차이가 일정 비율 이상이 될 때 작동하는 계전기
  ㉡ 비율 차동 계전기 : 내부 고장 발생 시 전류 차가 일정비율 이상이 될 때 작동하는 계전기

② 기계적 보호 장치
  ㉠ 부흐홀츠 계전기
    - 변압기 내부 고장으로 인한 절연유의 온도 상승 시 발생하는 유증기를 검출하여 동작하는 계전기
    - 설치 위치 : 변압기 주 탱크와 콘서베이터 파이프 사이
  ㉡ 압력 계전기 : 유체 또는 가스체의 압력에 의해서 동작하는 계전기

18-1 변압기, 동기기 등의 층간 단락 등의 내부 고장 보호에 사용되는 계전기는?

① 차동 계전기
② 접지 계전기
③ 과전압 계전기
④ 역상 계전기

해설 차동 계전기
변압기를 기준으로 1차 측 전류와 2차 측 전류의 차이를 감시하며, 기준치 이상의 값이 검출되는 경우 작동하는 계전기

18-2 일종의 전류 계전기로 보호 대상 설비에 유입되는 전류와 유출되는 전류의 차에 의해 동작하는 계전기는?

① 전류 계전기
② 주파수 계전기
③ 차동 계전기
④ 재폐로 계전기

해설 18-1번 해설 참조

18-3 변압기 내부 고장에 대한 보호용으로 가장 많이 사용되는 것은?

① 과전류 계전기
② 비율 차동 계전기
③ 차동 임피던스
④ 임피던스 계전기

해설 비율 차동 계전기
고장에 의해 생긴 두 전류의 차가 두 전류의 합의 어느 비율 이상으로 될 때 동작하도록 한 계전기. 주로 변압기 및 발전기 내부고장 보호용으로 적용되는 계전기다.

18-4 보호 구간에 유입하는 전류와 유출하는 전류의 차에 의해 동작하는 계전기는?

① 방향 계전기
② 거리 계전기
③ 비율 차동 계전기
④ 부족 전압 계전기

해설 18-3번 해설 참조

18-5 주로 변압기의 단락 보호용으로 사용되며 고장 시 불평형 차전류가 평형 전류의 어떤 비율 이상으로 될 때 동작하는 계전기는?

① 과전류 계전기
② 과전압 계전기
③ 전압 차동 계전기
④ 비율 차동 계전기

해설 18-3번 해설 참조

18-6 부흐홀츠 계전기로 보호되는 기기는?

① 발전기
② 전동기
③ 변압기
④ 유도 전동기

해설 부흐홀츠 계전기
절연유의 온도 상승으로 인해 발생하는 유증기를 검출하고 대응하기 위한 계전기로 변압기 주 탱크와 콘서베이터 파이프 사이에 설치한다.

18-7 부흐홀츠 계전기의 설치 위치로 가장 적당한 것은?

① 변압기 주 탱크 내부
② 콘서베이터 내부
③ 변압기 고압 측 부싱
④ 변압기 주 탱크와 콘서베이터 파이프 사이

해설 **부흐홀츠 계전기**
절연유의 온도 상승으로 인해 발생하는 유증기를 검출하고 대응하기 위한 계전기로 변압기 주 탱크와 콘서베이터 파이프 사이에 설치한다.

18-8 용량이 작은 변압기의 단락 보호용으로 주 보호 방식에 사용되는 계전기는?

① 과전류 계전 방식
② 차동 전류 계전 방식
③ 비율 차동 계전 방식
④ 기계적 계전 방식

해설 **과전류 계전기**
용량이 작은 변압기에서 부하 전류가 기준치 이상 흐를 때 자동으로 동작하여 회로를 차단하고 기기를 보호하는 계전기

18-9 보호 계전기 시험을 하기 위한 유의 사항이 아닌 것은?

① 영점의 정확성 확인
② 계전기 시험 장비의 오차 확인
③ 시험 회로 결선 시 교류와 직류 확인
④ 시험 회로 결선 시 교류의 극성 확인

해설 보호 계전기의 정상 작동 여부와 특성을 확인하기 위해 시험할 때는 직·교류 확인, 시험 장비 오차 확인 및 영점의 정확도를 확인한다.

대표유형 19 단권 변압기

1차 측 권선과 2차 측 권선의 일부가 공통으로 되어 있는 변압기

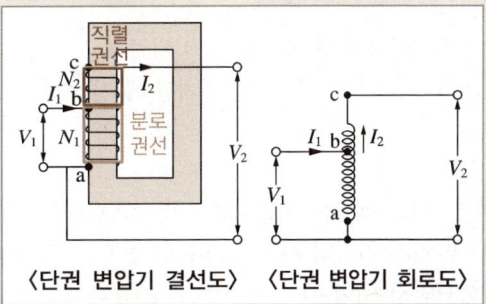

〈단권 변압기 결선도〉 〈단권 변압기 회로도〉

① 자기 용량
  ㉠ 단권 변압기에서 저압 쪽을 1차로 한 경우, 변압기에 의해 승압된 출력분을 의미하며 직렬 권선의 출력과 같음
  ㉡ 공식
    자기 용량 = 직렬 권선의 출력
    $= (V_2 - V_1) I_2$ [VA]

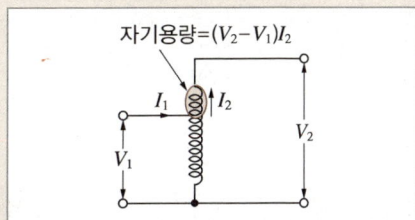

② 부하 용량
  ㉠ 변압기를 통해 부하에 공급되는 용량
  ㉡ 공식
    부하 용량 $= V_2 I_2$ [VA]

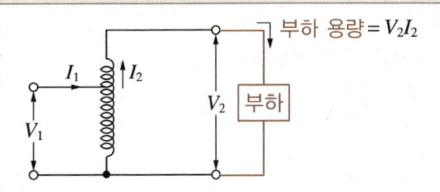

정답 18-7 ④ 18-8 ① 18-9 ④

③ $\dfrac{\text{자기 용량}}{\text{부하 용량}} = \dfrac{(V_2 - V_1)I_2}{V_2 I_2}$ [VA]

$= \dfrac{V_2 - V_1}{V_2} = \dfrac{V_H - V_L}{V_H}$

(V_1 : 1차 기전력, V_2 : 2차 기전력, V_H : 고압 쪽 전압, V_L : 저압 쪽 전압)

19-1 단상 배전선 전압 200[V]를 220[V]로 승압하는 단권 변압기의 자기 용량[kVA]은?(단, 부하용량은 110[kVA]이다)

① 5
② 10
③ 15
④ 20

해설 **승압용 단권 변압기의 특성**

$\dfrac{\text{자기 용량}}{\text{부하 용량}} = \dfrac{\text{승압 전압}(V_h - V_l)}{\text{고압 측 전압}(V_h)}$

자기 용량 $P = \dfrac{V_h - V_l}{V_h} \times$ 부하 용량

$= \dfrac{220 - 200}{220} \times 110$

$= 10[\text{kVA}]$

19-2 3,000/3,300[V]인 단권 변압기의 자기 용량은 약 몇 [kVA]인가?(단, 부하는 1,000[kVA]이다)

① 90
② 70
③ 50
④ 30

해설 **승압용 단권 변압기의 특성**

$\dfrac{\text{자기 용량}}{\text{부하 용량}} = \dfrac{\text{승압 전압}}{\text{고압 측 전압}}$

자기 용량 $= \dfrac{\text{승압 전압}(V_H - V_L)}{\text{고압 측 전압}(V_H)} \times$ 부하 용량

$= \dfrac{V_h - V_l}{V_h} \times V_1 I_1$

$= \dfrac{3.3 - 3}{3.3} \times 1,000$

$\fallingdotseq 90[\text{kVA}]$

대표유형 20 계기용 변성기

① 계기용 변압기(PT ; Potential Transformer)
  ㉠ 고전압을 저전압으로 변성하여 측정하는 기기(고전압 측정 시 기기 소손 우려)
  ㉡ 2차 측 단락 금지(단락 시 매우 큰 단락 전류가 흘러 권선 소손 우려)
  ㉢ 2차 측 안전을 위해 접지

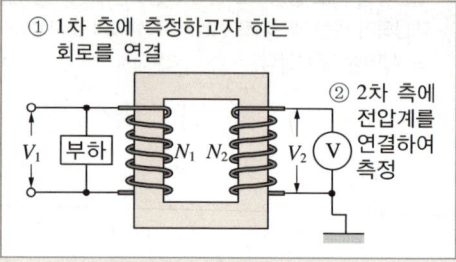

① 1차 측에 측정하고자 하는 회로를 연결
② 2차 측에 전압계를 연결하여 측정

② 계기용 변류기(CT ; Current Transformer)
  ㉠ 대전류를 소전류로 변성하여 측정하는 기기(대전류 측정 시 기기 소손 우려)
  ㉡ 운전 중 2차 회로 개방 금지(개방 시 1차 측 전류가 여자 전류로 동작 ⇨ 2차 측에 고압이 유도 ⇨ 절연 파괴 + 소손)
  ㉢ 2차 측은 안전을 위해 접지

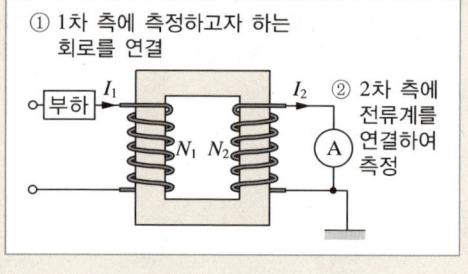

① 1차 측에 측정하고자 하는 회로를 연결
② 2차 측에 전류계를 연결하여 측정

20-1 수변전설비의 고압회로에 걸리는 전압을 표시하기 위해 전압계를 시설할 때 고압 회로와 전압계 사이에 시설하는 것은?

① 계기용 변압기 ② 관통형 변류기
③ 계기용 변류기 ④ 권선형 변류기

해설 **계기용 변압기(PT)**
고전압을 저전압으로 변성하여 측정하는 기기로 교류 전압계의 측정 범위를 확대하거나 또는 고압 회로와 계기의 절연을 위해 사용하는 변압기

20-2 수변전설비 구성 기기의 계기용 변압기(PT) 설명으로 옳지 않은 것은?

① 부족 전압 트립 코일의 전원으로 사용된다.
② 회로에 병렬로 접속하여 사용하는 기기다.
③ 높은 전류를 낮은 전류로 변성하는 기기다.
④ 높은 전압을 낮은 전압으로 변성하는 기기다.

해설 계기용 변압기는 고전압을 저전압으로 변하는 전력용 변압기와 유사하지만 특성을 좋게 하고, 오차를 줄이기 위하여 철심을 비투자율이 크고 철손이 적은 규소 강판을 사용하며 단면적을 크게 만든다. 트립 코일에 전원을 공급하기도 하며 회로에 병렬로 연결하여 사용한다.

20-3 계기용 변압기의 2차 측 단자에 접속하여야 할 것은?

① 전류계   ② 전압계
③ 변류기   ④ 전열 부하

해설 계기용 변압기는 교류의 고전압을 측정할 때, 직접 측정하기 곤란한 경우 저전압으로 낮추어 측정하기 위한 소형 변압기이며 2차 측에 전압계를 연결하여 전압을 측정할 수 있다.
① 1차 측에 측정하고자 하는 회로를 연결
② 2차 측에 전압계를 연결하여 측정

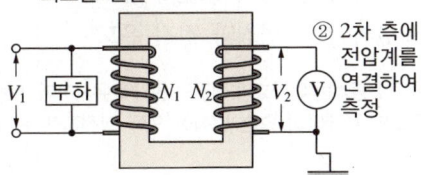

20-4 수변전설비에서 계기용 변류기(CT)의 설치 목적은?

① 고전압을 저전압으로 변성
② 선로 전류 조정
③ 대전류를 소전류로 변성
④ 지락 전류 측정

해설 **계기용 변류기(CT)**
전류의 크기를 바꾸기 위하여 사용하는 장치로서 보통 대전류를 저전류로 변성하여 측정계기나 전기의 전류원으로 사용하기 위한 전류 변성기

20-5 계기용 변류기의 약호로 옳은 것은?

① CT   ② PT
③ CB   ④ COS

해설
- CT : 계기용 변류기
- PT : 계기용 변압기
- COS : 컷아웃 스위치
- CB : 차단기

20-6 사용 중인 변류기의 2차를 개방하면?

① 2차 권선에 저압이 유도
② 1차 전류가 감소
③ 2차 권선에 고압이 유도
④ 전압은 불변하고 안전

해설 **계기용 변류기(CT)**
- 운전 중 2차 회로 개방 금지(개방 시 1차 측 전류가 여자 전류로 동작 ⇨ 2차 측에 고압이 유도 ⇨ 절연 파괴 + 소손)
- 2차 측은 안전을 위해 접지

20-7 변류기 개방 시 2차 측을 단락하는 이유는?

① 2차 측 과전류 보호 ② 2차 측 절연 보호
③ 변류비 유지   ④ 측정 오차 감소

해설 20-6번 해설 참조

04 유도기

대표유형 01 유도 전동기의 원리

① 아라고의 원판 : 원판 주변에서 자석을 회전시키면 원판이 자석보다 느리지만 같은 방향으로 회전하는 원판

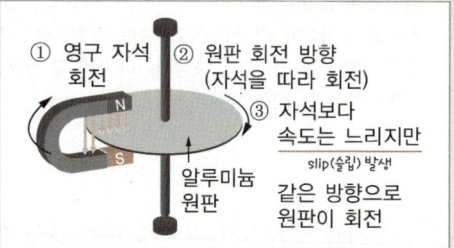

② 유도 전동기는 아라고의 원판을 다음과 같이 변형 적용하여 제작
  ㉠ 자석의 회전 : 회전 자계 사용(고정자)
  ㉡ 원판의 회전 : 회전자 사용

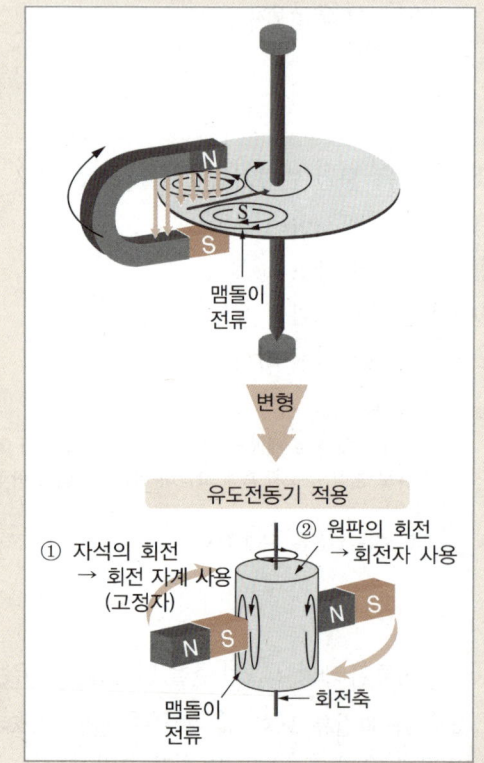

01-1 유도 전동기의 회전 방향과 전동기에서 발생되는 회전 자계의 회전 방향은 어떤 관계가 있는가?

① 회전 자계와 같은 방향으로 회전
② 회전 자계와 반대 방향으로 회전
③ 회전 자계와 무관
④ 부하의 상황에 따라 변화

[해설] 아라고의 원판과 같이 전동기는 자계가 회전하는 방향으로 회전한다.

01-2 3상 유도 전동기의 회전 원리와 가장 관계가 깊은 것은?

① 회전 자계
② 플레밍의 오른손 법칙
③ 키르히호프의 법칙
④ 옴의 법칙

[해설] 유도 전동기의 회전 원리
3상 유도 전동기에서는 자석을 돌리는 대신에 고정된 3상 권선에 3상 교류가 흐를 때 생기는 회전 자기장을 이용한다 (아라고의 원판 원리 이용).
• 자석의 회전 : 회전 자계 사용(고정자)
• 원판의 회전 : 회전자 사용

01-3 유도 전동기의 동작 원리로 옳은 것은?

① 플레밍의 오른손 법칙과 전자 유도
② 플레밍의 오른손 법칙과 정전 유도
③ 플레밍의 왼손 법칙과 전자 유도
④ 플레밍의 왼손 법칙과 정전 유도

[해설] 유도 전동기는 아라고의 원판의 원리와 유사하며 이는 전자 유도와 플레밍의 왼손 법칙에 의해 회전하게 된다.

대표유형 02 유도 전동기의 구조

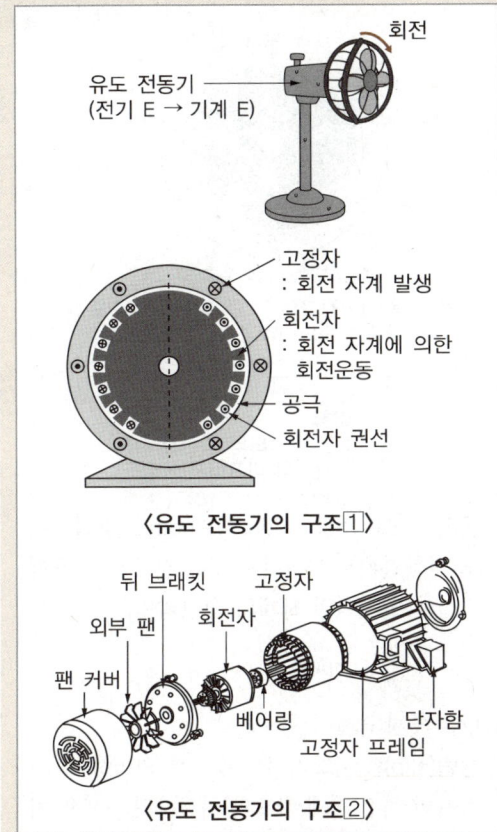

〈유도 전동기의 구조 1〉

〈유도 전동기의 구조 2〉

① 고정자 : 회전 자계를 만들기 위해 고정
  ㉠ 고정자 프레임
  ㉡ 고정자 철심
  ㉢ 고정자 권선 : 이층권의 중권이며 전절권 또는 단절권
② 회전자
  ㉠ 농형 회전자 : 회전자의 홈이 비뚤어져 있음(소음 억제 가능)
  ㉡ 권선형 회전자 : 기동 저항기와 슬립 링 사용
③ 공극
  ㉠ 공극이 넓은 경우 : 기계적으로 안전하지만 역률과 손실 증가
  ㉡ 공극이 좁은 경우 : 역률과 효율은 좋지만 소음, 진동 발생 우려

④ 유도 전동기의 장점
  ㉠ 쉽게 전원을 얻을 수 있음
  ㉡ 구조가 간단하여 취급이 쉽고 튼튼함
  ㉢ 값이 저렴함
  ㉣ 부하가 변하더라도 속도 변동이 거의 없음

02-1 유도 전동기의 권선법 중 맞지 않는 것은?

① 홈 수는 24개 또는 36개이다.
② 소형 전동기는 보통 4극이다.
③ 고정자 권선은 단층 중권이다.
④ 고정자 권선은 3상 권선이 쓰인다.

해설 고정자 권선은 이층권의 중권이며 전절권 또는 단절권으로 한다.

02-2 농형 회전자에서 비뚤어진 홈을 사용하는 이유는?

① 튼튼한 외관   ② 소음 억제
③ 회전수 증가   ④ 높은 출력

해설 회전자의 홈이 축방향에 평행하지 않고 비뚤어져 있어 소음 억제가 가능하다.

02-3 슬립 링이 있는 유도 전동기는?

① 2중 농형   ② 농형
③ 기동형   ④ 권선형

해설 권선형 회전자는 슬립 링과 브러시를 통해 기동 저항기에 접속하기 때문에 구조가 복잡하고 운전이 어렵다.

정답 2-1 ③   2-2 ②   2-3 ④

02-4 권선형 유도 전동기 기동 시 회전자 측에 저항을 넣는 이유는?

① 기동 전류 증가
② 최대 토크 감소
③ 기동 전류 억제와 기동 토크 증대
④ 슬립 감소

> 해설 권선형 유도 전동기 2차 측에 저항기를 적용하여 비례 추이의 원리에 따라 2차 저항 r_2가 커질수록 기동 토크는 커지고 기동 전류는 작아진다.

대표유형 03 유도 전동기의 회전 속도와 슬립

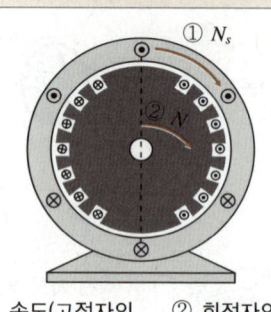

① 동기 속도(고정자의 회전 자계의 속도) N_s
② 회전자의 속도 N
③ 슬립
  : 동기 속도와 회전자 속도 사이의 미끄러지는 정도

① 동기 속도(synchronous velocity, 입력) : 유도 전동기에서 고정자로 교류 전류가 흐를 때 만들어지는 회전 자계의 회전 속도

$$N_s = \frac{120f}{p} \,[\text{rpm}]$$

(f : 주파수, p : 극수)

② 슬립(slip) : 미끄러지는 정도를 의미하며, 고정자의 회전 자계 속도와 회전자의 속도의 차이를 비율로 나타낸 것

$$s = \frac{N_s - N}{N_s}$$

(N_s : 동기 속도, N : 회전자 속도)

③ 슬립의 특징
  case① $s < 0$: 유도 발전기
  case② $s = 0$: 동기 속도(N_s) = 회전 속도(N)
  case③ $0 < s < 1$: 유도 전동기
  case④ $s = 1$: 정지 상태($N = 0$)
  case⑤ $1 < s < 2$: 유도 제동기(역회전)

④ 회전자 속도(출력)
$$N = N_s - sN_s = (1-s)N_s \,[\text{rpm}]$$

(N_s : 동기 속도, s : 슬립)

02-5 다음 중 유도 전동기의 장점으로 올바르지 않은 것은?

① 부하가 변화해도 속도 변동이 거의 없다.
② 쉽게 전원을 얻을 수 있다.
③ 구조가 간단하고 값이 싸며 튼튼하고 고장이 적다.
④ 다루기 어렵고 제어가 어렵다.

> 해설 **유도 전동기의 장점**
> • 쉽게 전원을 얻을 수 있음
> • 구조가 간단하여 취급이 쉽고 튼튼함
> • 값이 저렴함
> • 부하가 변하더라도 속도 변동이 거의 없음

⑤ 유도 전동기의 유도 기전력

case① 전동기가 정지 : 변압기의 원리와 같음

[1] 1차 측(고정자)

1차 측 유도 기전력의 실횻값

$E_1 = 4.44 k_{w1} f_1 N_1 \phi$ [V]

(k_{w1} : 1차 측 권선 계수,

f_1 : 1차 측 주파수,

N_1 : 1차 측 직렬 권선 횟수,

ϕ : 1극당 평균 자속[Wb])

[2] 2차 측(회전자)

2차 측 유도 기전력의 실횻값

$E_2 = 4.44 k_{w2} f_2 N_2 \phi$

$= 4.44 k_{w2} f_1 N_2 \phi$ [V]

(k_{w2} : 2차 측 권선 계수,

f_2 : 2차 측 주파수,

N_2 : 2차 측 직렬 권선 횟수,

ϕ : 1극당 평균 자속[Wb])

case② 전동기가 회전 : 정지할 때의 s배

[1] 2차 측(회전자)

유도기전력 $E_{2s} = s E_2$ [V]

주파수 $f_{2s} = s f_1$ [Hz]

2차 리액턴스 $x_{2s} = s x_2$ [Ω]

03-1 6극 60[Hz] 3상 유도 전동기의 동기 속도는 몇 [rpm]인가?

① 1,200　　② 1,800
③ 2,400　　④ 3,600

해설 $N_s = \dfrac{120f}{p} = \dfrac{120 \times 60}{6} = 1,200$[rpm]

03-2 3상 유도 전동기의 최고 속도는 우리나라에서 몇 [rpm]인가?

① 1,200　　② 1,800
③ 2,400　　④ 3,600

해설 우리나라에서 사용하는 교류의 주파수 $f = 60$[Hz]이므로
$N_s = \dfrac{120f}{p} = \dfrac{120 \times 60}{2} = 3,600$[rpm]

03-3 유도 전동기의 속도를 결정하는 직접적인 요소가 아닌 것은?

① 극수　　② 전압
③ 온도　　④ 주파수

해설 유도 전동기의 속도 $N = (1-s) N_s = (1-s)\dfrac{120f}{p}$ 이고
$s \propto \dfrac{1}{V^2}$ 이므로 온도는 직접적으로 속도를 결정하는 요소가 아니다.

03-4 일반적으로 10[kW] 이하의 소용량 전동기는 동기 속도의 몇 [%]에서 최대 토크를 발생시키는가?

① 10　　② 50
③ 80　　④ 95

해설 동기 속도의 약 80[%]의 속도에서 최대 토크를 발생시킨다.

정답　3-1 ①　3-2 ④　3-3 ③　3-4 ③

03-5 유도 전동기의 동기 속도가 N_s, 회전 속도가 N일 때 슬립은?

① $\dfrac{N_s + N}{N_s}$ ② $\dfrac{N_s - N}{N}$

③ $\dfrac{N - N_s}{N}$ ④ $\dfrac{N_s - N}{N_s}$

[해설] 슬립 $s = \dfrac{N_s - N}{N_s}$

03-6 50[Hz], 4극인 유도 전동기가 1,350[rpm]으로 회전하고 있을 때 이 전동기의 슬립[%]은?

① 3   ② 5
③ 10   ④ 15

[해설] 동기 속도 $N_s = \dfrac{120f}{p} = \dfrac{120 \times 50}{4} = 1,500$[rpm]

슬립 $s = \dfrac{N_s - N}{N_s} = \dfrac{1,500 - 1,350}{1,500} = 0.1$, 즉 10[%]

03-7 동기 속도가 $N_s = 1,200$[rpm]이고, 회전 속도가 $N = 1,176$[rpm]일 때 슬립[%]은?

① 2   ② 4
③ 5   ④ 8

[해설] 슬립 $s = \dfrac{N_s - N}{N_s} = \dfrac{1,200 - 1,176}{1,200} = 0.02$, 즉 2[%]

03-8 회전수 540[rpm], 12극, 3상 유도 전동기의 슬립[%]은?(단, 주파수는 60[Hz]이다)

① 2   ② 3
③ 7   ④ 10

[해설] 회전자 속도 $N = (1-s)\dfrac{120f}{p}$에서

$540 = (1-s)\dfrac{120 \times 60}{12} = (1-s) \times 600$이므로 $s = 0.1$, 즉 10[%]

03-9 슬립이 4[%]인 유도 전동기에서 동기 속도가 1,600[rpm]일 때 전동기의 회전 속도[rpm]는?

① 1,162   ② 1,285
③ 1,472   ④ 1,536

[해설] 회전 속도 $N = (1-s)N_s = (1 - 0.04) \times 1,600 = 1,536$[rpm]

03-10 60[Hz], 4극, 슬립 5[%]인 유도 전동기의 회전수는?

① 1,650[rpm]   ② 1,710[rpm]
③ 1,820[rpm]   ④ 1,960[rpm]

[해설] 회전자 속도

$N = (1-s)N_s = (1-s)\dfrac{120f}{p} = (1-0.05)\dfrac{120 \times 60}{4} = 1,710$[rpm]

03-11 주파수 60[Hz] 회로에 접속되어 슬립 3[%], 회전수 1,164[rpm]으로 회전하고 있는 유도 전동기의 극수는?

① 4 ② 6
③ 8 ④ 10

해설 $N=(1-s)N_s$ 에서
$1,164=(1-0.03)N_s$
$\therefore N_s = 1,200$
$N_s = \frac{120f}{p}$ 에서
극수 $p = \frac{120f}{N_s} = \frac{120 \times 60}{1,200} = 6$

03-12 3상 유도 전동기의 회전 원리를 설명한 것 중 틀린 것은?

① 회전자의 회전 속도가 증가할수록 슬립은 증가한다.
② 부하를 회전시키기 위해서는 회전자의 속도는 동기 속도 이하로 운전해야 한다.
③ 3상 교류 전압을 고정자에 공급하면 고정자 내부에서 회전 자기장이 발생한다.
④ 회전자의 회전 속도가 증가할수록 도체를 관통하는 자속수가 감소한다.

해설 $s = \frac{N_s - N}{N_s}$ 이므로 회전자 속도 N이 증가할수록 슬립은 감소한다.

03-13 3상 유도 전동기의 슬립의 범위는?

① $0 < s < 1$ ② $-1 < s < 0$
③ $1 < s < 2$ ④ $0 < s < 2$

해설 유도 전동기의 슬립
- case① $0 < s < 1$ ⇨ 유도 전동기
- case② $s = 1$ ⇨ 정지 상태
- case③ $s < 0$ ⇨ 유도 발전기
- case④ $1 < s < 2$ ⇨ 유도 제동기

03-14 유도 전동기가 정지되어 있을 때 슬립은?

① 0 ② 1
③ 2 ④ 3

해설 유도 전동기 슬립 특성
- 정지 시 : $s = 1$
- 동기 속도 회전 시 : $s = 0$

03-15 유도 전동기에서 슬립이 1이면 전동기의 속도 N은?

① 동기 속도보다 빠르다.
② 정지한다.
③ 불변이다.
④ 동기 속도와 같다.

해설 슬립 $s = 1$이면 $N = 0$으로 전동기는 정지 상태이며, $s = 0$이면 $N = N_s$가 되어 전동기는 동기 속도로 회전하고 있는 것이 되는데 이 경우는 이상적인 무부하 상태다.

03-16 유도 전동기에서 슬립이 가장 큰 경우는?

① 기동 시
② 무부하 운전 시
③ 경부하 운전 시
④ 정격 부하 운전 시

해설 기동 시 회전 속도는 0이며 이때의 슬립은 1로 가장 큰 경우에 해당한다.

정답 3-11 ② 3-12 ① 3-13 ① 3-14 ② 3-15 ② 3-16 ①

03-17 슬립이 0일 때 유도 전동기의 속도는?

① 변화가 없다.
② 정지 상태가 된다.
③ 동기 속도보다 빠르게 회전한다.
④ 동기 속도로 회전한다.

해설 슬립이 0일 때 유도 전동기는 동기 속도로 회전한다.

03-18 유도 전동기의 무부하 시 슬립은 얼마인가?

① -1
② 0
③ 1
④ 2

해설 무부하 시 회전자의 속도는 동기 속도와 같다고 본다면 슬립은 0이 된다.

03-19 단상 유도 전동기의 정회전 슬립이 s이면 역회전 슬립은 어떻게 되는가?

① $1-s$
② $2-s$
③ $1+s$
④ $2+s$

해설 모터 정회전 $s = \dfrac{N_s - N}{N_s}(0 < s < 1)$

$N_s - N = s \cdot N_s$

$\therefore N = (1-s)N_s$

역회전 시 $N < 0$ (반대로 회전하기 때문)

$s' = \dfrac{N_s - (-N)}{N_s} = \dfrac{N_s + N}{N_s} = \dfrac{N_s + (1-s)N_s}{N_s}$

$= \dfrac{(2-s)N_s}{N_s} = 2-s$

03-20 3상 유도 전동기에서 회전자가 슬립 s로 회전하고 있을 때, 2차 유기 전압 E_{2s}, 주파수 f_{2s}와 s와의 관계는?(단, E_2 : 회전자가 정지하고 있을 때의 2차 유기 기전력, f_1 : 1차 측 주파수)

① $E_{2s} = sE_2$, $f_{2s} = s^2 f_1$
② $E_{2s} = sE_2$, $f_{2s} = sf_1$
③ $E_{2s} = sE_2$, $f_{2s} = \dfrac{f_1}{s}$
④ $E_{2s} = s^2 E_2$, $f_{2s} = sf_1$

해설 3상 유도 전동기에서 전동기가 회전하면 정지할 때의 s배가 된다.
2차 측(회전자)
• 유도기전력 $E_{2s} = sE_2$ [V]
• 주파수 $f_{2s} = sf_1$ [Hz]

03-21 슬립이 2[%]이고 전원 주파수가 2,000[Hz]인 유도 전동기의 회전자 회로의 주파수[Hz]는?

① 10
② 20
③ 30
④ 40

해설 $f_{2s} = sf_1 = 0.02 \times 2,000 = 40$ [Hz]

03-22 전원 주파수 60[Hz], 4극, 슬립 5[%]인 유도 전동기의 회전자 주파수[Hz]는?

① 3   ② 4
③ 5   ④ 6

해설 회전자 주파수 $f_2 = sf = 0.05 \times 60 = 3[\text{Hz}]$
(s : 슬립, f : 전원 주파수)

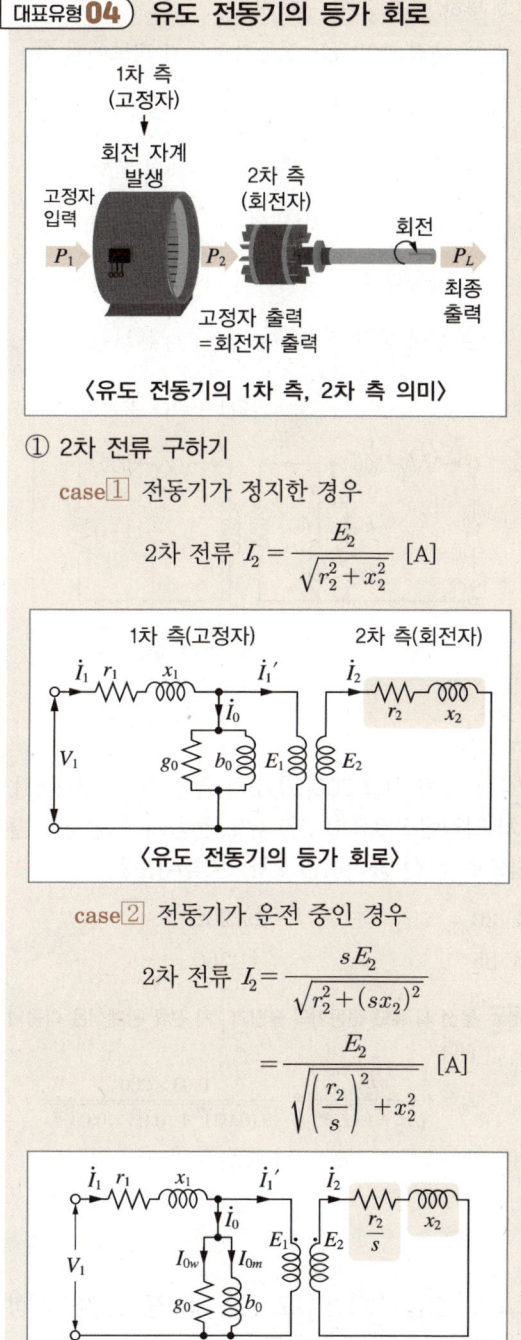

대표유형 04) 유도 전동기의 등가 회로

〈유도 전동기의 1차 측, 2차 측 의미〉

① 2차 전류 구하기

case 1 전동기가 정지한 경우

2차 전류 $I_2 = \dfrac{E_2}{\sqrt{r_2^2 + x_2^2}}$ [A]

〈유도 전동기의 등가 회로〉

case 2 전동기가 운전 중인 경우

2차 전류 $I_2 = \dfrac{sE_2}{\sqrt{r_2^2 + (sx_2)^2}}$

$= \dfrac{E_2}{\sqrt{\left(\dfrac{r_2}{s}\right)^2 + x_2^2}}$ [A]

03-23 다음 중 유도 전동기의 슬립이 증가하면 값이 커지는 것은?

① 2차 효율   ② 회전자 속도
③ 동기 속도   ④ 2차 주파수

해설 회전자 주파수는 슬립에 비례하므로 슬립이 증가하면 값이 커진다. $f_2 = sf[\text{Hz}]$

정답 3-22 ① 3-23 ④

② 부하 등가 저항 구하기
㉠ 운전 중인 유도 전동기의 등가 회로에서 회전자의 저항 성분인 $\dfrac{r_2}{s}$를 회로의 구리손이 발생하는 부분(r_2)과 기계적 출력이 발생하는 부하 저항 $R\left(\left(\dfrac{1-s}{s}\right)r_2\right)$의 합으로 다음과 같이 분리하여 나타낼 수 있음
㉡ 부하 등가 저항 $R=\dfrac{1-s}{s}r_2$ [Ω]

대표유형 05 유도 전동기의 손실과 효율

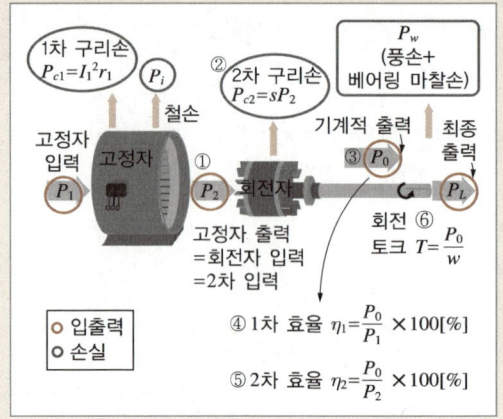

① 고정자 출력(회전자 입력, 2차 입력)
$P_2 = P_1 - (P_{c1} + P_i + \cdots)$ [W]
(P_1 : 1차 입력, P_{c1} : 1차 구리손, P_i : 철손)

② 2차 구리손 $P_{c2} = sP_2$ [W]
(s : 슬립, P_2 : 2차 입력)

③ 기계적 출력 $P_0 = P_2 - P_{c2} = (1-s)P_2$ [W]
(P_2 : 고정자 출력, P_{c2} : 2차 구리손, s : 슬립)

④ 1차 효율 $\eta_1 = \dfrac{P_0}{P_1} \times 100$ [%]
(P_0 : 기계적 출력, P_1 : 1차 입력)

⑤ 2차 효율
$\eta_2 = \dfrac{P_0}{P_2} \times 100 = (1-s) \times 100$
$= \dfrac{N}{N_s} \times 100$ [%]
(P_0 : 기계적 출력, P_2 : 2차 입력, N : 회전자 속도, N_s : 동기 속도)

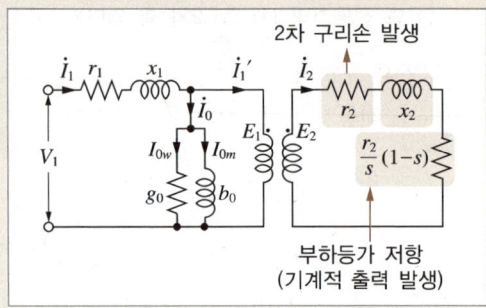

04-1 2차 전압 200[V], 2차 권선 저항 0.03[Ω], 2차 리액턴스 0.04[Ω]인 유도 전동기가 3[%]인 슬립으로 운전 중이라면 2차 전류[A]는?

① 20　　② 200
③ 35　　④ 350

해설 운전 시 유도 전동기의 슬립과 2차 전류 관계식은 다음과 같다.
$I_2 = \dfrac{sE_2}{\sqrt{r_2^2 + (sx_2)^2}} = \dfrac{0.03 \times 200}{\sqrt{(0.03)^2 + (0.03 \times 0.04)^2}}$
$\fallingdotseq 200$ [A]

04-2 슬립 4[%]인 유도 전동기의 등가 부하 저항은 2차 저항의 몇 배인가?

① 5　　② 19
③ 20　　④ 24

해설 등가 부하 저항 $R = r_2\left(\dfrac{1-s}{s}\right) = r_2 \times \left(\dfrac{1-0.04}{0.04}\right) = 24r_2$

4-1 ②　4-2 ④

⑥ 토크

case① 입력을 이용하는 방법(P_2)

$$T = \frac{P_2}{\omega_s} = \frac{P_2}{2\pi n_s} = \frac{P_2}{2\pi \frac{N_s}{60}}$$

$$= 9.55 \times \frac{P_2}{N_s} \ [\text{N} \cdot \text{m}]$$

$$= 0.975 \times \frac{P_2}{N_s} \ [\text{kg} \cdot \text{m}]$$

(P_2 : 2차 입력, ω_s : 동기 각속도,
n_s : 동기 속도[rps],
N_s : 동기 속도[rpm])

※ 1[kgf] = 9.8[N]

case② 출력을 이용하는 방법(P_0)

$$T = \frac{P_0}{\omega} = \frac{P_0}{2\pi n} = \frac{P_0}{2\pi \frac{N}{60}}$$

$$= 9.55 \times \frac{P_0}{N_s} \ [\text{N} \cdot \text{m}]$$

$$= 0.975 \times \frac{P_0}{N} \ [\text{kg} \cdot \text{m}]$$

(P_0 : 기계적 출력,
ω : 회전자 각속도,
n : 회전자 속도[rps],
N : 회전자 속도[rpm])

⑦ 토크, 출력, 전압 관계

case① 전동기가 정격 운전 중인 경우($s ≒ 0$)
문제에서 특별한 언급이 없다면 정격 운전

[1] $T \propto P_2$ [2] $T \propto V^2$

[3] $s \propto \frac{1}{V^2}$ [4] $T \propto s$

case② 전동기를 기동하는 경우($s ≒ 1$)

[1] $T \propto P_2$ [2] $T \propto V^2$

[3] $s \propto V^2$ [4] $T \propto \frac{1}{s}$

(T : 토크, P_2 : 2차 입력, V : 전압,
s : 슬립)

05-1 유도 전동기의 2차 입력(P_2), 2차 구리손(P_{c2})일 때의 관계식으로 옳은 것은?

① $P_{c2} = (1-s)P_2$

② $P_{c2} = \frac{1}{1-s}P_2$

③ $P_{c2} = sP_2$

④ $P_{c2} = \frac{1}{s}P_2$

해설 2차 입력 : 2차 구리손 = 1 : s = P_2 : P_{c2}
∴ $P_{c2} = sP_2$

05-2 4극 7.6[kW], 220[V]의 3상 유도 전동기가 있다. 이 전동기의 전부하 시 2차 입력이 7.8[kW]라면 이때의 2차 구리손[W]은?(단, 전동기 기계손은 무시한다)

① 200   ② 300
③ 360   ④ 400

해설 기계적 출력 $P_0 = P_2 - P_{c2} - P_m$ 에서
2차 구리손 $P_{c2} = P_2 - P_0 - P_m$
$= 7,800 - 7,600 - 0 = 200[\text{W}]$

05-3 슬립 4[%]인 3상 유도 전동기의 2차 구리손이 0.4[kW]일 때 회전자 입력[kW]은?

① 6   ② 8
③ 10   ④ 12

해설 2차 구리손 $P_{c2} = sP_2$
$0.4[\text{kW}] = 0.04 \times P_2$ 이므로
회전자 입력 $P_2 = 10[\text{kW}]$

정답 5-1 ③   5-2 ①   5-3 ③

05-4 회전자 입력을 P_2, 슬립을 s라 할 때 3상 유도 전동기의 기계적 출력의 관계식은?

① sP_2
② $\dfrac{P_2}{s}$
③ $s^2 P_2$
④ $(1-s)P_2$

해설 기계적 출력 $P_0 = P_2 - P_{c2} = P_2 - sP_2 = (1-s)P_2$

05-5 출력 10[kW], 슬립 4[%]로 운전되고 있는 3상 유도 전동기의 2차 구리손은 약 몇 [W]인가?

① 276 ② 310
③ 417 ④ 512

해설 기계적 출력 $P_0 = P_2 - P_{c2} = \dfrac{P_{c2}}{s} - P_{c2} = \left(\dfrac{1}{s} - 1\right)P_{c2}$

$10 \times 10^3 = \left(\dfrac{1}{0.04} - 1\right)P_{c2}$

$\therefore P_{c2} \fallingdotseq 0.417[\text{kW}]$

05-6 3상 유도 전동기의 출력이 10[kW], 슬립이 5[%]일 때, 2차 구리손[W]은?(단, 기계적 손실은 무시한다)

① 326 ② 426
③ 526 ④ 626

해설 $P_0 = P_2 - P_{c2} = \dfrac{P_{c2}}{s} - P_{c2} = \left(\dfrac{1-s}{s}\right)P_{c2}$

$P_{c2} = \dfrac{s}{1-s}P_0 = \dfrac{0.05}{1-0.05} \times 10 \times 10^3 \fallingdotseq 526[\text{W}]$

05-7 3상 유도 전동기의 1차 입력 60[kW], 1차 손실 1[kW], 슬립 3[%]일 때 기계적 출력[kW]은?

① 57.23 ② 67.8
③ 86.6   ④ 95

해설 2차 입력 $P_2 = P_1 - (P_{c1} + P_i + \cdots)$
$= $ 1차 입력 $-$ 1차 손실
$= 60 - 1 = 59[\text{kW}]$

기계적 출력 $P_0 = P_2 - P_{c2} = P_2 - sP_2 = (1-s)P_2$
$= (1-0.03) 59 \times 10^3 = 57.23[\text{kW}]$

05-8 유도 전동기가 회전하고 있을 때 생기는 손실 중에서 구리손이란 무엇을 의미하는가?

① 표유 부하손
② 1차, 2차 권선의 저항손
③ 브러시의 마찰손
④ 베어링의 마찰손

해설 구리손은 1차, 2차 권선의 저항손을 말한다.

05-9 60[Hz], 4극, 10[kW]인 3상 유도 전동기가 1,440[rpm]으로 회전할 때, 회전자 효율[%]은?(단, 기계손은 무시한다)

① 60 ② 70
③ 80 ④ 90

해설 회전자 효율 $\eta = \dfrac{N}{N_s} \times 100 = \dfrac{1,440}{1,800} \times 100 = 80[\%]$

5-4 ④ 5-5 ③ 5-6 ③ 5-7 ① 5-8 ② 5-9 ③

05-10 유도 전동기의 2차 효율로 옳은 것은?

① 1
② s
③ $1+s$
④ $1-s$

해설 2차 효율 $\eta = \dfrac{2\text{차 출력}}{2\text{차 입력}} \times 100 = \dfrac{N}{N_s} \times 100$
$= (1-s) \times 100 [\%]$

05-11 동기 와트 P_2, 출력 P_0, 슬립 s, 동기 속도 N_s, 회전 속도 N, 2차 구리손 P_{c2}일 때 2차 효율 표기로 틀린 것은?

① $1-s$
② $\dfrac{N}{N_s}$
③ $\dfrac{P_0}{P_2}$
④ $\dfrac{P_{c2}}{P_2}$

해설 2차 효율 $\eta_2 = \dfrac{P_0}{P_2} = 1-s = \dfrac{N}{N_s}$

05-12 다음 중 3상 유도 전동기의 효율을 표시하는 것이 아닌 것은?

① $\eta = \dfrac{\text{입력} - \text{손실}}{\text{입력}} \times 100[\%]$

② $\eta = \dfrac{\text{출력}}{\text{입력}} \times 100[\%]$

③ $\eta_2 = (1-\text{슬립}) \times 100[\%]$

④ $\eta_2 = \dfrac{\text{출력}}{1\text{차 입력}} \times 100[\%]$

해설 2차 효율 $\eta_2 = \dfrac{P_0}{P_2} = \dfrac{(1-s)P_2}{P_2} = 1-s = \dfrac{N}{N_s}$
(P_0 : 출력, P_2 : 입력, s : 슬립, N : 회전 속도, N_s : 동기 속도)

05-13 200[V], 50[Hz], 4극, 15[kW]의 3상 유도 전동기가 있다. 전부하일 때의 회전수가 1,300[rpm]이면 2차 효율[%]은?

① 68
② 78
③ 87
④ 97

해설 $s = \dfrac{N_s - N}{N_s} = \dfrac{1,500 - 1,300}{1,500} = \dfrac{200}{1,500} \fallingdotseq 0.13$
2차 효율 $\eta_2 = 1-s = 1-0.13 = 0.87$
따라서 2차 효율 = 87[%]

05-14 3상 유도 전동기의 정격 전압을 $V_n[\text{V}]$, 출력을 $P[\text{kW}]$, 1차 전류를 $I_1[\text{A}]$, 역률을 $\cos\theta$ 라 하면 효율을 나타내는 식은?

① $\dfrac{3 V_n I_1 \cos\theta}{P \times 10^3} \times 100[\%]$

② $\dfrac{P \times 10^3}{3 V_n I_1 \cos\theta} \times 100[\%]$

③ $\dfrac{\sqrt{3} V_n I_1 \cos\theta}{P \times 10^3} \times 100[\%]$

④ $\dfrac{P \times 10^3}{\sqrt{3} V_n I_1 \cos\theta} \times 100[\%]$

해설 3상 유도 전동기의 효율을 구하면
$\eta = \dfrac{\text{출력}}{\text{입력}} \times 100[\%] = \dfrac{\text{입력} + \text{손실}}{\text{입력}} \times 100[\%]$
$= \dfrac{P}{\sqrt{3} V_1 I_1 \cos\theta_1} \times 100[\%]$이므로
정격 전압 $V_n[\text{V}]$, 출력 $P[\text{kW}]$, 1차 전류 $I_1[\text{A}]$, 역률 $\cos\theta$일 때의 효율은
$\eta = \dfrac{P}{\sqrt{3} V_1 I_1 \cos\theta_1} \times 100 = \dfrac{P \times 10^3}{\sqrt{3} V_n I_1 \cos\theta} \times 100[\%]$

정답 5-10 ④ 5-11 ④ 5-12 ④ 5-13 ③ 5-14 ④

05-15 유도 전동기의 특성에서 토크와 2차 입력, 동기 속도의 관계는?

① 토크는 2차 입력과 동기 속도의 제곱에 비례한다.
② 토크는 2차 입력과 동기 속도의 곱에 비례한다.
③ 토크는 2차 입력에 반비례하고, 동기 속도에 비례한다.
④ 토크는 2차 입력에 비례하고, 동기 속도에 반비례한다.

해설 토크 $T = 0.975 \dfrac{P_2}{N_s}$ [kg·m]이므로
토크는 2차 입력에 정비례하고 동기 속도에 반비례한다.

05-16 60[Hz], 20극, 11,400[W]의 3상 유도 전동기가 슬립 5[%]로 운전될 때 2차 구리손이 600[W]이다. 이 전동기의 전부하 시 토크는 약 몇 [kg·m]인가?

① 22.5
② 27.5
③ 32.5
④ 38.5

해설 먼저 동기 속도를 구하면
$N_s = \dfrac{120f}{p} = \dfrac{120 \times 60}{20} = 360$ [rpm]이다.
$P_{c2} = sP_2$ 이므로 $P_2 = \dfrac{P_{c2}}{s} = \dfrac{600}{0.05} = 12{,}000$ [W]
따라서 전부하 시 토크
$T = 0.975 \dfrac{P_2}{N_s} = 0.975 \times \dfrac{12{,}000}{360} = 32.5$ [kg·m]

05-17 슬립이 일정한 경우 유도 전동기의 공급 전압이 $\dfrac{1}{2}$로 감소되면 토크는 처음에 비해 어떻게 되는가?

① 1/4로 줄어든다.
② 1배가 된다.
③ 1/2로 줄어든다.
④ 2배가 된다.

해설 슬립 s가 일정하면 $T \propto V^2$이다.
따라서 공급 전압이 $\dfrac{1}{2}$로 줄어들면 토크는 처음에 비해 $\dfrac{1}{4}$로 줄어든다.

05-18 4극 60[Hz] 20[Hp] 유도 전동기의 단자 전압이 일정한 상태에서 회전 속도가 1,782[rpm]에서 1,764[rpm]으로 감소할 때 토크의 변화는?

① 변화 없다.
② 약 $\dfrac{1}{2}$로 감소한다.
③ 0이 된다.
④ 약 2배 증가한다.

해설 동기 속도 $N_s = \dfrac{120f}{p}$ 이므로,
$N_s = \dfrac{120 \times 60}{4} = 1{,}800$ [rpm]이다.
회전 속도가 1,782[rpm]일 때 슬립 $s = \dfrac{N_s - N}{N_s}$ 에서
$s = \dfrac{1{,}800 - 1{,}782}{1{,}800} = 0.01$ 이고,
회전 속도가 1,764[rpm]일 때 슬립 $s' = \dfrac{N_s - N}{N_s}$ 에서
$s' = \dfrac{1{,}800 - 1{,}764}{1{,}800} = 0.02$ 이다.
따라서 회전 속도가 줄어들면서 슬립이 2배 증가하므로, $T \propto s$에 따라 토크도 약 2배 증가한다.

대표유형 06 유도 전동기의 출력 특성 곡선

유도 전동기에서 기계적인 부하를 가할 때의 출력에 대한 속도, 효율, 역률, 토크, 전류, 슬립의 변화를 나타내는 곡선을 출력 특성 곡선이라 한다.

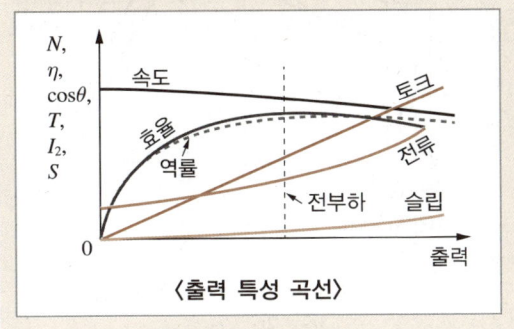

〈출력 특성 곡선〉

06-1 유도 전동기에서 기계적 부하를 가할 때 그 출력에 의한 변화를 나타내는 출력 특성 곡선이다. 토크의 변화를 나타내는 곡선은?

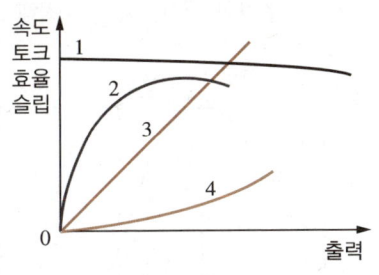

① 1 ② 2
③ 3 ④ 4

해설
- 1 : 속도
- 2 : 효율
- 3 : 토크
- 4 : 슬립

06-2 유도 전동기에 기계적 부하를 걸 때 출력에 따라 속도, 토크, 효율, 슬립 등이 변화를 나타낸 출력 특성 곡선에서 슬립을 나타내는 곡선은?

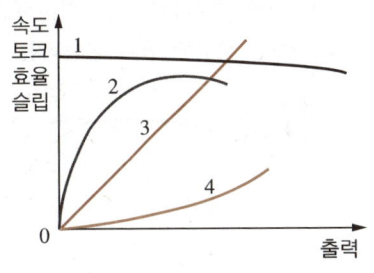

① 1 ② 2
③ 3 ④ 4

해설 출력 특성 곡선이란 유도 전동기에 기계적 부하를 가할 때 그 출력에 의한 전류, 회전력, 속도, 효율 등의 변화를 나타내는 곡선을 말한다.

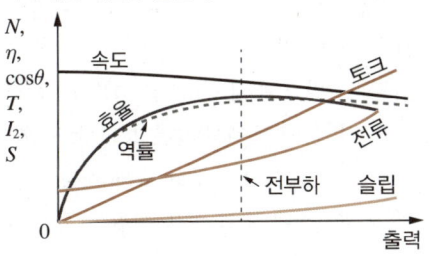

정답 6-1 ③ 6-2 ④

대표유형 07 비례 추이

① **비례 추이**: 권선형 유도 전동기에서 2차 회로의 저항값에 비례하여 슬립, 최대 토크의 발생 시점, 전류, 회전력 등이 변화하는 현상

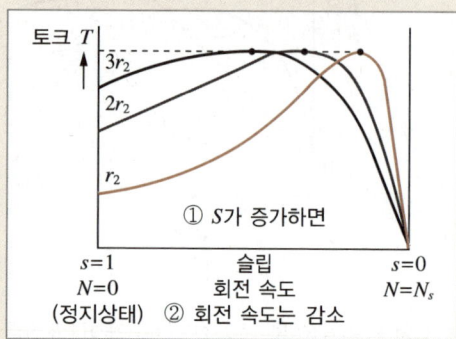

② **비례 추이 특징**

권선형 유도 전동기에서 2차 저항(회전자 저항)을 증가시키면

변화① 슬립 s 증가 ⇨ 회전 속도 N 감소

변화② 낮은 속도에서 높은 토크 유도 가능
  ⇨ 높은 기동 토크 유도 가능
  ⇨ 최대 토크 발생 시점 조절 가능
    (최대 토크는 일정)

변화③ 기동 전류 감소
  ⇨ 낮은 기동전류로 큰 기동 토크 얻을 수 있음
  ⇨ 부하가 큰 경우에도 쉽게 기동, 운전 가능

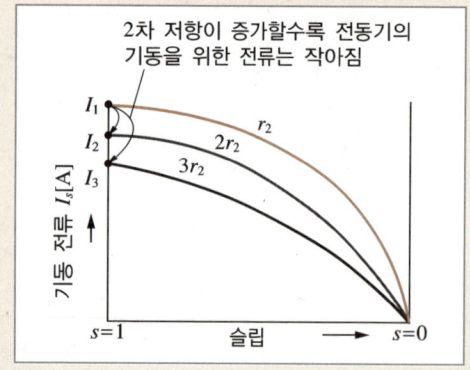

③ 최대 토크 발생 슬립 $s_t ≒ \dfrac{r_2}{x_2} \to s_t \propto r_2$

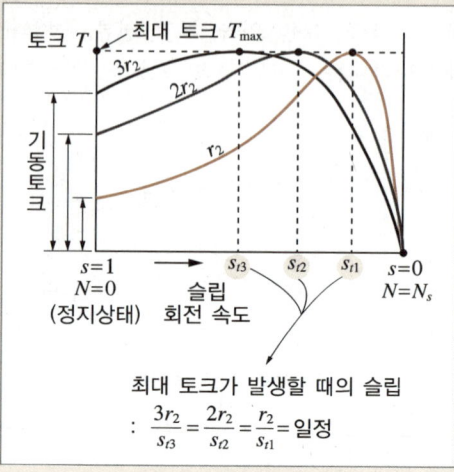

최대 토크가 발생할 때의 슬립
: $\dfrac{3r_2}{s_{t3}} = \dfrac{2r_2}{s_{t2}} = \dfrac{r_2}{s_{t1}} =$ 일정

④ 토크가 같을 경우, 다음 식을 만족

$\dfrac{r_2}{s_1} = \dfrac{r_2+R}{s_2} =$ 일정

(R : 2차에 추가할 저항, T_{max} : 최대 토크)

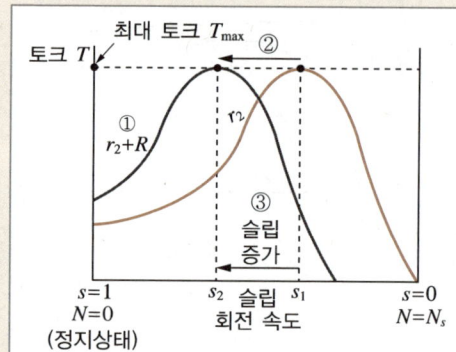

① 2차 저항을 증가시키면 r_2+R
② 곡선이 왼쪽으로 이동(최대 토크는 불변)
③ 슬립도 증가
토크가 일정하다면 아래의 식을 만족

④ $\dfrac{r_2}{s_1} = \dfrac{r_2+R}{s_2} =$ 일정

⑤ 기동 토크를 전부하 토크와 같도록
  ⇨ $s_2 = 1$(기동 토크)로 두고 풀이
  $$\frac{r_2}{s_1} = \frac{r_2 + R}{1}$$

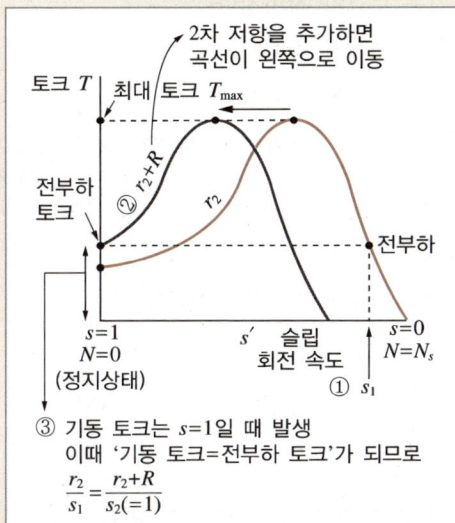

⑥ 비례 추이 가능한 것 : 1, 2차 전류, 역률, 2차 입력(동기 와트)

⑦ 비례 추이 불가능한 것 : 출력, 효율, 구리손, 동기 속도

07-1 비례 추이를 이용하여 속도 제어를 할 수 있는 전동기는?

① 동기 전동기
② 직류 분권 전동기
③ 농형 유도 전동기
④ 권선형 유도 전동기

해설 권선형 유도 전동기는 비례 추이를 이용할 수 있다.

07-2 교류 전동기를 기동할 때 그림과 같은 기동 특성을 가지는 전동기는?(단, 곡선 ⓐ~ⓔ는 기동 단계에 대한 토크 특성 곡선이다)

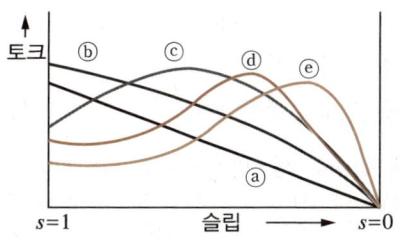

① 반발 유도 전동기
② 2중 농형 유도 전동기
③ 3상 분권 정류자 전동기
④ 3상 권선형 유도 전동기

해설 3상 권선형 유도 전동기의 기동 특성이다.

07-3 권선형 유도 전동기의 회전자 단자에 2차 저항 r을 삽입한다. 이 저항 r을 증가시킨 경우의 설명으로 옳지 않은 것은?

① 슬립이 증가한다.
② 기동 전류가 감소한다.
③ 기동 토크가 증가한다.
④ 최대 토크가 감소한다.

해설 2차 저항을 변화시켜도 최대 토크는 항상 일정하다.
2차 저항이 커지면 기동 토크는 증가하고, 기동 전류는 작아진다.
슬립 s는 2차 저항에 비례한다.

정답 7-1 ④ 7-2 ④ 7-3 ④

07-4 권선형 유도 전동기의 회전자에 저항을 삽입할 경우에 대한 설명으로 옳지 않은 것은?

① 기동 전류가 감소된다.
② 기동 전압은 증가한다.
③ 역률이 개선된다.
④ 기동 토크는 증가한다.

해설 권선형 유도 전동기의 최대 토크는 비례 추이 특성에 따라 불변한다. 2차 측 삽입 저항을 증가시키면 슬립이 증가하며, 기동 전류는 감소하고, 기동 토크는 증가한다. 또한 회전자에 저항을 삽입할 경우 기동 전압은 감소한다.

07-5 3상 권선형 유도 전동기에서 2차 측 저항을 2배로 하면 그 최대 토크는 어떻게 되는가?

① 2배로 된다.
② 변하지 않는다.
③ $\frac{1}{2}$ 배로 된다.
④ $\sqrt{2}$ 배로 된다.

해설 3상 권선형 유도 전동기에서 최대 토크는 2차 저항과 관계없다.

07-6 다음 설명에서 빈칸 ㉠~㉢에 들어갈 말로 올바른 것은?

> 권선형 유도 전동기에서 2차 저항을 증가시키면 기동 전류는 (㉠)하고 기동 토크는 (㉡)하며, 2차 회로의 역률이 (㉢) 되고 최대 토크는 일정하게 된다.

	㉠	㉡	㉢
①	감소	증가	좋아지게
②	감소	감소	좋아지게
③	증가	증가	나빠지게
④	증가	감소	나빠지게

해설 권선형 유도 전동기에서 비례 추이 해석에 의해 2차 저항을 증가시키면 기동 전류는 감소, 기동 토크는 증가, 역률은 좋아지게 되며 최대 토크는 일정하게 된다.

07-7 권선형 유도 전동기에서 토크를 일정하게 한 상태로 회전자 권선의 2차 저항을 2배로 하면 어떻게 되는가?

① 변화가 없다.
② 기동 토크가 작아진다.
③ 기동 전류가 커진다.
④ 슬립이 2배로 된다.

해설 권선형 유도 전동기는 최대 토크는 변화시키지 않으면서 2차 저항을 조정하여 속도 조절이 가능하다. 회전자 권선의 2차 저항을 2배로 하면 슬립이 2배로 증가한다.

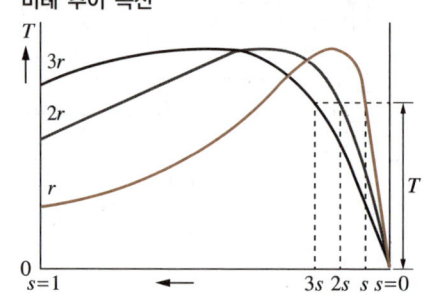
비례 추이 곡선

07-8 3상 유도 전동기의 2차 저항을 2배로 하면 그 값이 2배로 되는 것은?

① 슬립
② 토크
③ 전류
④ 역률

해설 권선형 3상 유도 전동기 비례 추이의 원리에 따라 슬립은 2차 저항에 비례하기 때문에 저항이 2배가 되면 슬립도 2배가 된다.

7-4 ② 7-5 ② 7-6 ① 7-7 ④ 7-8 ①

07-9 출력 22[kW], 4극 60[Hz]인 권선형 3상 유도 전동기의 전부하 회전 속도가 1,710[rpm]으로 운전되고 있다. 같은 부하 토크에서 유도 전동기의 2차 저항을 2배로 하면 회전 속도[rpm]는?

① 1,620
② 1,650
③ 1,680
④ 1,740

해설 동기 속도 $N_s = \dfrac{120f}{p} = \dfrac{120 \times 60}{4} = 1,800[\mathrm{rpm}]$

슬립 $s = \dfrac{N_s - N}{N_s} = \dfrac{1,800 - 1,710}{1,800} = 0.05$

권선형 3상 유도 전동기 비례 추이의 원리에 따라 슬립은 2차 저항에 비례하기 때문에 저항이 2배가 되면 슬립도 2배가 된다.
2차 저항이 2배일 때 회전 속도
$N = (1-2s)N_s = (1-2 \times 0.05) \times 1,800 = 1,620[\mathrm{rpm}]$

07-10 전부하 슬립 $s = 5[\%]$, 2차 저항 $r_2 = 0.5[\Omega]$인 유도 전동기의 기동 토크를 전부하 토크와 같게 하기 위해 삽입하는 2차 저항 $R[\Omega]$의 크기는?

① 6.5
② 7.5
③ 8.5
④ 9.5

해설 $\dfrac{r_2}{s_1} = \dfrac{r_2 + R}{s_2} =$ 일정

$s_1 = s$, $s_2 = 1$로 두고 정리하면

$\dfrac{r_2}{s} = \dfrac{r_2 + R}{1}$

$R = \dfrac{r_2}{s} - r_2 = r_2\left(\dfrac{1-s}{s}\right) = 0.5\left(\dfrac{1-0.05}{0.05}\right) = 9.5[\Omega]$

07-11 다음 중 유도 전동기에서 비례 추이를 할 수 있는 것은?

① 역률
② 출력
③ 효율
④ 2차 구리손

해설 비례 추이 특성이란 권선형 전동기와 2차 회로의 저항을 가감시켜서 비례 추이에 따라 기동 회전력을 크게 하거나 속도를 제어할 수 있는 특성으로 회전력, 1차 전류 I_1, 역률 $\cos\theta$, 1차 입력 P_1도 비례 추이를 할 수 있다.

07-12 권선형 유도 전동기에서 비례 추이를 이용한 기동법은?

① Y-△ 기동법
② 기동 보상기법
③ 리액터 기동법
④ 2차 저항 기동법

해설 2차 회로의 저항의 크기를 조정하여 비례 추이를 할 수 있으며 이를 이용한 기동법을 2차 저항 기동법이라 한다.

정답 7-9 ① 7-10 ④ 7-11 ① 7-12 ④

대표유형 08 농형 유도 전동기

① 농형 유도 전동기의 구조 : squirrel-cage(다람쥐 쳇바퀴)와 유사한 모양

〈농형 회전자〉

② 농형 유도 전동기의 특징

㉠ 기동법
- 전전압 기동
  - 전동기에 정격 전압을 직접 가하여 기동시키는 방법으로 기동 방법이 가장 간단
  - 5[kW] 이하의 소용량에서 사용
- Y-△ 기동
  - 기동 전류가 매우 큰 경우 유도 전동기가 소손될 수 있으므로, 고정자 권선을 Y 결선으로 하여 상전압을 줄여 기동 전류를 줄이고, 나중에 △ 결선으로 하여 전전압으로 운전하는 방식
  - 전전압 기동전류의 $\frac{1}{3}$배, 5~15[kW]에 사용
- 기동 보상기법 : 고압의 농형 전동기에서 기동 전류를 감소시키기 위해 기동 보상기로 3상 단권 변압기를 사용하여 기동 전압을 낮추는 기동법
- 리액터 또는 저항을 사용한 기동 : 농형 유도 전동기의 1차 쪽에 가감이 가능한 리액터 또는 저항을 직렬로 접속하여 기동 전류를 감소하여 기동하는 방법
- 콘도르퍼의 기동법 : 기동 보상기와 리액터 기동법을 혼합하여 사용

㉡ 속도 제어법
- 주파수 변환법 : 농형 유도 전동기에서 주로 사용하며 주파수 f를 이용하여 속도를 조절하는 방법
- 극수 변환법 : 농형 유도 전동기에서 사용하며 고정자 권선의 접속 방법을 변경하여 극수를 조정하고 속도를 제어하는 방법
- 1차 전압 제어법
  - 토크가 전압의 제곱에 비례한다는 사실을 이용하여 부하 토크와 교차하는 슬립을 이동시키는 방법
  - 1차 전압이 낮아지면 토크가 낮아지고 슬립값은 커져서 속도가 감소

> ✓ 권선형 유도 전동기의 속도 제어법
> 1. 종속법
> 2. 2차 여자법
> 3. 2차 저항 제어법

㉢ 특징
- 회전자의 구조가 간단하고 튼튼하며 운전 조작이 쉬움
- 운전 중 성능이 우수
- 회전자의 홈이 축방향에 평행하지 않고 비뚤어져 있어 소음 억제 가능
- 기동 시 토크가 작은 단점이 있음
- 속도 조정이 곤란

08-1 농형 유도 전동기의 기동법이 아닌 것은?

① 2차 저항 기동법
② 기동 보상기법
③ Y-△ 기동법
④ 전전압 기동법

해설 농형 전동기의 기동법
- 전전압 기동법
- Y-△ 기동법
- 리액터 기동법
- 기동 보상기법

08-2 5[kW] 이하의 3상 농형 유도 전동기에 정격 전압을 직접 인가하는 방법으로 가속 토크가 커서 기동 시간이 짧은 특성을 갖는 기동 방법은?

① 리액터 기동
② 전전압 기동
③ Y-△ 기동
④ 1차 저항 기동

해설 전전압 기동
- 충분한 가속 토크를 얻을 수 있기 때문에 기동 시간이 매우 짧다.
- 기동 시 충격이 있기 때문에 소용량에서만 사용한다.

08-3 3상 유도 전동기의 기동법 중 전전압 기동법에 대한 설명으로 옳은 것은?

① 리액터를 삽입하여 전동기 단자에 가해지는 전압을 떨어뜨려 기동하는 방법이다.
② 3상 단권 변압기를 사용하여 공급 전압을 낮춰 기동시키는 방법이다.
③ 기동 시 1차 각 상의 전압은 전전압의 $\frac{1}{\sqrt{3}}$ 배가 된다.
④ 5[kW] 이하의 소용량 또는 기동 전류가 적게 설계된 특수 농형 전동기다.

해설 전전압 기동법
- 5[kW] 이하의 소용량 또는 기동 전류가 적게 설계된 특수 농형 전동기
- 정격 전류의 4~6배의 기동 전류가 흐름

08-4 3상 유도 전동기의 기동법 중 전전압 기동에 대한 설명으로 옳지 않은 것은?

① 기동 시에는 역률이 좋지 않다.
② 소용량의 농형 전동기에서는 일반적으로 기동 시간이 길다.
③ 전동기 단자에 직접 정격 전압을 가한다.
④ 소용량 농형 전동기의 기동 방법이다.

해설 5[kW] 이하의 소용량에서 사용하며 전체 전압을 전동기에 바로 입력하기 때문에 기동 시간이 짧으며 구조가 간단하지만 역률이 좋지 못하다.

정답 8-1 ①   8-2 ②   8-3 ④   8-4 ②

08-5 5.5[kW], 200[V] 유도 전동기의 전전압 기동 시 기동 전류가 150[A]이다. 여기에 Y-△ 기동 시 기동 전류는 몇 [A]가 되는가?

① 50　　② 60
③ 75　　④ 85

해설) Y-△ 기동 시 기동 전류는 전전압으로 기동할 때보다 $\frac{1}{3}$로 감소한다.
따라서 $150 \times \frac{1}{3} = 50[A]$

08-6 3상 농형 유도 전동기의 Y-△ 기동 시 기동 전류를 전전압 기동 시와 비교하면?

① 전전압 기동 전류의 $\frac{1}{3}$배가 된다.
② 전전압 기동 전류의 $\sqrt{3}$ 배가 된다.
③ 전전압 기동 전류의 3배가 된다.
④ 전전압 기동 전류의 9배가 된다.

해설) Y-△ 기동 시 기동 전류는 전전압으로 기동할 때보다 $\frac{1}{3}$로 감소한다.

08-7 10[kW]의 농형 유도 전동기의 기동 방법으로 가장 적당한 것은?

① 기동 보상기법
② 전전압 기동법
③ Y-△ 기동법
④ 2차 저항 기동법

해설) 유도 전동기는 기동할 때에 정상 운전 시보다 약 5~6배의 많은 기동 전류가 흐른다. 이에 따라 전동기에 무리가 가지 않도록 기동 전류를 제한하고 기동 회전력을 크게 하기 위해 5~15[kW] 정도의 농형 유도 전동기에서는 Y-△ 기동법을 사용한다.

08-8 농형 유도 전동기의 속도 제어 방법이 아닌 것은?

① 2차 여자법
② 전압 제어법
③ 극수 제어법
④ 주파수 제어법

해설) 농형 유도 전동기 속도 제어 방법
• 주파수 제어법
• 극수 제어법
• 전압 제어법

08-9 농형 유도 전동기를 많이 사용하는 이유가 아닌 것은?

① 효율이 좋다.
② 보수가 용이하다.
③ 구조가 간단하다.
④ 속도 조정이 쉽다.

해설) 농형 유도 전동기 특징
• 효율이 좋다.
• 보수가 용이하다.
• 구조가 간단하다.
• 속도 조정이 곤란하다.
• 기동 토크가 작다.

정답 8-5 ①　8-6 ①　8-7 ③　8-8 ①　8-9 ④

대표유형 09 단상 유도 전동기

① 단상 유도 전동기의 원리와 구조
  ㉠ 단상 교류 전원으로 운전되는 유도 전동기를 의미
  ㉡ 단상 유도 전동기에 단상 전류를 흘리면 크기는 같고 방향만 바뀌는 교번 자계만 발생하며 기동 토크는 발생하지 않음
  ㉢ 기동 토크가 발생하지 않아 자기 기동이 불가능하여 보조 권선(회전 자계 발생) 등의 도움을 통한 기동 토크 발생이 필요

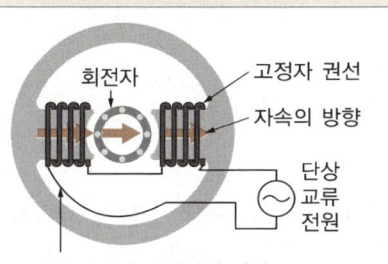

(a) 단상 유도 전동기

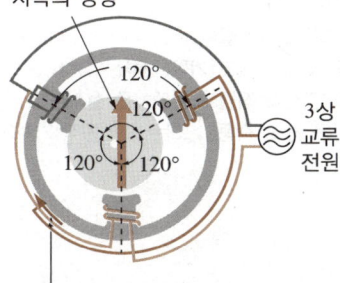

(b) 3상 유도 전동기

〈단상 유도 전동기와 3상 유도 전동기의 비교〉

② 단상 유도기의 특징
  ㉠ 분상 기동형 단상 유도 전동기 : 기동 시에만 보조 권선을 사용하고, 기동 후에는 주권선만을 이용하여 운전하는 단상 유도 전동기
  ㉡ 콘덴서 기동형 유도 전동기
    • 주권선은 그대로 하고 보조 권선에 콘덴서를 넣어 보조 권선에 흐르는 전류를 90° 앞선 전류로 만들어 기동하는 방식의 유도 전동기로 역률과 효율이 좋음
    • 용도 : 소형 단상 전동기, 선풍기, 세탁기, 냉장고 등
  ㉢ 셰이딩 코일형 유도 전동기
    • 셰이딩 코일에 의해 회전 자계가 발생하여 기동이 가능한 유도 전동기로 역률과 효율이 좋음
    • 용도 : 소형 팬, 소형 선풍기
  ㉣ 반발 기동형 유도 전동기
    • 브러시를 단락하여 생기는 큰 반발력에 의해 기동하는 유도 전동기로 기동 토크가 큼
    • 용도 : 대형 단상 전동기
  ㉤ 반발 유도형 유도 전동기 : 회전자의 상하에 2층의 권선(상부 - 전기자권선, 하부 - 농형 권선)을 설치하고 브러시를 단락하여 생기는 반발력에 의해 기동하는 유도 전동기
  ㉥ 단상 유도 전동기 특징(기동 토크가 큰 순서)
     반발 기동형 > 반발 유도형 > 콘덴서 기동형 > 분상 기동형 > 셰이딩 코일형

09-1 단상 유도 전동기에서 보조 권선을 사용하는 주된 이유는?
① 회전 자기장을 얻기 위함
② 역률 개선을 위함
③ 속도 제어를 위함
④ 기동 전류를 줄이기 위함

해설 단상 유도 전동기는 자기 시동이 불가능하여 보조 권선을 통해 회전 자계를 공급 받아 시동 토크 발생이 필요하다.

09-2 헤어 드라이어, 선풍기, 가정용 펌프 등에 주로 사용되는 전동기는?

① 직류 직권 전동기
② 단상 유도 전동기
③ 동기전동기
④ 권선형 유도 전동기

해설 일반 가정에서는 단상 유도 전동기가 많이 사용된다.

09-3 다음 중 3상 유도 전동기에 해당하는 것은?

① 콘덴서 기동형   ② 분상형
③ 권선형   ④ 셰이딩 코일형

해설 **3상 유도 전동기**
- 권선형 유도 전동기
- 농형 유도 전동기

09-4 분상 기동형 단상 유도 전동기의 기동 권선은?

① 운전 권선보다 가늘고 권선이 많다.
② 운전 권선보다 가늘고 권선이 적다.
③ 운전 권선보다 굵고 권선이 적다.
④ 운전 권선보다 굵고 권선이 많다.

해설 **분상 기동형 단상 유도 기전기 기동 권선**
전동기의 원활한 기동을 위하여 전기각을 $\frac{\pi}{2}$의 차이를 두고 주권선과 기동 권선을 설치한 전동기다. 이 기동 권선은 주권선보다 가는 선이며 권선 수는 그다지 많지 않기 때문에 고저항, 저리액턴스로의 특성을 갖는다.

09-5 분상 기동형 단상 유도 전동기 원심 개폐기의 작동 시기는 회전자 속도가 동기 속도의 몇 [%] 정도인가?

① 10~30   ② 30~40
③ 60~80   ④ 90~100

해설 분상 기동형 단상 유도 전동기의 원심 개폐기는 회전자 속도가 동기 속도의 약 60~80[%]에서 동작되어 보조 권선의 운전이 중단되고 주권선만 운전하여 손실을 줄이게 된다.

09-6 역률이 좋아 가정용 선풍기, 세탁기, 냉장고 등에 주로 사용되는 것은?

① 분상 기동형   ② 반발 기동형
③ 셰이딩 코일형   ④ 콘덴서 기동형

해설 **콘덴서 기동형 유도 전동기 특징**
- 소음이 적다.
- 역률과 효율이 좋다.
- 기동 토크는 크고 기동 전류는 작다.
- 보조 권선과 직렬로 콘덴서를 설치한다.
- 가정용 펌프, 송풍기 또는 소형 공작 기계에 많이 사용된다.

09-7 다음 단상 유도 전동기 중에서 역률이 가장 좋은 것은?

① 반발 유도형   ② 분상 기동형
③ 셰이딩 코일형   ④ 콘덴서 기동형

해설 콘덴서 기동형은 효율과 역률이 좋아 가장 널리 사용된다.

09-8 다음 중 역회전이 불가능한 단상 유도 전동기는?

① 셰이딩 코일형
② 분상 기동형
③ 반발 기동형
④ 콘덴서 기동형

[해설] 셰이딩 코일형은 계자 사이에 철심을 넣은 전동기로 역회전 시 철심 때문에 회전이 되지 않는 단상 유도 전동기다.

09-9 셰이딩 코일형 유도 전동기의 특징을 나타낸 것으로 옳지 않은 것은?

① 역률과 효율이 좋고 구조가 간단하여 세탁기 등 가정용 기기에 많이 쓰인다.
② 운전 중에도 셰이딩 코일에 전류가 흐르고 속도 변동률이 크다.
③ 회전자는 농형이고 고정자의 성층 철심은 몇 개의 돌극으로 되어 있다.
④ 기동 토크가 작고 출력이 수 100[W] 이하의 소형 전동기에 주로 사용한다.

[해설] **셰이딩 코일형**
- 구조가 간단하나 기동 토크가 작고 출력이 100[W] 이하의 소형 전동기에서 주로 사용한다.
- 효율과 역률이 떨어진다.
- 회전 방향을 바꿀 수 없다.

09-10 단상 유도 전동기의 기동장치에 의한 분류에 해당하지 않는 것은?

① 회전 계자형
② 셰이딩 코일형
③ 콘덴서 기동형
④ 분상 기동형

[해설] **단상 유도기의 분류**
- 분상 기동형 단상 유도 전동기
- 커패시터 기동형 유도 전동기
- 셰이딩 코일형 유도 전동기
- 반발 기동형 유도 전동기

09-11 단상 유도 전동기 중 기동 토크가 가장 큰 순서대로 나타낸 것은?

| ㉠ 분상 기동형   ㉡ 반발 기동형 |
| ㉢ 콘덴서 기동형   ㉣ 셰이딩 코일형 |

① ㉠ > ㉡ > ㉢ > ㉣
② ㉠ > ㉢ > ㉡ > ㉣
③ ㉡ > ㉢ > ㉠ > ㉣
④ ㉡ > ㉣ > ㉠ > ㉢

[해설] **기동 토크가 큰 순서**
반발 기동형 > 콘덴서 기동형 > 분상 기동형 > 셰이딩 코일형

09-12 다음 중 단상 유도 전동기의 기동 방법 중 기동 토크가 가장 큰 것은?

① 분상 기동형
② 셰이딩 코일형
③ 콘덴서 기동형
④ 반발 기동형

[해설] 09-11번 해설 참조

정답 9-8 ① 9-9 ① 9-10 ① 9-11 ③ 9-12 ④

> **대표유형 10** 전동기의 역회전 방법
>
> ① 직류 전동기 : 전기자 전류 I_a나 계자 전류 I_f 중 하나의 방향을 반대로 할 것
> ② 3상 유도 전동기 : 1차 측 3선 중 임의의 2선의 접속을 바꿀 것
> ③ 분상 기동형 단상 유도 전동기 : 주권선과 기동 권선(보조 권선) 중 1개만을 전원에 대하여 반대로 연결할 것

10-1 직류 전동기의 회전 방향을 바꾸기 위한 방법으로 옳은 것은?

① 전류의 세기를 조절한다.
② 차동 복권을 가동 복권으로 한다.
③ 전원의 극성을 바꾼다.
④ 전기자 권선 또는 계자 권선에 대한 전류의 방향을 바꾼다.

[해설] 직류 전동기의 회전 방향을 바꾸기 위해서는 전기자 권선 또는 계자 권선에 대한 전류의 방향을 바꾸면 된다.

10-2 직류 직권 전동기의 공급 전압의 극성을 반대로 하면 회전 방향은 어떻게 되는가?

① 변하지 않는다.   ② 회전하지 않는다.
③ 반대로 된다.   ④ 발전기로 동작한다.

[해설] 직류 직권 전동기의 공급 전압 극성을 반대로 하면 아무런 변화도 일어나지 않는다. 직류 직권 전동기의 회전 방향을 바꾸기 위해서는 전기자 권선 또는 계자 권선에 대한 전류의 방향을 바꾸면 된다.

10-3 3상 유도 전동기의 회전 방향을 바꾸려면?

① 전원의 극수를 바꾼다.
② 전원의 주파수를 바꾼다.
③ 3상 전원 3선 중 두 선의 접속을 바꾼다.
④ 기동 보상기를 이용한다.

[해설] 3상 유도 전동기의 3선 중 두 선의 접속(상 회전 순서)을 바꾸어 주면 회전 자계가 반대로 형성되어 회전 방향이 반대로 된다.

10-4 3상 유도 전동기의 회전 방향을 바꾸기 위한 방법으로 옳은 것은?

① 전동기의 1차 권선에 있는 3개의 단자 중 어느 2개의 단자를 서로 바꾼다.
② 기동 보상기를 사용하여 권선을 바꾼다.
③ △-Y 결선으로 결선법을 바꾼다.
④ 전원의 전압과 주파수를 바꾼다.

[해설] 2개 선의 접속을 바꾸면 회전 자계가 반대로 되어 역방향으로 회전한다.

정답 10-1 ④   10-2 ①   10-3 ③   10-4 ①

05 전기기기 응용

대표유형 01 스위칭

① diode
  ㉠ 회로 기호

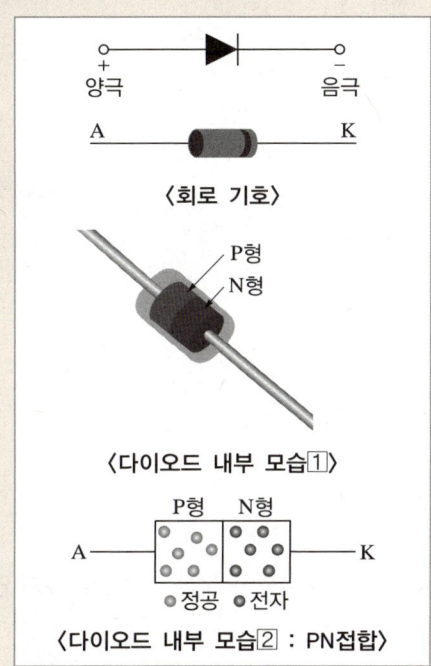

  ㉡ 기능 : 전류를 한쪽 방향으로만 흐르게 함
  동작1 전류가 흐름
    순방향 바이어스 인가(anode(P형)에 (+) 전압, cathode(N형)에 (−) 전압을 가함) : 전류를 한쪽 방향으로만 흐르게 함
  동작2 전류가 흐르지 못함
    역방향 바이어스 인가(anode(P형)에 (−) 전압, cathode(N형)에 (+) 전압을 가함) : 아주 미세한 누설 전류가 흐름

- 정류 작용(교류를 직류로 변환)
- 역방향으로 큰 전압을 가하면 큰 전류가 흐르며 전압이 일정하게 유지됨 : 일정한 전압을 얻어야 할 경우, 제너 다이오드로 사용
  ㉢ 구조 : P형 반도체와 N형 반도체를 서로 접합

② 전력용 트랜지스터(power transistor, 양극성 접합 트랜지스터(BJT ; Bipolar Junction Transistor))
  ㉠ 회로 기호

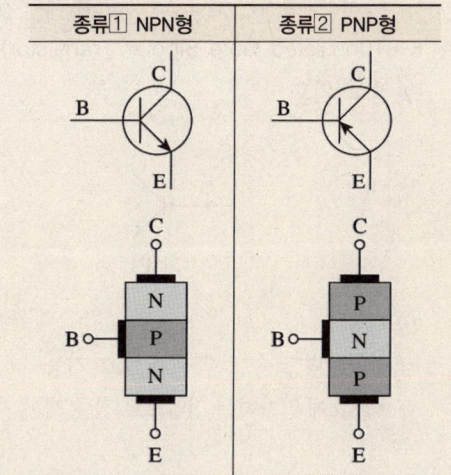

  ㉡ 기능
  - 스위칭 on/off 제어 기능
  - base에 흐르는 전류로 on/off 제어 가능

③ MOSFET(Metal Oxide Semiconductor Field Effect Transistor)

㉠ 회로 기호

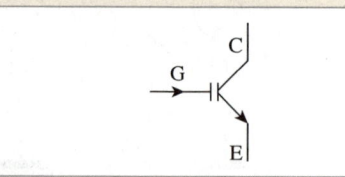

㉡ 기능
- 스위칭 on/off 제어 기능
- gate에 걸리는 전압으로 on/off 제어 가능

④ IGBT(Insulated Gate Bipolar Transistor)

㉠ 회로 기호

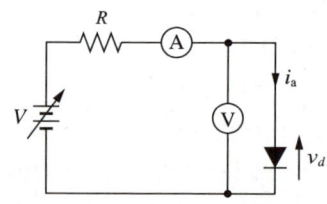

㉡ 기능
- 대전력 고속 스위칭 on/off 기능
- gate에 인가하는 전압으로 전류 제어 가능

01-1 PN 접합 다이오드의 대표적인 작용으로 올바른 것은?

① 변조 작용　　② 증폭 작용
③ 발진 작용　　④ 정류 작용

[해설] 다이오드(diode)는 교류를 직류로 만드는 정류 작용을 한다.

01-2 다음 회로도에 대한 설명으로 옳지 않은 것은?

① 다이오드의 양극의 전압이 음극에 비하여 높을 때를 순방향 도통 상태라 한다.
② 실제의 다이오드는 순방향 도통 시 양 단자 간의 전압 강하가 발생하지 않는다.
③ 다이오드의 양극의 전압이 음극에 비하여 낮을 때를 역방향 저지 상태라 한다.
④ 역방향 저지 상태에서는 역방향으로(음극에서 양극으로) 약간의 전류가 흐르는데 이를 누설 전류라고 한다.

[해설] 다이오드는 순방향 도통 시 양 단자 간의 전압 강하가 발생한다. 전압 강하는 다이오드의 소자에 따라 달라진다.

01-3 PN 접합 다이오드의 설명 중 틀린 것은?

① 정류비가 클수록 정류 특성이 좋다.
② 역방향 전압에서는 극히 작은 전류만이 흐른다.
③ 온도가 높아지면 순방향 및 역방향 전류가 모두 감소한다.
④ 순방향 전압은 P형에 (+), N형에 (−) 전압을 인가한 것을 의미한다.

> 해설 반도체는 온도가 높아지면 가지고 저항이 작아지므로 큰 전류가 흐른다(부성저항 특성).

01-4 전압을 일정하게 유지하기 위해서 이용되는 다이오드는?

① 배리스터 다이오드
② 발광 다이오드
③ 포토 다이오드
④ 제너 다이오드

> 해설 **제너 다이오드**
> 정전압 다이오드라고도 하며 일정한 전압을 얻을 목적으로 사용되는 소자다.

01-5 다이오드를 사용한 정류 회로에서 다이오드를 여러 개 직렬로 연결하여 사용하는 경우에 대한 설명으로 가장 옳은 것은?

① 낮은 전압 전류에 적합하다.
② 부하 출력의 맥동률을 감소시킬 수 있다.
③ 다이오드를 과전류로부터 보호할 수 있다.
④ 다이오드를 과전압으로부터 보호할 수 있다.

> 해설 • 다이오드의 직렬 연결 : 과전압으로부터 보호
> • 다이오드의 병렬 연결 : 과전류로부터 보호

01-6 다이오드의 정특성이란 무엇을 의미하는가?

① 다이오드를 움직이면서 저항률을 측정한 것
② 직류 전압을 인가할 때 다이오드에 걸리는 전압과 전류의 관계
③ 소신호로 동작할 때의 전압과 전류의 관계
④ PN 접합면에서의 캐리어 이동 특성

> 해설 직류 전압을 걸 때 다이오드에 걸리는 전압과 전류의 관계를 의미한다.

01-7 다음 설명에 해당하는 전력용 반도체 소자는?

> 전력용 스위칭을 목적으로 사용되며 스위칭 시 발생하는 손실을 줄이기 위하여 포화 영역에서 on, 차단 영역에서 off가 되도록 하고 활성 영역은 사용하지 않는다. 충분한 베이스 전류를 흘려 동작시키며 각종 서보모터 드라이버, 초퍼 회로에 사용한다.

① 사이리스터(SCR)
② 트라이액(TRIAC)
③ 전력용 MOSFET
④ 전력용 트랜지스터(바이폴러형)

> 해설 **전력용 트랜지스터**
> 전기・전자 제어 신호에 의해서 스위칭 소자로 사용되는 트랜지스터. 전력용 사이리스터보다 전력 용량은 작으나 스위칭 방법이 용이하다.

01-8 대전류·고전압의 전기량을 제어할 수 있는 자기 소호형 소자는?

① IGBT
② FET
③ diode
④ TRIAC

해설 IGBT
스위칭 주파수가 높고 대전류, 고전압 사용에 적합하다.

01-9 다음 기호의 명칭으로 옳은 것은?

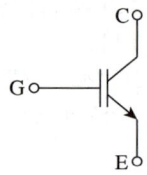

① GTO
② IGBT
③ diode
④ TRIAC

해설 IGBT
• 대전력 고속 스위칭 기능
• gate에 걸리는 전압으로 전류 제어 가능

대표유형 02 N형, P형 반도체

	N형 반도체	P형 반도체
개념	14족 원소(Si, Ge 등)에 15족 원소를 첨가하여 전자의 수가 정공의 수보다 많은 반도체	14족 원소(Si, Ge 등)에 13족 원소를 첨가하여 정공의 수가 전자의 수보다 많은 반도체
그림	전자	정공
다수 캐리어	negative : (-) 전자	positive : (+) 정공
제작 방법	14족 원소(Si, 실리콘)에 15족 원소(인(P), 비소(As), 안티모니(Sb))를 주입	14족 원소(Si, 실리콘)에 13족 원소(알루미늄(Al), 붕소(B), 갈륨(Ga), 인듐(In))를 주입

02-1 N형 반도체에서 전기 전도의 주된 역할을 하는 반송자는?

① 정공   ② 전자
③ 불순물   ④ 가전자

해설
• N형 반도체에서의 다수 캐리어 : negative ⇨ (-), 전자
• P형 반도체에서의 다수 캐리어 : positive ⇨ (+), 정공

02-2 진성 반도체인 4가의 실리콘에 N형 반도체를 만들기 위하여 첨가하는 물질은?

① 안티모니   ② 저마늄
③ 갈륨   ④ 인듐

해설
• N형 반도체는 15족 원소(인, 안티모니, 비소) 등을 주입하여 제작할 수 있다.
• P형 반도체는 13족 원소(알루미늄, 붕소, 인듐) 등을 주입하여 제작할 수 있다.

02-3 반도체 내에서 정공은 어떻게 생성되는가?

① 접합 불량 ② 자유 전자의 이동
③ 확산 용량 ④ 결합 전자의 이탈

해설 정공
전자가 에너지를 받아 높은 상태로 이동하면서 결합이 빠져나간 빈자리를 의미한다.

02-4 진성 반도체인 4가의 실리콘에 P형 반도체를 만들기 위하여 첨가하는 물질은?

① 안티모니 ② 저마늄
③ 비소   ④ 인듐

해설
- N형 반도체는 15족 원소(인, 안티모니, 비소) 등을 주입하여 제작할 수 있다.
- P형 반도체는 13족 원소(알루미늄, 붕소, 인듐) 등을 주입하여 제작할 수 있다.

02-5 P형 반도체에서 전기 전도의 주된 역할을 하는 반송자는?

① 정공   ② 전자
③ 불순물 ④ 가전자

해설
- N형 반도체에서의 다수 캐리어 : negative ⇨ (−), 전자
- P형 반도체에서의 다수 캐리어 : positive ⇨ (+), 정공

02-6 P형 반도체의 설명 중 틀린 것을 고르면?

① 다수 캐리어는 정공이다.
② 불순물을 억셉터(acceptor)라고 한다.
③ 정공의 이동으로 전도가 된다.
④ 불순물은 4가의 원소다.

해설 P형 반도체는 13족 원소(알루미늄, 붕소, 인듐) 등을 주입하여 제작할 수 있다.

대표유형 03 위상 제어

① SCR(Silicon Controlled Rectifier, 역저지 3단자 사이리스터(thyristor))

㉠ 회로 기호

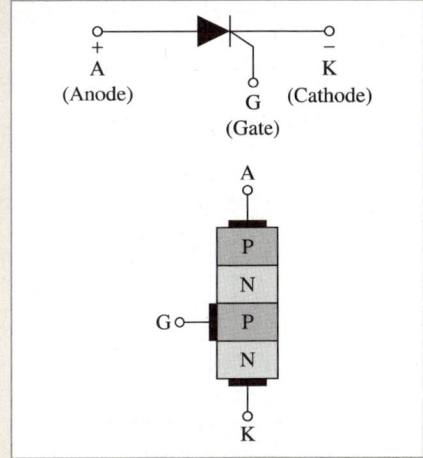

㉡ 기능
- 스위칭 on/off 제어 기능(단방향 제어 가능)
  - 동작① turn on
    방법① gate에 (+) 전류 인가
  - 동작② turn off
    방법① anode와 cathode에 역전압 인가
    방법② anode에 유지 전류 이하로 감소
- gate에 흐르는 전류로 on 제어 가능(off 제어 불가능)
- 위상 제어 기능 : 전원 전압의 0~180° 범위 안에서 점호가 가능하며 위상 제어로 활용

정답 2-3 ④ 2-4 ④ 2-5 ① 2-6 ④

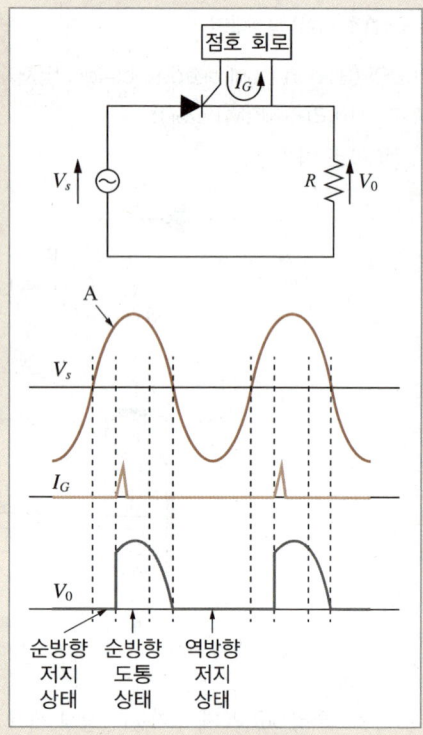

② GTO(Gate Turn Off thyristor)

㉠ 회로 기호

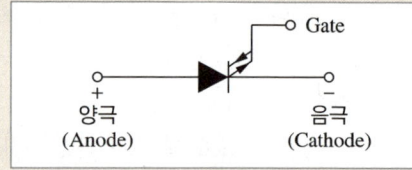

㉡ 기능
- SCR의 단점 극복(자기 소호 기능이 있음)
- 스위칭 on/off 기능
  - 동작① turn on(점호)
    gate에 (+) 전류 인가
  - 동작② turn off(소호)
    gate에 (−) 전류 인가
- gate에 흐르는 전류로 on/off 제어 가능

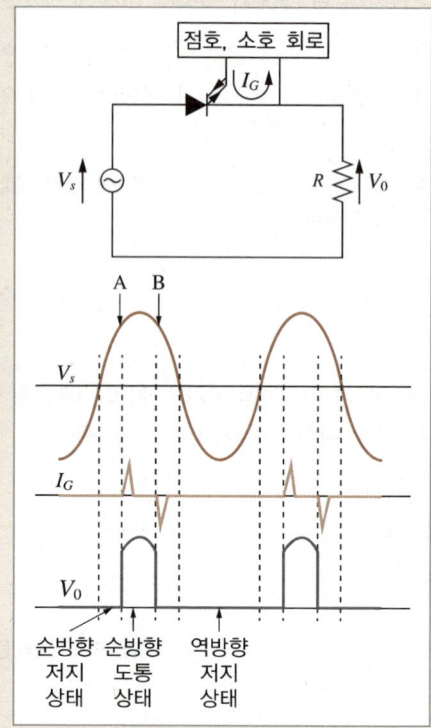

③ TRIAC(Trielectrode AC Switch, 3단자 쌍방향 SCR)

㉠ 회로 기호

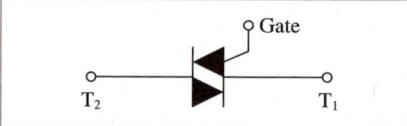

㉡ 구조 : 2개의 SCR을 역병렬로 접속하여 양방향 제어 가능

㉢ 기능
- SCR, GTO와 달리 양방향 도통 제어 가능
- 스위칭 on/off 기능
  - 동작① turn on(점호)
    gate에 (+) 전류 인가 : 전류 on, 역방향 상태에서도 전류가 on이 될 수 있음
  - 동작② turn off
    역전류 인가
- 교류, 직류 모두 제어 가능
- 위상 제어 기능

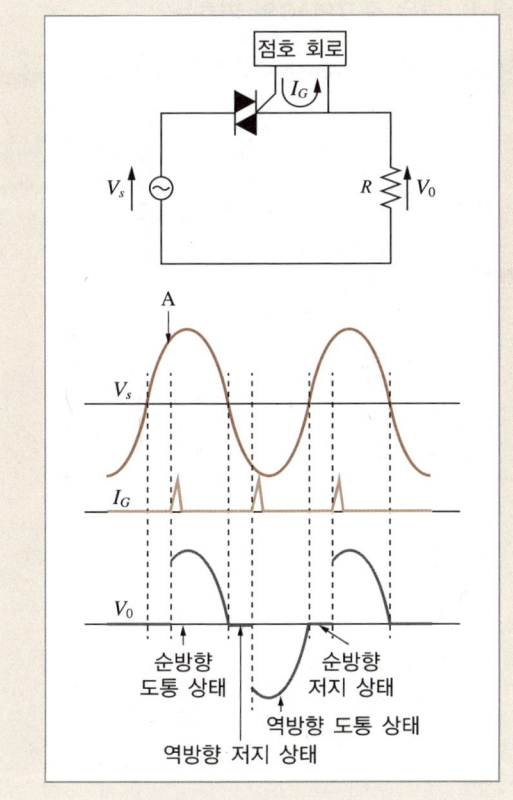

03-2 통전 중인 사이리스터를 turn off하기 위한 방법으로 올바른 것은?

① 게이트에 (+) 전류를 인가한다.
② 순방향 anode 전류를 유지 전류 이하로 한다.
③ 순방향 anode 전류를 증가시킨다.
④ 역방향 anode 전류를 통전한다.

해설 스위칭 on/off 제어 기능(단방향 제어 가능)
동작① turn on
  • 방법① gate에 (+) 전류 인가
동작② turn off
  • 방법① anode와 cathode에 역전압 인가
  • 방법② anode에 유지 전류 이하로 감소

03-3 게이트에 신호를 가해야만 동작되는 소자는?

① DIAC   ② MPS
③ SCR   ④ UJT

해설 SCR은 게이트에 전류를 인가하여 turn on이 된다.

03-1 SCR의 특성 중 옳지 않은 것은?

① 정류 작용을 할 수 있다.
② PNPN 구조로 되어 있다.
③ 정방향 및 역방향 제어 특성이 있다.
④ 고속의 스위칭 작용이 가능하다.

해설 다이오드와 SCR은 한쪽 방향으로의 제어가 가능하다(단방향 제어 특성).

03-4 SCR에서 게이트 단자의 반도체는 어떤 형태인가?

① NPN형   ② PNP형
③ N형   ④ P형

해설 SCR

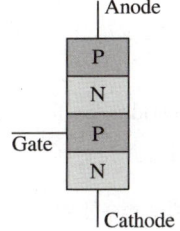

03-5 역저지 3단자에 속하는 것은?

① TRIAC ② SCR
③ SCS ④ SCC

해설 SCR은 단방향성이며 역저지에 속한다.

03-8 다음 중 TRIAC의 기호는?

①  ②
③  ④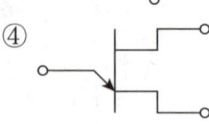

해설 TRIAC

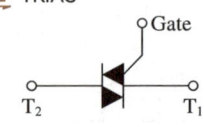

03-6 다음 중 자기 소호 기능이 가장 좋은 소자는?

① GTO ② TRIAC
③ SCR ④ LASCR

해설 GTO는 게이트에 역방향으로 전류를 흘리면 자기 소호한다.

03-7 SCR 2개를 역병렬로 접속한 그림과 같은 기호의 명칭은?

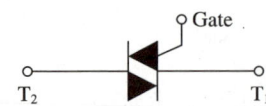

① UJT ② Diode
③ GTO ④ TRIAC

해설 TRIAC은 2개의 SCR을 역병렬로 접속한 것과 같다.

03-9 교류 회로에서 양방향 점호(on) 및 소호(off)를 이용하며, 위상 제어를 할 수 있는 소자는?

① SCR ② IGBT
③ GTO ④ TRIAC

해설 TRIAC
- 양방향 도통 제어 가능
- 스위치 on/off 기능
- 교류, 직류 모두 제어 가능
- 2개의 SCR을 역병렬로 접속한 것과 같음
- gate에 (+) 전류 인가 : 전류 on(점호 상태) → 역방향 상태에서도 전류가 on이 될 수 있음
- 역전류 인가 : 전류 off(소호 상태)

03-10 다음 설명 중 TRIAC에 대해 잘못 설명된 것을 고르면?

① 양방향 3단자 소자다.
② 주로 교류의 위상제어 소자로 사용한다.
③ 직류는 제어할 수 없다.
④ SCR 2개가 서로 반대 방향으로 병렬 연결된 구조이다.

[해설] TRIAC은 직류, 교류 모두 제어가 가능하다.

대표유형 04) 여러 가지 전력용 반도체의 분류

① 극수(단자)에 따른 분류

2극(단자) 소자	DIAC	SSS	diode
3극(단자) 소자	SCR	GTO	TRIAC	LASCR
4극(단자) 소자	SCS		

② 전류제어 방향에 따른 분류

단방향성	SCR	GTO	SCS	LASCR
양방향성	TRIAC	SSS	DIAC	

04-1 3단자 사이리스터가 아닌 것은?

① SCR
② SCS
③ GTO
④ TRIAC

[해설] SCS는 단방향성 4단자 소자다.

04-2 양방향으로 전류를 흘릴 수 있는 양방향 소자는?

① GTO
② SCR
③ TRIAC
④ SCS

[해설] TRIAC은 양방향으로 전류가 흐르기 때문에 교류 스위치로 사용된다.
• 양방향성 소자 : SSS, TRIAC, DIAC
• 단방향성 소자 : SCR, GTO, SCS, LASCR

정답 3-10 ③ / 4-1 ② 4-2 ③

04-3 다음 중 DIAC의 기호는?

①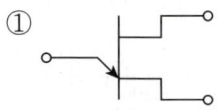

②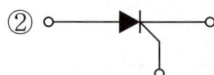

③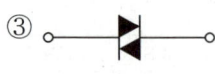

④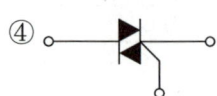

[해설] **DIAC**
4층 다이오드 2개를 역병렬로 접속한, 양방향 대칭의 5층 반도체 소자

대표유형 05 정류기

교류를 직류로 변환하는 전력 변환기기

① **단상 반파 정류기**(half wave rectifier) : 다이오드 1개를 사용하여 교류 전원의 반주기만 통과시키는 정류기

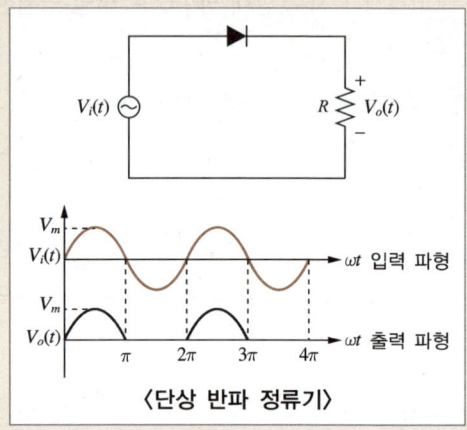

〈단상 반파 정류기〉

㉠ 맥동률 $= \dfrac{\text{교류분}}{\text{직류분}} \times 100[\%] = 121[\%]$

㉡ 출력 직류 전압의 평균값
$V_o = \dfrac{\sqrt{2}}{\pi} V_i ≒ 0.45\, V_i\ [\text{V}]$

✓ **점호각 α가 있을 때**

1. 저항 부하 $V_o = \dfrac{\sqrt{2}}{\pi} \left(\dfrac{1+\cos\alpha}{2} \right) V_i$
$= 0.45 \left(\dfrac{1+\cos\alpha}{2} \right) V_i\ [\text{V}]$

2. 유도성 부하 $V_o = \dfrac{\sqrt{2}}{\pi} \cos\alpha\, V_i$
$= 0.45 \cos\alpha\, V_i\ [\text{V}]$

4-3 ③

② 단상 전파 정류기(full wave rectifier) : 다이오드 2개 또는 4개를 사용하여 교류의 (+), (−) 전압을 모두 한쪽 방향으로 흐르게 하는 정류기

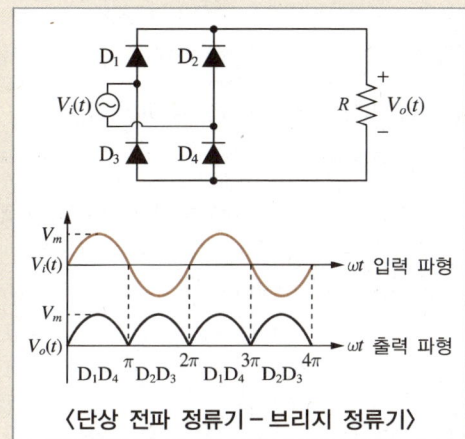

〈단상 전파 정류기 – 브리지 정류기〉

㉠ 맥동률 = $\dfrac{교류분}{직류분} \times 100[\%] = 48[\%]$

㉡ 출력 직류 전압의 평균값

$V_o = \dfrac{2\sqrt{2}}{\pi} V_i ≒ 0.9\,V_i \ [\text{V}]$

✓ 점호각 α가 있을 때

1. 저항 부하 $V_o = \dfrac{2\sqrt{2}}{\pi}\left(\dfrac{1+\cos\alpha}{2}\right)V_i$
   $= 0.9\left(\dfrac{1+\cos\alpha}{2}\right)V_i \ [\text{V}]$

2. 유도성 부하 $V_o = \dfrac{2\sqrt{2}}{\pi}\cos\alpha\,V_i$
   $= 0.9\cos\alpha\,V_i \ [\text{V}]$

③ 3상 반파 정류기 : 다이오드 3개를 사용하여 3상 교류 전원을 정류하는 정류기

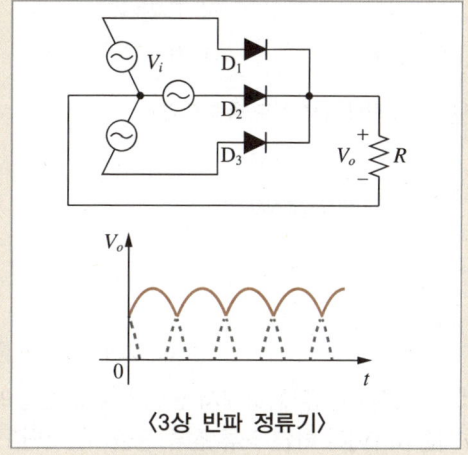

〈3상 반파 정류기〉

㉠ 맥동률 = $\dfrac{교류분}{직류분} \times 100[\%] = 17[\%]$

㉡ 출력 직류 전압의 평균값

$V_o = \dfrac{3\sqrt{6}}{2\pi} V_i ≒ 1.17\,V_i \ [\text{V}]$

④ 3상 전파 정류기 : 다이오드 6개를 사용하여 교류 전원을 정류하는 정류기

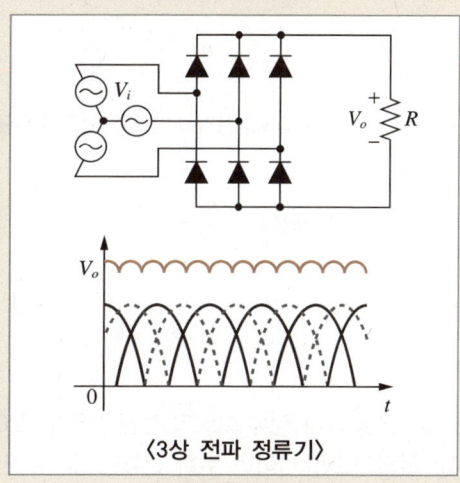

〈3상 전파 정류기〉

㉠ 맥동률 = $\dfrac{교류분}{직류분} \times 100[\%] = 4[\%]$

㉡ 출력 직류 전압의 평균값

$V_o = \dfrac{3\sqrt{2}}{\pi} V_i ≒ 1.35\,V_i \ [\text{V}]$

05-1 단상 반파 정류 회로에서 출력 전압은?(단, V는 실횻값이다)

① $\sqrt{2}\,V$ ② $0.45\,V$
③ $2\sqrt{2}\,V$ ④ $0.9\,V$

해설 단상 반파 정류 회로 출력 전압
$$V_o = \frac{\sqrt{2}}{\pi} V_i \fallingdotseq 0.45 V_i \ [\text{V}]$$
(V_i : 입력 전압(실횻값))

05-2 반파 정류 회로에서 변압기 2차 전압의 실효치를 $E[\text{V}]$라 하면 직류 전류 평균치는?(단, 정류기의 전압 강하는 무시한다)

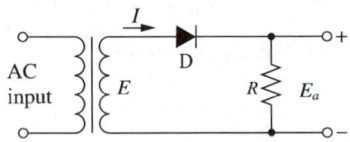

① $\dfrac{E}{R}$ ② $\dfrac{\sqrt{2}}{\pi}\dfrac{E}{R}$
③ $\dfrac{1}{2}\dfrac{E}{R}$ ④ $\dfrac{2\sqrt{2}}{\pi}\dfrac{E}{R}$

해설 단상 반파 정류 회로에서의 출력 직류 전압의 평균값은
$$E_a = \frac{\sqrt{2}}{\pi} E$$
∴ 직류 전류 평균값 $= \dfrac{E_a}{R} = \dfrac{\sqrt{2}}{\pi}\dfrac{E}{R}\ [\text{V}]$

05-3 단상 반파 정류 회로의 전원 전압이 220[V], 부하 저항이 10[Ω]이면 부하 전류는 몇 [A]인가?

① 4.3 ② 6
③ 9.9 ④ 12.3

해설 단상 반파의 출력 직류 전압의 평균값은
$V_o = 0.45 \times V_i = 0.45 \times 220 = 99[\text{V}]$
∴ 부하에 흐르는 전류 $I = \dfrac{V}{R} = \dfrac{99}{10} = 9.9[\text{A}]$

05-4 반파 정류 회로에서 직류 전압 100[V]를 얻는 데 필요한 변압기 2차 상전압은 대략 몇 [V]인가?(단, 부하는 순저항이며, 변압기 내 전압 강하는 무시하고 정류기 내 전압 강하는 5[V]로 한다)

① 100 ② 105
③ 222 ④ 233

해설 단상 반파의 직류 출력 $E_d = 0.45 E\ [\text{V}]$
단상 반파 전압 $E = \dfrac{E_d}{0.45}\ [\text{V}]$
정류기 내 전압 강하 5[V]를 반영하여 직류 전압 100[V]를 얻는 데 필요한 변압기 2차 상전압을 계산하면
$$E = \frac{(100+5)}{0.45} \fallingdotseq 233[\text{V}]$$

05-5 단상 전파 정류 회로에서 직류 전압[V]의 평균값으로 가장 적당한 것은?(단, E는 교류 전압의 실횻값이다)

① $0.45E$ ② $0.9E$
③ $1.17E$ ④ $1.35E$

해설
- 단상 반파의 직류 출력 $E_d = 0.45E\ [\text{V}]$
- 단상 전파의 직류 출력 $E_d = 0.9E\ [\text{V}]$
(E : 입력 전압)

05-6 그림의 정류 회로에서 실횻값이 220[V], 위상 점호각이 60°일 때 정류 전압[V]은 얼마인가?

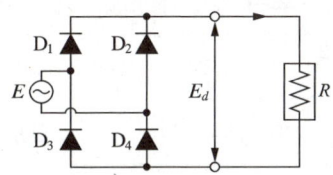

① 99 ② 100
③ 110 ④ 148

해설 저항만 가진 단상 전파 정류 회로 정류 전압
$$E_d = \frac{2\sqrt{2}}{\pi} E \left(\frac{1+\cos\alpha}{2} \right)$$
$$= 0.9 \times 220 \times \left(\frac{1+\cos 60°}{2} \right)$$
$$\fallingdotseq 148[\text{V}]$$

05-7 그림의 정류 회로에서 실횻값이 220[V], 위상 점호각이 60°일 때 정류 전압은 약 몇 [V]인가? (단, 유도성 부하를 가지는 제어 정류기다)

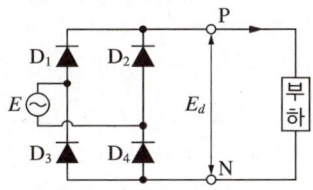

① 99 ② 100
③ 110 ④ 148

해설 유도성 부하를 가지는 단상 전파 정류 회로 정류 전압
$E_d = 0.9E\cos\alpha = 0.9 \times 220 \times \cos 60° = 99[\text{V}]$

05-8 3상 반파 정류 회로에 인가한 전압이 $E[\text{V}]$라면 직류 전압은 대략 몇 [V]인가?

① $0.9E$ ② $1.17E$
③ $1.21E$ ④ $1.42E$

해설 3상 반파 정류기 $V_o = 1.17 V_i [\text{V}]$ (V_i : 입력 전압)

05-9 상전압 300[V]의 3상 반파 정류 회로의 직류 전압은 약 몇 [V]인가?

① 135 ② 270
③ 351 ④ 405

해설 3상 반파의 직류 출력 $E_d = 1.17E [\text{V}]$
3상 전파의 직류 출력 $E_d = 1.35E [\text{V}]$
상전압 300[V]의 3상 반파 정류 회로 직류 전압은
$E_d = 1.17 \times 300 = 351[\text{V}]$

05-10 3상 전파 정류 회로에서 출력 전압의 평균 전압값은?(단, V는 선간 전압의 실횻값이다)

① $0.45V$ ② $1.17V$
③ $0.9V$ ④ $1.35V$

해설 3상 전파 정류 회로 평균 전압
$$V_o = \frac{3\sqrt{2}}{\pi} V_i \fallingdotseq 1.35 V_i [\text{V}]$$

정답 5-6 ④ 5-7 ① 5-8 ② 5-9 ③ 5-10 ④

05-11 3상 교류 100[V]를 전파 정류시킬 때 평균값[V]은?

① 45
② 90
③ 117
④ 135

해설) 3상 전파의 직류 출력 $E_d = 1.35E[V]$에서
$E_d = 1.35 \times 100 = 135[V]$

05-12 다음 정류 방식 중 맥동 주파수가 가장 많고 맥동률이 가장 작은 정류 방식은?

① 3상 전파식
② 단상 반파식
③ 단상 전파식
④ 3상 반파식

해설)
• 맥동률이 가장 큰 것 : 단상 반파식(121[%])
• 맥동률이 가장 작은 것 : 3상 전파식(4[%])

대표유형 06 인버터, AC 인버터, 주파수 인버터, 초퍼

입력\출력	직류	교류
직류	DC 컨버터(초퍼)	인버터
교류	정류기(컨버터)	주파수 컨버터 AC 컨버터

① 인버터(inverter, 역변환 장치) : 직류를 교류로 변환
② AC converter(AC 컨버터) : 교류 파형의 위상을 제어하여 교류 전압의 크기만을 변환(주파수 변화 없음)
③ 주파수 컨버터
  ㉠ 교류 파형의 위상을 제어하여 교류 전압의 크기, 주파수까지 변환
  ㉡ 방법1 간접적인 주파수 변환 방식
   • 교류 ⇨ 직류(정류 장치로 정류) ⇨ 다른 주파수의 교류 발생(인버터 사용)
   방법2 직접적인 주파수 변환 방식(사이클로 컨버터)
   • 교류를 다른 주파수의 교류로 직접 변환
④ 초퍼(chopper)
  ㉠ 직류를 다른 전압의 직류로 변환하는 전력 변환기기
  ㉡ 빠른 응답 특성이 있으며 스위치 on, off가 가능한 소자로 직류 전동기 속도 제어에 많이 사용됨
  ㉢ 종류1 강압 초퍼 : 입력 전압보다 출력 전압을 작게 해줌
   종류2 승압 초퍼 : 입력 전압보다 출력 전압을 크게 해줌
   종류3 강압-승압 초퍼 : 입력 전압보다 출력 전압을 크게 또는 작게 해줌

06-1 제어 정류기의 용도는?

① 직류-직류 변환
② 직류-교류 변환
③ 교류-교류 변환
④ 교류-직류 변환

해설 정류기는 교류를 직류로 변환하는 기능을 가지고 있다.

06-2 직류를 교류로 변환하는 장치로서 초고속 전동기의 속도 제어용 전원이나 형광등의 고주파 점등에 이용되는 것은?

① 초퍼
② 인버터
③ 컨버터
④ 변류기

해설 인버터(inverter) : 직류를 교류로 변환하는 장치

06-3 인버터(inverter)의 설명으로 바르게 나타낸 것은?

① 직류를 교류로 변환
② 직류를 직류로 변환
③ 교류를 교류로 변환
④ 교류를 직류로 변환

해설 06-2번 해설 참조

06-4 주파수 f_1에서 바로 주파수 f_2로 변환하는 변환기는?

① 주파수원 인버터
② 전압·전류원 인버터
③ 사이클로 컨버터
④ 사이리스터 컨버터

해설 주파수 컨버터에서 직접 주파수를 변환하는 변환기는 사이클로 컨버터다.

06-5 on-off를 고속으로 변환할 수 있는 스위치이고 직류 변압기 등에 사용되는 회로는 무엇인가?

① 인버터 회로
② 컨버터 회로
③ 초퍼 회로
④ 정류기 회로

해설 초퍼(chopper)
직류-직류 전력 제어 장치로 직류 전동기 제어에 주로 사용된다. on, off를 고속도로 반복할 수 있는 스위치다.

06-6 직류 전압을 직접 제어하는 것은?

① 단상 인버터
② 브리지형 인버터
③ 초퍼형 인버터
④ 3상 인버터

해설 초퍼(chopper) : 직류를 다른 전압의 직류로 변환

06-7 전력 변환 기기가 아닌 것은?

① 유도 전동기
② 정류기
③ 변압기
④ 인버터

해설 유도 전동기 : 전기 에너지를 기계 에너지로 변환

정답 6-1 ④ 6-2 ② 6-3 ① 6-4 ③ 6-5 ③ 6-6 ③ 6-7 ①

대표유형 07 전동기의 속도 제어

① 직류 전동기의 속도 제어
  ㉠ 전압 제어법
    • 워드-레오너드 방식(Ward-Leonard system)
    • 일그너 방식(Ilgner system)
    • 사이리스터-레오너드 방식(=정지 레오너드 방식)
    • 펄스폭 변조(PWM) 방식
  ㉡ 저항 제어법
  ㉢ 계자 제어법

② 유도 전동기의 속도 제어
  ㉠ 단상 유도 전동기의 속도 제어
    • 트라이액(TRIAC)을 이용한 속도 제어 : TRIAC을 이용하여 교류의 위상을 제어하여 전압의 크기를 변화시켜 속도 제어 가능

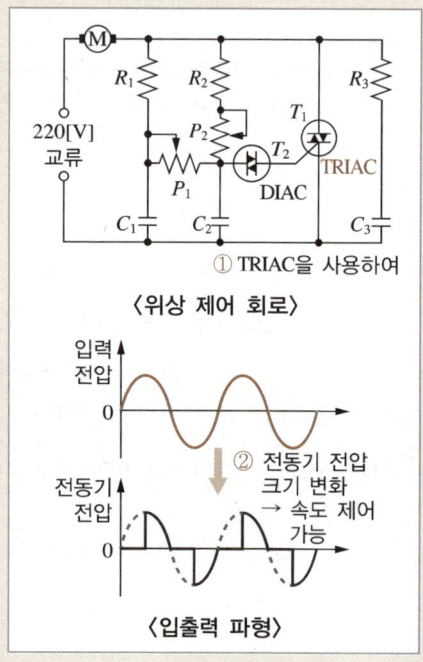

〈위상 제어 회로〉

〈입출력 파형〉

  ㉡ 3상 유도 전동기의 속도 제어
    • 사이리스터를 이용한 속도 제어
    • 인버터를 이용한 속도 제어

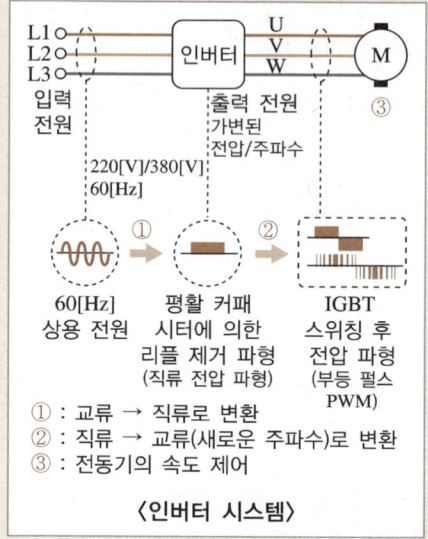

① : 교류 → 직류로 변환
② : 직류 → 교류(새로운 주파수)로 변환
③ : 전동기의 속도 제어

〈인버터 시스템〉

- 교류를 직류로 변환 ⇨ 직류를 새로운 주파수를 갖는 교류로 변환 ⇨ 속도 제어
- VVVF(Variable Voltage Variable Frequency) 제어 방식이 많이 사용됨

07-1 그림은 트랜지스터의 스위칭 작용에 의한 직류 전동기의 속도 제어 회로이다. 전동기의 속도가 $N = \dfrac{V - I_a R_a}{K\phi}$ [rpm]이라고 할 때, 이 회로에서 사용한 전동기의 속도 제어법은?

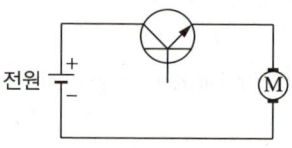

① 전압 제어법 ② 저항 제어법
③ 계자 제어법 ④ 주파수 제어법

해설 트랜지스터를 활용하여 직류 전동기의 속도를 제어할 때는 전압 제어법을 사용한다.

07-2 그림은 전력 제어 소자를 이용한 위상 제어 회로이다. 전동기의 속도를 제어하기 위해 ㉠ 부분에 사용되는 소자는?

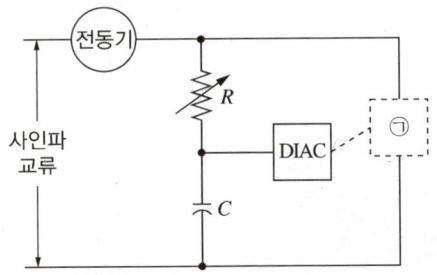

① 제너 다이오드
② 전력용 트랜지스터
③ 트라이액
④ 복권 발전기

(해설) **트라이액(TRIAC)을 이용한 속도 제어**
- TRIAC을 이용하여 교류의 위상 제어
- 전압의 크기를 변화시켜 속도 제어 가능

07-3 반도체 사이리스터에 의한 전동기의 속도 제어 중 주파수 제어는?

① 초퍼 제어
② 컨버터 제어
③ 인버터 제어
④ 브리지 정류 제어

(해설) 인버터는 직류를 교류로 변환하는 장치를 말하며 역변환 장치라고도 한다. 주파수 제어를 통해 전동기의 속도를 제어한다.

07-4 3상 유도 전동기의 속도 제어 방법 중 인버터(inverter)를 이용한 속도 제어법은?

① 극수 변환법
② 전압 제어법
③ 초퍼 제어법
④ 주파수 제어법

(해설) 유도 전동기의 회전 속도 $N = \dfrac{120f}{p}$[rpm]이므로 주파수 제어 장치인 인버터를 활용하여 속도를 제어한다.

07-5 다음 중 유도 전동기의 속도 제어에 사용되는 인버터 장치의 약호는?

① CVCF
② VVVF
③ CVVF
④ VVCF

(해설) VVVF(Variable Voltage Variable Frequency)는 가변 전압 가변 주파수 제어 장치의 약호로 주로 변속에 사용된다.

CHAPTER 03 전기설비

대/표/유/형 로드맵

1. 공통사항

START!

1. 전압의 구분
2. 개폐기
3. 단로, 3로, 4로 스위치
4. 저압 개폐기 생략 가능 장소
5. 전기 공사용 공구 및 기구

6. 전선의 식별
7. 전선의 구비 조건
8. 전선의 분류
9. 전선의 접속
10. 전로의 절연저항

11. 전로의 절연 내력
12. 회전기 및 정류기의 절연 내력
13. 접지의 목적
14. 접지 시스템의 구분 및 종류

2. 저압, 고압, 특고압 전기설비

1. 계통 접지의 방식
2. 과전류 보호장치의 특성
3. 고압 퓨즈
4. 누전 차단기의 시설

23. 피뢰설비
24. 외부 피뢰 시스템
25. 내부 피뢰 시스템

19. 접지공사 생략이 가능한 경우
20. 전기수용가 접지
21. 접지 저항 저감 대책
22. 피뢰 시스템의 적용 범위 및 구성

15. 접지 시스템의 구성 요소
16. 접지극의 시설
17. 접지도체
18. 보호도체

5. 과부하 전류, 단락 전류에 대한 보호
6. 가공전선로의 구성 I (지지물, 완철)

7. 가공전선로의 구성 II (애자, 지지선)
8. 가공전선로의 구성 III (기타)
9. 가공케이블의 시설

10. 지지물의 철탑오름 및 전주오름 방지
11. 가공전선 지지물의 기초의 안전율
12. 가공전선로 지지물 간 거리의 제한

13. 지지선의 시설
14. 가공전선의 굵기 및 종류, 안전율
15. 가공전선의 높이
16. 가공전선 등의 병행설치

31. 전선관 시스템 III (금속제 가요전선관공사)
32. 케이블트렁킹 시스템
33. 케이블덕팅 시스템

27. 수전용량
28. 배전반과 분전반
29. 전선관 시스템 I (합성수지관공사)
30. 전선관 시스템 II (금속관공사)

22. 개폐기
23. 계기용 변성기와 변압기
24. 피뢰기
25. 보호계전기
26. 전력용 콘덴서

17. 지중전선로의 종류
18. 지중전선로의 시설
19. 구내 인입선
20. 옥측전선로
21. 옥상전선로

34. 배선지지 공사 I (케이블트레이공사, 케이블공사)
35. 배선지지 공사 II (애자공사)
36. 그 외 공사

37. 곡률 반지름
38. 나전선 사용의 제한
39. 배선 기호
40. 조명 용어
41. 조명 방식

42. 조명설계
43. 조명설비 I
44. 조명설비 II
45. 특수 시설
46. 특수 장소

FINISH!

01 공통사항

대표유형 01 전압의 구분

① 전압의 구분

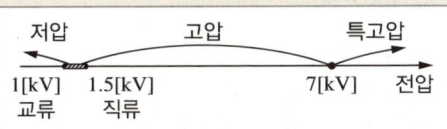

구분	저압	고압	특고압
교류	1[kV] 이하	1[kV] 초과 7[kV] 이하	7[kV] 초과
직류	1.5[kV] 이하	1.5[kV] 초과 7[kV] 이하	

② 전기 방식

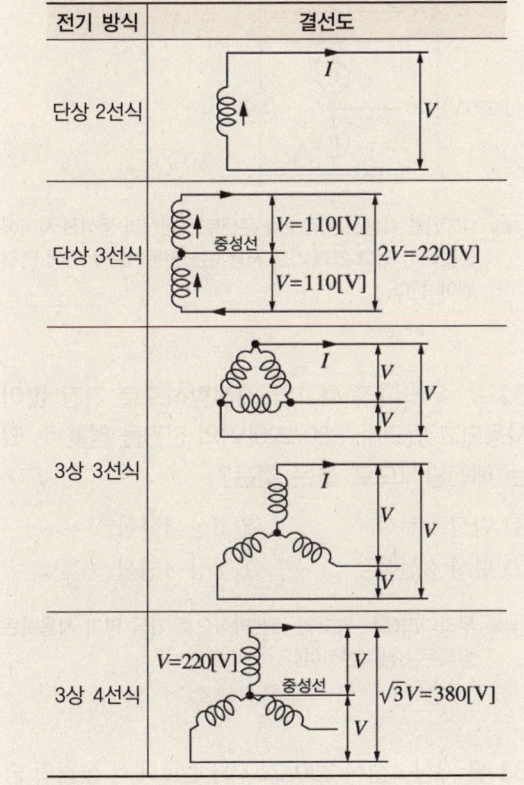

01-1 전압의 구분에서 교류 1[kV]는 어떻게 분류되는가?

① 저압 ② 고압
③ 초고압 ④ 특고압

해설

구분	저압	고압	특고압
교류	1[kV] 이하	1[kV] 초과 7[kV] 이하	7[kV] 초과
직류	1.5[kV] 이하	1.5[kV] 초과 7[kV] 이하	

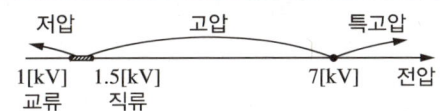

01-2 전압의 구분에서 저압 직류 전압은 몇 [kV] 이하인가?

① 0.6 ② 0.75
③ 1 ④ 1.5

해설 01-1번 해설 참조

정답 1-1 ① 1-2 ④

01-3 한국전기설비규정에 의하여 교류 2[kV]의 전압 구분으로 옳은 것은?

① 저압 ② 고압
③ 특고압 ④ 초고압

해설

구분	저압	고압	특고압
교류	1[kV] 이하	1[kV] 초과 7[kV] 이하	7[kV] 초과
직류	1.5[kV] 이하	1.5[kV] 초과 7[kV] 이하	

```
저압        고압         특고압
←――●―――――――――●――→ 전압
  1[kV] 1.5[kV]      7[kV]
  교류  직류
```

01-4 한국전기설비규정에 따른 고압의 전압 범위는?

① 직류는 0.5[kV] 초과 7[kV] 이하
② 직류는 0.75[kV] 초과 7[kV] 이하
③ 교류는 1.0[kV] 초과 7[kV] 이하
④ 교류는 1.2[kV] 초과 7[kV] 이하

해설 01-3번 해설 참조

01-5 전압의 종별에서 특고압의 기준은?

① 6.5[kV] 초과 ② 7[kV] 초과
③ 9[kV] 이상 ④ 15[kV] 이상

해설 01-3번 해설 참조

01-6 110/220[V] 단상 3선식 회로에서 110[V] 전구 ®, 110[V] 콘센트 ©, 220[V] 전동기 Ⓜ의 연결이 바르게 된 것은?

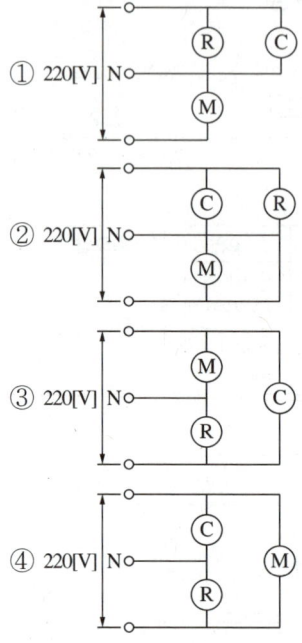

해설 110[V]를 사용하는 전구와 콘센트는 전선과 중성선 사이에 연결해야 하고 220[V]를 사용하는 전동기는 선간에 연결해야 한다.

01-7 우리나라 특고압 배전방식으로 가장 많이 사용되고 있으며, 380/220[V]의 전원을 얻을 수 있는 배전방식으로 옳은 것은?

① 단상 2선식 ② 3상 3선식
③ 단상 3선식 ④ 3상 4선식

해설 우리나라에서 특고압 배전방식으로 가장 많이 사용하는 방식은 3상 4선식이다.

01-8 3상 4선식 380/220[V] 전로에서 전원의 중성극에 접속된 전선의 명칭으로 옳은 것은?

① 전원선 ② 중성선
③ 접지선 ④ 접지 측선

해설 다중선로에서 중성극에 접속된 전선은 중성선이라 한다.

1-3 ② 1-4 ③ 1-5 ② 1-6 ④ 1-7 ④ 1-8 ②

대표유형 02) 개폐기(switch)

① 나이프 스위치 : 저압 전기 회로를 개폐하는 장치
② 커버 나이프 스위치 : 나이프 스위치 앞면의 충전부를 커버로 덮은 것
③ **배선 차단기**(MCCB ; Molded Case Circuit Breaker) : 과전류(과부하 전류 또는 단락 전류)를 차단하는 장치
④ **누전 차단기**(ELB ; Earth Leakage Circuit Breaker) : 과전류, 누전을 감지하여 차단하는 장치

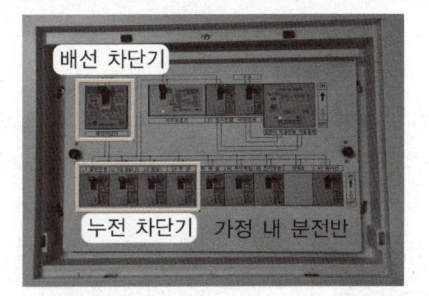
가정 내 분전반

⑤ 전자 개폐기 : 전자석의 원리를 이용하여 전기 회로를 개폐하는 장치
⑥ 스위치
　㉠ 타임 스위치 : 시계 기구를 내장한 스위치
　　• **숙박시설** : 1분 이내 소등되는 것으로 시설
　　• **주택** : 3분 이내 소등되는 것으로 시설
　㉡ 매입 텀블러 스위치 : 스위치 박스에 고정하여 사용하는 스위치
　㉢ 코드 스위치 : 코드의 중간에 연결하는 스위치
　㉣ 펜던트 스위치 : 높은 곳에 위치한 전기기기의 전기 흐름을 제어할 때 사용
　㉤ 부동 스위치 : 부유물이 미리 정해 놓은 수위에 도달할 때 접촉에 의해서 작동되는 스위치
　㉥ 리밋 스위치 : 위치, 온도, 압력 등의 검출에 사용하는 스위치로 기계 장치 등에서 물체가 접촉하여 접점이 전환되는 스위치
　㉦ 로터리 스위치 : 노브를 돌려가며 작동하는 스위치
　㉧ 누름 버튼 스위치 : 누름 버튼을 통해 동작하는 스위치
　㉨ 조광 스위치 : 조도를 조절할 수 있는 스위치
　㉩ 토글 스위치 : 버튼을 손가락으로 세우고 눕히고 하여 조작하는 스위치

02-1 분기 회로를 보호하기 위한 장치로서 보호 장치 및 차단기 역할을 하는 것은?
① 단로기　　　　② 컷아웃 스위치
③ 누전 차단기　　④ 배선용 차단기

해설 **분기 회로(branch circuit)**
간선에서 분기하여 분기 과전류 차단기를 거쳐 전기 사용 기계 기구에 이르는 전로를 말한다. 분기 회로를 보호하기 위한 장치로는 과전류 차단기, 배선용 차단기가 있다.

02-2 차단기에서 ELB의 의미로 옳은 것은?
① 유입 차단기　　② 진공 차단기
③ 누전 차단기　　④ 배전용 차단기

해설 **ELB(Earth Leakage Circuit Breaker)**
누전 차단기를 의미하며 누전을 감지하여(영상 전류기, ZCT) 전류를 차단하여 기기, 인체를 보호

정답　2-1 ④　2-2 ③

02-3 주택의 옥내 저압전로의 인입구에 감전사고를 방지하기 위해 반드시 시설해야 하는 장치는?

① 퓨즈
② 누전 차단기
③ 배선용 차단기
④ 커버 나이프 스위치

> 해설 주택의 옥내 저압전로의 인입구에는 인체 감전 보호용 누전 차단기를 반드시 시설해야 한다.

02-4 조명용 백열전등을 숙박시설의 입구에 설치할 때나 일반 주택 및 아파트 각 실의 현관에 설치할 때 사용되는 스위치로 옳은 것은?

① 타임 스위치
② 로터리 스위치
③ 코드 스위치
④ 누름 버튼 스위치

> 해설 타임 스위치는 일정한 시간에 맞추어 두면 그 시간에 스위치가 on 또는 off가 되는 스위치를 말한다.

02-5 조명용 전등을 호텔 또는 여관 객실(숙박시설) 입구에 설치할 경우 최대 몇 분 이내에 소등되는 타임 스위치를 시설해야 하는가?

① 1
② 2
③ 3
④ 4

> 해설 타임 스위치 소등 시간
> • 숙박업소 입구 : 1분 이내 소등
> • 일반 주택 및 아파트 : 3분 이내 소등

02-6 조명등을 일반주택 및 아파트에 설치할 때 현관등은 최대 몇 분 이내에 소등되는 타임 스위치를 시설하여야 하는가?

① 1
② 2
③ 3
④ 4

> 해설 02-5번 해설 참조

02-7 물탱크의 물의 양에 따라 동작하는 자동 스위치의 명칭으로 옳은 것은?

① 3로 스위치
② 타임 스위치
③ 압력 스위치
④ 부동 스위치

> 해설 부동 스위치는 부유물이 미리 정해 놓은 수위에 도달하면 접촉에 의해 작동되는 스위치다.

02-8 위치 검출용 스위치로서 물체가 접촉하여 내장 스위치가 동작하는 구조로 되어 있는 스위치는?

① 타임 스위치
② 플로트 스위치
③ 조광 스위치
④ 리밋 스위치

> 해설 리밋 스위치
> 기계 장치 등에서 물체가 접촉하여 접점이 전환되는 스위치

02-9 가정용 전등에 사용되는 점멸 스위치를 설치해야 할 위치에 대한 설명으로 가장 옳은 것은?

① 중성선에 설치한다.
② 전압 측 전선에 설치한다.
③ 접지 측 전선에 설치한다.
④ 부하의 2차 측에 설치한다.

> 해설 점멸 스위치는 전압 측 전선에 설치하는 것을 원칙으로 한다.

정답 2-3 ② 2-4 ① 2-5 ① 2-6 ③ 2-7 ④ 2-8 ④ 2-9 ②

대표유형 03) 단로, 3로, 4로 스위치

① 단로 스위치(1-way switch)

(a) 전류가 흐르지 않는 경우
(b) 전류가 흐르는 경우

〈단로 스위치 회로도〉

② 3로 스위치(3-way switch)

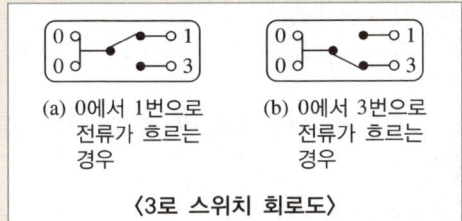

(a) 0에서 1번으로 전류가 흐르는 경우
(b) 0에서 3번으로 전류가 흐르는 경우

〈3로 스위치 회로도〉

③ 4로 스위치(4-way switch)

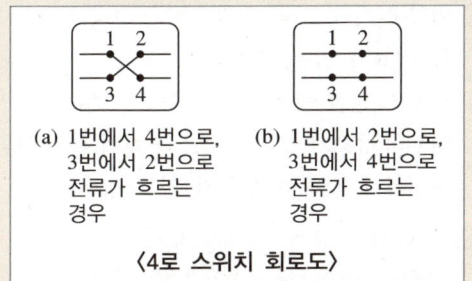

(a) 1번에서 4번으로, 3번에서 2번으로 전류가 흐르는 경우
(b) 1번에서 2번으로, 3번에서 4번으로 전류가 흐르는 경우

〈4로 스위치 회로도〉

④ 전등 1개를 2개소에서 점멸하기 위해 3로 스위치 2개 필요
⑤ 전등 1개를 3개소에서 점멸하기 위해 3로 스위치 2개, 4로 스위치 1개 필요

03-1 전환 스위치의 종류로 한 개의 전등을 두 곳에서 전등을 자유롭게 점멸할 수 있는 스위치의 명칭으로 옳은 것은?

① 단로 스위치
② 코드 스위치
③ 3로 스위치
④ 펜던트 스위치

해설) 3로 스위치를 2개 사용하면 2개소에서 전등 하나를 점멸할 수 있다.

03-2 전등 1개를 2개소에서 점멸하고자 할 때 3로 스위치는 최소 몇 개 필요한가?

① 1
② 2
③ 3
④ 4

해설) 전등 1개를 2개소에서 점멸하고자 할 때 3로 스위치는 최소 2개가 필요하다.

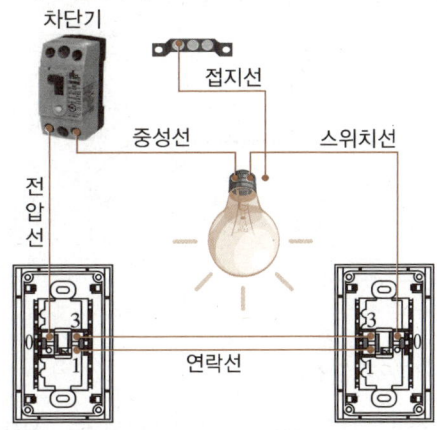

03-3 옥내배선에 시설하는 전등 1개를 3개소에서 점멸하고자 할 때 필요한 3로 스위치와 4로 스위치의 최소 개수는?

① 3로 스위치 1개, 4로 스위치 1개
② 3로 스위치 1개, 4로 스위치 2개
③ 3로 스위치 2개, 4로 스위치 1개
④ 3로 스위치 2개, 4로 스위치 2개

해설) 최소 3로 스위치 2개와 4로 스위치 1개로 구현이 가능하다.

정답) 3-1 ③ 3-2 ② 3-3 ③

03-4 1개의 전등을 두 곳에서 점멸할 수 있는 배선으로 옳은 것은?

①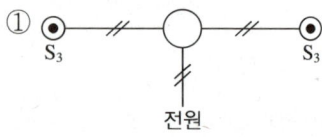

②

③

④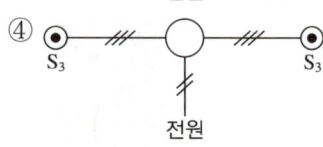

해설 전등 1개를 2개소에서 점멸하고자 할 때 3로 스위치(S_3)는 최소 2개가 필요하며 전원과 전등 사이 2가닥, 전등과 스위치 사이 3가닥이 필요하다.

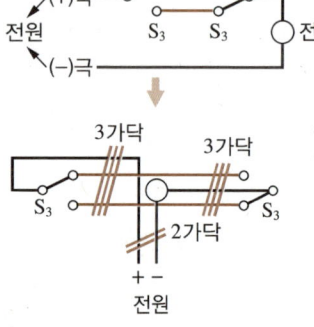

대표유형 04) 저압 개폐기 생략 가능 장소

① 필요로 하는 개소
  ㉠ 부하 전류를 단속할 필요가 있는 개소
  ㉡ 인입구, 고장, 측정, 수리, 점검 등에 있어서 개로할 필요가 있는 개소
  ㉢ 퓨즈의 전원 측
② 생략이 가능한 경우 : 퓨즈의 전원 측으로 분기 회로용 과전류 차단기 이후의 퓨즈가 플러그 퓨즈와 같이 퓨즈 교환 시 충전부에 접촉될 우려가 없을 경우

04-1 다음 중 저압 개폐기를 생략하여도 좋은 개소는?

① 퓨즈의 전원 측
② 부하 전류를 단속할 필요가 있는 개소
③ 인입구 기타 고장, 점검, 측정, 수리 등에서 개로할 필요가 있는 개소
④ 퓨즈의 전원 측으로 분기 회로용 과전류 차단기 이후의 퓨즈가 플러그 퓨즈와 같이 퓨즈 교환 시 충전부에 접촉될 우려가 없을 경우

해설 저압 개폐기를 필요로 하는 개소
• 부하 전류를 단속할 필요가 있는 개소
• 인입구, 기타 고장, 측정, 수리, 점검 등에 있어서 개로할 필요가 있는 개소
• 퓨즈의 전원 측
저압 개폐기를 생략해도 좋은 개소
분기 회로용 과전류 차단기 이후의 퓨즈가 플러그 퓨즈와 같이 퓨즈 교환 시에 충전부에 접촉될 우려가 없을 경우에는 생략해도 무방하다.

대표유형 05 | 전기 공사용 공구 및 기구

① 피시 테이프(fish tape) : 배관에 전선을 넣을 때 사용
② 홀소(hole saw) : 캐비닛 등과 같이 목재, 석재 등에 구멍을 뚫을 때 사용
③ 리머(reamer) : 금속관을 쇠톱이나 커터로 절단 후, 관 안의 날카로운 곳을 다듬어서 전선의 손상을 방지하기 위해 사용
④ 와이어 스트리퍼(wire stipper) : 전선의 피복 절연물을 벗길 때 사용
⑤ 전선 피박기 : 활선 상태에서 전선의 피복을 벗기는 공구
⑥ 파이프 렌치(pipe wrench) : 금속관을 커플링으로 접속할 때, 금속관 커플링을 물고 조이기 위해 사용
⑦ 프레셔 툴(pressure tool) : 전선 접속 시 사용하는 압착 단자 등을 압착시키기 위해 사용
⑧ 드라이브잇 툴(drive-it tool) : 화약 폭발력을 이용해 콘크리트에 구멍을 뚫는 공구
⑨ 녹아웃 펀치(knockout punch) : 철판과 같은 물체에 구멍을 뚫기 위해 사용
⑩ 파이프 커터(pipe cutter) : 금속관을 절단할 때 사용
⑪ 클리퍼(clipper) : 굵은 전선을 절단할 때 사용
⑫ 오스터(ostar) : 금속관 끝에 나사산을 내는 공구
⑬ 유니버설 엘보(universal elbow) : 금속관공사를 노출로 시공할 때 직각으로 구부러지는 곳에 사용하는 배선 기구

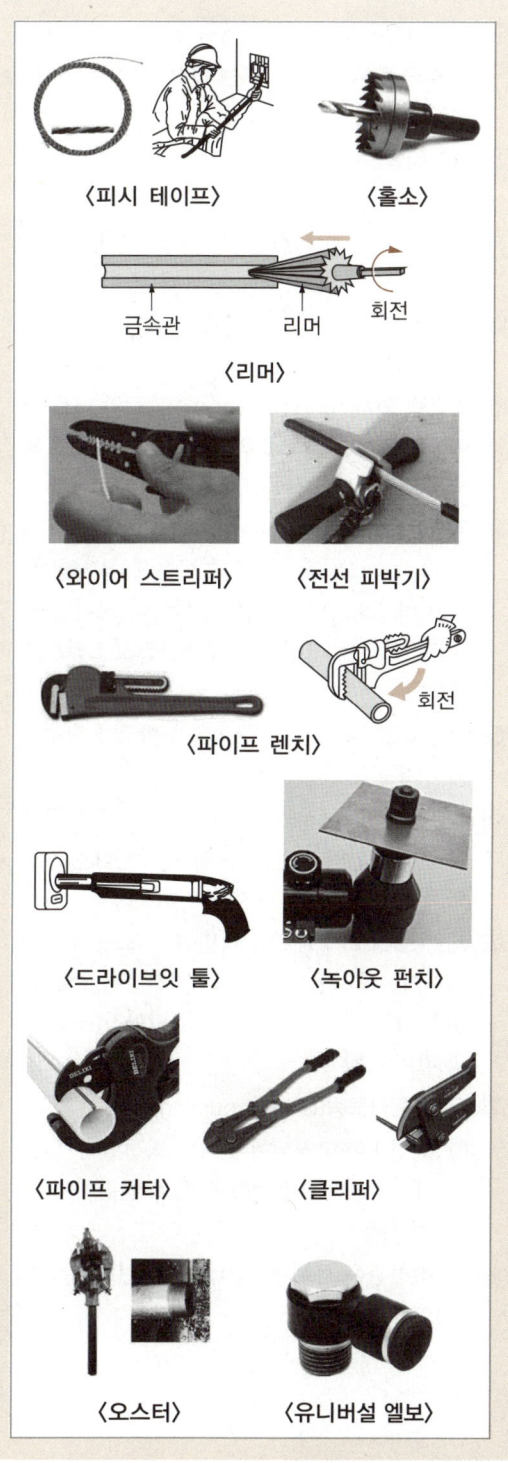

⑭ 와이어 통(wire tong) : 배선 활선작업 시 활선을 밖으로 밀어낼 때, 또는 활선을 다른 장소로 옮길 때 사용하는 절연봉
⑮ 리셉터클(receptacle) : 코드 없이 천장이나 벽 또는 판 위에 붙이는 일종의 소켓으로 문, 화장실 등의 전등 램프 부착용(백열전구 노출 설치)으로 사용
⑯ 히키(hickey) : 금속관 배관공사를 할 때 금속관을 구부리기 위해 사용
⑰ 스프링 와셔(spring washer) : 볼트와 너트 사이에 끼워 넣어 스프링의 반동력, 진동 등에 의해 나사를 풀리기 어렵게 함
⑱ 링 리듀서(ring reducer) : 금속관 등을 아웃렛 박스(outlet box)의 로크 아웃에 취부할 때, 로크 아웃의 구멍이 관의 구멍보다 크며 로크 너트만으로는 고정할 수 없을 때 보조적으로 사용
⑲ 로크 너트(lock nut) : 금속관을 박스에 고정할 때 사용
⑳ 절연 부싱(insulation bushing) : 금속관 끝에서 전선의 인입과 인출, 교체 시 발생하는 전선의 절연 피복 손상 방지를 위해 사용
㉑ 새들(saddle) : 배관을 벽면 또는 조영재에 고정시키는데 사용되며 합성수지전선관, 가요전선관, 케이블 공사에 사용됨. 말안장(saddle)과 같이 생김
㉒ 유니온 커플링(union coupling)
　㉠ 전선관이 고정되어 있거나 회전할 수 없을 때, 전선관과 전선관을 서로 연결하기 위해 사용
　㉡ 전선관을 서로 돌리지 않고 간단하게 접속이 가능

㉓ 코드 접속기(code connector) : 코드 상호 간 또는 캡타이어케이블 상호 간을 접속할 때 사용
㉔ 리노 테이프(lino tape) : 연피케이블의 접속에 사용되는 테이프
㉕ 터미널 캡(terminal cap) : 가공전선로의 인입구에 설치하거나 금속관이나 합성수지관으로부터 전선을 뽑아 전동기 단자 부근에 접속할 때 전선 보호를 위해 관 끝에 설치함
㉖ 엔트런스 캡(entrance cap) : 저압 인입선 공사에서 전선관공사로 넘어갈 때, 전선관의 끝 부분에 사용하여 빗물이 타고 들어오지 않도록 함
㉗ 버니어 캘리퍼스(vernier calipers) : 물체의 두께, 깊이, 원형 물체의 안지름, 바깥지름 등의 측정에 사용
㉘ 와이어 게이지(wire gauge) : 전선의 굵기를 측정하기 위해 사용
㉙ 접지저항계(earth tester, 어스 테스터) : 접지저항 측정을 위해 사용
㉚ 메거(megger, 절연저항계)
 ㉠ 절연저항 측정을 위해 사용
 ㉡ 메거의 종류
  • 500[V] 메거 : 저압 전기 회로 측정
  • 1,000[V] 메거 : 고압기기, 고압 전로 측정

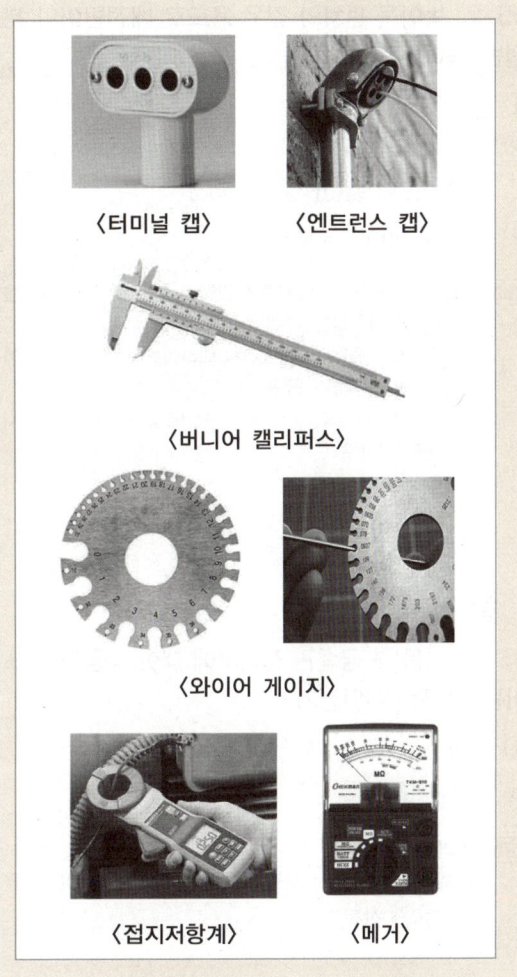

〈터미널 캡〉 〈엔트런스 캡〉
〈버니어 캘리퍼스〉
〈와이어 게이지〉
〈접지저항계〉 〈메거〉

05-1 피시 테이프의 용도로 옳은 것은?
① 합성수지관을 구부릴 때 사용한다.
② 전선관에 테이핑하기 위해 사용한다.
③ 전선관에 전선을 넣을 때 사용한다.
④ 전선관의 끝마무리를 위해서 사용한다.

해설 피시 테이프(fish tape)
 전선관에 전선을 넣을 때 사용

05-2 녹아웃 펀치와 같은 용도로 배전반이나 분전반 등에 구멍을 뚫을 때 사용하는 것은?

① 홀소(hole saw)
② 클리퍼(clipper)
③ 드라이브잇 툴(drive-it tool)
④ 프레셔 툴(pressure tool)

해설
- 클리퍼(clipper) : 펜치로 절단하기 힘든 굵은 전선을 절단할 때 사용하는 가위
- 드라이브잇 툴(drive-it tool) : 드라이브 핀을 콘크리트에 박을 때 사용하는 공구
- 프레셔 툴(pressure tool) : 전선에 압착 단자 접속 시 사용되는 공구

05-3 다음 중 금속관 절단구에 대한 다듬기에 쓰이는 공구는 무엇인가?

① 리머   ② 홀소
③ 프레셔 툴   ④ 파이프 렌치

해설 리머(reamer)
금속관을 쇠톱이나 커터로 절단 후, 관 안의 날카로운 곳을 다듬을 때 사용

05-4 다음 그림은 전선 피복을 벗기는 공구다. 명칭으로 옳은 것은?

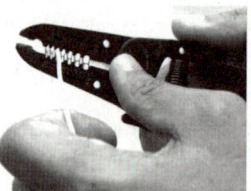

① 오스터   ② 파이프 커터
③ 펜치   ④ 와이어 스트리퍼

해설 와이어 스트리퍼(wire stripper)
전선의 피복 절연물을 벗길 때 사용

05-5 절연전선으로 가선된 배전선로에서 활선 상태인 경우 전선의 피복을 벗기는 것은 매우 곤란한 작업이다. 이런 경우 활선 상태에서 전선의 피복을 벗기는 공구는?

① 애자 커버   ② 와이어 통
③ 전선 피박기   ④ 데드엔드 커버

해설
- 애자 커버 : 애자를 절연하여 작업자의 부주의로 접촉되더라도 사고를 방지한다.
- 와이어 통 : 배전 활선작업 시 활선을 밖으로 밀어낼 때, 혹은 활선을 다른 장소로 옮길 때 사용하는 절연봉
- 데드엔드 커버 : 배전 활선작업 시 작업자가 현수 애자 및 데드엔드 클램프에 접촉되는 것을 방지하기 위해 사용하는 절연보호 덮개

05-6 금속관과 금속관을 접속할 때 사용되는 커플링을 접속할 때 사용되는 공구는?

① 클리퍼   ② 파이프 렌치
③ 파이프 커터   ④ 녹아웃 펀치

해설 파이프 렌치(pipe wrench)
금속관을 커플링으로 접속할 때, 금속관 커플링을 물고 조이기 위해 사용

05-7 배관의 이음에서 유니온 등을 끼울 때나 그 외 배관 접속 시 사용하는 공구는?

① 히키   ② 오스터
③ 클리퍼   ④ 파이프 렌치

해설 05-6번 해설 참조

05-8 전선에 압착 단자 접속 시 사용되는 공구는?

① 니퍼
② 클리퍼
③ 프레셔 툴
④ 와이어 스트리퍼

해설 **프레셔 툴**(pressure tool)
전선 접속 시 사용하는 압착 단자 등을 압착시키기 위해 사용

05-9 콘크리트 조영재에 볼트를 시설할 때 필요한 공구는?

① 볼트 클리퍼
② 드라이브잇
③ 파이프 렌치
④ 노크아웃 펀치

해설 **드라이브잇**(drive-it)
콘크리트에 구멍을 뚫어 볼트나 특수 못 등을 박아 넣기 위해 사용

05-10 큰 건물의 공사에서 조영재에 구멍을 뚫어 볼트를 시설할 때 사용하는 공구는?

① 클리퍼
② 파이프 렌치
③ 녹아웃 펀치
④ 드라이브잇

해설 05-9번 해설 참조

05-11 배전반 및 분전반과 연결된 배관을 변경하거나 이미 설치되어 있는 캐비닛에 구멍을 뚫을 때 필요한 공구는?

① 녹아웃 펀치
② 클리퍼
③ 오스터
④ 토치 램프

해설 **녹아웃 펀치**(knockout punch)
배전반 및 분전반과 연결된 배관을 변경하거나 이미 설치되어 있는 캐비닛에 구멍을 뚫을 때 사용

05-12 금속관을 절단할 때 사용되는 공구는?

① 오스터
② 파이프 렌치
③ 녹아웃 펀치
④ 파이프 커터

해설
• 파이프 커터 : 금속관을 절단할 때 사용
• 오스터 : 금속관 끝에 나사를 내기 위해 사용
• 파이프 렌치 : 금속관을 커플링으로 접속할 때, 금속관 커플링을 물고 조이기 위해 사용
• 녹아웃 펀치 : 철판과 같은 물체에 구멍을 뚫기 위해 사용

05-13 펜치로 절단하기 힘든 굵은 전선을 절단할 때 사용하는 공구는?

① 클리퍼
② 스패너
③ 프레셔 툴
④ 파이프 바이스

해설
• 클리퍼 : 굵은 전선을 절단할 때 사용
• 스패너 : 볼트나 너트를 조이고 풀기 위해 사용
• 프레셔 툴 : 전선 접속 시 사용하는 압착 단자 등을 압착시키기 위해 사용
• 파이프 바이스 : 파이프를 고정하여 금속관 절단 작업, 금속관에 나사를 내기 작업 등을 수행하기 위해 사용

정답 5-8 ③ 5-9 ② 5-10 ④ 5-11 ① 5-12 ④ 5-13 ①

05-14 굵은 전선이나 케이블을 절단할 때 사용하는 공구는?

① 펜치　　　　② 스패너
③ 클리퍼　　　④ 플라이어

해설　**클리퍼(clipper)**
　　　굵은 전선을 절단할 때 사용

05-15 금속관공사를 노출로 시공할 때 직각으로 구부러지는 곳에는 어떤 배선기구를 사용하는가?

① 유니버설 엘보　　② 아웃렛 박스
③ 픽스처 히키　　　④ 유니언 커플링

해설　**유니버설 엘보(universal elbow)**
　　　금속관공사를 노출로 시공할 때 직각으로 구부러지는 곳에 사용

05-16 배전선로 공사에서 충전되어 있는 활선을 움직이거나 작업권 밖으로 밀어낼 때, 또는 활선을 다른 장소로 옮길 때 사용하는 활선공구는?

① 데드엔드 커버　　② 활선 커버
③ 와이어통　　　　 ④ 피박기

해설　**와이어 통(wire tong)**
　　　충전되어 있는 활선을 움직이거나 작업권 밖으로 밀어낼 때 사용하는 활선공구

05-17 220[V] 옥내배선에서 백열전구를 노출로 설치할 때 사용하는 기구는?

① 코드 접속기　　② 리셉터클
③ 테이블 탭　　　④ 콘센트

해설　**리셉터클(receptacle)**
　　　코드 없이 천장이나 벽 또는 판 위에 붙이는 일종의 소켓으로 문, 화장실 등의 전등 램프 부착용(백열전구 노출 설치)으로 사용

05-18 금속관 배관공사를 할 때 금속관을 구부리기 위해 사용하는 공구는?

① 오스터　　　　② 히키
③ 파이프 렌치　　④ 파이프 커터

해설　**히키(hickey)**
　　　금속관 구부리기 작업에 사용

05-19 기구 단자에 전선 접속 시 진동 등으로 헐거워지는 염려가 있는 곳에 사용되는 것은?

① 접속기　　　　② 삼각볼트
③ 스프링 와셔　　④ 2중 볼트

해설　**스프링 와셔(spring washer)**
　　　진동으로 인한 볼트 풀림 방지에 사용

05-20 금속을 아웃렛 박스의 로크 아웃에 취부할 때 로크 아웃의 구멍이 관의 구멍보다 클 때 보조적으로 사용되는 것은?

① 부싱　　　　② 링 리듀서
③ 엘도　　　　④ 엔트런스 캡

해설　**링 리듀서(ring reducer)**
　　　금속관 등을 아웃렛 박스(outlet box)의 로크 아웃에 취부할 때, 로크 아웃의 구멍이 관의 구멍보다 클 때 로크너트만으로는 고정할 수 없을 때 보조적으로 사용

정답　5-14 ③　5-15 ①　5-16 ③　5-17 ②　5-18 ②　5-19 ③　5-20 ②

05-21 금속전선관을 박스에 고정시킬 때 사용하는 것은?

① 새들　　　　② 부싱
③ 로크 너트　　④ 클램프

해설 **로크 너트(lock nut)**
금속관과 박스를 접속할 경우 파이프 나사를 꽉 죄어 고정시키기 위해 사용

05-22 금속관공사를 할 경우 케이블 손상 방지용으로 사용하는 부품은?

① 부싱　　　　② 커플링
③ 로크 너트　　④ 엘보

해설 **부싱(bushing)**
전선의 절연, 피복의 보호를 위해 사용

05-23 노출 배관에서 배관을 조영재에 고정하는데 사용되는 전기공사 재료는?

① 노멀 밴드　　② 로크 너트
③ 커플링　　　④ 새들

해설 **새들(saddle)**
노출 배관에서 배관을 조영재에 고정시키는 데 사용되며 합성수지전선관, 가요전선관, 케이블공사에 사용

05-24 유니온 커플링의 사용 목적은?

① 배관의 직각 굴곡 부분에 사용
② 금속관의 박스와의 접속
③ 안지름이 다른 금속관 상호 간 접속
④ 금속관 상호 접속용으로 관이 고정되어 있을 때 또는 관 자체를 돌릴 수 없을 때 사용

해설 **유니온 커플링(union coupling)**
금속관 상호 접속용으로 관 자체를 돌리기 힘들거나 고정되어 있을 경우 사용

05-25 코드 상호 간 또는 캡타이어케이블 상호 간을 접속하는 경우 가장 많이 사용되는 기구는?

① T형 접속기　　② 박스용 접속기
③ 코드 접속기　　④ 와이어 접속기

해설 코드 상호, 캡타이어케이블 또는 케이블 상호 간에 접속하는 경우 코드 접속기, 접속함, 기타의 기구를 사용한다.

05-26 접착력은 떨어지나 절연성, 내온성, 내유성이 좋아 연피케이블의 접속에 사용되는 테이프는?

① 리노 테이프　　② 자기 융착 테이프
③ 고무 테이프　　④ 비닐 테이프

해설 **리노 테이프(lino tape)**
면 테이프의 양면에 바니시를 칠하여 건조시킨 것으로서 트랜스의 권선 층 사이나 인출선 부분 등에 삽입하는 절연 테이프를 말한다.

정답　5-21 ③　5-22 ①　5-23 ④　5-24 ④　5-25 ③　5-26 ①

05-27 연피케이블의 접속에 반드시 사용되는 테이프는?

① 고무 테이프　② 리노 테이프
③ 비닐 테이프　④ 자기 융착 테이프

해설
- 리노 테이프 : 점착성이 없으나 절연성, 내온성, 내유성 우수(연피케이블 접속 시 반드시 사용)
- 고무 테이프 : 절연성 혼합물을 압연하여 표면에 고무풀을 칠한 것
- 비닐 테이프 : 염화비닐 콤파운드로 만든 것
- 자기 융착 테이프 : 비닐 시스 케이블, 클로로프렌 외장케이블 접속에 사용

05-28 가공전선로의 인입구에 설치하거나 금속관이나 합성수지관으로부터 전선을 뽑아 전동기 단자 부근에 접속할 때 관 끝에 사용하는 재료는?

① 부싱　② 터미널 캡
③ 로크 너트　④ 엔트런스 캡

해설 터미널 캡(terminal cap)
가공전선로의 인입구에 설치하거나 금속관이나 합성수지관으로부터 전선을 뽑아 전동기 단자 부근에 접속할 때 전선 보호를 위해 관 끝에 설치

05-29 저압 가공인입선의 인입구에 사용하며 금속관공사에서 끝부분의 빗물 침입을 방지하는 데 적당한 것은?

① 부싱　② 엔드
③ 라미플　④ 엔트런스 캡

해설 엔트런스 캡(entrance cap)
관 끝에 달아 빗물 등이 들어오지 못하도록 하는 부속품

05-30 어미자와 아들자의 눈금을 이용하여 두께, 깊이, 안지름 및 바깥지름 측정용에 사용하는 것은?

① 클리퍼　② 와이어 스트리퍼
③ 스패너　④ 버니어 캘리퍼스

해설 버니어 캘리퍼스(vernier calipers)
물체의 두께, 깊이, 원형 물체의 안지름, 바깥지름 등의 측정에 사용

05-31 다음 중 전선의 굵기를 측정하는 것은?

① 스패너　② 파이어 포트
③ 프레셔 툴　④ 와이어 게이지

해설
- 스패너 : 볼트나 너트를 죄거나 푸는 데 사용하는 공구
- 파이어 포트 : 납땜 인두나 납땜 냄비를 올려 납물을 만드는 데 사용
- 프레셔 툴 : 압착용

05-32 전기공사에서 접지저항을 측정할 때 사용하는 측정기는 무엇인가?

① 메거　② 변류기
③ 검류기　④ 어스 테스터

해설
- 메거 : 옥내에 시설하는 저압 전로와 대지 사이의 절연저항 측정
- 변류기 : 수전계통에서 측정기기에 전류를 공급
- 검류기 : 전류의 흐름을 측정
- 어스 테스터 : 접지저항계

05-33 다음 중 옥내에 시설하는 저압 전로와 대지 사이의 절연저항 측정에 사용되는 계기는?

① 메거
② 어스 테스터
③ 훅 온 미터
④ 멀티 테스터

해설 **절연저항계/메거(megger)**
절연저항은 전기가 통하지 않게 하는 절연물의 저항을 말하는 것으로 매우 큰 값 저항값으로 [MΩ]의 단위를 사용한다. 절연저항 측정은 절연저항계 또는 메거를 사용한다.

대표유형 06 전선의 식별

상(문자)	색상	예시
L1	갈색	
L2	검은색	
L3	회색	
N(중성선)	파란색	
보호도체	녹색-노란색	

06-1 3상 전선 구분 시 전선의 색상은 L1, L2, L3 순서대로 어떻게 되는가?

① 갈색, 검은색, 회색
② 갈색, 회색, 검은색
③ 회색, 검은색, 갈색
④ 검은색, 회색, 갈색

해설 **전선의 식별**

상(문자)	색상
L1	갈색
L2	검은색
L3	회색
N(중성선)	파란색
보호도체	녹색-노란색

05-34 400[V] 이하 옥내배선의 절연저항 측정에 가장 알맞은 절연저항계는?

① 250[V] 메거
② 500[V] 메거
③ 1,000[V] 메거
④ 1,500[V] 메거

해설 **측정 전압에 따른 분류**
- 500[V] 메거 : 저압 전기 회로, 전기기기 회로 측정(전자 기기용 회로 제외)
- 1,000[V] 메거 : 3,000[V]용 전기기기 및 전로 측정
- 1,000[V] 메거, 2,000[V] 메거 : 고압기기 및 고압 전로 측정

06-2 저압 배선이나 각종 간선에서 전선의 상별 색상이 정해져 있다. 검은색 전선이 나타내는 상으로 옳은 것은?

① L1
② L2
③ L3
④ 보호도체

해설 06-1번 해설 참조

정답 5-33 ① 5-34 ② / 6-1 ① 6-2 ②

06-3 중성선의 전선 색상은 무슨 색인가?

① 검은색 ② 파란색
③ 갈색 ④ 녹색-노란색

해설) 전선의 식별

상(문자)	색상
L1	갈색
L2	검은색
L3	회색
N(중성선)	파란색
보호도체	녹색-노란색

06-4 보호도체의 전선 색상은 무슨 색인가?

① 검은색 ② 회색
③ 갈색 ④ 녹색-노란색

해설) 06-3번 해설 참조

06-5 접지공사의 접지선은 특별한 경우를 제외하고는 어떤 색으로 표시하여야 하는가?

① 검은색 ② 갈색
③ 회색 ④ 녹색-노란색

해설) 06-3번 해설 참조

대표유형 07 전선의 구비 조건

① 도전율이 클 것
② 기계적 강도, 내구성이 클 것
③ 밀도가 작을 것
  ⇨ 전선의 무게가 가벼워야 건설 비용, 유지 보수 비용 절감 가능
④ 가선이 용이할 것
⑤ 신장률이 클 것
⑥ 가격이 저렴하고 구입하기 쉬울 것

07-1 전선의 구비 조건으로 옳지 않은 것은?

① 비중이 크고, 가선이 용이할 것
② 가격이 저렴하고, 구입이 쉬울 것
③ 신장률이 크고, 내구성이 있을 것
④ 도전율이 크고, 기계적 강도가 클 것

해설) 전선의 구비 조건
• 밀도(비중)가 작고, 가선이 용이할 것
• 신장률이 크고, 내구성이 있을 것
• 도전율이 크고, 기계적 강도가 클 것
• 가격이 저렴하고, 구입이 쉬울 것

07-2 가공전선로에 사용하는 전선의 구비 조건으로 바람직하지 않은 것은?

① 경제적일 것
② 비중(밀도)이 클 것
③ 내구성이 우수할 것
④ 기계적 강도가 클 것

해설) 가공전선의 구비 조건
• 도전율이 클 것
• 비중이 적을 것
• 기계적 강도가 클 것
• 내구성 및 내식성이 우수할 것
• 가선공사가 용이할 것
• 유연성(가공성)이 용이할 것
• 경제적일 것

07-3 전선 규격 선정 시 고려해야 할 사항이 아닌 것은?

① 전압 강하 ② 유전 손실
③ 허용 전류 ④ 기계적 강도

[해설] 전선 규격 선정 시 고려사항
허용 전류, 기계적 강도, 코로나, 전력 손실, 전압 강하를 고려할 것

대표유형 08 전선의 분류

① 구조에 따른 분류

ㄱ. **단선** : 도체를 1가닥만 사용하여 만든 전선

ㄴ. **연선**

- 소선이라고 불리는 도체 가닥을 여러 개 꼬아 만든 전선

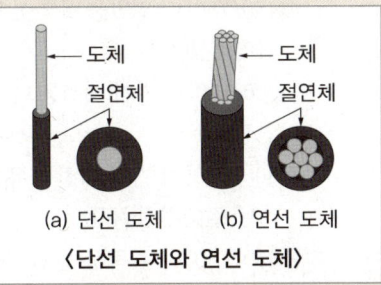

〈단선 도체와 연선 도체〉

- 전체 소선의 총수 $N = 3n(n+1) + 1$ [개]
  - 연선의 지름 $D = (2n+1)d$ [mm]
  - 연선의 단면적 $A = N \times a$ [mm^2]

  (n : 층수, d : 소선 지름,

  a : 소선 단면적(πr^2) = $\pi \left(\dfrac{d}{2}\right)^2$)

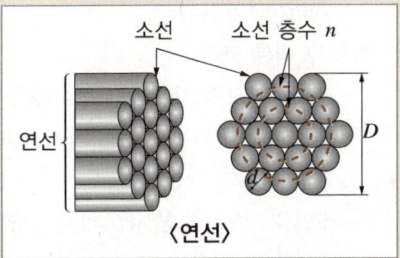

〈연선〉

✓ **공칭 단면적**

전선 속에 있는 전기가 통하는 공간인 도체 부분의 단면적

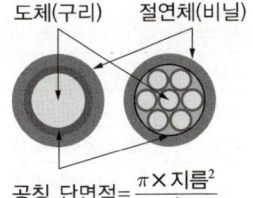

공칭 단면적 = $\dfrac{\pi \times 지름^2}{4}$

〈전선의 공칭 단면적 개념〉

② 절연 상태에 따른 분류
  ㉠ 나전선
  ㉡ 절연전선
    • 저압 절연전선
      - 450/750[V] 일반용 단심 비닐 절연전선(NR)
      - 450/750[V] 일반용 유연성 단심 비닐 절연전선(NF)
      - 300/500[V] 기기 배선용 단심 비닐 절연전선(NRI)
      - 300/500[V] 기기 배선용 유연성 단심 비닐 절연전선(NFI)
      - 450/750[V] 저독성 난연 폴리올레핀 절연전선
      - 450/750[V] 저독성 난연 가교폴리올레핀 절연전선(HFIX)
      - 450/750[V] 이하 고무절연전선
      - 옥외용 비닐 절연전선(OW 전선)
      - 인입용 비닐 절연전선(DV 전선)
    • 고압 절연전선
③ 용도에 따른 분류
  ㉠ 코드 : 비교적 간단한 전등이나 전기 기구에 접속하여 전원 공급을 목적으로 이동전선으로 주로 사용
  ㉡ 케이블 : 비교적 큰 규모의 대용량의 전력, 통신 등에 사용
    • 캡타이어 케이블 : 이동 또는 가요성을 가지며 보호 피막을 가진 절연전선

✓ **캡타이어케이블의 심선의 식별**

선심 수	색
2심	권장색 구분 없음
3심	갈색, 검은색, 회색
4심	갈색, 검은색, 회색, 파란색
5심	갈색, 검은색, 회색, 파란색, 녹색+노란색

• 저압 케이블
  - 0.6/1[kV] 비닐 절연 비닐 시스 케이블(VV)
  - 0.6/1[kV] 비닐 절연 비닐 시스 제어 케이블(CVV)
  - 0.6/1[kV] 비닐 절연 비닐 캡타이어 케이블(VCT)
  - 0.6/1[kV] 가교 폴리에틸렌 절연 비닐 시스 전력 케이블(CV)
  - 무기물 절연 케이블(MI)
• 고압 및 특고압 케이블
④ 재질에 따른 분류
  ㉠ 단금속선 : 구리, 알루미늄과 같이 한 종류의 금속만으로 만든 전선
    • 경동선
      - 연동선에 비하여 인장강도가 큼
      - 옥외 송배전선, 가공선로에 주로 사용됨
      - 고유저항 : $\frac{1}{55}[\Omega \cdot mm^2/m]$
    • 연동선
      - 경동선에 비하여 인장강도가 작음
      - 강도가 떨어지므로 주로 큰 힘을 받지 않는 저압 옥내배선에 주로 사용
      - 부드럽고 잘 휘어짐
      - 고유저항 : $\frac{1}{58}[\Omega \cdot mm^2/m]$
    • 알루미늄선 : 구리선보다 전기 저항이 크며 강도가 약함
  ㉡ 합성 연선 : 두 종류 이상의 금속선을 꼬아 만든 전선
    • ACSR(Aluminum Conductor Steel Reinforced) : 강심알루미늄연선

08-1 연선 결정에 있어서 중심 소선을 뺀 층수가 2층이다. 소선의 총수 N은 몇 개인가?

① 7 ② 19
③ 37 ④ 61

해설 연선
- 소선이라고 불리는 도체 가닥을 여러 개 꼬아 만든 전선
- 전체 소선의 총수 $N = 3n(n+1) + 1$ [개]
- ∴ $N = 3 \times (2) \times (2+1) + 1 = 19$ [개]

08-2 다음 중 1.6[mm]의 총 가닥수가 7가닥인 연선의 바깥지름[mm]은?

① 3.5 ② 4.8
③ 5.2 ④ 6.8

해설 총 소선수 $N = 3n(n+1) + 1$
$N = 7$ 이므로 $n = 1$
연선의 바깥지름 $D = (2n+1)d = (2 \times 1 + 1) \times 1.6$
$= 4.8$ [mm]

08-3 인입용 비닐 절연전선의 공칭 단면적이 8[mm²]가 되는 연선의 구성은 소선의 지름이 1.2[mm]일 때, 소선수는 몇 가닥으로 되어 있는가?

① 1 ② 3
③ 5 ④ 7

해설 단면적 $a = \pi r^2 = \pi \left(\dfrac{d}{2}\right)^2 = \dfrac{\pi d^2}{4} = \dfrac{\pi (1.2)^2}{4}$
$\fallingdotseq 1.13$ [mm²]
연선의 단면적 $A = Na$ 이므로
소선의 총수 $N = \dfrac{A}{a} = \dfrac{8}{1.13} \fallingdotseq 7$

08-4 전선의 공칭 단면적에 대한 설명으로 옳지 않은 것은?

① 단위는 [mm²]로 표시한다.
② 전선의 실제 단면적과 같다.
③ 연선의 굵기를 나타내는 것이다.
④ 소선 수와 소선의 지름으로 나타낸다.

해설 전선의 실제 단면적과 공칭 단면적은 같지 않을 수 있다.

08-5 해안지방의 송전용 나전선에 가장 적당한 것은?

① 구리선
② 강심알루미늄선
③ 철선
④ 알루미늄합금선

해설 해안지방은 염분에 의해 부식될 염려가 있기 때문에 구리선을 사용한다.

08-6 450/750[V] 일반용 단심 비닐 절연전선의 약호로 옳은 것은?

① NR ② NRI
③ NF ④ NFI

해설
- NR : 450/750[V] 일반용 단심 비닐 절연전선
- NF : 450/750[V] 일반용 유연성 단심 비닐 절연전선
- NFI : 300/500[V] 기기 배선용 유연성 단심 비닐 절연전선
- NRI : 300/500[V] 기기 배선용 단심 비닐 절연전선

정답 8-1 ② 8-2 ② 8-3 ④ 8-4 ② 8-5 ① 8-6 ①

08-7 다음 중 300/500[V] 기기 배선용 유연성 단심 비닐 절연전선을 나타내는 약호는?

① NRC ② NFI
③ NR   ④ NFR

해설 NFI : 300/500[V] 기기 배선용 유연성 단심 비닐 절연전선

08-8 옥외용 비닐 절연 전선의 약호(기호)로 옳은 것은?

① VV   ② NR
③ DV   ④ OW

해설 OW(Outdoor Weatherproof wire) : 옥외용 비닐 절연 전선

08-9 인입용 비닐 절연 전선의 약호(기호)로 옳은 것은?

① VV   ② NR
③ DV   ④ OW

해설 DV(Drop Vinyl inulated wire) : 인입용 비닐 절연전선

08-10 4심 캡타이어케이블 심선의 색상으로 옳은 것은?

① 권장색 구분 없음
② 갈색, 검은색, 회색, 노란색
③ 갈색, 검은색, 회색, 파란색
④ 갈색, 검은색, 회색, 녹색

해설 캡타이어 케이블 색상

선심 수	색
2심	권장색 구분 없음
3심	갈색, 검은색, 회색
4심	갈색, 검은색, 회색, 파란색
5심	갈색, 검은색, 회색, 파란색, 녹색 + 노란색

08-11 0.6/1[kV] 비닐 절연 비닐 시스 케이블의 약칭으로 옳은 것은?

① NR   ② CV
③ VV   ④ FP

해설 VV : 비닐 절연 비닐 시스 케이블

08-12 전선 약호가 VV인 케이블의 종류로 옳은 것은?

① 0.6/1[kV] EP 고무절연 비닐 시스 케이블
② 0.6/1[kV] EP 고무절연 클로로프렌 외장 케이블
③ 0.6/1[kV] 비닐 절연 비닐 시스 케이블
④ 0.6/1[kV] 비닐 절연 비닐 캡타이어 케이블

해설 08-12번 해설 참조

08-13 전력케이블 중 CV 케이블은 무엇인가?

① 비닐 절연 비닐 시스 케이블
② 무기물 절연 케이블
③ 고무절연 클로로프렌 외장 케이블
④ 가교 폴리에틸렌 절연 비닐 시스 케이블

(해설)
- CV : 가교 폴리에틸렌 절연 비닐 시스 케이블
- VV : 비닐 절연 비닐 시스 케이블
- MI : 무기물 절연 케이블

08-14 전선 약호 중 H가 나타내는 것으로 옳은 것은?

① 무기물 절연 케이블
② 인입용 비닐 절연전선
③ 옥외용 비닐 절연전선
④ 경동선

(해설)
- H : 경동선
- MI : 무기물 절연 케이블
- DV : 인입용 비닐 절연전선
- OW : 옥외용 비닐 절연전선

08-15 전기 저항이 적고, 부드러운 성질이 있어 구부리기가 용이하므로 주로 옥내배선에 사용하는 구리선의 명칭은?

① 연동선　　② 합성연선
③ 경동선　　④ 중공연선

(해설) 연동선은 저압 옥내배선에 활용되며 잘 휘어지는 특성을 가지고 있다.

08-16 일반적인 연동선의 고유저항은 몇 [Ω·mm²/m]인가?

① $\frac{1}{35}$　　② $\frac{1}{50}$
③ $\frac{1}{55}$　　④ $\frac{1}{58}$

(해설)
- 연동선 고유저항 : $\frac{1}{58}$ [Ω·mm²/m]
- 경동선 고유저항 : $\frac{1}{55}$ [Ω·mm²/m]

08-17 옥내배선 공사할 때 연동선을 사용할 경우 전선의 최소 굵기[mm²]는?

① 1.5　　② 2.0
③ 2.5　　④ 3.0

(해설) 옥내배선 공사 시 연동선을 사용할 경우 굵기가 최소 2.5[mm²]인 전선을 사용한다.

08-18 ACSR 약호의 품명으로 옳은 것은?

① 중공연선
② 경동연선
③ 알루미늄선
④ 강심알루미늄 연선

(해설) ACSR(Aluminum Conductor Steel Reinforced) : 강심알루미늄 연선

정답 8-13 ④　8-14 ④　8-15 ①　8-16 ④　8-17 ③　8-18 ④

대표유형 09 전선의 접속

① 전선의 접속
  ㉠ 전선을 접속하는 경우, 전선의 전기 저항을 증가시키지 않도록 접속할 것
  ㉡ 전선을 접속하는 경우, 전선의 세기(인장하중)를 20[%] 이상 감소시키지 아니할 것 (= 80[%] 이상 유지할 것)
  ㉢ 2개 이상의 전선을 병렬로 사용하는 경우에는 다음에 의하여 시설할 것
    • 병렬로 사용하는 각 전선의 굵기는 구리선 50[mm^2] 이상 또는 알루미늄 70[mm^2] 이상으로 하고, 전선은 같은 도체, 같은 재료, 같은 길이, 같은 굵기의 것을 사용할 것
    • 같은 극의 각 전선은 동일한 터미널러그에 완전히 접속할 것
    • 같은 극인 각 전선의 터미널러그는 동일한 도체에 2개 이상의 리벳 또는 2개 이상의 나사로 접속할 것
    • 병렬로 사용하는 전선에는 각각에 퓨즈를 설치하지 말 것
    • 교류 회로에서 병렬로 사용하는 전선은 금속관 안에 전자적 불평형이 생기지 않도록 시설할 것

② 전선의 접속방법
  ㉠ 직선 접속

  • 단선
    - 트위스트 직선 접속 : 6[mm^2] 이하의 단선

    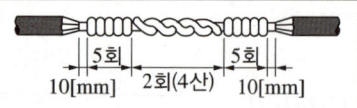

    - 브리타니아 직선 접속 : 10[mm^2] 이상의 굵은 단선

    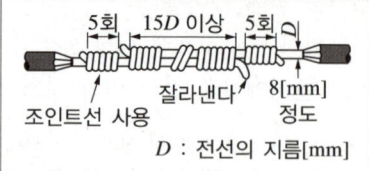

  • 연선
    - 권선 직선 접속
    - 단권 직선 접속
    - 복권 직선 접속

  ㉡ 분기 접속

  • 단선
    - 트위스트 분기 접속 : 6[mm^2] 이하의 단선

    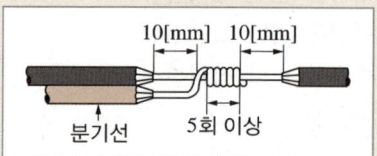

    - 브리타니아 분기 접속 : 10[mm^2] 이상의 굵은 단선

    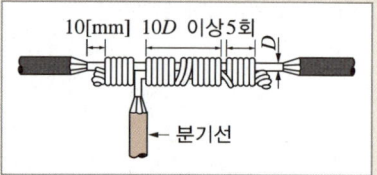

    - S형 슬리브 분기 접속

    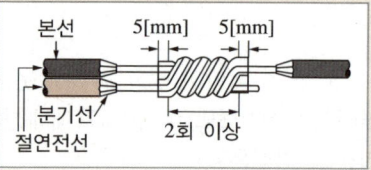

  • 연선
    - 권선 분기 접속
    - 단권 분기 접속
    - 분할 권선 분기 접속

ⓒ 종단 접속

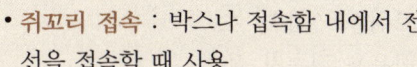

- **쥐꼬리 접속** : 박스나 접속함 내에서 전선을 접속할 때 사용

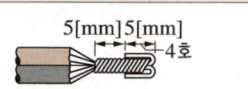

- **와이어 접속기를 이용한 접속**

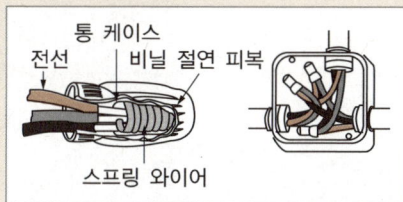

- **링 슬리브를 이용한 접속**

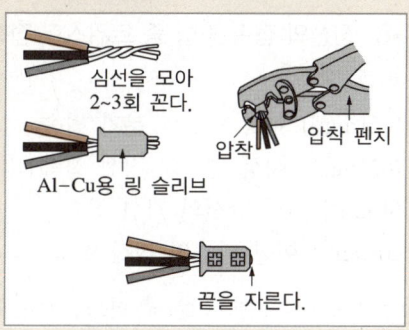

09-1 나전선 상호를 접속하는 경우 일반적으로 전선의 세기를 몇 [%] 이상 감소시키지 않아야 하는가?

① 5
② 10
③ 15
④ 20

해설 전선 접속 시 전선의 강도를 20[%] 이상 감소시키지 않아야 한다.

09-2 다음 중 전선의 접속 원칙이 아닌 것은?

① 접속 부분은 접속관, 기타의 기구를 사용한다.
② 전선의 강도를 30[%] 이상 감소시키지 않는다.
③ 전선의 허용 전류에 의하여 접속 부분의 온도 상승값이 접속부 이외의 온도 상승값을 넘지 않도록 한다.
④ 구리와 알루미늄 등 다른 종류의 금속 상호 간을 접속할 때에는 접속부에 전기적 부식이 생기지 않도록 한다.

해설 전선의 강도를 20[%] 이상 감소시키지 않아야 한다.

09-3 다음 중 전선의 접속 방법으로 옳지 않은 것은?

① 전선 접속 부분의 전기 저항을 증가시키지 않아야 한다.
② 전선의 접속 부분은 기준 온도 이상 상승하면 아니 된다.
③ 접속 부분은 염화비닐 접착 테이프를 이용하여 반폭 이상 겹쳐서 1회 이상 감는다.
④ 전선의 세기는 접속 전보다 20[%] 이상 감소시키지 아니한다.

해설 도체의 절연에 사용되는 절연피복은 전기용 접착 테이프로 적합한 것을 사용하며 반폭 이상 겹쳐서 2회 이상 감아야 한다.

09-4 옥내에서 두 개 이상의 전선을 병렬로 사용하는 경우 구리선은 각 전선의 굵기가 몇 [mm²] 이상이어야 하는가?

① 50
② 60
③ 70
④ 90

해설 구리선 : 50[mm²] 이상

정답 9-1 ④ 9-2 ② 9-3 ③ 9-4 ①

09-5 전선의 접속법에서 두 개 이상의 전선을 병렬로 사용하는 경우의 시설기준으로 옳지 않은 것은?

① 교류 회로에서 병렬로 사용하는 전선은 금속관 안에 전자적 불평형이 생기지 않도록 시설할 것
② 병렬로 사용하는 각 전선의 굵기는 같은 도체, 같은 재료, 같은 길이 및 같은 굵기의 것을 사용할 것
③ 같은 극의 각 전선의 터미널러그는 동일한 도체에 2개 이상의 리벳 또는 2개 이상의 나사로 완전하게 접속할 것
④ 병렬로 사용하는 전선은 각각에 퓨즈를 설치할 것

[해설] 병렬로 사용하는 전선에 각각 퓨즈를 설치할 경우 한 전선의 퓨즈가 용단될 때 다른 전선으로 전류가 흐르므로 위험해진다.

09-6 코드나 케이블 등을 기계기구의 단자 등에 접속할 때 몇 [mm²]가 넘으면 그림과 같은 터미널 러그(압착 단자)를 사용해야 하는가?

① 3　　② 5
③ 6　　④ 8

[해설] **터미널러그**
전선의 접속이나 납땜을 쉽게 하기 위하여 단자판이나 전선 끝에 둔 돌기 부분. 기계기구의 단자와 전선의 접속 시 6[mm²]를 초과하는 연선에 사용

09-7 단면적 6[mm²]의 가는 단선의 직선 접속 방법으로 적합한 것은?

① 종단 접속
② 트위스트 접속
③ 꽂음용 접속기 접속
④ 종단 겹침용 슬리브 접속

[해설] • 트위스트 접속 : 6[mm²] 이하의 단선에 적용한다.
• 브리타니아 접속 : 10[mm²] 이상의 단선에 적용한다.

09-8 전선의 접속 방법 중 트위스트 접속의 용도로 옳은 것은?

① 3.5[mm²] 이상 연선의 분기 접속
② 3.5[mm²] 이상 연선의 직선 접속
③ 6[mm²] 이하 단선의 직선 접속
④ 10[mm²] 이상 단선의 직선 접속

[해설] 트위스트 분기 접속은 6[mm²] 이하의 단선인 경우에 적용한다.

09-9 다음 중 단선의 브리타니아 직선 접속에 사용되는 것은?

① 에나멜선　　② 바인드선
③ 파라핀선　　④ 조인트선

[해설] 단선의 브리타니아 직선 접속 시 단선을 직접 꼬아 접속하는 형태가 아닌 별도의 조인트선 또는 첨선을 이용하여 접속한다.

09-10 다음에 해당하는 전선의 접속 방법은?

① 분기 접속 ② 직각 접속
③ 종단 접속 ④ 직선 접속

해설 전선의 접속 방법

직선 접속	분기 접속	종단 접속
— • —	— • —	＞•

09-11 다음의 전선의 접속 방법 명칭은?

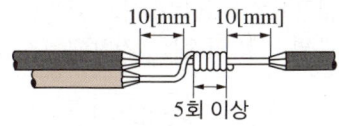

① 트위스트 분기 접속
② 브리타니아 직선 접속
③ 분할 권선 분기 접속
④ 쥐꼬리 접속

해설 트위스트 분기 접속
본선에서 선을 분기할 때 접속하며 6[mm²] 이하의 가는 단선의 경우에 적용한다.

09-12 10[mm²] 이상의 굵은 단선의 분기 접속은 어떤 접속을 해야 하는가?

① 쥐꼬리 접속 ② 트위스트 접속
③ 슬리브 접속 ④ 브리타니아 접속

해설 브리타니아 직선 접속 : 10[mm²] 이상의 굵은 단선인 경우에 적용

09-13 S형 슬리브를 사용하여 전선을 접속하는 경우의 유의사항으로 옳지 않은 것은?

① 전선은 연선만 사용이 가능하다.
② 슬리브는 전선의 굵기에 적합한 것을 사용한다.
③ 도체는 샌드페이퍼 등으로 닦아서 사용한다.
④ 전선의 끝은 슬리브의 끝에서 조금 나오는 것이 좋다.

해설 슬리브는 단선 및 연선의 교차 지점을 접속하는 제품으로, 메시형 접지 등 다양한 부분에서 사용되고 있다. 종류로는 C형과 S형 슬리브가 있다.

09-14 다음 그림과 같은 전선의 접속법의 명칭으로 옳은 것은?

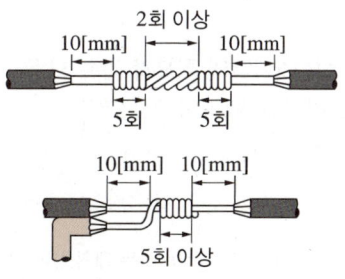

① 종단 접속, 직선 접속
② 직선 접속, 분기 접속
③ 직선 접속, 종단 접속
④ 직선 접속, 슬리브에 의한 접속

해설 첫 번째 그림은 트위스트 직선 접속, 두 번째 그림은 트위스트 분기 접속을 나타내고 있다.

09-15 다음 그림의 접속은 무엇인가?

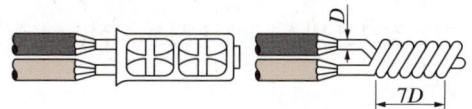

D의 7배 이상 감는다.

① 직선 접속 ② 분기 접속
③ 종단 접속 ④ 슬리브 직선 접속

해설 그림의 접속은 터미널 종단 접속과 쥐꼬리 종단 접속이다.

09-16 옥내배선의 접속함이나 박스 내에서 접속할 때 주로 사용하는 접속법은?

① 쥐꼬리 접속 ② 트위스트 접속
③ 슬리브 접속 ④ 브리타니아 접속

해설 쥐꼬리 접속은 박스나 접속함 내에서 전선을 접속할 때 사용한다.

09-17 전선 2가닥의 쥐꼬리 접속 시 두 개의 선은 약 몇 도 각도로 벌려야 하는가?

① 15° ② 45°
③ 60° ④ 90°

해설 전선 2가닥의 쥐꼬리 접속 시 두 개의 선을 약 90°로 벌린 후 일정하게 꼬아준다.

09-18 정크션 박스 내에서 전선을 접속할 수 있는 것은?

① 매킹타이어 ② 꽂음형 커넥터
③ S형 슬리브 ④ 와이어 접속기

해설 박스 내에서 쥐꼬리 접속 후 와이어 접속기를 사용하여 절연한다. 와이어 접속기는 전선 접속 후 절연을 확실히 하고자 할 때 사용한다.

대표유형 10 전로의 절연저항

저압 전로의 절연 성능

전선 상호 간 및 전로와 대지 사이의 절연저항은 다음 표에서 정한 값 이상이어야 한다. 저압 전로에서 절연저항 측정이 곤란할 경우, 저항성분의 누설 전류가 1[mA] 이하이면 그 전로의 절연 성능은 적합한 것으로 볼 수 있다.

[저압 전로의 절연 성능]

전로의 사용전압[V]	DC 시험전압[V]	절연저항[MΩ]
SELV 및 PELV	250	0.5 이상
FELV를 포함한 500[V] 이하	500	1.0 이상
500[V] 초과	1,000	1.0 이상

① SELV(Safety Extra Low Voltage) : 1차와 2차가 전기적으로 절연되지만 접지가 되어있지 않은 특별 저압(안전특별저압)

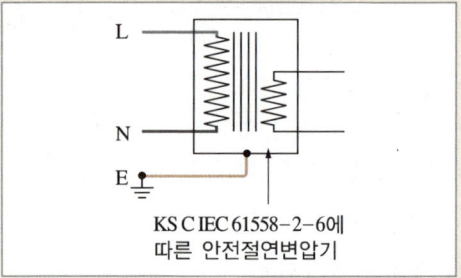

KS C IEC 61558-2-6에 따른 안전절연변압기

② PELV(Protected Extra Low Voltage) : 1차와 2차가 전기적으로 절연되고 접지가 되어있는 특별 저전압(보호특별저압)

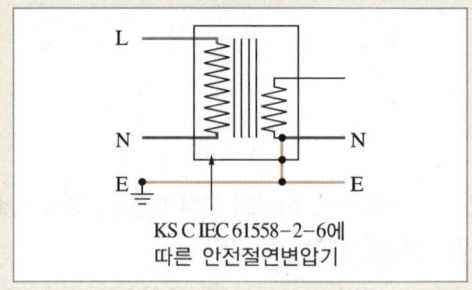

KS C IEC 61558-2-6에 따른 안전절연변압기

③ FELV(Functional Extra Low Voltage) : 1차와 2차가 전기적으로 절연되어 있지 않은 기능적 특별저전압

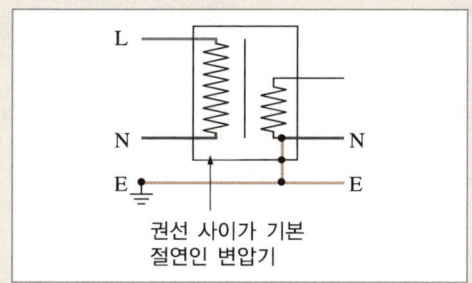

권선 사이가 기본 절연인 변압기

④ DC 시험전압 : 절연저항계로 측정 시 사용하는 전압
⑤ 해석 예시 : 직류 120[V] 이하이면서 1차와 2차가 절연되고 접지가 되어 있는 전자제품(PELV)의 내부 절연저항을 알고자 할 때, [저압 전로의 절연 성능] 표에 의해 절연저항계에서 측정 시 사용하는 전압은 250[V]가 되며 절연저항이 0.5[MΩ]보다 높으면 정상, 낮으면 누전으로 판단

10-1 사용전압이 저압인 전로에서 정전이 어려운 경우 등 절연저항 측정이 곤란한 경우 누설전류는 몇 [mA] 이하로 유지하여야 하는가?

① 1 ② 2
③ 3 ④ 4

해설 저압 전로에서 절연저항 측정이 곤란할 경우, 저항성분의 누설 전류가 1[mA] 이하이면 그 전로의 절연 성능은 적합한 것으로 볼 수 있다.

10-2 전로의 사용전압이 400[V]이고, DC 시험전압이 500[V]일 때, 전로의 최소 절연저항 값은 몇 [MΩ]인가?

① 0.5 ② 1.0
③ 1.5 ④ 2.5

해설 저압 전로의 절연 성능

전로의 사용전압[V]	DC 시험전압[V]	절연저항[MΩ]
SELV 및 PELV	250	0.5
FELV를 포함한 500[V] 이하	500	1.0
500[V] 초과	1,000	1.0

10-3 사용전압이 최대 500[V]를 초과하는 선로의 전선과 대지 간의 절연저항값은 몇 [MΩ]인가?

① 0.3 ② 0.5
③ 1.0 ④ 1.5

해설 10-2번 해설 참조

10-4 비접지 회로에서 인체에 위험을 초래하지 않을 정도의 저압을 무엇이라 하는가?

① SELV ② PELV
③ FELV ④ ELV

해설 SELV(Safety Extra Low Voltage)
비접지회로에서 인체에 위험을 초래하지 않을 정도의 저압

정답 10-1 ① 10-2 ② 10-3 ③ 10-4 ①

대표유형 11 전로의 절연 내력

① 절연 내력 시험의 방법
  ㉠ 절연 내력 시험은 최대 사용전압에 의해 결정되는 '시험전압'을 절연 내력을 시험할 부분에 10분간 가하여 견디어야 한다.
  ㉡ 전선에 케이블을 사용하는 교류 전로는 결정된 사용전압의 2배의 직류 전압을 가하여 견디어야 한다.

② 전로의 절연 내력(고압 및 특고압 전로, 변압기 전로)

전로의 종류	시험전압
① 최대 사용전압이 7[kV] 이하인 전로	최대 사용전압의 1.5배의 전압(변압기 전로의 경우 최저 500[V])
② 최대 사용전압이 7[kV] 초과 25[kV] 이하인 중성점 접지식 전로(중성선을 다중접지 하는 것에 한함)	최대 사용전압의 0.92배의 전압
③ 최대 사용전압이 7[kV] 초과 60[kV] 이하인 전로(②의 것 제외)	최대 사용전압의 1.25배의 전압(10.5[kV] 미만으로 되는 경우에는 10.5[kV])
④ 최대 사용전압이 60[kV] 초과 중성점 비접지식 전로(전위 변성기를 사용하여 접지하는 것을 포함)	최대 사용전압의 1.25배의 전압
⑤ 최대 사용전압이 60[kV] 초과 중성점 접지식 전로(전위 변성기를 사용하여 접지하는 것 및 ⑥, ⑦의 것 제외)	최대 사용전압의 1.1배의 전압(75[kV] 미만으로 되는 경우에는 75[kV])
⑥ 최대 사용전압이 60[kV] 초과 중성점 직접 접지식 전로(⑦의 것 제외)	최대 사용전압의 0.72배의 전압
⑦ 최대 사용전압이 170[kV] 초과 중성점 직접 접지식 전로로서 그 중성점이 직접 접지되어 있는 발전소 또는 변전소 혹은 이에 준하는 장소에 시설하는 것	최대 사용전압의 0.64배의 전압

11-1
최대 사용전압이 6.6[kV]인 변압기 전로의 절연 내력 시험은 최대 사용전압의 몇 배의 사용전압에서 10분간 견디어야 하는가?

① 0.72 ② 1.1
③ 1.25 ④ 1.5

해설 최대 사용전압이 7[kV] 이하인 전로는 최대 사용전압의 1.5배의 사용전압에서 10분간 견디어야 한다.

11-2
최대 사용전압이 70[kV]인 중성점 직접 접지식 전로의 절연 내력 사용전압은 몇 [kV]인가?

① 33.1 ② 45.0
③ 48.8 ④ 50.4

해설 최대 사용전압이 60[kV] 초과인 중성점 직접 접지식 전로의 사용전압은 최대 사용전압의 0.72배이므로 70[kV] × 0.72 = 50.4[kV]

정답 11-1 ④ 11-2 ④

대표유형 12 회전기 및 정류기의 절연 내력

회전기 및 정류기는 아래의 표에서 정한 시험방법으로 절연 내력을 시험할 때 이에 견디어야 한다. 회전변류기 이외의 교류의 회전기는 표에서 정한 사용전압의 1.6배로 시험하여 견디면 된다.

[회전기 및 정류기의 절연 내력]

종류		시험전압
회전기	발전기·전동기·무효 전력 보상 장치·기타회전기 (회전변류기 제외)	최대 사용전압 7[kV] 이하	최대 사용전압의 1.5배의 전압 (500[V] 미만으로 되는 경우에는 500[V])
		최대 사용전압 7[kV] 초과	최대 사용전압의 1.25배의 전압 (10.5[kV] 미만으로 되는 경우에는 10.5[kV])
회전변류기			직류 측의 최대 사용전압의 1배의 교류전압 (500[V] 미만으로 되는 경우에는 500[V])

12-1 3,300[V] 고압 유도 전동기의 절연 내력 사용전압은 최대 사용전압의 몇 배를 10분간 가하는가?

① 1 ② 1.1
③ 1.25 ④ 1.5

해설 전동기에서 최대 사용전압 7[kV] 이하는 최대 사용전압의 1.5배의 사용전압을 가해야 한다.

회전기 및 정류기의 절연 내력

종류		시험전압
회전기	발전기·전동기·무효 전력 보상 장치·기타 회전기 (회전 변류기 제외)	최대 사용전압 7[kV] 이하	최대 사용전압의 1.5배의 전압 (500[V] 미만으로 되는 경우에는 500[V])
		최대 사용전압 7[kV] 초과	최대 사용전압의 1.25배의 전압 (10.5[kV] 미만으로 되는 경우에는 10.5[kV])
회전 변류기			직류 측의 최대 사용전압의 1배의 교류전압 (500[V] 미만으로 되는 경우에는 500[V])

12-2 최대 사용전압이 220[V]인 3상 유도 전동기가 있다. 이것의 절연 내력 사용전압은 몇 [V]로 해야 하는가?

① 450 ② 500
③ 750 ④ 1,000

해설 전동기에서 최대 사용전압 7[kV] 이하는 최대 사용전압의 1.5배의 사용전압을 가해야 하므로
절연 내력 사용전압 = 220 × 1.5 = 330[V]배이지만 사용전압이 500[V] 미만인 경우 절연 내력 사용전압은 500[V]로 해야 한다.
12-1번 해설 표 참조

12-3 최대 사용전압이 380[V]인 3상 유도 전동기의 절연 내력은 몇 [V]의 사용전압에 견디어야 하는가?

① 480 ② 500
③ 570 ④ 700

해설 전동기에서 최대 사용전압 7[kV] 이하는 최대 사용전압의 1.5배의 사용전압을 가해야 하므로
절연 내력 사용전압 = 380 × 1.5 = 570[V]
12-1번 해설 표 참조

정답 12-1 ④ 12-2 ② 12-3 ③

대표유형 13) 접지의 목적

① 누설전류로 인한 감전 방지

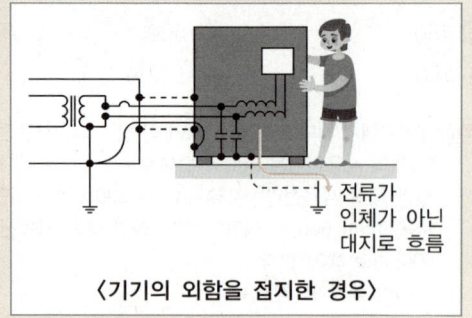
〈기기의 외함을 접지한 경우〉

② 기기, 전기설비 손상 방지
③ 대지전압의 상승 억제
④ 이상전압의 억제
⑤ 전기선로의 지락사고 발생 시 전기설비 보호 계전기의 확실한 작동

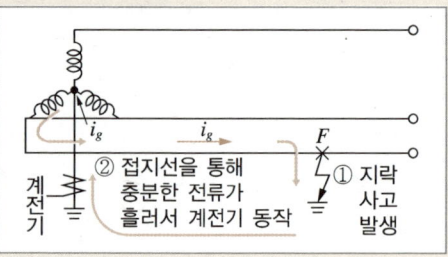

13-1 다음 중 접지의 목적으로 옳지 않은 것은?

① 감전 방지
② 이상 전압 억제
③ 보호 계전기의 동작 확보
④ 전로의 대지전압 상승

해설 **접지의 목적**
누설전류로 인한 감전 방지, 기기, 전기설비 손상 방지, 기기의 대지전위 상승 억제, 이상 전압의 억제, 전기선로의 지락사고 발생 시 전기설비 보호 계전기의 확실한 작동 등의 목적이 있다.

13-2 전동기에 접지공사를 하는 주된 이유로 옳은 것은?

① 미관상
② 안전 운행
③ 보안상
④ 감전사고 방지

해설 저압 기기 접지의 주목적은 감전사고 방지이다.

13-3 변압기 중성점에 접지공사를 하는 이유로 옳은 것은?

① 전압 변동의 방지
② 전류 변동의 방지
③ 전력 변동의 방지
④ 고저압 혼촉 방지

해설 변압기 중성점에 접지공사를 하는 주된 목적은 고저압 혼촉을 방지하기 위함이다.

대표유형 14 접지 시스템의 구분 및 종류

① 접지 시스템의 구분
- ㉠ 계통 접지 : 전력계통에서 돌발적으로 발생하는 이상 현상에 대비하여 대지와 계통을 연결하는 것
- ㉡ 보호 접지 : 감전보호를 목적으로 기기의 한 점 이상을 접지하는 것
- ㉢ 피뢰 시스템 접지 : 뇌격전류를 안전하게 대지로 보내기 위해 접지하는 것

② 접지 시스템의 시설 종류
- ㉠ 단독 접지 : 고압 및 특고압 계통의 접지극과 저압 접지계통의 접지극을 단독으로(독립적) 시설하는 접지 방식

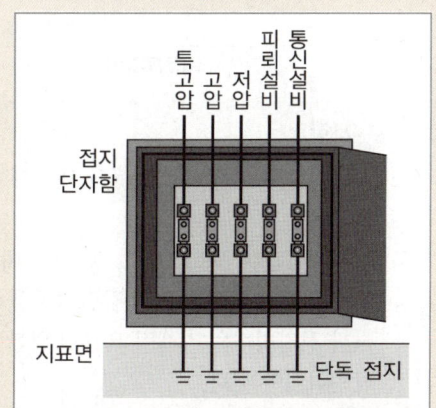

- ㉡ 공통 접지 : 고압 및 특고압 접지계통과 저압 접지계통을 등전위 형성을 위해 공통으로 접지하는 방식

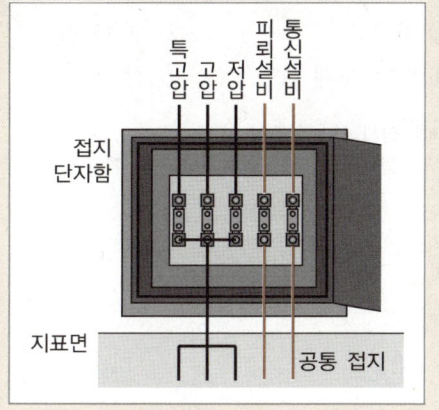

- ㉢ 통합 접지 : 계통 접지, 통신 접지, 피뢰 접지의 접지극을 통합하여 접지하는 방식

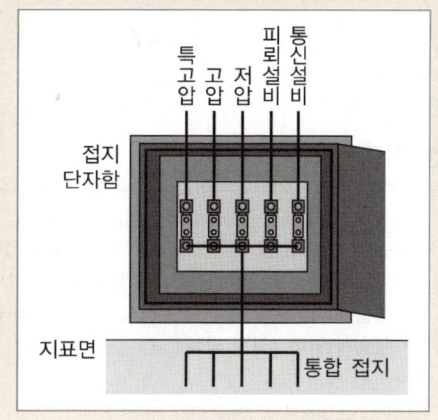

14-1 다음 중 KEC에 따른 접지 시스템으로 분류되지 않은 것은?

① 계통 접지 ② 보호 접지
③ 일반 접지 ④ 피뢰 시스템 접지

[해설] 접지 시스템 구분
계통 접지, 보호 접지, 피뢰 시스템 접지 등

14-2 KEC 접지설계방식에 따라 감전보호를 목적으로 기기의 한 점 이상을 접지하는 접지 방식은?

① 보호 접지 ② 단독 접지
③ 계통 접지 ④ 피뢰 시스템 접지

[해설] 접지 시스템의 구분
- 계통 접지 : 전력계통의 이상현상에 대비하여 대지와 계통을 접속
- 보호 접지 : 감전보호를 목적으로 기기의 한 점 이상을 접지
- 피뢰 시스템 접지 : 뇌격전류를 안전하게 대지로 방류하기 위한 접지

[정답] 14-1 ③ 14-2 ①

14-3 KEC 접지설계방식 중 계통 접지, 통신 접지, 피뢰 접지의 접지극을 통합하여 접지하는 방식은?

① 통합 접지
② 공통 접지
③ 단독 접지
④ 보호 접지

[해설] 접지 시스템의 시설 종류
- 단독 접지 : 고압 및 특고압 계통의 접지극과 저압 접지계통의 접지극을 단독으로(독립적) 시설하는 접지 방식
- 공통 접지 : 고압 및 특고압 접지계통과 저압 접지계통을 등전위 형성을 위해 공통으로 접지하는 방식
- 통합 접지 : 계통 접지, 통신 접지, 피뢰 접지의 접지극을 통합하여 접지하는 방식

대표유형 15 접지 시스템의 구성 요소

① 구성 요소
㉠ 접지 시스템은 **접지극**, **접지도체**, **보호도체**, 기타 설비로 구성한다.
㉡ 접지극은 접지도체를 사용하여 **주접지단자**에 연결하여야 한다.

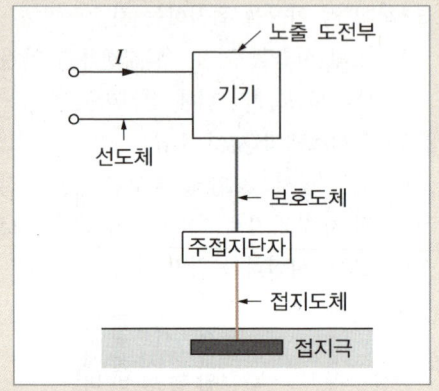

② 요구 사항
㉠ 지락전류와 보호도체 전류를 대지에 전달할 것
㉡ 접지저항값은 부식, 건조, 동결 등 대지환경 변화에 충족하며 인체 감전 보호를 위한 값과 전기설비의 기계적 요구에 의한 값을 만족하여야 한다.

15-1 다음 중 KEC에 따른 접지 시스템의 구성 요소에 해당하지 않는 것은?

① 접지극
② 보호도체
③ 일반 도체
④ 접지도체

[해설] 접지 시스템 구성
접지극, 접지도체, 보호도체 및 기타 설비

대표유형 16 접지극의 시설

① 접지극의 시설
- 접지극 : 대지와 접촉하여 전기적 접속을 제공하는 도체
- 접지극은 다음의 방법 중 하나 또는 복합하여 시설할 것
  ㉠ 콘크리트에 매입된 기초 접지극
  ㉡ 토양에 매설된 기초 접지극
  ㉢ 토양에 수직 또는 수평으로 직접 매설된 금속전극(봉, 전선, 테이프, 배관, 판 등)
  ㉣ 케이블의 금속외장 및 그 밖에 금속피복
  ㉤ 지중 금속구조물(배관 등)
  ㉥ 대지에 매설된 철근콘크리트의 용접된 금속 보강재

② 접지극의 매설

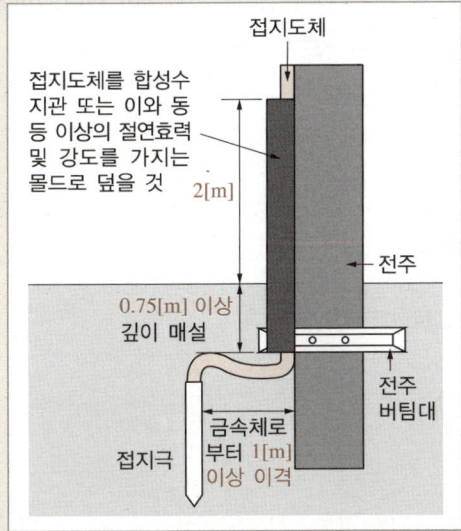

㉠ 접지극은 0.75[m] 이상으로 하되 동결 깊이를 감안하여 매설한다.
㉡ 접지도체를 철주, 기타의 금속체를 따라서 시설하는 경우에는 접지극을 철주의 밑면으로부터 0.3[m] 이상의 깊이에 매설하는 경우 이외에는 접지극을 지중에서 그 금속체로부터 1[m] 이상 떼어 매설한다.
㉢ 접지도체는 절연전선(옥외용 비닐 절연전선 제외) 또는 케이블(통신용 케이블 제외)을 사용하여야 한다. 다만, 접지도체를 철주 기타의 금속체에 따라 시설하는 경우 이외의 경우에는 접지도체의 지표상 0.6[m]를 초과하는 부분에 대하여는 절연전선을 사용하지 않을 수 있다.
㉣ 접지도체는 지하 0.75[m]로부터 지표상 2[m]까지는 합성수지관 또는 이와 동등 이상의 절연 효력 및 강도를 가지는 몰드로 덮어야 한다.
㉤ 수도관 등을 접지극으로 사용하는 경우
- 지중에 매설되고 대지와의 전기 저항값이 3[Ω] 이하를 유지하고 있는 금속제 수도관로는 각종 접지공사의 접지극으로 사용이 가능하다.
- 접지도체와 금속제 수도관로의 접속
  - 안지름 75[mm] 이상인 부분 또는 여기에서 분기한 안지름 75[mm] 미만인 분기점에서 5[m] 이내의 부분에서 접속하여야 한다.
  - 다만, 금속제 수도관로와 대지 사이의 전기 저항값이 2[Ω] 이하인 경우에는 분기점으로부터의 거리는 5[m]를 넘을 수 있다.
- 건축물, 구조물의 철골 기타의 금속제의 접지극 사용은 전기 저항값이 2[Ω] 이하인 값을 유지하는 경우 가능하다.

16-1 접지극의 매설 깊이는 지표면으로부터 지하 몇 [m] 이상으로 하는가?
① 0.45 ② 0.6
③ 0.75 ④ 0.9

해설 접지극의 매설
접지극은 지하 0.75[m] 이상의 깊이에 매설

정답 16-1 ③

16-2 접지공사에 사용하는 접지선을 사람이 접촉할 우려가 있어서 철주를 따라서 시설하는 경우 접지극을 철주의 밑면으로부터 0.2[m] 정도의 깊이에 매설한다면 접지극은 지중에서 그 금속체로부터 몇 [m] 이상 떼어서 매설하여야 하는가?

① 0.75
② 0.9
③ 1.0
④ 1.2

해설 접지도체를 철주, 기타의 금속체를 따라서 시설하는 경우에는 접지극을 철주의 밑면으로부터 0.3[m] 이상의 깊이에 매설하는 경우 이외에는 접지극을 지중에서 그 금속체로부터 1[m] 이상 떼어 매설한다.

16-3 접지공사를 다음과 같이 시행하였다. 잘못된 접지공사인 것은?

① 접지극은 0.75[m] 이상의 깊이에 매설하였다.
② 접지극은 동봉을 사용하였다.
③ 접지선과 접지극은 은납땜을 하여 접속하였다.
④ 지표, 지하 모두에 옥외용 비닐 절연전선을 사용하였다.

해설 접지도체는 접지극에서 지표상 0.6[m]를 초과하는 부분에 대하여는 절연전선(옥외용 비닐 절연전선 제외) 또는 케이블(통신용 케이블 제외)을 사용하여야 한다.

16-4 접지공사에서 접지선을 지하 0.75[m]에서 지표상 2[m]까지의 부분을 보호하기 위한 보호물로 적합한 것은?

① 후강전선관
② 합성수지관
③ 케이블덕트
④ 케이블트레이

해설 접지도체는 지하 0.75[m]로부터 지표상 2[m]까지는 합성수지관 또는 이와 동등 이상의 절연 효력 및 강도를 가지는 몰드로 덮어야 한다.

16-5 접지도체는 지하 (㉠)[m]부터 지표상 (㉡)[m]까지 합성수지관 또는 이와 동등 이상의 절연효과와 강도를 가지는 몰드로 덮어야 한다. 이때 ㉠, ㉡으로 옳은 것은?

	㉠	㉡
①	0.5	1
②	0.75	1
③	0.5	2
④	0.75	2

해설 16-4번 해설 참조

16-6 지중에 매설되어 있는 금속제 수도관로는 대지와의 전기 저항값이 몇 [Ω] 이하로 유지되어야 접지극으로 사용할 수 있는가?

① 1
② 3
③ 5
④ 7

해설 지중에 매설되어 있고 대지와의 전기 저항값이 3[Ω] 이하의 값을 유지하고 있는 금속제 수도관로가 접지극으로 사용이 가능하다.

16-7 금속제 수도관로를 접지공사의 접지극으로 사용하는 경우, 접지선과 금속제 수도관로의 접속은 안지름 (㉠)[mm] 이상인 금속제 수도관의 부분 또는 이로부터 분기한 안지름 (㉡)[mm] 미만인 금속제 수도관의 분기점으로부터 5[m] 이내의 부분에서 하여야 한다. 다만, 금속제 수도관로와 대지 사이의 전기 저항값이 (㉢)[Ω] 이하인 경우에는 분기점으로부터의 거리는 5[m]를 넘을 수 있다.

	㉠	㉡	㉢
①	75	75	2
②	75	75	5
③	50	75	2
④	50	50	5

해설 접지도체와 금속제 수도관로의 접속
- 안지름 75[mm] 이상인 부분 또는 여기에서 분기한 안지름 75[mm] 미만인 분기점에서 5[m] 이내의 부분에서 접속하여야 한다.
- 다만, 금속제 수도관로와 대지 사이의 전기 저항값이 2[Ω] 이하인 경우에는 분기점으로부터의 거리는 5[m]를 넘을 수 있다.

16-8 건축물, 구조물의 철골 기타의 금속제는 이를 비접지식 고압전로에 시설하는 기계기구의 철대 또는 금속제 외함 또는 저압전로를 결합하는 변압기의 저압전로 접지공사의 접지극으로 사용할 수 있다. 이 경우 대지와의 전기 저항값은 몇 [Ω] 이하여야 하는가?

① 2　　② 3
③ 4　　④ 5

해설 건축물, 구조물의 철골 기타의 금속제의 접지극 사용은 전기 저항값이 2[Ω] 이하인 값을 유지하는 경우 가능하다.

대표유형 17 접지도체

계통, 설비 또는 기기의 한 점과 접지극 사이의 도전성 경로 또는 그 경로의 일부가 되는 도체

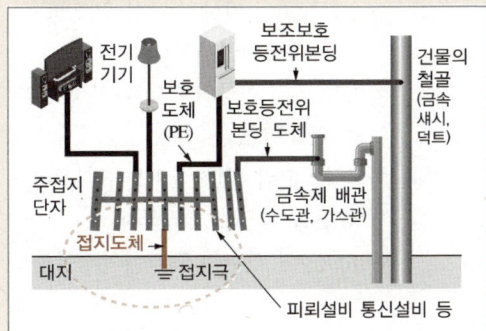

① 접지도체의 단면적
㉠ 차단기의 차단시간이 5초 이하인 경우

$$S = \frac{\sqrt{I^2 t}}{k} \ [\text{mm}^2]$$

(I : 지락전류,
t : 자동차단을 위한 보호장치의 동작시간,
k : 온도 등에 따라 정해지는 계수)

㉡ 큰 고장 전류가 접지도체를 통해 흐르지 않을 경우

[접지도체의 단면적]

접지도체의 종류	큰 고장 전류가 접지도체를 통해 흐르지 않을 경우	접지도체에 피뢰시스템이 접속되는 경우
구리	6[mm²] 이상	16[mm²] 이상
철제	50[mm²] 이상	

㉢ 일반적인 접지공사의 경우
- 특고압·고압 전기설비용 접지도체 : 6[mm²] 이상의 연동선 또는 동등 이상의 단면적 및 강도
- 중성점 접지용 접지도체

일반적인 경우	7[kV] 이하의 전로/ 25[kV] 이하의 특고압 가공전선로
16[mm²] 이상의 연동선 또는 동등 이상의 단면적 및 강도	6[mm²] 이상의 연동선 또는 동등 이상의 단면적 및 강도

정답　16-7 ①　16-8 ①

- 이동하여 사용하는 전기기계기구의 금속제 외함 등의 접지 시스템의 경우
  - 저압 전기설비용 접지도체
    ◇ 0.75[mm²] 이상의 다심 코드 또는 다심 캡타이어케이블
    ◇ 1.5[mm²] 이상의 기타 유연성이 있는 연동연선
  - 특고압·고압 전기설비용 접지도체 및 중성점 접지용 접지도체
    ◇ 10[mm²] 이상의 캡타이어케이블

17-1 접지도체를 통하여 큰 고장 전류가 흐르지 않을 경우 접지선의 굵기는 구리선의 경우 최소 몇 [mm²] 이상이어야 하는가?(단, 피뢰 시스템에 접속되지 않은 경우다)

① 5 ② 6
③ 7.5 ④ 16

해설 접지도체의 단면적

접지도체의 종류	큰 고장 전류가 접지도체를 통해 흐르지 않을 경우	접지도체에 피뢰 시스템이 접속되는 경우
구리	6[mm²] 이상	16[mm²] 이상
철제	50[mm²] 이상	

17-2 피뢰 시스템에 접지도체가 접속된 경우 접지선의 굵기는 구리선의 경우 최소 몇 [mm²] 이상이어야 하는가?

① 6 ② 14
③ 16 ④ 50

해설 17-1번 해설 참조

17-3 접지도체를 통하여 큰 고장 전류가 흐르지 않을 경우 접지도체가 철제라면 최소 단면적은 몇 [mm²]인가?

① 6 ② 16
③ 25 ④ 50

해설 17-1번 해설 참조

17-4 접지도체의 선정 시 중성점 접지용 접지도체의 최소 단면적은 연동선의 경우 몇 [mm²] 이상이어야 하는가?

① 3 ② 6
③ 10 ④ 16

해설 중성점 접지용 접지도체

일반적인 경우	7[kV] 이하의 전로/25[kV] 이하의 특고압 가공전선로
16[mm²] 이상의 연동선 또는 동등 이상의 단면적 및 강도	6[mm²] 이상의 연동선 또는 동등 이상의 단면적 및 강도

17-5 7[kV] 이하인 고압전로의 중성점 접지용 접지도체의 최소 단면적은 연동선의 경우 몇 [mm²] 이상이어야 하는가?

① 3 ② 6
③ 10 ④ 16

해설 17-4번 해설 참조

17-1 ② 17-2 ③ 17-3 ④ 17-4 ④ 17-5 ②

17-6 한국전기설비규정에 의한 중성점 접지용 접지도체는 공칭 단면적 몇 [mm²] 이상의 연동선을 사용하여야 하는가?(단, 25[kV] 이하인 중성선 다중 접지식으로서 전로에 지락 발생 시 2초 이내에 자동적으로 이를 전로로부터 차단하는 장치가 되어 있는 경우이다)

① 2.5
② 6
③ 10
④ 16

해설 17-4번 해설 참조

17-7 이동하여 사용하는 저압 전기기계기구의 금속제 외함의 접지를 위해 사용되는 접지도체가 다심 캡타이어케이블이다. 이 케이블의 도체 단면적은 몇 [mm²] 이상인가?

① 0.75
② 0.85
③ 1.0
④ 10

해설 이동하여 사용하는 전기기계기구의 금속제 외함 등의 접지 시스템의 경우
- 저압 전기설비용 접지도체
  - 0.75[mm²] 이상의 다심 코드 또는 캡타이어케이블
  - 1.5[mm²] 이상의 기타 유연성이 있는 연동연선
- 특고압·고압 전기설비용 접지도체 및 중성점 접지용 접지도체
  - 10[mm²] 이상의 캡타이어케이블

17-8 이동하여 사용하는 전기기계기구의 금속제 외함 등의 접지 시스템의 경우 저압 전기설비용 접지도체에 유연성이 있는 연동연선을 사용할 경우 최소 단면적은 몇 [mm²]인가?

① 0.75
② 1.5
③ 10
④ 16

해설 17-7번 해설 참조

대표유형 18 보호도체(PE ; protective conductor)

감전에 대한 보호 등 안전을 위해 제공되는 도체

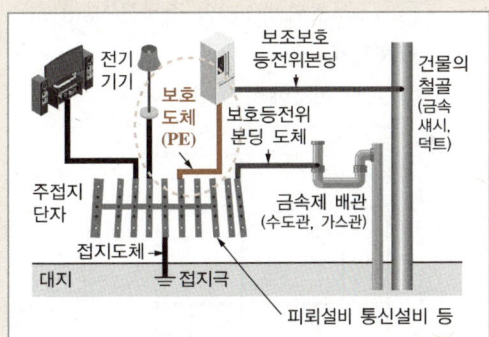

① 보호도체의 종류
  ㉠ 다심케이블의 도체
  ㉡ 충전도체와 같은 트렁킹에 수납된 절연도체 또는 나도체
  ㉢ 고정된 절연도체 또는 나도체
  ㉣ 전기적 연속성을 유지하고 도전성의 일정 조건을 만족하는 금속케이블 외장, 케이블 차폐, 케이블 외장, 전선묶음(편조전선), 동심도체, 금속관

② 보호도체의 최소 단면적 선정
  ㉠ 차단기의 차단시간이 5초 이하인 경우에는 보호도체의 최소 단면적은 다음 계산식으로 계산하여 선정한다.
  ㉡ 공식

  보호도체의 최소 단면적 $S = \dfrac{\sqrt{I^2 t}}{k}$ [mm²]

  (I : 보호장치를 통해 흐를 수 있는 예상 고장 전류 실횻값[A], t : 자동 차단을 위한 보호장치의 동작 시간[s], k : 보호도체, 절연, 재질, 온도 등에 따라 정해지는 계수)

정답 17-6 ② 17-7 ① 17-8 ②

③ 겸용도체 : 보호도체와 계통도체를 겸용하는 도체
  ㉠ 겸용도체의 종류
   • PEN : 보호도체(PE)와 중성선(Neutral) 겸용도체
     ⇨ 교류 회로에서 중성선 겸용

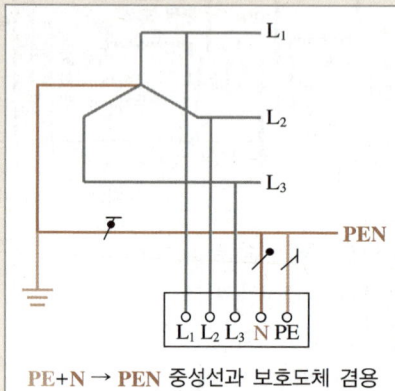

PE+N → PEN 중성선과 보호도체 겸용

   • PEL : 보호도체(PE)와 선도체(Line) 겸용도체
     ⇨ 직류 회로에서 상도체 겸용
   • PEM : 보호도체(PE)와 중간도체(Mid-point) 겸용도체
     ⇨ 직류 회로에서 중성선 겸용

   ✓ 기호 의미

기호	의미
─╱─N	중성선(N), 중간도체(M)
─┬─PE	보호도체(PE)
─╤─PEN	중선선과 보호도체 겸용(PEN)

  ㉡ 겸용도체의 시설조건
   • 겸용도체는 고정된 전기설비에서만 사용할 수 있다.
   • 구리 10[mm^2] 이상, 알루미늄 16[mm^2] 이상
   • 중성선과 보호도체의 겸용도체는 전기설비의 부하 측으로 시설하여서는 안 된다.

④ 보호도체, 보호본딩도체로 사용해서는 안 되는 금속 부분
 보호도체는 감전 위험으로부터 인체를 보호할 수 있어야 하며, 수명이 다 할 때까지 그 효과를 유지해야 하며 다음 경우에는 사용 금지
 ㉠ 금속 수도관
 ㉡ 가스, 액체, 가루와 같은 잠재적인 인화성 물질을 포함하는 금속관
 ㉢ 기계적 응력을 받는 지지 구조물 일부
 ㉣ 가요성 금속배관(다만, 보호도체의 목적으로 설계된 경우는 예외)
 ㉤ 가요성 금속전선관
 ㉥ 지지선, 케이블트레이 및 이와 비슷한 것

18-1 한국전기설비규정에 따른 용어의 정의에서 감전에 대한 보호 등 안전을 위해 제공되는 도체를 말하는 것은?

① 접지극도체
② 수평도체
③ 접지도체
④ 보호도체

[해설] 보호도체(PE, Protective Conductor)
  감전에 대한 보호 등 안전을 위해 제공되는 도체

18-2 보호도체의 단면적[mm²] 계산식은?(단, I는 예상 고장 전류 실횻값[A], t는 보호장치 동작시간[s], k는 처음온도와 나중온도에 따라 정해지는 계수이다)

① $S = \dfrac{\sqrt{I^2 t}}{k}$ ② $S = \dfrac{\sqrt{It}}{k}$

③ $S = \dfrac{k}{\sqrt{I^2 t}}$ ④ $S = \dfrac{k}{\sqrt{It}}$

해설 차단기의 차단시간이 5초 이하인 경우에는 보호도체의 최소 단면적은 다음 계산식으로 계산하여 선정한다.

보호도체의 최소 단면적 $S = \dfrac{\sqrt{I^2 t}}{k}$ [mm²]

(I: 보호장치를 통해 흐를 수 있는 예상 고장 전류 실횻값 [A], t: 자동 차단을 위한 보호장치의 동작 시간[s], k: 보호도체, 절연, 재질, 온도 등에 따라 정해지는 계수)

18-3 다음 중 보호도체와 계통도체를 겸용하는 겸용도체의 종류가 아닌 것은?

① PEL ② PEN
③ PEF ④ PEM

해설 **겸용도체의 종류**
- PEN : 보호도체(PE)와 중성선(Neutral) 겸용도체
  ⇨ 교류 회로에서 중성선 겸용
- PEL : 보호도체(PE)와 선도체(Line) 겸용도체
  ⇨ 직류 회로에서 상도체 겸용
- PEM : 보호도체(PE)와 중간도체(Mid-point) 겸용도체
  ⇨ 직류 회로에서 중성선 겸용

18-4 다음 중 보호도체와 계통도체를 겸용하는 겸용도체 중 상도체와 겸용인 것은?

① PEL ② PEN
③ PEF ④ PEM

해설 PEL : 보호도체(PE)와 선도체(Line) 겸용도체
⇨ 직류 회로에서 상도체 겸용

18-5 다음 중 보호도체로 사용할 수 있는 것은?

① 지지선, 케이블트레이 및 이와 비슷한 것
② 가요성 금속전선관
③ 금속 수도관
④ 다심케이블의 도체

해설 **보호도체, 보호본딩도체로 사용해서는 안 되는 금속 부분**
- 금속 수도관
- 가스, 액체, 가루와 같은 잠재적인 인화성 물질을 포함하는 금속관
- 기계적 응력을 받는 지지 구조물 일부
- 가요성 금속배관(다만, 보호도체의 목적으로 설계된 경우는 예외)
- 가요성 금속전선관
- 지지선, 케이블트레이 및 이와 비슷한 것

18-6 다음 중 보호도체로 사용할 수 없는 것은?

① 다심케이블의 도체
② 충전도체와 같은 트렁킹에 수납된 절연도체
③ 고정된 절연도체 또는 나도체
④ 금속 수도관

해설 18-5번 해설 참조

정답 18-2 ① 18-3 ③ 18-4 ① 18-5 ④ 18-6 ④

> **대표유형 19** 접지공사 생략이 가능한 경우

전로에 시설하는 기계기구의 철대 및 금속제 외함(외함이 없는 변압기 또는 계기용 변성기는 철심)에 의한 접지공사는 다음 경우에는 생략이 가능하다.
① 사용전압이 **직류 300[V]** 또는 **교류 대지전압이 150[V] 이하**인 기계기구를 **건조한 곳**에 시설하는 경우
② 외함을 충전하여 사용하는 기계기구에 사람이 **접촉할 우려가 없도록 시설한 경우**
③ 철대 또는 외함의 주위에 **절연대**를 설치하는 경우
④ 물기 있는 장소 이외의 장소에 시설하는 저압용의 개별 기계기구에 전기를 공급하는 전로에 **인체 감전 보호용 누전 차단기(정격 감도전류 30[mA] 이하, 동작시간 0.03초 이하의 전류 동작형에 한함)**를 시설하는 경우

19-1 한국전기설비규정에 의하여 전로에 시설하는 기계기구의 철대 및 외함에 반드시 접지공사를 해야 하는 경우로 옳은 것은?

① 철대 또는 외함의 주위에 절연대를 설치하는 경우
② 외함을 충전하여 사용하는 기계기구에 사람이 접촉할 우려가 없도록 시설한 경우
③ 사용전압이 교류 대지전압 220[V]인 기계기구를 건조한 곳에 시설하는 경우
④ 사용전압이 직류 300[V]인 기계기구를 건조한 곳에 시설하는 경우

[해설] 접지공사 생략이 가능한 경우
- 사용전압이 직류 300[V] 또는 교류 대지전압이 150[V] 이하인 기계기구를 건조한 곳에 시설하는 경우
- 외함을 충전하여 사용하는 기계기구에 사람이 접촉할 우려가 없도록 시설한 경우
- 철대 또는 외함의 주위에 절연대를 설치하는 경우
- 물기 있는 장소 이외의 장소에 시설하는 저압용의 개별 기계기구에 전기를 공급하는 전로에 인체 감전 보호용 누전 차단기(정격 감도전류 30[mA] 이하, 동작시간 0.03초 이하의 전류 동작형에 한함)를 시설하는 경우

19-2 전로에 시설하는 기계기구의 철대 및 금속제 외함에는 접지공사를 하여야 하나 그렇지 않은 경우가 있다. 접지공사를 하지 않아도 되는 경우에 해당하는 것은?

① 저압용의 기계기구를 사용하는 전로에 그 전로를 자동적으로 차단하는 장치가 없는 경우
② 철대 또는 외함의 주위에 절연대를 설치하는 경우
③ 사용전압이 직류 300[V]인 기계기구를 습한 곳에 시설하는 경우
④ 교류 대지전압이 300[V]인 기계기구를 건조한 곳에 시설하는 경우

[해설] 19-1번 해설 참조

19-3 건조한 장소에 시설하는 저압용 개별 기계기구에 전기를 공급하는 전로 또는 개별 기계기구에 전기용품 안전관리법의 적용을 받는 인체 감전 보호용 누전 차단기를 시설하면 외함의 접지를 생략할 수 있다. 이 경우 누전 차단기의 정격으로 알맞은 것은?

① 정격 감도전류 50[mA] 이하, 동작시간 0.03초 이하의 전류 동작형
② 정격 감도전류 50[mA] 이하, 동작시간 0.05초 이하의 전류 동작형
③ 정격 감도전류 30[mA] 이하, 동작시간 0.03초 이하의 전류 동작형
④ 정격 감도전류 30[mA] 이하, 동작시간 0.05초 이하의 전류 동작형

[해설] 물기 있는 장소 이외의 장소에 시설하는 저압용의 개별 기계기구에 전기를 공급하는 전로에 인체 감전 보호용 누전 차단기(정격 감도전류 30[mA] 이하, 동작시간 0.03초 이하의 전류 동작형에 한함)를 시설하는 경우

정답 19-1 ③ 19-2 ② 19-3 ③

대표유형 20) 전기수용가 접지

① 수용장소 인입구 부근에서 다음의 것을 접지극으로 사용하여 변압기 중성점 접지를 한 저압전선로의 중성선 또는 접지 측 전선에 **추가로 접지공사를 할 수 있다.**
  ㉠ 지중에 매설되어 있고 대지와의 전기 저항값이 3[Ω] 이하의 값을 유지하고 있는 **금속제 수도관로**
  ㉡ 대지 사이의 전기 저항값이 3[Ω] 이하의 값을 유지하는 **건물의 철골**
② 위의 사항에 따른 접지도체는 공칭 단면적 **6[mm²] 이상의 연동선** 또는 이와 동등 이상의 세기, 굵기의 쉽게 부식하지 않는 금속선으로서 고장 시 흐르는 전류를 안전하게 통할 수 있는 것이어야 한다.

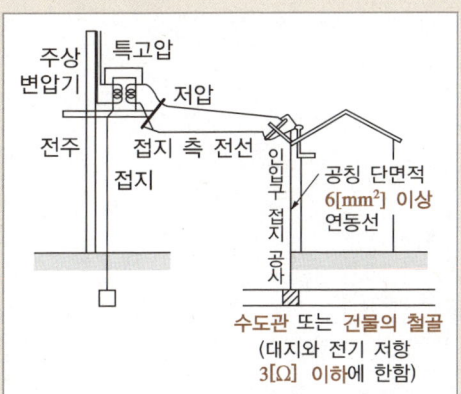

✓ **인입구**
옥외 또는 옥측에서 전로가 가옥의 외벽을 관통하는 부분

20-1 저압수용가 인입구 부근에서 접지 측 전선에 추가로 접지공사할 경우 지중에 매설되어 있는 금속제 수도관로의 전기 저항값이 몇 [Ω] 이하일 때 가능한가?

① 2
② 3
③ 4
④ 5

[해설] 전기수용가 접지
수용장소 인입구 부근에서 다음의 것을 접지극으로 사용하여 변압기 중성점 접지를 한 저압전선로의 중성선 또는 접지 측 전선에 추가로 접지공사를 할 수 있다.
• 지중에 매설되어 있고 대지와의 전기 저항값이 3[Ω] 이하의 값을 유지하고 있는 금속제 수도관로
• 대지 사이의 전기 저항값이 3[Ω] 이하의 값을 유지하는 건물의 철골

20-2 수용장소 인입구 부근에서 건물의 철골을 접지극으로 사용하여 접지공사를 할 때 대지 사이의 전기 저항값은 몇 [Ω] 이하의 값을 유지하고 있어야 하는가?

① 3
② 5
③ 6
④ 10

[해설] 20-1번 해설 참조

20-3 저압수용가 인입구 접지에서 사용되는 접지도체의 최소 단면적은 몇 [mm²]인가?

① 6
② 10
③ 16
④ 50

[해설] 전기수용가 접지
접지도체는 공칭 단면적 6[mm²] 이상의 연동선

정답 20-1 ② 20-2 ① 20-3 ①

대표유형 21 접지저항 저감 대책

① 접지극을 깊게 매설
② 토양의 고유저항을 화학적으로 저감
③ 접지봉 연결 개수, 길이, 접지판 면적 증가

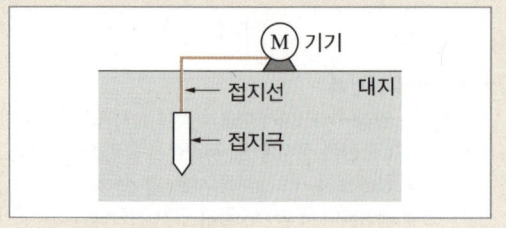

21-1 접지 전극과 대지 사이 저항의 명칭으로 옳은 것은?

① 접촉저항
② 접지저항
③ 고유저항
④ 대지 전극 저항

해설 접지저항은 접지 전극과 땅 사이의 전기 저항을 의미한다.

21-2 접지저항 저감 대책이 아닌 것은?

① 접지극을 깊게 매설한다.
② 접지봉의 연결개수를 증가시킨다.
③ 접지판의 면적을 감소시킨다.
④ 토양의 고유저항을 화학적으로 저감시킨다.

해설 접지저항을 작게 하기 위해서는 접지판의 면적을 증가시켜야 한다.

21-3 접지저항값에 가장 큰 영향을 주는 것은?

① 온도
② 접지선 굵기
③ 대지 저항
④ 접지 전극 크기

해설 접지저항에는 대지 저항이 가장 큰 영향을 미친다.

대표유형 22 피뢰 시스템의 적용 범위 및 구성

① 피뢰 시스템의 적용 범위
  ㉠ 전기전자 설비가 설치된 건축물·구조물로서 낙뢰로부터 보호가 필요한 것 또는 지상으로부터 높이가 20[m] 이상인 것
  ㉡ 전기설비 및 전자설비 중 낙뢰로부터 보호가 필요한 곳의 설비
② 피뢰 시스템의 구성
  구성1 직격뢰로부터 대상물을 보호하기 위한 외부 피뢰 시스템
  구성2 간접뢰 및 유도뢰로부터 대상물을 보호하기 위한 내부 피뢰 시스템
③ 피뢰 시스템의 등급 선정
  ㉠ 피뢰 시스템 등급은 Ⅰ, Ⅱ, Ⅲ, Ⅳ 4개의 등급으로 정의한다.
  ㉡ 위험물의 제조소 등에 설치되는 피뢰 시스템은 Ⅱ등급 이상으로 한다.

22-1 피뢰 시스템을 적용하기 위해서는 전기 및 전자설비가 설치된 건축물 구조물로서 낙뢰로부터 보호가 필요한 것 또는 지상으로부터 높이가 몇 [m] 이상이어야 하는가?

① 10   ② 20
③ 30   ④ 40

해설 **피뢰 시스템의 적용 범위**
전기·전자설비가 설치된 건축물·구조물로서 낙뢰로부터 보호가 필요한 것 또는 지상으로부터 높이가 20[m] 이상인 것

22-2 위험물의 제조소·저장소 및 처리장에 설치하는 피뢰 시스템은 어느 등급 이상 적용하는가?

① Ⅰ   ② Ⅱ
③ Ⅲ   ④ Ⅳ

해설 **피뢰 시스템의 등급 선정**
위험물의 제조소 등에 설치되는 피뢰 시스템은 Ⅱ등급 이상으로 한다.

정답 22-1 ② 22-2 ②

대표유형 23 피뢰설비

건축물과 내부 설비 등을 낙뢰로부터 보호하는 설비

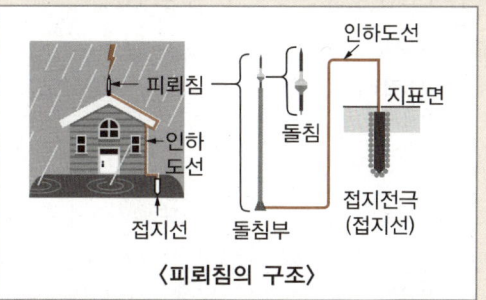
〈피뢰침의 구조〉

① **피뢰침**(lightning rod) : 높은 건물이나 안테나 등에 직접 벼락이 떨어지는 직격뢰로부터 건물을 보호하기 위한 장치
② **피뢰기**(lightning arrester) : 다른 건물이나 수목에 떨어진 벼락의 영향으로 발생한 이상 전압으로부터 사용 중인 전기기기에 피해가 생기는 것을 막기 위한 장치
③ **인하도선**(down conductor) : 뇌전류를 수뢰부 시스템으로부터 접지 시스템으로 흐르게 하기 위한 외부 뇌보호 시스템의 일부
④ **가공지선**(overhead earth wire) : 낙뢰로부터 전력선을 보호하기 위해 도선과 평행하게 설치되는 선

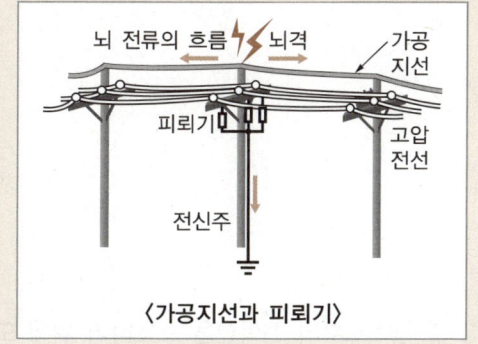
〈가공지선과 피뢰기〉

23-1 다음 중 피뢰설비에 해당하지 않는 것은?

① 피뢰침 ② 가공지선
③ 인하도선 ④ 공동지선

> **해설** 피뢰설비
> - 피뢰침
> - 가공지선
> - 인하도선

> **대표유형 24** 외부 피뢰 시스템
>
> ① 수뢰부 시스템
>   ㉠ 돌침, 수평도체, 그물망 도체의 요소 중에 한 가지 또는 이를 조합한 형식으로 시설하여야 한다.
>   ㉡ 구성 요소로 특정 조건을 만족하면 자연적 구성부재를 이용할 수 있다.
>   ㉢ 수뢰부 시스템의 배치는 **보호각법, 회전구체법, 그물망법** 중 하나 또는 조합된 방법으로 배치하여야 한다.
>   ㉣ 전체 높이 60[m]를 초과하는 건축물·구조물의 측뢰 보호용 수뢰부 시스템은 **최상부로부터 20[%]** 부분에 한하여 시설하며 피뢰 시스템 등급 Ⅳ의 요구 사항에 따른다.
>
> ② 인하도선 시스템
>   ㉠ 시설 조건
>
>   [인하도선시스템의 재료]
>
> | 재료 | 형상 | 최소단면적[mm²] |
> |---|---|---|
> | 구리, 주석도금한 구리 | 테이프형 단선 | 50 |
> | | 원형 단선 | 50 |
> | | 연선 | 50 |
>
>   ㉡ 배치 방법(건축물·구조물과 분리되지 않은 피뢰 시스템인 경우)
>   - 병렬 인하도선의 최대 간격은 피뢰 시스템 등급에 따라 다음 표와 같이 하도록 한다.
>
>   [병렬 인하도선의 최대 간격]
>
> | 피뢰 시스템의 등급 | 간격[m] |
> |---|---|
> | Ⅰ | 10 |
> | Ⅱ | 10 |
> | Ⅲ | 15 |
> | Ⅳ | 20 |

23-2 낙뢰로부터 전력선을 보호하기 위해 도선과 평행하게 설치되는 선은?

① 피뢰침 ② 가공지선
③ 인하도선 ④ 공동지선

> **해설** 가공지선
> 낙뢰로부터 전력선을 보호하기 위해 도선과 평행하게 설치되는 선

ⓒ 수뢰부 시스템과 접지극 시스템 사이에 전기적 연속성이 형성되도록 다음과 같이 시설
- 경로는 가능한 루프 형성이 되지 않도록 하고, 최단거리로 곧게 수직으로 시설하며 처마 또는 수직으로 설치된 홈통 내부에 시설하지 않아야 한다.
- 철근콘크리트 **구조물의 철근을 자연적 구성부재의 인하도선으로 사용하기 위해**서는 해당 전체 길이의 전기 저항값은 0.2[Ω] 이하가 되어야 한다.

③ 접지극 시스템(earth-termination system)
ⓐ 뇌전류를 대지로 방류시키기 위한 접지극 시스템은 A형 접지극(수평 또는 수직 접지극) 또는 B형 접지극(환상 도체 접지극 또는 기초 접지극) 중 하나 또는 조합한 시설로 하여야 한다.

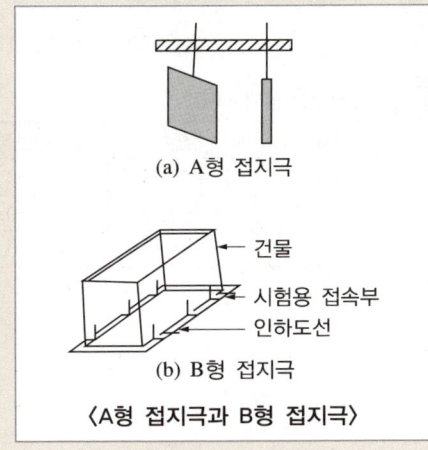

〈A형 접지극과 B형 접지극〉

ⓑ 접지극은 다음에 따라 시설한다.
- 지표면에서 0.75[m] 이상 깊이로 매설할 것
- 대지가 암반 지역으로 대지 저항이 높거나 건축물·구조물이 전자통신 시스템을 많이 사용하는 시설의 경우
  ⇨ 환상 도체 접지극 또는 기초 접지극으로 한다.
- 접지극 재료는 대지에 환경 오염 및 부식의 문제가 없어야 한다.
- 철근콘크리트 기초 내부의 상호 접속된 철근 또는 금속제 지하구조물 등 **자연적 구성부재는 접지극으로 사용할 수 있다.**

④ 부품 및 접속
ⓐ 접속은 용접, 눌러 붙임, 봉합, 나사 조임, 볼트 조임 등의 방법 중 현장 여건에 적합한 방법으로 확실하게 하여야 한다.

24-1 다음 중 외부 피뢰 시스템에 해당하지 않는 것은?

① 접지극 시스템   ② 접지 시스템
③ 인하도선 시스템   ④ 수뢰부 시스템

[해설] **외부 피뢰 시스템의 종류**
- 수뢰부 시스템
- 접지극 시스템
- 인하도선 시스템

24-2 다음 중 수뢰부 시스템에 해당하지 않는 것은?

① 수평도체   ② 그물망 도체
③ 가공피뢰선   ④ 돌침

[해설] 수뢰부 시스템은 돌침, 수평도체, 그물망 도체(메시 도체)의 요소 중에 한 가지 또는 이를 조합한 형식으로 시설할 것

[정답] 24-1 ②   24-2 ③

24-3 돌침, 수평도체, 그물망 도체의 요소 중 한 가지 또는 이를 조합한 형식으로 시설하는 것은?

① 접지극 시스템
② 수뢰부 시스템
③ 인하도선 시스템
④ 내부 피뢰 시스템

[해설] 수뢰부 시스템은 돌침, 수평도체, 그물망 도체의 요소 중에 한 가지 또는 이를 조합한 형식으로 시설하여야 한다.

24-4 수뢰부 시스템의 배치 방법으로 적합하지 않는 것은?

① 환상도체법
② 그물망법
③ 보호각법
④ 회전구체법

[해설] 수뢰부 시스템의 배치는 보호각법, 회전구체법, 그물망법 중 하나 또는 조합된 방법으로 배치하여야 한다.

24-5 지상으로부터 높이 60[m]를 초과하는 건축물·구조물에 측뢰 보호가 필요한 경우에는 최상부로부터 몇 [%]까지 수뢰부 시스템을 시설할 수 있는가?

① 10 ② 20
③ 30 ④ 40

[해설] 전체 높이 60[m]를 초과하는 건축물·구조물에 측뢰 보호가 필요한 경우 최상부로부터 20[%] 부분에 한하며, 피뢰 시스템 등급 Ⅳ의 요구 사항에 따를 것

24-6 인하도선으로 구리를 사용할 경우 최소 단면적[mm²]은?(단, 형상은 테이프형 단선이다)

① 30 ② 35
③ 50 ④ 70

[해설] 인하도선 시스템의 재료

재료	형상	최소단면적[mm²]
구리, 주석도금한 구리	테이프형 단선	50
	원형 단선	50
	연선	50

24-7 다음 중 피뢰 시스템의 등급이 Ⅰ등급일 때 인하도선 사이의 간격[m]은?

① 5   ② 10
③ 15 ④ 20

[해설] 병렬 인하도선의 최대 간격

피뢰 시스템의 등급	간격[m]
Ⅰ	10
Ⅱ	10
Ⅲ	15
Ⅳ	20

24-8 철근 콘크리트 구조물의 철근을 자연적 구성부재의 인하도선으로 사용하기 위해서는 해당 전체 길이의 전기 저항값은 몇 [Ω] 이하가 되어야 하는가?

① 0.1
② 0.2
③ 0.5
④ 2

해설 철근 콘크리트 구조물의 철근을 자연적 구성부재의 인하도선으로 사용하기 위해서는 해당 전체 길이의 전기 저항값은 0.2[Ω] 이하가 되어야 한다.

24-9 뇌전류를 대지로 방류시키기 위한 접지극 시스템에 해당하지 않는 것은?

① 기초접지극
② 수직접지극
③ 환상도체접지극
④ 돌침접지극

해설 접지극 시스템
수평 또는 수직접지극(A형) 또는 환상도체 또는 기초접지극(B형) 중 하나 또는 조합한 시설로 할 것

24-10 접지극은 지표면에서 몇 [m] 이상의 깊이에 매설해야 하는가?

① 0.5
② 0.75
③ 1
④ 2

해설 접지극은 지표면에서 0.75[m] 이상 깊이로 매설할 것. 다만, 필요시 해당 지역의 동결심도를 고려한 깊이로 할 수 있다.

24-11 다음 중 접지극의 시설 방법으로 옳지 않은 것은?

① 대지 저항이 높을 경우 환상도체접지극 또는 기초접지극으로 시설할 것
② 지표면에서 0.75[m] 이상 깊이로 매설할 것
③ 자연적 구성부재는 접지극으로 사용하지 않을 것
④ 대지에 환경오염 및 부식의 문제가 없어야 할 것

해설 철근 콘크리트 기초 내부의 상호 접속된 철근 또는 금속제 지하구조물 등 자연적 구성부재는 접지극으로 사용할 수 있다.

24-12 인하도선의 접속 방법으로 적합하지 않은 것은?

① 나사 조임
② 용접
③ 동여매기
④ 눌러 붙임

해설 접속은 용접, 눌러 붙임, 봉합, 나사 조임, 볼트 조임 등의 방법 중 현장 여건에 적합한 방법으로 확실하게 하여야 한다.

정답 24-8 ② 24-9 ④ 24-10 ② 24-11 ③ 24-12 ③

대표유형 25 내부 피뢰 시스템

① 전기전자설비 보호
  ㉠ 일반사항
    • 전기전자설비의 뇌서지에 대한 보호
      - 전기전자설비의 뇌서지에 대한 보호는 피뢰구역 경계 부분에서 접지 또는 본딩을 하여야 한다.
      - 직접 본딩이 불가능한 경우 : **서지 보호 장치를 설치**

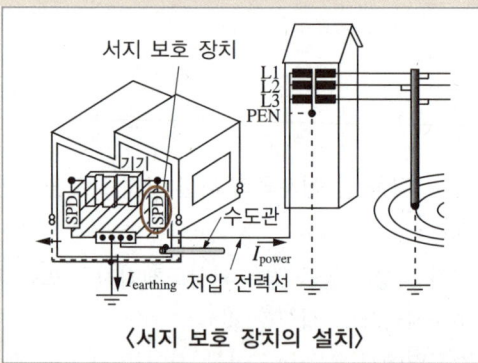

〈서지 보호 장치의 설치〉

  ㉡ 전기적 절연 : 수뢰부 또는 인하도선과 구조체의 금속부분, 금속설비, 내부시스템 사이의 전기적 절연은 규정에 의한 간격으로 한다.
  ㉢ 접지와 본딩
    • 접지와 본딩
      - **뇌서지 전류를 대지로 방류시키기 위한 접지를 시설하여야 한다.**
      - 전위차를 해소하고 자계를 감소시키기 위한 본딩을 구성하여야 한다.

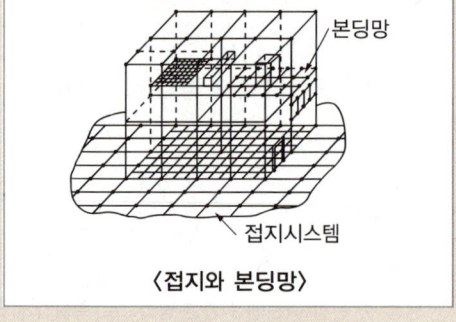

〈접지와 본딩망〉

  • 접지극
    - 전자·통신설비(또는 이와 유사한 것)의 접지는 환상 도체 접지극 또는 기초 접지극으로 할 것
  ㉣ 서지 보호 장치의 시설 : 전기전자설비 등에 연결된 전선로를 통하여 서지가 유입되는 경우, 해당 선로에는 서지 보호 장치를 설치하여야 한다.

② 피뢰등전위본딩

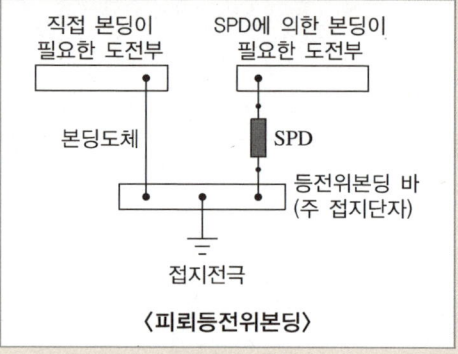

〈피뢰등전위본딩〉

  ㉠ 일반 사항
    • 피뢰 시스템의 등전위화는 다음과 같은 설비들을 서로 접속함으로써 이루어진다.
      - 금속제 설비
      - 구조물에 접속된 외부 도전성 부분
      - 내부시스템
    • 등전위본딩의 상호 접속은 다음에 의한다.
      - 자연적 구성부재에 의한 본딩으로 전기적 연속성을 확보할 수 없는 장소는 본딩 도체로 연결한다.
      - 본딩 도체로 직접 접속할 수 없는 장소의 경우에는 서지 보호 장치를 이용한다.
      - 본딩 도체로 접속이 허용되지 않는 장소의 경우에는 절연방전갭(ISG)을 이용한다.

25-1 전기전자설비의 뇌서지에 대한 보호대책으로 피뢰구역 경계부분에서 직접 본딩이 불가능한 경우에 시설하는 것은?

① 서지 보호 장치 ② 차단기
③ 피뢰기 ④ 서지 흡수기

해설 전기전자설비의 뇌서지에 대한 보호대책으로 피뢰구역 경계 부분에서 접지 또는 본딩을 하여야 한다. 다만, 직접 본딩이 불가능한 경우 서지 보호 장치를 시설한다.

25-2 내부 피뢰 시스템 중 전기전자설비 보호용 피뢰 시스템의 경우 뇌서지 전류를 대지로 방류하기 위한 설비는 무엇인가?

① 접지 ② 본딩
③ 차폐선 ④ 절연

해설 전기전자설비 보호를 위해 뇌서지 전류를 대지로 방류시키기 위한 접지를 시설하여야 한다.

25-3 내부 피뢰 시스템 중 전기전자설비 보호용 피뢰 시스템의 경우 전위차를 해소하고 자계를 감소시키기 위한 설비는 무엇인가?

① 접지 ② 본딩
③ 차폐선 ④ 절연

해설 전기전자설비 보호를 위해 전위차를 해소하고 자계를 감소시키기 위한 본딩을 구성하여야 한다.

25-4 통합 접지 시스템에서 낙뢰에 의한 과전압 등으로부터 전기, 전자기기 등을 보호하기 위해 설치하여야 할 기기는?

① 접지 시스템
② 피뢰 시스템
③ 서지 보호 장치
④ 피뢰기

해설 낙뢰에 의한 과전압 등으로부터 전기, 전자기기 등을 보호하기 위해 서지 보호 장치를 설치하여야 한다.

25-5 외부 피뢰 시스템의 도체 부분은 다음과 같은 금속성 부분과 등전위본딩을 해야 한다. 해당하지 않는 것은?

① 접지극 시스템
② 금속제 설비
③ 내부 시스템
④ 구조물에 접속된 외부 도전성 부분

해설 피뢰 시스템의 등전위화는 다음과 같은 설비들을 서로 접속함으로써 이루어진다.
 • 금속제 설비
 • 구조물에 접속된 외부 도전성 부분
 • 내부 시스템

정답 25-1 ① 25-2 ① 25-3 ② 25-4 ③ 25-5 ①

02 저압, 고압, 특고압 전기설비

대표유형 01 계통 접지의 방식

저압전로의 보호도체 및 중성선의 접속 방식에 따라 다음과 같이 접지계통을 표기, 분류할 수 있다.

① 접지 방식의 표기
  ㉠ 제1문자 – 전원계통과 대지의 관계
    • T : Terra(대지), 한 점을 대지에 직접 접속
    • I : Insulation(절연), 모든 충전부를 대지와 절연시키거나 높은 임피던스를 통하여 한 점을 대지에 직접 접속
  ㉡ 제2문자 – 전기설비의 노출 도전부와 대지의 관계
    • T : Terra(대지), 노출 도전부를 대지에 직접 접속
    • N : Neutral(중성점), 노출 도전부를 전력계통의 접지점(통상적으로 중성점, 중성점이 없을 경우는 선도체)에 직접 접속
  ㉢ 제3문자 – 중성선(N)과 보호도체(PE)의 배치
    • S : Seperated(분리), 중성선과 보호도체가 분리된 상태로 도체를 설치
    • C : Combined(결합), 중성선과 보호도체가 결합된 상태인 단일도체로 설치 (PEN 도체)
  ㉣ 저압 전원계통에서 사용하는 기호

기호	의미
─/── N	중성선(N), 중간도체(M)
─/── PE	보호도체(PE)
─/── PEN	중선선과 보호도체 겸용(PEN)

② 계통 접지(system earthing) : 전력 계통에서 돌발적으로 발생하는 이상 현상에 대비하여 대지와 계통을 연결하는 것으로 중성점을 대지에 접속하는 것을 의미
  ㉠ TN 계통 : 전원 측 또는 변압기 측이 **대지에 접지**되어 있고, 전기설비는 전원 측 또는 변압기 측의 **중성선에 연결**된 접지 방식
    • **TN–S 계통**
      – TN 계통에서 중성선과 보호도체가 각각 분리되어 있는 접지 방식
      – **누전 차단기 사용 가능**

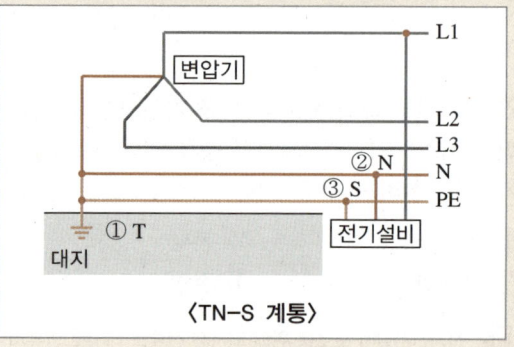

〈TN–S 계통〉

    • **TN–C 계통**
      – TN 계통에서 중성선과 보호도체가 각각 결합되어 있는 접지 방식
      – **누전 차단기 사용 불가능**

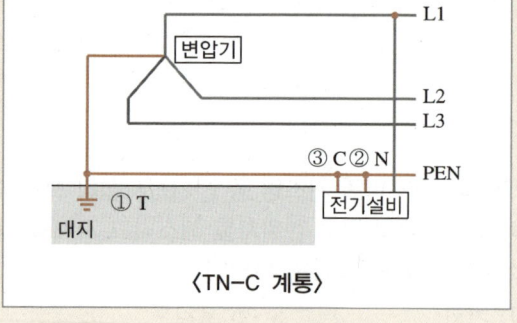

〈TN–C 계통〉

- TN-C-S 계통
  - TN-S와 TN-C 방식을 결합한 형태
  - TN-S 부분 : 누전 차단기 사용 가능
  - TN-C 부분 : **누전 차단기 사용 불가능**

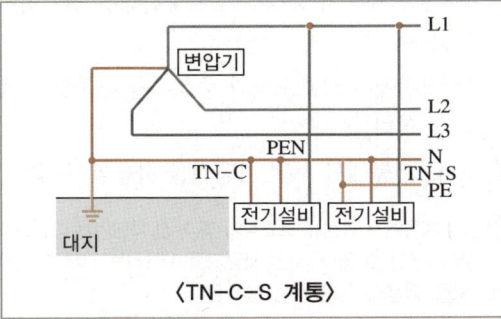
〈TN-C-S 계통〉

ⓒ **TT 계통**
- 전원 측 또는 변압기 측이 **대지에 접지**되어 있고 전기설비도 **대지에 접지**되어 있는 접지 방식
- 누전 차단기 사용 가능

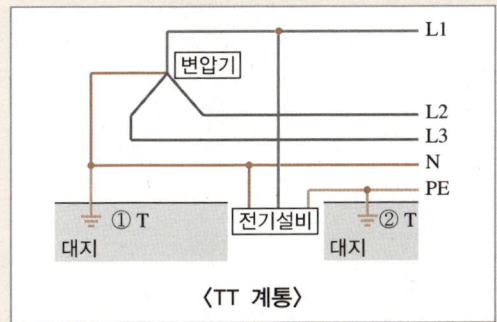
〈TT 계통〉

ⓒ **IT 계통** : 전원 측 또는 변압기 측이 **비접지**(대지와 완전하게 절연) 또는 높은 임피던스를 통해 대지에 접지되어 있고, 전기설비는 **대지에 접지**되어 있는 접지 방식

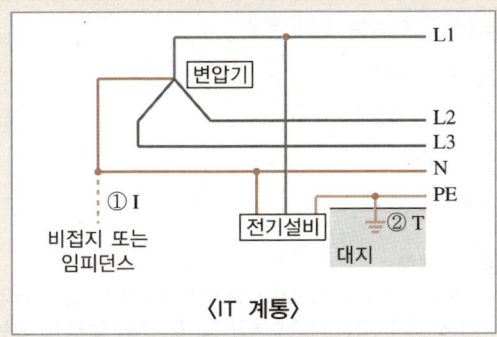
〈IT 계통〉

01-1 접지 시스템의 명칭에 관한 설명으로 옳은 것은?

① 표기의 첫 번째 문자는 전원과 중성선 및 보호도체의 표설 관계를 의미한다.
② 표기의 두 번째 문자는 기기의 도전성 노출부분과 대지와의 관계를 의미한다.
③ 표기의 세 번째 문자는 대지와의 관계를 나타낸다.
④ PEN은 보호도체를 의미하는 P와 EN이 조합된 것이다.

[해설] **접지 방식의 표기**
- 제1문자 : 전원 측의 접지상태 = 전원과 대지와의 관계 (T, I)
- 제2문자 : 전기설비의 접지상태 = 기기의 도전성 노출부분과 대지와의 관계(T, N)
- 제3문자 : 중성선과 보호도체의 배치(S, C)
- ※ PEN : 보호도체(Protective Earthing)의 PE와 중성선(Neutral)의 N이 조합된 것

01-2 다음 중 저압 전원계통의 접지 방식의 포설에 사용된 기호가 아닌 것은?

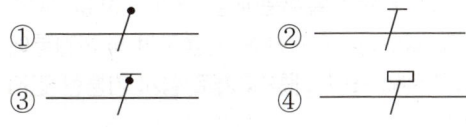

[해설]

기호	의미
─/─ N	중성선(N), 중간도체(M)
─/─ PE	보호도체(PE)
─/─ PEN	중선선과 보호도체 겸용 (PEN)

정답 1-1 ② 1-2 ④

01-3 교류 회로에서 중성선 겸용 보호도체를 의미하는 것은?

① PEM 도체
② PEN 도체
③ PEL 도체
④ PE 도체

해설
- PEN 도체 : 중성선 겸용 보호도체(교류 회로)
- PEM 도체 : 중간선 겸용 보호도체(직류 회로)
- PEL 도체 : 선도체 겸용 보호도체(직류 회로)
- PE 도체(= 보호도체) : 감전 방지 등 안전을 위한 도체

01-4 TN 계통에는 중성선 및 보호도체의 포설 방법에 따라 3가지 종류가 있다. 이때 TN 접지 방식이 아닌 것은?

① TN-C 계통
② TN-C-S 계통
③ TN-T 계통
④ TN-S 계통

해설 TN 계통
- TN-S 계통
- TN-C 계통
- TN-C-S 계통

01-5 TN 계통의 일부분에서 PEN 도체를 사용, 중성선과 별도의 PE 도체를 사용하며 배전계통에서 PEN 도체와 PE 도체를 추가로 접지 가능한 접지 방식은?

① TN 계통
② TN-C 계통
③ TN-C-S 계통
④ TN-S 계통

해설 TN-C-S 계통 : TN-S와 TN-C 방식을 결합한 형태

01-6 감전에 대한 보호 중 TN 계통에 대한 설명으로 적절하지 않은 것은?

① TN 계통에서 과전류 보호장치만 고장보호에 사용할 수 있다.
② 전원 공급계통의 중성점이나 중간점은 접지하여야 한다.
③ 고장설비에서 보호도체와 중성선을 겸하여 사용할 수 있다.
④ TN-C 계통에서 누전 차단기를 사용할 수 없다.

해설 TN 계통에서 과전류 보호장치 및 누전 차단기는 고장보호에 사용할 수 있다. 누전 차단기를 사용하는 경우, 과전류 보호 겸용의 것을 사용해야 한다.

01-7 전원의 한 점을 접지하고 설비의 노출 도전부는 전원의 접지 전극과 전기적으로 독립적인 접지극에 접속하는 방식은?

① TN-C 계통
② TN-S 계통
③ IT 계통
④ TT 계통

해설 TT 계통
전원의 한 점을 접지하고 설비의 노출 도전부는 전원의 접지 전극과 전기적으로 독립적인 접지극에 접속하는 방식

01-8 TT 계통에서 고장보호를 위해서 설치해야 하는 것은?

① 과전류 보호장치와 누전 차단기
② 과전류 보호장치
③ 배선용 차단기
④ 누전 차단기

해설 TT 계통은 누전 차단기를 사용하여 고장보호를 하여야 한다. 다만, 고장 루프 임피던스가 낮을 때는 과전류 보호장치에 의하여 고장보호를 할 수 있다.

01-9 충전부 전체를 대지로부터 절연시키거나 한 점에 임피던스를 삽입하여 대지에 접속시키고 전기기기의 노출 도전부를 단독 또는 일괄적으로 계통의 PE 도체에 접속시키는 방식은?

① TT 계통
② TN-S 계통
③ TN-C 계통
④ IT 계통

해설 IT 계통
전원 측 또는 변압기 측이 비접지(대지와 완전하게 절연) 또는 높은 임피던스를 통해 대지에 접지되어 있고(제1문자 : I 해석), 전기설비는 대지에 접지되어 있는(제2문자 : T 해석) 접지 방식

01-10 다음 중 한국전기설비규정에서 표기한 접지 계통으로 그 명칭이 올바르게 짝지어지지 않은 것은?

① IT 계통

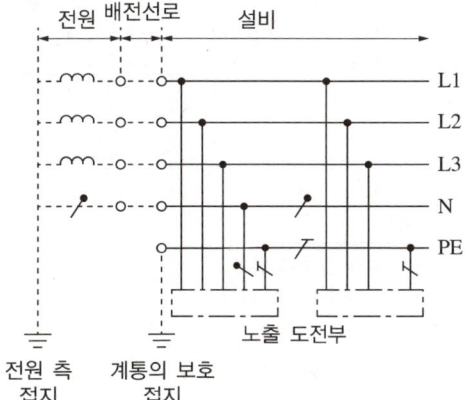

② TN-C-S 계통

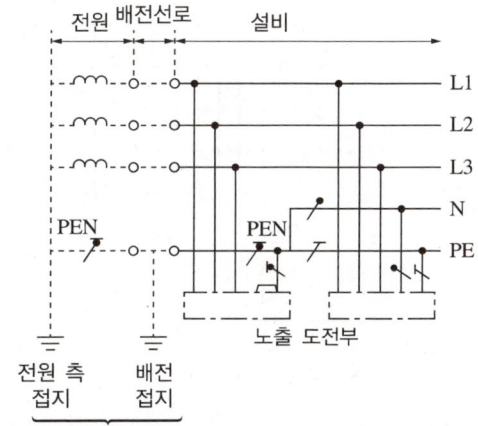

③ TN-C 계통

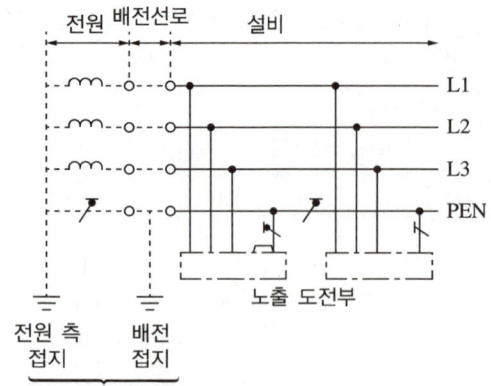

④ TN-S 계통

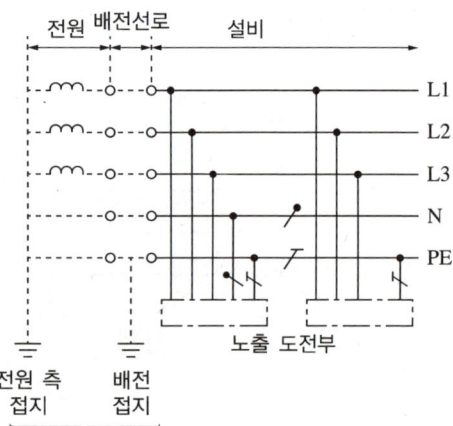

해설 ①은 TT 계통을 나타낸다.

01-11 다음 중 한국전기설비규정에서 규정하는 계통 접지 방식이 아닌 것은?

① TN 계통
② IT 계통
③ TT 계통
④ TM 계통

해설 **계통 접지 구성**
저압전로의 보호도체 및 중성선의 접속 방식에 따라 계통 접지는 다음과 같이 분류한다.
- TN 계통
- TT 계통
- IT 계통

대표유형 02 과전류 보호장치의 특성

① 과전류(over current) : 과부하(overload), 단락 전류(short circuit current)로 인해 전류가 정상적인 상황보다 많이 흐르는 경우를 의미. 관련 안전사고 방지를 위해 과전류를 자동으로 검출하여 전원을 차단하는 장치가 필요

② 과전류 차단기의 시설
  ㉠ 간선의 전원 측이나 분기점 등에 시설
  ㉡ 도체의 허용 전륫값이 줄어드는 곳(분기점)에 설치

> ✓ **간선**
> 인입구에서 분기 과전류 차단기에 이르는 배선으로서 분기 회로의 분기점에서 전원 측 부분
>
> ✓ **분기회로**
> 간선에서 분기하여 과전류 차단기를 거쳐 부하에 이르는 배선

③ 과전류 차단기 시설 제한
  ㉠ 접지공사의 접지선
  ㉡ 다선식 전로의 중성선
  ㉢ 전로의 일부에 접지공사를 한 저압 가공전선로의 접지 측 전선

④ 과전류 차단기의 특성
  ㉠ 저압용 퓨즈

[퓨즈(gG)의 용단 특성]

정격 전류의 구분	시간	정격 전류의 배수	
		불용단 전류	용단 전류
4[A] 이하	60분	1.5배	2.1배
4[A] 초과 16[A] 미만	60분	1.5배	1.9배
16[A] 이상 63[A] 이하	60분	1.25배	1.6배
63[A] 초과 160[A] 이하	120분	1.25배	1.6배
160[A] 초과 400[A] 이하	180분	1.25배	1.6배
400[A] 초과	240분	1.25배	1.6배

ⓛ 배선용 차단기

[배선용 차단기의 과전류 트립 동작시간 및 특성]

정격 전류의 구분	시간	정격 전류의 배수			
		주택용 배선차단기 (MCB)		산업용 배선차단기 (MCCB)	
		부동작 전류	동작 전류	부동작 전류	동작 전류
63[A] 이하	60분	1.13배	1.45배	1.05배	1.3배
63[A] 초과	120분	1.13배	1.45배	1.05배	1.3배

02-1 다음 중 과전류 차단기를 설치하는 곳은?

① 접지공사의 접지도체(접지선)
② 간선의 전원 측 전선
③ 접지공사를 한 저압 가공전선의 접지 측 전선
④ 다선식 전로의 중성선

해설 **과전류 차단기의 시설**
- 간선의 전원 측이나 분기점 등에 시설
- 도체의 허용 전륫값이 줄어드는 곳(분기점)에 설치
과전류 차단기의 시설 제한
- 접지공사의 접지도체
- 다선식 전로의 중성선
- 전로의 일부에 접지공사를 한 저압 가공전선로의 접지 측 전선

02-2 일반적으로 과전류 차단기를 설치해야 하는 곳으로 옳지 않은 것은?

① 접지 측 전선
② 간선의 전원 측 전선
③ 보호용, 인입선 등 분기선을 보호하는 곳
④ 송전선로 배전선로 등에서 보호를 요하는 장소

해설 02-1번 해설 참조

02-3 간선에서 분기하여 분기 과전류 차단기를 거쳐서 부하에 이르는 사이의 배선을 무엇이라 하는가?

① 간선   ② 중성선
③ 인입선   ④ 분기회로

해설
- 분기회로 : 간선에서 분기하여 분기 과전류 차단기를 거쳐서 부하에 이르는 사이의 배선
- 간선 : 보통 옥내에서는 인입구와 분전반까지의 전선
- 인입선 : 전선로 지지물에서 분기하여 다른 지지물을 거치지 아니하고 한 수용장소 인입구에 이르는 전선

02-4 과전류 차단기로 저압전로에 사용하는 범용의 퓨즈(전기용품 및 생활용품 안전관리법에서 규정하는 것을 제외)의 정격 전류가 16[A]인 경우 용단 전류는 정격 전류의 몇 배인가?

① 1.25   ② 1.5
③ 1.6   ④ 1.9

해설 **퓨즈(gG)의 용단 특성**

정격 전류의 구분	시간	정격 전류의 배수	
		불용단 전류	용단 전류
4[A] 이하	60분	1.5배	2.1배
4[A] 초과 16[A] 미만	60분	1.5배	1.9배
16[A] 이상 63[A] 이하	60분	1.25배	1.6배
63[A] 초과 160[A] 이하	120분	1.25배	1.6배
160[A] 초과 400[A] 이하	180분	1.25배	1.6배
400[A] 초과	240분	1.25배	1.6배

정답 2-1 ② 2-2 ① 2-3 ④ 2-4 ③

02-5 정격 전류 60[A] 이하의 저압용 퓨즈를 수평으로 붙이고 정격 전류 1.6배의 전류를 통한 경우에 몇 분 안에 용단되어야 하는가?

① 60
② 120
③ 180
④ 240

해설 퓨즈(gG)의 용단 특성

정격 전류의 구분	시간	정격 전류의 배수	
		불용단 전류	용단 전류
4[A] 이하	60분	1.5배	2.1배
4[A] 초과 16[A] 미만	60분	1.5배	1.9배
16[A] 이상 63[A] 이하	60분	1.25배	1.6배
63[A] 초과 160[A] 이하	120분	1.25배	1.6배
160[A] 초과 400[A] 이하	180분	1.25배	1.6배
400[A] 초과	240분	1.25배	1.6배

02-6 전기 공급 시 사람의 감전, 전기기계류의 손상을 방지하기 위한 시설물이 아닌 것은?

① 축전기
② 보호용 개폐기
③ 누전 차단기
④ 과전류 차단기

해설 축전기(콘덴서) : 충전과 방전을 하는 기기

02-7 주택용 배선차단기의 동작 전류는 정격 전류의 몇 배인가?

① 0.92
② 1.2
③ 1.3
④ 1.45

해설 배선용 차단기의 과전류 트립 동작시간 및 특성

정격 전류의 구분	시간	주택용 배선차단기 (MCB)		산업용 배선차단기 (MCCB)	
		부동작 전류	동작 전류	부동작 전류	동작 전류
63[A] 이하	60분	1.13배	1.45배	1.05배	1.3배
63[A] 초과	120분	1.13배	1.45배	1.05배	1.3배

02-8 정격 전류가 60[A]인 주택의 전로에 정격 전류의 1.45배의 전류가 흐를 때 주택에 사용하는 배선용 차단기는 몇 분 이내에 자동적으로 동작해야 하는가?

① 30
② 45
③ 60
④ 120

해설 02-7번 해설 참조

02-9 분기회로를 보호하기 위한 장치로서 보호장치 및 차단기 역할을 하는 것은?

① 단로기
② 배선용 차단기
③ 누전 차단기
④ 컷아웃 스위치

해설 분기회로를 보호하기 위한 장치로는 과전류 차단기, 배선용 차단기가 있다.

2-5 ① 2-6 ① 2-7 ④ 2-8 ③ 2-9 ②

대표유형 03 고압 퓨즈

① 비포장 퓨즈
  ㉠ 종류
    • 실 퓨즈
    • 판형 퓨즈
    • 고리 퓨즈
  ㉡ 특징
    • 정격 전류의 1.25배의 전류에 견딜 것
    • 2배의 전류로 2분 안에 용단될 것
② 포장 퓨즈
  ㉠ 종류
    • 플러그 퓨즈
    • 통형 퓨즈
  ㉡ 특징
    • 정격 전류의 1.3배의 전류에 견딜 것
    • 2배의 전류로 120분 안에 용단될 것

03-1 과전류 차단기로 시설하는 퓨즈 중 고압 전로에 사용하는 비포장 퓨즈는 정격 전류의 몇 배를 견뎌야 하는가?

① 1
② 1.25
③ 1.3
④ 2

해설 비포장 퓨즈
• 정격 전류의 1.25배의 전류에 견딜 것
• 2배의 전류로 2분 안에 용단될 것

03-2 과전류 차단기로 시설하는 퓨즈 중 고압 전로에 사용하는 비포장 퓨즈는 정격 전류의 1.25배에 견디고 또한 2배의 전류로 몇 분 이내에 용단되어야 하는가?

① 2
② 45
③ 90
④ 120

해설 03-1번 해설 참조

03-3 과전류 차단기로 시설하는 퓨즈 중 고압 전로에 사용하는 포장 퓨즈는 정격 전류의 몇 배를 견뎌야 하는가?

① 1
② 1.2
③ 1.3
④ 2

해설 포장 퓨즈
• 정격 전류의 1.3배의 전류에 견딜 것
• 2배의 전류로 120분 안에 용단될 것

03-4 과전류 차단기로 시설하는 퓨즈 중 고압 전로에 사용하는 포장 퓨즈는 정격 전류의 1.3배에 견디고 또한 2배의 전류로 몇 분 이내에 용단되어야 하는가?

① 2
② 45
③ 90
④ 120

해설 03-3번 해설 참조

정답 3-1 ② 3-2 ① 3-3 ③ 3-4 ④

대표유형 04 누전 차단기의 시설

① 누전 차단기 시설 대상
  ㉠ 금속제 외함을 가지는 사용전압이 **50[V]를 초과**하는 저압의 기계기구로서 사람이 쉽게 접촉할 우려가 있는 곳에 시설하는 것에 전기를 공급하는 전로
  ㉡ KEC 규정에서 특별히 누전 차단기 설치를 요구하는 경우
    • 주택의 인입구
    • 욕조나 샤워시설이 있는 욕실 또는 화장실에 콘센트를 시설하는 경우(정격 감도 전류 15[mA] 이하)
    • 수중조명등의 절연변압기의 2차 측 전로의 사용전압이 30[V]를 초과하는 경우
    • 교통신호등 회로 등
    • 기타

② 누전 차단기의 생략
  다음의 장소에는 누전 차단기를 설치하지 않을 수 있다.
  ㉠ 기계기구를 **발전소·변전소·개폐소** 또는 이에 준하는 곳에 시설하는 경우
  ㉡ 기계기구를 **건조한 곳**에 시설하는 경우
  ㉢ **대지전압이 150[V] 이하인 기계기구**를 물기가 있는 곳 이외의 곳에 시설하는 경우
  ㉣ 전기용품 및 생활용품 안전관리법의 적용을 받는 이중 절연구조의 기계기구를 시설하는 경우
  ㉤ 전로의 전원 측 절연변압기(2차 전압 300[V] 이하)를 시설하고 또한 절연 변압기 부하 측의 전로에 접지하지 아니한 경우
  ㉥ 기계기구가 고무·합성수지 기타 절연물로 피복된 경우
  ㉦ 기계기구가 **유도 전동기 2차 측 전로**에 접속된 경우
  ㉧ 기계기구 내에 누전 차단기를 설치, 기계기구의 전원 연결선이 손상을 받을 우려가 없도록 시설한 경우
  ㉨ 저압의 비상용 조명장치 및 유도등, 비상용 승강기, 철도용 신호장치, 비접지 저압 전로, 전로의 중성점의 접지에 의한 전로, 기타 그 정지가 공공의 안전 확보에 지장을 줄 우려가 있는 기계기구에 전기를 공급하는 전로의 경우, 그 전로에서 지락이 생겼을 때 이를 기술원 감시소에 경보하는 장치를 설치한 경우

③ **주택용 누전 차단기의 시설** : IEC 표준을 도입한 누전 차단기를 저압전로에 사용하는 경우, 일반인이 접촉할 우려가 있는 장소(세대 내 분전반 및 이와 유사한 장소)에는 주택용 누전 차단기를 시설하여야 한다.

04-1 사람이 쉽게 접촉할 수 있는 장소에 설치하는 누전 차단기의 최소 사용전압 기준은 몇 [V]인가?

① 50   ② 75
③ 150 ④ 200

【해설】 **누전 차단기 시설 대상**
금속제 외함을 가지는 사용전압이 50[V]를 초과하는 저압의 기계기구로서 사람이 쉽게 접촉할 우려가 있는 곳에 시설하는 것에 전기를 공급하는 전로

04-2 전로에 지락이 생겼을 경우에 부하기기, 금속제 외함 등에 발생하는 고장전압 또는 지락전류를 검출하는 부분과 차단기 부분을 조합하여 자동적으로 전로를 차단하는 장치로 옳은 것은?

① 배선용 차단기   ② 누전 경보장치
③ 과전류 차단기   ④ 누전 차단장치

【해설】 **누전 차단장치**
고장전압과 지락전류를 검출하여 자동으로 전로를 차단하여 회로를 보호

정답 4-1 ① 4-2 ④

04-3 주택의 옥내 저압전로의 인입구에 감전사고를 방지하기 위해 반드시 시설해야 하는 장치는?

① 퓨즈
② 누전 차단기
③ 배선용 차단기
④ 커버나이프 스위치

[해설] **누전 차단기 시설 대상**
- 금속제 외함을 가지는 사용전압이 50[V]를 초과하는 저압의 기계기구로서 사람이 쉽게 접촉할 우려가 있는 곳에 시설하는 것에 전기를 공급하는 전로
- KEC 규정에서 특별히 누전 차단기 설치를 요구하는 경우
  - 주택의 인입구
  - 욕조나 샤워시설이 있는 욕실 또는 화장실에 콘센트를 시설하는 경우(정격 감도전류 15[mA] 이하)
  - 수중조명등의 절연변압기의 2차 측 전로의 사용전압이 30[V]를 초과하는 경우
  - 교통신호등 회로 등
  - 기타

04-4 누전 차단기를 시설하지 않아도 되는 경우가 아닌 것은?

① 금속제 외함으로 50[V]를 넘는 저압의 기계기구에 사람이 접촉할 우려가 있는 경우
② 기계기구를 건조한 장소에 시설하는 경우
③ 기계기구를 발전소·변전소·개폐소 또는 이에 준하는 곳에 시설하는 경우
④ 기계기구가 유도 전동기 2차 측 전로에 접속되는 경우

[해설] **누전 차단기의 생략**
다음의 장소에는 누전 차단기를 설치하지 않을 수 있다.
- 기계기구를 발전소·변전소·개폐소 또는 이에 준하는 곳에 시설하는 경우
- 기계기구를 건조한 곳에 시설하는 경우
- 대지전압이 150[V] 이하인 기계기구를 물기가 있는 곳 이외의 곳에 시설하는 경우
- 기계기구가 유도 전동기 2차 측 전로에 접속된 경우

04-5 누전 차단기 설치 예외의 경우가 아닌 것은?

① 기계기구를 발전소·변전소·개폐소 또는 이에 준하는 곳에 시설하는 경우
② 기계기구가 유도 전동기의 2차 측 전로에 접속되는 것일 경우
③ 기계기구를 건조한 곳에 시설하는 경우
④ 대지전압이 300[V] 이하인 기계기구를 물기가 있는 곳 이외의 곳에 시설하는 경우

[해설] **누전 차단기의 생략**
다음의 장소에는 누전 차단기를 설치하지 않을 수 있다.
- 기계기구를 발전소·변전소·개폐소 또는 이에 준하는 곳에 시설하는 경우
- 기계기구를 건조한 곳에 시설하는 경우
- 대지전압이 150[V] 이하인 기계기구를 물기가 있는 곳 이외의 곳에 시설하는 경우
- 기계기구가 유도 전동기 2차 측 전로에 접속된 경우

정답 4-3 ② 4-4 ① 4-5 ④

대표유형 05 과부하 전류, 단락 전류에 대한 보호

① 과부하 전류에 대한 보호
　㉠ 과부하 보호장치의 설치 위치 : 전로 중 도체의 단면적, 특성, 설치 방법, 구성의 변경으로 도체의 허용전류 값이 줄어드는 곳(이하 분기점이라 함)에 설치
　㉡ 과부하 보호장치의 설치 위치의 예외
　　• 분기점에 설치 : 전로에서 도체의 허용전류 값이 줄어드는 곳인 분기점(O)에 설치한다.

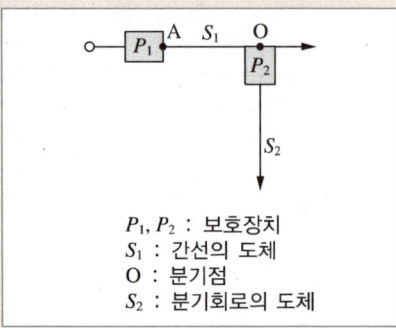

P_1, P_2 : 보호장치
S_1 : 간선의 도체
O : 분기점
S_2 : 분기회로의 도체

　　• 분기점으로부터 3[m] 이내 설치 : 분기점(O)과 과부하 보호장치 P_2 전원 측에 다른 분기 회로 또는 콘센트의 접속이 없고 단락의 위험과 화재 및 인체에 대한 위험성이 최소화되도록 시설된 경우 분기점(O)으로부터 3[m] 이내까지 이동하여 설치 가능

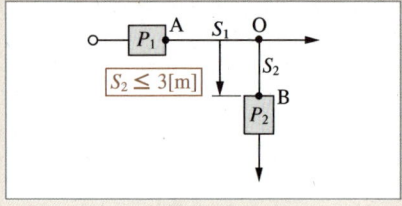

　㉢ 안전을 위해 과부하 보호장치를 생략할 수 있는 경우
　　• 회전기의 여자회로
　　• 전자석 크레인의 전원회로
　　• 전류변성기의 2차회로
　　• 소방설비의 전원회로
　　• 안전설비(주거침입경보, 가스누출경보 등)의 전원회로

② 단락 전류에 대한 보호
　㉠ 단락보호장치의 설치 위치 : 단락보호장치는 배선의 단면적, 허용전류 값이 줄어드는 곳(이하 분기점이라 함)에 설치해야 하며 분기점(O)에 설치해야 하나 다음 중 하나를 충족하는 경우에는 과부하 보호장치와 같이 변경이 있는 배선에 설치할 수 있다.
　㉡ 단락보호장치의 생략
　　• 발전기, 변압기, 정류기, 축전지와 보호장치가 설치된 제어반을 연결하는 도체
　　• 회전기의 여자회로, 전자석 크레인의 전원회로 등과 같이 전원차단이 설비의 운전에 위험을 가져올 수 있는 회로
　　• 특정 측정회로(계기용 변압기 및 변류기 2차 측의 측정회로)

05-1 다음과 같은 분기회로(S_2)의 분기점(O)에서 과부하 보호장치(P_2)는 몇 [m] 이내에 설치되어야 하는가?

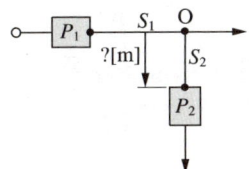

① 1
② 3
③ 5
④ 6

해설) 위 분기회로(S_2)의 보호장치(P_2)는 P_2의 전원 측에서 분기점(O) 사이에 다른 분기회로 또는 콘센트의 접속이 없고, 단락의 위험과 화재 및 인체에 대한 위험성이 최소화되도록 시설된 경우, 분기회로의 보호장치(P_2)는 분기회로의 분기점(O)으로부터 3[m]까지 이동하여 설치할 수 있다.

05-2 일반적으로 분기회로의 보호장치는 저압 옥내간선과의 분기점에서 전선의 길이가 몇 [m] 이하인 곳에 설치해야 하는가?

① 2
② 3
③ 4
④ 5

해설) 콘센트의 접속이 없고 단락의 위험과 화재 및 인체에 대한 위험성이 최소화되도록 시설된 경우에는 분기회로의 보호장치는 분기회로의 분기점으로부터 3[m]까지 이동하여 설치할 수 있다.

05-3 저압 옥내간선에서 분기하여 전기사용 기계기구에 이르는 저압 옥내전로에서 저압 옥내간선과의 분기점에서 전선의 길이가 몇 [m] 이하인 곳에 개폐기 및 과전류 차단기를 설치하여야 하는가?

① 3
② 5
③ 6
④ 8

해설) 저압 옥내간선과의 분기점에서 전선의 길이가 3[m] 이하인 곳에 개폐기 및 과전류 차단기를 시설할 것

05-4 과부하 보호장치를 생략할 수 있는 경우가 아닌 것은?

① 회전기의 여자회로
② 안전설비의 전원회로
③ 전류변성기 1차 회로
④ 소방설비의 전원회로

해설) 안전을 위해 과부하 보호장치를 생략할 수 있는 경우
 • 회전기의 여자회로
 • 전자석 크레인의 전원회로
 • 전류변성기의 2차 회로
 • 소방설비의 전원회로
 • 안전설비(주거침입경보, 가스누출경보 등)의 전원회로

정답 5-1 ② 5-2 ② 5-3 ① 5-4 ③

대표유형 06 가공전선로의 구성 I (지지물, 완철)

① **지지물** : 전선을 지지하는 구조물
  ㉠ **목주** : 나무로 제작된 지지물
  ㉡ **철주** : 철재 등으로 제작된 지지물
  ㉢ **철근 콘크리트주** : 철근을 보강하여 만든 콘크리트 지지물
  ㉣ **철탑** : 철골이나 철주를 소재로 한 탑으로 주로 송전선의 지지물로 사용

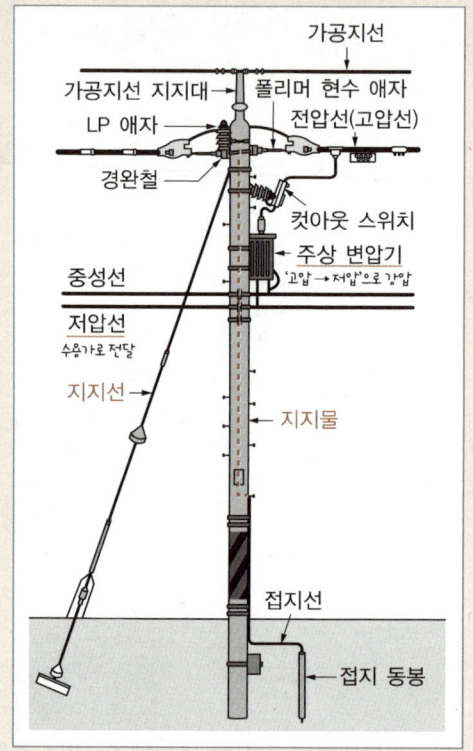

② 완철(완금), 랙

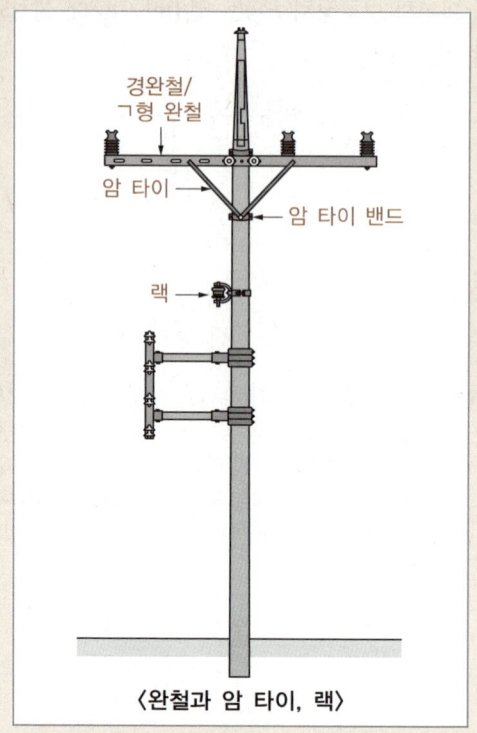

〈완철과 암 타이, 랙〉

㉠ **완철(완금, cross arm)** : 지지물에 애자를 수평으로 고정하기 위한 장치로, 아연 도금된 철제 앵글
  • 경완철 : 무게가 가벼우며 시공하기 편리하여 특고압 배전 선로에 사용하며 단면이 ㅁ형태
  • ㄱ형 완철 : 큰 장력이 걸리는 곳에 사용하며 단면이 ㄱ형태

✓ **보조장치**

1. **암 밴드** : 철근 콘크리트주에 완철을 고정하기 위한 밴드
2. **암 타이** : 완철이 상하로 움직이는 것을 방지
3. **암 타이 밴드** : 암 타이를 고정
4. **지지선 밴드** : 지지물에 지지선을 붙일 때 사용

ⓒ 완목 : 완철과 같이 지지물에 전선과 기구 등을 고정하기 위한 장치로, 나무로 제작
ⓒ 랙(rack) : 지지물에 애자를 수직으로 고정하기 위한 장치

✓ 전선로 완철(완금) 표준 길이[mm]

전선 조	저압	고압	특고압
2조	900	1,400	1,800
3조	1,400	1,800	2,400

06-1 가공전선로의 지지물이 아닌 것은?

① 지지선
② 철탑
③ 목주
④ 철근 콘크리트주

해설 지지선은 지지물을 보강하는 선이다.

06-2 철근 콘크리트주에 완철을 고정시키기 위해 어떤 밴드를 사용하는가?

① 암 밴드
② 랙 밴드
③ 암 타이 밴드
④ 지지선 밴드

해설 암 밴드
철근 콘크리트주에 완철을 고정시키기 위해 사용하는 밴드

06-3 고압 가공전선로 전선의 조수가 3조일 때 완철의 길이[mm]는?

① 900
② 1,400
③ 1,800
④ 2,400

해설 전선로 완철 표준 길이[mm]

전선 조	저압	고압	특고압
2조	900	1,400	1,800
3조	1,400	1,800	2,400

06-4 특고압 전선로의 전선이 3조일 경우 크로스 완철의 표준 길이는?

① 1,200
② 1,400
③ 1,800
④ 2,400

해설 06-3번 해설 참조

정답 6-1 ① 6-2 ① 6-3 ③ 6-4 ④

06-5 전주에서 COS용 완철의 설치 위치는?

① 최하단 전력선용 완철에서 0.75[m] 하부에 설치한다.
② 최하단 전력선용 완철에서 1.0[m] 하부에 설치한다.
③ 최하단 전력선용 완철에서 1.2[m] 하부에 설치한다.
④ 최하단 전력선용 완철에서 1.5[m] 하부에 설치한다.

해설 전주에서 COS용 완철은 최하단 전력선용 완철에서 0.75[m] 하부에 설치한다.

06-6 다음 중 랙(rack) 배선을 사용하는 전선로는?

① 저압 지중전선로
② 고압 지중전선로
③ 저압 가공전선로
④ 고압 가공전선로

해설 랙 배선은 저압 가공전선로에서 완철 없이 랙을 전주에 수직으로 설치하여 전선을 수직으로 배선하고 고정하는 방식이다.

대표유형 07 가공전선로의 구성 Ⅱ(애자, 지지선)

③ 애자 : 전선을 지지하고 전선과 지지물 간의 절연 간격 유지를 위해 사용

㉠ **현수 애자**(suspension insulator) : 전선을 아래로 늘어뜨리거나 잡아당겨 지지하는 애자로 끌어당기는 곳이나 분기하는 곳, 특고압 배전선로에 사용한다.

㉡ 지지 애자 : 전선을 고정, 절연하기 위해 사용되는 애자로 SP 애자와 LP 애자로 구분할 수 있다.
- SP 애자(Station Post insulator, 스테이션포스트 애자) : 주로 변전소, 발전소에서 전력용 기기의 절연 지지용으로 사용한다.
- LP 애자(Line Post insulator, 라인포스트 애자) : 주로 배전 선로용으로 사용한다.

㉢ 인류 애자 : 한쪽으로 끌어당기는 역할을 하는 애자를 의미하며 주로 배전선로나 인입선에 사용한다.

㉣ 노브 애자(knob insulator) : 주로 옥내배선에 사용한다.

ⓜ **구형 애자**(stay insulator, 지지선 애자) : 대지와 절연 또는 전주를 지지하는 애자로 주로 지지선의 중간에 사용한다.

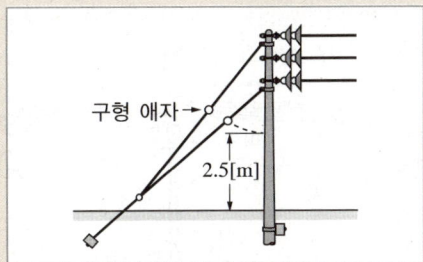

④ **지지선** : 전주가 전선의 장력, 바람 등에 의해 넘어가는 것을 막기 위해 땅 위에 비스듬히 세운 줄로 지지물의 강도를 보강

ⓘ **보통지지선** : 일반적인 장소에 시설하는 지지선

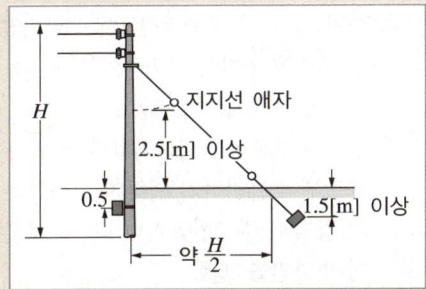

ⓛ **수평지지선** : 토지, 기타 사유 등으로 인해 보통 지선을 시설하지 못할 때 사용하는 지지선

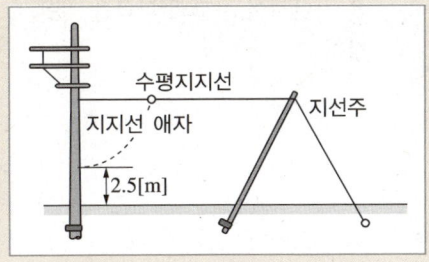

ⓒ **궁지지선** : 장력이 작은 곳에 사용하는 지지선

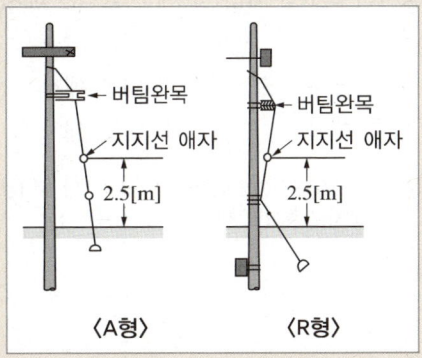

ⓔ **Y지지선** : 장력이 큰 곳에 사용하는 지지선

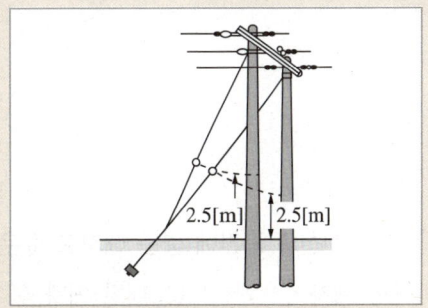

ⓜ **공동지지선** : 지지물 상호 간의 거리가 근접한 경우 사용하는 지지선

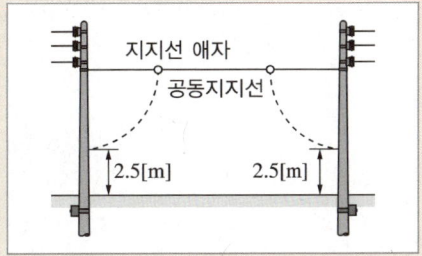

07-1 전선을 아래로 늘어뜨리거나 잡아당겨 지지하는 애자로 끌어당기는 곳이나 분기하는 곳에 사용하며 특고압 배전선로에 사용되는 애자로 옳은 것은?

① 구형 애자　　② 내장 애자
③ 인류 애자　　④ 현수 애자

해설　현수 애자는 전선을 아래로 늘어뜨리거나 잡아당겨 지지하는 애자로 특고압 배전선로에 사용한다.

07-2 지지선의 중간에 넣는 애자로 옳은 것은?

① 구형 애자　　② 내장 애자
③ 인류 애자　　④ 현수 애자

해설　구형 애자는 지지선의 중간에 넣는 애자다.

07-3 비교적 장력이 작고 타 종류의 지지선을 시설할 수 없는 경우에 적용되는 지선은?

① Y지지선　　② 수평지지선
③ 궁지지선　　④ 공동지지선

해설　궁지지선은 비교적 장력이 작고 다른 종류의 지지선을 시설할 수 없는 경우에 사용한다.

대표유형 08 가공전선로의 구성Ⅲ(기타)

⑤ **가공지선** : 낙뢰로부터 전력선을 보호하기 위해 도선과 평행하게 설치되는 선

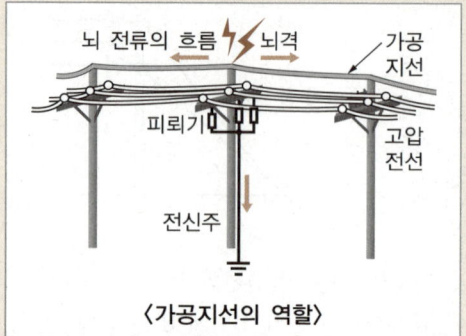

〈가공지선의 역할〉

⑥ **주상변압기** : 전주 위에 설치된 변압기로 22.9[kV]의 특고압을 220/380[V] 저압으로 강압하는 기기

㉠ **행거 밴드** : 가공배전선로에 주상변압기 등을 전주에 부착하기 위하여 사용되는 장치

㉡ **컷아웃 스위치**(COS ; Cut Out Switch) : 선로에 고장이 발생하거나 휴전 작업 시 부하로부터 분리하기 위하여 설치하는 스위치 장치로 주상변압기의 1차 측에 설치되어 변압기를 보호

㉢ **캐치홀더** : 변압기의 2차 측에 설치하는 퓨즈대로 퓨즈의 보조역할을 하며 수용가에서 과전류가 발생한 경우, 용단되어 전력을 차단하여 사고의 파급을 막을 수 있는 장치

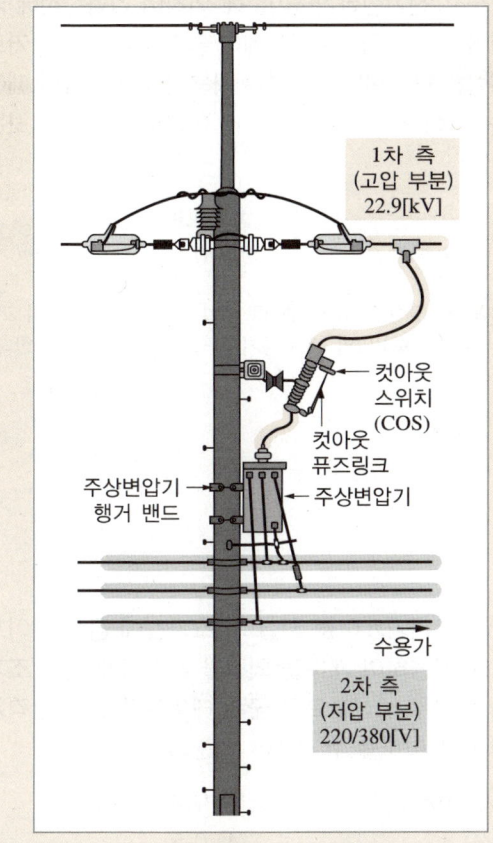

⑦ 건주공사 : 지지물을 땅에 세우는 공사
⑧ **장주공사** : 지지물에 전선과 기구 등을 고정시키기 위해 완철(완금)이나 애자 등을 장치하는 것

08-1 주상 변압기의 1차 측 보호 장치로 사용하는 것은?

① 리클로저
② 컷아웃 스위치
③ 캐치홀더
④ 자동구분개폐기

해설
• COS(컷아웃 스위치) : 변압기의 1차 측에 설치하여 보호
• 캐치홀더 : 변압기의 2차 측에 설치하여 보호

08-2 주상변압기를 철근콘크리트 전주에 설치할 때 사용되는 것으로 옳은 것은?

① 앵커
② 행거 밴드
③ 암 밴드
④ 암 타이 밴드

해설 행거 밴드
주상변압기를 철근 콘크리트 전주에 고정할 때 사용하는 밴드

08-3 주상변압기의 냉각방식으로 옳은 것은?

① 유입 송유식
② 유입 예열식
③ 유입 자랭식
④ 건식 자랭식

해설 유입 자랭식
변압기유를 가득히 채운 외함에 변압기 본체를 넣고 변압기유의 대류 작용에 의해서 열을 외기 중으로 방산시키는 방식으로 주상변압기의 냉각에 사용된다.

08-4 지지물에 전선 그 밖의 기구를 고정하기 위하여 완철, 완목, 애자 등을 장치하는 것을 무엇이라 하는가?

① 경간
② 가선
③ 건주
④ 장주

해설 장주공사는 지지물에 완철(완금)이나 애자 등을 장치하는 것을 의미한다.

정답 8-1 ② 8-2 ② 8-3 ③ 8-4 ④

대표유형 09 가공케이블의 시설

① 케이블은 조가선에 행거로 시설할 것
   사용전압이 고압, 특고압인 경우 : 행거의 간격은 0.5[m] 이하
② 케이블을 조가선에 접촉시키고 그 위에 쉽게 부식되지 않는 금속 테이프 등을 0.2[m] 이하의 간격을 유지하며 나선형으로 감아 붙일 것

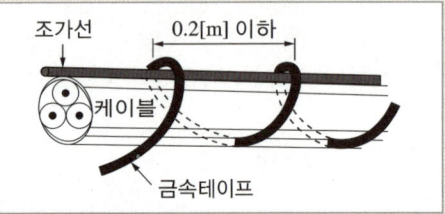

③ 조가선은 인장강도 5.93[kN](특고압용 조가선은 13.93[kN]) 이상의 것 또는 **단면적 22 [mm²] 이상**의 아연도강연선일 것
④ 고압, 특고압 가공전선에 사용하는 조가선은 경동선 또는 내열 동합금선을 사용하는 경우 : 안전율 2.2 이상,
   그 밖의 조가선 : 안전율 2.5 이상이 되는 처짐 정도로 시설
⑤ 조가선 및 케이블의 피복에 사용하는 금속체에는 규정에 준하는 접지공사를 할 것. 다만, 저압 가공전선에 케이블을 사용하고 조가선에 절연전선 또는 이와 동등 이상의 절연 내력이 있는 것을 사용할 때는 조가선에 접지공사 생략 가능

09-1 전기설비기술기준에 의하여 가공전선에 케이블을 사용하는 경우 케이블은 조가선에 행거로 시설하여야 한다. 이 경우 사용전압이 고압인 때에는 그 행거의 간격은 몇 [m] 이하로 시설해야 하는가?

① 0.3   ② 0.5
③ 0.7   ④ 0.9

해설 케이블은 조가선에 행거로 시설할 경우에 사용전압이 고압 또는 특고압일 때는 행거 간격을 0.5[m] 이하로 한다.

09-2 가공케이블 시설 시 조가선에 금속 테이프 등을 사용하여 케이블 외장을 견고하게 붙여 조가하는 경우 나선형으로 금속 테이프를 감는 간격은 몇 [m] 이하를 유지해야 하는가?

① 0.1   ② 0.2
③ 0.3   ④ 0.5

해설 케이블을 조가선에 접촉시키고 그 위에 쉽게 부식되지 않는 금속 테이프 등을 0.2[m] 이하의 간격을 유지하며 나선형으로 감아 붙일 것

09-3 고압 가공케이블을 시설하기 위한 조가선은 단면적이 몇 [mm²] 이상의 아연도강연선을 사용해야 하는가?

① 8   ② 11
③ 22   ④ 33

해설 조가선은 인장강도 5.93[kN](특고압용 조가선은 13.93[kN]) 이상의 것 또는 단면적 22[mm²] 이상의 아연도강연선일 것

9-1 ②   9-2 ②   9-3 ③

대표유형 10 지지물의 철탑오름 및 전주오름 방지

가공전선로의 지지물에 취급자가 오르고 내리는 데 사용하는 발판, 볼트 등을 지표상 1.8[m] 미만에 시설하여서는 아니 된다. 다만, 다음의 어느 하나에 해당하는 경우에는 그러하지 아니하다.
① 발판 볼트 등을 내부에 넣을 수 있는 구조로 되어 있는 지지물에 시설하는 경우
② 지지물에 철탑오름 및 전주오름 방지장치를 시설하는 경우
③ 지지물 주위에 취급자 이외의 사람이 출입할 수 없도록 울타리·담 등의 시설을 하는 경우
④ 지지물이 산간 등에 있으며 사람이 쉽게 접근할 우려가 없는 곳에 시설하는 경우

10-1 가공전선로의 지지물에 취급자가 오르고 내리는 데 사용하는 발판, 볼트 등을 지표상 몇 [m] 미만에 시설하여서는 아니 되는가?

① 1.0 ② 1.2
③ 1.5 ④ 1.8

해설 지지물의 철탑오름 및 전주오름 방지
가공전선로의 지지물에 취급자가 오르고 내리는 데 사용하는 발판, 볼트 등을 지표상 1.8[m] 미만에 시설하여서는 아니 된다.

10-2 가공전선의 지지물에 승탑 또는 승강용으로 사용하는 발판 볼트 등을 지표상 1.8[m] 미만으로 시설하지 않아도 되는 경우로 옳지 않은 것은?

① 지지물에 철탑오름 및 전주오름 방지 장치를 시설하는 경우
② 지지물에 사람이 쉽게 접근할 수 있는 경우
③ 지지물 주위에 울타리, 담 등이 시설되어 있는 경우
④ 발판 볼트 등을 내부에 넣을 수 있는 구조로 되어 있는 지지물에 시설하는 경우

해설 가공전선로의 지지물에 취급자가 오르고 내리는 데 사용하는 발판, 볼트 등을 지표상 1.8[m] 미만에 시설하여서는 아니 된다. 다만, 다음의 어느 하나에 해당하는 경우에는 그러하지 아니하다.
- 발판 볼트 등을 내부에 넣을 수 있는 구조로 되어 있는 지지물에 시설하는 경우
- 지지물에 철탑오름 및 전주오름 방지장치를 시설하는 경우
- 지지물 주위에 취급자 이외의 사람이 출입할 수 없도록 울타리·담 등의 시설을 하는 경우
- 지지물이 산간 등에 있으며 사람이 쉽게 접근할 우려가 없는 곳에 시설하는 경우

정답 10-1 ④ 10-2 ②

대표유형 11 가공전선 지지물의 기초의 안전율

가공전선로의 지지물에 하중이 가해지는 경우, 그 하중을 받는 **지지물의 기초의 안전율은 2**(이상 시 상정하중에 대한 **철탑의 기초에 대하여는 1.33**) **이상**이어야 한다. 다만, 다음에 따라 시설하는 경우에는 적용하지 않는다.

> ✓ **이상 시 상정하중**
> 가섭선(지지물에 설치되는 전선류)의 절단을 고려하는 경우의 하중

[가공전선로 지지물의 매설 깊이]

설계하중 구분	지지물의 길이	땅에 묻히는 깊이
6.8[kN] 이하	15[m] 이하	지지물 길이 × $\frac{1}{6}$ 이상
	15[m] 초과 16[m] 이하	2.5[m] 이상
	16[m] 초과 20[m] 이하	2.8[m] 이상
6.8[kN] 초과 9.8[kN] 이하	14[m] 이상 15[m] 이하	지지물 길이 × $\frac{1}{6}$ + 0.3[m] 이상
	15[m] 초과 20[m] 이하	2.8[m] 이상
9.81[kN] 초과 14.72[kN] 이하	15[m] 이하	지지물 길이 × $\frac{1}{6}$ + 0.5[m] 이상
	15[m] 초과 18[m] 이하	3[m] 이상
	18[m] 초과	3.2[m] 이상

논이나 그 밖의 지반이 연약한 곳에서는 견고한 **전주 버팀대**를 시설할 것

11-1 한국전기설비규정에서 가공전선로의 지지물에 하중이 가하여 지는 경우에 그 하중을 받는 지지물의 기초 안전율은 얼마 이상인가?

① 1.0　　② 1.5
③ 2.0　　④ 2.5

해설 가공전선로의 지지물에 하중이 가해지는 경우, 그 하중을 받는 지지물의 기초의 안전율은 2(이상 시 상정하중에 대한 철탑의 기초에 대하여는 1.33) 이상이어야 한다.

11-2 철탑의 강도 계산에 사용하는 이상 시 상정하중에 대한 철탑의 기초에 대한 안전율은 얼마 이상이어야 하는가?

① 1.33　　② 1.53
③ 2.00　　④ 2.53

해설 11-1번 해설 참조

11-3 철탑의 강도 계산을 하려고 한다. 이상 시 상정 하중의 계산에 사용되는 풍압에 의한 하중의 종류가 아닌 것은?

① 좌굴하중　　② 수평가로하중
③ 수직하중　　④ 수평종하중

해설 상정하중 계산에 사용되는 풍압 하중의 종류
 • 수직하중
 • 수평가로하중
 • 수평종하중

정답　11-1 ③　11-2 ①　11-3 ①

11-4 다음 중 전주의 길이가 15[m] 이하인 경우 땅에 묻히는 깊이는 전체 길이의 얼마 이상으로 하여야 하는가?(단, 설계하중은 6.8[kN] 이하다)

① 1/10
② 1/9
③ 1/8
④ 1/6

해설 가공전선로 지지물의 매설 깊이

설계하중 구분	지지물의 길이	땅에 묻히는 깊이
6.8[kN] 이하	15[m] 이하	지지물 길이 × $\frac{1}{6}$ 이상
	15[m] 초과 16[m] 이하	2.5[m] 이상
	16[m] 초과 20[m] 이하	2.8[m] 이상

11-5 철근 콘크리트주의 길이가 12[m]인 경우 땅에 묻히는 깊이는 최소 몇 [m] 이상이어야 하는가? (단, 설계하중은 6.8[kN] 이하다)

① 2.0
② 2.5
③ 2.8
④ 3.0

해설 철근 콘크리트 건주 깊이 $L = 12 \times \frac{1}{6} = 2[m]$

11-4번 해설 참조

11-6 전주의 길이가 16[m]이고, 설계하중이 6.8[kN] 이하의 철근 콘크리트주를 시설할 때 땅에 묻히는 깊이는 몇 [m] 이상이어야 하는가?

① 1.5
② 2.0
③ 2.5
④ 2.8

해설 11-4번 해설 참조

11-7 철근 콘크리트주로서 그 전체의 길이가 16[m] 초과 20[m] 이하이고, 설계하중이 6.8[kN] 이하인 것을 지반이 든든한 곳에 시설하려고 한다. 지지물의 기초의 안전율을 고려하지 않기 위해서 묻히는 깊이를 몇 [m] 이상으로 하여야 하는가?

① 2.5
② 2.8
③ 3.2
④ 3.6

해설 11-4번 해설 참조

11-8 논이나 기타 지반이 약한 곳에 건주 공사 시 전주의 넘어짐을 방지하기 위해 시설하는 것은?

① 완철
② 완목
③ 전주 버팀대
④ 행거밴드

해설 논이나 그 밖의 지반이 연약한 곳에서는 견고한 전주 버팀대를 시설할 것

정답 11-4 ④ 11-5 ① 11-6 ③ 11-7 ② 11-8 ③

대표유형 12 가공전선로 지지물 간 거리의 제한

고압, 특고압 가공전선로의 지지물 간 거리는 다음의 값 이하로 시설

[고압, 특고압 가공전선로의 지지물 간 거리]

지지물의 종류	표준 지지물 간 거리	긴 지지물 간 거리	특고압을 시가지에 시설하는 경우 (170[kV] 이하)
목주, A종 철주, A종 철근 콘크리트주	150[m] 이하	300[m] 이하	목주 : 사용불가 A종주 : 75[m] 이하
B종 철주, B종 철근 콘크리트주	250[m] 이하	500[m] 이하	150[m] 이하
철탑	600[m] 이하 (단주인 경우 400[m] 이하)	제한 없음	• 일반적인 경우 : 400[m] 이하 • 단주인 경우 : 300[m] 이하 • 전선이 수평으로 2 이상 있는 경우에 전선 상호 간의 간격이 4[m] 미만인 때 : 250[m] 이하

12-1 목주를 사용한 고압 가공전선로의 최대 지지물 간 거리는?

① 100 ② 150
③ 250 ④ 300

해설 고압, 특고압 가공전선로의 지지물 간 거리

지지물의 종류	표준 지지물 간 거리	긴 지지물 간 거리	특고압을 시가지에 시설하는 경우 (170[kV] 이하)
목주, A종 철주, A종 철근 콘크리트주	150[m] 이하	300[m] 이하	목주 : 사용불가 A종주 : 75[m] 이하
B종 철주, B종 철근 콘크리트주	250[m] 이하	500[m] 이하	150[m] 이하
철탑	600[m] 이하 (단주인 경우 400[m] 이하)	제한 없음	• 일반적인 경우 : 400[m] 이하 • 단주인 경우 : 300[m] 이하 • 전선이 수평으로 2 이상 있는 경우에 전선 상호 간의 간격이 4[m] 미만인 때 : 250[m] 이하

12-2 고압 가공전선로의 지지물로 B종 철근 콘크리트주를 사용하는 경우 지지물 간 거리는 몇 [m] 이하로 제한하고 있는가?

① 50   ② 100
③ 150 ④ 250

해설 12-1번 해설 참조

12-3 고압 가공전선로의 지지물로 철탑을 사용하는 경우 최대 지지물 간 거리는 몇 [m]인가?

① 100 ② 200
③ 250 ④ 600

해설 12-1번 해설 참조

정답 12-1 ② 12-2 ④ 12-3 ④

대표유형 13) 지지선의 시설

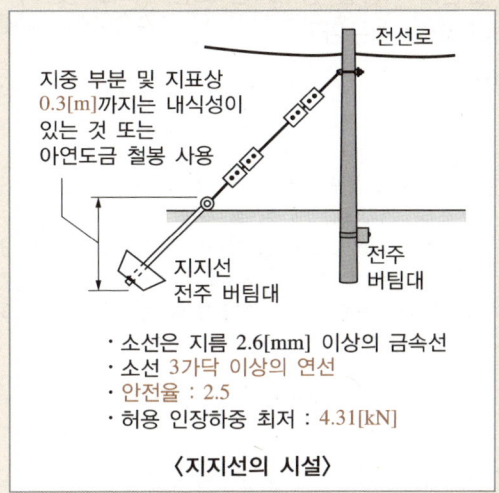

- 소선은 지름 2.6[mm] 이상의 금속선
- 소선 3가닥 이상의 연선
- 안전율 : 2.5
- 허용 인장하중 최저 : 4.31[kN]

〈지지선의 시설〉

① 지지선 : 전신주가 전선의 장력, 바람 등에 의해 넘어가는 것을 막기 위해 땅 위에 비스듬히 세운 줄
② 지지선의 시설 시 주의사항
  ㉠ 철탑은 지지선 사용 금지
  ㉡ 가공전선로의 지지물로 사용하는 철주 또는 철근 콘크리트주는 지지선을 사용하지 않는 상태에서 $\frac{1}{2}$ 이상의 풍압하중에 견디는 강도를 가지는 경우 이외에는 지지선을 사용하여 강도를 분담시켜서는 안 된다.
  ㉢ 가공전선로의 지지물에 시설하는 지지선은 아래의 사항을 따라야 한다.
    • 지지선의 안전율은 2.5 이상일 것. 이 경우에 허용 인장하중의 최저는 4.31[kN]으로 한다.
    • 지지선에 연선을 사용할 경우에는 다음에 의할 것
      - 소선 3가닥 이상의 연선을 사용
      - 소선은 지름 2.6[mm] 이상의 금속선 사용한 것. 단, 2[mm] 이상의 아연도 강연선으로서 소선의 인장강도가 0.68 [kN/mm^2] 이상인 것을 사용하는 경우에는 그러하지 아니하다.
    - 지중 부분 및 지표상 0.3[m]까지의 부분에는 내식성이 있는 것 또는 아연도금을 한 철봉을 사용하고 쉽게 부식되지 않는 전주 버팀대에 견고하게 붙일 것(다만, 목주에 시설하는 지지선에는 적용하지 않음)
    - 지지선의 전주 버팀대는 지지선의 인장하중에 견디도록 시설할 것
  ㉣ 도로를 횡단하여 시설하는 지지선의 높이는 지표상 5[m] 이상으로 할 것(다만, 기술상 부득이하면서 교통에 지장을 초래할 우려가 없는 경우 : 지표상 4.5[m] 이상, 보도의 경우 : 2.5[m] 이상으로 시설)

13-1 지지선의 시설목적으로 적절하지 않은 것은?
① 불평형 장력을 줄일 수 있음
② 전선로의 안정성을 증가시킬 수 있음
③ 유도장해를 방지할 수 있음
④ 지지물의 강도를 보강할 수 있음

해설 지지선
전신주가 전선의 장력, 바람 등에 의해 넘어가는 것을 막기 위해 땅 위에 비스듬히 세운 줄로 지지물의 강도를 보강할 수 있음

13-2 가공전선로의 지지물에 지지선을 사용해서는 안 되는 곳은?
① 철탑
② 목주
③ A종 철주
④ A종 철근 콘크리트주

해설 철탑은 가공선로의 지지물에 지지선을 사용해서는 안 된다.

정답 13-1 ③ 13-2 ①

13-3 가공배전선로 시설에는 전선을 지지하고 각종 기기를 설치하기 위한 지지물이 필요하다. 이 지지물 중 가장 많이 사용되는 것은?

① 철탑
② 철근 콘크리트주
③ 강관 전주
④ 철주

해설 철근 콘크리트주는 겉모양이 좋고 수명이 반영구적이어서 가장 많이 사용되고 있다.

13-4 가공전선로의 지지물에 시설하는 지지선의 안전율은 얼마 이상이어야 하는가?

① 2.0
② 2.5
③ 3.0
④ 3.5

해설 가공전선로의 지지물에 시설하는 지지선의 안전율은 2.5 이상으로 한다.

13-5 지지선의 시설 규정상 허용 최저 인장하중은 몇 [kN] 이상으로 해야 하는가?

① 2.5
② 3.51
③ 4.31
④ 5.2

해설 지지선 시설 규정에 따라 허용 최저 인장하중은 4.31[kN] 이상으로 해야 한다.

13-6 가공전선로의 지지물에 시설하는 지지선으로 연선을 사용할 경우에는 소선이 최소 몇 가닥 이상이어야 하는가?

① 2
② 3
③ 4
④ 5

해설 지지선에 연선을 사용할 경우에는 다음에 의할 것
- 소선 3가닥 이상의 연선을 사용
- 소선은 지름 2.6[mm] 이상의 금속선 사용할 것. 단, 2[mm] 이상의 아연도강연선으로서 소선의 인장강도가 0.68[kN/mm^2] 이상인 것을 사용하는 경우에는 그러하지 아니하다.

13-7 가공전선로의 지지물에 시설하는 지지선은 지표상 몇 [m]까지의 부분에 내식성이 있는 것 또는 아연도금을 한 철봉을 사용하여야 하는가?

① 0.1
② 0.15
③ 0.2
④ 0.3

해설 지중 부분 및 지표상 0.3[m]까지의 부분에는 내식성이 있는 것 또는 아연도금을 한 철봉을 사용하고 쉽게 부식되지 않는 전주 버팀대에 견고하게 붙일 것(다만, 목주에 시설하는 지지선에는 적용하지 않음)

13-8 도로를 횡단하여 시설하는 지지선의 높이는 지표상 몇 [m] 이상이어야 하는가?

① 5
② 6
③ 8
④ 10

해설 도로를 횡단하여 시설하는 지지선의 높이는 지표상 5[m] 이상으로 할 것(다만, 기술상 부득이하면서 교통에 지장을 초래할 우려가 없는 경우 : 지표상 4.5[m] 이상, 보도의 경우 : 2.5[m] 이상으로 시설)

정답 13-3 ② 13-4 ② 13-5 ③ 13-6 ② 13-7 ④ 13-8 ①

대표유형 14 · 가공전선의 굵기 및 종류, 안전율

① 가공전선(overhead wire) : 철탑·전주에 설치한 애자에 고정시켜 팽팽하게 친 전선
② 가공전선의 굵기 및 종류

[사용전압에 따른 가공전선의 굵기와 종류]

사용전압	전선의 굵기	
저압 (400[V] 이하)	인장강도 3.43[kN] 이상 또는 지름 3.2[mm] 이상의 경동선 (절연전선인 경우 : 인장강도 2.3[kN] 이상 또는 지름 2.6[mm] 이상의 경동선)	
저압 (400[V] 초과)	시가지	인장강도 8.01[kN] 이상 또는 지름 5[mm] 이상의 경동선
	시가지 외	인장강도 5.26[kN] 이상 또는 지름 4[mm] 이상의 경동선
고압	인장강도 8.01[kN] 이상의 고압 절연전선 또는 지름 5[mm] 이상의 경동선의 고압 절연전선	
특고압	인장강도 8.71[kN] 이상의 연선 또는 단면적 22[mm^2] 이상의 경동연선 또는 동등이상 인장강도의 알루미늄 전선이나 절연전선	

★ 사용전압이 400[V] 초과인 저압 가공전선에는 인입용 비닐 절연전선을 사용하여서는 안 된다.

③ 가공전선의 안전율 : 전선에 경동선 또는 내열 동합금선을 사용하는 경우에는 안전율이 2.2 이상, 그 밖의 전선은 2.5 이상이 되는 처짐 정도로 시설하여야 한다.

14-1 사용전압이 400[V] 이하인 저압 가공전선은 케이블이나 절연전선인 경우를 제외하고 인장강도가 3.43[kN] 이상인 것 또는 지름이 몇 [mm] 이상의 경동선이어야 하는가?

① 1.3
② 2.4
③ 2.6
④ 3.2

해설 사용전압에 따른 가공전선의 굵기와 종류

사용전압	전선의 굵기
저압 (400[V] 이하)	인장강도 3.43[kN] 이상 또는 지름 3.2[mm] 이상의 경동선 (절연전선인 경우 : 인장강도 2.3[kN] 이상 또는 지름 2.6[mm] 이상의 경동선)

14-2 사용전압이 400[V] 이하인 저압 가공전선으로 절연전선을 사용하는 경우 지름 몇 [mm] 이상의 경동선을 사용하여야 하는가?

① 2.6
② 3.2
③ 3.6
④ 4.0

해설 14-1번 해설 참조

14-3 사용전압이 400[V] 초과인 저압 가공전선은 케이블인 경우 이외에 시가지에 시설하는 것은 지름 몇 [mm] 이상의 경동선 또는 이와 동등 이상의 세기 및 굵기의 것이어야 하는가?

① 2.6
② 4.0
③ 5.0
④ 6.3

해설 사용전압에 따른 가공전선의 굵기와 종류

사용전압		전선의 굵기
저압 (400[V] 초과)	시가지	인장강도 8.01[kN] 이상 또는 지름 5[mm] 이상의 경동선
	시가지 외	인장강도 5.26[kN] 이상 또는 지름 4[mm] 이상의 경동선

★ 사용전압이 400[V] 초과인 저압 가공전선에는 인입용 비닐 절연전선을 사용하여서는 안 된다.

14-4 사용전압이 400[V]를 초과하는 저압 가공전선을 시가지 외에 시설하는 경우 지름 몇 [mm] 이상의 경동선을 사용하여야 하는가?

① 2.6
② 4.0
③ 5.0
④ 6.3

해설 14-3번 해설 참조

정답 14-1 ④ 14-2 ① 14-3 ③ 14-4 ②

14-5 한국전기설비규정에 의한 저압 가공전선의 굵기 및 종류에 대한 설명으로 옳지 않은 것은?

① 사용전압이 400[V] 초과인 저압 가공전선에는 인입용 비닐 절연전선을 사용한다.
② 사용전압이 400[V] 이하인 저압 가공전선으로 절연전선을 사용하는 경우 지름 2.6[mm] 이상의 경동선이어야 한다.
③ 저압 가공전선에 사용하는 나전선은 중성선 또는 다중 접지된 접지 측 전선으로 사용하는 전선에 한한다.
④ 사용전압이 400[V] 초과인 저압 가공전선으로 시가지 외에 시설하는 것은 지름 4.0[mm] 이상의 경동선이어야 한다.

해설 사용전압 400[V] 초과한 저압 가공전선은 인입용 비닐 절연전선을 사용하면 안 된다.

대표유형 15 가공전선의 높이

[저압, 고압 가공전선의 높이]

구분		저압	고압
철도, 궤도 횡단		레일면상 6.5[m] 이상	
도로 횡단		지표상 6[m] 이상	
횡단보도교 위에 시설	일반적인 경우	노면상 3.5[m] 이상	3.5[m] 이상
	저압 절연전선, 다심형 전선, 케이블을 사용하는 경우	3[m] 이상	
그 외의 경우	일반적인 경우	지표상 5[m] 이상	5[m] 이상
	도로 이외의 곳에 시설		
	절연전선이나 케이블을 사용하여 옥외 조명용에 공급하고 교통에 지장이 없도록 시설	4[m] 이상	
다리 하부	다리의 하부에 시설하는 저압의 전기철도용 급전선	지표상 3.5[m] 이상	–

15-1 저압 가공전선을 시가지 도로를 횡단하여 시설하는 경우 지표상 높이는 몇 [m] 이상으로 하여야 하는가?

① 4
② 5
③ 6
④ 6.5

해설 저압, 고압 가공전선의 높이

구분	저압	고압
도로 횡단	지표상 6[m] 이상	

15-2 고압 가공전선이 도로를 횡단하는 경우 전선의 지표상 최소 높이는 몇 [m]인가?

① 2
② 4
③ 5
④ 6

[해설] 저압, 고압 가공전선의 높이

구분	저압	고압
도로 횡단	지표상 6[m] 이상	

대표유형 16 가공전선 등의 병행설치

병행설치 시 다른 가공전선을 동일 지지물에 별개의 완금류에 시설하며 전압이 높은 전선로가 낮은 전선로보다 상부에 위치하도록 시설

① 저압 가공전선과 고압 가공전선의 병행설치
  ㉠ 저압 가공전선과 고압 가공전선 사이의 간격 : 0.5[m] 이상(고압 가공전선이 케이블인 경우 : 0.3[m] 이상)
  ㉡ 동일 완금류에 시설 가능한 경우 : 저압 가공인입선을 분기하기 위하여 저압 가공전선을 고압용의 완금류에 견고하게 시설하는 경우

② 특고압 가공전선과 저압, 고압 가공전선의 병행설치
  특별한 경우 이외에는 다음 표의 간격으로 시설

[특고압 가공전선과 저압 가공전선의 병행설치]

사용전압		간격
35[kV] 이하		1.2[m] 이상 (특고압 가공전선이 케이블인 경우 : 0.5[m] 이상)
35[kV] 초과 60[kV] 이하		2[m] 이상 (특고압 가공전선이 케이블인 경우 : 1[m] 이상)
60[kV] 초과	일반적인 경우	2[m] + 0.12 × N (2[m]에 60[kV]를 초과하는 10[kV] 또는 그 단수마다 0.12[m]를 더한 값)
	특고압 가공전선이 케이블인 경우	1[m] + 0.12 × N (1[m]에 60[kV]를 초과하는 10[kV] 또는 그 단수마다 0.12[m]를 더한 값)

15-3 저압 가공전선을 철도 위에 시설할 때 레일면상 최소 몇 [m] 이상으로 시설하여야 하는가?

① 3
② 3.5
③ 6
④ 6.5

[해설] 저압, 고압 가공전선의 높이

구분	저압	고압
철도, 궤도 횡단	레일면상 6.5[m] 이상	

정답 15-2 ④ 15-3 ④

16-1 동일 지지물에 저압 가공전선(다중접지된 중성선 제외)과 고압 가공전선을 시설하는 경우 저압 가공전선은?

① 고압 가공전선과 나란하게 하고 동일 완금류에 시설
② 고압 가공전선과 나란하게 하고 별개의 완금류에 시설
③ 고압 가공전선의 위로 하고 동일 완금류에 시설
④ 고압 가공전선의 아래로 하고 별개의 완금류에 시설

해설 **저압 가공전선과 고압 가공전선의 병행설치**
전압이 높은 전선로가 낮은 전선보다 상부에 위치하도록 시설하고 별개의 완금류에 시설

16-2 저압 가공전선과 고압 가공전선을 동일 지지물에 시설하는 경우 전선 사이의 간격은 몇 [m] 이상이어야 하는가?

① 0.2 ② 0.5
③ 1   ④ 1.2

해설 **저압 가공전선과 고압 가공전선의 병행설치**
저압 가공전선과 고압 가공전선 사이의 간격 : 0.5[m] 이상
(고압 가공전선이 케이블인 경우 : 0.3[m] 이상)

16-3 저압 가공전선과 고압 가공전선을 동일 지지물에 시설하는 경우, 고압 가공전선에 케이블을 사용하면 전선 사이의 간격은 몇 [m] 이상이어야 하는가?

① 0.3 ② 0.5
③ 1   ④ 1.2

해설 16-2번 해설 참조

16-4 사용전압이 35[kV] 이하인 특고압 가공전선과 200[V] 가공전선을 병행설치할 때, 가공선로 간의 간격은 몇 [m] 이상이어야 하는가?

① 0.3 ② 1.0
③ 1.2 ④ 1.5

해설 **특고압 가공전선과 저압 가공전선의 병행설치**

사용전압	간격
35[kV] 이하	1.2[m] 이상 (특고압 가공전선이 케이블인 경우 : 0.5[m] 이상)
35[kV] 초과 60[kV] 이하	2[m] 이상 (특고압 가공전선이 케이블인 경우 : 1[m] 이상)

16-1 ④ 16-2 ② 16-3 ① 16-4 ③

대표유형 17 지중전선로의 종류

① 직접 매설식
   ㉠ 땅을 굴착한 후 케이블을 보호하는 콘크리트 트로프(trough)를 사용하고 그 안에 케이블과 모래를 채운 후 뚜껑을 덮어 매립하는 방식
   ㉡ **차량 기타 중량물의 압력을 받을 우려가 있는 장소에는 매설 깊이를 1[m] 이상, 기타 장소에는 0.6[m] 이상**으로 하고 지중전선을 견고한 트로프 기타 방호물에 넣어 시설. 다만, 다음의 경우 지중전선을 트로프 기타 방호물에 넣지 않고 시설할 수 있다.
   - 저압, 고압 지중전선을 차량 기타 중량물의 압력이 받을 우려가 없는 곳에 그 위를 견고한 판 또는 몰드로 덮어 시설하는 경우
   - 저압, 고압의 지중전선에 콤바인덕트 케이블, 규정에 준하는 구조로 개장한 케이블을 사용하는 경우
   - 특고압 지중전선은 규정에 준하는 구조로 개장한 케이블을 사용하며 견고한 판 또는 몰드로 지중전선의 위와 옆을 덮어 시설하는 경우

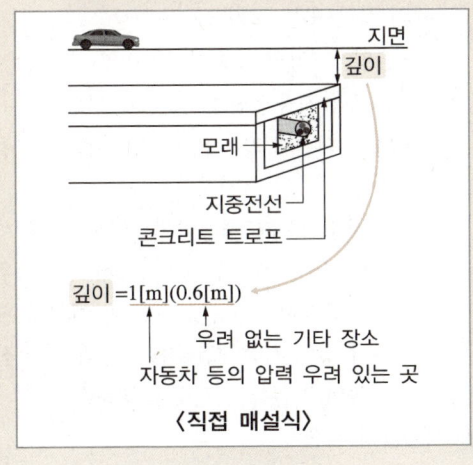
〈직접 매설식〉

② 관로식
   ㉠ 땅을 굴착한 후 관을 넣어 매립하고 일정 간격마다 맨홀을 설치하여 케이블을 관에 넣어 송전하는 방식
   ㉡ 매설 깊이를 1[m] 이상으로 하되, 차량 등 중량물의 압력을 받을 우려가 없는 곳은 0.6[m] 이상으로 시설

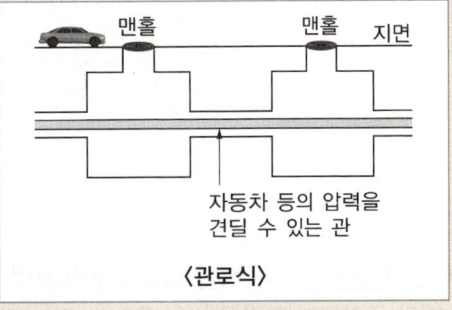
〈관로식〉

③ 암거식
   ㉠ 터널과 같은 콘크리트 구조물을 설치하여 작업자가 통행할 수 있고 그 내부 벽에 여러 층으로 케이블을 시설하는 방식
   ㉡ 암거식에 의하여 시설하는 경우, 견고하고 차량 등 중량물의 압력에 견디는 것을 사용할 것
   ㉢ 암거에 시설하는 지중전선은 난연조치를 하거나 암거 내에 자동 소화설비를 시설

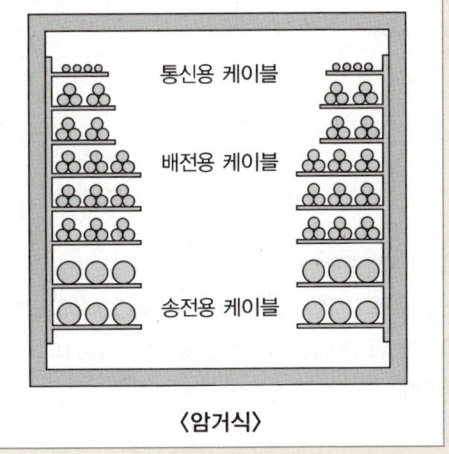
〈암거식〉

17-1 지중전선로 시설 방식으로 옳지 않은 것은?

① 암거식　　② 트라이식
③ 관로식　　④ 직접 매설식

[해설] 지중 전선로 시설 방식
- 직접 매설식
- 관로식
- 암거식

17-2 지중전선로를 직접 매설식에 의하여 차량 및 기타 중량물의 압력을 받을 우려가 있는 장소에 시설하는 경우 매설 깊이는 몇 [m] 이상으로 하여야 하는가?

① 0.6　　② 1
③ 1.2　　④ 1.5

[해설] 직접 매설식
차량 기타 중량물의 압력을 받을 우려가 있는 장소에는 매설 깊이를 1[m] 이상, 기타 장소에는 0.6[m] 이상으로 하고 지중전선을 견고한 트로프 기타 방호물에 넣어 시설

17-3 지중전선로를 차량, 기타 중량물의 압력을 받을 우려가 없는 장소에 직접 매설식에 의하여 시설하는 경우 매설 깊이는 몇 [m] 이상으로 하여야 하는가?

① 0.6　　② 1
③ 1.2　　④ 1.5

[해설] 17-2번 해설 참조

대표유형 18 · 지중전선로의 시설

① 지중전선로의 시설

㉠ 지중전선로는 전선에 **케이블을 사용**하고 **관로식·암거식** 또는 **직접 매설식**에 의하여 시설하여야 한다.

㉡ 관·암거 기타 지중전선을 넣은 방호장치의 금속제 부분 등에는 규정에 준하는 접지공사를 하여야 한다.

㉢ 지중전선로는 기설 지중약전류전선로에 대하여 누설전류 또는 유도작용에 의하여 통신상의 장해를 주지 않도록 기설 약전류전선로로부터 이격시키거나 기타 보호장치를 시설하여야 한다.

> ✔ **약전류전선**
> 약전류 전기의 전송에 사용되는 전선으로 전화선, 인터폰 등의 음성 전송 회로, 신호의 전송 회로, 최대 사용 전압이 15[V] 이하이고, 최대 사용 전류가 5[A]를 넘지 않는 전기 회로 등이 있다.

② 지중전선과 각종 시설물들과의 접근 또는 교차

㉠ 지중전선과 지중약전류전선 등 또는 관과의 접근 또는 교차
- **저압, 고압**의 지중전선 : 0.3[m] 이상
- **특고압** 지중전선 : 0.6[m] 이상
- 다만, 다음의 경우 위의 간격 이하로 시설 가능
  - 지중전선과 지중약전류전선 등의 사이에 **내화성 격벽**을 시설하였을 경우
  - 지중전선을 불연성 또는 난연성의 관에 넣어 지중약전류전선 등과 직접 접촉하지 않도록 시설할 경우

③ 지중함의 시설

㉠ 지중함은 견고하고 차량, 기타 중량물의 **압력에 견디는 구조**일 것

㉡ **지중함은 그 안의 고인 물을 제거할 수 있는 구조**로 되어 있을 것

17-1 ②　17-2 ②　17-3 ①

ⓒ 폭발성 또는 연소성의 가스가 침입할 우려가 있는 것에 시설하는 지중함으로서 그 크기가 1[m³] 이상인 것에는 통풍장치 기타 가스를 방산시키기 위한 장치를 시설할 것
ⓔ 지중함의 뚜껑은 시설자 이외의 자가 **쉽게 열 수 없도록 시설할 것**
ⓜ 차도 이외의 장소에 설치하는 저압 지중함은 절연성이 있는 재질의 뚜껑을 사용할 수 있다.

18-1 다음 중 지중전선로에 사용되는 전선은?

① 절연전선 ② 다심형 전선
③ 케이블   ④ 나전선

[해설] 지중전선로는 전선에 케이블을 사용하고 관로식·암거식 또는 직접 매설식에 의하여 시설

18-2 저압의 지중전선이 지중약전류전선 등과 접근하거나 교차하는 경우 상호 간의 간격이 몇 [m] 이하인 때에는 지중전선과 지중약전류전선 등 사이에 견고한 내화성의 격벽을 설치하는가?

① 0.3 ② 0.5
③ 0.6 ④ 0.8

[해설] **지중전선이 지중약전류전선 등과 접근하거나 교차하는 경우 견고한 내화성의 격벽의 설치**
• 저압 또는 고압의 지중전선은 0.3[m] 이하
• 특고압 지중전선은 0.6[m] 이하

18-3 지중전선로에 사용하는 지중함의 시설기준으로 옳지 않은 것은?

① 뚜껑은 시설자 이외의 자가 쉽게 열 수 없도록 시설할 것
② 조명 및 세척이 가능한 장치를 하도록 할 것
③ 그 안의 고인 물을 제거할 수 있는 구조로 되어 있을 것
④ 견고하고 차량 기타 중량물의 압력에 견디는 구조일 것

[해설] 지중함은 절연 성능 유지를 위해 건조된 상태로 유지되어야 하며 세척하지 않는다.

정답 18-1 ③ 18-2 ① 18-3 ②

대표유형 19 구내 인입선

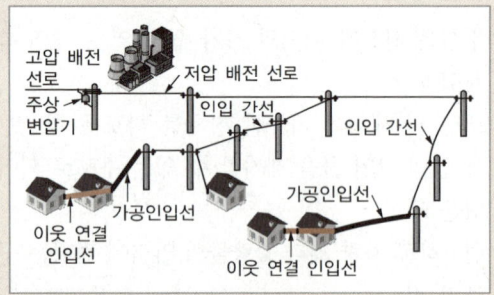

① 가공인입선
  ㉠ 가공전선로의 지지물로부터 다른 지지물을 거치지 아니하고 수용장소의 붙임점에 이르는 가공전선
  ㉡ 저압 인입선의 시설
   • 사용전선은 절연전선 또는 케이블일 것
   • 전선이 케이블인 경우 이외인 경우
    - 인장강도 2.30[kN] 이상의 것 또는 지름 2.6[mm] 이상의 인입용 비닐 절연전선일 것
    - 지지물 간 거리가 15[m] 이하인 경우 : 인장강도 1.25[kN] 이상의 것 또는 지름 2[mm] 이상의 인입용 비닐 절연전선일 것
   • 옥외용 비닐 절연전선(OW선)을 사용할 경우에는 사람이 접촉할 우려가 없도록 시설
   • 전선의 높이

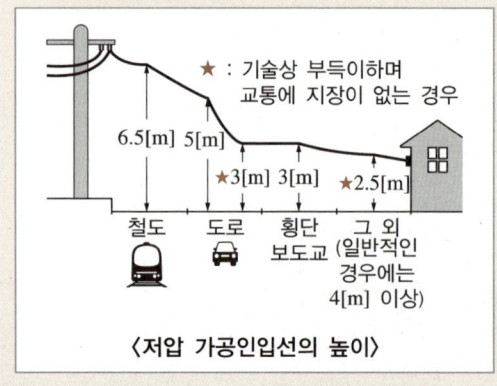

〈저압 가공인입선의 높이〉

[저압, 고압, 특고압 가공인입선의 높이]

구분	저압	고압	특고압 (35[kV] 이하인 경우)
철도, 궤도 횡단	레일면상 6.5[m] 이상		
도로 횡단	일반적인 경우 : 노면상 5[m] 이상	6[m] 이상	6[m] 이상
	기술상 부득이 : 3[m] 이상		
횡단보도교 위	노면상 3[m] 이상	3.5[m] 이상	5[m] 이상 (특고압 절연전선 또는 케이블인 경우 : 4[m] 이상)
그 외의 경우	일반적인 경우 : 지표상 4[m] 이상	5[m] 이상	5[m] 이상
	기술상 부득이 : 2.5[m] 이상	위험 표시한 경우(케이블 이외의 것) : 3.5[m] 이상	
이웃 연결 인입선	시설 가능	시설 금지	

② 이웃 연결 인입선
  ㉠ 한 수용장소의 인입선에서 분기하여 지지물을 거치지 아니하고 다른 수용장소의 인입구에 이르는 부분의 전선
  ㉡ 이웃 연결 인입선의 시설
   • 인입선에서 분기하는 점으로부터 100[m]를 넘지 않을 것
   • 폭 5[m]를 초과하는 도로를 횡단하지 말 것
   • 옥내를 통과하지 않을 것
   • 이웃 연결 인입선은 저압만 시설 가능

19-1 가공전선로의 지지물로부터 다른 지지물을 거치지 아니하고 수용장소의 붙임점에 이르는 가공전선을 무엇이라 하는가?

① 가공인입선
② 구내전선로
③ 구내인입선
④ 이웃 연결 인입선

해설 **가공인입선**
가공전선로의 지지물로부터 다른 지지물을 거치지 아니하고 수용장소의 붙임점에 이르는 가공전선

19-2 가공인입선을 시설할 때 경동선의 최소 굵기는 몇 [mm]인가?(단, 지지물 간 거리가 15[m]를 초과한 경우이다)

① 1.6
② 2.0
③ 2.6
④ 3.0

해설 가공인입선의 인입전선의 굵기는 저압인 경우 지름 2.6[mm] 이상의 경동선을 사용한다.

19-3 저압 가공인입선 공사 시 도로를 횡단하여 시설하는 경우 노면상 설치 높이는 몇 [m] 이상이어야 하는가?

① 5
② 6
③ 7
④ 8

해설 저압, 고압, 특고압 가공인입선의 높이

구분	저압	고압	특고압 (35[kV] 이하인 경우)
도로 횡단	일반적인 경우 : 노면상 5[m] 이상 기술상 부득이 : 3[m] 이상	6[m] 이상	6[m] 이상

19-4 저압 가공인입선이 일반적인 도로 횡단 시 기술상 부득이한 경우로 교통에 지장이 없을 때 노면상 최소 설치 높이는 몇 [m] 이상인가?

① 3
② 4.5
③ 5
④ 6

해설 19-3번 해설 참조

19-5 고압 가공인입선이 일반적인 도로 횡단 시 노면상 최소 설치 높이는 몇 [m] 이상인가?

① 3
② 5
③ 6
④ 9

해설 19-3번 해설 참조

19-6 저압 가공인입선이 횡단보도교를 지나는 경우 노면상 설치 높이는 몇 [m] 이상이어야 하는가?

① 3
② 3.5
③ 4
④ 4.5

해설 저압, 고압, 특고압 가공인입선의 높이

구분	저압	고압	특고압 (35[kV] 이하인 경우)
횡단보도교 위	노면상 3[m] 이상	3.5[m] 이상	5[m] 이상 (특고압 절연전선 또는 케이블인 경우 : 4[m] 이상)

정답 19-1 ① 19-2 ③ 19-3 ① 19-4 ① 19-5 ③ 19-6 ①

19-7 저·고압 가공입인선이 철도 또는 궤도를 횡단하는 경우 레일면상 설치 높이는 몇 [m] 이상이어야 하는가?

① 4
② 5.5
③ 6.5
④ 8

해설 저압, 고압 가공인입선의 높이

구분	저압	고압
철도, 궤도 횡단	레일면상 6.5[m] 이상	

19-8 한 수용장소의 인입선에서 분기하여 지지물을 거치지 아니하고 다른 수용장소의 인입구에 이르는 부분의 전선을 무엇이라 하는가?

① 가공지선
② 이웃 연결 인입선
③ 가공전선
④ 가공인입선

해설 이웃 연결 인입선
한 수용장소의 인입구에서 분기하여 지지물을 거치지 아니하고 다른 수용장소의 인입구에 이르는 부분의 전선

19-9 저압 이웃 연결 인입선 시설에서 제한 사항이 아닌 것은?

① 폭 5[m]를 넘는 도로를 횡단하지 말 것
② 다른 수용가의 옥내를 관통하지 말 것
③ 지름 2.0[mm] 이하의 경동선을 사용하지 말 것
④ 인입선의 분기점에서 100[m]를 초과하는 지역에 미치지 아니할 것

해설 지름 2.6[mm] 이상의 경동선 또는 이와 동등 이상의 세기 및 굵기의 것이어야 한다.

19-10 저압 연접 인입선은 인입선에서 분기하는 점으로부터 (㉠)[m]를 넘지 않는 지역에 시설하고 폭 (㉡)[m]를 넘는 도로를 횡단하지 않아야 하는가?

	㉠	㉡
①	50	5
②	50	6
③	100	5
④	100	6

해설 이웃 연결 인입선
- 인입선의 분기점에서 100[m]를 초과하는 지역에 미치지 아니할 것
- 폭 5[m]를 넘는 도로를 횡단하지 말 것
- 다른 수용가의 옥내를 관통하지 말 것

대표유형 20 옥측전선로

건축물 외부의 전기사용장소에서 그 전기사용장소에서의 전기사용을 목적으로 조영물에 고정시켜 시설하는 전선로

① 저압 옥측전선로
  ㉠ 저압 옥측전선로는 다음의 어느 하나에 해당하는 경우에 한하여 시설할 수 있다.
    - 애자공사(전개된 장소에 한함)
    - 합성수지관공사
    - 금속관공사(목조 이외의 조영물에 시설하는 경우에 한함)
    - 버스덕트공사(목조 이외의 조영물에 시설하는 경우에 한함. 점검할 수 없는 은폐된 장소 제외)
    - 케이블공사(연피 케이블, 알루미늄피 케이블, 또는 무기 절연(MI) 케이블을 사용하는 경우에는 목조 이외의 조영물에 시설하는 경우에 한함)
  ㉡ **애자공사에 의한 저압 옥측전선로**는 다음에 의하고 사람이 쉽게 접촉될 우려가 없도록 시설할 것
    - 전선은 공칭 단면적 $4[mm^2]$ 이상의 연동 절연전선(옥외용 비닐 절연전선 및 인입용 절연전선은 제외)일 것
    - 저압 옥측전선로의 상호 간의 간격은 특정 기준을 만족시킬 것
    - **전선의 지지점 간의 거리는 2[m] 이하일 것**
    - 애자는 절연성, 난연성, 내수성이 있는 것일 것

② 고압 옥측전선로

구분	간격
고압 옥측전선로의 전선이 특고압 옥측전선·저압 옥측전선·관등회로의 배선·약전류전선 등이나 **수관·가스관 또는 이와 유사한 것과 접근하거나 교차하는 경우**	0.15[m] 이상
이외에 다른 시설물과 접근하는 경우	0.3[m] 이상

③ 특고압 옥측전선로 : 특고압 옥측전선로(특고압 인입선의 옥측 부분 제외)는 시설하여서는 아니 된다. 다만, 사용전압이 100[kV] 이하이고 고압 옥측전선로의 시설 규정에 준하여 시설하는 경우에는 그러하지 아니하다.

20-1 애자공사에 의한 저압 옥측전선로 공사 시 전선의 지지점 간의 거리는 몇 [m] 이하여야 하는가?

① 0.5 ② 1
③ 2   ④ 3

해설 애자공사에 의한 저압 옥측전선로 공사 시 전선의 지지점 간의 거리는 2[m] 이하일 것

20-2 한국전기설비규정에서 수관·가스관 또는 이와 유사한 것과 접근하거나 교차하는 경우에는 고압 옥측전선로의 전선과 이들 사이의 간격 몇 [m] 이상이어야 하는가?

① 0.1   ② 0.15
③ 0.25 ④ 0.3

해설 고압 옥측전선로 전선의 간격

구분	간격
고압 옥측전선로의 전선이 특고압 옥측전선·저압 옥측전선·관등회로의 배선·약전류전선 등이나 수관·가스관 또는 이와 유사한 것과 접근하거나 교차하는 경우	0.15[m] 이상
이외에 다른 시설물과 접근하는 경우	0.3[m] 이상

정답 20-1 ③ 20-2 ②

대표유형 21 옥상전선로

① **저압 옥상전선로**
옥상전선로의 전선과 다른 시설물과의 간격
　㉠ 일반적인 경우 : 0.6[m] 이상(전선이 고압, 특고압 절연전선, 케이블인 경우 : 0.3[m] 이상)
　㉡ 옥상전선로의 전선이 저압, 고압, 특고압 옥측전선, 안테나·수관가스관, 이와 유사한 것과 접근하거나 교차하는 경우 : 1[m] 이상(절연전선, 케이블이 사용된 경우 0.3[m] 이상)

② **고압 옥상전선로**
　㉠ 고압 옥상전선로는 케이블을 사용하고 전개된 장소에서 조영재에 견고하게 붙인 지지기둥 또는 지지대에 의하여 지지하고 또한 조영재 사이의 간격을 1.2[m] 이상으로 하여 시설
　㉡ 고압 옥상전선로의 전선이 다른 시설물과 접근하거나 교차하는 경우 간격은 0.6[m] 이상
　㉢ 고압 옥상전선로의 전선은 식물에 접촉하지 않도록 시설

③ **특고압 옥상전선로** : 특고압 옥상전선로는 시설하여서는 안 된다.

21-1 저압 옥상전선로의 전선이 저압 옥측전선, 고압 옥측전선, 특고압 옥측전선, 다른 저압 옥상전선로의 전선, 약전류전선 등, 안테나·수관·가스관 또는 이들과 유사한 것과 접근하거나 교차하는 경우에는 저압 옥상전선로의 전선과 이들 사이의 최소 간격 몇 [m] 이상인가?

① 0.3　　② 0.6
③ 1　　　④ 1.5

[해설] 저압 옥상전선로의 전선이 저압, 고압, 특고압 옥측전선, 안테나·수관가스관, 이와 유사한 것과 접근하거나 교차하는 경우 : 1[m] 이상(절연전선, 케이블이 사용된 경우 0.3[m] 이상)

21-2 다음 중 특고압의 전선로로 시설할 수 없는 것은?

① 물밑전선로　　② 지중전선로
③ 터널안전선로　④ 옥상전선로

[해설] 특고압 옥상전선로는 시설하여서는 안 된다.

정답 21-1 ③　21-2 ④

대표유형 22 개폐기(switch)

① **단로기**(DS ; Disconnecting Switch) : 기기의 점검 및 수리를 할 때, 기기를 활선으로부터 확실하게 분리하기 위한 장치

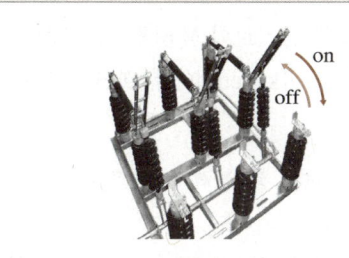

〈단로기〉

② **차단기**(CB ; Circuit Breaker) : 전기사고나 고장으로 인해 문제가 생겼을 때 회로를 강제로 차단하는 장치

㉠ 저압에서 사용하는 차단기
- **기중차단기**(ACB ; Air Circuit Breaker) : 전류를 차단할 때 생기는 아크를 대기 중 공기를 이용해서 제거하는 차단기
- **자기차단기**(MBB ; Magnetic Blow-out circuit-Breaker) : 전류를 차단할 때 생기는 아크를 아크차단전류와 자기장 사이의 전자력으로 아크제거실로 끌어들여 아크를 제거하는 차단기

㉡ 고압에서 사용하는 차단기
- **진공차단기**(VCB ; Vacuum Circuit Breaker) : 공기가 없는 진공상태에서 절연 내력이 매우 높은 것을 응용하여 고진공의 그릇 속에서 전류를 차단하고 아크를 제거하는 차단기
- **유입차단기**(OCB ; Oil Circuit Breaker) : 유입변압기와 유사하게 절연유 자체가 아크를 제거하는 차단기
- **가스차단기**(GCB ; Gas Circuit Breaker) : 발전소, 변전소와 같은 큰 용량의 전류를 차단할 때 사용하며 절연 내력이 우수한 육불화황(SF_6) 가스를 이용하여 아크를 제거하는 차단기
- **공기차단기**(ABB ; Air Blast circuit Breaker) : 기중차단기와 유사하게 공기를 이용하며 압축 공기를 이용하여 아크를 제거하는 차단기

③ **부하개폐기**(LBS ; Load Break Switch) : 부하 전류가 흐르고 있는 회로의 개폐를 목적으로 사용하는 개폐기

④ **자동 고장 구분 개폐기**(ASS ; Automatic Section Switch) : 가공 배전 선로에서 분기점에 설치 또는 인입개폐기로 설치하여 고장 구간을 자동으로 구분하고 분리하는 자동 개폐기

⑤ **가스 절연 부하 개폐기**(GIS ; Gas Insulated Switch) : 가공 배전선로나 수용가의 인입구에 설치되어 선로를 개폐, 구분할 수 있는 가스 절연 방식의 부하 개폐 장치

⑥ **자동 선로 구분 개폐기**(sectionalizer) : 부하 분기점에 설치하여 선로 고장이 발생한 경우, 고장 구간을 신속하게 개방하는 자동 개폐기 장치

⑦ **자동 재폐로 차단기**(recloser) : 배전 선로에서 지락 고장 또는 단락 고장 사고가 발생한 경우, 고장을 검출하여 선로를 차단한 후, 일정 시간이 경과하면 자동으로 재투입 동작을 반복하여 순간 고장을 제거하는 차단기

22-1 변전소의 전력기기를 시험하기 위하여 회로를 분리하거나 또는 계통의 접속을 바꾸거나 하는 경우에 사용되는 것은?

① 퓨즈
② 차단기
③ 단로기
④ 나이프 스위치

해설 단로기
계통의 접속을 바꾸거나 무부하 회로 분리 시 사용

22-2 수변전설비에서 차단기의 종류 중 가스차단기에 들어가는 가스의 종류는?

① SF_6 ② CO_2
③ LPG ④ LNG

해설 가스차단기(GCB ; Gas Circuit Breaker)
발전소, 변전소와 같은 큰 용량의 전류를 차단할 때 사용하며 절연 내력이 우수한 육불화황(SF_6) 가스를 이용하여 아크를 제거하는 차단기

22-3 SF_6 가스차단기의 설명으로 옳지 않은 것은?

① 밀폐된 구조이므로 소음이 없다.
② SF_6 가스는 절연 내력이 공기의 2~3배이고 소호능력이 공기의 100~200배이다.
③ 근거리 고장 등 가혹한 재기전압에 대해서도 우수하다.
④ 아크에 의해 SF_6 가스가 분해되어 유독가스를 발생시킨다.

해설 SF_6 가스는 공기보다 우수한 절연 내력과 소호능력을 갖고 있으며 무색, 무취, 무해가스이다.

22-4 가스 절연 개폐기나 가스차단기에 사용되는 가스인 SF_6의 성질이 아닌 것은?

① 무색, 무취, 무해 가스이다.
② 같은 압력에서 공기의 2.5~3.5배의 절연 내력이 있다.
③ 소호능력은 공기보다 2.5배 정도 낮다.
④ 가스압력 3~4[kg/cm^2]에서 절연 내력은 절연유 이상이다.

해설 SF_6는 공기보다 절연능력, 소호능력이 높다.

22-5 다음 중 용어와 약호가 바르게 짝지어진 것은?

① 자기차단기 – OCB
② 유입차단기 – ABB
③ 공기차단기 – ACB
④ 가스차단기 – GCB

해설 • OCB : 유입차단기
• ABB : 공기차단기
• ACB : 기중차단기

22-6 차단기와 차단기의 소호매질이 틀리게 연결된 것은?

① 자기차단기 – 진공
② 가스차단기 – SF_6 가스
③ 유입차단기 – 절연유
④ 공기차단기 – 압축 공기

해설 • 진공차단기 : 진공
• 자기차단기 : 전자력

정답 22-2 ① 22-3 ④ 22-4 ③ 22-5 ④ 22-6 ①

22-7 수변전설비에서 전력퓨즈의 용단 시 결상을 방지하는 목적으로 사용하는 것은?

① 자동 고장 구분 개폐기
② 선로 개폐기
③ 기중 부하 개폐기
④ 부하 개폐기

해설 부하 개폐기(LBS)
- 수전설비의 인입구 개폐기로 주로 사용하며 전력퓨즈의 용단 시 결상을 방지하기 위하여 사용한다.
- 결상은 3상 중 한 상이 끊어지는 것을 의미하며 1상이 결상될 경우 불평형 전류가 흐르거나 단상 전력이 공급되어 큰 피해가 발생할 수 있다.

22-8 인입 개폐기가 아닌 것은?

① LBS
② UPS
③ LS
④ ASS

해설 UPS(Uninterruptible Power Supply) : 무정전 전원 장치

대표유형 23 계기용 변성기와 변압기

① **계기용 변성기** : 전기 회로의 전기 사용량 계산을 위해 고전압, 대전류를 저전압, 저전류로 변성하는 장치

  ㉠ **계기용 변압기**(PT ; Potential Transformer) : 고전압을 저전압으로 변성하여 배전반의 측정 계기나 보호계전기의 전원 공급을 하기 위한 장치

  ㉡ **계기용 변류기**(CT ; Current Transformer) : 대전류를 소전류로 변성하여 배전반의 측정 계기나 보호계전기의 전원 공급을 하기 위한 장치

  ㉢ 전력 수급용 계기용 변성기(MOF ; Metering Out Fit) : 계기용 변압기와 계기용 변류기가 함께 조합된 것으로 전력 수급용 전력량 측정을 위해 사용되며 옥내 수전실 또는 큐비클 등 밀폐된 공간에 설치하는 장치

  ㉣ **영상 변류기**(ZCT ; Zero phase Current Transformer) : 지락 사고 발생 시 지락전류(영상전류)를 검출하여 지락 계전기와 조합하여 차단기를 동작시켜 사고 범위를 축소하는 장치

  > ✓ **지락 전류**(earth fault current)
  > 충전부에서 대지 또는 고장점(지락점)의 접지된 부분으로 흐르는 전류. 지락에 의하여 전로의 외부로 유출되어 화재, 사람의 감전, 기기의 손상 등 사고를 일으킬 우려가 있는 전류

② **변압기** : 전압을 높이거나 낮추는 역할을 하며 변전설비에서는 고전압을 저전압으로 낮추어 수용가에 보내는 역할을 하는 장치

23-1 수변전설비 구성기기 중 계기용 변압기에 대한 설명으로 옳은 것은?

① 회로에 병렬로 접속하여 사용하는 기기다.
② 부족전압 트립코일의 전원으로 사용하는 기기다.
③ 높은 전류를 낮은 전류로 변성하는 기기다.
④ 높은 전압을 낮은 전압으로 변성하는 기기다.

해설 계기용 변압기는 전압 측정을 위하여 고전압을 저전압으로 변환하는 기기다.

23-2 수변전설비의 고압회로에 걸리는 전압을 표시하기 위해 전압계를 시설할 때 고압회로와 전압계 사이에 시설하는 것은?

① 계기용 변압기
② 계기용 변류기
③ 권선형 변류기
④ 수전용 변압기

해설 23-1번 해설 참조

23-3 고압전로에 지락 사고가 발생할 때 지락 전류를 검출하는 데 사용하는 것은?

① ZCT   ② PT
③ MOF   ④ CT

해설 영상 변류기(ZCT ; Zero phase Current Transformer) 지락 사고 발생 시 지락 전류(영상 전류)를 검출하여 지락 계전기와 조합하여 차단기를 동작시켜 사고 범위를 축소하는 장치

대표유형 24 피뢰기(LA ; Lightning Arrester)

① 피뢰기의 구조 : 직렬 갭 + 특성 요소
② 직렬 갭(gap) : 정상 시에는 절연 상태를 유지하며 이상 전압 발생 시 전압을 대지로 방전시키는 역할
③ 특성 요소 : SiC(탄화규소)를 각종 결합체와 혼합하여 만들어 비저항 특성을 갖는 것. 방전 전류가 클 때는 저항값이 낮아져 방전이 되고, 방전 전류가 적을 때는 저항값이 높아져 직렬 갭의 속류 차단에 기여함

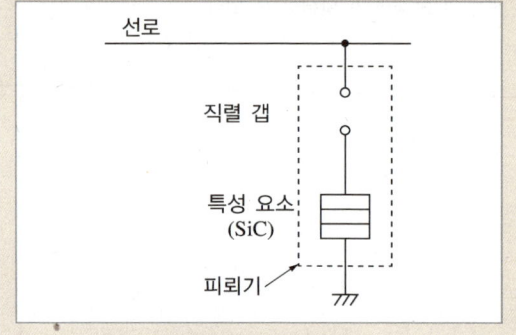

24-1 피뢰기의 약호는?

① COS   ② SA
③ PF   ④ LA

해설 피뢰기(LA ; Lightning Arrester)

24-2 피뢰기의 구조는?

① 특성 요소와 콘덴서
② 특성 요소와 소호리액터
③ 특성 요소와 직렬 갭
④ 소호 리액터와 콘덴서

해설 피뢰기의 주요 구성요소 : 직렬 갭 + 특성 요소

대표유형 25 보호계전기

종류	약어	기능
과전류 계전기 (OCR)	Over Current Relay	일정값 이상의 전류가 흐를 때 동작
과전압 계전기 (OVR)	Over Voltage Relay	일정값 이상의 전압이 공급될 때 동작
부족 전압 계전기 (UVR)	Under Voltage Relay	전압이 일정값 이하로 떨어질 때 동작
비율차동 계전기 (RDR)	Ratio Differential Relay	고장에 의하여 생긴 불평형의 전류차가 일정값 이상으로 되면 동작
선택 계전기	Selective Relay	2회선 중에 고장이 발생한 회선을 선택하는 계전기
방향 계전기	Directional Relay	전류나 전력의 방향을 식별해서 동작하며 고장점의 방향을 식별할 수 있는 계전기
거리 계전기 (DR)	Distance Relay	고장점까지의 전기적 거리에 비례하여 한시로 동작하는 계전기
지락 과전류 계전기 (OCGR)	Over Current Ground Relay	지락 보호용으로 과전류 계전기의 동작 전류를 작게 한 계전기
지락 방향 계전기 (DGR)	Directional Ground Relay	지락 과전류 계전기에 방향성을 준 계전기
선택 지락 계전기 (SGR)	Selective Ground Relay	지락 보호용으로 선택 계전기의 동작 전류를 작게 한 계전기

25-1 보호를 요하는 회로의 전류가 어떤 일정한 값(정정값) 이상으로 흐를 때 동작하는 계전기는?

① 과전압 계전기 ② 과전류 계전기
③ 부족전압 계전기 ④ 비율차동 계전기

해설 **과전류 계전기**
전류가 정정값 이상이 되면 동작하는 계전기

25-2 선택 지락 계전기의 용도는?

① 단일회선에서 접지사고 지속시간의 선택
② 다회선에서 접지고장 회선의 선택
③ 단일회선에서 접지전류의 대소의 선택
④ 단일회선에서 접지전류의 방향의 선택

해설 **선택 지락 계전기**
다회선 송전 선로에서 지락이 발생한 회선만을 검출하여 선택해 차단할 수 있도록 동작하는 계전기

25-3 다음 중 계전기의 종류가 아닌 것은?

① 지락 계전기 ② 과전류 계전기
③ 과저항 계전기 ④ 과전압 계전기

해설 과저항 계전기는 존재하지 않는다.

25-4 전기설비를 보호하는 계전기 중 전류 계전기에 대한 설명으로 옳지 않은 것은?

① 과전류 계전기와 부족 전류 계전기의 통칭이다.
② 과전류 계전기와 부족 전류 계전기가 있다.
③ 부족 전류 계전기는 항상 시설해야 한다.
④ 배전선로의 보호, 후비보호 목적으로 사용되고 고장감시 목적으로 사용된다.

해설 부족 전류 계전기는 계전기를 통하는 전룻값이 그 정정값과 같거나 또는 그 이하가 될 때 동작하는 계전기로서 전동기나 변압기의 여자 회로에만 설치한다.

정답 25-1 ② 25-2 ② 25-3 ③ 25-4 ③

25-5 낙뢰, 수목 접촉, 일시적인 섬락 등 순간적인 사고로 계통에서 분리된 구간을 신속히 계통에 투입시킴으로써 계통의 안정도를 향상시키고 정전 시간을 단축시키기 위해 사용되는 계전기는?

① 거리 계전기
② 과전류 계전기
③ 재폐로 계전기
④ 차동 계전기

[해설] 재폐로 계전기를 이용하여 신속한 전원 재투입을 한다.

25-6 디지털 계전기의 장점이 아닌 것은?

① 신뢰성이 낮다.
② 자동 감시 기능을 갖는다.
③ 진동의 영향을 받지 않는다.
④ 광범위한 계산에 활용할 수 있다.

[해설] 아날로그 계전기에 비해 장치의 고장 및 이상을 발견하기 용이하여 신뢰도가 높다.

대표유형 26 전력용 콘덴서

부하와 병렬로 접속하여 역률 개선을 위해 사용하는 장치로 **진상용 콘덴서**라고도 한다.

〈전력용 콘덴서〉

① **방전 코일**(DC ; Discharging Coil) : 콘덴서를 회로에서 분리할 때 잔류 전하를 방전하여 위험을 방지하고, 회로에 재투입할 때 콘덴서에 걸리는 과전압을 방지하기 위해 설치하는 장치
② **직렬 리액터**(SR ; Series Reactor) : 파형 개선을 위해(제5고조파 제거) 전력용 콘덴서와 직렬로 설치하는 장치

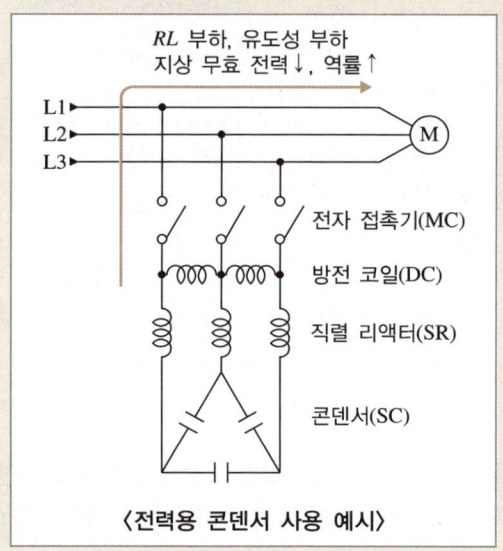

〈전력용 콘덴서 사용 예시〉

26-1 부하의 역률이 규정 값 이하인 경우 역률 개선을 위하여 설치하는 것은?

① 저항
② 컨덕턴스
③ 진상용 콘덴서
④ 리액터

[해설] 진상용 콘덴서
수변전설비로서 역률을 보상하는 장치

26-2 전력용 콘덴서를 회로로부터 개방할 때 전하가 잔류함으로써 일어나는 위험의 방지와 재투입할 때 콘덴서에 걸리는 과전압의 방지를 위하여 무엇을 설치하는가?

① 방전 코일
② 진상용 콘덴서
③ 직렬 리액터
④ 피뢰기

해설 방전 코일
축적된 전하를 방전하기 위하여 방전 코일을 사용

26-3 설치면적과 설치비용이 많이 들지만 가장 이상적이고 효과적인 진상용 콘덴서의 설치 방법은?

① 수전단 모선에 설치
② 부하 측에 분산하여 설치
③ 가장 큰 부하 측에만 설치
④ 수전단 모선과 부하 측에 분산하여 설치

해설 진상용 콘덴서
수변전설비로서 역률을 보상하는 장치로 가장 효과적으로 사용하기 위해서 부하 측에 분산하여 설치한다.

26-4 다음 ( )에 들어갈 말로 옳은 것은?

> 뱅크(bank)란 전로에 접속된 변압기 또는 ( )의 결선상 단위를 말한다.

① 리액터
② 단로기
③ 콘덴서
④ 차단기

해설 뱅크
전로에 접속된 변압기 또는 콘덴서의 결선상 단위

대표유형 27 수전용량

① 수용률(demand factor) : 수용 설비가 동시에 사용되는 정도
  ㉠ 공식

  $$수용률 = \frac{최대\ 수용\ 전력[kW]}{부하\ 설비\ 합계[kW]} \times 100[\%]$$

  ㉡ 특징
  • 주상 변압기 등의 공급 설비 용량 파악을 위하여 사용
  • 보통 60~70[%]

② 부하설비 용량
  ㉠ 공식
  부하설비 용량(추정)[VA]
  = 부하 밀도[VA/m²] × 면적[m²]

③ 건물의 종류에 따른 표준 부하 밀도

건물 종류	표준 부하 밀도 [VA/m²]
계단, 복도, 창고, 세면장	5
공장, 교회, 강당, 극장, 영화관, 연회장, 관람석	10
학교, 기숙사, 호텔, 여관, 병원, 음식점	20
사무실, 은행, 백화점, 이발소	30
아파트, 주택	40

27-1 전등 설비 300[W], 전열 설비 900[W], 전동기 설비 1,200[W], 기타 설비 200[W]인 수용가의 최대 수요전력이 2,080[W]이면 이 수용가의 수용률은 얼마인가?

① 50
② 60
③ 70
④ 80

해설
$$수용률 = \frac{최대\ 수용\ 전력[kW]}{부하\ 설비\ 합계[kW]} \times 100[\%]$$
$$= \frac{2,080}{300 + 900 + 1,200 + 200} \times 100[\%]$$
$$= 80[\%]$$

정답 26-2 ① 26-3 ② 26-4 ③ / 27-1 ④

27-2 배선설계를 위한 전등 및 소형 전기기계기구의 부하용량 산정 시 건축물의 종류에 대응한 표준 부하에서 원칙적으로 표준 부하를 20[VA/m²]으로 적용하여야 하는 건축물은?

① 교회, 극장
② 아파트, 미용원
③ 은행, 상점
④ 호텔, 병원

해설 건물의 종류에 따른 표준 부하 밀도

건물 종류	표준 부하 밀도 [VA/m²]
계단, 복도, 창고, 세면장	5
공장, 교회, 강당, 극장, 영화관, 연회장, 관람석	10
학교, 기숙사, 호텔, 여관, 병원, 음식점	20
사무실, 은행, 백화점, 이발소	30
아파트, 주택	40

27-3 사무실, 은행, 상점, 이발소, 미장원에서 사용하는 표준 부하[VA/m²]는?

① 5   ② 10
③ 20   ④ 30

해설 27-2번 해설 참조

27-4 건축물이 주택, 아파트인 경우 표준 부하는 몇 [VA/m²]인가?

① 5   ② 20
③ 30   ④ 40

해설 27-2번 해설 참조

대표유형 28 배전반과 분전반

① **배전반** : 고전압을 수전하여 저전압으로 변압한 전기를 분전반으로 보내는 곳
  ㉠ 라이브 프런트식
  ㉡ 데드 프런트식
  ㉢ **폐쇄식 배전반(큐비클형, cubicle)** : 4면을 폐쇄하여 만들며 점유 면적이 좁고 보수, 운전이 용이하여 가장 널리 사용

〈폐쇄식 배전반(큐비클형)〉

② **분전반** : 배전반으로부터 간선을 통해 들어온 전기를 실제 사용 장소의 전등, 콘센트가 있는 곳으로 나누어주는 곳

③ **함**
  ㉠ 배전반이나 분전반을 넣는 곳
  ㉡ 시설조건
  • 반의 뒤쪽은 배선 및 기구를 배치하지 아니할 것
  • 난연성 합성수지로 된 것은 두께 1.5[mm] 이상으로 내아크성인 것이어야 한다.
  • 강판제의 것은 두께 1.2[mm] 이상이어야 한다.(다만, 가로 또는 세로의 길이가 30[cm] 이하인 것은 두께 1.0[mm] 이상으로 할 수 있다)
  • 절연저항 측정 및 전선 접속 단자의 점검이 용이한 구조로 시설할 것
  • 반의 옆쪽 또는 뒤쪽에 설치하는 분배전반의 소형 덕트는 강판제로서 전선을 구부리거나 눌리지 않을 정도로 큰 것이어야 한다.

28-1 점유 면적이 좁고 운전 보수에 안전하여 공장, 빌딩 등의 전기실에 많이 사용되는 배전반의 유형은?

① 수직형
② 데드 프런트형
③ 큐비클형
④ 라이브 프런트형

해설 **폐쇄식 배전반(큐비클형)**
공장, 빌딩 등의 전기실에서 점유 면적이 좁고 운전 보수에 안전하여 많이 사용하며 캐비닛처럼 생긴 배전반

28-2 점유 면적이 좁고 운전, 보수에 안전하므로 공장, 빌딩 등의 전기실에 많이 사용되며, 큐비클형이라고 불리는 배전반은?

① 폐쇄식 배전반
② 포스트형 배전반
③ 데드 프런트식 배전반
④ 라이브 프런트식 배전반

해설 28-1번 해설 참조

28-3 배전반 및 분전반을 넣은 강판제로 만든 함의 최소 두께는 몇 [mm] 이상인가?

① 1.2   ② 1.5
③ 1.75   ④ 2.0

해설 강판제로 만든 분전함은 두께 1.2[mm] 이상의 강판을 사용한다.

28-4 배전반 및 분전반의 설치장소로 적합하지 않은 곳은?

① 은폐된 장소
② 안정된 장소
③ 개폐기를 쉽게 조작할 수 있는 장소
④ 전기회로를 쉽게 조작할 수 있는 장소

해설 배전반 및 분전반에 붙이는 기구와 전선을 쉽게 조작 및 점검할 수 있는 곳에 설치해야 한다.

28-5 다음 중 배전반 및 분전반의 설치장소로 적합하지 않은 곳은?

① 노출된 장소
② 개폐기를 쉽게 개폐할 수 있는 장소
③ 사람이 쉽게 조작할 수 없는 장소
④ 전기회로를 쉽게 조작할 수 있는 장소

해설 28-4번 해설 참조

28-6 한 분전반에 사용전압이 각각 다른 분기회로가 있을 때 분기 회로를 쉽게 식별하기 위한 방법으로 가장 적합한 것은?

① 차단기별로 분리해 놓는다.
② 분전반을 철거하고 다른 분전반을 새로 설치한다.
③ 차단기나 차단기 가까운 곳에 각각 전압을 표시하는 명판을 붙여놓는다.
④ 왼쪽은 고압 측 오른쪽은 저압 측으로 분류해 놓고 전압표시는 하지 않는다.

해설 옥내에 시설하는 저압용 배분전반 등의 시설에서 분기 회로를 쉽게 식별하기 위해서는 차단기나 차단기 가까운 곳에 각각 전압을 표시하는 명판을 붙이도록 한다.

정답 28-1 ③ 28-2 ① 28-3 ① 28-4 ① 28-5 ③ 28-6 ③

대표유형 29) 전선관 시스템 I (합성수지관공사)

전선관 시스템
관 안에 전선(절연전선 또는 케이블)을 넣어서 외력으로부터 보호하고 전선의 인입 또는 교환이 가능한 시스템으로 합성수지관공사, 금속관공사, 금속제 가요전선관공사가 있다.

① **합성수지관공사** : 합성수지로 된 관을 활용하여 전선을 배선하는 공사로 PVC(Poly Vinyl Chloride) 전선관이라고도 한다.

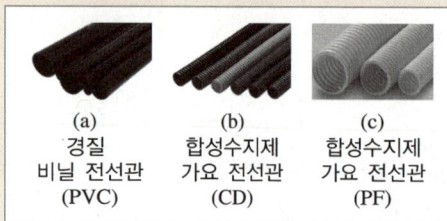

(a) 경질 비닐 전선관 (PVC)
(b) 합성수지제 가요 전선관 (CD)
(c) 합성수지제 가요 전선관 (PF)

㉠ 장단점
- 장점 : 절연성, 내부식성
- 단점 : 열, 충격에 약함

㉡ 규격
- 굵기는 관 안지름의 크기에 가까운 짝수로 표기
- 경질비닐전선관의 규격
  - 14, 16, 22, 28, 36, 42, 54, 70, 82, 100[mm]
  - 1본 표준길이 : 4[m]

㉢ 시설특징
- 시설조건
  - 전선은 절연전선일 것(옥외용 비닐 절연전선 제외)
  - 전선은 연선일 것
    다만, **다음의 것은 단선 사용 가능**
    ◇ 짧고 가는 합성수지관에 넣은 것
    ◇ 단면적 $10[mm^2]$(알루미늄선은 $16[mm^2]$) 이하의 것
  - 전선은 합성수지관 안에서 접속점이 없도록 할 것(∵ 전선 점검이 곤란함)
- 합성수지관 및 부속품의 선정
  - 관(합성수지제 가요전선관 제외)의 두께는 2[mm] 이상
    다만, 전개된 장소 또는 점검할 수 있는 은폐된 장소로서 건조한 장소에 사람이 접촉할 우려가 없도록 시설한 경우(옥내배선의 사용전압이 400[V] 미만인 경우에 한함)에는 예외임
- 합성수지관 및 부속품의 시설
  - 관 상호 접속 시 관을 삽입하는 깊이를 관의 바깥지름의 1.2배 이상(접착제를 사용하는 경우에는 0.8배 이상)

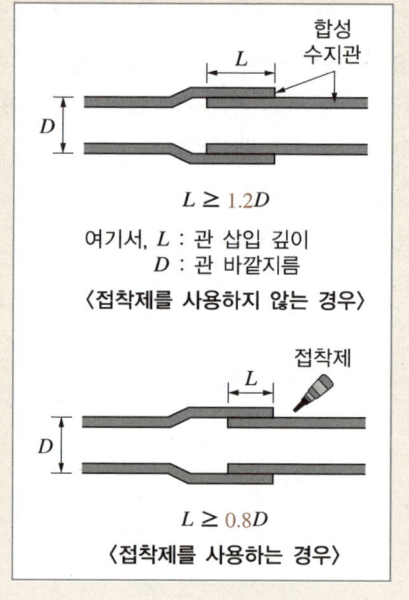

$L \geq 1.2D$
여기서, L : 관 삽입 깊이
D : 관 바깥지름
〈접착제를 사용하지 않는 경우〉

$L \geq 0.8D$
〈접착제를 사용하는 경우〉

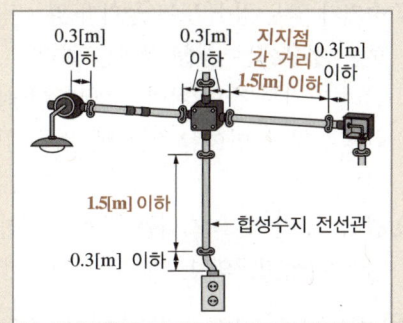

- 배관을 지지할 때는 관의 지지점 간의 거리는 1.5[m] 이하

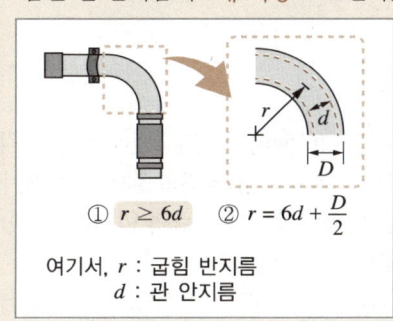

- 관을 구부릴 때 굽은 부분 안쪽의 반지름은 관 안지름의 6배 이상으로 한다.

① $r \geq 6d$ ② $r = 6d + \dfrac{D}{2}$

여기서, r : 굽힘 반지름
d : 관 안지름

29-1 합성수지관공사의 특징으로 옳은 것은?

① 내열성   ② 내충격성
③ 내한성   ④ 내부식성

해설 **합성수지관공사**
• 장점
  - 절연성이 우수
  - 시설 장소의 제한이 적음
  - 무게가 가벼움
  - 녹이 슬지 않음(내부식성이 큼) ⇨ 화학물, 부식성 가스, 용액 등 위험물 장소에 공사 가능
• 단점
  - 열에 약함
  - 외부 충격에 쉽게 파손

29-2 금속관에 비하여 합성수지 전선관의 장점이 아닌 것은?

① 절연이 우수하다.
② 기계적 강도가 높다.
③ 내부식성이 우수하다.
④ 시공하기 쉽다.

해설 합성수지 전선관은 금속관에 비해 기계적 강도가 약하다.

29-3 합성수지제 전선관의 호칭은 관 굵기의 무엇으로 표시하는가?

① 짝수인 안지름   ② 홀수인 안지름
③ 짝수인 바깥지름   ④ 홀수인 바깥지름

해설 합성수지제 전선관의 호칭은 관 굵기의 짝수인 안지름으로 표시한다.

29-4 합성수지관공사에서 경질비닐전선관의 굵기에 해당하지 않는 것은?(단, 관의 호칭을 말한다)

① 12   ② 16
③ 28   ④ 36

해설 **경질비닐전선관의 규격**
14, 16, 22, 28, 36, 42, 54, 70, 82, 100[mm]

29-5 옥내배선을 합성수지관공사에 의해 실시할 때 사용할 수 있는 단선의 최대 굵기[mm²]는?

① 2   ② 4
③ 8   ④ 10

해설 옥내배선을 합성수지관공사에 의해 실시할 때 사용할 수 있는 단선의 최대 굵기는 10[mm²]이다.

정답 29-1 ④ 29-2 ② 29-3 ① 29-4 ① 29-5 ④

29-6 옥내배선공사에서 전개된 장소나 점검 가능한 은폐 장소에 시설하는 합성수지관의 최소 두께는 몇 [mm]인가?(단, 합성수지제 휨(가요)전선관은 제외한다)

① 1.5
② 2
③ 2.5
④ 3

[해설] 합성수지관공사
관(합성수지제 휨(가요)전선관은 제외한다)의 두께는 2[mm] 이상일 것

29-7 합성수지관 상호 및 관과 박스는 접속 시에 삽입하는 깊이를 관 바깥지름의 몇 배 이상으로 해야 하는가?(단, 접착제를 사용하지 않은 경우이다)

① 1
② 1.2
③ 1.5
④ 1.8

[해설]
- 접착제를 사용할 경우 : 0.8배
- 접착제를 사용하지 않는 경우 : 1.2배

29-8 접착제를 사용하여 합성수지관을 삽입해 접속할 경우 관의 삽입 깊이는 합성수지관 바깥지름의 최소 몇 배인가?

① 0.8
② 1.0
③ 1.2
④ 1.5

[해설] 29-7번 해설 참조

29-9 합성수지관을 새들 등으로 지지하는 경우에는 그 지지점 간의 거리를 몇 [m] 이하로 해야 되는가?

① 1.5
② 2.5
③ 3.0
④ 3.5

[해설] 합성수지관 지지점 간의 거리는 최대 1.5[m]

29-10 합성수지관공사에 대한 설명 중 옳지 않은 것은?

① 습기가 많은 장소 또는 물기가 있는 장소에 시설하는 경우에는 방습 장치를 한다.
② 관의 지지점 간의 거리는 2[m] 이상으로 한다.
③ 합성수지관 안에는 전선에 접속점이 없도록 한다.
④ 관 상호 간 및 박스와는 관을 삽입하는 깊이를 관의 바깥지름의 1.2배 이상으로 한다.

[해설] 합성수지관 지지점 간의 거리는 최대 1.5[m]이다.

29-11 16[mm] 합성수지전선관을 직각 구부리기를 할 경우 구부림 부분의 길이는 약 몇 [mm]인가? (단, 16[mm] 합성수지관의 안지름은 18[mm], 바깥지름은 22[mm]이다)

① 119
② 125
③ 132
④ 145

[해설] 합성수지관의 굽힘 반지름
굽힘 반지름 $r \geq 6d + \dfrac{D}{2}$ 에서
(r : 굽힘 반지름, d : 관 안지름, D : 관 바깥지름)
$r \geq 6 \times 18 + \dfrac{22}{2}$[mm]
$\therefore r \geq 119$[mm]

29-12 합성수지 전선관공사에서 관 상호 간 접속에 필요한 부속품으로 옳은 것은?

① 리머
② 접속기
③ 커플링
④ 노멀 밴드

[해설] 합성수지 전선관공사에서 전선관 상호 접속에 커플링을 이용한다.

대표유형 30 전선관 시스템 Ⅱ (금속관공사)

② 금속관공사 : 절연전선을 건물 내부에 시공할 때, 열·분진 등의 이유로 합성수지제를 사용할 수 없는 특별한 경우 또는 실내의 깔끔한 환경 조성 등을 위해 금속관공사를 실시할 수 있다.

〈금속관공사〉

㉠ 장단점
- 장점 : 충격에 강함, 전선 교환이 용이
- 단점 : 공사비가 비싸며 시공이 까다로움

㉡ 규격
- 후강전선관(두께가 두꺼운 전선관)

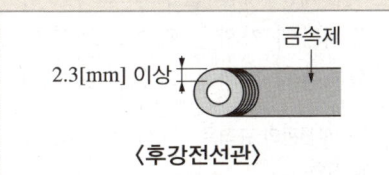

〈후강전선관〉

  - 안지름의 크기에 가까운 짝수
    16, 22, 28, 36, 42, 54, 70, 82, 92, 104[mm](10종), 1본의 길이는 3.6[m]
- 박강전선관(두께가 얇은 전선관)

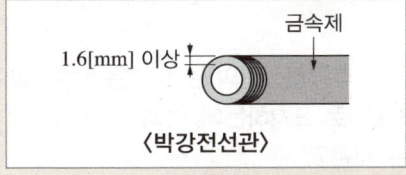

〈박강전선관〉

  - 용도 : 무게가 가벼워서 취급하기 유리하며 폭연성 먼지가 있는 곳
  - 바깥지름의 크기에 가까운 홀수
    19, 25, 31, 39, 51, 63, 75[mm](7종), 1본의 길이는 3.6[m]

㉢ 시설특징
- 시설조건
  - 전선은 **절연전선을 사용할 것**(옥외용 비닐 절연전선 제외)
  - 전선은 연선일 것
    다만, **다음의 것은 단선 사용 가능**
    ◇ 짧고 가는 금속관에 넣은 것
    ◇ 단면적 10[mm^2](알루미늄선은 16[mm^2]) 이하의 것
    ◇ 관 안에서는 전선의 접속점이 없을 것(∵ 전선 점검이 곤란함)
- 금속관 및 부속품의 선정
  - 관의 두께는 다음에 의할 것
    ◇ **콘크리트에 매설하는 것** : 1.2[mm] 이상
    ◇ 이외의 것 : 1[mm] 이상(단, 이음매가 없는 길이 4[m] 이하인 것을 건조하고 전개된 곳에 시설하는 경우 : 0.5[mm]까지로 감할 수 있다)
- 금속관 및 부속품의 시설
  - 전선의 절연체 및 피복을 포함한 단면적의 총합이 관의 굵기의 $\frac{1}{3}$을 넘지 않을 것
  - 금속관을 조영재에 따라 시설할 경우, 2[m] 이하마다 견고하게 지지할 것
  - 관에는 접지공사를 할 것
  - 관을 구부릴 때 굽은 부분 안쪽의 반지름은 관 안지름의 6배 이상
  - 굽힘 반지름 $r = 6d + \frac{D}{2}$
    (d : 관 반지름, D : 관 바깥지름)

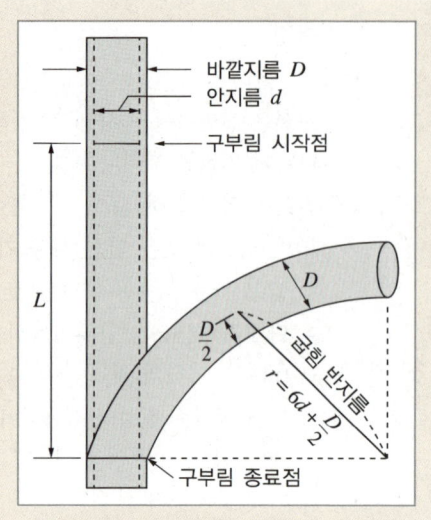

- 관의 끝 부분에는 전선의 피복을 손상하지 않도록 **부싱**을 사용
- 금속관에 사용하는 부품 : **새들**(saddle), **커플링**(coupling), **부싱**(bushing), **로크 너트**(lock nut), **아웃렛 박스**(outlet box), **노멀 밴드**(normal band), **링 리듀서**(ring reducer), 스위치 박스(switch box)

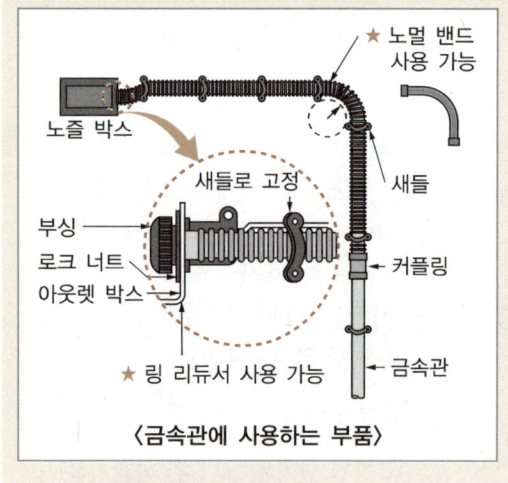

〈금속관에 사용하는 부품〉

30-1 금속관공사의 장점이라고 볼 수 없는 것은?

① 기계적 강도가 좋다.
② 합성수지관에 비해 내식성이 좋다.
③ 전선의 배선 및 배관 변경 시 용이하다.
④ 전선관 접속이나 관과 박스 접속 시 견고하고 완전하게 접속할 수 있다.

[해설] 금속관은 수분에 의한 부식이 잘 일어나 내식성이 좋지 않다.

30-2 후강전선관의 호칭을 설명한 것으로 옳은 것은?

① 안지름에 가까운 짝수로 표시한다.
② 안지름에 가까운 홀수로 표시한다.
③ 바깥지름에 가까운 짝수로 표시한다.
④ 바깥지름에 가까운 홀수로 표시한다.

[해설] 후강전선관의 규격은 안지름의 크기(내경)에 가까운 짝수로 정한다.

30-3 후강전선관의 관 호칭은 (㉠) 크기로 정하여 (㉡)로 표시하는데, ㉠과 ㉡에 들어갈 내용으로 옳은 것은?

	㉠	㉡
①	안지름	짝수
②	안지름	홀수
③	바깥지름	짝수
④	바깥지름	홀수

[해설] 30-2번 해설 참조

30-4 후강전선관의 종류는 몇 종인가?

① 5
② 8
③ 10
④ 15

해설 **전선관의 종류**
- 후강전선관 : 전선관의 두께가 두꺼움
  안지름의 크기에 가까운 짝수로 정하며 16, 22, 28, 36, 42, 54, 70, 82, 92, 104[mm]까지 10종류가 있으며 1본의 길이는 3.6[m]
- 박강전선관 : 전선관의 두께가 얇음
  바깥지름의 크기에 가까운 홀수로 정하며 19, 25, 31, 39, 51, 63, 75[mm]까지 7종류가 있으며 1본의 길이는 3.6[m]

30-5 금속전선관공사에서 사용되는 후강전선관의 규격이 아닌 것은?

① 16
② 22
③ 42
④ 52

해설 30-4번 해설 참조

30-6 박강전선관의 호칭을 바르게 설명한 것은?

① 안지름에 가까운 홀수로 표시한다.
② 안지름에 가까운 짝수로 표시한다.
③ 바깥지름에 가까운 홀수로 표시한다.
④ 바깥지름에 가까운 짝수로 표시한다.

해설 박강전선관의 규격은 바깥지름의 크기(외경)에 가까운 홀수로 정한다.

30-7 박강전선관의 규격이 아닌 것은?

① 19
② 27
③ 39
④ 63

해설 30-4번 해설 참조

30-8 다음 중 금속 전선관의 호칭에 대한 설명으로 옳은 것은?

① 박강, 후강 모두 바깥지름으로 [mm]로 나타낸다.
② 박강은 안지름, 후강은 바깥지름으로 [mm]로 나타낸다.
③ 박강은 바깥지름, 후강은 안지름으로 [mm]로 나타낸다.
④ 박강, 후강 모두 안지름으로 [mm]로 나타낸다.

해설 금속전선관에서 후강전선관의 호칭은 안지름의 크기에 가까운 짝수로 나타내며, 박강전선관의 호칭은 바깥지름의 크기에 가까운 홀수로 나타낸다.

30-9 금속전선관 1본의 표준 규격품의 길이[m]는?

① 2.5
② 3.6
③ 4.2
④ 4.8

해설 금속전선관 1본 길이는 3.6[m]이다.

30-10 금속관공사에 의한 저압 옥내배선에 사용할 수 없는 것은?

① 옥외용 비닐 절연전선
② 인입용 비닐 절연전선
③ 내열성 비닐 절연전선
④ 비닐 절연전선

해설 **금속관공사의 시설조건**
- 전선은 절연전선을 사용할 것(옥외용 비닐 절연전선 제외)
- 절연전선의 경우 전선 자체의 절연효력을 기대할 수 있으므로 해당 전선을 사용하도록 규정하고 있다.
- 옥외용 비닐 절연전선은 절연체의 두께가 일반용 단심 비닐 절연전선의 50~75[%] 정도이기 때문에 가공전선에 주로 사용한다.

정답 30-4 ③ 30-5 ④ 30-6 ③ 30-7 ② 30-8 ③ 30-9 ② 30-10 ①

30-11 금속관공사를 콘크리트에 매설하여 시행하는 경우 관의 두께는 몇 [mm] 이상인가?

① 1.0 ② 1.2
③ 1.4 ④ 1.6

해설 금속관의 두께는 다음에 의할 것
- 콘크리트에 매설하는 것 : 1.2[mm] 이상
- 이외의 것 : 1[mm] 이상(단, 이음매가 없는 길이 4[m] 이하인 것을 건조하고 전개된 곳에 시설하는 경우 : 0.5[mm]까지로 감할 수 있다)

30-12 다음 중 금속관공사의 설명으로 옳지 않은 것은?

① 관의 두께는 콘크리트에 매입하는 경우 1[mm] 이상이어야 한다.
② 금속관 내에서는 전선의 접속점을 만들지 않아야 한다.
③ 관을 구부릴 때 곡률 반지름은 관 안지름의 6배 이상으로 한다.
④ 교류 회로는 1회로의 전선 전부를 동일 관 내에 넣는 것을 원칙으로 한다.

해설 금속관공사
- 전선은 절연전선(옥외용 비닐 절연전선 제외)
- 전선은 금속관 안에서 접속점이 없도록 할 것
- 공사비가 비싸고, 시공이 까다로움
- 콘크리트에 매설하는 경우 관의 두께는 1.2[mm] 이상
- 관을 구부릴 때 곡률 반지름은 관 안지름의 6배 이상으로 한다.

30-13 서로 다른 굵기의 절연전선을 동일 관 내에 넣는 경우 금속관의 굵기는 전선의 피복절연물을 포함한 단면적의 총합계가 관 내 단면적의 몇 [%] 이하가 되도록 선정하여야 하는가?

① 23 ② 33
③ 42 ④ 48

해설 전선의 절연체 및 피복을 포함한 단면적의 총합이 관의 굵기의 $\frac{1}{3}(≒33[\%])$을 넘지 않아야 한다.

30-14 금속관공사에 대한 설명으로 옳지 않은 것은?

① 교류 회로에서 전선을 병렬로 사용하는 경우 관 내에 전자적 불평형이 생기지 않도록 시설할 것
② 관의 호칭에서 후강전선관은 짝수, 박강전선관은 홀수로 표시할 것
③ 굵기가 다른 절연전선을 동일 관 내에 넣은 경우 피복절연물을 포함한 단면적이 관 내 단면적의 48[%] 이하일 것
④ 금속관 두께는 콘크리트에 매입하는 경우 1.2[mm] 이상일 것

해설 30-13번 해설 참조

30-15 금속관을 조영재에 따라서 시설하는 경우는 새들 또는 행거 등으로 견고하게 지지하고 그 간격을 몇 [m] 이하로 하는 것이 가장 바람직한가?

① 2 ② 4
③ 6 ④ 8

해설 금속관은 조영재를 따라 시설할 경우 2[m] 이하마다 견고하게 지지해야 한다.

30-16 금속관공사에 대한 설명으로 옳지 않은 것은?

① 단락사고, 접지사고 등에 있어서 화재의 우려가 적다.
② 전선이 금속관 속에 보호되어 안정적이다.
③ 방습장치를 할 수 있으므로 전선을 내수적으로 시설할 수 있다.
④ 접지공사를 하지 않아도 감전의 우려가 없다.

해설 금속관공사
관 자체에도 전류가 흐를 수 있으므로 접지공사를 실시하여야 한다.

30-17 금속관을 구부릴 때 금속관의 단면이 심하게 변형되지 아니하도록 구부려야 하며, 굽은 부분 안쪽의 반지름은 관 안지름의 몇 배 이상이 되어야 하는가?

① 3 ② 6
③ 8 ④ 12

해설 관을 구부릴 때, 곡률 반지름은 관 안지름의 6배 이상으로 한다.

30-18 금속전선관을 직각 구부리기할 때 굽힘 반지름 r로 옳은 것은?(단, d는 금속 전선관의 안지름, D는 금속 전선관의 바깥지름이다)

① $r = 6d + \dfrac{D}{2}$ ② $r = 4d + \dfrac{D}{4}$
③ $r = 6d + \dfrac{D}{4}$ ④ $r = 4d + \dfrac{D}{2}$

해설 굽힘 반지름 $r = 6d + \dfrac{D}{2}$

30-19 금속전선관을 직각 구부리기할 때 굽힘 반지름[mm]은?(단, 안지름은 18[mm], 바깥지름은 22[mm]이다)

① 116 ② 119
③ 123 ④ 127

해설 굽힘 반지름 $r = 6d + \dfrac{D}{2} = 6 \times 18 + \dfrac{22}{2} = 119$[mm]

30-20 금속관공사를 할 경우 케이블 손상방지용으로 사용하는 부품으로 옳은 것은?

① 엘보 ② 커플링
③ 부싱 ④ 로크 너트

해설 전선의 절연, 피복의 보호를 위해 부싱을 체결한다.

30-21 금속관공사에서 절연 부싱을 사용하는 이유로 옳은 것은?

① 박스 내에서 전선의 접속을 방지
② 관이 손상되는 것을 방지
③ 관의 인입구에서 조영재의 접속을 방지
④ 관 끝에서 전선의 인입 및 교체 시 발생하는 전선의 손상방지

해설 부싱
쇠톱을 사용해 절단하여 날카로운 금속전선관의 말단을 절연 부싱을 사용하여 가려주어 전선의 손상을 방지

정답 30-16 ④ 30-17 ② 30-18 ① 30-19 ② 30-20 ③ 30-21 ④

30-22 금속관공사에 사용되는 부품이 아닌 것은?

① 덕트
② 새들
③ 링 리듀서
④ 로크 너트

> [해설] **금속관에 사용하는 부품**
> 새들, 커플링, 부싱, 로크 너트, 아웃렛 박스, 노멀 밴드, 링 리듀서, 스위치 박스

30-23 금속전선관을 박스에 고정시킬 때 사용되는 것으로 옳은 것은?

① 부싱
② 클램프
③ 새들
④ 로크 너트

> [해설] **로크 너트(lock nut)**
> 금속관과 박스를 접속할 경우 파이프 나사를 꽉 죄어 고정시키기 위해 사용

대표유형 31) 전선관 시스템Ⅲ(금속제 가요전선관 공사)

③ 금속제 가요전선관공사 : 자유롭게 구부릴 수 있어 설비 장소에 굴곡이 많거나 금속관공사 시공이 어려울 경우, 전동기와 옥내배선을 짧게 결합하는 경우 등에 사용하는 배선 방법

㉠ 2종 금속제 가요전선관이 1종보다 내력 강도가 세고 절연 성능이 우수하나 가격이 비쌈

〈1종 가요전선관〉 〈2종 가요전선관〉

㉡ 시설특징
- 시설조건
  - 전선은 **절연전선**(옥외용 비닐 절연전선 제외)
  - 전선은 연선일 것. 다만, 단면적 10 [mm²](알루미늄선은 단면적 16[mm²]) 이하의 것은 **단선 사용 가능**
  - 가요전선관 안에서 접속점이 없도록 할 것
  - 가요전선관은 2종 금속제 가요전선관일 것
    다만, **다음에 한하여 1종 금속제 가요전선관 사용할 수 있다.**
    ◇ 전개된 장소
    ◇ 점검할 수 있는 은폐된 장소(옥내배선의 사용전압이 400[V] 초과인 경우, 전동기에 접속하는 부분으로서 **가요성을 필요로 하는 부분에 사용하는 것에 한함**)
    ◇ 습기가 많은 장소, 물기가 있는 장소에는 비닐 피복 1종 가요전선관을 사용할 것

- 가요전선관 및 부속품의 시설
  - 습기 많은 장소 또는 물기가 있는 장소에 시설할 때에는 비닐 피복 가요전선관일 것
  - 건조하고 점검이 가능한 은폐장소에 한하여 시설할 수 있다.
  - 관의 지지점 간 거리는 1[m] 이하마다 새들을 써서 고정한다.
  - 관을 구부릴 때, 곡률 반지름은 관 안지름의 6배 이상으로 한다(관을 시설하거나 자유로운 경우에는 3배 이상).
  - 가요전선관에 사용하는 부속품
    ◇ 가요전선관의 상호 접속 : 스플릿 커플링(split coupling)
    ◇ 가요전선관과 금속관의 접속 : 콤비네이션 커플링(combination coupling)
    ◇ 가요전선관과 박스와의 접속 : 스트레이트 박스 커넥터(straight box connector), 앵글 박스 사용전압 (직각개소)

31-1 배치 변경, 모양 변경 등 전기배선이 변경되는 장소에 쉽게 응할 수 있게 마련한 저압 옥내배선공사는?

① 금속관공사 ② 가요전선관공사
③ 금속덕트공사 ④ 버스덕트공사

[해설] **금속제 가요전선관공사**
자유롭게 구부릴 수 있어 설비 장소에 굴곡이 많거나 금속관공사 시공이 어려울 경우, 전동기와 옥내배선을 짧게 결합하는 경우 등에 사용하는 배선 방법

31-2 금속제 가요전선관공사 방법에 대한 설명으로 옳지 않은 것은?

① 일반적으로 전선은 연선을 사용한다.
② 가요전선관 안에는 전선의 접속점이 없도록 한다.
③ 가요전선관은 2종 금속제 가요전선관을 사용한다.
④ 전선은 옥외용 비닐 절연전선을 사용한다.

[해설] **금속제 가요전선관공사**
- 전선은 절연전선(옥외용 비닐 절연전선 제외)
- 전선은 연선일 것
- 가요전선관 안에서 접속점이 없도록 할 것
- 가요전선관은 2종 금속제 가요전선관일 것
- 옥내배선의 사용전압이 400[V] 초과인 경우 전동기에 접속하는 부분에서 가요성을 필요로 하는 부분에 한하여 1종 금속제 가요전선관 사용이 가능

31-3 가요전선관공사 방법에 대한 설명으로 옳지 않은 것은?

① 일반적으로 전선은 연선을 사용한다.
② 사용전압 400[V] 이하의 저압의 경우에만 사용한다.
③ 전선은 옥외용 비닐 절연전선을 제외한 절연전선을 사용한다.
④ 가요전선관 안에는 전선의 접속점이 없도록 한다.

[해설] 2종 금속제 가요전선관공사는 1종 금속제 가요전선관에 비해 기계적 강도와 내수성이 우수하여 시설 장소, 사용전압에 제한을 받지 않는다.

정답 31-1 ② 31-2 ④ 31-3 ②

31-4 금속제 가요전선관공사에 의한 저압 옥내배선의 시설기준으로 옳지 않은 것은?

① 점검할 수 없는 은폐된 장소에는 1종 가요전선관을 사용할 수 있다.
② 가요전선관 안에는 접속점이 없도록 하여야 한다.
③ 옥외용 비닐 절연전선을 제외한 절연전선을 사용한다.
④ 습기 많은 장소 또는 물기가 있는 장소에 시설할 때에는 비닐 피복 가요전선관으로 한다.

해설 금속제 가요전선관의 시설 조건
가요전선관은 2종 금속제 가요전선관일 것. 다만, 다음에 한하여 1종 금속제 가요전선관 사용할 수 있다.
• 전개된 장소
• 점검할 수 있는 은폐된 장소(옥내배선의 사용전압이 400[V] 초과인 경우, 전동기에 접속하는 부분으로서 가요성을 필요로 하는 부분에 사용하는 것에 한함)
• 습기가 많은 장소 또는 물기가 있는 장소에 시설할 때에는 비닐 피복 가요전선관일 것

31-5 금속제 가요전선관을 새들 등으로 지지하여 조영재의 측면에 수평방향으로 시설하는 경우 지지점 간의 거리는 몇 [m] 이하로 해야 하는가?

① 1.0   ② 1.5
③ 2.0   ④ 2.5

해설 가요전선관은 지지점 간의 거리 1[m] 이하마다 새들을 사용하여 고정한다.

31-6 1종 가요전선관을 구부릴 경우의 곡률 반지름은 관 안지름의 몇 배 이상으로 해야 하는가?

① 2   ② 3
③ 5   ④ 6

해설 1종 가요전선관을 구부릴 경우 곡률 반지름은 관 안지름의 6배 이상으로 해야 한다.

31-7 노출장소 또는 점검 가능한 장소에서 2종 가요전선관을 시설하고 제거하는 것이 자유로운 경우의 곡률 반지름은 안지름의 몇 배 이상으로 해야 하는가?

① 3   ② 4
③ 5   ④ 6

해설 2종 가요전선관을 시설하고 제거하는 것이 자유로운 경우 곡률 반지름은 안지름의 3배 이상으로 해야 한다.

31-8 가요전선관공사에서 가요전선관의 상호 접속에 사용하는 것은?

① 2호 커플링
② 스플릿 커플링
③ 유니언 커플링
④ 콤비네이션 커플링

해설 가요전선관 상호 접속에는 스플릿 커플링을 이용한다.

31-9 가요전선관과 금속관의 접속에 이용되는 것으로 옳은 것은?

① 플렉시블 커플링
② 스플릿 박스 커넥터
③ 콤비네이션 커플링
④ 앵글 박스 커넥터

해설 가요전선관과 금속관은 서로 다른 종류이므로 콤비네이션 커플링을 이용한다.

대표유형 32 케이블트렁킹 시스템

자동차의 트렁크처럼 평소에는 커버를 닫아놓았다가 전선의 추가 입선, 수리 등이 필요한 경우에는 커버를 열거나 닫을 수 있는 방식

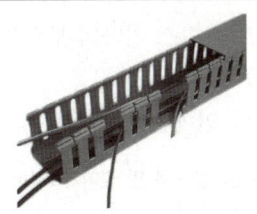

〈케이블트렁킹 시스템〉

① **합성수지몰드공사** : 합성수지몰드를 활용한 공사로, 전선을 벽, 천장 속에 매입할 수 없어 노출 시공을 해야 할 경우 몰드를 이용하면 절연전선을 미관상 보기 좋게 가리고 보호할 수 있다.

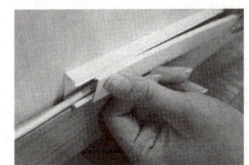

〈몰드공사 예시〉

㉠ 시설조건
- 전선은 절연전선(옥외용 비닐 절연전선 제외)
- 전선은 합성수지몰드 안에서 접속점이 없도록 할 것

㉡ 합성수지몰드 및 박스 기타 부속품의 선정
- 합성수지 몰드는 홈의 폭 및 깊이 : 35[mm] 이하, 두께 : 2[mm] 이상
  다만, 사람이 쉽게 접촉할 우려가 없도록 시설하는 경우
  폭 : 50[mm] 이하, 두께 : 1[mm] 이상의 것 사용 가능

② **금속몰드공사** : 금속몰드를 활용한 공사로, 전선을 벽, 천장 속에 매입할 수 없어 노출 시공을 해야 할 경우 몰드를 이용하면 절연전선을 미관상 보기 좋게 가리고 보호할 수 있다.

〈몰드공사 예시〉

㉠ 시설조건
- 전선은 절연전선(옥외용 비닐 절연전선 제외)
- 전선은 금속몰드 안에서 접속점이 없도록 할 것
- 금속 몰드의 사용전압이 400[V] 이하로 옥내의 건조한 장소로 전개된 장소 또는 점검할 수 있는 은폐장소에 한하여 시설할 수 있다.
- 같은 몰드 내에 넣는 경우의 전선 수
  - 1종 금속몰드에 넣는 전선의 수 : 10본 이하
  - 2종 금속몰드에 넣는 전선의 수 : 전선의 피복절연물을 포함한 단면적 총 합계가 몰드 내 단면적의 20[%] 이하로 할 것
- 금속몰드의 지지점 간 거리는 1.5[m] 이하가 되도록 할 것

③ **금속트렁킹공사** : 본체부와 덮개가 별도로 구성되어 덮개를 열고 전선 교체가 가능한 공사

④ 케이블트렌치공사 : 배선 공간이 부족한 전기실 등에 장비의 하부나 배선경로 바닥에 옥내 배선공사를 위해 바닥을 파서 만든 도랑을 이용하여 트렌치(trench)를 조성하고 전선을 포설하기 위한 받침대 등 부속재를 설치하고 덮개를 설치한 바닥 매입형 케이블트렁킹
  ㉠ 시설조건
  - 커버를 여닫을 수 있어 전선의 입선·수리가 용이
  - 케이블은 배선 회로별로 구분하고 2[m] 이내의 간격으로 받침대 등을 시설할 것
  - 받침대는 전선의 하중에 견디고 전선에 손상을 주지 않을 것
  - 케이블트렌치 내부에는 전기배선 설비 외 수도관이나 가스관 등 다른 시설물을 설치하지 않을 것

32-1 합성수지몰드공사에 대한 설명으로 옳지 않은 것은?

① 합성수지몰드 안에는 접속점이 없도록 할 것
② 합성수지몰드와 박스 기타의 부속품과는 전선이 노출되지 않도록 할 것
③ 합성수지몰드는 홈의 폭 및 깊이가 35[mm] 이하일 것
④ 전선은 옥외용 비닐 절연전선일 것

해설 **합성수지몰드공사**
- 전선은 절연전선(옥외용 비닐 절연전선 제외)
- 전선은 합성수지몰드 안에서 접속점이 없도록 할 것(다만 특정 조건에 부합하는 합성수지제의 조인트 박스를 사용하여 접속할 경우에는 제외)
- 합성수지몰드 상호 간, 합성수지몰드와 박스 기타의 부속품과는 전선이 노출되지 않도록 접속할 것
- 합성수지몰드는 홈의 폭 및 깊이가 35[mm] 이하일 것(다만, 사람이 쉽게 접촉할 우려가 없도록 시설하는 경우에는 폭이 50[mm] 이하)

32-2 합성수지몰드공사에 대한 설명으로 옳지 않은 것은?

① 전선은 절연전선일 것
② 합성수지몰드는 홈의 폭 및 깊이가 65[mm] 이하일 것
③ 합성수지몰드와 박스 기타의 부속품과는 전선이 노출되지 않도록 할 것
④ 합성수지몰드 안에는 접속점이 없도록 할 것

해설 합성수지몰드는 홈의 폭 및 깊이가 35[mm] 이하, 두께는 2[mm] 이상이어야 한다.

32-3 다음 ( ) 안에 들어갈 내용으로 알맞은 것은?

사람의 접촉 우려가 있는 합성수지제 몰드는 홈의 폭 및 깊이가 (㉠)[mm] 이하로 두께는 (㉡)[mm] 이상의 것이어야 한다.

	㉠	㉡
①	35	1
②	35	2
③	50	1
④	50	2

해설 합성수지몰드는 홈의 폭 및 깊이가 35[mm] 이하, 두께는 2[mm] 이상이어야 한다.

32-4 금속몰드공사에 의한 저압 옥내배선공사의 특징이 아닌 것은?

① 금속몰드 안에는 접속점이 없어야 한다.
② 금속몰드의 재질은 황동을 사용하기도 한다.
③ 옥외용 비닐 절연전선을 사용한다.
④ 사용전압은 400[V] 이하로 시설한다.

해설 **금속몰드공사**
전선은 절연전선(옥외용 비닐 절연전선 제외)

32-5 금속몰드공사에 대한 설명으로 옳지 않은 것은?

① 금속몰드 안에는 전선에 접속점이 없도록 할 것
② 금속몰드 안에는 허가된 금속제 조인트 박스를 사용할 경우에는 접속할 수 있다.
③ 전선은 절연전선(옥외용 비닐 절연전선을 제외)일 것
④ 금속몰드의 사용전압이 300[V] 이하로 옥내의 건조한 장소로 전개된 장소에 한하여 시설할 수 있다.

해설 **금속몰드 공사**
• 전선은 절연전선(옥외용 비닐 절연전선 제외)
• 전선은 금속몰드 안에서 접속점이 없도록 할 것(다만, 전기용품 및 생활용품 안전관리법에 의한 금속제 조인트 박스를 사용할 경우 접속 가능)
• 금속몰드의 사용전압이 400[V] 이하로 옥내의 건조한 장소 또는 점검할 수 있는 은폐장소에 한하여 시설할 수 있음

32-6 1종 금속몰드 배선공사를 할 때 동일 몰드 내에 넣는 전선 수는 최대 몇 본 이하로 해야 하는가?

① 5 ② 10
③ 15 ④ 20

해설 1종 금속몰드 배선공사 시 동일 몰드 내에 넣는 전선 수는 최대 10본 이하로 해야 한다.

32-7 금속몰드의 지지점 간의 거리는 몇 [m] 이하로 하는 것이 가장 바람직한가?

① 1 ② 1.5
③ 2 ④ 2.5

해설 금속몰드의 지지점 간의 거리는 1.5[m] 이하가 되도록 지지한다.

32-8 다음 중 케이블트렁킹 시스템에 해당하는 공사 방법은?

① 합성수지관공사, 금속관공사, 가요전선관공사
② 합성수지몰드공사, 금속몰드공사, 금속트렁킹공사
③ 플로어덕트공사, 셀룰러덕트공사, 금속덕트공사
④ 케이블트레이공사, 셀룰러덕트공사, 가요전선관공사

해설 **케이블트렁킹 시스템** : 합성수지몰드공사, 금속몰드공사, 금속트렁킹공사, 케이블트렌치공사

정답 32-4 ③ 32-5 ④ 32-6 ② 32-7 ② 32-8 ②

대표유형 33) 케이블덕팅 시스템

덕트의 커버와 몸체가 하나로 만들어져 전선의 인입 또는 수리를 할 수 없다는 점에서 케이블트렁킹 시스템과 차이점이 있다.

① **금속덕트공사** : 금속 소재로 된 덕트를 사용한 공사로 주로 공장 내, 사무실 빌딩 등 변전실로부터의 인출구 등에서 다수의 배선을 수납하는 공사에 이용

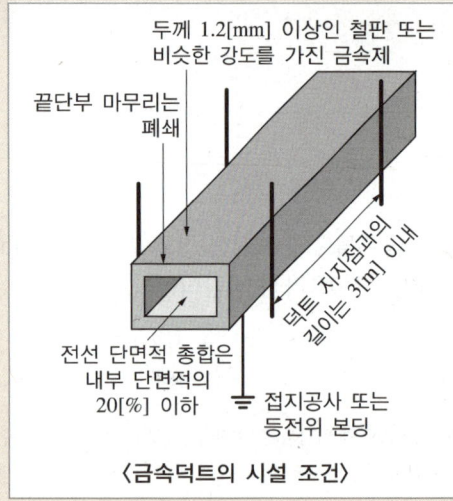

〈금속덕트의 시설 조건〉

㉠ 시설조건
- 전선은 절연전선(옥외용 비닐 절연전선 제외)
- 금속덕트에 넣은 전선의 단면적(절연피복 단면적 포함)의 합계는 덕트 내부 단면적의 20[%](전광표시장치 기타 이와 유사한 장치 또는 제어회로 등의 배선만 넣는 경우에는 50[%]) **이하일 것**
- 전선은 금속덕트 안에서 접속점이 없도록 할 것

㉡ 금속덕트의 선정
- 폭 : 40[mm] 이상, 두께 : 1.2[mm] 이상인 철판
- 안쪽 면 및 바깥 면에는 산화 방지를 하여 아연도금 또는 이와 동등 이상의 효과를 가지는 도장을 한 것일 것

㉢ 금속덕트의 시설
- 덕트를 조영재에 붙이는 경우
  덕트의 지지점 간의 거리 : 3[m] 이하(취급자 이외의 자가 출입할 수 없도록 설비한 곳에 수직으로 붙이는 경우 : 6[m] 이하)
- **덕트의 끝부분은 막을 것**
- 덕트는 물이 고이는 낮은 부분을 만들지 않도록 시설할 것
- 덕트는 규정에 준하는 접지공사를 할 것

② **플로어덕트공사** : 사무기기, 전화기, 통신 기기 등의 약전류 전선의 사용을 위해 바닥으로 전력을 공급할 수 있도록 배선하는 공사

㉠ 시설조건
- 전선은 절연전선(옥외용 비닐 절연전선 제외)
- 전선은 연선일 것
  다만, 단면적 10[mm^2](알루미늄선은 단면적 16[mm^2]) 이하의 것 **단선 사용 가능**
- 전선은 플로어덕트 안에서 접속점이 없도록 할 것

㉡ 플로어덕트의 시설
- **덕트의 끝부분은 막을 것**
- 덕트는 규정에 준하는 **접지공사를 할 것**
- 덕트 내의 사용전압은 400[V] 이하

③ 셀룰러덕트공사 : 콘크리트 바닥의 구조재인 덱 플레이트(deck plate)의 홈을 이용하여 내부의 전선을 수납할 수 있는 배선 덕트로 만들어 시설하는 배선 방식으로 부하용량의 증가에 따라 배선의 용량 및 회로의 증가에 쉽게 대응할 수 있는 공사 방법
㉠ 시설조건
- 전선은 절연전선(옥외용 비닐 절연전선 제외)
- 전선은 연선일 것
  다만, 단면적 10[mm²](알루미늄선은 단면적 16[mm²]) 이하의 것은 그러하지 아니함(단선 사용 가능)
- 전선은 셀룰러덕트 안에서 접속점이 없도록 할 것
㉡ 셀룰러덕트 및 부속품의 시설
- 덕트의 끝부분은 막을 것
- 덕트는 규정에 준하여 접지공사를 할 것

33-1 금속덕트공사 시 전선의 피복절연물을 포함한 단면적의 총 합계가 금속덕트 내 단면적의 몇 [%] 이하가 되도록 선정해야 하는가?

① 20　　　　② 25
③ 35　　　　④ 40

해설 **금속덕트공사의 시설조건**
금속덕트에 넣은 전선의 단면적(절연피복 단면적 포함)의 합계는 덕트 내부 단면적의 20[%](전광표시장치 기타 이와 유사한 장치 또는 제어회로 등의 배선만을 넣는 경우에는 50[%]) 이하일 것

33-2 제어회로용 절연전선을 금속덕트공사에 의하여 시설하고자 한다. 절연 피복을 포함한 전선의 총 단면적은 덕트의 내부 단면적의 몇 [%]까지 할 수 있는가?

① 20　　　　② 25
③ 35　　　　④ 50

해설 33-1번 해설 참조

33-3 금속덕트공사에 사용하는 금속덕트의 철판 두께는 몇 [mm] 이상이어야 하는가?

① 1.2　　　　② 1.6
③ 1.8　　　　④ 2.4

해설 금속덕트공사에 사용하는 철판의 두께는 1.2[mm] 이상이어야 한다.

33-4 금속덕트공사에서 금속덕트를 조영재에 붙이는 경우 지지점 간의 최대 거리는 몇 [m]인가?

① 1.5　　　　② 2.0
③ 2.5　　　　④ 3.0

해설 덕트를 조영재에 붙이는 경우 덕트의 지지점 간의 거리는 3[m] 이하가 되도록 한다.

정답 33-1 ①　33-2 ④　33-3 ①　33-4 ④

33-5 금속덕트를 취급자 이외의 자가 출입할 수 없도록 설비한 곳에 수직으로 조영재에 붙이는 경우에 덕트의 지지점 간의 거리를 몇 [m] 이하로 하는 것이 가장 바람직한가?

① 2
② 4
③ 6
④ 8

해설 덕트를 조영재에 붙이는 경우 덕트의 지지점 간의 거리는 3[m](취급자 이외의 자가 출입할 수 없도록 설비한 곳에 수직으로 붙이는 경우 : 6[m]) 이하로 한다.

33-6 다음 중 금속덕트공사 방법과 거리가 가장 먼 것은?

① 덕트의 말단은 열어 놓을 것
② 금속 덕트 상호는 견고하고 전기적으로 완전하게 접속할 것
③ 금속덕트의 뚜껑은 쉽게 열리지 않도록 시설할 것
④ 금속 덕트는 3[m] 이하의 간격으로 견고하게 지지할 것

해설 금속덕트공사 시 말단은 막아둔다.

33-7 그림과 같은 심벌의 명칭으로 옳은 것은?

$$\boxed{\text{MD}}$$

① 버스덕트
② 피스버스덕트
③ 금속덕트
④ 플러그인 버스덕트

해설 MD : Metal Duct(금속덕트)

33-8 플로어덕트공사에서 사용할 수 있는 단선의 최대 규격은 몇 [mm^2]인가?

① 8
② 10
③ 12
④ 15

해설 플로어덕트공사에서 절연전선은 단면적 10[mm^2], 알루미늄선은 단면적 16[mm^2]를 초과하는 것은 연선이어야 한다.

33-9 플로어덕트공사에 대한 설명으로 틀린 것은?

① 플로어덕트 안에는 전선에 접속점이 없어야 한다.
② 전선은 옥외용 비닐 절연전선을 제외한 연선이어야 한다.
③ 덕트 상호 간 및 덕트와 박스 및 인출구와는 견고히 접속해야 한다.
④ 덕트의 끝부분은 개방하여 물이 고이는 부분이 없어야 한다.

해설 덕트의 끝부분은 막을 것

33-10 플로어덕트공사의 설명 중 틀린 것은?

① 플로어덕트는 접지공사를 생략하여도 된다.
② 덕트 상호 간 접속은 견고하고 전기적으로 완전하게 접속하여야 한다.
③ 덕트 및 박스 기타 부속품은 물이 고이는 부분이 없도록 시설하여야 한다.
④ 덕트의 끝부분은 막는다.

해설 덕트는 규정에 준하는 접지공사를 할 것

33-11 플로어덕트공사에서 사용전압은 몇 [V]로 제한되는가?

① 200 ② 250
③ 300 ④ 400

해설 플로어덕트공사에서 사용전압은 400[V]로 제한된다.

33-12 셀룰러덕트공사에 의한 저압 옥내배선에서 절연전선으로 연선을 사용하지 않아도 되는 것은 전선의 굵기가 몇 [mm²] 이하인 경우인가?

① 2.5 ② 4
③ 6   ④ 10

해설 셀룰러덕트공사
• 전선은 절연전선(옥외용 비닐 절연전선 제외)
• 전선은 연선일 것
  다만, 단면적 10[mm²](알루미늄선은 단면적 16[mm²]) 이하의 것은 그러하지 아니함(단선 사용 가능)
• 전선은 셀룰러덕트 안에서 접속점이 없도록 할 것

정답 33-10 ① 33-11 ④ 33-12 ④

대표유형 34 배선지지 공사 I (케이블트레이공사, 케이블공사)

배선에 사용되는 전선들을 지지하기 위해 실시하는 공사 방법으로 케이블트레이 시스템(케이블트레이공사), 케이블공사, 애자공사가 있다.

① **케이블트레이공사** : 케이블을 지지하기 위하여 사용하는 금속재 또는 불연성 재료로 제작된 유닛으로 구성된 견고한 구조물을 사용한 배선지지 공사로 종류는 사다리형 케이블트레이, 펀칭형(바닥통풍형) 케이블트레이, 바닥밀폐형 케이블트레이, 그물망형(메시형) 케이블트레이 등이 있다.

〈케이블트레이공사〉

㉠ 시설특징
• 시설조건
 – 전선은 **연피 케이블, 알루미늄피 케이블** 등 **난연성 케이블** 또는 기타 케이블(상호 영향을 받지 않는 간격으로 연소방지 조치를 하여야 한다) 또는 **금속관 혹은 합성수지관 등에 넣은 절연전선**을 사용

• 케이블트레이의 선정
 – 케이블트레이의 안전율은 **1.5 이상**
 – 금속재의 것은 방식처리를 한 것이거나 내식성 재료의 것이어야 한다.
 – 비금속제 케이블트레이는 난연성 재료의 것이어야 한다.
 – 금속제 케이블트레이 계통은 규정에 준하는 접지공사를 하여야 한다.
 – 케이블트레이가 방화구획의 벽, 마루, 천장 등을 관통하는 경우 관통부는 불연성 물질로 충전하여야 한다.

② 케이블공사
  ㉠ 종류
    • 비고정법 : 케이블을 지지하지 않고 포설한 상태 그대로 두는 방법
    • 직접고정법 : 케이블을 고정재를 사용하여 지지물에 직접 고정하는 방법
    • 지지선법 : 행거 등을 사용하여 케이블을 지지하는 방법
  ㉡ 시설특징
    • 시설조건
      - 전선은 케이블 및 캡타이어케이블일 것
      - 중량물의 압력 또는 현저한 기계적 충격을 받을 우려가 있는 곳에 시설하는 케이블에는 방호 장치를 할 것
      - 지지점 간의 거리
        ◇ 조영재의 아랫면 또는 옆면에 따라 붙이는 경우 : 2[m] 이하
        ◇ 캡타이어케이블 : 1[m] 이하
        ◇ 사람 접촉 우려가 없는 곳에서 수직으로 부착하는 경우 : 6[m] 이하

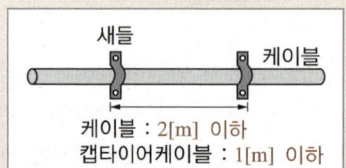

케이블 : 2[m] 이하
캡타이어케이블 : 1[m] 이하

        ◇ 금속체에는 규정에 준하는 접지공사를 할 것
        ◇ 케이블을 구부릴 경우, 굽은 부분 안쪽의 반지름은 단심의 경우 : 케이블 바깥지름의 8배 이상, 다심의 경우 : 6배 이상

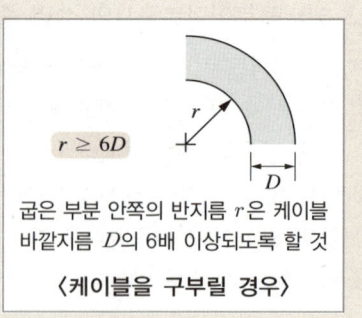

굽은 부분 안쪽의 반지름 r은 케이블 바깥지름 D의 6배 이상되도록 할 것
〈케이블을 구부릴 경우〉

34-1 케이블트레이공사에 사용할 수 없는 케이블은?

① 캡타이어케이블 ② 연피 케이블
③ 난연성 케이블   ④ 알루미늄피 케이블

해설 케이블트레이공사의 시설조건
전선은 연피 케이블, 알루미늄피 케이블 등 난연성 케이블 또는 기타 케이블(상호 영향을 받지 않는 간격으로 연소방지 조치를 하여야 한다) 또는 금속관 혹은 합성수지관 등에 넣은 절연전선을 사용하여야 한다.

34-2 케이블트레이공사에 사용하는 케이블 트레이에 적합하지 않은 것은?

① 전선의 피복 등을 손상시킬 돌기 등이 없이 매끈해야 한다.
② 케이블 트레이의 안전율은 1.5 이상이어야 한다.
③ 지지대는 트레이 자체 하중과 포설된 케이블 하중을 견딜 수 있는 강도를 가져야 한다.
④ 금속재의 것은 내식성 재료의 것으로 하지 않아도 된다.

해설 케이블트레이의 선정
• 케이블트레이의 안전율은 1.5 이상이어야 한다.
• 금속재의 것은 방식처리를 한 것이거나 내식성 재료의 것이어야 한다.
• 비금속제 케이블트레이는 난연성 재료의 것이어야 한다.
• 금속제 케이블트레이 계통은 규정에 준하는 접지공사를 하여야 한다.
• 케이블트레이가 방화구획의 벽, 마루, 천장 등을 관통하는 경우 관통부는 불연성 물질로 충전하여야 한다.

34-3 케이블공사에 의한 저압 옥내배선에서 케이블을 조영재의 아랫면 또는 옆면에 따라 붙이는 경우에는 전선의 지지점 간 거리는 몇 [m] 이하여야 하는가?

① 1.0
② 1.5
③ 1.8
④ 2.0

해설 케이블공사 시 조영재의 아랫면 또는 옆면에 따라 붙이는 경우 전선의 지지점 간 거리는 2[m] 이하여야 한다.

34-4 캡타이어케이블을 조영재에 시설하는 경우 그 지지점 간 거리는 얼마로 해야 하는가?

① 0.5[m] 이하
② 1.0[m] 이하
③ 1.5[m] 이하
④ 2.0[m] 이하

해설 케이블공사 시 캡타이어케이블을 시설할 경우 지지점 간 거리는 1[m] 이하로 해야 한다.

대표유형 35 배선지지 공사 Ⅱ (애자공사)

③ **애자공사** : 한옥 등과 같이 전선관공사를 실시하기 애매한 경우, 애자를 사용하면 전선을 노출된 형태로 지지하는 공사를 실시할 수 있다. 애자(碍子, insulator)는 전선을 철탑, 전봇대의 어깨쇠에 고정하고 절연하기 위하여 사용하는 지지물이며 사기, 유리, 합성수지 따위로 만든 것이다.

〈한옥에 시설된 애자〉

㉠ 시설특징
- 시설조건
  - 전선은 절연전선일 것(옥외용 비닐 절연전선 및 인입용 비닐 절연전선 제외) 다음의 경우는 예외
    ◇ 전기로용 전선
    ◇ 전선 피복 절연물이 부식하는 장소에 시설하는 전선
    ◇ 취급자 이외의 자가 출입할 수 없도록 설비한 장소에 시설하는 전선
  - 애자공사의 전선 간격

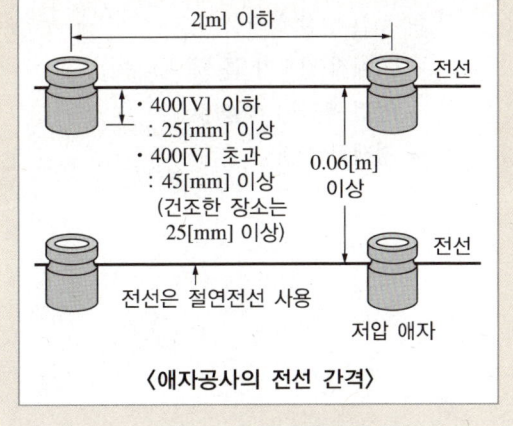

〈애자공사의 전선 간격〉

정답 34-3 ④ 34-4 ②

간격	사용전압이 400[V] 이하	사용전압이 400[V] 초과
전선과 전선 간의 간격	0.06[m] 이상	
전선과 조영재 간의 간격	25[mm] 이상	45[mm] 이상 (건조한 장소는 25[mm] 이상)
지지점 간의 거리	조영재의 윗면 또는 옆면에 따라 붙이는 경우에는 2[m] 이하	조영재의 윗면 또는 옆면에 따라 붙이는 경우 이외에는 6[m] 이하

✓ **조영재**
조영물을 구성하는 부분. 조영물은 건축물, 광고탑 등 토지에 정착하는 시설물 중 지붕 및 기둥 또는 벽을 가지를 시설물을 말한다.

- 저압 옥내배선은 사람이 접촉할 우려가 없도록 시설할 것
- 전선이 조영재를 관통하는 경우에는 그 관통하는 부분의 전선을 전선마다 각각 별개의 난연성 및 내수성이 있는 절연관에 넣을 것
• 애자의 선정
  - 절연 내력, 절연저항이 클 것(절연성)
  - 습기나 수분을 흡수시키지 않을 것(내수성)
  - 난연성일 것
  - 누설 전류가 작을 것
  - 기계적 강도가 클 것
  - 정전 용량이 작을 것
  - 경제적일 것

35-1 다음 중 애자공사 시 사용할 수 없는 전선은?

① 고무 절연전선
② 인입용 비닐 절연전선
③ 폴리에틸렌 절연전선
④ 플루오린 수지 절연전선

해설 인입용 비닐 절연전선은 인입용으로만 사용한다.

35-2 저압 옥내배선공사 중 인입용 비닐 절연전선을 사용할 수 없는 공사는?

① 애자공사   ② 금속몰드공사
③ 합성수지관공사 ④ 가요전선관공사

해설 **애자공사의 시설조건**
전선은 절연전선일 것(옥외용 비닐 절연전선 및 인입용 비닐 절연전선 제외)
다음의 경우는 예외
• 전기로용 전선
• 전선의 피복 절연물이 부식하는 장소에 시설하는 전선
• 취급자 이외의 자가 출입할 수 없도록 설비한 장소에 시설하는 전선

35-3 애자공사의 저압 옥내배선에서 전선 상호 간의 간격은 최소 몇 [m] 이상이어야 하는가?

① 0.02   ② 0.03
③ 0.04   ④ 0.06

해설 **애자공사의 전선 간격**

간격	사용전압이 400[V] 이하	사용전압이 400[V] 초과
전선과 전선 간의 간격	0.06[m] 이상	
전선과 조영재 간의 간격	25[mm] 이상	45[mm] 이상 (건조한 장소는 25[mm] 이상)
지지점 간의 거리	조영재의 윗면 또는 옆면에 따라 붙이는 경우에는 2[m] 이하	조영재의 윗면 또는 옆면에 따라 붙이는 경우 이외에는 6[m] 이하

정답 35-1 ② 35-2 ① 35-3 ④

35-4 사용전압이 480[V]인 옥내 저압 절연전선을 애자공사에 의해서 점검할 수 있는 은폐된 장소에 시설하는 경우 전선 상호 간의 간격은 몇 [m] 이상이어야 하는가?

① 0.02
② 0.025
③ 0.045
④ 0.06

해설 애자공사의 전선 간격

간격	사용전압이 400[V] 이하	사용전압이 400[V] 초과
전선과 전선 간의 간격	0.06[m] 이상	
전선과 조영재 간의 간격	25[mm] 이상	45[mm] 이상 (건조한 장소는 25[mm] 이상)
지지점 간의 거리	조영재의 윗면 또는 옆면에 따라 붙이는 경우에는 2[m] 이하	조영재의 윗면 또는 옆면에 따라 붙이는 경우 이외에는 6[m] 이하

35-5 애자공사를 건조한 장소에 시설하고자 한다. 사용전압이 400[V] 이하인 경우 전선과 조영재 사이의 간격은 최소 몇 [mm] 이상이어야 하는가?

① 25
② 40
③ 60
④ 75

해설 35-4번 해설 참조

35-6 습기가 많은 장소에서 사용전압이 440[V]인 경우의 애자공사 시 전선과 조영재 사이의 간격은 최소 몇 [mm] 이상이어야 하는가?

① 20
② 25
③ 45
④ 60

해설 35-4번 해설 참조

35-7 한국전기설비규정에 의하여 애자공사를 건조한 장소에 시설하고자 한다. 사용전압이 400[V] 초과인 경우 전선과 조영재 사이의 간격은 최소 몇 [mm] 이상이어야 하는가?

① 25
② 30
③ 45
④ 60

해설 35-4번 해설 참조

35-8 애자공사에서 전선의 지지점 간의 거리는 전선을 조영재의 윗면 또는 옆면에 따라 붙이는 경우에는 몇 [m] 이하여야 하는가?

① 1.5
② 2.0
③ 2.5
④ 4.0

해설 35-4번 해설 참조

35-9 애자공사에 대한 설명으로 옳지 않은 것은?

① 사용전압이 220[V]이면 전선을 조영재의 옆면을 따라 붙일 경우 전선 지지점 간의 거리는 3[m] 이하일 것
② 사용전압이 220[V]이면 전선과 조영재의 간격은 25[mm] 이상일 것
③ 사용전압이 440[V]이면 건조한 장소에 시설 시 전선과 조영재의 간격은 25[mm] 이상일 것
④ 사용전압이 440[V]이면 전선 상호 간의 간격은 0.06[m] 이상일 것

해설 35-4번 해설 참조

정답 35-4 ④ 35-5 ① 35-6 ③ 35-7 ① 35-8 ② 35-9 ①

35-10 사용전압이 400[V]를 넘는 저압 옥내배선을 애자공사에 의하여 시설하는 경우 전선의 지지점 간의 거리는 몇 [m] 이하여야 하는가?(단, 전선을 조영재의 윗면 또는 옆면에 따라 붙이지 않은 경우이다)

① 2
② 2.5
③ 4.5
④ 6

[해설] 애자공사의 전선 간격

간격	사용전압이 400[V] 이하	사용전압이 400[V] 초과
전선과 전선 간의 간격	0.06[m] 이상	
전선과 조영재 간의 간격	25[mm] 이상	45[mm] 이상 (건조한 장소는 25[mm] 이상)
지지점 간의 거리	조영재의 윗면 또는 옆면에 따라 붙이는 경우에는 2[m] 이하	조영재의 윗면 또는 옆면에 따라 붙이는 경우 이외에는 6[m] 이하

35-11 다음 중 애자공사에 사용되는 애자의 구비조건과 거리가 먼 것은?

① 내유성
② 내수성
③ 난연성
④ 절연성

[해설] 애자의 구비조건
- 절연성
- 난연성
- 내수성

대표유형 36 그 외 공사

① 버스바 트렁킹 시스템
  ㉠ 버스덕트공사 : 버스(bus)란 대용량의 전류를 쉽게 흐를 수 있게 하는 도체를 의미하며 덕트 안에 버스바(bus bar)를 넣어 실시하는 공사로 전류가 직접 흐르는 버스바가 금속덕트에 닿거나, 버스바끼리 접촉하면 큰 사고로 이어지므로 버스바 사이에 적당한 간격을 두거나 절연도체를 설치하여 공사를 진행할 수 있다.

〈버스덕트〉

- 시설조건
  - 덕트 상호 간, 전선 상호 간은 견고하고 전기적으로 완전하게 접속할 것
  - 덕트를 조영재에 붙이는 경우
    지지점 간의 거리 : 3[m] 이하
    (취급자 이외의 자가 출입할 수 없도록 설비한 곳에서 수직으로 붙이는 경우 : 6[m] 이하)
  - 덕트(환기형 제외)의 끝부분은 막을 것
  - 덕트는 규정에 준하는 접지공사를 할 것
- 버스덕트의 선정
  - 도체는 단면적 : 20[mm²] 이상의 띠 모양, 지름 : 5[mm] 이상의 관모양이나 둥글고 긴 막대 모양 또는 단면적 : 30[mm²] 이상의 띠 모양의 알루미늄을 사용할 것
  - 도체 지지물은 절연성, 난연성, 내수성이 있는 견고한 것일 것

- 버스덕트의 종류 : 피더 버스덕트, 플러그인 버스덕트, 트롤리 버스덕트, 익스팬션 버스덕트, 탭붙이 버스덕트, 트랜스포지션 버스덕트
② **파워트랙 시스템** : 트랙의 위치, 길이에 따라 여러 곳에서 전원을 접속할 수 있는 도체가 붙은 방식
  ㉠ 라이팅덕트공사 : 조명과 관련된 공사를 의미하며 덕트 안쪽에 피복이 벗겨진 구리선이 있어서 조명을 원하는 위치에 쉽게 설치할 수 있다.

- 시설조건
  - 덕트는 상호 간 견고하게, 전기적으로 완전히 접속할 것
  - 덕트는 조영재에 견고하게 붙일 것
  - 덕트의 지지점 간의 거리는 2[m] 이하로 할 것
  - 덕트의 끝부분은 막을 것
  - 덕트의 개구부는 아래로 향하여 시설할 것
  - 덕트는 조영재를 관통하여 시설하지 않을 것
  - 덕트는 합성수지 기타의 절연물로 금속재 부분을 피복한 덕트를 사용한 경우 이외에는 규정에 준하는 접지공사를 실시할 것(다만, 대지 전압이 150[V] 이하이고 덕트의 길이가 4[m] 이하인 경우에는 생략이 가능)

36-1 버스덕트공사에 의한 저압 옥내배선공사에 대한 설명으로 옳지 않은 것은?

① 덕트(환기형은 제외)의 끝부분은 막을 것
② 덕트 상호 간 및 전선 상호 간은 견고하고 또한 전기적으로 완전하게 접속할 것
③ 습기가 많은 장소 또는 물기가 있는 장소에 시설하는 경우에는 옥외용 버스덕트를 사용할 것
④ 덕트를 조영재에 붙이는 경우에는 덕트의 지지점 간의 거리를 2[m] 이하로 하고 또한 견고하게 붙일 것

해설 **버스덕트공사 시설조건**
덕트를 조영재에 붙이는 경우
지지점 간의 거리 : 3[m](취급자 이외의 자가 출입할 수 없도록 설비한 곳에서 수직으로 붙이는 경우 : 6[m]) 이하

36-2 버스덕트공사에서 덕트를 조영재에 붙이는 경우 지지점 간의 거리는 몇 [m] 이하여야 하는가?

① 2　　② 3
③ 4　　④ 5

해설 36-1번 해설 참조

36-3 다음 중 버스덕트의 종류가 아닌 것은?

① 피더 버스덕트
② 케이블 버스덕트
③ 플러그인 버스덕트
④ 탭붙이 버스덕트

해설 **버스덕트의 종류**
- 피더 버스덕트
- 플러그인 버스덕트
- 탭붙이 버스덕트

정답 36-1 ④　36-2 ②　36-3 ②

36-4 다음 중 버스덕트가 아닌 것은?

① 플로어 버스덕트
② 피더 버스덕트
③ 플러그인 버스덕트
④ 트롤리 버스덕트

해설 **버스덕트의 종류**
- 피더 버스덕트 : 도중에 부하를 접속하지 않은 것
- 플러그인 버스덕트 : 도중에 부하 접속용으로 꽂음 플러그를 만든 것
- 트롤리 버스덕트 : 도중에 이동 부하를 접속할 수 있도록 트롤리 접촉식 구조로 한 것
- 익스팬션 버스덕트 : 열 신축에 따른 변화량을 흡수하는 구조인 것
- 탭붙이 버스덕트 : 종단 및 중간에서 기기 또는 전선 등과 접속시키기 위한 탭을 가진 버스덕트
- 트랜스포지션 버스덕트 : 각 상의 임피던스를 평균시키기 위해서 도체 상호의 위치를 관로 내에서 교체시키도록 만든 버스덕트

36-5 버스덕트공사에서 도중에 부하를 접속할 수 있도록 제작한 덕트는?

① 트롤리 버스덕트
② 플러그인 버스덕트
③ 이동 부하 버스덕트
④ 피더 버스덕트

해설 **플러그인 버스덕트**
도중에 부하 접속용으로 꽂음 플러그를 만든 것

36-6 라이팅덕트공사에 의한 저압 옥내배선 시 덕트의 지지점 간의 거리는 몇 [m] 이하로 해야 적절한가?

① 1.5
② 2.0
③ 2.5
④ 3.0

해설 저압 옥내배선 시 라이팅덕트의 지지점 간의 거리는 2[m] 이하로 해야 한다.

36-7 라이팅덕트공사에 의한 저압 옥내배선의 시설 기준으로 틀린 것은?

① 덕트는 조영재에 견고하게 붙일 것
② 덕트의 끝부분은 막을 것
③ 덕트는 조영재를 관통하여 시설하지 아니할 것
④ 덕트의 개구부는 위로 향하여 시설할 것

해설 **라이팅덕트공사 시설조건**
- 덕트는 상호 간 견고하게, 전기적으로 완전히 접속할 것
- 덕트는 조영재에 견고하게 붙일 것
- 덕트의 지지점 간의 거리는 2[m] 이하로 할 것
- 덕트의 끝부분은 막을 것
- 덕트의 개구부는 아래로 향하여 시설할 것
- 덕트는 조영재를 관통하여 시설하지 않을 것
- 덕트는 합성수지 기타의 절연물로 금속재 부분을 피복한 덕트를 사용한 경우 이외에는 규정에 준하는 접지공사를 실시할 것. 다만, 대지 전압이 150[V] 이하이고 덕트의 길이가 4[m] 이하인 경우에는 생략이 가능

대표유형 37 곡률 반지름

[곡률 반지름표]

금속관	관 안지름의 6배 이상
1종 금속제 가요전선관	관 안지름의 6배 이상
2종 금속제 가요전선관	관의 시설·제거가 자유로운 경우 : 3배 이상 관의 시설·제거가 자유롭지 못한 경우 : 6배 이상
CD 케이블	덕트 바깥지름이 35[mm] 미만 : 6배 이상 덕트 바깥지름이 35[mm] 이상 : 10배 이상
케이블	단심 : 바깥지름의 8배 이상 다심 : 바깥지름의 6배 이상
합성수지관	관 안지름의 6배 이상

37-1 1종 금속제 가요전선관을 구부릴 경우 곡률 반지름은 관 안지름의 몇 배 이상으로 하여야 하는가?

① 3 ② 4
③ 5 ④ 6

해설 **곡률 반지름표**

1종 금속제 가요전선관	관 안지름의 6배 이상

37-2 노출 장소 또는 점검 가능한 장소에서 2종 금속제 가요전선관을 시설하고 제거하는 것이 자유로운 경우의 곡률 반지름은 안지름의 몇 배 이상으로 하여야 하는가?

① 3 ② 6
③ 8 ④ 9

해설 **곡률 반지름표**

2종 금속제 가요전선관	관의 시설·제거가 자유로운 경우 : 3배 이상 관의 시설·제거가 자유롭지 못한 경우 : 6배 이상

37-3 노출장소 또는 점검 가능한 은폐장소에서 2종 금속제 가요전선관을 시설하고 제거하는 것이 부자유하거나 점검 불가능한 경우의 곡률 반지름은 안지름의 몇 배 이상으로 하여야 하는가?

① 1 ② 2
③ 5 ④ 6

해설 37-2번 해설 참조

37-4 케이블을 구부리는 경우는 피복이 손상되지 않도록 하고 그 굴곡부의 곡률 반지름은 원칙적으로 케이블이 단심인 경우 완성품 바깥지름의 몇 배 이상이어야 하는가?

① 3 ② 6
③ 8 ④ 12

해설 케이블을 구부릴 경우, 굴곡부의 내부 반지름은 단심의 경우에는 케이블 바깥지름의 8배 이상일 것. 다심의 경우 6배 이상일 것

37-5 콘크리트 직매용 케이블공사에서 일반적으로 케이블을 구부릴 때는 피복이 손상되지 않도록 그 굴곡부 안쪽의 반지름은 케이블 바깥지름의 몇 배 이상으로 하여야 하는가?(단, 단심이 아닌 경우이다)

① 6 ② 8
③ 9 ④ 12

해설 37-4번 해설 참조

정답 37-1 ④ 37-2 ① 37-3 ④ 37-4 ③ 37-5 ①

대표유형 38 나전선 사용의 제한

옥내에 시설하는 저압전선에는 나전선을 사용하여서는 아니 된다. 다만, 다음 중 어느 하나에 해당하는 경우에는 그러하지 아니하다.

※ 나전선을 사용해도 되는 경우
- ㉠ 애자공사
  - 전기로용 전선
  - 전선의 피복 절연물이 부식하는 장소에 시설하는 전선
  - 취급자 이외의 자가 출입할 수 없도록 설비한 장소에 시설하는 전선
- ㉡ 버스덕트공사
- ㉢ 라이팅덕트공사
- ㉣ 접촉 전선 : 특정 규정을 만족하면 사용 가능

38-1 옥내배선공사 중 반드시 절연전선을 사용하지 않아도 되는 공사 방법은?(단, 옥외용 비닐 절연전선은 제외한다)

① 금속관공사　　② 플로어덕트공사
③ 버스덕트공사　④ 합성수지관공사

[해설] 나전선을 사용해도 되는 경우
- 애자공사에 의해 시설하는 경우
- 버스덕트공사에 의해 시설하는 경우
- 라이팅덕트공사에 의해 시설하는 경우
- 접촉 전선을 시설하는 경우

38-2 다음 옥내배선에서 나전선을 사용할 수 없는 것은?

① 이동 기중기에 전기를 공급하기 위하여 사용하는 접촉 전선
② 합성수지몰드공사에 의하여 시설하는 경우
③ 애자공사에 의하여 전개된 곳에 시설하는 전기로용 전선
④ 버스덕트공사에 의하여 시설하는 경우

[해설] 38-1번 해설 참조

대표유형 39 배선 기호

① 배선공사 기호

기호	명칭
────	천장 은폐배선
─ ─ ─ ─	바닥 은폐배선
··········	노출배선
─ · ─ · ─	바닥면 노출배선
─ ·· ─ ·· ─	지중 매설배선

② 옥내배선공사

기호	명칭
MD	금속덕트(Metal Duct)
▬▬▬	버스덕트
□ LD ───	라이팅덕트(Lighting Duct)
(F7)	플로어덕트(Floor Duct)

③ 분전반·배전반·제어반

기호	명칭
⊠	배전반
◣	분전반
⬗	제어반
⊠	재해방지 전원회로용 배전반

④ 변압기

기호	명칭
Ⓣ	소형 변압기
Ⓣ$_N$	네온 변압기
Ⓣ$_F$	형광등용 안정기

정답 38-1 ③　38-2 ②

⑤ 개폐기 및 계기

기호	명칭
S	개폐기
B , S MCB	배선용 차단기
E , S ELB	누전 차단기
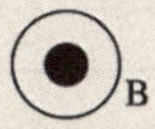 ●B	전자 개폐기용 누름 버튼
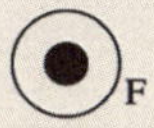 ●F	플로트 스위치
 ●LF	플로트리스 스위치 전극
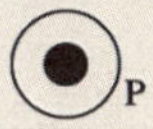 ●P	압력 스위치
CT	변류기(상자들이)
TS	타임 스위치
 EQ	지진 감지기
 Wh	전력량계
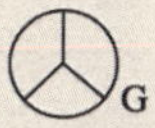 ⊝G	누전 경보기
 ⊝F	누전 화재 경보기 (소방법에 따르는 것)

⑥ 조명기구

　㉠ 형광등

기호	명칭	비고
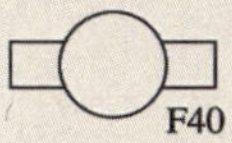 F40	용량이 표기된 형광등 (40[W] 형광등)	용량 앞에 F를 붙임
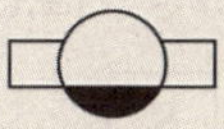	가로붙이 형광등	-
	세로붙이 형광등	-
	비상용 형광등	-
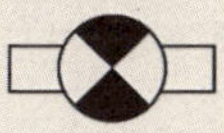	유도용 형광등	-

　㉡ 백열전구

기호	명칭
 ○	백열등
 ◐	벽붙이 백열등
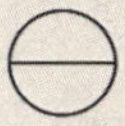 ⊖	펜던트
 CH	샹들리에
 CL	실링라이트
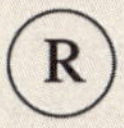 R	리셉터클
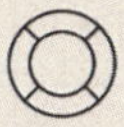 ⊚	옥외등
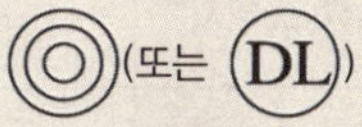 ◎(또는 DL)	매입기구
●	비상용 백열등
 ⊗	유도용 백열등

⑦ 콘센트

기호	명칭
 ◐	벽붙이 콘센트
 ◐EL	누전 차단기 붙이 콘센트
 ◐WP	방수형 콘센트
 ⊙	천장붙이 콘센트
 ⊙	바닥붙이 콘센트
	비상 콘센트

⑧ 점멸기

기호	명칭	비고
●	점멸기 10[A]	15[A] 이상만 전룻값을 표시
●15A	점멸기 15[A]	15[A] 이상만 전룻값을 표시
●EX	방폭형 점멸기	–
●WP	방수형 점멸기	–
●A	자동 점멸기	–
●L	파일럿 램프 내장 점멸기	–
●3	3로 점멸기	–
●2P	2극 점멸기	–
▣	누름 스위치	–
▣	누름 스위치 (벽붙이)	–
✦	조광기	–
⊗	실렉터 스위치	–

⑨ 기기

기호	명칭	기호	명칭
Ⓖ	발전기	RC	룸 에어컨
Ⓗ	전열기	⊣⊢	축전지
Ⓜ	전동기	▶⊢	정류 장치
∞	환기팬 (선풍기 포함)	⊣⊢	축전기

39-1 다음과 같은 그림 기호의 명칭은?

────────

① 천장 은폐배선 ② 지중 매설배선
③ 노출배선 ④ 바닥면 노출배선

해설 • 천장 은폐배선 ────────
• 지중 매설배선 ─·─·─·─
• 노출배선 -----------
• 바닥면 노출배선 ──────

39-2 다음과 같은 그림 기호의 명칭은?

— — — — — —

① 노출배선 ② 지중 매설배선
③ 바닥 은폐배선 ④ 천장 은폐배선

해설 • 바닥 은폐배선 — — — — —
• 노출배선 -----------
• 지중 매설배선 ─·─·─·─
• 천장 은폐배선 ────────

39-3 배전반을 나타내는 그림 기호는?

① ⊠ ② S
③ ◣◥ ④ ◣

해설 ② 개폐기
③ 제어반
④ 분전반

39-1 ① 39-2 ③ 39-3 ①

39-4 배선용 차단기의 심벌은?

① S ② E
③ TS ④ B

해설 ① 개폐기
      ② 누전 차단기
      ③ 타임 스위치

39-5 다음 기호가 나타내는 것은?

EQ

① 전열기 ② 발전기
③ 지진 감지기 ④ 방수형 콘센트

해설

기호	명칭	기호	명칭
EQ	지진 감지기	G	발전기
H	전열기	⏀WP	방수형 콘센트

39-6 실링, 직접부착 등을 시설하고자 할 때, 배선도에 표기할 기호로 올바른 것은?

①  ② ◯
③ CL ④ R

해설 실링라이트(ceiling light)는 천장, 천장 속에 설치하는 기구다.

39-7 다음 심벌의 명칭은?

① 콘센트 ② 환풍기
③ 점멸기 ④ 과전류 계전기

해설

기호	명칭
⏀	벽붙이 콘센트
●	점멸기
⏀⏀	비상 콘센트

39-8 전기배선용 도면을 작성할 때 사용하는 매입 콘센트 도면 기호는?

① ● ② ◯
③ ▢ ④ ⏀

해설 ① 점멸기
      ② 전등
      ③ 점검구

39-9 다음 중 방수형 콘센트의 심벌은?

① ⏀ ② ⏀WP
③ ● ④ ⏀E

해설 콘센트 심벌

기호	의미
⏀WP	방수형
⏀EX	방폭형
⏀H	의료형

정답 39-4 ④ 39-5 ③ 39-6 ③ 39-7 ① 39-8 ④ 39-9 ②

39-10 다음 중 비상용 콘센트를 의미하는 기호는?

①    ②

③    ④

해설 ① 바닥붙이 콘센트
② 접지극 붙이 콘센트
③ 빠짐 방지형 콘센트

39-11 다음 기호가 나타내는 것은?

(H)

① 전열기   ② 발전기
③ 지진감지기   ④ 방수형 콘센트

해설 전열기를 의미

39-12 다음 심벌이 나타내는 것은?

① 저항   ② 유입 개폐기
③ 변압기   ④ 진상용 콘덴서

39-13 다음의 심벌 명칭은 무엇인가?

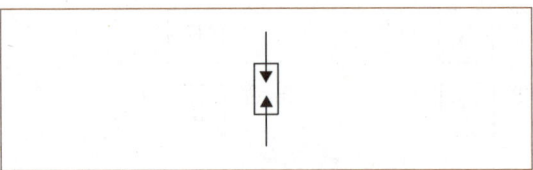

① 피뢰기   ② 파워퓨즈
③ 단로기   ④ 고압 컷아웃 스위치

심벌	명칭	역할
	LA (피뢰기)	이상전압 침입 시 전기를 대지로 방전시키고 속류를 차단
	PF (전력퓨즈)	고장전류를 차단하여 계통으로 파급되는 것을 방지
	COS (고압 컷아웃 스위치)	과부하 전류로부터 변압기 1차 권선 보호와 사고 시에 과전류를 차단
	DS(단로기)	부하 전류를 제거한 후 회로를 격리하도록 하기 위한 장치

39-14 다음 기호가 나타내는 것은?

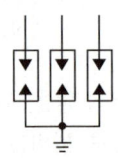

① 단로기
② 고압 컷아웃 스위치
③ 피뢰기
④ 파워퓨즈

해설 피뢰기를 의미

대표유형 40 조명 용어

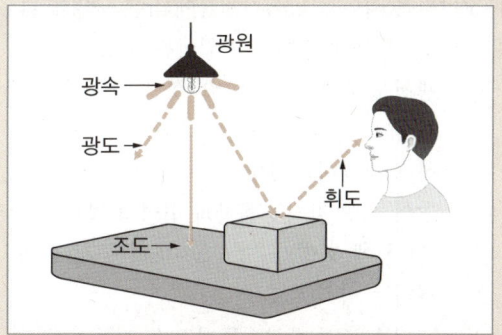

① 광속(luminous flux, F) : 광원에서 나오는 빛의 양 [lm](루멘)
② 광도(luminous intensity, I) : 광원에서 나오는 빛의 세기
$I = \dfrac{F}{\omega}$ [cd](칸델라)
(F : 광속[lm], ω : 입체각[sr])
③ 조도(intensity of illumination, E) : 어떤 면에 광속이 도달할 때, 그 면에서의 밝기
$E = \dfrac{F}{A}$ [lx](럭스)
(F : 광속[lm], A : 빛을 받는 넓이[m^2])
④ 휘도(luminance, B) : 어떤 면에서 반사된 빛이 눈에 들어오는 빛의 세기
$B = \dfrac{I}{S}$ [cd/m^2] → [nt](니트), [cd/cm^2] → [sb](스틸브)
(I : 광도[cd], S : 어느 방향에서 본 겉보기 면적[m^2])
⑤ 광속 발산도(luminous exitance, R) : 빛을 내뿜는 면의 밝기, 어떤 면의 단위 면적으로부터 발산되는 광속
$R = \dfrac{F}{A}$ [rlx](레드럭스)
(F : 발산 광속[lm], A : 빛을 내뿜는 면적[m^2])

40-1 조명공학에서 사용되는 칸델라(cd)는 무엇의 단위인가?
① 조도   ② 휘도
③ 광도   ④ 반사율

해설 광도는 광원에서 나오는 빛의 세기를 의미하며 단위는 칸델라(cd)다.

40-2 작업 면에 입사하는 빛의 양을 나타내며 단위 넓이당 비춰지는 빛의 밝기를 무엇이라 하는가?
① 휘도   ② 광속
③ 광도   ④ 조도

해설 조도(intensity of illumination, E)
어떤 면(빛을 받는 면)에 광속이 도달하여 밝아질 때, 그 면에서의 밝기(피조면의 밝기), 빛을 받는 단위 넓이 1[m^2]당 광원에서 나오는 빛의 양

40-3 조명을 비추면 눈으로 빛을 느끼는 밝기를 광속이라 한다. 이때 단위 넓이당 입사 광속을 무엇이라고 하는가?
① 조도   ② 휘도
③ 광도   ④ 광속 발산도

해설 40-2번 해설 참조

40-4 눈부심의 정도로서 어느 방향에서 본 겉보기의 넓이 대비 어느 방향의 광도를 의미하는 것?
① 휘도   ② 조도
③ 광속   ④ 반사율

해설 휘도는 눈부심의 정도로 단위 넓이 1[m^2]당 광원에서 나오는 빛의 세기를 의미한다.

정답 40-1 ③ 40-2 ④ 40-3 ① 40-4 ①

대표유형 41 조명 방식

① 기구 배치에 따른 분류
  ㉠ 전반 조명 : 작업 면 전반에 균등한 조도를 가지게 하는 방식

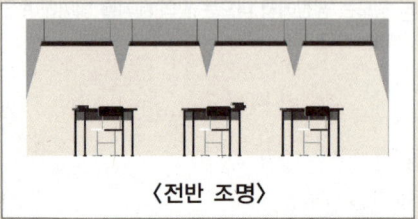
〈전반 조명〉

  ㉡ 국부 조명 : 작업 면의 필요한 장소만 조도를 가지게 하며 조명기구를 밀집하여 설치하는 방식

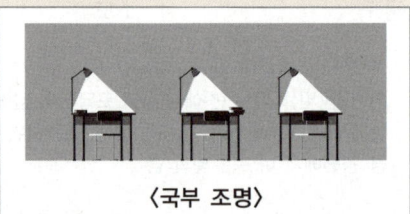
〈국부 조명〉

  ㉢ 전반국부 병용조명 : 작업 면의 필요 조도는 국부조명에 의존하고, 주위 공간은 전체 조명을 취하는 방식

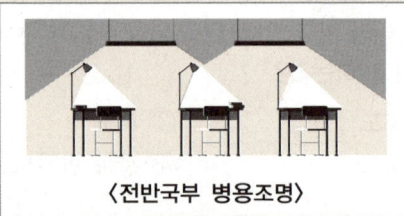
〈전반국부 병용조명〉

② 배광방식에 따른 조명분류

분류	직접 조명 방식	반직접 조명 방식	전반확산 조명 방식
배광			
하반부 광속[%]	90~100	60~90	40~60

분류	반간접 조명 방식	간접 조명 방식
배광		
하반부 광속[%]	10~40	0~10

③ 건축화 조명
  ㉠ 다운 라이트 방식 : 천장에 작은 구멍을 뚫고 그 속에 광원을 매입하는 조명 방식
  ㉡ 광천장 조명 방식 : 루버, 확산 투과 아크릴판 등을 붙이고, 천장 내부에 광원을 배치하여 조명하는 방식
  ㉢ 코너 조명 방식 : 천장과 벽면의 경계구석(코너)에 조명기구를 배치하여 동시에 조명하는 방식
  ㉣ 코니스 조명 방식 : 둘레 턱을 만들어 내부에 등기구를 설치하는 조명 방식
  ㉤ 밸런스 조명 방식 : 벽면, 커튼에 밝은 광원으로 조명하는 방식
  ㉥ 코브 방식 : 램프를 감추고 코브의 벽, 천장면을 이용하여 간접조명으로 만들어 그 반사광으로 채광하는 방식

41-1 실내 전체를 조명하는 방식으로 광원을 일정한 간격으로 배치하며 공장, 학교, 사무실 등에서 채용되는 조명 방식으로 옳은 것은?

① 간접 조명 ② 국부 조명
③ 직접 조명 ④ 전반 조명

해설 전반 조명은 작업면 전반에 균등한 조도를 가지게 하는 방식이다.

41-2 조명기구를 배광에 따라 분류하는 경우 특정한 장소만을 고조도로 하기 위한 조명기구로 옳은 것은?

① 직접 조명기구
② 반직접 조명기구
③ 광천장 조명기구
④ 전반확산 조명기구

해설 직접 조명기구는 특정 장소만 고조도를 가지게 하는 기구이다.

41-3 다음 중 광원에서 나오는 빛의 90~100[%]를 비춰 높은 조도를 얻을 수 있는 조명 방식으로 옳은 것은?

① 간접 조명
② 직접 조명
③ 반직접 조명
④ 반간접 조명

[해설] **조명 방식**

분류	직접 조명 방식	반직접 조명 방식	전반확산 조명 방식
배광			
하반부 광속[%]	90~100	60~90	40~60

분류	반간접 조명 방식	간접 조명 방식
배광		
하반부 광속[%]	10~40	0~10

41-4 조명기구를 반간접 조명 방식으로 설치할 때 위(상방향)로 향하는 광속의 양[%]은?

① 0~10
② 10~40
③ 40~60
④ 60~90

[해설] **반간접 조명 방식**
- 하반구 광속 : 전 광속의 10~40[%]
- 상반구 광속 : 전 광속의 60~90[%]

41-5 천장에 작은 구멍을 뚫어 그 속에 등기구를 매입시키는 방식으로 건축의 공간을 유효하게 하는 조명 방식은?

① 코퍼 방식
② 밸런스 방식
③ 코브 방식
④ 다운 라이트 방식

[해설]
- 코퍼 방식 : 천장면을 여러 형태로 오려내어 건축적인 공간을 형성하고, 다양한 매입기구를 부착하여 단조로움을 피하는 방식
- 밸런스 방식 : 벽면, 커튼에 밝은 광원으로 조명하는 방식
- 코브 방식 : 램프를 감추고 코브의 벽, 천장면을 이용하여 간접 조명으로 만들어 그 반사광으로 채광하는 방식

대표유형 42 조명설계

① **실지수**(room index, RI)
  ㉠ 공간의 실내 조명을 계산할 때, 조명기구의 이용률을 구하기 위한 지수
  ㉡ 공식

  $$실지수\ RI = \frac{XY}{H(X+Y)}$$

  (X : 방의 가로 길이[m],
  Y : 방의 세로 길이[m],
  H : 광원으로부터 작업 면까지의 높이[m])

② **조명률**(U)
  ㉠ 광원의 전광속과 작업 면에 도달하는 유효 광속 사이의 비
  ㉡ 공식

  $$조명률\ U = \frac{F}{F_0} \times 100\,[\%]$$

  (F : 작업 면의 입사광속[lm],
  F_0 : 방사광속[lm])

③ **감광보상률**(D)
  ㉠ 시간 경과에 따른 광원의 노화, 효율 저하에 의한 광속 감소를 고려하여 소요 광속에 여유를 두는 정도
  ㉡ 공식

  $$감광보상률\ D = \frac{1}{보수율} = \frac{1}{M}$$

④ **등기구 수**
  ㉠ 조도 E를 만들기 위한 필요 등기구 수
  ㉡ 공식

  $$등기구\ 수\ N = \frac{EAD}{FU}\,[개]$$

  (E : 요구되는 조도, A : 방의 넓이[m²],
  D : 감광보상률, F : 광속, U : 조명률)

정답 41-3 ② 41-4 ④ 41-5 ④

42-1 가로 20[m], 세로 18[m], 천장의 높이 3.85[m], 작업 면의 높이 0.85[m], 간접 조명 방식인 호텔 연회장의 실지수는 얼마인가?

① 2.58   ② 3.16
③ 3.85   ④ 4.26

해설 실지수 $RI = \dfrac{XY}{H(X+Y)} = \dfrac{20 \times 18}{3(20+18)} = 3.16$

(H : 광원으로부터 작업 면까지의 높이[m], X : 방의 가로 길이[m], Y : 방의 세로 길이[m])

대표유형 43 조명설비 I

① **코드 및 이동전선**

조명용 전원코드 또는 이동전선 : 단면적 0.75[mm²] 이상의 코드 또는 캡타이어케이블을 용도에 따라 선정

② **콘센트의 시설**

㉠ 욕조나 샤워시설이 있는 욕실 또는 화장실 등 인체가 물에 젖어 있는 상태에서 전기를 사용하는 장소에 콘센트를 시설하는 경우는 다음에 따라 시설하여야 한다.

- **인체 감전 보호용 누전 차단기**(정격 감도 전류 15[mA] 이하, 동작시간 **0.03초 이하의 전류 동작형의 것**) 또는 절연변압기(정격용량 3[kVA] 이하인 것)로 보호된 전로에 접속하거나 인체 감전 보호용 누전 차단기가 부착된 콘센트를 시설하여야 한다.
- 콘센트는 접지극이 있는 방적형 콘센트를 사용하여 규정에 준하여 접지하고 방습 장치를 하여야 한다.

③ **점멸기의 시설**

㉠ 가정용 전등 : 매 등기구마다 점멸이 가능하도록 시설할 것

㉡ 공장, 사무실, 학교 상점 및 기타 이와 유사한 장소 : 전등군마다 점멸이 가능하도록 하되, 태양광선이 들어오는 창과 가장 가까운 전등은 따로 점멸이 가능하도록 할 것

㉢ 타임 스위치를 시설할 것

- 관광숙박업(**호텔, 여관**) : 객실 입구등은 **1분 이내로 소등**
- **일반주택 및 아파트** : 현관등은 3분 이내로 소등

42-2 실내면적 100[m²]인 교실에 전광속이 2,500[lm]인 40[W] 형광등을 설치하여 평균조도를 150[lx]로 하려면 몇 개의 등을 설치해야 하는가?(단, 조명률은 50[%], 감광보상률은 1.25로 한다)

① 10   ② 15
③ 30   ④ 45

해설 등기구 수 $N = \dfrac{EAD}{FU} = \dfrac{150 \times 100 \times 1.25}{2,500 \times 0.5} = 15$개

(E : 요구되는 조도, A : 방의 넓이[m²], D : 감광보상률, F : 광속, U : 조명률)

43-1 옥내에 시설하는 저압의 이동전선에서 사용하는 캡타이어케이블의 최소 단면적은 몇 [mm²]인가?

① 0.75　　② 1
③ 1.5　　　④ 1.75

[해설] 조명용 전원코드 또는 이동전선
단면적 0.75[mm²] 이상의 코드 또는 캡타이어케이블을 용도에 따라 선정

43-2 아파트 세대 욕실에 비데용 콘센트를 시설하고자 한다. 다음의 시설방법 중 적절하지 않은 것은?

① 습기가 많은 장소에 시설하는 콘센트는 방습장치를 하여야 한다.
② 콘센트를 시설하는 경우에는 인체 감전 보호용 누전 차단기를 사용하여야 한다.
③ 콘센트를 시설하는 경우에는 절연변압기로 보호된 전로에 접속하여야 한다.
④ 콘센트는 접지극이 없는 것을 사용한다.

[해설] 욕실 또는 화장실 등 인체가 물에 젖어있는 상태에서 전기를 사용하는 장소에 콘센트를 시설하는 경우 콘센트는 접지극이 있는 방적형 콘센트를 사용하여 규정에 준하여 접지하고 방습 장치를 하여야 한다.

43-3 인체 감전 보호용 누전 차단기의 구비 조건은?

① 정격 감도전류 15[mA] 이하, 동작시간 0.03초 이하의 전압 동작형의 것
② 정격 감도전류 15[mA] 이하, 동작시간 0.03초 이하의 전류 동작형의 것
③ 정격 감도전류 30[mA] 이하, 동작시간 0.15초 이하의 전압 동작형의 것
④ 정격 감도전류 30[mA] 이하, 동작시간 0.15초 이하의 전류 동작형의 것

[해설] 인체 감전 보호용 누전 차단기(정격 감도전류 15[mA] 이하, 동작시간 0.03초 이하의 전류 동작형의 것)

43-4 조명등을 숙박업소의 입구에 설치할 때 현관등은 최대 몇 분 이내에 소등되는 타임 스위치를 시설하여야 하는가?

① 1　　② 2
③ 3　　④ 4

[해설] 타임 스위치
• 관광숙박업(호텔, 여관) : 객실 입구등은 1분 이내로 소등
• 일반주택 및 아파트 : 현관등은 3분 이내로 소등

43-5 조명등을 일반주택 및 아파트에 설치할 때 현관등은 최대 몇 분 이내에 소등되는 타임 스위치를 시설하여야 하는가?

① 1　　② 2
③ 3　　④ 4

[해설] 43-4번 해설 참조

정답 43-1 ①　43-2 ④　43-3 ②　43-4 ①　43-5 ③

대표유형 44 조명설비 Ⅱ

④ 진열장 또는 이와 유사한 것의 내부 배선
  ㉠ 건조한 환경에서 사용하는 진열장 또는 이와 유사한 것의 내부에 사용전압이 400[V] 이하의 배선을 외부에서 잘 보이는 장소에 한하여 코드 또는 캡타이어케이블로 직접 조영재에 밀착하여 배선할 수 있음
  ㉡ 배선은 단면적 0.75[mm²] 이상의 코드 또는 캡타이어케이블일 것

⑤ 전주외등
  ㉠ 아래의 규정들은 대지전압 300[V] 이하의 형광등, 고압방전등, LED등 등을 배전선로의 지지물 등에 시설하는 경우에 적용
    • 기구의 인출선은 도체 단면적이 0.75[mm²] 이상일 것
  ㉡ 배선
    • 배선은 단면적 2.5[mm²] 이상의 절연전선 또는 동등 이상의 절연 성능이 있는 것으로 사용하며 케이블공사, 금속관공사, 합성수지관공사 중에서 시설할 것
    • 배선이 전주에 연한 부분은 1.5[m] 이내마다 새들 또는 밴드로 지지할 것

⑥ 교통신호등
  ㉠ 교통신호등 제어장치의 2차 측 배선의 최대 사용전압은 300[V] 이하이어야 한다.
  ㉡ 2차 측 배선
    • 전선은 케이블인 경우 이외에는 단면적 2.5[mm²] 연동선과 동등 이상의 세기 및 굵기의 450/750[V] 일반용 단심 비닐 절연전선 또는 내열성 에틸렌아세테이트 고무절연전선일 것
  ㉢ 교통신호등의 인하선의 높이 : 2.5[m] 이상
  ㉣ 교통신호등의 제어장치 전원 측에는 개폐기 및 과전류 차단기를 각 극에 시설하여야 한다.
  ㉤ 교통신호등 회로의 사용전압이 150[V]를 넘는 경우에는 전로에 지락이 생겼을 경우 자동적으로 전로를 차단하는 누전 차단기를 시설할 것
  ㉥ 교통신호등의 제어장치의 금속제 외함 및 신호등을 지지하는 철주에는 규정에 준하여 접지공사를 실시할 것

44-1 진열장 또는 이와 유사한 것의 내부가 몇 [V] 이하의 배선일 때 코드 또는 캡타이어케이블로 조영재에 밀착하여 배선을 할 수 있는가?

① 100   ② 200
③ 300   ④ 400

해설 진열장 또는 이와 유사한 것의 내부 배선
건조한 환경에서 사용하는 진열장 또는 이와 유사한 것의 내부에 사용전압이 400[V] 이하의 배선을 외부에서 잘 보이는 장소에 한하여 코드 또는 캡타이어케이블로 직접 조영재에 밀착하여 배선할 수 있음

44-2 진열장 안에 400[V] 이하인 저압 옥내배선 시 외부에서 찾기 쉬운 곳에 사용하는 전선은 단면적이 몇 [mm²] 이상의 코드 또는 캡타이어케이블이어야 하는가?

① 0.75   ② 1.0
③ 1.25   ④ 1.5

해설 진열장 또는 이와 유사한 것의 내부 배선
진열장(쇼케이스)에 시설하는 전선은 0.75[mm²] 이상인 코드, 캡타이어케이블로 시설해야 한다.

44-1 ④ 44-2 ①

44-3 전주외등 설치에서 형광등, 고압방전등, LED등 등을 전주에 부착하는 경우 적용되는 대지전압은?

① 200[V] 이하
② 300[V] 이하
③ 400[V] 이하
④ 500[V] 이하

해설 형광등, 고압방전등, LED등 등을 배전선로의 지지물 등에 시설하는 경우 대지전압 300[V] 이하를 적용한다.

44-4 전주외등의 공사 방법으로 적합하지 않은 것은?

① 금속관공사
② 금속덕트공사
③ 케이블공사
④ 합성수지관공사

해설 전주외등의 공사 방법
- 케이블공사
- 금속관공사
- 합성수지관공사

44-5 교통신호등의 제어장치로부터 신호등의 전구까지 전로에 사용하는 전압은 최대 몇 [V] 이하인가?

① 200
② 240
③ 270
④ 300

해설 교통신호등 제어장치의 2차 측 배선의 최대 사용전압은 300[V] 이하여야 한다.

44-6 교통신호등의 시설기준으로 틀린 것은?

① 교통신호등 회로의 사용전압은 300[V] 이하이어야 한다.
② 신호등회로 인하선의 전선은 지표상 3.5[m] 이상이 되도록 한다.
③ 전선을 매다는 금속선에는 지지점 또는 이에 근접하는 곳에 애자를 삽입한다.
④ 교통신호등 제어장치의 전원 측에는 전용 개폐기 및 과전류 차단기를 각 극에 시설한다.

해설 교통신호등
- 교통신호등 제어장치의 2차 측 배선의 최대 사용전압은 300[V] 이하여야 한다.
- 전선의 굵기는 연동선 2.5[mm^2] 이상
- 인하선의 높이 : 2.5[m] 이상
- 교통신호등의 제어장치 전원 측에는 개폐기 및 과전류 차단기를 각 극에 시설하여야 한다.
- 교통신호등 회로의 사용전압이 150[V]를 넘는 경우 누전 차단기를 시설할 것

44-7 교통신호등 회로의 사용전압이 몇 [V]를 초과하는 경우에는 지락 발생 시 자동적으로 전로를 차단하는 장치를 시설해야 하는가?

① 150
② 180
③ 200
④ 220

해설 교통신호등
교통신호등 회로의 사용전압이 150[V]를 넘는 경우 누전 차단기를 시설할 것

정답 44-3 ② 44-4 ② 44-5 ④ 44-6 ② 44-7 ①

대표유형 45 특수 시설

① 전기울타리
 ㉠ 전로의 사용전압 : 250[V] 이하
 ㉡ 전선 : 인장강도 1.38[kN] 이상의 것 또는 지름 2[mm] 이상의 경동선
 ㉢ 간격
  • 전선과 이를 지지하는 기둥 사이 : 25[mm] 이상
  • 전선과 다른 시설물 또는 수목 사이 : 0.3[m] 이상
 ㉣ 전기울타리에 전기를 공급하는 전로에는 쉽게 개폐할 수 있는 곳에 전용 개폐기를 시설할 것
 ㉤ 위험 표시판을 시설할 것(100[mm]×200[mm] 이상일 것)
 ㉥ 전기울타리 전원장치의 외함 및 변압기의 철심은 규정에 준하여 접지공사를 할 것

② 전기욕기
 ㉠ 전기욕기에 전기를 공급하기 위한 전원장치에 내장되는 전원 변압기의 2차 측 사용전압이 10[V] 이하일 것
 ㉡ 욕탕 안의 전극 간 거리 : 1[m] 이상
 ㉢ 전원 변압기로부터 욕탕 전극까지의 배선은 2.5[mm^2] 이상의 연동선일 것
 ㉣ 전기욕기용 전원장치의 금속제 외함 및 전선을 넣는 금속관에는 규정에 준하여 접지공사를 할 것

③ 소세력 회로 : 전자 개폐기 조작 회로 또는 초인벨, 경보벨 등에 접속하는 60[V] 이하의 소세력 회로는 아래와 같이 시설할 것
 ㉠ 1차 대지전압 : 300[V] 이하
 ㉡ 전선은 공칭 단면적 1.0[mm^2] 이상의 연동선 또는 코드, 케이블, 캡타이어케이블, 통신용 케이블을 사용할 수 있으며 전선을 가공 방식으로 하는 경우 지름 1.2[mm] 이상의 경동선을 지지점 간의 거리 15[m] 이하로 할 것

45-1 전기울타리 시설의 사용전압은 몇 [V] 이하인가?
① 220   ② 250
③ 275   ④ 300

해설 전기울타리 시설의 사용전압은 250[V] 이하여야 한다.

45-2 전기울타리에 사용하는 경동선의 지름은 최소 몇 [mm] 이상이어야 하는가?
① 1.5   ② 1.8
③ 2.0   ④ 2.5

해설 전기울타리에 사용되는 경동선의 지름은 최소 2[mm] 이상이어야 한다.

45-3 전기울타리 시설에 대한 설명으로 옳지 않은 것은?
① 전선과 이를 지지하는 기둥 사이의 간격은 25[mm] 이상일 것
② 전기울타리용 전원장치에 전기를 공급하는 전로의 사용전압은 250[V] 이하일 것
③ 전선과 다른 시설물 또는 수목 사이의 간격은 0.2[m] 이상일 것
④ 사람이 쉽게 출입하지 아니하는 곳에 시설할 것

해설 전기울타리의 시설
전선과 다른 시설물 또는 수목 사이 : 0.3[m] 이상

정답 45-1 ② 45-2 ③ 45-3 ③

45-4 전기욕기에 전기를 공급하기 위한 전원 장치에 내장되어 있는 전원 변압기의 2차 측 전로의 사용전압은 몇 [V] 이하인 것을 사용하여야 하는가?

① 5   ② 10
③ 15   ④ 25

> [해설] 전기욕기에 전기를 공급하기 위한 전원장치에 내장되는 전원 변압기의 2차 측 사용전압이 10[V] 이하일 것

45-5 전기욕기를 시설하는 경우 전원 장치로부터 욕기 안의 전극까지의 배선은 몇 [mm²] 이상의 연동선이어야 하는가?

① 1.5   ② 2.0
③ 2.5   ④ 5.0

> [해설] 전원 변압기로부터 욕탕 전극까지의 배선은 2.5[mm²] 이상의 연동선일 것

45-6 전기 온상용 발열선의 온도는 몇 [℃]를 넘지 않도록 시설하여야 하는가?

① 70   ② 80
③ 90   ④ 110

> [해설] 전기 온상의 시설
> 발열선 : 온도가 80[℃]를 넘지 않도록 시설할 것

45-7 전자개폐기의 조작회로 또는 초인벨, 경보벨 등에 접속하는 전로로서 최대 사용전압이 60[V] 이하인 것으로 대지전압이 몇 [V] 이하인 강전류 전기의 전송에 사용하는 전로와 변압기로 결합되는 것을 소세력 회로라 하는가?

① 150   ② 200
③ 300   ④ 400

> [해설] 소세력 회로에 전기를 공급하기 위한 절연변압기의 사용전압은 대지전압 300[V] 이하로 하여야 한다.

45-8 소세력 회로의 전선을 조영재에 붙여 시설하는 경우에 대한 설명으로 옳지 않은 것은?

① 전선의 굵기는 2.5[mm²] 이상일 것
② 전선은 코드, 캡타이어케이블 또는 케이블일 것
③ 전선은 금속제의 수관, 가스관 또는 이와 유사한 것과 접촉하지 아니하도록 시설할 것
④ 전선이 손상을 받을 우려가 있는 곳에 시설하는 경우에는 방호장치를 할 것

> [해설] 소세력 회로 시설조건
> 전선은 공칭 단면적 1.0[mm²] 이상의 연동선 또는 코드, 케이블, 캡타이어케이블, 통신용 케이블을 사용할 수 있으며 전선을 가공 방식으로 하는 경우 1.2[mm] 이상의 경동선을 지지점 간의 거리 15[m] 이하로 할 것

정답 45-4 ② 45-5 ③ 45-6 ② 45-7 ③ 45-8 ①

대표유형 46 특수 장소

① 먼지 위험 장소
  ㉠ 폭연성 먼지 위험 장소
   • 케이블공사(캡타이어케이블 사용 제외), 금속관공사
   • 금속관은 박강전선관 또는 이와 동등 이상의 강도
   • 관과 박스 등은 5산 이상의 나사 조임으로 접속
   • 전동기에 접속하는 부분에서 가요성을 필요로 하는 부분의 배선에는 분진 방폭형 유연성 부속을 사용할 것
  ㉡ 가연성 먼지 위험 장소
   • 케이블공사, 금속관공사, 합성수지관공사(두께 2[mm] 미만의 합성수지전선관 및 난연성이 없는 콤바인덕트관을 사용하는 것을 제외) ⇨ 합성수지관은 두께 2[mm] 이상으로 할 것
   • 금속관공사를 실시할 경우 : 관과 박스 등은 5산 이상의 나사 조임으로 접속

② 가연성 가스 등의 위험 장소
  ㉠ 케이블공사, 금속관공사를 실시
  ㉡ 금속관공사를 실시할 경우 : 관과 박스 등은 5산 이상의 나사 조임으로 접속

③ 위험물 등이 존재하는 위험 장소
  ㉠ 케이블공사, 금속관공사, 합성수지관공사(두께 2[mm] 미만의 합성수지전선관 및 난연성이 없는 콤바인덕트관을 사용하는 것을 제외) ⇨ 합성수지관은 두께 2[mm] 이상으로 할 것
  ㉡ 금속관공사를 실시할 경우 : 관과 박스 등은 5산 이상의 나사 조임으로 접속

④ 화약류 저장소 등의 위험 장소
  ㉠ 화약류 저장소 안에는 전기설비 시설을 하면 안 되지만 케이블공사, 금속관공사를 시설하는 이외에 다음에 따라 시설하는 경우에는 저장소 안에 시설 가능
   • 전로에 대지전압은 300[V] 이하일 것
   • 전기 기계기구는 전폐형(폭발 방지형)의 것일 것
   • 케이블을 전기기계기구에 인입할 때에는 인입구에서 케이블이 손상될 우려가 없도록 시설할 것
  ㉡ 전로에 지락이 생길 때 자동적으로 전로를 차단·경보하는 장치를 시설할 것

⑤ 전시회, 쇼 및 공연장의 전기설비
  ㉠ 시설조건
   • 사용전압이 400[V] 이하
   • 배선용 케이블은 구리 도체로 최소 단면적이 1.5[mm²]
   • 비상 조명을 제외한 조명용 분기회로 및 정격 32[A] 이하의 콘센트용 분기회로는 정격감도 전류 30[mA] 이하의 누전 차단기로 보호할 것

⑥ 터널, 갱도 유사 장소
  ㉠ 사람이 상시 통행하는 터널 안의 배선의 시설은 다음과 같이 시설
   • 케이블공사, 금속관공사, 합성수지관공사, 금속관 가요전선관공사, 애자공사를 실시
   • 애자공사를 실시하는 경우 2.5[mm²] 이상의 연동선 및 절연전선(옥외용 비닐 절연전선 및 인입용 비닐 절연전선 제외)을 노면상 2.5[m] 이상의 높이에 시설할 것
   • 전로에는 터널의 입구에 가까운 곳에 전용 개폐기를 시설할 것

46-1 폭연성 먼지 또는 화약류의 가루가 전기설비가 발화원이 되어 폭발할 우려가 있는 곳에 시설하는 저압 옥내전기설비의 저압 옥내배선공사는?

① 애자공사
② 가요전선관공사
③ 금속관공사
④ 합성수지관공사

해설 폭연성 먼지 위험장소
• 케이블공사(캡타이어케이블 사용 제외), 금속관공사
• 금속관은 박강전선관 또는 이와 동등 이상의 강도

46-1 ③ 정답

46-2 폭연성 먼지가 있는 위험 장소에 금속관공사에 의할 경우 관 상호 및 관과 박스, 기타의 부속품이나 풀 박스 또는 전기기계기구는 몇 산 이상의 나사 조임으로 접속하여야 하는가?

① 2 ② 3
③ 5 ④ 7

해설 폭연성 먼지 위험 장소
관과 박스 등은 5산 이상의 나사 조임으로 접속

46-3 폭연성 먼지가 존재하는 곳의 저압 옥내배선공사 시 공사 방법으로 짝지어진 것은?

① CD 케이블공사, 무기물 절연 케이블공사, 금속관공사
② CD 케이블공사, 무기물 절연 케이블공사, 제1종 캡타이어 케이블공사
③ 금속관공사, 무기물 절연 케이블공사, 개장된 케이블공사
④ 개장된 케이블공사, CD 케이블공사, 제 1종 캡타이어 케이블공사

해설 폭연성 먼지가 존재하는 곳의 공사 방법
- 금속관공사
- 개장된 케이블공사
- 무기물 절연 케이블공사

46-4 폭연성 먼지가 존재하는 곳의 금속관공사 시 전동기에 접속하는 부분에서 가요성을 필요로 하는 부분의 배선에는 폭발 방지형의 부속품 중 어떤 것을 사용해야 하는가?

① 유연성 구조
② 안전증가형 구조
③ 먼지 폭발 방지형 유연성 구조(분진 방폭형 유연성 구조)
④ 안정증가형 유연성 구조

해설 폭연성 먼지가 존재하는 장소에서 전동기에 접속하는 부분에서 가요성을 필요로 하는 부분의 배선에는 먼지 폭발 방지형 유연성 구조가 사용되어야 한다.

46-5 밀가루, 전분 등 가연성 먼지가 존재하는 곳의 저압 옥내배선공사 방법으로 적합하지 않은 것은?

① 케이블공사 ② 가요전선관공사
③ 금속관공사 ④ 합성수지관공사

해설 가연성 먼지가 있는 위험 장소
케이블공사, 금속관공사, 합성수지관공사(두께 2[mm] 미만의 합성수지전선관 및 난연성이 없는 콤바인덕트관을 사용하는 것을 제외) ⇨ 합성수지관은 두께 2[mm] 이상으로 할 것

46-6 다음 중 가연성 먼지에 전기설비가 발화원이 되어 폭발할 우려가 있는 곳에 시공할 수 있는 저압 옥내배선공사는?

① 금속관공사 ② 가요전선관공사
③ 버스덕트공사 ④ 라이팅덕트공사

해설 46-5번 해설 참조

정답 46-2 ③ 46-3 ③ 46-4 ③ 46-5 ② 46-6 ①

46-7 소맥분, 전분 기타 가연성의 먼지가 존재하는 곳의 저압 옥내배선공사 방법에 해당되는 것으로 짝지어진 것은?

① 금속관공사, 콤바인덕트관, 애자공사
② 케이블공사, 애자공사
③ 케이블공사, 금속관공사, 합성수지관공사
④ 케이블공사, 금속관공사, 애자공사

해설 가연성 가스 등의 위험장소
- 케이블공사
- 금속관공사
- 합성수지관공사를 실시

46-8 위험물 등이 있는 곳에서의 저압 옥내배선 공사 방법으로 적합하지 않은 것은?

① 애자공사
② 합성수지관공사
③ 금속관공사
④ 케이블공사

해설 위험물이 있는 곳
- 케이블공사
- 금속관공사
- 합성수지관공사

46-9 셀룰로이드, 성냥, 석유류 등 기타 가연성 위험물질을 제조 또는 저장하는 장소의 배선에서 사용할 수 없는 공사 방법은?

① 금속관공사
② 케이블공사
③ 합성수지관공사
④ 애자공사

해설 위험물 등이 존재하는 장소에 전기설비를 시설할 경우 케이블공사, 금속관공사, 합성수지관공사 등의 방법을 사용해 배선할 수 있다.

46-10 한국전기설비규정에 의한 화약류 저장소에서 백열전등이나 형광등 또는 이들에 전기를 공급하기 위한 전기설비를 시설하는 경우 전로의 대지전압은 몇 [V] 이하인가?

① 250　　② 300
③ 350　　④ 400

해설 화약류
- 전기기계기구는 전폐형일 것
- 전로의 대지전압은 300[V] 이하 조명배선만 가능
- 케이블공사 시 케이블 손상될 우려가 없도록 시설할 것 (지중 선로 권장)
- 전용 개폐기, 과전류 차단기는 취급자 이외의 자가 쉽게 조작할 수 없도록 할 것

46-11 화약류 저장소의 배선공사 시 전용 개폐기에서 화약류 저장소의 인입구까지의 공사 방법으로 옳지 않은 것은?

① 모든 접속은 전폐형으로 한다.
② 애자공사로 시설한다.
③ 대지전압은 300[V] 이하여야 한다.
④ 케이블을 사용하여 지중에 시설한다.

해설 46-10번 해설 참조

46-12 무대, 무대마루 밑, 오케스트라 박스, 영사실, 기타 사람이나 무대 도구가 접촉할 우려가 있는 장소에 시설하는 저압옥내 배선, 전구선 또는 이동전선은 최고 사용전압이 몇 [V] 이하여야 하는가?

① 350　　② 400
③ 450　　④ 500

해설 무대, 무대마루 밑, 오케스트라 박스, 영사실, 기타 사람이나 무대 도구가 접촉할 우려가 있는 장소는 최고 사용전압이 400[V] 이하여야 한다.

46-13 전시회, 쇼 및 공연장의 전기설비를 시설하는 방법으로 적합하지 않은 것은?

① 배선용 케이블은 구리 도체로 최소 단면적이 2.5[mm²]이다.
② 사람이나 무대 도구가 접촉할 우려가 있는 곳에 시설하는 저압 옥내배선은 사용전압이 400[V] 이하이어야 한다.
③ 기계적 손상의 위험이 있는 경우에는 외장케이블 또는 방호 조치를 한 케이블을 시설하여야 한다.
④ 무대마루 밑에 시설하는 전구선은 300/300[V] 편조 고무코드 또는 0.6/1[kV] EP 고무절연 클로로프렌 캡타이어케이블이어야 한다.

해설 전시회, 쇼 및 공연장의 배선용 케이블은 구리 도체로 최소 단면적이 1.5[mm²]이다.

46-14 갱도 기타 이와 유사한 장소에서 사람이 상시 통행하는 터널 안의 배선의 시설기준으로 적합하지 않은 것은?

① 애자공사
② 라이팅덕트공사
③ 합성수지관공사
④ 금속제 가요전선관공사

해설 사람이 상시 통행하는 터널 안의 공사의 시설
- 케이블공사
- 금속관공사
- 합성수지관공사
- 금속제 가요전선관공사
- 애자공사

46-15 사람이 상시 통행하는 터널 안의 배선을 단면적 2.5[mm²] 이상의 연동선을 사용한 애자공사로 배선하는 경우 노면상 몇 [m] 이상 높이에 시설해야 하는가?

① 2.0 ② 2.5
③ 3.0 ④ 4.5

해설 사람이 상시 통행하는 터널 안의 배선을 단면적 2.5[mm²] 이상의 연동선을 사용한 애자공사를 실시하는 경우 2.5[mm²] 이상의 연동선을 노면상 2.5[m] 이상의 높이에 시설할 것

46-16 다음 [보기] 중 금속관, 애자, 합성수지 및 케이블공사가 모두 가능한 특수장소를 옳게 나열한 것은?

보기
㉠ 위험물 등이 존재하는 장소
㉡ 화약고 등의 위험장소
㉢ 불연성 먼지가 많은 장소
㉣ 습기가 많은 장소

① ㉠, ㉡ ② ㉠, ㉢
③ ㉡, ㉣ ④ ㉢, ㉣

해설 특수장소별 공사 방법

장소		케이블 공사	금속관 공사	합성수지관 공사	금속제 가요전선관	애자공사
먼지	폭연성	O	O	X	X	X
	가연성	O	O	O	X	X
가연성 가스		O	O	X	X	X
위험물(성냥, 석유류 등 타기 쉬운 위험 물질)		O	O	O	X	X
화약류		O	O	X	X	X
터널, 갱도		O	O	O	O	O

정답 46-13 ① 46-14 ② 46-15 ② 46-16 ④

교육은 우리 자신의 무지를 점차 발견해 가는 과정이다.

– 윌 듀란트 –

PART 02

CBT 기출복원문제

2022년	제1회 / 제2회 / 제3회 / 제4회
2023년	제1회 / 제2회 / 제3회 / 제4회
2024년	제1회 / 제2회 / 제3회 / 제4회
2025년	제1회 / 제2회 / 제3회 / 제4회

합격의 공식 **시대에듀**

www.sdedu.co.kr

2022년 제1회 CBT 기출복원문제

01 그림과 같이 저항 R_1, R_2이 병렬 연결되어 있을 때 R_1에 흐르는 전류 I_1[A]의 크기는?

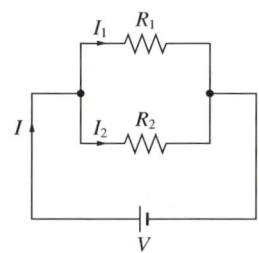

① $I_1 = \dfrac{R_1}{R_2} \times I$

② $I_1 = \dfrac{R_1}{R_1 + R_2} \times I$

③ $I_1 = \dfrac{R_1 + R_2}{R_2} \times I$

④ $I_1 = \dfrac{R_2}{R_1 + R_2} \times I$

해설) 각 저항에 흐르는 전류 : 저항에 반비례
$I_1 : I_2 = R_2 : R_1$ 이므로
$I_1 = \left(\dfrac{R_2}{R_1 + R_2}\right) I$

02 다음 중 용량 리액턴스 X_C와 반비례하는 것은?

① 주파수   ② 전압
③ 저항   ④ 전류

해설) $X_C = \dfrac{1}{\omega C} = \dfrac{1}{2\pi f C}[\Omega]$

03 컨덕턴스는 G[℧], 전압은 V[V], 전류는 I[A]라고 할 때 관계식을 나타내면?

① $G = \dfrac{R}{V}$[℧]   ② $G = \dfrac{I}{V}$[℧]

③ $G = \dfrac{V}{R}$[℧]   ④ $G = \dfrac{V}{I}$[℧]

해설) 옴의 법칙에 따라 $R = \dfrac{V}{I}$ 이고

컨덕턴스는 저항의 역수이므로 $G = \dfrac{1}{R} = \dfrac{I}{V}$[℧]

04 공기 중에서 자속 밀도 10[Wb/m²]의 평등 자기장 속에 길이 0.7[m]인 직선 도선을 자기장의 방향과 직각으로 두고 6[A] 전류를 흐르게 할 때 이 도선이 받는 힘 F[N]는 약 얼마인가?

① 18   ② 21
③ 42   ④ 48

해설) 플레밍의 왼손 법칙에 의해
$F = BIl\sin\theta = 10 \times 6 \times 0.7 \times \sin90° = 42$[N]

05 $\dfrac{\pi}{3}$[rad]는 각도법으로 몇 도인가?

① 30°   ② 45°
③ 60°   ④ 90°

해설) $\pi = 180°$ 이므로 $\dfrac{\pi}{3}$[rad] $= 60°$

정답 1 ④ 2 ① 3 ② 4 ③ 5 ③

06 3[Wh]는 몇 [J]인가?

① 3,600
② 5,400
③ 7,200
④ 10,800

해설 1[Wh] = 3,600[Ws] = 3,600[J]이므로
3[Wh] = 3 × 3,600[J] = 10,800[J]

07 3상 평형 교류 전압 조건으로 옳지 않은 것은?

① 각 상의 위상차가 180°여야 한다.
② 파형이 같아야 한다.
③ 전압의 크기가 같아야 한다.
④ 주파수가 같아야 한다.

해설 3상의 위상차는 120°이다.

08 진공의 투자율 μ_0[H/m]는?

① 6.33×10^4
② $4\pi \times 10^{-7}$
③ 9×10^9
④ 8.85×10^{-12}

해설 진공의 투자율 $\mu_0 = 4\pi \times 10^{-7}$[H/m]

09 그림과 같은 RC 병렬 회로에서 합성 임피던스[Ω]는 얼마인가?

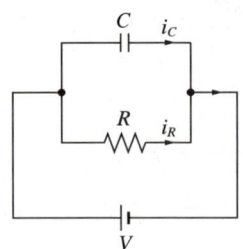

① $Z = \dfrac{1}{\sqrt{R^2 + (\omega C)^2}}$

② $Z = \dfrac{1}{\sqrt{R^2 + \left(\dfrac{1}{\omega C}\right)^2}}$

③ $Z = \dfrac{1}{\sqrt{\left(\dfrac{1}{R}\right)^2 + (\omega C)^2}}$

④ $Z = \dfrac{1}{\sqrt{\left(\dfrac{1}{R}\right)^2 + \left(\dfrac{1}{\omega C}\right)^2}}$

해설 어드미턴스 $\dot{Y} = \dot{Y}_R + \dot{Y}_C$
$= \dfrac{1}{R} + jX_C = \dfrac{1}{R} + j\omega C$

$\dot{Z} = \dfrac{1}{\dot{Y}} = \dfrac{1}{\dfrac{1}{R} + j\omega C}$

$\therefore Z = \dfrac{1}{\sqrt{\left(\dfrac{1}{R}\right)^2 + (\omega C)^2}}$ [Ω]

10 전기적으로 중성인 물체가 전기적 성질을 가지게 되는 현상을 무엇이라 하는가?

① 대전 ② 분극
③ 정전 ④ 절연

해설 대전
전기적으로 중성인 물체가 전기적 성질을 가지게 되는 현상

11 자기장의 세기를 3배로 하려면 자극으로부터의 거리를 몇 배로 해야 하는가?

① $\dfrac{1}{\sqrt{2}}$ ② $\dfrac{1}{\sqrt{3}}$
③ $\dfrac{1}{2}$ ④ $\dfrac{1}{3}$

해설) 자기장의 세기 $H = \dfrac{m}{4\pi\mu r^2}[\text{AT/m}]$

자기장의 세기는 거리의 제곱에 반비례하므로 3배가 되기 위해서는 거리 r이 $\dfrac{1}{\sqrt{3}}$ 배가 되어야 한다.

12 공심 솔레노이드 내부 자계의 세기가 450 [AT/m]일 때 자속 밀도[Wb/m²]는 얼마인가?

① 5.65×10^{-3}
② 7.25×10^{-3}
③ 5.65×10^{-4}
④ 7.25×10^{-4}

해설) 자속 밀도 $B = \mu H = \mu_0 \mu_r H = \mu_0 H = 4\pi \times 10^{-7} \times 450$
$\fallingdotseq 5.65 \times 10^{-4}[\text{Wb/m}^2]$

13 커패시터의 정전 용량에 대한 설명으로 옳지 않은 것은?

① 유전율에 비례한다.
② 극판의 넓이에 비례한다.
③ 극판 간격의 제곱에 반비례한다.
④ 이동 전하량에 비례한다.

해설) 정전 용량 $C = \varepsilon \dfrac{S}{d}[\text{F}]$, $Q = CV$
(ε : 유전율, S : 극판의 넓이, d : 극판 간의 간격)

14 12[C]의 전하량이 이동해서 84[J]의 일을 할 때 기전력[V]은 얼마인가?

① 14   ② 12
③ 10   ④ 7

해설) $V = \dfrac{W}{Q} = \dfrac{84}{12} = 7[\text{V}]$

15 자체 인덕턴스가 각각 $L_1 = 90$[mH], $L_2 = 250$[mH]의 두 코일이 있다. 두 코일 사이의 상호 인덕턴스가 120[mH]일 때 결합 계수는 얼마인가?

① 0.5   ② 0.68
③ 0.72   ④ 0.8

해설) 상호 인덕턴스 $M = k\sqrt{L_1 L_2}$
$\therefore$ 결합 계수 $k = \dfrac{M}{\sqrt{L_1 L_2}} = \dfrac{120}{\sqrt{90 \times 250}} = 0.8$

16 다음 중 반자성체 물질이 아닌 것은?

① C   ② Ni
③ Zn   ④ Pb

해설) **자성체의 종류**
- 강자성체 : Fe(철), Ni(니켈), Co(코발트), Mn(망가니즈)
- 반자성체 : Bi(비스무트), C(탄소), Si(실리콘), Au(금), Ag(은), Pb(납), Zn(아연), Cu(구리), Hg(수은)
- 상자성체 : Al(알루미늄), Pt(백금), Sn(주석), Ir(이리듐)

정답 11 ② 12 ③ 13 ③ 14 ④ 15 ④ 16 ②

17 전류 $I = 9 + j12$[A]의 크기[A]는 얼마인가?

① 9
② 12
③ 13
④ 15

해설 $|I| = \sqrt{9^2 + 12^2} = 15$[A]

18 △ 결선된 3상 평형 회로에서 한 상의 임피던스가 330[Ω]인 경우 Y 결선으로 변환할 때 한 상의 임피던스[Ω]는 얼마인가?

① 110
② 110 $\sqrt{3}$
③ 330
④ 330 $\sqrt{3}$

해설 △ → Y 변환
$Z_Y = \frac{1}{3} Z_\triangle = \frac{1}{3} \times 330 = 110$[Ω]

19 다음 중 도체의 전기저항 크기에 영향을 주는 요소가 아닌 것은?

① 고유저항
② 모양
③ 길이
④ 단면적

해설 $R = \rho \frac{l}{S}$[Ω]
(ρ : 물체의 고유저항률, l : 물체의 길이, S : 물체의 단면적)

20 다음 중 (㉠), (㉡)에 들어갈 내용으로 알맞은 것은?

2차 전지의 대표적인 것으로 납축전지가 있다. 전해액으로 비중 약 (㉠) 정도의 (㉡)을 사용한다.

	㉠	㉡
①	1.15~1.21	묽은 황산
②	1.25~1.36	질산
③	1.01~1.15	질산
④	1.23~1.26	묽은 황산

해설 납축전지

양극   전해액   음극 방전/충전 양극   전해액   음극
PbO₂ + 2H₂SO₄ + Pb ⇌ PbSO₄ + 2H₂O + PbSO₄
(이산화납) (황산) (납)   (황산납) (물) (황산납)

전해액으로 사용되는 묽은 황산은 비중이 약 1.23~1.26이다.

21 직류 발전기에서 전압 정류의 역할을 하는 것은?

① 보극
② 전기자
③ 브러시
④ 보상 권선

해설 보극을 설치하면 전압 정류의 역할을 한다.

정답: 17 ④ 18 ① 19 ② 20 ④ 21 ①

22 교류 전동기를 기동할 때 그림과 같은 기동 특성을 가지는 전동기는?(단, 곡선 ⓐ~ⓔ는 기동 단계에 대한 토크 특성 곡선이다)

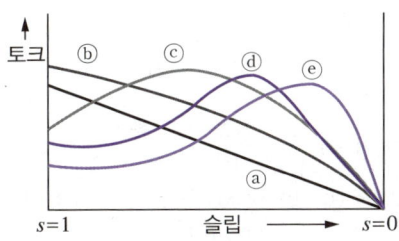

① 반발 유도 전동기
② 2중 농형 유도 전동기
③ 3상 분권 정류자 전동기
④ 3상 권선형 유도 전동기

해설 3상 권선형 유도 전동기의 기동 특성이다.

23 정격 전압 250[V], 정격 출력 50[kW]의 외분권 복권 발전기가 있다. 분권 계자 저항이 25[Ω]일 때 전기자 전류는 얼마인가?

① 80
② 105
③ 210
④ 420

해설 계자 전류 $I_f = \dfrac{V}{R_f} = \dfrac{250}{25} = 10[A]$

부하 전류 $I = \dfrac{P}{V} = \dfrac{50,000}{250} = 200[A]$

전기자 전류 $I_a = I + I_f = 200 + 10 = 210[A]$

24 다음 중 자기 소호 기능이 가장 좋은 소자는?
① SCR
② GTO
③ TRIAC
④ LASCR

해설 GTO
게이트에 역방향으로 전류를 흘리면 자기소호한다.

25 주파수 60[Hz]의 회로에 접속되어 슬립 3[%], 회전수 1,164[rpm]으로 회전하고 있는 유도 전동기의 극수는?

① 4
② 6
③ 8
④ 10

해설 회전자 속도 $N = (1-s)N_s$ 이므로

동기 속도 $N_s = \dfrac{N}{1-s} = \dfrac{1,164}{0.97} = 1,200[rpm]$

$N_s = \dfrac{120f}{p}$ 일 때 극수 $p = \dfrac{120f}{N_s} = \dfrac{120 \times 60}{1,200} = 6$

26 다음 중 변압기유의 열화 방지를 위해 변압기에 설치하는 부속 설비는 어느 것인가?
① 브리더
② 콘서베이터
③ 부흐홀츠 계전기
④ 비율 차동 계전기

해설 콘서베이터
콘서베이터는 공기가 변압기 외함 속으로 들어갈 수 없게 하여 기름의 열화를 방지하는 설비다.

27 동기 발전기에서 공극이 넓을 때의 특징이 아닌 것은?

① 안정도가 증대된다.
② 단락비가 크다.
③ 여자 전류가 크다.
④ 전압 변동이 크다.

해설 **공극이 넓을 때 특징**
- 안정도가 증대된다.
- 단락비가 크다.
- 여자 전류가 크다.
- 동기 임피던스가 작다.
- 전기자 반작용이 작다.
- 비용이 크다.

28 전기기계의 철심을 성층하는 가장 적절한 이유는?

① 맴돌이 전류손을 줄이기 위하여
② 표유 부하손을 줄이기 위하여
③ 히스테리시스손을 줄이기 위하여
④ 기계손을 줄이기 위하여

해설 맴돌이 전류손을 줄이기 위하여 얇은 강판을 적층하여 사용한다.

29 동기 전동기의 단점이 아닌 것은?

① 기동 회전력이 작다.
② 속도 조정을 할 수 없다.
③ 계자 전류 조정으로 역률을 1로 할 수 있다.
④ 직류 전원이 요구되어 설비비가 많이 든다.

해설 **동기 전동기의 단점**
- 속도제어가 어렵다.
- 난조 발생 우려가 있다.
- 기동 토크가 작다.
- 직류 전원 설비가 필요하다.
- 가격이 비싸고 구조가 복잡하다.

30 34극 60[MVA], 역률 0.8, 60[Hz], 22.9[kV] 수차발전기의 전부하 손실이 1,600[kW]일 때 전부하 효율[%]은 얼마인가?

① 92
② 95
③ 97
④ 99

해설 발전기 효율 $\eta = \dfrac{출력}{입력} = \dfrac{출력}{출력+손실} \times 100[\%]$ 일 때,

출력은 $60 \times 10^6 \times 0.8$[W]으로 두고 계산하면

$\eta = \dfrac{60 \times 10^6 \times 0.8}{60 \times 10^6 \times 0.8 + 1,600 \times 10^3} \times 100 ≒ 97[\%]$

31 통전 중인 사이리스터를 턴 오프(turn off)하려면?

① 순방향 anode 전류를 유지전류 이하로 한다.
② 순방향 anode 전류를 증가시킨다.
③ 게이트 전압을 0 또는 −로 한다.
④ 역방향 anode 전류를 통전한다.

해설 사이리스터에 흐르는 전류를 유지 전류 이하로 조정하면 턴 오프된다.

32 3상 유도 전동기의 속도 제어 방법 중 인버터를 이용한 속도 제어법은?

① 극수 변환법 ② 주파수 제어법
③ 초퍼 제어법 ④ 전압 제어법

해설) 전원 주파수를 바꾸는 방법으로 인버터를 사용한다.

33 동기 발전기의 병렬 운전 중 주파수가 다르면 어떤 현상이 나타나는가?

① 출력이 요동치고 권선이 가열된다.
② 유효 순환 전류가 흐른다.
③ 무효 전력이 생긴다.
④ 무효 순환 전류가 흐른다.

해설) 병렬 운전 중 주파수가 다를 경우 출력이 요동치고 권선이 가열되는 난조가 발생한다.

34 내부 임피던스가 8[Ω]인 앰프에 32[Ω]의 임피던스를 가진 스피커를 연결할 때 앰프 측 권선수가 200이라면 스피커 측 권선수는 얼마인가?

① 50 ② 100
③ 200 ④ 400

해설) 권수비 $a = \dfrac{N_1}{N_2} = \dfrac{E_1}{E_2} = \dfrac{V_1}{V_2} = \dfrac{I_2}{I_1} = \sqrt{\dfrac{Z_1}{Z_2}}$ 에서

$\sqrt{\dfrac{Z_1}{Z_2}} = \sqrt{\dfrac{8}{32}} = \dfrac{1}{2}$

$a = 2 = \dfrac{N_1}{N_2} = \dfrac{200}{N_2}$ ∴ $N_2 = 400$

35 동기 임피던스가 10[Ω]인 동일한 2대의 3상 동기 발전기를 병렬 운전할 때 2대의 동기 발전기의 유도 기전력 사이에 450[V]의 전압차가 발생한다면 두 발전기 사이에 흐르는 무효 순환 전류[A]는?

① 12
② 15.5
③ 18
④ 22.5

해설) $I_c = \dfrac{E_1 - E_2}{2Z_s} = \dfrac{450}{2 \times 10} = 22.5[A]$

($E_1 - E_2$: 기전력의 차)

36 송전선의 전압조정과 역률 개선에 사용되는 3권선 변압기의 일반적인 결선법은?

① Y-Y-Y
② Y-Y-△
③ △-△-Y
④ △-△-△

해설) 3권선 변압기의 경우 일반적으로 Y-Y-△ 결선법을 이용한다.

정답 32 ② 33 ① 34 ④ 35 ④ 36 ②

37 $e = 3\sqrt{3}E\sin\omega t$[V]의 정현파 전압을 가할 때 직류 출력이 $E_d = 1.35E$[V]인 회로는 무엇인가?

① 단상 반파 정류 회로
② 단상 전파 정류 회로
③ 3상 반파 정류 회로
④ 3상 전파 정류 회로

해설 3상 전파 정류 회로의 직류 전압 평균값

$$V_0 = \frac{3\sqrt{2}}{\pi}V_i ≒ 1.35 V_i[V]$$

(V_0 : 직류 전압의 평균값, V_i : 실횻값)

38 변압기 절연 내력 시험과 관련이 없는 것은?

① 실부하법
② 가압 시험
③ 유도 시험
④ 충격 전압 시험

해설 절연 내력 시험
- 유도 시험
- 가압 시험
- 충격 전압 시험

39 무부하로 운전하고 있는 분권 전동기의 계자 회로가 갑자기 끊어질 때의 전동기 속도는 어떻게 되는가?

① 전동기가 갑자기 정지한다.
② 속도가 약간 낮아진다.
③ 속도가 약간 빨라진다.
④ 전동기가 갑자기 가속하여 고속이 된다.

해설 분권 전동기의 속도 관계식 $N = K_1\frac{V - I_aR_a}{\phi}$[rpm]에서 ϕ이 0이 되면 속도 N이 급격히 증가한다.

40 정격 용량 30[kW], 6극, 60[Hz]의 3상 권선형 유도 전동기가 회전 속도 1,164[rpm]로 작동하고 있다. 부하 토크를 일정하게 유지한 상태에서 2차 총 저항을 5배로 증가시킬 때 회전수[rpm]는 얼마인가?

① 900
② 960
③ 1,020
④ 1,200

해설 동기 속도 $N_s = \frac{120f}{p} = \frac{120 \times 60}{6} = 1,200$[rpm]

슬립 $s = \frac{N_s - N}{N_s} = \frac{1,200 - 1,164}{1,200} = 0.03$

권선형 3상 유도 전동기 비례 추이의 원리에 따라 슬립은 2차 저항에 비례하기 때문에 저항이 5배가 되면 슬립도 5배가 된다.
2차 저항이 5배일 때 회전 속도
$N = (1 - 5s)N_s = 0.85 \times 1,200 = 1,020$[rpm]

41 저압 가공전선을 철도 위에 시설할 때 레일면상 몇 [m] 이상으로 시설하여야 하는가?

① 3
② 3.5
③ 6
④ 6.5

해설 저압, 고압 가공전선로의 높이

구분	저압	고압
철도, 궤도 횡단	레일면상 6.5[m] 이상	

42 교통신호등의 시설기준으로 틀린 것은?

① 교통신호등 회로의 사용전압은 300[V] 이하이어야 한다.
② 신호등회로 인하선의 전선은 지표상 3.5[m] 이상이 되도록 한다.
③ 전선을 매다는 금속선에는 지지점 또는 이에 근접하는 곳에 애자를 삽입한다.
④ 교통신호등 제어장치의 전원 측에는 전용 개폐기 및 과전류 차단기를 각 극에 시설한다.

[해설] **교통신호등**
- 교통신호등 제어장치의 2차 측 배선의 최대 사용전압은 300[V] 이하여야 한다.
- 전선의 굵기는 연동선 2.5[mm²] 이상
- 인하선의 높이 : 2.5[m] 이상
- 교통신호등의 제어장치 전원 측에는 개폐기 및 과전류차단기를 각 극에 시설하여야 한다.
- 교통신호등 회로의 사용전압이 150[V]를 넘는 경우 누전차단기를 시설할 것

43 다음과 같은 그림 기호의 명칭은?

———————

① 천장 은폐배선   ② 지중 매설배선
③ 노출배선   ④ 바닥면 노출배선

[해설]

기호	명칭
———————	천장 은폐배선
···············	노출배선
—·—·—·—	바닥면 노출배선
—··—··—··	지중 매설배선

44 다음 중 보호도체로 사용할 수 있는 것은?

① 지지선, 케이블트레이 및 이와 비슷한 것
② 가요성 금속전선관
③ 금속 수도관
④ 다심케이블의 도체

[해설] **보호도체 또는 보호본딩도체로 사용해서는 안 되는 금속 부분**
- 금속 수도관
- 가스, 액체, 가루와 같은 잠재적인 인화성 물질을 포함하는 금속관
- 기계적 응력을 받는 지지 구조물 일부
- 가요성 금속배관(다만, 보호도체의 목적으로 설계된 경우는 예외)
- 가요성 금속전선관
- 지지선, 케이블트레이 및 이와 비슷한 것

45 경질폴리염화비닐전선관(경질비닐전선관) 1본의 표준 길이는 몇 [m]인가?

① 2
② 4
③ 3.5
④ 5.5

[해설] 경질폴리염화비닐전선관 1본의 길이 : 4[m]

46 금속관공사를 노출로 시공할 때 직각으로 구부러지는 곳에는 어떤 배선 기구를 사용하는가?

① 아웃렛 박스
② 유니언 커플링
③ 픽스처 스터드 & 히키
④ 유니버설 엘보

해설
- 유니버설 엘보(universal elbow) : 노출 배관 시 직각 배관

- 아웃렛 박스(outlet box) : 전선관공사 시 전등기구나 점멸기 또는 콘센트의 고정, 접속함으로 사용
- 유니언 커플링(union coupling) : 금속관 상호 접속용으로 관이 조정되어 있을 때 또는 관 자체를 돌릴 수 없을 때 사용
- 픽스처 스터드 & 히키(fixture stud & hickey) : 무거운 기구를 박스에 취부할 때 사용

47 저압 옥내간선에서 분기하여 전기사용 기계기구에 이르는 저압 옥내전로에서 저압 옥내간선과의 분기점에서 전선의 길이가 몇 [m] 이하인 곳에 개폐기 및 과전류 차단기를 설치하여야 하는가?

① 3　　　　② 5
③ 6　　　　④ 8

해설 **과부하 보호장치의 설치 위치**
저압 옥내간선과의 분기점에서 전선의 길이가 3[m] 이하인 곳에 개폐기 및 과전류 차단기를 시설할 것

48 접지공사에 사용하는 접지선을 사람이 접촉할 우려가 있어서 철주를 따라서 시설하는 경우 접지극을 철주의 밑면으로부터 0.2[m] 정도의 깊이에 매설한다면 접지극은 지중에서 그 금속체로부터 몇 [m] 이상 떼어서 매설하여야 하는가?

① 0.75
② 0.9
③ 1
④ 1.2

해설 **접지극의 매설**
접지도체를 철주, 기타의 금속체를 따라서 시설하는 경우에는 접지극을 철주의 밑면으로부터 0.3[m] 이상의 깊이에 매설하는 경우 이외에는 접지극을 지중에서 그 금속체로부터 1[m] 이상 떼어 매설한다.

49 통합 접지 시스템에서 낙뢰에 의한 과전압 등으로부터 전기, 전자기기 등을 보호하기 위해 설치하여야 할 기기는?

① 접지 시스템
② 피뢰 시스템
③ 서지 보호 장치
④ 피뢰기

해설 낙뢰에 의한 과전압 등으로부터 전기, 전자기기 등을 보호하기 위해 서지 보호 장치를 설치하여야 한다.

50 특고압 전선로의 전선이 3조일 경우 크로스 완철의 표준 길이는?

① 1,200
② 1,400
③ 1,800
④ 2,400

해설 전선로 완철 표준 길이[mm]

전선 조	저압	고압	특고압
2조	900	1,400	1,800
3조	1,400	1,800	2,400

51 금속관을 조영재에 따라서 시설하는 경우는 새들 또는 행거 등으로 견고하게 지지하고 그 간격을 몇 [m] 이하로 하는 것이 가장 바람직한가?

① 2
② 4
③ 6
④ 8

해설 금속관은 조영재를 따라 시설할 경우 2[m] 이하마다 견고하게 지지해야 한다.

52 다음 중 가연성 먼지에 전기설비가 발화원이 되어 폭발할 우려가 있는 곳에 시공할 수 있는 저압 옥내배선공사는?

① 금속관공사
② 가요 전선관공사
③ 버스덕트공사
④ 라이팅덕트공사

해설 가연성 먼지가 있는 위험 장소에는 케이블공사, 금속관공사, 합성수지관공사를 실시한다.

53 전선의 접속법에서 두 개 이상의 전선을 병렬로 사용하는 경우의 시설기준으로 옳지 않은 것은?

① 교류 회로에서 병렬로 사용하는 전선은 금속관 안에 전자적 불평형이 생기지 않도록 시설할 것
② 병렬로 사용하는 각 전선의 굵기는 같은 도체, 같은 재료, 같은 길이 및 같은 굵기의 것을 사용할 것
③ 같은 극의 각 전선의 터미널러그는 동일한 도체에 2개 이상의 리벳 또는 2개 이상의 나사로 완전하게 접속할 것
④ 병렬로 사용하는 전선은 각각에 퓨즈를 설치할 것

해설 **2개 이상의 전선을 병렬로 사용하는 경우**
- 병렬로 사용하는 각 전선의 굵기는 구리(동선) 50[mm²] 이상 또는 알루미늄 70[mm²] 이상으로 하고, 전선은 같은 도체, 같은 재료, 같은 길이, 같은 굵기의 것을 사용할 것
- 같은 극의 각 전선은 동일한 터미널러그에 완전히 접속할 것
- 같은 극인 각 전선의 터미널러그는 동일한 도체에 2개 이상의 리벳 또는 2개 이상의 나사로 접속할 것
- 병렬로 사용하는 전선에는 각각에 퓨즈를 설치하지 말 것
- 교류 회로에서 병렬로 사용하는 전선은 금속관 안에 전자적 불평형이 생기지 않도록 시설할 것

정답 50 ④ 51 ① 52 ① 53 ④

54 비접지 회로에서 인체에 위험을 초래하지 않을 정도의 저압을 무엇이라 하는가?

① SELV ② PELV
③ FELV ④ ELV

해설 ELV(Extra Low Voltage, 특별 저압)
교류 50[V] 이하, 직류 120[V] 이하의 것이며 인체에 위험을 초래하지 않을 정도의 저압을 의미하며 SELV, PELV, FELV로 분류할 수 있다.

55 고압 가공인입선이 일반적인 도로 횡단 시 노면상 설치 높이는 최소 몇 [m] 이상인가?

① 3 ② 5
③ 6 ④ 9

해설 저압, 고압, 특고압 가공인입선의 높이

구분	저압	고압	특고압 (35[kV] 이하인 경우)
도로 횡단	일반적인 경우 : 노면상 5[m] 이상 기술상 부득이 : 3[m] 이상	6[m] 이상	6[m] 이상

56 애자공사의 저압 옥내배선에서 전선 상호 간의 간격은 몇 [m] 이상으로 하여야 하는가?

① 0.002 ② 0.025
③ 0.045 ④ 0.06

해설 애자공사의 전선 간격

간격	사용전압이 400[V] 이하	사용전압이 400[V] 초과
전선과 전선 간의 간격	0.06[m] 이상	
전선과 조영재 간의 간격	25[mm] 이상	45[mm] 이상 (건조한 장소는 25[mm] 이상)
지지점 간의 거리	조영재의 윗면 또는 옆면에 따라 붙이는 경우에는 2[m] 이하	조영재의 윗면 또는 옆면에 따라 붙이는 경우 이외에는 6[m] 이하

57 한 분전반에서 사용 전압이 각각 다른 분기 회로가 있을 때 분기 회로를 쉽게 식별하기 위한 방법으로 가장 적절한 것은?

① 차단기나 차단기 가까운 곳에 각각 전압을 표시하는 명판을 붙여 놓는다.
② 왼쪽은 고압 측, 오른쪽은 저압 측으로 분류해 놓고 전압 표시를 하지 않는다.
③ 분전반을 철거하고 다른 분전반을 새로 설치한다.
④ 차단기별로 분리해 놓는다.

해설 사용 전압을 쉽게 식별할 수 있도록 그 회로의 과전류 차단기 가까운 곳에 사용 전압을 표시한다.

58 금속관과 금속관을 접속할 때 사용되는 커플링을 접속할 때 사용되는 공구는 무엇인가?

① 클리퍼
② 파이프 렌치
③ 파이프 커터
④ 녹아웃 펀치

해설) 파이프 렌치는 금속관을 커플링으로 접속할 때, 금속관 커플링을 물고 조이기 위해 사용하는 공구다.

59 가공전선의 지지물에 승탑 또는 승강용으로 사용하는 발판 볼트 등을 지표상 1.8[m] 미만으로 시설하지 않아도 되는 경우가 아닌 것은?

① 지지물에 철탑오름 및 전주오름 방지 장치를 시설하는 경우
② 지지물에 사람이 쉽게 접근할 수 있는 경우
③ 지지물 주위에 울타리, 담 등이 시설되어 있는 경우
④ 발판 볼트 등을 내부에 넣을 수 있는 구조로 되어 있는 지지물에 시설하는 경우

해설) **지지물의 철탑오름 및 전주오름 방지**
가공전선로의 지지물에 취급자가 오르고 내리는 데 사용하는 발판, 볼트 등을 지표상 1.8[m] 미만에 시설하여서는 아니 된다. 다만, 다음의 어느 하나에 해당되는 경우에는 그러하지 아니하다.
- 발판 볼트 등을 내부에 넣을 수 있는 구조로 되어 있는 지지물에 시설하는 경우
- 지지물에 철탑오름 및 전주오름 방지장치를 시설하는 경우
- 지지물 주위에 취급자 이외의 사람이 출입할 수 없도록 울타리·담 등의 시설을 하는 경우
- 지지물이 산간 등에 있으며 사람이 쉽게 접근할 우려가 없는 곳에 시설하는 경우

60 건조한 장소에 시설하는 저압용 개별 기계기구에 전기를 공급하는 전로 또는 개별 기계기구에 전기용품 안전관리법의 적용을 받는 인체 감전 보호용 누전 차단기를 시설하면 외함의 접지를 생략할 수 있다. 이 경우 누전 차단기의 정격으로 알맞은 것은?

① 정격 감도전류 50[mA] 이하, 동작시간 0.03초 이하의 전류 동작형
② 정격 감도전류 50[mA] 이하, 동작시간 0.05초 이하의 전류 동작형
③ 정격 감도전류 30[mA] 이하, 동작시간 0.03초 이하의 전류 동작형
④ 정격 감도전류 30[mA] 이하, 동작시간 0.05초 이하의 전류 동작형

해설) **접지공사를 생략할 수 있는 경우**
물기 있는 장소 이외의 장소에 시설하는 저압용의 개별 기계기구에 전기를 공급하는 전로에 인체 감전 보호용 누전 차단기(정격 감도전류 30[mA] 이하, 동작시간 0.03초 이하의 전류 동작형에 한함)를 시설하는 경우

2022년 제2회 CBT 기출복원문제

01 10[eV]는 몇 [J]인가?

① 1
② 1×10^{-10}
③ 1.16×10^4
④ 1.602×10^{-18}

해설) $1[eV] = 1.602 \times 10^{-19}$이므로 10[eV]는 $1.602 \times 10^{-18}[J]$

02 회로에서 검류계의 지시가 0일 때 저항 X는 몇 [Ω]인가?

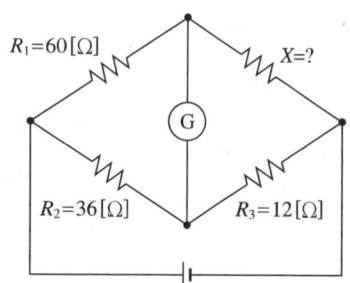

① 12
② 15
③ 20
④ 24

해설) 검류계의 지시가 0일 때, $R_1 R_3 = X R_2$

$X = \dfrac{R_1 R_3}{R_2} = \dfrac{60 \times 12}{36} = 20[\Omega]$

03 Y-Y 평형 회로에서 상전압 V_p가 100[V], 부하 $Z = 8 + j6[\Omega]$일 때 선전류 I_l의 크기는 몇 [A]인가?

① 5
② 10
③ 16
④ 18

해설) Y 결선일 때 선전류와 상전류의 값은 같다.
먼저 임피던스를 구하면
$Z = \sqrt{R^2 + X^2} = \sqrt{8^2 + 6^2} = 10[\Omega]$이고
전류 $I_l = I_p = \dfrac{V_p}{Z} = \dfrac{100}{10} = 10[A]$

04 $\dot{Z} = 5 + j8[\Omega]$, $\dot{Z} = 7 - j3[\Omega]$의 직렬 회로에 교류 전압 220[V]을 가할 때 합성 임피던스는?

① 5
② 7
③ 13
④ 15

해설) 두 임피던스의 합성 임피던스
$\dot{Z} = 12 + j5[\Omega]$, $|Z| = \sqrt{12^2 + 5^2} = 13[\Omega]$

05 전압과 전류의 위상차를 θ라고 할 때 $\cos\theta$는?

① $\dfrac{\text{유효 전력}}{\text{무효 전력}}$
② $\dfrac{\text{유효 전력}}{\text{피상 전력}}$
③ $\dfrac{\text{피상 전력}}{\text{유효 전력}}$
④ $\dfrac{\text{피상 전력}}{\text{무효 전력}}$

해설) $\cos\theta = \dfrac{P(\text{유효 전력})}{P_a(\text{피상 전력})}$

1 ④ 2 ③ 3 ② 4 ③ 5 ②

06 1차 전지로 가장 많이 사용되는 것은?

① 망가니즈 건전지
② 연료 전지
③ 니켈-카드뮴 전지
④ 납축전지

해설 **전지의 종류**
- 1차 전지 : 방전 후에 전지에 전류를 공급해도 이전 상태로 돌아가지 않아 재사용이 불가능한 전지
  (예 망가니즈 건전지, 알칼라인 전지, 페이퍼 전지, 수은 전지, 산화 은 전지 등)
- 2차 전지 : 재충전하여 사용이 가능한 전지
  (예 납축전지, 니켈 카드뮴 전지, 리튬 이온 전지, 리튬 폴리머 전지 등)

07 어떤 도체의 저항의 단면적을 n배로 하고, 도체의 길이를 $\frac{1}{n}$로 변화시킬 때 저항은 원래 저항의 몇 배가 되는가?

① $\frac{1}{n^2}$
② $\frac{1}{n}$
③ n^2
④ n

해설 원래 저항이 $R = \rho \frac{l}{S}[\Omega]$일 때

$R' = \rho \frac{\frac{1}{n} \times l}{n \times S} = \frac{1}{n^2} \rho \frac{l}{S}[\Omega]$이므로 $\frac{1}{n^2}$배가 된다.

08 서로 다른 금속을 접합한 뒤 두 접합점의 온도를 다르게 할 때, 이 폐회로에 열기전력이 발생하여 열전류가 흐르는 현상을 무엇이라 하는가?

① 줄의 법칙
② 제베크 효과
③ 톰슨 효과
④ 펠티에 효과

해설 **제베크 효과**
두 종류의 금속을 고리 모양으로 연결하고, 한쪽 접점을 고온, 다른 쪽 저온으로 할 때 그 회로에 전류가 생기는 현상

09 무한히 긴 평행한 두 직선이 있다. 이들 도선에 서로 반대 방향으로 일정한 전류가 흐를 때 상호 간에 작용하는 힘은?(단, r은 두 도선 간의 거리이다)

① 흡인력이며 r이 클수록 작아진다.
② 반발력이며 r이 클수록 작아진다.
③ 흡인력이며 r이 클수록 커진다.
④ 반발력이며 r이 클수록 커진다.

해설 **앙페르의 법칙**
도체에 흐르는 전류의 방향이 서로 반대일 때는 반발력이 생기고 힘은 거리에 반비례한다.

$F = (2 \times 10^{-7}) \times \frac{I_1 I_2}{r}[N]$

10 교류 전압의 순시값이 $v = 311\sin\left(30t + \frac{\pi}{2}\right)$ [V]일 때 이 전압의 실횻값은 약 몇 [V]인가?

① 110
② 180
③ 220
④ 250

해설 전압식에서 최댓값 $V_m = 311[V]$이고

실횻값은 $\frac{V_m}{\sqrt{2}} = 0.707 V_m$ 이므로

실횻값 $V = 0.707 \times 311 ≒ 220[V]$

11 세 커패시터 $C_1 = 5[\mu F]$, $C_2 = 10[\mu F]$, $C_3 = 10[\mu F]$가 직렬로 연결되어 있을 때 합성 정전 용량 $C[\mu F]$은 얼마인가?

① 1.5
② 2.5
③ 5
④ 7.5

해설 커패시터가 직렬로 연결되었을 때의 합성 정전 용량은
$$C = \frac{1}{\frac{1}{C_1} + \frac{1}{C_2} + \frac{1}{C_3}} = \frac{1}{\frac{1}{5} + \frac{1}{10} + \frac{1}{10}} = \frac{5}{2} = 2.5[\mu F]$$

12 진공 중에서 $m[Wb]$로부터 나오는 자기력선의 총수는?

① $\frac{m}{\mu_0}$
② $\mu_0 m$
③ $\frac{m}{\mu}$
④ $\frac{\mu_0}{m}$

해설 자기력선의 수
- $N = \frac{m}{\mu}$ (투자율이 μ인 공간)
- $N = \frac{m}{\mu_0}$ (진공인 경우)

13 어느 가정집에서 220[V], 60[W]인 전등 5개를 10시간 사용할 때 전력량[kWh]은 얼마인가?

① 1.5
② 2.5
③ 3
④ 6

해설 $W = 60 \times 5 \times 10 = 3,000[Wh] = 3[kWh]$

14 8[Ω]인 저항 4개를 직렬로 연결할 때 합성 저항은 병렬로 연결할 때 합성 저항의 몇 배가 되는가?

① 3
② 6
③ 9
④ 16

해설 8[Ω]인 저항 4개를 직렬 연결할 때 합성 저항은 $4R = 32$ [Ω]이고 병렬 연결할 때의 합성 저항은 $\frac{R}{4} = 2[\Omega]$이다.

15 단위 길이당 권수 1,000회인 무한장 솔레노이드에 2[A]의 전류가 흐를 때 솔레노이드 외부 자계의 세기[AT/m]는 얼마인가?

① 0
② 500
③ 1,000
④ 1,500

해설 외부 자계의 세기는 0이다.

16 다음 중 발전기의 원리에 적용되는 법칙은?

① 패러데이 법칙
② 줄의 법칙
③ 플레밍의 왼손 법칙
④ 플레밍의 오른손 법칙

해설) 플레밍의 오른손 법칙은 발전기의 원리에 적용된다.

17 코일에 4[A]의 전류가 흐를 때 24[J]의 에너지가 저장되어 있다. 이때 코일의 자체 인덕턴스 L[H]는 얼마인가?

① 2
② 3
③ 4
④ 5

해설) $W = \frac{1}{2}LI^2[\text{J}]$
에너지와 전류의 값을 대입하여 계산하면
$24 = \frac{1}{2} \times L \times 4^2$ ∴ $L = 3[\text{H}]$

18 공기 중에서 5[μC]과 25[μC]의 두 전하 사이에 작용하는 정전력이 12.5[N]일 때 두 전하 사이의 거리[m]는 얼마인가?

① 0.1
② 0.3
③ 0.5
④ 1

해설) $F = \dfrac{Q_1 Q_2}{4\pi\mu r^2} = 9 \times 10^9 \dfrac{Q_1 Q_2}{r^2}$
$= 9 \times 10^9 \times \dfrac{5 \times 10^{-6} \times 25 \times 10^{-6}}{r^2}$
$= 12.5[\text{N}]$
∴ $r^2 = 0.09[\text{m}]$
$r = 0.3[\text{m}]$

19 $v = V_m \sin\left(\omega t + \dfrac{\pi}{3}\right)[\text{V}]$,
$i = I_m \sin\left(\omega t - \dfrac{\pi}{6}\right)[\text{A}]$일 때 전압을 기준으로 전류의 위상차를 설명한 것으로 옳은 것은?

① 전류가 $\dfrac{\pi}{3}$[rad] 앞선다.
② 전류가 $\dfrac{\pi}{3}$[rad] 뒤진다.
③ 전류가 $\dfrac{\pi}{2}$[rad] 뒤진다.
④ 전류가 $\dfrac{\pi}{2}$[rad] 앞선다.

해설) 전압의 위상이 전류의 위상보다 $\dfrac{\pi}{6} - \left(-\dfrac{\pi}{3}\right) = \dfrac{\pi}{2}$[rad]만큼 앞서 있으므로 전압을 기준으로 할 때 전류의 위상차는 $\dfrac{\pi}{2}$[rad]만큼 뒤져 있다.

정답 16 ④ 17 ② 18 ② 19 ③

20 진공 중에서 길이가 2[m], 단면적이 $2\pi \times 10^{-3}$[m²], 비투자율이 20인 철심을 이용하여 자로를 구성할 때의 자기 저항 R_m[AT/Wb]은 얼마인가?(단, 진공에서의 투자율은 $4\pi \times 10^{-7}$[H/m]로 계산한다)

① 6.33×10^6
② 12.66×10^6
③ 15×10^6
④ 18×10^5

해설 자기 저항 $R_m = \dfrac{l}{\mu S} = \dfrac{l}{\mu_s \mu_0 S}$
$= \dfrac{2}{4\pi \times 10^{-7} \times 20 \times 2\pi \times 10^{-3}}$
$= 12.66 \times 10^6$[AT/Wb]

21 직류 분권 전동기에서 운전 중 계자 권선의 저항을 증가하면 회전속도의 값은?

① 감소한다.
② 일정하다.
③ 증가한다.
④ 관계없다.

해설 $N = \dfrac{V - I_a R_a}{K\phi}$[rpm]이고 $I_f = \dfrac{V}{R_f}$[A]일 때 계자 저항 R_f가 증가하면 계자 전류 I_f가 감소하고 자속 ϕ도 감소하기 때문에 회전속도 N은 증가한다.

22 전력제품에 접속되어 있는 변압기나 장거리 송전 시 정전 용량으로 인한 충전 특성 등을 보상하기 위한 기기는?

① 유도 전동기
② 동기 발전기
③ 유도 발전기
④ 동기 조상기

해설 동기 조상기
송전 계통의 역률개선이나 전압 조정에 사용되는 동기기

23 3상 유도 전동기의 슬립의 범위는?

① $s < 0$
② $0 < s < 1$
③ $1 < s < 2$
④ $2 < s < 3$

해설 슬립 범위
• 전동기 : $0 < s < 1$
• 발전기 : $s < 0$
• 제동기 : $1 < s < 2$
• 정지 : $s = 0$
• 동기 속도 = 회전속도 : $s = 1$

24 직류기에서 전압 변동률이 (-)값으로 표시되는 발전기는?

① 과복권 발전기
② 분권 발전기
③ 타여자 발전기
④ 평복권 발전기

해설 복권 발전기는 다음과 같은 특징을 갖는다.
• 평복권 발전기 : 전부하 전압 = 무부하 전압
• 과복권 발전기 : 전부하 전압 > 무부하 전압
• 부족 복권 발전기 : 전부하 전압 < 무부하 전압
전압 변동률 $\varepsilon = \dfrac{V_0 - V_n}{V_n} \times 100$[%] 이므로 과복권 발전기의 전압 변동률이 (-)값으로 표시된다.

25 변압기의 정격 출력 계산식은?

① 정격 1차 전압×정격 1차 전류
② 정격 1차 전압×정격 2차 전류
③ 정격 2차 전압×정격 1차 전류
④ 정격 2차 전압×정격 2차 전류

해설 정격 출력은 변압기의 2차 단자를 기준으로 한다.

26 다음 중 유도 전동기의 속도 제어에 사용되는 인버터 장치의 약호는?

① CVCF
② VVVF
③ CVVF
④ VVCF

해설 VVVF(Variable Voltage Variable Frequency)
가변 전압 가변 주파수 제어 장치의 약호로 주로 변속에 사용된다.

27 변압기의 △-△ 결선에 대한 설명으로 옳지 않은 것은?

① 중성점을 접지할 수 있다.
② 제3고조파 전류가 내부를 순환하여 통신 장애가 거의 없다.
③ 선전류가 상전류의 $\sqrt{3}$ 배이다.
④ 변압기 3대 중 한 대 고장일 시 V 결선으로 송전시킬 수 있다.

해설 △-△의 경우 중성점을 접지할 수 없기 때문에 누락, 지락 사고 시 원인 찾기 어려워 보호가 곤란하다.

28 동기기의 안정도를 증진시키는 방법이 아닌 것은?

① 단락비를 크게 한다.
② 영상 임피던스를 작게 한다.
③ 회전부의 관성을 크게 한다.
④ 속응 여자 방식을 채용한다.

해설 동기기의 안정도를 증진시키는 방법
- %Z를 작게 할 것
- 단락비를 크게 할 것
- 전압 변동률을 작게 할 것
- 속응여자 방식을 채용할 것
- 회전부의 관성을 크게 할 것
- 영상 임피던스, 역상 임피던스를 크게 할 것

29 5[kW] 이하의 3상 농형 유도 전동기에 정격 전압을 직접 인가하는 방법으로 가속 토크가 커서 기동 시간이 짧은 특성을 갖는 기동방법은?

① 전전압 기동
② Y-△ 기동
③ 리액터 기동
④ 기동 보상기 기동

해설 전전압 기동
전동기에 정격 전압을 직접 가하여 기동시키는 방법으로 5[kW] 이하의 소용량에서 사용

30 직류 직권 전동기의 공급 전압 극성을 반대로 연결할 때 회전 방향으로 옳은 것은?

① 정지한다.
② 변화 없다.
③ 방향이 반대로 바뀐다.
④ 발전기로 전환된다.

해설 직류 직권 전동기의 공급 전압 극성을 변화시키면 계자 전류와 전기자 전류의 방향이 바뀌므로 회전 방향은 변화가 없다.

정답 26 ② 27 ① 28 ② 29 ① 30 ②

31 동기기의 단락비가 큰 기계에 대한 설명 중 옳지 않은 것은?

① 동기 리액턴스 값이 작다.
② 중량이 무겁고 가격이 고가이다.
③ 전압 변동률이 크다.
④ 전기자 반작용의 영향이 작다.

[해설] 단락비 $K_s = \dfrac{100}{\%Z}$ 에서

단락비 K_s 가 크면
- 퍼센트 동기 임피던스↓
  ⇨ 동기 임피던스 강하↓
  ⇨ 전압 변동률↓
  ⇨ 안정도↑
- 동기 임피던스 강하↓
  ⇨ $Z_s ≒ x_s (= x_a + x_l)$ 에서 전기자 반작용 리액턴스 x_a↓
  ⇨ 전기자 반작용↓
  ⇨ 공극↑
  ⇨ 기계의 규모↑, 무게↑, 가격↑
- 기계의 규모↑
  ⇨ 철손↑
  ⇨ 효율↓

32 정전압의 모선에 연결되어 역률 1로 운전 중인 동기 전동기의 여자 전류를 감소시키면 전동기는 어떻게 되는가?

① 역률은 앞서고 전기자 전류는 감소한다.
② 역률은 앞서고 전기자 전류는 증가한다.
③ 역률은 뒤지고 전기자 전류는 감소한다.
④ 역률은 뒤지고 전기자 전류는 증가한다.

[해설] 위상 특성 곡선(V 곡선)

V 곡선에 따라 여자 전류가 감소하면 역률은 뒤지고 전기자 전류는 증가한다.

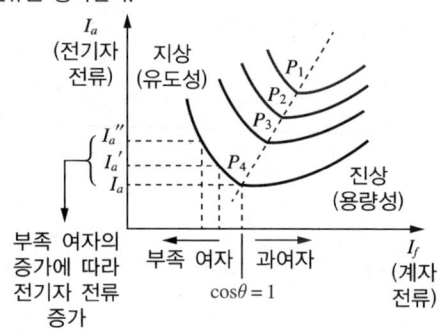

33 유도 전동기의 2차 효율은 얼마인가?

① 1 ② s
③ $1-s$ ④ $1+s$

[해설] 2차 효율 $\eta = \dfrac{2차 출력}{2차 입력} \times 100 = \dfrac{N}{N_s} \times 100$
$= (1-s) \times 100 [\%]$

34 N형 반도체의 전기 전도의 주된 역할을 하는 다수 캐리어는 무엇인가?

① 전자
② 정공
③ 양성자
④ 3가 불순물

해설 N형 반도체의 다수 캐리어는 전자다.

35 정격이 400[VA]인 단상 변압기의 철손이 6[W], 전부하 동손이 24[W]이다. 효율이 최대가 되기 위한 부하[VA]는?

① 100
② 200
③ 300
④ 400

해설 최대 효율로 운전하기 위한 조건은
$\frac{1}{m} = \sqrt{\frac{P_i}{P_c}} = \sqrt{\frac{6}{24}} = \frac{1}{2}$ ∴ $\frac{1}{m} = \frac{1}{2}$
∴ 부하= $400 \times \frac{1}{m} = 400 \times \frac{1}{2} = 200[VA]$ 가 되어야 한다.

36 3상 유도 전동기의 2차 저항을 2배로 하면 그 값이 2배로 되는 것은?

① 슬립
② 토크
③ 전류
④ 역률

해설 권선형 3상 유도 전동기 비례추이의 원리에 따라 슬립은 2차 저항에 비례하기 때문에 저항이 2배가 되면 슬립도 2배가 된다.

37 다음 그림과 같은 회로의 발전기는 무엇인가?

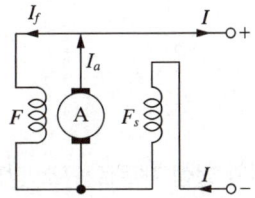

① 타여자 발전기
② 직권 발전기
③ 외분권 복권 발전기
④ 내분권 복권 발전기

해설 복권 발전기는 권선 결선에 따라 외분권과 내분권으로 구분된다.

정답 34 ① 35 ② 36 ① 37 ④

38 유도 전동기의 입력 3선 중 2선을 접속을 바꾸어 제동하는 방법은?

① 계자 제동 ② 역상 제동
③ 회생 제동 ④ 발전 제동

해설 역상 제동
전동기의 전기자 접속을 반대로 바꾸어 원래 회전하던 방향과 반대인 토크를 발생시켜 전동기를 급속히 정지시키는 방법

39 12극, 3상, 60[Hz] 유도 전동기가 정격 전압에서 5.5[kW]의 출력을 내고 있다. 회전자 동손이 500[W]일 때 회전수[rpm]는?

① 450 ② 500
③ 550 ④ 600

해설
$N_s = \dfrac{120f}{p} = \dfrac{120 \times 60}{12} = 600 [\text{rpm}]$

$P_{c2} = sP_2 = 500$

$P_0 = P_2 - P_{c2}$

$5,500 = P_2 - 500$

$\therefore P_2 = 6,000$

$P_{c2} = sP_2 = 6,000s = 500$

$\therefore s = \dfrac{1}{12}$

슬립 $s = \dfrac{N_s - N}{N_s} = \dfrac{600 - N}{600} = \dfrac{1}{12}$ $\therefore N = 550[\text{rpm}]$

40 전기기기의 철심 재료로 규소 강판을 많이 사용하는 이유로 가장 적당한 것은?

① 와류손을 줄이기 위해
② 맴돌이 전류를 없애기 위해
③ 히스테리시스손을 줄이기 위해
④ 구리손을 줄이기 위해

해설 규소 강판을 사용하면 히스테리시스손을 줄일 수 있다.

41 한국전기설비규정에 의한 중성점 접지용 접지도체는 몇 [mm²] 이상의 연동선을 사용하여야 하는가?(단, 25[kV] 이하인 중성선 다중접지식으로서 전로에 지락 발생 시 2초 이내에 자동적으로 이를 전로로부터 차단하는 장치가 되어 있는 경우이다)

① 2.5 ② 6
③ 10 ④ 16

해설 중성점 접지용 접지도체
- 일반적인 경우 : 16[mm²] 이상의 연동선 또는 동등 이상의 단면적 및 강도
- 다음의 경우 : 6[mm²] 이상의 연동선 또는 동등 이상의 단면적 및 강도
  - 7[kV] 이하의 전로
  - 25[kV] 이하의 특고압 가공전선로

42 다음 중 합성수지 전선관공사에서 관 상호 간 접속에 필요한 부속품을 고르면?

① 리머 ② 접속기
③ 커플링 ④ 노멀 밴드

해설 합성수지 전선관공사에서 전선관 상호 접속에 커플링을 이용한다.

43 다음 중 접지의 목적으로 거리가 먼 것은?

① 감전 방지
② 이상 전압 억제
③ 보호 계전기의 동작 확보
④ 전로의 대지전압 감소 방지

해설 접지의 목적
- 누설 전류로 인한 감전 방지
- 기기, 전기설비 손상 방지
- 기기의 대지 전위 상승 억제
- 전기선로의 지락사고 발생 시 전기설비 보호 계전기의 확실한 작동

44 금속덕트공사 시 전선의 피복절연물을 포함한 단면적의 총 합계가 금속덕트 내 단면적의 몇 [%] 이하가 되도록 선정해야 하는가?

① 20 ② 25
③ 35 ④ 40

해설 금속덕트공사
- 전선은 절연전선(옥외용 비닐 절연전선 제외)일 것
- 금속덕트에 넣은 전선의 단면적(절연피복 단면적 포함)의 합계는 덕트 내부 단면적의 20[%](전광표시장치 기타 이와 유사한 장치 또는 제어회로 등의 배선만 넣는 경우에는 50[%]) 이하일 것
- 금속덕트 안에는 전선에 접속점이 없도록 할 것

45 철도 또는 궤도를 횡단하는 경우 고압 가공전선의 높이는 레일면상 몇 [m] 이상이어야 하는가?

① 3 ② 3.5
③ 6 ④ 6.5

해설 저압, 고압 가공전선의 높이

구분	저압	고압
철도, 궤도 횡단	레일면상 6.5[m] 이상	

46 조명을 비추면 눈으로 빛을 느끼는 밝기를 광속이라 한다. 이때 단위 넓이당 입사 광속을 무엇이라고 하는가?

① 조도 ② 휘도
③ 광도 ④ 광속발산도

해설 조도(Intensity of illumination, E)
어떤 면(빛을 받는 면)에 광속이 도달하여 밝아질 때, 그 면에서의 밝기(피조면의 밝기), 빛을 받는 단위 넓이 1[m²]당 광원에서 나오는 빛의 양

47 과전류 차단기로 시설하는 퓨즈 중 고압 전로에 사용하는 비포장 퓨즈는 정격 전류의 몇 배를 견뎌야 하는가?

① 1 ② 1.25
③ 1.3 ④ 2

해설 비포장 퓨즈
- 정격 전류의 1.25배의 전류에 견딜 것
- 2배의 전류로 2분 안에 용단될 것

정답 43 ④ 44 ① 45 ④ 46 ① 47 ②

48 피뢰 시스템에 접지도체가 접속된 경우 접지선의 굵기는 구리선의 경우 최소 몇 [mm²] 이상이어야 하는가?

① 6
② 14
③ 16
④ 50

해설 **접지도체의 단면적**

접지도체의 종류	큰 고장 전류가 접지도체를 통해 흐르지 않을 경우	접지도체에 피뢰 시스템이 접속되는 경우
구리	6[mm²] 이상	16[mm²] 이상
철제	50[mm²] 이상	

49 사용전압이 35[kV] 이하인 특고압 가공전선과 200[V] 가공전선을 병행설치할 때, 가공선로 간의 간격은 몇 [m] 이상이어야 하는가?

① 1.0
② 1.2
③ 1.5
④ 2

해설 **특고압 가공전선과 저압 가공전선의 병행설치**

사용전압	간격	
35[kV] 이하	1.2[m] 이상 (특고압 가공전선이 케이블인 경우 : 0.5[m] 이상)	
35[kV] 초과 60[kV] 이하	2[m] 이상 (특고압 가공전선이 케이블인 경우 : 1[m] 이상)	
60[kV] 초과	일반적인 경우	2[m] + 0.12×N (2[m]에 60[kV]를 초과하는 10[kV] 또는 그 단수마다 0.12[m]를 더한 값)
	특고압 가공전선이 케이블인 경우	1[m] + 0.12×N (1[m]에 60[kV]를 초과하는 10[kV] 또는 그 단수마다 0.12[m]를 더한 값)

50 버스덕트공사에서 덕트를 조영재에 붙이는 경우 지지점 간의 거리는 최소 몇 [m] 이하인가?

① 2
② 3
③ 4
④ 5

해설 **버스덕트공사**
- 덕트 상호 간, 전선 상호 간은 견고하고 전기적으로 완전하게 접속할 것
- 덕트를 조영재에 붙이는 경우
  - 지지점 간의 거리 : 3[m] 이하
    (취급자 이외의 자가 출입할 수 없도록 설비한 곳에서 수직으로 붙이는 경우 : 6[m] 이하)
- 덕트(환기형 제외)의 끝부분은 막을 것
- 덕트는 규정에 준하는 접지공사를 할 것

51 다음 중 큰 건물의 공사에서 조영재에 구멍을 뚫어 볼트를 시설할 때 사용하는 공구는 무엇인가?

① 클리퍼
② 파이프 렌치
③ 녹아웃 펀치
④ 드라이브잇

해설 드라이브잇은 콘크리트에 구멍을 뚫어 볼트나 특수못 등을 박아 넣기 위해 사용하는 공구다.

48 ③ 49 ② 50 ② 51 ④

52 진열장 안에 400[V] 이하인 저압 옥내배선 시 외부에서 찾기 쉬운 곳에 사용하는 전선은 단면적이 몇 [mm²] 이상의 코드 또는 캡타이어케이블이어야 하는가?

① 0.75
② 1.0
③ 1.25
④ 1.5

[해설] 진열장(쇼케이스)에 시설하는 전선은 0.75[mm²] 이상인 코드, 캡타이어케이블로 시설해야 한다.

53 합성수지관 상호 및 관과 박스는 접속 시에 삽입하는 깊이를 관 바깥지름의 몇 배 이상으로 해야 하는가?(단, 접착제를 사용하지 않은 경우이다)

① 1
② 1.2
③ 1.5
④ 1.8

[해설] 합성수지관공사
- 접착제를 사용할 경우 : 0.8배
- 접착제를 사용하지 않는 경우 : 1.2배

54 소맥분, 전분 기타 가연성의 먼지가 존재하는 곳의 저압 옥내배선공사 방법에 해당되는 것으로 짝지어진 것은?

① 금속관공사, 콤바인덕트관, 애자공사
② 케이블공사, 애자공사
③ 케이블공사, 금속관공사, 합성수지관공사
④ 케이블공사, 금속관공사, 애자공사

[해설] 가연성 먼지가 있는 위험 장소에는 케이블공사, 금속관공사, 합성수지관공사를 실시한다.

55 저압 구내 가공인입선을 DV 전선으로 시설할 때 지지물 간 거리가 20[m]인 경우에 지름 몇 [mm] 이상의 DV 전선을 사용해야 하는가?

① 2.0
② 2.6
③ 3.2
④ 5.0

[해설] 저압 가공인입선의 시설
- 사용전선은 절연전선 또는 케이블일 것
- 전선이 케이블인 경우 이외인 경우
  - 인장강도 2.30[kN] 이상의 것 또는 지름 2.6[mm] 이상의 인입용 비닐 절연전선일 것
  - 지지물 간 거리가 15[m] 이하인 경우 : 인장강도 1.25[kN] 이상의 것 또는 지름 2[mm] 이상의 인입용 비닐 절연전선일 것

56 사용 전압이 400[V] 이하인 가공전선로의 시설에서 절연전선의 경우 최소 굵기(지름)는 몇 [mm]인가?

① 1.6
② 2.0
③ 2.6
④ 3.2

[해설] 가공전선의 굵기 및 종류

사용전압	전선의 굵기
저압 (400[V] 이하)	인장강도 3.43[kN] 이상 또는 지름 3.2[mm] 이상의 경동선 (절연전선인 경우 : 인장강도 2.3[kN] 이상 또는 지름 2.6[mm] 이상의 경동선)

정답 52 ① 53 ② 54 ③ 55 ② 56 ③

57 사무실, 은행, 상점, 이발소, 미장원에서 사용하는 표준 부하[VA/m²]는?

① 5
② 10
③ 20
④ 30

해설 건축물의 종류에 따른 표준 부하 밀도

건축물 종류	표준 부하 밀도 [VA/m²]
공장, 공회당, 사원, 교회, 극장, 영화관, 연회장 등	10
기숙사, 여관, 호텔, 병원, 학교, 음식점, 다방, 대중목욕탕	20
사무실, 은행, 상점, 이발소, 미용원	30

건축물(주택은 제외) 중 별도 계산할 부분의 표준 부하

건축물 종류	표준 부하 밀도 [VA/m²]
복도, 계단, 세면장, 창고, 다락	5
강당, 관람석	10

58 노출 장소 또는 점검 가능한 장소에서 2종 가요전선관을 시설하고 제거하는 것이 자유로운 경우의 곡률 반지름은 안지름의 몇 배 이상으로 하여야 하는가?

① 3
② 6
③ 8
④ 9

해설 곡률 반지름표

금속관	관 안지름의 6배 이상
1종 금속제 가요전선관	관 안지름의 6배 이상
2종 금속제 가요전선관	관의 시설·제거가 자유로운 경우 : 3배 이상
	관의 시설·제거가 자유롭지 못한 경우 : 6배 이상
CD 케이블	덕트 바깥지름이 35[mm] 미만 : 6배 이상
	덕트 바깥지름이 35[mm] 이상 : 10배 이상
케이블의 굴곡 반지름	단심 : 바깥지름의 8배 이상
	다심 : 바깥지름의 6배 이상
합성수지관	관 안지름의 6배 이상

59 한국전기설비규정에서 가공전선로의 지지물에 하중이 가해지는 경우 그 하중을 받는 지지물의 기초 안전율은 얼마 이상이어야 하는가?

① 1.0
② 1.5
③ 2.0
④ 2.5

해설 가공전선로의 지지물에 하중이 가해지는 경우, 그 하중을 받는 지지물의 기초 안전율은 2(이상 시 상정하중에 대한 철탑의 기초에 대하여는 1.33) 이상이어야 한다.

60 점유면적이 좁고 운전 보수에 안전하여 공장, 빌딩 등의 전기실에 많이 사용되는 배전반은 어떤 것인가?

① 수직형
② 데드 프런트형
③ 큐비클형
④ 라이브 프런트형

해설 폐쇄식 배전반(큐비클형)
공장, 빌딩 등의 전기실에서는 점유면적이 좁고 운전 보수에 안전하며 캐비닛처럼 생긴 큐비클형 배전반을 많이 사용한다.

CBT 기출복원문제

01 다음 그림에서 단자 a-b 사이의 합성 저항[Ω]은 얼마인가?

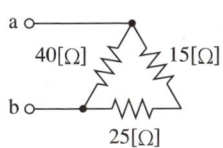

① 10
② 15
③ 20
④ 25

해설
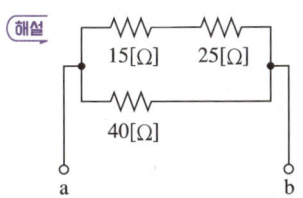

알아보기 쉽게 위 회로처럼 그릴 수 있고
합성 저항 $R = 40[\Omega] // (25+15)[\Omega]$
$= \dfrac{40 \times (15+25)}{40+(15+25)} = 20[\Omega]$
(// : 병렬 연결되어 있음을 의미)

02 공기 중에서 자속 밀도 0.4[Wb/m²]의 평등 자기장 속에 길이 3[m]인 직선 도선을 자기장의 방향과 60°로 두고 4[A] 전류를 흐르게 할 때 이 도선이 받는 힘 F[N]는 약 얼마인가?

① 1.8
② 2.1
③ 4.2
④ 4.8

해설 플레밍의 왼손 법칙에 의하여
$F = BIl\sin\theta = 0.4 \times 4 \times 3 \times \sin 60° ≒ 4.2[N]$

03 3상 교류 회로를 2개의 전력계 W_1, W_2로 측정해서 W_1의 지시값이 P_1, W_2의 지시값이 P_2라고 하면 3상 전력은 어떻게 표현되는가?

① $P_1 - P_2$
② $3(P_1 - P_2)$
③ $P_1 + P_2$
④ $3(P_1 + P_2)$

해설 2전력계법
전력계 2대로 3상 전력을 측정하는 방법
$P = P_1 + P_2$[W]

04 망가니즈 건전지의 양극에 사용하는 막대는?

① 아연판
② 묽은 황산
③ 구리판
④ 탄소 막대

해설 망가니즈 건전지의 양극에는 탄소 막대를 사용한다.

05 전도율의 단위는 무엇인가?

① [℧/m]
② [℧/m²]
③ [Ω/m]
④ [Ω/m²]

해설 전도율 $\sigma = \dfrac{1}{\rho}$[℧/m]

정답 1 ③ 2 ③ 3 ③ 4 ④ 5 ①

06 3[μF], 4[μF], 5[μF]의 커패시터 3개가 병렬 연결된 회로의 합성 정전 용량[μF]은 얼마인가?

① 6
② 12
③ 0.6
④ 1.2

해설 합성 정전 용량 $C = C_1 + C_2 + C_3$
$= 3 + 4 + 5$
$= 12 [\mu F]$

07 자기력선의 특징으로 옳지 않은 것은?

① 자기력선은 N극에서 나와 S극으로 들어간다.
② 자기력선은 비자성체를 투과한다.
③ 자기력선의 밀도가 높은 곳이 그렇지 않은 곳보다 자력이 약하다.
④ 자기력선에는 고무줄과 같은 장력이 존재한다.

해설 **자기력선의 특징**
- 자석에는 N극과 S극이 있으며 같은 극끼리는 서로 반발하고, 다른 극끼리는 서로 끌어당긴다.
- 자기력선은 자석의 N극에서 나와 S극으로 향한다.
- 자기력선의 수가 많을수록 자기력이 강하다.
- 자기력선에는 고무줄과 같은 장력이 존재한다.
- 발생되는 자기력선은 아무리 사용해도 기본적으로 감소하지 않는다.
- 자석은 고온이 되면 자력이 감소되고, 저온이 되면 자력이 증가한다.
- 자석을 임계 온도 이상으로 가열하면 자석의 성질이 없어진다.
- 자석은 비자성체를 투과한다.
- 자석은 아무리 여러 개로 분할해도 N극, S극이 공존한다.
- 자하에서 $\frac{m}{\mu}$[개]의 자기력선이 발생한다.

08 대칭 3상 교류에서 기전력 및 주파수가 같을 때 각 상간의 위상차[rad]는 얼마인가?

① 0
② $\frac{\pi}{3}$
③ $\frac{\pi}{2}$
④ $\frac{2\pi}{3}$

해설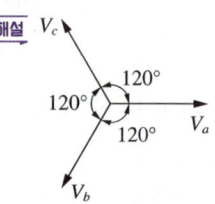

대칭 3상 교류일 경우 위상차가 120°이므로 호도법으로 표현하면 $\frac{2\pi}{3}$[rad]이다.

09 전지 내부에 있는 이물질로 인해 전지의 전압이 감소되는 현상을 무엇이라 하는가?

① 국부작용
② 자기방전
③ 성극작용
④ 산화작용

해설 **국부작용**
전지 내부에 있는 이물질로 인해 전지의 전압이 감소되는 작용

10 일반적으로 사용되는 교류 전압계의 지시값은?

① 최댓값
② 평균값
③ 순시값
④ 실횻값

해설 일반적으로 교류 전압계의 지시값은 실횻값으로 나타낸다.

11 길이가 5[m], 권수 350회인 환상 솔레노이드에 4[A]의 전류가 흐를 때 자계의 세기 H[AT/m]는 얼마인가?

① 180　　② 210
③ 280　　④ 420

해설　환상 솔레노이드에 의한 자기장의 세기
$$H = \frac{NI}{2\pi r} = \frac{NI}{l} = \frac{350 \times 4}{5} = 280[\text{AT/m}]$$

12 권수가 150인 코일에서 5초간 0.2[Wb]의 자속이 변화할 때 코일에 발생하는 유도 기전력 e[V]의 크기는 얼마인가?

① 6　　② 4
③ 2　　④ 1.5

해설　유도 기전력의 크기 $e = N\dfrac{\Delta\phi}{\Delta t} = 150 \times \dfrac{0.2}{5} = 6[\text{V}]$

13 6분 동안 3[V]의 전위차로 2[A]의 전류가 흐를 때 한 일[J]은?

① 540　　② 1,080
③ 2,160　　④ 4,320

해설　$W = Pt = VIt = 3 \times 2 \times 6 \times 60 = 2,160[\text{J}]$
　　(1[Ws] = 1[J])

14 각 주파수가 80π일 때 주파수[Hz]는 얼마인가?

① 20　　② 40
③ 60　　④ 80

해설　각 주파수 $\omega = 2\pi f = 80\pi$에서 $f = 40[\text{Hz}]$

15 △ 결선 시 선간전압 V_l, 상전압 V_p, 선전류 I_l, 상전류 I_p의 관계식은?

① $V_l = V_p,\ I_l = I_p$
② $V_l = V_p,\ I_l = \sqrt{3}\,I_p$
③ $V_l = \sqrt{3}\,V_p,\ I_l = I_p$
④ $V_l = \sqrt{3}\,V_p,\ I_l = \sqrt{3}\,I_p$

해설　△ 결선 시 선간전압과 상전압은 같고, 선전류는 상전류의 $\sqrt{3}$ 배가 된다.

16 자기 인덕턴스가 L_1, L_2이고 상호 인덕턴스가 M인 두 코일이 직렬로 차동 접속될 때, 합성 인덕턴스 L[H]의 식으로 옳은 것은?(단, 두 코일 간 자기적 결합이 있는 경우이다)

① $L_1 + L_2 + M$　　② $L_1 + L_2 - M$
③ $L_1 + L_2 + 2M$　　④ $L_1 + L_2 - 2M$

해설　합성 인덕턴스
- 인덕턴스가 가동 접속일 때 : $L_1 + L_2 + 2M$
- 인덕턴스가 차동 접속일 때 : $L_1 + L_2 - 2M$

정답　11 ③　12 ①　13 ③　14 ②　15 ②　16 ④

17 두 전하 사이에 작용하는 힘의 크기를 결정하는 법칙은?

① 줄의 법칙
② 쿨롱의 법칙
③ 비오-사바르 법칙
④ 앙페르의 오른나사 법칙

해설 쿨롱의 법칙
두 전하 사이에 작용하는 힘의 세기를 계산하는 법칙
$$F = \frac{Q_1 Q_2}{4\pi\mu r^2} = 9 \times 10^9 \frac{Q_1 Q_2}{r^2} [N]$$

18 그림과 같이 공기 중에 놓인 $2 \times 10^{-8}[C]$인 전하에서 각각 2[m], 3[m] 떨어진 점 P와 Q와의 전위차는 몇 [V]인가?

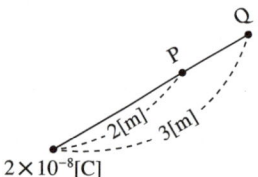

① 15 ② 20
③ 30 ④ 45

해설 점 P의 전위
$$V_P = \frac{Q}{4\pi\mu r} = 9 \times 10^9 \times \frac{Q}{r} = 9 \times 10^9 \times \frac{2 \times 10^{-8}}{2}$$
$$= 90[V]$$
점 Q의 전위
$$V_Q = \frac{Q}{4\pi\mu r} = 9 \times 10^9 \times \frac{Q}{r} = 9 \times 10^9 \times \frac{2 \times 10^{-8}}{3}$$
$$= 60[V]$$
이므로 전위차는 30[V]

19 무효 전력[Var]의 식으로 옳은 것은?(단, E는 전압, I는 전류, θ는 위상각이다)

① $EI\sin\theta$ ② $EI\cos\theta$
③ $EI\tan\theta$ ④ EI

해설 무효 전력 $P_r = EI\sin\theta [\text{Var}]$

20 자기 인덕턴스에 축적되는 에너지에 대한 설명으로 가장 옳은 것은?

① 자기 인덕턴스 및 전류에 비례한다.
② 자기 인덕턴스 및 전류에 반비례한다.
③ 자기 인덕턴스와 전류의 제곱에 반비례한다.
④ 자기 인덕턴스에 비례하고 전류의 제곱에 비례한다.

해설 인덕터에 저장되는 에너지
$$W = \frac{1}{2}LI^2 [J]$$

21 변압기에 사용하는 절연유의 구비 조건으로 옳지 않은 것은?

① 응고점이 낮을 것
② 점도가 낮을 것
③ 절연 내력이 클 것
④ 열팽창계수가 클 것

해설 절연유의 구비 조건
- 응고점이 낮을 것
- 인화점이 높을 것
- 비열이 클 것
- 절연 내력이 높을 것
- 점도가 낮을 것
- 열전도율이 크고, 열팽창계수가 작을 것

22 동기 전동기의 전기자 전류가 최소일 때 역률은?

① 0.6
② 0.75
③ 0.8
④ 1.0

해설 V 곡선

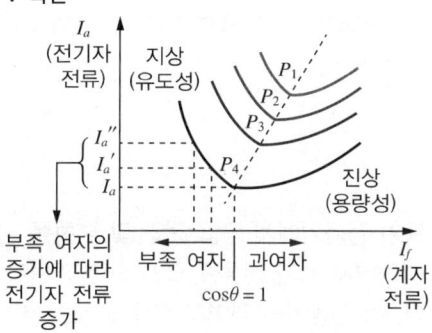

전기자 전류가 최소일 경우 역률은 1이다.

23 직류 발전기에서 유기 기전력 E를 바르게 나타낸 것은?(단, 자속은 ϕ, 회전 속도는 N이다)

① $E \propto a$
② $E \propto N$
③ $E \propto \dfrac{1}{\phi}$
④ $E \propto \dfrac{1}{Z}$

해설 유기 기전력 $E = \dfrac{pZ\phi N}{60a}$ [V]

24 다음 중 괄호 속에 들어갈 내용은?

유입 변압기에 많이 사용되는 목면, 명주, 종이와 혼합된 절연 재료는 내열등급 (   )으로 분류되고, 장시간 지속하여 최고 허용 온도 (   )[℃]를 넘어서는 안 된다.

① Y종 - 90
② A종 - 105
③ E종 - 120
④ B종 - 130

해설 절연계급
전동기, 변압기 등의 전기기기에 적용되는 절연물의 절연 성능을 나타내는 계급

절연 종류	최고 허용 온도	사용 재료
Y종	90[℃]	목면, 견, 종이, 요소수지, 폴리아미드섬유 등
A종	105[℃]	위 재료와 절연유 혼합
E종	120[℃]	에폭시수지, 폴리우레탄, 합성수지 등
B종	130[℃]	유리, 마이카, 석면 등과 바니스 조합
F종	155[℃]	위 재료와 에폭시수지 등과 조합
H종	180[℃]	위 재료와 실리콘수지 등과의 조합
C종	180[℃] 초과	열안정 유기 재료

25 변압기에서 Y 결선 시 N선의 호칭은 무엇인가?

① 접지선
② 중성선
③ 전력선
④ 단자선

해설 N선은 중성선(neutral)을 의미한다.

정답 22 ④ 23 ② 24 ② 25 ②

26 보통 회전 계자형으로 발전하는 전기기기는 무엇인가?

① 동기 발전기 ② 직류 발전기
③ 유도 발전기 ④ 회전 변류기

해설 동기 발전기
동기 발전기에서는 주로 전기자를 고정시키고 계자 자극을 회전시키는 회전 계자형 구조를 사용한다.

27 직류 전동기의 전기자에 가해지는 단자 전압을 변화하여 속도를 조정하는 제어법이 아닌 것은?

① 직·병렬 제어
② 계자 제어법
③ 워드-레오나드 방식
④ 일그너 방식

해설 계자 제어법
계자 전류를 조정하여 자속을 변화시키는 방법으로 속도 제어 범위가 좁다.

28 3상 유도 전동기의 운전 중 급속 정지가 필요할 때 사용하는 제동 방식은?

① 단상 제동 ② 발전 제동
③ 역상 제동 ④ 회상 제동

해설 역상 제동
전동기의 전기자 접속을 반대로 바꾸어 원래 회전하던 방향과 반대인 토크를 발생시켜 전동기를 급속히 정지시키는 방법이다.

29 역병렬 결합의 SCR의 특성과 같은 반도체 소자는?

① PUT ② UJT
③ DIAC ④ TRIAC

해설 TRIAC
2방향성 3단자 사이리스터로 2방향 제어가 가능하며 스위칭 역할을 한다.

30 동기 전동기에서 공급 전압 및 부하를 일정하게 유지하면서 계자 전류를 크게 하면 과여자 상태로 된다. 이 전동기는 과여자 상태에서는 어떤 상태로 운전되고 있는가?

① 용량성 ② 보존성
③ 유도성 ④ 저항성

해설 과여자 상태에서는 진상 전류가 흐르기 때문에 용량성 상태로 운전된다.

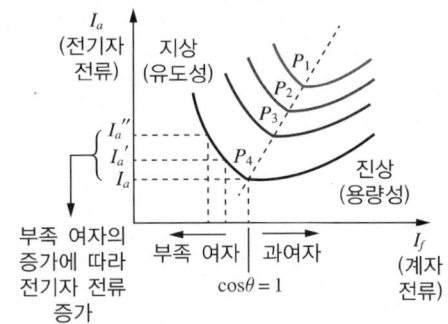

31 △ 결선 변압기의 한 상이 고장으로 제거되어 V 결선으로 운전하였다. 고장 전 최대 공급 전력이 1,000[kW]이면 고장 후 최대 공급 전력[kW]은 얼마인가?

① 577 ② 667
③ 765 ④ 866

해설 V 결선 시 출력비는 57.7[%]이므로
$P = 1,000 \times 0.577 = 577[kW]$

32 그림의 전동기 제어 회로에 대한 설명으로 잘못된 것은?

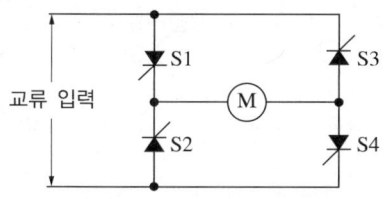

① 교류를 직류로 변환한다.
② 사이리스터 위상 제어 회로이다.
③ 전파 정류 회로이다.
④ 주파수를 변환하는 회로이다.

해설 전파 정류 회로는 주파수 변환은 수행하지 않는다.

33 변압기를 △-Y로 결선할 때 1, 2차 선간전압 사이의 위상차는?

① 0°   ② 30°
③ 60°   ④ 90°

해설 △-Y로 결선할 때 1차, 2차 선간전압 사이에는 30°의 위상차가 생긴다.

34 다음 그림은 여러 직류 전동기의 속도 특성 곡선을 나타낸 것이다. ⓐ~ⓓ까지 차례로 맞는 것은?

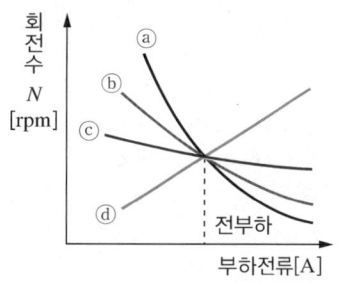

① 차동 복권, 분권, 가동 복권, 직권
② 가동 복권, 차동 복권, 직권, 분권
③ 분권, 직권, 가동 복권, 차동 복권
④ 직권, 가동 복권, 분권, 차동 복권

해설 **속도 특성 곡선**
• ⓐ : 직권
• ⓑ : 가동 복권
• ⓒ : 분권
• ⓓ : 차동 복권

35 60[Hz], 8극인 3상 유도 전동기의 전부하에서 회전수가 855[rpm]이다. 이때의 슬립[%]은?

① 5   ② 6.5
③ 8.4   ④ 9

해설 동기 속도 $N_s = \dfrac{120f}{p} = \dfrac{120 \times 60}{8} = 900[\text{rpm}]$

슬립 $s = \dfrac{N_s - N}{N_s} = \dfrac{900 - 855}{900} = 0.05$,

즉 5[%]

36 대전류·고전압의 전기량을 제어할 수 있는 자기 소호형 소자는?

① FET   ② diode
③ TRIAC   ④ IGBT

해설 **IGBT**
스위칭 주파수가 높고 대전류, 고전압 사용에 적합한 소자이다.

정답 32 ④ 33 ② 34 ④ 35 ① 36 ④

37 직류 발전기에서 전기자 반작용의 영향이 아닌 것은?

① 중성축의 이동 ② 유도 기전력의 저하
③ 절연 내력의 저하 ④ 자속의 감소

해설 전기자 반작용의 영향으로 전기적인 중성축이 이동하여 주자속이 감소하고 전압 불균일, 유도 기전력 저하 등의 현상이 발생한다.

38 극수 4, 회전수 1,800[rpm]인 3상 동기 발전기 A와 병렬 운전하는 3상 동기 발전기 B의 극수가 8일 때 발전기 B의 회전수[rpm]는?

① 900 ② 1,050
③ 1,150 ④ 1,500

해설 동기 발전기 A의 주파수
$f = \dfrac{N_s \times p}{120} = \dfrac{1,800 \times 4}{120} = 60[\text{Hz}]$
동기 발전기의 병렬 운전을 위해서는 주파수가 같아야 한다.
동기 발전기 B의 회전수
$N_s = \dfrac{120f}{p} = \dfrac{120 \times 60}{8} = 900[\text{rpm}]$

39 분권 전동기에 대한 설명으로 옳지 않은 것은?

① 계자 회로에 퓨즈를 넣어서는 안 된다.
② 부하 전류에 따른 속도 변화가 거의 없다.
③ 토크는 전류의 제곱에 비례한다.
④ 계자 권선과 전기자 권선이 전원에 병렬로 접속되어 있다.

해설 • 직권 전동기 토크 : $T \propto I_a^2$
• 분권 전동기 토크 : $T \propto I_a$

40 3상 유도 전동기의 1차 입력 60[kW], 1차 손실 1[kW], 슬립 3[%]일 때 기계적 출력[kW]은?

① 57.23 ② 67.8
③ 86.6 ④ 95

해설 2차 입력 = 1차 출력 = 1차 입력 − 1차 손실 = 59[kW]
$\quad\quad\quad = P_2$
기계적 출력 $P_0 = (1-s)P_2$
$\quad\quad\quad\quad\quad = (1-0.03) \times 59 \times 10^3$
$\quad\quad\quad\quad\quad = 57.23[\text{kW}]$

41 지중전선로에 사용하는 지중함의 시설기준으로 옳지 않은 것은?

① 뚜껑은 시설자 이외의 자가 쉽게 열 수 없도록 시설할 것
② 조명 및 세척이 가능한 장치를 하도록 할 것
③ 그 안의 고인 물을 제거할 수 있는 구조로 되어 있을 것
④ 견고하고 차량 기타 중량물의 압력에 견디는 구조일 것

해설 지중함은 절연 성능 유지를 위해 건조된 상태로 유지되어야 하며 세척하지 않는다.

42 옥내 배선공사에서 대지전압 150[V]를 초과하고 300[V] 이하 저압전로의 인입구에 인체 감전 사고를 방지하기 위하여 반드시 시설해야 하는 지락 차단장치는?

① 누전 차단기
② 퓨즈
③ 배선용 차단기
④ 커버 나이프 스위치

[해설] 옥내전로의 대지전압이 150[V]를 초과하고 300[V] 이하 저압전로의 인입구에는 누전 차단기를 시설해야 한다.

43 다음 중 전선의 접속 방법에 해당하지 않는 것은?

① 쥐꼬리 접속
② 트위스트 접속
③ 슬리브 접속
④ 직접 접속

[해설] 전선의 접속 방법
- 트위스트 접속
- 브리타니아 접속
- 쥐꼬리 접속
- 슬리브 접속

44 구리선의 직선 접속에서 단선 및 연선에 적용되는 접속방법은?

① 터미널 러그에 의한 분기 접속
② S형 슬리브에 의한 분기 접속
③ 직선맞대기용 슬리브에 의한 압착 접속
④ 가는 단선(2.6[mm] 이상)의 분기 접속

[해설] 전선의 접속
- 터미널 러그에 의한 접속 : 알루미늄전선의 종단 접속
- S형 슬리브에 의한 분기 접속 : 구리선의 슬리브에 의한 접속으로 단선 및 연선에 적용
- 직선맞대기용 슬리브에 의한 압착 접속 : 구리선의 직선 접속으로 단선 및 연선에 적용
- 가는 단선(2.6[mm] 이상)의 분기 접속

45 전기배선용 도면을 작성할 때 사용하는 매입 콘센트 도면 기호는?

① ●
② ○
③ ◻
④ ◐

[해설]

기호	명칭	기호	명칭
◐	매입 콘센트	○	전등
●	점멸기	◻	점검구

46 지지물에 전선 그 밖의 기구를 고정하기 위하여 완철, 완목, 애자 등을 장치하는 것을 무엇이라 하는가?

① 경간
② 가선
③ 건주
④ 장주

[해설] 장주공사는 지지물에 완철(완금)이나 애자 등을 장치하는 것을 의미한다.

정답 42 ① 43 ④ 44 ③ 45 ④ 46 ④

47 저압 가공전선을 시가지 도로를 횡단하여 시설하는 경우 지표상 높이는 몇 [m] 이상으로 하여야 하는가?

① 4 ② 5
③ 6 ④ 6.5

해설) 저압, 고압 가공전선의 높이

구분	저압	고압
도로 횡단	지표상 6[m] 이상	

48 다음 중 전선의 접속 원칙이 아닌 것은?

① 접속 부분은 접속관, 기타의 기구를 사용한다.
② 전선의 강도를 30[%] 이상 감소시키지 않는다.
③ 전선의 허용전류에 의하여 접속 부분의 온도 상승값이 접속부 이외의 온도 상승값을 넘지 않도록 한다.
④ 구리와 알루미늄 등 다른 종류의 금속 상호 간을 접속할 때에는 접속부에 전기적 부식이 생기지 않도록 한다.

해설) 전선을 접속하는 경우, 전선의 세기(인장하중)를 20[%] 이상 감소시키지 아니할 것(= 80[%] 이상 유지할 것)

49 다음 중 인입용 비닐 절연전선의 약호(기호)는 무엇인가?

① VV ② NR
③ DV ④ OW

해설) DV(Drop Vinyl insulated wire) : 인입용 비닐 절연전선

50 가공전선로의 지지물에 지지선을 사용해서는 안 되는 곳은?

① 철탑 ② A종 철주
③ 목주 ④ A종 철근 콘크리트주

해설) 철탑은 임시 가설용인 경우를 제외하고 가공선로의 지지물에 지지선을 사용해서는 안 된다.

51 다음의 심벌 명칭은 무엇인가?

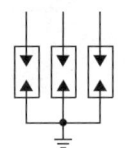

① 피뢰기 ② 파워퓨즈
③ 단로기 ④ 고압 컷아웃 스위치

해설)

심벌	명칭	비고
	LA (피뢰기)	이상 전압 침입 시 전기를 대지로 방전시키고 속류를 차단
	PF (전력퓨즈)	고장 전류를 차단하여 계통으로 파급되는 것을 방지
	DS(단로기)	부하 전류를 제거한 후 회로를 격리하도록 하기 위한 장치
	COS (고압 컷아웃 스위치)	과부하 전류로부터 변압기 1차 권선 보호와 사고 시에 과전류를 차단

47 ③ 48 ② 49 ③ 50 ① 51 ①

52 폭연성 먼지가 존재하는 곳의 금속관공사 시 전동기에 접속하는 부분에서 가요성을 필요로 하는 부분의 배선에는 폭발 방지형의 부속품 중 어떤 것을 사용해야 하는가?

① 유연성 구조
② 안전 증가형 구조
③ 먼지 폭발 방지형 유연성 구조
④ 안전 증가형 유연성 구조

해설) 폭연성 먼지가 존재하는 장소에서 전동기에 접속하는 부분에서 가요성을 필요로 하는 부분의 배선에는 먼지 폭발 방지형 유연성 구조가 사용되어야 한다.

53 전로의 사용전압이 400[V]이고, DC 시험 전압이 500[V]일 때, 전로의 최소 절연저항 값은 몇 [MΩ]인가?

① 0.5
② 1.0
③ 1.5
④ 2.5

해설) 저압 전로의 절연 성능

전로의 사용전압[V]	DC 시험전압 [V]	절연저항 [MΩ]
SELV 및 PELV	250	0.5
FELV를 포함한 500[V] 이하	500	1.0
500[V] 초과	1,000	1.0

54 후강전선관의 종류는 몇 종인가?

① 5종
② 8종
③ 10종
④ 15종

해설) 후강전선관은 안지름의 크기에 가까운 짝수로 정하며 16, 22, 28, 36, 42, 54, 70, 82, 92, 104[mm]로 총 10종이 있다.

55 다음 중 기구 단자에 전선 접속 시 진동 등으로 헐거워지는 염려가 있는 곳에 사용되는 공구는?

① 접속기
② 삼각볼트
③ 스프링 와셔
④ 2중 볼트

해설) 스프링 와셔는 진동이 많이 발생하는 부분의 너트 풀림을 방지하기 위하여 사용하는 공구이다.

56 다음 그림과 같은 전선 접속법의 명칭으로 알맞게 짝지어진 것은?

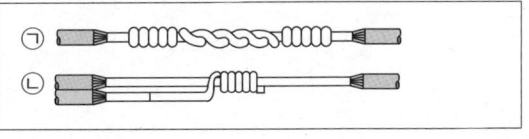

	㉠	㉡
①	직선 접속	분기 접속
②	직선 접속	T형 접속
③	일자 접속	Y형 접속
④	일자 접속	분기 접속

해설) ㉠ 직선 접속
㉡ 분기 접속

57 한국전기설비규정에 따라 전로에 시설하는 기계기구의 철대 및 외함에 반드시 접지공사를 해야 하는 경우는?

① 철대 또는 외함의 주위에 절연대를 설치하는 경우
② 외함을 충전하여 사용하는 기계기구에 사람이 접촉할 우려가 없도록 시설한 경우
③ 사용전압이 교류 대지전압 220[V]인 기계기구를 건조한 곳에 시설하는 경우
④ 사용전압이 직류 300[V]인 기계기구를 건조한 곳에 시설하는 경우

해설 접지공사를 생략할 수 있는 경우
- 사용전압이 직류 300[V] 또는 교류 대지전압이 150[V] 이하인 기계기구를 건조한 곳에 시설하는 경우
- 외함을 충전하여 사용하는 기계기구에 사람이 접촉할 우려가 없도록 시설한 경우
- 철대 또는 외함의 주위에 절연대를 설치하는 경우
- 물기 있는 장소 이외의 장소에 시설하는 저압용의 개별 기계기구에 전기를 공급하는 전로에 인체감전보호용 누전 차단기(정격 감도전류 30[mA] 이하, 동작시간 0.03초 이하의 전류 동작형에 한함)를 시설하는 경우

58 변류기의 약호는?

① WH
② DS
③ CT
④ CB

해설
- CT : 변류기(Current Transformer)
- WH : 전력량계(Watt Hour Meter)
- DS : 단로기(Disconnecting Switch)
- CB : 차단기(Circuit Breaker)

59 16[mm] 합성수지전선관을 직각 구부리기를 할 경우 구부림 부분의 길이는 약 몇 [mm]인가?(단, 16[mm] 합성수지관의 안지름은 18[mm], 바깥지름은 22[mm]이다)

① 119
② 125
③ 132
④ 145

해설 합성수지관의 굽힘 반지름

굽힘 반지름 $r \geq 6d + \dfrac{D}{2}$ 에서

(r : 굽힘 반지름, d : 관 안지름, D : 관 바깥지름)

$r \geq 6 \times 18 + \dfrac{22}{2} [\text{mm}]$

∴ $r \geq 119[\text{mm}]$

60 사람이 상시 통행하는 터널 내 배선의 사용전압이 저압일 때 공사 방법으로 적합하지 않은 것은?

① 금속관공사
② 합성수지관공사
③ 금속덕트공사
④ 금속제 가요전선관공사

해설 터널, 갱도 유사 장소의 공사
- 케이블공사
- 금속관공사
- 합성수지관공사
- 금속제 가요전선관공사
- 애자공사

2022년 제4회 CBT 기출복원문제

01 자기 회로의 자기 저항이 2,000[AT/Wb]이고 기자력이 30,000[AT]일 때 자속[Wb]은 얼마인가?

① 5　　　　　　② 15
③ 20　　　　　　④ 30

[해설] 자속 $\phi = \dfrac{F_m}{R_m} = \dfrac{30{,}000}{2{,}000} = 15[\text{Wb}]$

02 정전기 방지 대책으로 옳지 않은 것은?

① 대전 방지제를 사용한다.
② 접지 및 보호구를 착용한다.
③ 배관 내 액체의 흐름 속도를 제한한다.
④ 대기의 습도를 30[%] 이하로 하여 건조함을 유지한다.

[해설] 정전기 방지를 위해서는 충분한 습도를 유지하여 정전기를 방전시켜야 한다.

03 두 전하 15[μC]과 10[μC]이 자유공간에서 1[m]의 거리에 있을 때 전하 사이에 가해지는 힘의 세기[N]는 얼마인가?

① 0.135　　　　② 1.35
③ 13.5　　　　　④ 135

[해설] 쿨롱의 법칙에 대입하면
$F = \dfrac{Q_1 Q_2}{4\pi \mu r^2} = 9 \times 10^9 \times \dfrac{Q_1 Q_2}{r^2}$
$= 9 \times 10^9 \times \dfrac{15 \times 10^{-6} \times 10 \times 10^{-6}}{1^2} = 1.35[\text{N}]$

04 4[A]의 전류로 5시간을 사용하는 전지의 용량은 몇 [Ah]인가?

① 15　　　　　　② 20
③ 50　　　　　　④ 80

[해설] 전지의 용량 $= I \cdot t = 4 \times 5 = 20[\text{Ah}]$

05 어느 회로의 전류가 다음과 같을 때, 이 회로에 대한 전류의 실횻값[A]은?

$$i = 2 + 5\sqrt{2}\sin\left(\omega t - \dfrac{\pi}{3}\right) + 8\sqrt{2}\sin\left(3\omega t - \dfrac{\pi}{6}\right)[\text{A}]$$

① 8.44　　　　　② 9.64
③ 12.2　　　　　④ 18.33

[해설] 비정현파 전류의 실횻값은 직류분(I_0)과 기본파 주파수 성분 실횻값(I_1), 고조파 주파수 성분 실횻값($I_2, I_3, \cdots, I_n$)의 제곱의 합을 제곱근한 것이다.
$I = \sqrt{I_0^2 + I_1^2 + I_3^2} = \sqrt{2^2 + \left(\dfrac{5\sqrt{2}}{\sqrt{2}}\right)^2 + \left(\dfrac{8\sqrt{2}}{\sqrt{2}}\right)^2}$
$= \sqrt{2^2 + 5^2 + 8^2} \fallingdotseq 9.64[\text{A}]$

06 다음 중 정전 용량 1[pF]과 같은 것은?

① $10^{-15}[\text{F}]$　　　② $10^{-13}[\text{F}]$
③ $10^{-12}[\text{F}]$　　　④ $10^{-9}[\text{F}]$

[해설] $p = 10^{-12}$이므로 $1[\text{pF}] = 10^{-12}[\text{F}]$

정답 1 ②　2 ④　3 ②　4 ②　5 ②　6 ③

07 다음 중 자기력 선속의 단위는 무엇인가?
① [Wb]　　② [V/m]
③ [F]　　④ [C/m]

해설) 자기력 선속 ϕ[Wb]

08 그림에서 단자 a-b 사이의 합성 저항[Ω]은 얼마인가?

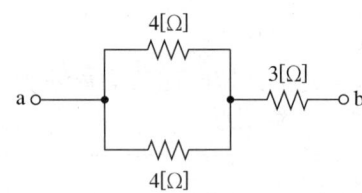

① 2　　② 3
③ 4　　④ 5

해설) 먼저 병렬 저항을 계산하면 $R' = \dfrac{4 \times 4}{4+4} = 2[\Omega]$ 이고
a-b 사이의 합성 저항은 직렬 저항이므로
$R = R' + 3 = 2 + 3 = 5[\Omega]$

09 다음 중 전기장의 세기의 단위는 무엇인가?
① [V/m]　　② [F/m]
③ [H/m]　　④ [AT/m]

해설) 전기장의 세기 $E = \dfrac{Q}{4\pi\varepsilon_0 r^2}$[V/m]

10 Y 결선의 전원에서 각 상전압이 120[V]일 때 선간전압은 약 몇 [V]인가?
① 198　　② 205
③ 208　　④ 240

해설) Y 결선일 때 선전류와 상전류의 값은 같고, 선간전압은 상전압의 $\sqrt{3}$ 배가 된다.
$V_l = \sqrt{3}\, V_p = \sqrt{3} \times 120 \fallingdotseq 208[\text{V}]$

11 유전율 ε인 유전체 내에 있는 전하 Q[C]에서 나오는 전기력선 수는 얼마인가?
① $\dfrac{Q^2}{\varepsilon}$　　② $\dfrac{Q}{\varepsilon_s}$
③ $\dfrac{Q}{\varepsilon}$　　④ $\dfrac{Q}{\varepsilon_0}$

해설) 전기력선의 개수
• $N = \dfrac{Q}{\varepsilon}$ (유전체)
• $N = \dfrac{Q}{\varepsilon_0}$ (유전체가 진공일 때)

12 교류기기나 교류 전원의 용량을 나타낼 때 사용되는 것과 그 단위가 바르게 나열된 것은?

① 피상 전력[VA]
② 무효 전력[W]
③ 유효 전력[Var]
④ 최대 전력[Wh]

해설
- 유효 전력 $P = VI\cos\theta[\text{W}]$
- 무효 전력 $P_r = VI\sin\theta[\text{Var}]$
- 피상 전력 $P_a = VI[\text{VA}]$

13 공기 중에서 자속 밀도 $6 \times 10^{-3}[\text{Wb/m}^2]$의 평등 자장 속에 길이 3[m]의 도체가 자기장의 방향과 직각으로 놓여 있고 이 도체에 2[A]의 전류를 흘릴 때 도선이 받는 힘 $F[\text{N}]$은 얼마인가?

① 6×10^{-3}　　② 12×10^{-3}
③ 18×10^{-3}　　④ 36×10^{-3}

해설 플레밍의 왼손 법칙에 따른 전자력의 크기
$$F = BIl\sin\theta = (6 \times 10^{-3}) \times (2) \times (3) \times \sin 90°$$
$$= 36 \times 10^{-3}[\text{N}]$$

14 3[Ω]의 저항에 10[A]의 전류가 30초간 흐를 때 이 저항에서 발생하는 열량[cal]은 얼마인가?

① 720　　② 1,080
③ 1,540　　④ 2,160

해설 줄의 법칙
열 에너지 $H = 0.24I^2Rt = 0.24 \times 10^2 \times 3 \times 30$
$= 2,160[\text{cal}]$

15 $0.04[\mu\text{F}]$의 커패시터에 $8[\mu\text{C}]$의 전하를 공급할 때 전위차 $V[\text{V}]$는 얼마인가?

① 2　　② 20
③ 200　　④ 400

해설 $Q = CV$에서 전위차 $V = \dfrac{Q}{C} = \dfrac{8 \times 10^{-6}}{0.04 \times 10^{-6}} = 200[\text{V}]$

16 2전력계법으로 3상 전력을 측정하니 전력계의 지시값이 각각 150[W], 250[W]로 나타난다면 이 부하의 전력[W]은 얼마인가?

① 200　　② 400
③ 600　　④ 800

해설 전력 $P = P_1 + P_2 = 150 + 250 = 400[\text{W}]$

정답　12 ①　13 ④　14 ④　15 ③　16 ②

17 환상 솔레노이드의 자체 인덕턴스에 대한 설명으로 가장 옳은 것은?

① 길이에 비례한다.
② 투자율에 반비례한다.
③ 권수의 제곱에 반비례한다.
④ 단면적에 비례한다.

해설 자체 인덕턴스 $L = \dfrac{\mu S N^2}{l}$ [H]

(μ : 투자율, S : 단면적, N : 권선수, l : 자로의 길이)

18 어떤 회로에 100[V]의 전압을 가할 때 $3 + j4$ [A]의 전류가 흐른다면 이 회로의 임피던스[Ω]는 얼마인가?

① $6 + j8$ ② $12 + j16$
③ $6 - j8$ ④ $12 - j16$

해설 임피던스 $Z = \dfrac{100}{3+j4} = \dfrac{100(3-j4)}{(3+j4)(3-j4)} = \dfrac{300-j400}{25}$
$= 12 - j16[\Omega]$

19 전기 저항에 대한 설명으로 올바른 것은?

① 도체의 경우 온도 변화에 대해 정특성을 가진다.
② 도체의 경우 온도 변화에 대해 부특성을 가진다.
③ 반도체의 경우 온도 변화와 무관하다.
④ 반도체의 경우 온도 변화에 대해 정특성을 가진다.

해설
• 도체 : 보통 도체는 온도가 높아질수록 저항이 증가(정(+) 특성 온도계수)
• 반도체 : 보통 반도체는 온도가 높아질수록 저항이 감소 (부(-)특성 온도계수)

20 $I_1 = 15$[A], $I_2 = 20$[A]가 흐르는 평행한 직선 도체 사이의 거리가 4[cm]일 때 직선 전류에 작용하는 힘의 크기 F[N]는 얼마인가?

① 9×10^{-4} ② 12×10^{-4}
③ 15×10^{-4} ④ 24×10^{-4}

해설 앙페르의 법칙
$F = \dfrac{2I_1 I_2}{r} \times 10^{-7} = \dfrac{2 \times 15 \times 20}{0.04} \times 10^{-7}$
$= 15 \times 10^{-4}$[N]

21 전압 변동률이 작은 동기 발전기의 특징으로 옳은 것은?

① 단락비가 크다.
② 속도 변동률이 크다.
③ 동기 리액턴스가 크다.
④ 무게가 가볍다.

해설 단락비 $K_s = \dfrac{100}{\%Z}$ 에서

단락비 K_s가 크면
• 퍼센트 동기 임피던스↓
  ⇨ 동기 임피던스 강하↓
  ⇨ 전압 변동률↓
  ⇨ 안정도↑
• 동기 임피던스 강하↓
  ⇨ $Z_s ≒ x_s (= x_a + x_l)$ 에서 전기자 반작용 리액턴스 x_a↓
  ⇨ 전기자 반작용↓
  ⇨ 공극↑
  ⇨ 기계의 규모↑, 무게↑, 가격↑
• 기계의 규모 ↑
  ⇨ 철손↑
  ⇨ 효율↓

22 직류 발전기에서 자속을 만드는 부분은 어느 것인가?

① 계자 철심   ② 정류자
③ 브러시   ④ 공극

> **해설** 직류 발전기의 계자 철심에서 계자 권선으로 자속을 만들어 낸다.

23 ON, OFF를 고속도로 변환할 수 있는 스위치이고 직류 변압기 등에 사용되는 회로는 무엇인가?

① 정류기 회로   ② 인버터 회로
③ 컨버터 회로   ④ 초퍼 회로

> **해설** 초퍼 회로
> 직류-직류 전력 제어 장치로 직류 전동기 제어에 주로 사용된다. ON, OFF를 고속도로 반복할 수 있는 스위치다.

24 변압기의 2차 측을 개방할 때 1차 측에 흐르는 전류는 무엇에 의해 결정되는가?

① 여자 임피던스   ② 누설 리액턴스
③ 어드미턴스   ④ 임피던스

> **해설** 변압기의 2차 측을 개방할 때 1차 측에 흐르는 전류는 여자 임피던스에 의해 결정된다.

25 전기자 지름 0.5[m]의 직류 발전기가 1.8[kW]의 출력에서 1,200[rpm]으로 회전하고 있을 때 전기자 주변 속도는 약 몇 [m/s]인가?

① 15.7   ② 25.12
③ 31.4   ④ 40.5

> **해설** 전기자 주변 속도 $v = \pi D \dfrac{N}{60} = 3.14 \times 0.5 \times \dfrac{1,200}{60}$
> $= 31.4 [\text{m/s}]$

26 유도 전동기의 회전 방향과 전동기에서 발생되는 회전 자계의 회전 방향은 어떤 관계가 있는가?

① 회전 자계와 같은 방향으로 회전
② 회전 자계와 반대 방향으로 회전
③ 회전 자계와 무관
④ 부하의 상황에 따라 변화

> **해설** 아라고의 원판과 같이 전동기는 자계가 회전하는 방향으로 회전한다.

정답 22 ① 23 ④ 24 ① 25 ③ 26 ①

27 변압기의 자속에 관한 설명으로 옳은 것은?

① 전압과 주파수에 비례한다.
② 전압에 비례하고 주파수에 반비례한다.
③ 전압에 반비례하고 주파수에 비례한다.
④ 전압과 주파수에 반비례한다.

해설 $\phi_m = \dfrac{E_1}{4.44 f n_1}$ [Wb]

28 동기 속도 30[rps]인 교류 발전기 기전력의 주파수가 60[Hz]가 되려면 극수는?

① 2
② 4
③ 6
④ 8

해설 동기 속도 $n_s = \dfrac{2f}{p}$ [rps] 이므로

극수 $p = \dfrac{2f}{n_s} = \dfrac{2 \times 60}{30} = 4$

29 다음 그림은 직류 발전기 중 어느 것에 해당하는가?

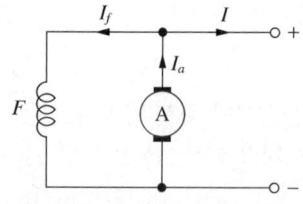

① 타여자 발전기
② 직권 발전기
③ 복권 발전기
④ 분권 발전기

해설 계자와 전기자가 병렬로 연결되어 있는 분권 발전기다.

30 동기 전동기의 직류 여자 전류가 증가될 때 나타나는 현상은?

① 진상 역률을 만든다.
② 지상 역률을 만든다.
③ 동상 역률을 만든다.
④ 진상·지상 역률을 만든다.

해설 V 곡선에 따라 여자 전류가 증가하면 진상 역률이 된다.

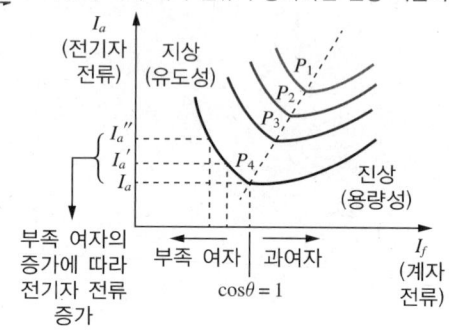

31 다음 중 단상 유도 전동기의 기동 방법이 아닌 것은?

① 분상 기동형
② 주파수 기동형
③ 반발 기동형
④ 셰이딩 기동형

해설 유도 전동기 기동 방법
- 반발 기동형
- 콘덴서 기동형
- 분상 기동형
- 셰이딩 코일형

32 변압기에서 1차 측이란?

① 고압 측
② 저압 측
③ 전원 측
④ 부하 측

해설 변압기의 1차 측은 전원 측, 2차 측은 부하 측이다.

33 다음 그림은 단상 변압기 결선도이다. 사용된 결선법은 무엇인가?

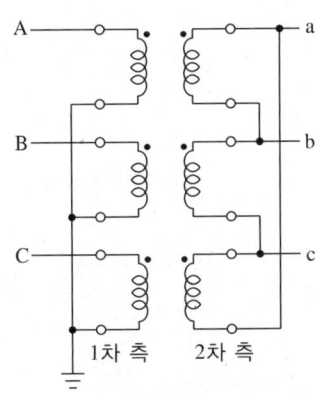

① Y-Y
② △-Y
③ Y-△
④ △-△

해설 • 1차 측 : Y 결선(중성점 접지)
• 2차 측 : △ 결선

34 60[Hz], 4극 권선형 유도 전동기가 전부하로 운전 중일 때 전부하 속도는 1,600[rpm]이다. 2차 회로의 저항을 2배로 할 경우 전부하 속도[rpm]는?

① 1,300
② 1,400
③ 1,500
④ 1,600

해설 동기 속도 $N_s = \dfrac{120f}{p} = \dfrac{120 \times 60}{4} = 1,800[\text{rpm}]$

슬립 $s = \dfrac{N_s - N}{N_s} = \dfrac{1,800 - 1,600}{1,800} = \dfrac{1}{9}$

권선형 3상 유도 전동기 비례 추이의 원리에 따라 슬립은 2차 저항에 비례하기 때문에 저항이 2배가 되면 슬립도 2배가 된다.
2차 저항이 2배일 때 회전 속도
$N = (1-2s)N_s = \dfrac{7}{9} \times 1,800 = 1,400[\text{rpm}]$

35 직류 전동기에 전기자 전도체수 Z, 극수 P, 전기자 병렬 회로수 a, 1극당의 자속 ϕ[Wb], 전기자 전류가 I_a[A]일 경우 토크[N·m]를 나타낸 것은?

① $T = \dfrac{PZ}{2\pi a}\phi I_a$
② $T = \dfrac{PZ}{2\pi \phi}a I_a$
③ $T = \dfrac{PZ}{2a}\phi I_a$
④ $T = \dfrac{Z}{2\pi aP}\phi I_a$

해설 토크 $T = \dfrac{PZ}{2\pi a}\phi I_a = K_1 \phi I_a [\text{N·m}]$

36 동기 전동기의 특징으로 옳지 않은 것은?

① 역률 조정이 가능하다.
② 난조가 발생하기 쉽다.
③ 속도 제어가 쉽다.
④ 기동 시 토크를 얻기 어렵다.

해설 동기 전동기는 속도 제어가 어렵다.

정답 32 ③ 33 ③ 34 ② 35 ① 36 ③

37 다음 중 변압기 무부하손의 대부분을 차지하는 손실로 옳은 것은?

① 구리손　　② 표유 부하손
③ 유전체손　　④ 철손

해설 무부하손은 변압기가 무부하 상태에 있을 때 발생하는 손실로 주로 철손이고 구리손, 유전체손 등이 있다.

38 150[V], 10[A], 전기자 저항 1.5[Ω], 회전수 1,300[rpm]인 전동기의 역기전력[V]은 얼마인가?

① 100　　② 115
③ 135　　④ 155

해설 역기전력 $E = V - I_a R_a = 150 - 10 \times 1.5 = 135[V]$

39 다음 그림은 직류 스위치나 위상 제어교류 스위치에 사용되는 소자다. 무엇인가?

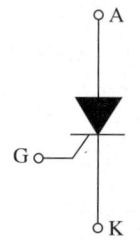

① 트라이액　　② 트랜지스터
③ IGBT　　　 ④ 사이리스터

해설 사이리스터
전류가 흐르지 않는 OFF 상태와 전류가 흐르는 ON 상태의 두 가지 안정 상태가 있으며, 또 ON 상태에서 OFF 상태로 그 반대로 OFF 상태로 이행하는 스위칭 기능을 가진다.

40 그림과 같은 분상 기동형 단상 유도 전동기를 역회전시키기 위한 방법이 아닌 것은?

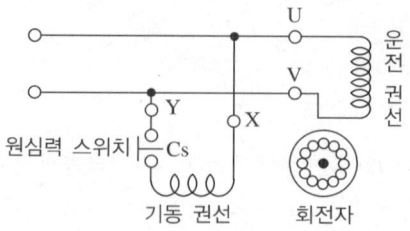

① 원심력 스위치를 개로 또는 폐로한다.
② 기동 권선이나 운전 권선의 어느 한 권선의 단자 접속을 반대로 한다.
③ 기동 권선의 단자 접속을 반대로 한다.
④ 운전 권선의 단자 접속을 반대로 한다.

해설 분상 기동형 단상 유도 전동기의 회전 방향을 바꾸려면 주권선과 보조 권선 중 어느 한 권선의 접속 단자를 바꾸어 교류 전원에 접속하면 된다.

41 플로어덕트공사의 사용전압은 몇 [V]로 제한되는가?

① 200　　② 250
③ 300　　④ 400

해설 플로어덕트공사의 사용전압은 400[V]로 제한된다.

42 금속 전선관 작업에서 나사를 낼 때 필요한 공구는 어느 것인가?

① 오스터
② 파이프 벤더
③ 파이프 렌치
④ 볼트 클리퍼

해설 오스터 : 금속관 끝에 나사를 내는 공구

43 저압 이웃 연결 인입선 시설에서 제한 사항이 아닌 것은?

① 폭 5[m]를 넘는 도로를 횡단하지 말 것
② 다른 수용가의 옥내를 관통하지 말 것
③ 지름 2.0[mm] 이하의 경동선을 사용하지 말 것
④ 인입선의 분기점에서 100[m]를 초과하는 지역에 미치지 아니할 것

해설 지름 2.6[mm] 이상의 경동선 또는 이와 동등 이상의 세기 및 굵기의 것이어야 한다.

44 480[V] 가공인입선이 철도를 횡단할 때 레일면상 최소 높이는 약 몇 [m]인가?

① 4.0   ② 4.5
③ 5   ④ 6.5

해설 저압, 고압, 특고압 가공인입선의 높이

구분	저압	고압	특고압 (35[kV] 이하인 경우)
철도, 궤도 횡단	레일면상 6.5[m] 이상		
도로 횡단	일반적인 경우 : 노면상 5[m] 이상	6[m] 이상	6[m] 이상
	기술상 부득이 : 3[m] 이상		
횡단보도교 위	노면상 3[m] 이상	3.5[m] 이상	5[m] 이상 (특고압 절연전선 또는 케이블인 경우 : 4[m] 이상)
그 외의 경우	일반적인 경우 : 지표상 4[m] 이상	5[m] 이상	5[m] 이상
	기술상 부득이 : 2.5[m] 이상	위험 표시한 경우(케이블 이외의 것) : 3.5[m] 이상	
이웃 연결 인입선	시설 가능	시설 금지	

45 전원의 한 점을 접지하고 설비의 노출 도전부는 전원의 접지 전극과 전기적으로 독립적인 접지극에 접속하는 방식은?

① TN-C 계통   ② TN-S 계통
③ IT 계통   ④ TT 계통

해설 TT 계통
전원의 한 점을 접지하고 설비의 노출 도전부는 전원의 접지 전극과 전기적으로 독립적인 접지극에 접속하는 방식이다.

46 수변전설비의 고압회로에 걸리는 전압을 표시하기 위해 전압계를 시설할 때 고압회로와 전압계 사이에 시설하는 것은?

① 계기용 변압기
② 계기용 변류기
③ 권선형 변류기
④ 수전용 변압기

해설 계기용 변압기(PT)
수변전설비의 고압회로에 걸리는 전압을 측정하기 위해 고전압을 저전압으로 변환하는 기기다.

47 절연전선을 동일 금속 덕트 내에 넣을 경우 금속 덕트의 크기는 전선의 피복절연물을 포함한 단면적의 총합계가 금속 덕트 내 단면적의 몇 [%] 이하가 되도록 선정하여야 하는가?(단, 제어회로 등의 배선에 사용하는 전선만을 넣은 경우이다)

① 20
② 25
③ 35
④ 50

해설 금속덕트에 넣은 전선의 단면적(절연피복 단면적 포함)의 합계는 덕트 내부 단면적의 20[%](전광표시장치 기타 이와 유사한 장치 또는 제어회로 등의 배선만 넣는 경우에는 50[%]) 이하일 것

48 다음 중 금속관 절단구에 대한 다듬기에 쓰이는 공구는?

① 리머
② 홀소
③ 프레셔 툴
④ 파이프 렌치

해설 리머
금속관을 쇠톱이나 커터로 절단 후, 관 안의 날카로운 곳을 다듬을 때 사용하는 공구다.

49 7[kV] 이하인 고압전로의 중성점 접지용 접지도체의 최소 단면적은 연동선의 경우 몇 [mm^2] 이상이어야 하는가?

① 3
② 6
③ 10
④ 16

해설 중성점 접지용 접지도체
• 일반적인 경우 : 16[mm^2] 이상의 연동선 또는 동등 이상의 단면적 및 강도
• 다음의 경우 : 6[mm^2] 이상의 연동선 또는 동등 이상의 단면적 및 강도
 – 7[kV] 이하의 전로
 – 25[kV] 이하의 특고압 가공전선로

50 정격 전류 60[A] 이하의 저압용 퓨즈를 수평으로 붙이고 정격 전류 1.6배의 전류를 통한 경우에 몇 분 안에 용단되어야 하는가?(단, 퓨즈(gG)인 경우이다)

① 60
② 120
③ 180
④ 240

해설 퓨즈(gG)의 용단 특성

정격 전류의 구분	시간	정격 전류의 배수	
		불용단 전류	용단 전류
4[A] 이하	60분	1.5배	2.1배
4[A] 초과 16[A] 미만	60분	1.5배	1.9배
16[A] 초과 63[A] 이하	60분	1.25배	1.6배
63[A] 초과 160[A] 이하	120분	1.25배	1.6배
160[A] 초과 400[A] 이하	180분	1.25배	1.6배
400[A] 초과	240분	1.25배	1.6배

51 사용전압이 최대 500[V]를 초과하는 선로의 전선과 대지 간의 절연저항값은 몇 [MΩ]인가?

① 0.3 ② 0.5
③ 1.0 ④ 1.5

해설 저압 전로의 절연 성능

전로의 사용전압[V]	DC 시험전압 [V]	절연저항 [MΩ]
SELV 및 PELV	250	0.5
FELV를 포함한 500[V] 이하	500	1.0
500[V] 초과	1,000	1.0

52 진열장의 내부가 몇 [V] 이하의 배선일 때 코드 또는 캡타이어케이블로 조영재에 밀착하여 배선을 할 수 있는가?

① 100 ② 200
③ 300 ④ 400

해설 진열장 또는 이와 유사한 것의 내부 배선
건조한 환경에서 사용하는 진열장 또는 이와 유사한 것의 내부에 사용전압이 400[V] 이하의 배선을 외부에서 잘 보이는 장소에 한하여 코드 또는 캡타이어케이블로 직접 조영재에 밀착하여 배선할 수 있다.

53 구리선의 종단접속 방법이 아닌 것은?

① C형 전선접속기 등의 접속
② 종단겹침용 슬리브에 의한 접속
③ 구리선 압착단자에 의한 접속
④ 비틀어 꽂는 형의 전선접속기에 의한 접속

해설 구리선의 접속
- 구리선 압착단자에 의한 접속
- 비틀어 꽂는 형의 전선접속기에 의한 접속
- 종단겹침용 슬리브(E형)에 의한 접속
- 직선 맞대기용 슬리브(B형)에 의한 접속

54 접지 시스템에 관한 설명으로 옳은 것은?

① 표기의 첫 번째 문자는 전원과 중성선 및 보호도체의 표설 관계를 의미한다.
② 표기의 두 번째 문자는 기기의 도전성 노출부분과 대지와의 관계를 의미한다.
③ 표기의 세 번째 문자는 대지와의 관계를 나타낸다.
④ PEN은 보호도체를 의미하는 P와 EN이 조합된 것이다.

해설 접지 방식의 표기
- 제1문자 : 전원 측의 접지상태 = 전원과 대지와의 관계 (T, I)
- 제2문자 : 전기설비의 접지상태 = 기기의 도전성 노출부분과 대지와의 관계(T, N)
- 제3문자 : 중성선과 보호도체의 배치(S, C)
  ※ PEN : Protective Earthing의 PE와 N이 조합된 것

정답 51 ③ 52 ④ 53 ① 54 ②

55 ACSR 약호의 품명으로 옳은 것은?

① 중공연선
② 경동연선
③ 알루미늄선
④ 강심알루미늄 연선

해설 ACSR(Aluminum Conductor Steel Reinforced) : 강심알루미늄 연선

56 다음 기호가 나타내는 것은?

① 전열기
② 발전기
③ 지진 감지기
④ 방수형 콘센트

해설

기호	명칭
EQ	지진 감지기
H	전열기
G	발전기
●WP	방수형 콘센트

57 지중에 매설되어 있고 대지와의 전기저항값이 3[Ω]인 금속제 수도관로를 접지공사의 접지극으로 사용할 때 접지선과 수도관로의 접속은 안지름 75[mm] 이상인 금속제 수도관의 부분 또는 이로부터 분기한 안지름 75[mm] 미만인 금속제 수도관의 분기점으로부터 몇 [m] 이내의 부분에서 하여야 하는가?

① 1 ② 3
③ 5 ④ 8

해설 접지극의 매설
안지름 75[mm] 이상인 부분 또는 여기에서 분기한 안지름 75[mm] 미만인 분기점에서 5[m] 이내의 부분에서 접속하여야 한다.

58 가요전선관공사에서 가요전선관과 금속관의 상호 접속에 사용하는 것은?

① 유니언 커플링
② 스플릿 커플링
③ 콤비네이션 커플링
④ 2호 커플링

해설 금속제 가요전선관공사
• 가요전선관 상호 접속 : 스플릿 커플링
• 가요전선관과 다른 전선관 상호 접속 : 콤비네이션 커플링

59 전기울타리에 사용하는 경동선의 지름은 최소 몇 [mm] 이상이어야 하는가?

① 1.5 ② 1.8
③ 2.0 ④ 2.5

해설 전기울타리
• 전로의 사용전압 : 250[V] 이하
• 전선 : 인장강도 1.38[kN] 이상의 것 또는 지름 2[mm] 이상의 경동선

60 다음 중 한국전기설비규정에서 표기한 접지계통으로 그 명칭이 올바르게 짝지어지지 않은 것은?

① IT 계통

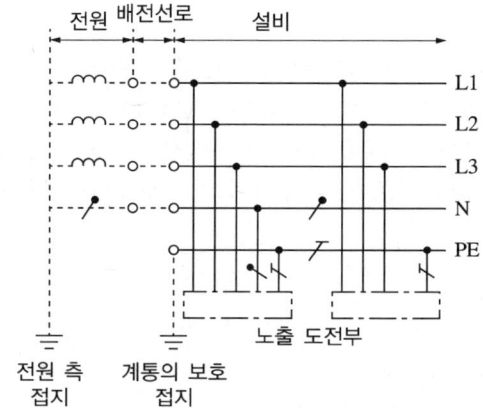

② TN-C-S 계통

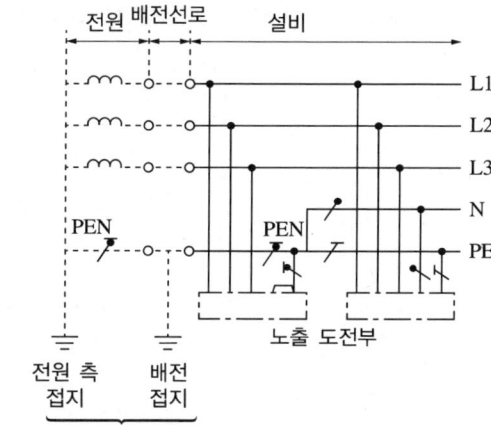

③ TN-C 계통

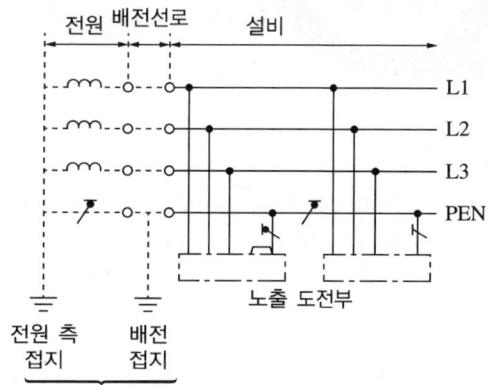

④ TN-S 계통

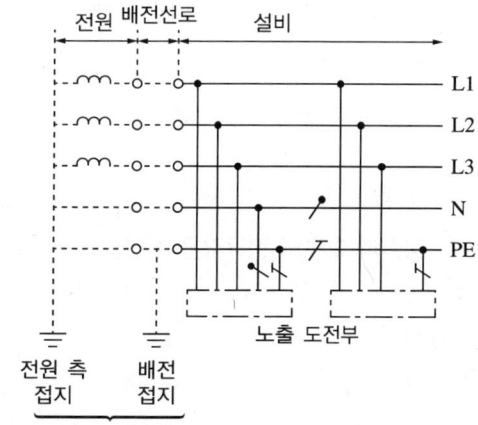

해설 ①은 TT 계통을 나타낸다.

정답 60 ①

2023년 제1회 CBT 기출복원문제

01 다음 중 접합점에 들어오는 전류와 나가는 전류의 합이 같음을 보이는 법칙은?

① 키르히호프 제1법칙
② 키르히호프 제2법칙
③ 렌츠의 법칙
④ 플레밍의 오른손 법칙

해설 키르히호프 제1법칙
접합점으로 들어오는 전류와 흘러나가는 전류는 같다.

02 정현파 교류의 평균값은 최댓값의 약 몇 배인가?

① 0.564 ② 0.637
③ 0.707 ④ 0.866

해설 평균값 $V_a = \dfrac{2}{\pi} V_m \fallingdotseq 0.637 V_m$

03 알칼리 축전지의 대표적인 축전지로 널리 사용되고 있는 2차 전지는?

① 망가니즈 전지
② 산화은 전지
③ 페이퍼 전지
④ 니켈카드뮴 전지

해설 알칼리성 전해액을 사용하는 알칼리 축전지의 대표적인 예가 니켈카드뮴 전지다.

04 두 코일의 자체 인덕턴스를 직렬로 접속하여 합성 인덕턴스를 측정하니 120[mH]이다. 한쪽 인덕턴스를 반대로 접속하여 측정하니 합성 인덕턴스가 20[mH]로 된다. 두 코일의 상호 인덕턴스[mH]는?

① 10 ② 15
③ 20 ④ 25

해설 합성 인덕턴스
가동 접속 시 : $L_1 + L_2 + 2M = 120[\text{mH}]$
차동 접속 시 : $L_1 + L_2 - 2M = 20[\text{mH}]$
연립하여 계산하면 $4M = 100[\text{mH}]$, $M = 25[\text{mH}]$

05 최대눈금 1[A], 내부저항 10[Ω]의 전류계로 최대 101[A]까지 측정하려면 몇 [Ω]의 분류기가 필요한가?

① 0.01 ② 0.02
③ 0.05 ④ 0.1

해설 배율 $m = \dfrac{I}{I_A} = 1 + \dfrac{r}{R_A}$ 이므로

$\dfrac{101}{1} = 1 + \dfrac{10}{R_A}$, $R_A = \dfrac{10}{100} = 0.1[\Omega]$

(I_A : 분류계에 흐르는 전류, r : 전류계 내부 저항, R_A : 분류기 저항)

정답 1 ① 2 ② 3 ④ 4 ④ 5 ④

06 5[kW]의 전열기를 1시간 동안 사용할 때 발생하는 열량[kcal]은?

① 1,900
② 2,150
③ 4,320
④ 5,140

해설 줄의 법칙
열에너지 $H = 0.24I^2Rt = 0.24Pt$
$= 0.24 \times 5 \times 60 \times 60$
$= 4,320$ [kcal]

07 비유전율이 10인 물질의 유전율[F/m]은 얼마인가?

① 8.85×10^{-11}
② 8.85×10^{-12}
③ 9×10^9
④ 9×10^{10}

해설 유전율 $\varepsilon = \varepsilon_0 \varepsilon_s = 10 \times 8.85 \times 10^{-12}$
$= 8.85 \times 10^{-11}$ [F/m]

08 기전력 1.5[V], 내부저항 0.2[Ω]인 전지 5개를 직렬로 연결하고 이를 단락할 때의 단락 전류 I[A]는?

① 7.5
② 6
③ 4.5
④ 3

해설 전체 전압 $V = 1.5 \times 5 = 7.5$[V],
전체 저항 $R = 0.2 \times 5 = 1$[Ω]이므로
옴의 법칙에 의해 $I = \dfrac{V}{R} = 7.5$[A]

09 $\omega L = 15$[Ω], $\dfrac{1}{\omega C} = 10$[Ω]인 LC 직렬 회로에 20[V]의 교류 전압을 가할 때 회로에 흐르는 전류 I[A]는 어떤 성질을 갖는가?

① 4[A], 유도성
② 5[A], 유도성
③ 4[A], 용량성
④ 5[A], 용량성

해설 임피던스 $\dot{Z} = j(X_L - X_C) = j\left(\omega L - \dfrac{1}{\omega C}\right)$
$= j(15 - 10) = j5$
∴ $I = \dfrac{V}{|Z|} = \dfrac{20}{5} = 4$[A]이고, $\omega L > \dfrac{1}{\omega C}$이므로 유도성 회로

10 1[nF]의 커패시터에 200[V]의 전압을 가할 때 총 전하량[C]은 얼마인가?

① 0.02×10^{-6}
② 0.2×10^{-6}
③ 2×10^{-6}
④ 20×10^{-6}

해설 전하량 $Q = CV = 1 \times 10^{-9} \times 200 = 0.2 \times 10^{-6}$[C]

정답 6 ③ 7 ① 8 ① 9 ① 10 ②

11 2[Wh]는 몇 [J]인가?

① 1,800   ② 3,600
③ 4,800   ④ 7,200

해설 2[Wh] = 2 × 3,600 = 7,200[W·s] = 7,200[J]

12 100[V]에서 2[kW]를 소비하는 전열기를 50[V]에서 사용할 때의 소비전력[W]은?

① 250   ② 500
③ 750   ④ 1,000

해설 전력 $P = VI = I^2R = \dfrac{V^2}{R}$[W]

$R = \dfrac{V^2}{R} = \dfrac{100^2}{2,000} = 5[\Omega]$

∴ $P = \dfrac{50^2}{5} = 500$[W]

13 다음 중 저항의 크기[Ω]를 나타내는 식은?

① $R = \sigma\dfrac{S}{l}$ ② $R = \sigma\dfrac{l}{S}$
③ $R = \rho\dfrac{l}{S}$ ④ $R = \rho\dfrac{S}{l}$

해설 저항의 크기 $R = \rho\dfrac{l}{S}$[Ω]
(ρ : 물체의 고유저항률, l : 물체의 길이, S : 물체의 단면적)

14 자기장 내에 단위 자하 1[Wb]를 놓을 때 단위 자하가 받는 힘의 세기[AT/m]는?

① $H = \dfrac{m}{4\pi\mu r^2}$

② $H = \dfrac{m}{4\pi\mu r}$

③ $H = \dfrac{m}{\pi\mu r^2}$

④ $H = \dfrac{m_1 m_2}{4\pi\mu r}$

해설 자기장의 세기 $H = \dfrac{m}{4\pi\mu r^2}$[AT/m]
(m : 자하, μ : 투자율, r : 거리)

15 그림과 같이 직렬로 연결된 3개의 저항 중 R_2에 인가되는 전압의 크기[V]는?(단, $R_1 = 2[\Omega]$, $R_2 = 3[\Omega]$, $R_3 = 4[\Omega]$이다)

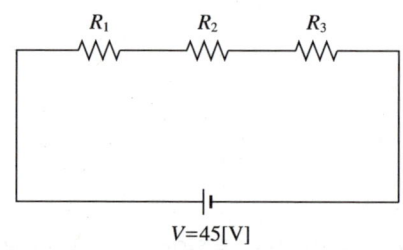

① 10
② 15
③ 20
④ 25

해설 직렬 회로에서 각 저항에 걸리는 전압은 저항에 비례하므로
$V_1 : V_2 : V_3 = R_1 : R_2 : R_3 = 2 : 3 : 4$
∴ $V_2 = V \times \left(\dfrac{3}{2+3+4}\right) = 45 \times \dfrac{1}{3} = 15$[V]

16 다음 중 파고율을 나타낸 것으로 옳은 것은?

① $\dfrac{실횻값}{평균값}$ ② $\dfrac{실횻값}{평균값}$

③ $\dfrac{최댓값}{실횻값}$ ④ $\dfrac{최댓값}{평균값}$

해설 파고율 = $\dfrac{최댓값}{실횻값}$

17 반지름 5[cm], 권수 30회인 원형 코일에 전류 0.3[A]가 흐를 때 중심 자기장의 세기[AT/m]는 얼마인가?

① 60   ② 70
③ 80   ④ 90

해설 $H = \dfrac{NI}{2r} = \dfrac{30 \times 0.3}{2 \times 0.05} = 90[\text{AT/m}]$

18 선간전압이 12,000[V], 선전류가 600[A], 역률 90[%] 부하의 소비전력은?

① 약 11,224[kW]
② 약 15,472[kW]
③ 약 22,662[kW]
④ 약 27,891[kW]

해설 $P = \sqrt{3}\,V_l I_l \cos\theta = \sqrt{3} \times 12,000 \times 600 \times 0.9$
     ≒ 11,223,689[W] ≒ 11,224[kW]

19 자극 가까이에 물체를 놓을 때 자화되는 물체와 자석이 그림과 같은 방향으로 자화되는 자성체는?

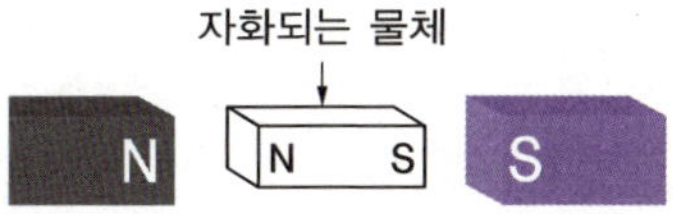

① 상자성체   ② 반자성체
③ 강자성체   ④ 비자성체

해설 반자성체는 외부 자극과 같은 방향, 즉 자계의 반대 방향으로 자화되는 물질이다.

20 전류에 의한 자기장과 직접적인 관련이 없는 것은?

① 줄의 법칙
② 플레밍의 왼손 법칙
③ 비오-사바르 법칙
④ 앙페르의 오른 나사 법칙

해설 줄의 법칙은 전류가 도체에 흐를 때 열이 발생하는 현상과 관련이 있다.

21 계자 권선이 전기자와 접속되어 있지 않은 직류기는?

① 직권기
② 분권기
③ 복권기
④ 타여자기

해설 타여자기는 계자 회로와 전기자 회로가 전기적으로 절연되어 있다.

22 1차 전압 13,200[V], 무부하 전류 0.2[A], 철손 100[W]일 때 여자 어드미턴스[℧]는?

① 1.5×10^{-5}
② 3×10^{-5}
③ 1.5×10^{-3}
④ 3×10^{-3}

해설 $Y_0 = \dfrac{I_0}{V_1} = \dfrac{0.2}{13,200} ≒ 1.5 \times 10^{-5} [℧]$

23 변압기에서 2차 측이란?

① 고압 측
② 저압 측
③ 전원 측
④ 부하 측

해설 변압기의 1차 측은 전원 측, 2차 측은 부하 측이다.

24 직류 분권 전동기의 운전 중 계자 권선의 저항을 증가할 때 회전수[rpm]는 어떻게 되는가?

① 정지한다.
② 감소한다.
③ 증가한다.
④ 변화없다.

해설 계자 저항↑ ⇨ 계자 전류↓ ⇨ 자속↓ ⇨ 회전 속도↑

회전 속도 $N = \dfrac{V - I_a R_a}{K\phi} \times 60 \text{[rpm]}$

25 발전소용 변압기 결선에 주로 사용되며 한쪽은 제3고조파에 의한 장해가 적고 다른 한쪽은 중성점을 접지할 수 있는 장점을 가지고 있는 3상 결선 방식은?

① Y-Y
② Y-△
③ △-Y
④ △-△

해설 △-Y 결선 특징
- Y 결선을 사용하므로 접지가 가능하여 절연이 용이하다.
- △ 결선을 사용하므로 제3고조파가 내부 순환 → 제3고조파로 인한 장해가 없으며 파형 왜곡 우려가 없다.
- 발전소용 변압기와 같이 승압용 변압기로 사용한다.

26 회전 중인 유도 전동기의 제동방법 중 동기 속도 이상으로 회전시켜 유도발전기로서 제동시키는 제동법은?

① 계자 제동   ② 역상 제동
③ 회생 제동   ④ 발전 제동

해설 회생 제동
동기 속도 이상의 속도에서 운전하여 전동기를 발전기처럼 동작시켜 발생되는 전력을 전원에 반환하여 제동한다.

27 슬립이 일정할 때 유도 전동기의 공급 전압이 2배로 증가하면 토크는 몇 배로 변화하는가?

① 4   ② 2
③ $\sqrt{2}$ ④ $\frac{1}{2}$

해설 3상 유도 전동기 토크 $T \propto V^2$

28 단상 변압기의 병렬 운전 조건으로 옳지 않은 것은?

① 변압기의 용량이 같을 것
② 변압기의 권수비가 같을 것
③ 변압기의 1, 2차 정격 전압이 같을 것
④ 내부 저항과 누설 리액턴스 비가 같을 것

해설 각 변압기의 극성, 권수비, 1, 2차 정격 전압, %임피던스 강하, 내부 저항과 누설 리액턴스 비가 같아야 한다.

29 50[Hz], 4극의 유도 전동기의 슬립이 4[%]일 때 회전수는 몇 [rpm]인가?

① 1,100   ② 1,200
③ 1,350   ④ 1,440

해설 동기 속도 $N_s = \frac{120f}{p} = \frac{120 \times 50}{4} = 1,500[\text{rpm}]$일 때
회전수 $N = (1-s)N_s = (1-0.04) \times 1,500$
$= 1,440[\text{rpm}]$

30 동기 발전기에서 극수 4, 1극의 자속수 0.003 [Wb], 회전속도 1,200[rpm], 코일의 권수가 100회 일 때 한 상에 유기되는 기전력[V]은?(단, 권선계수 는 1이다)

① 520   ② 640
③ 860   ④ 1,080

해설 동기 속도 $N_s = \frac{120f}{p}$ 에서

주파수 $f = \frac{N_s \times p}{120} = \frac{1,200 \times 4}{120} = 40[\text{Hz}]$

∴ $E = 4.44 k_\omega f n \phi = 4.44 \times 1 \times 40 \times 1,200 \times 0.003$
$≒ 640[\text{V}]$

정답 26 ③ 27 ① 28 ① 29 ④ 30 ②

31 매극의 자속이 0.02[Wb], 전기자 총 도체수가 200인 4극의 단중 중권 직류 발전기를 1,200[rpm]으로 회전시킬 때의 유도 기전력[V]은?

① 20 ② 40
③ 60 ④ 80

해설 유도 기전력 $E = \dfrac{pZ\phi N}{60a} = \dfrac{4 \times 200 \times 0.02 \times 1,200}{60 \times 4} = 80[V]$

(p : 극수, Z : 총 도체수, ϕ : 극당 자속, N : 회전수, a : 병렬 회로수(중권에서 $a = p = 4$))

32 전압을 일정하게 유지하기 위해 이용되는 다이오드는?

① 발광 다이오드
② 제너 다이오드
③ 수광 다이오드
④ 배리스터 다이오드

해설 제너 다이오드
다이오드의 일종으로 정전압 다이오드라고도 하며, 일정한 전압을 얻을 목적으로 사용되는 소자

33 직류 전동기는 어떠한 원리를 이용한 것인가?

① 플레밍의 왼손 법칙
② 렌츠의 법칙
③ 플레밍의 오른손 법칙
④ 패러데이 법칙

해설 직류 전동기는 플레밍의 왼손 법칙의 원리를 이용한다.

34 동기 전동기의 공급전압과 부하를 일정하게 유지하면서 역률을 1로 운전하고 있는 상태에서 부족여자 운전을 하는 경우 전동기는 어떻게 작동하는가?

① 전동기가 리액터 역할을 한다.
② 전동기가 콘덴서 역할을 한다.
③ 전동기가 저항 역할을 한다.
④ 전동기가 발전기 동작을 한다.

해설 부족 여자일 경우 전동기가 리액터로 동작한다.
과여자일 경우 전동기가 콘덴서로 동작한다.

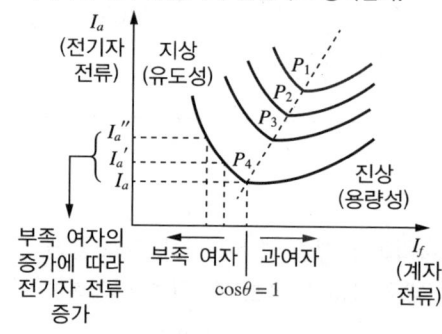

35 동기 발전기의 단락비를 계산하는 데 필요한 시험은?

① 무부하 시험, 접지 시험
② 동기화 시험, 접지 시험
③ 무부하 시험, 단락 시험
④ 동기화 시험, 단락 시험

해설 단락비 산출 시 필요한 시험
• 무부하 시험
• 단락 시험

36 다음 중 물질의 저항이 온도에 따라 변하는 특성을 이용하는 소자는 무엇인가?

① 배리스터
② 서미스터
③ 트라이액
④ 바이폴라 트랜지스터

해설 서미스터
온도 상승 시 저항이 감소하는 부의 온도계수 특성을 갖는다.

37 유도 전동기의 2차 입력(P_2), 2차 구리손(P_{c2})일 때의 관계식으로 옳은 것은?

① $P_{c2} = (1-s)P_2$
② $P_{c2} = \dfrac{1}{1-s}P_2$
③ $P_{c2} = sP_2$
④ $P_{c2} = \dfrac{1}{s}P_2$

해설 2차 입력 : 2차 구리손 $= 1 : s = P_2 : P_{c2}$
∴ $P_{c2} = sP_2$

38 동기기 손실 중 무부하손(no load loss)이 아닌 것은?

① 풍손
② 와류손
③ 전기자 동손
④ 베어링 마찰손

해설 전기자 동손은 부하손이다.

39 무부하 전압과 전부하 전압이 같은 값을 가지는 특성의 발전기는?

① 직권 발전기
② 평복권 발전기
③ 차동 복권 발전기
④ 과복권 발전기

해설 복권 발전기 특징
• 평복권 발전기 : 전부하 전압 = 무부하 전압
• 과복권 발전기 : 전부하 전압 > 무부하 전압
• 부족 복권 발전기 : 전부하 전압 < 무부하 전압

40 회전수 1,800[rpm]으로 회전하는 4극 동기 발전기와 병렬 운전하는 동기 발전기가 900[rpm]으로 회전할 때, 이 교류 발전기의 극수 p는?

① 8   ② 6
③ 4   ④ 2

해설 동기 발전기가 병렬 운전하기 위해서는 주파수가 같아야 한다.

주파수 $f = \dfrac{N_s \times p}{120} = \dfrac{1,800 \times 4}{120} = 60[\text{Hz}]$ 이므로

극수 $p = \dfrac{120f}{N_s} = \dfrac{120 \times 60}{900} = 8$

41 0.6/1[kV] 비닐 절연 비닐 시스 케이블의 약칭은 무엇인가?

① NR ② CV
③ VV ④ FP

해설 VV : 비닐 절연 비닐 시스 케이블

42 콘크리트에 매입하는 금속관공사에서 직각으로 배관할 때 사용하는 것은?

① 서비스 엘보
② 유니버설 엘보
③ 노멀 밴드
④ 뚜껑 있는 엘보

해설 **노멀 밴드** : 콘크리트에 매입하는 금속관 공사에서 직관으로 배관할 때 사용

43 보호도체로 사용해서는 안 되는 것은?

① 금속 수도관
② 고정된 절연도체 또는 나도체
③ 다심케이블의 도체
④ 충전도체와 같은 트렁킹에 수납된 절연도체 또는 나도체

해설 **보호도체**
- 보호도체의 종류
  - 다심케이블의 도체
  - 충전도체와 같은 트렁킹에 수납된 절연도체 또는 나도체
  - 고정된 절연도체 또는 나도체
  - 전기적 연속성을 유지하고 도전성의 일정 조건을 만족하는 금속케이블 외장, 케이블 차폐, 케이블 외장, 전선묶음(편조전선), 동심도체, 금속관
- 보호도체 또는 보호본딩도체로 사용해서는 안 되는 금속부분
  - 금속 수도관
  - 가스, 액체, 가루와 같은 잠재적인 인화성 물질을 포함하는 금속관
  - 기계적 응력을 받는 지지 구조물 일부
  - 가요성 금속배관(다만, 보호도체의 목적으로 설계된 경우는 예외)
  - 가요성 금속전선관
  - 지지선, 케이블트레이 및 이와 비슷한 것

44 피뢰 시스템을 적용하기 위해서는 전기 및 전자설비가 설치된 건축물 구조물로서 낙뢰로부터 보호가 필요한 것 또는 지상으로부터 높이가 몇 [m] 이상이어야 하는가?

① 10 ② 20
③ 30 ④ 40

해설 **피뢰 시스템의 적용 범위**
전기·전자설비가 설치된 건축물·구조물로서 낙뢰로부터 보호가 필요한 것 또는 지상으로부터 높이가 20[m] 이상인 것

45 피시 테이프(fish tape)의 용도는 무엇인가?

① 배관에 전선을 넣을 때 사용
② 전선을 테이핑하기 위해 사용
③ 합성수지관을 구부릴 때 사용
④ 전선관의 끝마무리를 위해 사용

해설 **피시 테이프**
배관에 피시 테이프를 먼저 삽입 후 전선과 접속하여 끌어당겨서 관에 전선을 넣을 때 사용하는 공구

46 가공전선로의 인입구에 사용하며 금속관공사에서 관 끝부분의 빗물 침입을 방지하는 데 적당한 것은?

① 엔드   ② 터미널 캡
③ 절연 부싱 ④ 엔트런스 캡

해설 **엔트런스 캡**
저압 인입선공사에서 전선관공사로 넘어갈 때 전선관의 끝부분에 사용하여 빗물이 타고 들어오지 않도록 하는 재료

47 서로 다른 굵기의 절연전선을 동일 관 내에 넣는 경우 금속관의 굵기는 전선의 피복절연물을 포함한 단면적의 총합계가 관 내 단면적의 몇 [%] 이하가 되도록 선정하여야 하는가?

① 23   ② 33
③ 42   ④ 48

해설 서로 다른 굵기의 절연전선을 동일 관 내에 넣는 경우 금속관의 굵기는 전선의 절연체 및 피복을 포함한 단면적의 총합이 관의 굵기의 $\frac{1}{3}$(≒33[%])을 넘지 않아야 한다.

48 하나의 콘센트에 두 개 이상의 플러그를 꽂아 사용할 수 있는 기구는?

① 코드 접속기
② 테이블 탭
③ 아이언 플러그
④ 멀티 탭

해설
- 멀티 탭 : 하나의 콘센트에 여러 개의 플러그를 끼워 사용
- 테이블 탭 : 코드 길이가 짧은 경우 연장하여 사용

49 방향 계전기의 기능을 적합하게 설명한 것은 어느 것인가?

① 2개 이상의 벡터양 관계 위치에서 동작하며 전류가 어느 방향으로 흐르는가를 판정하는 것을 목적으로 하는 계전기
② 예정된 시간 지연을 가지고 운동하는 것을 목적으로 하는 계전기
③ 계전기가 설치된 위치에서 보는 전기적 거리 등을 판별해서 동작하는 계전기
④ 보호 구간으로 유입하는 전류와 보호 구간에서 유출되는 전류와의 벡터 차와 출입하는 전류와의 관계비로 동작하는 계전기

해설 방향 계전기는 전류나 전력의 방향을 식별해서 동작하며 고장점의 방향을 식별할 수 있는 계전기다.

정답 45 ① 46 ④ 47 ② 48 ④ 49 ①

50 전등 1개를 2개소에서 점멸하고자 할 때 3로 스위치는 최소 몇 개가 필요한가?

① 1　　② 2
③ 3　　④ 4

> 해설 전등 1개를 2개소에서 점멸하고자 할 때 3로 스위치는 최소 2개가 필요하다.

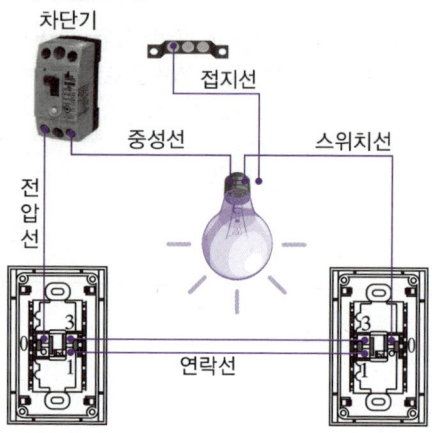

51 합성수지관공사에 대한 설명 중 옳지 않은 것은?

① 합성수지관 두께는 1.5[mm] 이상으로 한다.
② 관의 지지점 간의 거리는 1.5[m] 이하로 한다.
③ 관 상호 간 및 박스와의 관을 삽입하는 깊이를 관의 바깥지름의 1.2배 이상으로 한다.
④ 습기가 많은 장소 또는 물기가 있는 장소에 시설하는 경우에는 방습장치를 한다.

> 해설 합성수지관공사
> • 전선은 절연전선(옥외용 비닐 절연전선 제외)일 것
> • 전선은 연선일 것. 다만, 다음의 것은 단선 사용 가능
>   – 짧고 가는 합성수지관에 넣은 것
>   – 단면적 10[mm²](알루미늄선은 16[mm²]) 이하의 것
> • 전선은 합성수지관 안에서 접속점이 없도록 할 것(∵전선 점검이 곤란)
> • 관(합성수지제 가요전선관 제외)의 두께는 2[mm] 이상
> • 관 상호 접속 시 관을 삽입하는 깊이를 관의 바깥지름의 1.2배 이상(접착제를 사용하는 경우에는 0.8배 이상)
> • 배관을 지지할 때는 관의 지지점 간의 거리는 1.5[m] 이하
> • 직각으로 구부릴 때 곡률 반지름은 관 안지름의 6배 이상으로 한다.

52 주택의 옥내 저압전로의 인입구에 감전 사고를 방지하기 위해 반드시 시설해야 하는 장치는?

① 퓨즈
② 누전 차단기
③ 배선용 차단기
④ 커버 나이프 스위치

> 해설 누전 차단기 시설 대상
> • 금속제 외함을 가지는 사용전압이 50[V]를 초과하는 저압의 기계기구로서 사람이 쉽게 접촉할 우려가 있는 곳에 시설하는 것에 전기를 공급하는 전로
> • KEC 규정에서 특별히 누전 차단기 설치를 요구하는 경우
>   – 주택의 인입구
>   – 욕조나 샤워시설이 있는 욕실 또는 화장실에 콘센트를 시설하는 경우(정격 감도전류 15[mA] 이하)
>   – 수중조명등의 절연변압기의 2차 측 전로의 사용전압이 30[V]를 초과하는 경우
>   – 교통신호등 회로 등
>   – 기타

53 16[mm] 합성수지전선관을 직각 구부리기를 할 경우 구부림 부분의 길이는 약 몇 [mm]인가?(단, 16[mm] 합성수지관의 안지름은 18[mm], 바깥지름은 22[mm]이다)

① 119　　② 125
③ 132　　④ 145

> 해설 합성수지관의 굽힘 반지름
> 굽힘 반지름 $r \geq 6d + \dfrac{D}{2}$ 에서
> (r : 굽힘 반지름, d : 관 안지름, D : 관 바깥지름)
> $r \geq 6 \times 18 + \dfrac{22}{2}$[mm]
> ∴ $r \geq 119$[mm]

54 접지도체는 지하 (㉠)[m]부터 지표상 (㉡)[m]까지 합성수지관 또는 이와 동등 이상의 절연효과와 강도를 가지는 몰드로 덮어야 한다. 이때 ㉠, ㉡에 들어갈 내용으로 옳은 것은?

	㉠	㉡
①	0.5	1
②	0.75	1
③	0.5	2
④	0.75	2

해설 접지극의 시설
접지도체는 지하 0.75[m]부터 지표상 2[m]까지 부분은 합성수지관 또는 이와 동등 이상의 절연효과와 강도를 가지는 몰드로 덮어야 한다.

55 다음 보기 중 명칭과 약칭이 바르게 짝지어지지 않은 것은?

① PV : 6/10[kV] 고압 인하용 가교 폴리에틸렌 절연전선
② OW : 옥외용 비닐 절연전선
③ DV : 인입용 비닐 절연전선
④ VV : 0.6/1[kV] 비닐 절연 비닐 시스 케이블

해설 PV : 0.6/1[kV] EP 고무절연 비닐 시스 케이블

56 알루미늄전선의 접속 방법으로 적합하지 않은 것은?

① 종단 접속
② 직선 접속
③ 분기 접속
④ 트위스트 접속

해설 트위스트 접속은 구리(동)선의 접속 방법으로 단면적 6[mm^2] 이하의 가는 단선을 접속할 때 사용한다.

57 배선 설계를 위한 전등 및 소형 전기기계기구의 부하 용량 산정 시 건축물의 종류에 대응한 표준 부하에서 원칙적으로 표준 부하를 20[VA/m^2]으로 적용하여야 하는 건축물은?

① 교회, 극장
② 아파트, 미용원
③ 은행, 상점
④ 호텔, 병원

해설 건물의 종류에 따른 표준 부하 밀도

건축물 종류	표준 부하 밀도 [VA/m^2]
공장, 공회당, 사원, 교회, 극장, 영화관, 연회장 등	10
기숙사, 여관, 호텔, 병원, 학교, 음식점, 다방, 대중목욕탕	20
사무실, 은행, 상점, 이발소, 미용원	30

정답 54 ④ 55 ① 56 ④ 57 ④

58 애자공사에 대한 설명으로 옳지 않은 것은?

① 사용전압이 220[V]이면 전선을 조영재의 옆면을 따라 붙일 경우 전선의 지지점 간의 거리는 0.06[m] 이하일 것
② 사용전압이 220[V]이면 전선과 조영재의 간격은 25[mm] 이상일 것
③ 사용전압이 440[V]이면 건조한 장소에서 시설 시 전선과 조영재의 간격은 25[mm] 이상일 것
④ 사용전압이 440[V]이면 전선 상호 간의 간격은 0.06[m] 이상일 것

해설 애자공사의 전선 간격

간격	사용전압이 400[V] 이하	사용전압이 400[V] 초과
전선과 전선 간의 간격	0.06[m] 이상	
전선과 조영재 간의 간격	25[mm] 이상	45[mm] 이상 (건조한 장소는 25[mm] 이상)
지지점 간의 거리	조영재의 윗면 또는 옆면에 따라 붙이는 경우에는 2[m] 이하	조영재의 윗면 또는 옆면에 따라 붙이는 경우 이외에는 6[m] 이하

59 다음 기호가 나타내는 것은?

Ⓗ

① 전열기   ② 발전기
③ 지진감지기   ④ 방수형 콘센트

해설

기호	명칭
Ⓗ	전열기
Ⓖ	발전기
ⒺⓆ	지진감지기
●WP	방수형 콘센트

60 점유면적이 좁고 운전, 보수에 안전하므로 공장, 빌딩 등의 전기실에 많이 사용되는 큐비클형 배전반은?

① 폐쇄식 배전반
② 포스트형 배전반
③ 데드 프런트식 배전반
④ 라이브 프런트식 배전반

해설 폐쇄식 배전반(큐비클)
공장, 빌딩 등의 전기실에서 점유면적이 좁고 운전 보수에 안전하여 많이 사용하며 캐비닛처럼 생긴 배전반을 사용한다.

2023년 제2회 CBT 기출복원문제

01 영구자석의 재료로서 적당한 것은?

① 잔류 자기가 적고 보자력이 큰 것
② 잔류 자기와 보자력이 모두 큰 것
③ 잔류 자기와 보자력이 모두 작은 것
④ 잔류 자기가 크고 보자력이 작은 것

해설 영구자석이 되기 위해서는 잔류 자기와 보자력이 커야 한다.

02 유전체로 얇은 산화막을 사용하고 극성이 있어 교류 회로에는 사용하지 못하지만, 소형으로 체적에 비해 많은 전하를 축적할 수 있는 커패시터는 무엇인가?

① 전해 커패시터 ② 세라믹 커패시터
③ 바리콘   ④ 마이카 커패시터

해설 **전해 커패시터**
유전체로 얇은 산화막을 사용하고 전극으로는 알루미늄을 사용하고 극성이 있다. 주로 평활 회로 등에 사용한다.

03 교류 전압의 순시값이 $v = 311\sin\left(30t + \dfrac{\pi}{2}\right)$ [V]일 때 이 전압의 실횻값은 약 몇 [V]인가?

① 110 ② 180
③ 220 ④ 250

해설 전압식에서 최댓값 $V_m = 311[V]$이고
실횻값은 $\dfrac{V_m}{\sqrt{2}} = 0.707 V_m$으로 계산할 수 있다.
∴ $V = 0.707 \times 311 ≒ 220[V]$

04 3[Ω]의 저항과, 4[Ω]의 유도성 리액턴스의 병렬 회로가 있다. 이 병렬 회로의 임피던스는 몇 [Ω]인가?

① 1.7 ② 2.1
③ 2.4 ④ 5

해설 임피던스 $Z = \dfrac{1}{\sqrt{\left(\dfrac{1}{R}\right)^2 + \left(\dfrac{1}{X_L} - \dfrac{1}{X_C}\right)^2}}$
$= \dfrac{1}{\sqrt{\left(\dfrac{1}{3}\right)^2 + \left(\dfrac{1}{4}\right)^2}} = 2.4[\Omega]$

05 초산은(AgNO₃)용액에 1[A]의 전류를 2시간 동안 흘렸다. 이때 은의 석출량[g]은?(단, 은의 전기 화학당량은 1.1×10^{-3}[g/C]이다)

① 5.83 ② 7.92
③ 8.27 ④ 9.54

해설 패러데이의 법칙에 따라
석출량 $w = kQ = kIt = 1.1 \times 10^{-3} \times 1 \times 2 \times 3,600$
$= 7.92[g]$

정답 1 ② 2 ① 3 ③ 4 ③ 5 ②

06 커패시터 $C_1 = 3[\mu F]$과 $C_2 = 5[\mu F]$가 병렬로 연결된 회로에 2[V]의 전압이 가할 때 회로 전체에 축적되는 전하 $Q[\mu C]$는?

① 6
② 10
③ 12
④ 16

해설 커패시터를 병렬로 연결할 때의 합성 정전 용량은 $C = C_1 + C_2 = 8[\mu F]$이다. 회로 전체에 축적되는 전하의 양 $Q = CV = 8 \times 10^{-6} \times 2 = 16[\mu C]$

07 다음 ( ) 안에 들어갈 알맞은 내용은?

> 자기인덕턴스 1[H]는 전류의 변화율이 1[A/s]일 때
> (   )가(이) 발생할 때의 값이다.

① 1[V]의 기전력
② 1[J]의 에너지
③ 1[N]의 힘
④ 1[Hz]의 주파수

해설 유도 기전력의 크기 $e = L\dfrac{\Delta I}{\Delta t}$

$L = \dfrac{e}{\frac{\Delta I}{\Delta t}}$ 이므로

1[H]는 전류의 변화율이 1[A/s]일 때 1[V]의 기전력이 발생할 때의 값이다.

08 임피던스 $Z = 3 + j4[\Omega]$일 때 컨덕턴스는?

① 0.03
② 0.06
③ 0.8
④ 0.12

해설 어드미턴스 $Y = \dfrac{1}{Z} = \dfrac{1}{3 + j4} = \dfrac{3 - j4}{(3 + j4)(3 - j4)}$
$= \dfrac{3 - j4}{25} = 0.12 - j0.16[\mho]$

어드미턴스 실수부는 컨덕턴스 G, 허수부는 서셉턴스 B이므로 컨덕턴스는 0.12[℧]이다.

09 자체 인덕턴스 40[mH]인 코일에 10[A]의 전류가 흐를 때 저장되는 에너지는 몇 [J]인가?

① 2
② 3
③ 4
④ 5

해설 인덕터에 저장되는 에너지
$W = \dfrac{1}{2}LI^2 = \dfrac{1}{2} \times 40 \times 10^{-3} \times 100 = 2[J]$

10 전기력선의 특징으로 옳은 것은?

① 두 전기력선은 서로 교차하지 않는다.
② 전기력선은 음전하에서 나와 양전하에서 끝난다.
③ 양전하에서 출발한 전기력선은 그 자신만으로 폐곡선이 된다.
④ 전기력선은 비연속적이다.

해설 전기력선의 특징
- 전기력선은 양(+)전하에서 나와 음(-)전하에서 끝난다.
- 두 전기력선은 서로 교차하지 않는다.
- 전기력선은 연속적이다.
- 전기력선의 접선 방향은 임의의 점에서 전기장 방향과 일치한다.
- 양(+)전하에서 출발한 전기력선은 그 자신만으로는 폐곡선이 안 된다.

11 히스테리시스 곡선에서 세로축과 만나는 점과 관계있는 것은?

① 보자력 ② 자속 밀도
③ 자기장의 세기 ④ 잔류 자기

해설 히스테리시스 곡선

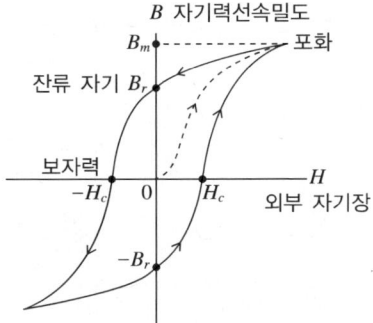

B_m : 최대 자속 밀도
B_r : 잔류 자기
H_c : 보자력

12 주파수 50[Hz]의 주기는 몇 초인가?

① 0.02 ② 0.2
③ 0.05 ④ 0.5

해설 주기 $T = \dfrac{1}{f} = \dfrac{1}{50} = 0.02[s]$

13 다음 괄호 안에 들어갈 말로 옳은 것은?

> 회로에 흐르는 전류의 크기는 저항에 (㉠)하고 전압에 (㉡)한다.

	㉠	㉡
①	비례	비례
②	비례	반비례
③	반비례	비례
④	반비례	반비례

해설 옴의 법칙
$$I = \dfrac{V}{R}[A]$$

14 권수 100인 코일에 쇄교하는 자속이 1초 동안 0.5[Wb]만큼 변화할 때 유도되는 기전력[V]의 크기는 얼마인가?

① 50 ② 75
③ 100 ④ 125

해설 유도 기전력의 크기 $e = N\dfrac{\Delta\phi}{\Delta t} = 100 \times \dfrac{0.5}{1} = 50[V]$

15 진공 중에서 20π[Wb]의 자하로부터 발산되는 총 자기력선의 수는?

① 3×10^7 ② 5×10^7
③ 7×10^7 ④ 9×10^7

해설 자기력선의 수 $= \dfrac{m}{\mu_0} = \dfrac{20\pi}{4\pi \times 10^{-7}} = 5 \times 10^7$

정답 11 ④ 12 ① 13 ③ 14 ① 15 ②

16 어떤 3상 회로에서 선간 전압이 250[V], 선전류 28[A], 3상 전력이 9.7[kW]이다. 이때의 역률은?

① 0.6 ② 0.7
③ 0.8 ④ 0.9

해설) 3상 소비전력은 $P = \sqrt{3}\,VI\cos\theta$ [W] 이므로
$\cos\theta = \dfrac{P}{\sqrt{3}\,VI} = \dfrac{9,700}{\sqrt{3}\times 250\times 28} = 0.8$

17 플라스틱, 고무, 종이, 운모 등과 같이 전기적으로 분극 현상을 일으키는 절연체를 무엇이라 하는가?

① 도체 ② 부도체
③ 유전체 ④ 반도체

해설) 유전체
절연물을 전계 중에 두면 그 표면에 전하가 나타나는 절연물

18 자체 인덕턴스가 0.03[H]인 코일에 200[V], 60[Hz]의 사인파 전압을 가할 때 유도 리액턴스는 약 몇 [Ω]인가?

① 0.56 ② 1.13
③ 5.6 ④ 11.3

해설) 유도 리액턴스
$X_L = \omega L = 2\pi f L = 2\pi \times 60 \times 0.03 \fallingdotseq 11.3\,[\Omega]$

19 다음 중 전동기의 원리에 적용되는 법칙은?

① 패러데이 법칙
② 줄의 법칙
③ 플레밍의 왼손 법칙
④ 플레밍의 오른손 법칙

해설) 플레밍의 왼손 법칙은 전동기의 원리에 적용된다.

20 권수가 100회인 코일에 3[A]의 전류가 흐를 때 0.6[Wb]의 자속이 코일을 지난다면 이 코일의 자기 인덕턴스 L[H]는?

① 10 ② 15
③ 20 ④ 40

해설) 자기 인덕턴스 $L = \dfrac{N\phi}{I} = \dfrac{100\times 0.6}{3} = 20\,[H]$

21 직류 발전기에서 양호한 정류를 얻을 수 있는 조건으로 옳지 않은 것은?

① 보극을 설치한다.
② 정류 주기를 길게 한다.
③ 브러시의 접촉저항을 작게 한다.
④ 인덕턴스를 작게 한다.

해설 양호한 정류를 얻을 수 있는 조건
- 보극을 설치한다.
- 정류 주기를 길게 한다.
- 인덕턴스를 작게 한다.
- 브러시의 접촉저항을 크게 한다.
- 주변 속도를 느리게 한다.

22 다음은 유도 전동기에서 기계적 부하를 가할 때 그 출력에 의한 변화를 나타내는 출력 특성 곡선이다. 토크의 변화를 나타내는 곡선은 어느 것인가?

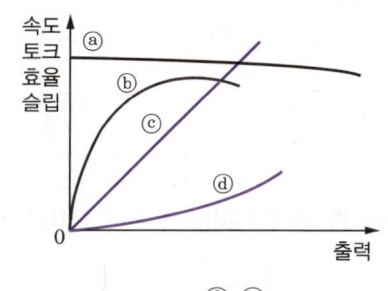

① ⓐ ② ⓑ
③ ⓒ ④ ⓓ

해설 출력 특성 곡선
- ⓐ : 속도
- ⓑ : 효율
- ⓒ : 토크
- ⓓ : 슬립

23 3상 반파 정류 회로에서 교류 입력이 100[V]일 때 직류 전압의 평균값은 약 몇 [V]인가?

① 45 ② 57
③ 95 ④ 117

해설 $V_0 = \dfrac{3\sqrt{6}}{2\pi} V_i ≒ 1.17 V_i [\text{V}]$ 이므로
$V_0 = 1.17 \times 100 ≒ 117[\text{V}]$

24 전기자 저항 0.1[Ω], 전기자 전류 104[A], 유도 기전력 110.4[V]인 직류 분권 발전기의 단자 전압[V]은?

① 98 ② 100
③ 104 ④ 110

해설 직류 분권 발전기 단자 전압
$V = E - I_a R_a = 110.4 - 104 \times 0.1 = 100[\text{V}]$

25 퍼센트 저항 강하 3[%], 리액턴스 강하 4[%]인 변압기의 최대 전압 변동률[%]은?

① 1 ② 5
③ 7 ④ 12

해설 최대 전압 변동률 $\varepsilon_{\max} = \sqrt{p^2 + q^2} = \sqrt{3^2 + 4^2} = 5[\%]$

정답 21 ③ 22 ③ 23 ④ 24 ② 25 ②

26 다음 중 계기용 변류기의 약호는 무엇인가?

① CT ② PT
③ CB ④ COS

해설
- CT : 계기용 변류기
- PT : 계기용 변압기
- COS : 컷아웃 스위치
- CB : 차단기

27 히스테리시스손은 최대 자속 밀도 및 주파수의 각각 몇 제곱에 비례하는가?

① 최대 자속 밀도 : 1.6, 주파수 : 1.0
② 최대 자속 밀도 : 1.0, 주파수 : 1.6
③ 최대 자속 밀도 : 1.0, 주파수 : 1.0
④ 최대 자속 밀도 : 1.6, 주파수 : 1.6

해설 히스테리시스손 $P_h = k_h f B_m^{1.6}$
히스테리시스손은 최대 자속 밀도의 1.6제곱, 주파수의 1.0제곱에 비례한다.

28 동기기의 전기자 권선법이 아닌 것은?

① 중권 ② 분포권
③ 이층권 ④ 전절권

해설 동기기 전기자 권선법
- 단절권
- 분포권
- 이층권
- 중권

29 단상 유도 전동기의 기동방법 중 기동 토크가 가장 작은 것은?

① 반발 기동형
② 분상 기동형
③ 셰이딩 코일형
④ 콘덴서 기동형

해설 기동 토크가 큰 순서
반발 기동형 > 콘덴서 기동형 > 분상 기동형 > 셰이딩 코일형

30 다음 중 전력 제어용 반도체 소자가 아닌 것은?

① TRIAC
② GTO
③ LED
④ IGBT

해설 LED는 발광다이오드로 전류를 빛으로 변환시키는 반도체 소자다.

26 ① 27 ① 28 ④ 29 ③ 30 ③

31 다음 그림은 직류 발전기 중 어느 것에 해당하는가?

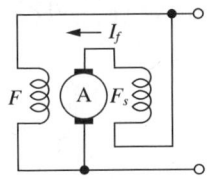

① 복권 발전기
② 직권 발전기
③ 분권 발전기
④ 타여자 발전기

해설 직류 복권 발전기
계자와 전기자가 직·병렬로 접속되어 있으며 자속 방향에 따라 가동, 차동 복권으로 구분하기도 한다.

32 유도 전동기가 많이 사용되는 이유가 아닌 것은?

① 가격이 저렴하다.
② 취급이 어렵다.
③ 전원을 쉽게 얻을 수 있다.
④ 구조가 간단하고 튼튼하다.

해설 유도 전동기는 구조가 간단하고 튼튼하며 취급이 쉽다.

33 직류 전동기의 회전 방향을 바꾸기 위한 방법으로 옳은 것은?

① 전류의 세기를 조절한다.
② 차동 복권을 가동 복권으로 한다.
③ 전원의 극성을 바꾼다.
④ 전기자 권선 또는 계자 권선에 대한 전류의 방향을 바꾼다.

해설 직류 전동기의 회전 방향을 바꾸기 위해서는 전기자 권선 또는 계자 권선에 대한 전류의 방향을 바꾸면 된다.

34 6극 72슬롯 3상 동기 발전기의 매극 매상당 슬롯수는?

① 1   ② 2
③ 3   ④ 4

해설 매극 매상당 슬롯수 $= \dfrac{\text{전체 슬롯수}}{\text{극수} \times \text{상수}} = \dfrac{72}{6 \times 3} = 4$

35 60[Hz], 8극의 유도 전동기의 슬립이 3[%]일 때 회전수[rpm]는?

① 640   ② 873
③ 925   ④ 1,100

해설 동기 속도 $N_s = \dfrac{120f}{p} = \dfrac{120 \times 60}{8} = 900$[rpm]일 때
$N = (1-s)N_s = (1-0.03) \times 900 = 873$[rpm]

정답 31 ① 32 ② 33 ④ 34 ④ 35 ②

36 주로 변압기의 단락 보호용으로 사용되는 장치로 옳은 것은?

① 브리더
② 콘서베이터
③ 역상 계전기
④ 비율 차동 계전기

해설 **비율 차동 계전기**
고장에 의해 생긴 두 전류의 차가 두 전류의 합의 어느 비율 이상으로 될 때 동작하도록 한 계전기

37 직류 전동기의 규약 효율 식으로 옳은 것은?

① $\eta = \dfrac{손실}{입력} \times 100[\%]$

② $\eta = \dfrac{입력}{입력 - 손실} \times 100[\%]$

③ $\eta = \dfrac{입력 + 손실}{입력} \times 100[\%]$

④ $\eta = \dfrac{입력 - 손실}{입력} \times 100[\%]$

해설 직류 전동기 규약 효율 $\eta = \dfrac{입력 - 손실}{입력} \times 100[\%]$

38 동기 발전기의 난조를 방지하기 위한 대책으로 옳지 않은 것은?

① 제동 권선을 설치한다.
② 플라이휠을 설치한다.
③ 단락비를 크게 한다.
④ 이상 전압을 방지한다.

해설 **동기기 난조 방지법**
• 제동 권선 설치
• 플라이 휠 설치
• 이상 전압 방지

39 △ 결선 변압기의 한 대가 고장으로 제거되어 V 결선으로 공급할 때 공급할 수 있는 전력은 고장 전 전력에 대하여 몇 [%]인가?

① 57.7
② 66.7
③ 75.0
④ 86.6

해설 V 결선 시 출력비 : 57.7[%], 이용률 : 86.6[%]

40 동기 전동기의 장점이 아닌 것은?

① 직류 여자가 필요하다.
② 전부하 효율이 양호하다.
③ 역률 1로 운전할 수 있다.
④ 동기 속도를 얻을 수 있다.

해설 직류 전원 설비가 필요한 것은 동기 전동기의 단점이다.

41 지중에 매설되어 있는 금속제 수도관로는 대지와의 전기 저항값이 몇 [Ω] 이하로 유지되어야 접지극으로 사용할 수 있는가?

① 1 ② 3
③ 5 ④ 7

해설 접지극의 시설
지중에 매설되어 있고 대지와의 전기 저항값이 3[Ω] 이하의 값을 유지하고 있는 금속제 수도관로가 접지극으로 사용할 수 있다.

42 다음 중 접지의 목적으로 옳지 않은 것은?

① 감전 방지
② 이상 전압 억제
③ 보호 계전기의 동작 확보
④ 전로의 대지전압 상승

해설 접지의 목적
- 누설전류로 인한 감전 방지
- 기기, 전기설비 손상 방지
- 기기의 대지 전위 상승 억제
- 전기선로의 지락사고 발생 시 전기설비 보호 계전기의 확실한 작동

43 천장에 작은 구멍을 뚫어 그 속에 등기구를 매입시키는 방식으로 건축의 공간을 유효하게 하는 조명방식은?

① 코퍼 방식   ② 밸런스 방식
③ 코브 방식   ④ 다운 라이트 방식

해설 조명 방식
- 다운 라이트 방식 : 천장에 작은 구멍을 뚫고 그 속에 광원을 매입하는 조명 방식
- 코퍼 방식 : 천장면을 여러 형태로 오려내어 건축적인 공간을 형성하고, 다양한 매입기구를 부착하여 단조로움을 피하는 방식
- 밸런스 방식 : 벽면, 커튼에 밝은 광원으로 조명하는 방식
- 코브 방식 : 램프를 감추고 코브의 벽, 천장면을 이용하여 간접 조명으로 만들어 그 반사광으로 채광하는 방식

44 저압 이웃 연결 인입선은 인입선에서 분기하는 점으로부터 (㉠)[m]를 넘지 않는 지역에 시설하고 폭 (㉡)[m]를 넘는 도로를 횡단하지 않아야 하는가?

	㉠	㉡
①	50	5
②	50	6
③	100	5
④	100	6

해설 이웃 연결 인입선(연접 인입선)
- 인입선의 분기점에서 100[m]를 초과하는 지역에 미치지 아니할 것
- 폭 5[m]를 넘는 도로를 횡단하지 말 것
- 다른 수용가의 옥내를 관통하지 말 것

45 저압 옥상전선로의 전선이 저압 옥측전선, 고압 옥측전선, 특고압 옥측전선, 다른 저압 옥상전선로의 전선, 약전류전선 등, 안테나·수관·가스관 또는 이들과 유사한 것과 접근하거나 교차하는 경우에는 저압 옥상전선로의 전선과 이들 사이의 최소 간격은 몇 [m] 이상인가?

① 0.3   ② 0.6
③ 1.0   ④ 1.5

해설 저압 옥상전선로의 전선이 저압, 고압, 특고압 옥측전선, 안테나·수관·가스관, 이와 유사한 것과 접근하거나 교차하는 경우 : 1[m] 이상(절연전선, 케이블이 사용된 경우 0.3[m] 이상)

정답 41 ② 42 ④ 43 ④ 44 ③ 45 ③

46 옥내배선의 접속함이나 박스 내에서 접속할 때 주로 사용하는 접속법은?

① 쥐꼬리 접속 ② 트위스트 접속
③ 슬리브 접속 ④ 브리타니아 접속

해설 쥐꼬리 접속은 박스나 접속함 내에서 전선을 접속할 때 사용한다.

47 폭연성 먼지가 있는 위험 장소에 금속관공사에 의할 경우 관 상호 및 관과 박스, 기타의 부속품이나 풀 박스 또는 전기기계기구는 몇 산 이상의 나사 조임으로 접속하여야 하는가?

① 2 ② 3
③ 5 ④ 7

해설 폭연성 먼지 위험 장소
- 케이블공사(캡타이어케이블 사용 제외), 금속관공사
- 금속관은 박강전선관 또는 이와 동등 이상의 강도
- 관과 박스 등은 5산 이상의 나사 조임으로 접속

48 피뢰 시스템에 접지도체가 접속된 경우 접지선의 굵기는 구리선의 경우 최소 몇 [mm²] 이상이어야 하는가?

① 6   ② 14
③ 16 ④ 50

해설 접지도체의 단면적

접지도체의 종류	큰 고장 전류가 접지도체를 통해 흐르지 않을 경우	접지도체에 피뢰 시스템이 접속되는 경우
구리	6[mm²] 이상	16[mm²] 이상
철제	50[mm²] 이상	

49 다음 그림과 같은 전선 피복을 벗기는 공구를 무엇이라 하는가?

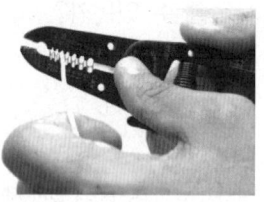

① 오스터   ② 파이프 커터
③ 펜치   ④ 와이어 스트리퍼

해설
- 와이어 스트리퍼 : 전선의 피복 절연물을 벗길 때 사용
- 오스터 : 금속관 끝에 나사를 내기 위해 사용
- 파이프 커터 : 금속관을 절단할 때 사용
- 펜치 : 전선의 절단, 전선의 접속, 전선의 바인드 등에 사용

50 과전류 차단기로서 저압 전로에 사용되는 주택배선용 차단기에 있어서 정격 전류 50[A]가 흐를 경우 몇 분 이내에 자동적으로 트립되어야 하는가?

① 1   ② 60
③ 120 ④ 150

해설 배선용 차단기의 과전류 트립 동작시간 및 특성

정격 전류의 구분	시간	정격 전류의 배수			
		주택용 배선 차단기(MCB)		산업용 배선 차단기(MCCB)	
		부동작 전류	동작 전류	부동작 전류	동작 전류
63[A] 이하	60분	1.13배	1.45배	1.05배	1.3배
63[A] 초과	120분	1.13배	1.45배	1.05배	1.3배

정답 46 ① 47 ③ 48 ③ 49 ④ 50 ②

51 지지선의 시설 규정상 허용 최저 인장하중은 몇 [kN] 이상으로 해야 하는가?

① 2.5　　② 3.51
③ 4.31　　④ 5.2

해설 지지선 시설 규정에 따라 허용 최저 인장하중은 4.31[kN] 이상으로 해야 한다.

52 과전류 차단기로 시설하는 퓨즈 중 고압 전로에 사용하는 비포장 퓨즈는 정격 전류의 1.25배에 견디고 또한 2배의 전류로 몇 분 이내에 용단되어야 하는가?

① 2　　② 45
③ 90　　④ 120

해설 **비포장 퓨즈**
• 정격 전류의 1.25배의 전류에 견딜 것
• 2배의 전류로 2분 안에 용단될 것

53 다음 심벌의 명칭은?

① 콘센트　　② 환풍기
③ 점멸기　　④ 과전류 계전기

해설

기호	명칭
◐	벽붙이 콘센트
●	점멸기
⊙⊙	비상 콘센트

54 가공전선로의 지지물에 취급자가 오르고 내리는 데 사용하는 발판, 볼트 등을 지표상 몇 [m] 미만에 시설하여서는 아니 되는가?

① 1.0　　② 1.2
③ 1.5　　④ 1.8

해설 가공전선로의 지지물에 취급자가 오르고 내리는 데 사용하는 발판, 볼트 등을 지표상 1.8[m] 미만에 시설하여서는 아니 된다.

55 다음과 같은 분기회로(S_2)의 분기점(O)에서 과부하 보호장치(P_2)는 몇 [m] 이내에 설치되어야 하는가?

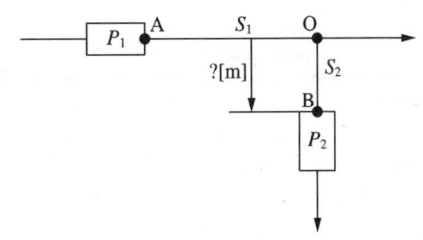

① 1　　② 3
③ 5　　④ 6

해설 **과부하 보호장치의 설치 위치**
위의 분기회로(S_2)의 보호장치(P_2)는 (P_2)의 전원 측에서 분기점(O) 사이에 다른 분기회로 또는 콘센트의 접속이 없고, 단락의 위험과 화재 및 인체에 대한 위험성이 최소화되도록 시설된 경우, 분기회로의 보호장치(P_2)는 분기회로의 분기점(O)으로부터 3[m]까지 이동하여 설치할 수 있다.

정답　51 ③　52 ①　53 ①　54 ④　55 ②

56 무대·무대마루 밑·오케스트라 박스·영사실, 기타 사람이나 무대 도구가 접촉할 우려가 있는 장소에 시설하는 저압옥내 배선, 전구선 또는 이동전선은 최고 사용전압이 몇 [V] 이하여야 하는가?

① 350　　　② 400
③ 450　　　④ 500

[해설] 전시회, 쇼 및 공연장의 전기설비
무대·무대마루 밑·오케스트라 박스·영사실, 기타 사람이나 무대 도구가 접촉할 우려가 있는 장소는 최고 사용전압이 400[V] 이하여야 한다.

57 전주의 길이가 16[m]이고, 설계하중이 6.8[kN] 이하의 철근 콘크리트주를 시설할 때 땅에 묻히는 깊이는 몇 [m] 이상이어야 하는가?

① 1.5　　　② 2.0
③ 2.5　　　④ 2.8

[해설] 가공전선로 지지물의 매설 깊이

설계하중 구분	지지물의 길이	땅에 묻히는 깊이
6.8[kN] 이하	15[m] 이하	지지물 길이 × $\frac{1}{6}$ 이상
	15[m] 초과 16[m] 이하	2.5[m] 이상
	16[m] 초과 20[m] 이하	2.8[m] 이상

58 인입 개폐기가 아닌 것은?

① LBS　　　② UPS
③ LS　　　④ ASS

[해설]
- UPS(Uninterruptible Power Supply) : 무정전 전원 장치
- LBS(Load Break Switch) : 부하개폐기
- LS(Line Switch) : 선로개폐기
- ASS(Automatic Section Switch) : 자동 고장 구분 개폐기

59 다음 중 가요전선관공사에 사용할 수 있는 전선은?

① 알루미늄 10[mm²]의 연선
② 알루미늄 36[mm²]의 단선
③ 절연전선 15[mm²]의 단선
④ 절연전선 10[mm²]의 연선

[해설] 금속제 가요전선관공사
- 전선은 절연전선(옥외용 비닐 절연전선 제외)일 것
- 전선은 연선일 것. 다만, 단면적 10[mm²](알루미늄선은 단면적 16[mm²]) 이하의 것은 단선 사용 가능
- 가요전선관 안에는 전선에 접속점이 없도록 할 것

60 플로어덕트공사에 의한 저압 옥내배선에서 절연전선으로 연선을 사용하지 않아도 되는 것은 전선의 굵기가 몇 [mm²] 이하인 경우인가?

① 2.5　　　② 5
③ 7　　　④ 10

[해설] 플로어덕트공사
- 전선은 절연전선(옥외용 비닐 절연전선 제외)일 것
- 전선은 연선일 것. 다만, 단면적 10[mm²](알루미늄선은 단면적 16[mm²]) 이하의 것 단선 사용 가능
- 플로어덕트 안에는 전선에 접속점이 없도록 할 것

2023년 제3회 CBT 기출복원문제

01 컨덕턴스 $G = 0.5[\mho]$, $V = 12[V]$일 때 전류 $I[A]$의 크기는?

① 2　　　　② 6
③ 10　　　④ 20

해설 $R = \dfrac{1}{G}[\Omega]$이므로 $R = \dfrac{1}{0.5} = 2[\Omega]$이다.
옴의 법칙에 R과 V를 대입하면
$I = \dfrac{12}{2} = 6[A]$

02 비정현파를 여러 개의 정현파의 합으로 표시할 수 있는 방법을 유도한 기법은?

① 푸리에 분석　　② 노턴 법칙
③ 테일러의 분석　④ 줄의 법칙

해설 푸리에 분석
복잡한 주기적 파형을 다수의 정현파로 분석하는 기법

03 자체 인덕턴스가 각각 L_1, $L_2[H]$인 두 원통 코일이 서로 직교하고 있다. 두 코일 사이의 상호 인덕턴스[H]는?

① $L_1 + L_2$　　② $L_1 L_2$
③ 0　　　　　　④ $\sqrt{L_1 L_2}$

해설 상호 인덕턴스 $M = k\sqrt{L_1 L_2}$, 두 코일이 서로 직교할 때 결합계수 $k = 0$이므로 상호 인덕턴스 $M = 0$이다.

04 그림과 같이 공기 중에 놓인 $4 \times 10^{-8}[C]$인 전하에서 각각 2[m], 4[m] 떨어진 점 P와 Q와의 전위차는 몇 [V]인가?

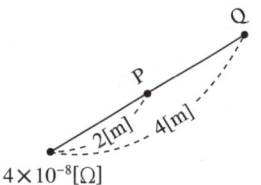

① 30　　　② 45
③ 60　　　④ 90

해설 점 P의 전위
$V_P = 9 \times 10^9 \times \dfrac{Q}{r} = 9 \times 10^9 \times \dfrac{4 \times 10^{-8}}{2} = 180[V]$
점 Q의 전위
$V_Q = 9 \times 10^9 \times \dfrac{Q}{r} = 9 \times 10^9 \times \dfrac{4 \times 10^{-8}}{4} = 90[V]$
이므로 전위차는 90[V]

05 다음 그림은 어떤 현상을 설명한 것인가?

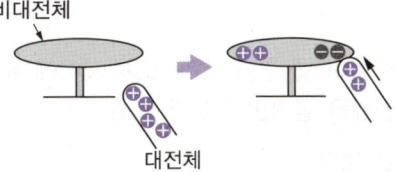

① 국부 현상　　　② 정전 유도 현상
③ 유전 분극 현상　④ 정전 차폐 현상

해설 정전 유도
대전되지 않은 물체에 대전체를 접근시키면 가까운 쪽 도체 표면에는 대전체와 다른 전하가, 먼 쪽에는 대전체와 같은 전하가 나타나는 현상

정답 1 ②　2 ①　3 ③　4 ④　5 ②

06 어떤 도체에 5[A]의 전류가 흐를 때 총 전기량이 9,600[C]이면 도체에 전류가 흐른 시간[분]은?

① 20　　② 32
③ 36　　④ 45

해설 $I = \dfrac{Q}{t}$ 에서 $t = \dfrac{Q}{I} = \dfrac{9,600}{5} = 1,920[s]$, $1,920[s] = 32[min]$

07 자속의 변화에 의해 유도 기전력이 발생할 때 유도 기전력의 방향을 결정하는 법칙은?

① 렌츠의 법칙
② 줄의 법칙
③ 패러데이 법칙
④ 앙페르의 오른나사 법칙

해설 **렌츠의 법칙**
유도 기전력과 유도 전류는 자기장의 변화를 상쇄하려는 방향으로 발생한다는 전자기 법칙

08 커패시터를 만들 때 두 도체 사이에 유전율이 큰 유전체를 넣으면 어떻게 되는가?

① 변화 없다.
② 정전 용량이 제곱의 역수로 감소한다.
③ 정전 용량이 감소한다.
④ 정전 용량이 증가한다.

해설 $C = \varepsilon \dfrac{S}{d}[F]$ 이므로 유전율이 증가하면 정전 용량이 증가한다.

09 △-△ 평형 회로에서 $V = 210[V]$, 임피던스 $Z = 9 + j12[\Omega]$일 때 상전류 $I_p[A]$는 얼마인가?

① 7　　② 14
③ 21　　④ 28

해설 상전류 $I_p = \dfrac{V}{Z} = \dfrac{210}{\sqrt{9^2 + 12^2}} = 14[A]$

10 납축전지의 전해액으로 사용되는 것은?

① $PbSO_2$　　② H_2SO_4
③ PbO_2　　④ H_2O

해설 **납축전지**

양극　전해액　음극　⇌(방전/충전)　양극　전해액　음극
$PbO_2 + 2H_2SO_4 + Pb$ ⇌ $PbSO_4 + 2H_2O + PbSO_4$
전해액 : 묽은 황산(H_2SO_4)

11 진공 중에서 같은 크기의 두 자극을 1[m] 거리에 놓을 때 자극 사이에 작용하는 힘 F[N]은?(단, 자극의 세기는 1[Wb]이다)

① 6.33×10^4
② 0.633×10^4
③ 12.66×10^4
④ 1.233×10^4

해설 **쿨롱의 법칙**
$$F = \frac{1}{4\pi\mu} \times \frac{m_1 m_2}{r^2} = 6.33 \times 10^4 \times \frac{m_1 m_2}{r^2}$$
$$= 6.33 \times 10^4 [\text{N}]$$

12 서로 다른 금속을 접속시켜 폐회로를 만들고 전류를 흘리면 접합부에서 열이 발생하거나 흡수하는 현상을 무엇이라 하는가?

① 줄의 법칙
② 펠티에 효과
③ 톰슨 효과
④ 제베크 효과

해설 **펠티에 효과**
두 종류의 도체를 결합하고 전류를 흐르도록 할 때, 한쪽의 접점은 발열하여 온도가 상승하고 다른 쪽의 접점에서는 흡열하여 온도가 낮아지는 현상

13 △ 결선으로 된 부하에 각 상의 전류가 10[A]이고 각 상의 저항이 4[Ω], 리액턴스가 3[Ω]이라고 하면 전체 소비전력은 몇 [W]인가?

① 500
② 600
③ 800
④ 1,200

해설 $P = 3P_1 = 3I_p^2 R = 3 \times 10^2 \times 4 = 1,200[\text{W}]$

14 동일한 용량의 커패시터 C[F] 5개를 병렬로 접속할 때의 합성 용량을 C_p라고 하고, 5개를 직렬로 접속할 때의 합성 용량을 C_s라고 할 때 C_p와 C_s의 관계를 나타낸 식은?

① $C_p = 5C_s$
② $C_p = 10C_s$
③ $C_p = 25C_s$
④ $C_p = 50C_s$

해설 $C_p = 5C$, $C_s = \frac{C}{5}$ 이므로 $C_p = 25C_s$

15 진공 중에서 자기장의 세기가 60[AT/m]인 곳에 0.3[Wb]인 자극을 놓을 때 작용하는 힘 F[N]은?

① 3
② 6
③ 9
④ 18

해설 $F = mH = 0.3 \times 60 = 18[\text{N}]$

정답 11 ① 12 ② 13 ④ 14 ③ 15 ④

16 자체 인덕턴스가 $L=24[H]$인 코일에 8초간 5[A]의 전류를 흘려보낼 때 코일에 발생하는 유도 기전력 e [V]의 크기는?

① 5　　　　② 10
③ 15　　　　④ 20

해설) 코일에 발생하는 유도 기전력의 크기는
$$e=L\frac{\Delta I}{\Delta t}=24\times\frac{5}{8}=15[V]$$

17 감은 횟수 200회의 코일 P와 300회의 코일 S를 가까이 놓고 P에 1[A]의 전류를 흘릴 때 S와 쇄교하는 자속이 4×10^{-4}[Wb]이었다면 이들 코일 사이의 상호 인덕턴스[H]는 얼마인가?

① 0.02　　　　② 0.08
③ 0.12　　　　④ 0.15

해설) 상호 인덕턴스 $M=\dfrac{N\phi}{I}=\dfrac{300\times4\times10^{-4}}{1}=0.12[H]$

18 진공 중에서 단면적이 4[m²]인 공간을 12×10^{-3}[Wb]의 자속이 수직으로 지날 때 자속 밀도 [Wb/m²]는?

① 2×10^{-3}　　　　② 3×10^{-3}
③ 4×10^{-3}　　　　④ 5×10^{-3}

해설) 자속 밀도 $B=\dfrac{\phi}{S}=\dfrac{12\times10^{-3}}{4}=3\times10^{-3}[Wb/m^2]$

19 다음과 같이 R_1, R_2, R_3의 저항 3개가 직병렬 접속되어 있을 때 합성 저항 R은?

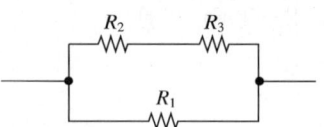

① $R=\dfrac{(R_1+R_2)R_3}{R_1R_2R_3}$

② $R=\dfrac{(R_1+R_2)R_3}{R_1+R_2+R_3}$

③ $R=\dfrac{R_1(R_2+R_3)}{R_1+R_2+R_3}$

④ $R=\dfrac{R_1R_2R_3}{R_1+R_2+R_3}$

해설) $R=R_1//(R_2+R_3)=\dfrac{R_1(R_2+R_3)}{R_1+(R_2+R_3)}$

20 반지름 r, 권수 N인 원형 코일에 전류 I[A]가 흐를 때 중심 자기장의 세기[AT/m]는?

① $\dfrac{NI}{2r^2}$　　　　② $\dfrac{NI}{2r}$

③ $\dfrac{N}{2r}$　　　　④ $\dfrac{NI}{2}$

해설) 원형 코일에 권수가 N회 감겨 있을 때의 중심 자기장 세기
$H=\dfrac{NI}{2r}$ (r : 코일의 반지름)

21 단상 배전선 전압 200[V]를 220[V]로 승압하는 단권 변압기의 자기 용량[kVA]은?(단, 부하 용량은 110[kVA]이다)

① 9 ② 10
③ 90 ④ 100

해설 자기 용량 $P = \left(\dfrac{V_h - V_l}{V_h}\right) \times$ 부하 용량이므로

$P = \left(\dfrac{220 - 200}{220}\right) \times 110 = 10[\text{kVA}]$

22 동기 발전기의 전기자 반작용 현상으로 옳지 않은 것은?

① 감자 작용 ② 포화 작용
③ 증자 작용 ④ 교차 자화 작용

해설 동기 발전기 전기자 반작용 현상
- 감자 작용
- 증자 작용
- 교차 자화 작용

23 다음 그림에서 브러시 앞단에서 불꽃이 발생하기 쉬운 것은?

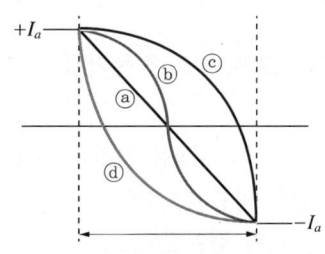

① ⓐ ② ⓑ
③ ⓒ ④ ⓓ

해설 직류 발전기의 정류 곡선
ⓐ 직선 정류 : 이상적인 정류로 불꽃이 발생하지 않음
ⓑ 정현 정류 : 양호한 정류
ⓒ 부족 정류 : 정류 말기에 불꽃이 발생하기 쉬움
ⓓ 과정류 : 정류 초기에 불꽃이 발생하기 쉬움

24 4극, 1,200[rpm]의 동기 발전기와 병렬 운전하는 6극 동기 발전기의 회전수는 몇 [rpm]인가?

① 700 ② 800
③ 950 ④ 1,050

해설 동기 발전기가 병렬 운전하기 위해서는 주파수가 같아야 한다.

주파수 $f = \dfrac{N_s \times p}{120} = \dfrac{1,200 \times 4}{120} = 40[\text{Hz}]$ 이므로

6극 동기 발전기의 회전수
$N_s = \dfrac{120f}{p} = \dfrac{120 \times 40}{6} = 800[\text{rpm}]$

25 12[kW], 50[Hz], 4극의 3상 유도 전동기가 있다. 전부하가 걸릴 때의 슬립이 3[%]라면 이때의 2차 측 구리손은 약 몇 [kW]인가?

① 0.18 ② 0.36
③ 0.54 ④ 0.72

해설 2차 구리손 $P_{c2} = sP_2 = 0.03 \times 12 = 0.36[\text{kW}]$

정답 21 ② 22 ② 23 ④ 24 ② 25 ②

26 변압기를 Y-△ 결선으로 연결할 때의 특징이 아닌 것은?

① Y 결선의 중성점을 접지할 수 있다.
② 제3고조파에 의한 장해가 적다.
③ 1차 선간전압 및 2차 선간전압 사이에 $\frac{\pi}{3}$의 위상차가 생긴다.
④ 수전단 변전소용 변압기와 같이 전압을 강압하는 경우에 사용한다.

해설) Y-△ 결선
- Y 결선의 중성점을 접지할 수 있다.
- 1차 선간전압 및 2차 선간전압 사이에 $\frac{\pi}{6}$의 위상차가 생긴다.
- 제3고조파에 의한 장해가 적다.
- 수전단 변전소용 변압기와 같이 전압을 강압하는 경우에 사용한다.

27 직류 복권 발전기의 병렬 운전에 있어 균압선을 붙이는 목적으로 옳은 것은?

① 운전을 안정하게 한다.
② 손실을 경감한다.
③ 전압의 이상 상승을 방지한다.
④ 고조파의 발생을 방지한다.

해설) 부하 증가 시 균형을 맞추기 위해 균압선을 설치한다.

28 권선형 유도 전동기의 회전자 단자에 2차 저항 r을 삽입하였다. 이 저항 r을 증가시킨 경우의 설명으로 옳지 않은 것은?

① 슬립이 증가한다.
② 기동 전류가 감소한다.
③ 기동 토크가 증가한다.
④ 최대 토크가 감소한다.

해설) 3상 권선형 유도 전동기의 비례추이 원리
- 2차 저항을 변화시켜도 최대 토크는 항상 일정하다.
- 2차 저항이 커지면 기동 토크는 증가하고, 기동 전류는 작아진다.
- 슬립 s는 2차 저항에 비례한다.

29 셰이딩 코일형 유도 전동기의 특징으로 옳지 않은 것은?

① 주로 세탁기 등 가정용 기기에 많이 쓰인다.
② 회전 방향을 바꿀 수 없다.
③ 효율과 역률이 떨어진다.
④ 기동 토크가 작고 출력이 작은 소형 전동기에 사용한다.

해설) 셰이딩 코일형
- 구조가 간단하나 기동 토크가 작고 출력이 100[W] 이하의 소형 전동기에서 주로 사용한다.
- 효율과 역률이 떨어진다.
- 회전 방향을 바꿀 수 없다.

30 직류 직권 전동기에 벨트를 걸고 운전하면 안 되는 이유로 옳은 것은?

① 손실이 많아진다.
② 벨트가 벗겨지면 위험속도에 도달한다.
③ 벨트가 마모하여 보수가 곤란하다.
④ 직결하지 않으면 속도제어가 곤란하다.

해설 무부하 상태에서 전동기를 작동하면 부하 전류가 최소 상태이기 때문에 회전 속도는 급하게 증가하게 되어 매우 위험한 상태가 되므로 직권 전동기는 무부하 운전이나 벨트가 벗겨져서 무부하 운전이 될 수도 있는 벨트 운전을 하면 안 된다.

31 다음 중 유도 전동기의 장점으로 올바르지 않은 것은?

① 부하가 변화해도 속도 변동이 거의 없다.
② 쉽게 전원을 얻을 수 있다.
③ 구조가 간단하고 값이 싸며 튼튼하고 고장이 적다.
④ 다루기 어렵고 제어가 어렵다.

해설 유도전동기의 장점
• 쉽게 전원을 얻을 수 있음
• 구조가 간단하여 취급이 쉽고 튼튼함
• 값이 저렴함
• 부하가 변하더라도 속도 변동이 거의 없음

32 그림은 전력제어 소자를 이용한 위상제어 회로이다. 전동기의 속도를 제어하기 위해서 ㉠ 부분에 사용되는 소자는?

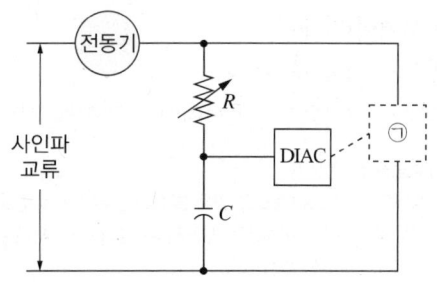

① 전력용 트랜지스터
② 제너 다이오드
③ 트라이액
④ 레귤레이터 78XX 시리즈

해설 교류 위상제어 회로의 속도 제어는 트라이액(TRIAC)을 사용하여 구동한다.

33 유도 전동기의 무부하 시 슬립은 어떻게 되는가?

① 0   ② 1
③ 2   ④ 3

해설 슬립 $s = \dfrac{N_s - N}{N_s}$에서 $N = N_s$이면 슬립은 0이 된다.

34 단락비가 1.25인 동기 발전기의 %동기 임피던스는 몇 [%]인가?

① 70   ② 80
③ 90   ④ 100

해설 $\%Z_s = \dfrac{100}{K_s} = \dfrac{100}{1.25} = 80[\%]$
($\%Z_s$: %임피던스, K_s : 단락비)

35 부흐홀츠 계전기의 설치 위치로 가장 적당한 것은?

① 변압기 주 탱크 내부
② 콘서베이터 내부
③ 변압기 고압 측 부싱
④ 변압기 주 탱크와 콘서베이터 파이프 사이

해설 **부흐홀츠 계전기**
절연유의 온도 상승으로 인해 발생하는 유증기를 검출하고 대응하기 위한 계전기로 변압기 주 탱크와 콘서베이터와 파이프 사이에 설치한다.

36 동기 발전기에서 단절권 방식을 사용할 때 장점은 무엇인가?

① 기전력 증가
② 권선단 길이 증가
③ 역률 개선
④ 특정 고조파 제거

해설 단절권 방식은 특정 고조파를 제거하여 기전력의 파형을 개선할 수 있다.

37 고전압이나 대전류를 계전기용 전압과 전류로 변성하는 기기는 무엇인가?

① 계기용 변압기
② 계기용 변류기
③ 권선형 변류기
④ 정전류 변압기

해설 **계기용 변압기(PT)**
교류의 고전압을 측정하는 데 직접 측정할 수 없을 경우 이를 저전압으로 낮추어 측정하기 위한 소형 변압기

38 단상 유도 전동기에서 보조권선을 사용하는 주된 이유는?

① 역률 개선을 한다.
② 회전 자장을 얻는다.
③ 속도 제어를 한다.
④ 기동 전류를 줄인다.

해설 보조권선을 설치함에 따라 기동 전류가 흐르고 이에 따라 자기력 선속에 의한 회전 자기장이 만들어지기 때문이다.

39 변압기의 여자 전류와 철손을 측정하기 위하여 실시하는 시험은?

① 가압시험
② 단락시험
③ 무부하 시험
④ 유도시험

해설 무부하 시험은 2차 측을 개방한 상태로 시험하며 여자 전류와 전력, 철손 등을 구한다.

40 PN 접합 다이오드의 대표적인 작용으로 옳은 것은?

① 발진 작용　　② 변조 작용
③ 증폭 작용　　④ 정류 작용

해설 PN 접합 다이오드는 교류를 직류로 변환하는 정류 작용이 대표적이다.

41 다음 ( ) 안에 들어갈 것은?

> 변압기의 중성점 접지저항값을 일반적으로 변압기의 고압·특고압 측 전로 1선 지락전류로 ( )을 나눈 값과 같은 저항값 이하이어야 한다.

① 30　　② 50
③ 100　　④ 150

해설 **변압기의 중성점 접지저항값**
- 일반적으로 변압기의 고압·특고압 측 전로 1선 지락전류로 150을 나눈 값과 같은 저항값 이하
- 변압기의 고압·특고압 측 전로 또는 사용전압이 35[kV] 이하의 특고압 전로가 저압 측 전로와 혼촉하고 저압 전로의 대지전압이 150[V]를 초과하는 경우 저항값은 다음에 의한다.
  - 1초 초과 2초 이내에 고압·특고압 전로를 자동으로 차단하는 장치를 설치하는 경우 : 300을 나눈 값 이하
  - 1초 이내에 고압·특고압 전로를 자동으로 차단하는 장치를 설치하는 경우 : 600을 나눈 값 이하
- 전로의 1선 지락전류는 실측값에 의할 것

42 금속몰드공사에 대한 설명으로 옳지 않은 것은?

① 금속몰드 안에는 전선에 접속점이 없도록 한다.
② 옥외용 비닐 절연전선은 전선으로 사용할 수 없다.
③ 전선은 절연전선으로 한다.
④ 금속몰드의 사용전압이 300[V] 이하로 옥내의 건조한 장소로 전개된 장소에 한하여 시설할 수 있다.

해설 **금속몰드공사**
- 전선은 절연전선(옥외용 비닐 절연전선 제외)일 것
- 전선은 금속몰드 안에서 접속점이 없도록 할 것
- 금속 몰드의 사용전압이 400[V] 이하로 옥내의 건조한 장소로 전개된 장소 또는 점검할 수 있는 은폐장소에 한하여 시설할 수 있다.

43 $\dfrac{\text{부하의 평균 전력(1시간 평균)}}{\text{최대 수용 전력(1시간 평균)}} \times 100[\%]$의 관계를 가지고 있는 것은?

① 부등률　　② 부하율
③ 설비율　　④ 수용률

해설 **부하율**
- 공급 설비가 어느 정도 유효하게 사용되는가를 나타내며 부하율이 클수록 공급 설비가 유효하게 사용된다.
- 부하율 $= \dfrac{\text{부하의 평균 전력(1시간 평균)}}{\text{최대 수용 전력(1시간 평균)}} \times 100[\%]$

44 고압 가공케이블을 시설하기 위한 조가선은 단면적이 몇 [mm²] 이상의 아연도강연선을 사용해야 하는가?

① 8　　　　　② 11
③ 22　　　　 ④ 33

해설 가공케이블의 시설
케이블은 조가선에 행거로 시설하며 조가선은 인장강도 5.93[kN](특고압용 조가선은 13.93[kN]) 이상의 것 또는 단면적 22[mm²] 이상의 아연도강연선일 것

45 전압의 구분에서 저압 직류 전압은 몇 [kV] 이하인가?

① 0.6　　　　② 0.75
③ 1　　　　　④ 1.5

해설 전압의 구분

구분	직류	교류
저압	1.5[kV] 이하	1[kV] 이하
고압	1.5[kV] 초과 7[kV] 이하	1[kV] 초과 7[kV] 이하
특고압	7[kV] 초과	7[kV] 초과

46 한국전기설비규정에서 수관·가스관 또는 이와 유사한 것과 접근하거나 교차하는 경우에는 고압 옥측전선로의 전선과 이들 사이의 간격은 몇 [m] 이상이어야 하는가?

① 0.1　　　　② 0.15
③ 0.25　　　 ④ 0.3

해설 고압 옥측전선로 전선의 간격

구분	간격
고압 옥측전선로의 전선이 특고압 옥측전선·저압 옥측전선·관등회로의 배선·약전류전선 등이나 수관·가스관 또는 이와 유사한 것과 접근하거나 교차하는 경우	0.15[m] 이상
이외에 다른 시설물과 접근하는 경우	0.3[m] 이상

47 수용가 인입구 부근에서 건물의 철골을 접지극으로 사용하여 접지공사를 할 때 대지 사이의 최소 전기저항값은 몇 [Ω]인가?

① 3　　　　　② 5
③ 6　　　　　④ 10

해설 전기수용가 인입구 접지
- 수용장소 인입구 부근에서 다음의 것을 접지극으로 사용하여 변압기 중성점 접지를 한 저압전선로의 중성선 또는 접지 측 전선에 추가로 접지공사를 할 수 있다.
  - 지중에 매설되어 있고 대지와의 전기저항값이 3[Ω] 이하의 값을 유지하고 있는 금속제 수도관로
  - 대지 사이의 전기저항값이 3[Ω] 이하인 값을 유지하는 건물의 철골
- 접지도체는 공칭단면적 6[mm²] 이상의 연동선 또는 이와 동등 이상의 세기 및 굵기의 쉽게 부식하지 않는 금속선

48 중성선의 전선은 무슨 색인가?

① 검은색　　　② 파란색
③ 갈색　　　　④ 녹색-노란색

해설 전선의 식별

상(문자)	색상
L1	갈색
L2	검은색
L3	회색
N(중성선)	파란색
보호도체	녹색-노란색

44 ③　45 ④　46 ②　47 ①　48 ②

49 한국전기설비규정에 의한 화약류 저장소에서 백열전등이나 형광등 또는 이들에 전기를 공급하기 위한 전기설비를 시설하는 경우 전로의 대지전압은 몇 [V] 이하인가?

① 250　　　　　② 300
③ 350　　　　　④ 400

해설　**화약류 저장소 등의 위험 장소**
- 화약류 저장소 안에는 전기설비 시설을 하면 안 되지만 케이블공사, 금속관공사를 시설하는 이외에 다음에 따라 시설하는 경우에는 저장소 안에 시설 가능
  - 전로의 대지전압은 300[V] 이하일 것
  - 전기 기계기구는 전폐형의 것일 것
  - 케이블을 전기기계기구에 인입할 때에는 인입구에서 케이블이 손상될 우려가 없도록 시설할 것
- 전로에 지락이 생길 때 자동적으로 전로를 차단·경보하는 장치를 시설할 것

50 금속관을 구부릴 때 금속관의 단면이 심하게 변형되지 아니하도록 구부려야 하며, 그 안쪽의 반지름은 관 안지름의 몇 배 이상이 되어야 하는가?

① 3　　　　　② 6
③ 8　　　　　④ 12

해설　금속관을 구부릴 때, 곡률 반지름은 관 안지름의 6배 이상으로 한다.

51 가공전선로의 인입구에 설치하거나 금속관이나 합성수지관으로부터 전선을 뽑아 전동기 단자 부근에 접속할 때 관 끝에 사용하는 재료는?

① 부싱　　　　　② 터미널 캡
③ 로크 너트　　　④ 엔트런스 캡

해설　가공전선로의 인입구에 설치하거나 금속관이나 합성수지관으로부터 전선을 뽑아 전동기 단자 부근에 접속할 때 전선 보호를 위해 터미널 캡을 관 끝에 설치한다.

52 가공전선로의 지지물에 시설하는 지지선으로 연선을 사용할 경우에는 소선이 최소 몇 가닥 이상이어야 하는가?

① 2
② 3
③ 4
④ 5

해설　지지선에 연선을 사용할 경우에는 다음에 의할 것
- 소선 3가닥 이상의 연선을 사용
- 소선은 지름 2.6[mm] 이상의 금속선 사용한 것. 단, 2[mm] 이상의 아연도강연선으로서 소선의 인장강도가 0.68[kN/mm^2] 이상인 것을 사용하는 경우에는 그러하지 아니하다.

53 한국전기설비규정에 의한 400[V] 이하 가공전선으로 절연전선이 아닌 경우의 전선의 최소 굵기는 몇 [mm]인가?

① 1.6　　② 2.6
③ 3.2　　④ 4.5

해설 **사용전압에 따른 가공전선의 굵기와 종류**

사용전압	전선의 굵기	
저압 (400[V] 이하)	인장강도 3.43[kN] 이상 또는 지름 3.2[mm] 이상의 경동선(절연전선인 경우 : 인장강도 2.3[kN] 이상 또는 지름 2.6[mm] 이상의 경동선)	
저압 (400[V] 초과)	시가지	인장강도 8.01[kN] 이상 또는 지름 5[mm] 이상의 경동선
	시가지 외	인장강도 5.26[kN] 이상 또는 지름 4[mm] 이상의 경동선

54 저압의 계통접지방식 중 전원 측의 한 점을 직접접지하고 설비의 노출도전부를 보호도체로 접속시키는 방식을 무엇이라 하는가?

① TT 계통　　② TN 계통
③ IT 계통　　④ GT 계통

해설 **TN 계통**
전원 측 또는 변압기 측이 대지에 접지되어 있고, 전기설비는 전원 측 또는 변압기 측의 중성선에 연결된 접지 방식

55 케이블공사에 의한 저압 옥내배선에서 케이블을 조영재의 아랫면 또는 옆면에 따라 붙이는 경우에는 전선의 지지점 간 거리는 몇 [m] 이하여야 하는가?

① 1.0　　② 1.5
③ 2.0　　④ 2.5

해설 **케이블 지지점 간의 거리**
- 조영재의 아랫면 또는 옆면에 따라 붙이는 경우 : 2[m] 이하
- 캡타이어케이블 : 1[m] 이하
- 사람 접촉 우려가 없는 곳에서 수직으로 부착하는 경우 : 6[m] 이하

56 합성수지관을 새들 등으로 지지하는 경우에는 그 지지점 간의 거리를 몇 [m] 이하로 해야 되는가?

① 1.5　　② 2.5
③ 3.0　　④ 3.5

해설 합성수지관 지지점 간의 거리 : 1.5[m] 이하

57 가공전선로의 지지물로부터 다른 지지물을 거치지 아니하고 수용장소의 붙임점에 이르는 가공전선을 무엇이라 하는가?

① 가공인입선　　② 구내전선로
③ 구내인입선　　④ 이웃 연결 인입선

해설 **가공인입선**
가공전선로의 지지물로부터 다른 지지물을 거치지 아니하고 수용장소의 붙임점에 이르는 가공전선

58 가공전선로에 사용하는 전선의 구비 조건으로 바람직하지 않은 것은?

① 경제적일 것
② 비중(밀도)이 클 것
③ 내구성이 우수할 것
④ 기계적인 강도가 클 것

[해설] 가공전선의 구비 조건
- 도전율이 클 것
- 비중이 적을 것
- 기계적 강도가 클 것
- 내구성 및 내식성이 우수할 것
- 가선공사가 용이할 것
- 유연성(가공성)이 용이할 것
- 경제적일 것

59 배전반 및 분전반의 설치장소로 적합하지 않은 곳은?

① 은폐된 장소
② 안정된 장소
③ 개폐기를 쉽게 조작할 수 있는 장소
④ 전기회로를 쉽게 조작할 수 있는 장소

[해설] 배전반 및 분전반에 붙이는 기구와 전선을 쉽게 점검할 수 있는 곳에 설치해야 한다.

60 접지저항 시 접지저항을 감소시키는 저감 대책이 아닌 것은?

① 접지극을 깊게 매설한다.
② 접지봉의 연결 개수를 증가시킨다.
③ 접지판의 면적을 감소시킨다.
④ 토양의 고유저항을 화학적으로 저감시킨다.

[해설] 접지저항 저감 대책
- 접지극을 깊게 매설
- 토양의 고유저항을 화학적으로 저감
- 접지봉 연결 개수, 길이, 접지판 면적 증가

정답 58 ② 59 ① 60 ③

2023년 제4회 CBT 기출복원문제

01 16[C]의 전하량이 이동해서 96[J]의 일을 할 때 기전력[V]은 얼마인가?

① 2　　② 4
③ 6　　④ 8

해설　$V = \dfrac{W}{Q} = \dfrac{96}{16} = 6[\text{V}]$

02 어떤 전압계의 측정 범위를 10배로 하자면 배율기의 저항을 전압계 내부 저항의 몇 배로 하여야 하는가?

① 10　　② 1/10
③ 9　　④ 1/9

해설　배율 $m = 1 + \dfrac{R_m}{R_a}$

측정 범위가 10배라면 $10 = 1 + \dfrac{R_m}{R_a}$

∴ $R_m = 9R_a$ 이므로 9배

(R_m : 배율기 저항, R_a : 전압계 저항)

03 정현파 교류의 평균값은 최댓값의 약 몇 배인가?

① 0.564　　② 0.637
③ 0.707　　④ 0.866

해설　평균값 $V_a = \dfrac{2}{\pi} V_m ≒ 0.637 V_m$

04 다음 중 전기 전도도가 좋은 순서대로 도체를 나열한 것은?

① 은 > 구리 > 금 > 알루미늄
② 은 > 금 > 구리 > 알루미늄
③ 구리 > 금 > 알루미늄 > 은
④ 알루미늄 > 구리 > 금 > 은

해설　금속 재료 중에서는 은, 구리, 금, 알루미늄 순으로 전류가 잘 흐른다.

05 $e = 50\sin\left(314t - \dfrac{\pi}{3}\right)$[V]인 파형의 주파수는 약 몇 [Hz]인가?

① 40　　② 50
③ 60　　④ 80

해설　$\omega = 2\pi f = 314$

∴ $f = \dfrac{314}{2\pi} ≒ 50[\text{Hz}]$

정답　1 ③　2 ③　3 ②　4 ①　5 ②

06 공심 솔레노이드 내부 자계의 세기가 200 [AT/m]일 때 자속 밀도[Wb/m^2]는 얼마인가?

① 1.25×10^{-3}
② 2.5×10^{-3}
③ 1.25×10^{-4}
④ 2.5×10^{-4}

해설 $B = \mu H = \mu_0 \mu_r H = \mu_0 H = 4\pi \times 10^{-7} \times 200$
$\approx 2.5 \times 10^{-4} [\text{Wb/m}^2]$

07 다음 회로에서 $V = 54[\text{V}]$일 때 6[Ω]에 걸리는 전압은 몇 [V]인가?

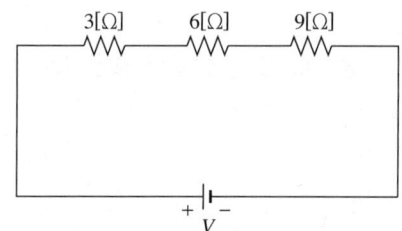

① 9   ② 18
③ 27   ④ 54

해설 $V_{6[\Omega]} = \left(\dfrac{R_{6[\Omega]}}{R_{3[\Omega]} + R_{6[\Omega]} + R_{9[\Omega]}} \right) \times V = \dfrac{6}{3+6+9} \times 54$
$= 18[\text{V}]$

08 다음 중 줄의 법칙에서 열에너지[cal] 계산식은?

① $H = 0.024 I^2 Rt$
② $H = 0.24 I^2 Rt$
③ $H = 0.24 IRt$
④ $H = 2.4 I^2 Rt$

해설 줄의 법칙
열에너지 $H = 0.24 I^2 Rt [\text{cal}]$

09 $I_1 = 3[\text{A}]$, $I_2 = 12[\text{A}]$가 흐르는 평행한 직선 도체 사이의 거리가 3[cm]일 때 직선 전류에 작용하는 힘의 크기 $F[\text{N}]$는 얼마인가?

① 9×10^{-5}
② 12×10^{-5}
③ 15×10^{-5}
④ 24×10^{-5}

해설 앙페르의 법칙
$F = \dfrac{2 I_1 I_2}{r} \times 10^{-7} = \dfrac{2 \times 3 \times 12}{0.03} \times 10^{-7}$
$= 24 \times 10^{-5} [\text{N}]$

10 회로에서 유효 전력을 P, 무효 전력을 P_r, 피상 전력을 P_a라고 할 때 역률($\cos \theta$)은?

① $\dfrac{P_a}{P}$ ② $\dfrac{P_r}{P_a}$
③ $\dfrac{P_r}{P}$ ④ $\dfrac{P}{P_a}$

해설 역률 $\cos \theta = \dfrac{\text{유효 전력}}{\text{피상 전력}} = \dfrac{P}{P_a}$

정답 6 ④ 7 ② 8 ② 9 ④ 10 ④

11 다음 중 전기회로와 자기 회로의 대응 관계로 옳지 않은 것은?

① 기전력 – 기자력
② 전압 – 자속
③ 투자율 – 도전율
④ 자속 밀도 – 전류 밀도

해설 자속은 전류와 대응한다.

12 진공 중에서 12π[Wb]의 자하로부터 발산되는 총 자기력선의 수는?

① 1×10^7개
② 2×10^7개
③ 3×10^7개
④ 4×10^7개

해설 총 자기력선의 수 $N = \dfrac{m}{\mu_0} = \dfrac{12\pi}{4\pi \times 10^{-7}} = 3 \times 10^7$[개]

13 20[μF]의 커패시터에 100[V]의 전압을 가할 때 저장되는 에너지는 몇 [J]인가?

① 0.01
② 0.1
③ 1
④ 10

해설 커패시터에 축적되는 에너지
$W = \dfrac{1}{2}CV^2 = \dfrac{1}{2} \times 20 \times 10^{-6} \times 10^4 = 0.1$[J]

14 코일 간에 상호 인덕턴스가 없는 자기 인덕턴스 $L_1 = 3$[mH], $L_2 = 4$[mH], $L_3 = 5$[mH]가 직렬 접속되어 있을 때 합성 인덕턴스 L[mH]는?

① 7
② 9
③ 12
④ 15

해설 $L = L_1 + L_2 + L_3 = 12$[mH]

15 다음 중 저항값이 클수록 좋은 것은?

① 전해질저항
② 접촉저항
③ 도체저항
④ 절연저항

해설 **절연저항**
직류 전압을 인가할 때 발생하는 전류에 대하여, 그 절연물에 의해서 주어지는 저항값

16 황산구리($CuSO_4$) 전해액에 2개의 구리판을 넣고 전원을 연결할 때 음극에서 나타나는 현상은?

① 변화가 없다.
② 구리판이 두꺼워진다.
③ 구리판이 얇아진다.
④ 수소 가스가 발생한다.

해설 음극에서는 환원반응이 일어나 구리판이 두꺼워진다.

17 다음 중 평형 3상 △ 결선에서 선간전압 V_l과 상전압 V_p의 관계식은?

① $V_l = V_p$
② $V_l = \sqrt{3}\, V_p$
③ $V_l = 3\, V_p$
④ $V_l = \dfrac{1}{\sqrt{3}}\, V_p$

해설 △ 결선에서는 선간전압 V_l과 상전압 V_p이 같다.

18 플레밍의 오른손 법칙에서 유도 기전력의 방향을 나타내는 손가락은?

① 엄지
② 검지
③ 중지
④ 약지

해설 플레밍의 오른손 법칙

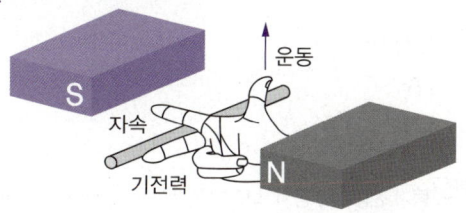

엄지 : $v(F)$
검지 : B
중지 : $e(I)$

19 RL 직렬 회로에서 임피던스 Z의 크기를 나타내는 식은?

① $R^2 + X_L^2$
② $R^2 - X_L^2$
③ $\sqrt{R^2 - X_L^2}$
④ $\sqrt{R^2 + X_L^2}$

해설 $\dot{Z} = R + jX_L$
$Z = \sqrt{R^2 + X_L^2}$

20 다음 중 비유전율이 가장 큰 물질은?

① 공기
② 석면
③ 염화 비닐
④ 진공

해설 비유전율
- 공기 : 1.00059
- 석면 : 4.8
- 진공 : 1
- 염화 비닐 : 5~9

21 직류기의 전기자 권선법에 대한 설명으로 옳은 것은?

① 단중 중권의 브러시 수는 극수와 같다.
② 동일 조건일 경우 단중 중권이 고전압, 소전류에 적합하다.
③ 단중 파권은 균압 접속을 해야 한다.
④ 단중 파권의 전기자 병렬 회로수는 극수와 같다.

해설 전기자 권선법

구분	파권(직렬권)	중권(병렬권)
병렬 회로수 (a)	2개	극수와 동일($a = p$)
브러시 수 (b)	2개 또는 극수(p)	극수와 동일($b = p$)
용도(적용)	고전압, 소전류용	저전압, 대전류용
균압 접속 (균압환)	필요 없음	필요 (4극 이상일 경우)

정답 17 ① 18 ③ 19 ④ 20 ③ 21 ①

22 다음 중 3상 유도 전동기를 급하게 정지시킬 경우에 사용되는 제동법은?

① 회생 제동
② 역상 제동
③ 발전 제동
④ 단상 제동

해설 역상 제동
1차 측 3선 중 2선을 바꿔 접속하여 회전자의 방향을 반대로 하며 전동기를 급히 정지시키는 방법

23 발전기를 정격 전압 220[V]로 전부하 운전하다가 무부하로 운전하니 단자전압이 242[V]가 된다. 이 발전기의 전압 변동률[%]은?

① 10
② 14
③ 20
④ 25

해설 전압 변동률
$\varepsilon = \dfrac{V_o - V_n}{V_n} \times 100 = \dfrac{242-220}{220} \times 100 = 10[\%]$
(V_o : 무부하 시 전압, V_n : 정격 전압)

24 동기 속도 1,200[rpm], 주파수 60[Hz]인 동기 발전기의 극수는 몇 극인가?

① 2
② 4
③ 6
④ 8

해설 $N_s = \dfrac{120f}{p}$ 에서 $p = \dfrac{120f}{N_s} = \dfrac{120 \times 60}{1,200} = 6$

25 출력 6[kW], 1,500[rpm]인 전동기의 토크[kg·m]는 약 얼마인가?

① 3.2
② 3.6
③ 3.9
④ 4.2

해설 $T = 0.975 \dfrac{P}{N} = 0.975 \times \dfrac{6,000}{1,500} = 3.9[\text{kg} \cdot \text{m}]$

26 동기 전동기의 여자 전류를 변화시켜도 변하지 않는 것은?(단, 공급 전압과 부하는 일정하다)

① 동기 속도
② 역기전력
③ 역률
④ 전기자 전류

해설 동기 전동기의 동기 속도가 $N_s = \dfrac{120f}{p}$[rpm] 이므로 여자 전류를 변화시켜도 동기 속도는 변하지 않는다.

27 P형 반도체의 전기 전도의 주된 역할을 하는 반송자는?

① 전자
② 정공
③ 가전자
④ 5가 불순물

해설 P형 반도체의 다수 캐리어는 정공이다.

28 3상 변압기의 병렬 운전이 불가능한 결선 방식으로 짝지은 것은?

① △-△와 Y-Y
② △-△와 △-△
③ △-Y와 △-Y
④ Y-Y와 △-Y

해설 △ 또는 Y의 개수가 홀수인 경우 병렬 운전이 불가능하다.

29 2차 구리손 500[W], 슬립 5[%]인 유도 전동기의 2차 입력[kW]은?

① 10
② 12
③ 14
④ 15

해설 2차 입력 : 2차 구리손 $= 1 : s = P_2 : P_{c2}$

2차 입력 $P_2 = \dfrac{P_{c2}}{s} = \dfrac{500}{0.05} = 10[\text{kW}]$

30 직류 스테핑 모터(DC stepping motor)의 특징이다. 다음 중 가장 옳은 것은?

① 교류 동기 서보 모터에 비하여 효율이 나쁘고 토크 발생도 작다.
② 입력되는 전기신호에 따라 계속하여 회전한다.
③ 일반적인 공작 기계에 많이 사용된다.
④ 출력을 이용하여 특수기계의 속도, 거리, 방향 등을 정확하게 제어할 수 있다.

해설 직류 스테핑 모터는 출력을 이용하여 특수기계의 속도, 거리, 방향 등을 제어할 수 있으며 전기 신호를 받아 회전 운동으로 바꾸고 기계적 이동을 한다.

31 3상 농형 유도 전동기의 Y-△ 기동 시 기동 전압을 전전압 기동 시와 바르게 비교한 것은?

① 전전압 기동 전압의 $\dfrac{1}{\sqrt{3}}$ 배가 된다.

② 전전압 기동 전압의 $\dfrac{1}{3}$ 배가 된다.

③ 전전압 기동 전압의 $\sqrt{3}$ 배가 된다.

④ 전전압 기동 전압의 3배가 된다.

해설 Y-△ 기동 시의 기동 전압은 전전압 기동 시 전압의 $\dfrac{1}{\sqrt{3}}$ 배가 된다.

32 동기기의 3상 단락 곡선이 직선이 되는 이유는?

① 무부하 상태이므로
② 자기 포화가 있으므로
③ 전기자 반작용으로
④ 누설 리액턴스가 크므로

해설 철심이 포화되면 전기자 반작용에 의해 감자 작용이 발생하여 자기 포화가 되지 않기 때문이다.

정답 28 ④ 29 ① 30 ④ 31 ① 32 ③

33 콘덴서 기동형 유도 전동기의 특징으로 옳지 않은 것은?

① 소음이 적다.
② 역률이 좋다.
③ 기동 토크가 크다.
④ 보조 권선과 병렬로 콘덴서를 설치한다.

해설 콘덴서 기동형 유도 전동기 특징
- 소음이 적다.
- 역률과 효율이 좋다.
- 기동 토크는 크고 기동 전류는 작다.
- 보조 권선과 직렬로 콘덴서를 설치한다.

34 전기자 저항 0.1[Ω], 전기자 전류 104[A], 유도 기전력 110.4[V]인 직류 분권 발전기의 단자 전압[V]은?

① 98
② 100
③ 102
④ 106

해설 $E = V + I_a R_a [V]$
$V = E - I_a R_a = 110.4 - 0.1 \times 104 = 100[V]$

35 변압기가 최대 효율이 될 때의 조건으로 옳은 것은?

① 철손 = 구리손
② 철손 = $\frac{1}{\sqrt{2}}$ 구리손
③ 구리손 = $\frac{1}{\sqrt{2}}$ 철손
④ 구리손 = 2철손

해설 변압기 최대 효율 조건 : 철손 = 구리손

36 동기 발전기 2대의 병렬 운전 조건에 대한 설명으로 옳지 않은 것은?

① 기전력의 크기가 다르면 무효 순환 전류가 흐른다.
② 기전력의 위상이 다르면 유효 순환 전류가 흐른다.
③ 기전력의 파형이 다르면 난조가 발생한다.
④ 상회전 방향이 일치해야 한다.

해설 기전력의 파형이 다르면 고조파 무효 순환 전류가 발생한다.

37 반도체 사이리스터에 의한 제어는 무엇을 제어하여 출력 전압을 변환시키는가?

① 토크
② 위상각
③ 회전수
④ 주파수

해설 위상각을 제어하여 변환한다.

38 전력용 변압기의 내부 고장 보호용 계전 방식은?

① 역상 계전기
② 차동 계전기
③ 접지 계전기
④ 과전류 계전기

해설 차동 계전기
변압기를 기준으로 1차 측 전류와 2차 측 전류의 차이를 감시하며, 기준치 이상의 값이 검출되는 경우 작동하는 계전기

39 동기 전동기의 가로축은 계자 전류, 세로축은 전기자 전류를 나타내는 V 곡선에 대한 설명으로 옳지 않은 것은?

① 전기자 전류가 최소일 때 역률이 1이다.
② 여자 전류가 증가하면 콘덴서로 작용한다.
③ 여자 전류가 감소하면 리액터로 작용한다.
④ 여자 전류가 감소하면 역률이 앞선다.

해설 V 곡선에 따라 여자 전류가 감소하면 역률은 뒤지고 전기자 전류는 증가한다.

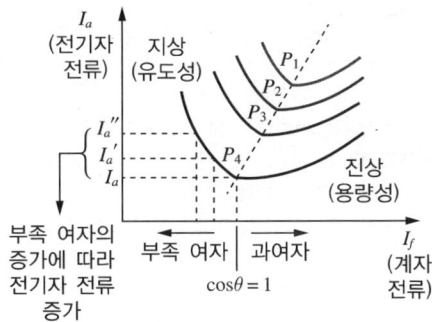

40 출력 114[kW], 효율 95[%]인 변압기의 손실은 약 몇 [kW]인가?

① 2　　② 4
③ 6　　④ 8

해설 규약 효율 $\eta = \dfrac{출력}{입력} = \dfrac{출력}{출력+손실} \times 100[\%]$ 이므로

$0.95 = \dfrac{114}{114+손실}$, 손실 $= 6[kW]$

41 다음 중 계전기의 종류가 아닌 것은?

① 과전류 계전기
② 과전압 계전기
③ 과저항 계전기
④ 지락 계전기

해설 과저항 계전기는 존재하지 않는다.

42 비교적 장력이 작고 타 종류의 지지선을 시설할 수 없는 경우에 적용되는 지선은?

① Y지지선
② 수평지지선
③ 궁지지선
④ 공동지지선

해설 궁지지선은 비교적 장력이 작고 다른 종류의 지지선을 시설할 수 없는 경우에 사용한다.

43 금속관을 절단할 때 사용하는 공구는?

① 파이프 커터
② 오스터
③ 녹아웃 펀치
④ 파이프 렌치

해설
• 파이프 커터 : 금속관을 절단할 때 사용
• 오스터 : 금속관 끝에 나사를 내는 공구
• 녹아웃 펀치 : 배전반, 분전반 등의 캐비닛에 구멍을 뚫을 때 사용
• 파이프 렌치 : 금속관과 커플링을 물고 조이는 공구

정답　39 ④　40 ③　41 ③　42 ③　43 ①

44 다음과 같은 그림 기호의 명칭은?

― ― ― ― ― ―

① 바닥면 노출배선
② 지중 매설배선
③ 바닥 은폐배선
④ 천장 은폐배선

해설

기호	명칭
― ― ― ― ― ―	바닥 은폐배선
―·―·―·―·―	바닥면 노출배선
― · · ― · · ―	지중 매설배선
―――――	천장 은폐배선

45 사용전압이 저압인 전로에서 정전이 어려운 경우 등 절연저항 측정이 곤란한 경우 누설 전류는 몇 [mA] 이하로 유지하여야 하는가?

① 1   ② 2
③ 3   ④ 4

해설 **저압 전로의 절연 성능**
저압 전로에서 절연저항 측정이 곤란할 경우, 저항 성분의 누설 전류가 1[mA] 이하이면 그 전로의 절연 성능은 적합한 것으로 볼 수 있다.

46 다음 중 금속본체와 덮개가 별도로 구성되어 덮개를 개폐할 수 있는 공사는?

① 금속덕트공사   ② 금속몰드공사
③ 금속트렁킹공사   ④ 금속관공사

해설
• 금속덕트공사 : 본체와 덮개 구분 없이 하나로 구성되어 있다.
• 금속트렁킹공사 : 금속본체와 덮개가 별도로 구성되어 덮개를 개폐할 수 있다.

47 누전 차단기의 설치 예외인 경우가 아닌 것은?

① 기계기구를 발전소·변전소·개폐소 또는 이에 준하는 곳에 시설하는 경우
② 기계기구가 유도 전동기의 2차 측 전로에 접속되는 것일 경우
③ 기계기구를 건조한 곳에 시설하는 경우
④ 대지전압이 300[V] 이하인 기계기구를 물기가 있는 곳 이외의 곳에 시설하는 경우

해설 **누전 차단기의 생략**
다음의 장소에는 누전 차단기를 설치하지 않을 수 있다.
• 기계기구를 발전소·변전소·개폐소 또는 이에 준하는 곳에 시설하는 경우
• 기계기구를 건조한 곳에 시설하는 경우
• 대지전압이 150[V] 이하인 기계기구를 물기가 있는 곳 이외의 곳에 시설하는 경우
• 기계기구가 유도전동기 2차 측 전로에 접속된 경우

48 다음 중 점착성은 없으나 절연성, 내온성, 내유성이 우수하여 연피케이블의 접속에서 사용하는 절연 테이프는 어느 것인가?

① 비닐 테이프
② 고무 테이프
③ 블랙 테이프
④ 리노 테이프

해설 리노 테이프는 절연용 테이프로 연피케이블의 접속에 사용된다.

49 후강전선관의 관 호칭은 (㉠) 크기로 정하여 (㉡)로 표시하는데, ㉠과 ㉡에 들어갈 내용으로 옳은 것은?

	㉠	㉡
①	안지름	짝수
②	안지름	홀수
③	바깥지름	짝수
④	바깥지름	홀수

해설 후강전선관의 규격은 안지름의 크기에 가까운 짝수로 정한다.

50 라이팅덕트공사에 의한 저압 옥내배선 시 덕트의 지지점 간의 거리는 몇 [m] 이하로 해야 적절한가?

① 1.5　　② 2.0
③ 2.5　　④ 3.0

해설 라이팅덕트공사
- 덕트는 상호 간 견고하게 또한 전기적으로 완전히 접속할 것
- 덕트는 조영재에 견고하게 붙일 것
- 덕트의 지지점 간의 거리는 2[m] 이하로 할 것
- 덕트의 끝부분은 막을 것
- 덕트의 개구부는 아래로 향하여 시설할 것
- 덕트는 조영재를 관통하여 시설하지 않을 것
- 덕트는 합성수지 기타의 절연물로 금속재 부분을 피복한 덕트를 사용한 경우 이외에는 규정에 준하는 접지공사를 실시할 것(다만, 대지 전압이 150[V] 이하이고 덕트의 길이가 4[m] 이하인 경우에는 생략이 가능)

51 저압 배선이나 각종 간선에서 전선의 상별 색상이 정해져 있다. 검은색 전선이 나타내는 상으로 옳은 것은?

① L1
② L2
③ L3
④ 보호도체

해설 전선의 식별

상(문자)	색상
L1	갈색
L2	검은색
L3	회색
N(중성선)	파란색
보호도체	녹색-노란색

52 밀가루, 전분 등 가연성 먼지가 존재하는 곳의 저압 옥내배선공사 방법으로 적합하지 않은 것은?

① 케이블공사
② 가요전선관공사
③ 금속관공사
④ 합성수지관공사

해설 가연성 먼지가 있는 위험 장소
케이블공사, 금속관공사, 합성수지관공사(두께 2[mm] 미만의 합성수지전선관 및 난연성이 없는 콤바인덕트관을 사용하는 것을 제외) → 합성수지관은 두께 2[mm] 이상으로 할 것

정답 49 ① 50 ② 51 ② 52 ②

53 특고압 수변전설비 약호가 잘못된 것은?

① DS – 단로기
② LA – 피뢰기
③ LF – 전력퓨즈
④ CB – 차단기

해설 PF : 전력퓨즈(Power Fuse)

54 부하의 역률이 규정 값 이하인 경우 역률 개선을 위하여 설치하는 것은?

① 저항
② 컨덕턴스
③ 진상용 콘덴서
④ 리액터

해설 진상용 콘덴서는 수변전설비로서 역률을 보상하는 장치이다.

55 연선 결정에 있어서 중심 소선을 뺀 층수가 3층이다. 소선의 총수 N은 몇 개인가?

① 7
② 19
③ 37
④ 61

해설 연선
 • 소선이라고 불리는 도체 가닥을 여러 개 꼬아 만든 전선
 • 전체 소선의 총수 $N = 3n(n+1)+1$[개]
 ∴ $N = 3 \times (3) \times (3+1) + 1 = 37$[개]

56 수변전설비에서 차단기의 종류 중 가스 차단기에 들어가는 가스의 종류는?

① SF_6
② CO_2
③ LPG
④ LNG

해설 가스 차단기(GCB ; Gas Circuit Breaker)
발전소, 변전소와 같은 큰 용량의 전류를 차단할 때 사용하며 절연 내력이 우수한 육불화황(SF_6) 가스를 이용하여 아크를 제거하는 차단기

57 한국전기설비규정에 의한 고압 가공전선로 철탑의 지지물 간 거리는 몇 [m] 이하로 제한하고 있는가?

① 100
② 200
③ 250
④ 600

해설 고압, 특고압 가공전선로의 지지물 간 거리

지지물의 종류	표준 지지물 간 거리	긴 지지물 간 거리	특고압을 시가지에 시설하는 경우 (170[kV] 이하)
목주 A종 철주 A종 철근 콘크리트주	150[m] 이하	300[m] 이하	목주 : 사용불가 A종주 : 75[m] 이하
B종 철주, B종 철근 콘크리트주	250[m] 이하	500[m] 이하	150[m] 이하
철탑	600[m] 이하 (단주인 경우 400[m] 이하)	제한 없음	• 일반적인 경우 : 400[m] 이하 • 단주인 경우 : 300[m] 이하 • 전선이 수평으로 2 이상 있는 경우에 전선 상호 간의 간격이 4[m] 미만인 때 : 250[m] 이하

58 애자공사를 건조한 장소에 시설하고자 한다. 사용 전압이 400[V] 이하인 경우 전선과 조영재 사이의 간격은 최소 몇 [mm] 이상이어야 하는가?

① 25
② 45
③ 60
④ 75

해설 애자공사의 전선 간격

간격	사용전압이 400[V] 이하	사용전압이 400[V] 초과
전선과 전선 간의 간격	0.06[m] 이상	
전선과 조영재 간의 간격	25[mm] 이상	45[mm] 이상 (건조한 장소는 25[mm] 이상)
지지점 간의 거리	조영재의 윗면 또는 옆면에 따라 붙이는 경우에는 2[m] 이하	조영재의 윗면 또는 옆면에 따라 붙이는 경우 이외에는 6[m] 이하

59 라이팅덕트공사에 의한 저압 옥내배선의 시설 기준으로 틀린 것은?

① 덕트는 조영재에 견고하게 붙일 것
② 덕트의 끝부분은 막을 것
③ 덕트는 조영재를 관통하여 시설하지 아니할 것
④ 덕트의 개구부는 위로 향하여 시설할 것

해설 라이팅덕트공사
• 덕트는 상호 간 견고하게 또한 전기적으로 완전히 접속할 것
• 덕트는 조영재에 견고하게 붙일 것
• 덕트의 지지점 간의 거리는 2[m] 이하로 할 것
• 덕트의 끝부분은 막을 것
• 덕트의 개구부는 아래로 향하여 시설할 것
• 덕트는 조영재를 관통하여 시설하지 않을 것
• 덕트는 합성수지 기타의 절연물로 금속재 부분을 피복한 덕트를 사용한 경우 이외에는 규정에 준하는 접지공사를 실시할 것(다만, 대지 전압이 150[V] 이하이고 덕트의 길이가 4[m] 이하인 경우에는 생략이 가능)

60 케이블덕팅 시스템에 시설하는 공사 방법이 아닌 것은?

① 금속덕트공사
② 플로어덕트공사
③ 셀룰러덕트공사
④ 버스덕트공사

해설 케이블덕팅 시스템 공사 방법
• 금속덕트공사
• 플로어덕트공사
• 셀룰러덕트공사

CBT 기출복원문제

01 저항 2[Ω]과 임의의 저항 $R[\Omega]$을 병렬로 접속되어 있는 회로에서 저항 2[Ω]에 6[A], $R[\Omega]$에는 4[A]가 흐를 때 임의의 저항 $R[\Omega]$은?

① 1
② 2
③ 3
④ 4

해설 전체 전압은 $V = IR = 6 \times 2 = 12[V]$
이때 R에 흐르는 전류가 4[A]이므로
$R = \dfrac{V}{I} = \dfrac{12}{4} = 3[\Omega]$

02 200[V]의 교류 전원에 선풍기를 접속하고 전력과 전류를 측정하니 300[W], 2[A]이다. 이 선풍기의 역률은?

① 0.5
② 0.75
③ 0.8
④ 0.85

해설 유효 전력 $P = VI\cos\theta[W]$ 이므로
역률 $\cos\theta = \dfrac{P}{VI} = \dfrac{300}{200 \times 2} = 0.75$

03 다음 설명 중 옳지 않은 것은?

① 인덕턴스에 흐르는 전류는 전압에 비해 위상이 90° 늦다.
② 코일은 직렬로 연결할수록 인덕턴스가 커진다.
③ 유도성 리액턴스는 주파수에 비례한다.
④ 용량성 리액턴스는 주파수에 비례한다.

해설 유도성 리액턴스 $X_L = 2\pi f L[\Omega]$
용량성 리액턴스 $X_C = \dfrac{1}{2\pi f C}[\Omega]$ 이므로
용량성 리액턴스는 주파수에 반비례한다.

04 임의의 폐회로에서 회로 내 모든 전압의 합이 0임을 보이는 법칙은?

① 키르히호프 제1법칙
② 키르히호프 제2법칙
③ 렌츠의 법칙
④ 플레밍의 오른나사 법칙

해설 **키르히호프의 법칙**
• 키르히호프 제1법칙 : 접합점으로 들어오는 전류와 흘러나가는 전류의 합이 같다.
• 키르히호프 제2법칙 : 임의의 폐회로에서 회로 내 모든 전압의 합은 0이이야 한다.

05 복소수 $6 + 8j$의 절댓값은 얼마인가?

① 6
② 8
③ 10
④ 14

해설 절댓값 $Z = \sqrt{6^2 + 8^2} = 10$

06 저항 $R=8[\Omega]$과 코일이 직렬로 접속된 회로에 200[V]의 교류 전압을 가하면 20[A]의 전류가 흐른다. 코일의 리액턴스 X_L은 몇 $[\Omega]$인가?

① 2 ② 4
③ 6 ④ 8

해설 $I = \dfrac{V}{Z}$

$20 = \dfrac{200}{Z}$ ∴ $Z = 10$

$\dot{Z} = R + jX_L = 8 + jX_L$

∴ $Z = \sqrt{8^2 + X_L^2} = 10$

∴ $X_L = 6[\Omega]$

07 다음 중 옴의 법칙을 나타낸 식은?

① $V = \dfrac{R}{I}$ ② $V = IR$
③ $I = \dfrac{R}{V}$ ④ $R = VI$

해설 옴의 법칙
$I = \dfrac{V}{R}$, $V = IR$

08 자기 인덕턴스가 L_1, L_2이고 상호 인덕턴스가 M인 두 코일이 서로 영향을 미치지 않을 때 상호 인덕턴스 M의 값은?

① 0 ② 0.1
③ 1 ④ 10

해설 코일 간 결합이 없는 경우에 상호 인덕턴스 M은 0이다.

09 다음 중 유전율의 단위는?

① [H/m] ② [V/m]
③ [AT/m] ④ [F/m]

해설
- [H/m] : 투자율
- [V/m] : 전기장의 세기
- [AT/m] : 자계의 세기
- [F/m] : 유전율

10 $\dfrac{\pi}{3}$[rad]는 각도법으로 몇 도인가?

① 30° ② 45°
③ 60° ④ 90°

해설 $\pi = 180°$이므로 $\dfrac{\pi}{3}$[rad] $= 60°$

11 교류 파형 1사이클이 진행하는 데 0.025[s]가 걸릴 때 주파수 f[Hz]는 얼마인가?

① 10 ② 20
③ 30 ④ 40

해설 $f = \dfrac{1}{T}$[Hz]이므로 $f = \dfrac{1,000}{25} = 40$[Hz]

정답 6 ③ 7 ② 8 ① 9 ④ 10 ③ 11 ④

12 5분간 1,680,000[J]의 일을 할 때 전력은 몇 [kW]인가?

① 0.056　　② 0.56
③ 5.6　　　④ 56

해설 전력은 초당 한 일의 양을 나타내므로
$P = \dfrac{W}{t} = \dfrac{1,680,000}{5 \times 60} = 5,600[\text{W}] = 5.6[\text{kW}]$

13 △ 결선의 전원에서 선전류가 25[A]이고 선간전압이 220[V]일 때 상전류는 약 몇 [A]인가?

① 14.5　　② 18
③ 20.5　　④ 25

해설 △ 결선에서 선전류 $I_l = \sqrt{3}\,I_p$이므로
상전류 $I_p = \dfrac{I_l}{\sqrt{3}} = \dfrac{25}{\sqrt{3}} \fallingdotseq 14.5[\text{A}]$

14 공기 중에서 자속 밀도 4[Wb/m²]의 평등 자장 속에 길이 30[cm]의 직선 도선을 자장의 방향과 30°가 되도록 놓고 여기에 1[A]의 전류를 흘릴 때 이 도선이 받는 힘 F[N]은?

① 0.6　　② 0.9
③ 1.2　　④ 1.5

해설 자기장 안에 있는 도체가 받는 힘
$F = BIl\sin\theta = 4 \times 1 \times 0.3 \times \sin 30° = 0.6[\text{N}]$

15 사인파 교류 전압을 표현한 것 중 같지 않은 것은?(단, θ는 회전각이며, ω는 각속도이다)

① $v = V_m \sin\theta$
② $v = V_m \sin\omega t$
③ $v = V_m \sin 2\pi t$
④ $v = V_m \sin \dfrac{2\pi}{T} t$

해설 ③에서 $\omega = 2\pi f$이다.

16 권수가 200인 코일에서 4초간 3[Wb]의 자속이 변화할 때 코일에 발생하는 유도 기전력 e[V]의 크기는?

① 600　　② 450
③ 300　　④ 150

해설 유도 기전력의 크기 $e = N\dfrac{\Delta\phi}{\Delta t} = 200 \times \dfrac{3}{4} = 150[\text{V}]$

17 비사인파 교류 회로의 전력 성분과 거리가 먼 것은?

① 맥류 성분과 사인파의 곱
② 직류 성분과 사인파의 곱
③ 직류 성분
④ 주파수가 같은 두 사인파의 곱

해설 비사인파 = 직류분 + 기본파 + 고조파이므로 맥류 성분의 사인파의 곱과 관계가 없다.

18 다음 설명의 (㉠), (㉡)에 들어갈 내용으로 옳은 것은?

> 히스테리시스 곡선에서 종축과 만나는 점은 (㉠)이고, 횡축과 만나는 점은 (㉡)이다.

	㉠	㉡
①	보자력	잔류 자기
②	잔류 자기	보자력
③	자속 밀도	자기 저항
④	자기 저항	자속 밀도

해설 히스테리시스 곡선

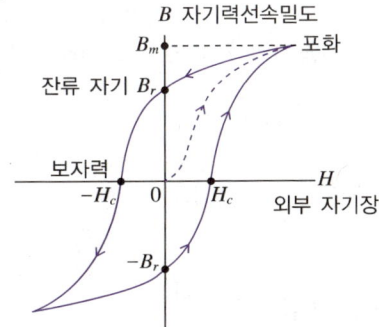

19 최댓값 $V_m = 3\sqrt{2}$, 주파수 $f = 60[Hz]$, 위상은 30°인 전압의 순시값 $v[V]$를 수식으로 옳게 나타낸 것은?

① $v = 3\sqrt{2}\sin\left(120\pi t + \dfrac{\pi}{6}\right)[V]$

② $v = 3\sqrt{2}\sin\left(120\pi t + \dfrac{\pi}{3}\right)[V]$

③ $v = 3\sin\left(120\pi t + \dfrac{\pi}{6}\right)[V]$

④ $v = 3\sin\left(120\pi t + \dfrac{\pi}{3}\right)[V]$

해설 $v = V_m \sin(2\pi f t + \theta)[V]$ 이고 주어진 값을 대입하면
$v = 3\sqrt{2}\sin\left(120\pi t + \dfrac{\pi}{6}\right)[V]$

20 그림과 같은 RL 병렬 회로에서 $R = 25[\Omega]$, $\omega L = \dfrac{100}{3}[\Omega]$일 때, 200[V]의 전압을 가하면 코일에 흐르는 전류 $I_L[A]$은?

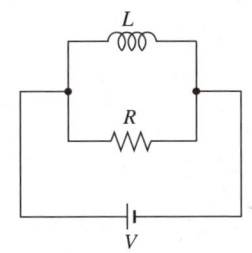

① 3　　② 4.8
③ 6　　④ 8.2

해설 $I_L = \dfrac{V}{X_L} = \dfrac{V}{\omega L} = \dfrac{200}{\dfrac{100}{3}} = 6[A]$

21 3상 전파 정류 회로에서 교류 입력이 100[V]일 때 직류 전압의 평균값은 몇 [V]인가?

① 100　　② 115
③ 120　　④ 135

해설 $E_d = 1.35E = 1.35 \times 100 = 135[V]$

22 직류 발전기 극수가 10이고, 전기자 도체수가 5000이며, 단중 파권일 때 매극의 자속수가 0.01[Wb]이면 600[rpm]일 때의 기전력[V]은?

① 150　　② 200
③ 220　　④ 250

해설 유도 기전력
$E = \dfrac{pZ\phi N}{60a} = \dfrac{10 \times 500 \times 0.01 \times 600}{60 \times 2} = 250[V]$
(p : 극수, Z : 총 도체수, ϕ : 극당 자속, N : 분당 회전수, a : 병렬 회로수(파권에서 $a = 2$))

정답　18 ②　19 ①　20 ③　21 ④　22 ④

23 변압기에서 사용되는 변압기유의 구비 조건으로 옳지 않은 것은?

① 절연 내력이 커야 한다.
② 인화점이 높고 비열이 커야 한다.
③ 열전도율이 낮아야 한다.
④ 절연재료와 화학작용을 일으키지 않아야 한다.

해설 **변압기유의 구비 조건**
- 인화점이 높고 응고점이 낮을 것
- 절연 내력이 클 것
- 비열이 커서 냉각효과가 좋을 것
- 점도가 낮을 것
- 산화되지 않을 것
- 절연재료와 화학작용을 일으키지 않을 것

24 직류 전동기의 제어에 널리 응용되는 직류–직류 전압 제어장치는?

① 초퍼
② 인버터
③ 전파 정류 회로
④ 사이클로 컨버터

해설 **초퍼**
직류–직류 전력 제어장치로 직류 전동기 제어에 주로 사용된다. ON, OFF를 고속도로 반복할 수 있는 스위치다.

25 출력 7.2[kW], 1,600[rpm]인 전동기의 토크[kg·m]는 약 얼마인가?

① 2   ② 3.9
③ 4.5 ④ 5.6

해설 $T = 0.975 \dfrac{P}{N} = 0.975 \times \dfrac{7,200}{1,600} \fallingdotseq 4.5 [\text{kg} \cdot \text{m}]$

26 다음 중 변압기의 규약 효율을 나타낸 식은?

① $\eta = \dfrac{\text{손실}}{\text{출력}} \times 100 [\%]$

② $\eta = \dfrac{\text{입력}}{\text{출력} + \text{손실}} \times 100 [\%]$

③ $\eta = \dfrac{\text{출력}}{\text{출력} - \text{손실}} \times 100 [\%]$

④ $\eta = \dfrac{\text{출력}}{\text{출력} + \text{손실}} \times 100 [\%]$

해설 변압기의 규약 효율 $\eta = \dfrac{\text{출력}}{\text{입력}} = \dfrac{\text{출력}}{\text{출력} + \text{손실}} \times 100 [\%]$

27 3상 변압기의 병렬 운전 시 병렬 운전이 불가능한 결선 조합은?

① △–△와 Y–Y
② △–Y와 Y–Y
③ △–Y와 △–Y
④ Y–Y와 Y–Y

해설 △ 또는 Y의 개수가 홀수인 경우 병렬 운전이 불가능하다.

28 동기 전동기에서 90° 앞선 전류가 흐를 때 전기자 반작용으로 옳은 것은?

① 감자 작용
② 교차 작용
③ 증자 작용
④ 편자 작용

해설 전기자 반작용

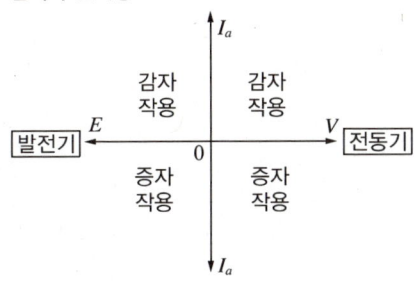

29 농형 회전자에 비뚤어진 홈을 쓰는 이유는?

① 출력을 높인다.
② 회전수를 증가시킨다.
③ 소음을 줄인다.
④ 미관상 좋다.

해설 소음을 줄이기 위해 사용한다.

30 직류 발전기에서 브러시의 역할은?

① 전기자 권선과 외부 회로를 연결
② 철손 감소
③ 정류 작용
④ 자속 생성

해설 브러시는 정류자 편에 접촉하여 전기자 권선과 외부 회로를 연결하는 역할을 한다.

31 단상 유도 전동기 기동법 중 역률이 가장 좋은 것은?

① 반발 기동형
② 분상 기동형
③ 셰이딩 코일형
④ 콘덴서 기동형

해설 콘덴서 기동형은 효율과 역률이 좋아 가장 널리 사용한다.

32 IGBT에 대한 설명으로 옳지 않은 것은?

① 전력 손실이 적다.
② 고속 초퍼 제어 소자에 사용된다.
③ 4단자 소자다.
④ 게이트에 전압을 인가할 때만 컬렉터 전류가 흐른다.

해설 IGBT는 3단자 소자다.

정답 28 ① 29 ③ 30 ① 31 ④ 32 ③

33 3상 동기 발전기에서 전기자 권선을 Y 결선으로 하는 이유로 옳지 않은 것은?

① 이상 전압 방지 대책이 용이하다.
② 코일의 코로나 및 열화가 적다.
③ 제3고조파에 의한 순환 전류가 흐르지 않는다.
④ 전기자 반작용이 감소한다.

해설 전기자 권선을 Y 결선으로 하는 이유
- 이상 전압 방지 대책이 용이하다.
- 코일의 코로나 및 열화가 적다.
- 권선의 불평형 및 제3고조파에 의한 순환 전류가 흐르지 않는다.
- △ 결선에 비해 상전압이 선간전압의 $\frac{1}{\sqrt{3}}$ 로 낮아 절연이 용이하다.

34 단락비가 1.2인 동기 발전기의 %동기 임피던스는 약 몇 [%]인가?

① 75.6
② 83.3
③ 89.2
④ 92.3

해설 단락비 $K_s = \frac{100}{\%Z} = \frac{단락\ 전류}{정격\ 전류}$ 이므로

%동기 임피던스 $\%Z = \frac{100}{K_s} = \frac{100}{1.2} ≒ 83.3[\%]$

35 6극 60[Hz] 3상 유도 전동기의 동기 속도는 몇 [rpm]인가?

① 600
② 900
③ 1,200
④ 1,500

해설 유도 전동기의 동기 속도
$N_s = \frac{120f}{p} = \frac{120 \cdot 60}{6} = 1,200[\text{rpm}]$

36 다음 중 3단자 사이리스터가 아닌 것은?

① SCS
② SCR
③ TRIAC
④ GTO

해설 SCS는 단방향성 4단자 소자다.

37 전기자 반작용 방지 대책으로 옳지 않은 것은?

① 보극을 설치한다.
② 균압환을 설치한다.
③ 보상 권선을 설치한다.
④ 브러시 위치를 전기적 중성점으로 이동시킨다.

해설 전기자 반작용 방지 대책
- 보극을 설치한다.
- 보상 권선을 설치한다.
- 브러시 위치를 전기적 중성점으로 이동시킨다.

정답 33 ④ 34 ② 35 ③ 36 ① 37 ②

38 동기 발전기의 병렬 운전 조건으로 옳지 않은 것은?

① 동기 발전기 용량이 같을 것
② 기전력의 크기가 같을 것
③ 기전력의 위상이 같을 것
④ 기전력의 주파수가 같을 것

해설 동기 발전기의 병렬 운전 조건
• 기전력의 크기가 같을 것
• 기전력의 위상이 같을 것
• 기전력의 주파수가 같을 것
• 기전력의 파형이 같을 것

39 유도 전동기가 정지되어 있을 때의 슬립은 얼마인가?

① 0
② 1
③ 2
④ 3

해설 유도 전동기 슬립 특성
• 정지 시 : $s=1$
• 동기 속도 회전 시 : $s=0$

40 다음 중 발전기의 전압 변동률을 나타내는 식은?

① $\varepsilon = \dfrac{V_0 - V_n}{V_n} \times 100[\%]$

② $\varepsilon = \dfrac{V_0 + V_n}{V_n} \times 100[\%]$

③ $\varepsilon = \dfrac{V_0 - V_n}{V_0} \times 100[\%]$

④ $\varepsilon = \dfrac{V_0 + V_n}{V_0} \times 100[\%]$

해설 전압 변동률 $\varepsilon = \dfrac{V_0 - V_n}{V_n} \times 100[\%]$
(V_0 : 무부하 전압, V_n : 정격 전압)

41 인체 감전 보호용 누전 차단기의 구비 조건은?

① 정격 감도전류 15[mA] 이하, 동작시간 0.03초 이하의 전압 동작형의 것
② 정격 감도전류 15[mA] 이하, 동작시간 0.03초 이하의 전류 동작형의 것
③ 정격 감도전류 30[mA] 이하, 동작시간 0.15초 이하의 전압 동작형의 것
④ 정격 감도전류 30[mA] 이하, 동작시간 0.15초 이하의 전류 동작형의 것

해설 인체 감전 보호용 누전 차단기(정격 감도전류 15[mA] 이하, 동작시간 0.03초 이하의 전류 동작형의 것)는 슬리브의 끝에서 조금 나오는 것이 바람직하다.

정답 38 ① 39 ② 40 ① 41 ②

42 한국전기설비규정에 의한 전압의 구분에서 직류를 기준으로 고압에 속하는 범위로 옳은 것은?

① 0.6[kV] 초과, 7[kV] 이하의 전압
② 0.75[kV] 초과, 7[kV] 이하의 전압
③ 1[kV] 초과, 7[kV] 이하의 전압
④ 1.5[kV] 초과, 7[kV] 이하의 전압

해설 전압의 구분

구분	직류	교류
저압	1.5[kV] 이하	1[kV] 이하
고압	1.5[kV] 초과 7[kV] 이하	1[kV] 초과 7[kV] 이하
특고압	7[kV] 초과	7[kV] 초과

43 굵은 전선이나 케이블을 절단할 때 사용되는 공구는?

① 플라이어   ② 클리퍼
③ 나이프   ④ 펜치

해설
- 클리퍼 : 굵은 전선이나 케이블, 볼트 절단 시 사용하는 공구
- 플라이어 : 가위와 같은 집게 형태로 물체를 잡는 공구
- 펜치 : 전선의 절단, 전선의 접속, 전선의 바인드 등에 사용

44 저압 배선을 조명 설비로 배선하는 경우 인입구로부터 기기까지의 전압 강하는 몇 [%] 이하로 해야 하는가?

① 1   ② 2
③ 3   ④ 4

해설 수용가 설비에서의 전압 강하
다른 조건을 고려하지 않는다면 수용가 설비의 인입구로부터 기기까지의 전압 강하는 다음 표의 값 이하이어야 한다.

설비의 유형	조명[%]	기타[%]
A - 저압으로 수전하는 경우	3	5
B - 고압 이상으로 수전하는 경우	6	8

45 건축물, 구조물의 철골 기타의 금속제는 이를 비접지식 고압전로에 시설하는 기계기구의 철대 또는 금속제 외함 또는 저압전로를 결합하는 변압기의 저압전로 접지공사의 접지극으로 사용할 수 있다. 이 경우 대지와의 전기 저항값은 몇 [Ω] 이하여야 하는가?

① 2   ② 3
③ 4   ④ 5

해설 접지극의 시설
건축물, 구조물의 철골 기타의 금속제의 접지극 사용은 전기 저항값이 2[Ω] 이하인 값을 유지하는 경우 가능하다.

46 캡타이어케이블을 조영재에 시설하는 경우 그 지지점 간의 거리는 몇 [m] 이하로 해야 하는가?

① 0.5   ② 1.0
③ 1.5   ④ 2.0

해설 케이블 지지점 간의 거리
- 조영재의 아랫면 또는 옆면에 따라 붙이는 경우 : 2[m] 이하
- 캡타이어케이블 : 1[m] 이하
- 사람 접촉 우려가 없는 곳에서 수직으로 부착하는 경우 : 6[m] 이하

47 3상 전선 구분 시 전선의 색상은 L1, L2, L3 순서대로 어떻게 되는가?

① 갈색, 검은색, 회색
② 갈색, 회색, 검은색
③ 회색, 검은색, 갈색
④ 검은색, 회색, 갈색

해설 전선의 식별

상(문자)	색상
L1	갈색
L2	검은색
L3	회색
N(중성선)	파란색
보호도체	녹색-노란색

48 박강전선관의 규격이 아닌 것은?

① 19
② 27
③ 39
④ 63

해설 전선관의 종류
- 후강전선관 : 전선관의 두께가 두꺼움
  안지름의 크기에 가까운 짝수로 정하며 16, 22, 28, 36, 42, 54, 70, 82, 92, 104[mm]까지 10종류가 있으며 1본의 길이는 3.6[m]
- 박강전선관 : 전선관의 두께가 얇음
  바깥지름의 크기에 가까운 홀수로 정하며 19, 25, 31, 39, 51, 63, 75[mm]까지 7종류가 있으며 1본의 길이는 3.6[m]

49 폭발성 먼지가 있는 위험 장소에 금속관공사에 의할 경우 관 상호 및 관과 박스, 기타의 부속품이나 풀 박스 또는 전기기계기구는 몇 산 이상의 나사 조임으로 접속하여야 하는가?

① 2
② 3
③ 5
④ 7

해설 폭연성 먼지가 있는 위험 장소
- 케이블공사(캡타이어케이블 사용 제외), 금속관공사
- 금속관은 박강전선관 또는 이와 동등 이상의 강도
- 관과 박스 등은 5산 이상의 나사 조임으로 접속

50 옥내에 시설하는 저압의 이동전선에서 사용하는 캡타이어케이블의 최소 단면적은 몇 [mm²]인가?

① 0.75
② 1
③ 1.5
④ 1.75

해설 조명용 전원코드 또는 이동전선은 단면적 0.75[mm²] 이상의 코드 또는 캡타이어케이블을 용도에 따라 선정해야 한다.

51 UPS란 무엇인가?

① 상시 교류 전원 장치
② 무정전 교류 전원 장치
③ 상시 직류 전원 장치
④ 정전 시 무정전 직류 전원 장치

해설 UPS(Uninterruptible Power Supply)
무정전 교류 전원 공급 장치로 선로에서 정전이나 순시 전압 강하 또는 입력 전원의 이상 상태가 발생하면 부하에 대한 교류 입력 전원의 연속성을 확보할 수 있는 전원 공급 장치

52 사람이 쉽게 접촉할 수 있는 장소에 설치하는 누전 차단기의 사용전압 기준은 몇 [V] 초과여야 하는가?

① 50　　　　② 75
③ 150　　　　④ 200

해설　**누전 차단기 시설 대상**
사람이 쉽게 접촉할 우려가 있는 곳에 시설하는 전로에는 지락이 발생할 때 자동으로 전로를 차단하는 장치를 설치해야 한다. 이때 설치하는 누전 차단기의 사용전압 기준은 50[V] 초과다.

53 다음 중 애자공사에 사용되는 애자의 구비 조건과 거리가 먼 것은?

① 내유성　　　② 내수성
③ 난연성　　　④ 절연성

해설　**애자의 선정**
- 절연 내력, 절연저항이 클 것(절연성)
- 습기나 수분을 흡수시키지 않을 것(내수성)
- 난연성일 것
- 누설 전류가 작을 것
- 기계적 강도가 클 것
- 정전 용량이 작을 것
- 경제적일 것

54 과전류 차단기로 시설하는 퓨즈 중 고압 전로에 사용하는 포장 퓨즈는 정격 전류의 몇 배를 견뎌야 하는가?

① 1　　　　② 1.2
③ 1.3　　　④ 2

해설　**포장 퓨즈**
- 정격 전류의 1.3배의 전류에 견딜 것
- 2배의 전류로 120분 안에 용단될 것

55 옥내배선공사에서 전개된 장소나 점검 가능한 은폐 장소에 시설하는 합성수지관의 최소 두께는 몇 [mm]인가?(단, 합성수지제 가요전선관은 제외한다)

① 1　　　　② 2
③ 3　　　　④ 4

해설　**합성수지관공사**
관(합성수지제 가요전선관 제외)의 두께는 2[mm] 이상. 다만, 전개된 장소 또는 점검할 수 있는 은폐된 장소로서 건조한 장소에 사람이 접촉할 우려가 없도록 시설한 경우(옥내배선의 사용전압이 400[V] 미만인 경우에 한함)에는 예외다.

56 저압 이웃 연결 인입선 시설에서 제한 사항이 아닌 것은?

① 폭 5[m]를 넘는 도로를 횡단하지 말 것
② 다른 수용가의 옥내를 관통하지 말 것
③ 지름 2.0[mm] 이하의 경동선을 사용하지 말 것
④ 인입선의 분기점에서 100[m]를 초과하는 지역에 미치지 아니할 것

해설　지름 2.6[mm] 이상의 경동선 또는 이와 동등 이상의 세기 및 굵기의 것이어야 한다.

57 철근 콘크리트주의 길이가 12[m]인 경우 땅에 묻히는 깊이는 최소 몇 [m] 이상이어야 하는가?(단, 설계하중이 6.8[kN] 이하다)

① 2.0
② 2.5
③ 2.8
④ 3.0

해설 가공전선로 지지물의 매설 깊이

설계하중 구분	지지물의 길이	땅에 묻히는 깊이
6.8[kN] 이하	15[m] 이하	지지물 길이 × $\frac{1}{6}$ 이상
	15[m] 초과 16[m] 이하	2.5[m] 이상
	16[m] 초과 20[m] 이하	2.8[m] 이상

철근 콘크리트 건주 깊이 $L = 12 \times \frac{1}{6} = 2[m]$

58 지중전선로를 직접 매설식에 의하여 차량 및 기타 중량물의 압력을 받을 우려가 있는 장소에 시설하는 경우 매설 깊이는 몇 [m] 이상으로 하여야 하는가?

① 0.6
② 1
③ 1.2
④ 1.5

해설 직접 매설식
차량 기타 중량물의 압력을 받을 우려가 있는 장소에는 매설 깊이를 1[m] 이상, 기타 장소에는 0.6[m] 이상으로 하고 지중전선을 견고한 트로프 기타 방호물에 넣어 시설해야 한다.

59 전주외등을 시설하는 공사 방법으로 적합하지 않은 것은?

① 금속관공사
② 금속덕트공사
③ 케이블공사
④ 합성수지관공사

해설 전주외등 공사 방법
- 케이블공사
- 금속관공사
- 합성수지관공사

60 서로 다른 굵기의 절연전선을 동일 관 내에 넣는 경우 금속관의 굵기는 전선의 피복절연물을 포함한 단면적의 총합계가 관 내 단면적의 몇 [%] 이하가 되도록 선정하여야 하는가?

① 23
② 33
③ 42
④ 48

해설 서로 다른 굵기의 절연전선을 동일 관 내에 넣는 경우 금속관의 굵기는 전선의 절연체 및 피복을 포함한 단면적의 총합이 관의 굵기의 $\frac{1}{3}$ (≒ 33[%])을 넘지 않아야 한다.

정답 57 ① 58 ② 59 ② 60 ②

2024년 제2회 CBT 기출복원문제

01 다음 중 파형률을 나타낸 식은?

① $\dfrac{평균값}{실횻값}$ ② $\dfrac{실횻값}{평균값}$

③ $\dfrac{최댓값}{실횻값}$ ④ $\dfrac{최댓값}{평균값}$

해설 파형률 = $\dfrac{실횻값}{평균값}$

02 그림과 같은 회로의 저항값이 $R_1 = R_2 > R_3 > R_4$일 때 전류가 최소로 흐르는 저항은?

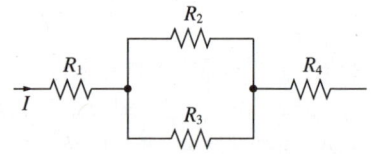

① R_1 ② R_2
③ R_3 ④ R_4

해설 옴의 법칙 식 $I = \dfrac{V}{R}[\text{A}]$에 따라 전류는 저항에 반비례한다. R_1과 R_4는 직렬로 연결되어 있어 전체 전류가 흐른다. 병렬로 연결된 R_2와 R_3에서 R_2의 크기가 더 크므로 전류가 최소로 흐르게 된다.

03 다음 중 두 전하 사이에 작용하는 힘의 세기를 계산할 때 사용하는 식은?

① $F = 9 \times 10^9 \dfrac{Q_1 Q_2}{r^2}[\text{N}]$

② $F = 9 \times 10^7 \dfrac{Q_1 Q_2}{r^2}[\text{N}]$

③ $F = 9 \times 10^9 \dfrac{Q_1 Q_2}{r}[\text{N}]$

④ $F = 6 \times 10^9 \dfrac{Q_1 Q_2}{r^2}[\text{N}]$

해설 쿨롱의 법칙

$F = 9 \times 10^9 \dfrac{Q_1 Q_2}{r^2}[\text{N}]$

04 $R = 6[\Omega]$, $X_C = 8[\Omega]$일 때, 임피던스 $Z = 6 - j8[\Omega]$로 표시되는 것은 일반적으로 어떤 회로인가?

① RC 직렬 회로 ② RL 직렬 회로
③ RC 병렬 회로 ④ RL 병렬 회로

해설 직렬 회로에서 임피던스 $Z = R + j\left(\omega L - \dfrac{1}{\omega C}\right)[\Omega]$일 때

- $\omega L > \dfrac{1}{\omega C}$: 유도성 회로
- $\omega L < \dfrac{1}{\omega C}$: 용량성 회로
- $\omega L = \dfrac{1}{\omega C}$: 공진

정답 1 ② 2 ② 3 ① 4 ①

05 2전력계법으로 3상 전력을 측정하니 전력계의 지시값이 각각 300[W], 500[W]로 나타나면 이 부하의 전력[W]은 얼마인가?

① 200
② 400
③ 600
④ 800

해설 $P = P_1 + P_2 = 800[\text{W}]$

06 복소 임피던스가 $Z = R + jX$일 때 절댓값과 위상은 얼마인가?

① 절댓값 : $R^2 + X^2$, $\theta = \tan^{-1}\dfrac{X}{R}$

② 절댓값 : $R^2 + X^2$, $\theta = \tan^{-1}\dfrac{R}{X}$

③ 절댓값 : $\sqrt{R^2 + X^2}$, $\theta = \tan^{-1}\dfrac{R}{X}$

④ 절댓값 : $\sqrt{R^2 + X^2}$, $\theta = \tan^{-1}\dfrac{X}{R}$

해설
- 복소수의 절댓값 계산 : $Z = \sqrt{R^2 + X^2}$
- 위상 $\theta = \tan^{-1}\dfrac{X}{R}$

07 1[μF]의 커패시터에 20[V]의 전압을 가할 때 충전된 전하량은 몇 [C]인가?

① 2×10^{-6}
② 2×10^{-9}
③ 20×10^{-6}
④ 20×10^{-9}

해설 $Q = CV = 1 \times 10^{-6} \times 20 = 20 \times 10^{-6}[\text{C}]$

08 다음 중 반자성체에 속하는 물질은?

① Fe
② Ag
③ Ni
④ Al

해설 **자성체의 종류**
- 강자성체 : Fe, Ni, Co, Mn
- 반자성체 : Bi, C, Si, Ag, Pb, Zn
- 상자성체 : Al, Pt, Sn, Ir

09 같은 종류의 금속을 접합하여 두 점 간에 온도차를 주고 고온에서 저온 쪽으로 전류를 흘리면, 열이 발생하거나 흡수하는 현상을 무엇이라 하는가?

① 줄의 법칙
② 제베크 효과
③ 톰슨 효과
④ 펠티에 효과

해설 **톰슨 효과**
같은 금속 → 온도 차가 있는 부분에 전류를 흘리면 → 열의 발생, 흡수가 생김

정답 5 ④ 6 ④ 7 ③ 8 ② 9 ③

10 자체 인덕턴스가 $L = 15[H]$인 코일에 3초간 2[A]의 전류가 흐를 때 코일에 발생하는 유도 기전력 $e[V]$의 크기는?

① 5
② 10
③ 20
④ 30

해설 유도 기전력의 크기 $e = L\dfrac{\Delta I}{\Delta t} = 15 \times \dfrac{2}{3} = 10[V]$

11 저항이 9[Ω]과 용량성 리액턴스가 12[Ω]인 직렬 회로의 임피던스 $Z[\Omega]$는?

① 12
② 15
③ 18
④ 24

해설 임피던스 $Z = \sqrt{R^2 + X_C^2} = \sqrt{9^2 + 12^2} = 15[\Omega]$

12 그림과 같은 평형 3상 Y 회로를 등가 △ 결선으로 환산하면 각 상의 임피던스는 몇 [Ω]이 되는가?(단, Z는 15[Ω]이다)

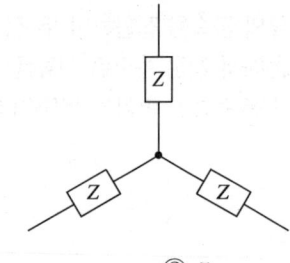

① 3
② 5
③ 15
④ 45

해설 한 상의 임피던스가 Z일 때 Y → △ 변환하면 $Z_\triangle = 3Z_Y$

13 RLC 직렬 공진 회로에서 공진 주파수는 얼마인가?

① $\dfrac{1}{2\pi\sqrt{LC}}$

② $\dfrac{1}{2\sqrt{LC}}$

③ $\dfrac{1}{2\pi LC}$

④ $\dfrac{1}{4\pi\sqrt{LC}}$

해설 직렬 및 병렬 공진 회로에서 공진 주파수 $f_0 = \dfrac{1}{2\pi\sqrt{LC}}$는 동일하다.

14 어느 회로에 무효 전력은 9[kVar]이고 유효 전력은 12[kW]일 때 피상 전력[kVA]은?

① 9
② 12
③ 15
④ 21

해설 $P_a = \sqrt{P^2 + P_r^2} = \sqrt{9^2 + 12^2} = 15[kVA]$

15 흐르는 전류에 의해 발생되는 자기장에서 자기장의 회전 방향을 알아낼 수 있는 법칙은?

① 패러데이 법칙
② 비오-사바르 법칙
③ 렌츠의 법칙
④ 앙페르의 오른나사 법칙

해설 **앙페르의 오른나사 법칙**
도체에 전류가 흐르면 자기장이 오른나사 방향으로 발생한다.

16 진공 중에서 길이가 2[m], 단면적이 $4\pi \times 10^{-3}$[m²], 비투자율이 10인 철심을 이용하여 자로를 구성할 때 자기 저항 R_m[AT/Wb]은 얼마인가?(단, 진공에서의 투자율은 $4\pi \times 10^{-7}$[H/m]로 계산한다)

① 6.33×10^6 ② 12.66×10^6
③ 15×10^6 ④ 18×10^5

해설 $R_m = \dfrac{l}{\mu S} = \dfrac{l}{\mu_s \mu_0 S} = \dfrac{2}{4\pi \times 10^{-7} \times 10 \times 4\pi \times 10^{-3}}$
$= 12.66 \times 10^6$ [AT/Wb]

17 다음 중 비오-사바르 법칙을 나타낸 식은?

① $\Delta H = \dfrac{Idl\sin\theta}{4\pi r^2}$[AT/m]

② $\Delta H = \dfrac{Idl\cos\theta}{4\pi r^2}$[AT/m]

③ $\Delta H = \dfrac{Idl\sin\theta}{4\pi r}$[AT/m]

④ $\Delta H = \dfrac{Idl\cos\theta}{4\pi r}$[AT/m]

해설 비오-사바르 법칙 $\Delta H = \dfrac{Idl\sin\theta}{4\pi r^2}$[AT/m]

18 4분 동안에 전류를 흘려 48,000[C]의 전하가 이동할 때 이 도선의 전류[A]는 얼마인가?

① 100   ② 200
③ 300   ④ 400

해설 $I = \dfrac{Q}{t} = \dfrac{48,000}{4 \times 60} = 200$[A]

19 평형 3상 교류 전압의 조건으로 옳지 않은 것은?

① 전압의 크기가 같다.
② 주파수가 같다.
③ 위상차가 $60°\left(\dfrac{\pi}{3}\right)$이다.
④ 파형이 같다.

해설 **평형 3상 교류 전압의 조건**
• 전압의 크기가 같다.
• 주파수가 같다.
• 파형이 같다.
• 위상차가 $120°\left(\dfrac{2\pi}{3}\right)$이다.

정답 15 ④ 16 ② 17 ① 18 ② 19 ③

20 단면적이 4[m²]인 공간을 지나가는 자속 $\phi = 24 \times 10^{-3}$[Wb]일 때 자속 밀도 B[Wb/m²]는?

① 3×10^{-3}
② 6×10^{-3}
③ 9×10^{-3}
④ 12×10^{-3}

해설 자속 밀도 $B = \dfrac{\phi}{S} = \dfrac{24 \times 10^{-3}}{4} = 6 \times 10^{-3}$ [Wb/m²]

21 직류기의 파권에서 극수와 관계없이 병렬 회로수 a는 얼마인가?

① 1
② 2
③ 4
④ 8

해설 전기자 권선법

구분	파권(직렬권)
병렬 회로수(a)	2개
브러시수(b)	2개 또는 극수(p)
용도(적용)	고전압, 소전류용
균압 접속(균압환)	필요 없음

22 변압기의 손실에 해당하지 않는 것은?

① 와류손
② 히스테리시스손
③ 구리손
④ 기계손

해설 변압기는 운동기가 아닌 정지기에 속하므로 기계손이 없다.

23 변압기의 결선에서 제3고조파가 발생하여 통신 장애가 유도되는 3상 결선은?

① Y-Y
② Y-△
③ △-Y
④ △-△

해설 Y-Y 결선
중성점 접지를 하면 제3고조파가 흘러 통신 장애, 유도 장해를 일으킴

24 다음 중 정류 곡선에서 브러시의 후단에 불꽃이 발생하기 쉬운 정류는?

① 직선 정류
② 정현 정류
③ 과정류
④ 부족 정류

해설 직류 발전기의 정류 곡선
• 직선 정류 : 이상적인 정류
• 정현 정류 : 양호한 정류
• 과정류 : 정류 초기에 불꽃 발생
• 부족 정류 : 정류 말기에 불꽃 발생

25 다음 중 양방향으로 전류를 흘릴 수 있는 양방향 소자는 무엇인가?

① IGBT
② TRIAC
③ SCR
④ DIAC

해설 **TRIAC**
양방향으로 전류가 흐르기 때문에 교류 스위치로 사용된다.

26 직류 직권 전동기에서 토크 T와 회전수 N과의 관계를 나타낸 식으로 옳은 것은?

① $T \propto \dfrac{1}{N^2}$
② $T \propto \dfrac{1}{N}$
③ $T \propto N^2$
④ $T \propto N$

해설
- 직권 전동기 토크 : $T \propto \dfrac{1}{N^2}$
- 분권 전동기 토크 : $T \propto \dfrac{1}{N}$

27 권수비가 20인 변압기의 2차 측 전류가 100[A]일 때 1차 측 전류[A]는 얼마인가?

① 1
② 5
③ 6
④ 12

해설 $a = \dfrac{N_1}{N_2} = \dfrac{E_1}{E_2} = \dfrac{V_1}{V_2} = \dfrac{I_2}{I_1} = \sqrt{\dfrac{Z_1}{Z_2}}$ 에서

$a = 20 = \dfrac{I_2}{I_1} = \dfrac{100}{I_1}$

∴ $I_1 = 5[A]$

28 8극 72슬롯 3상 동기 발전기의 매극 매상당 슬롯수는 얼마인가?

① 1
② 2
③ 3
④ 4

해설 매극 매상당 슬롯수 $= \dfrac{전체 슬롯수}{극수 \times 상수} = \dfrac{72}{8 \times 3} = 3$

29 높은 전압을 낮은 전압으로 강압하는 경우에 주로 사용되는 변압기의 3상 결선 방식은?

① △-Y
② △-△
③ Y-△
④ Y-Y

해설 **변압기의 결선**
- 강압에 사용 : Y-△
- 승압에 사용 : △-Y

30 3상 동기 발전기의 안정도를 향상시킬 수 있는 대책으로 옳지 않은 것은?

① 단락비를 크게 한다.
② 속응 여자 방식을 사용한다.
③ 동기 임피던스를 작게 한다.
④ 회전부의 관성을 작게 한다.

해설 동기 발전기의 안정도 향상 대책
• 단락비를 크게 한다.
• 속응 여자 방식을 사용한다.
• 동기 임피던스를 작게 한다.
• 회전부의 관성을 크게 한다.

31 농형 유도 전동기의 기동법이 아닌 것은?

① 기동 보상기법
② 2차 저항 기동법
③ 전전압 기동법
④ Y-△ 기동법

해설 농형유도 전동기 기동법
• 기동 보상기법
• 전전압 기동법
• Y-△ 기동법
• 리액터 기동법

32 다음 중 정류된 직류에 포함되는 교류 성분의 정도를 나타내는 것은?

① 맥동률
② 효율
③ 투자율
④ 역률

해설 맥동률은 정류된 직류에 포함되는 교류 성분의 정도를 나타낸다.

33 6극 60[Hz] 3상 유도 전동기의 동기 속도[rpm]는 얼마인가?

① 1,200
② 1,350
③ 1,400
④ 1,550

해설 $N_s = \dfrac{120f}{p} = \dfrac{120 \times 60}{6} = 1,200 [\text{rpm}]$

34 다음 중 비례 추이와 관계가 있는 전동기는 어느 것인가?

① 동기 전동기
② 단상 유도 전동기
③ 정류자 전동기
④ 3상 유도 전동기

해설 비례 추이란 3상 권선형 유도 전동기에 적용되는 것으로 토크-속도 곡선이 기동 시 2차 합성 저항에 비례하여 이동하는 성질을 말한다.

35 자여자 발전기의 전압 확립 조건으로 옳지 않은 것은?

① 잔류 자기가 존재해야 한다.
② 계자 저항이 임계 저항 이상이어야 한다.
③ 무부하 특성 곡선은 자기 포화를 가져야 한다.
④ 회전 방향이 바르고 그 값이 어느 값 이상이어야 한다.

해설 **자여자 발전기의 전압 확립 조건**
- 잔류 자기가 존재해야 한다.
- 계자 저항이 임계저항 이하이어야 한다.
- 무부하 특성 곡선은 자기 포화를 가져야 한다.
- 회전 방향이 바르고 그 값이 어느 값 이상이어야 한다.

36 동기 발전기 분포권에 대한 설명으로 옳지 않은 것은?

① 매극 매상의 슬롯수가 2개 이상이다.
② 기전력의 파형이 개선된다.
③ 권선의 누설 리액턴스를 증가시킨다.
④ 과열이 감소한다.

해설 권선의 누설 리액턴스가 감소한다.

37 원통형 회전자를 가진 동기 발전기는 부하각 δ가 몇 도일 때 최대 출력을 낼 수 있는가?

① 0°   ② 30°
③ 60° ④ 90°

해설 동기 발전기의 최대 출력은 $\delta = 90°$에서 최대가 된다.

38 브러시의 불꽃 방지 및 발전기의 안정 운전을 위해 설치하며 중권일 때 필요한 도체는 무엇인가?

① 중성축   ② 균압환
③ 브러시   ④ 정류자

해설 균압환은 브러시의 불꽃 방지 및 발전기의 안정 운전을 위해 설치하며 중권일 때 필요하다.

39 다음 중 직류를 교류로 변환하는 전력 변환 회로는 어느 것인가?

① 인버터 회로   ② 초퍼 회로
③ 컨버터 회로   ④ 사이클로 컨버터

해설 인버터 회로는 직류를 교류로 변환하는 장치이다.

정답 35 ② 36 ③ 37 ④ 38 ② 39 ①

40 3상 동기기에서 제동 권선을 사용하는 목적은?

① 출력 증가　② 난조 방지
③ 효율 증가　④ 역률 개선

해설 **동기기 난조 방지법**
- 제동 권선 설치
- 플라이휠 설치
- 이상 전압 방지

41 디지털 계전기의 장점이 아닌 것은?

① 신뢰성이 높다.
② 폭넓은 연산 기능을 갖는다.
③ 자동 점검 중에도 동작이 가능하다.
④ 진동의 영향을 받지 않는다.

해설 **디지털 계전기**
- 장점 : 처리 속도가 빠르며 광범위한 계산에 용이하며 보호기능이 우수
- 단점 : 서지에 약하며 왜형파로 인해 오동작 우려가 있어 신뢰도가 낮음

42 전선관과 박스에 고정시킬 때 사용되는 것은 어느 것인가?

① 로크 너트　② 부싱
③ 새들　　　④ 클램프

해설
- 로크 너트 : 금속관을 박스에 고정할 때 사용
- 부싱 : 금속관 끝에서 전선의 인입과 인출, 교체 시 발생하는 전선의 절연 피복 손상 방지를 위해 사용
- 새들 : 전선관을 벽이나 지지용 채널 강철 등에 눌러 고정하는 철물
- 클램프 : 작업을 할 때 재료나 부품을 고정하거나 접착할 때 사용하는 공구

43 최대 사용전압이 70[kV]인 중성점 직접 접지식 전로의 절연 내력 시험전압은 몇 [kV]인가?

① 33.1
② 45.0
③ 48.8
④ 50.4

해설 **전로의 절연 내력**

전로의 종류	시험전압
최대 사용전압이 60[kV] 초과 중성점 직접 접지식 전로	최대 사용전압의 0.72배의 전압

최대 사용전압이 60[kV] 초과인 중성점 직접 접지식 전로의 시험전압은 최대 사용전압의 0.72배이므로 70[kV] × 0.72 = 50.4[kV]이다.

44 전기전자설비의 뇌서지에 대한 보호대책으로 피뢰구역 경계부분에서 직접 본딩이 불가능한 경우에 시설하는 것은?

① 서지 보호 장치
② 차단기
③ 피뢰기
④ 서지 흡수기

해설 전기전자설비의 뇌서지에 대한 보호대책으로 피뢰구역 경계 부분에서 접지 또는 본딩을 하여야 한다. 다만, 직접 본딩이 불가능한 경우 서지 보호 장치를 시설한다.

45 전동기의 과부하, 결상, 구속 운전에 대해 보호하며 차단 등의 시간 특성이 조절 가능한 보호 설비는 무엇인가?

① 온도 계전기
② 압력 계전기
③ 전자식 과전류 계전기
④ 과전압 계전기

해설 전자식 과전류 계전기(EOCR ; Electronic Over Currency Relay)
전동기의 과부하, 결상, 구속 운전에 대해 보호하며 차단 등의 시간 특성이 조절 가능한 보호 설비

46 금속관공사에서 사용되는 후강전선관의 규격이 아닌 것은?

① 16
② 22
③ 42
④ 52

해설 전선관의 종류
- 후강전선관 : 전선관의 두께가 두꺼움
  안지름의 크기에 가까운 짝수로 정하며 16, 22, 28, 36, 42, 54, 70, 82, 92, 104[mm]까지 10종류가 있으며 1본의 길이는 3.6[m]
- 박강전선관 : 전선관의 두께가 얇음
  바깥지름의 크기에 가까운 홀수로 정하며 19, 25, 31, 39, 51, 63, 75[mm]까지 7종류가 있으며 1본의 길이는 3.6[m]

47 전선의 접속법에서 두 개 이상의 전선을 병렬로 사용하는 경우의 시설 기준으로 옳지 않은 것은?

① 교류 회로에서 병렬로 사용하는 전선은 금속관 안에 전자적 불평형이 생기지 않도록 시설할 것
② 병렬로 사용하는 각 전선의 굵기는 같은 도체, 같은 재료, 같은 길이 및 같은 굵기의 것을 사용할 것
③ 같은 극의 각 전선의 터미널러그는 동일한 도체에 2개 이상의 리벳 또는 2개 이상의 나사로 완전하게 접속할 것
④ 병렬로 사용하는 전선은 각각에 퓨즈를 설치할 것

해설 병렬로 사용하는 전선에 각각 퓨즈를 설치할 경우 한 전선의 퓨즈가 용단될 때 다른 전선으로 전류가 흐르므로 위험해진다.

48 접지극의 매설 깊이는 지표면으로부터 지하 몇 [m] 이상으로 하는가?

① 0.45
② 0.6
③ 0.75
④ 0.9

해설 접지극은 지표면으로부터 지하 0.75[m] 이상의 깊이에 매설한다.

정답 45 ③ 46 ④ 47 ④ 48 ③

49 저압 구내 가공인입선으로 DV 전선 사용 시 전선의 길이가 15[m] 이하인 경우 사용할 수 있는 굵기는 지름 몇 [mm] 이상인가?

① 1.5
② 2.0
③ 2.6
④ 4.5

해설 **저압 가공인입선**
- 사용전선은 절연전선 또는 케이블일 것
- 전선이 케이블인 경우 이외인 경우
  - 인장강도 2.30[kN] 이상의 것 또는 지름 2.6[mm] 이상의 인입용 비닐 절연전선일 것
  - 지지물 간 거리가 15[m] 이하인 경우 : 인장강도 1.25[kN] 이상의 것 또는 지름 2[mm] 이상의 인입용 비닐 절연전선일 것

50 자연 공기 내에서 개방할 때 접촉자가 떨어지면서 자연 소호되는 방식을 가진 차단기로 저압의 교류 또는 직류 차단기로 많이 사용되는 것은?

① 가스 차단기
② 기중 차단기
③ 자기 차단기
④ 유입 차단기

해설 **기중 차단기(ACB ; Air Circuit Breaker)**
공기의 자연 소호 방식을 이용한 것으로 소호실에서 아크를 흡수하여 소호한다. 소형 경량화가 장점이며 저압용 차단기로 사용한다.

51 합성수지관을 새들 등으로 지지하는 경우에는 그 지지점 간의 거리를 몇 [m] 이하로 해야 되는가?

① 1.5
② 2.5
③ 3.0
④ 3.5

해설 합성수지관 지지점 간의 거리는 최대 1.5[m]

52 다음 그림 기호가 나타내는 것은?

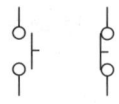

① 수동 조작 접점
② 한시계전기 접점
③ 전자접촉기 접점
④ 조작개폐기 잔류 접점

해설
- 한시계전기 접점

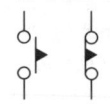

- 전자접촉기 접점(보조접점, 순시접점)

53 저압 가공전선과 고압 가공전선을 동일 지지물에 시설하는 경우 전선 사이의 간격은 몇 [m] 이상이어야 하는가?

① 0.2 ② 0.5
③ 1   ④ 1.2

해설 저압 가공전선과 고압 가공전선의 병행설치
저압 가공전선과 고압 가공전선 사이의 간격 : 0.5[m] 이상
(고압 가공전선이 케이블인 경우 : 0.3[m] 이상)

54 접지도체를 통하여 큰 고장 전류가 흐르지 않을 경우 접지선을 굵기는 구리선의 경우 최소 몇 [mm²] 이상이어야 하는가?(단, 피뢰 시스템에 접속되지 않은 경우이다)

① 5   ② 6
③ 7.5 ④ 16

해설 접지도체의 단면적

접지도체의 종류	큰 고장 전류가 접지도체를 통해 흐르지 않을 경우	접지도체에 피뢰 시스템이 접속되는 경우
구리	6[mm²] 이상	16[mm²] 이상
철제	50[mm²] 이상	

55 한국전기설비규정에서 정의한 감전에 대한 보호 등 안전을 위해 제공되는 도체를 뜻하는 용어는?

① 접지극도체
② 접지도체
③ 수평도체
④ 보호도체

해설 보호도체(PE, Protective Conductor)
감전에 대한 보호 등 안전을 위해 제공되는 도체

56 한국전기설비규정에 의한 400[V] 이하 가공전선으로 절연전선의 최소 굵기는 몇 [mm]인가?

① 1.6 ② 2.6
③ 3.2 ④ 4.5

해설 사용전압에 따른 가공전선의 굵기와 종류

사용전압		전선의 굵기
저압 (400[V] 이하)		인장강도 3.43[kN] 이상 또는 지름 3.2[mm] 이상의 경동선(절연전선인 경우 : 인장강도 2.3[kN] 이상 또는 지름 2.6[mm] 이상의 경동선)
저압 (400[V] 초과)	시가지	인장강도 8.01[kN] 이상 또는 지름 5[mm] 이상의 경동선
	시가지 외	인장강도 5.26[kN] 이상 또는 지름 4[mm] 이상의 경동선

57 다음 중 배선용 차단기의 심벌은?

① S   ② E
③ TS   ④ B

해설

기호	명칭	기호	명칭
B	배선용 차단기	E	누전 차단기
S	개폐기	TS	타임 스위치

정답 53 ② 54 ② 55 ④ 56 ② 57 ④

58 한국전기설비규정에 따라 전로에 시설하는 기계기구의 철대 및 외함에 반드시 접지공사를 해야 하는 경우는?

① 철대 또는 외함의 주위에 절연대를 설치하는 경우
② 외함을 충전하여 사용하는 기계기구에 사람이 접촉할 우려가 없도록 시설한 경우
③ 사용전압이 교류 대지전압 220[V]인 기계기구를 건조한 곳에 시설하는 경우
④ 사용전압이 직류 300[V]인 기계기구를 건조한 곳에 시설하는 경우

해설 접지공사를 생략할 수 있는 경우
- 사용전압이 직류 300[V] 또는 교류 대지전압이 150[V] 이하인 기계기구를 건조한 곳에 시설하는 경우
- 외함을 충전하여 사용하는 기계기구에 사람이 접촉할 우려가 없도록 시설한 경우
- 철대 또는 외함의 주위에 절연대를 설치하는 경우
- 물기 있는 장소 이외의 장소에 시설하는 저압용의 개별 기계기구에 전기를 공급하는 전로에 인체 감전 보호용 누전 차단기(정격 감도전류 30[mA] 이하, 동작시간 0.03초 이하의 전류 동작형에 한함)를 시설하는 경우

59 금속몰드공사 방법에 대한 설명으로 옳지 않은 것은?

① 몰드 안에는 접속점이 없도록 한다.
② 점검할 수 없는 은폐장소에 시설한다.
③ 사용전압은 400[V] 이하이어야 한다.
④ 금속몰드의 길이가 4[m] 이하이면 접지공사를 생략할 수 있다.

해설 금속몰드공사
- 전선은 절연전선(옥외용 비닐 절연전선 제외)일 것
- 전선은 금속몰드 안에서 접속점이 없도록 할 것
- 금속 몰드의 사용전압이 400[V] 이하로 옥내의 건조한 장소로 전개된 장소 또는 점검할 수 있는 은폐장소에 한하여 시설할 수 있다.

60 사람이 상시 통행하는 터널 안의 배선을 단면적 2.5[mm²] 이상의 연동선을 사용한 애자공사로 배선하는 경우 노면상 몇 [m] 이상 높이에 시설해야 하는가?

① 2.0   ② 2.5
③ 3.0   ④ 4.5

해설 터널, 갱도 유사 장소
사람이 상시 통행하는 터널 안의 배선의 시설은 다음과 같이 시설
- 케이블공사, 금속관공사, 합성수지관공사, 금속제 가요전선관공사, 애자공사를 실시
- 애자공사를 실시하는 경우 2.5[mm²] 이상의 연동선 및 절연전선(옥외용 비닐 절연전선 및 인입용 비닐 절연전선 제외)을 노면상 2.5[m] 이상의 높이에 시설할 것
- 전로에는 터널의 입구에 가까운 곳에 전용 개폐기를 시설할 것

정답 58 ③ 59 ② 60 ②

CBT 기출복원문제

01 그림과 같은 회로에 흐르는 전류 I[A]는 얼마인가?

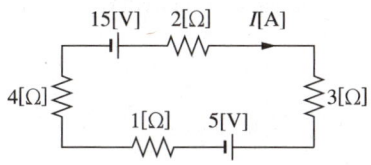

① 1
② 2
③ 3
④ 4

해설 회로에 KVL을 적용하면
$15[V] - 2I - 3I - 5[V] - I - 4I = 0$
$\therefore 10I = 10, \ I = 1[A]$

02 진공 중에서 5×10^{-5}[C]과 2×10^{-4}[C]의 두 전하가 3[m] 거리에 놓여 있을 때, 두 전하 사이에 작용하는 힘[N]의 크기는?

① 1 ② 5
③ 9 ④ 10

해설 **쿨롱의 법칙**
$F = \dfrac{Q_1 Q_2}{4\pi\varepsilon r^2} = 9 \times 10^9 \dfrac{Q_1 Q_2}{r^2}$
$= 9 \times 10^9 \times \dfrac{5 \times 10^{-5} \times 2 \times 10^{-4}}{3^2} = 10[N]$

03 리액턴스가 10[Ω]인 코일에 직류 전압 100[V]를 가하니 전력 500[W]가 소비된다. 이 코일의 저항 R[Ω]은 얼마인가?

① 5 ② 10
③ 20 ④ 25

해설 인덕턴스와 커패시턴스에서 소비하는 전력은 없다. 전력을 소비하는 소자가 R만 있을 때
$P = \dfrac{V^2}{R}, \ R = \dfrac{V^2}{P} = \dfrac{10,000}{500} = 20[\Omega]$

04 커패시터 용량 0.1[nF]과 같은 것은?

① 10^{-10}[F] ② 10^{-9}[F]
③ 10^{-8}[F] ④ 10^{-6}[F]

해설 나노(nano, 기호 n)는 10^{-9}을 의미한다.

05 10[A]의 전류로 6시간 방전할 수 있는 축전지의 용량[Ah]은?

① 30 ② 40
③ 60 ④ 75

해설 축전지의 용량은 방전시간과 전류량을 곱한 값이므로
축전지의 용량 = 10 × 6 = 60[Ah]

정답 1 ① 2 ④ 3 ③ 4 ① 5 ③

06 길이가 3[m], 권수 200회인 환상 솔레노이드에 6[A]의 전류가 흐를 때 자계의 세기 H [AT/m]은 얼마인가?

① 100 ② 200
③ 250 ④ 400

해설 환상 솔레노이드에 의한 자기장의 세기
$$H = \frac{NI}{2\pi r} = \frac{NI}{l} = \frac{200 \times 6}{3} = 400 [\text{AT/m}]$$

07 컨덕턴스 $G = 0.2$[℧], $V = 10$[V]일 때 전류 I[A]의 크기는?

① 2 ② 5
③ 10 ④ 20

해설 $R = \frac{1}{G}[\Omega]$이므로 $R = \frac{1}{0.2} = 5[\Omega]$
$\therefore I = \frac{V}{R} = \frac{10}{5} = 2[\text{A}]$

08 자속 밀도가 2[Wb/m²]인 평등 자기장 속에 길이 3[m]의 도체를 자기장의 방향과 직각으로 두고 10[m/s]의 속도로 운동할 때 도선에 발생하는 유도 기전력 e [V]은?

① 15 ② 30
③ 45 ④ 60

해설 플레밍의 오른손 법칙에 따라
$e = Blv\sin\theta = 2 \times 3 \times 10 \times \sin 90° = 60 [\text{V}]$

09 3상 교류 회로의 선간전압이 13,200[V], 선전류가 800[A], 역률 80[%]일 때 부하의 소비전력 [kW]은 대략 얼마인가?

① 4,878 ② 8,448
③ 14,632 ④ 25,344

해설 유효 전력 $P = \sqrt{3} \, VI\cos\theta [\text{W}]$
$P = \sqrt{3} \times 13,200 \times 800 \times 0.8$
$\fallingdotseq 14,632,365 [\text{W}] \fallingdotseq 14,632 [\text{kW}]$

10 비사인파의 일반적인 구성이 아닌 것은?

① 직류분 ② 순시파
③ 고조파 ④ 기본파

해설 비사인파 = 직류분 + 기본파 + 고조파

11 환상 솔레노이드의 길이를 4배로 늘이면 자체 인덕턴스는 몇 배로 되는가?

① $\frac{1}{4}$ ② $\frac{1}{2}$
③ 2 ④ 4

해설 환상 솔레노이드 자체 인덕턴스 $L = \frac{\mu S N^2}{l} [\text{H}]$이다.
길이가 4배가 되면 자체 인덕턴스는 $\frac{1}{4}$ 배가 된다.

12 무한장 직선 도체에 전류가 흐를 때 20[cm] 떨어진 점의 자계의 세기가 10[AT/m]라면 전류의 크기는 약 몇 [A]인가?

① 6.3　　　　② 9.8
③ 12.6　　　　④ 15.6

해설 무한장 직선 도체의 자기장 세기
$$H = \frac{I}{2\pi r} \text{ [AT/m]}$$
$$I = 2\pi r H = 2\pi \times 0.2 \times 10 \fallingdotseq 12.6 [A]$$

13 $R = 8[\Omega]$, $L = 19.1[\text{mH}]$의 직렬 회로에 5[A]가 흐르고 있을 때 인덕턴스 L에 걸리는 단자 전압의 크기는 대략 몇 [V]인가?(단, 주파수는 60[Hz]이다)

① 12　　　　② 25
③ 29　　　　④ 36

해설 유도 리액턴스 $X_L = \omega L = 2\pi f L = 2\pi \times 60 \times 19.1 \times 10^{-3}$
$$= 7.2 [\Omega]$$
∴ L에 걸리는 단자 전압 $V = I \times X_L = 5 \times 7.2 = 36 [V]$

14 공기 중에서 $12\pi[\text{Wb}]$의 자하로부터 발산되는 총 자기력선의 수는?

① 1×10^7　　　　② 2×10^7
③ 3×10^7　　　　④ 4×10^7

해설 자기력선의 수 $\frac{m}{\mu_0} = \frac{12\pi}{4\pi \times 10^{-7}} = 3 \times 10^7$

15 병렬 공진 회로에서 최소가 되는 것은?

① 전압　　　　② 저항
③ 리액턴스　　　④ 어드미턴스

해설 공진 시 $\omega C - \frac{1}{\omega L} = 0$이 되기 때문에 어드미턴스가 최소가 된다.

16 삼각파 전압의 최댓값이 V_m일 때 실횻값은?

① V_m　　　　② $\frac{V_m}{\sqrt{2}}$
③ $\frac{2V_m}{\pi}$　　　　④ $\frac{V_m}{\sqrt{3}}$

해설 삼각파

• 실횻값 : $\frac{V_m}{\sqrt{3}}$

• 평균값 : $\frac{V_m}{2}$

파형	모양	실횻값	평균값	파형률	파고율
정현파		$\frac{V_m}{\sqrt{2}}$	$\frac{2V_m}{\pi}$	1.11	1.414
정현반파		$\frac{V_m}{2}$	$\frac{V_m}{\pi}$	1.57	2
구형파		V_m	V_m	1	1
구형반파		$\frac{V_m}{\sqrt{2}}$	$\frac{V_m}{2}$	1.41	1.41
삼각파		$\frac{V_m}{\sqrt{3}}$	$\frac{V_m}{2}$	1.15	1.73

17 회전자가 1초에 15회전을 할 때 각속도[rad/s]는 얼마인가?

① 15π　　② 30π
③ 45π　　④ 60

해설 $\omega = 2\pi f = 30\pi [\text{rad/s}]$

18 자기력선의 성질로 옳지 않은 것은?

① 자기력선은 N극에서 나와 S극으로 들어간다.
② 자기장 내 임의의 한 점에서 자기력선 밀도는 자기장의 세기를 나타낸다.
③ 자기력선은 서로 교차한다.
④ 한 점을 지나는 자기력선의 접선 방향이 그 점에서의 자기장 방향이다.

해설 자기력선은 서로 만나거나 교차하지 않는다.

19 전도율(conductivity)의 단위는?

① $[\Omega \cdot \text{m}]$　　② $[\Omega/\text{m}]$
③ $[\mho \cdot \text{m}]$　　④ $[\mho/\text{m}]$

해설 전도율 $\sigma = \dfrac{1}{\rho}$ 의 단위는 $\left[\dfrac{1}{\Omega \cdot \text{m}}\right] = [\mho/\text{m}]$

∴ $G = \dfrac{1}{R}$ 에서 $\left[\dfrac{1}{\Omega}\right] = [\mho]$

20 RL 직렬 회로에서 교류 전압 $v = V_m \sin\theta$ [V]를 가할 때 회로의 위상각 θ를 나타낸 것은?

① $\theta = \tan^{-1}\dfrac{R}{\omega L}$

② $\theta = \tan^{-1}\dfrac{\omega L}{R}$

③ $\theta = \tan^{-1}\dfrac{1}{R\omega L}$

④ $\theta = \tan^{-1}\dfrac{R}{\sqrt{R^2 + (\omega L)^2}}$

해설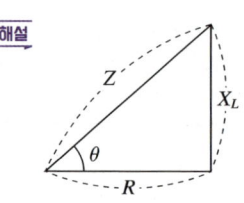

$\tan\theta = \dfrac{X_L}{R} = \dfrac{\omega L}{R}$

∴ $\theta = \tan^{-1}\dfrac{\omega L}{R}$

21 동기기의 위상 특성 곡선인 V 곡선에서 전기자 전류가 가장 최소일 때의 역률은?

① 0　　② 0.6
③ 0.8　　④ 1

해설 전기자 전류가 최소로 흐를 때 역률은 1이다.

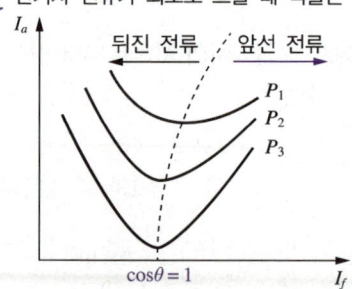

22 직류기의 전기자 권선을 중권으로 할 때 설명으로 옳지 않은 것은?

① 전기자 권선 병렬 회로수는 극수와 같다.
② 브러시수는 항상 2개이다.
③ 전압이 낮고, 비교적 전류가 큰 기기에 적합하다.
④ 4극 이하에서는 균압선 접속을 할 필요가 없다.

해설 전기자 권선법

구분	파권(직렬권)	중권(병렬권)
병렬 회로수 (a)	2개	극수와 동일($a=p$)
브러시수 (b)	2개 또는 극수(p)	극수와 동일($b=p$)
용도(적용)	고전압, 소전류용	저전압, 대전류용
균압 접속 (균압환)	필요 없음	필요 (4극 이상일 경우)

23 단상 유도 전동기 중 기동 토크가 가장 큰 순서대로 나타낸 것은?

㉠ 분상 기동형
㉡ 반발 기동형
㉢ 콘덴서 기동형
㉣ 셰이딩 코일형

① ㉠ > ㉡ > ㉢ > ㉣
② ㉠ > ㉢ > ㉡ > ㉣
③ ㉡ > ㉢ > ㉠ > ㉣
④ ㉡ > ㉣ > ㉠ > ㉢

해설 기동 토크가 큰 순서
반발 기동형 > 콘덴서 기동형 > 분상 기동형 > 셰이딩 코일형

24 단자 전압 100[V], 부하 전류 10[A]인 분권 전동기의 역기전력[V]은 얼마인가?(단, 전기자 저항은 1[Ω]이고 계자 전류 및 전기자 반작용은 무시한다)

① 90   ② 100
③ 110   ④ 120

해설 분권 전동기 역기전력
$E = V - I_a R_a = 100 - 10 \times 1 = 90[V]$

25 변압기에서 퍼센트 저항 강하 3[%], 리액턴스 강하 4[%]일 때 지상 역률 0.8에서의 전압 변동률[%]은 얼마인가?

① 1.6   ② 3.2
③ 4.8   ④ 5.2

해설 전압 변동률 $\varepsilon = p\cos\theta \pm q\sin\theta[\%]$ (+ : 유도성(지상), - : 용량성(진상))이고,
지상 역률에서 전압 변동률을 구하면
$\varepsilon = p\cos\theta + q\sin\theta = 3 \times 0.8 + 4 \times 0.6 = 4.8[\%]$

26 농형 유도 전동기의 속도 제어 방법이 아닌 것은?

① 2차 여자법   ② 전압 제어법
③ 극수 제어법   ④ 주파수 제어법

해설 농형 유도 전동기 속도 제어 방법
• 주파수 제어법
• 극수 제어법
• 전압 제어법

정답 22 ② 23 ③ 24 ① 25 ③ 26 ①

27 3상 전원에서 2상 전압을 얻고자 할 때 사용되는 결선법으로 적절하지 않은 것은?

① 스콧 결선
② 메이어 결선
③ 우드브리지 결선
④ 2중 성형 결선

해설 3상-2상 간의 결선
- 스콧 결선
- 메이어 결선
- 우드브리지 결선

28 3상 유도 전동기의 슬립의 범위는?

① $s < 0$
② $0 < s < 1$
③ $1 < s < 2$
④ $2 < s < 3$

해설 슬립 범위
- 전동기 : $0 < s < 1$
- 발전기 : $s < 0$
- 제동기 : $1 < s < 2$

29 다음 중 배리스터에 대한 설명으로 옳지 않은 것은?

① 낮은 전압에서는 큰 저항으로 작용한다.
② 서지 전압을 흡수한다.
③ 3단자 과전압 제어용이다.
④ 가전제품의 전원부에 사용된다.

해설 배리스터는 2단자 과전압 제어용이다.

30 분권 발전기 정격 부하 전류가 110[A]일 때 전기자 전류가 125[A]라면 계자 전류[A]는 얼마인가?

① 5
② 10
③ 15
④ 20

해설 $I_a = I + I_f$ (I_a : 전기자 전류, I_f : 계자 전류)
$I_f = I_a - I = 125 - 110 = 15[A]$

31 주파수 50[Hz], 극수 6인 동기기의 분당 회전수[rpm]는 얼마인가?

① 800
② 1,000
③ 1,200
④ 1,400

해설 $N_s = \dfrac{120f}{p} = \dfrac{120 \times 50}{6} = 1,000[\text{rpm}]$

32 직류 발전기 구성의 주요 요소 3가지가 아닌 것은?

① 계자 ② 전기자
③ 정류자 ④ 보극

[해설] 직류 발전기 구성의 주요 3요소
- 계자
- 전기자
- 정류자

33 병렬 운전 중인 동기 임피던스 5[Ω]인 2대의 3상 동기 발전기의 유도 기전력에 200[V]의 전압차가 발생한다면 두 발전기에 흐르는 무효 순환 전류[A]는?

① 5 ② 10
③ 20 ④ 40

[해설] 무효 순환 전류 $I_C = \dfrac{E_1 - E_2}{2Z_s} = \dfrac{200}{2 \times 5} = 20[A]$

34 다음 중 직류 발전기의 용도로 옳지 않은 것은?

① 직권 발전기 - 직류 강압기
② 분권 발전기 - 축전지 축전용
③ 타여자 발전기 - 내압 시험 전원
④ 차동 복권 발전기 - 아크 용접 시 사용

[해설] 직권 발전기는 직류 승압기에 사용된다.

35 ON, OFF를 고속도로 변환할 수 있는 스위치이고 직류 변압기 등에 사용되는 회로는 무엇인가?

① 정류기 회로
② 인버터 회로
③ 컨버터 회로
④ 초퍼 회로

[해설] 초퍼
직류-직류 전력제어장치로 직류 전동기 제어에 주로 사용된다. ON, OFF를 고속도로 반복할 수 있는 스위치다.

36 다음 중 TRIAC 소자는 어느 것인가?

① 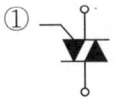 ②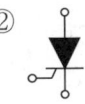

③   ④

[해설] TRIAC
사이리스터 2개를 역병렬로 접속한 것과 같으며 양방향으로 전류가 흐르기 때문에 교류 스위치로 사용된다.

정답 32 ④ 33 ③ 34 ① 35 ④ 36 ①

37 다음 중 변압기 외함 속에 절연유를 넣어 대류 작용을 통해 냉각하는 냉각 방식은?

① 건식 자랭식
② 유입 자랭식
③ 건식 풍랭식
④ 유입 송유식

해설 **유입 자랭식**
변압기 외함 속에 절연유를 넣고 대류 작용을 통해 변압기에 발생하는 열을 외부로 발산시키는 방식

38 다음 중 도체와 부도체의 중간 특성을 갖는 물체는?

① 도체
② 반도체
③ 부도체
④ 유전체

해설 반도체는 도체와 부도체의 중간 특성을 가지면서 부(−)의 온도 특성을 갖는다.

39 변압기 절연물의 절연 구분과 최고 허용 온도로 옳지 않은 것은?

① Y종 − 90[℃]
② A종 − 105[℃]
③ B종 − 130[℃]
④ F종 − 180[℃]

해설
절연 구분	Y종	A종	E종	B종	F종	H종	C종
최고 허용 온도[℃]	90	105	120	130	155	180	180 초과

40 3상 유도 전동기의 회전 방향은 이 전동기에서 발생되는 회전 자계의 회전 방향과 어떤 관계가 있는가?

① 아무 관계도 없다.
② 부하 조건에 따라 정해진다.
③ 회전 자계의 반대 방향으로 회전한다.
④ 회전 자계의 회전 방향으로 회전한다.

해설 유도 전동기는 전자 유도 현상에 의해 회전 자계와 같은 방향으로 회전한다.

41 보호를 요하는 회로의 전류가 어떤 일정한 값 이상으로 흐를 때 동작하는 계전기는?

① 과전류 계전기
② 과전압 계전기
③ 비율 차동 계전기
④ 차동 계전기

해설 **과전류 계전기**
회로의 전류가 어떤 일정한 값(정정값) 이상으로 흐를 때 동작하는 계전기

37 ② 38 ② 39 ④ 40 ④ 41 ①

42 다음 중 단면적 6[mm²]의 가는 단선의 직선 접속 방법은?

① 종단 접속
② 트위스트 접속
③ 꽂음용 커넥터 접속
④ 종단 겹침용 슬리브 접속

해설 전선의 접속
- 트위스트 접속 : 6[mm²] 이하의 단선에 적용
- 브리타니아 접속 : 10[mm²] 이상의 단선에 적용

43 가공인입선을 시설할 때 경동선의 최소 굵기는 몇 [mm]인가?(단, 지지물 간 거리가 15[m]를 초과한 경우이다)

① 1.6
② 2.0
③ 2.6
④ 3.0

해설 저압 가공인입선
- 사용전선은 절연전선 또는 케이블일 것
- 전선이 케이블인 경우 이외인 경우
  - 인장강도 2.30[kN] 이상의 것 또는 지름 2.6[mm] 이상의 인입용 비닐 절연전선일 것
  - 지지물 간 거리가 15[m] 이하인 경우 : 인장강도 1.25[kN] 이상의 것 또는 지름 2[mm] 이상의 인입용 비닐 절연전선일 것
- 옥외용 비닐 절연전선(OW선)을 사용할 경우에는 사람이 접촉할 우려가 없도록 시설

44 한국전기설비규정에 따르면 교류 2[kV]의 전압은 어떤 전압으로 분류되는가?

① 저압
② 고압
③ 특고압
④ 초고압

해설 전압의 구분

구분	직류	교류
저압	1.5[kV] 이하	1[kV] 이하
고압	1.5[kV] 초과 7[kV] 이하	1[kV] 초과 7[kV] 이하
특고압	7[kV] 초과	7[kV] 초과

45 다음 중 광원에서 나오는 빛의 90~100[%]를 비춰 높은 조도를 얻을 수 있는 조명 방식으로 옳은 것은?

① 간접 조명
② 직접 조명
③ 반직접 조명
④ 부분 간접 조명

해설 조명 방식

분류	직접 조명 방식	반직접 조명 방식	전반확산 조명 방식
배광			
하반부 광속[%]	90~100	60~90	40~60
분류	반간접 조명 방식	간접 조명 방식	
배광			
하반부 광속[%]	10~40	0~10	

46 사용전압이 저압인 전로에서 정전이 어려운 경우 등 절연저항 측정이 곤란한 경우 누설 전류는 몇 [mA] 이하로 유지하여야 하는가?

① 1
② 2
③ 3
④ 4

해설 저압 전로의 절연 성능
저압 전로에서 절연저항 측정이 곤란할 경우, 저항 성분의 누설 전류가 1[mA] 이하이면 그 전로의 절연 성능은 적합한 것으로 볼 수 있다.

정답 42 ② 43 ③ 44 ② 45 ② 46 ①

47 각 수용가의 최대 수용 전력이 각각 5[kW], 10[kW], 20[kW], 25[kW]이고, 합성 최대 수요 전력이 50[kW]이다. 수용가 상호 간의 부등률은 얼마인가?

① 1.2
② 2.2
③ 2.5
④ 4.5

해설
$$부등률 = \frac{각\ 최대\ 수용\ 전력의\ 합[kW]}{동시간대\ 합성\ 최대\ 수용\ 전력[kW]}$$
$$= \frac{5+10+20+25}{50}$$
$$= 1.2$$

48 보호도체의 전선 색상은 무슨 색인가?

① 검은색
② 회색
③ 갈색
④ 녹색-노란색

해설 전선의 식별

상(문자)	색상
L1	갈색
L2	검은색
L3	회색
N(중성선)	파란색
보호도체	녹색-노란색

49 금속관공사에서 절연 부싱을 사용하는 이유로 옳은 것은?

① 박스 내에서 전선의 접속을 방지
② 관이 손상되는 것을 방지
③ 관의 인입구에서 조영재의 접속을 방지
④ 관 끝에서 전선의 인입 및 교체 시 발생하는 전선의 손상방지

해설 부싱
쇠톱을 사용해 절단하여 날카로운 금속전선관의 말단을 절연 부싱을 사용하여 가려주어 전선의 손상을 방지한다.

50 소세력 회로의 전선을 조영재에 붙여 시설하는 경우에 대한 설명으로 옳지 않은 것은?

① 전선의 굵기는 2.5[mm²] 이상일 것
② 전선은 코드, 캡타이어케이블 또는 케이블일 것
③ 전선은 금속제의 수관, 가스관 또는 이와 유사한 것과 접촉하지 아니하도록 시설할 것
④ 전선이 손상을 받을 우려가 있는 곳에 시설하는 경우에는 방호장치를 할 것

해설 소세력 회로
- 1차 대지전압 : 300[V] 이하
- 전선은 공칭 단면적 1.0[mm²] 이상의 연동선 또는 코드, 케이블, 캡타이어케이블, 통신용 케이블을 사용할 수 있으며 전선을 가공 방식으로 하는 경우 1.2[mm] 이상의 경동선을 지지점 간의 거리 15[m] 이하로 할 것

51 분기 회로에 사용되는 것으로서 개폐기와 자동 차단기의 역할을 하는 것은 무엇인가?

① 컷아웃 스위치
② 통형 퓨즈
③ 유입 차단기
④ 배선용 차단기

해설 배선용 차단기
분기 회로의 보호 장치로서 개폐기 및 자동 차단기 역할

정답 47 ① 48 ④ 49 ④ 50 ① 51 ④

52 보호도체의 전기적 연속성을 위한 보호도체 보호방법이 아닌 것은?

① 접속부는 납땜으로 접속하여 견고하게 연결할 것
② 보호도체를 접속하는 나사는 다른 목적으로 겸용하지 않을 것
③ 보호도체 간 접속은 기계적 강도와 보호를 구비할 것
④ 기계적인 손상, 전기화학적 열화, 열역학적 힘에 대해 보호될 것

해설) 보호도체의 접속부는 납땜으로 접속해서는 안 된다.

53 다음 중 과전류 차단기를 설치해야 하는 곳으로 옳지 않은 것은?

① 접지 측 전선
② 간선의 전원 측 전선
③ 보호용, 인입선 등 분기선을 보호하는 곳
④ 송전선로 배전선로 등에서 보호를 요하는 장소

해설) 과전류 차단기 시설 제한
• 접지공사의 접지선
• 다선식 전로의 중성선(단상 3선식, 3상 4선식의 중성선)
• 전로의 일부에 접지공사를 한 저압 가공전선로의 접지 측 전선

54 한국전기설비규정에서 가공전선로의 지지물에 하중이 가하여 지는 경우에 그 하중을 받는 지지물의 기초 안전율은 얼마 이상인가?

① 1.0
② 1.5
③ 2.0
④ 2.5

해설) 가공전선로 지지물의 기초의 안전율
가공전선로의 지지물에 하중이 가해지는 경우, 그 하중을 받는 지지물의 기초의 안전율은 2(이상 시 상정하중에 대한 철탑의 기초에 대하여는 1.33) 이상이어야 한다.

55 합성수지관공사에 대한 설명 중 옳지 않은 것은?

① 합성수지관 두께는 1.5[mm] 이상으로 한다.
② 관의 지지점 간의 거리는 1.5[m] 이하로 한다.
③ 관 상호 간 및 박스와의 관을 삽입하는 깊이를 관의 바깥지름의 1.2배 이상으로 한다.
④ 습기가 많은 장소 또는 물기가 있는 장소에 시설하는 경우에는 방습장치를 한다.

해설) 합성수지관공사
• 관(합성수지제 휨(가요)전선관은 제외)의 두께는 2[mm] 이상일 것
• 관의 지지점 간의 거리는 1.5[m] 이하
• 습기가 많은 장소 또는 물기가 있는 장소에 시설하는 경우에는 방습장치를 한다.
• 관 상호 간 및 박스와의 관을 삽입하는 깊이를 관의 바깥지름의 1.2배(접착제를 사용하는 경우에는 0.8배) 이상으로 한다.

56 활선작업 시 작업자에게 전선의 접근을 방지하는 것은?

① 와이어 통
② 애자 커버
③ 데드엔드 커버
④ 전선 피박기

해설 **와이어 통**
충전되어 있는 활선을 움직이거나 작업권 밖으로 밀어낼 때 사용하는 절연봉이다.

57 전주외등에 사용되는 배선의 절연전선은 몇 [mm²] 이상이어야 하는가?

① 2.5
② 3.0
③ 4.5
④ 5.0

해설 **전주외등 배선** : 2.5[mm²] 이상 절연전선

58 지지선의 중간에 넣는 애자는?

① 다구 애자
② 구형 애자
③ 인류 애자
④ 저압 핀 애자

해설 **애자의 종류**
- 구형 애자 : 대지와 절연 또는 전주를 지지하는 애자로 주로 지지선의 중간에 사용한다.
- 다구 애자 : 주로 동력용 저압 인입선공사 시 건물 벽면에 시설할 때 사용한다.
- 인류 애자 : 한쪽으로 끌어당기는 역할을 하는 애자를 의미하며 주로 배전선로나 인입선에 사용한다.
- 현수 애자 : 전선을 아래로 늘어뜨리거나 잡아당겨 지지하는 애자로 특고압 배전선로에 사용한다.

59 녹아웃 펀치와 같은 용도로 배전반이나 분전반 등에 구멍을 뚫을 때 사용하는 것은?

① 홀소
② 클리퍼
③ 드라이브잇 툴
④ 프레셔 툴

해설
- 홀소(hole saw) : 배전반, 분전반 등의 배관을 변경하거나 이미 설치된 캐비닛에 구멍을 뚫을 때 사용하는 공구
- 클리퍼(clipper) : 펜치로 절단하기 힘든 굵은 전선을 절단할 때 사용하는 가위
- 드라이브잇 툴(drive-it tool) : 드라이브 핀을 콘크리트에 박을 때 사용하는 공구
- 프레셔 툴(pressure tool) : 전선에 압착 단자 접속 시 사용되는 공구

60 전등 1개를 2개소에서 점멸하고자 할 때 옳은 배선은?

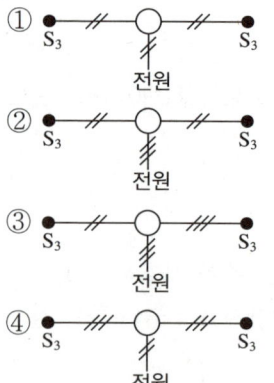

해설 전등 1개를 2개소에서 점멸하고자 할 때 3로 스위치는 최소 2개가 필요하며 전원과 전등 사이 2가닥, 전등과 스위치 사이 3가닥이 필요하다.

CBT 기출복원문제

01 다음 그림과 같이 두 자극 사이에 있는 도체에 전류 I가 흐를 때 힘의 방향은 어느 방향인가?

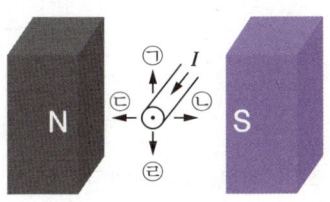

① ㉠   ② ㉡
③ ㉢   ④ ㉣

해설 플레밍의 왼손 법칙을 활용하면 힘의 방향은 ㉠이 된다.

02 RLC 직렬 회로에서 전류와 전압이 동상이 되기 위한 조건은?

① $L = C$ ② $\omega LC = 1$
③ $\omega^2 LC = 1$ ④ $(\omega LC)^2 = 1$

해설 $\dot{Z} = R + j(X_L - X_C) = R + j\left(\omega L - \dfrac{1}{\omega C}\right)$ 에서 전류와 전압이 동상이 되기 위해서는 $\omega L = \dfrac{1}{\omega C}$ 이어야 하므로 $\omega^2 LC = 1$

03 1초 동안 5[Ω]의 저항을 가진 도체에 1[A]의 전류가 흐를 때 열에너지[cal]는 얼마인가?

① 1.2   ② 2.4
③ 4.8   ④ 5

해설 줄의 법칙
열에너지 $H = 0.24 I^2 Rt = 0.24 \times 1^2 \times 5 \times 1 = 1.2$[cal]

04 Y 결선에서 상전압 V_p과 선간전압 V_l의 관계는?

① $V_p = V_l$
② $V_p = 3 V_l$
③ $V_p = \sqrt{3} \, V_l$
④ $V_p = \dfrac{1}{\sqrt{3}} V_l$

해설 Y 결선의 경우
$I_l = I_p$
$V_l = \sqrt{3} \, V_p$

05 콘덴서의 정전 용량에 대한 설명으로 옳지 않은 것은?

① 극판의 넓이에 비례한다.
② 극판의 넓이에 반비례한다.
③ 극판의 간격에 반비례한다.
④ 극판 사이 절연물의 비유전율에 비례한다.

해설 $C = \dfrac{\varepsilon A}{d}$ [F]로부터 두 도체 사이의 정전 용량은 유전율과 넓이에는 비례하고, 극판 사이 거리에는 반비례한다.

정답 1 ① 2 ③ 3 ① 4 ④ 5 ②

06 최댓값이 100[V]인 사인파 교류 전압이 있다. 평균값은 몇 [V]인가?

① 50　　　　　② 63.7
③ 75　　　　　④ 84.6

해설 평균값 $V_a = \dfrac{2}{\pi} V_m = 0.637 V_m = 63.7[\text{V}]$

07 근접해 있는 2개의 코일 중 하나의 코일에 전류가 변화하면 다른 쪽 코일에 유기 기전력이 유도되는 현상을 무엇이라 하는가?

① 자기 유도　　　② 상호 유도
③ 자기 결합　　　④ 상호 결합

해설 상호 유도
근접해 있는 2개의 코일 중 하나의 코일에 전류가 변화하면 다른 쪽 코일에 유기 기전력이 유도되는 현상

08 자체 인덕턴스가 0.2[H]인 코일에 200[V], 주파수 60[Hz]의 사인파 전압을 가할 때 유도 리액턴스 $X_L[\Omega]$는?

① 3.67　　　　② 7.54
③ 75.4　　　　④ 84.6

해설 유도 리액턴스 $X_L = 2\pi f L = 2\pi \times 60 \times 0.2 ≒ 75.4[\Omega]$

09 진공 중 유전율의 크기[F/m]는 얼마인가?

① 9×10^9　　　② 9×10^{-12}
③ 8.85×10^{-12}　④ 8.85×10^{-13}

해설 진공 중 유전율의 크기 $\varepsilon_0 = 8.85 \times 10^{-12}[\text{F/m}]$

10 RL 직렬 회로에서 서셉턴스는?

① $\dfrac{R}{R^2 + X_L^2}$　　② $\dfrac{X_L}{R^2 + X_L^2}$
③ $\dfrac{-R}{R^2 + X_L^2}$　　④ $\dfrac{-X_L}{R^2 + X_L^2}$

해설 임피던스 $Z = R + jX_L$의 어드미턴스 Y를 구하면
$Y = \dfrac{1}{Z} = \dfrac{R - jX_L}{(R + jX_L)(R - jX_L)} = \dfrac{R - jX_L}{R^2 + X_L^2}[\mho]$

어드미턴스의 허수부가 서셉턴스 $B = \dfrac{-X_L}{R^2 + X_L^2}$

11 진공에서 두 자극 $m_1 = 2 \times 10^{-3}[\text{Wb}]$, $m_2 = 1 \times 10^{-4}[\text{Wb}]$ 사이의 거리가 0.1[m]일 때 두 자극 사이에 작용하는 힘 $F[\text{N}]$는?

① 0.633　　　② 1.266
③ 6.33　　　　④ 12.66

해설 쿨롱의 법칙
$F = \dfrac{m_1 m_2}{4\pi \mu r^2} = 6.33 \times 10^4 \times \dfrac{m_1 m_2}{r^2}$
$= 6.33 \times 10^4 \times \dfrac{2 \times 10^{-3} \times 1 \times 10^{-4}}{(0.1)^2} = 1.266[\text{N}]$

12 30[V]에서 6[A]를 소비하는 전열기를 50[V]에서 사용할 때 흐르는 전류[A]는 얼마인가?

① 5 ② 6
③ 10 ④ 12

해설 옴의 법칙

$I = \dfrac{V}{R}$

$R = \dfrac{V}{I} = \dfrac{30}{6} = 5[\Omega]$

$\therefore I_{50[V]} = \dfrac{V}{R} = \dfrac{50}{5} = 10[A]$

13 그림과 같은 회로에 전압 100[V]의 교류 전압을 가할 때 전력[W]은?

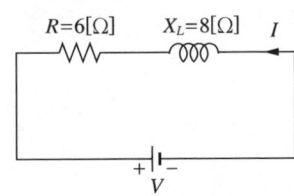

① 10 ② 60
③ 100 ④ 600

해설 $\dot{Z} = R + jX_L = 6 + j8$

전류 $I = \dfrac{V}{Z} = \dfrac{100}{\sqrt{6^2 + 8^2}} = 10[A]$

역률 $\cos\theta = \dfrac{R}{Z} = \dfrac{6}{\sqrt{6^2 + 8^2}} = 0.6$ 이므로

유효 전력 $P = VI\cos\theta = 100 \times 10 \times 0.6 = 600[W]$

14 공심 솔레노이드의 내부 자계의 세기가 100[AT/m]일 때 자속 밀도[Wb/m²]는 얼마인가?(단, 비투자율 $\mu_s = 1$[H/m]이다)

① 1.27×10^{-5} ② 6.28×10^{-5}
③ 9.6×10^{-4} ④ 12.57×10^{-5}

해설 $B = \mu H = \mu_0 \mu_s H = 4\pi \times 10^{-7} \times 1 \times 100$
$\fallingdotseq 12.57 \times 10^{-5}[Wb/m^2]$

15 단상 전압 220[V]에 소형 전동기를 접속하니 2[A]의 전류가 흐른다. 이때의 역률이 70[%]이다. 이 전동기의 소비전력[W]은?

① 308 ② 325
③ 415 ④ 520

해설 $P = VI\cos\theta = 220 \times 2 \times 0.7 = 308[W]$

16 6[Ω]인 저항 3개를 직렬로 연결할 때 합성 저항은 병렬로 연결할 때 합성 저항의 몇 배가 되는가?

① 3 ② 6
③ 9 ④ 18

해설 6[Ω]인 저항 3개를 직렬 연결할 때 합성 저항은 18[Ω]이고 병렬 연결할 때의 합성 저항은 2[Ω]이다.

17 다음 전압 파형의 주파수는 약 몇 [Hz]인가?

$$e = 100\sin\left(377t - \frac{\pi}{5}\right) [\text{V}]$$

① 50　　② 60
③ 80　　④ 100

해설 $\omega = 377 = 2\pi f$
$f = \dfrac{\omega}{2\pi} = \dfrac{377}{2\pi} \fallingdotseq 60[\text{Hz}]$

18 다음 중 강자성체가 아닌 것은?

① 알루미늄　　② 코발트
③ 니켈　　　　④ 철

해설 자성체의 종류
- 강자성체 : Fe, Ni, Co, Mn
- 반자성체 : Bi, C, Si, Ag, Pb, Zn
- 상자성체 : Al, Pt, Sn, Ir

19 어느 회로의 전류가 다음과 같을 때, 이 회로에 대한 전류의 실횻값[A]은?

$$i = 3 + 10\sqrt{2}\sin\left(\omega t - \frac{\pi}{6}\right) + 5\sqrt{2}\sin\left(3\omega t - \frac{\pi}{3}\right) [\text{A}]$$

① 11.6　　② 23.2
③ 32.2　　④ 48.3

해설 비정현파 전류의 실횻값은 직류분(I_0)과 기본파 주파수 성분 실횻값(I_1), 고조파 주파수 성분 실횻값($I_2, I_3, \cdots, I_n$)의 제곱의 합을 제곱근한 것이다.
$I = \sqrt{I_0^2 + I_1^2 + I_3^2} = \sqrt{3^2 + \left(\dfrac{10\sqrt{2}}{\sqrt{2}}\right)^2 + \left(\dfrac{5\sqrt{2}}{\sqrt{2}}\right)^2}$
$= \sqrt{3^2 + 10^2 + 5^2} \fallingdotseq 11.6[\text{A}]$

20 전기분해를 하면 석출되는 물질의 양은 통과한 전기량에 관계가 있다. 이것을 나타낸 법칙은?

① 옴의 법칙
② 쿨롱의 법칙
③ 앙페르의 법칙
④ 패러데이의 법칙

해설 패러데이의 법칙
$w = kQ = kIt[\text{g}]$

21 6극 1,200[rpm]의 교류 발전기와 병렬 운전하는 극수 8의 동기 발전기의 회전수[rpm]는?

① 900　　② 1,000
③ 1,100　　④ 1,200

해설 동기 발전기 병렬 운전을 위해서는 주파수가 같아야 한다.
$N_s = \dfrac{120f}{p} = \dfrac{120 \times 60}{8} = 900[\text{rpm}]$

22 SCR의 특성으로 옳지 않은 것은?

① 정류 작용을 할 수 있다.
② 3단자 소자다.
③ PNPN구조로 되어 있다.
④ 양방향 제어가 가능하다.

해설 게이트 신호에 의해 스위칭 가능하며 양방향 제어는 불가능하다.

23 직류 분권 발전기를 병렬 운전할 때 발전기 용량 P와 정격 전압 V로 옳은 것은?

① P와 V 모두 같아야 한다.
② P와 V 모두 임의
③ P는 임의, V는 같아야 한다.
④ P는 같고, V는 임의

해설 직류 분권 발전기 병렬 운전 조건에 따르면 전압은 같아야 하지만 용량은 임의로 해도 문제없다.

24 아크 용접용 발전기로 가장 적당한 것은?

① 타여자 발전기
② 분권 발전기
③ 가동 복권 발전기
④ 차동 복권 발전기

해설 차동 복권 발전기는 부하 증가에 따라 전압이 현저하게 감소하는 수하 특성을 가지고 있어 용접용 발전기로 적합하다.

25 변압기유의 열화에 따른 영향으로 옳지 않은 것은?

① 온도 감소
② 냉각 효과 감소
③ 절연 내력의 저하
④ 침식 작용

해설 **변압기유 열화에 따른 영향**
- 절연 내력 저하
- 냉각 효과 감소
- 온도 상승
- 침식 작용

26 직류 발전기에서 계자의 역할로 옳은 것은?

① 철손을 감소시킨다.
② 자속을 만든다.
③ 정류 작용을 한다.
④ 전기자 권선과 외부 회로를 연결한다.

해설 **직류 발전기의 구조**
- 계자 : 자속 생성
- 전기자 : 철손 감소
- 정류자 : 정류 작용

27 동기 발전기의 병렬 운전에서 기전력의 주파수가 다를 경우 나타나는 현상으로 옳은 것은?

① 동기화 전류가 발생한다.
② 고조파 순환 전류가 발생한다.
③ 단자 전압의 진동이 발생한다.
④ 역률이 달라지고 과열된다.

해설 동기 발전기의 병렬 운전 조건에서 기전력의 주파수가 다를 경우 단자 전압의 진동이 발생한다.

정답 23 ③ 24 ④ 25 ① 26 ② 27 ③

28 변류기 개방 시 2차 측을 단락하는 이유로 옳은 것은?

① 측정 오차 방지
② 2차 측 절연 보호
③ 1차 측 과전류 방지
④ 2차 측 과전류 보호

해설 2차 측을 개방하면 1차 측에 큰 전류가 흐르고 모든 전류가 여자 전류가 되어 2차 측에 높은 2차 기전력이 유도되기 때문에 단락해야 한다.

29 6[kW], 220[V] 유도 전동기의 전전압 기동 시의 기동 전류가 180[A]이다. Y-△ 기동 시 기동 전류[A]는 얼마인가?

① 60
② 90
③ 120
④ 180

해설 Y-△ 기동 시 1차 각 상의 전압은 전전압의 $\frac{1}{\sqrt{3}}$ 배, 전류는 직입 기동의 $\frac{1}{3}$ 배, 기동 토크는 $\frac{1}{3}$ 배가 된다.

30 직류 전동기의 회전 방향을 바꾸는 역회전의 원리를 이용한 제동 방법은 무엇인가?

① 역상 제동
② 회생 제동
③ 발전 제동
④ 단상 제동

해설 역상 제동
전기자를 반대로 접속하여 반대 방향의 회전력을 발생시켜 제동하는 방식(플러깅 제어)

31 3상 유도 전동기의 기동법 중 전전압 기동법에 대한 설명으로 옳은 것은?

① 리액터를 삽입하여 전동기 단자에 가해지는 전압을 떨어뜨려 기동하는 방법이다.
② 3상 단권 변압기를 사용하여 공급 전압을 낮춰 기동시키는 방법이다.
③ 기동 시 1차 각 상의 전압은 전전압의 $\frac{1}{\sqrt{3}}$ 배가 된다.
④ 5[kW] 이하의 소용량 또는 기동 전류가 적게 설계된 특수 농형 전동기다.

해설 전전압 기동법
• 5[kW] 이하의 소용량 또는 기동 전류가 적게 설계된 특수 농형 전동기
• 정격 전류의 4~6배의 기동 전류가 흐름

32 변압기 단락 보호용으로 사용하는 설비로 옳은 것은?

① 브리더
② 콘서베이터
③ 부흐홀츠 계전기
④ 비율 차동 계전기

해설 비율 차동 계전기
내부 고장 발생 시 코일에 흐르는 전류차가 일정 비율 이상이 될 때 동작하는 계전기로 변압기 단락 보호용으로 사용된다.

33 변압기에서 퍼센트 저항강하가 3[%], 리액턴스강하가 4[%]일 때, 역률이 80[%]인 변압기의 전압 변동률은 몇 [%]인가?

① 1.5 ② 2.6
③ 3.4 ④ 4.8

해설 $\varepsilon = p\cos\theta + q\sin\theta = 3 \times 0.8 + 4 \times 0.6 = 4.8[\%]$

34 동기 발전기에서 단절권 방식의 특징으로 옳은 것은?

① 권선단의 길이가 길어진다.
② 권선 간격과 극 간격이 같다.
③ 특정 고조파를 제거한다.
④ 기전력이 높아진다.

해설 단절권 방식은 특정 고조파를 제거하여 기전력의 파형을 개선할 수 있다.

35 8극의 직류 분권 발전기의 전기자 도체수 600, 매극의 자속수 0.02[Wb], 회전수 1,500[rpm]일 때 기전력[V]은 얼마인가?(단, 전기자 권선은 중권이다)

① 150 ② 300
③ 450 ④ 600

해설 $E = \dfrac{pZ\phi N}{60a} = \dfrac{8 \times 600 \times 0.02 \times 1{,}500}{60 \times 8} = 300[\text{V}]$
(p: 극수, Z: 총 도체수, ϕ: 극당 자속, N: 회전수, a: 병렬 회로수(중권에서 $a = p = 8$))

36 동기 발전기를 회전 계자형으로 하는 이유로 옳지 않은 것은?

① 고전압에 견딜 수 있게 전기자 권선을 절연하기가 쉽다.
② 기계적으로 튼튼하게 만드는 데 용이하다.
③ 전기자가 고정되어 있지 않아 제작비용이 저렴하다.
④ 전기자 단자에 발생한 고전압을 슬립 링 없이 간단히 외부 회로에 인가할 수 있다.

해설 동기 발전기를 회전 계자형으로 하면 전기자가 고정되어 있으므로 절연이 용이하다.

37 권수비가 30인 변압기의 저압 측 전압이 6[V]인 경우 극성시험에서 가극성과 감극성의 전압 차이는 몇 [V]인가?

① 6 ② 9
③ 12 ④ 15

해설 $a = \dfrac{N_1}{N_2} = \dfrac{E_1}{E_2} = \dfrac{V_1}{V_2} = \dfrac{I_2}{I_1} = \sqrt{\dfrac{Z_1}{Z_2}}$

$a = 30 = \dfrac{V_1}{V_2} = \dfrac{V_1}{6}$ ∴ $V_1 = 180[\text{V}]$

가극성일 때 $V = V_1 + V_2 = 180 + 6 = 186[\text{V}]$
감극성일 때 $V = V_1 - V_2 = 180 - 6 = 174[\text{V}]$이므로
전압 차 = $186 - 174 = 12[\text{V}]$

정답 33 ④ 34 ③ 35 ② 36 ③ 37 ③

38 유도 전동기의 동기 속도가 N_s, 회전 속도가 N일 때 슬립을 나타낸 식은?

① $s = \dfrac{N_s - N}{N_s}$

② $s = \dfrac{N_s + N}{N_s}$

③ $s = \dfrac{N_s - N}{N}$

④ $s = \dfrac{N_s + N}{N}$

해설 유도 전동기의 슬립 $s = \dfrac{N_s - N}{N_s}$

39 단락비가 큰 동기기에 대한 설명으로 옳지 않은 것은?

① 전기자 반작용이 크다.
② 계자 자속이 크다.
③ 전압 변동률이 작다.
④ 중량이 무겁고 가격이 비싸다.

해설 단락비가 큰 동기기 특징
- 전기자 반작용이 작다.
- 공극이 크고 계자 자속이 크다.
- 동일 정격에 대하여 동기 임피던스가 작다.

40 동기 발전기에서 기전력이 전기자 전류에 90도 뒤질 때 전기자 반작용으로 옳은 것은?

① 감자 작용
② 교차 작용
③ 증자 작용
④ 편자 작용

해설 전기자 반작용

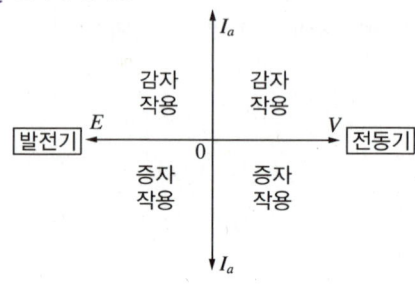

41 합성수지몰드공사에서 홈의 폭 및 깊이가 35[mm] 이하의 것이어야 하지만 사람이 쉽게 접촉할 우려가 없도록 시설하는 경우에는 폭이 몇 [mm] 이하의 것을 사용할 수 있는가?

① 35
② 40
③ 50
④ 60

해설 합성수지몰드공사
- 전선은 절연전선(옥외용 비닐 절연전선 제외)일 것
- 전선은 합성수지몰드 안에서 접속점이 없도록 할 것
- 합성수지몰드는 홈의 폭 및 깊이 : 35[mm] 이하, 두께 : 2[mm] 이상
  다만, 사람이 쉽게 접촉할 우려가 없도록 시설하는 경우에는 폭 : 50[mm] 이하, 두께 : 1[mm] 이상의 것 사용 가능

42 지중전선로 시설 방식으로 적합하지 않은 것은?

① 암거식
② 행거식
③ 관로식
④ 직접 매설식

해설 **지중전선로 시설 방식**
- 직접 매설식
- 관로식
- 암거식

43 전기울타리 시설에 대한 설명으로 옳지 않은 것은?

① 전선과 이를 지지하는 기둥 사이의 간격은 25[mm] 이상일 것
② 전기울타리용 전원장치에 전기를 공급하는 전로의 사용 전압은 250[V] 이하일 것
③ 전선과 다른 시설물 또는 수목과의 간격은 0.2[m] 이상일 것
④ 사람이 쉽게 출입하지 아니하는 곳에 시설할 것

해설 **전기울타리**
- 전로의 사용전압 : 250[V] 이하
- 전선 : 인장강도 1.38[kN] 이상의 것 또는 지름 2[mm] 이상의 경동선
- 간격
  - 전선과 이를 지지하는 기둥 사이 : 25[mm] 이상
  - 전선과 다른 시설물 또는 수목 사이 : 0.3[m] 이상
- 전기울타리에 전기를 공급하는 전로에는 쉽게 개폐할 수 있는 곳에 전용 개폐기를 시설할 것
- 위험 표시판을 시설할 것(100[mm]×200[mm] 이상일 것)
- 전기울타리 전원장치의 외함 및 변압기의 철심은 규정에 준하여 접지공사를 할 것

44 정션 박스 내에서 전선을 접속할 수 있는 것은?

① 슬리브   ② 와이어 접속기
③ 코드 패스너   ④ 코드 노트

해설 정션 박스에서 전선을 접속할 때 쥐꼬리 접속을 하여 와이어 접속기로 돌려 끼워 접속한다.

45 특고압·고압 전기설비용 접지도체는 단면적 몇 [mm²] 이상의 연동선 또는 동등 이상의 단면적 및 강도를 가져야 하는가?

① 1   ② 4
③ 6   ④ 10

해설 특고압·고압 전기설비용 접지도체는 단면적 6[mm²] 이상의 연동선 또는 동등 이상의 단면적 및 강도를 가져야 한다.

46 박강전선관의 규격이 아닌 것은?

① 19   ② 27
③ 39   ④ 63

해설 **전선관의 종류**
- 후강전선관 : 전선관의 두께가 두꺼움
  안지름의 크기에 가까운 짝수로 정하며 16, 22, 28, 36, 42, 54, 70, 82, 92, 104[mm]까지 10종류가 있으며 1본의 길이는 3.6[m]
- 박강전선관 : 전선관의 두께가 얇음
  바깥지름의 크기에 가까운 홀수로 정하며 19, 25, 31, 39, 51, 63, 75[mm]까지 7종류가 있으며 1본의 길이는 3.6[m]

정답 42 ② 43 ③ 44 ② 45 ③ 46 ②

47 접지공사에 사용하는 접지선을 사람이 접촉할 우려가 있어서 철주를 따라서 시설하는 경우 접지극을 철주의 밑면으로부터 0.3[m] 정도의 깊이에 매설한다면 접지극은 지중에서 그 금속체로부터 몇 [m] 이상 떼어서 매설하여야 하는가?

① 0.75
② 0.9
③ 1
④ 1.2

해설 접지도체를 철주, 기타의 금속체를 따라서 시설하는 경우에는 접지극을 철주의 밑면으로부터 0.3[m] 이상의 깊이에 매설하는 경우 이외에는 접지극을 지중에서 그 금속체로부터 1[m] 이상 떼어 매설한다.

48 코드나 케이블 등을 기계기구의 단자 등에 접속할 때 몇 [mm²]가 넘으면 그림과 같은 터미널러그(압착단자)를 사용하여야 하는가?

① 4
② 6
③ 8
④ 10

해설 **코드 또는 캡타이어케이블과 전기기계기구의 접속**
- 구리선과 전기기계기구 단자의 접속은 접속이 완전하고 헐거워질 우려가 없도록 할 것
- 기구 단자가 누름나사형, 클램프형이거나 이와 유사한 구조가 아닌 경우는 단면적 10[mm²]를 초과하는 단선 또는 단면적 6[mm²]를 초과하는 연선에 터미널러그를 부착할 것
- 터미널러그는 납땜으로 전선을 부착하고 접속점에 장력이 걸리지 않도록 시설할 것

49 조명 기구를 반간접 조명 방식으로 설치할 때 위(상방향)로 향하는 광속의 양은 몇 [%] 정도인가?

① 0~10
② 10~40
③ 40~60
④ 60~90

해설 **조명 방식**

분류	직접 조명 방식	반직접 조명 방식	전반확산 조명 방식
배광			
하반부 광속[%]	90~100	60~90	40~60

분류	반간접 조명 방식	간접 조명 방식
배광		
하반부 광속[%]	10~40	0~10

반간접 조명 방식의 상반부 광속 : 60~90[%]

50 코드 상호 간 또는 캡타이어케이블 상호 간을 접속하는 경우 가장 많이 사용되는 기구는?

① 코드 접속기
② T형 접속기
③ 박스용 접속기
④ 와이어 접속기

해설 코드 접속기는 코드 상호 간 또는 캡타이어케이블 상호 간 접속 시 사용하는 기구다.

51 과전류 차단기로 시설하는 퓨즈 중 고압 전로에 사용하는 포장 퓨즈는 정격 전류의 1.3배에 견디고 또한 2배의 전류로 몇 분 이내에 용단되어야 하는가?

① 2
② 45
③ 90
④ 120

해설 **포장 퓨즈**
- 정격 전류의 1.3배의 전류에 견딜 것
- 2배의 전류로 120분 안에 용단될 것

52 사용전압이 고압과 저압인 가공전선을 병행설치할 때 저압전선의 위치는 어디에 설치해야 하는가?

① 고압전선의 하부에 설치
② 고압전선의 상부에 설치
③ 완금에 설치
④ 완금과 고압전선 사이에 설치

해설 **가공전선 등의 병행설치**
병행설치 시 다른 가공전선을 동일 지지물에 별개의 완금류에 시설하며 전압이 높은 전로로가 낮은 전선로보다 상부에 위치하도록 시설

53 성냥, 석유류, 셀룰로이드 등 기타 가연성 위험 물질을 제조 또는 저장하는 장소의 배선으로 적합하지 않은 것은?

① 애자공사
② 금속관공사
③ 케이블공사
④ 2.0[mm] 이상 합성수지관공사(난연성 콤바인 덕트관 제외)

해설 가연성 먼지가 있는 위험 장소에는 케이블공사, 금속관공사, 합성수지관공사를 실시한다.

54 선택 지락 계전기(selective ground relay)의 용도는?

① 단일 회선에서 지락 사고 지속 시간 선택
② 단일 회선에서 지락 전류의 방향의 선택
③ 다회선에서 지락 고장 회선의 선택
④ 단일 회선에서 지락 전류의 대소의 선택

해설 **선택 지락 계전기(SGR)**
다회선 송전 선로에서 지락이 발생한 회선만을 검출하여 선택해 차단할 수 있도록 동작하는 계전기

55 버스덕트공사에 의한 저압 옥내배선공사에 대한 설명으로 옳지 않은 것은?

① 덕트(환기형은 제외)의 끝부분은 막을 것
② 덕트 상호 간 및 전선 상호 간은 견고하고 또한 전기적으로 완전하게 접속할 것
③ 습기가 많은 장소 또는 물기가 있는 장소에 시설하는 경우에는 옥외용 버스덕트를 사용할 것
④ 덕트를 조영재에 붙이는 경우에는 덕트의 지지점 간의 거리를 2[m] 이하로 하고 또한 견고하게 붙일 것

해설 **버스덕트공사**
- 덕트 상호 간 전선 상호 간은 견고하고 전기적으로 완전하게 접속할 것
- 덕트를 조영재에 붙이는 경우
  - 지지점 간의 거리 : 3[m] 이하
    (취급자 이외의 자가 출입할 수 없도록 설비한 곳에서 수직으로 붙이는 경우 : 6[m] 이하)
- 덕트(환기형 제외)의 끝부분은 막을 것
- 덕트는 규정에 준하는 접지공사를 할 것

정답 52 ① 53 ① 54 ③ 55 ④

56 다음 심벌이 나타내는 것은?

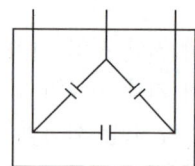

① 저항 ② 유입 개폐기
③ 변압기 ④ 진상용 콘덴서

해설 진상용 콘덴서는 수변전설비로서 역률을 보상하는 장치이다.

57 KEC 접지 설계 방식 중 계통 접지, 통신 접지, 피뢰 접지의 접지극을 통합하여 접지하는 방식은?

① 통합 접지 ② 공통 접지
③ 단독 접지 ④ 보호 접지

해설 접지 시스템의 구분
• 단독 접지 : 고압 및 특고압 계통의 접지극과 저압 접지계통의 접지극을 단독으로(독립적) 시설하는 접지 방식
• 공통 접지 : 고압 및 특고압 접지 계통과 저압 접지 계통을 등전위 형성을 위해 공통으로 접지하는 방식
• 통합 접지 : 계통 접지, 통신 접지, 피뢰 접지의 접지극을 통합하여 접지하는 방식

58 전선의 구비 조건으로 옳지 않은 것은?

① 비중이 크고, 가선이 용이할 것
② 가격이 저렴하고, 구입이 쉬울 것
③ 신장률이 크고, 내구성이 있을 것
④ 도전율이 크고, 기계적인 강도가 클 것

해설 전선의 구비 조건
• 밀도(비중)가 작고, 가선이 용이할 것
• 신장률이 크고, 내구성이 있을 것
• 도전율이 크고, 기계적 강도가 클 것
• 가격이 저렴하고, 구입이 쉬울 것

59 노출 장소 또는 점검 가능한 장소에서 제2종 가요전선관을 시설하고 제거하는 것이 자유로운 경우의 곡률 반지름은 안지름의 몇 배 이상으로 해야 하는가?

① 3 ② 4
③ 5 ④ 6

해설 금속제 가요전선관공사
관을 구부릴 때, 곡률 반지름은 관 안지름의 6배 이상으로 한다(관을 시설하거나 자유로운 경우에는 3배 이상).

60 가공인입선을 시설할 때 경동선의 최소 굵기는 몇 [mm]인가?(단, 지지물 간 거리가 15[m]를 초과한 경우이다)

① 1.6 ② 2.0
③ 2.6 ④ 3.0

해설 가공인입선의 시설
가공인입선의 인입전선의 굵기는 저압인 경우 지름 2.6[mm] 이상의 경동선을 사용한다.

CBT 기출복원문제

01 1[Wb/m²]는 몇 [G]인가?
① 1
② 10
③ 100
④ 10,000

해설 1[G] = 10^{-4}[Wb/m²]이므로
1[Wb/m²] = 10^4[G] = 10,000[G]

02 전기장 중에 단위 정전하를 놓을 때 여기에 작용하는 힘과 같은 것은?
① 자속
② 전기장의 세기
③ 전속
④ 전위

해설 전기장의 세기
전기장 중에 단위 정전하 +1[C]을 놓을 때 여기에 작용하는 힘

03 다음 중 전기량(전하)의 단위는?
① [mA]
② [nW]
③ [μF]
④ [C]

해설 전기량 Q의 단위 : [C], 쿨롬

04 비유전율이 5인 유전체 내부의 전속 밀도가 5×10^{-6}[C/m²] 되는 점의 전기장의 세기[V/m]는?
① 1.13×10^5
② 1.35×10^5
③ 1.43×10^5
④ 1.58×10^5

해설 $D = \varepsilon_0 \varepsilon_s E$이므로
$E = \dfrac{D}{\varepsilon_0 \varepsilon_s} = \dfrac{5 \times 10^{-6}}{8.85 \times 10^{-12} \times 5} \fallingdotseq 1.13 \times 10^5$[V/m]

05 $v = V_m \sin(\omega t + 30°)$[V], $i = I_m \sin(\omega t - 30°)$[A]일 때 전압을 기준으로 전류의 위상차를 바르게 표현한 것은?
① 60° 뒤진다.
② 30° 뒤진다.
③ 60° 앞선다.
④ 30° 앞선다.

해설 위상차(θ) = 전압의 위상 − 전류의 위상
= 30° − (−30°)
= 60°
따라서 전류는 전압보다 60° 뒤진다.

06 도체계에서 임의의 도체를 일정 전위(일반적으로 영전위)의 도체로 완전 포위하면 내부와 외부의 전계를 완전히 차단할 수 있는데 이를 무엇이라 하는가?
① 정전 유도
② 톰슨 효과
③ 정전 차폐
④ 펀치 효과

해설 정전 차폐
접지된 금속에 의해 대전체를 완전히 둘러싸서 외부 정전계에 의한 정전 유도를 차단하는 것

정답 1 ④ 2 ② 3 ④ 4 ① 5 ① 6 ③

07 9[V]의 기전력으로 20[C]의 전기량이 이동할 때 몇 [J]의 일을 하게 되는가?

① 9　　② 18
③ 180　　④ 900

해설　$V = \dfrac{W}{Q}$
∴ $W = VQ = 9[V] \times 20[C] = 180[J]$

08 어느 자기장에 의하여 생기는 자기장의 세기를 $\dfrac{1}{2}$로 하려면 자극으로부터의 거리를 몇 배로 하여야 하는가?

① $\sqrt{2}$　　② $\dfrac{1}{\sqrt{2}}$
③ 2　　④ $\dfrac{1}{2}$

해설　자기장의 세기 $H = \dfrac{1}{4\pi\mu_0\mu_r} \cdot \dfrac{m_1}{r^2}$ [AT/m]
H는 거리의 제곱에 반비례하므로 자기장의 세기를 $\dfrac{1}{2}$로 하려면 거리를 $\sqrt{2}$배로 해야 한다.

09 저항 10[Ω]인 전구에 $e(t) = 100\sin\left(377t + \dfrac{\pi}{3}\right)$[V]의 전압을 가할 때 $t = 0$에서의 순시 전류의 값[A]은?

① 5　　② $5\sqrt{2}$
③ $5\sqrt{3}$　　④ 10

해설　$i(t) = \dfrac{e(t)}{R} = \dfrac{100\sin\left(377t + \dfrac{\pi}{3}\right)}{10}$
$= 10\sin\left(377t + \dfrac{\pi}{3}\right)$[A] 이므로
$i(0) = 10\sin\left(377 \times 0 + \dfrac{\pi}{3}\right) = 5\sqrt{3}$[A]

10 고유저항 ρ의 단위는?

① [℧]　　② [℧·m]
③ [Ω·m]　　④ [Ω/m]

해설　고유저항의 단위 : $\left[\Omega \cdot \dfrac{m^2}{m}\right]$, [Ω·m]

11 긴 직선 도선에 I의 전류가 흐를 때 이 도선으로부터 r 만큼 떨어진 곳에서 자기장의 세기에 대한 설명으로 옳은 것은?

① 전류 I에 비례하고 r에 반비례한다.
② 전류 I에 반비례하고 r에 비례한다.
③ 전류 I의 제곱에 반비례하고 r에 반비례한다.
④ 전류 I에 반비례하고 r의 제곱에 반비례한다.

해설　긴 직선 도선에서 자기장의 세기
$H = \dfrac{NI}{l} = \dfrac{I}{2\pi r}$ [AT/m]

12 환상 솔레노이드 내부 자기장의 세기에 대한 설명으로 옳은 것은?

① 자기장의 세기는 권수에 비례한다.
② 자기장의 세기는 전류에 반비례한다.
③ 자기장의 세기는 평균 반지름의 제곱에 반비례한다.
④ 자기장의 세기는 권수, 전류, 평균 반지름의 영향을 받지 않는다.

해설　환상 솔레노이드 내부 자기장의 세기
$H = \dfrac{NI}{2\pi r}$ [AT/m]

13 가정용 전등 전압이 200[V]이다. 이 교류의 최댓값은 몇 [V]인가?

① 220.8　② 245.5
③ 282.8　④ 292.6

해설) 실횻값 $V = \dfrac{V_m}{\sqrt{2}}$ 에서

$V_m = \sqrt{2}\,V = 200\sqrt{2} ≒ 282.8[\text{V}]$

14 같은 저항 4개를 그림과 같이 연결하여 a-b 간에 일정 전압을 가할 때 소비전력이 가장 큰 것은?

①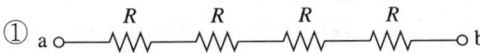

②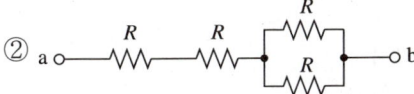

③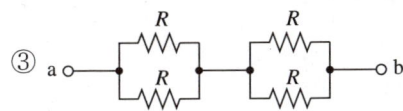

④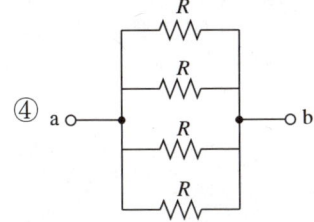

해설) 소비전력 $P = \dfrac{V^2}{R}[\text{W}]$

소비전력 식에 따르면 저항이 작을수록 소비전력이 커진다. 합성 저항을 구하면 아래와 같으므로
① $R + R + R + R = 4R$
② $R + R + (R//R) = R + R + \dfrac{R}{2} = \dfrac{5}{2}R = 2.5R$
③ $(R//R) + (R//R) = \dfrac{R}{2} + \dfrac{R}{2} = R$
④ $R//R//R//R = \dfrac{R}{2}//\dfrac{R}{2} = \dfrac{R}{4} = 0.25R$

∴ ④와 같이 네 저항을 모두 병렬 접속할 때 소비전력이 가장 크다.

15 정현파 교류 $i = 5\sqrt{2}\sin\left(\omega t + \dfrac{\pi}{3}\right)[\text{A}]$를 복소수의 극좌표형으로 표현하면 어느 것인가?

① $5\sqrt{2} \angle \dfrac{\pi}{3}$

② $5 \angle \dfrac{\pi}{3}$

③ $5 \angle 0°$

④ $5 \angle \dfrac{\pi}{6}$

해설) 극좌표 형식

$\dot{I} = I\angle\theta = \dfrac{I_m}{\sqrt{2}} \angle \dfrac{\pi}{3} = \dfrac{5\sqrt{2}}{\sqrt{2}} \angle \dfrac{\pi}{3} = 5 \angle \dfrac{\pi}{3}$

16 전기분해에서 패러데이의 법칙으로 옳은 것은? (단, w : 석출된 물질의 양[g], k : 물질의 전기화학당량[g/C], I : 전류[A], E : 전압[V], Q : 통과한 전기량[C], t : 통과 시간[s]을 각각 나타낸다)

① $w = kIt$

② $w = kEt$

③ $w = k\dfrac{Q}{E}$

④ $w = \dfrac{Q}{R}$

해설) 패러데이 법칙 $w = kQ = kIt$

정답　13 ③　14 ④　15 ②　16 ①

17 전류에 의한 자기장과 직접 관련이 없는 것은?

① 줄의 법칙
② 플레밍의 왼손 법칙
③ 비오-사바르의 법칙
④ 앙페르의 오른나사 법칙

해설 줄의 법칙은 전류에 의한 열의 작용이다.

18 복소 임피던스 $Z=6+8j$의 절댓값은 얼마인가?

① 6　　　　② 8
③ 10　　　 ④ 14

해설 절댓값 $Z=\sqrt{6^2+8^2}=10$

19 임피던스 $Z=r+jx[\Omega]$을 어드미턴스 $Y=g-jb[\mho]$로 표현할 경우 서셉턴스의 크기에 대한 표현으로 옳은 것은?

① r　　　② g
③ b　　　④ x

해설 임피던스 $\dot{Z}=R+jX[\Omega]$ (R : 저항, X : 리액턴스)
어드미턴스 $\dot{Y}=G+jB[\mho]$ (G : 컨덕턴스, B : 서셉턴스)
이므로 서셉턴스의 크기는 b

20 전압계의 측정 범위를 넓히는 데 사용되는 기기는?

① 배율기　　② 분류기
③ 정압기　　④ 정류기

해설 배율기는 전압계의 측정 범위를 넓히는 데 사용되는 기기로 저항을 직렬로 연결한다.

21 직류 전동기를 기동할 때 전기자 전류를 가감하여 조정하는 가감 저항기를 무엇이라 하는가?

① 저주파 기동기
② 기동 저항기
③ 고주파 기동기
④ 자기 기동기

해설 기동 저항기
전동기를 기동할 때 큰 기동 전류가 흐르지 않도록 회전자 측에 저항을 넣어 두었다가 회전 속도가 빨라지면 이것을 단락할 수 있도록 하는 장치

22 동기 발전기를 계통에 병렬로 접속할 때 관계없는 것은?

① 전류　　② 위상
③ 전압　　④ 주파수

해설 동기 발전기를 병렬 운전하기 위해서는 기전력의 크기, 위상, 주파수, 파형이 같아야 한다.

23 측정이나 계산으로 구할 수 없는 손실이며 부하 전류가 흐를 때 철심 내부 또는 도체에서 생기는 손실을 무엇이라 하는가?

① 구리손
② 표유 부하손
③ 히스테리시스손
④ 와전류손

해설 표유 부하손
측정이나 계산으로 구할 수 없는 손실이며 부하 전류가 흐를 때 철심 내부 또는 도체에서 생기는 손실

24 운전 중인 전동기를 전원에서 분리한 후에 발전기로 작용시켜 회전체의 운동 에너지를 전기 에너지로 변환하고, 저항 안에서 줄열로 소비시켜 제동하는 방법은?

① 회생 제동
② 역전 제동
③ 발전 제동
④ 계자 제동

해설 전동기의 제동법
- 발전 제동 : 운전 중인 전동기를 전원에서 분리한 후에 발전기로 작용시켜 회전체의 운동 에너지를 전기 에너지로 변환하고, 저항 안에서 줄열로 소비시켜 제동하는 방법
- 회생 제동 : 전동기를 발전기처럼 사용하여 발생되는 전력을 전원에 반환하여 제동하는 방법
- 역전 제동 : 원래 회전하던 방향과 반대인 토크를 발생시켜 전동기를 급속히 정지시키는 방법

25 다음 그림에 대한 설명으로 틀린 것은?

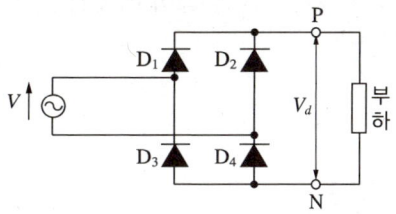

① 브리지(bridge) 회로라고도 한다.
② 실제 정류기로 널리 사용된다.
③ 전파 정류 회로라고도 한다.
④ 반파 정류 회로라고도 한다.

해설 단상 전파 정류 회로의 그림이다.

26 다음 중 무부하가 되면 회전 속도가 급격히 상승하여 무부하 운전이나 벨트 운전을 하지 않도록 해야 하는 직류 전동기는 무엇인가?

① 타여자 전동기
② 분권 전동기
③ 복권 전동기
④ 직권 전동기

해설 직권 전동기
직권 전동기는 무부하가 되면 회전 속도가 급격히 상승하기 때문에 무부하 운전이나 벨트가 벗겨져서 무부하 운전이 될 수도 있는 벨트 운전을 하면 안 된다.

27 동기 전동기의 대표적인 기동법은?

① 반발 기동법
② 분상 기동법
③ 기동 전동기법
④ 계자 제어법

해설 동기 전동기의 기동법
- 자기 기동법
- 기동 전동기법

28 단상 변압기의 2차 무부하 전압이 230[V]이고 정격 부하 시 2차 단자 전압이 210[V]일 때 전압 변동률[%]은?

① 4.54
② 6.25
③ 7.84
④ 9.5

해설 전압 변동률
$$\varepsilon = \frac{V_{20} - V_{2n}}{V_{2n}} \times 100 = \frac{230-210}{210} \times 100 ≒ 9.5[\%]$$

29 3상 유도 전동기의 회전 원리와 가장 관계가 깊은 것은?

① 회전 자계
② 플레밍의 오른손 법칙
③ 키르히호프의 법칙
④ 옴의 법칙

해설 유도 전동기의 회전 원리
3상 유도 전동기에서는 자석을 돌리는 대신에 고정된 3상 권선에 3상 교류가 흐를 때 생기는 회전 자기장을 이용한다 (아라고의 원판 원리 이용).
• 자석의 회전 : 회전 자계 사용(고정자)
• 원판의 회전 : 회전자 사용

30 그림과 같은 전동기는 어떤 직류 전동기를 의미하는가?

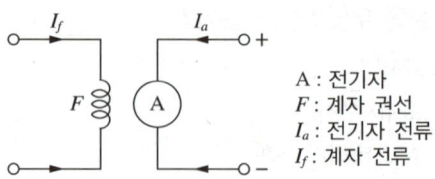

A : 전기자
F : 계자 권선
I_a : 전기자 전류
I_f : 계자 전류

① 분권 전동기
② 직권 전동기
③ 타여자 전동기
④ 복권 전동기

해설 계자에 필요한 전류를 외부 전원을 이용하여 공급하는 타여자 전동기다.

31 권선형 유도 전동기 기동 시 회전자 측에 저항을 넣는 이유는?

① 기동 전류 증가
② 최대 토크 감소
③ 기동 전류 억제와 기동 토크 증대
④ 슬립 감소

해설 권선형 유도 전동기 2차 측에 저항기를 적용하여 비례 추이의 원리에 따라 2차 저항 r_2가 커질수록 기동 토크는 커지고 기동 전류는 작아진다.

32 변압기의 용도가 아닌 것은?

① 교류 전류의 변환
② 교류 전압의 변환
③ 주파수의 변환
④ 임피던스의 변환

해설 변압기는 주파수를 변화시킬 수 없다.

33 동기 발전기의 병렬 운전 중 위상이 다를 경우 나타나는 현상으로 옳은 것은?

① 유효 순환 전류가 흐른다.
② 무효 순환 전류가 흐른다.
③ 단자 전압의 진동이 발생한다.
④ 권선이 가열된다.

해설 기전력의 위상이 다를 경우 유효 순환 전류(동기화 전류)가 흐른다.

34 변압기 결선에서 Y-Y 결선의 특징이 아닌 것은?

① 절연 용이
② 중성점 접지 가능
③ 제3고조파 포함
④ V-V 결선 가능

해설 Y-Y 결선 특징
 • 절연 용이
 • 중성점 접지 가능
 • 중성점 접지를 하지 않으면 제3고조파 발생

35 N형 반도체에서 전기 전도의 주된 역할을 하는 반송자는?

① 불순물　　② 정공
③ 전자　　　④ 가전자

해설
 • N형 반도체에서의 다수 캐리어 : negative ⇨ (-), 전자
 • P형 반도체에서의 다수 캐리어 : positive ⇨ (+), 정공

36 정격이 10,000[V], 500[A], 역률 90[%]의 3상 동기 발전기의 단락 전류 I_s[A]는?(단, 단락비는 1.3으로 하고 전기자 저항은 무시한다)

① 450　　② 550
③ 650　　④ 750

해설 단락비 $K_s = \dfrac{\text{단락 전류}}{\text{정격 전류}}$ 이므로
단락 전류 $I_s = I_n \times$ 단락비 $= 500 \times 1.3 = 650$[A]
(I_s : 단락 전류, I_n : 정격 전류)

37 인버터(inverter)란?

① 교류를 직류로 변환
② 직류를 교류로 변환
③ 교류를 교류로 변환
④ 직류를 직류로 변환

해설 인버터 : 직류를 교류로 변환하는 장치

38 슬립 4[%]인 유도 전동기의 등가 부하 저항은 2차 저항의 몇 배인가?

① 5　　　② 19
③ 20　　④ 24

해설 등가 부하 저항 $R = r_2\left(\dfrac{1-s}{s}\right) = r_2 \times \left(\dfrac{1-0.04}{0.04}\right) = 24r_2$

정답 33 ①　34 ④　35 ③　36 ③　37 ②　38 ④

39 변압기에 대한 설명 중 틀린 것은?

① 정격 출력은 1차 측 단자를 기준으로 한다.
② 전압을 변성한다.
③ 전력을 발생하지 않는다.
④ 변압기의 정격 용량은 피상 전력으로 표시한다.

해설 변압기의 정격 용량 = $V_{2n} \times I_{2n}$ [VA]으로 2차 측을 기준으로 한다.

40 3상 교류 발전기의 기전력에 대하여 90° 늦은 전류가 통할 때 반작용 기자력은?

① 자극 축과 일치하고 감자 작용
② 자극 축보다 90° 빠른 증자 작용
③ 자극 축보다 90° 늦은 감자 작용
④ 자극 축과 직교하는 교차 자화 작용

해설 전동기는 발전기와 반대로 작용

위상 관계	동기 발전기	위상 관계	동기 전동기
유도 기전력 E 보다 뒤진 전류	감자 작용	단자 전압 V 보다 뒤진 전류	증자 작용
유도 기전력 E 보다 앞선 전류	증자 작용	단자 전압 V 보다 앞선 전류	감자 작용

41 3상 4선식 380/220[V] 전로에서 전원의 중성극에 접속된 전선의 명칭으로 옳은 것은?

① 전원선   ② 중성선
③ 접지선   ④ 접지 측선

해설 다중선로에서 중성극에 접속된 전선은 중성선이라 한다.

42 금속을 아웃렛 박스의 로크 아웃에 취부할 때 로크 아웃의 구멍이 관의 구멍보다 클 때 보조적으로 사용되는 것은?

① 부싱   ② 링 리듀서
③ 엘보   ④ 엔트런스 캡

해설 링 리듀서
금속관 등을 아웃렛 박스(outlet box)의 로크 아웃에 취부할 때, 로크 아웃의 구멍이 관의 구멍보다 클 때 로크 너트만으로는 고정할 수 없을 때 보조적으로 사용

43 교류 회로에서 중성선 겸용 보호도체를 의미하는 것은?

① PEM 도체   ② PEN 도체
③ PEL 도체   ④ PE 도체

해설
• PEN 도체 : 중성선 겸용 보호도체(교류 회로)
• PEM 도체 : 중간선 겸용 보호도체(직류 회로)
• PEL 도체 : 선도체 겸용 보호도체(직류 회로)
• PE 도체(= 보호도체) : 감전 방지 등 안전을 위한 도체

44 조명등을 일반주택 및 아파트에 설치할 때 현관등은 최대 몇 분 이내에 소등되는 타임 스위치를 시설하여야 하는가?

① 1   ② 2
③ 3   ④ 4

해설 타임 스위치
• 관광숙박업(호텔, 여관) : 객실 입구등은 1분 이내로 소등
• 일반주택 및 아파트 : 현관등은 3분 이내로 소등

45 주택용 배선차단기의 동작 전류는 정격 전류의 몇 배인가?

① 1.05
② 1.13
③ 1.3
④ 1.45

해설 배선용 차단기의 과전류 트립 동작시간 및 특성

정격 전류의 구분	시간	정격 전류의 배수			
		주택용 배선차단기 (MCB)		산업용 배선차단기 (MCCB)	
		부동작 전류	동작 전류	부동작 전류	동작 전류
63[A] 이하	60분	1.13배	1.45배	1.05배	1.3배
63[A] 초과	120분	1.13배	1.45배	1.05배	1.3배

46 ACSR 약호의 품명으로 옳은 것은?

① 강심알루미늄연선
② 중공연선
③ 경동연선
④ 알루미늄선

해설 ACSR(Aluminum Conductor Steel Reinforced) : 강심 알루미늄연선

47 가공케이블 시설 시 조가선에 금속 테이프 등을 사용하여 케이블 외장을 견고하게 붙여 조가하는 경우 나선형으로 금속 테이프를 감는 간격은 몇 [m] 이하를 유지해야 하는가?

① 0.1
② 0.2
③ 0.3
④ 0.5

해설 케이블을 조가선에 접촉시키고 그 위에 쉽게 부식되지 않는 금속 테이프 등을 0.2[m] 이하의 간격을 유지하며 나선형으로 감아 붙일 것

48 전기 저항이 적고, 부드러운 성질이 있어 구부리기가 용이하므로 주로 옥내배선에 사용하는 구리선의 명칭은?

① 연동선
② 합성연선
③ 경동선
④ 중공연선

해설 연동선은 저압 옥내배선에 활용되며 잘 휘어지는 특성을 가지고 있다.

49 저압 가공인입선 공사 시 도로를 횡단하여 시설하는 경우 노면상 설치 높이는 몇 [m] 이상이어야 하는가?

① 5
② 6
③ 7
④ 8

해설 저압, 고압, 특고압 가공인입선의 높이

구분	저압	고압	특고압 (35[kV] 이하인 경우)
도로 횡단	일반적인 경우 : 노면상 5[m] 이상 기술상 부득이 : 3[m] 이상	6[m] 이상	6[m] 이상

50 다음에 해당하는 전선의 접속 방법은?

① 분기 접속
② 직각 접속
③ 종단 접속
④ 직선 접속

해설 전선의 접속 방법

직선 접속	분기 접속	종단 접속

51 최대 사용전압이 220[V]인 3상 유도 전동기가 있다. 이것의 절연 내력 사용전압은 몇 [V]로 해야 하는가?

① 450
② 500
③ 750
④ 1,000

해설 전동기에서 최대 사용전압 7[kV] 이하는 최대 사용전압의 1.5배의 사용전압을 가해야 하므로
절연 내력 사용전압 = 220 × 1.5 = 330[V]배이지만 사용전압이 500[V] 미만인 경우 절연 내력 사용전압은 500[V]로 해야 한다.

회전기 및 정류기의 절연 내력

종류		시험전압
회전기	발전기·전동기·무효 전력 보상 장치·기타 회전기 (회전 변류기 제외)	최대 사용전압 7[kV] 이하	최대 사용전압의 1.5배의 전압 (500[V] 미만으로 되는 경우에는 500[V])
		최대 사용전압 7[kV] 초과	최대 사용전압의 1.25배의 전압 (10.5[kV] 미만으로 되는 경우에는 10.5[kV])
	회전 변류기		직류 측의 최대 사용전압의 1배의 교류전압 (500[V] 미만으로 되는 경우에는 500[V])

52 저압 연접 인입선은 인입선에서 분기하는 점으로부터 (㉠)[m]를 넘지 않는 지역에 시설하고 폭 (㉡)[m]를 넘는 도로를 횡단하지 않아야 하는가?

	㉠	㉡
①	50	5
②	50	6
③	100	5
④	100	6

해설 **이웃 연결 인입선**
- 인입선의 분기점에서 100[m]를 초과하는 지역에 미치지 아니할 것
- 폭 5[m]를 넘는 도로를 횡단하지 말 것
- 다른 수용가의 옥내를 관통하지 말 것

53 합성수지제 전선관의 호칭은 관 굵기의 무엇으로 표시하는가?

① 짝수인 안지름
② 홀수인 안지름
③ 짝수인 바깥지름
④ 홀수인 바깥지름

해설 합성수지제 전선관의 호칭은 관 굵기의 짝수인 안지름으로 표시한다.

54 이동하여 사용하는 저압 전기기계기구의 금속제 외함의 접지를 위해 사용되는 접지도체가 다심 캡타이어케이블이다. 이 케이블의 도체 단면적은 몇 [mm²] 이상인가?

① 0.75
② 0.85
③ 1.0
④ 10

해설 이동하여 사용하는 전기기계기구의 금속제 외함 등의 접지 시스템의 경우
- 저압 전기설비용 접지도체
  - 0.75[mm²] 이상의 다심 코드 또는 캡타이어케이블
  - 1.5[mm²] 이상의 기타 유연성이 있는 연동연선
- 특고압·고압 전기설비용 접지도체 및 중성점 접지용 접지도체
  - 10[mm²] 이상의 캡타이어케이블

55 금속관공사의 장점이라고 볼 수 없는 것은?

① 기계적 강도가 좋다.
② 합성수지관에 비해 내식성이 좋다.
③ 전선의 배선 및 배관 변경 시 용이하다.
④ 전선관 접속이나 관과 박스 접속 시 견고하고 완전하게 접속할 수 있다.

해설 금속관은 수분에 의한 부식이 잘 일어나 내식성이 좋지 않다.

정답 51 ② 52 ③ 53 ① 54 ① 55 ②

56 후강전선관의 종류는 몇 종인가?

① 5　　② 8
③ 10　　④ 15

> 해설　**후강전선관 규격(10종)**
> 안지름의 크기에 가까운 짝수로 정하며 16, 22, 28, 36, 42, 54, 70, 82, 92, 104[mm]로 총 10종

57 합성수지몰드공사에 대한 설명으로 옳지 않은 것은?

① 합성수지몰드 안에는 접속점이 없도록 할 것
② 합성수지몰드와 박스, 기타의 부속품과는 전선이 노출되지 않도록 할 것
③ 합성수지몰드는 홈의 폭 및 깊이가 35[mm] 이하일 것
④ 전선은 옥외용 비닐 절연전선일 것

> 해설　**합성수지몰드공사**
> 전선은 절연전선(옥외용 비닐 절연전선 제외)

58 셀룰러덕트공사에 의한 저압 옥내배선에서 절연전선으로 연선을 사용하지 않아도 되는 것은 전선의 굵기가 몇 [mm²] 이하인 경우인가?

① 2.5　　② 4
③ 6　　④ 10

> 해설　**셀룰러덕트공사**
> 전선은 연선일 것. 다만, 단면적 10[mm²](알루미늄선은 단면적 16[mm²]) 이하의 것은 그러하지 아니함(단선 사용 가능)

59 애자공사에 대한 설명으로 옳지 않은 것은?

① 사용전압이 220[V]이면 전선을 조영재의 옆면을 따라 붙일 경우 전선 지지점 간의 거리는 3[m] 이하일 것
② 사용전압이 220[V]이면 전선과 조영재의 간격은 25[mm] 이상일 것
③ 사용전압이 440[V]이면 건조한 장소에 시설 시 전선과 조영재의 간격은 25[mm] 이상일 것
④ 사용전압이 440[V]이면 전선 상호 간의 간격은 0.06[m] 이상일 것

> 해설　**애자공사의 전선 간격**
>
> | 간격 | 사용전압이 400[V] 이하 | 사용전압이 400[V] 초과 |
> |---|---|---|
> | 전선과 전선 간의 간격 | 0.06[m] 이상 | |
> | 전선과 조영재 간의 간격 | 25[mm] 이상 | 45[mm] 이상 (건조한 장소는 25[mm] 이상) |
> | 지지점 간의 거리 | 조영재의 윗면 또는 옆면에 따라 붙이는 경우에는 2[m] 이하 | 조영재의 윗면 또는 옆면에 따라 붙이는 경우 이외에는 6[m] 이하 |

60 버스덕트공사에서 도중에 부하를 접속할 수 있도록 제작한 덕트는?

① 플러그인 버스덕트
② 트롤리 버스덕트
③ 이동 부하 버스덕트
④ 피더 버스덕트

> 해설　**플러그인 버스덕트**
> 도중에 부하 접속용으로 꽂음 플러그를 만든 것

정답　56 ③　57 ④　58 ④　59 ①　60 ①

CBT 기출복원문제

01 20[A]의 전류가 흐를 때 전력이 60[W]인 저항에 30[A]가 흐르면 전력은 몇 [W]가 되는가?
① 100 ② 120
③ 135 ④ 150

해설 $P = I^2 R$에서
$R = \dfrac{P}{I^2} = \dfrac{60}{20^2} = 0.15[\Omega]$
∴ 30[A]가 흐를 때의 전력 $P_{30[A]} = I^2 R$
$= 30^2 \times 0.15$
$= 135[W]$

02 그림과 같은 회로의 인덕턴스를 측정하니 그림 (a)는 50[mH], 그림 (b)는 30[mH]이다. 이 회로의 상호 인덕턴스 M[mH]은?

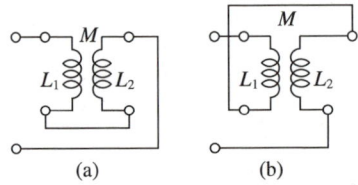

① 2 ② 3
③ 4 ④ 5

해설 (a) 값이 (b) 값보다 더 크므로
(a) 가동 접속
$L = L_1 + L_2 + 2M = 50$ [mH] … ㉠
(b) 차동 접속
$L = L_1 + L_2 - 2M = 30$ [mH] … ㉡
㉠-㉡을 하면
$4M = 20$
∴ $M = 5$[mH]

03 같은 전기량에 의해서 여러 가지 화합물이 전해될 때 석출되는 물질의 양은 그 물질의 화학당량에 비례한다. 이 법칙은?
① 렌츠의 법칙 ② 패러데이의 법칙
③ 앙페르의 법칙 ④ 줄의 법칙

해설 • 렌츠의 법칙 : 유도 기전력과 유도 전류는 자기장의 변화를 상쇄하려는 방향으로 발생한다는 전자기법칙
• 앙페르의 법칙 : 전류와 자기장의 관계를 나타내는 법칙
• 줄의 법칙 : 전류에 의해서 일정 시간 동안 발생하는 줄 열의 양은 전류의 세기의 제곱과 도체의 저항에 비례

04 공기 커패시터 극판 사이에 비유전율 3인 유전체를 넣을 경우 정전 용량[F]은 몇 배로 증가하는가?
① 3 ② 6
③ 8 ④ 9

해설 $C = \dfrac{\varepsilon S}{d} = \dfrac{\varepsilon_0 \varepsilon_s S}{d}$[F] 이므로 비유전율 ε_s가 3배가 되면 정전 용량은 3배로 증가한다.

05 자기 인덕턴스에 축적되는 에너지는 전류를 3배로 증가시키면 자기 에너지는 몇 배가 되는가?
① $\dfrac{1}{9}$ ② $\dfrac{1}{3}$
③ 9 ④ 3

해설 $W = \dfrac{1}{2}LI^2$[J] 이므로 전류가 3배로 증가하면 에너지는 9배로 증가한다.

06 다음 중 줄의 법칙을 응용한 전기기기가 아닌 것은?

① 전열기 ② 전기다리미
③ 열전대 ④ 백열전구

해설 열전대는 제베크 효과를 이용하여 넓은 범위의 온도를 측정하기 위해 두 종류의 금속으로 만든 장치를 의미(백금-백금로듐, 크로멜-알루멜)

07 같은 규격의 축전지 2개를 병렬로 연결하면?

① 전압과 용량 모두 2배가 된다.
② 전압과 용량 모두 $\frac{1}{2}$이 된다.
③ 전압은 그대로, 용량은 2배가 된다.
④ 전압은 2배, 용량은 그대로이다.

해설 축전지 2개를 병렬 연결할 경우 전압은 그대로, 용량은 2배가 된다.

08 자속을 발생시키는 원천을 무엇이라 하는가?

① 기전력 ② 정전력
③ 기자력 ④ 전자력

해설 기자력 : 자기장이 생기도록 하는 힘

09 볼타 전지로부터 전류를 얻게 되면 양극의 표면이 수소 기체에 의해 둘러싸이게 되는데 이를 무엇이라 하는가?

① 분극 작용 ② 전해 작용
③ 화학 작용 ④ 전기 분해

해설 전지에 전류가 지속적으로 흐르게 되면 (+)극의 표면에 수소 기체(H_2)가 많이 발생하여 거품으로 되어서 표면에 붙기 때문에 구리판과 용액의 접촉 면적이 감소하여 전지 내부 저항이 증가하고, 수소 가스가 수소 이온(H^+)으로 되돌아가려고 하는 역기전력이 발생하여 전지의 기전력이 저하되는 분극 작용이 일어난다.

10 $200[\mu F]$의 콘덴서를 충전하는 데 $9[J]$의 일이 필요하다. 충전 전압은 몇 [V]인가?

① 150 ② 300
③ 450 ④ 600

해설 $W = \frac{1}{2}CV^2$에서

충전 전압 $V = \sqrt{\frac{2W}{C}} = \sqrt{\frac{2 \times 9}{200 \times 10^{-6}}} = 300[V]$

11 자기 회로의 길이 $l[m]$, 단면적 $A[m^2]$, 투자율 $\mu[H/m]$일 때 자기 저항 $R_m[AT/Wb]$을 나타낸 것은?

① $R_m = \frac{\mu l}{A}$ ② $R_m = \frac{A}{\mu l}$
③ $R_m = \frac{\mu A}{l}$ ④ $R_m = \frac{l}{\mu A}$

해설 자기 저항 $R_m = \frac{NI}{\phi} = \frac{l}{\mu A}[AT/Wb]$

정답 6 ③ 7 ③ 8 ③ 9 ① 10 ② 11 ④

12 긴 직선 도선에 I의 전류가 흐를 때 이 도선으로부터 r만큼 떨어진 곳에서 자기장의 세기에 대한 설명으로 옳은 것은?

① 전류 I에 비례하고 r에 반비례한다.
② 전류 I에 반비례하고 r에 비례한다.
③ 전류 I의 제곱에 반비례하고 r에 반비례한다.
④ 전류 I에 반비례하고 r의 제곱에 반비례한다.

해설 긴 직선 도선에서 자기장의 세기
$$H = \frac{NI}{l} = \frac{I}{2\pi r} \text{ [AT/m]}$$

13 물체가 가지고 있는 전기의 양을 무엇이라 하는가?

① 전하량   ② 원자
③ 전류   ④ 자유 전자

해설 전하량은 물체가 가지고 있는 전기의 양을 의미한다.

14 어떤 회로에 3분 동안에 9[C]의 전기량이 이동하면 이때 흐르는 전류[A]는?

① 0.05   ② 3
③ 5   ④ 50

해설 1[A] = 1[C/s]이므로 [s](초)로 단위를 변환해야 한다.
$$I = \frac{Q}{t} = \frac{9[C]}{3[\min]} = \frac{9[C]}{180[s]} = \frac{1}{20}[A] = 0.05[A]$$

15 90°는 호도법으로 몇 [rad]인가?

① $\frac{\pi}{6}$ ② $\frac{\pi}{4}$
③ $\frac{\pi}{2}$ ④ π

해설 $\pi = 180°$에서 $90° = \frac{\pi}{2}$

16 반자성체 물질의 특성으로 옳은 것은?(단, μ_s는 비투자율이다)

① $\mu_s > 1$ ② $\mu_s \gg 1$
③ $\mu_s = 1$ ④ $\mu_s < 1$

해설
• 반자성체 : $\mu_s < 1$
• 강자성체 : $\mu_s \gg 1$
• 상자성체 : $\mu_s > 1$

17 최댓값 10[A]인 교류 전류의 평균값은 약 몇 [A]인가?

① 6.37   ② 7.07
③ 63.7   ④ 70.7

해설 평균값 $I_a = 0.637 I_m = 0.637 \times 10 = 6.37[A]$

18 $i(t) = I_m \sin\omega t [A]$인 사인파 교류에서 ωt가 몇 도일 때 순시값과 실횻값이 같게 되는가?

① 30° ② 45°
③ 60° ④ 90°

해설 순시값과 실횻값이 같아지기 위해서는
$$I_m \sin\omega t = \frac{I_m}{\sqrt{2}}$$
$$\sin\omega t_1 = \frac{1}{\sqrt{2}}$$
$$\therefore \omega t_1 = 45°$$

19 자극 가까이에 물체를 놓아도 자화되지 않는 물체는?

① 강자성체 ② 상자성체
③ 비자성체 ④ 반자성체

해설 **비자성체**
강자성체 이외에 자성이 약해서 자성을 갖지 않는 물질로 상자성체와 반자성체를 포함하며 자계의 힘을 거의 받지 않는다.

20 다음 중 커패시터 접속법에 대한 설명으로 옳은 것은?

① 커패시터는 병렬 접속만 가능하다.
② 직렬로 접속하면 용량이 작아진다.
③ 병렬로 접속하면 용량이 작아진다.
④ 직렬로 접속하면 용량이 커진다.

해설 커패시터는 직렬로 연결하면 용량이 작아지고, 병렬로 연결하면 용량이 커진다.

21 농형 회전자에서 비뚤어진 홈을 사용하는 이유는?

① 튼튼한 외관
② 소음 억제
③ 회전수 증가
④ 높은 출력

해설 회전자의 홈이 축방향에 평행하지 않고 비뚤어져 있어 소음 억제가 가능하다.

22 동기 발전기에서 전기자 전류가 무부하 유도 기전력보다 $\frac{\pi}{2}$[rad] 앞서 있는 경우에 나타나는 전기자 반작용은?

① 감자 작용 ② 증자 작용
③ 직축 반작용 ④ 교차 자화 작용

해설 전류가 $\frac{\pi}{2}$[rad] 앞서면 C 부하가 연결된 상황과 같으며 증자 작용이 발생한다.

23 주파수 60[Hz]의 회로에 접속되어 슬립 3[%], 회전수 1,164[rpm]으로 회전하고 있는 유도 전동기의 극수는?

① 4 ② 6
③ 8 ④ 10

해설 $N = (1-s)N_s$ 에서
$1.164 = (1-0.03)N_s$
$\therefore N_s = 1,200$
$N_s = \frac{120f}{p}$ 에서
극수 $p = \frac{120f}{N_s} = \frac{120 \times 60}{1,200} = 6$

정답 18 ② 19 ③ 20 ② 21 ② 22 ② 23 ②

24 직류 발전기의 전기자 반작용의 영향에 대한 설명으로 틀린 것은?

① 회전 방향과 반대 방향으로 자기적 중성축이 이동한다.
② 주자속이 찌그러지거나 감소한다.
③ 전기자 전류에 의한 자속이 주자속에 영향을 준다.
④ 브러시 사이의 불꽃을 발생시킨다.

해설 • 발전기 : 회전 방향과 같은 방향으로 중성축이 이동
• 전동기 : 회전 방향과 반대 방향으로 중성축이 이동

25 다음 중 DIAC의 기호는?

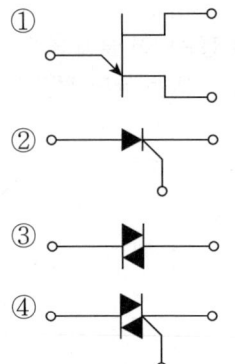

해설 DIAC
4층 다이오드 2개를 역병렬로 접속한, 양방향 대칭의 5층 반도체 소자

26 동기 발전기의 병렬 운전 중에 기전력의 위상차가 생기면?

① 위상이 일치하는 경우보다 출력이 감소한다.
② 부하 분담이 변한다.
③ 무효 순환 전류가 흘러 전기자 권선이 과열된다.
④ 동기화력이 생겨 두 기전력의 위상이 동상이 되도록 작용한다.

해설 동기 발전기 병렬 운전 중 기전력의 위상차가 발생하면 동기화 전류(유효 순환 전류)가 흐르고 서로 같아지려고 하는 동기화력이 생긴다.

27 단상 반파 정류 회로에서 전원이 200[V]이면 부하에 나타나는 전압의 평균값은 약 몇 [V]인가?

① 75   ② 90
③ 150   ④ 190

해설 $V_0 = \dfrac{\sqrt{2}}{\pi} V_i \fallingdotseq 0.45\, V_i [\mathrm{V}]$ 이므로
$V_0 = 0.45 \times 200 \fallingdotseq 90[\mathrm{V}]$

28 동기 전동기의 난조 방지와 기동 성능 확보를 위해 설치하는 장치는 무엇인가?

① 정류자   ② 브러시
③ 제동 권선 ④ 균압선

해설 제동 권선의 역할
• 난조 방지
• 불평형 부하 시 전압·전류 파형 개선

29 유도 전동기가 정지되어 있을 때의 슬립으로 옳은 것은?

① 0　　　　② 1
③ 2　　　　④ 3

해설 **유도 전동기 슬립 특성**
- 정지 시 : $s=1$
- 동기 속도 회전 시 : $s=0$

30 직류 발전기에서 계자 철심에 잔류 자기가 없어도 발전을 할 수 있는 발전기는?

① 타여자 발전기　　② 분권 발전기
③ 직권 발전기　　　④ 복권 발전기

해설 **타여자 발전기**
타여자 발전기는 외부의 직류 전원으로 여자되므로 잔류 자기가 없어도 발전이 가능하다.

31 6,600/220[V]인 변압기의 1차에 2,850[V]를 가하면 2차 전압[V]은?

① 90　　　　② 95
③ 105　　　④ 120

해설 $a = \dfrac{N_1}{N_2} = \dfrac{E_1}{E_2} = \dfrac{V_1}{V_2} = \dfrac{I_2}{I_1} = \sqrt{\dfrac{Z_1}{Z_2}}$ 이므로

$a = \dfrac{6,600}{220} = 30 = \dfrac{2,850}{V_2}$, $V_2 = 95[\text{V}]$

32 단상 전파 정류 회로에서 직류 전압[V]의 평균값으로 가장 적당한 것은?(단, E는 교류 전압의 실횻값이다)

① $0.45E$　　② $0.9E$
③ $1.17E$　　④ $1.35E$

해설
- 단상 반파의 직류 출력 $E_d = 0.45E[\text{V}]$
- 단상 전파의 직류 출력 $E_d = 0.9E[\text{V}]$
  (E : 입력 전압)

33 다중 중권의 극수 p인 직류기에서 전기자 병렬 회로수 a는 어떻게 되는가?

① $a = p$　　　② $a = 2$
③ $a = 2p$　　④ $a = 4p$

해설 중권의 극수 p = 병렬 회로수 a

34 다음 변압기의 극성에 대한 설명에서 틀린 것은?

① 우리나라는 감극성이 표준이다.
② 병렬 운전 시 극성을 고려해야 한다.
③ 3상 결선 시 극성을 고려해야 한다.
④ 1차와 2차 권선에 유기되는 전압의 극성이 서로 반대이면 감극성이다.

해설 1차와 2차 권선에 유기되는 전압의 극성이 서로 반대이면 가극성이다.

35 전원 주파수 60[Hz], 4극, 슬립 5[%]인 유도 전동기의 회전자 주파수[Hz]는?

① 3 ② 4
③ 5 ④ 6

해설 회전자 주파수 $f_2 = sf = 0.05 \times 60 = 3$[Hz]
(s : 슬립, f : 전원 주파수)

36 동기 전동기의 단점으로 옳지 않은 것은?

① 기동 회전력이 작다.
② 속도 조정을 할 수 없다.
③ 계자 전류 조정으로 역률을 1로 할 수 있다.
④ 직류 전원이 요구되어 설비비가 많이 든다.

해설 동기 전동기 단점
• 속도 제어가 어렵다.
• 난조 발생 우려가 있다.
• 기동 토크가 작다.
• 직류 전원 설비가 필요하다.
• 가격이 비싸고 구조가 복잡하다.

37 주파수 f_1에서 바로 주파수 f_2로 변환하는 변환기는?

① 주파수원 인버터
② 전압·전류원 인버터
③ 사이클로 컨버터
④ 사이리스터 컨버터

해설 주파수 컨버터에서 직접 주파수를 변환하는 변환기는 사이클로 컨버터다.

38 변압기유의 열화에 따른 영향으로 옳지 않은 것은?

① 공기 중 수분의 흡수
② 냉각 효과의 감소
③ 절연 내력의 저하
④ 침식 작용

해설 공기 중 수분 흡수는 열화의 원인에 해당한다.

39 교류 회로에서 양방향 점호(on) 및 소호(off)를 이용하며, 위상 제어를 할 수 있는 소자는?

① SCR ② IGBT
③ GTO ④ TRIAC

해설 TRIAC
• 양방향 도통 제어 가능
• 스위치 on/off 기능
• 교류, 직류 모두 제어 가능
• 2개의 SCR을 역병렬로 접속한 것과 같음
• gate에 (+) 전류 인가 : 전류 on(점호 상태) → 역방향 상태에서도 전류가 on이 될 수 있음
• 역전류 인가 : 전류 off(소호 상태)

40 부흐홀츠 계전기로 보호되는 기기는?

① 발전기　　② 전동기
③ 변압기　　④ 유도 전동기

해설 부흐홀츠 계전기
절연유의 온도 상승으로 인해 발생하는 유증기를 검출하고 대응하기 위한 계전기로 변압기 주 탱크와 콘서베이터와 파이프 사이에 설치한다.

41 접지도체를 통하여 큰 고장 전류가 흐르지 않을 경우 접지도체가 철제라면 최소 단면적은 몇 [mm²]인가?

① 6　　② 16
③ 25　　④ 50

해설 접지도체의 단면적

접지도체의 종류	큰 고장 전류가 접지도체를 통해 흐르지 않을 경우	접지도체에 피뢰시스템이 접속되는 경우
구리	6[mm²] 이상	16[mm²] 이상
철제	50[mm²] 이상	

42 수용장소 인입구 부근에서 건물의 철골을 접지극으로 사용하여 접지공사를 할 때 대지 사이의 전기 저항값은 몇 [Ω] 이하의 값을 유지하고 있어야 하는가?

① 3　　② 5
③ 6　　④ 10

해설 전기수용가 접지
수용장소 인입구 부근에서 다음의 것을 접지극으로 사용하여 변압기 중성점 접지를 한 저압전선로의 중성선 또는 접지 측 전선에 추가로 접지공사를 할 수 있다.
- 지중에 매설되어 있고 대지와의 전기 저항값이 3[Ω] 이하의 값을 유지하고 있는 금속제 수도관로
- 대지 사이의 전기 저항값이 3[Ω] 이하의 값을 유지하는 건물의 철골

43 다음 중 비상용 콘센트를 의미하는 기호는?

① 　　② ⬤E
③ ⬤LK　　④ ⊙⊙

해설 ① 바닥붙이 콘센트
② 접지극 붙이 콘센트
③ 빠짐 방지형 콘센트

44 수전 설비의 저압 배전반은 배전반 앞에서 계측기를 판독하기 위하여 앞면과 최소 몇 [m] 이상 유지하는 것을 원칙으로 하고 있는가?

① 1.5　　② 1.7
③ 1.8　　④ 2.5

해설 수전 설비의 배전반 등의 최소 간격(단위 : [m])

위치별 기기별	앞면 또는 조작·계측면	뒷면 또는 점검면
특고압 배전반	1.7	0.8
고압 배전반	1.5	0.6
저압 배전반	1.5	0.6
변압기 등	0.6	0.6

- 앞면 또는 조작·계측면 : 배전반 앞에서 계측기를 판독할 수 있거나 필요 조작을 할 수 있는 최소 거리
- 뒷면 또는 점검면 : 사람이 통행할 수 있는 최소 거리

45 조명공학에서 사용되는 칸델라[cd]는 무엇의 단위인가?

① 조도　　② 휘도
③ 광도　　④ 반사율

해설 광도는 광원에서 나오는 빛의 세기를 의미하며 단위는 칸델라(cd)다.

정답 40 ③　41 ④　42 ①　43 ④　44 ①　45 ③

46 피뢰 시스템을 적용하기 위해서는 전기 및 전자설비가 설치된 건축물 구조물로서 낙뢰로부터 보호가 필요한 것 또는 지상으로부터 높이가 몇 [m] 이상이어야 하는가?

① 10
② 20
③ 30
④ 40

해설 **피뢰 시스템의 적용 범위**
전기·전자설비가 설치된 건축물·구조물로서 낙뢰로부터 보호가 필요한 것 또는 지상으로부터 높이가 20[m] 이상인 것

47 한국전기설비규정에 의하여 전로에 시설하는 기계기구의 철대 및 외함에 반드시 접지공사를 해야 하는 경우로 옳은 것은?

① 철대 또는 외함의 주위에 절연대를 설치하는 경우
② 외함을 충전하여 사용하는 기계기구에 사람이 접촉할 우려가 없도록 시설한 경우
③ 사용전압이 교류 대지전압 220[V]인 기계기구를 건조한 곳에 시설하는 경우
④ 사용전압이 직류 300[V]인 기계기구를 건조한 곳에 시설하는 경우

해설 **접지공사 생략이 가능한 경우**
- 사용전압이 직류 300[V] 또는 교류 대지전압이 150[V] 이하인 기계기구를 건조한 곳에 시설하는 경우
- 외함을 충전하여 사용하는 기계기구에 사람이 접촉할 우려가 없도록 시설한 경우
- 철대 또는 외함의 주위에 절연대를 설치하는 경우
- 물기 있는 장소 이외의 장소에 시설하는 저압용의 개별 기계기구에 전기를 공급하는 전로에 인체 감전 보호용 누전 차단기(정격 감도전류 30[mA] 이하, 동작시간 0.03초 이하의 전류 동작형에 한함)를 시설하는 경우

48 교통신호등의 제어장치로부터 신호등의 전구까지 전로에 사용하는 전압은 최대 몇 [V] 이하인가?

① 200
② 240
③ 270
④ 300

해설 교통신호등 제어장치의 2차 측 배선의 최대 사용전압은 300[V] 이하여야 한다.

49 지중에 매설되어 있는 금속제 수도관로는 대지와의 전기 저항값이 몇 [Ω] 이하로 유지되어야 접지극으로 사용할 수 있는가?

① 1
② 3
③ 5
④ 7

해설 지중에 매설되어 있고 대지와의 전기 저항값이 3[Ω] 이하의 값을 유지하고 있는 금속제 수도관로가 접지극으로 사용이 가능하다.

50 다음 중 가연성 먼지에 전기설비가 발화원이 되어 폭발할 우려가 있는 곳에 시공할 수 있는 저압 옥내배선공사는?

① 금속관공사
② 가요전선관공사
③ 버스덕트공사
④ 라이팅덕트공사

해설 **가연성 먼지가 있는 위험 장소**
케이블공사, 금속관공사, 합성수지관공사(두께 2[mm] 미만의 합성수지전선관 및 난연성이 없는 콤바인덕트관을 사용하는 것을 제외) ⇨ 합성수지관은 두께 2[mm] 이상으로 할 것

51 저압 가공전선과 고압 가공전선을 동일 지지물에 시설하는 경우, 고압 가공전선에 케이블을 사용하면 전선 사이의 간격은 몇 [m] 이상이어야 하는가?

① 0.1　　② 0.3
③ 0.5　　④ 1

해설 저압 가공전선과 고압 가공전선의 병행설치
저압 가공전선과 고압 가공전선 사이의 간격 : 0.5[m] 이상
(고압 가공전선이 케이블인 경우 : 0.3[m] 이상)

52 지중전선로를 직접 매설식에 의하여 차량 및 기타 중량물의 압력을 받을 우려가 있는 장소에 시설하는 경우 매설 깊이는 몇 [m] 이상으로 하여야 하는가?

① 0.6　　② 1
③ 1.2　　④ 1.5

해설 직접 매설식
차량 기타 중량물의 압력을 받을 우려가 있는 장소에는 매설 깊이를 1[m] 이상, 기타 장소에는 0.6[m] 이상으로 하고 지중전선을 견고한 트로프 기타 방호물에 넣어 시설

53 애자공사에 의한 저압 옥측전선로 공사 시 전선의 지지점 간의 거리는 몇 [m] 이하여야 하는가?

① 0.5　　② 1
③ 2　　　④ 3

해설 애자공사에 의한 저압 옥측전선로 공사 시 전선의 지지점 간의 거리는 2[m] 이하일 것

54 금속관공사를 할 경우 케이블 손상방지용으로 사용하는 부품으로 옳은 것은?

① 엘보　　② 커플링
③ 부싱　　④ 로크 너트

해설 전선의 절연, 피복의 보호를 위해 부싱을 체결한다.

55 연선 결정에 있어서 중심 소선을 뺀 층수가 2층이다. 소선의 총수 N은 몇 개인가?

① 7　　　② 19
③ 37　　 ④ 61

해설 연선
- 소선이라고 불리는 도체 가닥을 여러 개 꼬아 만든 전선
- 전체 소선의 총수 $N = 3n(n+1) + 1$[개]
- ∴ $N = 3 \times (2) \times (2+1) + 1 = 19$[개]

56 인입 개폐기가 아닌 것은?

① LBS　　② UPS
③ LS　　　④ ASS

해설 UPS(Uninterruptible Power Supply) : 무정전 전원 장치

정답 51 ②　52 ②　53 ③　54 ③　55 ②　56 ②

57 다음 중 금속관공사의 설명으로 옳지 않은 것은?

① 관의 두께는 콘크리트에 매입하는 경우 1[mm] 이상이어야 한다.
② 금속관 내에서는 전선의 접속점을 만들지 않아야 한다.
③ 관을 구부릴 때 곡률 반지름은 관 안지름의 6배 이상으로 한다.
④ 교류 회로는 1회로의 전선 전부를 동일 관 내에 넣는 것을 원칙으로 한다.

해설 금속관공사
- 전선은 절연전선(옥외용 비닐 절연전선 제외)
- 전선은 금속관 안에서 접속점이 없도록 할 것
- 공사비가 비싸고, 시공이 까다로움
- 콘크리트에 매설하는 경우 관의 두께는 1.2[mm] 이상
- 관을 구부릴 때 곡률 반지름은 관 안지름의 6배 이상으로 한다.

58 다음 중 전선의 접속 원칙이 아닌 것은?

① 접속 부분은 접속관, 기타의 기구를 사용한다.
② 전선의 강도를 30[%] 이상 감소시키지 않는다.
③ 전선의 허용 전류에 의하여 접속 부분의 온도 상승값이 접속부 이외의 온도 상승값을 넘지 않도록 한다.
④ 구리와 알루미늄 등 다른 종류의 금속 상호 간을 접속할 때에는 접속부에 전기적 부식이 생기지 않도록 한다.

해설 전선의 강도를 20[%] 이상 감소시키지 않아야 한다.

59 전등 설비 300[W], 전열 설비 900[W], 전동기 설비 1,200[W], 기타 설비 200[W]인 수용가의 최대 수요전력이 2,080[W]이면 이 수용가의 수용률은 얼마인가?

① 50 ② 60
③ 70 ④ 80

해설 수용률 = $\dfrac{\text{최대 수용 전력[kW]}}{\text{부하 설비 합계[kW]}} \times 100[\%]$

$= \dfrac{2,080}{300 + 900 + 1,200 + 200} \times 100[\%]$

$= 80[\%]$

60 전선에 압착 단자 접속 시 사용되는 공구는?

① 니퍼 ② 클리퍼
③ 프레셔 툴 ④ 와이어 스트리퍼

해설 프레셔 툴
전선 접속 시 사용하는 압착 단자 등을 압착시키기 위해 사용

CBT 기출복원문제

01 3[Ah]는 몇 [C]인가?

① 3
② 180
③ 580
④ 10,800

해설) 3[Ah] = 3[A] × 1[h] = 3[A] × 3,600[s]
= 10,800[As] = 10,800[C]

02 $i = 200\sqrt{2}\sin\left(\omega t + \dfrac{\pi}{2}\right)$[A]를 복소수로 표기한 것으로 옳은 것은?

① 100[A]
② 200[A]
③ j100[A]
④ j200[A]

해설) $i = 200\sqrt{2}\sin\left(\omega t + \dfrac{\pi}{2}\right)$에서

크기 : 실횻값 $I = \dfrac{I_m}{\sqrt{2}} = \dfrac{200\sqrt{2}}{\sqrt{2}} = 200$, 위상 $\theta = \dfrac{\pi}{2}$

$\dot{I} = I\angle\theta = I(\cos\theta + j\sin\theta)$
$= 200\left(\cos\dfrac{\pi}{2} + j\sin\dfrac{\pi}{2}\right) = j200$[A]

03 1.2[V], 20[Ah]의 축전지 5개를 직렬로 접속하면 전체 기전력은 6[V]이다. 이때 전지의 용량 [Ah]은 얼마인가?

① 12
② 18
③ 20
④ 40

해설) 전지를 직렬로 접속하면 기전력은 개수만큼 증가하지만 용량은 일정하다.

04 4[Ω]의 저항에 200[V]의 전압을 인가할 때 소비되는 전력[W]은 얼마인가?

① 7,500
② 10,000
③ 12,000
④ 15,000

해설) 소비전력 $P = \dfrac{V^2}{R} = \dfrac{200^2}{4} = 10,000$[W]

05 자체 인덕턴스가 L_1, L_2인 두 코일을 직렬 가극성으로 접속한 것과 감극성으로 접속한 것의 차는 얼마인가?

① M
② $2M$
③ $3M$
④ $4M$

해설) $L_{가극} = L_1 + L_2 + 2M$
$L_{감극} = L_1 + L_2 - 2M$
$L_{가극} - L_{감극} = 4M$

06 Q[C]의 전기량이 도체를 이동하면서 한 일을 W[J]이라 할 때, 전압 V[V]를 나타내는 관계식은?

① $V = \dfrac{W}{Q}$
② $V = WQ$
③ $V = \dfrac{Q}{W}$
④ $V = \dfrac{1}{QW}$

해설) $V = \dfrac{W}{Q}$ [V]

정답 1 ④ 2 ④ 3 ③ 4 ② 5 ④ 6 ①

07 패러데이의 전자 유도 법칙에서 유도 기전력에 대해 바르게 설명한 것은?

① 자속에 비례한다.
② 권수에 반비례한다.
③ 자속의 시간 변화율에 비례한다.
④ 권수에 비례하고 자속에 반비례한다.

해설 유도 기전력 $e = N\dfrac{\Delta\phi}{\Delta t}$ [V]

08 커패시터만의 회로에 정현파형 교류 전압을 인가하면 전압을 기준으로 전류의 위상이 어떠한가?

① 전류가 30° 앞선다.
② 전류가 30° 뒤진다.
③ 전류가 90° 앞선다.
④ 전류가 90° 뒤진다.

해설 커패시터만의 회로에서 전류가 전압보다 90° 앞선다(진상).

09 저항 20[Ω]인 전열기로 21.6[kcal]의 열량을 발생시키려면 5[A]의 전류를 약 몇 분간 흘리면 되는가?

① 2.5
② 3
③ 4
④ 5.2

해설 $H = 0.24 I^2 Rt$ [cal]에서
$t = \dfrac{H}{0.24 I^2 R} = \dfrac{21.6 \times 10^3}{0.24 \times 5^2 \times 20} = 180$[s] $= 3$[min]

10 인덕턴스 $L = 20$[mH]인 코일에 실횻값 $V = 50$[V], 주파수 $f = 60$[Hz]인 정현파 전압을 인가할 때 코일에 축적되는 평균 자기 에너지 W_L[J]은 약 얼마인가?

① 0.044
② 0.44
③ 4.4
④ 44

해설 코일에 축적되는 자기 에너지 $W_L = \dfrac{1}{2}LI^2$ [J]

코일에 흐르는 전류 $I_L = \dfrac{V}{Z} = \dfrac{V}{X_L} = \dfrac{V}{2\pi f L}$
$= \dfrac{50}{2\pi \times 60 \times (20 \times 10^{-3})}$
$\fallingdotseq 6.6$ [A]

따라서 $W_L = \dfrac{1}{2}LI^2 = \dfrac{1}{2} \times 0.02 \times 6.6^2 \fallingdotseq 0.44$ [J]

11 진공에 놓여 있는 전하 Q[C]에서 나오는 전기력선 수는?

① $\dfrac{Q^2}{\varepsilon}$
② $\dfrac{Q}{\varepsilon_s}$
③ $\dfrac{Q}{\varepsilon}$
④ $\dfrac{Q}{\varepsilon_0}$

해설 전기력선의 개수
$N = \dfrac{Q}{\varepsilon_0}$ (유전체가 진공일 때)

12 전기저항에 대한 설명으로 옳은 것은?

① 저항은 길이에 반비례한다.
② 저항은 단면적에 비례한다.
③ 저항은 고유저항에 비례한다.
④ 저항은 재질에 반비례한다.

해설 $R = \rho \dfrac{l}{S}$

저항은 고유저항 ρ, 길이 l 과 비례하고 단면적 S에 반비례한다.

13 도체가 운동하는 경우 유도 기전력의 방향을 알고자 할 때 유용한 법칙은?

① 렌츠의 법칙
② 플레밍의 오른손 법칙
③ 플레밍의 왼손 법칙
④ 비오–사바르의 법칙

해설 **플레밍의 오른손 법칙**
자기장 속에서 도선이 움직일 때 자기장의 방향과 도선이 움직이는 방향으로 유도 기전력의 방향을 결정하는 법칙

14 반지름 a[m]인 도체구에 전하 Q[C]을 줄 때, 구 중심에서 r[m]만큼 떨어진 구 밖($r > a$)의 한 점에서 전속 밀도 D[C/m^2]는 얼마인가?

① $\dfrac{Q}{4\pi r}$
② $\dfrac{Q}{2\pi r}$
③ $\dfrac{Q}{4\pi r^2}$
④ $\dfrac{Q}{2\pi r^2}$

해설
• 전속 밀도 $D = \dfrac{Q}{A} = \dfrac{Q}{4\pi r^2}$ [C/m^2]
• 구의 단면적 $A = 4\pi r^2$ [m^2]

15 다음 그림과 같이 평행한 두 도체에 같은 방향의 전류가 흐를 때 두 도체 사이에 작용하는 힘으로 옳은 것은?

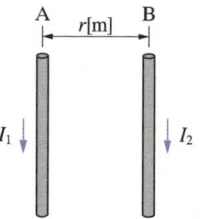

① 힘은 0이다.
② 반발력이 작용한다.
③ 흡인력이 작용한다.
④ $\dfrac{I}{2\pi r}$의 힘이 작용한다.

해설 평행한 두 도체에 같은 방향의 전류가 흐르면 두 도체 사이에 흡인력이 작용한다.

16 자속 밀도 0.5[Wb/m^2]의 자장 안에 자장과 직각으로 20[cm]의 도체를 놓고 이것에 10[A]의 전류를 흘릴 때 도체가 50[cm] 운동한 경우의 한 일은 몇 [J]인가?

① 0.5
② 1
③ 1.5
④ 5

해설 $F = BIl\sin\theta = 0.5 \times 10 \times 0.2 \times \sin 90° = 1$[N]
$W = F \cdot s = 1 \times 0.5 = 0.5$[J]
(s : 이동 거리[m])

17 복소 임피던스가 $Z=R+jX$일 때 절댓값과 위상으로 옳은 것은?

① 절댓값 : R^2+X^2, $\theta=\tan^{-1}\dfrac{X}{R}$

② 절댓값 : R^2+X^2, $\theta=\tan^{-1}\dfrac{R}{X}$

③ 절댓값 : $\sqrt{R^2+X^2}$, $\theta=\tan^{-1}\dfrac{R}{X}$

④ 절댓값 : $\sqrt{R^2+X^2}$, $\theta=\tan^{-1}\dfrac{X}{R}$

해설 복소수의 절댓값 : $Z=\sqrt{R^2+X^2}$
위상 $\theta=\tan^{-1}\dfrac{X}{R}$

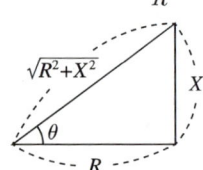

18 투자율 μ의 단위는?

① [AT/Wb] ② [Wb/m²]
③ [AT/m]   ④ [H/m]

해설 투자율 μ단위 : [H/m] = [Wb²/AT·m] = [Wb²/N·m²]

19 정격 전압에서 소비전력이 600[W]인 저항에 정격 전압의 80[%]의 전압을 가할 때 소비되는 전력[W]은?

① 384   ② 425
③ 538   ④ 595

해설 $P=\dfrac{V^2}{R}$일 때 전압이 80[%]로 변화하면
$P_{80[\%]}=\dfrac{(0.8V)^2}{R}=\dfrac{0.64V^2}{R}=0.64P=0.64\times 600$
$=384[\text{W}]$

20 건전지를 부하와 직렬로 연결하여 부하를 최대로 출력하고자 할 때 건전지의 내부 저항과 부하 저항의 관계로 옳은 것은?

① 내부 저항이 더 커야 한다.
② 외부 저항이 더 커야 한다.
③ 내부 저항과 부하 저항의 크기가 같아야 한다.
④ 내부 저항과 부하 저항은 크게 영향을 주지 못한다.

해설 부하에 최대 전력을 전달하기 위해서는 내부 저항과 외부 저항의 크기가 같아야 한다.

21 분권 발전기 정격 부하 전류가 100[A]일 때 전기자 전류가 105[A]이면 계자 전류[A]는?

① 2   ② 5
③ 10   ④ 100

해설 $I_a=I+I_f$이므로
계자 전류 $I_f=I_a-I=105-100=5[\text{A}]$
(I_a : 전기자 전류, I : 부하 전류, I_f : 계자 전류)

22 각각 계자 저항기가 있는 직류 분권 전동기와 직류 분권 발전기가 있다. 이것을 직렬 접속하여 전동 발전기로 사용하고자 한다. 이것을 기동할 때 계자 저항기의 저항은 각각 어떻게 조정하는 것이 가장 적합한가?

① 전동기 : 최대, 발전기 : 최소
② 전동기 : 최소, 발전기 : 최대
③ 전동기 : 중간, 발전기 : 최소
④ 전동기 : 최소, 발전기 : 중간

해설 기동 시 계자 저항기의 저항은 전동기는 최소, 발전기는 최대가 되도록 조정하는 것이 적합하다.

23 역저지 3단자에 속하는 것은?

① TRIAC   ② SCR
③ SCS   ④ SCC

해설 SCR은 단방향성이며 역저지에 속한다.

24 50[Hz], 4극인 유도 전동기가 1,350[rpm]으로 회전하고 있을 때 이 전동기의 슬립[%]은?

① 3   ② 5
③ 10   ④ 15

해설 동기 속도 $N_s = \dfrac{120f}{p} = \dfrac{120 \times 50}{4} = 1,500[\text{rpm}]$

슬립 $s = \dfrac{N_s - N}{N_s} = \dfrac{1,500 - 1,350}{1,500} = 0.1$,

즉 10[%]

25 다음 중 역률이 가장 좋은 전동기는?

① 동기 전동기
② 농형 유도 전동기
③ 반발 기동 전동기
④ 교류 정류자 전동기

해설 동기 전동기는 계자 전류를 조정하여 역률을 1로 운전할 수 있다.

26 동기 전동기의 용도로 적당하지 않는 것은?

① 크레인   ② 압축기
③ 송풍기   ④ 분쇄기

해설 동기 전동기는 순간적으로 많은 기동 토크가 필요한 곳에는 적합하지 않으며 소용량기, 저속도 대용량기(압축기, 압연기) 등에 적합하다.

27 3상 4극, 60[MVA], 역률 0.8, 60[Hz], 22.9[kV] 수차 발전기의 전부하 손실이 1,600[kW]이면 전부하 효율[%]은?

① 87   ② 90
③ 95   ④ 97

해설 수차 발전기의 효율은

$\eta = \dfrac{\text{출력}}{\text{입력}} \times 100[\%] = \dfrac{\text{출력}}{\text{출력} + \text{손실}} \times 100[\%]$

$= \dfrac{60 \times 0.8}{(60 \times 0.8) + 1.6} \times 100 ≒ 97[\%]$

정답 22 ② 23 ② 24 ③ 25 ① 26 ① 27 ④

28 직류 발전기의 철심을 규소 강판으로 성층하여 사용하는 주된 이유는?

① 브러시에서의 불꽃 방지 및 정류 개선
② 맴돌이 전류손과 히스테리시스손의 감소
③ 전기자 반작용의 감소
④ 기계적 강도 개선

해설 철심을 규소 강판으로 성층하면 맴돌이 전류손(와류손)과 히스테리시스손을 감소시킬 수 있다.

29 변압기에서 철손은 부하 전류와 어떤 관계인가?

① 부하 전류와 관계없다.
② 부하 전류의 제곱에 비례한다.
③ 부하 전류에 반비례한다.
④ 부하 전류에 비례한다.

해설 여자 전류는 철손 전류와 자화 전류의 합으로 표현되므로 철손 전류는 부하 전류와 관계없다.

30 동기 조상기를 부족여자로 운전하면?

① 저항손의 보상
② 뒤진 역률 보상
③ 콘덴서로 작용
④ 리액터로 작용

해설 동기 조상기는 부족 여자일 때 지상 작용하는 리액터로 작용한다.

31 직류 발전기의 정격 전압 100[V], 무부하 전압이 105[V]이다. 이 발전기의 전압 변동률 ε[%]은?

① 2   ② 5
③ 7   ④ 8

해설 전압 변동률
$$\varepsilon = \left(\frac{V_0 - V_n}{V_n}\right) \times 100[\%] = \left(\frac{105-100}{100}\right) \times 100[\%] = 5[\%]$$

32 다음 그림의 변압기 등가 회로는 어떤 회로인가?

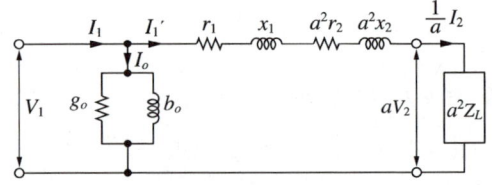

① 1차를 1차로 환산한 등가 회로
② 1차를 2차로 환산한 등가 회로
③ 2차를 1차로 환산한 등가 회로
④ 2차를 2차로 환산한 등가 회로

해설 변압기 등가 회로는 1차를 2차로 환산 또는 2차를 1차로 환산하는 방법이 있다.

33 유도 전동기에서 비례 추이를 할 수 있는 것은?

① 2차 동손   ② 효율
③ 출력   ④ 역률

해설 유도 전동기에서 비례추이 가능한 것 : 1차 전류, 1차 입력, 토크, 역률

34 직류기의 파권에서 극수에 관계없이 병렬 회로수 a는 얼마인가?

① 1 ② 2
③ 3 ④ 4

해설

구분	파권(직렬권)	중권(병렬권)
병렬 회로수 (a)	2개	극수와 동일($a=p$)
브러시수 (b)	2개 또는 극수(p)	극수와 동일($b=p$)
용도(적용)	고전압, 소전류용	저전압, 대전류용
균압 접속 (균압환)	불필요	필요 (4극 이상일 경우)

35 변압기의 철심에서 실제 철의 단면적과 철심의 유효 면적과의 비의 명칭으로 옳은 것은?

① 권수비 ② 변류비
③ 변동률 ④ 점적률

해설 **점적률**
변압기의 철심에서 정해진 공간 면적에서 유효하게 적용되는 부분의 면적이 차지하는 비율

36 전압을 일정하게 유지하기 위해서 이용되는 다이오드는?

① 배리스터 다이오드
② 발광 다이오드
③ 포토 다이오드
④ 제너 다이오드

해설 **제너 다이오드**
정전압 다이오드라고도 하며 일정한 전압을 얻을 목적으로 사용되는 소자다.

37 P형 반도체의 설명 중 틀린 것을 고르면?

① 다수 캐리어는 정공이다.
② 불순물을 억셉터(acceptor)라고 한다.
③ 정공의 이동으로 전도가 된다.
④ 불순물은 4가의 원소다.

해설 P형 반도체는 13족 원소(알루미늄, 붕소, 인듐) 등을 주입하여 제작할 수 있다.

38 슬립이 4[%]인 유도 전동기에서 동기 속도가 1,600[rpm]일 때 전동기의 회전 속도[rpm]은?

① 1,162 ② 1,285
③ 1,472 ④ 1,536

해설 회전 속도 $N=(1-s)N_s=(1-0.04)\times 1,600$
$=1,536[rpm]$

39 다음 그림은 단상 변압기의 결선도이며 1, 2차는 각각 어떤 결선인가?

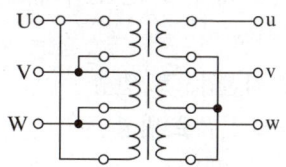

① Y-△ ② △-△
③ △-Y ④ Y-Y

해설
• 1차 측 : △ 결선
• 2차 측 : Y 결선

40 동기 전동기 전기자 반작용에 대한 설명이다. 공급 전압에 대한 뒤진 전류의 전기자 반작용은?

① 편자 작용
② 감자 작용
③ 증자 작용
④ 교차 자화 작용

해설 동기 전동기에서 공급 전압보다 전류가 뒤지면 증자 작용이 일어난다.

41 절연전선으로 가선된 배전선로에서 활선 상태인 경우 전선의 피복을 벗기는 것은 매우 곤란한 작업이다. 이런 경우 활선 상태에서 전선의 피복을 벗기는 공구는?

① 애자 커버
② 와이어 통
③ 전선 피박기
④ 데드엔드 커버

해설
- 애자 커버 : 애자를 절연하여 작업자의 부주의로 접촉되더라도 사고를 방지한다.
- 와이어 통 : 배전 활선작업 시 활선을 밖으로 밀어낼 때, 혹은 활선을 다른 장소로 옮길 때 사용하는 절연봉
- 데드엔드 커버 : 배전 활선작업 시 작업자가 현수 애자 및 데드엔드 클램프에 접촉되는 것을 방지하기 위해 사용하는 절연보호 덮개

42 수변전설비에서 계기용 변류기(CT)의 설치 목적은?

① 고전압을 저전압으로 변성
② 대전류를 소전류로 변성
③ 지락 전류 측정
④ 선로 전류 측정

해설 계기용 변류기(CT)
대전류를 소전류로 변성하여 배전반의 측정 계기나 보호 계전기의 전원을 공급하기 위한 장치

43 위험물 등이 있는 곳에서의 저압 옥내배선 공사 방법으로 적합하지 않은 것은?

① 애자공사
② 합성수지관공사
③ 금속관공사
④ 케이블공사

해설 위험물이 있는 곳
- 케이블공사
- 금속관공사
- 합성수지관공사

44 TN 접지 계통의 일부분에서 PEN 도체를 사용, 중성선과 별도의 PE 도체를 사용하며 배전계통에서 PEN 도체와 PE 도체를 추가로 접지 가능한 접지 방식은?

① TN-S 계통
② TN-C 계통
③ TN-C-S 계통
④ TT 계통

해설 TN-C-S 계통 : TN-S와 TN-C 방식을 결합한 형태

45 과부하 보호장치를 생략할 수 있는 경우가 아닌 것은?

① 회전기의 여자회로
② 안전설비의 전원회로
③ 전류변성기 1차 회로
④ 소방설비의 전원회로

해설 안전을 위해 과부하 보호장치를 생략할 수 있는 경우
- 회전기의 여자회로
- 전자석 크레인의 전원회로
- 전류변성기의 2차 회로
- 소방설비의 전원회로
- 안전설비(주거침입경보, 가스누출경보 등)의 전원회로

정답 40 ③ 41 ③ 42 ② 43 ① 44 ③ 45 ③

46 옥내배선에 시설하는 전등 1개를 3개소에서 점멸하고자 할 때 필요한 3로 스위치와 4로 스위치의 최소 개수는?

① 3로 스위치 1개, 4로 스위치 1개
② 3로 스위치 1개, 4로 스위치 2개
③ 3로 스위치 2개, 4로 스위치 1개
④ 3로 스위치 2개, 4로 스위치 2개

해설 최소 3로 스위치 2개와 4로 스위치 1개로 구현이 가능하다.

47 조명용 전등을 호텔 또는 여관 객실(숙박시설) 입구에 설치할 경우 최대 몇 분 이내에 소등되는 타임 스위치를 시설해야 하는가?

① 1   ② 2
③ 3   ④ 4

해설 타임 스위치 소등 시간
- 숙박업소 입구 : 1분 이내 소등
- 일반 주택 및 아파트 : 3분 이내 소등

48 변압기 중성점에 접지공사를 하는 이유로 옳은 것은?

① 고저압 혼촉 방지
② 전력 변동의 방지
③ 전류 변동의 방지
④ 전압 변동의 방지

해설 변압기 중성점 접지공사 목적 : 고저압 혼촉 방지

49 전선을 아래로 늘어뜨리거나 잡아당겨 지지하는 애자로 끌어당기는 곳이나 분기하는 곳에 사용하며 특고압 배전선로에 사용되는 애자로 옳은 것은?

① 구형 애자   ② 내장 애자
③ 인류 애자   ④ 현수 애자

해설 현수 애자는 전선을 아래로 늘어뜨리거나 잡아당겨 지지하는 애자로 특고압 배전선로에 사용한다.

50 단면적 6[mm²]의 가는 단선의 직선 접속 방법으로 옳은 것은?

① 종단 접속
② 트위스트 접속
③ 꽂음용 커넥터 접속
④ 종단 겹침용 슬리브 접속

해설
- 트위스트 접속 : 6[mm²] 이하의 단선에 적용한다.
- 브리타니아 접속 : 10[mm²] 이상의 단선에 적용한다.

51 전기설비기술기준에 의하여 가공전선에 케이블을 사용하는 경우 케이블은 조가선에 행거로 시설하여야 한다. 이 경우 사용전압이 고압인 때에는 그 행거의 간격은 몇 [m] 이하로 시설해야 하는가?

① 0.3   ② 0.5
③ 0.7   ④ 0.9

해설 케이블은 조가선에 행거로 시설할 경우에 사용전압이 고압 또는 특고압일 때는 행거 간격을 0.5[m] 이하로 한다.

정답 46 ③ 47 ① 48 ① 49 ④ 50 ② 51 ②

52 한 수용장소의 인입선에서 분기하여 지지물을 거치지 아니하고 다른 수용장소의 인입구에 이르는 부분의 전선을 무엇이라 하는가?

① 가공지선
② 이웃 연결 인입선
③ 가공전선
④ 가공인입선

해설 **이웃 연결 인입선**
한 수용장소의 인입구에서 분기하여 지지물을 거치지 아니하고 다른 수용장소의 인입구에 이르는 부분의 전선

53 저압 가공인입선이 일반적인 도로 횡단 시 기술상 부득이한 경우로 교통에 지장이 없을 때 최소 설치 높이는 몇 [m] 이상인가?

① 3
② 4.5
③ 5
④ 6

해설 저압, 고압, 특고압 가공인입선의 높이

구분	저압	고압	특고압 (35[kV] 이하인 경우)
도로 횡단	일반적인 경우 : 노면상 5[m] 이상	6[m] 이상	6[m] 이상
	기술상 부득이 : 3[m] 이상		

54 옥외용 비닐 절연전선의 약호(기호)로 옳은 것은?

① VV
② NR
③ DV
④ OW

해설 OW(Outdoor Weatherproof insulated wire) : 옥외용 비닐 절연전선

55 차단기와 차단기의 소호매질이 틀리게 연결된 것은?

① 자기차단기 - 진공
② 가스차단기 - SF_6 가스
③ 유입차단기 - 절연유
④ 공기차단기 - 압축 공기

해설
• 유입차단기 : 절연유
• 공기차단기 : 압축 공기
• 진공차단기 : 진공
• 자기차단기 : 전자력
• 기중차단기 : 천연 공기
• 가스차단기 : SF_6 가스

56 다음 ( )에 들어갈 말로 옳은 것은?

뱅크(bank)란 전로에 접속된 변압기 또는 ( )의 결선상 단위를 말한다.

① 리액터
② 단로기
③ 콘덴서
④ 차단기

해설 **뱅크**
전로에 접속된 변압기 또는 콘덴서의 결선상 단위

57 접착제를 사용하여 합성수지관을 삽입해 접속할 경우 관의 삽입 깊이는 합성수지관 바깥지름의 최소 몇 배인가?

① 0.8
② 1.0
③ 1.2
④ 1.5

해설
- 접착제를 사용할 경우 : 0.8배
- 접착제를 사용하지 않는 경우 : 1.2배

58 접지도체를 통하여 큰 고장 전류가 흐르지 않을 경우 접지선의 굵기는 구리선의 경우 최소 몇 [mm²] 이상이어야 하는가?(단, 피뢰 시스템에 접속되지 않은 경우다)

① 5
② 6
③ 7.5
④ 16

해설 접지도체의 단면적

접지도체의 종류	큰 고장 전류가 접지도체를 통해 흐르지 않을 경우	접지도체에 피뢰 시스템이 접속되는 경우
구리	6[mm²] 이상	16[mm²] 이상
철제	50[mm²] 이상	

59 금속관공사에 사용되는 부품이 아닌 것은?

① 덕트
② 새들
③ 링 리듀서
④ 로크 너트

해설 링 리듀서(ring reducer) : 금속관에 사용하는 부품
- 박스의 녹아웃 지름보다 작은 지름의 전선관을 접속하는 경우, 녹아웃 지름을 작게 하기 위해 사용
- 금속관공사의 경우, 금속을 아웃렛 박스의 녹아웃으로 연결 시 녹아웃 구멍이 금속관보다 클 때 사용

60 옥내에서 두 개 이상의 전선을 병렬로 사용하는 경우 구리선은 각 전선의 굵기가 몇 [mm²] 이상이어야 하는가?

① 50
② 60
③ 70
④ 90

해설 구리선 : 50[mm²] 이상

정답 57 ① 58 ② 59 ① 60 ①

2025년 제4회 CBT 기출복원문제

01 히스테리시스 곡선에서 가로축과 만나는 점과 관계있는 것은?

① 보자력 ② 잔류 자기
③ 기자력 ④ 자속 밀도

해설

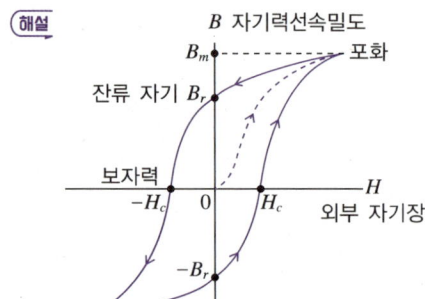

〈히스테리시스 곡선〉
• 가로축과 만나는 점 : H_c(보자력)
• 세로축과 만나는 점 : B_r(잔류 자기)

02 저항 20[Ω]인 전열기로 21.6[kcal]의 열량을 발생시키려면 5[A]의 전류를 약 몇 분간 흘리면 되는가?

① 2.5 ② 3
③ 4   ④ 5.2

해설 $H = 0.24I^2Rt$[cal]에서
$t = \dfrac{H}{0.24I^2R} = \dfrac{21.6 \times 10^3}{0.24 \times 5^2 \times 20} = 180[s] = 3[min]$

03 전자 냉동기는 어떤 효과를 응용한 것인가?

① 홀 효과   ② 제베크 효과
③ 톰슨 효과   ④ 펠티에 효과

해설 전자 냉동기는 펠티에 효과를 응용하여 만든다.

04 다음 중 전위의 단위가 아닌 것은?

① [J/C]   ② [V/m]
③ [V]   ④ [N·m/C]

해설 전위 1[V] = 1[N·m/C] = 1[J/C]

05 인덕턴스가 L인 인덕터만의 회로에 흐르는 전류가 $i = \sqrt{2}I\sin\omega t$ 일 때, 인덕터에 걸리는 전압은?

① $v = \sqrt{2}I\sin\omega t$
② $v = \sqrt{2}\omega LI\sin\omega t$
③ $v = \sqrt{2}\omega LI\sin\left(\omega t + \dfrac{\pi}{2}\right)$
④ $v = \sqrt{2}LI\cos\omega t$

해설 $v_L = L\dfrac{di}{dt} = L\dfrac{d}{dt}(\sqrt{2}I\sin\omega t) = L(\sqrt{2}\omega I\cos\omega t)$
$= \sqrt{2}\omega LI\sin\left(\omega t + \dfrac{\pi}{2}\right)$

정답 1 ① 2 ② 3 ④ 4 ② 5 ③

06 비오-사바르의 법칙과 가장 관계가 깊은 것은?

① 전류와 전압의 관계
② 기전력과 자계의 세기
③ 기전력과 자속의 변화
④ 전류가 만드는 자장의 세기

해설 비오-사바르 법칙 : $\Delta H = \dfrac{Idl\sin\theta}{4\pi r^2}$ [AT/m]

정상 전류가 흐르고 있는 도선 주위 자기장의 세기를 구하는 법칙이다.

07 주파수가 1[kHz]일 때 용량성 리액턴스가 50[Ω]이라면 주파수가 50[Hz]인 경우 용량성 리액턴스는 몇 [Ω]인가?

① 600
② 800
③ 1,000
④ 1,200

해설 $X_C = \dfrac{1}{\omega C} = \dfrac{1}{2\pi fC}$ 에서

주파수가 1[kHz]일 때 용량성 리액턴스
$X_C = \dfrac{1}{2\pi \times 1,000 \times C} = 50[\Omega]$

주파수가 50[Hz]가 되면 용량성 리액턴스
$X_C = \dfrac{1}{2\pi \times 50 \times C} = 1,000[\Omega]$

08 자기장의 세기를 표현하는 식으로 옳은 것은?

① $\dfrac{N}{l}$
② $\dfrac{NI}{l}$
③ $\dfrac{lN}{I}$
④ $\dfrac{l}{NI}$

해설 앙페르의 주회 적분 법칙에 의해 $H = \dfrac{NI}{l}$

09 코일에 흐르는 전류의 방향이 다음과 같을 때, 다음 중 옳은 것은?

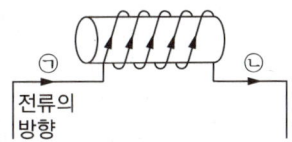

① ㉠에 N극이 형성된다.
② ㉠에 S극이 형성된다.
③ ㉡에 N극이 형성된다.
④ 자기장이 형성되지 않는다.

해설 코일(원형 도선)에 흐르는 전류에 의한 자기장의 방향
• 엄지 : 자기장의 방향
• 나머지 : 전류의 방향

10 2[Ω]의 저항과 3[Ω]의 저항을 직렬로 접속할 때 합성 컨덕턴스[℧]는 얼마인가?

① 0.2
② 2
③ 0.5
④ 5

해설 직렬로 접속할 때 저항 $R = 2 + 3 = 5[\Omega]$이므로 역수를 취해 컨덕턴스를 구하면 $G = \dfrac{1}{R} = \dfrac{1}{5} = 0.2[℧]$

11 등전위면을 따라 전하 Q[C]를 운반하는 데 필요한 일은?

① 전하의 크기에 따라 변한다.
② 전위의 크기에 따라 변한다.
③ 등전위면과 전기력선에 의하여 결정된다.
④ 항상 0이다.

해설 등전위면의 특징
• 등전위면에서 하는 일은 항상 0이다.
• 전기력선은 등전위면과 수직으로 교차한다.
• 다른 전위의 등전위면은 서로 교차하지 않는다.
• 등전위면의 밀도가 높으면 전기장의 세기도 크다.

정답 6 ④ 7 ③ 8 ② 9 ① 10 ① 11 ④

12 전선에서 길이 1[m], 단면적 1[mm²]을 기준으로 고유저항의 단위를 나타낸 것으로 옳은 것은?

① [Ω]
② [Ω · mm²]
③ [Ω/m]
④ [Ω · mm²/m]

해설 고유저항 $\rho = R\dfrac{S}{l}$ 이므로 단위는 [Ω · mm²/m]으로 표기한다.

13 자극의 세기가 5[Wb]인 곳에 50[N]의 힘이 작용한다. 이때 작용한 자계의 세기[AT/m]는 얼마인가?

① 5
② 10
③ 15
④ 20

해설 자기장의 세기가 H인 곳에 놓인 자하 m이 받는 힘 $F = mH$ 에서

자계의 세기 $H = \dfrac{F}{m} = \dfrac{50}{5} = 10 \,[\text{AT/m}]$

14 $R = 5[\Omega]$, $L = 30[\text{mH}]$의 RL 직렬 회로에 $V = 200[\text{V}]$, $f = 60[\text{Hz}]$의 교류 전압을 가할 때 전류의 크기는 약 몇 [A]인가?

① 8.25
② 13.76
③ 16.13
④ 20.65

해설 $X_L = \omega L = 2\pi f L [\Omega] = 2\pi \times 60 \times 0.03 ≒ 11.31 [\Omega]$

$\dot{Z} = R + jX = R + jX_L = 5 + j11.31 [\Omega]$

$Z = \sqrt{5^2 + (11.31)^2} ≒ 12.4 [\Omega]$

∴ $I = \dfrac{V}{Z} = \dfrac{200}{12.4} ≒ 16.13 [\text{A}]$

15 3[Ω · m]와 같은 것은?

① 3[℧ · m]
② $3 \times 10^6 [\Omega \cdot \text{m}]$
③ $3 \times 10^6 [\Omega \cdot \text{mm}^2/\text{m}]$
④ $3 \times 10^6 [\Omega \cdot \text{cm}]$

해설 $1[\Omega \cdot \text{m}] = 10^6 [\Omega \cdot \text{mm}^2/\text{m}]$

∴ $3[\Omega \cdot \text{m}] = 3 \times 10^6 [\Omega \cdot \text{mm}^2/\text{m}]$

16 평균 반지름 r[m]의 환상 솔레노이드에 I[A]의 전류가 흐를 때, 내부 자계가 H[AT/m]이다. 권수 N의 식으로 옳은 것은?

① $\dfrac{HI}{2\pi r}$
② $\dfrac{2\pi r}{HI}$
③ $\dfrac{I}{2\pi rH}$
④ $\dfrac{2\pi rH}{I}$

해설 자기장의 세기 $H = \dfrac{NI}{2\pi r}$를 N에 대해 정리하면

$N = \dfrac{2\pi rH}{I}$

17 표면 전하 밀도 σ[C/m²]로 대전된 도체 내부의 전속 밀도는 몇 [C/m²]인가?

① $\dfrac{E}{\varepsilon}$
② 0
③ ε_0
④ ε_r

해설 도체 내부의 전속 밀도는 0이다.

18 1[Ω], 1[Ω], 1[Ω]의 저항 3개가 직렬로 연결된 회로에 12[A]의 전류가 흐를 때 회로에 공급되는 전압[V]은?

① 3   ② 12
③ 24   ④ 36

해설) 옴의 법칙 $I = \dfrac{V}{R}$

$I = \dfrac{V}{R} = \dfrac{V}{1+1+1} = \dfrac{V}{3} = 12[A]$

∴ $V = 36[V]$

19 $R = 3[\Omega], \omega L = 8[\Omega], \dfrac{1}{\omega C} = 4[\Omega]$인 RLC 직렬 회로의 임피던스[Ω]는?

① 5   ② 4
③ 10   ④ 8

해설) $\dot{Z} = R + j\left(\omega L - \dfrac{1}{\omega C}\right) = 3 + j4[\Omega]$

$Z = \sqrt{3^2 + 4^2} = 5$

20 그림과 같은 회로에서 합성 저항[Ω]은 얼마인가?

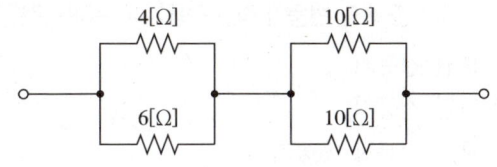

① 5.2   ② 6.8
③ 7.4   ④ 8.5

해설) 합성 저항

$R_t = \dfrac{4 \times 6}{4+6} + \dfrac{10 \times 10}{10+10} = 2.4 + 5 = 7.4[\Omega]$

21 변압기 2대를 V 결선할 때 이용률은 몇 [%]인가?

① 57.7   ② 75.7
③ 86.6   ④ 100

해설) V 결선 시
출력비 : 57.7[%], 이용률 : 86.6[%]

22 동기 발전기의 돌발 단락 전류를 주로 제한하는 것은?

① 동기 임피던스
② 동기 리액턴스
③ 누설 리액턴스
④ 권선 저항

해설) 돌발 단락 전류는 누설 리액턴스에 의해 제한된다.

23 다음 그림의 전동기는 어떤 전동기인가?

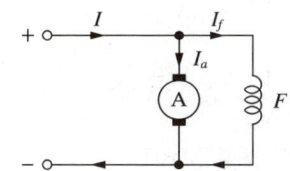

① 타여자 전동기   ② 직권 전동기
③ 복권 전동기   ④ 분권 전동기

해설) 계자와 전기자가 직렬로 연결되어 있으면 직권 전동기
계자와 전기자가 병렬로 접속되어 있으면 분권 전동기

정답 18 ④ 19 ① 20 ③ 21 ③ 22 ③ 23 ④

24 변압기의 권수비가 60이고 2차 저항이 0.1[Ω]일 때 1차로 환산한 저항값[Ω]은 얼마인가?

① 300 ② 360
③ 400 ④ 450

해설) 권수비 $a = \dfrac{N_1}{N_2} = \sqrt{\dfrac{R_1}{R_2}}$

∴ $R_1 = a^2 R_2 = 60^2 \times 0.1 = 360[\Omega]$

25 직류 전동기의 전기적 제동법이 아닌 것은?

① 발전 제동 ② 회생 제동
③ 역전 제동 ④ 저항 제동

해설)
- 발전 제동 : 운전 중인 전동기를 전원에서 분리한 후에 발전기로 작용시켜 회전체의 운동 에너지를 전기 에너지로 변환하고, 저항 안에서 줄열로 소비시켜 제동하는 방법
- 회생 제동 : 전동기를 발전기처럼 사용하여 발생되는 전력을 전원에 반환하여 제동하는 방법
- 역전 제동 : 원래 회전하던 방향과 반대인 토크를 발생시켜 전동기를 급속히 정지시키는 방법

26 3상 동기 전동기의 출력(P)을 부하각으로 나타낸 것은?(단, V는 1상의 단자 전압, E는 역기전력, x_s는 동기 리액턴스, δ는 부하각이다)

① $P = 3VE\sin\delta[\text{W}]$
② $P = 3\dfrac{VE}{x_s}\sin\delta[\text{W}]$
③ $P = 3\dfrac{VE}{x_s}\cos\delta[\text{W}]$
④ $P = 3VE\cos\delta[\text{W}]$

해설) 동기 전동기
- 1상의 출력 $P_s = VI\cos\theta = \dfrac{EV}{X_s}\sin\delta[\text{W}]$
- 3상의 출력 $P_{3s} = 3P_s = 3\dfrac{EV}{x_s}\sin\delta[\text{W}]$

27 슬립이 일정한 경우 유도 전동기의 공급 전압이 $\dfrac{1}{2}$로 감소되면 토크는 처음에 비해 어떻게 되는가?

① 1/4로 줄어든다.
② 1배가 된다.
③ 1/2로 줄어든다.
④ 2배가 된다.

해설) 슬립 s 가 일정하면 $T \propto V^2$ 이다.
따라서 공급전압이 $\dfrac{1}{2}$로 줄어들면 토크는 처음에 비해 $\dfrac{1}{4}$로 줄어든다.

28 다음 중 TRIAC의 기호는?

① 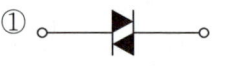   ②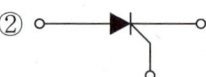

③ 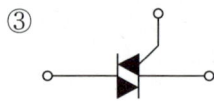   ④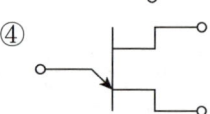

해설) TRIAC

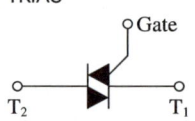

29 다음 중 속도 변동이 적은 전동기에 속하는 것은?

① 분권 전동기
② 직권 전동기
③ 교류 정류자 전동기
④ 유도 전동기

해설) 분권 전동기
부하에 의한 속도 변화가 적고 계자를 조정하여 광범위한 속도 제어가 가능하기 때문에 정속도와 가감 속도 전동기로 사용된다.

30 60[Hz], 6극, 15[kW]인 3상 유도 전동기가 1,080[rpm]으로 회전할 때, 회전자 효율[%]은?(단, 기계손은 무시한다)

① 70　　　　② 80
③ 90　　　　④ 95

해설) 2차 효율 $\eta = \dfrac{N}{N_s} \times 100 = (1-s) \times 100[\%]$ 이므로

먼저 동기 속도를 구하면
$N_s = \dfrac{120f}{p} = \dfrac{120 \times 60}{6} = 1,200[\text{rpm}]$이다.

따라서 $\eta = \dfrac{N}{N_s} \times 100 = \dfrac{1,080}{1,200} \times 100 = 90[\%]$

31 직류 전동기에서 무부하일 때 회전수 $N_0 = 1,200[\text{rpm}]$, 정격 부하일 때 회전수 $N_n = 1,100[\text{rpm}]$일 때, 속도 변동률[%]은?

① 8.01　　　　② 8.89
③ 9.09　　　　④ 9.35

해설) 속도 변동률 $\varepsilon = \dfrac{N_0 - N_n}{N_n} \times 100[\%]$

$= \dfrac{1,200 - 1,100}{1,100} \times 100[\%]$

$\fallingdotseq 9.09[\%]$

32 상 반파 정류 회로에 인가한 전압이 $E[\text{V}]$라면 직류 전압은 대략 몇 [V]인가?

① $0.9E$　　　　② $1.17E$
③ $1.21E$　　　　④ $1.42E$

해설) 3상 반파 정류기 $V_o = 1.17 V_i[\text{V}]$ (V_i : 입력 전압)

33 단상 유도 전동기의 기동법 중 기동 토크가 가장 큰 것은?

① 반발 유도형
② 콘덴서 기동형
③ 분상 기동형
④ 반발 기동형

해설) **기동 토크 크기**
반발 기동형 > 콘덴서 기동형 > 분상 기동형 > 셰이딩 코일형

34 동기 발전기의 전기자 반작용 중에서 전기자 전류에 의한 자기장의 축이 항상 주자속의 축과 수직이 되면서 자극편 왼쪽에 있는 주자속은 증가시키고, 오른쪽에 있는 주자속은 감소시켜 편자 작용을 하는 전기자 반작용은?

① 증자 작용　　　　② 직축 반작용
③ 감자 작용　　　　④ 교차 자화 작용

해설) **교차 자화 작용**
전기자 전류에 의한 기자력과 주자속이 수직이 되는 현상

35 변압기의 임피던스 전압이란?

① 2차 단락 전류가 흐를 때 변압기 내 전압 강하
② 정격 전류가 흐를 때 변압기 내 전압 강하
③ 여자 전류가 흐를 때 2차 측 단자 전압
④ 정격 전류가 흐를 때 2차 측 단자 전압

해설) 임피던스 전압은 2차 측을 단락한 상태에서 1차 측에 정격 전류가 흐를 때 1차 전압을 의미한다.

정답 30 ③ 31 ③ 32 ② 33 ④ 34 ④ 35 ②

36 전력 변환 기기가 아닌 것은?

① 유도 전동기 ② 정류기
③ 변압기 ④ 인버터

해설 유도 전동기 : 전기 에너지를 기계 에너지로 변환

37 제어 정류기의 용도는?

① 직류-직류 변환
② 직류-교류 변환
③ 교류-교류 변환
④ 교류-직류 변환

해설 정류기는 교류를 직류로 변환하는 기능을 가지고 있다.

38 출력에 대한 전부하 구리손이 2[%], 철손이 1[%]인 변압기의 전부하 효율[%]은?

① 91 ② 93
③ 95 ④ 97

해설 **변압기의 규약 효율**

$\eta = \dfrac{출력}{출력+손실} \times 100[\%]$

$= \dfrac{0.97}{0.97+(0.01+0.02)} \times 100[\%] = 97[\%]$

39 유도 전동기에 기계적 부하를 걸 때 출력에 따라 속도, 토크, 효율, 슬립 등이 변화를 나타낸 출력 특성 곡선에서 슬립을 나타내는 곡선은?

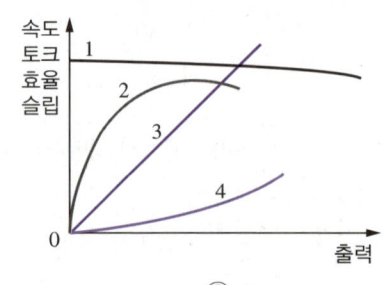

① 1 ② 2
③ 3 ④ 4

해설 출력 특성 곡선이란 유도 전동기에 기계적 부하를 가할 때 그 출력에 의한 전류, 회전력, 속도, 효율 등의 변화를 나타내는 곡선을 말한다.

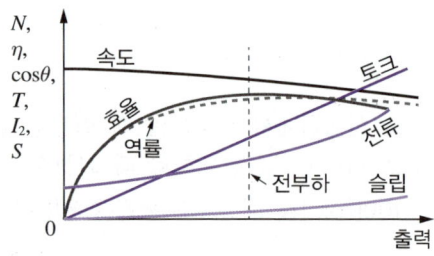

40 다음 중 고조파를 제거하기 위해 동기기의 전기자 권선법으로 많이 사용하는 방법은?

① 전절권 / 분포권
② 단층권 / 분포권
③ 단절권 / 집중권
④ 단절권 / 분포권

해설 • 집중권 : 도체를 한 슬롯에 집중시켜 감는 권선법
• 분포권 : 도체를 각각의 슬롯에 분포시켜 감는 권선법
• 전절권 : 코일 간격과 극 간격을 같게 하는 권선법
• 단절권 : 코일 간격을 극 간격보다 작게 하는 권선법

41 다음 중 옥내에 시설하는 저압 전로와 대지 사이의 절연저항 측정에 사용되는 계기는?

① 메거 ② 어스 테스터
③ 훅 온 미터 ④ 멀티 테스터

해설 **절연저항계/메거(megger)**
절연저항은 전기가 통하지 않게 하는 절연물의 저항을 말하는 것으로 매우 큰 값의 저항값을 지녀 [MΩ]의 단위를 사용하며, 절연저항의 측정기는 절연저항계 또는 메거(megger)를 사용한다.

42 옥내배선을 합성수지관공사에 의해 실시할 때 사용할 수 있는 단선의 최대 굵기[mm²]는?

① 2 ② 3
③ 6 ④ 10

해설 옥내배선을 합성수지관공사에 의해 실시할 때 사용할 수 있는 최대 단선의 굵기는 10[mm²]이다.

43 MI는 어떤 전선의 약호인가?

① 무기물 절연 케이블
② 비닐 절연 네온전선
③ 폴리에틸렌 절연 비닐 시스 케이블
④ 폴리에틸렌 절연 연피 케이블

해설 MI : 무기물 절연 케이블

44 금속제 가요전선관공사 방법에 대한 설명으로 옳지 않은 것은?

① 일반적으로 전선은 연선을 사용한다.
② 가요전선관 안에는 전선의 접속점이 없도록 한다.
③ 가요전선관은 2종 금속제 가요전선관을 사용한다.
④ 전선은 옥외용 비닐 절연전선을 사용한다.

해설 **금속제 가요전선관공사**
- 전선은 절연전선(옥외용 비닐 절연전선 제외)
- 전선은 연선일 것
- 가요전선관 안에서 접속점이 없도록 할 것
- 가요전선관은 2종 금속제 가요전선관일 것
- 옥내배선의 사용전압이 400[V] 초과인 경우 전동기에 접속하는 부분에서 가요성을 필요로 하는 부분에 한하여 1종 금속제 가요전선관 사용이 가능

45 합성수지몰드공사에 대한 설명으로 옳지 않은 것은?

① 합성수지몰드 안에는 접속점이 없도록 할 것
② 합성수지몰드와 박스, 기타의 부속품과는 전선이 노출되지 않도록 할 것
③ 합성수지몰드는 홈의 폭 및 깊이가 45[mm] 이하일 것
④ 전선은 절연전선일 것

해설 **합성수지몰드공사**
- 전선은 절연전선(옥외용 비닐 절연전선 제외)
- 전선은 합성수지몰드 안에서 접속점이 없도록 할 것(다만 특정 조건에 부합하는 합성수지제의 조인트 박스를 사용하여 접속할 경우에는 제외)
- 합성수지몰드 상호 간, 합성수지몰드와 박스 기타의 부속품과는 전선이 노출되지 않도록 접속할 것
- 합성수지몰드는 홈의 폭 및 깊이가 35[mm] 이하일 것(다만, 사람이 쉽게 접촉할 우려가 없도록 시설하는 경우에는 폭이 50[mm] 이하)

정답 41 ① 42 ④ 43 ① 44 ④ 45 ③

46 제어회로용 절연전선을 금속덕트공사에 의하여 시설하고자 한다. 절연 피복을 포함한 전선의 총 단면적은 덕트의 내부 단면적의 몇 [%]까지 할 수 있는가?

① 20 ② 25
③ 35 ④ 50

> 해설 **금속덕트공사의 시설조건**
> 금속덕트에 넣은 전선의 단면적(절연 피복 단면적 포함)의 합계는 덕트 내부 단면적의 20[%](전광표시장치 기타 이와 유사한 장치 또는 제어회로 등의 배선만을 넣는 경우에는 50[%]) 이하일 것

47 다음 중 전선의 굵기를 측정하는 것은?

① 스패너 ② 파이어 포트
③ 프레셔 툴 ④ 와이어 게이지

> 해설 • 스패너 : 볼트나 너트를 죄거나 푸는 데 사용하는 공구
> • 파이어 포트 : 납땜 인두나 납땜 냄비를 올려 납물을 만드는 데 사용
> • 프레셔 툴 : 압착용

48 실내 전체를 조명하는 방식으로 광원을 일정한 간격으로 배치하며 공장, 학교, 사무실 등에서 채용되는 조명 방식으로 옳은 것은?

① 간접 조명 ② 국부 조명
③ 직접 조명 ④ 전반 조명

> 해설 전반 조명은 작업면 전반에 균등한 조도를 가지게 하는 방식이다.

49 가공전선로의 지지물에 지지선을 사용해서는 안 되는 곳은?

① 목주
② 철탑
③ A종 철주
④ A종 철근 콘크리트주

> 해설 철탑은 가공전선로의 지지물에 지지선을 사용해서는 안 된다.

50 교통신호등의 시설기준으로 틀린 것은?

① 교통신호등 회로의 사용전압은 300[V] 이하이어야 한다.
② 신호등회로 인하선의 전선은 지표상 3.5[m] 이상이 되도록 한다.
③ 전선을 매다는 금속선에는 지지점 또는 이에 근접하는 곳에 애자를 삽입한다.
④ 교통신호등 제어장치의 전원 측에는 전용 개폐기 및 과전류 차단기를 각 극에 시설한다.

> 해설 **교통신호등**
> • 교통신호등 제어장치의 2차 측 배선의 최대 사용전압은 300[V] 이하여야 한다.
> • 전선의 굵기는 연동선 2.5[mm²] 이상
> • 인하선의 높이 : 2.5[m] 이상
> • 교통신호등의 제어장치 전원 측에는 개폐기 및 과전류 차단기를 각 극에 시설하여야 한다.
> • 교통신호등 회로의 사용전압이 150[V]를 넘는 경우 누전 차단기를 시설할 것

51 버스덕트공사에 의한 배선 또는 옥외배선의 사용전압이 저압인 경우의 시설기준에 대한 설명으로 옳지 않은 것은?

① 덕트의 끝부분은 막을 것
② 덕트의 내부는 먼지가 침입하지 않도록 할 것
③ 물기가 있는 장소는 옥외용 버스덕트를 사용할 것
④ 습기가 많은 장소는 옥내용 버스덕트를 사용하고 덕트 내부에 물이 고이지 않도록 할 것

해설 습기가 많고 물기가 많은 장소는 옥외용 버스덕트를 사용하고 덕트 내부에 물이 고이지 않도록 할 것

52 전기울타리 시설의 사용전압은 몇 [V] 이하인가?

① 220　② 250
③ 275　④ 300

해설 전기울타리 시설의 사용전압은 250[V] 이하여야 한다.

53 케이블공사에 의한 저압 옥내배선에서 케이블을 조영재의 아랫면 또는 옆면에 따라 붙이는 경우에는 전선의 지지점 간 거리는 몇 [m] 이하여야 하는가?

① 1.0　② 1.5
③ 1.8　④ 2.0

해설 케이블공사 시 조영재의 아랫면 또는 옆면에 따라 붙이는 경우 전선의 지지점 간 거리는 2[m] 이하여야 한다.

54 점유 면적이 좁고 운전 보수에 안전하므로 공장, 빌딩 등의 전기실에 많이 사용되며, 큐비클형이라고 불리는 배전반은?

① 폐쇄식 배전반
② 포스트형 배전반
③ 데드 프런트식 배전반
④ 라이브 프런트식 배전반

해설 폐쇄식 배전반(큐비클)
공장, 빌딩 등의 전기실에서 점유 면적이 좁고 운전 보수에 안전하여 많이 사용하며 캐비닛처럼 생긴 배전반

55 배선설계를 위한 전등 및 소형 전기기계기구의 부하용량 산정 시 건축물의 종류에 대응한 표준 부하에서 원칙적으로 표준 부하를 20[VA/m^2]으로 적용하여야 하는 건축물은?

① 교회, 극장
② 아파트, 미용원
③ 은행, 상점
④ 호텔, 병원

해설 건물의 종류에 따른 표준 부하 밀도

건물 종류	표준 부하 밀도 [VA/m^2]
계단, 복도, 창고, 세면장	5
공장, 교회, 강당, 극장, 영화관, 연회장, 관람석	10
학교, 기숙사, 호텔, 여관, 병원, 음식점	20
사무실, 은행, 백화점, 이발소	30
아파트, 주택	40

정답　51 ④　52 ②　53 ④　54 ①　55 ④

56 한국전기설비규정에 따른 특고압의 기준은?

① 6[kV] 초과 ② 7[kV] 초과
③ 9[kV] 초과 ④ 15[kV] 초과

해설

구분	저압	고압	특고압
교류	1[kV] 이하	1[kV] 초과 7[kV] 이하	7[kV] 초과
직류	1.5[kV] 이하	1.5[kV] 초과 7[kV] 이하	

저압 ─── 고압 ─── 특고압
1[kV] 1.5[kV]   7[kV]   전압
교류   직류

57 배전반 및 분전반의 설치장소로 적합하지 않은 곳은?

① 은폐된 장소
② 안정된 장소
③ 개폐기를 쉽게 조작할 수 있는 장소
④ 전기회로를 쉽게 조작할 수 있는 장소

해설 배전반 및 분전반에 붙이는 기구와 전선을 쉽게 점검할 수 있는 곳에 설치해야 한다.

58 지지선의 시설목적으로 적절하지 않은 것은?

① 불평형 장력을 줄일 수 있음
② 전선로의 안정성을 증가시킬 수 있음
③ 유도장해를 방지할 수 있음
④ 지지물의 강도를 보강할 수 있음

해설 지지선
전신주가 전선의 장력, 바람 등에 의해 넘어가는 것을 막기 위해 땅 위에 비스듬히 세운 줄로 지지물의 강도를 보강할 수 있음

59 다음 중 저압 개폐기를 생략하여도 좋은 개소는?

① 퓨즈의 전원 측
② 부하 전류를 단속할 필요가 있는 개소
③ 인입구 기타 고장, 점검, 측정, 수리 등에서 개로할 필요가 있는 개소
④ 퓨즈의 전원 측으로 분기 회로용 과전류 차단기 이후의 퓨즈가 플러그 퓨즈와 같이 퓨즈 교환 시에 충전부에 접촉될 우려가 없을 경우

해설 저압 개폐기를 필요로 하는 개소
• 부하 전류를 단속할 필요가 있는 개소
• 인입구, 기타 고장, 측정, 수리, 점검 등에 있어서 개로할 필요가 있는 개소
• 퓨즈의 전원 측
저압 개폐기를 생략해도 좋은 개소
분기 회로용 과전류 차단기 이후의 퓨즈가 플러그 퓨즈와 같이 퓨즈 교환 시에 충전부에 접촉될 우려가 없을 경우에는 생략해도 무방하다.

60 고압 가공전선이 도로를 횡단하는 경우 전선의 지표상 최소 높이는 몇 [m]인가?

① 2 ② 4
③ 5 ④ 6

해설 저압, 고압 가공전선의 높이

구분	저압	고압
도로 횡단	지표상 6[m] 이상	

56 ② 57 ① 58 ③ 59 ④ 60 ④

실기이론

- CHAPTER 01 제어기기 및 계전기
- CHAPTER 02 배선용 공구 및 재료
- CHAPTER 03 시퀀스 회로
- CHAPTER 04 공개 문제 연습

실기 핵심 키워드

1. 제어기기 및 계전기
- 푸시버튼 스위치(PB)
- 실렉터 스위치(SS)
- 표시등
- 버저(BZ)
- 릴레이(R)
- 플리커 릴레이(FR)
- 타이머(T)
- 전자 접촉기(MC)
- 전자식 과전류 계전기(EOCR)
- 플로트리스 스위치(FLS)
- 리밋 스위치(LS)

2. 배선용 공구 및 재료
- 전선관 접속기
- PE 전선관
- 플렉시블 전선관
- MCCB
- 퓨즈 홀더
- 8핀 소켓
- 12핀 소켓
- 파이프 커터
- 50[cm] 자
- 벨 테스트기
- 스프링
- 니퍼
- 와이어 스트리퍼
- 드라이버
- 전동 드릴
- 새들
- 단자대
- 컨트롤 박스
- 8각 박스
- 케이블 타이
- 전선

3. 시퀀스 회로
- 자기유지 회로
- 인터로크 회로
- 선행 우선 제어 회로

4. 공개 문제 연습
- 주회로, 제어회로 핀번호 작성 방법
- 공개문제 1
- 공개문제 10

CABLE

POWER PLUG

CHAPTER 01 제어기기 및 계전기

1 종류

1. 푸시버튼 스위치(PB ; push-button switch)

손을 떼면 스위치 내부의 스프링의 힘에 의하여 복귀되는 제어용 조작 스위치로 버튼을 누르고 있을 때에만 접점이 ON이 된다.

① a접점(arbeit contact) : NO(normally open)접점
  스위치를 조작하기 전에는 접점이 열려 있다가 스위치를 누르면 닫히는 접점이다.
② b접점(break contact) : NC(normally close)접점
  스위치를 조작하기 전에는 접점이 닫혀 있다가 스위치를 누르면 열리는 접점이다.
③ c접점(전환 접점, change-over contact)
  ㉠ a접점과 b접점이 모두 가동 접점을 공유한 형식의 전환 접점이다.
  ㉡ 가장 대표적인 예시로는 릴레이(전자계전기)의 접점이 있다. 릴레이의 경우 전류가 흐르지 않을 때는 가동 접점이 고정 접점인 b접점에 접해 있지만 코일에 전류가 인가되면 가동 접점이 고정 접점인 b접점으로부터 떨어져 a접점과 접촉한다. 하나의 가동 접점이 조작력에 따라 a, b접점과 접촉하여 신호를 전환시킨다는 의미에서 전환 접점이라고도 한다.

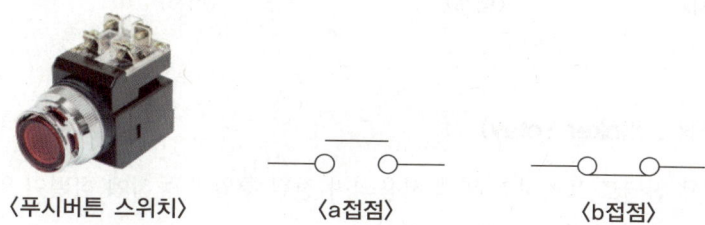

〈푸시버튼 스위치〉　　〈a접점〉　　〈b접점〉

2. 실렉터 스위치(SS ; selector switch)

손잡이나 레버를 회전하여 개폐하는 형태로 ON-OFF 2단 이상의 회전도 가능한 스위치다.

> **참고**
> 스위치의 방향에 따라 수동, 자동 모드로 전환되므로 항상 벨테스터기로 확인하고 결선하는 것이 좋다.

3. 표시등(pilot lamp)

접속되어 있는 회로의 동작 상태 및 고장 등을 나타내는 램프로 작동 상태에 따라 구분하여 사용한다.

4. 버저(BZ ; buzzer)

기계나 장치에 이상 동작이 발생할 때나 소정의 동작이 종료될 때 그 상태를 작업자에게 알리는 경보 기기로서 전자석을 이용하여 발음체를 진동시키는 음향 기구다.

5. 릴레이(R ; relay, 전자계전기)

전기적 신호 전달을 위해 사용되며 계전기 내의 전자석에 의해 동작되고, 전자석 코일에 전류가 흐르는 동안에만 접점이 동작하는 스위치다.

〈실렉터 스위치〉　　〈램프〉　　〈버저〉　　〈릴레이〉

6. 플리커 릴레이(FR ; flicker relay)

램프나 경보장치를 점멸로 표시하기 위해 사용되며 전원 투입과 동시에 점멸이 일정한 시간을 두고 계속되는 계전기로 점멸 시간은 조정이 가능하다.

〈플리커 릴레이〉

7. 타이머(T ; timer)

입력 신호를 받아 설정된 시간이 경과한 후 동작되는 계전기로 동작 상태에 따라 한시 동작형과 한시 복귀형이 있다.

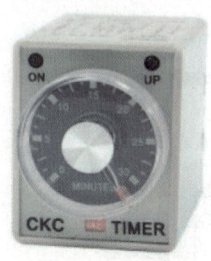
〈타이머〉

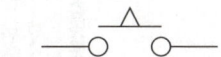
〈한시 동작 순시 복귀 a접점〉

〈한시 동작 순시 복귀 b접점〉

8. 전자접촉기(MC ; magnetic contact)

전자석의 동작에 의해 접점을 개폐하는 기구로서 시퀀스 제어 회로에서 동력부하를 제어하기 위하여 사용된다.

〈MC〉

9. 전자식 과전류 계전기(EOCR ; electronic over current relay)

전동기 회로에 과전류가 흐를 때 회로를 보호하는 역할을 한다. Test 기능이 내장되어 동작 시험과 회로 시험이 가능하다.

10. 플로트리스 스위치(FLS ; floatless switch)

각종 액체가 들어 있는 용기의 액면의 상태를 검출하여 제어하는 스위치로서 액면의 상태에 따라 접점이 바뀌며 제어가 가능하도록 구성되어 있다. 형식으로는 플로트식, 압력식, 전극식, 전자식 등이 있다.

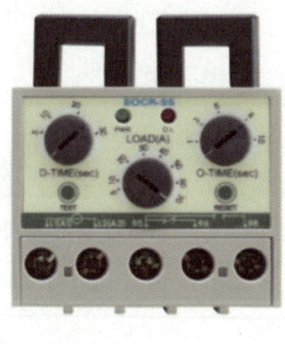

⟨EOCR⟩

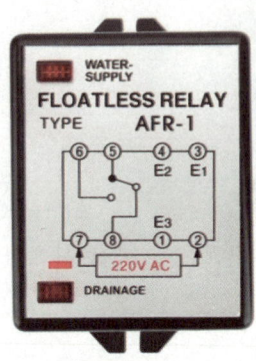

⟨플로트리스 스위치⟩

11. 리밋 스위치(LS ; limit switch)

리밋 스위치는 제어 대상의 상태나 변화 등을 검출하기 위한 것으로 접촉자에 움직이는 물체가 닿으면 접점이 개폐되는 동작을 하는 스위치다. 리밋 스위치 기구 대신에 푸시버튼 스위치나 단자대로 대치해 사용하는 경우도 있다.

> **참고**
>
> 전기기능사 실기에서는 리밋 스위치 기구를 제어회로에 두지 않고 제어함 단자대에 연결하여 사용하는 형식을 채택한다.

CHAPTER 02 배선용 공구 및 재료

1 공구

명칭	용도	형상
니퍼	전선 및 케이블 타이 등을 절단하는 데 사용한다.	
와이어 스트리퍼	전선에 감겨 있는 피복물을 쉽게 벗겨 내는 데 사용한다.	
드라이버	나사를 조이거나 풀 때 사용한다.	
전동 드릴	• 전기의 힘을 사용하여 드라이버의 작동을 빠르고 규칙적이며 연속적으로 하는 공구다. • 힘이 많이 필요한 작업에 주로 사용한다.	
파이프 커터	PE전선관 또는 플렉시블 전선관을 절단하는 데 사용한다.	
50[cm] 자	제어함과 작업판에 제도할 때 사용한다.	
벨 테스트기	회로점검과 회로결선을 확인할 때 사용한다.	
스프링	PE전선관을 배관할 때 구부리기 위해 사용한다.	

2 재료

명칭	용도	형상
MCCB	배선용 차단기로 정상적인 회로 상태에서는 수동으로 회로를 개폐할 수 있으나 단락 고장 등으로 이상 상태가 되면 회로가 자동 차단되도록 설계된 장치다.	
퓨즈 홀더	• 퓨즈를 삽입하여 회로를 보호하는 장치다. • 퓨즈 : 전기회로에 장착되어, 회로에 규정 전류보다 더 큰 전류가 발생하는 경우, 규정된 시간 내에 전류를 차단하여 회로를 보호하는 장치다.	
8핀 소켓	각종 릴레이, 타이머, 플로트리스 스위치 등의 배선용으로 사용한다.	
12핀 소켓	전자식 과전류 계전기, 전자접촉기의 배선용으로 사용한다.	
전선관 접속기	전선관을 스위치박스 또는 배전함에 용이하고 안전하게 연결하기 위한 장치다.	

명칭	용도	형상
PE 전선관	• 저압 옥내배선공사에 사용하는 전선을 담는 관이다. • 스프링을 넣어 굽힘 가공한다.	
플렉시블 전선관	• 자유자재로 구부릴 수 있는 전선관이다. • 굽힘 작업이 쉽다.	
새들	케이블 및 전선관 고정에 사용한다.	
단자대	• 제어함과 작업판에 사용된다. • 리밋 스위치와 같은 기구의 대체역할을 하기도 한다.	
컨트롤 박스	여러 가지 기구를 장착하고 고정하는 상자다.	
8각 박스	• 전선관이 분기되는 곳에서 사용된다. • 박스 안에서 전선을 접속한다.	
케이블 타이	전선을 묶어서 정리하는 데 쓰는 재료다.	
전선	• 주회로는 2.5[mm^2] 전선, 보조회로는 1.5[mm^2] 전선(노란색)을 사용한다. • 주회로의 전선 색상은 L1은 갈색, L2는 검은색, L3은 회색을 사용한다. • 접지회로는 2.5[mm^2] 녹색-노란색 전선으로 배선해야 한다.	

CHAPTER 03 시퀀스 회로

1 종류

1. 자기유지 회로

특징　① 계전기가 가지고 있는 접점을 이용하여 자기의 동작을 유지하려는 회로이다.
　　　② 이 회로는 한 번 입력된 신호를 해제 신호가 있기까지는 유지하므로 기억 회로라고도 한다.
　　　③ 전동기의 시동, 정지를 비롯하여 많은 회로에 이용되고 있다.

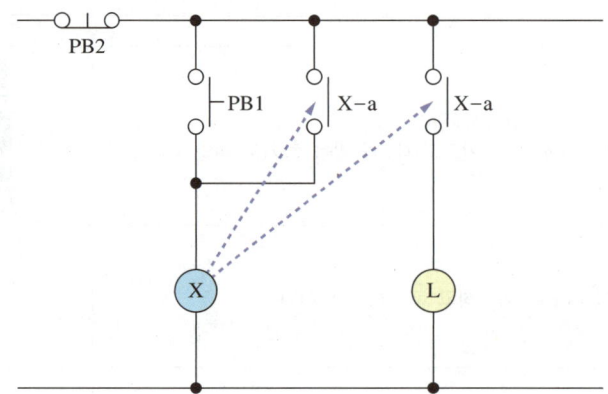

동작　① 전원을 투입하고 PB1을 누르면 릴레이(X)가 여자된다.
　　　② 릴레이(X)가 여자되어 X-a접점이 단자 쪽으로 이동하여 접점이 붙는다.
　　　③ 이때 L은 점등되고 PB1은 손을 떼어도 접점은 계속 붙어 있다.
　　　④ PB2를 눌러 회로에 전원 투입이 끊기기 전까지 동작이 유지된다.

2. 인터로크 회로

특징 ① 2개의 입력 가운데 앞서 동작한 쪽이 먼저 작동되고 다른 쪽 회로의 동작은 작동되지 않는 회로로 선행 동작 회로, 상대 동작 금지 회로라고도 한다.
② 주로 회로를 동작하게 하는 조작자의 안전과 기기를 보호하기 위해 사용한다.
③ PB1과 PB2 중 먼저 누르는 쪽만 점등된다.

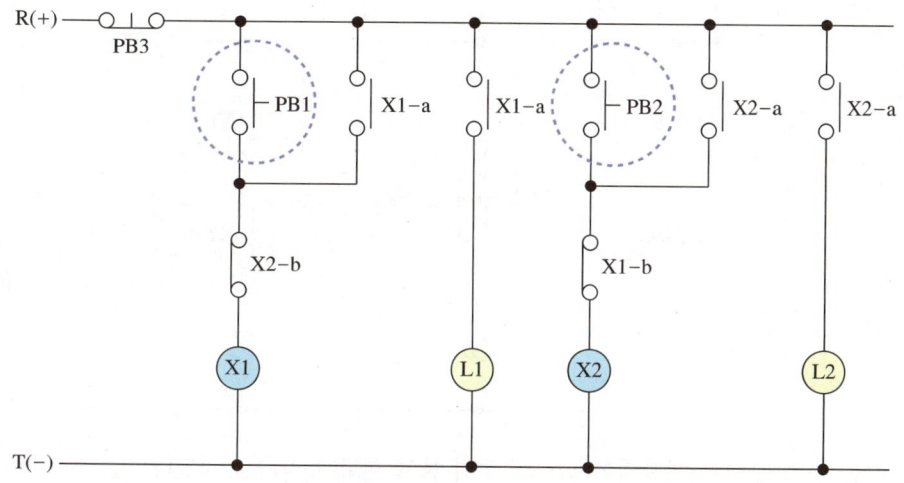

동작 ① 전원을 투입하고 PB1을 누르면 릴레이(X1)가 여자되고 X1-a접점이 붙어 자기 유지되며, L1이 점등된다.
② 이때 PB2를 눌러도 X1-b가 접점이 떨어져 있기 때문에 X2가 여자되지 않고 L2도 점등되지 않는다.
③ 전원을 투입하고 먼저 PB2를 누르면 릴레이(X2)가 여자되고 X2-a접점이 붙어 자기 유지되며, L2가 점등된다.
④ 이때 PB1을 눌러도 X2-b가 접점이 떨어져 있기 때문에 X1이 여자되지 않고 L1도 점등되지 않는다.
⑤ PB3을 누르면 X가 소자되어 램프가 소등되고 회로가 원상태로 복귀한다.

3. 선행 우선 제어 회로

특징 여러 개의 입력 중 가장 먼저 입력되는 신호를 우선하여 처리하는 회로이다.

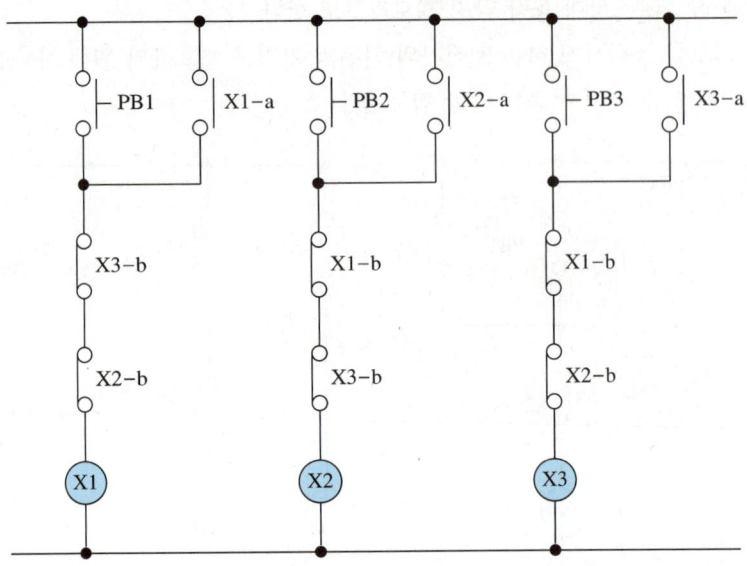

동작 ① PB1을 누르면 X1이 여자되어 X1-a접점이 붙고 회로가 자기 유지된다.
② X1이 여자되면 X1-b접점이 떨어지면서 PB2, PB3을 눌러도 X2, X3이 여자되지 않는다.
③ 순서를 바꿔 PB2를 가장 먼저 눌렀을 때는 PB1, PB3을 눌러도 X1, X3이 여자되지 않는다.

CHAPTER 04 공개 문제 연습

공개 문제 출처 : 산업인력공단

> **참고** 전기기능사 실기 작업 순서
>
> | 1. 제어판 만들기 | 2. 작업판 만들기 |
> |---|---|
> | ① 주회로, 제어회로 핀번호 작성
② 제어판 제도
③ 기구 및 소켓 배치 및 고정
④ 주회로, 제어회로 배선 | ① 작업판 제도
② 작업판 기구 배치 및 고정
③ 배관
④ 입선 및 결선
⑤ 동작 검사 및 마무리 |
>
> • 주회로, 제어회로 핀번호 작성 방법에 대한 집중적인 학습이 필요하다.
> • 회로 결선이 가깝고 간편하도록 핀번호를 작성하는 것이 좋다.
> • 기구의 내부 결선도 및 구성도, 배관 및 제어판 내부 기구 배치도가 익숙해지도록 연습해야 한다.

1 주회로, 제어회로 핀번호 작성 방법

1. EOCR(전자식 과전류 계전기), MC(전자 접촉기) 핀번호 작성

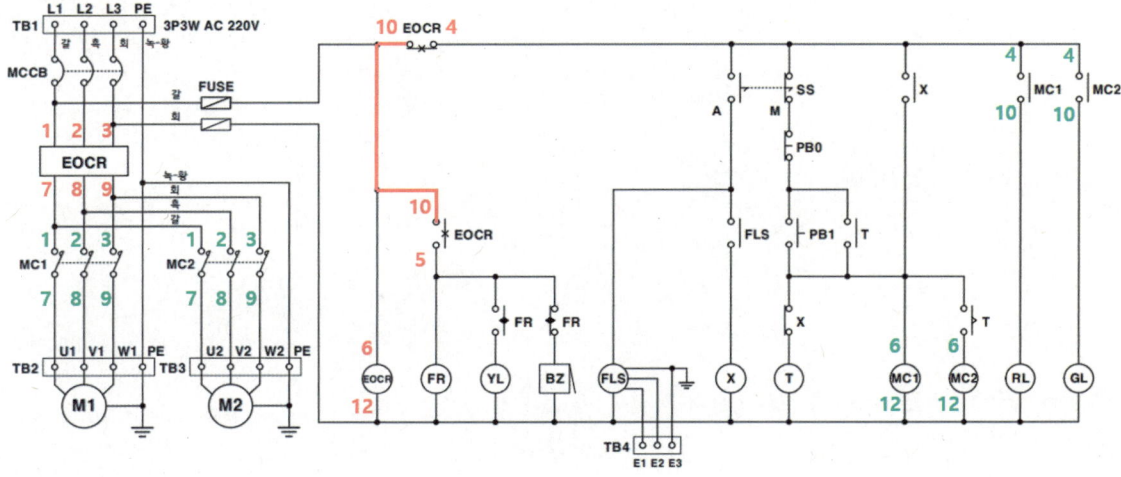

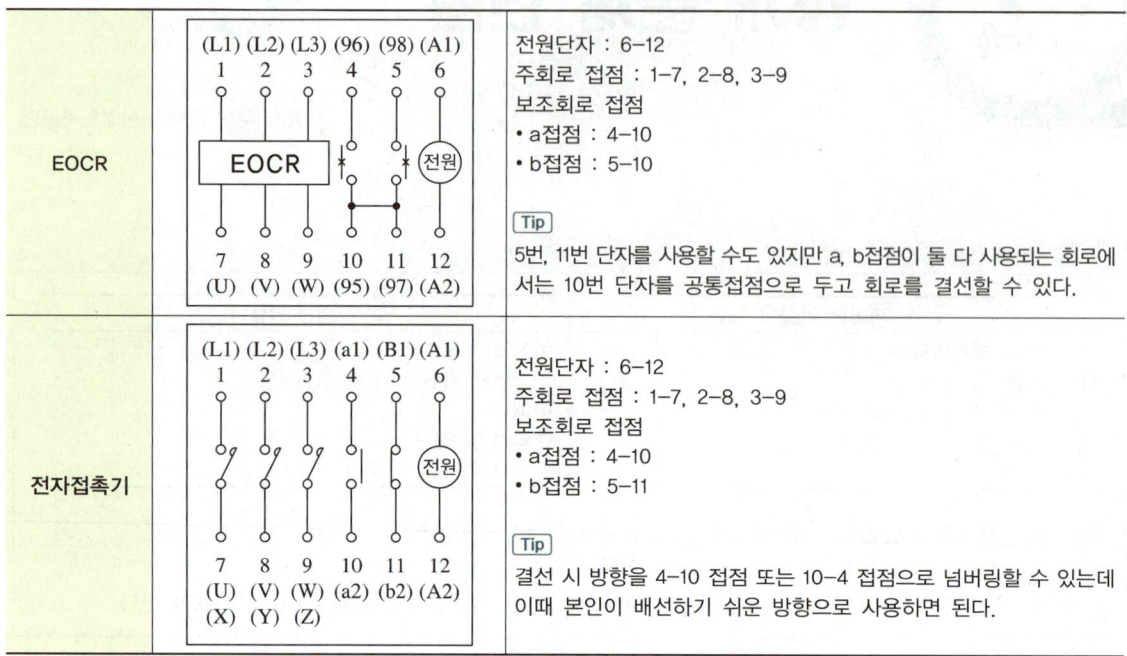

EOCR	(도식)	전원단자 : 6-12 주회로 접점 : 1-7, 2-8, 3-9 보조회로 접점 • a접점 : 4-10 • b접점 : 5-10 **Tip** 5번, 11번 단자를 사용할 수도 있지만 a, b접점이 둘 다 사용되는 회로에서는 10번 단자를 공통접점으로 두고 회로를 결선할 수 있다.
전자접촉기	(도식)	전원단자 : 6-12 주회로 접점 : 1-7, 2-8, 3-9 보조회로 접점 • a접점 : 4-10 • b접점 : 5-11 **Tip** 결선 시 방향을 4-10 접점 또는 10-4 접점으로 넘버링할 수 있는데 이때 본인이 배선하기 쉬운 방향으로 사용하면 된다.

2. 릴레이, 플리커 릴레이, 타이머 핀번호 작성

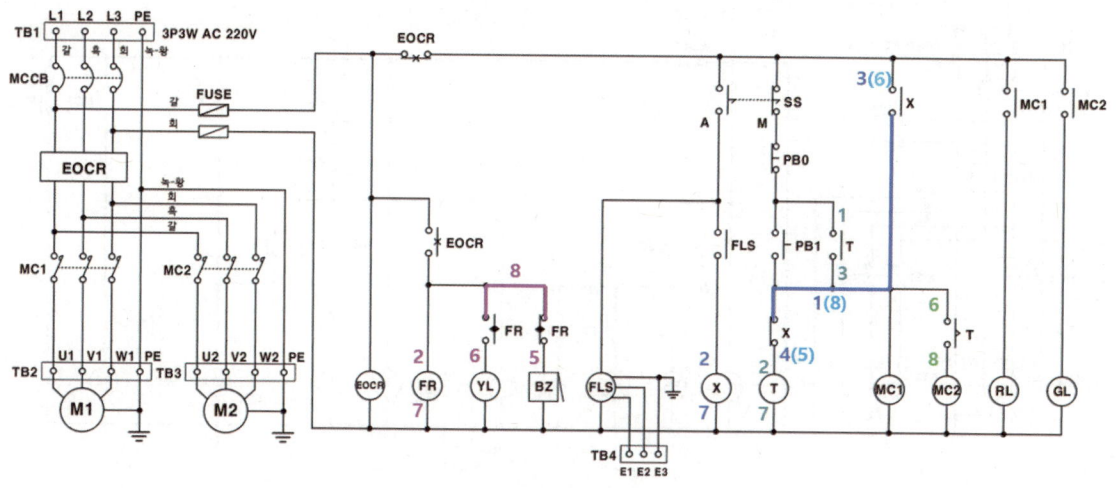

8P 릴레이	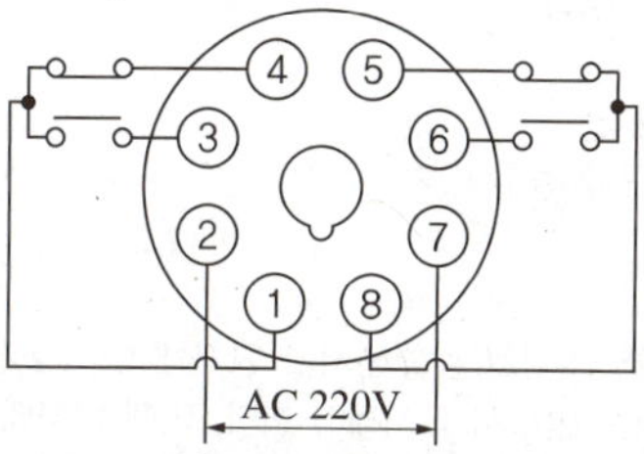	전원단자 : 2-7 a접점 : 1-3, 6-8 b접점 : 1-4, 5-8 **Tip** a, b접점을 모두 사용하는 회로일 경우 1번과 8번 단자를 공통단자로 삼아 1-3, 4 또는 8-5, 6로 사용한다. 넘버링 시 a, b접점 단자 번호를 확인하여 반대로 결선하는 일이 없도록 한다.
플리커 릴레이	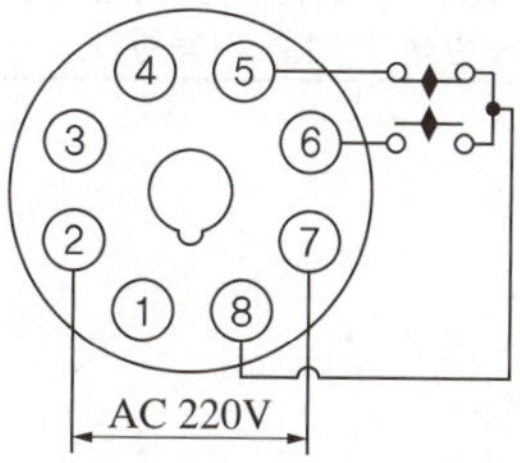	전원단자 : 2-7 a접점 : 6-8 b접점 : 5-8
타이머	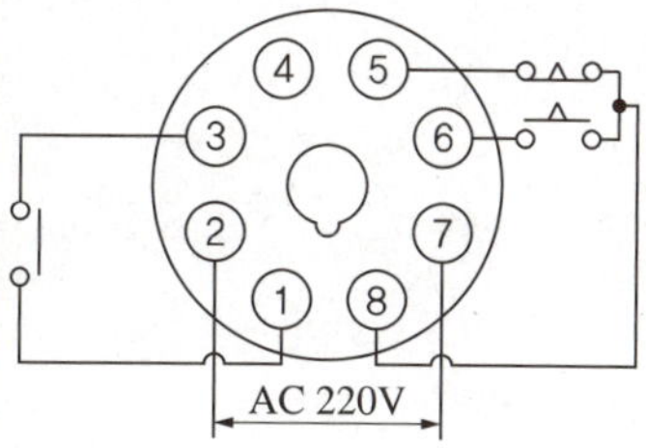	전원단자 : 2-7 순시 a접점 : 1-3 ON딜레이 a접점(한시 동작 순시 복귀 a접점) : 6-8 ON딜레이 b접점(한시 동작 순시 복귀 b접점) : 5-8 〈타이머 접점의 동작〉

순시 a접점	H L	
ON딜레이 a접점	H L	
ON딜레이 b접점	H L	

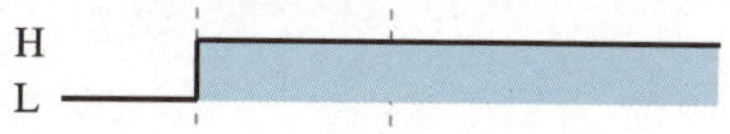

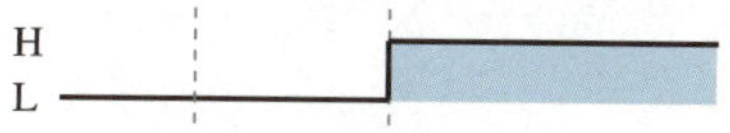

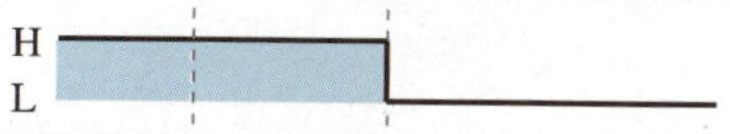

3. 플로트리스 스위치 핀번호 작성

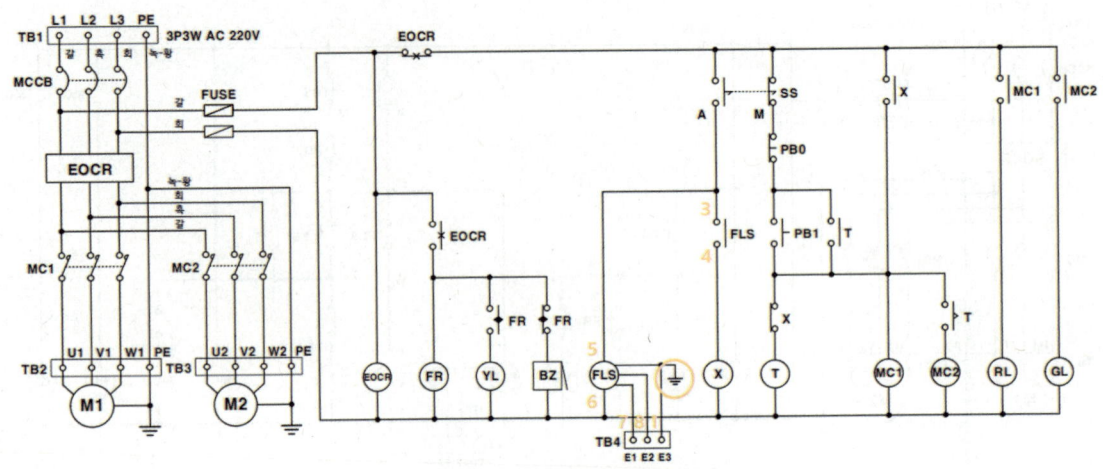

플로트리스 스위치	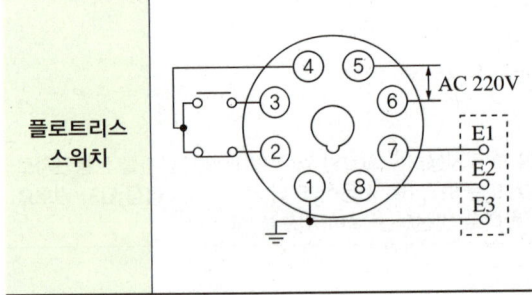	전원단자 : 5-6 a접점 : 4-3 b접점 : 4-2 검출센서 : 7-8-1 **Tip** 플로트리스 스위치 검출센서를 단자대 E1, E2, E3단자와 연결할 때 E3단자는 반드시 접지해야 한다. 이때 단자대에 연결하는 선은 보조회로용 1.5[mm^2] 전선(노란색)을 사용하고, 접지에는 2.5[mm^2] 녹색-노란색 전선을 사용한다.

4. 그 외 제어기기 핀번호 작성

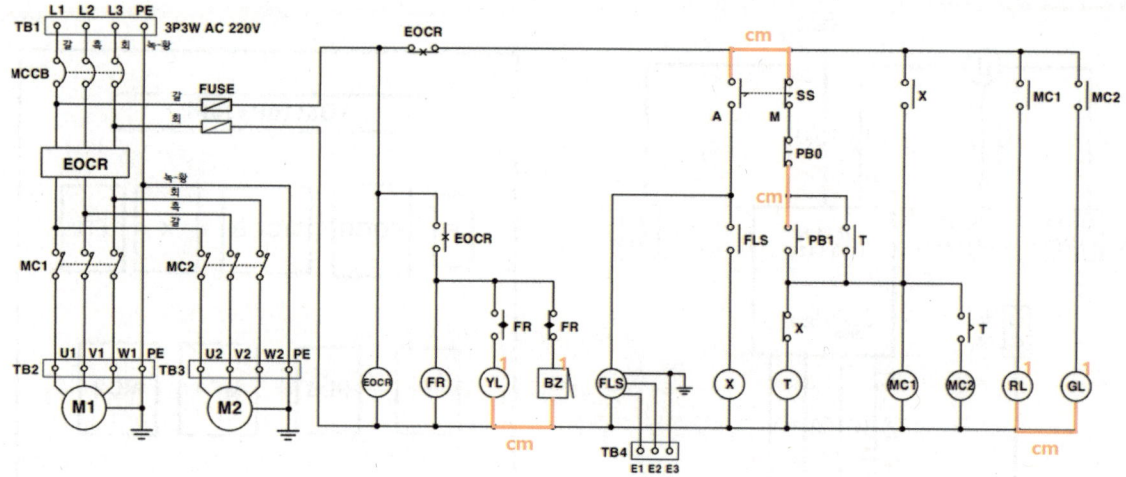

> **참고**
> - 기구가 같은 컨트롤 박스 내에 위치하고 있다면 공통 단자[cm]를 설정한다.
> - 실렉터 스위치, 리밋 스위치, 램프, 버저 등은 단자가 공통 단자를 제외하고는 바로 회로와 연결되므로 1로 표시하거나 따로 표시하지 않아도 된다.
> - 리밋 스위치의 경우 따로 기구를 설치하지 않고 단자대에 연결하는 것으로 대체한다.

5. 단자대 핀번호 작성

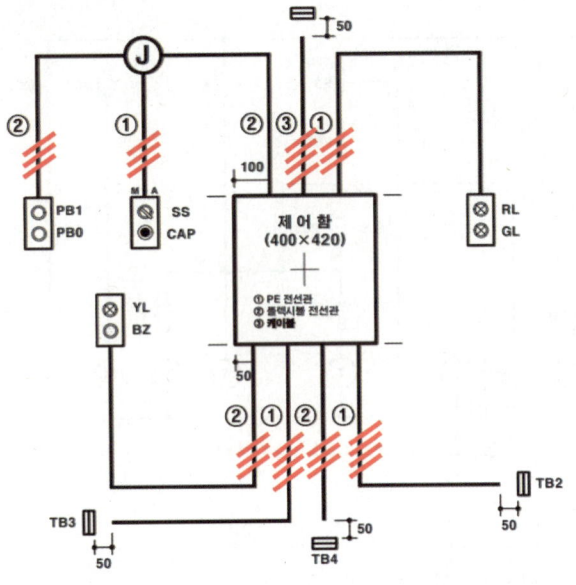
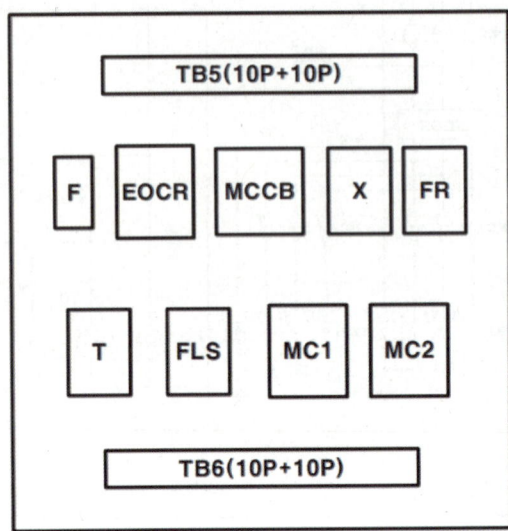

1) TB5 단자대 핀번호 작성

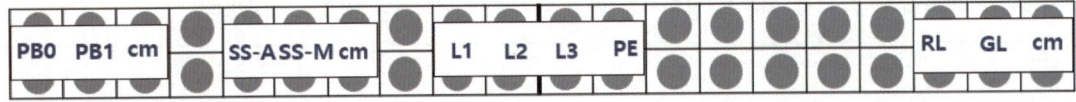

2) TB6 단자대 핀번호 작성

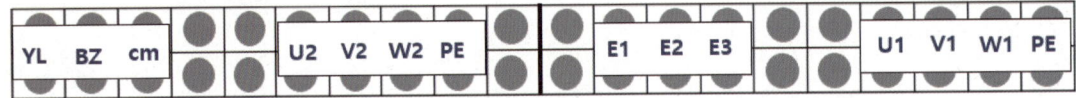

[Tip]
- 배관 및 기구 배치도 배관에 //표시를 해둠으로써 한 개의 컨트롤박스에서 필요한 단자의 개수를 파악한다. 예를 들어, TB1의 경우 L1, L2, L3, PE 총 4개의 연결 단자가 필요하므로 ////로 표시한다.
- 기구를 컨트롤박스 내부에서 공통단자로 정리하여 배선하는 경우 공통단자는 [cm]로 두고 결선한다.

2 공개문제 1 (시험시간 : 4시간 30분)

> **참고**
> - 전기기능사 실기 공개문제 1~18 원본은 큐넷 홈페이지 또는 전기기능사 공부안내 QR 코드를 통해 확인할 수 있으며 아래에 제시되는 문제는 요약본이다.
> - 공개문제 1~9는 실렉터 스위치, 플로트리스 스위치를 사용하고, 10~18은 리밋 스위치를 사용하는 회로이다. 본 교재에는 대표문제로 공개문제 1과 공개문제 10을 수록하였다.

전기기능사 공부안내

1. 배관 및 기구 배치도

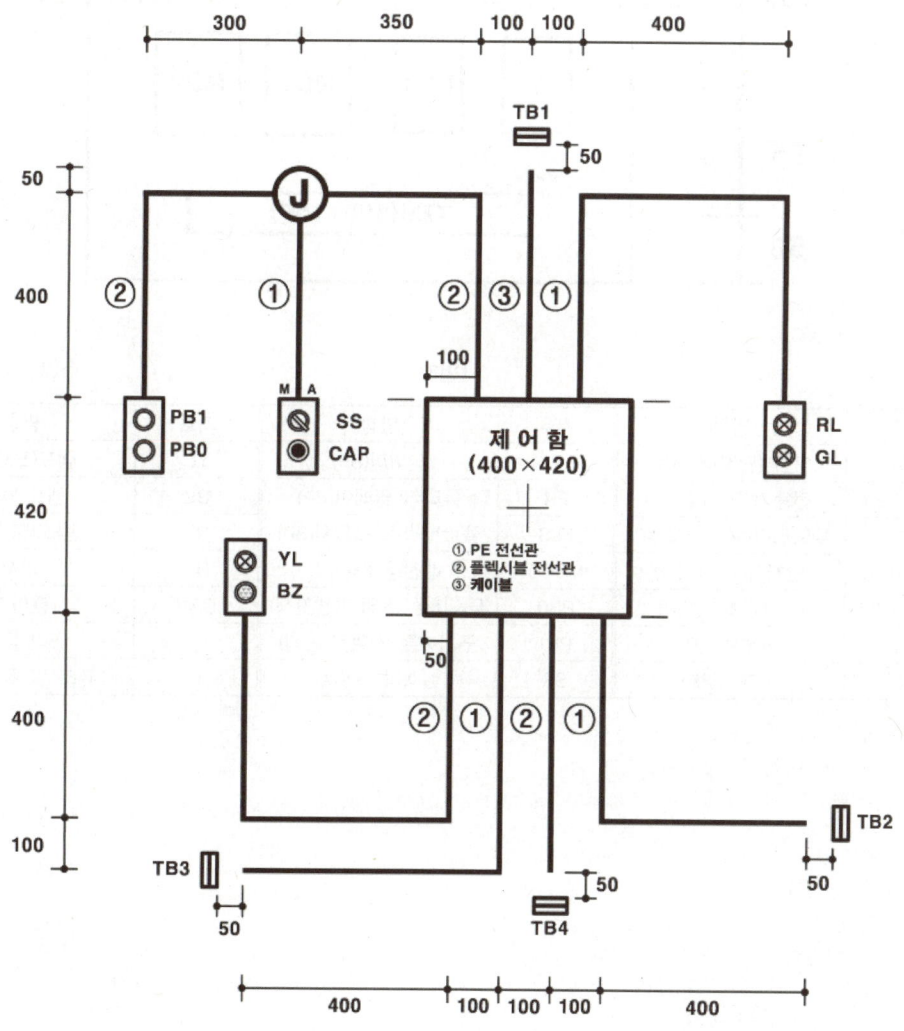

2. 제어판 내부 기구 배치도

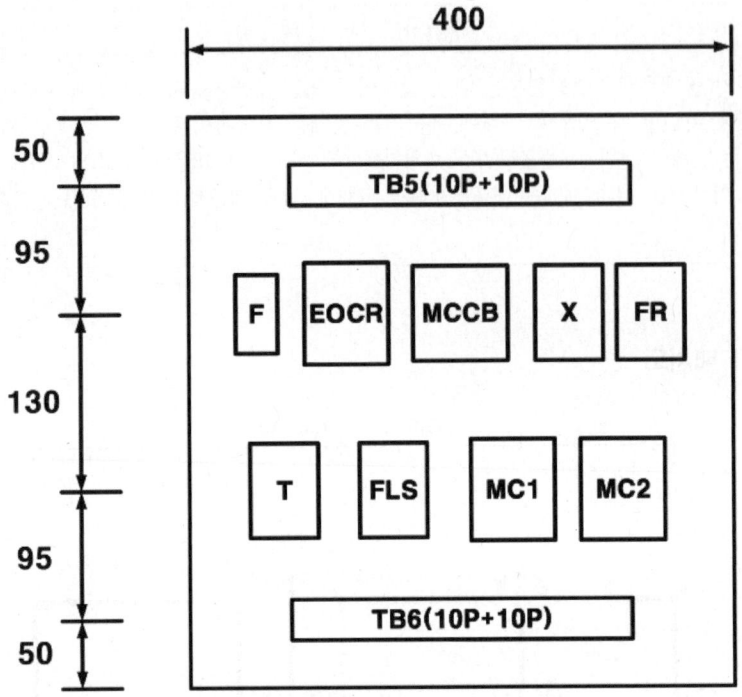

[범례]

기호	명칭	기호	명칭	기호	명칭
TB1	전원(단자대 4P)	T	타이머(8P)	YL	램프(노란색)
TB2, TB3	전동기(단자대 4P)	FR	플리커 릴레이(8P)	GL	램프(녹색)
TB4	플로트리스(단자대 4P)	FLS	플로트리스 스위치(8P)	RL	램프(빨간색)
TB5, TB6	단자대(10P+10P)	MCCB	배선용 차단기	BZ	버저
MC1, MC2	전자접촉기(12P)	PB0	푸시버튼 스위치(빨간색)	CAP	홀마개
EOCR	EOCR(12P)	PB1	푸시버튼 스위치(녹색)	ⓙ	8각 박스
X	릴레이(8P)	SS	실렉터 스위치	F	퓨즈 및 퓨즈홀더

3. 제어회로의 시퀀스 회로도

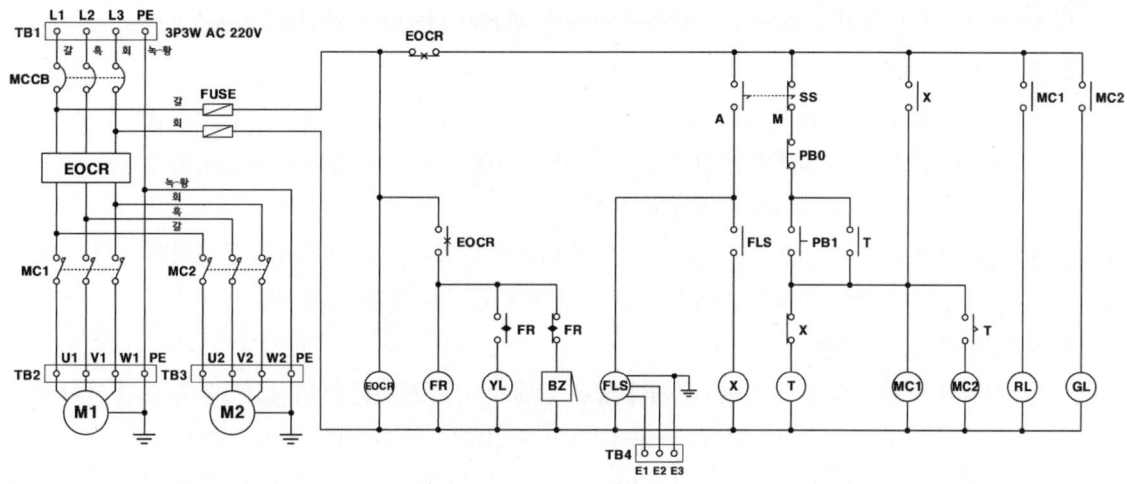

4. 기구의 내부 결선도 및 구성도

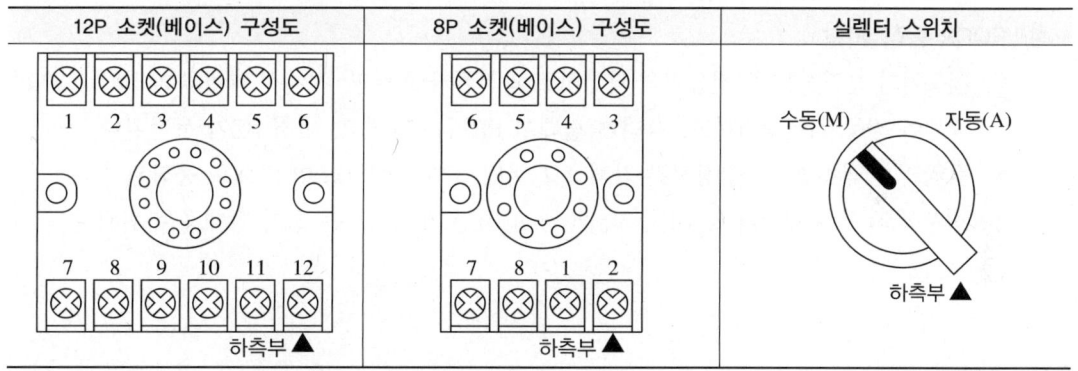

※ 그 외 전자접촉기, EOCR, 타이머, 플리커 릴레이, 8P 릴레이, 플로트리스 스위치 구성도는 618~620페이지 참고

5. 제어회로의 동작 사항

① MCCB를 통해 전원을 투입하면 전자식 과전류 계전기 EOCR에 전원이 공급된다.

② 자동 운전 동작 사항
- ㉠ 실렉터 스위치 SS를 A(자동) 위치에 놓으면 플로트리스 스위치 FLS에 전원이 공급되고, 플로트리스 스위치 FLS의 수위 감지가 동작되면, 릴레이 X, 전자접촉기 MC1가 여자되어, 전동기 M1이 회전하고 램프 RL이 점등된다.
- ㉡ 전동기가 운전하는 중 플로트리스 스위치 FLS의 수위 감지가 해제되거나 실렉터 스위치 SS를 M(수동) 위치에 놓으면, 제어회로 및 전동기의 동작은 모두 정지된다.

③ 수동 운전 동작 사항
- ㉠ 실렉터 스위치 SS를 M(수동) 위치에 놓은 상태에서, 푸시버튼 스위치 PB1을 누르면 타이머 T, 전자접촉기 MC1이 여자되어, 전동기 M1이 회전하고 램프 RL이 점등된다.
- ㉡ 타이머 T의 설정시간 t초 후, 전자접촉기 MC2가 여자되어, 전동기 M2가 회전하고 램프 GL이 점등된다.
- ㉢ 전동기가 운전하는 중 푸시버튼 스위치 PB0을 누르거나 실렉터스위치 SS를 A(자동) 위치에 놓으면, 제어회로 및 전동기 동작은 모두 정지된다.

④ EOCR 동작 사항
- ㉠ 전동기가 운전하는 중 전동기의 과부하로 과전류가 흐르면. 전자식 과전류 계전기 EOCR이 동작되어 전동기는 정지하고, 플리커 릴레이 FR이 여자되고, 버저 BZ가 동작된다.
- ㉡ 플리커 릴레이 FR의 설정시간 간격으로 버저 BZ와 램프 YL이 교대로 동작된다.
- ㉢ 전자식 과전류 계전기 EOCR을 리셋(reset)하면 제어회로는 초기 상태로 복귀된다.

〈공개문제 1 작업순서〉

1. 제어판 만들기

(1) 주회로, 제어회로 핀번호 작성

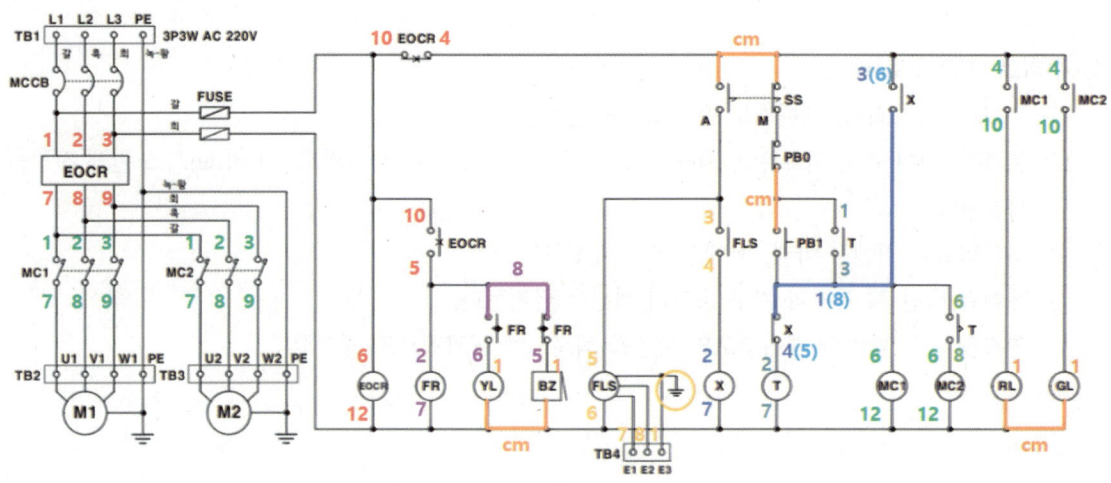

(2) 제어판 제도

다음 그림을 참고하여 제어판에 분필과 자를 활용하여 규격에 맞게 표시한다.

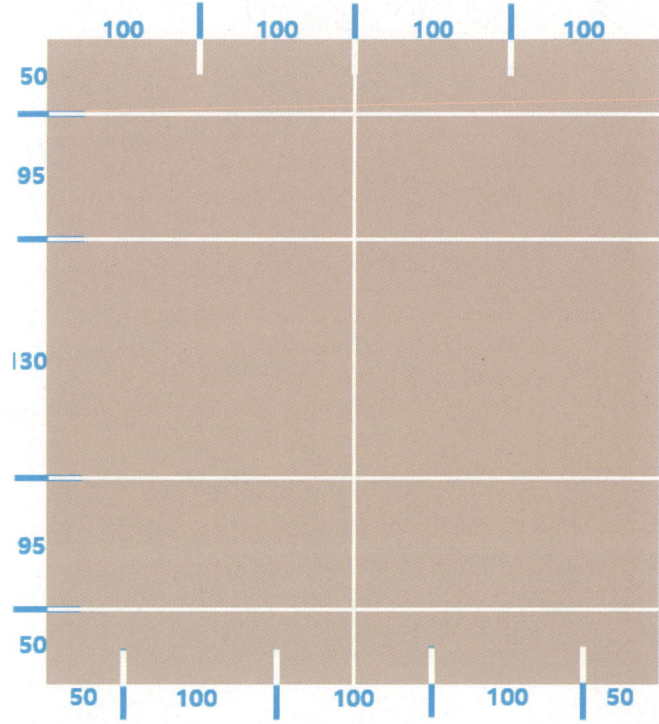

(3) 기구 및 소켓 배치 및 고정

① '제어판 제도'에서 표시한 내용을 참고하여 '제어판 내부 기구 배치도'와 같이 기구를 배치한다.

② 표시한 위치에 기구를 적절히 배치한 후 나사못을 사용해 고정한다.

③ 구성한 각종 소켓과 단자대 주위에 종이테이프를 붙이고 이름을 표기한다.

(4) 주회로, 제어회로 배선

① 주회로, 접지회로, 제어회로 순서로 연결한다.

② 퓨즈홀더 1차 측 주회로는 2.5[mm^2] 전선, 퓨즈홀더 2차 측 제어회로는 1.5[mm^2] 노란색 전선을 사용한다.

③ 제어회로는 위에서 아래, 좌에서 우로 배선한다.

④ 제어판 배선 시 기구와 기구 사이의 배선은 금지된다.

⑤ 연결을 마칠 때마다 제어회로의 시퀀스 회로도에 형광펜으로 표시한다.

㉠ 주회로

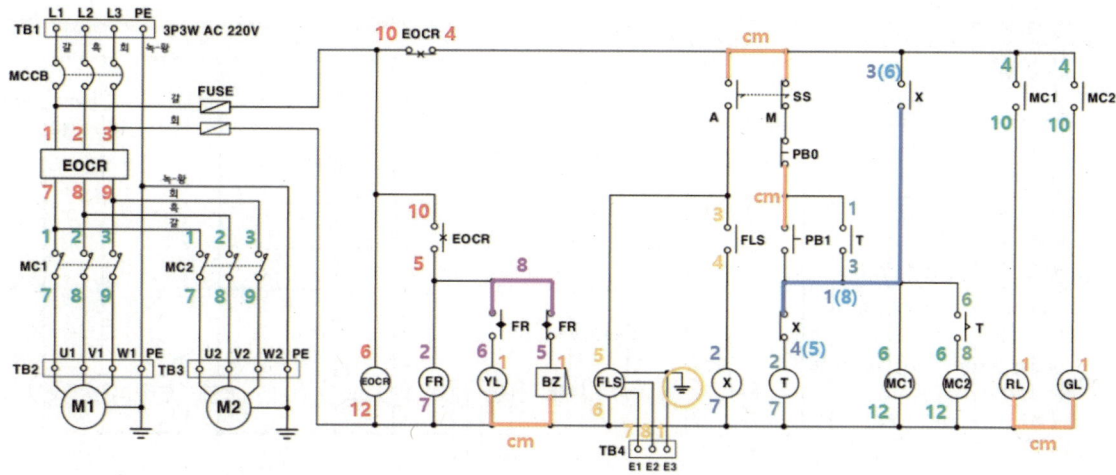

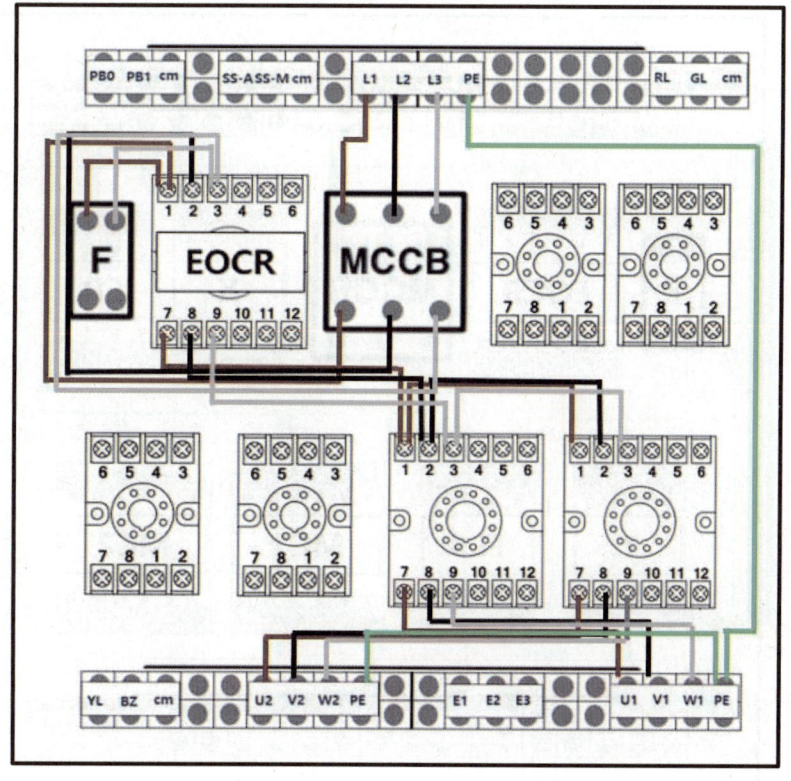

ⓛ 제어회로-1

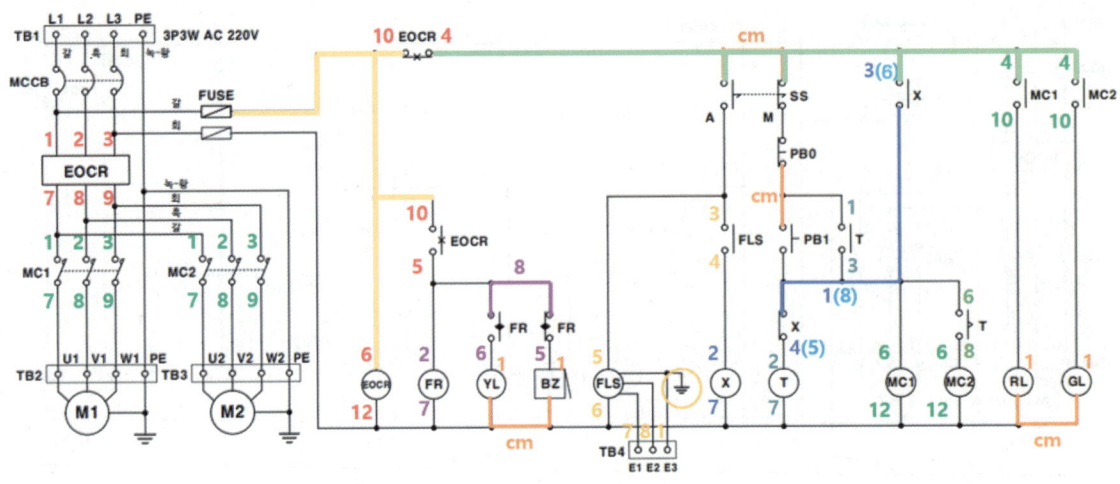

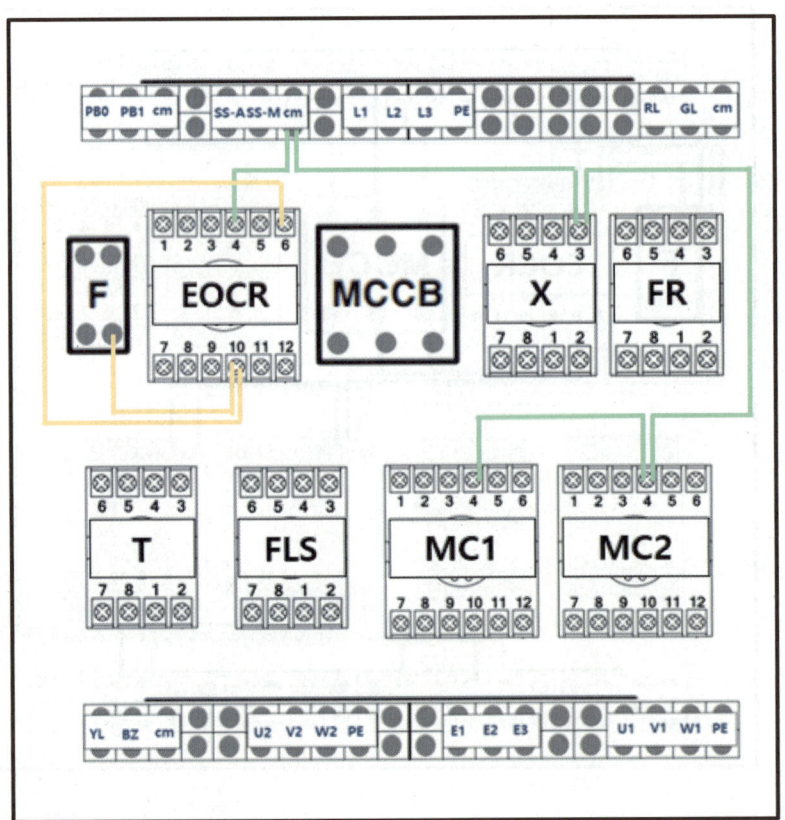

※ 학습자의 편의를 위해 배선 색깔을 다르게 표기했지만 실제 제어회로 결선 시에는 1.5[mm^2](1/1.38) 노란색 전선을 사용해야 합니다.

ⓒ 제어회로-2

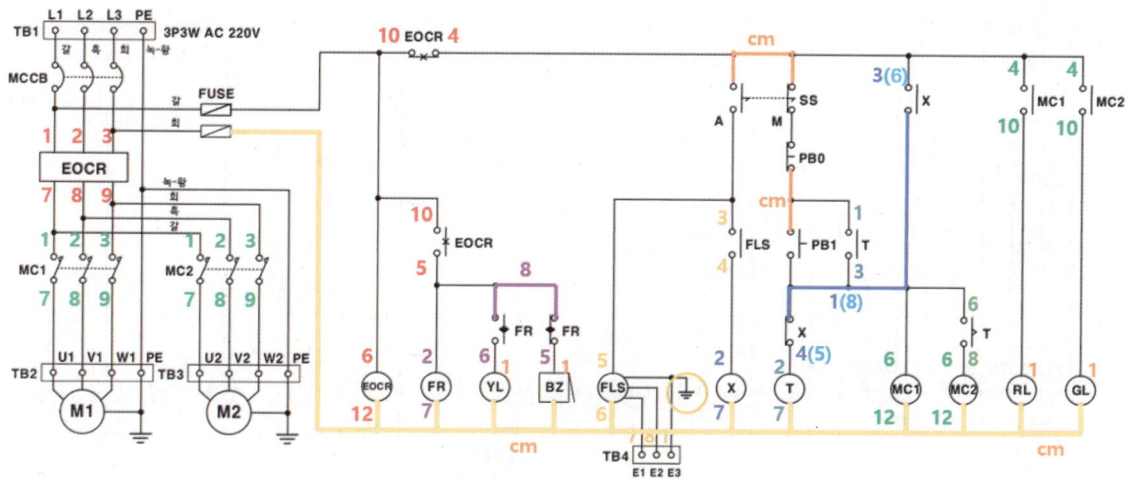

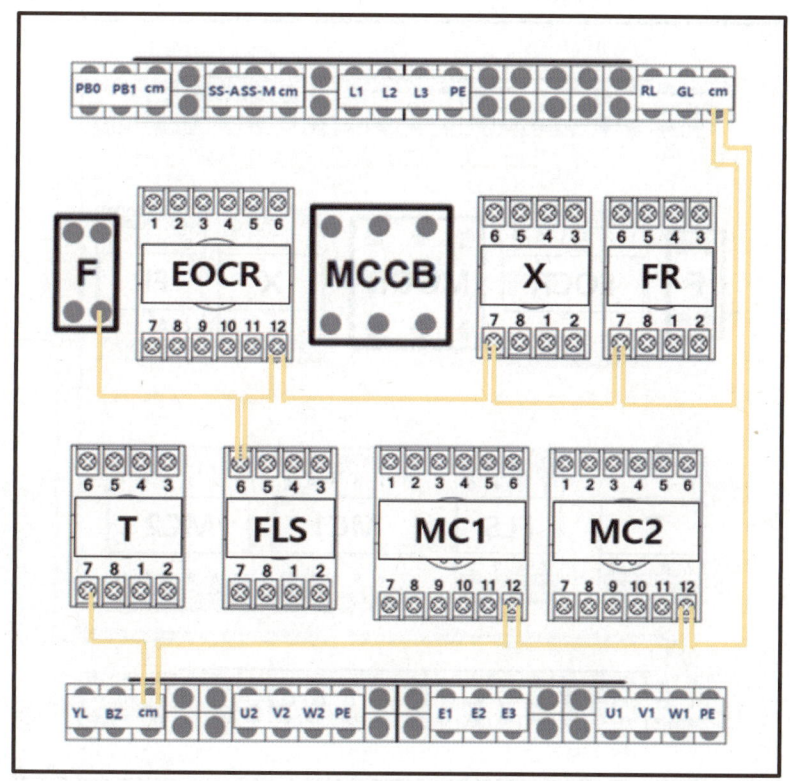

㉢ 제어회로-3

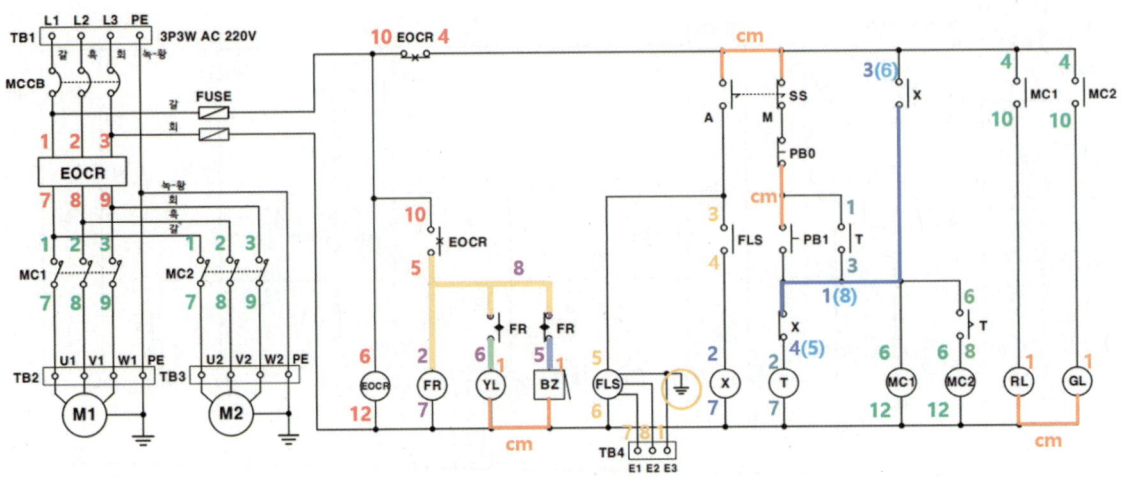

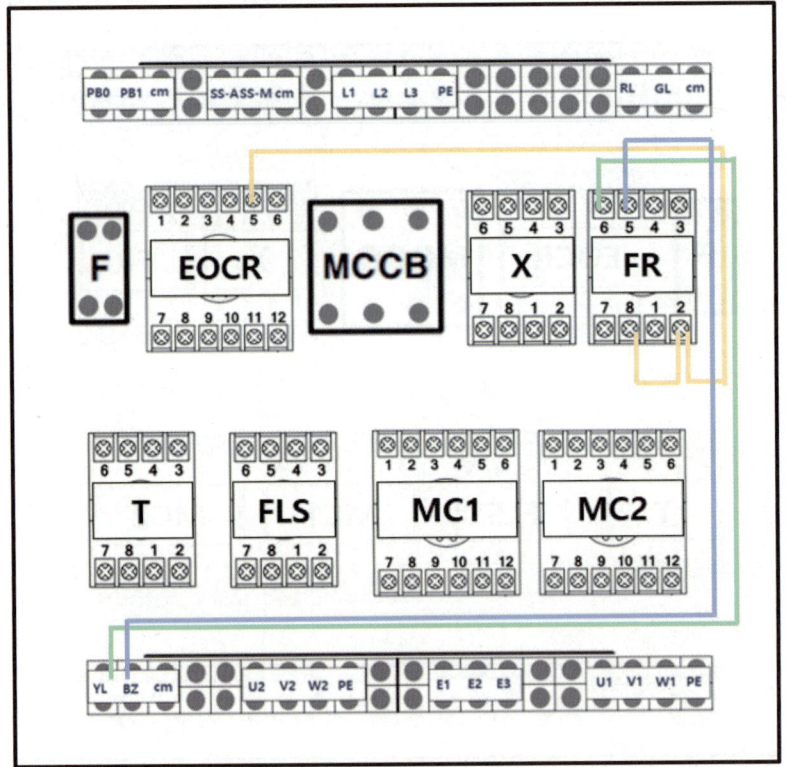

㉤ 제어회로-4

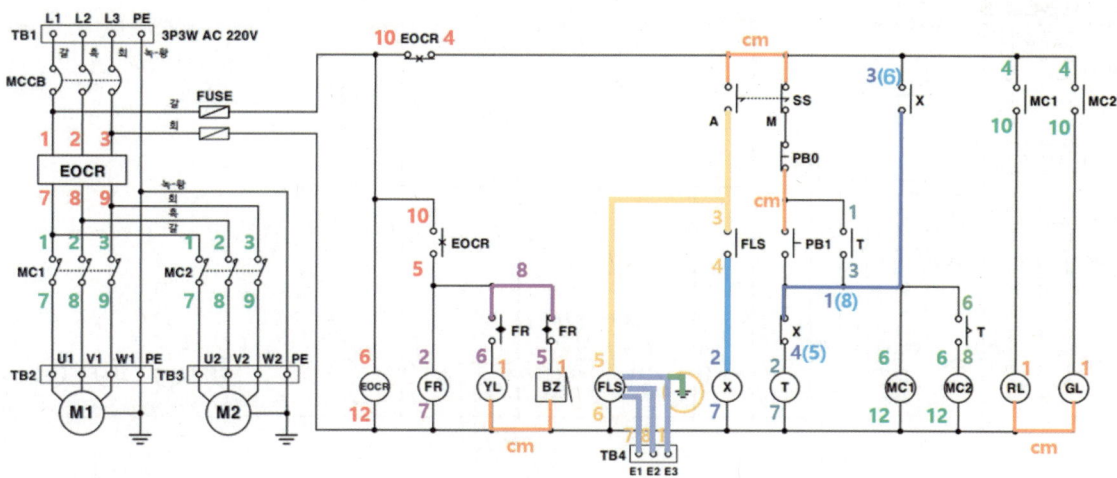

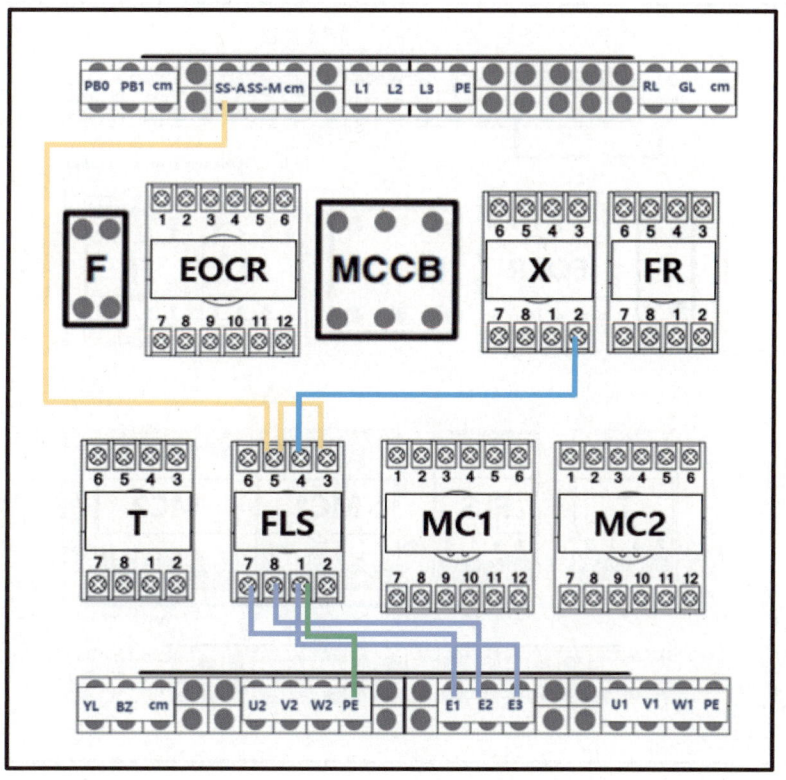

ㅂ 제어회로-5

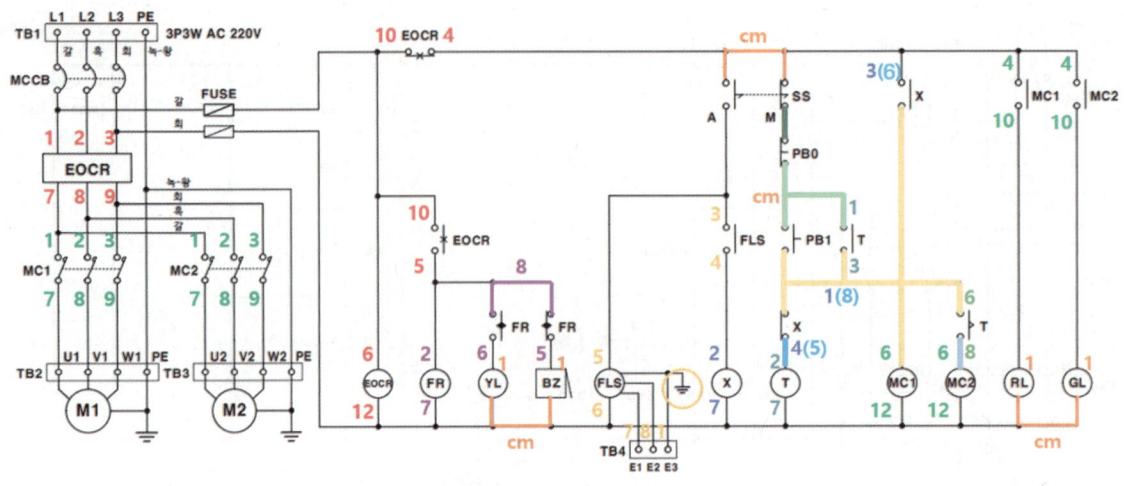

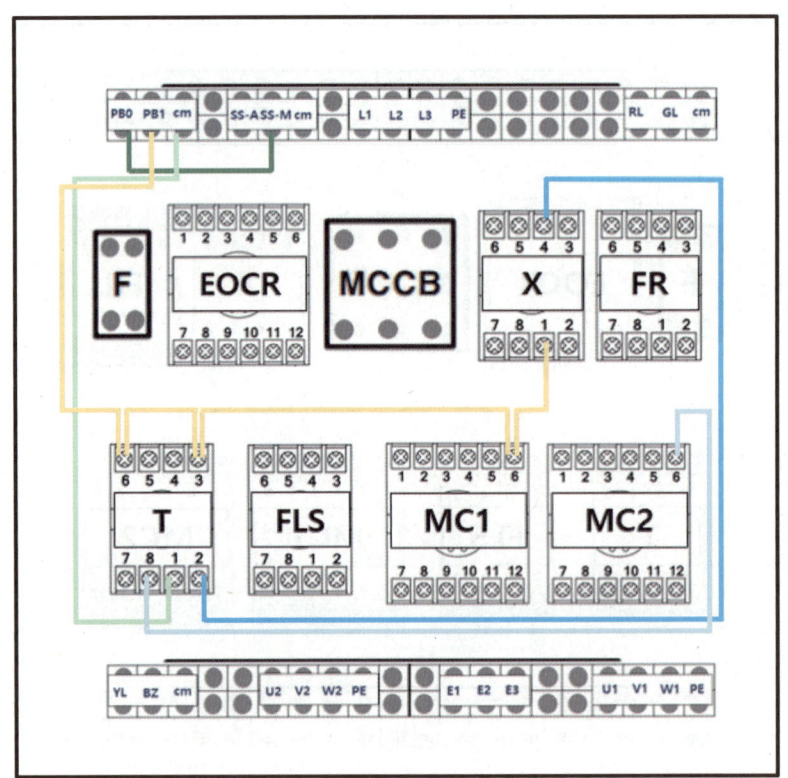

(ㅅ) 제어회로-6

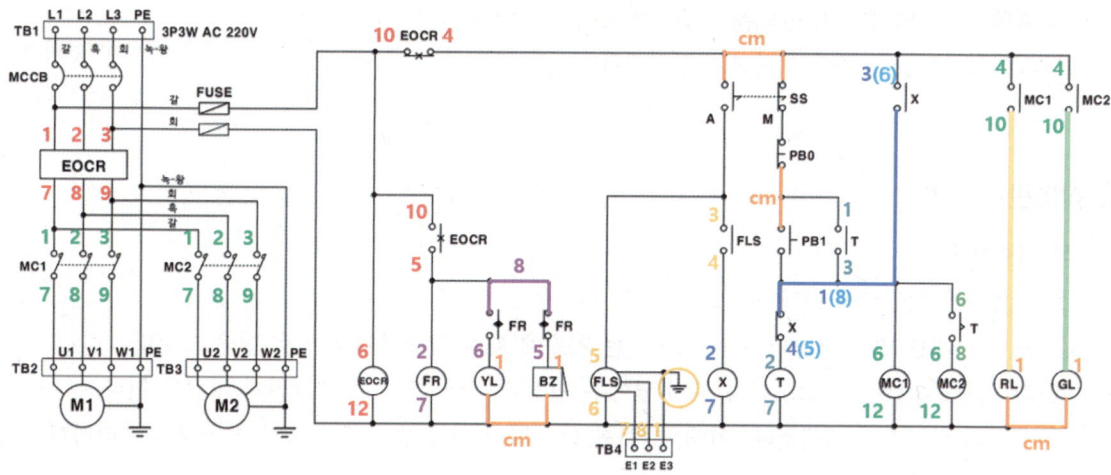

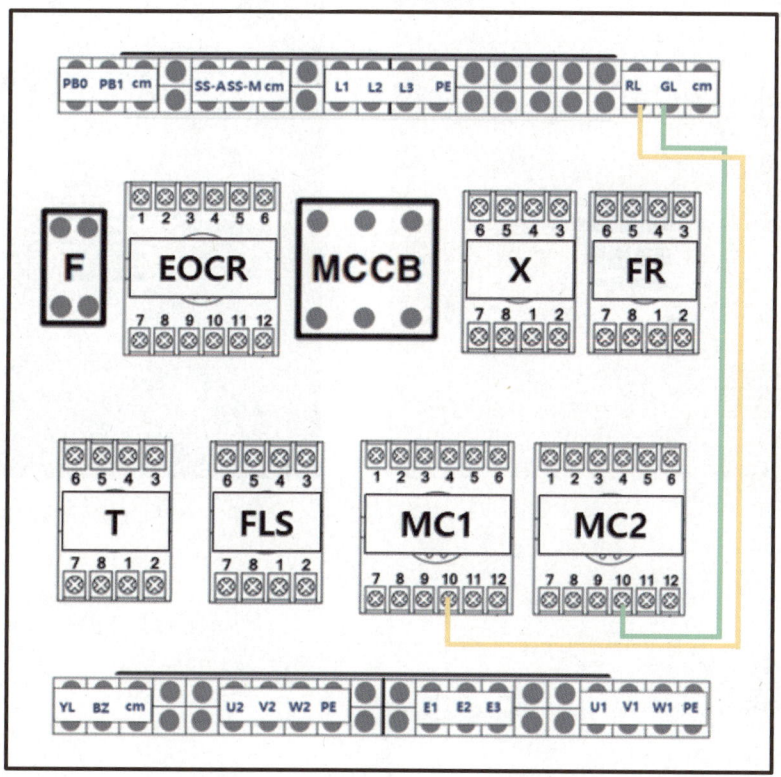

CHAPTER 04 공개 문제 연습 **635**

(5) 동작 검사 및 케이블 타이 묶기
① 벨테스트기로 접점이 바르게 연결되었는지 회로도를 보며 점검한다.
② 케이블타이를 이용하여 전선을 정리한다.

2. 작업판 만들기

(1) 작업판 제도
① 작업판에 제어판을 단단하게 고정한다.
② 도면의 배관 및 기구 배치도에 적혀있는 치수에 따라 작업판에 분필로 선을 긋는다.
③ 각 기구들(컨트롤 박스, 단자대)의 옆에는 명칭을 적어 결선 시 헷갈리지 않도록 한다.
④ 새들의 위치를 표시해둔다. 이때, 컨트롤 박스의 커버를 활용하여 표시하는 것이 편리하다.

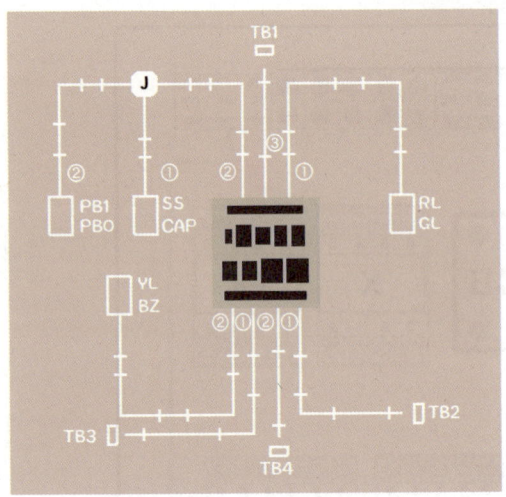 

(2) 작업판 기구 배치 및 고정
① 미리 표시해 둔 위치에 컨트롤 박스, 단자대, 8각 박스를 단단하게 고정한다.
② 미리 표시해 둔 위치에 새들을 한쪽만 고정하여 둔다.

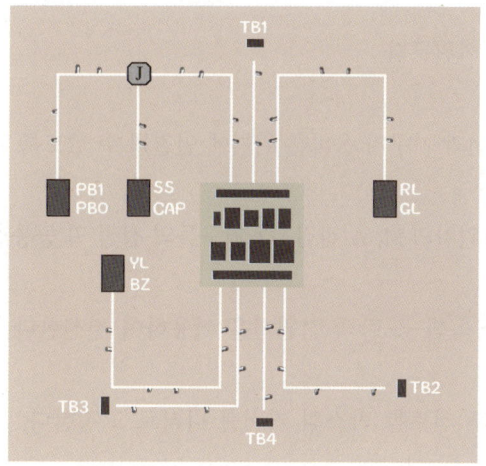 

(3) 배관
① 컨트롤 박스와 8각 박스에 커넥터를 연결한다. 이때 커넥터의 종류를 명확하게 구분하여 사용한다.
② PE전선관과 플렉시블 전선관을 길이에 맞게 절단 및 구부려 가며 새들로 고정한다.
③ PE전선관은 스프링을 활용하여 치수에 맞게 구부린다. 무릎을 사용하여 구부리거나 작업판에 고정 후 구부리는 방법을 사용할 수 있다. 전선관의 모양을 잡았으면 커넥터를 끼우고 새들에 나사를 박아 고정한다.
④ 컨트롤 박스, 8각 박스, 제어판을 연결하기 위해 배관 작업을 할 때는 커넥터를 사용하지만 작업판과 단자대를 연결하는 경우에는 사용하지 않는다.
⑤ 전선관을 절단 후 새들의 고정나사 2개소를 사용하여 단단히 고정한다.

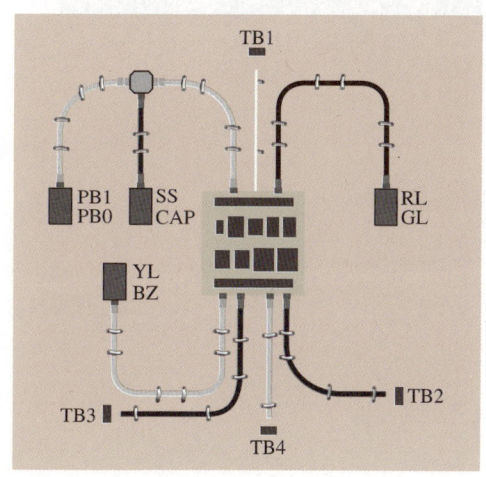 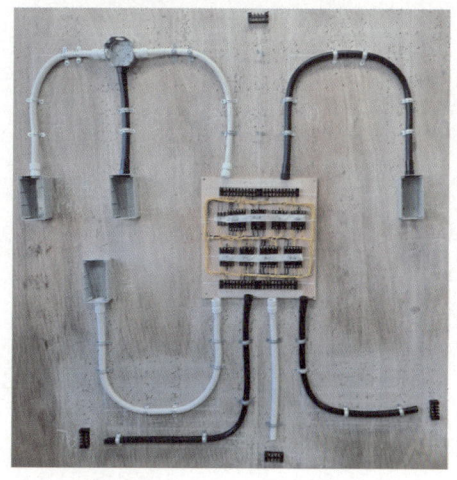

(4) 입선 및 결선

① 전선을 배관의 길이보다 길고 넉넉하게 잘라둔다.
② 여러 전선을 넣어야 하는 경우 전선의 끝부분을 모아 종이테이프로 감아 고정하고 전선관에 입선한다.
③ 컨트롤 박스의 커버에 위치에 해당하는 기구를 끼워둔다.
④ 배관에 입선한 전선을 먼저 제어판에 연결한다.
⑤ 벨테스터를 활용하여 제어판 단자대에 연결된 전선과 기구가 올바른 위치에 연결될 수 있도록 확인한다.
⑥ 연결 시에는 푸시버튼의 NC, NO 접점, 실렉터 스위치의 M, A 접점, 각 기구들의 접점 및 공통접점을 정확하게 확인한다.
⑦ TB2, TB3은 주회로이므로 갈색, 검은색, 회색, 녹색-노란색 전원선을 이용하여 결선한다.
⑧ TB1에는 전원 케이블을 이용하여 결선한다.
⑨ 결선이 완료되면 마지막으로 연결점을 확인한 후 컨트롤 박스의 커버를 나사로 고정한다.

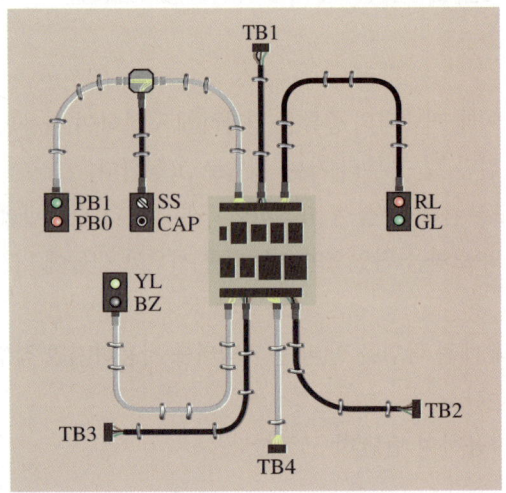
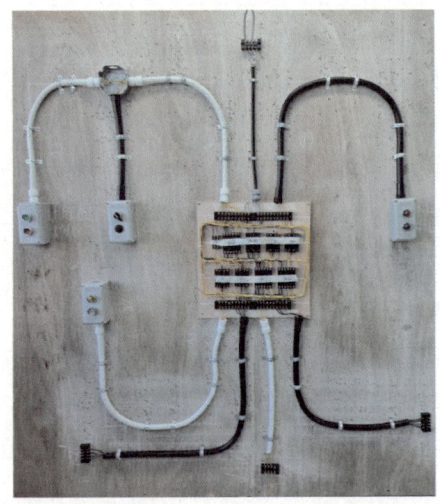

(5) 동작 검사

① 벨테스터로 기구 및 단자대와 제어판 간의 연결을 다시 한번 확인하고 작업을 마무리한다.
② 소켓에 기구를 꽂아두고 전원을 공급하여 제어회로의 동작 사항에 따라 동작을 확인한다.

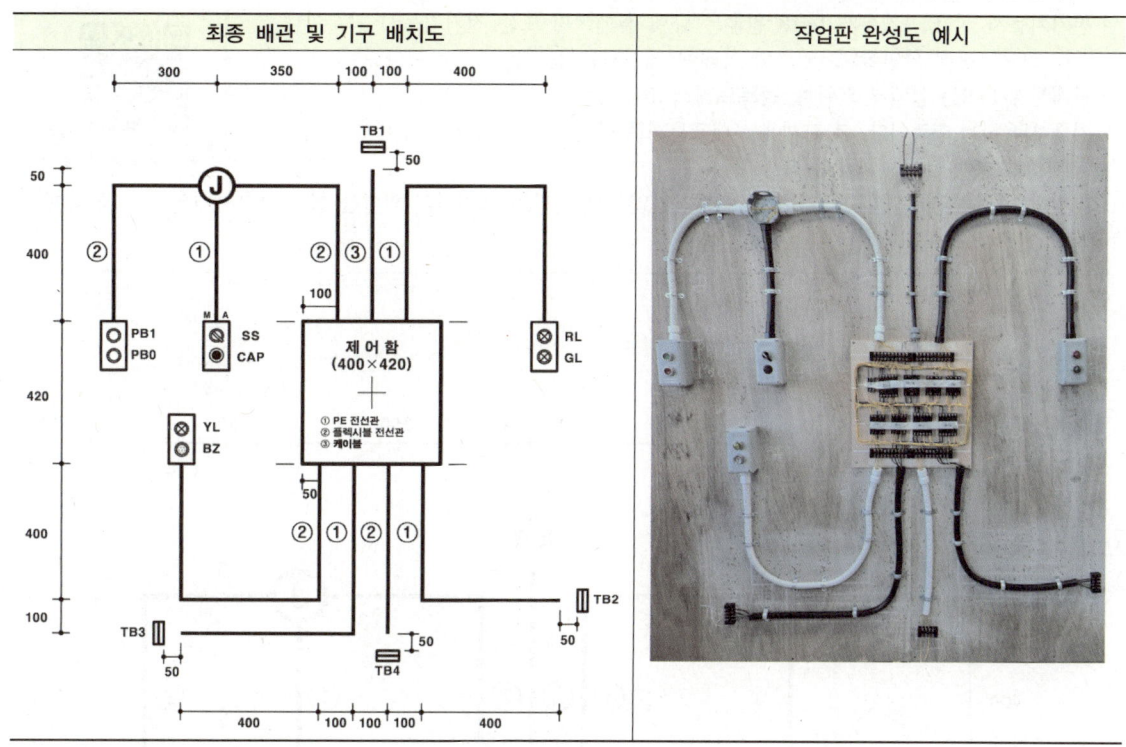

3 공개문제 10 (시험시간 : 4시간 30분)

> **참고**
> - 전기기능사 실기 공개문제 1~18 원본은 큐넷 홈페이지 또는 전기기능사 공부안내 QR 코드를 통해 확인할 수 있으며 아래에 제시되는 문제는 요약본이다.
> - 공개문제 1~9는 실렉터 스위치, 플로트리스 스위치를 사용하고, 10~18은 리밋 스위치를 사용하는 회로이다. 본 교재에는 대표문제로 공개문제 1과 공개문제 10을 수록하였다.
> - 리밋 스위치의 경우 별도의 기구를 사용하지 않으므로 리밋 스위치의 역할을 할 TB4단자대의 위치에 맞게 접점 번호를 부여해야 한다.

전기기능사 공부안내

1. 배관 및 기구 배치도

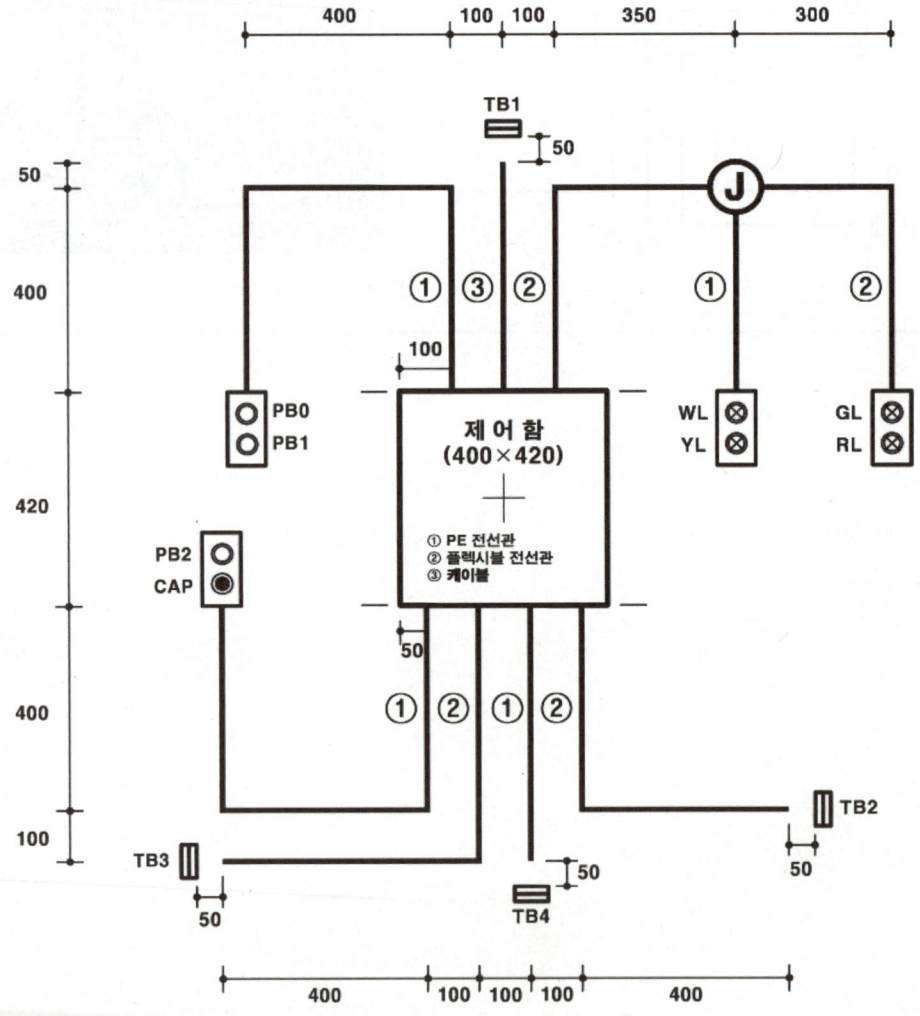

2. 제어판 내부 기구 배치도

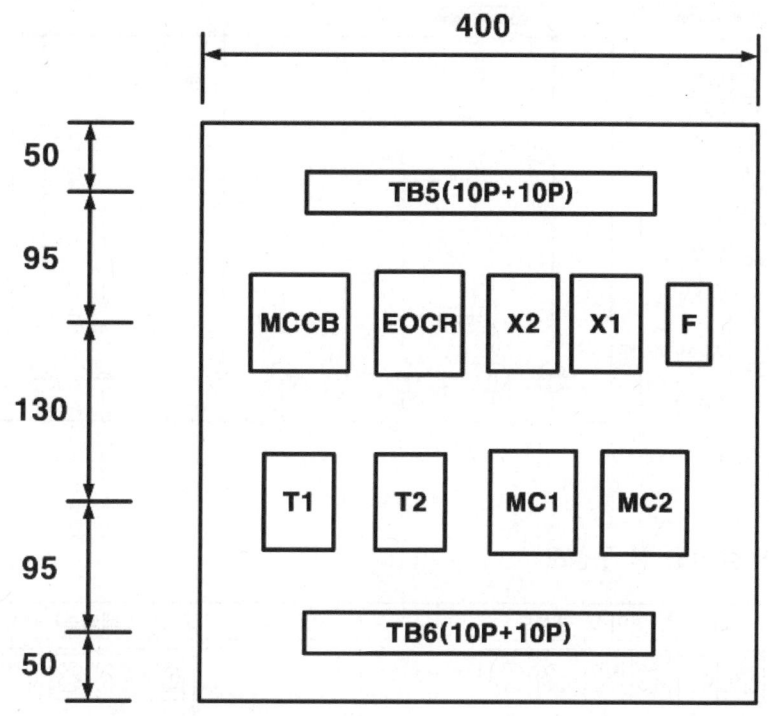

[범례]

기호	명칭	기호	명칭	기호	명칭
TB1	전원(단자대 4P)	T1, T2	타이머(8P)	YL	램프(노란색)
TB2, TB3	전동기(단자대 4P)	F	퓨즈 및 퓨즈홀더	GL	램프(녹색)
TB4	LS1, LS2(단자대 4P)	MCCB	배선용 차단기	RL	램프(빨간색)
TB5, TB6	단자대(10P+10P)	PB0	푸시버튼 스위치(빨간색)	WL	램프(흰색)
MC1, MC2	전자접촉기(12P)	PB1	푸시버튼 스위치(녹색)	CAP	홀마개
EOCR	EOCR(12P)	PB2	푸시버튼 스위치(녹색)	ⓙ	8각 박스
X1, X2	릴레이(8P)				

3. 제어회로의 시퀀스 회로도

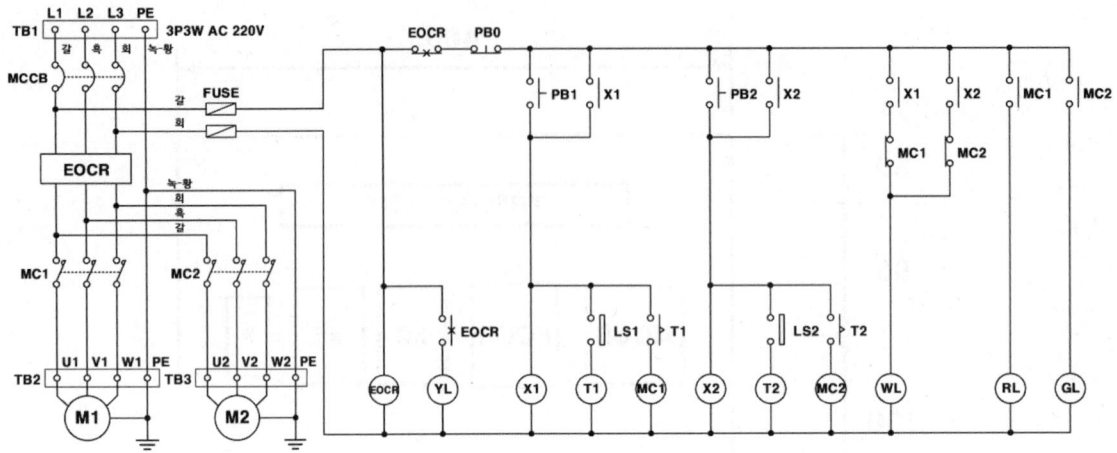

4. 기구의 내부 결선도 및 구성도

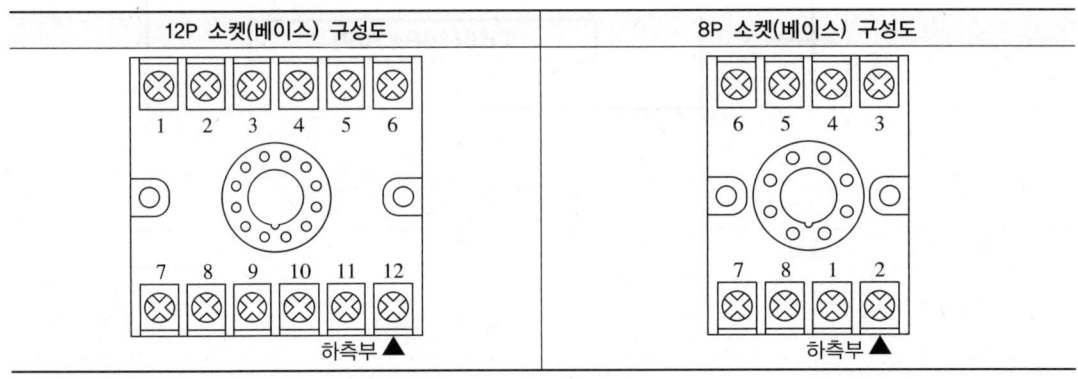

※ 그 외 전자접촉기, EOCR, 타이머, 8P 릴레이 구성도는 618~619페이지 참고

5. 제어회로의 동작 사항

① MCCB를 통해 전원을 투입하면 전자식 과전류 계전기 EOCR에 전원이 공급된다.

② 푸시버튼 스위치 PB1 동작 사항
   ㉠ 푸시버튼 스위치 PB1을 누르면, 릴레이 X1이 여자되어, 램프 WL이 점등된다.
   ㉡ 릴레이 X1이 여자된 상태에서 리밋 스위치 LS1이 감지되면, 타이머 T1이 여자된다.
   ㉢ 타이머 T1의 설정시간 t_1초 후, 전자접촉기 MC1이 여자되어, 전동기 M1이 회전하고, 램프 RL이 점등, 램프 WL이 소등된다.
   ㉣ 전동기 M1이 회전하는 중 리밋 스위치 LS1의 감지가 해제되면, 타이머 T1, 전자접촉기 MC1이 소자되어, 전동기 M1은 정지하고 램프 RL은 소등, 램프 WL은 점등된다.

③ 푸시버튼 스위치 PB2 동작 사항
   ㉠ 푸시버튼 스위치 PB2를 누르면, 릴레이 X2가 여자되어, 램프 WL이 점등된다.
   ㉡ 릴레이 X2가 여자된 상태에서 리밋 스위치 LS2가 감지되면, 타이머 T2가 여자된다.
   ㉢ 타이머 T2의 설정시간 t_2초 후, 전자접촉기 MC2가 여자되어, 전동기 M2가 회전하고, 램프 GL이 점등, 램프 WL이 소등된다.
   ㉣ 전동기 M2가 회전하는 중 리밋 스위치 LS2의 감지가 해제되면, 타이머 T2, 전자접촉기 MC2가 소자되어, 전동기 M2는 정지하고 램프 GL은 소등, 램프 WL은 점등된다.

④ 제어회로가 동작하는 중 푸시버튼 스위치 PB0을 누르면 제어회로 및 전동기 동작은 모두 정지된다.

⑤ EOCR 동작 사항
   ㉠ 전동기가 운전하는 중 전동기의 과부하로 과전류가 흐르면 전자식 과전류 계전기 EOCR이 동작되어 전동기는 정지하고, 램프 YL이 점등된다.
   ㉡ 전자식 과전류 계전기 EOCR을 리셋(RESET)하면 제어회로는 초기 상태로 복귀된다.

<공개문제 10 작업순서>

1. 제어판 만들기

(1) 주회로, 제어회로 핀번호 작성

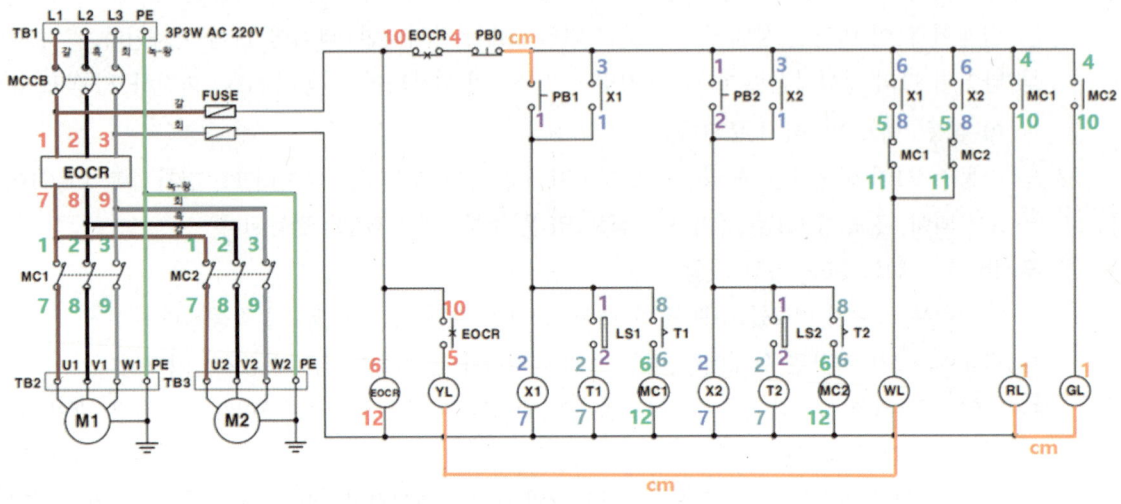

(2) 제어판 제도

다음 그림을 참고하여 제어판에 분필과 자를 활용하여 규격에 맞게 표시한다.

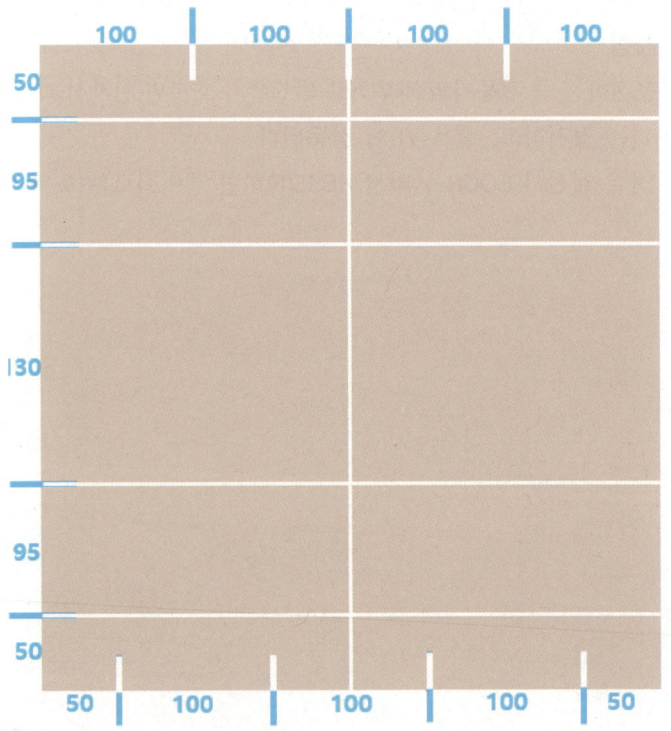

(3) 기구 및 소켓 배치 및 고정

① '제어판 제도'에서 표시한 내용을 참고하여 '제어판 내부 기구 배치도'와 같이 기구를 배치한다.
② 표시한 위치에 기구를 적절히 배치한 후 나사못을 사용해 고정한다.
③ 구성한 각종 소켓과 단자대 주위에 종이테이프를 붙이고 이름을 표기한다.

(4) 주회로, 제어회로 배선

① 주회로, 접지회로, 제어회로 순서로 연결한다.
② 퓨즈홀더 1차 측 주회로는 2.5[mm^2] 전선, 퓨즈홀더 2차 측 제어회로는 1.5[mm^2] 노란색 전선을 사용한다.
③ 제어회로는 위에서 아래, 좌에서 우로 배선한다.
④ 제어판 배선 시 기구와 기구 사이의 배선은 금지된다.
⑤ 연결을 마칠 때마다 제어회로의 시퀀스 회로도에 형광펜으로 표시한다.

㉠ 주회로

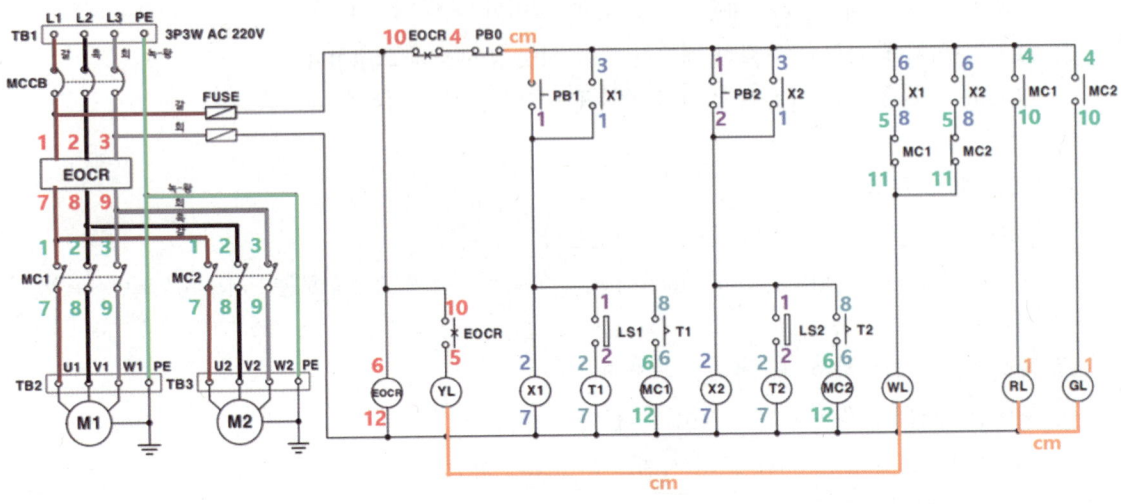

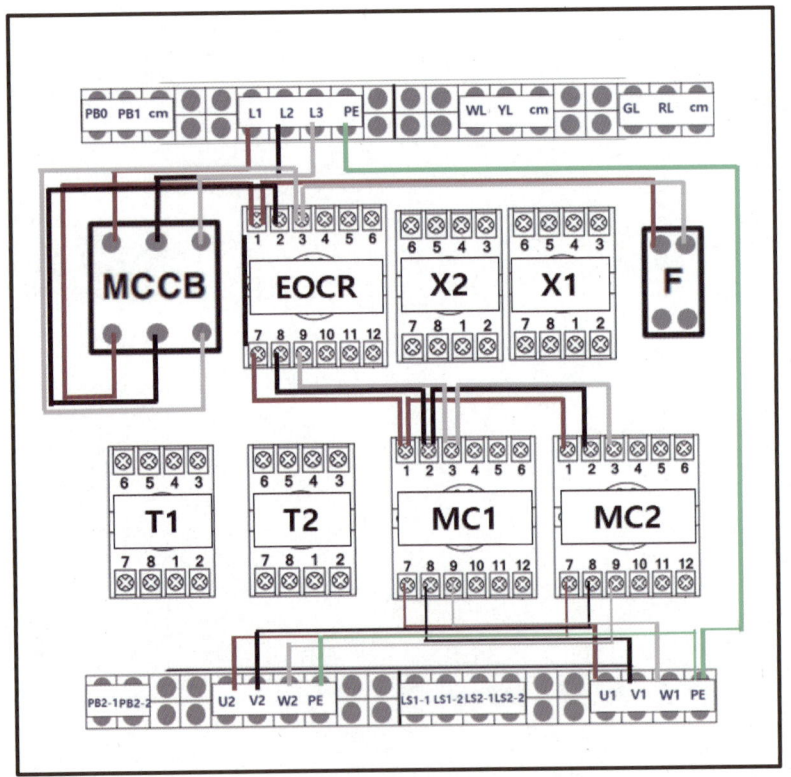

ⓛ 제어회로-1

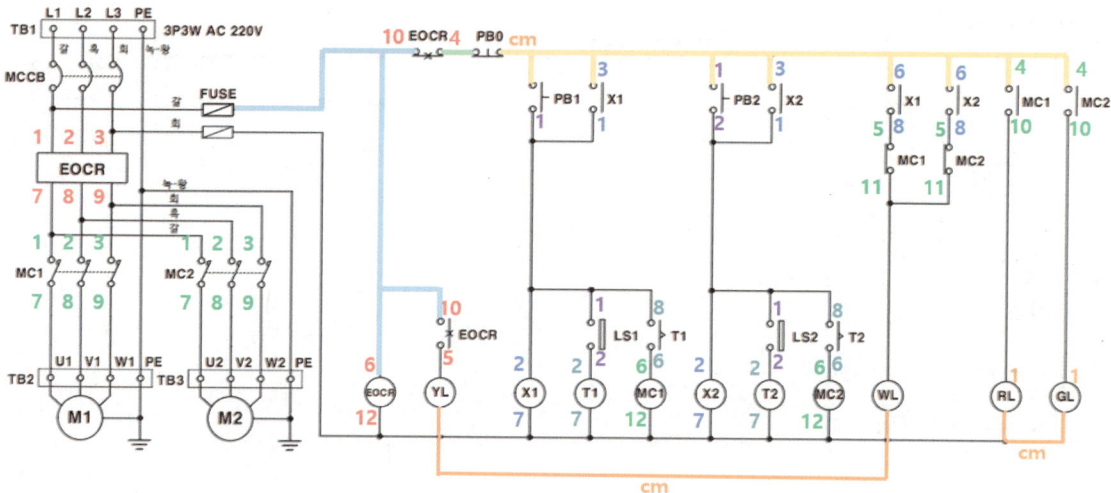

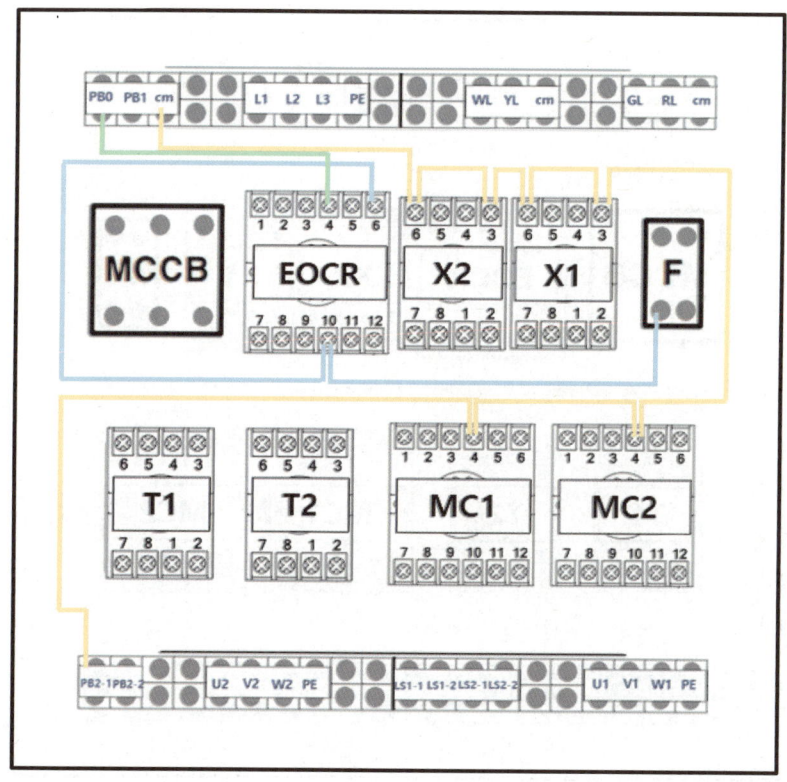

ⓒ 제어회로-2

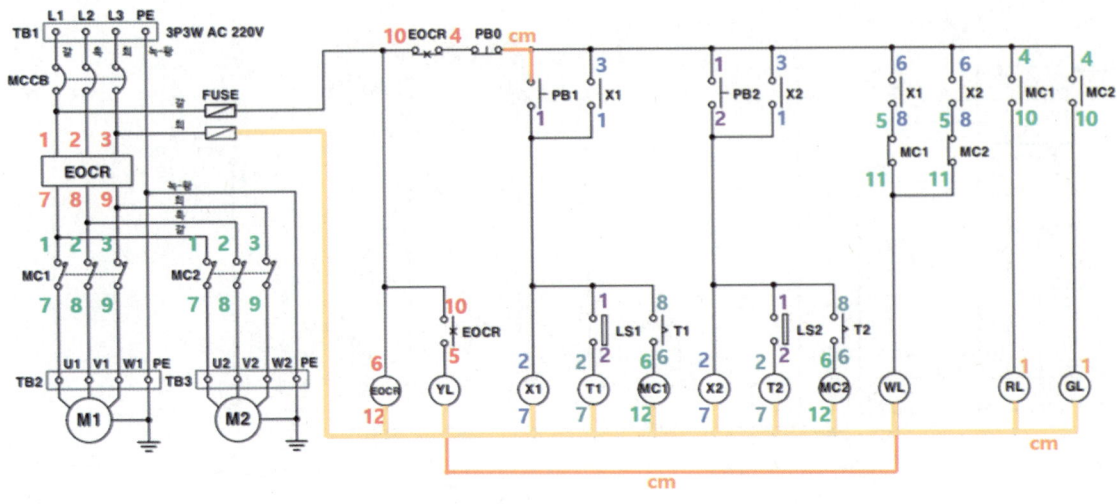

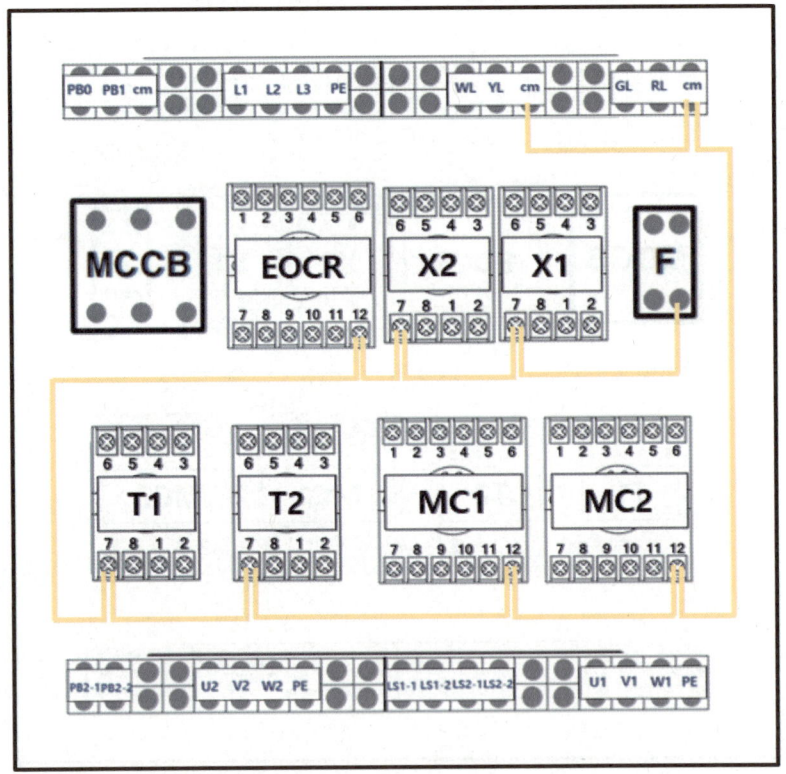

㉣ 제어회로-3

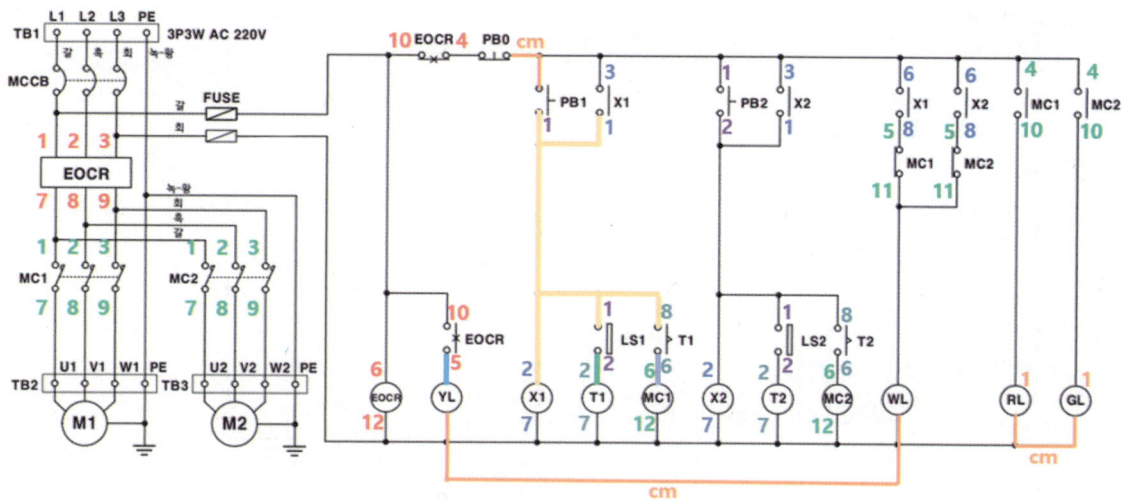

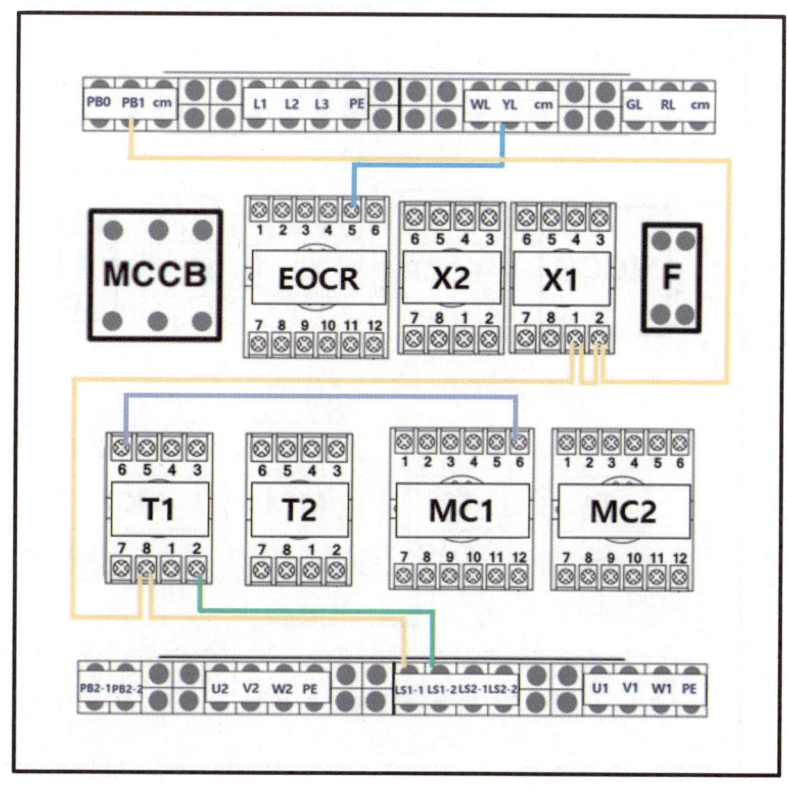

ㅁ 제어회로-4

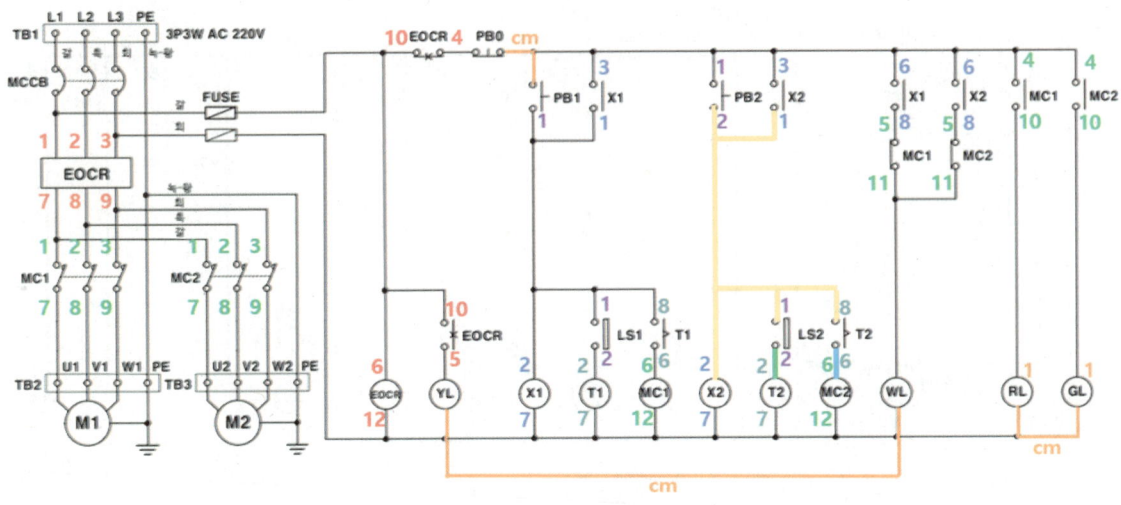

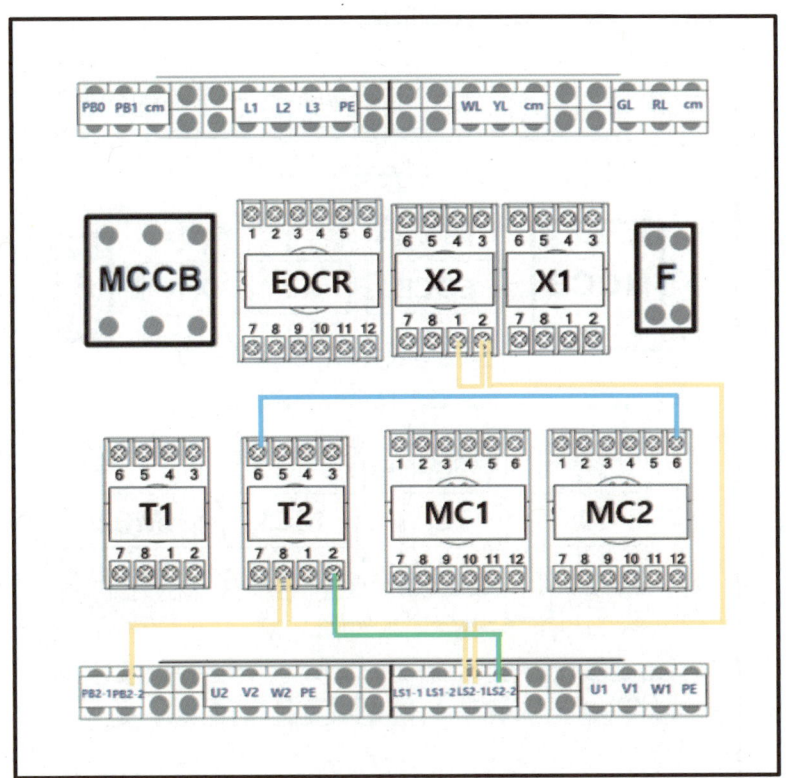

ⓗ 제어회로-5

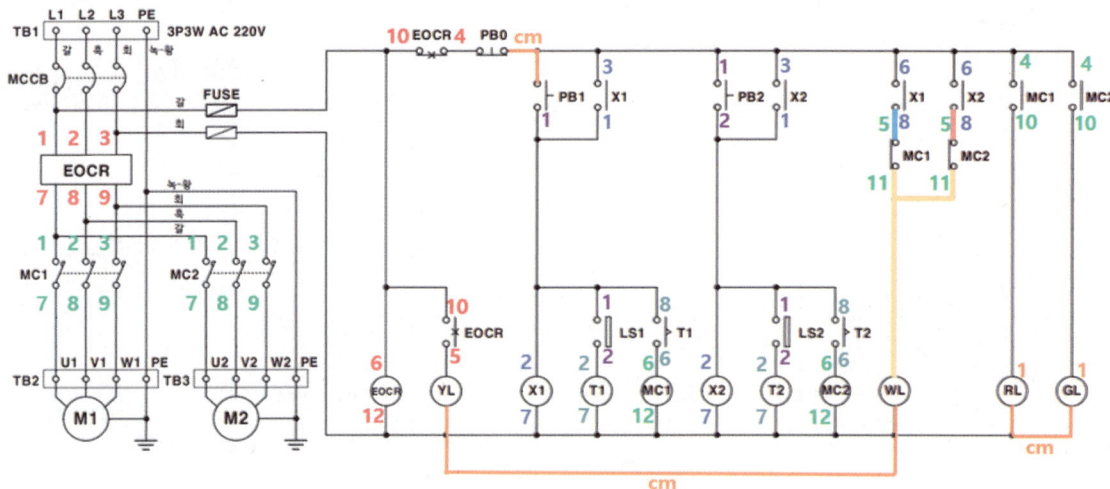

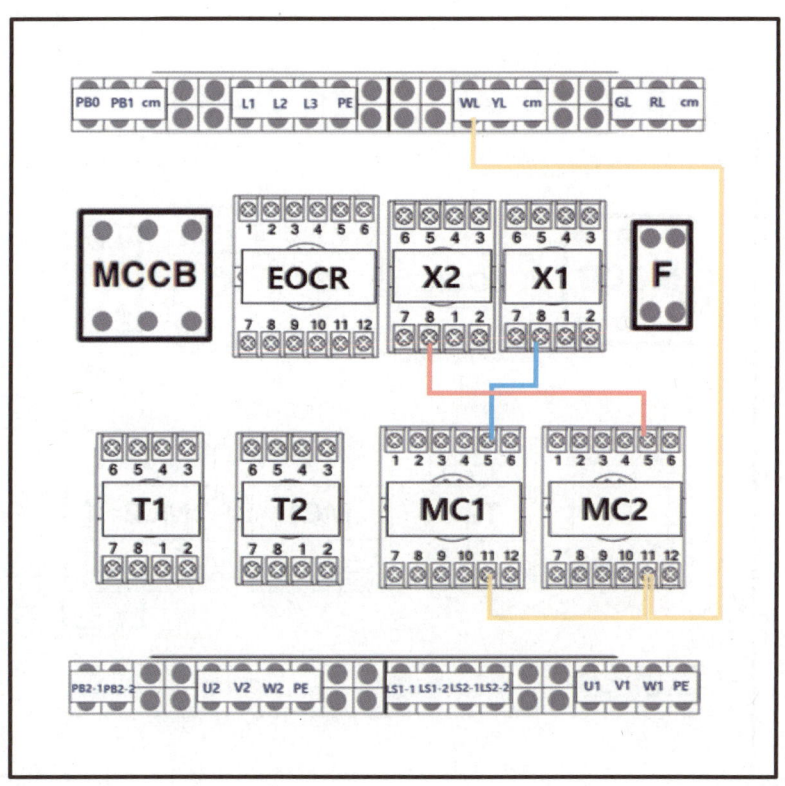

(ㅅ) 제어회로-6

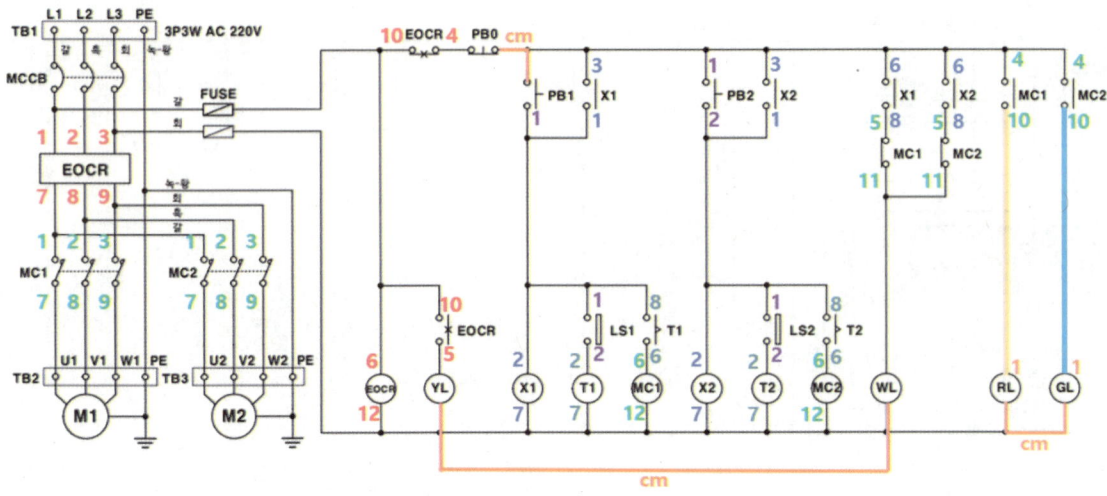

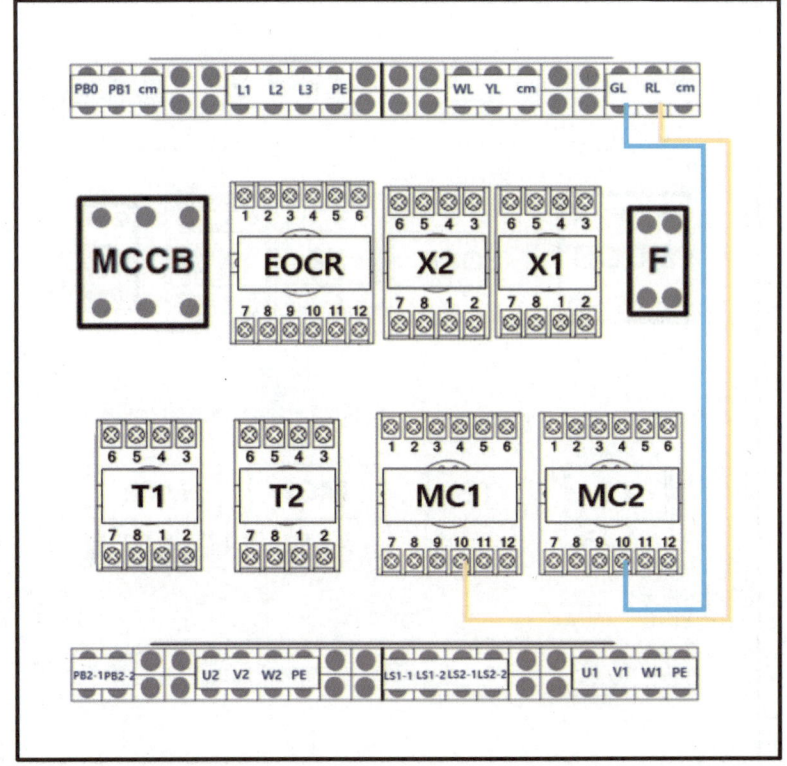

(5) 동작 검사 및 케이블 타이 묶기
① 벨테스트기로 접점이 바르게 연결되었는지 회로도를 보며 점검한다.
② 케이블타이를 이용하여 전선을 정리한다.

2. 작업판 만들기

(1) 작업판 제도
① 작업판에 제어판을 단단하게 고정한다.
② 도면의 배관 및 기구 배치도에 적혀있는 치수에 따라 작업판에 분필로 선을 긋는다.
③ 각 기구들(컨트롤 박스, 단자대)의 옆에는 명칭을 적어 결선 시 헷갈리지 않도록 한다.
④ 새들의 위치를 표시해둔다. 이때 컨트롤 박스의 커버를 활용하여 표시하는 것이 편리하다.

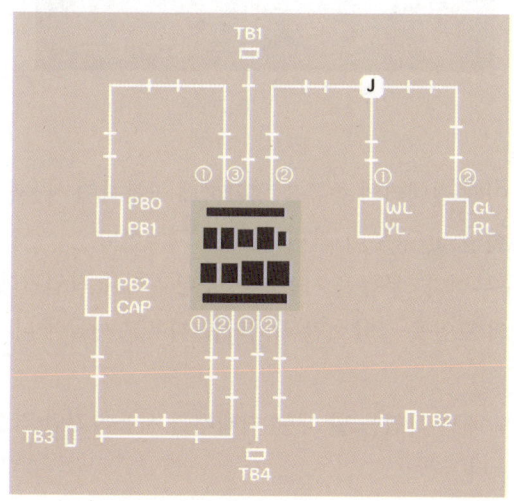 

(2) 작업판 기구 배치 및 고정

① 미리 표시해 둔 위치에 컨트롤 박스, 단자대, 8각 박스를 단단하게 고정한다.
② 미리 표시해 둔 위치에 새들을 한쪽만 고정하여 둔다.

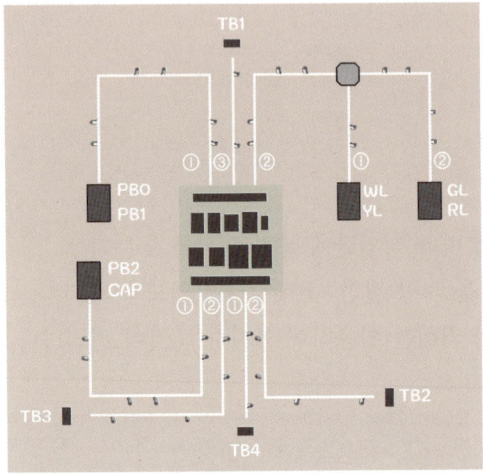 

(3) 배관

① 컨트롤 박스와 8각 박스에 커넥터를 연결한다. 이때 커넥터의 종류를 명확하게 구분하여 사용한다.
② PE전선관과 플렉시블 전선관을 길이에 맞게 절단 및 구부려 가며 새들로 고정한다.
③ PE전선관은 스프링을 활용하여 치수에 맞게 구부린다. 무릎을 사용하여 구부리거나 작업판에 고정 후 구부리는 방법을 사용할 수 있다. 전선관의 모양을 잡았으면 커넥터를 끼우고 새들에 나사를 박아 고정한다.
④ 컨트롤 박스, 8각 박스, 제어판을 연결하기 위해 배관 작업을 할 때는 커넥터를 사용하지만 작업판과 단자대를 연결하는 경우에는 사용하지 않는다.
⑤ 전선관을 절단 후 새들의 고정나사 2개소를 사용하여 단단히 고정한다.

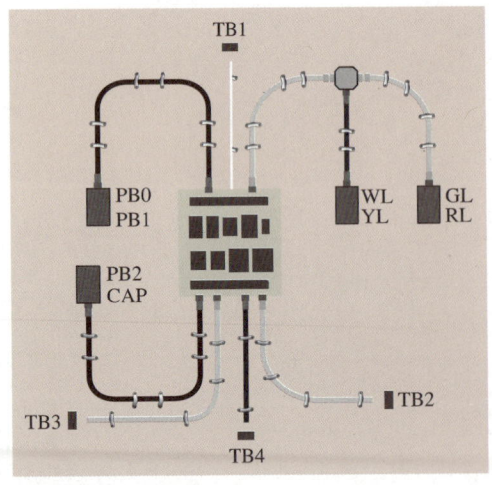 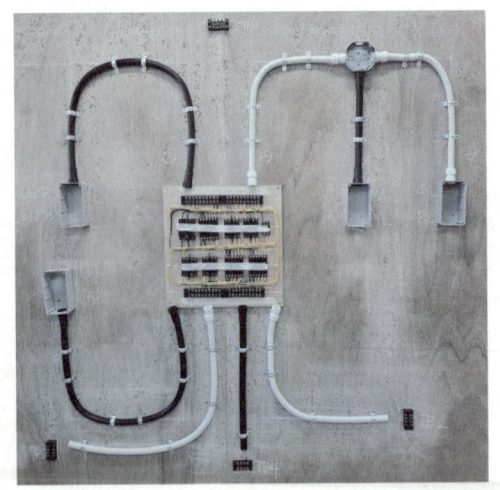

(4) 입선 및 결선

① 전선을 배관의 길이보다 길고 넉넉하게 잘라둔다.
② 여러 전선을 넣어야 하는 경우 전선의 끝부분을 모아 종이테이프로 감아 고정하고 전선관에 입선한다.
③ 컨트롤 박스의 커버에 위치에 해당하는 기구를 끼워둔다.
④ 배관에 입선한 전선을 먼저 제어판에 연결한다.
⑤ 벨테스터를 활용하여 제어판 단자대에 연결된 전선과 기구가 올바른 위치에 연결될 수 있도록 확인한다.
⑥ 연결 시에는 푸시버튼의 NC, NO 접점, 실렉터 스위치의 M, A 접점, 각 기구들의 접점 및 공통접점을 정확하게 확인한다.
⑦ TB2, TB3은 주회로이므로 갈색, 검은색, 회색, 녹색-노란색 전원선을 이용하여 결선한다.
⑧ TB1에는 전원 케이블을 이용하여 결선한다.
⑨ 결선이 완료되면 마지막으로 연결점을 확인한 후 컨트롤 박스의 커버를 나사로 고정한다.

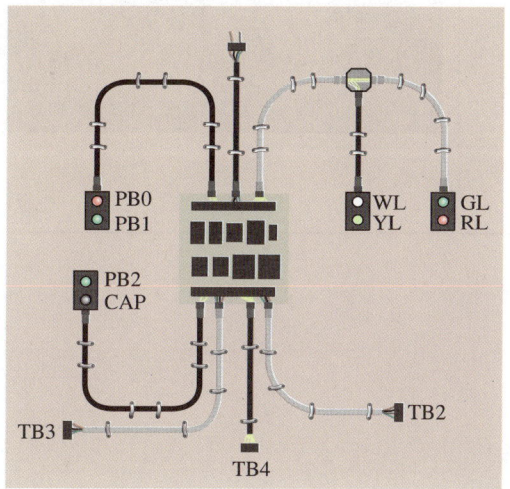

(5) 동작 검사

① 벨테스터로 기구 및 단자대와 제어판 간의 연결을 다시 한번 확인하고 작업을 마무리한다.
② 소켓에 기구를 꽂아두고 전원을 공급하여 제어회로의 동작 사항에 따라 동작을 확인한다.

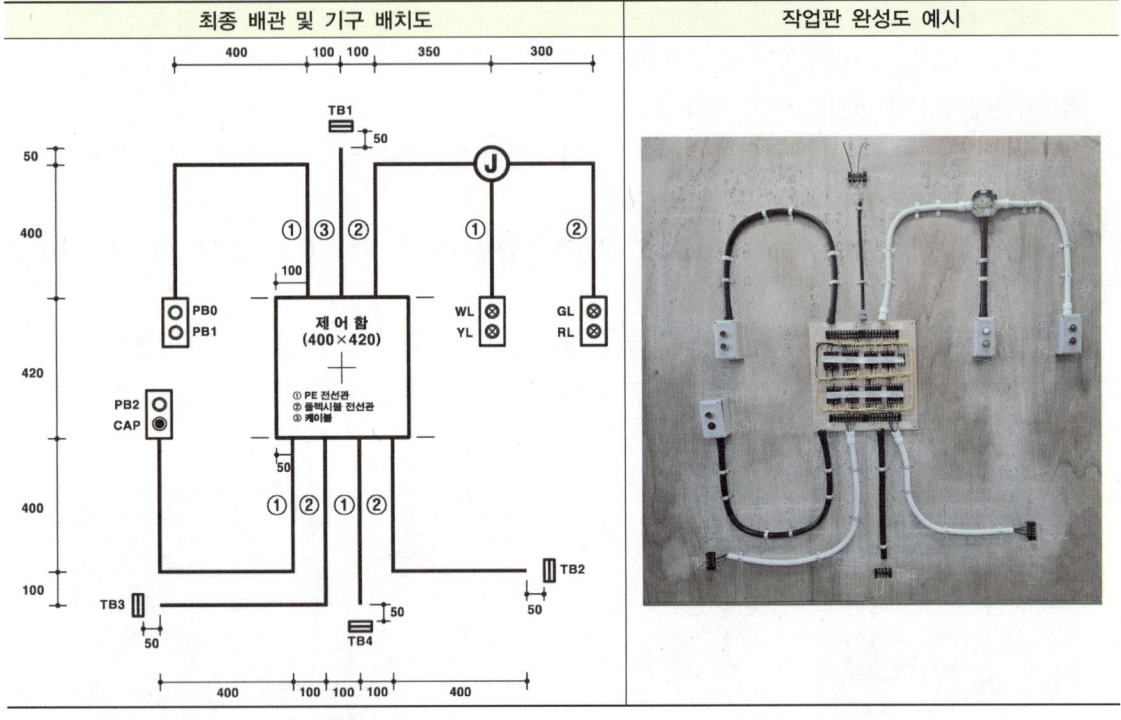

우리 인생의 가장 큰 영광은 결코 넘어지지 않는 데 있는 것이 아니라
넘어질 때마다 일어서는 데 있다.

– 넬슨 만델라 –

참 / 고 / 문 / 헌

- 강응석, NCS 기반 전기기기 제작실습, Ohm사, 2017
- 김대범 외, 2024 Win-Q 전기기능사, 시대고시기획, 2024
- 김명진, 김기사의 e-쉬운 전기, 성안당, 2019
- 김인형, 전기해결사 여수낚시꾼의 전기는 보인다, 성안당, 2022
- 김종오 외, 고등학교 전기 기기, 서울교과서, 2018
- 김태훈 외, 고등학교 전기 회로, 서울교과서, 2019
- 노구치 쇼스케, 그림으로 해설한 전기기기 마스터북, 성안당, 1996
- 대한전기협회, 내선규정, 대한전기협회, 2016
- 대한전기협회, 한국전기설비규정 핸드북, 대한전기협회, 2024
- 민지현 외, 고등학교 전기 기기, 웅보출판사, 2022
- 박종복 외, KEC를 적용한 최신 전기공사실무, 태영문화사, 2024
- 산업통상자원부, 전기설비기술기준, 2023
- 산업통상자원부, 한국전기설비규정, 2024
- 송정오 외, 고등학교 전기설비, 성안당, 2021
- 오하마 쇼지, 알기 쉬운 발전·송배전·실내 배선 설비, 성안당, 2018
- 유치형 외, 전기기능사, 에듀윌, 2024
- 전기자격시험연구회, 전기기능사 반복기출 500제, 성안당, 2023
- 정영일, KEC의 기반이 되는 알기 쉬운 전기법령과 표준, 기다리, 2024
- 최은혁 외, 처음 만나는 전기기기, 한빛아카데미, 2021
- 파이팅혼공TV 컨텐츠 개발팀, 전기기능사 필기, 종이향기, 2025
- 허가언 등, 고등학교 전기 기기, 성안당, 2021
- Masayuki Morimoto, 만화로 쉽게 배우는 모터, 성안당, 2015
- P. C. SEN, 전기기기공학, 퍼스트북, 2015
- Stephen J. Chapman, 전기기기, McGrawHill, 2012

전기기능사 필기 + 실기 한권합격

개정1판1쇄 발행	2026년 01월 05일 (인쇄 2025년 08월 22일)
초 판 발 행	2025년 04월 10일 (인쇄 2025년 02월 27일)
발 행 인	박영일
책 임 편 집	이해욱
편 저	김민우 · 민지현
편 집 진 행	윤진영 · 김경숙
표지디자인	권은경 · 길전홍선
편집디자인	정경일 · 이현진
발 행 처	(주)시대고시기획
출 판 등 록	제10-1521호
주 소	서울시 마포구 큰우물로 75 [도화동 538 성지 B/D] 9F
전 화	1600-3600
팩 스	02-701-8823
홈 페 이 지	www.sdedu.co.kr
I S B N	979-11-383-9787-2(13560)
정 가	28,000원

※ 저자와의 협의에 의해 인지를 생략합니다.
※ 이 책은 저작권법의 보호를 받는 저작물이므로 동영상 제작 및 무단전재와 배포를 금합니다.
※ 잘못된 책은 구입하신 서점에서 바꾸어 드립니다.

기능사 / 기사·산업기사 / 기능장 / 기술사

단기합격을 위한 완전 학습서

Win-Q
윙크시리즈
WIN QUALIFICATION

Win-Q 승강기기능사
필기+실기

Win-Q 전기기능사
필기

Win-Q 피복아크용접기능사
필기

Win-Q 컴퓨터응용선반·밀링기능사
필기

Win-Q 설비보전기능사
필기+실기

Win-Q 자동화설비기능사
필기

Win-Q 전산응용기계제도기능사
필기

Win-Q 화학분석기능사
필기+실기

자격증 취득에 승리할 수 있도록 Win-Q시리즈가 완벽하게 준비하였습니다.

Win-Q
위험물기능사
필기

Win-Q
환경기능사
필기+실기

Win-Q
화훼장식기능사
필기

Win-Q
원예기능사
필기+실기

Win-Q
공조냉동기계산업기사
필기

Win-Q
화학분석기사
필기

Win-Q
위험물산업기사
필기

Win-Q
소방설비기사[전기편]
필기

Win-Q
설비보전산업기사
필기+실기

Win-Q
가스산업기사
필기

Win-Q
에너지관리기사
필기

Win-Q
실내건축산업기사
필기

※ 도서의 이미지 및 구성은 변경될 수 있습니다.

기출분석에 집중하여 합격을 현실로!

무조건 단기에 뽀개기

이런 분들에게 추천해요!

| 이론도, 문제 풀이도 막막해서 **책 한 권으로 해결**하고 싶은 분들 | 노베이스에 혼자 공부하기 어려워 **동영상 강의 도움**이 필요하신 분들 | CBT 시험이 처음이라 시험 전 실전처럼 **온라인 모의고사**를 경험해 보고 싶은 분들 |

무단뽀 한권으로 한번에! 초단기 합격전략!
무단뽀가 곧 합격이다!